hnelltriebwagen FDt 38

na – Köln

b 15. Mai 1936

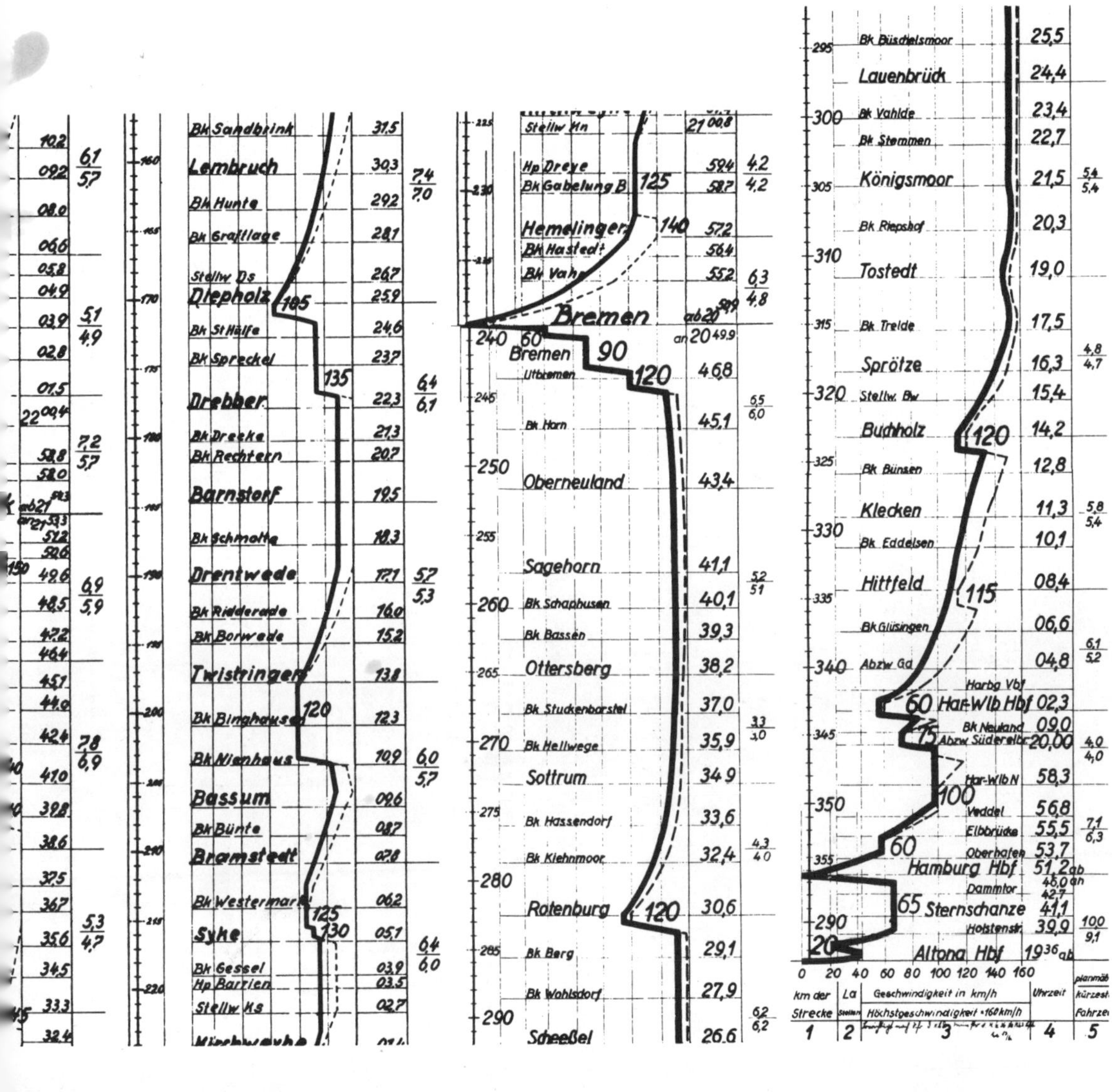

Hans-Wolfgang Scharf / Friedhelm Ernst

Vom Fernschnellzug zum Intercity

unter Mitwirkung von Wilfried Biedenkopf

Eisenbahn-Kurier

Titel

Drei verschiedene Traktionsarten prägten bis heute das Bild des Schienenschnellverkehrs in Deutschland: Bis weit in die sechziger Jahre hinein konnte man Dampflokomotiven vor hochwertigen Zügen sehen. Die Deutsche Bundesbahn ließ sogar noch 1957 eine moderne Schnellzugdampflok bauen, die Reihe 10. Allerdings wurden aufgrund des sich abzeichnenden Strukturwandels nur zwei Maschinen bestellt und abgeliefert. 10 002 begegnete Dr. Rolf Brüning am 3. Dezember 1962 bei Stadt Allendorf. Darunter ein Schnelltriebwagen der Vorkriegsbauart als „Vindobona" in Wien FJB, 10. August 1966. Diese von Dieselmotoren angetriebenen Fahrzeuge waren seit Einführung des „Fliegenden Hamburges" bis lange nach der Krieg der Inbegriff des schnellen Fernverkehrs in deutschen Landen. Unten schließlich ein Vertreter des aktuellen Top-Angebots der Deutschen Bundesbahn: IC 524, geführt von 103 107, verläßt den Schwarzkopf-Tunnel in Heigenbrücken (9. September 1982).

Aufnahmen: Dr. Rolf Brüning, Rudolf Potelicki, Rolf Behrens

Rücktitel:

VT 11 5016 war am 10. August 1965 als TEE „Diamant" eingesetzt. Das obere Bild zeigt den Triebzug bei der Einfahrt Bochum Hbf. Unten ein Triebzug der Reihe 403, aufgenommen beim Verlassen der Kölner Südbrücke am 7. November 1981. Zu jener Zeit verkehrten die 403 noch in Diensten der DB mit der ursprünglichen Farbgebung, inzwischen pendeln sie als Lufthansa-Airport-Expreß zwischen Düsseldorf und Frankfurt.

Aufnahmen: Rudolf Potelicki, Reiner Piel

ISBN 3-88255-751-6

Eisenbahn-Kurier Verlag
Postfach 5560 – 7800 Freiburg

Inhaltsverzeichnis

A. Vorwort

Mit Beginn des Jahresfahrplans 1982/83 am 23. Mai 1982 jährte sich zum sechzigsten Mal der Beginn eines Sommerfahrplanabschnittes, zu dem die ersten Fernschnellzüge (FD) auf den Schienen Deutschlands eingelegt wurden, gleichzeitig zum fünfzigsten Mal der Sommerfahrplanabschnitt, an dem mit dem „Fliegenden Hamburger" in Europa ein Fernschnellverkehr mittels Verbrennungstriebwagen in größerem Umfang eingeführt wurde. Schließlich war es zu diesem Datum 25 Jahre her, seit im Jahre 1957 erstmals TEE-Züge über Europas Schienen gerollt waren. Über FD und FDt in der Zeit zwischen 1923 und dem Ausbruch des Zweiten Weltkrieges führte die Entwicklung auf den Schienen Deutschlands – nach dem Kriege in der Bundesrepublik und der DDR getrennt verlaufend – zum leichten F-Zug, den TEE-Zügen und dem „IC79"-System unserer Tage. Im Bereich der Deutschen Reichsbahn der DDR waren FDt-, Ex- und Ext-Züge Vorläufer des heutigen Städteschnellverkehrs.

Diese Entwicklung in den vergangenen sechzig Jahren ist bisher zwar in zahlreichen Publikationen und Aufsätzen in Teilbereichen ausführlich und detailliert behandelt worden, wobei – um nur einige Namen zu nennen – insbesondere die Beiträge von Biedenkopf, Ernst, Gottwaldt, Kluge, Sölch, Stöckl oder Wiener zu nennen sind. Dennoch aber liegt 147 Jahre nach der Betriebseröffnung der ersten deutschen Eisenbahn von Nürnberg nach Fürth (Ludwigsbahn) und 37 Jahre nach dem Ende des Zweiten Weltkrieges noch keine zusammenfassende Arbeit zum Thema „Schnellverkehr in Deutschland" unter Einbeziehung der Randbereiche vor. Ermuntert durch den Anklang der 1977 erschienenen Schrift „Die Entwicklung des F-Zug-Verkehrs bei der Deutschen Bundesbahn zwischen 1945 und 1966", soll nunmehr der Versuch gemacht werden, die Entwicklung des Schnellverkehrs auf den Schienen Deutschlands von der Periode vor dem Ersten Weltkrieg bis zum Beginn des Jahresfahrplans 1982/83 umfassend wiederzugeben. Die Darstellung soll sich jedoch nicht auf die naturgemäß vorherrschenden fahrplantechnischen Bereiche beschränken, sondern gleichermaßen über die eingesetzten Wagenbauarten und Traktionsmittel berichten. In einem umfangreichen Anhang werden mit zahlreichen Übersichten und Grafiken die Züge in den jeweiligen Zeiträumen statistisch erfaßt und Aussagen über Reisegeschwindigkeiten, mittlere Haltestellenentfernungen, Spannungsverhältnisse, Zugkilometerleistungen usw. gemacht. Umfangreiches Bildmaterial soll die schriftlichen Aussagen bildlich dokumentieren. Bei historischen Aufnahmen konnte nicht immer der heutige Qualitätsmaßstab angelegt werden, wollte man nicht auf die Wiedergabe dieser Dokumente ganz verzichten.

Die vorliegende Arbeit war nur möglich dank der Mitarbeit zahlreicher Freunde und Informanten, denen der Verfasser an dieser Stelle Dank aussprechen möchte. Durch die Ereignisse des Zweiten Weltkrieges wurden viele wertvolle Dokumente vernichtet; dennoch war es mit den Unterlagen im Verkehrsmuseum Nürnberg und im Bundesarchiv Koblenz, möglich, zahlreiche Details aus der Zeit bis zum Ende des Zweiten Weltkrieges darzustellen, wofür der Verfasser den Herren Illenseer und Dr. Haupt zu Dank verpflichtet ist. Dank gebührt auch den Herren Biedenkopf und Troche, deren Mitarbeit weit über die von ihnen verfaßten Beiträge hinausgeht; so hat sich Herr Biedenkopf umfangreiche Verdienste bei der Erstellung des Tabellenteils erworben, Herr Troche lieferte wertvolle Hilfe bei den Abschnitten über den Triebfahrzeugeinsatz. Gedankt werden muß in diesem Zusammenhang auch Herrn Ernst für seine in dieser Form erstmalige Darstellung der Geschichte des deutschen Reisezugwagens.

Dank schuldet der Verfasser ebenso zahlreichen Dienststellen der Deutschen Bundesbahn, die mit Unterlagen und Hinweisen mithalfen, Licht in viele unklare Details der Planung und Ausführung zu bringen; hier seien genannt die Herren Maier, Pflaum und Decker der Bundesbahndirektion Karlsruhe. Schließlich bleibt Dank zu sagen den zahlreichen Mitarbeitern für ihre Mithilfe bei einzelnen Sachfragen oder der Bereitstellung von Lichtbildern; neben den durch das Bildautoren-Verzeichnis ausgewiesenen Herren seien hier besonders genannt die Herren Dr. Born, Frohn, Schadow, Tauflinger und Wenzel.

Karlsruhe, im Juli 1982 — Hans-Wolfgang Scharf

B. Einleitung

Am 7. Dezember 1835 wurde die von König Ludwig I. von Bayern am 19. Februar 1834 privilegierte Ludwigsbahn von Nürnberg nach Fürth als erste deutsche Eisenbahn eröffnet; als erste deutsche Fernbahn ging am 24. April 1837 die Teilstrecke Leipzig – Althen der in Sachsen gelegenen Strecke Leipzig – Dresden in Betrieb; am 22. September 1838 folgte die erste preußische Strecke mit dem Abschnitt Potsdam – Zehlendorf der Berlin-Potsdamer Eisenbahn-Gesellschaft, und am 1. Dezember des gleichen Jahres folgte als erste deutsche Staatsbahn die braunschweigische Strecke Braunschweig – Wolfenbüttel. Mit der Inbetriebnahme des ersten deutschen Eisenbahntunnels bei Oberau am 7. April 1839 war die Gesamtstrecke Leipzig – Dresden dem Verkehr übergeben; nur ein Jahr später, am 12. September 1840, folgte Baden mit der sogleich als Staatsbahn gebauten Strecke Mannheim – Heidelberg. Als erste bayerische Staatseisenbahnstrecke wurde am 25. August 1844 der Abschnitt Nürnberg – Bamberg der Ludwigs-Süd-Nord-Bahn eröffnet, als erste württembergische ebenfalls als Staatsbahn am 23. Oktober 1845 der Abschnitt Cannstatt – Untertürkheim. Als dann am 28. November 1847 durch „Cönigliche Ordre" der Bau der Saarbrücker Eisenbahn auf Staatskosten genehmigt worden war, begann auch in Preußen der Staatseisenbahnbau.

Inzwischen waren in den einzelnen deutschen Ländern sowohl als Staats- wie als Privatbahn zahlreiche Eisenbahnen erbaut worden, die langsam zu einem Netz zusammenwuchsen. Bis 1850 waren bereits weite Bereiche des späteren Deutschen Reiches von 1871 eisenbahnmäßig erschlossen, wenn auch viele der heute im Zuge der Hauptdurchgangsstrecken liegenden Teilstücke noch nicht fertiggestellt waren. Aber auch ein Verkehr mit dem Ausland existierte bereits: Am 15. Oktober 1843 war mit der Eröffnung der Strecke Aachen – Herbesthal die Verbindung mit dem belgischen Nachbarn geschaffen worden; und am 1. September 1848 kam über die Oberschlesische Eisenbahn-Gesellschaft und die Wilhelmsbahn die Verbindung mit der österreichischen Kaiser-Ferdinands-Nordbahn und damit eine durchgehende Verbindung der beiden Hauptstädte Berlin und Wien über Breslau – Oderberg zu Stande.

Zunächst galt es, die mannigfachen und sich in vielen Punkten überschneidenden Bestimmungen betrieblicher, verkehrlicher und technischer Art der Privatgesellschaften, aber auch der Staatsbahnen einander möglichst weitgehend anzugleichen. Auch dieser Weg war lang und schwierig, und es bedurfte eines größeren Zeitraumes, ehe die uns heute selbstverständlichen Grundzüge eines geordneten Eisenbahnwesens geschaffen waren. Und mit der weiter zunehmenden Verflechtung der einzelnen Netze und ihrer Verknüpfung auf grenzüberschreitender Ebene wurde es auch notwendig, einheitliche, verbindliche Regelungen für einen internationalen Eisenbahnverkehr zu treffen.

Ein kurzer Abriß möge diese Entwicklung aufzeigen:

a) Am 3. November 1838 wurde als erstes deutsches Eisenbahngesetz das Preußische Gesetz über Eisenbahn-Unternehmungen in Kraft gesetzt.
b) 1845 erfolgte die Herausgabe von Baunormen für die bayerischen Eisenbahnen.
c) Am 10. November 1846 wurde der Verband der preußischen Eisenbahnen gegründet, aus dem später der Verein Deutscher Eisenbahn-Verwaltungen und dann der Verein Mitteleuropäischer Eisenbahn-Verwaltungen hervorgingen als frühe Vorläufer der UIC.
d) Am 1. Juli 1848 erfolgte mit der Gründung des Norddeutschen Tarifverbandes die erste Gründung einer Tarifvereinigung.
e) Vom 18. bis 27. Februar 1850 tagte die erste Techniker-Versammlung des Vereins Deutscher Eisenbahn-Verwaltungen und vereinbarte „Grundzüge für die Gestaltung der Eisenbahnen Deutschlands" und die „Einheitlichen Vorschriften für den durchgehenden Verkehr auf den bestehenden Vereinsbahnen".
f) Am 20. November 1851 erschien dann die erste Eisenbahnstatistik des Vereins Deutscher Eisenbahn-Verwaltungen.
g) Am 10. Juni 1870 wurden das Betriebsreglement und das Bahnpolzeireglement für die Eisenbahnen des Norddeutschen Bundes erlassen.
h) Der 29. Dezember 1871 brachte das erste „Einheitliche Betriebs- und Bahnpolizeireglement für die deutschen Eisenbahnen".
i) Zum 4. Januar 1875 erschien die „Einheitliche Signalordnung für die Eisenbahnen Deutschlands", die ab 1. April 1875 gültig war.
k) 1880 erfolgte die Gründung des „Preußischen Staatsbahnwagenverbandes".
l) Am 5. Juli 1892 wurden anstelle des Bahnpolizeireglements von 1871 die „Betriebsordnung für Haupteisenbahnen Deutschlands" und eine „Bahnordnung für Nebenbahnen" eingeführt.
m) Der 15. November 1892 brachte mit der ab 1. Januar 1893 gültigen „Verkehrsordnung für die Eisenbahnen Deutschlands" die erste Ausgabe der heutigen Eisenbahn-Verkehrs-Ordnung (EVO).

n) Erstmals auf deutschem Boden wurde am 1. Oktober 1893 in Preußen die Bahnsteigsperre eingeführt.

o) Am 18. Januar 1913 wurde zwischen der Preußisch-Hessischen, den Bayerischen und den Badischen Staatseisenbahnen das „Übereinkommen betreffend die Ausführung elektrischer Zugförderung" abgeschlossen, das die Grundlage des heute bei beiden deutschen Eisenbahnverwaltungen verwendeten Stromsystems bildet.

p) Am 24. November 1916 wurde mitten im und als Folge des Ersten Weltkrieges die Mitteleuropäische Schlafwagen- und Speisewagen AG – MITROPA – gegründet, die unter diesem Namen heute noch die Schlaf- und Speisewagendienste der Reichsbahn der DDR betreibt, während in der Bundesrepublik Deutschland hieraus nach dem Zweiten Weltkrieg die Deutsche Schlafwagen- und Speisewagengesellschaft (DSG) hervorging.

Auf internationaler Ebene kam es bis zum Ende des Ersten Weltkrieges zu folgenden Vereinbarungen:

a) 1885 wurde die Internationale Eisenbahnkongreß-Vereinigung gegründet.

b) Am 15. Mai 1886 wurden die ab 1. April 1887 gültigen „Berner Vereinbarungen über die Technische Einheit im Eisenbahnwesen" abgeschlossen.

c) 1889 werden die Europäischen Wagenbeistellungskonferenzen als Vorläufer der heutigen EFK eingeführt.

d) Am 1. April 1893 wurde die Mitteleuropäische Zeit eingeführt; bis dahin gab es allein in Deutschland zehn verschiedene Zeiten.

e) 1894 erfolgte die Gründung des Internationalen Eisenbahn-Transportkomitees.

Die ersten Eisenbahnen bedienten sich zunächst nur einfacher technischer Sicherungsmittel, sofern auf diese nicht überhaupt verzichtet wurde. Da die Eisenbahn als wesentlicher Fortschritt gegenüber der Postkutsche empfunden wurde und die Reisezeiten wesentlich abnahmen, wurde zunächst kein besonderer Wert auf Komfort gelegt. Waren die ersten Eisenbahn-Personenwagen mehr oder minder auf Fahrgestelle gesetzte Postkutschen, so entwickelte sich doch sehr rasch ein eigener „Eisenbahnwagen", der meist bereits klassifiziert und differenziert wurde. Dies war jedoch nur der Fall bezüglich der Ausstattung und aus tariflichen Gründen, da noch kein Bedürfnis bestand, besondere Zugarten einzuführen. Waren die ersten Eisenbahnzüge in Deutschland reine der Personenbeförderung dienende Züge, so wechselte ihre Struktur mit dem Aufkommen des Güterverkehrs zu „Gemischten Zügen", die sowohl dem Personenverkehr als auch dem Warentransport Rechnung trugen. Erst mit steigenden Gütertransportmengen kam es zu einer Trennung beider Verkehrsarten; auf vielen Strecken blieb der gemischte Zug jedoch noch lange im Fahrplan erhalten.

Erst nach und nach kam es sowohl auf technischem Gebiet zu einer rasant einsetzenden Entwicklung zu mehr Sicherheit, technischem Fortschritt und Komfort, als auch aus den Verkehrsbedürfnissen selbst heraus zur Ausbildung besonderer Zuggattungen für die einzelnen Verkehrsarten.

Auch hier sei kurz auf die Entwicklung eingegangen, die die technischen und betrieblichen Meilensteine aufzeigt, die dann letztlich zur Ausprägung eines eigentlichen Schnellverkehrs führten:

a) 1843 wird der erste elektrische Zeigertelegraf bei der Rheinischen Eisenbahn in der Nähe von Aachen eingeführt.

b) 1844 erfolgt die allgemeine Einführung einer Zugbeleuchtung bei den preußischen Eisenbahnen.

c) Zur Unterrichtung der Reisenden über die bestehenden Zugverbindungen erscheint 1845 als erstes deutsches Kursbuch „Hendschel's Telegraph" durch den Fürstlich Thurn- und Taxis'schen Oberpostamtssekretär Hendschel.

d) 1848 folgt diesem die Erstauflage des „Meilenzeigers" für Deutschland durch den Geheimen Sekretär Wölker im Generalpostamt zu Berlin.

e) Die erste Gasbeleuchtung in einem Bahnhofsgebäude wird am 28. Oktober 1848 im Empfangsgebäude Nürnberg in Betrieb genommen.

f) 1854 unterbreitet Andraud den Vorschlag, Druckluft als Kraftträger für Bremsen zu verwenden.

g) Am 1. Juni 1857 wird mit der Einstellung durchlaufender Wagen in die Züge von Frankfurt (Main) nach Basel erstmalig eine Verwendung von Personenwagen über mehrere Bahnverwaltungen hinaus vorgenommen.

h) 1871 kommt es zur Einführung der Ölgasbeleuchtung in den Zügen.

i) Am 20. April 1871 wird die erste deutsche Fahrplankonferenz in München eröffnet.

k) 1872 wurde die durchgehende Bremse bei Schnell- und Personenzügen eingeführt.

l) Ebenfalls 1872 wurde in Brüssel die „Compagnie internationale des Wagons-lits (CIWL)" gegründet, die 1876 zur „Compagnie internationale des Wagon-lits et des Grands Express Européens" erweitert wurde. Seit 1967 firmiert diese Gesellschaft als „Compagnie internationale des Wagon-lits et du Tourisme", in der deutschen Schreibweise als „Internationale Schlafwagen- und Touristik-Gesellschaft" (ISTG, vorher ISG) bezeichnet.

m) Auf der Strecke Herlasgrün – Reichenbach (Vogtl) der sächsischen Staatseisenbahnen wurde am 1. Februar 1872 erstmals ein Blocksystem eingeführt.

n) Werner v. Siemens führt auf der Berliner Gewerbeausstellung am 31. Mai 1879 die erste elektrische Lokomotive der Welt vor – die Geburtsstunde des elektrischen Zugbetriebs.

o) Nachdem Pullman im Jahre 1858 in den USA zwischen Chicago und Albany erstmals die nach ihm benannten Schlafwagen eingesetzt hatte, verkehrten 1872 zwischen Paris und Wien die ersten Schlafwagen der ISG; als erster deutscher Lauf erschienen 1873 Schlafwagen zwischen Berlin und Ostende.

p) 1860 hatte Pullman den ersten Speisewagen eingesetzt; 1880 wurden auf preußischen Strecken die ersten Speisewagen Deutschlands eingesetzt, die von Bahnhofswirten bewirtschaftet wurden. Noch im gleichen Jahr folgte der erste Lauf eines Speisewagens der ISG in Deutschland zwischen Berlin und Frankfurt (Main).

q) Die selbsttätige Westinghouse-Luftdruckbremse wird 1887 eingeführt.

r) Ab dem 1. Mai 1892 werden in Deutschland D-Züge eingeführt, nachdem es bereits schon längere Zeit „Schnellzüge" bei den einzelnen deutschen Bahnverwaltungen gegeben hatte.

s) 1894 wird die elektrische Streckenblockung bei der Preußischen Staatsbahn in Betrieb genommen.

t) 1902 wird auf den Strecken Berlin – Altona und Berlin – Saßnitz die durchgehende elektrische Turbo-Zugbeleuchtung eingeführt.

u) Mit Eröffnung des elektrischen Zugbetriebes zwischen Potsdamer Ringbahnhof und Lichterfelde Ost in Berlin am 15. Juni 1903 wird erstmals eine elektrische Zugheizung verwendet.

v) Am 18. Januar 1911 wird mit der Aufnahme des elektrischen Versuchs-Betriebs auf der Strecke Bitterfeld – Dessau die erste Fernbahn-Elektrifizierung vollendet.

w) Neben der ersten Diesellokomotive wird im Jahre 1912 der erste stählerne D-Zugwagen von der Preußisch-Hessischen Staatseisenbahnverwaltung in Betrieb genommen.

Damit waren die Voraussetzungen technischer wie betrieblicher Art für die Aufnahme eines Schnellverkehrs auf den Eisenbahnen Deutschlands gegeben, nachdem in der Zwischenzeit durch Versuchsfahrten bewiesen werden konnte, daß die Eisenbahn in der vorliegenden Form geeignet und mit entsprechenden Zugföderungsmitteln ausgerüstet war, einen solchen Verkehr aufzunehmen.

Bevor wir uns aber mit der Entwicklung des Schnellverkehrs in Deutschland in der Zeit vor dem Ersten Weltkrieg beschäftigen können, bedarf es noch der Definition verschiedener Begriffe, die in den nachfolgenden Ausführungen, besonders aber im Tabellen- und Übersichtsteil eine erhebliche Rolle spielen.

a) **Höchstgeschwindigkeit**: Diese beträgt z. Zt. bei der Deutschen Bundesbahn 160 km/h, auf bestimmten Streckenabschnitten mit Genehmigung der Aufsichtsbehörde 200 km/h; bei der Deutschen Reichsbahn sind allgemein 120 km/h zugelassen. Probefahrten (Versuchszüge) fallen im allgemeinen nicht unter diese Bestimmungen. Die festgesetzte Höchstgeschwindigkeit darf jeweils nur mit Genehmigung der Aufsichtsbehörde überschritten werden. Das Bestreben der Eisenbahn, so schnell wie möglich zu fahren, ist so alt wie die Eisenbahn selbst; diese Höchstgeschwindigkeit hängt jedoch nicht allein von der Zugkraft der verwendeten Triebfahrzeuge ab, sondern sie muß sich auch nach der baulichen Beschaffenheit der Bahnanlagen, des verwendeten Rollmaterials und der Sicherheitseinrichtungen richten. Nach dem ersten Bahnpolizeireglement von 1871 durften Reisezüge, d.h. nach damaligem Sprachgebrauch Personenzüge (Züge, die der Beförderung von Personen dienten), bei Neigungen der Strecke von nicht mehr als 1 : 200 und Krümmungen von nicht weniger als 1000 m Halbmesser höchstens eine Geschwindigkeit von 75 km/h erreichen; in besonderen Ausnahmefällen konnte die Aufsichtsbehörde 90 km/h zulassen.

Diese Höchstgeschwindigkeiten wurden seitdem unter Anpassung an die technische Weiterentwicklung mehrfach angehoben. So gestattete die Bau- und Betriebsordnung von 1905 bereits 100 km/h, die bei besonders günstigen Verhältnissen von der Landesbehörde erhöht werden konnten. Im Jahre 1928 war die festgelegte Höchstgeschwindigkeit zwar immer noch auf 100 km/h festgelegt, konnte aber mit Genehmigung der Aufsichtsbehörde auf 120 km/h erhöht werden. Im Jahre 1933 sowie 1934/35 ließ der Reichsverkehrsminister für den Einsatz der Schnelltriebwagen (FDt) auf bestimmten Strecken 160 km/h zu. In der Eisenbahn-Bau- und Betriebsordnung von 1943 wurde die zulässige Geschwindigkeit auf 135 km/h festgesetzt, die 1957 auf 140 km/h erhöht wurde. Für den mit neuen Wagen ausgerüsteten „Rheingold" wurde dann im Sommer 1962 auf bestimmten Abschnitten zwischen Basel und Duisburg eine

Höchstgeschwindigkeit von 160 km/h zugelassen, die mit der letzten Ausgabe der Bau- und Betriebsordnung allgemein für den Bereich der DB eingeführt wurde.

Bei der Deutschen Reichsbahn der DDR verlief nach dem Zweiten Weltkrieg die Entwicklung wesentlich langsamer, so daß dort auch heute noch nur 120 km/h zugelassen sind; beim Vergleich der Übersichten und Tabellen beider deutscher Eisenbahnverwaltungen sollte man dies beachten.

b) **Reisegeschwindigkeit**: Unter Reisegeschwindigkeit versteht man die Geschwindigkeit eines Zuges vom Zuganfangs- bis zum Zugendbahnhof unter Einrechnung aller Aufenthaltszeiten für Halte, Verminderung der Geschwindigkeit durch streckenbedingte Zwangspunkte oder Zuschläge für Langsamfahrstellen usw. Die oben dargestellte Höchstgeschwindigkeit führt allein nicht zur Abkürzung der Reisedauer, wenn es nicht gelingt, sie auf möglichst langen Strecken anzuwenden. Daher sollte die Linienführung einer Strecke nach Möglichkeit so beschaffen sein, die Geschwindigkeit auf langen Abschnitten hoch zu halten und sowohl die Zahl der Zwischenhalte als auch ihre Dauer auf das Notwendigste zu beschränken; gerade der Einfluß der Aufenthaltsdauer auf die Reisegeschwindigkeit wird häufig unterschätzt. Durchführe ein Zug eine Strecke von 100km Länge gleichmäßig ohne Halt mit 100 km/h, dann wäre seine Reisegeschwindigkeit gleich der absoluten, also 100 km/h. Die Reisezeit würde in diesem Falle 60 Minuten (1 Stunde) betragen. Liegen an der gleichen Strecke jedoch fünf Aufenthalte von je fünf Minuten Dauer, so braucht dieser Zug für denselben Weg bereits 85 Minuten Zeit, die Reisegeschwindigkeit sinkt auf 71 km/h!

In der Praxis ist das Verhältnis sogar noch ungünstiger, denn weder kann der Zug aus seiner Höchstgeschwindigkeit ohne Zeitverlust bremsen, noch kann er ohne weiteren Zeitverlust beim Anfahren die Höchstgeschwindigkeit wieder erreichen. Rechnet man nur je eine Minute für die Brems- und Anfahrverluste in obigem Beispiel, so ergibt sich ein Verlust von 10 Minuten, der die Reisegeschwindigkeit weiter auf 63 km/h sinken läßt.

Da jedoch ein Fahrplan in aller Regel für einen längeren Zeitraum — heute allgemein für einen Jahresfahrplan — aufgestellt wird, muß u.a. auch noch berücksichtigt werden, daß die Strecke baulich unterhalten werden und der Zug dann auf diesem Abschnitt langsamer fahren muß. Für solche Fälle und andere, nicht vorhersehbare Unregelmäßigkeiten wird im Fahrplan ein Zeitpuffer vorgesehen, der je nach Zuggattung und Streckenhöchstgeschwindigkeit unterschiedlich ist. Läge er in obigem Beispiel bei fünf Minuten, so würde sich damit die Reisezeit auf 100 Minuten verlängern, was einer Reisegeschwindigkeit von 60 km/h entspricht. Allein aus diesem Beispiel ist ersichtlich, welche Einflüsse Halte und Geschwindigkeitsermäßigungen auf die Reisegeschwindigkeit schnellfahrender Züge haben. Dies möge beim Studium der Übersichten und Tabellen berücksichtigt werden.

Umfangreichere Untersuchungen über die Reisegeschwindigkeiten findet man für den deutschen Personenzugverkehr erstmalig in Baumanns „Deutsches Verkehrsbuch" aus dem Jahre 1931. Seit dieser Zeit hat sich der Begriff der Reisegeschwindigkeit allgemein durchgesetzt, zumal die Eisenbahnverwaltungen diesen auch später allein weiter verwendeten.

c) **Zulässige Geschwindigkeit**: Unter diesem Begriff versteht man die Geschwindigkeit, mit der eine Strecke maximal befahren werden darf; sie ist abhängig von dem Zustand der Gleis- und Sicherungsanlagen; besonderen Einfluß hierauf haben Gleisbogenhalbmesser und die nicht ausgeglichene Seitenbeschleunigung der Fahrzeuge.

d) **Betriebshalt**: Im Gegensatz zum aus verkehrlichen Gründen eingelegten Verkehrshalt, der immer im Kursbuch veröffentlicht wird, versteht man unter Betriebshalt den Aufenthalt eines Zuges, der allein aus betrieblichen Gründen erforderlich ist, z.B. Kreuzung von Zügen, Abwarten einer Überholung, Personalwechsel, Wasserfassen bei Dampfloks, Lokwechsel usw. Diese Betriebshalte werden nicht im Kursbuch veröffentlicht, sondern sind nur aus dem Buchfahrplan für den jeweiligen Zug zu ersehen.

e) **Abfahrtzeit**: Hier wird unterschieden zwischen verkehrlicher Abfahrtzeit (Zeitpunkt, zu dem ein Zug lt. Kursbuch abzufahren hat) und einer betrieblichen Abfahrtzeit, d.h. ein Zeitpunkt, der nicht im Kursbuch angegeben ist und aus innerbetrieblichen Gründen von der verkehrlichen Abfahrtzeit abweicht; die betriebliche Abfahrtzeit liegt jedoch immer später als die verkehrliche.

f) **Regelhalt**: Fahrplanmäßiger Halt eines Zuges aus verkehrlichen oder betrieblichen Gründen; bei Reisezügen ist der Ausfall eines planmäßigen Verkehrshaltes, der im Kursbuch veröffentlicht ist, nicht zulässig.

g) **Zuggattung**: Hierunter versteht man die nähere Definition eines Zuges nach Art und Aufgabe. In der Regel werden die statistischen Angaben über Betriebsleistungen nach Zuggattungen aufbereitet.

h) **Zugnummer**: Neben seiner Zuggattung wird jeder Zug zusätzlich durch Zahlen gekennzeichnet (bei ausländischen Eisenbahnverwaltungen waren früher auch Buchstabenkombinationen gebräuchlich, die meist auf Anfangs- und Endbahnhof des Zuglaufs hinwiesen). Heute sind bei DB und DR die Zugnummern nach besonderen Gesichtspunkten geordnet, so daß man aus ihnen nicht nur die Funktion, sondern auch die Verkehrsbeziehung erkennen kann. Grundlage der heutigen Zugnummerung ist das UIC-Merkblatt 419, das 1973 in Kraft trat.

i) **Zugname**: Besonders repräsentative Züge im Fernverkehr und Züge mit hohen Geschwindigkeiten erhalten Zugnamen, daher auch als „Namenszüge" bezeichnet. Bei Zugläufen, die die Bereiche mehrerer Eisenbahnverwaltungen berühren, wird der Name auf der Europäischen Fahrplan-Konferenz verbindlich festgelegt, im Binnenverkehr ist jede Eisenbahnverwaltung in ihrer Namensgebung frei. Oft haben sich die Zugnamen beim Publikum besser eingeprägt als die Zugnummer oder die Zeitlage – sie gelten daher als sehr werbewirksam.

k) **Mittlere Haltestellenentfernung (MHE)**: Hierunter versteht man den Quotienten aus der Summe der Lauflängen aller Züge oder bestimmter Zuggattungen eines Fahrplanabschnittes sowie der Teilstreckenzahl dieser Züge (jeweils um „1" vermehrt).

l) **Spannungsverhältnis**: Quotient aus der mittleren Reisegeschwindigkeit der betreffenden oder mehrerer zusammengefaßter Zuggattungen durch die mittlere Reisegeschwindigkeit aller D-Züge; aus dieser Zahl kann man sofort ersehen, um wieviel Prozentpunkte die Reisegeschwindigkeit höherwertiger Zuggattungen über jener der allgemeinen D-Züge liegt.

m) **Fahrgeschwindigkeit**: Diese ergibt sich im Gegensatz zur Reisegeschwindigkeit aus dem Verhältnis der zur Bewältigung einer Strecke erforderlichen reinen Fahrzeit unter Abzug aller Aufenthalte zu den in dieser Zeit zurückgelegten Schienenkilometern. Umfangreiche Zusammenstellungen über die Fahrgeschwindigkeiten deutscher Schnellzüge finden sich von Dr. S.v. Jezewski in verschiedenen Publikationen (vgl. Kap. C Abschn. e).

Zu den berühmtesten Fernzügen überhaupt gehört der Orient-Expreß, der im Laufe seiner über hundertjährigen Geschichte auf seinem Laufweg immer Deutschland berührte. Dieses seltene Bild entstand um die Jahrhundertwende: Halt des Orient-Expreß in Amstetten in Österreich.
Aufnahme: Slg. Griebl

C. Die Entwicklung zum schnellen Reiseverkehr und zu höheren Reisegeschwindigkeiten vor dem Ersten Weltkrieg

a) Schnellfahrversuche und schnelle Züge vor 1914

Die deutschen Staatseisenbahnen hatten vor dem Ersten Weltkrieg ein mustergültiges Netz von schweren D-Zügen aufgebaut, womit die damals bestehenden Verkehrswünsche weitgehend befriedigt werden konnten. So erscheint uns heute der Sommerfahrplan des Jahres 1914 als ein Optimum an Zugverbindungen; dies täuscht aber, denn durch die Zäsur des Ersten Weltkrieges wurde ebenso eine noch nicht abgeschlossene Entwicklung unterbrochen wie durch den Ausbruch des Zweiten Weltkrieges während des Sommerfahrplans 1939. Zu welchen Entwicklungen es ohne diese Einschnitte gekommen wäre, kann man nur vermuten.

Dieses Netz schwerer D-Züge wurde in Deutschland ebenso wie in ganz Europa noch durch zahlreiche große europäische Expreßzüge ergänzt, die, die Länder des Kontinents verbindend, durch die CIWL betrieben wurden und damals die Aufgaben wahrnahmen, die heute dem City-Jet und dem europäischen Flugnetz obliegen. Die Reisegeschwindigkeit all dieser Züge war jedoch gering; sie betrug 1914 nur 59,3 km/h. Bedingt waren diese geringen Reisegeschwindigkeiten durch die damals gültige Begrenzung der zulässigen Reise-Geschwindigkeit auf 100 km/h, welche auch erst seit 1905 galt. Um 1911/12 wurde sie streckenweise auf 105 km/h durch Genehmigung der Aufsichtsbehörde heraufgesetzt; selbst die Rekordstrecke München — Nürnberg wurde 1914 nur mit 88 km/h Reisegeschwindigkeit befahren. Andere wichtige Hauptfernverkehrsstrecken, wie z.B. Berlin — Hamburg, Berlin — Halle oder Freiburg — Offenburg, die später Spitzenreiter der Reisegeschwindigkeiten werden sollten, standen dem nicht wesentlich nach. Bis 1914 aber konnte die damals als „magisch" angesehene Grenze von 90km/h Reisegeschwindigkeit von keiner deutschen Staatsbahnverwaltung erreicht werden.

Bis zum Erreichen dieser Werte war es ein langer, dornenreicher und mit manchen Rückschlägen versehener Weg gewesen. Nachdem sich in den Jahrzehnten zwischen 1840 und 1880 der Hauptteil des europäischen Eisenbahnnetzes in seiner Grundform der Hauptdurchgangsstrecken herausgebildet hatte, waren die natürlichen Voraussetzungen für einen schnellen und differenzierten Verkehr eigentlich gegeben. Wenn auch durch die ab 1882 einsetzende Einführung der großen europäischen Expreßzüge der CIWL und den weiteren Zusammenschluß der Netze der einzelnen europäischen Staaten eine weitergehende Verfeinerung des Fahrplangefüges erreicht und die Fahrpläne besser aufeinander abgestimmt wurden, so lag die Bedeutung all dieser Verbindungen mehr in den günstigen durchlaufenden Wagen, in den großen von ihnen durchmessenen Entfernungen und dem verbesserten Komfort. Nicht aber wurden diese Verbindungen dazu genutzt, um durch hohe Geschwindigkeiten zwischen zwei aufeinanderfolgenden Halten eines Zuglaufes erhebliche Verbesserungen der Reisezeiten oder -geschwindigkeiten zu erzielen.

Verglichen mit dem Zustand um 1850/60 waren zwar in den neunziger Jahren des vergangenen und den ersten Jahren dieses Jahrhunderts erhebliche Fortschritte gemacht worden, aber die erzielten Geschwindigkeiten entsprachen aufgrund des erzielten technischen Fortschritts bei weitem nicht den damaligen Möglichkeiten. Da zu dieser Zeit die Eisenbahnen eine Monopolstellung innehatten und die schwerfälligen Apparate der Aufsichtsbehörden von sich aus keine Veranlassung sahen, die Höchstgeschwindigkeiten anzuheben, war es erst die nach dem Ersten Weltkrieg aufgekommene Konkurrenz von Automobil und Luftfahrt, die die Eisenbahnen aus ihrem oft selbstgefälligen Dornröschenschlaf aufweckte.

Dabei hatte es nicht an Versuchsfahrten gefehlt, die — für die damalige Zeit — beträchtliche und aufsehenerregende Geschwindigkeiten erzielten; auch gab es Beispiele wesentlich höherer Reisegeschwindigkeiten im europäischen Ausland (die aus den USA vermeldeten „Rekorde" sind mit Skepsis zu betrachten, da sie in der Regel außer durch Zeitungsberichte durch nichts belegt sind), die aber die deutschen Bahnen nicht zu höheren Geschwindigkeiten anspornten. Zur Ehrenrettung der deutschen Staatsbahnverwaltungen muß allerdings gesagt werden, daß wohl in kaum einem anderen europäischen Land die Sicherheitsvorschriften so streng gehandhabt und die Geschwindigkeiten so reglementiert waren wie im Deutschen Reich.

Nur so ist zu verstehen, daß in Deutschland die zulässige Höchstgeschwindigkeit noch erheblich unter 90 km/h lag, während im Jahre 1847 in England bereits mehrfach Reisegeschwindigkeiten (!) von mehr als 90 km/h erzielt wurden. Im Sommer 1850 erreichte hier ein Zug auf der Teilstrecke Paddington — Didcot fahrplanmäßig 92,7 km/h. Damit ist England sicher auch das Land, das nun über 90 Jahre lang die schnellsten Züge Europas hatte. Der absolute Geschwindigkeitsrekord dieser Jahrzehnte pendelte aber mehrfach in die USA und nach Kanada, wo zeitweise schnellere Züge verkehrten als im Ursprungsland der Eisenbahn.

Nach den Aufzeichnungen der Internationalen Eisenbahn-Kongreß-Vereinigung soll die 1847 in England erreichte Höchstmarke erstmals im Jahre 1902 von der französischen Nordbahn auf der Strecke Paris Nord – Arras mit 98,0 km/h überboten worden sein. Im gleichen Jahr gelang es der Nordbahn, auf dem Abschnitt Paris Nord – Amiens eine Reisegeschwindigkeit von 101,8 km/h zu erzielen, was den höchsten absoluten Wert in Europa vor Ausbruch des Ersten Weltkrieges darstellt. Diese Werte wurden aber nur über einen Fahrplanabschnitt gehalten; im letzten Vorkriegs-Sommerfahrplan 1914 war der europäische Zug mit der höchsten Reisegeschwindigkeit ebenfalls bei der französischen Nordbahn zu finden, nämlich ein D-Zug zwischen Paris Nord und St. Quentin mit 97 km/h, gefolgt von Zügen auf den Abschnitten Paris Nord – Amiens und Paris Nord – Longueau mit 95 km/h. Nach einem Bericht der Zeitschrift der Internationalen Eisenbahn-Kongreß-Vereinigung soll im England des Jahres 1914 eine Reisegeschwindigkeit von 99 km/h erreicht worden sein, doch sind genauere Fakten nicht bekannt; auch vorliegende Fahrpläne des Jahres 1914 lassen dies nicht beweisen.

Bei den deutschen Staatseisenbahnen wurden 1914 auf der Strecke Hannover – Minden (Westf) 89 km/h Reisegeschwindigkeit erzielt, es folgten dichtauf mit 88 km/h die Abschnitte Berlin Lehrter Bf – Hamburg Hbf, München – Nürnberg und Halle – Berlin Anh Bf. Entsprechende Werte wie bei diesen drei Ländern wurden in Europa bis 1914 bei keiner anderen Eisenbahnverwaltung erzielt.

An Rekordfahrten hatte es bei verschiedenen Eisenbahnverwaltungen zuvor nicht gefehlt. Die erste war eigentlich das Rennen von Rainhill auf der Liverpool-Manchester-Eisenbahn vom 7. Oktober 1829, wo Stephensons „The Rocket" eine Geschwindigkeit von 56 km/h erreichte. 1832 soll in den USA zwischen New Orleans und Jackson eine Lok die Spitzengeschwindigkeit von 128 km/h erreicht haben, und 1848 fuhren Expreßzüge der französischen Nordbahn zwischen Paris und Calais sowie Namur und Lüttich Geschwindigkeiten bis 120 km/h. Bei den im Jahre 1890 von der Paris-Lyon-Méditerranée-Bahn (PLM) auf ihrer Stammstrecke durchgeführten Vergleichsfahrten mit verschiedenen französischen Schnellzugloks erreichte die Crampton-Lok 604 der Est mit einem angehängten Wagen 144 km/h. Und bei einer Wettfahrt zwischen London und Aberdeen – damals weder in England noch in den USA etwas Außergewöhnliches – erreichte in der Nacht 22./23. August 1895 die verwendete Dampflok über die 870 km lange Strecke einen Schnitt von 102 km/h bei einer Höchstgeschwindigkeit um 135 km/h.

In Deutschland fanden 1903 auf der Militärbahnstrecke Marienfelde – Zossen durch die 1901 gegründete Deutsche Studiengesellschaft für elektrische Schnellbahnen Schnellfahrten mit zwei von AEG bzw. Siemens gebauten Drehstrom-Versuchstriebwagen statt. Zwischen dem 23. und 27. Oktober wurden mit diesen Fahrzeugen Geschwindigkeiten von 206,7 und 210,2 km/h erreicht, was auf lange Zeit den absoluten Weltrekord für Schienenfahrzeuge bedeutete. Im Jahre 1904 erfolgten Schnellfahrversuche der preußischen Staatseisenbahnen mit Dampfloks, wobei als höchste Geschwindigkeit 137 km/h gefahren wurden. Und die 1906 erfolgten Schnellfahrversuche der Bayerischen Staatseisenbahnen mit Lokomotiven der Gattungen S 2/6 und S 3/6 bei 150t Zuglast führten mit der S 2/6 auf der Strecke München – Augsburg zu der höchsten bis 1936 auf deutschen Strecken erreichten Geschwindigkeit von 154 km/h.

Obwohl die Eisenbahn über hundert Jahre lang das schnellste Verkehrsmittel und in dieser Zeit in ihrer Stellung unangefochten war, so hat sie sich im Rahmen ihrer Möglichkeiten bemüht, die Reisezeiten zu verkürzen, allerdings mit den bereits oben angesprochenen Einschränkungen. So wurde der Begriff des schnellen Zuges bereits mit der Einführung des ersten Schnellzuges in Preußen am 1. Mai 1851 auf der Strecke Berlin – Köln erstmalig gebraucht. Dieser Zug wurde besonders beschleunigt, um eine günstige Verbindung zwischen Berlin und Paris zu schaffen; die Reisezeit betrug 16 Stunden und die Reisegeschwindigkeit war gegenüber den normalen Zügen von 30 km/h auf 40 km/h angestiegen. Bereits 1852 wurde diese Reisezeit durch den neu eingeführten „Courierzug" Berlin – Köln um weitere 90 Minuten verkürzt, und 1855 wurden bereits bei 19 der damals 28 preußischen Eisenbahnverwaltungen Schnellzüge geführt. In Bayern war 1854 der erste Schnellzug zwischen Augsburg und Hof ins Leben gerufen worden, der erstmals nur Polsterklassen (1. und 2. Klasse) führte. Im gleichen Jahr wurden auch in Bayern die planmäßigen Nachtfahrten von Reisezügen aufgenommen und die Nichtraucherabteile eingeführt.

Zur Verbesserung der Bequemlichkeit des Reisens waren zwischenzeitlich im Jahre 1873 der erste Schlafwagen und 1880 die ersten Speisewagendienste aufgenommen worden. Bereits im Jahre 1858 hatte man die Einrichtung von Schlafcoupés in Angriff genommen, wobei ein Abteil 1. Klasse mit wenigen Handgriffen in ein „Schlafcabinet" umgewandelt wurde. Nachdem bereits einige Jahre zuvor auf bayerischen Strecken preußische Schlafwagen in den Relationen Berlin – München und Köln – München geführt worden waren, wurden 1880 die ersten bayerischen Schlafwagen zwischen Ulm und München sowie zwischen Ulm und Salzburg eingesetzt.

Zur Verbesserung des Reisecomforts wurde 1893 der Drehgestellwagen mit Seitengang, Übergangsbrücken und Faltenbälgen zwischen den Wagen und innerhalb der Wagen die Abgrenzung in Abteile eingeführt, so daß nunmehr der Reisende geschützt gegen die Unbilden der Witterung durch den Zug gehen und z.B. den Speisewagen auch während der Fahrt aufsuchen konnte. Vorher war dies nur während des Halts auf den Stationen möglich – der „D-Zug" war geboren. Durch die neuen Wagen konnten die Haltezeiten auf den Bahnhöfen, namentlich die immer noch zu den Essenszeiten vorgesehenen „Verköstigungshalte" wesentlich gekürzt werden, was zu einer allgemeinen Erhöhung der Reisegeschwindigkeiten führte.

Aus der Verbindung aller bis dahin möglichen Reisebequemlichkeiten, der Kombination von Speise-, Schlaf- und dem aus den USA eingeführten Pullman-Wagen, entstanden im Laufe der Zeit die großen europäischen Expreßzüge der CIWL.

Bevor wir uns jedoch diesen zuwenden wollen, sei zunächst noch auf einige Besonderheiten der Fahrplanentwicklung auf internationaler Ebene hingewiesen, die auf den seit dem Jahre 1872 (erste Tagung im Herbst 1871 in Würzburg) durchgeführten Europäischen Fahrplankonferenzen (EFK) behandelt wurden. So richtete man 1872 zwei Schnellzugpaare Wien – Paris via Simbach – München – Straßburg ein, die die Gesamtstrecke in 36 Stunden bewältigten. Schlafwagen „nach dem System Nagelmacker" auf der Strecke Wien – München wurden von den bayerischen Staatsbahnen „wegen der Kürze der Strecke" noch abgelehnt.

Die EFK Köln führte 1873 vorübergehend für die Fahrplandarstellung der Stunden zwischen 0.00 und 12.00 Uhr römische Zahlen ein – es galt ja damals noch die 12-Stunden-Zeit!

Für den Sommer 1874 konnten erstmals Schlafwagen nach dem System Nagelmacker für die Strecke Wien – Avricourt vereinbart werden; Avricourt war damals der deutsch-französische Grenzbahnhof an der Strecke Straßburg – Paris, gehörte Elsaß-Lothringen doch seit 1871 zum Deutschen Reich. Ein Versuch der amerikanischen Pullman-Gesellschaft, Schlafwagen in der Verbindung Wien – Köln einzurichten, wurde mit der Begründung abgelehnt, „daß die Bahnen bereits mit der Mann'schen Gesellschaft in Beziehung sind".

1877 wurde ein neuer Tagesschnellzug Wien – München eingelegt, nunmehr aber über Salzburg; dieser Schnellzug sollte gemäß Antrag der Kaiserin-Elisabeth-Westbahn zum Winter 1878/79 wieder aufgegeben werden, „da er ohnehin nur nach Salzburg, Gmunden und Ischl von Wien aus benutzt wird". 1880 beantragte die österreichische Kronprinz-Rudolfs-Bahn die Führung direkter Züge von Deutschland über Passau – Ischl – Pontafel nach Italien und einen Tagesschnellzug aus Deutschland in das Salzkammergut für den Fremden- und Badeverkehr. Für den Sommer 1882 wurde die Umlegung der Kurierzüge Wien – Paris über Salzburg beschlossen, während der „Train Express d'Orient" über Simbach geführt werden sollte. Zum Winter 1883/84 beantragten die Preußischen Staatsbahnen vergeblich einen Anschluß von Berlin (über Dresden) zum „Train Eclair" Paris – Constantinopel; diese Verbindung wurde erst 1916 mit der Einführung des „Balkanzuges" Wirklichkeit. 1884 wird ein neuer Kuriertageszug von Berlin über Bodenbach nach Wien eingelegt, der die Strecke in 14 h46' durcheilt. Im Sommer 1885 wird vereinbart, den „Orient-Expreß" auf dem Abschnitt Paris – Wien täglich zu fahren; für den Schnellzug Wien – Zürich – Paris wird erstmals der Name „Arlberg-Expreß" erwähnt.

Auf Antrag der Gotthardbahn beschließt die EFK für den Sommer 1886 in Hamburg, in den Fahrplantabellen die Minutenziffern in der Zeit von 6 Uhr abends bis 6 Uhr morgens zu unterstreichen – eine Regelung, die bis zur Einführung der 24-Stunden-Zeit am 1. Mai 1927 Geltung hatte.

1890 stellte Sachsen den Antrag, den Sommerfahrplan schon am 1. Mai eines jeden Jahres beginnen zu lassen, „da der Reise- und Bäderverkehr schon im April und Mai einsetzt". Die württembergischen und bayerischen Staatseisenbahnen drängen auf eine Beschleunigung der Züge über den Brenner – erfolglos. Zum Sommer 1891 stellt Preußen den Antrag, daß der 15. Meridian Grundlage für die Mitteleuropäische Zeit werden soll. 1893 kommt es zur Einführung eines zweiten Zuges Berlin – Brenner – Rom, und 1894 wird gemäß einem „Sonderprotokoll" die Einführung des „Oostende-Wien-Expreß" beschlossen; in diesem Jahr soll der „Orient-Expreß" wegen eines Malaria-Ausbruchs in der Türkei bereits in Bulgarien enden; die CIWL beantragt trotz der Quarantäne aber die Durchführung bis Constantinopel, da die Wagen beste Toiletten hätten und sich immer ein Arzt im Zuge befände.

In der Sitzung von Florenz für den Sommer 1895 beklagt Baden die schlechten Fahrzeiten und die Qualität der Schnellzüge Paris — Wien, die „die denkbar schlechtesten Fernverbindungen" seien. Im Sommer 1897 kommt es zu Grundsatzdebatten über die allgemeine Einführung der Mitteleuropäischen Zeit und einer 24-Stunden-Darstellung in den Fahrplantabellen; ein verbindlicher Beschluß darüber wird jedoch nicht gefaßt. Die beabsichtigte Führung des „Orient-Expreß" über Salzburg statt Simbach kann erst verwirklicht werden, wenn das zweite Gleis zwischen Salzburg und Wels fertiggestellt ist, stattdessen wird 1898 ein neuer Nachtschnellzug München — Wien über Simbach geführt, der aber bereits ein Jahr später wieder eingestellt wird. Zur Pariser Weltausstellung im Jahre 1900 werden Extrazüge aus verschiedenen Hauptstädten nach Paris vereinbart, die aus Zweiachsern, Schlaf- und Speisewagen gebildet werden sollen.

Wie sehr die Staatsgrenzen damals Hindernisse für einen allgemeinen Reiseverkehr waren, die man sich heute kaum mehr vorstellen kann, mag die Tatsache erhellen, daß auf der EFK für den Sommer 1901 in Palermo Klage u.a. darüber geführt wurde, daß beim Schnellzug Berlin — Bukarest die Reisenden samt Gepäck in Kattowitz aussteigen müßten und man ihnen die Pässe abnähme. Gleiche Verhältnisse wurden auch für die Grenzübergänge anderer Länder angeprangert.

1901 verlangte die österreichische Südbahn von der CIWL im „Nord-Süd-Expreß" für ihre Bremser Sitzgelegenheiten (ein Zeichen dafür, daß der Zug noch nicht mit durchgehender Bremse gefahren wurde!) — die CIWL stellte „Klappsitze oder Feldsessel" in Aussicht, was ein Schlaglicht auf das soziale Gefälle der damaligen Zeit wirft.

1903 werden zweiachsige Kurswagen Mannheim — Graz eingeführt, und die Reichseisenbahnen wünschen einen Kurswagen Oostende — Graz — Bischofshofen. Für 1904 werden u.a. Kurswagen Dresden — Prag — Ischl beantragt, Verbindungen, die heute niemand mehr kennt, die aber ein Zeichen der damaligen Bedeutung bestimmter Bade- und Erholungsorte für den internationalen Reiseverkehr waren.

Ähnlich geht es bis zum Ausbruch des Ersten Weltkrieges weiter: Zum Sommer 1908 und auch in den Folgejahren beantragen die Bayerischen Staatseisenbahnen die Vereinigung von „Orient-Expreß" und „Wien-Oostende-Expreß" zwischen Wien und München statt Wien und Wels, was jedoch immer abgelehnt wird. Die k.k. Staatsbahn beantragt im gleichen Jahr einen neuen Luxuszug Berlin — Triest über die Pyhrnbahn, den die CIWL für 1909 erwägen wollte. 1911 beantragt der Österreichische Lloyd einen Luxuszug der CIWL München — Triest über die neu eröffnete Tauernbahn; dieser Antrag wird abgelehnt, dafür ein Schnellzug Paris — Salzburg — Tauern — Triest geführt, der den Namen „Tauern-Expreß" erhält und Schlafwagen Stuttgart — Triest führt. Für den Sommer 1914 soll der „Tirol-Riviera-Expreß" (Wien/Budapest — Cannes) so beschleunigt werden, daß nur noch eine Nachtfahrt erforderlich ist, dafür soll jedoch der „Berlin-Tirol-Rom-Expreß" aufgelassen werden.

Die letzte EFK vor Ausbruch des Ersten Weltkrieges, die für den Winterabschnitt 1914/15 am 10. und 11. Juni 1914 in Bern tagte, beschloß eine Ausdehnung der Verkehrszeiten des „Berlin-Cannes-Expreß"; die Bayerischen Staatseisenbahnen wünschten eine Verlängerung des Schlafwagens Berlin — Taormina (Sizilien) bis Syrakus.

Im Gegensatz zum Zweiten Weltkrieg ruhte die Tätigkeit der EFK während des Ersten Weltkrieges nicht, sondern sie wurde zwischen den Verwaltungen der Mittelmächte und der der neutralen Staaten bis zum Winterfahrplan 1916/17 in Stuttgart fortgeführt. So wurde für den Winter 1915/16 in Leipzig beschlossen, in den Schnellzügen Berlin — Wien ganze Salonwagen oder -abteile für Kuriere einzurichten. Die EFK für den Sommerfahrplan 1916 segnet den bereits in Vorverhandlungen beschlossenen „Balkanzug" ab.

Zum Abschluß sei noch ein von W. Biedenkopf gegebener Hinweis erlaubt: „Zwar wird in der Literatur immer wieder behauptet, der schnellste Zug des Abschnittes vor dem Ersten Weltkrieg sei zwischen München und Nürnberg gefahren (vgl. Brockhaus, 6. Auflage, Seite 642 unter „Eisenbahngeschwindigkeit"); diese Behauptung ist aber dennoch falsch. Eindeutig schneller war im Sommer 1914 ein Schnellzug zwischen Hannover und Minden mit 89,9km/h Reisegeschwindigkeit, wobei noch offenbleibt, ob die höchsten Reisegeschwindigkeiten gerade im Sommerfahrplan 1914 erreicht wurden. Kursbücher aller wichtigen Jahre vor 1914 standen mir aber nicht zur Verfügung."

206.32 der KköStB mit dem Orient-Expreß im Jahre 1908 am Rekawinkler Berg.
Aufnahme: Slg. Griebl

Abfahrt des ersten „Balkanzuges" Berlin – Galanta in Berlin Anh Bf im Juni 1916.
Aufnahme: Ullstein-Bilderdienst

b) Die Luxuszüge der CIWL vor dem Ersten Weltkrieg

Als erster einer großen Anzahl von Luxuszügen fuhr zwischen dem 10. und 14. Oktober 1882 ein einmaliger Propagandazug der CIWL von Paris nach Wien und zurück; dieser „Train Eclair" („Blitzzug") bestand ausschließlich aus Schlaf-, Speise- und Gepäckwagen. Damit wurde die große Zeit der europäischen Luxuszüge eingeleitet, die durch Georges Nagelmackers Idee eines Netzes dieser Züge bereits im Dezember 1876 durch Neugründung und Erweiterung des Namens der „Compagnie internationale de Wagon-Lits" zur „Compagnie internationale de Wagon-Lits et de Grands Express Européens" geführt hatte.

1883 kam es zum Vertragsabschluß zwischen der CIWL und den Verwaltungen der französischen Ostbahn, der Kaiserlichen Generaldirektion der Eisenbahnen in Elsaß-Lothringen, der Generaldirektion der Badischen Staatseisenbahnen, der Generaldirektion der Kgl. Württembergischen Staatseisenbahnen, der Generaldirektion der Kgl. Bayerischen Verkehrsanstalten, der k.k. Direktion für Staatseisenbahnbetrieb in Wien, der k.k. privilegierten Österreichischen Staatseisenbahngesellschaft und der Königlichen Generaldirektion der rumänischen Eisenbahnen über die Führung eines Luxuszuges nach den Vorstellungen Nagelmackers unter dem Namen „Orient-Expreß". Der Vertrag sollte nur dann in Kraft treten, wenn zwischen Bukarest und Constantinopel die nötige Anschlußverbindung zustande käme.

Am 5. Juni 1883 (bzw. in der Gegenrichtung am 9. Juni) startete im Pariser Ostbahnhof der erste „Orient-Expreß" zu seiner Fahrt über Straßburg — Stuttgart — München — Simbach — Wien — Preßburg — Budapest — Szegedin — Orsova — Pitesti — Bukarest nach Giurgewo, wo die Reisenden aussteigen und mit einer Dampfbarkasse nach Rustschuk (Russe) auf der bulgarischen Donauseite übersetzen mußten; von hier aus ging es weiter auf der Strecke der Orientbahn nach Varna, wo Anschluß an die Dampferlinie des Österreichischen Lloyd nach Constantinopel bestand. Der Zug verkehrte in jeder Richtung zunächst zweimal wöchentlich; und da das bestellte Wagenmaterial noch nicht geliefert worden war, wurde die festliche Eröffnungsfahrt mit Ehrengästen am 4. Oktober 1883 nachgeholt. Durch die Fortschritte des Bahnbaus auf dem Balkan, insbesondere in Serbien, fuhr der Zug ab 1885 mit zwei Schlafwagen einmal pro Woche zusätzlich bis Nisch; zwischen Paris und Wien verkehrte der Zug inzwischen täglich. Nach Fertigstellung der Bahnlinie zum Goldenen Horn über Nisch — Sofia wurde ab 1888 der direkte Verkehr Paris — Constantinopel ab Budapest über Belgrad — Nisch — Sofia — Adrianopel zum Osmanischen Reich aufgenommen, während der Zweig ab Budapest über Szegedin — Orsova nach Bukarest bestehen blieb, zunächst allerdings nur noch einmal wöchentlich. Durch die Inbetriebnahme der Donaubrücke bei Fetesti konnte dieser Zweig ab Ende 1885 über Bukarest hinaus bis Constanza verlängert werden. Die Geschichte des „Orient-Expreß" ist in der Literatur eisenbahngeschichtlich, kulturell wie auch in der Kriminalliteratur so eingehend behandelt worden, daß in diesem Zusammenhang auf diesen Zug nicht näher eingegangen werden soll.

Als nächster Luxuszug der CIWL wurde ab 1. Juni 1894 der „Ostende-Wien-Expreß", zeitweise auch „Ostende-Wien- (Orient-) Expreß" genannt, von Ostende nach Wien über Brüssel — Köln — Frankfurt — Nürnberg — Passau gefahren, wobei er zwischen Wels und Wien mit dem „Orient-Expreß" vereinigt war. Außer den Wiener Wagen führte er dreimal wöchentlich einen Schlaf- sowie einen Gepäckwagen mit Postabteilen nach Constanza und viermal wöchentlich nach Constantinopel.

Mit zu der großen Gruppe der Expreßzüge, die in der Regel neben Speise- und Gepäckwagen (teilweise mit Postabteil) aus den blauen, teilweise noch aus den aus Teakholz bestehenden Schlafwagen der CIWL gebildet und die in sich oder über Kurswagenträger in gewöhnlichen D-Zügen miteinander verbunden waren, gehörte der durch Vertrag vom 13. November 1895 zustande gekommene, einmal in der Woche verkehrende „Ostende-Wien-Triest-Expreß", der ab Wien über den Semmering und Laibach nach der damals bedeutendsten österreichischen Hafenstadt verkehrte, wo der Österreichische Lloyd einen direkten Schiffsanschluß nach Alexandria herstellte. Um 1900 wurde die direkte Zugverbindung in einen Schlafwagenkurs, ab Wien in einen normalen Südbahn-Schnellzug umgewandelt. 1906 wurde zur besseren Anbindung des Mittelmeerraumes und zur Weiterführung nach Indien als „Ägypten-Expreß" ein Luxuszug Berlin — Neapel eingeführt.

Ab 1895 wurde nach dem Weltbad Karlsbad der „Karlsbad-Expreß" gefahren, der in Nürnberg aus dem „Ostende-Wien-Expreß" abspaltete. Ab dem Jahre 1905 zweigte in Eger ein Schlafwagen nach Marienbad ab: der „Marienbad-Expreß" war geboren. Als dann anläßlich der Pariser Weltausstellung eine Doppelführung des „Orient-Expreß" erwogen wurde, kam es aufgrund langer französischer Wünsche zur Einführung eines täglichen Saison-Luxuszuges unter dem Namen „Paris-Karlsbad-Expreß". Bemerkenswerterweise war die Geschäftsführung dieses Zuges den Reichseisenbahnen in Elsaß-Lothringen übertragen worden.

Aber noch ein weiterer Zug gehörte in die Gruppe des „Orient-Expreß", der 1900 erstmalig verkehrende Schlafwagen-Luxuszug Berlin – Constantinopel, der zweimal wöchentlich unter dem Namen „Berlin-Budapest-Orient-Expreß" ab Berlin Friedrichstraße über Sommerfeld – Breslau – Oderberg, die Kaschau-Oderberger Bahn und Sillein zum Budapester Westbahnhof gefahren wurde, wo er für den Rest der Strecke bis Constantinopel mit dem „Orient-Expreß" vereinigt wurde. Die geringe Benutzung dieses Zuges führte bereits im Jahre 1901 wieder zu seiner Einstellung.

1906 wurde im Zuge der „Orient-Expreß"-Zuggruppe der „Simplon-Expreß" eingeführt, der aber für unseren Themenbereich ohne Bedeutung ist, da er deutsches Gebiet nicht berührte. In gleicher Weise wurden noch zahlreiche andere Luxuszüge eingerichtet, die saisonal entweder im Sommer oder Winter verkehrten oder aber nur eine mehr oder minder kurze Lebensdauer hatten. Hierbei waren diese Züge auf die Reisebedürfnisse der Engländer, Franzosen, in geringerem Umfang auch der Deutschen, vor allem aber der Russen abgestellt, denn vor dem Ersten Weltkrieg bewegte sich die Aristokratie des Zarenreiches gern in den mitteleuropäischen Bädern in Italien und an der französischen Cote d' Azur. Einige dieser Züge sind bereits bei der Darstellung der wichtigsten Beschlüsse der EFK vor dem Ersten Weltkrieg genannt worden; sie dienten alle dem Verkehr mit Südeuropa und berührten das Reichsgebiet meist nur in seinen südlichen Teilen.

Anders dagegen waren zwei Luxuszüge angelegt, die nördlich der deutschen Mittelgebirgsschwelle verkehrten. Dies war einmal der berühmte und bis nach dem Zweiten Weltkrieg verkehrende „Nord-Expreß", der vom Pariser Nordbahnhof abgehend das Reichsgebiet bei Aachen erreichte und über Cöln – die Ruhr – Hannover nach Berlin fuhr, wo er sich teilte. Wurde der Abschnitt Paris – Berlin täglich bedient, so fuhr ein Zweig wöchentlich zweimal weiter über die preußische Ostbahn zum Grenzbahnhof Eydtkuhnen/Wirballen, wo Anschluß nach Petersburg, der Hauptstadt des Zarenreiches, bestand. Der andere Zweig verkehrte einmal wöchentlich von Berlin über Posen – Thorn nach dem deutsch-russischen Grenzbahnhof Alexandrowo, wo mit der Warschau-Wiener Eisenbahn über Warschau Anschluß nach Moskau bestand. Und schließlich sei an den anderen nördlich der deutschen Mittelgebirge verkehrenden Luxuszug, den „Berlin-Holland-Expreß" erinnert, der die Reichshauptstadt über Hannover – Osnabrück – Bentheim mit Vlisssingen und über den Kanal mit England verband.

Im letzten Fahrplan vor Ausbruch des Ersten Weltkrieges, dem Sommerfahrplan 1914, waren im Deutschen Reich folgende Luxuszüge vorhanden, wobei die Zeiten nur für die Zuganfangs- bzw. Endbahnhöfe oder die deutschen Grenzbahnhöfe angegeben sind:

L 11	Nord-Expreß	(Paris/Ostende –) Aachen (21.39) – Cöln – Ruhr – Hannover – Berlin Zoo (7.18)
	Flügel zu L 11 (Sa/Mi)	Berlin Zoo (7.20) – Schneidemühl – Dirschau – Königsberg – Eydtkuhnen – Wirballen (18.45) (– St. Petersburg)
	Flügel zu L 11 (Di)	Berlin Zoo (7.20) – Posen – Thorn – Alexandrowo (13.52) (– Moskau)
L 12	Nord-Expreß	Berlin Zoo (23.10) – Hannover – Ruhr – Cöln – Aachen (9.20) (– Paris/Ostende)
	Flügel zu L 12 (So/Do)	(St. Petersburg –) Wirballen (9.24) – Eydtkuhnen – Königsberg – Dirschau – Schneidemühl – Berlin Zoo (23.07)
	Flügel zu L 12 (Di)	(Moskau –) Alexandrowo (15.49) – Thorn – Posen – Berlin Zoo (23.07)
L 183	Karlsbad-Marienbad-Berlin-Expreß (nur bis 31.8.1914)	(Karlsbad/Marienbad –) Eger (15.35) – Plauen – Leipzig Berlin Anh Bf (21.05)
L 184	Berlin-Karlsbad-Marienbad-Expreß (nur bis 31.8.1914)	Berlin Anh Bf (11.08) – Leipzig – Plauen – Eger (17.07) (– Karlsbad/Marienbad)
L 53/ 153	Wien-Ostende-Expreß	(Wien –) Passau (17.17) – Nürnberg – Frankfurt – Mainz – Cöln – Aachen (5.54) (– Ostende)
L 54/ 154	Ostende-Wien-Expreß	(Ostende –) Aachen (22.45) – Cöln – Mainz – Frankfurt – Nürnberg – Passau (12.07) (– Wien)
L 64	Karlsbad-Expreß (bis 28.9.1914)	(Karlsbad –) Eger (15.54) – Nürnberg – Crailsheim – Heilbronn – Karlsruhe – Straßburg – Deutsch Avricourt (1.35) (– Paris)
L 65	Karlsbad-Expreß (bis 28.9.1914)	(Paris –) Deutsch Avricourt (3.13) – Straßburg – Karlsruhe – Heilbronn – Crailsheim – Nürnberg – Eger (12.59) (– Karlsbad)
L 62	Orient-Expreß	(Constantinopel/Constanza –) Salzburg (17.32) – München – Stuttgart – Karlsruhe – Straßburg – Deutsch Avricourt (3.40) (– Paris)

L 63	Orient-Expreß	(Paris –) Deutsch Avricourt (2.26) – Straßburg – Karlsruhe – Stuttgart – München – Salzburg (12.45) (– Constanza/ Constantinopel)
L 157	Ostende-Karlsbad-Expreß (bis 16.9.1914)	Nürnberg (8.25) – Eger (11.09) (– Karlsbad)
L 158	Karlsbad-Ostende-Expreß (bis 16.9.1914)	(Karlsbad –) Eger (18.07) – Nürnberg (20.23)

Selbstverständlich fielen mit Beginn der Mobilmachung kurz vor Ausbruch des Ersten Weltkrieges alle diese Züge sofort aus – damit senkte sich bis zum Ende dieses Krieges der Vorhang über die großen europäischen Expreßzüge.

Dennoch sollte aber inmitten des Ersten Weltkrieges nochmals ein Zug das Licht der Welt erblicken, der in etwa den Hauch dieser Züge auf sich vereinigen sollte, jedoch nicht von der CIWL, sondern der soeben gegründeten MITROPA gefahren wurde – der „Balkanzug". Nach der Besetzung Serbiens war nämlich der Weg frei geworden für einen Prestigezug zwischen den Hauptstädten des Deutschen Reiches und dem verbündeten Osmanischen Reich, Constantinopel. Hier bestand weniger eine wirtschaftliche Notwendigkeit, sondern es sollte politische Macht gegenüber den Alliierten demonstriert werden. Dieser Zug verkehrte erstmals vom 15. Januar 1916 an in drei Teilen: Ein erster begann auf der alten „Orient-Expreß"-Route in München und fuhr nach Wien West, ein zweiter begann in Berlin Anh Bf und fuhr über Dresden – Groß Wossek (Umgehung von Prag) – Iglau zum Wiener Nordbahnhof, wo diese beiden Teile miteinander verbunden wurden; der dritte Teil schließlich begann in Berlin am Schlesischen Bahnhof und fuhr über Breslau – Oderberg – Kaschau-Oderberger Eisenbahn – Sillein nach Budapest Westbf, wo die Vereinigung mit den aus Wien gekommenen beiden Teilen erfolgte; gemeinsam ging dann die Fahrt weiter über Belgrad – Sofia – Adrianopel nach Constantinopel. Ab der zweiten Fahrt wurde der Münchner Teil ab und bis Straßburg verlängert und mit Schlafwagen Straßburg – Constantinopel, Sitzwagen 1. und 2. Klasse Straßburg – Belgrad und Speisewagen München – Wien gefahren. Der Zug selbst verkehrte in allen seinen Teilen zweimal wöchentlich. Ab Mai 1917 fuhr der süddeutsche Zweig wieder nurmehr bis und ab München; ab Mai 1918 kam noch eine Kurswagenverbindung Würzburg – Passau – Wien – Balkan hinzu.

Als Wagenmaterial wurden im Balkanzug sowohl Sitzwagen 1. und 2. Klasse neuester sechsachsiger Ausführung wie auch Schlaf- und Speisewagen der CIWL eingesetzt; die Embleme der CIWL wurden dabei durch große Tafeln mit der Aufschrift „Balkanzug" überdeckt. Nach Gründung der MITROPA übernahm diese ab 1. Januar 1917 die Bewirtschaftung des Zuges und stellte später auch eigene Wagen. Bedingt durch die Kriegssituation, verkehrte der Balkanzug letztmals am 15. Oktober 1918. Er lebte auch nach Beendigung des Ersten Weltkrieges in dieser Form als Luxuszug nicht wieder auf, wenn es auch zwischen den beiden Kriegen Kurswagen zum Balkan und in die europäische Türkei gab, die den Laufwegen des früheren Zuges folgten.

c) Die Vorgänger der FD vor dem Ersten Weltkrieg (von Wilfried Biedenkopf)

Von Erich Kästner stammt die Aussage, daß Schulbücher deshalb schlecht sind, weil sie größtenteils aus alten Schulbüchern abgeschrieben wurden, die selbst wieder zum größten Teil aus noch älteren Schulbüchern abgeschrieben waren, die ihrerseits...usw. Das gleiche kann man auch vom Kursbuch aussagen: Jede neue Ausgabe wird zu einem beträchtlichen Teil von der vorhergehenden abgeschrieben, was aber – im Gegensatz zu den Schulbüchern – durchaus positiv zu beurteilen ist. Sieht man einmal von dem Fall ab, daß eine Zugleistung völlig neu und zusätzlich gefahren wird, so bringt jede Änderung im Fahrplangefüge für irgendjemanden auch Nachteile mit sich. Nicht umsonst schätzt man die traditionsreichen, „eingefahrenen" Verbindungen hoch ein, Verbindungen, die im Kundenkreis bekannt sind und nicht wesentlich verändert werden, oft sogar über viele Jahre hinweg.

Auf diesem Hintergrund aufbauend, ist es durchaus berechtigt zu fragen, ob der Einsatz der FD-Züge ab Sommer 1923 wirklich in jedem Falle völlig Neues gebracht habe oder ob nicht bewährte Zugverbindungen lediglich mit einem neuen Etikett versehen wurden. Sicher, in den Jahren unmittelbar vor 1923 war der Fahrplan dürftig und bot wenig, woran anzuknüpfen sich lohnte, jedoch lag es nahe, auf die Jahre vor Ausbruch des Ersten Weltkrieges zurückzugreifen, ähnlich wie man ein Menschenalter später, nach 1950, ebenfalls manche Züge der Zwischenkriegszeit zu neuem Leben erweckte. Im Netz, das 1923 wesentlich geringer von jenem des Sommers 1914 abwich als etwa das von 1951, lag es also nahe, an die Vorkriegstradition anzuknüpfen. Wenn wir aber konkret nach den Vorgängerzügen der FD fragen, so müssen wir uns erst einmal darüber klar werden, welche Eigenschaften solch ein Vorgängerzug denn haben soll:

a) er muß die gleichen Endpunkte über die gleiche Strecke miteinander verbinden,
b) er muß etwa die gleiche Zeitlage haben,
c) er muß sich von der großen Menge der Schnellzüge durch höhere Geschwindigkeit, besonders aber durch selteneres Anhalten abheben,
d) er muß ein reiner Polsterzug sein.

Natürlich darf man diese vier Bedingungen nicht ganz wörtlich nehmen, denn z.B. bei der Tagesschnellverbindung Stuttgart — Berlin ist es minder wichtig, ob diese über Halle (wie 1914) oder über Leipzig (wie 1939) läuft. Bei der Zeitlage ist zu bedenken, daß infolge der Beschleunigung in den dreißiger Jahren FD-Züge nur an einem Endpunkt etwa die Zeitlage eines Vorgängers haben konnten, am anderen dann zwangsläufig nicht. Auch hier darf man also nicht an einzelnen Stunden oder gar Minuten deuteln! Stets aber läßt sich unterscheiden, ob ein Zug eine Tagesrandverbindung (früh am Morgen von der Provinzstadt weg, spät am Abend dorthin zurück, durchweg ohne ausreichenden Aufenthalt in Berlin) oder eine Mittags- oder Nachmittagsverbindung war. Manche qualifizierten D-Züge vor 1914 hielten gleichwohl öfter an als die FD-Züge es später taten. Immerhin kann ein normaler Schnellzug, der in allen mittleren Städten anhielt, nicht gut als FD-Vorläufer gelten. Die letzte Voraussetzung geht meistens mit dieser vereint: Nur selten haltende Züge waren auch 1914 noch auf die beiden Polsterklassen beschränkt; zehn oder 15 Jahre zuvor war das nicht so, damals hielten auch Züge 1.2. Klasse in mittleren Orten an, von denen wir nur, wahllos mit dem ABC beginnend, Andernach, Bruchsal und Celle nennen wollen.

Sehen wir uns also um, welche Vorgängerzüge für die FD infrage kommen, inwieweit man auf Vorkriegstraditionen zurückgegriffen hat.

Für die typische Tagesrandlage des FD Hamburg — Berlin gibt es keinen Vorgänger, auch nicht für den nur wenige Jahre verkehrenden zweiten FD mit Abfahrt früh in Berlin. Die zwei Polsterzugpaare der letzten Vorkriegsjahre lagen sämtlich nachmittags, der etwas langsamere D 518 mit Zwischenhalt in Wittenberge in beiden Richtungen früher, der ohne Halt durchfahrende D 19/20 in beiden Richtungen in den Abendstunden. D 20 mit 194 Minuten Fahrzeit war — wenn man den ganzen Zuglauf betrachtet — der bei weitem schnellste Zug im damaligen Reich mit 88,7 km/h; er verkehrte in gleicher Lage auch schon 1912, dagegen noch nicht 1907. Damals war D 8 (Berlin ab 17.25 Uhr) mit Halt in Wittenberge 83,1 km/h schnell. Diese Zeitlage paßt eher zu dem späteren FD 24.

Im Sommer 1914 gab es keine Polsterzüge Berlin — Königsberg, wohl aber bis und ab Eydtkuhnen D 718 als etwas bescheideneren Nachläufer zum Luxuszug „Nord-Expreß", der damals noch auf St. Petersburg abgestellt war. Im Sommer 1912 lief das Zugpaar D 7/8 Berlin — Königsberg in beiden Richtungen vormittags abfahrend, also völlig anders als 27 Jahre später FD 5/6. Westwärts betrug die Reisegeschwindigkeit 77,4 km/h, ein paar Minuten mehr Fahrzeit als 1914.

Zwischen Berlin und Schlesien führten schon 1901 sämtliche D-Züge alle drei Wagenklassen.

Zwischen München und Berlin fuhr ab 1. Juni 1912 das D-Zug-Paar 79/80 mit nur zwei Zwischenhalten in Nürnberg und Halle, was damals wegen der Entfernung Nürnberg — Halle allgemein bestaunt wurde. Der Zug lag nordwärts mehrere Stunden früher, südwärts entsprechend später als nachher der FD. Seine Reisegeschwindigkeit betrug nordwärts 77,6 km/h, südwärts 75,3 km/h. Zuvor hatte es den wesentlich langsamereren Zug 39/40 als einzige Tagesverbindung München — Saalfeld — Berlin gegeben. Nachtzüge existierten natürlich ebenfalls, aber keine reinen Schlafwagenzüge mit seltenen Aufenthalten.

Wie das vorhergehende Beispiel beweist auch die Verbindung Stuttgart — Berlin, daß der Fahrplan unmittelbar vor Ausbruch des Ersten Weltkrieges aufgestockt und die Züge spürbar beschleunigt werden konnten, eine Parallele zum Geschehen ein Menschenalter später. Allerdings war diese Verbindung 1912 nur mit dreiklassigen Schnellzügen ausgestattet. Im Sommer 1914 fuhr aber ein für die schwierigen Streckenverhältnisse bemerkenswert beschleunigter Polsterzug, D 231/232, der gegenüber dem späteren FD zusätzlich in Ebenhausen und Lauda anhielt, zwei kleinen Orten, wo man aber in die Weltbäder Kissingen und Mergentheim umsteigen mußte. Natürlich war damals auch noch keine Tagesfahrt Berlin — Zürich möglich. Die Reisegeschwindigkeit Berlin — Halle — Stuttgart (651,8 km) betrug 64,3 km/h.

Auf den ersten Blick verblüfft es: Im Sommer 1914 gab es keine hervorstechende Städteverbindung Frankfurt (M) — Berlin. Drei Zugpaare mit nur 1.2. Klasse zwischen diesen beiden Städten (dazu noch ein Nachtzugpaar) waren Verbindungen Wiesbaden — und Basel — Berlin. Die Tagesrandverbindung D 129/130 Wiesbaden — Berlin paßte für diesen Zweck zwar vorzüglich, entspricht hinsichtlich ihrer Zeitlage aber keinem späteren FD. Von allen Zügen war aber der Nachmittagszug D130 Berlin Anh Bf – Halle – Frankfurt (533,4 km) am schnellsten: 414 Minuten ergibt 77,3km/h, mit Zwischenhalten in Halle, Erfurt und Bebra. Eigentlich muß man aber die 41,4 km bis Wiesbaden mit einrechnen; dann sind es nur noch 73,4km/h, wobei der Zug auch noch in Mainz-Castell anhielt.

Ungefähr in der Fahrplanlage des späteren FD5/6 lagen die Züge D5/6 – was die Verkehrszeiten in Frankfurt betrifft – und D11/12 mit ähnlichen Fahrplanlagen in Berlin Anh Bf. Der ältere von beiden war D5/6, der ja auch die Nummer für den FD abgegeben hat. Anders als dieser fuhr er aber über Straßburg – Ludwigshafen, da Elsaß-Lothringen damals zu Deutschland gehörte und die dortigen Reichseisenbahnen von Preußen geflissentlich bevorzugt wurden gegenüber der badischen Konkurrenz. Vielleicht waren aber auch tatsächlich Straßburg, Colmar und Mülhausen verkehrlich bedeutender als Karlsruhe, Baden-Baden und Freiburg. Südlich Frankfurt fuhr D5/6 dreiklassig und über die Riedbahn. Sonderbarerweise ließ er dort mehr Zwischenorte (z.B. Speyer) aus als nördlich Frankfurt, wo er auch in Offenbach, Hanau, Eisenach, Weimar und Gotha anhielt, nordwärts außerdem in Fulda und Naumburg. Für die 532,0 km brauchte er 446 Minuten, was 71,6km/h ergibt. Hinsichtlich Fahrgeschwindigkeit und Haltestellenabstand war also D11/12 eher ein Vorgänger, auch wenn er erst kurz vor Kriegsausbruch im Fahrplan erschien, während es D5/6 schon um die Jahrhundertwende gab. Dieser Zug fuhr morgens zwei Stunden früher als D5 in Basel SBB ab und kam auch abends anderthalb Stunden später an. In Berlin war es gerade umgekehrt: Nordwärts war nämlich D11 über die badische Hauptbahn, südwärts D6 über das Elsaß schneller am Ziel. Rechnet man die Teilstrecke bis zum Badischen Bahnhof in Basel und den Aufenthalt dort ab, so brauchte D11 für 871,2 km 781 Minuten, was 66,9km/h ergibt; er hielt in Freiburg, Appenweier (wegen des Anschlusses von Straßburg), Baden-Oos, Karlsruhe, Heidelberg, Darmstadt, Frankfurt, Bebra, Eisenach, Gotha, Erfurt, Weimar und Halle.

Noch weniger präzis als im Falle Frankfurt läßt sich ein Vorgänger in der Relation Köln – Berlin feststellen: Auch hier gab es, wenigstens östlich von Hamm, tagsüber drei Polsterzugpaare, von denen allerdings zwei auf die Verbindung Köln – Berlin abgestellt waren. Einer davon (D15/16) mit Abfahrt in Köln am Morgen und Rückkunft am zeitigen Abend fuhr über Elberfeld – Hagen – Dortmund; das andere war eigentlich kein richtiges Zugpaar, in Ostrichtung der Vorgänger des D3 (mit der gleichen Nummer), in Westrichtung dagegen als D22 derjenige des FD22. D3 hielt auch in Mülheim, Minden und Stendal, beide Züge in Bielefeld. Es verwundert nicht, daß D22 der schnellste Zug dieser Gruppe war: Bei 468 Minuten Fahrzeit von Berlin Zoo bis Köln schaffte er 74,2km/h. In ähnlicher Zeitlage verkehrte D22 schon im Jahre 1907, nicht aber 1905.

Für die Verbindung Paris – Berlin lag Köln vor 1914 gewissermaßen im Hauptschluß, in den dreißiger Jahren dagegen im Nebenschluß. Darunter ist zu verstehen, daß der hochbeschleunigte Tagesschnellzug D 25/26, der 1907 noch nicht möglich gewesen war, dann über Aachen – Köln – Elberfeld – Hagen – Hamm verkehrte, während ein Flügelzug D125/126 von Aachen aus über M.Gladbach – Duisburg – Essen – Dortmund nach Hamm fuhr, um sich dort wieder mit dem Stamm zu vereinigen. Am schnellsten war die Verbindung Aachen – Berlin über Krefeld und Essen mit 532 Minuten (621,8 km), mithin 70,1 km/h; über Köln dauerte es in dieser Richtung 5 Minuten länger (621,1 km), also 69,4km/h. Das sind – gemessen an anderen Zugläufen – keine überwältigenden Durchschnitte, man muß aber den langsamen Abschnitt im Industriegebiet, der einer Mittelgebirgsbahn gleicht, bedenken.

Ganz eindeutig ist der Fall bei der Tagesverbindung Niederlande – Berlin über Bentheim. D 115/116 des Sommers 1914 hatte fast die gleiche Fahrplanlage wie FD111/112 rund 15 Jahre später, hielt allerdings in der einen Richtung in Rheine, in der anderen in Stendal zusätzlich. Im Sommer 1907 hatte es hier nur dreiklassige Schnellzüge, später einen Polsterzug Hamburg – Amsterdam (D158/157) mit Flügel von Berlin gegeben. Wegen der Umstellzeit in Osnabrück, wo auch 1914 Wagen gewechselt wurden, ist der Reisedurchschnitt mit 70,3km/h etwas beeinträchtigt.

Kein Zweifel: Das deutsche Eisenbahnnetz der Jahre vor dem Ersten Weltkrieg war eine Mischung aus Radial- und Polygonnetz. Entsprechend der Bedeutung von Berlin aber überwogen die Radiallinien doch, was an der Art und Menge der Schnellzüge zu erkennen ist. Vor 1914 begannen und endeten die wichtigsten Züge in Berlin in noch höherem Maße als dies zwischen 1923 und 1939 der Fall war. Immerhin waren aber vier wichtige Querverbindungen so bedeutsam, daß es dort ebenfalls auf längere Zeit beschleunigte Polsterzüge gab, denen wir uns nun zuwenden wollen.

Vier Querverbindungen? – Nun, natürlich am wichtigsten davon war die spätere Einsatzstrecke des „Rheingold" von der niederländischen Küste nach Basel (und darüber hinaus). Dann ist die Verbindung von der Kanalküste nach München zu nennen, ferner von Hamburg über Frankfurt nach Basel und schließlich von Hamburg zum rheinisch-westfälischen Industriegebiet und nach Köln. Ist das alles gewesen? – Schon jetzt sei bemerkt, daß es eine fünfte wichtige Querlinie gab mit einem beschleunigten Polsterschnellzug, den wir dann zu allerletzt kurz streifen wollen.

Nimmt man die frühe Abfahrt in Hoek van Holland (wo Reisende vom Kanalboot übergingen) als Kennzeichen, so gab es schon 1901 einen frühen „Rheingold"-Vorgänger als Tageszug D 164/163 nach Basel über Kleve – Köln – Bingerbrück – Neustadt – Straßburg, der auch Kurswagen Vlissingen – Basel und Amsterdam – Mailand mitführte. In den Jahren 1905 und 1907 war das kaum anders. Im Sommer 1912 fuhr dieser Zug südwärts über Mainz – Worms mit dortigem Kopfmachen, zur Riedbahn und über Mannheim nach Karlsruhe, wo er mit dem Hauptteil endete; nordwärts begann er in Basel und benutzte die Riedbahn auf dem gesamten Weg. Abgesehen von dem Übergang in Kranenburg war das also die spätere „Rheingold"-Strecke. Im Sommer 1914 endlich fuhr der Zug in beiden Richtungen bis und ab Basel. Die Alsenzbahn hatte seit 1912 einen eigenen Polsterzug D 110/109 Oberhausen – Neustadt, der ebenfalls wichtige Kurswagen mitführte. Südlich Neustadt bzw. südlich Mannheim liefen auch Sitzwagen 3. Klasse mit. Für den beschleunigten Lauf Mannheim – Kleve des D 163 (380 km) ergab sich bei 381 Minuten Fahrzeit ein Durchschnitt von 59,9 km/h.

Lief die bevorzugte Verbindung England – München später gleichfalls über Hoek van Holland, so war das 1914 noch nicht so. Der beschleunigte Tageszug D 172 begann bei Tagesgrauen (im Winter bei Dunkelheit) in Vlissingen und fuhr über Goch – Krefeld -- Köln – Wiesbaden – Frankfurt nach Aschaffenburg, wo der Zug umgebildet und dann dreiklassig wurde. Für 381,2 km auf deutschem Boden benötigte man 393 Minuten, ein Durchschnitt von 58,2 km/h.

Einen Prominentenzug Hamburg – Frankfurt bei Tage hatte es vor 1914 nicht gegeben, wohl aber einen zweiklassigen Nachtschnellzug D 64 Altona – Mannheim über Bebra mit Flügelzug D 164 ab Bremen und Sitzwagen Altona – Mannheim und – Basel sowie Schlafwagen Altona – Basel und Bremen – Stuttgart.

Äußerst konservativ war der Tagesschnellzug 93/94 Köln – Hamburg-Altona, der schon 1898 und ebenso 1914 um die gleiche Uhrzeit (10.06 Uhr) in Köln abfuhr; und dabei war er 1898 schneller als sechzehn Jahre später (408 Minuten gegen 417 Minuten)! Das ergibt 64,8 km/h zu Kriegsbeginn gegen 66,2 km/h im Jahre 1898. Von allen bisher erwähnten Zügen hielt dieser am häufigsten an, nämlich in Düsseldorf, Duisburg, Oberhausen, Altenessen, Gelsenkirchen, Wanne, Recklinghausen, Haltern, Münster, Osnabrück, Bremen und Harburg. Wieso gerade in Haltern? – Dieser Ort war, von Norden her gesehen, Spaltungsknoten in die Richtungen Ruhrgebiet – Köln und Wesel – Goch – Gennep – Niederlande. Sowohl bei Tage als auch nachts gab es beschleunigte und auf die Polsterklassen beschränkte Züge Hamburg – Haltern – Goch – Vlissingen, und zwar D 158/157 am Tage und D 156/155 bei Nacht.

Sieht man von ein paar kurzen Flügelzügen ab, so sind nur drei Tages-Schnellzugpaare als reine Polsterzüge noch erwähnenswert: D 67/68 von Frankfurt nach Emmerich (– Amsterdam) und D 51/50 nach Herbesthal (– Ostende), beide über Wiesbaden – Niederlahnstein, wo es seit 1928 keine FD-Züge mehr gab, und schließlich – wer hätte die Einsatzstrecke erraten? – das Tageszugpaar 213/214 Köln – Leipzig (515,1 km in 503 Minuten, 61,4 km/h). Anders als der 1939 eingesetzte Schnelltriebwagen, der über Hamm – Hannover – Magdeburg fuhr, benutzte dieser Zug die Strecke durch das Weserbergland und unmittelbar nördlich des Harzes mit Zwischenaufenthalten in Elberfeld, Barmen, Hagen, Schwerte, Paderborn, Goslar, Halberstadt und Halle. Im Sommer 1912 hatte es diesen Zug, der zielrein verkehrte, noch nicht gegeben.

d) Vom ersten Schnellzug zum FD, FFD und FDt

– Zuggattungsbegriffe und was dahinter steckt –
von Wilfried Biedenkopf

Die Leute, denen die Aufgabe zufällt, für Zuggattungen kurze, einprägsame und zutreffende Bezeichnungen zu erfinden, sind wirklich nicht zu beneiden. Zu vielfältig sind die Unterscheidungsmöglichkeiten und unabsehbar ist die künftige Entwicklung. So ist es zu erklären, daß viele Zuggattungsbegriffe sich verselbständigt haben und heute etwas anderes bezeichnen, als eigentlich aus dem wörtlichen Sinn hervorgehen sollte. Denken wir nur an die besonders schnellen Züge Paris – Lille, die – bei einer Fahrstrecke von knapp über 250 km – als Trans-Europ-Express bezeichnet werden! Wie aber unterscheiden sich Zuggattungen, wenn nicht durch das prägnante Wort?

Es gibt fünf Hauptunterscheidungsmerkmale:

a) Die gebotene Komfortstufe (evtl. Beschränkung auf bestimmte Wagenklassen),
b) die Geschwindigkeit, wohl unterschieden nach zulässiger Höchstgeschwindigkeit und erreichter durchschnittlichter Reisegeschwindigkeit,
c) die Länge des Zuglaufes,
d) die Häufigkeit des Anhaltens,
e) die Tarifhöhe.

Zwischen diesen Kriterien gibt es verschiedene Kombinationsmöglichkeiten, mehr jedenfalls als für Zuggattungsbezeichnungen gebraucht werden. Das ist der Grund, warum die tatsächlich traditionell benutzten Bezeichnungswörter so schillernd und manchmal sinnentleert benutzt werden.

Die allerersten Schnellzüge hießen eigentlich zu Unrecht so. Denn sie fuhren ja gar nicht schneller als die anderen Züge, sondern sparten lediglich dadurch Zeit ein, daß sie seltener anhielten. Man erreichte also sein Ziel früher als mit einem auf allen Zwischenorten anhaltenden Personenzug, indessen nicht schneller. Der allgemeine Sprachgebrauch ist da reichlich ungenau. Wir sehen gleich den Zusammenhang der Kriterien a) und d). Ein seltener anhaltender Zug bringt auch bei gleicher Fahrgeschwindigkeit einen Zeitgewinn, den man auch als höhere Reisegeschwindigkeit bezeichnen kann. Diese Art von Zügen nannte man also ab etwa der Mitte des vergangenen Jahrhunderts „Schnellzüge".

Schon bald kamen aber auch die anderen Kriterien dazu: Damit wichtige Züge nicht zu schwer wurden, beschränkte man sie auf die oberen Klassen. Auch setzte man für sie das jeweils neueste und beste Wagenmaterial ein, ohne daß es zunächst grundlegende Unterschiede zwischen Wagen für Schnell- und solche für Personenzüge gegeben hätte. Sobald dann noch Schnellzug-Zuschläge verlangt wurden, waren alle fünf Kriterien vereint. Aber bedenken wir die Fülle von unterschiedlichen Gestaltungsmöglichkeiten in der Privatbahnzeit, nicht zuletzt aber in der Wortwahl, denn neben dem Wort Schnellzug sprach man auch von „Kurierzügen", damal noch „ Courierzug" geschrieben. Außerdem gab es ab 1883 als besondere Zuggattung die internationalen Luxuszüge. Aber auch die Personenzüge waren keineswegs völlig einheitlich. Mit dem Aufkommen der Nebenbahn wurden gemischte Züge, ja Güterzüge mit Personenbeförderung gefahren. Schließlich wurde dort die 4. Klasse eingeführt.

Etwa um 1890, nach Ende der Verstaatlichungsperiode, existierten im damaligen Deutschen Reich folglich drei Zuggattungen:

1) Die (wenigen) Luxuszüge der Internationalen Schlafwagengesellschaft, ausschließlich aus Schlaf- und Speisewagen bestehend,
2) Schnellzüge teils mit 1. und 2. Klasse, teils 1.-3. Klasse und überwiegend aus Wagenmaterial gebildet, das schneller fahren darf als jenes für die Personenzüge,
3) Personenzüge verschiedener Art mit auf Hauptbahnen 1.-4. Klasse in Nord- und 1.-3. Klasse in Süddeutschland, sonst 2.-4. oder 2. und 3. Klasse.

Im Sommer 1892 änderte sich dieses Bild grundlegend durch den Einsatz der ersten D-Züge. Warum überhaupt heißt der D-Zug so? Weder weil er an vielen Zwischenorten durchfährt, noch etwa weil er auf den großen Durchgangsstrecken eingesetzt wird, sondern einzig deshalb, weil er aus Durchgangswagen mit Faltenbalgübergang gebildet wurde. Man konnte also erstmals durch den ganzen Zug durchgehen, womit auch das Mitführen von Speisewagen (obwohl schon früher probeweise geschehen) erst seinen richtigen Sinn bekam. Denn was nützte ein Speisewagen, den man nicht während der Zugfahrt aufsuchen und nach Ende der Mahlzeit wieder verlassen konnte? Die D-Züge unterschieden sich also in allen fünf Kriterien eindeutig von den Personenzügen, nämlich durch das neuartige Wagenmaterial (das natürlich auch eine höhere Fahrgeschwindigkeit zuließ), durch die dadurch und auch durch die ersparten Halte höhere Reisegeschwindigkeit und durch den Tarif, einerlei, ob man nun Platzkartenzwang oder Zuschlagkarten einführte.

Erst langsam, ab etwa 1900 immer schneller, wurden die wichtigeren Schnellzüge in D-Züge umgewandelt oder auch völlig neue Leistungen gleich als D-Züge eingeführt. In diesen Jahren war der Fahrplan äußerst unruhig, d.h. es gab bei jedem Fahrplanwechsel viele und grundlegende Wandlungen; besonders der Ersatz der gut eingefahrenen alten Schnellzüge durch D-Züge — die nicht immer schneller zu sein brauchten — ist ein interessantes und reizvolles Kapital.

Im Sommer 1907 hatte man ein gewisses Ziel erreicht und kennzeichnete dies äußerlich durch eine Tarifreform, die mit einer Neuordnung der Zuggattungsbegriffe verbunden war. Es gab nunmehr:

1) Die Luxuszüge der ISG, grundsätzlich wie bisher als Schlafwagenzug, aber auch als Tages-Luxuszug, mit besonderen Wagen,
2) D-Züge, teils 1. und 2. Klasse, überwiegend jedoch 1.-3. Klasse, teilweise mit Speise- oder Schlafwagen,
3) Schnellzüge als bescheidener Rest der alten Zuggattung, der noch nicht in D-Züge umgewandelt worden war und nicht zu Eilzügen wurde,
4) Eilzüge, überwiegend der Teil der alten Schnellzüge, der weder zu D-Zügen geworden war, noch dafür ernstlich in Frage kam, dazu natürlich auch Neuleistungen,
5) Personenzüge wie bisher, wobei jedoch der Einsatz der 1. Klasse immer mehr zurückging.

Halten wir uns noch eine Weile bei dieser Epoche auf:
Die Namen einiger Luxuszüge, allen voran der „Orient-Expreß", sind allgemein bekannt. Daneben gab es auch echte Eintagsfliegen, Luxuszüge, die entweder mangels Verkehrsbedarfes bald wieder verschwanden oder allenfalls in Gestalt eines einzelnen Schlafwagenkurses in einem normalen D-Zug weiterlebten. Als Tagesluxuszug ist der „Marienbad-Expreß" von Berlin und Wien zu nennen.

Schon Anfang des Jahrhunderts, erst recht aber kurz vor dem Ersten Weltkrieg fächerte sich die Zuggattung „D-Zug" hinsichtlich der Verkehrsbedeutung weit auf: Da nahm zunächst einmal der Anteil der reinen Polsterzüge immer mehr ab. Nicht alle wurden dreiklassig, andere, wie z. B. D 41/42 Frankfurt — Eichenberg — Halle — Berlin verschwanden völlig, bzw. wurden durch Läufe über andere Strecken ersetzt. Manchmal stellte man Wagen der 3. Klasse auch nur auf Teilstrecken, wo es das Zuggewicht erlaubte, bei. So erklärt sich etwa eine Polsterzug-Verbindung von Hanau nach Ostende. Einige der Polsterzüge aber wurden allmählich immer mehr beschleunigt und so zu hervorragenden Standardverbindungen zwischen den Großstädten. Diese hielten sich bis 1914 auch im Fahrplan und hatten so prägnante Zeitlagen, daß man später mit Einführung der FD-Züge darauf zurückkam. Es muß aber trotzdem vor der Ansicht gewarnt werden, es sei etwa das Angebot an Polsterzügen in den Jahren 1912 - 1914 ein sinnvoll aufgebautes geschlossenes System (wie ungefähr 40 Jahre später die F-Züge) gewesen. Schließlich war auch der Sommerfahrplan 1914 nur eine Entwicklungsstufe im jetzt allerdings etwas gemächlicher abrollenden dauernden Wandel des Fahrplangefüges, der nur deshalb für uns heute solche Bedeutung hat, weil die normale Entwicklung durch Ausbruch des Ersten Weltkrieges ausblieb.

Unter den dreiklassigen D-Zügen gab es ausgesprochene Renner, wie z. B. D 13, der zwischen Hamburg Hbf und Berlin L. drei Minuten weniger brauchte als der Polsterzug D 5! Es gab aber auch D-Züge, die — wie auf der Nahebahn — häufiger anhielten als Eilzüge und genauso schnell oder auch langsamer waren als diese.

Schnellzüge, die keine D-Züge geworden waren, fand man namentlich in Elsaß-Lothringen und südlich und östlich von München. Sie starben erst in der 2. Hälfte der zwanziger Jahre endgültig aus.

Die wichtigste Neuerung durch die Reform des Jahres 1907 war die Zuggattung „Eilzug". Wieder muß man fragen, ob das Wort gut gewählt wurde. Ich persönlich finde es in höherem Maße gerechtfertigt als das Wort „Schnellzug" in den fünfziger und sechziger Jahren des vergangenen Jahrhunderts und sprachlich eigentlich auch glücklicher als die Abkürzung „D-Zug". Der größte Teil der Eilzüge fuhr mit Drehgestell-Abteilwagen, die daher ebenso schnell fahren durften wie die D-Züge, falls es die Streckenverhältnisse zuließen; sie hielten im Durchschnitt häufiger an und verloren dadurch gegenüber den Schnellzügen Zeit, was allerdings hier und da durch das flottere Anfahren infolge des geringeren Zuggewichts ausgeglichen werden konnte. Speise- und Schlafwagen gehörten nicht in den Eilzug, wenngleich es auch einzelne Ausnahmen gab. Wie auch in den Schnellzügen wurden Wagen 4. Klasse niemals mitgeführt. Einige wenige Eilzüge hatten auch keine 1. Klasse.

Während des Ersten Weltkrieges verkehrten keine Luxuszüge mehr; die Zahl der D-, Schnell- und Eilzüge wurde stark vermindert. Schlaf- und Speisewagendienste wurden eingeschränkt, zuletzt aufgehoben. Neue Zuggattungen entstanden nicht. Auch der berühmte Balkanzug hatte den Charakter eines D-Zuges, nicht mehr.

Neben den Zügen für den Zivilverkehr gab es natürlich Militär-Urlauberzüge, die teilweise auch für den allgemeinen Verkehr freigegeben waren.

Nach dem Zusammenbruch 1918 bestand Bedarf an weitlaufenden Zügen zu geringen Tarifen. Man führte zu diesem Zweck „Beschleunigte Personenzüge" (BP) ein. Und wieder war die Wortwahl unglücklich, denn diese Züge fuhren nicht beschleunigt, weil man in ihnen die gleichen Lenkachswagen einsetzte wie in den anderen Personenzügen auch. Da sie aber im allgemeinen nur an den

Eilzug-Stationen anhielten, sparte man etwas Zeit. Hervorstechendes Merkmal hingegen waren die langen Zugläufe. Die ersten BP hätten als echt Fernzüge für ein arm gewordenes Publikum richtiger „Fernpersonenzug" geheißen. Sie führten alle zwar drei Klassen (2.-4.), dem Vernehmen nach wurde aber überwiegend die 4. Klasse benutzt! Als besondere Zuggattungen wurden die BP ab 1928 nicht mehr herausgeschoben, tatsächlich liefen aber viele davon noch weit bis in den Zweiten Weltkrieg hinein.

Es waren also kurz nach Ende des Ersten Weltkrieges folgende fünf Zuggattungen bei den Deutschen Staatsbahnen (und bald darauf auch bei den neu gegründeten Reichseisenbahn) vorhanden:

1) D-Züge teils 1.-3., teils 2.-3. Klasse, teilweise mit Speise- und Schlafwagen,
2) Schnellzüge aller Art als bescheidenes Überbleibsel,
3) Eilzüge fast sämtlich 2. und 3. Klasse, allgemein ohne Speise- und Schlafwagen, jedoch aus Drehgestellwagen gebildet,
4) Beschleunigte Personenzüge zunächst aus Lenkachswagen, 2.-4. Klasse,
5) Personenzüge, fast sämtlich ohne 1. Klasse, teilweise auch ohne 2. Klasse.

Für den anspruchsvollen Auslandsverkehr wurden auch bald wieder Luxuszüge gefahren, und zwar nicht nur in den altbekannten, sondern auch in neuen und zum Teil kurzlebigen Verbindungen. Um aber auch dem etwas anspruchsvolleren deutschen Publikum etwas zu bieten, wurden zum 1. Juli 1923, also mitten in der Inflationszeit, als neue Zuggattung FD-Züge eingeführt.

Was heißt „FD-Zug"? – Man möchte es als Fernzug aus Durchgangswagen deuten, aber stimmt das wirklich? – Die mittlere Lauflänge aller D-Züge betrug im Sommerfahrplan 1937 etwa 357 km, diejenige der FD dagegen 521 km. Bedenken muß man aber, daß viele Schnellzüge längere Wege als 521 km zurücklegten. Berlin – Köln, Berlin – München und natürlich erst recht Berlin – Hamburg, das waren Entfernungen, die sowohl von D-Zügen als auch von Fern-D-Zügen bewältigt wurden; richtiger erscheint es dem Verfasser daher, das „F" als Zug für Fernreisende zu deuten. Denn die mittleren Haltestellenentfernungen unterschieden sich weit mehr: 33,7 km bei den D-Zügen, aber 90,3 km bei den FD!

Sehen wir uns nun die anderen Kriterien an, die sich nicht im Begriff für diese Zuggattung niedergeschlagen haben:

Bei den meisten FD unterschied sich die Komfortstufe nicht von jener der D-Züge. Zwischen Berlin und Hamburg und zwischen Berlin und den Niederlanden liefen jahrelang Salonwagen in den FD mit. Abgesehen vom „Rheingold", der aber anfangs FFD war, brachten die FD keine neuen Wagen und keine verbesserte Ausstattung; die Salonwagen stammten aus dem ehemaligen Hofzug des deutschen Kaisers.

Auch die zulässige Höchstgeschwindigkeit der FD unterschied sich zunächst nicht von jener der D-Züge der gleichen Strecke. Nur dem FD Berlin – Hamburg war durch den Einsatz der Dampflok-Baureihe 05 später eine wesentlich höhere Höchstgeschwindigkeit erlaubt. Die Reisegeschwindigkeit lag allerdings infolge der wenigen Aufenthalte sehr hoch. Dazu trug aber auch das geringe Zuggewicht bei. FD-Züge hielten nur an sehr wichtigen Knotenpunkten. Indessen gab es auch hier als Gegenbeweis Schnellzüge normaler Art, die bisweilen sogar noch seltener anhielten: Im Sommer 1939 hielt FD 6 in Weimar, D 2 fuhr ohne Halt durch.

Schließlich wurde für die Benutzung der FD-Züge neben dem D-Zugzuschlag ein weiterer Zuschlag gefordert.

Im Sommer 1928 wurde der „Rheingold"-Zug neu eingelegt und hierfür eine besondere Zuggattung „FFD" geschaffen. Diese Abkürzung ist nunmehr völlig ohne Sinn. Die Verdoppelung des „F" sollte eine Steigerung darstellen, aber was wurde denn gesteigert? – Weder die Länge des Zuglaufes noch die mittlere Haltestellenentfernung wichen signifikant von den entsprechenden Kennwerten der FD ab. Was den „Rheingold" so bemerkenswert machte, war lediglich die besondere Innenausstattung. Es handelte sich also nicht um einen Fernzug über das Fernstreben der anderen Fernzüge hinaus, sondern um einen besonders feinen Zug. Auch Höchst- und Reisegeschwindigkeit entsprachen jener der FD; der erhöhte Zuschlag wurde also nur durch die bessere Wagenausstattung gerechtfertigt. Bereits nach wenigen Jahren gliederte man diesen Zug aber in die Gruppe der FD ein, vielleicht auch deshalb, weil „der Markt" den erhöhten Sonderzuschlag nicht mehr hergab. Schließlich ist es auch problematisch, einem einzigen Zuglauf zuliebe eine besondere Zuggattung einzuführen bzw. beizubehalten.

Sehen wir also einmal davon ab, daß der „Fliegende Hamburger" zu allererst als „FD" bezeichnet wurde, sein Erscheinen also strenggenommen nicht mit demjenigen der neuen Zuggattung zusammenfiel, so waren die FDt ab 1933 die letzte und bedeutendste neue Zuggattung der alten Reichsbahn. Daß diese Triebzüge sich technisch wesentlich unterschieden, teils elektrischer Oberleitungsbetrieb, teils diesel-elektrisch, teils diesel-hydraulisch, ist vom verkehrswerbenden Standpunkt und im Rahmen dieser Betrachtung weniger wichtig. Wodurch also unterschieden sie sich verkehrlich von den FD? Sicher nicht durch den gebotenen Komfort, der anfangs deutlich geringer, allenfalls gleich dem der FD war. Dem geringen Platzangebot entsprechend hatte man zunächst auch auf unterschiedliche Klassen verzichtet. Daß eine an sich höherwertige Zuggattung von vornherein gerade die Fahrgäste der höchsten Klasse rigoros ausschloß, war einmalig, vielleicht irrational bedingt. Dazu paßt auch die Tatsache, daß der erste Prototyp in der Innenausstattung nicht der der D-Züge, sondern der der Eilzugwagen entsprach, ebenso wie die Einführung auch der 3. Klasse in den FDt-Dienst, wenn auch (vorerst ?) nur in einem einzigen Kurs.

Die Bedeutung der FDt lag einzig in der drastisch gesteigerten Höchstgeschwindigkeit von 160 km/h selbst auf Strecken, wo es die Verhältnisse eigentlich nicht gestatteten. Hinsichtlich der Länge des Zuglaufs, der Häufigkeit der Zwischenhalte und des Tarifs entsprachen die FDt völlig den FD-Zügen.

Man sieht also, „Rheingold" und FDt waren innerhalb der größeren Gruppe der FD-Züge Antagonisten, der eine auf Komfort unter Verzicht auf sensationelle Geschwindigkeit getrimmt, der andere nur auf Geschwindigkeit unter Verzicht auf besonderen Komfort.

Unmittelbar vor Ausbruch des Zweiten Weltkrieges gab es also bei der Reichsbahn folgende Zuggattungen:

1) Luxuszüge der ISG, grundsätzlich wie vor 1914, jedoch mit zeitgemäßem Wagenmaterial und gestrafften Fahrzeiten
2) FD- und FDt-Züge in drei Untergruppen: a) eigentliche FD-Züge 1.2. Klasse mit normalen Wagen, b) FD „Rheingold" 1.2. Klasse mit Pullman-artigen Wagen, c) FDt 2. (ausnahmsweise 2.3. Klasse) mit Höchstgeschwindigkeiten weit über D-Zug-Niveau
3) D-Züge 1.-3. und 2.3. Klasse in herkömmlicher Art (dazu als Sonderfall die Dt in der „Ostmark")
4) Eilzüge fast sämtlich 2.3. Klasse, sämtlich mit neuen Drehgestell-Wagen, jedoch ohne Speise- und Schlafwagen, teilweise aber auch in Form von Triebwagen (Diesel bzw. Oberleitung)
5) Personenzüge.

e) Die Fahrgeschwindigkeiten der deutschen Schnellzüge 1900 - 1931

Leider liegen in der Literatur keine getrennten Ausarbeitungen über die Reisegeschwindigkeiten der deutschen Eisenbahnen vor und nach dem Ersten Weltkrieg vor. Hier wurde ebenso wie nach dem Zweiten Weltkrieg immer nur eine vergleichende Darstellung beider Perioden gegeben, um zu beweisen, wie weit man nun schon (oder schon wieder) gekommen war. Da aber für die Zeit vor dem Ersten Weltkrieg analog den späteren Blaubüchern der Reichsbahn keine kompletten Unterlagen der Statistiken der einzelnen Staatsbahnverwaltungen und der am Schnellzugverkehr beteiligten Privatbahnen vorhanden sind, muß hier eine Synthese zwischen beiden Zeitabschnitten gefunden werden, wenn damit auch teilweise den Ausführungen des folgenden Kapitels vorgegriffen wird.

Durch den Ersten Weltkrieg waren nicht nur die Eisenbahnen im Deutschen Reich in Mitleidenschaft gezogen worden, sondern alle anderen europäischen Eisenbahnverwaltungen hatten erhebliche Einbußen hinnehmen müssen, so daß nach Beendigung des Krieges nicht sogleich an die Leistungen vom Sommerfahrplan 1914 angeknüpft werden konnte. So brauchten auch die Siegermächte einige Jahre, bis sie den Stand von 1914 wieder erreicht hatten; ausgenommen hiervon waren lediglich die Bahnen in den USA und in Canada.

Bis zum Jahre 1925 hatte jedoch der Wiederaufbau des europäischen Eisenbahnwesens, der neben Zerstörungen und Erschütterungen des Ersten Weltkrieges zusätzlich durch die Wirtschaftssituation der Nachkriegsjahre behindert worden war, so weitgehende Fortschritte gemacht, daß für dieses Jahr bei den meisten Verwaltungen eine Annäherung an den Sommerfahrplan 1914 erkennbar war. In einzelnen Ländern konnten zu diesem Zeitpunkt die Spitzengeschwindigkeiten der Vorkriegszeit bereits überholt werden. 1925 war der schnellste Eisenbahnzug Europas ein Expreßzug Cheltenham — London Paddington der Great Western, der den 124,3 km langen Abschnitt Swindon — Paddington in 75 Minuten zurücklegte und somit eine Fahrgeschwindigkeit von 99,4 km/h erzielte. Dagegen war der schnellste englische Zug des letzten Vorkriegsfahrplans ein Expreßzug der North-Eastern gewesen, der auf dem Abschnitt Darlington — York „nur" 99,1 km/h erreicht hatte.

In den folgenden Darstellungen soll die Entwicklung der Fahrgeschwindigkeit der deutschen Schnellzüge zwischen 1900 und 1925 behandelt werden, wobei Berechnungen von v. Jezewski im Archiv für Eisenbahnwesen des Jahres 1927 die Datengrundlage sein sollen, da anderweitige derart detaillierte Berechnungen für diesen Zeitraum nicht bekannt sind. Insofern und durch die anschließend vom gleichen Verfasser im Archiv für Eisenbahnwesen 1932 angestellten vergleichenden Untersuchungen für das Jahr 1931 ergeben sich Möglichkeiten des Vergleichs der Leistungen der Schnellzüge für die Jahre 1900, 1914, 1925 und 1931.

Über die Entwicklung der Jahre 1900 - 1925 führt v. Jezewski u.a. aus:

„Ermittelt wurden die Gesamtleistungen des deutschen Schnellzugverkehrs, und zwar auf Grund der Sommerfahrpläne 1900 und 1925 des Reichs-Kursbuchs. Aus der Summe der von sämtlichen Schnellzügen der einzelnen Bahnnetze zurückgelegten Zugkilometer und der hierzu benötigten Fahrzeiten wurde unter Abzug der Aufenthalte auf den Zwischenstationen die eigentliche Fahrgeschwindigkeit der Züge berechnet.

An Zuggattungen sind unterschieden die Luxuszüge der Internationalen Schlafwagen-Gesellschaft, Durchgangs- (D-) Züge mit 1. und 2. Klasse und solche mit 1.-3. Klasse, sowie endlich die nicht als Durchgangszüge gefahrenen Schnellzüge 1.-3. Klasse, die seit der Tarifreform des Jahres 1907 als Eilzüge bezeichnet werden. Für das Jahr 1900 sind in der Spalte D-Züge 1. und 2. Klasse sämtliche zweiklassigen Schnellzüge zusammengefaßt. Züge, die nur an einzelnen Wochentagen oder nur zu bestimmten Zeiten (Ferienzüge, Bäderzüge usw.) verkehren, sind nicht berücksichtigt. Bei der Ermittlung der Fahrzeiten sind die Aufenthalte auf den Zwischenstationen, soweit sie in den Fahrplänen nicht nach Ankunft und Abfahrt aufgelöst sind, zu je 1 Minute angenommen worden; ebenso ist in den Fällen, wo für Ankunft und Abfahrt dieselbe Minutenzahl sich findet, die Dauer des Aufenthalts mit einer vollen Minute in Ansatz gebracht. Die hierdurch bedingten geringen Ungenauigkeiten erschienen unvermeidlich, da eine Einsicht der Dienstfahrpläne zwar den heimischen Verwaltungen möglich wäre, für die Untersuchungen über den Schnellverkehr des Auslands aber nicht in Frage käme. (In gleicher Weise wurde bei der Erstellung der Übersichten und Grafiken sowie der Anhänge vorgegangen, soweit es sich nicht um die Veröffentlichung amtlicher Unterlagen aus den Blaubüchern der DRG, DR und DB handelt.)

Wie die folgende Tabelle I erkennen läßt, wurden im Sommerfahrplan 1900 auf den deutschen Eisenbahnen regelmäßig157989,8 Schnellzugkilometer täglich gefahren, bei einer Gesamtfahrzeit von 161733 Minuten ergibt sich hiernach eine mittlere Fahrgeschwindigkeit von 58,6km/h. Bis zum Ausbruch des Ersten Weltkriegs war der Umfang des deutschen Schnellzugverkehrs auf täglich 334290,9 Zugkilometer angewachsen, was gegen das Jahr 1900 eine Zunahme von 111,6% bedeutet; die durchschnittliche Zuggeschwindigkeit war auf 62,3km/h gestiegen. Der scharfe Verkehrsrückgang der Nachkriegszeit kommt im Sommerfahrplan 1925 noch deutlich zum Ausdruck, wenngleich der Tiefstand des deutschen Eisenbahnverkehrs zu diesem Zeitpunkt schon wieder überschritten war. Die Zahl der gefahrenen Schnellzugkilometer zeigt mit 174576,5 Zugkilometer gegen das Jahr 1914 eine Abnahme um 47,8%, wobei allerdings der Verlust wichtiger Schnellzugstrecken im Osten und Westen des Reiches zu berücksichtigen ist. Trotz der eingetretenen Verkleinerung des Netzes weist aber der deutsche Schnellzugverkehr des Sommers 1925 gegen das Jahr 1900 eine Zunahme der gefahrenen Zugkilometer um 11% auf. Dagegen bleibt die Durchschnittsgeschwindigkeit der Züge mit 58,1 km/h hinter dem Jahr 1900 noch um den geringen Betrag von 0,5km/h zurück. Im allgemeinen entsprechen demnach die Leistungen der deutschen Schnellzüge im Jahr 1925 nach Umfang wie Geschwindigkeit etwa der Zeit um die Jahrhundertwende, jedoch ist nicht zu übersehen, daß sich Achsenzahl und Gewicht der Züge in der Zwischenzeit erhöht haben. (Während 1900 die durchschnittliche Stärke der deutschen Schnellzüge 24 Achsen betrug, belief sie sich bei den Schnellzügen der DR im Jahr 1924 auf 38,93 Achsen, bei den Eilzügen auf 28,05 Achsen.)

Unter den einzelnen Zuggattungen weisen in den Jahren 1914 und 1925 die zweiklassigen, neuerdings als Fernschnellzüge bezeichneten D-Züge die höchste Durchschnittsgeschwindigkeit auf, während im Jahr 1900 die Luxuszüge der Internationalen Schlafwagen-Gesellschaft an erster Stelle standen.

Der Anteil der verschiedenen Zuggattungen am Gesamtverkehr hat sich in dem Zeitraum 1900 bis 1925 ständig zugunsten der 3. Wagenklasse verschoben. Während im Jahr 1900 erst 74,7% aller Schnellzugkilometer auf die Züge mit 1.-3. Klasse entfielen, stand im Jahr 1914 den Reisenden bei 90,2%, im Jahr 1925 sogar bei 92,3% aller Schnellzugkilometer die wohlfeile 3. Wagenklasse zur Verfügung. Die große Verkehrszunahme der Jahre 1900 bis 1914 fällt ausschließlich auf die dreiklassigen Schnellzüge, deren Leistung von 118021,3 Zugkilometer auf 301556,4 Zugkilometer stieg, während der Anteil der Luxuszüge und der zweiklassigen Züge von 39968,5 Zugkilometer auf 32734,5 Zugkilometer sank. Von der Verkehrseinschränkung der Nachkriegszeit wurden absolut wie relativ am stärksten die Eilzüge betroffen. Die Zahl der gefahrenen Eilzugkilometer betrug 1925 nur noch 31 658 Zugkilometer gegenüber 113 759,3 Zugkilometern im Jahr 1914, was einer Abnahme um nicht weniger als 72,2 % entspricht".

Tabelle I

Der deutsche Schnellzugverkehr in den Jahren 1900, 1914 und 1925.

Laufende Nr.	Verwaltung	L-Züge (Zugkilometer)	D-Züge I.—II. Klasse (Zugkilometer)	D-Züge I.—III. Klasse (Zugkilometer)	Schnellzüge I.—III. Klasse (Zugkilometer)	Summe (Zugkilometer)	L-Züge (Minuten)	D-Züge I.—II. Klasse (Minuten)	D-Züge I.—III. Klasse (Minuten)	Schnellzüge I.—III. Klasse (Minuten)	Summe (Minuten)
	Sommerfahrplan 1900.										
1	Preußisch-hessische Staatsbahnen	5 736,6	17 722,2	8 742,9	62 364,8	94 566,5	5 152	16 563	8 297	64 025	94 037
2	Bayerische Staatsbahnen	2 251,6	8 148,8	—	13 644,9	24 045,3	2 182	8 763	—	15 262	26 207
3	Sächsische Staatsbahnen	329,2	1 330,0	236,0	6 360,0	8 255,2	325	1 499	249	7 345	9 418
4	Württembergische Staatsbahnen	281,0	381,0	498,6	4 787,4	5 948,0	298	448	588	5 737	7 071
5	Badische Staatsbahnen	215,0	1 174,6	319,0	7 759,5	9 468,1	203	1 018	369	7 633	9 223
6	Mecklenburgische Friedrich-Franz-Eisenbahn	—	—	—	1 197,6	1 197,6	—	—	—	1 192	1 192
7	Oldenburgische Staatsbahnen	—	—	—	428,8	428,8	—	—	—	494	494
8	Militär-Eisenbahn	—	—	—	141,0	141,0	—	—	—	152	152
9	Reichseisenbahnen	223,8	1 327,0	1 249,2	5 809,0	8 609,0	217	1 243	1 160	5 749	8 369
10	Main-Neckar-Bahn	—	194,6	—	1 875,1	2 069,7	—	199	—	1 978	2 177
11	Pfälzische Eisenbahnen	—	547,1	553,2	1 533,5	2 633,8	—	544	570	1 619	2 733
12	Eutin-Lübecker Eisenbahn	—	66,0	—	—	66,0	—	77	—	—	77
13	Lübeck-Büchener Eisenbahn	—	40,0	—	520,8	560,8	—	41	—	542	583
	Deutsches Reich	9 037,2	30 931,3	11 598,9	106 422,4	157 989,8	8 377	30 395	11 233	111 728	161 733
	Mittlere Fahrgeschwindigkeit					km/Std.	**64,7**	**61,1**	**62,0**	**57,2**	**58,6**

Laufende Nr.	Verwaltung	L-Züge (Zugkilometer)	D-Züge I.—II. Klasse (Zugkilometer)	D-Züge I.—III. Klasse (Zugkilometer)	Eilzüge (Zugkilometer)	Summe (Zugkilometer)	L-Züge (Minuten)	D-Züge I.—II. Klasse (Minuten)	D-Züge I.—III. Klasse (Minuten)	Eilzüge (Minuten)	Summe (Minuten)
	Sommerfahrplan 1914.										
1	Preußisch-hessische Staatsbahnen	2 056,6	24 742,3	120 589,3	78 092,3	225 480,5	1 888	21 230	111 666	80 396	215 180
2	Bayerische Staatsbahnen	1 418,8	1 430,1	25 464,9	12 314,4	40 628,2	1 290	1 241	24 576	13 420	40 527
3	Sächsische Staatsbahnen	—	—	11 819,4	4 189,3	16 008,7	—	—	11 571	4 724	16 295
4	Württembergische Staatsbahnen	306,4	356,8	6 321,3	5 509,5	12 494,0	290	331	6 262	5 931	12 814
5	Badische Staatsbahnen	231,2	1 307,3	9 505,6	6 775,1	17 819,2	217	1 115	8 738	7 070	17 140
6	Mecklenburgische Friedrich-Franz-Eisenbahn	—	—	2 405,6	345,7	2 751,3	—	--	2 269	354	2 623
7	Oldenburgische Staatsbahnen	—	—	1 141,9	611,3	1 753,2	—	—	1 201	646	1 847
8	Reichseisenbahnen	182,0	703,0	9 698,9	4 919,0	15 502,9	139	655	8 378	4 574	13 746
9	Eutin-Lübecker Eisenbahn	—	—	132,0	66,0	198,0	—	—	137	70	207
10	Lübeck-Büchener Eisenbahn	—	—	718,2	936,7	1 654,9	—	—	641	949	1 590
	Deutsches Reich	4 195,0	28 539,5	187 797,1	113 759,3	334 290,9	3 824	24 572	175 439	118 134	321 969
	Mittlere Fahrgeschwindigkeit					km/Std.	**65,8**	**69,7**	**64,2**	**57,8**	**62,3**

Laufende Nr.	Verwaltung	L-Züge	D-Züge I.—II. Klasse	D-Züge I.—III. Klasse	Eil-züge	Summe	L-Züge	D-Züge I.—II. Klasse	D-Züge I.—III. Klasse	Eil-züge	Summe
		Zugkilometer					Minuten				
	Sommerfahrplan 1925.										
I	**Deutsche Reichsbahn-Gesellschaft:**										
1	Ehem. Preußisch-hessische Staatsbahnen	683,2	7 250,2	88 202,2	25 209,2	121 344,8	625	6 537	88 266	28 038	123 466
2	Bayerisches Netz (rechts d. Rheins)	1 902,4	2 256,5	17 075,7	1 876,8	23 111,4	1 69[illegible]	2 019	18 131	2 095	23 944
3	RBD. Ludwigshafen (Rhein)	—	52,2	1 968,9	436,4	2 457,5	—	62	2 254	596	2 912
4	RBD. Dresden	—	—	6 467,2	1 449,4	7 916,6	—	—	7 059	1 853	8 912
5	RBD. Stuttgart	520,1	—	4 330,7	1 504,4	6 355,2	51[illegible]	—	4 789	1 674	6 976
6	RBD. Karlsruhe	214,8	507,8	7 761,0	865,8	9 349,4	20[illegible]	433	8 211	1 066	9 911
7	RBD. Schwerin	—	—	1 590,6	—	1 590,6	—	—	1 552	—	1 552
8	RBD. Oldenburg	—	—	643,2	193,6	836,8	—	—	660	198	858
I	Deutsche Reichsbahn-Gesellschaft	3 320,5	10 066,7	128 039,5	31 535,6	172 962,3	3 03[illegible]	9 051	130 922	35 520	178 531
II	Eisenbahndirektion d. Saargebiets	—	—	1 003,6	122,4	1 126,0	—	—	1 164	163	1 327
III	Eutin-Lübecker Eisenbahn	—	—	66,0	—	66,0	—	—	69	—	69
IV	Lübeck-Büchener Eisenbahn	—	—	422,2	—	422,2	—	—	404	—	404
	Deutsches Reich	3 320,5	10 066,7	129 531,3	31 658,0	174 576,5	3 038	9 051	132 559	35 683	180 331
	Mittlere Fahrgeschwindigkeit km/Std.						65,6	66,7	58,6	53,2	58,1

Zusammenfassung.

		Luxuszüge I. Klasse	D-Züge I. bis II. Klasse	D-Züge I. bis III. Klasse	Schnell-(Eil-) Züge I. bis III. Klasse	Summe
1900	Gefahrene Schnellzugkilometer	9 037,2	30 931,3	11 598,9	106 422,4	157 989,8
	Fahrzeit Min.	8 377	30 395	11 233	111 728	161 733
	Mittlere Fahrgeschwindigkeit km/Std.	64,7	61,1	62,0	57,2	58,6
	Anteil der Zuggattung am Gesamtverkehr %	5,7	19,6	7,3	67,4	100,0
1914	Gefahrene Schnellzugkilometer	4 195,0	28 539,5	187 797,1	113 759,3	334 290,9
	Fahrzeit Min.	3 824	24 572	175 439	118 134	321 969
	Mittlere Fahrgeschwindigkeit km/Std.	65,8	69,7	64,2	57,8	62,3
	Anteil der Zuggattung am Gesamtverkehr %	1,3	8,5	56,2	34,0	100,0
1925	Gefahrene Schnellzugkilometer	3 320,5	10 066,7	129 531,3	31 658,0	174 576,5
	Fahrzeit Min.	3 038	9 051	132 559	35 683	180 331
	Mittlere Fahrgeschwindigkeit km/Std.	65,6	66,7	58,6	53,2	58,1
	Anteil der Zuggattung am Gesamtverkehr %	1,9	5,8	74,2	18,1	100,0

Die Entwicklung der Fahrgeschwindigkeit bei den einzelnen deutschen Eisenbahnverwaltungen veranschaulicht die nachstehende Tabelle II:

Tabelle II

Die Fahrgeschwindigkeit der deutschen Schnellzüge in den Jahren 1900, 1914 und 1925, unterschieden nach Verwaltungen oder Reichsbahndirektionsbezirken.

Verwaltung oder Reichsbahndirektion	Mittlere Fahrgeschwindigkeit in km/Std.			Unterschied 1925 gegen 1914 km/Std.
	1900	1914	1925	
Preußisch-hessische Staatsbahnen:				
östliches Netz	62,7	65,7	61,9	— 3,8
westliches Netz	59,1	61,6	58,0	— 3,6
Gesamtnetz	60,3	62,9	59,0	— 3,9
Bayerische Staatsbahnen (rechtsrheinisches Netz)	55,1	60,2 [1])	57,9	— 2,3
Pfälzische Bahnen (RBD. Ludwigshafen [Rh.])	57,8	59,8 [1])	50,6	— 9,2
Sächsische Staatsbahnen (RBD. Dresden)	52,6	58,9	53,3	— 5,6
Württembergische Staatsbahnen (RBD. Stuttgart)	50,5	58,5	54,7	— 3,8
Badische Staatsbahnen (RBD. Karlsruhe)	61,6	62,4	56,6	— 5,8
Mecklenburgische Friedrich-Franz-Eisenbahn (RBD. Schwerin)	60,3	62,9	61,5	— 1,4
Oldenburgische Staatsbahnen (RBD. Oldenburg)	52,1	57,0	58,5	+ 1,5
Militär-Eisenbahn	55,7	—	—	—
Reichseisenbahnen (Elsaß-Lothringen)	61,7	67,7	—	—
Main-Neckar-Bahn	57,0	—	—	—
Deutsche Reichsbahn-Gesellschaft	—	—	58,1	—
Eisenbahndirektion des Saargebiets	—	—	50,9	—
Eutin-Lübecker Eisenbahn	51.4	57,4	57,4	0,0
Lübeck-Büchener Eisenbahn	57,[illegible]	62,4	62,7	+ 0,3
Deutsches Reich	58,0	62,3	58,1	— 4,2

Im Jahr 1900 erzielten hiernach die höchste Durchschnittsgeschwindigkeit die Schnellzüge der Reichseisenbahnen in Elsaß-Lothringen mit 61,7 km/h. In knappem Abstand folgten die badischen Staatsbahnen mit 61,6 km/h. An dritter und vierter Stelle kamen mit je 60,3 km/h das Gesamtnetz der preußisch-hessischen Staatsbahnen und die Mecklenburgische Friedrich-Franz-Bahn, während auf dem östlichen Netz der preußisch-hessischen Bahnen sogar eine noch die Reichseisenbahnen übertreffende Durchschnittsleistung von 62,7 km/h erzielt wurde. Die Pfälzischen Bahnen verzeichneten als Durchschnittsgeschwindigkeit 57,8 km/h, die Lübeck-Büchener Eisenbahn 57,7 km/h, die Main-Neckarbahn 57,0 km/h, das Schnellzugpaar der Militäreisenbahn 55,7 km/h. Es folgten die bayerischen Staatsbahnen (rechtsrheinisches Netz) mit 55,1 km/h, die sächsischen Staatsbahnen mit 52,6 km/h, die oldenburgischen Staatsbahnen mit 52,1 km/h und die Eutin-Lübecker Eisenbahn mit 51,4 km/h. Den letzten Platz nahmen die württembergischen Staatsbahnen ein mit nur 50,5 km/h.

Das Jahr 1914 bietet das folgende Bild: Die Führung besaßen wiederum die Reichseisenbahnen mit einer Durchschnittsleistung von 67,7 km/h. Die Mecklenburgische Friedrich-Franz-Eisenbahn und die preußisch-hessischen Staatsbahnen erzielten je 62,9 km/h, die Lübeck-Büchener Eisenbahn und die badischen Staatsbahnen je 62,4 km/h. Es folgten die bayerischen Staatsbahnen (Gesamtnetz) mit 60,1 km/h, Sachsen mit 58,9 km/h und Württemberg mit 58,5 km/h. An vorletzter und letzter Stelle standen die Eutin-Lübecker Eisenbahn mit 57,4 km/h und die oldenburgischen Staatsbahnen mit nur 57,0 km/h.

Für das Jahr 1925 wurde, um den Vergleich mit den Vorjahren durchführen zu können, auch für die Deutsche Reichsbahn-Gesellschaft die Trennung der Zugläufe nach den Netzen der ehemaligen Ländereisenbahnen beibehalten. Die höchste Durchschnittsgeschwindigkeit erreichten jetzt die Schnellzüge der Lübeck-Büchener Eisenbahn mit einer Leistung von 62,7 km/h. Es folgen sodann die Reichsbahndirektion Schwerin mit 61,5 km/h, das Gesamtnetz der ehemaligen preußisch-hessischen Staatsbahnen mit 59,0 km/h (östliches Netz 61,9 km/h, westliches Netz 58,0 km/h), die Reichsbahndirektion Oldenburg mit 58,5 km/h, das bayerische Netz der Deutschen Reichsbahn-Gesellschaft (rechtsrheinische Strecken) mit 57,9 km/h, die Eutin-Lübecker Eisenbahn mit 57,4 km/h. Weiter verzeichnen die Reichsbahndirektionen Karlsruhe 56,6 km/h, Stuttgart 54,7 km/h und Dresden 53,3 km/h. An vorletzter und letzter Stelle erscheinen die Eisenbahndirektion des Saargebietes mit 50,9 km/h und die Reichsbahndirektion Ludwigshafen mit 50,6 km/h. Die mittlere Fahrleistung der Schnellzüge der Deutschen Reichsbahn-Gesellschaft kommt mit 58,1 km/h dem Reichsdurchschnitt gleich.

Eine geringe Erhöhung der Fahrgeschwindigkeiten im Jahr 1925 gegenüber 1914 zeigen die Schnellzüge der Reichsbahndirektion Oldenburg (+1,5 km/h) und der Lübeck-Büchener Eisenbahn (+0,3 km/h). Unverändert blieb die Geschwindigkeit bei der Eutin-Lübecker Eisenbahn; alle übrigen Netze weisen eine Abnahme auf, die sich bei der Reichsbahndirektion Schwerin auf 1,4 km/h, bei dem bayerischen Netz auf 2,3 km/h, bei der Reichsbahndirektion Stuttgart auf 3,8 km/h und bei den ehemaligen preußisch-hessischen Staatsbahnen auf 3,9 km/h beläuft. Den stärksten Rückgang verzeichnen die Züge der Reichsbahndirektionen Dresden mit 5,6 km/h, Karlsruhe mit 5,8 km/h und Ludwigshafen mit 9,2 km/h. Auffallend ist das starke Zurückbleiben Badens, das im Jahr 1900 noch an zweiter, 1914 an vierter, 1925 aber erst an siebenter Stelle sich findet.

Die Unterschiede in den Fahrleistungen der einzelnen Verwaltungen dürften in der Hauptsache durch die Geländeverhältnisse bedingt sein. So lehrt ein Vergleich zwischen dem östlichen und dem westlichen Netz der preußisch-hessischen Staatsbahnen, daß auf den großenteils Hügel- und Bergland durchziehenden westlichen Linien die Durchschnittsgeschwindigkeit der Schnellzüge um etwa 4 km/h geringer ist als auf den vorwiegend ebenen Strecken des Ostens. Auch Industriegebiete, wie der rheinisch-westfälische Bezirk und der Freistaat Sachsen, die mit ihren dichtgedrängten städtischen Siedlungen ein häufiges Anhalten der Züge in kurzen Abständen erfordern, sind der Entwicklung höherer Zuggeschwindigkeiten hinderlich.

Wie für das Jahr 1914 wurden auch für 1925 neben den Durchschnittsgeschwindigkeiten noch die Spitzenleistungen des deutschen Schnellzugverkehrs ermittelt. Eine Zusammenstellung der schnellsten Zugfahrten des Sommers 1925, soweit sie eine Durchschnittsgeschwindigkeit von mindestens 80 km/h erreichten, bietet die Tabelle III. Die schnellste Zugfahrt dieses Jahres hat hiernach die 87,7 km lange Strecke Fulda – Hanau Ost aufzuweisen, die von dem Zug D 46 Berlin Schles Bf – Sangerhausen – Eichenberg – Frankfurt (Main) – Baden-Baden in 63 Minuten mit einer Fahrgeschwindigkeit von 88,6 km/h zurückgelegt wird. Der Fernschnellzug FD 24 Berlin Lehrter Bf – Hamburg Hbf steht mit 80,8 km/h zwar erst an achter Stelle, übertrifft jedoch alle anderen in der Tabelle aufgeführten Züge bei weitem in der Länge der durchfahrenden Strecke. Mehr als die Hälfte aller Zugfahrten mit mindestens 80 Stundenkilometern – 572,8 Zugkilometer von der Gesamtzahl von 1129,7 Zugkilometern – fällt auf die Strecke Stendal – Hannover – Hamm. Das süddeutsche Netz der Reichsbahn-Gesellschaft verzeichnete als erste die 80 km/h-Grenze wieder überschreitende Leistung eine Zugfahrt Erlangen – Bamberg, nämlich den Sommerschnellzug D91 Lindau – Berlin, der auf dieser Teilstrecke 8o,5 km/h entwickelte.

Zum Vergleich sei bemerkt, daß die schnellste Zugfahrt des Jahres 1914, die von dem Zug D8 auf der 64,4 km langen Strecke Hannover Hbf – Minden (Westf) Hbf bei 43 Minuten Fahrzeit geleistet wurde, eine Durchschnittsgeschwindigkeit von 89,9 km/h erreichte. Der Vorsprung des letzten Vorkriegsfahrplans war demnach im Jahr 1925 bereits bis auf einen Betrag von 6,4 km/h wieder eingeholt.

Tabelle III

Zugfahrten mit einer Durchschnittsgeschwindigkeit von 80 km/h und mehr (Fahrplan vom 5.6.1925)

Strecke	Entfernung in km	Zug-Nummer	Fahrzeit Minuten	Fahrgeschwindigkeit km/h
Fulda — Hanau Ost	87,7	D 46	63	83,5
Stendal — Hannover Hbf	150,5	D 4	110	82,1
Bielefeld Hbf — Hamm (Westf)	67,0	D 4	49	82,0
Fulda — Wächtersbach	55,8	D 42	41	81,7
Lehrte — Gardelegen	101,8	D 1	75	81,4
Bielefeld Hbf — Hannover Hbf	109,5	D 3	81	81,1
Fulda — Hanau Ost	87,7	D 44	65	81,0
Berlin Lehrter Bf — Hamburg Hbf	286,8	FD 24	213	80,8
Erlangen — Bamberg	38,9	D 91	29	80,5
Lehrte — Oebisfelde	72,0	D 13	54	80,0
Oebisfelde — Lehrte	72,0	D 14	54	80,0

Die fortschreitende Gesundung der deutschen Wirtschaft dürfte bald eine weitere Verbesserung des Schnellzugverkehrs, sowohl eine Vermehrung der Zugläufe als auch eine Steigerung der Zuggeschwindigkeiten, ermöglichen. Ebenso läßt die Umstellung wichtiger Schnellzugstrecken, vor allem im Süden des Reichs, auf den elektrischen Betrieb in naher Zukunft eine beträchtliche Verkürzung der Fahrzeiten erwarten.

Als Schlußwort scheinen einige Bemerkungen über die Fahrleistungen der Schnellzüge im Ausland geboten. Die schnellsten Zugfahrten der Eisenbahnen Westeuropas und Nordamerikas wiesen vor dem Weltkrieg einen kleinen Vorsprung vor den besten Zugfahrten der deutschen Ländereisenbahnen auf, der sich seither noch etwas vergrößert hat. Der Unterschied zwischen der englischen und der deutschen Höchstleistung betrug im Sommer 1914: 9,2 km/h, der Vorsprung des schnellsten französischen Zuges (Schnellzug 197 Paris — St. Quentin der Nordbahn, 153,1 km Entfernung, 94 Minuten Fahrzeit, 97,7 km/h Durchschnittsgeschwindigkeit) 7,8 km/h.

Ein gewisser Werbewert ist solchen besonders beschleunigten Zugfahrten nicht abzustreiten; er bildet den Ausgleich für die Mehrkosten, die der mit der Fahrgeschwindigkeit rasch wachsende Energieverbrauch verursacht. Die deutschen Staatsbahnverwaltungen haben vor dem Weltkrieg an diesem Wettlauf um die Höchstgeschwindigkeit nicht teilgenommen, da sie mehr Wert auf eine gleichmäßig schnelle, pünktliche und sichere Bedienung des Gesamtverkehrs legten. Gegenwärtig verbietet schon die schwierige finanzielle Lage der Deutschen Reichsbahn-Gesellschaft die Einlegung derartiger Züge.

Wie wenig geeignet im übrigen „Rekordfahrten" zu Rückschlüssen auf die Gesamtleistungen der betreffenden Verwaltungen sind, ist daran zu erkennen, daß der Vorsprung Frankreichs, der in der Spitzenleistung 7,8 km/h betrug, sich bei einer Gegenüberstellung der Gesamtleistungen auf 2,8 km/h verringerte; die Durchschnittsgeschwindigkeit der Schnellzüge betrug im Sommer 1914 in Deutschland 62,3 km/h, in Frankreich 65,1 km/h. Eine Prüfung der einzelnen Zuggattungen läßt erkennen, daß einen nennenswerten Vorsprung nur die Züge 1. Klasse und 1.2. Klasse besaßen. Bei den dreiklassigen Schnellzügen, die den Hauptteil des Verkehrs zu bewältigen haben, stimmte die erzielte Fahrgeschwindigkeit in beiden Ländern nahezu überein; sie war in Frankreich mit einem Mittelwert von 62,3 km/h nur um den geringen Betrag von 1,2 km/h höher als in Deutschland.

Auch diese geringe Überlegenheit dürfte ihren Hauptgrund in den geographischen Bedingungen haben. So erzielten die Schnellzüge der Südbahn, deren Netz größere Geländeschwierigkeiten aufweist, nur eine Durchschnittsgeschwindigkeit von 59,7 km/h, übertrafen also nur wenig die Fahrleistungen der sächsischen und württembergischen Schnellzüge. Wo dieselbe Gunst der Streckenverhältnisse besteht, waren in beiden Ländern die Zugleistungen nahezu gleich; einer Durchschnittsleistung von 81,9 km/h für die Züge 1.2. Klasse der französischen Nordbahn stand die fast gleichwertige Durchschnittsleistung von 80,0 km/h für die zweiklassigen D-Züge des östlichen Netzes der preußisch-hessischen Staatsbahnen gegenüber."

Der gleiche Verfasser führt dann über die Entwicklung der „Fahrgeschwindigkeiten" im Archiv für Eisenbahnwesen 1932 für die weitergehende Untersuchung der Jahre 1900 - 1931 aus:

„Trotz der Ungunst der allgemeinen Wirtschaftslage haben die Leistungen des deutschen Schnellzugverkehrs in den letzten Jahren ständige Verbesserungen erfahren. So ist auch die Fahrgeschwindigkeit der Schnellzüge, nachdem sie im Jahr 1928 zum erstenmal wieder den Vorkriegsstand erreicht hatte, inzwischen weiter gestiegen.

Nach dem Sommerfahrplan vom 15. Mai 1931 wurden auf dem deutschen Eisenbahnnetz (einschl. Eisenbahnen des Saargebiets) im Tagesdurchschnitt regelmäßig 255829,3 Schnellzugkilometer gefahren, bei einer Gesamtfahrzeit von 241 626 Minuten ergibt dies eine Durchschnittsgeschwindigkeit von 63,5 km/h.

Über die Entwicklung, die der deutsche Schnellzugverkehr nach Umfang und Fahrgeschwindigkeit seit dem Beginn des Jahrhunderts genommen hat, gibt die folgende Zusammenstellung Aufschluß. Mittlere Tagesleistung und durchschnittliche Fahrgeschwindigkeit der deutschen Schnellzüge betrugen:

im Jahr 1900 . . .	157 989,3	Zugkm oder	58,6	km/Std.
„ „ 1914 . . .	334 290,9	„ „	62,3	„
„ „ 1925 . . .	174 576,5	„ „	58,1	„
„ „ 1928 . . .	212 266,3	„ „	62,3	„
„ „ 1931 . . .	255 829,3	„ „	63,5	„

Die Vorkriegsgeschwindigkeit der deutschen Schnellzüge ist demnach heute bereits um 1,2 km/h überholt.

Ermittelt wurde auf Grund der Fahrpläne des Reichskursbuchs (Ausgabe vom 15. Mai 1931) die unter Abzug der Aufenthalte sich ergebende eigentliche Fahrgeschwindigkiet der Züge. Nicht berücksichtigt sind die nur während eines Teils der Fahrplandauer oder nur an einzelnen Wochentagen verkehrenden Züge („Saisonzüge", Bäderzüge, Sonntags- und Wochenendzüge usw.).

Den Anteil der einzelnen Zuggattungen am gesamten Schnellzugverkehr lassen die folgenden Angaben erkennen:

Zuggattung	Gefahrene Schnellzugkm	Mittlere Fahrgeschwindigkeit km/Std.	Anteil der Zuggattung am Gesamtverkehr in %
Luxuszüge	5 310,4	71,9	2,1
Fernschnellzüge	19 300,0	77,2	7,5
D-Züge mit 3. Klasse . . .	160 126,4	64,5	62,6
Eilzüge	71 092,5	58,3	27,8
	255 829,3	63,5	100,0

Hiernach stehen in der Fahrgeschwindigkeit an erster Stelle die Fernschnellzüge (FFD-Züge, FD-Züge und Schlafwagenzüge), die eine Durchschnittsgeschwindigkeit von 77,2 km/h entwickeln. Es folgen die Luxuszüge mit 71,9 km/h und die D-Züge mit 1.-3. und 2.3. Klasse mit 64,5 km/h, während die Eilzüge nur 58,3 km/h erreichen. Gegenüber dem Jahr 1914 hat sich die Geschwindigkeit bei den Luxuszügen um 6,1 km/h, bei den FD-Zügen um 7,5 km/h, bei den D-Zügen mit 3. Klasse um 0,3 km/h, bei den Eilzügen endlich um 0,5 km/h erhöht.

Nach der Zahl der gefahrenen Zugkilometer stehen obenan die D-Züge mit 3. Klasse, die 62,6% der Gesamtleistung bestreiten, während auf die Eilzüge 27,8%, auf die FD-Züge 7,5%, auf die Luxuszüge 2,1% des Gesamtverkehrs entfielen. Eine erhebliche Verstärkung erfuhr vor allem der Eilzugverkehr. Der Anteil der Eilzüge am gesamten Schnellzugverkehr, der von 34% im Jahr 1914 auf 18,1% im Jahr 1925 gesunken war, erreichte im Jahr 1931 wieder 27,8%.

Betrachtet man noch die Leistungen des Schnellzugverkehrs der einzelnen Verwaltungen, wobei das Netz der Deutschen Reichsbahn-Gesellschaft entsprechend den Netzen der vormaligen Ländereisenbahnen unterteilt wird, so ergeben sich die folgenden Zahlen. Die Durchschnittsgeschwindigkeit der Schnellzüge auf dem gesamten Reichsbahnnetz beträgt 63,6 km/h. Auf dem östlichen Netz der vormaligen preußisch-hessischen Staatsbahnen werden 68,0 km/h, auf dem westlichen Netz 63,8 km/h, auf deren Gesamtnetz 64,8 km/h entwickelt. Im Bereich der Reichsbahndirektionsbezirke Oldenburg und Schwerin erreichen die Schnellzüge 65,9 und 64,5 km/h, auf dem bayerischen Netz rechts des Rheins 63,1 km/h, im Bereich der Reichsbahndirektion Ludwigshafen (Rhein) 56,5 km/h. Der Reichsbahndirektionsbezirk Karlsruhe verzeichnet 61,4 km/h, Stuttgart 57,9 km/h, Dresden 57,6 km/h, die Eisenbahndirektion des Saargebiets 60,1 km/h, die Lübeck-Büchener Eisenbahn und die Eutin-Lübecker Eisenbahn endlich 61,5 und 55,5 km/h als Durchschnittsgeschwindigkeit der Schnellzüge.

Eine Gegenüberstellung der Fahrleistungen des Sommerfahrplans 1931 mit den entsprechenden Zahlen für den Sommer 1914 zeigt, daß die Überholung der Vorkriegsgeschwindigkeit im wesentlichen auf die Steigerung der Fahrleistungen im Bereich der ehemaligen preußisch-hessischen Staatsbahnen und des bayrischen Netzes rechts des Rheins zurückzuführen ist. So hat sich die Durchschnittsgeschwindigkeit der Schnellzüge auf dem preußisch-hessischen Netz um 1,9 km/h, auf dem bayerischen Netz rechts des Rheins um 2,9 km/h, in den Bezirken Schwerin und Oldenburg um 1,6 und 8,9 km/h erhöht. Dagegen bleibt die derzeitige Leistung der Schnellzüge im Reichsbahndirektionsbezirk Stuttgart noch um 0,6 km/h, in den Bezirken Karlsruhe und Dresden um 1,0 und 1,3 km/h, im Bezirk Ludwigshafen (Rhein) um 3,3 km/h, bei der Lübeck-Büchener Eisenbahn um 0,9 km/h, bei der Eutin-Lübecker Eisenbahn um 1,9 km/h hinter der Vorkriegsgeschwindigkeit zurück.

Was endlich die Spitzenleistungen des Sommerfahrplans 1931 betrifft, so weist heute die beiden schnellsten Zugfahrten Deutschlands die 48,4 km lange elektrisch betriebene Strecke Breslau Freiburg Bf – Königszelt auf, die von den Zügen D192 und D191 in 31 und 32 Minuten durchfahren wird, was einer Durchschnittsgeschwindigkeit von 93,7 km/h und 90,8 km/h entspricht. Die Höchstleistung der Vorkriegszeit, die der Schnellzug D8 auf der 64,4 km langen Strecke Hannover Hbf – Minden (Westf) mit 89,9 km/h entwickelte, ist demnach heute bereits um 3,8 km/h überschritten.

Die jeweils schnellsten Zugfahrten einiger weiterer Strecken des Reichsbahnnetzes seien im Folgenden mitgeteilt. Auf der Strecke Hamm (Westf) – Hannover Hbf (176,5 km) entwickelt der Fernschnellzug FD21 bei 118 Minuten Fahrzeit 89,7 km/h, auf der Strecke Halle – Berlin Anh Bf (161,7 km) Zug FD3 bei 109 Minuten Fahrzeit 89,0 km/h, auf der Strecke Leipzig Hbf – Berlin Anh Bf (164,4 km) Zug FD5 mit 111 Minuten Fahrzeit 88,9 km/h Durchschnittsgeschwindigkeit. Die vier Fernschnellzüge Berlin – Altona FD23, FD24, FD25 und FD26 legen die Teilstrecke Berlin Lehrter Bf – Hamburg Hbf (286,8 km) in je 194 Minuten mit 88,7 km/h zurück. Auf der Strecke Berlin Zool. Garten – Hannover Hbf (254,1 km) endlich erzielt FD112 als schnellster Zug bei 172 Minuten Fahrzeit eine Durchschnittsgeschwindigkeit von 88,6 km/h".

Zusammenfassung

Der deutsche Schnellzugverkehr nach dem Stand vom 15. Mai 1931

Verwaltung	Zugkilometer: Luxuszüge	Zugkilometer: Fernschnellzüge	Zugkilometer: D-Züge mit 3. Kl	Zugkilometer: Eilzüge	Zugkilometer: Summe	Minuten: Luxuszüge	Minuten: Fernschnellzüge	Minuten: D-Züge mit 3. Kl	Minuten: Eilzüge	Minuten: Summe	Mittlere Fahrgeschwindigkeit sämtlicher Schnellzüge km/Std.
Deutsche Reichsbahn-Gesellschaft	5310,4	19 300,0	158 561,6	70 457,1	253 629,1	4 431	15 001	147 516	72 481	239 429	63,6
Eisenbahndirektion des Saargebietes	–	–	967,0	344,4	1 311,4	–	–	963	346	1 309	60,1
Lübeck-Büchener Eisenbahn	–	–	465,8	225,0	690,8	–	–	438	236	674	61,5
Eutin-Lübecker Eisenbahn	–	–	132,0	66,0	198,0	–	–	136	78	214	55,5
Deutsches Reich	5310,4	19 300,0	160 126,4	71 092,5	255 829,3	4 431	15 001	149 053	73 141	241 626	63,5
Mittlere Fahrgeschwindigkeit in km/Std.:						71,9	77,2	64,5	58,3	63,5	

D. Die Entwicklung zwischen den beiden Weltkriegen

a) Die eisenbahnhistorische Entwicklung zwischen 1918 und 1945

Nach dem am 11. November 1918 eingetretenen Waffenstillstand und der am 28. Juni 1919 erfolgten Unterzeichnung des Friedensvertrages von Versailles zwischen dem Deutschen Reich und den Siegermächten (die Verträge mit und zwischen den anderen kriegsführenden Staaten des Ersten Weltkrieges lagen annähernd zeitgleich) standen eigentlich der Wiederaufnahme des friedensmäßigen Zugverkehrs, sowohl innerhalb des Reiches als auch auf internationaler Basis, keine kriegsbedingten Zwänge mehr entgegen. Dennoch dauerte es geraume Zeit, bis es wieder zu annähernd friedensmäßigen Verhältnissen kam. Hier wirkten vor allem die innenpolitischen Verhältnisse im Deutschen Reich mit dem Übergang von der Monarchie zur demokratischen Republik, die Auflagen und Maßnahmen der Siegermächte gegenüber dem Reich, die Kriegsschäden und die Herunterwirtschaftung der Eisenbahnen durch den Krieg, die Abgaben von Eisenbahnmaterial an die Alliierten, die durch den Vertrag von Versailles geschaffenen neuen Grenzen und die Neigung der Siegermächte, frühere alteingefahrene, bewährte Zugverbindungen soweit als möglich um das Reichsgebiet herum zu führen, einer raschen Normalisierung entgegen. Aber auch bei den Siegermächten selber waren derartige Verhältnisse anzutreffen, die einer friedensmäßigen Ausgestaltung des Fahrplans zunächst entgegenstanden. Hinzu kam, daß durch die Friedensschlüsse mit den Mittelmächten und ihren Verbündeten sich die Landkarte Europas wesentlich gegenüber 1914 verändert hatte. Nicht nur, daß alle diese Staaten mehr oder weniger große Gebietsverluste an ihre Nachbarn hinnehmen mußten, es entstanden neue Staaten auf der Landkarte Europas. Die Donaumonarchie war zerschlagen worden, und mit Österreich und Ungarn waren zwei neue selbständige Staaten entstanden; aber auch aus der Hinterlassenschaft dieses Staates, des russischen Zarenreiches und des Osmanischen Reiches, waren mit Polen, der Tschechoslowakei und Jugoslawien neue Staaten in Europa entstanden.

In Deutschland führte die Entwicklung von der Reichsverfassung von 1871 zur Weimarer Verfassung vom 11. August 1919 auch zu einer Neustruktur des Eisenbahnwesens. Waren durch die Reichsverfassung von 1871 die Eisenbahnen der einzelnen deutschen Bundesstaaten selbständig geblieben, so schrieb nunmehr die neue Reichsverfassung die Übernahme der Ländereisenbahnen auf das Reich vor. Am 31. März 1920 wurde zwischen dem Reich und den beteiligten Ländern der Staatsvertrag geschlossen, der den Übergang der Eisenbahnen von den Ländern in das Eigentum des Reiches mit Wirkung vom 1. April 1920 an festlegte; damit waren die Reichseisenbahnen geboren. Durch Notverordnung vom 12. Februar 1924 wurden die Reichseisenbahnen in ein wirtschaftlich und finanziell selbständiges Unternehmen „Deutsche Reichsbahn (DR)" umgewandelt; und bereits durch das erste Reichsbahngesetz vom 30. August 1924 wurde die im Dawesplan festgelegte Verpfändung der Reichsbahn für Reparationsabgaben ab 1. Oktober 1924 gesetzlich verankert: Die „Deutsche Reichsbahn-Gesellschaft (DRG)" ist geschaffen. Nach Gründung des Verwaltungsrates am 27. September 1924 gingen am 11. Oktober des gleichen Jahres die Betriebsrechte vom Reich rückwirkend zum 1. Oktober auf die DRG über.

Durch die im Youngplan festgelegten neuen Reparationsmodalitäten wurde die Reichsbahn nicht mehr als Pfandrecht der Reparationsgläubiger angesehen, und so kam es am 13. März 1930 zu einer Novellierung des Reichsbahngesetzes vom 30. August 1924, die dem Deutschen Reich wieder weitergehende Einflüsse auf die DRG sicherte. Mit der Wiedereingliederung des Saargebietes in das Deutsche Reich am 1. März 1935 wurden die Saarbahnen in die DRG einbezogen und eine neue Reichsbahndirektion Saarbrücken eingerichtet. Ab 30. November 1936 firmierte das Unternehmen „Deutsche Reichsbahn-Gesellschaft" wieder als „Deutsche Reichsbahn", wenn auch die Gesellschaft als solche formell bestehen blieb. Durch das „Gesetz zur Neuregelung der Deutschen Reichsbank und der Deutschen Reichsbahn" vom 10. Februar 1937 wurde mit Rückwirkung zum 2. Februar 1937 die DRG für erloschen erklärt und die Reichsbahn wieder der Hoheit des Reiches unterstellt und somit Bestandteil des Reichsvermögens. Am 17. März 1938 wurde die „Verordnung betreff Übernahme der Österreichischen Bundesbahnen durch die Deutsche Reichsbahn" erlassen, und durch eine weitere Novelle zum Reichsbahngesetz vom 4. Juli 1939 wurde die Deutsche Reichsbahn rückwirkend zum 1. Januar 1939 in ein Sondervermögen des Reiches mit eigener Rechnungsführung umgewandelt.

Die dem Deutschen Reich gehörenden Bahnen firmierten in dieser Periode wie folgt:

a) 1. April 1920 - 11. Februar 1924 – „Reichseisenbahnen" (ohne besondere Abkürzung)
b) 12. Februar 1924 - 30. September 1924 – „Deutsche Reichsbahn (DR)"
c) 1. Oktober 1924 - 30. November 1936 – „Deutsche Reichsbahn-Gesellschaft (DRG)"
d) 1. Dezember 1936 - 1. Februar 1937 – „Deutsche Reichsbahn-Gesellschaft (DR)"
e) 2. Februar 1937 - 1. April 1938 – „Deutsche Reichsbahn (DR)"
f) 2. April 1938 - 9. Mai 1945 – „Deutsche Reichsbahn", nach außen „DR", nach innen „DRB"

In diese Periode zwischen den beiden Weltkriegen fallen eine Reihe von Ereignissen sowohl in technischer und betrieblicher, als auch vertraglicher Hinsicht, die für die Entwicklung des hier beschriebenen Schienenschnellverkehrs von nicht zu unterschätzender Bedeutung sind:

a) Am 25. April 1921 werden der Internationale Güterwagenverband und der Internationale Personen- und Gepäckwagenverband gegründet.
b) Nach der vom 17. - 20. Oktober 1922 in Paris erfolgten Gründungsversammlung nimmt am 1. Dezember 1922 die Union internationale des chemins de fer (UIC = Internationaler Eisenbahnverband) ihre Arbeit auf.
c) Am 1. Januar 1923 tritt das „Übereinkommen über die gegenseitige Benutzung der Personen- und Gepäckwagen im internationalen Verkehr" (Regolamento Internazionale Carozze = RIC) in Kraft.
d) Am 19. März 1923 beginnt auf den Eisenbahnen des Rhein-Ruhr-Gebietes und in einigen anderen Gebieten im Westen des Reiches der Regiebetrieb durch die französische Besatzung.
e) Am 23. Oktober 1924 werden das „Internationale Übereinkommen über den Eisenbahn-Personen- und Gepäckverkehr (IÜP)" und das „Internationale Übereinkommen über den Eisenbahnfrachtverkehr (IÜG)" abgeschlossen; beide treten am 1. Oktober 1928 in Kraft.
f) Am 7. Januar 1926 wird bei der DRG die Zugtelefonie eingeführt.
g) Ab Fahrplanwechsel am 15. Mai 1927 ist die bei der DRG bereits zum 1. Mai eingeführte 24-Stunden-Zeit international verbindlich.
h) Am 7. Oktober 1928 wird die 4. Wagenklasse abgeschafft.
i) Am 18. Juni 1929 erfolgt der Beitritt Deutschlands zur „Internationalen Eisenbahn-Kongreßvereinigung".
k) Am 1. Oktober 1932 wird der „Verein Deutscher Eisenbahn-Verwaltungen" zum „Verein Mitteleuropäischer Eisenbahn-Verwaltungen (VMEV)" erweitert.
l) Mit der am 2. November 1942, mitten im Zweiten Weltkrieg erfolgenden Eröffnung des elektrischen Zugbetriebes zwischen Weißenfels und Leipzig ist die durchgehende Verbindung München — Leipzig geschaffen und die Verknüpfung der beiden bisher isoliert betriebenen elektrischen Streckennetze der DR in Süd- und Mitteldeutschland vollzogen. Leider hatte diese Verbindung nur bis 1946 Bestand, da auf dem Gebiet der sowjetischen Besatzungszone auf Anordnung der Besatzungsmacht die Anlagen demontiert wurden. Noch heute endet das elektrisch betriebene Netz der DB daher in Probstzella, das der DR in Camburg (Saale).

Nach diesem kurzen eisenbahnhistorischen Rückblick wollen wir uns wieder unserem eigentlichen Thema zuwenden.

b) Die Luxuszüge der ISG und der MITROPA zwischen den beiden Weltkriegen

Mit dem Ende des Ersten Weltkrieges war nicht nur ein Krieg zu Ende gegangen, sondern auch eine ganze Epoche vergangen, die man „die gute alte Zeit" oder die Periode „zu Kaisers Zeiten" nannte. Ebenso änderte sich auch das Gesicht der „Grands expresses européens". Die ISG, wie wir die CIWL nunmehr mit ihrer deutschen Abkürzung bezeichnen wollen, hatte natürlich ein Interesse daran, möglichst bald wieder ihre Züge wie vor dem Ersten Weltkrieg fahren zu lassen. Außer den Kriegszerstörungen und Nachkriegswirren in vielen Teilen Europas standen dem aber auch noch andere Hindernisse entgegen.

Nachdem seitens Deutschland und Österreich einem ab 1906 unter der Bezeichnung „Simplon-Expreß" zwischen Paris und Mailand verkehrenden Schlafwagen-Luxuszug, der 1907 bis Venedig und 1912 bis Triest verlängert worden war, der Weg zum Orient verwehrt worden war, beschlossen nunmehr die Siegermächte, dem legendären „Orient-Expreß" als Verbindung Paris — Balkan — Konstantinopel das Lebenslicht auszublasen, führte doch sein Weg über das Territorium der Verlierer. So kam, durch Regierungsvertreter am 22. August 1919 unterzeichnet, eine Konvention zustande zwischen Frankreich, Belgien, England, den Niederlanden, der Schweiz, Italien, Rumänien und Griechenland sowie dem Vereinigten Königreich der Serben, Kroaten und Slowenen, die einem neuen „Simplon-Orient-Expreß (S.O.E.)" für die nächsten zehn Jahre das Verkehrsmonopol als Luxuszug nach Konstantinopel garantierte. Gleichzeitig beschlossen diese Staaten, sich an keinen direkten Luxuszug- oder Schlafwagenläufen zu beteiligen, die dem S.O.E. Konkurrenz hätten bereiten können, und keine Fortsetzung von Luxuszügen oder Schlafwagen von Frankreich, Belgien oder den Niederlanden über Wien hinaus zuzulassen. Damit schien das Ende des „Orient-Expreß" gekommen. Nach Abschluß der Friedensverträge mit Bulgarien und der Türkei traten dann auch die bulgarischen Bahnen und die Orientbahn dieser Konvention bei. Bereits am 11. April 1919 fuhr der erste „Simplon-Orient-Expreß", zunächst nur auf dem Abschnitt Paris — Triest, als Schlafwagen-Luxuszug. Im Januar 1920 konnte er bis Belgrad, im Sommer 1920 bis Istambul, dem früheren Konstantinopel, weitergeführt werden. Da dieser Zug zu keiner Zeit deutsches Gebiet berührte, soll seine weitere Entwicklung hier nicht behandelt werden.

Auf der Route über Delle – Basel – Arlberg verkehrte ab 1919 zwischen Paris und Wien West ein als „Train de luxe militaire" bezeichneter, dreimal wöchentlich fahrender Zug. Dabei lief ein Zugteil von Linz nach Prag, der andere von Wien West zur Umstellung nach Wien Nord und von dort weiter über Oderberg nach Warschau. Um kein deutsches Gebiet zu berühren, umfuhr dieser im Volksmund als „Entente-Zug" bezeichnete Zug das damals noch ungeteilte Oberschlesien auf der Route Petrowitz – Trzebinia – Granitza. In den ISG-Fahrplänen wurde er als „Orient-Expreß" mit dem Zusatz „Train de luxe militaire" geführt.

Nach Art. 367 des Versailler Vertrages waren die Reichseisenbahnen verpflichtet, internationale Transitzüge nach den Wünschen der Siegermächte zu übernehmen und ebenso schnell zu befördern wie die schnellsten innerdeutschen Verbindungen. Da der „Train de luxe militaire" in seiner Streckenführung doch sehr aufwendig war, wurde unter Bezug auf diese Bestimmung des Versailler Vertrages am 6. September 1919 auf Regierungsebene ein Luxuszug Paris – Kehl – München – Salzburg – Wien unter dem komplizierten Namen „Boulogne/Paris/Ostende-Strasbourg-Vienne-Expreß" vereinbart, der ab Mai 1920 verkehren sollte, lt. Kursbuch tatsächlich ab Juni, nach anderen Quellen aber erst ab Oktober 1920 lief. In Straßburg zweigte aus diesem Zug ein als „Boulogne/Paris/ Ostende-Prague-Varsovie-Expreß" bezeichneter Teil ab, der über Stuttgart – Nürnberg – Prag – Oderberg nach Warschau verkehrte und zur Umgehung oberschlesischen Gebiets über Dzieditz geleitet wurde. Nachdem ab 15. März 1921 mit dem „Nord-Expreß" zwischen Paris – Aachen – Berlin und Warschau ein unmittelbarer Luxuszug zwischen Frankreich und Polen verkehrte, wurde die umständliche Konstruktion bereits im Mai 1921 auf den Zielort Prag beschränkt; zusätzlich erhielt dieser Zug aber einen Schlafwagen nach Karlsbad.

Bis zum Sommer 1921 hatte sich die Lage, aber auch die Vernunft der Siegermächte soweit wieder stabilisiert, daß als Ersatz für den „Paris-Strasbourg-Vienne-Expreß" ein neuer, nun auch wieder als „Orient-Expreß" bezeichneter Luxuszug von Paris über Kehl – München – Salzburg – Wien – Preßburg – Budapest nach Bukarest gefahren werden konnte. Ab 1922 hatte der „Orient-Expreß" sogar wieder einen Schlafwagen nach Istambul, der aber wegen der Vereinbarung über den S.O.E. nicht in Paris beginnen konnte und daher erst in München in den Zug eingestellt wurde. Wegen der Besetzung des Bereichs Kehl – Offenburg durch französische Truppen und der Unterbrechung der deutschen Rheintallinie bei Renchen verkehrte der „Orient-Expreß" vom 30. Januar 1923 bis Mitte November 1924 über die Schweiz und den Arlberg nach Salzburg, wo er wieder seine eigentliche Route erreichte.

Nachdem der „Orient-Expreß" wieder auf seine alte Strecke durch Baden, Württemberg und Bayern zurückverlegt worden war, stellte sich auf dieser Linie doch ein gewisses Verkehrsbedürfnis heraus; so kam es im November 1924 zur Einlegung eines „Suisse-Arlberg-Vienne-Expreß" genannten Luxuszuges zwischen Paris und Wien, der später in „Arlberg-Orient-Expreß" umbenannt wurde. Später, nach der Eingliederung Österreichs in das Deutsche Reich, wird uns dieser Zug, der im Jahre 1933 bis Athen verlängert worden war, wieder begegnen.

Die 1916 als Konkurrenz zur ISG gegründete MITROPA war zwischenzeitlich auch nicht untätig gewesen und wollte von dem lukrativen Verkehrskuchen auch ein Stück abhaben. Für eine deutsche Gesellschaft war dies nach dem Ende des Ersten Weltkrieges aber sehr schwer; gegen den erbitterten Widerstand der ISG gelang es ihr aufgrund besonderer Verträge, ab 2. Dezember 1922 zwei Pullman-Züge einzusetzen, den „London-Berlin-Expreß" zwischen Hoek van Holland, das inzwischen Vlissingen den Rang abzulaufen begann, und Berlin über Osnabrück – Hannover und den als Schlafwagenzug geführten „Skandinavien-Expreß" Basel – Frankfurt – Göttingen – Magdeburg – Warnemünde, der ab 15. Mai 1923 als „Schweiz-Skandinavien-" bzw. „Skandinavien-Schweiz-Expreß" bezeichnet wurde.

Damit ist das Szenarium vorgestellt, das bis zum Beginn des Sommerfahrplans 1923, als in Deutschland die ersten Fernschnellzüge (FD) eingesetzt wurden, in der Kategorie der Luxuszüge (von den Reichseisenbahnen zuggattungsmäßig als „L" bezeichnet) vorhanden war. Von hier an soll nun die chronologische Darstellung des eigentlichen Schnellverkehrs auf Deutschlands Schienen beginnen.

Der Fahrplanwechsel am 15. Mai 1923 brachte die Wiedereinführung einer alten Luxuszug-Verbindung durch den „Paris-Karlsbad-Expreß", der aber nun nicht getrennt vom „Orient-Expreß" auf dem ganzen Laufweg verkehrte, sondern von diesem in Stuttgart abspaltete und über Nürnberg nach Eger fuhr, von wo je ein Zweig nach Prag und Karlsbad weitergeführt wurde.

Als Ausgangspunkt der weiteren Betrachtungen stellt sich denn zum Fahrplanwechsel am 15. Mai 1923 folgendes Angebot an „Grands epress européens" bzw. Luxuszügen der MITROPA dar:

L 11	Nord-Expreß	(Paris/Ostende –)Aachen – Köln – Essen – Hannover – Berlin Stadtbahn – Stentsch (– Warschau – Niegoreloje)
L 12	Nord-Expreß	(Stolpce – Warschau –) Stentsch – Berlin Stadtbahn – Hannover – Essen – Köln – Aachen (– Ostende/Paris)
L 62	Orient-Expreß	(Bukarest – Budapest – Wien –) Salzburg – München – Stuttgart – Kehl (– Paris/Calais)
L 63	Orient-Expreß	(Paris/Calais –) Kehl – Stuttgart – München – Salzburg (– Wien – Budapest – Bukarest)
L 64	Karlsbad-Paris-Expreß	(Karlsbad/Prag –) Eger – Nürnberg – Backnang – Stuttgart (– Paris)
L 65	Paris-Karlsbad-Expreß	(Paris –) Stuttgart – Backnang – Nürnberg – Eger (Karlsbad/Prag)
L 91	Schweiz-Skandinavien-Expreß	Basel – Frankfurt – Kassel – Kreiensen – Magdeburg – Rostock – Stralsund – Saßnitz Hafen
L 91a		Flügelzug nach Warnemünde
L 92	Skandinavien-Schweiz-Expreß	Saßnitz Hafen – Stralsund – Rostock – Magdeburg – Kreiensen – Kassel – Frankfurt – Basel
L 92a		Flügelzug von Warnemünde
L 111	London-Berlin-Expreß	(Hoek van Holland –) Bentheim – Osnabrück – Hannover – Berlin Stadtbahn
L 112	Berlin-London-Expreß	Berlin Stadtbahn – Hannover – Osnabrück – Bentheim (– Hoek van Holland)

Von diesen Zügen waren L 91/92 und L 111/112 Züge der MITROPA, die anderen solche der ISG. Die Abspaltung des Flügels des L 91a bzw. seine Vereinigung als L 92a kann nicht bestimmt werden, da L 91/92 die Strecke Magdeburg – Rostock Hbf in den Kursbüchern ohne Halt durchfuhren, L 91a/92a aber so dargestellt sind, daß sie Rostock Hbf nicht anliefen; es sind lediglich die Darstellung in den betreffenden Strecken und die Ankunfts- bzw. Abfahrzeiten in Warnemünde angegeben. Offensichtlich hatten L 91/92 demnach Betriebshalte westlich von Rostock zur Abgabe bzw. Aufnahme des Warnemünder Zugteils.

Stentsch war damals der deutsche Grenzbahnhof gegen Polen auf der Strecke Frankfurt (Oder) – Posen, nachdem die Grenzziehung so erfolgt war, daß Bentschen noch zu Polen gehörte. In gleicher Weise war damals Eger deutsch-tschechoslowakischer Gemeinschaftsbahnhof; er behielt diese Funktion auch bis zur Eingliederung des Sudetenlandes in das Deutsche Reich am 1. Oktober 1938. Nach dem Zweiten Weltkrieg wurde diese Regelung nicht wiederhergestellt, sondern das westlich gelegene Schirnding zum deutschen Grenzbahnhof bestimmt.

Wegen des ab 19. März 1923 von der französischen Besatzungsmacht eingeführten Regiebetriebes und der Sperrung der Rheintallinie bei Renchen ab dem 6. Februar 1923 durch französische Truppen nach der Besetzung Kehls, Offenburgs und Appenweiers waren die Fahrpläne der L 11/12, L 91/92 und L 111/112 nicht vollständig im Fahrplan enthalten. Ob diese Züge damals verkehrten, ist ebenso fraglich wie das Verkehren der L 62/63 und L 64/65, zumal ja der „Orient-Expreß" wegen dieser Ereignisse ab Januar 1923 über die Schweiz und den Arlberg lief. Dennoch ist bemerkenswert, daß im Gegensatz zu allen anderen Luxuszügen, die mit der 1. und 2. Klasse in den Fahrplänen angegeben waren, der „Orient-Expreß" nur die 1. Wagenklasse führen sollte.

Für das Fahrplanjahr 1924 fehlen für die L11/12, 91/92 und 111/112 sämtliche Angaben im Fahrplan des Sommerabschnitts wegen des Regiebetriebes, sind jedoch für den Winterabschnitt wieder vorhanden. Bei den L 62/ 63 und L 64/65 enthält der Fahrplan den Vermerk „Erst von einem bestimmten Tag ab", und L 11/ 12 und 111/112 werden übergangsweise als D-Züge mit 1. und 2. Klasse ausgewiesen. Da ab November 1924, nach Beendigung des Regiebetriebes, der „Orient-Expreß" wieder auf seiner normalen Route verkehrte, kann davon ausgegangen werden, daß ab diesem Zeitpunkt auch die übrigen Züge wieder gefahren wurden. Auch die Flügelzüge L 91a/92a verkehrten wieder, doch ist auch für diesen Fahrplanabschnitt nicht zu ersehen, wo die Abspaltung bzw. Vereinigung erfolgte; für L 91a weist das Kursbuch lediglich die Abfahrtszeit in Warnemünde von 5.05 Uhr, für L 92a die Ankunftszeit 11.45 Uhr (dargestellt nach der 12-Stunden-Zeit) auf.

Das Fahrplanjahr 1925 bringt die Wiederbelebung eines der großen alten europäischen Expreßzüge, des auf deutschen Strecken unter der Zugnummer L 51/52 verkehrenden „Ostende-Wien-Expreß", wobei auch dieser Zug bis 1928 nur die 1. Wagenklasse führte. In Nürnberg war der Zug mit dem L 65/64 zusammengeschlossen, der im Sommer Kurswagen Ostende – Karlsbad und Ostende – Prag erhielt und in diesem Jahr den Namen „Calais-Paris-Prag-Karlsbad-Expreß" trug. Der dreimal wöchentlich laufende L 51/52 wurde auf dem Abschnitt Wien – Linz mit dem „Orient-Expreß" vereinigt gefahren und verkehrte auf den deutschen Strecken über Passau – Nürnberg – Frankfurt – Wiesbaden linksrheinisch nach Köln und weiter nach Aachen; es erstaunt, daß der Zug in beiden Richtungen über Offenbach lief. (Zu derartigen Besonderheiten von Zugläufen mehr im folgenden Abschnitt). Der „Nord-Expreß" wurde wieder als „L" klassifiziert, und der „London-Berlin-Expreß" als großer Expreßzug eingestellt und in einen den gleichen Laufweg bedienenden FD 111/112 umgewandelt.

Das Jahr 1926 bringt den Fortfall des letzten Luxuszuges der MITROPA, des „Schweiz-Skandinavien-Expreß" L 91/92 mit seinen Flügeln L 91a/92a. Das Zugpaar wird in einen gewöhnlichen Schnellzug, jedoch mit nur 1. und 2. Klasse, umgewandelt; dafür erscheint in den Fahrplantabellen nur für dieses Fahrplanjahr ein neuer Luxuszug, der L 22/21 Berlin Stadtbahn – Eydtkuhnen mit Halten in Schneidemühl, Marienburg und Königsberg; er ist nur einmal wöchentlich vorgesehen und führt den Vermerk im Kursbuch „verkehrt vorläufig nicht"; ob dieser Zug überhaupt jemals lief, ist äußerst zweifelhaft. Es ist auch nicht klar zu erkennen, welchen Zweck dieser Zug überhaupt erfüllen sollte; dem Verkehr nach Ostpreußen diente er sicher nicht, eher könnte er einen Anschluß der baltischen Staaten an den „Nord-Expreß" darstellen, mit dem er zeitlich in Berlin zusammengeschlossen war. Aus den Fahrplanunterlagen ist nichts über die Zugbildung zu ersehen, so daß nähere Angaben nicht gemacht werden können. Möglicherweise dürfte er zur Sowjetunion gezielt haben, wie es der „Nord-Expreß" in Niegoreloje bewirkte, der dort Anschluß an einen über Moskau zur Transsibirischen Bahn zielenden Expreß hatte und somit eine durchgehende Schienenverbindung von England und dem übrigen Westeuropa nach dem Fernen Osten vermittelte, aber das hier mögliche Ziel Leningrad dürfte kaum einen Luxuszug wert gewesen sein, auch wenn die Sowjetunion schon damals aus Prestigegründen durchgehende Eisenbahnverbindungen nach West- und Südeuropa anstrebte. Auf jeden Fall ist der „Reichsbahn", Heft 52 des Jahres 1926 als Ergebnis der EFK Baden-Baden für den Fahrplan 1927 nachzulesen:

„Zur Verbesserung der Verbindung (Paris –) Berlin – Riga – Moskau – Ferner Osten wurden die Fahrpläne der im Anschluß an L 11/12 nunmehr verkehrenden D 1/2 verbessert. Es werden durchgehende Wagen zwischen Ostende bzw. Paris und Riga mitgeführt, vorausgesetzt, daß der hierzu erforderliche Staatsvertrag zwischen Deutschland und Polen zustandekommt. Ob auch eine Luxuszugverbindung im Anschluß an den dann über Berlin nach Riga einmal wöchentlich durchzuführenden Luxuszug L 11/12 zustande kommen wird, ist noch unbestimmt."

Da aber dieser Zug L 21/22 (sicher eine Flügelnummer zu L 11/12) im Fahrplan 1926 und nicht in den oben zitierten EFK-Ausführungen für den Fahrplan 1927 in letzterem Jahr erscheint, kann man vermuten, daß bereits 1925/26 Vorverhandlungen zwischen den beteiligten Bahnverwaltungen oder Staaten und der ISG stattgefunden hatten, deren Ergebnis die DRG bewog, diesen Zug in ihre Fahrplanunterlagen aufzunehmen. Das am 26. März 1927 in Warschau abgeschlossene „Übereinkommen zwischen dem Deutschen Reich und der Republik Polen über Erleichterungen des internationalen Eisenbahnverkehrs auf der Strecke Firchau – Choynice – Tcew – Marienburg" (RGBl II S.327) sah jedenfalls vor, auf der Transitstrecke durch den polnischen Korridor seitens der DRG ein weiteres Schnellzugpaar und ein Luxuszugpaar einmal wöchentlich neben dem bisherigen Verkehr zwischen Ostpreußen und dem übrigen Reichsgebiet zu führen. Warum es dann nicht zur Einrichtung dieser Luxuszugverbindung kam, ist unbekannt.

Das Fahrplanjahr 1928 brachte einen neuen Luxuszug. In den Jahren ab 1927 waren nämlich überall in Europa Tagesluxuszüge mit Pullmanwagen eingeführt worden, und auch der nunmehr zum FD gewordene ehemalige „London-Berlin-Expreß" (FD 111/112) erhielt einen solchen Wagen, der bis 1935 in diesem Zugpaar verkehrte. Im Zuge dieser Entwicklung wurde eine neue, schnelle Tagesverbindung zwischen London und Köln eingerichtet, die als L 175/176 „Ostende-Köln-Pullman-Expreß" gefahren wurde. Das Zugpaar verkehrte im ersten Jahr zwischen dem 15. Juni und 15. September.

Darüberhinaus brachte das Fahrplanjahr 1928 noch eine bedeutende Entscheidung: Ein Jahr vor Ablauf des Simplon-Orient-Monopols von 1919 erhielt der „Ostende-Wien-Expreß" direkte Schlafwagen von Ostende und Amsterdam nach Istambul! Und über den neu eingeführten „Calais-Brüssel-Pullman-Expreß" erhielt dieser Zug in Brüssel einen Schlafwagen, der in Lüttich auf den „Nord-Expreß" überging und Warschau zum Ziel hatte. Weitere Schlafwagen brachte dieser Zug von Ostende für den „Nord-Expreß" nach Bukarest über Lemberg und nach Niegoreloje, ein Zeichen dafür, wie eng die großen europäischen Luxuszüge wieder miteinander verbunden waren. Es würde aber zu weit führen, die einzelnen Verknüpfungen und Kurswagenführungen im Detail darzustellen.

Der ostwärts fahrende „Karlsbad-Expreß", wie nun wieder L 64/65 hießen, wurde durch das Remstal über Aalen nach Nürnberg geführt, sein Gegenzug verblieb im Murrtal über Backnang, und L 51 verkehrte über Frankfurt Ost. Noch ein weiterer großer europäischer Expreßzug erblickte im Jahre 1928 das Licht der Welt, doch darüber mehr im nächsten Abschnitt.

1929 wurde der „Orient-Expreß" über Bukarest hinaus bis Constanza verlängert, wo an drei Tagen der Woche Schiffsanschluß nach Istambul bestand. Der „Nord-Expreß" wurde in Polen ostwärts Posen auf die neue Strecke über Kutno statt wie bisher über Ostrowo — Lodz umgelegt und erhielt verbesserte Gesamtfahrzeiten.

Im Fahrplan 1930 erhalten jetzt auch L 51/52 die 2. Klasse, und L 52 wird ebenfalls über Frankfurt Ost geführt. Erstmals in der Wintersaison vom 3. Januar bis 28. April 1931 werden an drei Tagen der Woche neue Luxuszüge unter dem Namen „Riviera-Neapel-Expreß" eingeführt, die als L 19/20 auf der deutschen Strecke von Basel — Karlsruhe — Frankfurt — Erfurt — Leipzig nach Berlin Anh Bf verkehren. Beide Züge erhalten einen Flügel L 219/220 Amsterdam/Rotterdam — Köln — Wiesbaden. L 219 spaltet von L 19 in Darmstadt ab, der daher von Karlsruhe über Schwetzingen zur Main-Neckar-Bahn geführt wird, und läuft dann über Bischofsheim — Mainz-Kastel nach Wiesbaden, über die linke Rheinstrecke nach Köln und weiter über Cleve — Nymwegen nach Arnheim, wo er mit D 281 vereinigt wird. L 220 fährt dagegen auf der klassischen Holland-Schweiz-Route über Arnheim — Emmerich — Köln — Koblenz — Wiesbaden — Mainz-Kastel — Bischofsheim und die Riedbahn nach Mannheim, wo die Vereinigung mit dem über die Riedbahn aus Frankfurt gekommenen L 20 erfolgt; beide Zugteile verkehren nunmehr bis Mailand vereinigt. Erst dort erfolgt die Aufteilung in die Zweige nach Rom — Neapel und Genua — Ventimiglia — Cannes. In Neapel besteht Anschluß an die Dampfer der Societȁ Italiana di Servizi Maritimi, womit eine schnelle Verbindung Holland/Berlin — Ägypten gegeben ist. Darüberhinaus bestehen in Berlin Anschlüsse von und nach Saßnitz — Schweden — Norwegen, Warnemünde — Dänemark, Königsberg — Riga/Warschau. Der Zug wird mit Schlafwagen 1.2. Klasse und Speisewagen der ISG gefahren und ist die letztgeschaffene große Luxuszugverbindung auf deutschem Boden. Immerhin wurde dieser Zug in seinem Stamm bis zum Winter 1938/39 beibehalten, ehe er durch die Ereignisse des Zweiten Weltkrieges ausfallen mußte. Außer den durch die Kombination der beiden Zugteile möglichen Wagenbildungen wurde noch ein Schlafwagen Berlin — Rapallo geführt. L 175/176 wurden in diesem Fahrplanabschnitt auf dem belgischen Streckenabschnitt merklich beschleunigt.

1931 wird der „Karlsbad-Expreß" L 64 in Richtung Westen ab Stuttgart getrennt vom „Orient-Expreß" bis Paris Est gefahren, da dieser erheblich beschleunigt wird; auch liegt dieser jetzt in Stuttgart später, so daß es bei gemeinsamer Führung dort zu einem unverhältnismäßig langen Stillager gekommen wäre. Da aber andererseits L 64 in Nürnberg an den L 51 gebunden war, war eine Späterlegung ab Karlsbad/Prag unmöglich. Im Zusammenhang mit der Kürzung der Fahrzeiten des „Orient-Expreß" wurden auch die des „Ostende-Wien-Expreß" gekürzt. Außerdem führten ab 1. Dezember 1931 die Züge L 63/62 nunmehr auch die 2. Wagenklasse.

Im Fahrplanjahr 1932 wird gegen Polen der neue Grenzbahnhof Neu Bentschen in Betrieb genommen, und somit verlängert sich die deutsche Strecke des „Nord-Expreß" ab Stentsch um diesen Abschnitt. Der „Orient-Expreß" erhält ab 22. Mai 1932 einen dreimal wöchentlich verkehrenden Schlafwagen Paris — Istambul, der ab Belgrad im „Simplon-Orient-Expreß" läuft: Damit ist die alte „Orient-Expreß"-Verbindung zwischen Paris und der Türkei wiederhergestellt. Der „Karlsbad-Expreß" erhält ab diesem Fahrplan die 2. Klasse, ebenso der „Nord-Expreß" ab dem 1. Dezember 1931.

Für den Fahrplan 1933 wird der „Karlsbad-Expreß" L 64 wieder auf den Abschnitt Karlsbad — Stuttgart beschränkt, da durch eine weiter geänderte Zeitlage des „Orient-Expreß" der Anschluß in Stuttgart wieder gegeben ist. „Wegen Betriebsschwierigkeiten südlich von Belgrad" verliert der „Orient-Expreß" wieder seine direkte Verbindung nach Istambul, und der bisher durchlaufende Schlafwagen von Paris wird auf Belgrad beschränkt. Der „Nord-Expreß" L 11/12 wird auf den deutschen Strecken gegenüber 1932 nochmals merklich beschleunigt und in beiden Richtungen über die Wupper statt über Essen geführt. Der „Riviera-Neapel-Expreß" wird auf den Laufweg Berlin — Cannes umgelegt, während der bisherige Zweig nach Neapel vorerst eingestellt wird. Bereits zum Winter 1933 war der Amsterdamer Zweig L 219/220 entfallen; an der getrennten Führung der beiden Stammzüge über die Ried- bzw. Main-Neckar-Bahn änderte sich jedoch nichts.

Das Jahr 1934 bringt bei verschiedenen Luxuszügen eine Umstellung der Zugnummern auf ein neues

Bei der Überführung Kanalstraße in Köln kam am 26. Februar 1931 17 053 mit L 176 Köln – Ostende vorbei.
Aufnahme: Carl Bellingrodt

Kurze Zeit später wurde L 176 von 03 046 des Bw Köln Bbf bis Aachen befördert.
Aufnahme (bei Köln-Ehrenfeld): Carl Bellingrodt

L 20 „Berlin-Neapel-Expreß" verläßt am 3. Januar 1931 (erster Verkehrstag) den Berliner Anhalter Bf.
Aufnahme: DB

1932 wurde sein Flügelzug „Neapel-Riviera-Holland-Expreß" L 220 in Köln-Deutz von 17 090 gezogen.
Aufnahme: Carl Bellingrodt

System, das bis weit nach dem Zweiten Weltkrieg seine Gültigkeit behalten sollte. So werden aus L 63/64 „Orient-Expreß" L 5/6 und der Flügelzug „Karlsbad-Expreß" aus L 65/ 64 zu L 105/106.

Für den Fahrplan 1935 bringt die EFK in Bukarest eine Beschleunigung des „Orient-Expreß" und des mit ihm zusammengeschlossenen „Karlsbad-Expreß". Auch der nun „Riviera-Expreß" genannte und in der Wintersaison verkehrende L 19/20 wird in beiden Richtungen beschleunigt. Wegen der damit fortfallenden Verbindungen in Italien wird er nur noch aus Schlafwagen Berlin – Cannes und Berlin – Rom gebildet, wobei letztere südwärts Mailand mit inneritalienischen Rapido-Zügen gefahren werden; der Flügel nach Neapel ist somit endgültig eingestellt.

Ab 1936 wird der bisher nur dreimal wöchentlich verkehrende „Ostende-Wien-Expreß" „versuchsweise" in der Hauptreisezeit auf dem Abschnitt Ostende – Linz täglich gefahren; er führt nunmehr Schlafwagen Ostende – Budapest und Ostende – Nürnberg, sowie Amsterdam – Budapest und einen Speisewagen Ostende – Budapest. L52 wird auf deutscher Strecke jetzt über Köln – Beuel – Koblenz – Mainz – Frankfurt Süd geführt und somit der Frankfurter Hbf nicht mehr angefahren. Der „Riviera-Expreß" kann nochmals beschleunigt werden; insbesondere fällt das lange Stillager in Mailand für den Schlafwagen Berlin – Rom fort.

Während für das Jahr 1935 auf der EFK Bukarest wegen der immer noch spürbaren Auswirkungen der Weltwirtschaftskrise die Österreichischen Bundesbahnen einen neuen Luxuszug Berlin – Brenner – Rom vorschlugen (vermutlich aus dem Gedanken eines entsprechenden Verkehrsaufkommens zwischen den Achsenmächten), der jedoch abgelehnt wurde, wünschte die DRG auf der EFK Montreux für das Fahrplanjahr 1937 die tägliche Führung des „Orient-Expreß" wegen der sich deutlich zeigenden Konkurrenz des Flugzeuges. Ostwärts Budapest wurde diesem Antrag nicht stattgegeben, doch konnte die Fahrzeit allgemein etwas verkürzt werden. Der „Ostende-Orient-Expreß" verkehrte aber nun während des Sommerabschnitts täglich. Die bisher aus dem „Nord-Expreß" in Berlin auf D 31/32 übergehenden und täglich verkehrenden Schlafwagen Ostende – Bukarest über Lemberg – Czernowitz wurden auf dreimal wöchentlich reduziert; an den übrigen Tagen wurden sie weiter im „Nord-Expreß" nach Niegoreloje gefahren. L 52 verkehrte nunmehr ganz auf der linken Rheinseite, die bisherige Führung über Beuel nach Koblenz entfiel.

Die vom 4. - 9. Oktober 1937 in Stockholm tagende EFK für den Fahrplan 1938 beschloß zunächst, daß der „Ostende-Wien-Expreß" wegen ungenügender Inanspruchnahme wieder nur dreimal wöchentlich fahren sollte. Außerdem wurde der bisher zwischen Paris und Berlin täglich und zwischen Berlin und Warschau dreimal wöchentlich verkehrende L 11/12 „Nord-Expreß" täglich bis Warschau verlängert. Dazu stellten die sowjetischen Eisenbahnen in Niegoreloje bzw. Stolpce zweimal pro Woche neue Verbindungen nach dem Fernen Osten her. Durch den am 17. März 1938 erfolgenden Zusammenschluß der BBÖ mit der DR nach dem Anschluß Österreichs an das Deutsche Reich wurden verschiedene Luxuszugverbindungen auf den Strecken der Reichsbahn verlängert, so der Weg des „Orient-Expreß" von Salzburg über Wien West zur tschechoslowakischen Grenze bei Marchegg, wobei der Zug übergangsweise verschiedene Zugnummern trug. Auf dem Abschnitt Kehl – München blieb es bei der Bezeichnung L 5/6, auf dem Abschnitt München – Wien West lief er unter der alten österreichischen Nummer L 112/111, ostwärts davon als L 101/102. Der „Ostende-Wien-Expreß" L 52/51 war im Kursbuch durchgehend bis Wien West dargestellt, wurde aber weiterhin zwischen Linz und Wien West zusammen mit dem „Orient-Expreß" geführt.

Gleichzeitig erhielt die DR in diesem Fahrplanjahr nochmals Zuwachs bei den L-Zügen: Durch den Anschluß Österreichs kam der „Arlberg-Orient-Expreß" Paris – Budapest als L 130/129 auf dem Streckenabschnitt Buchs – Feldkirch – Innsbruck – Salzburg – Wien West – Hegyeshalom (Straß-Sommerein) in den DR-Bereich, wobei diese für das Streckenstück Buchs (SG) – Feldkirch in den von den BBÖ abgeschlossenen Betriebsführungsvertrag für die schweizerischen und liechtensteinischen Landesbereiche eintrat. Hierdurch erlangte auch für die DR der alte Vertrag Bedeutung, wonach in der kleinen Station Schaan-Vaduz, der Hauptstadt des Fürstentums Liechtenstein, der Halt aller Schnellzüge vorgeschrieben war, was auch für den „Arlberg-Orient-Expreß" galt. Die DR hat sich immer korrekt an diese Abmachungen gehalten.

Durch den im gleichen Fahrplanjahr zum 1. Oktober 1938 erfolgenden Übergang des Sudetenlandes auf das Deutsche Reich als Ausfluß des „Münchner Abkommens" kamen auch die westsudetenländischen Strecken unter die Verwaltung der DR; damit erfolgte der gesamte Lauf des „Karlsbad-Expreß" L 105/106 von Stuttgart bis Karlsbad ob Bf über Strecken der DR. Hinzu trat noch der als „Paris-Prag-Expreß" in Eger aus diesem Zug abspaltende Zweig nach Prag über Marienbad – Pilsen, der als L 205/206 bezeichnet wurde und auf dem DR-Abschnitt Eger – Tuschkau-Kosolup (Grenzstation zur CSR bis zur Errichtung des Protektorates Böhmen-Mähren am 15. März 1939, dann

Am 30. Juni 1934 brachte E 16 17 den legendären „Orient-Expreß" L 5 von München nach Salzburg. *Aufnahme: Carl Bellingrodt*

Mit Dampf wurde in jener Zeit der „Orient-Expreß" auf der österreichischen Westbahn befördert: 310.10 in Wolf in der Au im Jahre 1935. *Aufnahme: Zell/Griebl*

gegenüber der unter „Reichshoheit" stehenden, rechtlich jedoch selbständigen BMB (Bahnen des Protektorates Böhmen-Mähren) verkehrte.

Die vom 10. - 15. Oktober 1938 in Budapest tagende EFK für den Fahrplan 1939 konnte noch keine endgültigen Beschlüsse bezüglich der großen Deutschland berührenden Expreßzüge fassen, nachdem eine Vorkonferenz am 7. und 8. Oktober 1938 zwischen den an den Zugläufen beteiligten Eisenbahnverwaltungen nur über die Verkehrszeiten des „Karlsbad-Expreß" und die Umbenennung des „Arlberg-Orient-Expreß" in „Arlberg-Expreß" entscheiden konnte. Auch Fragen des „Nord-Expreß" konnten nicht abschließend behandelt werden, da der sowjetrussische Vertreter nicht erschienen war. Nach Abklärung der politischen Verhältnisse sollte eine Nachkonferenz auf französischem Boden stattfinden, deren Tagungsort oder Ergebnisse jedoch nicht bekannt sind.

Die DR hatte beantragt, den „Orient-Expreß" bereits ab dem Winter 1938 nicht mehr auf dem durch den „Orient-Expreß-Vertrag" von 1883 festgelegten Weg von Wien über Preßburg nach Budapest zu führen, sondern „wegen der geänderten politischen Verhältnisse und der somit nicht mehr bestehenden Bedeutung von Preßburg" von Wien aus unmittelbar über Straß-Sommerein nach Budapest zu führen. Offensichtlich betrachtete das Deutsche Reich bereits zu diesem Zeitpunkt die restliche Tschechoslowakei als so geschwächt und zum eigenen Einzugsgebiet gehörig, daß sich seine Staatsbahn über die souveränen Rechte eines anderen Staates glaubte hinwegsetzen zu können. Unter schärfstem Protest der Vertreter von CSD und CIWL sowie Frankreichs wurde der Antrag abgelehnt; dennoch nahm die DR bereits zum Winterfahrplan 1938/39 den „Orient-Expreß" vom Weg über Marchegg ab Wien West auf den direkten Weg nach Straß-Sommerein und führte ihn ostwärts von München als L 111/112. Dieses Verfahren dürfte auch nur möglich gewesen sein, weil Ungarn, das damals zur deutschen Einflußsphäre gehörte, dieser Regelung seitens der DR stattgab. Und letztlich fanden sich alle anderen Verwaltungen mit der festgelegten Regelung ab — ein Zeichen der Schwäche der westeuropäischen Demokratien gegenüber Hitlers Machtstreben. Und so blieb dieser Laufweg auch bis zur Einstellung des „Orient-Expreß" kurz vor Ausbruch des Zweiten Weltkrieges.

Zum Sommerfahrplan 1939 erhielten L 205/206 die Bezeichnung „Prag-Expreß", und der „Orient-Expreß" wurde durchgehend auf dem gesamten deutschen Laufweg als L 5/6 bezeichnet. Im Winter 1938/39 war für die DR noch mit dem nur saisonweise im Winterabschnitt verkehrenden „Wien-Nizza-Cannes-Expreß" ein Luxuszug als Erbe der BBÖ hinzugekommen, der auf den Strecken der DR als L 205/206 von Wien Ost (nicht etwa Wien Süd) über den Semmering — Klagenfurt — Villach zum damaligen deutschen Grenzbahnhof gegenüber Italien, Arnoldstein, geführt wurde. Sowohl der „Wien-Cannes-Expreß" L 205/206, als auch der „Riviera-Expreß" L 19/20 waren für die Saison des Winters 1939/40 auf der EFK Budapest vereinbart worden; durch den Ausbruch des Zweiten Weltkrieges kam es aber nicht mehr zu ihrem Verkehren.

Am 22. August 1939 wurde in Deutschland der reguläre Betrieb eingestellt, und somit endete mit diesem Datum auch der Verkehr der großen Luxuszüge quer durch Europa. Für die gesamte „Orient-Expreß"-Gruppe liegen für den Sommerfahrplan 1940 gemäß der Nachkonferenz der EFK Budapest die Verkehrszeiten und Wagenläufe vor, die hier zum Abschluß dieses Zeitraumes zusammengefaßt wiedergegeben werden sollen:

Orient-Express

1 Gepäckwagen	Paris—Bukarest
1 Schlafwagen	Paris—Bukarest
1 Schlafwagen	Calais—Bukarest
1 Schlafwagen	Paris—Istanbul
1 Speisewagen	Paris—Linz
1 Schlafwagen	Paris—Prag
1 Schlafwagen	Paris—Karlsbad
1 Schlafwagen	Calais—Karlsbad
1 Gepäckwagen	Calais—Karlsbad
1 Speisewagen	Schäßburg—Bukarest

Orient-Express

Di, Do, Sa	14.00	London Victoria	17.20	
	17.25	Calais	—	
	—	Boulogne	13.00	
	21.48	Chalons-sur-Marne	8.45	
Di, Do, Sa	19.55	Paris Est	10.12	
	21.46 — 22.10	Chalons-sur-Marne	8.20 — 8.26	
Mi, Fr, So	2.05 — 2.10	Strasbourg	4.31 — 4.36	
	2.23 — 2.57	Kehl	3.44 — 4.17	
	3.55 — 4.01	Karlsruhe	2.34 — 2.40	
	5.29 — 5.34	Stuttgart	0.56 — 1.14	Mi, Fr, So
	8.24 — 8.36	München	21.50 — 22.10	
	10.29 — 11.00	Salzburg	19.43 — 19.53	
	12.41 — 12.55	Linz	17.41 — 17.55	
	15.20 — 15.44	Wien West	14.29 — 15.14	
	20.03 — 20.35	Budapest	9.35 — 10.10	
Do, Sa, Mo	0.09 — 0.24	Lököshaza (MEZ)	5.52 — 6.07	
	6.58	Schäßburg (OEZ)	1.28	Di, Do, Sa
	8.53 — 9.02	Kronstadt	23.15 — 23.23	
	12.30	Bukarest	19.45	Mo, Mi, Fr

Zweig Istanbul

Mi, Fr, So	23.45	Budapest	6.42	Di, Do, Sa
Do, Sa, Mo	7.08 — 7.45	Belgrad	21.49 — 22.50	
	16.28 — 16.42	Sofia (OEZ)	13.58 — 14.41	Mo, Mi, Fr
Fr, So, Di	7.20	Istanbul	22.00	So, Di, Do

Ostende-Wien-Express

1 Gepäckwagen Ostende—Bukarest
1 Schlafwagen Amsterdam—Bukarest
1 Schlafwagen Ostende—Istanbul
1 Speisewagen Ostende—Lököshaza
1 Schlafwagen Ostende—Nürnberg
1 Schlafwagen Ostende—Karlsbad

Der Schlafwagen Ostende—Bukarest verkehrte bereits ab 1934 im Nord-Express bis Berlin und weiter über Breslau—Krakau—Lemberg—Czernowitz

Schlafwagen Amsterdam—Bukarest

Di, Do, Sa	20.41	Amsterdam (Amsterdamer Sommerzeit)	10.51	
	21.14 — 21.17	Utrecht	10.14 — 10.17	
	22.17 — 22.48	Emmerich (MEZ)	7.46 — 8.00	
Mi, Fr, So	0.07 — 0.10	Düsseldorf	6.22 — 6.25	
	0.53	Köln	5.40	Mi, Fr, So

Ostende-Wien-Express

Di, Do, Sa	15.00	London Victoria	16.20	
	20.38	Ostende	10.34	
	21.54 — 22.10	Brüssel Nord	9.07 — 9.17	
	23.25 — 23.29	Lüttich	7.50 — 7.55	
Mi, Fr, So	0.26 — 0.36	Aachen	6.19 — 6.31	
	1.28 — 1.38	Köln	5.14 — 5.26	
	3.52 — 3.59	Mainz		
		Wiesbaden	2.45 — 2.51	
		Frankfurt Hbf	2.00 — 2.11	
	4.29 — 4.34	Frankfurt Süd	— —	
	6.19 — 6.24	Würzburg	0.06 — 0.07	Mi, Fr, So
	8.00 — 8.10	Nürnberg	22.25 — 22.35	
	9.29 — 9.30	Regensburg	20.57 — 20.58	
	10.55 — 11.04	Passau	19.23 — 19.33	
	12.27 —(12.55)	Linz	(17.41)— 17.49	Di, Do, Sa

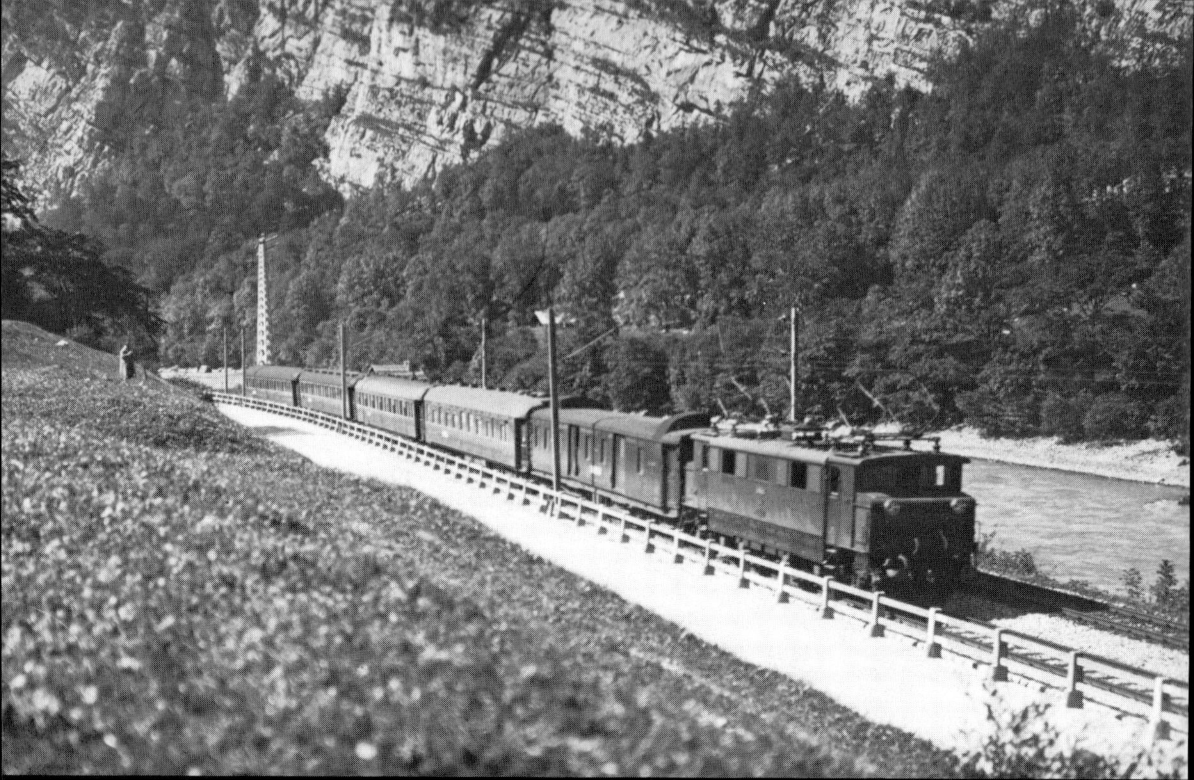

L 130 „Arlberg-Orient-Expreß" im Jahre 1938 am Paß Lueg im Salzachtal. Als Zuglok fungierte E 22 117 (BBÖ 1670.17). Aufnahme: Carl Bellingrodt

FD 6 Berlin – Heidelberg stand am 20. Mai 1929 im Berliner Anhalter Bf abfahrbereit. Die MITROPA belädt noch den Speisewagen. Aufnahme: Ullstein-Bilderdienst

Paris— und Ostende—Karlsbad
und Paris—Prag
mit Speisewagen Stuttgart—Prag

Mi, Fr, So	(5.29)— 5.48	Stuttgart	0.51 — (1.14)	Mi, Fr, So
	8.47 -- 9.00	Nürnberg	21.56 — 22.10	
	11.09 — 11.21	Eger	19.33 — 19.52	
	12.27	Karlsbad	18.32	
	(11.09)— 11.37	Eger	19.40 —(19.52)	
	12.16 — 12.21	Marienbad	19.02 — 19.07	
	14.12	Pilsen	17.05	
	16.00	Prag	15.20	Di, Do, Sa

Und doch war die Zeit des „Orient-Expreß" vor Ende des Zweiten Weltkrieges noch nicht abgelaufen, denn mit dem Zwischenfahrplan der DR vom 1. Dezember 1939 wird unter der Bezeichnung „Orient-Expreß" L 5/6 ein Luxuszugpaar nur 1. und 2. Klasse mit Schlaf- und Speisewagen zwischen München und Bukarest eingelegt, das der klassischen Route folgte und auf Strecken der DR auf dem Abschnitt München – Straß-Sommerein (Hegyeshalom) fuhr. Die Verkehrstage waren dreimal pro Woche festgelegt, und zwar ab München an Sonntagen, mittwochs und freitags, ab Straß-Sommerein Richtung München dienstags, donnerstags und samstags. Das Zugpaar verkehrte mit Sicherheit in den Fahrplanabschnitten 1. Dezember 1939 bis 1. April 1940, wobei bemerkenswerterweise die Kursbuchausgabe vom 1. April 1940 das erstmalige Verkehren des L 5 ab München für den 1. April, den ersten Gegenzug L 6 ab Bukarest aber erst für den 6. April 1940 vermerkt. An Wagenmaterial wurden im Bereich der Achsenmächte stehengebliebene ISG-Wagen verwendet; ihre Bewirtschaftung soll jedoch durch die MITROPA erfolgt sein. Auch die Fahrpläne vom 6. Oktober 1940 und 1. Februar 1941 enthielten diese Züge, doch kann ihr Verkehren nicht mit Sicherheit für diesen Zeitraum nachgewiesen werden. Der Fahrplan ab 5. Mai 1941 wies die Züge nicht mehr nach, so daß man das Ende des „Orient-Expreß" nach den Fahrplanunterlagen zumindest auf den 4. Mai 1941 datieren muß.

Versuche der DR und der von ihr abhängigen Eisenbahnverwaltungen des Balkans, den Zug über einen Flügel in Form des vormaligen „Arlberg-Expreß" ab Basel oder Zürich aufzuwerten, scheiterten an der Absage der Schweiz. Wie Notizen in den noch vorhandenen RVM-Akten vermuten lassen, hat es ab Herbst 1940 nach der Besetzung Frankreichs Kontakte gegeben, um sowohl den „Orient-Expreß", als auch den „Arlberg-Expreß" ab Paris auf ihren alten Laufwegen zu fahren; genaue, konkrete Unterlagen über derartige Planungen konnten jedoch nicht aufgefunden werden.

c) Das FD-Zugnetz der Deutschen Reichsbahn 1923 - 1941

Mitten in der Inflation und während der Ruhrbesetzung, also zu Zeiten des Regiebetriebes über nicht unerhebliche Streckenbereiche ihres Netzes, führten am 1. Juli 1923 die Reichseisenbahnen eine neue Zuggattung ein: die Fernschnellzüge, abgekürzt FD.

Wie bereits früher dargestellt wurde, hatten die deutschen Eisenbahnen vor dem Ersten Weltkrieg zwar ein mustergültiges Netz schwerer D-Züge aufgebaut, jedoch erreichte keiner dieser Züge zwischen zwei Halten eine Geschwindigkeit von mehr als 90 km/h. Dies lag neben der auf 100 bzw. 105 km/h begrenzten Streckenhöchstgeschwindigkeit aber auch daran, daß neue leistungsfähige Lokomotivgattungen sofort nach ihrer Indienststellung in diesen schweren D-Zugverkehr eingefädelt wurden, so daß sie ihre stärkere Leistung gegenüber ihren Vorgängerinnen nur sehr gering bezogen auf die Reisegeschwindigkeiten zur Geltung bringen konnten.

Die vor dem Ersten Weltkrieg unternommenen Versuchsfahrten hatten aber den Beweis erbracht, daß Dampflokomotiven der vorhandenen Bauarten sehr wohl hohe Geschwindigkeiten fahren konnten, wenn einmal die bau- und sicherungsmäßigen Voraussetzungen gegeben waren, sie aber zum anderen nicht zu stark belastet wurden. Also zeigte die Auswertung dieser Versuchsfahrten eine Leistungsreserve bei leichten Zugeinheiten.

Nach dem Ende des Ersten Weltkrieges war natürlich zunächst überhaupt nicht daran zu denken, höhere Geschwindigkeiten zu fahren. Die Höchstgeschwindigkeit betrug als Folge des Krieges 1918 gerade noch 75 km/h und die höchsten erzielten Reisegeschwindigkeiten lagen noch nicht unbeträchtlich unter diesem Wert. So war es zunächst Hauptaufgabe der Reichseisenbahnen, die Personenzugfahrpläne der einzelnen übernommenen Länderbahnen einander anzupassen, zu harmonisieren und die gröbsten Mängel, die durch den Krieg entstanden waren, zu beseitigen. Ab 1921 konnten die ersten Erfolge sich sichtbar im Fahrplan niederschlagen, als die Zahl der D-Züge merklich aufgestockt wurde. Es handelte sich aber auch hier um lange, schwere, oft haltende und mit großer Last gefahrene Züge, die allein der Befriedigung der Nachfrage dienten, aber keineswegs besonderen Komfortansprüchen genügten.

Um aber hier eine sowohl von Industrie und Handel wie auch dem Behördenreiseverkehr gewünschte Verbesserung zu erzielen, führten die Reichseisenbahnen die Fernschnellzüge als neue Zuggattung ein. Ob der Name besonders günstig gewählt war, mag dahingestellt sein, denn bezüglich Laufweite oder Qualität des verwendeten Materials unterschieden sie sich zunächst kaum von den normalen D-Zügen, ja bei diesen waren sehr häufig erheblich längere Laufwege vorhanden. Aber der Name wurde nun einmal gewählt, bürgerte sich ein und hatte (wenn auch etwas modifiziert) Bestand bis zur Einführung der IC-Züge der DB im Zweistundentakt im Winterabschnitt 1971/72.

Nun, worin unterschieden sich die FD denn so sehr von den normalen D-Zügen bisheriger Art? Wie bereits dargestellt, waren es nicht Laufweite oder Höchstgeschwindigkeit, auch das verwendete Wagenmaterial bestand in gleicher Weise wie bei zahlreichen Schnellzügen aus den bekannten preußischen vier- und sechsachsigen hölzernen D-Zugwagen mit Oberlicht oder bayerischen Schnellzugwagen. Erst als ab 1928 die ersten Reichsbahneinheitsschnellzugwagen der Stahlbauart (Gruppe 28) in größerer Zahl beschafft wurden, kamen sie umgehend in den FD-Zugdienst und verbesserten die dortige Wagenqualität. Aber daneben blieben noch auf Jahre die bisherigen Wagengattungen in diesen Zügen und erst ab Mitte der dreißiger Jahre wurden die moderneren und besten Schnellzugwagenbauarten der DRG in diese Züge eingestellt. Aber darüber mehr im Kapitel M.

Zwar führten zum Zwecke der Komfortverbesserung die FD-Züge — und dies immer bis zu ihrem Ende während des Zweiten Weltkrieges — nur die 1. und 2. Wagenklasse, während die normalen D-Züge fast ausschließlich die 1. - 3. Wagenklasse führten (es gab aber auch als Ausnahme D-Züge nur mit 1. und 2. Klasse!), aber dies war lediglich eine Frage der Selektierung der als Kundenkreis in Betracht kommenden Reisenden, also mehr eine tarifliche als eine betriebliche Frage. Auch wurde für den FD-Zug ein besonderer FD-Zuschlag erhoben, der immer über dem D-Zugzuschlag lag und teilweise ebenso zonenweise gestaltet war, teilweise aber als Pauschalzuschlag erhoben wurde.

Nein, des „Rätsels" Lösung war ganz einfach.Man nahm die neuesten und damals leistungsstärksten Lokomotiven, damals die preußische S 10.1 (spätere DRG-Baureihe 17.10-12) und die bayerische S 3/6 der neusten Bauserien (spätere DRG-Baureihe 18.5) und gab diesen als Wagenzug drei bis vier Schnellzugwagen und einen Speisewagen bei, also eine Zuglast zwischen 250 und 300 t, die später sich nach dem Einsatz neuerer Wagentypen bei etwa 200 —250 t einpendelte, im Gegensatz zu den schweren, oft über 500 t Zuglast aufweisenden D-Zügen, und ließ diese neuen FD-Züge nur noch an den großen Verkehrszentren halten, führte somit lange Streckenabschnitte zwischen zwei Halten ein. Hierdurch konnte man sofort die Reisegeschwindigkeit auf 65 —76 km/h anheben, die Fahrzeiten merklich senken und somit dem Kunden ein echtes Angebot bieten, das auch genutzt wurde. Und damit war der erste eigentliche systematische Schnellverkehr einer Eisenbahnverwaltung auf den Schienen Europas, ja eigentlich der ganzen Welt geboren! Zu seiner Geburtsstunde war er nicht als Abwehrmaßnahme der Reichseisenbahnen gegen eine Konkurrenz des Kraftwagens oder Flugzeugs gedacht, denn diese spielten zu diesem Zeitpunkt noch keine entscheidende Rolle, aber dieses so begonnene Netz schneller Zugverbindungen wurde dann doch gegen Ende der zwanziger/Anfang der dreißiger Jahre ein Abwehrmittel der Eisenbahn gegen die erstarkende und sich formierende Konkurrenz neuer Verkehrsmittel.

Daß in einer Zeit absoluter wirtschaftlicher Rezession und auch staatlicher Ohnmacht ein solches Zugsystem das Licht der Welt erblicken konnte, zeugt von dem Mut der Reichseisenbahnen und daß es nicht eine Eintagsfliege war, sondern nach und nach ausgebaut und erweitert wurde, zeugt davon, daß eine Chance am Markt vorhanden war, die von den Eisenbahnen genutzt wurde. Hier wurde auch gleichzeitig erstmalig über das System der bestehenden Luxuszüge hinaus seitens der doch damals noch weitgehend monopolistisch denkenden Eisenbahn ein Weg beschritten, der zu einer Pflege der Marktbeziehungen, zur Werbung um den lukrativen Kunden durch ein entsprechendes Angebot führte. Und so war es nur logisch und folgerichtig, daß diesem Netz in der Folgezeit immer besondere Aufmerksamkeiten seitens der DRG geschenkt wurde, es die leistungsfähigsten Maschinen (nach deren Erscheinen durch Bespannung mit den neuen Einheitsschnellzugloks der Baureihen 01 und 03) erhielt, später dann auch komfortmäßig die besten und neuesten Wagen und im süddeutschen Netz sofort die Vorteile der begonnenen Streckenelektrifizierung genutzt wurden. Und es ist eine logische Folge der konsequenten Entwicklung, daß der Weg bei Vorhandensein anderer Antriebsarten, die leistungsfähiger als die Dampflok waren, zu diesen führte und damit der Weg vom FD zum FDt vorgezeichnet war.

War zunächst beabsichtigt, ein rein innerdeutsches Netz schneller leichter Zugverbindungen aufzubauen — was im wesentlichen auch weitgehend, teilweise über die FDt verlaufend, realisiert wurde —, so blieb es dennoch nicht aus, daß bestimmte Auslandsverbindungen, die nicht zu den L-Zügen gerechnet werden konnten, oder die sich aus diesen als Folge der Aufgabe durch ISG oder MITROPA entwickelten, in das Netz integriert wurden. Hier wurde dann der Weg des „absolut leichten" Zuges verlassen; diese Züge führten teilweise Kurswagen mit. Sie waren aber immer noch bedeutend leichter und damit auch schneller als die normalen D-Züge.

Bei den Reisegeschwindigkeiten sind deutliche Unterschiede bei den einzelnen Zügen auch ohne diese Unterscheidung nach der Aufgabenstellung erkennbar. So waren immer die Züge, die allein auf den nördlichen Flachlandstrecken verkehrten, schneller als die, die die Mittelgebirgsschwelle überschritten oder gar nur in dieser allein verkehrten. Schon 1926, als die Höchstgeschwindigkeit auf 100 km/h heraufgesetzt wurde, ist ein Anstieg erkennbar und dies wirkt sich erst recht aus, als später dann die Höchstgeschwindigkeiten auf den Strecken des FD-Zugnetzes schrittweise auf 110, 120 und letzlich auf 130 — 135 km/h angehoben wurden. Nach 1937 wurden bei der Reichsbahn die Fahrzeiten allgemein wegen des stark gestiegenen Verkehrsaufkommens und der dadurch bedingten Stärkung der Züge, aber auch der erheblichen Vermehrung der Streckenbelegungen der wichtigsten Hauptdurchgangsstrecken, gesenkt, was sich auch auf das Netz der FD auswirkte, jedoch hielten sie sich gegenüber den Senkungen bei den D-Zügen in Grenzen. Die Zahl der FD-Zugpaare betrug 1925 sechs und stieg bis 1929 stetig. Dann sank sie infolge der Weltwirtschaftskrise bis 1935 ab, teilweise aber auch als Folge des Ersatzes bisheriger FD-Zugläufe durch FDt.

Bevor nun die Entwicklung der FD-Züge bei den Reichseisenbahnen, der DRG und letztlich bei der DR behandelt werden soll, sei noch kurz auf die durch den Ersten Weltkrieg unterbrochene Entwicklung von Schienenrekordfahrten auf deutschen Strecken hingewiesen. Waren sie zwar Versuchsfahrten und nicht im fahrplanmäßigen Verkehr erbracht, so flossen doch die hier gewonnenen Erkenntnisse in der Regel in Konstruktion der Fahrzeuge und in den Fahrplan ein.

Waren auf deutschen Strecken mit Dampflokomotiven vor dem Ersten Weltkrieg 137 und 154 km/h erreicht worden, so dauerte es nach der 1925 erschienenen ersten deutschen Einheitsschnellzuglok der Baureihe 01 und ihrer leichteren 1930 das Licht der Welt erblickenden Schwester der Baureihe 03 doch bis zum Jahre 1935, ehe Hochleistungsschnellzuglokomotiven mit hoher Geschwindigkeit die Werkhallen deutscher Lokfabriken verließen. In dieses Jahr fiel bei Borsig die Fertigstellung und auch die Indienststellung der 2'C2'h3-Schnellzuglok mit Stromlinienverkleidung der Baureihe 05, die für eine Höchstgeschwindigkeit von 175 km/h ausgelegt war und im gleichen Jahr kam von Henschel die 2'C2'h2-Tenderlok der Baureihe 61 für den Henschel-Wegmann-Zug mit ebenfalls 175 km/h Höchstgeschwindigkeit. Nachdem eine für Versuchszwecke leicht abgeänderte Schnellzuglok der Baureihe 17.10-12 (S 10.1) bei verschiedenen Versuchsfahrten zwischen 1933 und 1935 bis zu 153 km/h erreicht hatte, fuhr am 11. Mai 1936 die 05 002 mit einer Zuglast von 200 t auf der Strecke Hamburg — Berlin zwischen Neustadt (Dosse) und Nauen den Weltrekord für Dampflok mit 200,4 km/h. Am 25. Februar 1936 erreichte anläßlich einer Pressefahrt von Berlin Lehrter Bf nach Hamburg Hbf die 61 001 eine Reisegeschwindigkeit von fast 113 km/h. Anschließend wurde die Lok vom Versuchsamt Grunewald mit dem Meßwagen 3 eingehend untersucht; dabei wurden auf der Hamburger Strecke einmal Geschwindigkeiten bis 185 km/h erreicht.

Aber auch die zweite damals bedeutende Traktionsart, der elektrische Antrieb, holte mächtig auf. Im Jahr 1935 erfolgte auch hier die Fertigstellung der ersten von AEG gebauten (die Lieferliste gibt das Jahr 1934 als Baujahr an; die Übernahme durch die DRG erfolgte aber erst 1935) elektrischen Schnellzuglok der Baureihe E 18 (1'Do1') für 150 km/h Höchstgeschwindigkeit. Auf einer Versuchsfahrt am 18. Juni 1935 zwischen München und Stuttgart wurde bei einer Last von 400 t eine Reisegeschwindigkeit von 160 km/h erreicht und die Geislinger Steige erstmalig mit einer Geschwindigkeit von 70 km/h befahren. Bei einer anderen Versuchsfahrt auf der gleichen Strecke wurden sogar 163 km/h erreicht. Für die bis Mitte der vierziger Jahre vorgesehene durchgehende Elektrifizierung der Strecke Berlin — München beschaffte die DR eine elektrische Schnellfahrlok in der Achsanordnung 1'Do1' der aber erst 1940 erscheinenden Baureihe E 19, die eine Höchstgeschwindigkeit von 180 km/h hatte und für Versuchsgeschwindigkeiten bis 225 km/h vorgesehen war. Auch hier unterbrach der Ausbruch des Zweiten Weltkrieges eine hoffnungsvolle Entwicklung in der Traktion schneller und schnellster Züge.

Verfolgen wir nun die Entwicklung des Netzes der FD zwischen 1923 und 1941. Nicht zum Fahrplanwechsel am 15. Mai, sondern erst ab 1. Juli 1923 wurden die ersten beiden FD-Zugpaare in Betrieb genommen. Es waren dies FD 24/23 Berlin Lehrter Bf — Altona Hbf, die auf dem Abschnitt Berlin Leb — Hamburg Hbf sogleich eine Reisegeschwindigkeit von 76,8 km/h bei einer Reisezeit von 224 Minuten erzielten. Es handelte sich um Tagesrandverbindungen, die einen entsprechenden Aufenthalt in der Reichshauptstadt ermöglichten. Ebenso als Tagesverbindung war das zweite Zugpaar FD 79/80 München – Nürnberg – Halle – Berlin Anh Bf ausgelegt, das aber wegen der bekannten Schwierigkeiten bei der Überquerung der Mittelgebirgsschwelle es nur auf eine Reisegeschwindigkeit von 64,7 bzw 63,8 km/h brachte. Und noch ein weiteres FD-Zugpaar war im Fahrplan vorgesehen, das aber nur bis bzw ab Hamm im Fahrplan wegen des Regiebetriebes im Rheinland und an der Ruhr dargestellt war: FD 21/22 Köln – Essen – Hamm – Hannover – Berlin Stadtbahn als Frühverbindung von Köln zur Reichshauptstadt und Spätverbindung von ihr weg. Das Zugpaar verkehrte 1923 in keinem Fall und wegen der fehlenden Fahrplanangaben kann es auch nicht in die Übersichten eingehen. Für FD 23/24 enthält die Juliausgabe des Reichskursbuches noch den Vermerk „Erst von einem bestimmten Tag ab", aber es gilt als erwiesen, daß das Zugpaar bereits ab 1. Juli tatsächlich verkehrte.

In den Fahrplanunterlagen des Jahres 1924 waren zwar FD 21/22 zwischen Hamm und Berlin enthalten, wegen des andauernden Regiebetriebes verkehrten diese Züge aber mit Sicherheit nicht. FD 23/ 24 und 79/80 waren dagegen wieder aus den Fahrplänen verschwunden. Dies war eine Folge der allgemeinen Krise und auch insbesondere der in diesem Jahr erfolgten Verpfändung der Reichsbahn für Reparationszwecke, so daß keine Gewähr für die künftige Unternehmenspolitik der neuen DRG bestand. Man beschritt hier also den sicheren Weg und wartete zunächst einmal ab.

Der Fahrplan 1925 brachte alle drei Zugpaare wieder, und nach Aufhebung der Ruhrbesetzung und des Regiebetriebes verkehrte auch erstmalig am 15. Mai 1925 das Zugpaar FD 21/22. Inzwischen war die Reisegeschwindigkeit des FD 24 auf 80,8 km/h gesteigert worden, nachdem vor ihm die neuen Schnellzugloks der Baureihe 01 eingesetzt wurden, die aber wegen ihres hohen Achsdruckes bald darauf durch die S10.1 ersetzt werden mußten. Wegen des rückständigen Oberbauprogrammes der DRG waren noch nicht alle vorgesehenen Strecken für 20t Achsdruck ausgebaut, was ja schließlich auch die Beschaffung der ursprünglich nicht im Einheitslok-Typenprogramm vorgesehenen Baureihe 03 zur Folge hatte. Aber ein weiterer FD erscheint in diesem Fahrplanjahr, der von der MITROPA aufgegebene „London-Berlin-Expreß", der nun auf dem gleichen Laufweg bis 1939 als FD 111/112 die Verbindung zwischen Großbritannien und den Niederlanden und der Reichshauptstadt herstellte. Neu dagegen ist eine Verbindung zwischen den Niederlanden und der Schweiz, die als FD 164/163 über Nymwegen – Cleve – Köln – Wiesbaden – Mainz – Ludwigshafen – Mannheim – Karlsruhe nach Basel SBB verkehrte. Da es sich hier um eine internationale Verbindung handelte, führte der Zug auch Kurswagen nach der Innerschweiz und Italien und war daher schwerer. So verwundert auch nicht seine niedrigere Reisegeschwindigkeit von nur 61,4 bzw. 52,5 km/h.

Das Fahrplanjahr 1926 brachte durch die Einlegung zweier FD-Zugverbindungen eine weitere Aufstockung. Die eine verband als FD 5/6 die Mainmetropole Frankfurt mit der Reichshauptstadt über Erfurt – Leipzig. Dieser Zug verkehrte vormittags ab Berlin, am frühen Nachmittag ab Frankfurt. Die andere Relation verband als FD 263/264 die bayerische Landeshauptstadt München mit den Niederlanden. Diese traditionsreiche Zugverbindung, die bis weit über den Zweiten Weltkrieg hinaus erhalten blieb, wurde über Würzburg – Frankfurt – Mainz – Köln – Emmerich nach den Niederlanden gefahren. Aber das Fahrplanjahr brachte noch eine Neuerung: Nach Versuchen in FD 23/24 auf der Strecke Altona – Berlin wurde auch im Dezember 1926 bei FD 79/80 als erstem Zugpaar, das über einen längeren Laufweg verkehrte, die Zugtelephonie eingeführt.

Als wohl wichtigste Entscheidung der EFK Baden-Baden ist die Einführung der 24-Stunden-Zeit auf internationaler Ebene in Europa zum 15. Mai 1927 anzusehen, nachdem die DR diese Zeitrechnung bereits zum 1. Mai 1927 eingeführt hatte. Daneben wurde aber das FD-Netz weiter aufgestockt. Um eine neue Verbindung Berlin – Rom zu schaffen, wurden FD 5/6 bis und ab Heidelberg über die Main-Neckar-Bahn verlängert und dort mit FD 164/163 zusammengeschlossen. Deshalb wurden die beiden letztgenannten Züge von Mannheim nach Karlsruhe über Heidelberg umgelenkt. FD 6/5 wurden dabei so geplant, daß sie ohne zu großes Stillager (13 bzw. 12 Minuten) in Heidelberg an FD 164/163 angebunden waren. Gleichzeitig konnte – allerdings ohne Kurswagenverbindung – durch Anschlüsse in Offenburg eine Tagesverbindung Berlin – Bodensee geschaffen werden. Zu den Holland-Zügen FD 111/112 wurden ab Osnabrück neue Flügelzüge nach und von Altona als FD 211/ 212 eingerichtet, die durchgehende Kurswagen Hoek van Holland – Altona führten. Damit war eine Frühverbindung von Holland nach Hamburg und eine Mittagsverbindung in der Gegenrichtung mit jeweiligen Anschlüssen von und nach London geschaffen. Ab dem Winterabschnitt wurden zwischen Berlin Stadtbahn und dem oberschlesischen Industriegebiet mit Ziel Beuthen neue Schnellverbindungen nur 1. und 2. Klasse eingeführt, welche tariflich anfangs nur als D-Züge 30/37 bezeichnet wurden. In Kandrzin schlossen an sie die Flügelzüge D 50/57 nach Oderberg an, die Kurswagen Berlin Stadtbahn – Wien und (über die Kaschau-Oderberger Bahn) nach Budapest führten. Während D 30 sehr früh am Morgen im Revier abfuhr, konnte man mit dem erst nach 17.00 Uhr die Reichshauptstadt verlassenden D 30 das Revier noch in der Nacht erreichen, so daß eine Tagesreise Oberschlesien – Berlin und zurück durchaus möglich war.

An einem Sommertag des Jahres 1925 bespannte 17 257 FD 79.
Aufnahme (bei Saalfeld): Carl Bellingrodt

Auf der Frankenwaldrampe bei Ludwigsstadt schob am 25. August 1926 die pr T 20 95 015 FD 80 nach. Als Zuglok ist 18 503 zu erkennen. *Aufnahme: Carl Bellingrodt*

FFD 101, gezogen von der Mainzer 18 527, auf dem Weg in Richtung Norden bei Groß Gerau.
Aufnahme: Carl Bellingrodt

Am Rhein gelangen Altmeister Bellingrodt zahlreiche Bilder des FFD 101: 18 443 bei Namedy Anfang der dreißiger Jahre.

Vom 7. September 1929 stammt das Bild des FFD 101 „Rheingold" bei Groß Gerau. Als Zuglok fungierte 18 527 des Bw Wiesbaden. Aufnahme: Slg. Skrzypnik

FFD 101 „Rheingold" steht am 1. Mai 1930 abfahrbereit zur Fahrt nach Hoek van Holland in Gleis 3 des Badischen Bahnhofs in Basel. Aufnahme: DB

Das Jahr 1928 brachte eine erhebliche Erweiterung des FD-Netzes. Zunächst einmal kam es ab 15. Mai 1928 zur Einführung des als „Rheingold" bezeichneten und unter der Zugnummer FFD 101/102 in Konkurrenz zu dem durch Frankreich und Belgien als „Edelweiß" auf der Strecke Basel – Amsterdam verkehrenden Luxuszug der ISG gefahrenen Luxuszug, der von Basel SBB über Freiburg – Baden-Oos – Karlsruhe – Mannheim – Mainz – Köln – Düsseldorf – Duisburg – Zevenaar nach Amsterdam bzw. Hoek van Holland verkehrte und immer ein reiner DRG-Zug war, der von der MITROPA bewirtschaftet wurde. In Basel vermittelte er Anschlüsse von und nach Genf, Luzern und Zürich, in Hoek van Holland bestand Anschluß mit London. Über diesen Zug ist in der Literatur bereits soviel geschrieben worden, daß hier nicht näher darauf eingegangen werden soll. Mit Einlegung des „Rheingold" entfielen die bisherigen FD163/164, die in einen dreiklassigen D-Zug umgewandelt wurden, im allgemeinen in ihren Fahrplanlagen verblieben und auch die gleichen Wagengruppen wie vorher als FD beförderten.

Als Tagesrandverbindungen wurden in der Zeit vom 15. Mai bis 6. Oktober FD 12/11 Berlin Anh Bf – Halle – Erfurt – Würzburg – Stuttgart eingelegt, die dort an die bereits bestehenden D 277/278 anschlossen und so zu einer Tagesverbindung Berlin – Stuttgart – Zürich führten. Ebenso wurden zur Verbesserung der Verbindung Berlin – Basel (– Schweiz) als FD 4/3 neue Züge Berlin Anh Bf – Halle – Erfurt – Frankfurt eingelegt, die Schlafwagen von Berlin nach der Schweiz führten und als D 4/3 südlich Frankfurt als reine Schlafwagenzüge weitergeführt wurden; dadurch ergab sich neben der Schlafwagenverbindung zur Schweiz vor allem eine schnelle Frühverbindung vom Main zur Reichshauptstadt und eine ebensolche Spätverbindung zurück, die einen Tagesaufenthalt in Berlin ermöglichte. Nach Fortfall der Bindung FD 5/6 an FD 163/164 durch die Einlegung des „Rheingold" wurden erstere zu einer schnellen Tagesverbindung Berlin Anh Bf – Basel SBB verlängert. Die bisherigen Flügelzüge zu FD 111/112, FD 211/212, wurden bereits bis und ab Köln gefahren, so daß eine Frühverbindung Köln – Altona und eine Mittagsverbindung Altona – Köln zustandekam. Südlich Osnabrück wurden die Züge zwischen Dortmund und Münster über die neu eröffnete unmittelbare Strecke über Lünen geführt, die aber damals noch als Nebenbahn klassifiziert war, während sie heute den gesamten IC-Verkehr von und nach Hamburg aufnimmt. Zwischen Köln und Dortmund liefen die Züge über Düsseldorf – Essen. Zwischen Berlin und Altona wurde ein zweites FD-Zugpaar, FD 25/26, als Frühverbindung nach Hamburg und Spätverbindung zurück eingelegt, so daß nunmehr Berlin und Hamburg jeweils durch schnelle Früh- und Spätverbindungen miteinander verknüpft waren. Und schließlich wurden die Oberschlesienzüge FD 37/30 mit ihren Oderberger Flügeln FD 57/50 auch tariflich in die Gruppe der FD eingestuft.

Der Fahrplan des Jahres 1929 bringt auf Grund des allgemeinen Wirtschaftsaufschwungs eine weitere Erhöhung der Zahl der FD-Verbindungen. Bei den bestehenden Verbindungen wird FD 11/12 über Leipzig statt Halle geführt, und der Oderberger Flügel der Oberschlesien-FD erhält an die Stammnummern angeglichene Flügelnummern, FD 330/337; nunmehr führen diese auch Schlafwagen von Berlin nach Wien.

Mit Einführung des Winterfahrplans 1928/29 am 7. Oktober 1928 hatte die DRG bereits eine bedeutende Reform durchgeführt, nämlich die Einführung des Zweiklassen-Systems; hierbei wurden nicht etwa die dritte und vierte Klasse in den Personenzügen zu einer gemeinsamen Holzklasse vereinigt, sondern auch die Polsterklassen wurden zu einer einheitlichen zweiten Klasse zusammengelegt; lediglich in den internationalen Verbindungen blieb die bisherige erste Klasse bestehen. Daß diese Reform der Polsterklassen wegen der großen internationalen Verbindungen des deutschen Reisezugfahrplans bis in die sechziger Jahre verwässert wurde und fast alle Schnellzüge weiterhin 1. und 2. Klasse führten, schmälert nicht das Bemühen der DRG, tariflich nur noch zu zwei Wagenklassen zu kommen. Aus diesem Grunde führten auch die 1933 eingeführten Schnelltriebwagen-Verbindungen nur die 2. Wagenklasse. Da sie als rein innerdeutsche Verbindungen ausgelegt waren und es hier die erste Wagenklasse nicht mehr gab, bestand aus tariflicher Sicht keine Notwendigkeit, diese Klasse zu führen. Gleichzeitig mit dieser Reform kam es am 7. Oktober 1927 zu einer Bereinigung der Zuggattungen: Der „Beschleunigte Personenzug (BP)" wurde als besondere Zuggattung aufgehoben. Ein Teil dieser Züge wurde als Eilzüge gefahren, also tariflich zuschlagpflichtig, ein anderer Teil in die Zuggattung der Personenzüge verwiesen. Dabei behielten sie jedoch ihre bisherigen gekürzten Fahrzeiten und ihre geringere Anzahl von Halten; selbst im letzten Fahrplan der DR vom Sommer 1944 hoben sich diese Züge noch von der Masse der Personenzüge ab.

Zurück zum Fahrplan 1929 und den Ergänzungen des FD-Zug-Netzes. In Anlehnung an die bis zum Jahr 1925 verkehrenden Luxuszüge L 91/92 fuhren zweiklassige Schnellzüge D 91/92 Basel – Göttingen – Magdeburg – Berlin Potsd Bf mit Flügeln Göttingen – Altona; diese wurden nun in FD-Züge umgewandelt, wobei aber FD 191/192 als Stammzug erscheint und auf der Strecke Basel – Mannheim – Darmstadt – Frankfurt – Kassel – Göttingen – Hannover – Lehrte – Altona verkehrt, aus dem in Göttingen FD 91/92 nach Berlin Potsd Bf über Börßum — Magdeburg abspaltet bzw. sich dort vereinigt. Beide Verbindungen sind Nachtzüge mit Schlafwagen und daher entsprechend schwer, was sich in den Reisegeschwindigkeiten ausdrückt, die zwischen 61,7 und 75,2 km/h liegen. In Süd-Nord-Richtung wird noch eine weitere FD-Verbindung aus einem bisherigen D-Zug 1. - 3. Klasse geschaffen: FD 153/154 Frankfurt — Kassel — Hannover — Bremen mit Flügeln FD 53/54 Hannover — Lehrte — Altona. Diese Tageszüge sind schneller, obwohl sie die gleiche Strecke wie die FD 191/192 benutzen, und kommen auf 68,5 bis 75,1 km/h Reisegeschwindigkeit. In Frankfurt waren FD 153/154 wieder mit FD 5/6 zusammengebunden, so daß es zu Umsteigeverbindungen von Italien und der Schweiz nach den Nordseehäfen kam. Das Salonspeisewagen-Zugpaar FFD 101/102 erhielt in der Saison neben dem bereits bestehenden Flügel ab und bis Luzern einen solchen ab und bis Zürich.

Zur Herstellung besonders schneller Tagesverbindungen zwischen Berlin und Hamburg auf der einen Seite, dem Rhein-Ruhr-Gebiet, Brüssel und Paris auf der anderen, wurde die neue FD-Zuggruppe FD 25/26 (Paris — Belgien —) Aachen — MGladbach — Duisburg — Ruhrgebiet — Hamm — Hannover — Berlin Stadtbahn und FD 225/226 Köln — Wupper — Hamm — Münster — Osnabrück — Altona geschaffen, die in Hamm miteinander verbunden waren. Zwischen MGladbach und Elberfeld (über Düsseldorf) waren die beiden Zuggruppen zusätzlich durch die D-Züge 325/326 miteinander verbunden. In Hamm bestand gegenseitiger Wagenaustausch, und die Züge führten durchgehende Wagen zwischen Berlin und Köln, Brüssel und Paris, zwischen Altona, Köln und Paris und zwischen Köln und Paris über angebundene Schnellzüge Köln — Aachen an FD 26/25. Auf Grund dieser neuen Zuggruppen entfielen FD 211/212 wieder zwischen Köln und Osnabrück und wurden zwischen Osnabrück und Altona reine Kurswagenträger zu FD 111/112. Und noch eine wichtige Neuerung gab es in diesem Fahrplan: es werden die Schlafwagen-FD eingeführt, innerdienstlich zuggattungsmäßig „Dsl" genannt. Im Fahrplan erschienen sie dagegen allgemein als FD. Es verkehrten FD 15/16 zwischen Köln und Berlin Stadtbahn über die Ruhr — Hamm — Hannover und FD 70/71 Berlin Anh Bf — Halle — Nürnberg — München, wobei FD 70 über Ingolstadt (ohne Halt), FD 71 aber über Augsburg (mit Halt) geführt wurden.

Das Jahr 1930 brachte keine wesentlichen Änderungen; eine Konsolidierungsphase war erreicht. In den FD 92/192 und 191/91 wurden bereits ab 1. Dezember 1929 vorher in D-Zügen beförderte Schlafwagen Berlin — Nizza geführt, FD 264 wurde auf den Weg über Offenbach an Stelle von Frankfurt Ost umgelegt, und in FD 37/337 bzw. 330/30 wurde der Schlafwagen Berlin — Wien in einen solchen Berlin — Budapest über die Kaschau-Oderberger Bahn umgewandelt.

Mit dem Jahr 1931 trat als Folge der Weltwirtschaftskrise eine Wende im FD-Zug-Dienst der DRG ein. Bedingt durch den starken Verkehrsrückgang, wurde das Zugangebot drastisch verringert, wobei aber die FD-Züge gegenüber den D-Zügen noch vergleichsweise günstig davonkamen. Außerdem wurden sie in den folgenden Jahren mit neuem Wagenmaterial ausgestattet und auch ihre Fahrzeiten nicht unwesentlich verkürzt; hierdurch sollte ein größerer Anreiz zur Benutzung dieser hochwertigen Züge geschaffen werden. Zum Sommerfahrplan 1931 entfielen FD 11/12 und die Zuggruppe FD 53/54 und 153/154; letztere wurden zwischen Hannover und Bremen durch ein D-Zug-Paar, zwischen Frankfurt und Hamburg durch ein in einen Eilzug umgewandeltes früheres Fernpersonenzugpaar ersetzt. FD 23/26 wurden fortan an Sonntagen nicht mehr gefahren.

Auch im Fahrplan 1932 setzt sich dieser Trend aufgrund der anhaltenden schlechten Wirtschaftslage fort. Die Oberschlesienzüge FD 37/30 und ihre Flügel nach Oderberg, FD 337/330, entfielen und wurden durch D-Züge 1. - 3. Klasse ersetzt. Außerdem entfielen die zweite Hamburger Verbindung mit FD 25/26 und die Schlafwagen-FD 15/16 Köln — Berlin Stadtbahn. Dagegen konnte FD 91 in der Verbindung Frankfurt Berlin Pof bei gleicher Abfahrt mit FD 191 in Frankfurt auf der Strekke bis Berlin um 52 Minuten beschleunigt werden, wodurch sich seine Reisegeschwindigkeit zwischen Göttingen und Berlin Pof von 72,6 auf 80,1 km/h steigerte. FD 23/24 konnten so beschleunigt werden, daß erstmals eine Reisezeit von drei Stunden zwischen Berlin und Hamburg erreicht wurde, und die Reisegeschwindigkeit auf 95,6 bzw. 96,1 anstieg.

Mit dem Jahr 1933 begann im Fernschnellzugdienst eine weitere Phase. Durch die in diesem Jahr beginnende Einrichtung des Netzes der Fernschnelltriebwagen (FDt) wurde die Zahl der FD an den Ausbau dieses neuen Fernverkehrsnetzes angepaßt unter gleichzeitiger merklicher Beschleunigung der verbleibenden bzw. neu einzulegenden FD. So wurde in diesem Jahr erstmalig die Reisegeschwindigkeit auf über 100 km/h angehoben, als FD 24 für die Strecke Berlin Leb — Hamburg Hbf in 163 Minuten mit einer Reisegeschwindigkeit von 105,6 km/h durcheilte; die Fahrzeiten dieses Zuges wurden bis 1939 weiter gekürzt, und so blieben die FD dieser Strecke bezüglich ihrer Reisegeschwindigkeiten Spitzenreiter aller FD, wobei FD 24 in den Jahren 1936 und 1937 mit 119,5 km/h die

FFD 101 „Rheingold" bei der Ausfahrt aus Karlsruhe Hbf in Richtung Norden am 26. Februar 1932. Aufnahme: DB

1928 entstand dieses Bild des Gegenzuges FFD 102 in der Kurve bei Namedy. Die Henschel-S 3/6 18 534 des Bw Mainz zog den Zug gen Süden. Aufnahme: Carl Bellingrodt

18 547 des Bw Nürnberg Hbf vor dem Schlafwagenzug FD 70 im Sommer 1932 bei Forchheim.
Aufnahme: Slg. Skrzypnik

Anfang der dreißiger Jahre hatten bereits Einheitsloks die Beförderung des Zugpaares FD 79/80 übernommen: 03 075 vor FD 79 bei Pressig-Rothenkirchen; es schiebt 95 041.
Aufnahme: Carl Bellingrodt

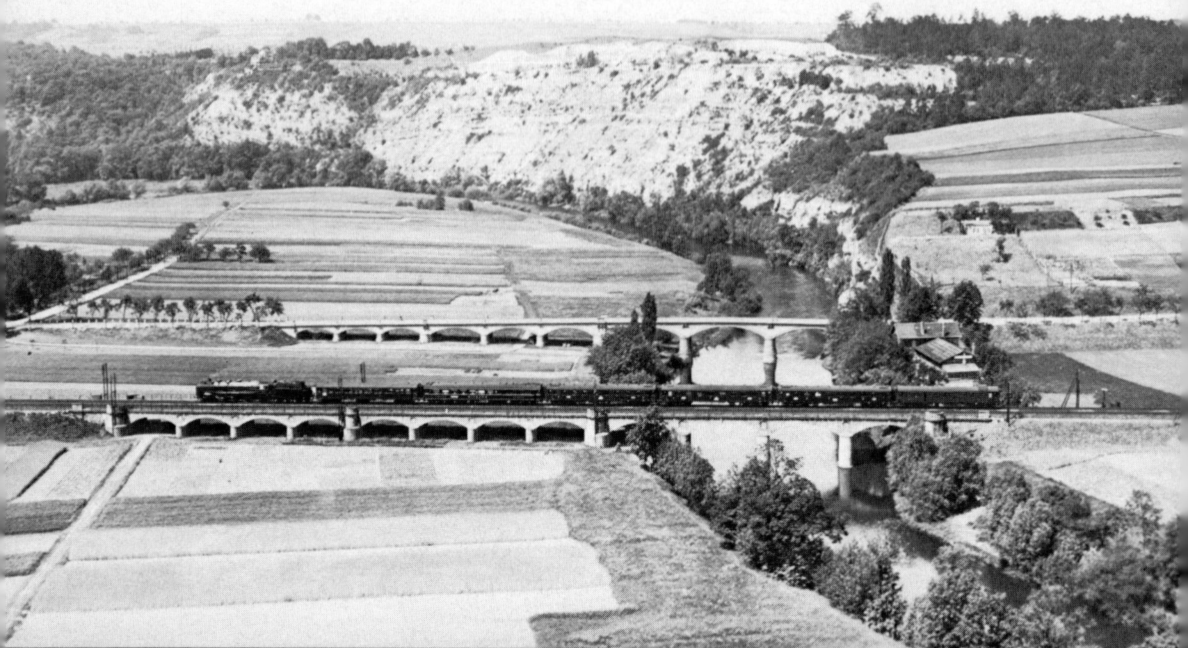

Der Gegenzug FD 80, gezogen von der Hallenser 03 121, überquerte an einem Sommertag des Jahres 1935 die Saalebrücke bei Saaleck. Carl Bellingrodt fotografierte von der Rudelsburg.

Auf der Fahrt Richtung Süden leistete 17 120 am 5. Mai 1935 03 074 Vorspann vor FD 80 bei Ludwigsfelde. *Aufnahme: Dr. Scheingraber/Archiv Bellingrodt*

höchsten Vorkriegswerte für dampflokbespannte Reisezüge erreichte. Auf Grund der allgemeinen Fahrzeitverlängerungen wurden von FD 24 im Jahre 1938 nur noch 115,5 km/h und 1939 von seinem Gegenzug, FD 23, bereits wieder 117,1 km/h erzielt – für die damalige Zeit respektable Werte.

Aber zurück zum Fahrplan 1933: FD 5/6 werden wieder auf die Strecke Frankfurt (Main) – Berlin Anh Bf beschränkt, nachdem südlich von Frankfurt ihre Aufgaben von dem D-Zug-Paar D 85/86 Basel SBB – Frankfurt – Altona übernommen worden sind; mit dieser Entlastung können FD 5/6 um 18 bzw. 28 Minuten beschleunigt werden, was Reisegeschwindigkeiten von 78,8 bzw. 79,5 km/h ergab. Der „Rheingold" wird auf den Laufweg Basel SBB – Amsterdam/Hoek van Holland beschränkt, behält jedoch die Kurswagen von Zürich und Luzern; ein Halt in Emmerich wird für FFD 102 eingeführt. Wesentlich beschleunigt werden auch FD 263 um 71 und FD 264 um 87 Minuten, was zu einer Erhöhung ihrer Reisegeschwindigkeiten auf 74,1 bzw. 74,6 km/h führt. Im Winterabschnitt entfallen FD 225/226 zwischen Hamm und Altona, so daß auch die Kurswagen aus Paris nicht in FD 25/26 gefahren werden. Statt bisher über Dransfeld, verkehrt FD 192 nun über Eichenberg, FD 191 bleibt bei seinem bisherigen Weg.

Das Jahr 1934 bringt die Umwandlung der FD 191/192 und ihrer Flügelzüge FD 91/92 in dreiklassige D-Züge; teilweise durch Flügelzüge ergänzt, verkehren sie in dieser Form bis 1944. Die bereits zum Winterabschnitt ausgelegten FD 225/226 bleiben als Flügel zu FD 25/26 über die Wupper auf den Weg Köln – Hamm beschränkt; der Kurswagen Paris – Altona, der bisher in dieser Verbindung befördert wurde, wird nun nordwärts zwischen Hamm und Münster mit dem neuen FD 425 gefahren zum dortigen Übergang auf D 395, im Rücklauf wird er mit den D 94/194 nach Aachen gefahren, wo er FD 26 beigestellt wird. FD 70/71 verkehren nun als „Dsl", wobei auch Dsl 71 über Augsburg geleitet wird. Ebenso werden FD 79/80 über Augsburg geführt.

1935 entfallen Dsl 70/71 und FD 3/4, die in gewöhnliche D-Züge umgewandelt werden. FFD 102 „Rheingold" erhält jetzt auch in südlicher Richtung einen Halt in Emmerich.

Das Olympiajahr 1936 bringt im Schnellverkehr der DRG zahlreiche Verbesserungen und Neuerungen, wobei nunmehr die Dampflokbaureihe 05 in den FD-Zugverkehr Berlin – Altona eingebunden wird. Auf der Strecke Berlin Anh Bf – Dresden Hbf wird der neue Henschel-Wegmann-Zug in den fahrplanmäßigen Dienst übernommen, wobei die anfangs zwei täglichen Zugpaare als D-Züge klassifiziert werden. Bei diesen Zügen handelt es sich nach Konstruktion des verwendeten Wagenmaterials, ihrer Aufgabe und Fahrplanlage um reine Züge des Schnellverkehrs, die nicht den normalen D-Zügen zuzuordnen sind. Auch in Komfort und Ausstattung entsprach dieser Zug eher einem Luxuszug als einem D-Zug. Die zuggattungsmäßige und tarifliche Einordnung als „D" statt „FD" dürfte wohl darin begründet liegen, daß dieser Zug auch die dritte Wagenklasse führte, der Zuggattungsbegriff „FD" dagegen Fernschnellzüge mit nur 1. und 2. Klasse umfaßte. Da Zug und Lok in Dresden beheimatet waren, begann der tägliche Umlauf mit D 53 um 9.31 in Dresden Hbf, um 11.06 Uhr wurde Berlin Anh Bf erreicht; als D 54 ging es von dort um 15.10 Uhr zurück mit Ankunft in Dresden Hbf um 16.54 Uhr. Bereits um 17.26 Uhr sollte dort die zweite Fahrt nach Berlin als D 57 beginnen, Ankunft dort um 19.07 Uhr. Als Spätverbindung ging es dann um 22.10 Uhr vom Anhalter Bahnhof als D 58 zurück mit Ankunft in Dresden um 23.52 Uhr. Einziger Zwischenhalt war jeweils in Dresden-Neustadt. Bei D 53 wurden die 176 km zwischen Berlin Anh Bf und Dresden-Neustadt in 89 Minuten zurückgelegt, was einer Reisegeschwindigkeit von 118,7 km/h entspricht; es folgten D 57 mit 91 Minuten (116,0 km/h), D 58 mit 95 Minuten (111,2 km/h) und D 54 mit 97 Minuten (108,9 km/h). Damit war der Henschel-Wegmann-Zug nach dem 05-bespannten FD 24 (119.5 km/h) und dessen Gegenzug, FD 23 (118,7 km/h), die zweitschnellste Zugverbindung der DRG, die mit Dampflok gefahren wurde. Aus den gewonnenen Erfahrungen – es war ja nur eine Zugeinheit vorhanden – wurde bereits zum Winterfahrplan 1936/37 die Konsequenz gezogen, daß man die Fahrpläne etwas entspannte und auch die Trassen veränderte, so daß die Wendezeit von D 54 auf D 57 in Dresden verlängert wurde. Im gleichen Fahrplanjahr 1936 schaffte man den Sonderzuschlag beim „Rheingold" ab und reihte den Zug nun als „FD 101/102" ein; zur Unterscheidung von den übrigen FD-Zügen trug er aber die Bezeichnung „Salonwagenzug". Die bisherigen Flügel zu FD 111/112 und FD 211/212 wurden in D-Züge 1. - 3. Klasse umgewandelt und scheiden somit aus unserer weiteren Betrachtung aus.

Der Fahrplan 1937 brachte auf dem Gebiet der FD-Züge nur geringe Änderungen. Südwärts erhielt FD 102 „Rheingold" einen neuen Halt in Koblenz, FD 22 Berlin – Köln versuchsweise einen solchen in Bielefeld, FD 21 als Gegenzug einen zusätzlichen Halt in Bochum. Durch Umstellung der Kurswagen aus FD 25 bereits in Aachen konnte die im Vorjahr eingeführte Leistung des FD 425 zwischen Hamm und Münster wieder entfallen.

Spektakuläres leistete in den dreißiger Jahren der Henschel-Wegmann-Zug auf der Strecke Berlin – Dresden. Im Sommer 1936 kam 61 001 mit der markanten Garnitur in den märkischen Kiefernwäldern bei Wünsdorf vorbei. *Aufnahme: DB*

Ebenfalls 1936 entstand das Bild des morgendlichen D 53 auf der Elbbrücke in Dresden. *Aufnahme: DB*

Die Weltrekordlok 05 002 war oft vor FD-Zügen im Einsatz: FD 24 Berlin Lehrter Bf – Altona im Mai 1936 bei Berlin-Spandau.

Aufnahme: Landesbildstelle Berlin

Am 6. Juni 1938 passierte der Gegenzug FD 23 mit 05 002 den Bahnhof Aumühle auf dem Weg nach Berlin.

Aufnahme: Carl Bellingrodt

Das Fahrplanjahr 1938 brachte der DR gebietsmäßig einen großen Streckenzuwachs durch den Anschluß Österreichs und des Sudetenlandes; damit war Wien (nach Berlin) zweitgrößte Stadt des nun „Großdeutsches Reich" genannten Staates geworden. Daher lag es nahe, beide Städte mit schnellen Eisenbahnverbindungen zu verknüpfen, zumal sich hierfür auf Grund der Vereinbarungen mit der CSR über den Korridorverkehr mehrere Strecken anboten. Daß dies dennoch nicht geschah, ist eines der großen Rätsel beim Aufbau des deutschen Schnellverkehrsnetzes vor dem Zweiten Weltkrieg. Vielleicht ließen auch die Eisenbahnverhältnisse in Österreich, dem Sudetenland und bei den auf tschechischem Gebiet zu durchfahrenden Strecken gegenüber dreiklassigen Schnellzügen keine wesentlichen Geschwindigkeitserhöhungen und damit Reisezeitverkürzungen erwarten, war doch sowohl in Österreich, als auch in der CSR der Zustand der Eisenbahnanlagen gegenüber dem Standard im „Altreich" wesentlich zurückgeblieben. Jedenfalls muß festgehalten werden, daß die ehemals österreichischen Strecken, abgesehen von den bereits vorher gefahrenen ISG-Luxuszügen, bis zum Ausbruch des Zweiten Weltkrieges keine schnellfahrenden Züge der DR in Form eines FD oder FDt gesehen haben. Aber keine Regel ohne Ausnahme: Unmittelbar nach dem Anschluß Österreichs an das Deutsche Reich wurde eine FD-Verbindung FD 17/18 Wien West – Linz – Passau – Regensburg – Hof – Leipzig – Berlin Anh Bf eingerichtet, die die 925,9 km lange Strecke in nördlicher Richtung in 12 Std. 7 Minuten mit einer Reisegeschwindigkeit von 76,4 km/h, in der Gegenrichtung bei 12 Std 3 Minuten und einer Reisegeschwindigkeit von 76,8 km/h zurücklegten, verglichen mit dem Verkehr im übrigen Reichsgebiet für einen FD keine besonders erhebenden Leistungen! Bereits zum Sommerfahrplan 1938 wurde dieser Zug in einen D-Zug umgewandelt, der auch die dritte Wagenklasse führte und aus vier ABC- und einem Speisewagen der MITROPA gebildet wurde. Mit Einführung der Korridorzüge Berlin Stadtbahn – Wien Ost über Breslau – Oderberg – Lundenburg wurde diese Zugverbindung zum Sommerfahrplan 1939 wieder aufgegeben. Auch seine Ersatzverbindungen kamen über den Status dreiklassiger D-Züge nicht hinaus, auch wenn sie sofort mit neu angelieferten Schürzenwagen ausgestattet wurden.

1938 übernahmen die SBB die bisher im „Rheingold" gelaufenen Kurswagengruppen Hoek van Holland – Zürich und Amsterdam – Zürich/Luzern nicht mehr, so daß der Zuglauf auf Basel SBB beschränkt werden mußte. Die Ursache war jedoch nicht politischer Natur, sondern lag darin, daß die SBB bei einer Verbesserung der Fahrzeiten auf den niederländischen und deutschen Streckenabschnitten und einer um drei Stunden späteren Abfahrzeit des FD 101 in Basel SBB die Kurswagenübergänge nicht mehr halten konnten. Durch diese Maßnahmen konnten die Reisegeschwindigkeiten auf dem deutschen Streckenteil von 79,5 bei FD 101 auf 87,0 km/h und bei FD 102 von 82,7 sogar auf 89,6 km/h angehoben werden. Zwischen Stuttgart und Berlin Anh Bf über Würzburg – Erfurt – Leipzig wurden FD 7/8 neu eingelegt; da dieser Zug zwischen Schaffhausen und Stuttgart als D 7/8 bereits dreiklassig verkehrte, entstand eine durchgehende Zugverbindung Zürich – Berlin, die sogar Kurswagen aus Ventimiglia, Genua und Konstanz und zurück führte. Erstmals seit der 1930 erfolgten Einstellung der FD 11/12 berührte nun wieder ein FD die Thüringerwald-Linie. Für einen noch nicht zur Verfügung stehenden Schnelltriebwagen wurde während des Sommerabschnitts zwischen Hamburg-Altona und Berlin Leb das neue FD-Zugpaar 27/28 eingelegt, das ab Winterfahrplan in einen FDt umgewandelt wurde. Insofern kann man dieses Zugpaar auch als einen FDt-Ersatzzug ansehen, der als solcher planmäßig im Fahrplan dargestellt wurde.

Aufgrund des Pariser Abkommens vom 21. April 1921 über die Durchführung des Personen-, Güter- und Tierverkehrs zwischen Ostpreußen und den übrigen Reichsgebieten im Durchgang durch Polen (in Ausfluß der Art. 89/98 des Versailler Vertrages) war in einem ergänzenden Abkommen vom 26. März 1927 in Warschau neben Verbesserungen im Reiseverkehr die Einrichtung eines Luxuszuges vereinbart worden. Dieser als „L 21/22" vorgesehene Flügel zum „Nord-Expreß" kam nie zustande (vgl. Abschn. b). Die Rechtsgrundlage für diesen Zug blieb aber bestehen, wenn es auch zwischenzeitlich nicht unerhebliche Schwierigkeiten zwischen dem Deutschen Reich und der Republik Polen im Korridorverkehr gab. Diese lagen darin begründet, daß das Deutsche Reich aus Devisengründen die Betriebskosten des Korridorverkehrs nicht bezahlt hatte. So wurden ab 1936 die im Korridorverkehr zu fahrenden Züge zwischen beiden Staaten für jedes Jahr neu vereinbart. Für 1938 hatte die DR anstelle des im Vertrag von 1927 vorgesehenen Luxuszuges erstmals die Führung eines FDt Berlin Stadtbahn – Königsberg (Pr) beantragt, welche nur daran scheiterte, daß die PKP für den polnischen Streckenteil Firchau – Chojnice – Tcew – Marienburg einen polnischen Triebwagenführer verlangte, während der deutsche Triebwagenführer die Stellung eines Beimanns erhalten sollte. Die DR stellte sich aber auf den Standpunkt, daß polnisches Personal bei einem von der DR gestellten Fahrzeug – im Gegensatz zu den von der PKP auf diesem Abschnitt mit eigenen Loks bespannten Schnellzügen – gemäß internationalen Gepflogenheiten nur als Lotse fungieren könne. Da eine Einigung nicht erzielt werden konnte, kam das Zugpaar 1938 und 1939 nicht zustande. Dafür wurde ab dem Sommerfahrplan 1939 ein dampflokbespannter FD zwischen Berlin Stadtbahn und Königsberg (Pr) als FD 5/6 mit Halten in Schneidemühl und Elbing, sowie Betriebshalten in

01 010 bespannte an einem Julitag des Jahres 1932 FD 226. Der Zug fährt an der Wuppertaler Schwebebahn vorbei. *Aufnahme: Carl Bellingrodt*

Am 4. Mai 1938 war der Triebwagen für FDt 1 ausgefallen, 03 245 des Bw Altona führt den aus drei Wagen bestehenden Ersatzzug. *Aufnahme: Carl Bellingrodt*

Kurze Zeit später war der Triebwagen wieder einmal ausgefallen, 03 032 fuhr den Ersatzzug des FDt 1 nach Berlin. *Aufnahme: Carl Bellingrodt*

Am 3. Juni 1939 gelang dieses seltene Bild bei Stockheim: Die soeben abgelieferte, aber noch nicht im Plandienst stehende Nürnberger E 19 02 befördert FD 79 von Nürnberg nach Saalfeld. *Aufnahme: Carl Bellingrodt*

Firchau, Chojnice und Tcew eingelegt. Wegen der mehrmaligen Grenzaufenthalte konnte der Zug trotz günstig trassierter Strecke nur Reisegeschwindigkeiten von 86,7 km/h (ostwärts) und 88,9 km/h (westwärts) erzielen.

Im gleichen Fahrplanjahr wurde der „Rheingold", FD 101/102, zu einer durchgehenden Verbindung Hoek van Holland – Basel – Gotthard – Mailand ausgebaut, wobei der Zug jetzt aus einem Pack- und vier Salonwagen gebildet wurde; der Packwagen und je ein Salonwagen 1. und 2. Klasse liefen bis Mailand durch. Im Zuge der Neunummerung der Schnelltriebwagenverbindungen zwischen Berlin und Hamburg erhielt auch das noch bestehende Zugpaar FD 23/24 die neuen Zugnummern FD 21/26.

Am 22. August 1939 wurden, durch die politischen Ereignisse bedingt, in Deutschland alle Geschwindigkeitsvorgaben außer Kraft gesetzt und ein Notfahrplan eingeführt. Damit war das Ende der FD, aber auch der FDt, gekommen. Während die FDt auch wegen Mangel an Dieseltreibstoff nicht mehr gefahren wurden und erst in anderer Form nach dem Zweiten Weltkrieg zu neuem Leben erweckt wurden, war das Ende der FD bei der Reichsbahn noch nicht vollständig gekommen, denn bereits der Zwischenfahrplan vom 1. Dezember 1939 weist drei FD-Zugpaare auf:

a) FD 5/6 Frankfurt (Main) – Erfurt – Leipzig – Berlin Stadtbahn
b) FD 21/22 Köln – Essen – Hamm – Hannover – Berlin Stadtbahn
c) FD 79/80 München – Augsburg – Nürnberg – Halle – Berlin Stadtbahn

Das Verkehren dieser Züge ist nachgewiesen. Kriegsbedingt waren ihre Fahrzeiten erheblich verlängert worden, so daß sich ihre Reisegeschwindigkeiten um 85 km/h bewegten. Spitzenreiter war FD 79 mit 90,2 km/h, bei dem die nunmehr auf der Strecke München – Saalfeld zur Anwendung kommende elektrische Traktion mit Lokdurchlauf einen zeitlichen Vorsprung sicherte gegenüber den Dampfzügen, auch denen der Flachlandstrecke Köln – Berlin. Ob die Züge noch lange über den Jahreswechsel 1939/40 verkehrten, kann nicht sicher festgestellt werden. Der Zwischenfahrplan vom 1. April 1940 brachte sogar noch eine Ausweitung dieser FD-Zugverbindungen: FD 5/6 verkehrten jetzt bereits ab Basel DRB nach Berlin Anh Bf über Weil (damaliger Grenzkontrollpunkt gegenüber der Schweiz) – Karlsruhe – Mannheim – Darmstadt nach Frankfurt und umgekehrt. Und die alten FD der Relation München – Holland (FD 263/264) erscheinen wieder, bis Duisburg auf ihrer alten Route, dann aber über Essen abgelenkt nach bzw. von Dortmund. Und eine ganz neue FD-Verbindung auf den Spuren des alten FD 30/37 erblickt das Licht der Welt: FD 47/48 Berlin Stadtbahn – Breslau – Heydebreck – Gleiwitz – Hindenburg – Kattowitz – Trzebinia – Krakau, nachdem ja nun Polen in deutscher Hand war und sich in Krakau die Verwaltung des neu gebildeten „Generalgouvernements" etabliert hatte. Damals muß ein Bedürfnis für einen Geschäftsreiseverkehr zwischen Berlin und der „Regierungsstadt" des Generalgouvernements bestanden haben. Die Züge erhielten im Fahrplan allesamt das Zeichen „x", was besagte, daß sie „nur auf besondere Anordnung" verkehrten.

Vorher war bereits zum 21. Januar 1940 eine Zwischenausgabe des Kursbuches erschienen, das die am 1. Dezember 1939 fahrenden Züge wiederholte, darüberhinaus aber auch bereits den FD 47/48. Ob dieser aber jemals verkehrte, ist zweifelhaft, es sei denn, er war durch Fahrplananordnung zwischen dem 1. Dezember 1939 und dem 21. April 1940 eingelegt worden; ein Fahrplanmitteilungsblatt der Generaldirektion der Ostbahn in Krakau führt dieses Zugpaar ab 21. Januar 1940 als ausfallend an.

Es muß davon ausgegangen werden, daß im Zeitraum zwischen dem 21. Januar 1940 und dem Fahrplan vom 1. April 1940 keine FD-Züge verkehrten; ob ab diesem Zeitpunkt wieder welche eingelegt wurden oder nur auf Teilstücken verkehrten, kann nicht bewiesen werden. Die Fahrpläne vom 27. Juni 1940 und 6. Oktober 1940 enthielten auch die bisherigen FD-Züge, wobei FD 79/80 ab 6. Oktober 1940 in tatsächlich verkehrende Dienst-D-Züge umgewandelt wurden; sie scheiden damit aus unserer weiteren Betrachtung aus. Für alle anderen FD-Zugpaare wiesen diese Fahrpläne ebenso wie der Zwischenfahrplan vom 1. Februar 1941 jeweils den Vermerk „verkehrt nur auf besondere Anordnung" auf; ihr tatsächliches Verkehren ist nicht belegt. Der Sommerfahrplan 1941, gültig ab 5. Mai 1941, führte nur noch die Verbindung FD 263/264 auf, ebenfalls mit dem Vermerk „verkehrt nur auf besondere Anordnung". Da wenige Tage danach wegen des am 21. Juni 1941 beginnenden Einmarsches in Rußland viele Züge ausfielen, kann angenommen werden, daß auch dieser Zug nicht verkehrte. In allen folgenden Fahrplänen bis zum Ende des Zweiten Weltkrieges sind keine FD-Züge mehr enthalten. Man kann also davon ausgehen, daß es nach Ausbruch des Zweiten Weltkrieges zwar in den Fahrplänen noch FD-Züge bis zum Sommerfahrplan 1941 gab, diese jedoch längstens bis zum 26. Juni 1940, mit Sicherheit aber nur zwischen dem 1. Dezember 1939 und dem 20. Januar 1940 verkehrten. Bemerkenswert ist weiterhin, daß in der Fahrplandarstellung dieser Züge bis zum Fahrplan vom 27. Juni 1940 alle aufgeführten FD nur die 1. und 2. Klasse führten, ab dem Fahrplan vom 6. Oktober 1940 aber die Zugpaare FD 5/6 und 47/48 mit 1. - 3. Klasse angegeben werden.

Verzeichnis

der ab 21. Januar 1940
ausfallenden Schnell-, Eil- und Personenzüge

WYKAZ POCIĄGÓW
pospiesznych, przyspieszonych i osobowych
nie kursujących od 21 stycznia 1940

Die bisher erschienenen Verzeichnisse sind ungültig

Zug Nr	fällt aus auf Strecke	Bemerkungen
	1. Schnellzüge	
D 30	Krakau—Berlin	
D 31	Berlin—Krakau	
FD 47	Berlin—Krakau	
FD 48	Krakau—Berlin	
D 123	Warschau Ost—Siedlce	
D 124	Siedlce—Warschau Ost	
D 207	Kattowitz—Tschenstochau—Warschau	
D 208	Warschau—Tschenstochau—Kattowitz	
D 209	Wien Prag—Warschau	
D 210	Warschau—Prag, Wien	
D 265	Warschau—Kutno	
D 266	Kutno—Warschau	
D 309	Dzieditz—Krakau	
D 310	Krakau—Dzieditz	
D 402	Krakau—Zabkowitz	
D 403	Zabkowitz—Krakau	
D 404	Krakau—Zabkowitz	
D 405	Zabkowitz—Krakau	
	2. Eilzüge	
E 301	Krakau—Jaroslau	
E 302	Jaroslau—Krakau	
E 341	Zakopane—Krakau	
E 342	Krakau—Zakopane	
	3. Personenzüge	
2	Lukow—Warschau Ost	
7	Warschau Ost—Lukow	
17	Warschau Ost—Siedlce	
18	Siedlce—Warschau Ost	
22	Tluszcz—Warschau Ost	
25	Warschau Ost—Malkinia	
27	Warschau Ost—Tluszcz	
30	Malkinia—Warschau Ost	
31	Warschau Ost—Malkinia	
32	Malkinia—Warschau Ost	
303	Koluszki—Tschenstochau	
304	Tschenstochau—Koluszki	
409	Kutno—Warschau	
412	Warschau—Kutno	
425	Kutno—Warschau	

Abschließend sei noch auf eine Besonderheit im deutschen Fahrplanaufbau hingewiesen, die auch die hier zu behandelnden Züge des Schnellverkehrs betraf. Der „Staatsvertrag zwischen Preußen und Darmstadt betreffend die Herstellung einer Eisenbahn-Verbindung zwischen Hanau und Frankfurt am Main über Offenbach" vom 12. Juni 1868 bestimmte in seinem Art. 21: „Beide Regierungen sind darüber einverstanden, daß die Stadt Offenbach in den ihr durch die Frankfurt-Offenbacher Eisenbahn gewährten Verkehrsverhältnissen durch das Aufgehen dieser Bahn in eine Hanau-Frankfurter Eisenbahn nicht benachteiligt werden soll. Im Besonderen sollen die täglichen Fahrten von und nach Sachsenhausen und Frankfurt a M nicht vermindert, auch die Anschlüsse an die in Frankfurt auf den anderen Linien ankommenden und abgehenden Züge nicht weniger gewahrt werden. Vielmehr wird die Königlich Preußische Regierung bei dem Entwerfen der Fahrpläne, sowie bei der Einrichtung directer Expeditionen im Personen- und Güterverkehr von und nach den Anschlußbahnen den Interessen der Stadt Offenbach jede zulässige Berücksichtigung zu Theil werden, auch alle fahrplanmäßigen Züge, mit denen Personen Beförderung Statt findet, auf dem Bahnhofe für Offenbach halten lassen.

Auf den Haltestellen für Steinheim und Mühlheim sollen täglich mindestens drei Züge in jeder Richtung zur Vermittlung des Personenverkehrs nach und von den übrigen Stationen der Hanau-Frankfurter Eisenbahn und, soweit thunlich, auch von und nach den Anschlußbahnen erhalten."

Diese Regelung führte dazu, daß die preußischen Staatsbahnen alle Züge, die sie nicht in Offenbach anhalten lassen wollte, über ihre Strecke rechts des Mains von Hanau über Dörnigheim – Frankfurt Ost nach Frankfurt Süd führte, obwohl diese Strecke um 1,5 km länger war und wegen der Mainüberquerung bei Frankfurt eine nicht unbedeutende, die Fahrzeit verlängernde Rampe aufwies. Daß man seitens der KPEV ein Interesse daran hatte, aus den Bestimmungen dieses Art. 21 herauszukommen, zeigt ein im Offenbacher Stadtarchiv aufbewahrtes Schreiben aus dem Jahre 1912:

„Die Stadt Offenbach steht z.Zt. in Unterhandlung mit der Eisenbahndirektion Frankfurt a.M. betreffs der Höherlegung der Bahn Offenbach – Bebra bzw. Offenbach – Aschaffenburg. Die Bahn will nun mit dem Vertrag über die Höherlegung verquicken die Ablösung eines Artikels aus dem preussisch-hessischen Staatsvertrag vom Jahre 1868, wonach alle Züge, einerlei ob Personen-, Eil-D- oder L-Züge, in Offenbach zu halten haben. Es war uns von der Eisenbahndirektion Frankfurt vorgeschlagen worden, damit einverstanden zu sein, den Staatsvertrag dahin abzuändern, dass ein Vergleich gezogen wird zwischen Offenbach und der nächsten preussischen bezw. bayerischen Stadt von der gleichen Grösse und dass der geänderte Artikel des Staatsvertrages etwa lauten sollte:

> „Alle D- und L-Züge, die in der bayerischen bezw. preussischen Stadt ... halten, müssen auch in Offenbach halten, alle anderen Züge, die in diesen Städten durchfahren, brauchen auch in Offenbach nicht zu halten."

Es ist selbstverständlich, dass sich ein Vergleich mit einer gleich grossen Stadt gar nicht ziehen lässt, solange dieselbe nicht ausser der gleichen Grösse auch die gleiche Anzahl gleichgrosser industrieller Unternehmungen aufweist.

Ich halte daher ein Vergleich mit irgend einer anderen Stadt für überhaupt nicht möglich, da die gleichen Verhältnisse, wie in Offenbach, in keiner anderen Stadt bestehen. Ich bin vielmehr der Meinung, dass eine Abänderung des betreffenden Artikels des Staatsvertrages niemals eine Verschlechterung der Verkehrsverhältnisse für die Stadt Offenbach bringen darf und neige, falls überhaupt der Artikel abgeändert werden soll, mehr der Meinung zu, den Artikel folgendermassen zu fassen:

> „Alle Personen- und Eilzüge haben in Offenbach zu halten.
> Alle D- und L-Züge der preussisch- und der bayerischen Strecke, sowie alle noch später zu erbauenden Strecken für durchgehenden Verkehr haben, falls ein Mitfahrender auszusteigen wünscht, ebenfalls in Offenbach zu halten.
> Von allen D-Zügen von Frankfurt nach Bayern, Preussen oder anderen Strecken durchgehenden Verkehrs müssen ...% täglich in Offenbach halten, wobei sich die ausscheidenden Züge gleichmäßig über den Tag verteilen müssen.
> Desgl. müssen von L-Zügen ...% nach den gleichen Richtungen wie bei den D-Zügen täglich in Offenbach halten. Auch hier gilt betreffs des Ausscheidens einzelner Züge das Gleiche wie bei den D-Zügen.
> Es muß Gelegenheit gegeben werden, den Anschluß an die in Offenbach nicht mehr haltenden Züge durch einen innerhalb 1 Stunde vorher abgehenden Zugs an der nächsten Haltestelle des in Offenbach nicht mehr haltenden D- oder L-Zugs zu erreichen, keinesfalls aber dürfen sich hierbei die Verkehrsverhältnisse der Stadt Offenbach schlechter gestalten, als bei den nächsten jeweils gleichgrossen Städten der durch Offenbach führenden Linie ..."

Es wäre mir nun sehr wünschenswert, möglichst umgehend Deine Meinung über die Fassung des betreffenden Artikels sowohl, wie evtl. Abänderungen desselben zu erfahren und wäre Dir dankbar, wenn ich die Antwort bis Mittwoch, den 25. ds. Mts. in Händen halten könnte.

Ich bitte um vertrauliche Behandlung der Angelegenheit, ebenso wie ich die vertrauliche Behandlung derselben zusichere."

Wie die Verhandlungen zwischen der Stadt Offenbach und der Eisenbahndirektion Frankfurt bei der Neugestaltung der Offenbacher Bahnanlagen letztlich ausgingen, ist unbekannt, da das Stadtarchiv darüber keine Unterlagen besitzt; auch bei der Bundesbahndirektion Frankfurt soll weder ein entsprechender Vertrag, noch überhaupt ein zugehöriger Schriftwechsel darüber vorliegen. Sicher ist jedenfalls, daß der Vertrag eingehalten wurde, denn auch später hielten alle Züge in Offenbach, und alle Zugfahrten, die dort nicht halten sollten, wurden über die Strecke rechts des Mains gefahren. Auch wenn in einzelnen Fahrplanjahren die Züge L 51/52 oder FD 263/264 über Offenbach liefen, so hielten sich doch auch die Reichseisenbahnen und die DRG an den bestehenden Vertrag; bei beiden Zugpaaren handelte es sich nach Offenbacher bzw. hessischer Ansicht um Zugverbindungen von oder nach Bayern, die nicht unter diese Vertragsklausel fielen, da sie nicht auf die Hanau-Bebraer Eisenbahn übergingen. Deren Züge verkehrten aber grundsätzlich mit Halt in Offenbach oder wurden rechts des Mains geführt, so auch FD 3/4 und 5/6. Erst um 1936 legte die DRG Züge dieser Relation über Offenbach, die dort dennoch nicht hielten, so z.B. die erste Schnelltriebwagenverbindung Frankfurt – Berlin. Diese Regelung muß auf eine Weisung von höherer Stelle hin erfolgt sein, denn alle damals von der Stadt Offenbach vorgebrachten Proteste bei der Reichsbahndirektion Frankfurt und im Reichsverkehrsministerium wurden in damaliger Terminologie zurückgewiesen unter Hinweis auf „volkswirtschaftliche und dem Allgemeinwohl dienende Verbesserungen, die nicht durch einen fast 70 Jahre alten und zwischenzeitlich durch die Gründung der Reichsbahn hinfällig gewordenen Vertrag" behindert werden dürften. Dabei blieb es – und fortan fuhren die schnellen Züge in Offenbach durch. Heute ist die ganze Angelegenheit längst vergessen, und die Führung zwischen Hanau und Frankfurt Süd erfolgt bei den durchgehenden Zügen ausschließlich unter betrieblichen Gesichtspunkten, wobei IC-Züge der Linie 2 im allgemeinen über Frankfurt Ost, die der Linie 3 über Offenbach geführt werden.

d) Maßnahmen zur Steigerung der Reisegeschwindigkeiten schnellfahrender Züge

In den vorhergehenden Ausführungen wurde bereits mehrfach dargelegt, daß etwa ab 1929, dann jedoch steigend ab 1933/34 die Reisegeschwindigkeiten der schnellfahrenden Züge in Deutschland stark angehoben wurden, ohne daß zunächst die auf gesetzlicher Grundlage festgeschriebene Höchstgeschwindigkeit angehoben wurde. Da durch eine Vielzahl von kleinen Einzelmaßnahmen auf allen möglichen Gebieten des Eisenbahnwesens trotz der damaligen allgemeinwirtschaftlichen Lage und besonders der speziellen Situation der DRG (sie mußte bis Mitte der dreißiger Jahre erhebliche Anteile ihres erwirtschafteten Gewinns für Reparationszahlungen des Reiches aufwenden und ab 1933 das Unternehmen „Reichsautobahnen" finanzieren und ausstatten) diese auch im europäischen Ausland viel beachteten Geschwindigkeitserhöhungen erst realisiert werden konnten, soll hier näher auf diese einzelnen Maßnahmen eingegangen werden, dies auch deshalb, weil sich diese ja nicht auf die Erhöhung der Reisegeschwindigkeiten der Luxus- und FD-Züge beschränkte, sondern hiervon noch in weit stärkerem Maße die Masse der Schnell- und Eilzüge profitierte. Und letztlich, weil dadurch der wirksame und problemlose Einsatz der Fernschnelltriebwagen erst ermöglicht wurde. Vergleicht man das, was damals die DRG im Detail veranlaßte, so sind Parallelen zu den fünfziger und sechziger Jahren, ja teilweise sogar zur derzeitigen Situation der DB, nicht zu übersehen.

In der Zeitschrift „Reichsbahn" (Heft 37, 1935) hat der damalige Reichsbahnrat Dr. Ing. Meyer grundsätzliche Ausführungen zu diesem Thema gemacht und dabei auch Vergleiche mit den anderen europäischen Bahnen angestellt. Diese Ausführungen sind so interessant, daß sie nachfolgend in den wichtigsten Aspekten wiedergegeben werden sollen.

„Die Steigerung der Reisegeschwindigkeiten wird in den letzten Jahren von allen Ländern, die auf einem hohen Stand technischer Entwicklung stehen, mit Eifer und Nachdruck betrieben. Es scheint, als ob ein Wettrennen eingesetzt hat, das in jedem Jahre von neuem gelaufen wird. Kaum hat ein Land einen neuen Geschwindigkeitsrekord aufgestellt, so kündigt schon ein anderes an, daß es diesen Rekord demnächst übertreffen wird. Beteiligt sind an diesem Wettrennen in erster Linie die europäischen Länder: Deutschland, Frankreich und England, in größerem Abstande folgen Italien und Belgien, von außereuropäischen Ländern nehmen die Vereinigten Staaten und Kanada an dem Wettbewerb teil.

Das Bestreben, die Zuggeschwindigkeiten zu erhöhen, hat früher nicht in demselben Umfange bestanden wie es jetzt der Fall ist. Man kann sagen, daß etwa bis zum Jahre 1925 die Geschwindigkeiten der schnellsten Züge nicht wesentlich gesteigert worden sind. Das gilt für alle Länder mit hochentwickelten Eisenbahnen.

In Deutschland lagen infolge der Nachwirkungen des Krieges die Verhältnisse sehr ungünstig: die in den Vorkriegsjahren erzielten Reisegeschwindigkeiten konnten erst 1929 wieder erreicht werden. Erschwerend fiel bei den Bestrebungen ins Gewicht, daß die Belastung der schnellfahrenden Züge erheblich über der der Vorkriegszeit lag, gegenüber einer durchschnittlichen Achsstärke von 30 im Jahre 1913 betrug die Belastung in der Nachkriegszeit in den Jahren 1925 bis 1929 durchschnittlich 35 Achsen, erst ab 1929 nahm sie ab und erreichte im Jahre 1933 im Durchschnitt 32 Achsen. Seit dem Jahre 1930 sind aber die Geschwindigkeiten bei der Deutschen Reichsbahn von Jahr zu Jahr mehr gesteigert worden; ein besonders großer Fortschritt wurde zum Sommer 1934 erzielt, weit größer als in den anderen mit am Wettlauf beteiligten Ländern[1]. Die Höhe der Fortschritte ergibt sich sehr übersichtlich aus einer Gegenüberstellung nach Übersicht 1, in der von 1929 ab Zahl und Länge der Zugläufe auf der Deutschen Reichsbahn dargestellt sind, getrennt nach Reisegeschwindigkeiten über 90 km/h, über 95 km/h und über 100 km/h. Das Jahr 1929 eignet sich insofern als Ausgangspunkt, als in diesem Jahre zum ersten Male seit 1914 die 90 km/h Reisegeschwindigkeitsgrenze wieder überschritten wurde; es war der FD 26 Berlin – Paris, der die 176,6 km lange Strecke zwischen Hannover und Hamm in 117 Minuten = 90,5 km/h zurücklegte. Wie die Tabelle zeigt, nahmen in den Jahren 1930 bis 1932 die Geschwindigkeiten und die Zahl der Zugläufe noch recht langsam zu, erst 1933 und ganz besonders 1934 ist eine merklich ins Gewicht fallende Steigerung festzustellen.

Übersicht 1

Länge und Zahl der Zugläufe zwischen zwei aufeinander folgenden Halten auf der Deutschen Reichsbahn getrennt nach Geschwindigkeiten von 100 km/h und mehr, 95 km/h und mehr, 90 km/h und mehr in den Jahren 1929 bis 1934.

Jahr	100 km/h u. mehr		95 km/h u. mehr		90 km/h u. mehr	
	km	Zahl der Läufe	km	Zahl der Läufe	km	Zahl der Läufe
1929	—	—	—	—	176,6	1
1930	—	—	—	—	48,4	1
1931	—	—	—	—	96,8	2
1932	—	—	573,6	2	689,1	5
1933	1147,2	4	1147,2	4	4504,2	30
1934	3058.9	15	6714,0	50	16554,7	167

Um die Maßnahmen zu verstehen, mit deren Hilfe die Erfolge erzielt worden sind, muß man sich zunächst die Beziehungen zwischen Höchstgeschwindigkeit und Reisegeschwindigkeit klarmachen. Die Höchstgeschwindigkeit ist bekanntlich die Geschwindigkeit, die ein Zug auf dem von ihm befahrenen Streckenabschnitt höchstens erreichen darf. Die Grenze liegt bei den schnellfahrenden Zügen der Deutschen Reichsbahn bei 120 km/h, eine Ausnahme besteht lediglich für die Strecke Berlin – Hamburg, auf ihr sind für den Schnelltriebwagen 160 km/h, für die FD-Züge 140 km/h zugelassen. Geschwindigkeiten von 120 km/h können aber auf vielen Streckenabschnitten nicht erzielt werden, sei es, daß die Rücksichtnahme auf die Sicherheit der Beförderung dies verbietet oder daß die Zugkraft der Lokomotive nicht ausreicht, um die hohen Geschwindigkeiten zu fahren. Auch jedes Abbremsen des Zuges und jedes Anfahren ergibt auf den betreffenden Streckenabschnitten Geschwindigkeiten, die unter der Höchstgeschwindigkeit liegen.

Somit braucht der Reisende, um vom Abgangsbahnhof zum Zielbahnhof zu kommen, mehr Zeit, als wenn der Zug die ganze Strecke mit der Höchstgeschwindigkeit durchführe; für ihn ist die „Reisezeit" maßgebend, aus der sich dann die „Reisegeschwindigkeit" in der Stunde als Quotient aus dem Weg und Zeit errechnen läßt.

Die Höchstgeschwindigkeit beträgt für den Sommerfahrplan 1934, 120 km/h (§ 66 der BO). Diese Grenze besteht schon seit Jahren. Die Steigerung der Reisegeschwindigkeiten ist somit nicht etwa durch eine Steigerung der Höchstgeschwindigkeit hervorgerufen worden. Es ist vielmehr eine Anzahl von Möglichkeiten ausgenutzt worden, um die Reisegeschwindigkeiten näher an die zugelassene Höchstgeschwindigkeit heranzubringen. Praktisch war es bis vor etwa einem Jahre so, daß die zugelassenen 120 km/h gar nicht ausgenutzt wurden, die Pläne unserer schnellfahrenden Züge wurden mit 110 km/h, die Mehrzahl nur mit 100 km/h konstruiert, mit Rücksicht auf die zur Verfügung stehenden Bremswege und Bremshundertstel, die für höhere Geschwindigkeiten nicht ausreichten. Durch Vergrößerung des Abstandes zwischen Vorsignal und Hauptsignal von bisher 700 m auf 1000 m auf einer Anzahl wichtiger Schnellzugstrecken zum 15. Mai 1934 ist, soweit der Bremsweg ein Hindernis für das Erreichen der Höchstgeschwindigkeit von 120 km/h bildete, diese Schwierigkeit ausgeräumt worden. Es handelt sich um folgende Strecken:

1. Mainz – Worms – Karlsruhe – Schliengen
   Frankfurt (Main) – Mannheim – Karlsruhe – Schliengen
   Frankfurt (Main) – Heidelberg – Karlsruhe – Schliengen,
2. Berlin – Bitterfeld – Halle (Saale)/Leipzig – Corbetha,
3. Berlin – Hamm – Dortmund – Essen Hbf/Hagen – Köln,
4. Bingen – Mainz – Frankfurt (Main),
5. Cranenburg/Emmerich – Köln – Troisdorf/Bonn,
6. Lichtenfels – Nürnberg – Augsburg/Ingolstadt – München,
7. Stuttgart – Ulm – München,
8. Frankfurt (Main) – Fulda,
9. Berlin – Elsterwerda – Kötzschenbroda,
10. Mainz – Bischofsheim – Groß-Gerau-Dornberg

Die Vorsignale sind selbstverständlich nur dann auf 1000 m Abstand gebracht worden, wenn eine Höchstgeschwindigkeitserhöhung zu erzielen war; auf Streckenabschnitten, auf denen aus örtlichen Gründen (Steigungen, Krümmungen u. a.) die Geschwindigkeiten nicht über 100 km/h gesteigert werden konnten, wurde von einer Vergrößerung des Vorsignalabstandes abgesehen.

Bremstechnisch ist damit die Möglichkeit gegeben, auf diesen Strecken mit vergrößertem Vorsignalabstand 120 km/h zu fahren. Es bedarf natürlich bei jedem Zuge vorher der Feststellung, ob die erforderlichen Bremshundertstel auch vorhanden sind.

[1] The Railway Magazine bezeichnet im Juliheft 1934 die Geschwindigkeitszunahmen bei der Deutschen Reichsbahn als „meteorisch".

Bezüglich der Bremshundertstel war noch eine Schwierigkeit zu überwinden, die in Ausführung der Beschlüsse des Vereins Mitteleuropäischer Eisenbahnverwaltungen, festgelegt in den Technischen Vereinbarungen vom 1. Dezember 1930, entstand und der Beschleunigung entgegenwirkte. Die Deutsche Reichsbahn ging im Jahre 1930 dazu über, entsprechend den Vereinbarungen bei Ermittlung des Wagenzuggewichtes der Reisezüge außer dem eigentlichen Wagengewicht auch das Gewicht der Reisenden und die Ladung der Wagen zu berücksichtigen. Bestimmungsgemäß wurden 40 Reisende dabei mit 3 t angesetzt. Infolge der dadurch geänderten Berechnungsweise ergeben sich für die Bremshundertstel geringere Werte als bisher. Eine Herabsetzung der Geschwindigkeiten wäre in vielen Fällen die Folge gewesen, wenn es nicht gelungen wäre, durch besondere Maßnahmen einen Ausgleich zu schaffen. Es geschah einmal durch Erhöhung der Bremswirkung zum anderen durch die später noch zu behandelnde geänderte Methode der Fahrzeitberechnung. Eine bessere Bremswirkung und damit kürzere Bremswege wurden dadurch erzielt, daß alle D-Zugwagen mit zweiteiligen Bremsklötzen mit gekürzten Bremsklotzsohlen ausgerüstet wurden. Auf Grund der besseren Bremswirkung dieser Bremsklötze konnten die Bremsbewertungszahlen zunächst von 1,25 auf 1,33 des Eigengewichtes der Wagen mit KKS-Bremse und von 1,00 auf 1,06 des Eigengewichtes der Wagen mit Einkammerbremse erhöht werden. Auch ist die Bremswirkung der schnellfahrenden Lokomotiven verbessert worden.

Hohe Geschwindigkeiten erfordern eine geeignete Fahrbahn, sowohl was die Linienführung als auch den Zustand des Oberbaues betrifft. Für Verbesserung beider sind seit Jahren namhafte Mittel aufgewandt worden. Die Linienverbesserungen erstrecken sich auf Seitenrichtung und Höhenlage. Es wurden Bogen mit kleinen Halbmessern, die Geschwindigkeitseinschränkungen erforderten, in solche mit größeren Halbmesern umgewandelt, Bogen gleicher Richtung, die durch kurze Zwischengeraden unterbrochen waren, durch einheitliche Bogen mit möglichst großen Halbmessern ersetzt und Gegenkrümmungen verbessert. Durch Veränderungen innerhalb der Bahnhöfe, in manchen Fällen durch Umbau der Bahnhofsenden, wurden für durchfahrende Züge günstige Fahrmöglichkeiten ohne Geschwindigkeitsermäßigungen geschaffen. Übergangsbogen wurden eingelegt, wo es sich nachträglich ermöglichen ließ, zwischen Bogen und Gegenbogen wurden die Zwischengeraden ausgeschaltet und die Rampe stetig durchgeführt.

Eine flüssigere Linienführung wurde ferner durch Verwendung neuer Weichentypen erzielt, die sich den vorhandenen Krümmungen gut anpassen, sowohl bei Durchfahrt auf dem weniger gekrümmten Strang als auch auf dem mehr gekrümmten brauchen die Geschwindigkeiten nicht mehr so stark gedrosselt zu werden wie früher. Eine neu konstruierte Weiche 1:18,5 mit 1200 m Halbmesser gestattet in der Ablenkung eine Fahrgeschwindigkeit von 100 km/h, ein Fortschritt, der der schnellen Erzielung hoher Geschwindigkeiten bei Ein- und Ausfahrten in den Bahnhöfen außerordentlich dienlich ist.

Die Geschwindigkeiten in Krümmungen konnten heraufgesetzt werden, nachdem Versuche gezeigt hatten, daß das Durchfahren von Krümmungen mit ausreichender Überhöhung für den Reisenden keine Unannehmlichkeiten mit sich bringt. Hierin wird die Reichsbahn auch noch weitergehen und zu Überhöhungen kommen, die bei anderen Eisenbahnverwaltungen bereits in Gebrauch sind. Eine weitere Steigerung der Fahrgeschwindigkeit in Krümmungen wird dadurch möglich sein.

Der Oberbau selbst ist in den letzten Jahren wesentlich verbessert worden; er ist stark und kräftig und geeignet, hohe Geschwindigkeiten zu ertragen. Die planmäßige Überwachung, die Oberbaupflege ist derart geregelt, daß er sich stets in gutem, betriebssicherem Zustande befindet. Durch planmäßige Meßfahrten mit zwei Oberbaumeßwagen wird über Gleislage und Unterhaltungszustand eine scharfe Kontrolle ausgeübt.

Eine weitere Möglichkeit, schneller zu fahren, ist durch Wegfall der Geschwindigkeitsbeschränkungen des § 66 ([3]) der BO gegeben, wonach in Gefällen, je nach der Stärke des Gefälles, die Höchstgeschwindigkeiten erheblich herabgesetzt werden mußten. Diese Bestimmungen der Bau- und Betriebsordnung ist gefallen, im Gefälle darf jetzt so schnell gefahren werden, wie es die vorhandenen Bremshundertstel zulassen. Da diese besonders in den schnellfahrenden Zügen hoch sind, ist es möglich, in Gefällen die Geschwindigkeiten nennenswert zu steigern. Begünstigt wird die Steigerung der Geschwindigkeit außerdem durch die neue Bestimmung, daß die maßgebenden Gefälle nicht mehr wie bisher allgemein auf eine Länge von 1000 m, sondern bis zum Gefälle 1:100 auf eine Länge von 2000 m zu errechnen sind.

Wesentlich für die Beschleunigung der Züge ist die Zugkraft der Lokomotive. Sie soll nicht nur imstande sein, hohe Geschwindigkeiten auf weite Entfernungen durchzuhalten, sondern auch schnell vom Halt auf hohe Geschwindigkeiten zu kommen. Die zweite Forderung ist um so wichtiger, je mehr Halte bei dem betreffenden Zug vorhanden sind. Aber auch bei schnellfahrenden Zügen mit weniger Halten ist die Eigenschaft, schnell große Geschwindigkeiten zu erreichen, außerordentlich wichtig, da Umbaustellen, schärfere Krümmungen u. a. ein zeitweises Herabgehen mit der Geschwindigkeit und dann wieder eine Beschleunigung bis zur Höchstgeschwindigkeit erfordern. Die Lokomotiven, welche dieser Forderung am ehesten entsprechen, sind die der Baureihen 01 und 03; von diesen standen zum 15. Mai 1934 250 Stück zur Verfügung, davon 50, die im Laufe des Fahrplanjahres 1933/34 beschafft wurden und somit zum 15. Mai 1934 erstmalig für hohe Geschwindigkeiten eingesetzt werden konnten. Mit ihrer Hilfe sind beachtliche Zeitgewinne gegenüber den bisherigen Plänen erzielt worden.

Eine entscheidende Rolle für die Geschwindigkeit besonders der schnellfahrenden Züge spielt ferner die Art der Fahrzeitenberechnung, insbesondere die Größe der Reserven, die man der Ermittlung der reinen Fahrzeiten nach einem der bekannten Verfahren zuschlägt, ferner die der Berechnung zugrunde gelegten Gewichte. Ist der Aufsteller des Fahrplans sehr vorsichtig, der unter allen Umständen auch vereinzelt vorkommende große Zuggewichte, sogenannte Spitzen, pünktlich ohne Vorspann befördern möchte, so ergibt sich naturgemäß bei Annahme eines entsprechend großen Zuggewichtes eine längere Fahrzeit, die abgesehen von einzelnen Tagen im Jahr nicht gebraucht wird, und auch an den Einzeltagen nicht nötig ist, wenn Vorspann gestellt wird. Eine weitere Fahrzeitverlängerung entsteht, wenn zum Ausgleich von Unregelmäßigkeiten nennenswerte Zuschläge zu den errechneten Fahrzeiten gemacht werden. Man fährt allerdings selbst dann noch pünktlich, wenn eine Anzahl von Umbaustellen eine Herabsetzung der Geschwindigkeiten während der Fahrt bedingt. Sicherlich kann man auf solche Zuschläge nicht ganz verzichten, sie müssen sich aber in mäßigen Grenzen halten. Die Bauten müssen so eingerichtet und verteilt werden, daß mit einer geringen Reserve in den Fahrzeiten auszukommen ist. Die Zuschläge betrugen bis vor kurzem bei FD-Zügen 4 % und bei D-Zügen 7 %, sie sind zum Sommer 1934 wesentlich reduziert worden. Die Regel ist jetzt die, daß auf Streckenteilen, auf denen die Fahrzeiten für die maßgebende Last mindestens 3 % über der kürzesten liegen, weitere Zuschläge überhaupt nicht gegeben werden, nur in den Fällen, in denen diese Differenz nicht vorhanden ist, werden die Fahrzeiten für die maßgebende Last so erhöht, daß ein

Unterschied von 3% zwischen den planmäßigen und den kürzesten Fahrzeiten vorhanden ist.

Die auf Grund vorstehend skizzierter Maßnahmen bei der Deutschen Reichsbahn erzielten Erfolge sind zahlenmäßig aus den beigefügten Tabellen zu ersehen.

Endlich zeigen die Tabellen 2 und 3 die Entwicklung der Reisegeschwindigkeiten der schnellsten Züge der Reichsbahn 1914 und von 1927-1934 auf den wichtigsten Strecken sowie die Reisegeschwindigkeiten im Durchschnitt aller schnellfahrenden Züge von 1927 bis 1934. Hier erscheinen nur vereinzelt Angaben „von Halt zu Halt", auf den weitaus meisten der angegebenen Strecken sind mehrere Zwischenhalte vorhanden, die bei Errechnung der Reisegeschwindigkeiten einbezogen sind.

Welche Fortschritte im einzelnen zeigen nun die Übersichten?

Die Ergebnisse der Übersicht 1 sind eingangs schon kurz erwähnt worden. Sie lassen erkennen, daß die Bestrebungen, die Reisegeschwindigkeiten zum Sommer 1934 zu steigern, einen vollen Erfolg gehabt haben. Das Railway Magazine hält die Fortschritte auf der Deutschen Reichsbahn für so groß, daß die Zeitschrift ihnen einen besonderen Artikel widmet, in dem u. a. gesagt wird, daß die Deutsche Reichsbahn die Möglichkeiten des Dampfes in einem erstaunlichen Umfange ausgenutzt habe und daß die Neuaufstellung der Fahrzeiten so gründlich und so sachkundig vorgenommen sei, daß trotz der Zunahme der Geschwindigkeiten die Pünktlichkeit aufrechterhalten werden.

Die Zunahme an geleisteten Zugkilometern, 1934 verglichen mit 1933 beträgt in %
bei Geschwindigkeiten von 90 km und mehr 267 %,
bei Geschwindigkeiten von 95 km und mehr 486 %,
bei Geschwindigkeiten von 100 km und mehr 167 %,

woraus zu ersehen ist, daß die Beschleunigung eine allgemeine ist und sich nicht etwa auf eine einzelne Geschwindigkeit beschränkt.

Die Übersicht 2 gibt die Entwicklung der Reisegeschwindigkeiten über einen Zeitraum von acht Jahren und bringt zum Vergleich die Angaben des Jahres 1913.

Es bedarf nur des Vergleichs der Geschwindigkeiten des jeweils schnellsten Zuges, um zu erkennen, daß eine merkliche Beschleunigung zuerst im Sommer 1933 eingesetzt hat, die von der zum Sommer 1934 jedoch weit übertroffen wird. Auf der Strecke Berlin – Hamburg brachte 1933 der Einsatz des Schnelltriebwagens die große Reisegeschwindigkeit von 124,7 km/h. Die Strecke München – Stuttgart wurde ab 1933 elektrisch betrieben und hierdurch die Reisegeschwindigkeit wesentlich gesteigert; andere Strecken zeigen Zunahmen bei den jeweils schnellsten Zügen bis zu 12 km/h. Fast alle aufgeführten Verbindungen liegen, was die Reisegeschwindigkeit anbetrifft, weit über 1933. Eine Abnahme ist lediglich auf der Strecke Köln – Hamburg vorhanden, da der im Sommer 1933 schnellste Zug, der FD 225, im Jahre 1934 zwischen Hamburg und Hamm weggefallen ist.

Für den in Übersicht 3 errechneten Durchschnitt aller schnellfahrenden Züge auf den angegebenen Strecken gelten die allgemeinen Ausführungen zu Übersicht 2. Aus der Zahl der täglichen Verbindungen, die in die Berechnung einbezogen sind, kann entnommen werden, daß die Beschleunigung alle schnellfahrenden Züge erfaßt hat.

Welche Aussichten eröffnen sich nun für den Sommer 1935 hinsichtlich einer weiteren Beschleunigung?

Ist zum Sommer 1934 bereits ein gewissser Abschluß erreicht oder werden zum Sommer 1935 noch weitere Erfolge erwartet werden können?

Uebersicht 2

Reisegeschwindigkeiten des jeweils schnellsten Zuges auf Strecken der Reichsbahn 1914 und von 1927—1934

1	2	3	4	5	6	7	8	9	10	11	12	13	14	15
Lfd Nr	Strecke			Entfernung	Reisegeschwindigkeit									Nr des Zuges
	von	bis	über	km	1914	1927	1928	1929	1930	1931	1932	1933	1934	(1934)
1	Berlin Lehrt. Bf	Hamburg Hbf	Wittenberge	286,8	88,8	82,0	86,1	88,8	88,8	88,8	96,1	124,7	124,7	FD 2
2	Berlin Schl. Bf	Königsberg	Marienburg	589,7	76,0	65,0	72,2	72,2	71,7	73,0	77,4	77,1	82,9	D 15
3	Berlin Schl. Bf	Breslau	Sorau od. Sagan	335,7	78,0	72,0	79,4	83,7	83,7	83,7	78,1	77,5	86,1	D 34
4	Berlin Anh. Bf	München	Hof	652,5	76,0	59,6	62,0	62,0	62,2	63,7	64,4	66,4	66,6	D 21
5	Berlin Anh. Bf	München	Nürnberg	674,2	77,6	71,2	74,9	74,9	74,9	76,0	76,0	80,4	89 0	FD 79
6	Berlin Anh. Bf	Halle	Wittenberg	161,7	86,8	83,1	86,8	86,8	86,8	90,0	90,7	93,3	105,5	FD 80
7	Berlin Anh. Bf	Frankfurt (M)	Erfurt	538,9	76,0	71,2	77,5	77,5	77,9	78,6	78,3	79,8	90,4	FD 4
8	Berlin Zool. G.	Köln Hbf	Essen	578,9	71,0	72,9	76,2	77,5	77,7	78,7	80,8	83,9	90,5	FD 22
9	Berlin Zool. G.	Köln Hbf	Gelsenkirchen	581,7	62,0	64,0	64,0	64,0	64,0	64,0	66,1	66,5	74,3	D 24
10	Hamm	Hannover	Bielefeld	176,5	81,1	81,0	90,0	90,7	90,0	90,0	91,3	92,1	103,8	FD 22
11	Frankfurt (M)	Hamburg Hbf	Kassel od. Eichenberg	556,6	70,0	65,4	66,6	72,1	72,9	67,6	67,6	67,6	69,9	D 191
12	Frankfurt (M)	München	Ingolstadt od. Augsburg	412,5	73,0	73,1	69,6	71,1	71,1	71,1	71,1	77,3	83,9	FD 263
13	Frankfurt (M)	Basel Bad. Bf	Mannheim od. Heidelberg	337,8	72,0	65,0	68,7	71,6	72,1	72,1	72,1	73,2	73,7	D 191
14	München	Stuttgart	Ulm	239,8	65,0	68,2	68,2	68,2	68,2	68,5	68,5	79,9	85,2	L 5
15	Köln Hbf	Hamburg Hbf	Düsseldorf od. Wuppertal	450,1	65,0	59,0	68,8	71,3	71,3	72,4	76,1	76,7	75,6	D 396
16	Berlin Zool. G.	Hannover	Stendal	254,1	—	—	—	--	—	—	90,7	90,7	103,0	FD 25 u. FD 111
17	Osnabrück	Bremen	—	122,1	—	—	—	—	—	—	89,3	89,3	92,7	FD 212/211

Uebersicht 3

Reisegeschwindigkeiten im Durchschnitt aller Schnellzüge auf Strecken der Reichsbahn von 1927—1934

1	2	3	4	5	6	7	8	9	10	11	12	13	14
Lfd Nr	Strecke			Entfernung	Reisegeschwindigkeit								Zahl der tägl. Verbindungen
	von	über	bis	km	1927	1928	1929	1930	1931	1932	1933	1934	(1934)
1	Berlin Lehrt. Bf	Hamburg Hbf	Wittenberge	286,8	70,5	75,2	77,0	77,3	77,4	80,1	93,4	94,1	12
2	Berlin Schl. Bf	Königsberg	Marienburg	589,7	59,5	63,7	64,0	64,7	65,3	68,0	71,5	74,2	8
3	Berlin Schl. Bf	Breslau	Sorau od. Sagan	335,7	62,4	66,3	68,8	77,2	77,0	76,4	76,1	83,0	8
4	Berlin Anh. Bf	München	Hof	652,5	56,0	59,2	59,2	59,1	60,9	62,1	64,7	65,0	6
5	Berlin Anh. Bf	München	Nürnberg	674,2	60,5	62,9	62,9	62,6	64,0	64,3	70,1	74,3	10
6	Berlin Anh. Bf	Halle	Wittenberg	161,7	71,5	74,8	74,8	74,0	74,4	78,6	85,0	86,3	26
7	Berlin Anh. Bf	Frankfurt (M)	Erfurt	538,9	62,6	66,6	67,0	67,1	67,8	68,3	68,9	71,5	12
8	Berlin Zool. G.	Köln Hbf	Essen	578,9	63,2	65,0	65,0	65,1	65,3	69,7	69,0	73,1	6
9	Berlin Zool. G.	Köln Hbf	Gelsenkirchen	581,7	61,3	62,4	62,4	62,4	62,2	63,1	65,0	70,4	4
10	Hamm	Hannover	Bielefeld	176,5	68.9	71,8	71,8	70,8	70,8	73,1	76,2	80,2	24
11	Frankfurt (M)	Hamburg Hbf	Kassel od. Eichenberg	556.6	58,1	60,5	61,7	63,7	61,2	61,5	63,1	63,7	8
12	Frankfurt (M)	München	Ingolstadt od. Augsburg	412,5	60,3	59,1	59,1	62,4	62,4	62,4	69,7	70,8	6
13	Frankfurt (M)	Basel Bad. Bf	Mannheim od. Heidelberg	337,8	58,0	60,2	60,2	59,8	60,3	61,4	61,6	66,7	14
14	München	Stuttgart	Ulm	239,8	56,5	58,9	58,0	60,0	60,5	60,6	66,9	73,1	15
15	Köln Hbf	Hamburg Hbf	Düsseldorf od. Wuppertal	450,1	54,6	61,6	61,6	62,2	62,5	63,7	66,2	67,4	12
16	Berlin Zool. G.	Hannover	Stendal	254,1	—	—	—	—	—	77,4	79,0	83,8	22
17	Osnabrück	Bremen	—	122,1	—	—	—	—	—	76,9	79,6	81,1	14

Auf dem eingeschlagenen Wege schreitet die Reichsbahn selbstverständlich weiter. Zum Sommer 1935 werden außer dem „Fliegenden Hamburger" 17 weitere Schnelltriebwagen mit 160 km/h Höchstgeschwindigkeit zur Verfügung stehen, mit deren Einsatz die Reisegeschwindigkeiten wesentlich zunehmen werden. Ferner wird die Vergrößerung der Vorsignalabstände auf 1000 m zum 15. Mai 1935 voraussichtlich auf den folgenden weiteren Strecken durchgeführt sein:

Leipzig - Kötschenbroda
Berlin - Gleiwitz
Altona - Münster - Wanne/Hamm
Harburg - Uelzen - Hannover
Berlin - Magdeburg
Berlin - Stettin
Angermünde - Ducherow
Berlin - Firchau
Marienburg - Königsberg (Pr)
Bremerhaven - Bremen - Hannover
München - Salzburg
Stendal - Salzwedel
Breslau - Freiburg (Schles)
Dresden - Chemnitz - Bayreuth - Nürnberg

Wesentliche Fahrzeitgewinne werden dadurch besonders für die schnellfahrenden Züge auf diesen Strecken erzielt werden.

Daß die anderen Maßnahmen, wie Linienverbesserung, Verbesserung der Bremsen, Gleispflege im Rahmen des Möglichen fortgeführt werden, bedarf kaum der Erwähnung.

Gewinne werden sich auch noch dadurch erzielen lassen, daß die neue Art der Fahrzeitenberechnung, nach der aus Mangel an Zeit nur für eine beschränkte Anzahl von Zügen die Fahrzeiten zum Fahrplanwechsel neu berechnet werden konnten, zum 15. Mai 1935 für alle Züge angewendet wird.

Schwierigkeiten, hohe Geschwindigkeiten in größerem Umfange zum 15. Mai 1935 zu fahren, sind lediglich dann zu erwarten, wenn es nicht gelingen sollte, bis zu diesem Termin die erforderlichen schweren, schnellen Lokomotiven mit großer Zugkraft sicherzustellen."

Daß diese Fortschritte erzielt wurden, ist aus den im Anhang beigegebenen Übersichten für die einzelnen Zeitabschnitte und Zuggattungen eindeutig abzulesen. Daß diese nicht noch weiter genutzt werden konnten, lag weniger an der Fahrplankonstruktion als an dem dem damaligen Stand der Technik noch immer nicht vollständig entsprechenden Vorsignalabstand, insbesondere aber an der weiterhin zu geringen Anzahl leistungsstarker Lokomotiven für hohe Geschwindigkeiten. Der Ersatz der alten Länderbahnbauarten ging hier viel zu langsam voran, und die für diese Dienste vorgesehenen Schnellfahrloks der Baureihen 01.10 und 03.10 kamen erst 1940, zu einem Zeitpunkt, als der Schnellverkehr durch den Zweiten Weltkrieg nicht mehr bestand. Auch war es ein fühlbarer Mangel, daß der Reichsbahn bis zuletzt leistungsfähige Hochgeschwindigkeitslokomotiven für die vielen Mittelgebirgsstrecken fehlten; auch die beiden Loks der Baureihe 06 waren viel zu spät gekommen, um noch Einfluß ausüben zu können.

Dennoch wurden bis 1937 weitere Strecken mit höherer Geschwindigkeit befahren, nachdem die Vorsignalabstände entsprechend angepaßt worden waren; anschließend konnten diese Arbeiten wegen des Kriegsausbruchs nicht mehr fortgeführt werden.

Zulässige Streckenhöchstgeschwindigkeiten im Netz der DR nach dem Stand vom Sommer 1937

180 km/h (Vorsignalabstand 1200 m)
Nauen – Hamburg

160 km/h (Vorsignalabstand 1000 m)
Berlin Schl Bf – Frankfurt (O) – Breslau – Oppeln – Gleiwitz
Berlin Anh Bf – Bitterfeld – Halle/Leipzig – Weißenfels
Berlin Charl. – Stendal – Hannover – Hamm – Essen – Duisburg
Frankfurt (M) Ost – Hanau – Bebra (nur stellenweise)
Magdeburg – Dessau – Bitterfeld
Köln-Mülheim – Düsseldorf – Duisburg – Oberhausen – Wanne-Eickel – Hamburg
Köln-Mülheim – Wuppertal – Hamm – Münster
München – Ingolstadt – Nürnberg

150 km/h (Vorsignalabstand 1000 m)
Berlin L. – Nauen

135 km/h (Vorsignalabstand 1000 m)
Berlin Anh Bf – Elsterwerda – Dresden N.

130 km/h (Vorsignalabstand 1000 m)
Weißenfels – Erfurt – Bebra
Wunstorf – Bremen – Bremerhaven (später schneller)

120 km/h (Vorsignalabstand 1000 m)
Berlin Stett. Bf – Angermünde – Stettin/Stralsund
Berlin Schl. Bf – Küstrin – Schneidemühl – Firchau – Königsberg (soweit DR-Strecke)
Gassen – Kohlfurt – Arnsdorf
Sorau – Sagan
Breslau – Niedersalzbrunn
Dresden – Riesa – Leipzig – Halle – Magdeburg (später teilweise 160 km/h)
Jüterbog – Falkenberg – Röderau
Berlin Görl. Bf – Cottbus – Görlitz
Löhne – Osnabrück – Bentheim
Münster – Emden
Wanne-Eickel – Dortmund
Oberhausen – Emmerich
Köln – Aachen
Köln – Koblenz – Mainz – Frankfurt-Sportfeld
Köln – Krefeld – Kranenburg
Aachen – Rheydt
MGladbach – Krefeld/Neuß
Köln – Troisdorf
Mainz-Süd – Ludwigshafen
Mannheim – Groß Gerau – Frankfurt-Sportfeld/Mainz-Bischofsheim
Frankfurt – Darmstadt – Heidelberg – Karlsruhe – Basel (später z.T. schneller)
Mannheim – Heidelberg
Mannheim-Friedrichsfeld – Schwetzingen
Mannheim – Karlsruhe (später 160 km/h)
Stuttgart – Ulm – Augsburg – München – Salzburg
Ulm – Friedrichshafen
Plochingen – Tübingen
Frankfurt – Offenbach – Hanau – Aschaffenburg
Nürnberg – Bamberg – Lichtenfels – Münchberg
Treuchtlingen – Augsburg – Buchloe

Nicht alle diese Strecken wurden bis zum Sommerfahrplan 1939 von L, FD oder FDt befahren; die eingeleiteten Maßnahmen kamen daher dem allgemeinen Schnellzugverkehr ebenfalls zu Gute. Dennoch befinden sich darunter eine ganze Anzahl von Strecken, die nach 1939 für die Errichtung von Schnellverkehrs-Zügen vorgesehen waren.

e) Die Fernschnelltriebwagen 1932 - 1939

Die Anfänge der Entwicklung von Triebwagen mit eigener Kraftquelle reichen bis in das vergangene Jahrhundert zurück. 1887 bestellten die Kgl. Württembergischen Staatseisenbahnen ein zweiachsiges Versuchsfahrzeug mit einem Daimlermotor, der eine Leistung von 30 PS hatte und über Riemen angetrieben wurde. 1894 folgte diesem ein weiteres Exemplar, das bereits streckentüchtig war. Es wurden noch weitere Fahrzeuge beschafft, ehe um 1900 die Versuche eingestellt wurden. Die Preußisch-Hessischen Staatseisenbahnen erhielten im Jahre 1908 den ersten vierachsigen Triebwagen, der mit einem Deutz-Benzolmotor von 100 PS Leistung und elektrischer Kraftübertragung ausgerüstet war. Ein erster Entwurf von MAN in Nürnberg aus dem Jahre 1908 kam wegen technischer Probleme nicht zur Ausführung; jedoch konnten 1914 die Kgl. Sächsischen Staatsbahnen den ersten streckentauglichen Triebwagen in Betrieb nehmen.

Wie auf vielen Gebieten des Eisenbahnwesens, wurde durch den Ersten Weltkrieg die weitere Entwicklung unterbrochen, erst um 1920 wurde sie wieder in nennenswertem Umfang aufgenommen. Seitens der Industrie wurden zunächst Verbrennungsmotoren und Schaltgetriebe aus Kraftfahrzeugproduktionen in Wagen üblicher Bauart eingebaut. Die DRG beschaffte zwischen 1925 und 1929 zwölf zweiachsige und sechzehn vierachsige Triebwagen mit Benzolmotoren und mechanischem Getriebe. Sie brachten es auf 60 - 65 km/h und wurden überwiegend im Nebenbahnbetrieb verwendet. Da der Benzolbetrieb neben höheren Treibstoffkosten vor allem mit einer nicht zu unterschätzenden Feuersgefahr verbunden war, suchte man möglichst bald über die Verwendung von Rohöl zu leistungsfähigen Dieselmotoren zu kommen. Hier gelang es, mit MAN-Motoren von 75 PS Leistung zweiachsige Triebwagen und mit Maybach-Motoren von 150 PS vierachsige Triebwagen auszurüsten, jeweils in Verbindung mit mechanischen Getrieben. Der Antrieb erfolgte vom Getriebe auf eine Blindwelle und von dieser mittels Kuppelstangen auf die beiden Drehgestellachsen. Da hierfür herkömmliche Wagenkästen, Motoren und Getriebe Verwendung fanden, die nicht den besonderen Bedingungen des Eisenbahnbetriebes entsprachen, hatten diese Triebwagen neben hohen Eigengewichten nur eine geringe Leistung aufzuweisen; häufige Überlastungen und dadurch eine hohe Schadanfälligkeit waren die unausweichliche Folge.

Gegen Ende der Zwanziger Jahre waren Kraftwagen und Omnibus zur Eisenbahn in einem Umfang in Wettbewerb getreten, daß die DRG sich ernsthaft mit der Frage beschäftigen mußte, wie sie dieser Konkurrenz begegnen könne. Neben der Verminderung der Abwanderung zu den neuen Verkehrsträgern war es daher unbedingt erforderlich geworden, Attraktivität und Wirtschaftlichkeit des Eisenbahnbetriebes nachhaltig zu steigern. Hier schien der Verkehr mit leichten Triebwagen, sowohl auf Neben-, als auch —später— auf Hauptbahnen ein erfolgversprechendes Mittel zu sein, wie sich nach dem Ende des Zweiten Weltkrieges mit dem Erfolg der Schienenbusse zeigen sollte, die der Retter so mancher Nebenbahn waren. Spezifische schienentüchtige Motoren und Getriebe mußten also her, begleitet von leichteren Materialien beim Wagenbau. Anfang der Dreißiger Jahre standen hierfür die entsprechenden Ausrüstungen zur Verfügung, und sowohl Haupt- wie Nebenbahntriebwagen wurden in größerer Stückzahl beschafft. Bahnbrechend wirkte hier der auf Entwicklungstendenzen der DRG zurückgehende Maybach-Dieselmotor mit zwölf Zylindern in „V"-Form und 410 PS Leistung bei 1 400 Umdrehungen/Minute. Sein Erscheinen im Frühjahr 1930 gab der Motorenindustrie den Anstoß zur Entwicklung stärkerer, schnellaufender Dieselmotoren, eine Hauptvoraussetzung für die Konstruktion von leistungsfähigen und schnellen Hauptbahntriebwagen.

In Gestalt des Flugzeuges trat um 1930 für größere Entfernungen ein weiteres konkurrierendes Verkehrsmittel der Eisenbahn entgegen. Immer häufiger wurden daher, namentlich in der Wirtschaft, die Fahrzeiten der Eisenbahn mit denen der Lufthansa verglichen, so daß sich die DRG gezwungen sah, auch diese Herausforderung anzunehmen. Da dies mit den herkömmlichen Mitteln der leichten FD-Züge bei einer zulässigen Höchstgeschwindigkeit von 120 km/h nicht ausreichend erschien, gab die DRG den Planungsauftrag für einen Schnelltriebwagen mit höherer Geschwindigkeit, um im Falle erfolgreicher Versuche darauf ein Schnellverkehrsnetz aufbauen zu können.

Bereits die Schnellfahrversuche der Studiengesellschaft im Jahre 1903 auf der Militäreisenbahn hatten ja den Beweis erbracht, daß Triebwagen durchaus in der Lage waren, höchste Geschwindigkeiten nicht nur kurz zu erreichen, sondern auch im Betrieb sicher zu halten. Auch hatten während des Ersten Weltkrieges Versuche der Deutschen Versuchsanstalt für Luftfahrt sowie von Pfeifer und Steinitz wenig später mit Propellerwagen stattgefunden, doch führten diese zu keinem positiven, für den Eisenbahnbetrieb verwertbaren Ergebnis. 1928 hatte Fritz von Opel mit einem Raketenwagen auf einer DRG-Versuchsstrecke bei Burgwedel zwar 250 km/h erreicht, doch war auch dieses Fahrzeug für einen Schienenschnellverkehr nicht geeignet.

Die Ingenieure Kruckenberg und Stedelfeld, die 1924 - 1928 an einer Hängeschnellbahn gearbeitet hatten, die Geschwindigkeiten von 300 - 500 km/h erreichen sollte, mußten dieses Projekt 1928 aufgeben, als sich herausstellte, daß der Bau und die nachfolgenden Erprobungen auf einer Versuchsstrecke zwischen Düsseldorf und Essen nicht finanzierbar waren. Im Rahmen der „Flugbahn-Gesellschaft m.b.H." wandten sie sich daher dem bestehenden Schienennetz zu und befaßten sich mit der Entwicklung einfacher und mehrteiliger Schnelltriebwagen. Der 1916/17 in der Deutschen Versuchsanstalt für Luftfahrt in Berlin-Adlershof entstandene Propellerversuchswagen wurde Kruckenberg im Jahre 1928 zur Verfügung gestellt und nach einem Umbau nach seinen Plänen im Jahre 1929 auf der damals noch nicht eröffneten Strecke Langenhagen — Celle erprobt. Dabei wurden Geschwindigkeiten bis 175 km/h erreicht. Diese Versuche brachten jedoch nicht den Beweis, daß Leichtbau und Stromlinienform Schnellfahrten auf der Schiene wirtschaftlich möglich machen. Daher wurde in einer eigenen Werkstatt der Flugbahn-Gesellschaft in Hannover-Leinhausen ein Fahrzeug gefertigt, das unter dem Begriff „Schienenzeppelin" in die Eisenbahngeschichte eingegangen ist. Mit diesem Fahrzeug fanden zwischen September 1930 und Juli 1932 umfangreiche Versuche statt, doch wurden dabei die Fesseln deutlich, die einen freizügigen Einsatz auf dem Netz der DRG behinderten: teilweise zu leichter Oberbau, ungenügende Vorsignalabstände, Beschränkung der zulässigen Höchstgeschwindigkeit durch die Aufsichtsbehörde und Schwierigkeiten des Einfügens in das bestehende Fahrplansystem mit vergleichsweise geringen Durchschnittsgeschwindigkeiten.

Der erste Versuch fand am 18. Oktober 1930 auf der damals noch nicht fertiggestellten „Hasenbahn" Hannover — Langenhagen — Celle statt. Nachdem die DRG mit Genehmigung der Aufsichtsbehörde Fahrten auf dem öffentlichen Verkehr dienenden Strecken erlaubt hatte, wurden umfangreiche Versuchsfahrten im DRG-Netz durchgeführt. Dabei wurde am 10. Mai 1931 auf der Strecke Oebisfelde — Lehrte bei Dollbergen der erste Geschwindigkeitsrekord mit 205 km/h erreicht, wenig später mit kurzzeitigen 230 km/h zwischen Hamburg und Berlin sogar der absolute Schienengeschwindigkeitsrekord. Am 20. Juni 1931 erfolgte eine Streckenversuchsfahrt von Hannover nach Hamburg über Lehrte — Celle — Uelzen — Harburg. Am folgenden Tag, Sonntag, 21. Juni 1931, fand dann die legendäre Versuchsfahrt von Bergedorf nach Spandau Hbf statt, bei der der „Schienenzeppelin" zwischen Ludwigslust und Wittenberge 230,2 km/h bei einer Durchschnittsgeschwindigkeit von 154 km/h während der gesamten Fahrt erreichte; dieser Geschwindigkeitsrekord wurde erst im Jahre 1953 im Rahmen von Versuchsfahrten der SNCF verbessert.

Nach dieser Rekordfahrt war der „Schienenzeppelin" vom 21. bis 25. Juni 1931 im Berliner Bahnhof „Stadion Rennbahn Grunewald" ausgestellt, und am 26. Juni 1931 fand eine lange Streckenversuchsfahrt von Berlin Stadtbahn nach Düsseldorf statt über die sonst nicht übliche Route Potsdam — Brandenburg — Magdeburg — Salzgitter Bad — Seesen — Kreiensen — Holzminden — Ottbergen — Altenbeken — Soest — Unna — Hagen — Elberfeld; die Rückfahrt am 29. Juni 1931 erfolgte über Duisburg — Essen — Hamm nach Hannover. Eine für Juli oder August 1931 geplante Fahrt von Berlin nach Rotterdam über Hannover — Osnabrück — Bentheim kam jedoch nicht mehr zustande. Bereits am 14. Oktober 1930 hatte nämlich der Generaldirektor der DRG, Dorpmüller, anläßlich einer Vorführung des „Schienenzeppelins" Kruckenberg zu verstehen gegeben, daß die DRG der Einführung eines Schnellverkehrsnetzes mit Einzeltriebwagen auf besonderen Gleisen ablehnend gegenüberstehe; gleichzeitig billigte Dorpmüller aber den Bau eines zweiteiligen Schnelltriebwagens für die Strecke Berlin — Hamburg.

So wurden die Versuche mit dem „Schienenzeppelin" beendet, weil wegen der zu kleinen Durchschnittsgeschwindigkeit — die zulässige Höchstgeschwindigkeit der DRG-Strecken betrug damals maximal 160 km/h — ein freizügiger Einsatz im Streckendienst bei der DRG für den Luftschraubenantrieb nicht gegeben war.

Aufgrund der Absprache mit Dorpmüller wandte sich Kruckenberg nun der Konstruktion eines zweiteiligen Schnelltriebwagens zu, der in Gemeinschaftsarbeit mit Prof. Föttinger entstand und als Entwurf „Triebwagen B 2" am 11. November 1931 vorlag. Bei diesem Triebwagen wurde erstmals ein Dieselmotor mit Flüssigkeitsgetriebe als Antrieb vorgesehen. Das Fahrzeug mußte in der Lage sein, in beiden Richtungen gleich gut zu fahren und auf dem vorhandenen Gleisnetz der DRG freizügig zu verkehren. Anstelle der Einzelachsen des „Schienenzeppelins" wurden Drehgestelle für beide Enden gefordert. Kurz und starr gekuppelt sollten beide Wagenkästen auf einem gemeinsamen

Der berühmte „Schienenzeppelin" von Kruckenberg während einer Versuchsfahrt im Oktober 1930 auf der noch nicht dem Verkehr übergebenen „Hasenbahn" Langenhagen – Celle.
Aufnahme: Landesbildstelle Berlin

Am 21. Juni 1931 erreichte der „Schienenzeppelin" zwischen Ludwigslust und Wittenberge eine Geschwindigkeit von 230,2 km/h. Das Bild zeigt ihn nach dieser Fahrt in Spandau Hbf.
Aufnahme: DB

Jakobsdrehgestell ruhen. Am 12. Dezember 1931 wurde dieses Konzept dem Vorstand der DRG vorgelegt, von diesem aber nicht wegen der technischen Konzeption, sondern allein wegen der zu kleinen Sitzplatzzahl von 64 Fahrgästen in der 2. Klasse abgelehnt. Dafür wurde aber am 16. April 1932 einem Vorschlag Kruckenbergs stattgegeben, einen der beiden Wagenköpfe nach den bereits vorliegenden Konstruktionszeichnungen mit Maschinenanlage und und Triebdrehgestell herzustellen und an Stelle des vorhandenen Kopfes an den Rumpf des „Schienenzeppelins" anzubauen. Mit diesem Fahrzeug fanden dann vom 3. bis 19. November 1932 Probefahrten auf der Strecke Langenhagen — Celle statt, die nicht nur die Bewährung des Föttingergetriebes unter Beweis stellten, sondern auch zeigten, daß die Grundkonstruktion der Laufwerksanlenkung und -gestaltung richtig war. Dennoch kam es auch hier nicht zu einer konstruktiven Weiterbildung für den Serienbau.

Am 11. April 1933, als der erste Schnelltriebwagen der DRG bereits in Betrieb stand, konnte Kruckenberg bei Dr. Dorpmüller seine Gedanken eines dreiteiligen Schnelltriebwagens vortragen, bei dem der gesamte Fahrgastraum rundherum hermetisch so verschlossen war, daß das Innere des Fahrzeugs unter Luftüberdruck gehalten werden konnte — eine im heutigen Flugzeugbau angewandte Konstruktionsweise. Die DRG gab Ende 1934 ein solches Fahrzeug bei der Firma Westwaggon in Auftrag, und es wurde im Jahre 1938 unter der Bezeichnung „SVT 137 155" geliefert. (vgl. Kap. L, wo auch die weitere Entwicklung des Schnelltriebwagenbaues der DRG behandelt werden wird).

Bevor wir uns nun den betrieblichen Einsätzen der Schnelltriebwagen ab 1933 zuwenden, soll noch kurz festgehalten werden, daß auf Versuchsfahrten Anfang 1933 der als „Fliegender Hamburger" bekanntgewordene Schnelltriebwagen 877a/b 175 km/h und im Jahre 1936 ein dreiteiliger Schnelltriebwagen der Bauart „Köln" 203,4 km/h im Rahmen von Versuchsfahrten erreichten. Der „Schienenzeppelin" als Beispiel außergewöhnlicher Ingenieurkunst blieb der Nachwelt leider nicht erhalten; nach Abschluß der Versuche im Jahre 1932 wurde er im Bw Berlin-Tempelhof abgestellt und im Frühjahr 1939 schließlich zerlegt, weil er völlig verrottet war und sein Abstellplatz anderweitig benötigt wurde. Er hätte sicher verdient gehabt, der Nachwelt erhalten zu bleiben.

Zwischenzeitlich hatte die DRG bei der Fa. Wumag in Görlitz einen zweiteiligen dieselelektrischen Schnelltriebwagen in Auftrag gegeben, der am 19. Dezember 1932 unter der Betriebsnummer „877a/b" abgenommen und in den Bestand der DRG übernommen wurde. Dieses Fahrzeug entwickelte eine Motorleistung von 2x410 PS, hatte 102 Plätze 2. Klasse neben 4 Plätzen in einem Eßraum und entwickelte eine Höchstgeschwindigkeit von anfangs 150 km/h. Nach ausgedehnten Versuchsfahrten und der Vorstellung auf der Seddiner Ausstellung hatte der Triebwagen bereits eine Laufleistung von 15131 km hinter sich, ehe er ab 15. Mai 1933 beim Bw Berlin Leb beheimatet und im Schnelltriebwagenverkehr nach Altona eingesetzt wurde. Für diesen Planeinsatz wurde seine zulässige Höchstgeschwindigkeit durch die Aufsichtsbehörde auf 160 km/h angehoben; sie war damit die höchste bis dahin für ein Schienentriebfahrzeug in Deutschland amtlich zugelassene Geschwindigkeit.

Ab 15. Mai 1933 wurde als erste Schnelltriebwagenverbindung Deutschlands FD 1/2 (die Zuggattungsbezeichnung „FDt" wurde erst zum Sommerfahrplan 1935 eingeführt) Altona — Berlin Leb und zurück planmäßig gefahren. Der eintägige Umlauf begann als „FD2" um 8.02 Uhr in Berlin Leb, erreichte um 10.34 Uhr Altona mit Zwischenhalten in Hamburg Hbf und Hamburg Dammtor; um 14.58 Uhr verließ der Triebwagen als FD 1 wieder Altona, um über Hamburg Dammtor und Hamburg Hbf nach Berlin Leb zurückzukehren, das um 17.36 Uhr wieder erreicht wurde. Die 286,8 km lange Strecke Hamburg Hbf — Berlin Leb wurde dabei in 140 Minuten zurückgelegt, was einer Reisegeschwindigkeit von 122,9 km/h entsprach. In der Gegenrichtung war FD 2 sogar zwei Minuten schneller, was eine Reisegeschwindigkeit von 124,7 km/h ergab. Da aber nur ein Fahrzeug zur Verfügung stand, das wegen Wartungsarbeiten oder auch für Demonstrationszwecke, Ausstellungen (z.B. Hundertjahrfeier der deutschen Eisenbahnen in Nürnberg) etc. häufig nicht verfügbar war, mußte an diesen Tagen ein Dampfersatzzug gefahren werden, der in der Regel aus drei Schnellzugwagen neuester Bauart und einem Speisewagen bestand und, von einer Lok der Baureihe 03 gezogen, die Gesamtstrecke in nur um etwa zehn Minuten längerer Fahrzeit bewältigte.

Wegen seiner in Deutschland im fahrplanmäßigen Dienst bis dahin nicht gefahrenen Höchstgeschwindigkeit von 160 km/h und der hohen Reisegeschwindigkeit erhielt der Triebwagen und damit die gesamte Verbindung den Namen „Fliegender Hamburger" durch den Volksmund; die DRG benutzte amtlich diese Bezeichnung nicht! Dies gilt auch für die anderen später eingerichteten Schnelltriebwagenverbindungen, die nach ihren Zielorten außerhalb der Reichshauptstadt vom Volksmund die Bezeichnung „Fliegender ..." erhielten. Amtlich waren auch diese Bezeichnungen zu keiner Zeit, wenn sie sich auch bis heute in der Literatur eingebürgert haben.

Die „Reichsbahn" , Heft 11 des Jahres 1933, kündigte in ihrem jährlich erscheinenden Bericht über „Der Personenzugfahrplan der Deutschen Reichsbahn" zum 15. Mai 1933 unter Ziffer 33 an:

Fünf Tage später kam der „Schienenzeppelin" anläßlich einer Demonstrationsfahrt durch Elberfeld. Aufnahme: Carl Bellingrodt

Zu einer Probefahrt erschien am 30. November 1932 der SVT 877 a/b, der „Fliegende Hamburger", im Lehrter Bahnhof von Berlin. Aufnahme: Landesbildstelle Berlin

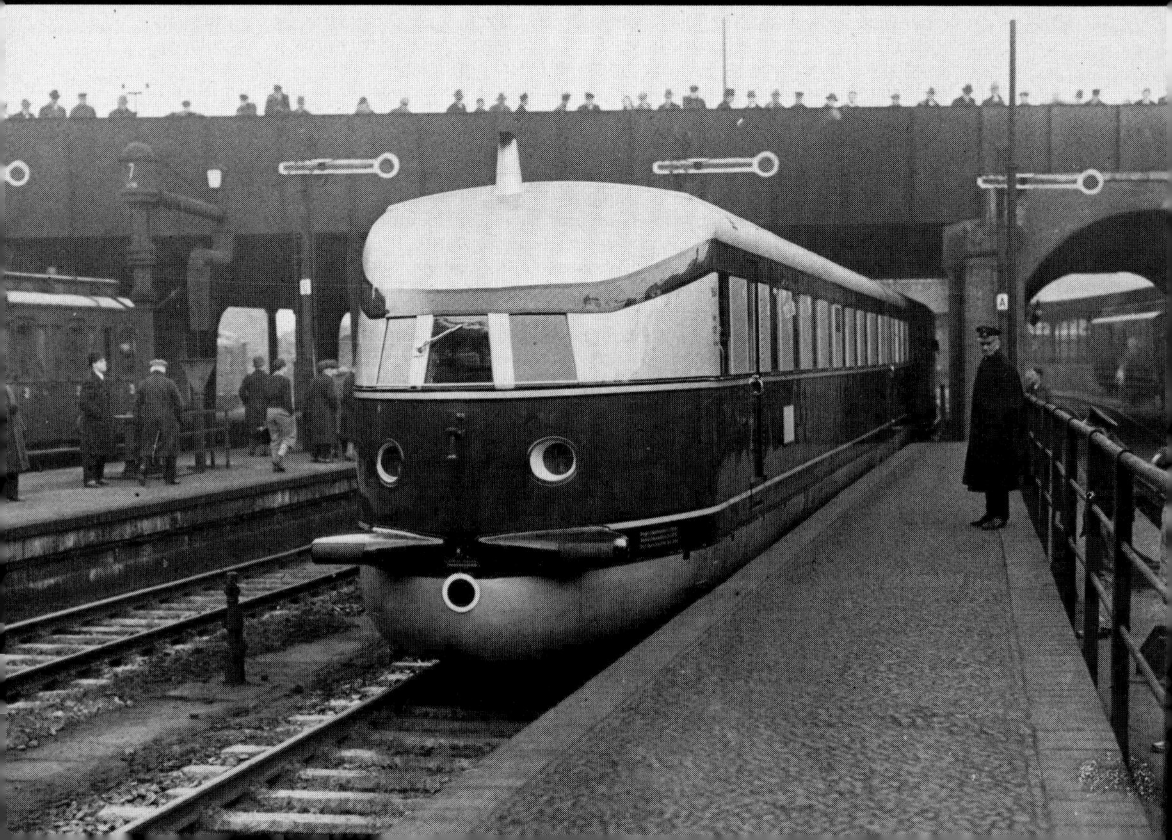

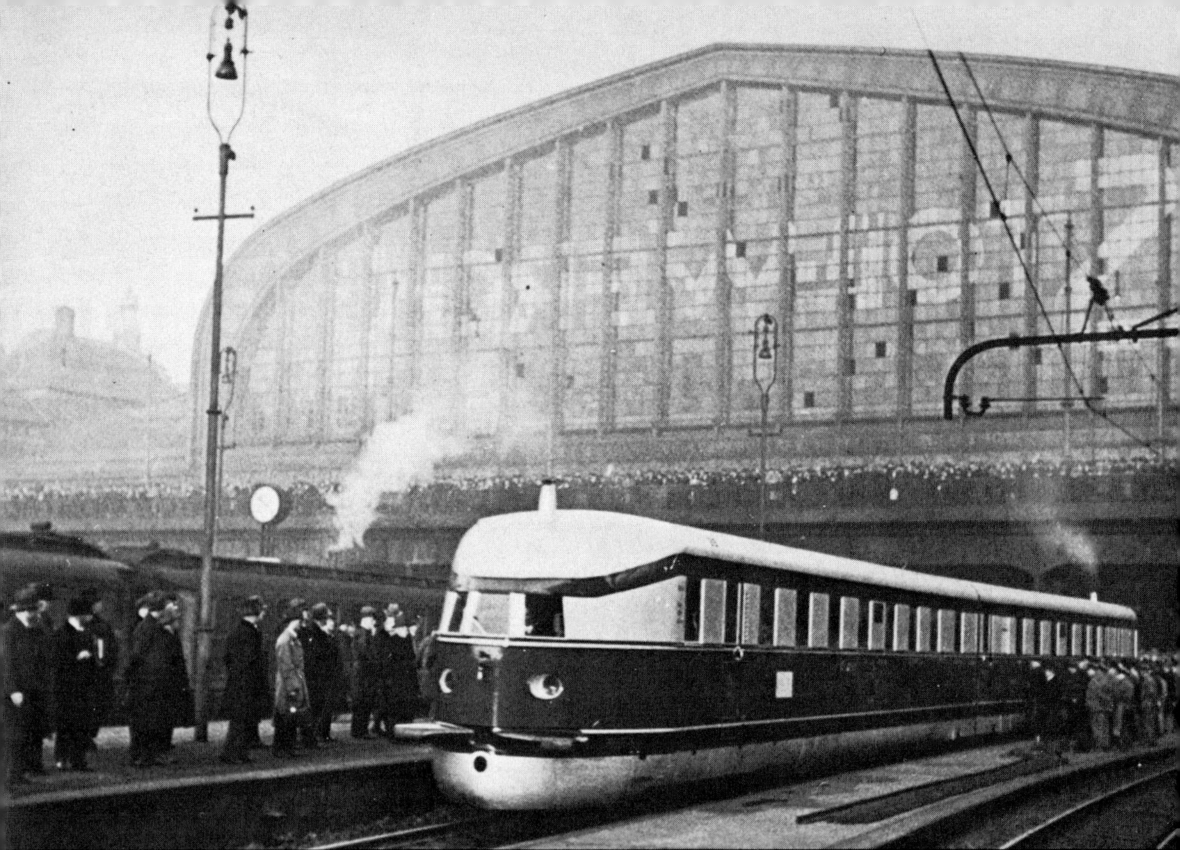

Am 19. Dezember 1932 war der „Fliegende Hamburger" anläßlich einer Probefahrt zum ersten Mal im Hamburger Hbf zu sehen. Aufnahme: DB

Die erste fahrplanmäßige Fahrt absolvierte SVT 877 a/b am 15. Mai 1933 als FD 2. Um 8.02 Uhr verließ er den Lehrter Bf in Berlin in Richtung Altona Hbf. Aufnahme: Ullstein-Bilderdienst

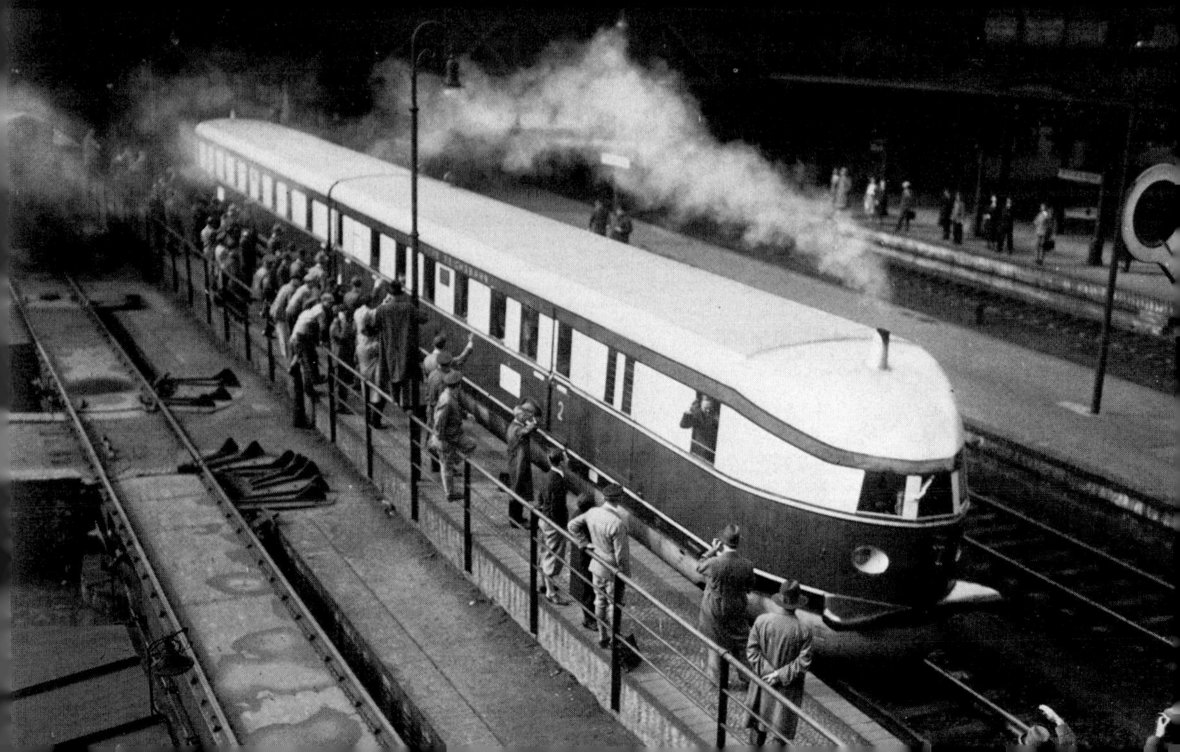

Wenige Tage später steht SVT 877 a/b als FD 1 abfahrbereit in Altona Hbf. *Aufnahme: DB*

Mit der Einführung des „Fliegenden Hamburgers" begann eine neue Epoche des Schnellverkehrs in Deutschland, und auch politisch tat sich einiges seit 1933, wie dieses Bild des SVT 877 a/b bei der Ausfahrt Hamburg Hbf zeigt (1934). *Aufnahme: DGEG-Archiv*

„33. Auf der Strecke Berlin – Hamburg wird ein neues FD-Zugpaar vorgesehen, für das die Verwendung des Schnelltriebwagens in folgenden Fahrplänen in Aussicht genommen ist:

FD 2	8.02	ab	Berlin Lehrter Bf	an	17.36	
	10.20	an	Hamburg Hbf	ab	15.16	FD 1

2 Std. 18 Min.	Reisedauer	2 Std. 20 Min.
124,7 km	Reisegeschwindigkeit in der Stunde	122,9 km."

Für das Fahrplanjahr 1934 änderte sich am Einsatz des Schnelltriebwagens nichts. Zum Fahrplanjahr 1935 wurden erstmals neue Fernschnelltriebwagen angekündigt, die nunmehr die Zuggattungsbezeichnung „FDt" erhielten. Ohne daß sich an den Fahrzeiten etwas änderte, wurden auch FD 1/2 in „FDt" umbenannt. Die neuen FDt-Verbindungen sollten mit den inzwischen nach dem Erfolg des „Fliegenden Hamburgers" in Auftrag gegebenen SVT der Bauart „Hamburg" gefahren werden, die Verbindungen im elektrisch betriebenen Netz Süddeutschlands mit dem elT 1900, dem späteren ET 11, einem Wechselstromtriebwagen für 160 km/h Höchstgeschwindigkeit. Da diese Fahrzeuge zumeist zum Fahrplanwechsel 1935 noch nicht zur Verfügung standen, wurden die meisten Kurse mit dem Vermerk „verkehrt von einem noch bekanntzugebenden Tage ab" im Kursbuch veröffentlicht. Dies Verfahren erwies sich als praktikabel und wurde daher mit dem weiteren Ausbau des Schnelltriebwagennetzes bis zum Sommerfahrplan 1939 beibehalten. Standen die für einen planmäßigen Einsatz benötigten Fahrzeuge dann zur Verfügung, so wurden die Züge eingelegt.

So waren für den Sommer 1935 an neuen Leistungen des Schnelltriebwagennetzes geplant: FDt 15 als Frühverbindung von Köln über die Ruhr – Hamm – Hannover nach Berlin Stadtbahn und als Gegenzug FDt 16 als Abendverbindung von Berlin nach Köln auf dem gleichen Weg; ein fast siebenstündiger Tagesaufenthalt in Berlin war mit dieser Verbindung möglich. Das Zugpaar verkehrte schließlich ab 1. Juli 1935. Als Ersatz für die entfallenden FD 3/4 wurde die Tagesrandverbindung FDt 571/572 Frankfurt – Berlin Anh Bf über Erfurt – Leipzig mit ebenfalls fast siebenstündigem Aufenthalt in Berlin vorgesehen, die ab 15. August 1935 verkehrte. Nach der „Reichsbahn" war festgelegt: „Diese Schnelltriebwagen gelten als FD-Züge. Sie werden zunächst nur die 2. Wagenklasse führen. Mit den neuen Schnellverbindungen werden beachtenswert hohe Reisegeschwindigkeiten erzielt werden. Die Reisegeschwindigkeit beträgt beispielsweise auf den Strecken

Berlin Zoo – Hannover Hbf	132,5 km/h
Leipzig – Berlin Anh Bf	129,8 km/h
Hamm – Hannover Hbf	129,1 km/h

Der „Fliegende Hamburger" hat eine Reisegeschwindigkeit von 124,7 km/h. Im Laufe des Sommers wird auch auf den Strecken Köln – Hamburg und München – Berlin der Schnelltriebwagenverkehr aufgenommen werden."

Die Aufnahme des Schnelltriebwagenverkehrs auf den Strecken Köln – Hamburg und München – Berlin war ebenfalls für den Sommer 1935 geplant. Als Tagesrandverbindung Köln – Hamburg waren die FDt 37/38 Köln – Altona über Duisburg – Essen-Altenessen – Münster – Hamburg vorgesehen, wobei FDt 37 zwischen Köln und Duisburg vereinigt mit FDt 15 verkehren sollte. Tatsächlich aber wurden die Züge mit ihrer Einführung am 2. Oktober 1935 über die Ruhr und Hamm nach Münster und umgekehrt geführt, wobei FDt 37 und FDt 15 auf der Strecke Köln – Hamm vereinigt waren. Zwischen München und Berlin Anh Bf sollten – ebenfalls als Tagesrandverbindungen – FDt 551/552 über Nürnberg – Leipzig eingerichtet werden; dabei wurde interessanterweise FDt 551 im Sommerfahrplan 1935 als FDt 553 aufgeführt. Auch hier war eine Tagesfahrt München – Berlin und zurück mit 3,5-stündigem Aufenthalt in der Reichshauptstadt möglich. Eine Verkehrsaufnahme dieser Verbindung noch im Fahrplan 1935 ist fraglich; wenn sie überhaupt zustandekam, kann dies wegen noch fehlender Schnelltriebwagen frühestens im Frühjahr 1936 der Fall gewesen sein.

Mit dem elT 1900 wurden dagegen zwischen München und Stuttgart bzw. Berchtesgaden neue FDt-Verbindungen eingerichtet. Zunächst fuhr der Triebwagen als FDt 721 von Stuttgart über Ulm – Augsburg – München nach Berchtesgaden, von dort als FDt 722 auf gleicher Strecke nach Stuttgart zurück, um am Spätnachmittag als FDt 723 erneut nach München zu laufen, von wo der Rücklauf nach Stuttgart für den späten Abend als Dt 720 vorgesehen war. Entgegen den anderen FDt-Verbindungen verkehrten diese Züge bereits ab dem 15. Mai 1935.

Zum Winterfahrplan 1935/36 ab 2. Oktober 1935 stand ein neuer, dreiteiliger Schnelltriebwagen der Bauart „Leipzig" zur Verfügung, der jedoch die 2. und 3. Wagenklasse führte. Er wurde als Dt 45/46 zwischen Berlin und Oberschlesien eingesetzt; um einen möglichst langen Aufenthalt in Berlin zu

Im Sommer 1935 weilte SVT 877 a/b zur Untersuchung in südlichen Gefilden. Während einer Werksprobefahrt des RAW Friedrichshafen machte der Triebwagen in Biberach an der Riß eine Pause.
Aufnahme: Slg. Pavel

1935 war das Netz der Schnelltriebwagen bereits ausgedehnt worden. Weitere Fahrzeuge standen zur Verfügung, die Züge hießen nun auch „FDt". SVT 137 225 fuhr als FDt 572 nach Frankfurt im Berliner Anhalter Bf ab. Links 03 075 des Bw Halle P vor einem Schnellzug.
Aufnahme: Landesbildstelle Berlin

gestatten, lag die Abfahrt im Revier früh am Morgen, während die Rückfahrt ab Berlin am späten Nachmittag festgelegt war. Obwohl diese Züge aus 160 km/h-Material gebildet wurden, waren sie tariflich und zuggattungsmäßig wegen der Führung der 3. Klasse zunächst als „Dt" eingestuft. Interessanterweise begannen und endeten diese Züge in Berlin Friedrichstraße, am Schlesischen Bahnhof wurde durchgefahren. Auf der Hinfahrt hielt Dt 45 in Frankfurt (Oder), Guben, Sommerfeld, Liegnitz, Breslau, Oppeln, Gleiwitz und endete in Beuthen, von dort als Dt 46 zurück über Gleiwitz — Oppeln — Breslau — Sagan — Guben — Frankfurt (Oder) nach Berlin. Zwischen Oppeln und Gleiwitz wurde nicht etwa die kürzere Strecke über Groß Strehlitz befahren, sondern die Züge verkehrten über Heydebreck. Mit dem Einsatz dieser Dt entfielen die bisherigen D 39/34 Berlin Stadtbahn — Beuthen und zurück. Trotz der zahlreichen Halte erreichte Dt 45 eine Reisegeschwindigkeit von 112,3 km/h, Dt 46 eine solche von 110,3 km/h, womit sie sogleich in die Spitzengruppe der Schnelltriebwagenläufe vorrückten.

Das Olympiajahr 1936 brachte nach Anlieferung der bestellten Fahrzeuge der Bauarten „Hamburg" und „Leipzig" eine nochmalige Ausweitung des Schnelltriebwagennetzes. Dt 45/46 wurden nunmehr als FDt Berlin Stadtbahn — Beuthen mit Halt in Breslau, Oppeln, Heydebreck und Gleiwitz geführt, wobei die Strecke Berlin Schles Bf — Breslau ohne Halt durchfahren wurde. Bemerkenswert bleibt, daß dieser Kurs als einziger aller FDt-Züge bis 1939 die 3. Wagenklasse führte. Möglicherweise nahm man für eine dreiteilige Einheit ein nicht so hohes Verkehrsaufkommen in der 2. Klasse auf dieser Strecke an, die die Führung eines FDt gelohnt hätte. Andererseits ist bis heute das Rätsel nicht gelöst, welche Aufgabe die vier SVT der Bauart „Leipzig" hatten, denn kein anderer Schnelltriebwagenlauf führte die 3. Klasse; für die Relation Berlin — Beuthen wurde nach der Fahrplananlage nur ein SVT mit Übernachtung in Beuthen benötigt. Selbst unter Berücksichtigung des Umstandes einer Vorhaltung eines Reservefahrzeuges, was bei den Anschaffungskosten und dem laufenden Fehlbestand an SVT wirtschaftlich kaum zu vertreten gewesen wäre, waren immer noch zwei weitere SVT der Bauart „Leipzig" vorhanden, die nicht im FDt-Dienst erscheinen. Sie müssen zusammen mit anderen Triebwagen im Hauptbahndienst als Dt oder gar Et unterwertig gelaufen sein. Klärung konnte in dieser Frage trotz umfassender Recherchen nicht erzielt werden, zumal keines der Fahrzeuge nach 1945 an die DB kam und so auch keine Einblicke in Betriebsbücher usw. möglich waren. Da auch Wittenberge als ehemaliges Unterhaltungs-RAW der Triebwagen heute auf DDR-Gebiet liegt, konnten auch werkstättenseitig keine Erkenntnisse gewonnen werden.

Mit dem Jahr 1936 konnte mit Triebwagen der Bauart „Hamburg" endlich der im Vorjahr angekündigte Lauf München — Berlin Anh Bf als FDt 551/552 eingerichtet werden, der sogleich einen Flügel FDt 711/712 Stuttgart — Nürnberg (ohne Halt über Backnang) erhielt, wobei die Vereinigung bzw. Trennung in Nürnberg erfolgte, so daß ein Durchlauf Stuttgart — Nürnberg — Berlin Anh. Bf und zurück zustande kam. Ebenfalls zum Fahrplanwechsel am 15. Mai 1936 wurde wegen des ständigen Platzmangels im FDt 15/16 dieser mit zwei Einheiten der Bauart „Hamburg" zwischen Hamm und Berlin Stadtbahn gefahren, während zwischen Köln und Hamm die Züge getrennt über die Ruhr bzw. die Wupper liefen. Damit erhielt auch das Wirtschaftsgebiet an der Wupper nicht nur Anschluß an den FDt nach Berlin, sondern durch dessen Anbindung an FDt 37/38 in Hamm auch die unmittelbare Verbindung nach Hamburg. Zwischen Köln und Hamm verkehrten nun neu FDt 17/18 mit Zwischenhalten in Wt.-Elberfeld und Hagen. FDt 15 war zwischen Köln und Hamm mit FDt 37 vereinigt, zwischen Hamm und Berlin lief er mit FDt 17; in der Gegenrichtung bestand nur eine Vereinigung von FDt 16 mit FDt 18 zwischen Berlin und Hamm, während FDt 38 nach FDt 16 getrennt bis Köln gefahren wurde.

Die mit elT 1900 (mit elT 1901 stand inzwischen ein zweiter Triebwagen zur Verfügung) gefahrenen Kurse waren zwischenzeitlich neu geordnet worden. Nunmehr begann als Frühverbindung FDt 720 in München und wendete auf die Nachmittagsverbindung FDt 721 von Stuttgart nach Berchtesgaden, das am Abend erreicht wurde. Nach dortiger Übernachtung verkehrte in der Mitte des folgenden Vormittags FDt 722 nach Stuttgart mit Ankunft dort am frühen Nachmittag; dort wendete die Einheit auf den um 20.33 Uhr abfahrenden FDt 723, der als Tagesrandverbindung München um 23.03 Uhr erreichte.

Für das Fahrplanjahr 1937 wurden zur Verbesserung der Verbindungen zwischen München und dem Chiemgau sowie dem Berchtesgadener Land neue Saisonschnellzüge D 9/10 und 109/110 eingelegt, die die Führung der FDt 721/722 mit nur 2. Klasse zwischen München und Berchtesgaden entbehrlich machten. Diese Züge wurden daher auf den Abschnitt Stuttgart — München zurückgezogen. Gleichzeitig wurden alle mit elT 1900 gefahrenen FDt tariflich in Dt umgewandelt, um einen größeren Benutzungsanreiz zu schaffen; dennoch gehören sie weiter in unseren Betrachtungskreis. Der Stuttgarter Flügel des FDt München — Berlin erhielt in Anlehnung an den Stammzug die neuen Zugnummern FDt 1551/1552. Ansonsten gab es in diesem Jahr keine Änderungen im Netz der Schnelltriebwagen.

SVT 137 152 (Bauart Hamburg) im Jahre 1935 als FD 15 Köln – Berlin Stadtbahn.
Aufnahme: Archiv Bellingrodt

Ein SVT der Bauart Hamburg läuft 1937 auf der Berliner Stadtbahn ein. Aufnahme: Slg. Kollmann

Erst das Jahr 1938 brachte mit der Ablieferung der dreiteiligen SVT der Bauart „Köln" eine Änderung der Einsatzbereiche und damit ein Freiwerden von SVT der Bauart „Hamburg" für andere Aufgaben. Dabei war die Einlegung verschiedener neuer Kurse wieder vom Stand der Fahrzeuganlieferung abhängig, so daß die Fahrplantabellen den Vermerk „verkehrt erst von einem noch bekanntzugebenden Tage ab" trugen. Die genauen Tage der Betriebsaufnahme dieser Züge konnten aber nicht ermittelt werden. Die starke Zunahme des Reiseverkehrs machte ab diesem Jahr einen großzügigen Ausbau der Reisezugverbindungen der Reichsbahn erforderlich, der jedoch wegen der starken Streckenbelastungen auf den Hauptverbindungsstrecken und der damit verbundenen Schwierigkeiten für entsprechend „schlanke" Fahrplantrassen dazu führte, daß allgemein die Reisegeschwindigkeiten gesenkt werden mußten. Hiervon waren auch die FDt-Züge betroffen, jedoch bei weitem nicht im gleichen Umfang wie im allgemeinen Schnell- und Eilzugverkehr.

Neu war ein FDt-Zugpaar FDt 77/78 Karlsruhe — Hamburg-Altona, nordwärts als Früh-, südwärts als Spätverbindung. Bei einem fast vierstündigen Aufenthalt in der Hansestadt war damit erstmals eine Tagesreise von Baden und dem Rhein-Main-Gebiet nach Hamburg und zurück möglich. Der Weg führte über Heidelberg — Darmstadt — Frankfurt — Kassel — Göttingen — Hannover. Mit Sicherheit verkehrte das Zugpaar zwischen Frankfurt und Hamburg-Altona; für das Teilstück von Karlsruhe nach Frankfurt ist ein Verkehren für den Fahrplan 1938 nicht nachgewiesen. In diesem Zusammenhang wurden FDt 571/ 572 Frankfurt — Berlin Anh Bf später gelegt und in Frankfurt mit FDt 77/78 zusammengeschlossen und rückwärts ab und bis Karlsruhe über Mannheim und FDt 57 über die Riedbahn, FDt 571 über Darmstadt verlängert. Damit hatte Mannheim einen Anschluß nach Berlin wie Hamburg erhalten. Gleichzeitig wurden durch neue Te 471/472 Saarbrücken — Mannheim die Saar und Kaiserslautern an diese Verbindung angeschlossen. An Werktagen verkehrte unter dem bekannten Kursbuchvermerk ein neues FDt-Zugpaar 51/52 als Tagesrandverbindung Wilhelmshaven — Berlin Stadtbahn, wobei nicht der kürzeste Weg über Uelzen — Salzwedel, sondern der über Hannover gewählt wurde, um FDt 52 dort an FDt 78 nach Karlsruhe anzuschließen, was für Reisende von Berlin nach Göttingen und Kassel von Interesse war. FDt 52 endete in Bremen und wurde nach 89-minütigem Stillager als FDt 54 nach Wilhelmshaven weitergeführt; ab 1939 wurde dieses Teilstück nur noch als Dt geführt.

Die seit 1933 durch den „Fliegenden Hamburger" FDt 1/2 und das FD-Zugpaar 23/24 bereits mit zwei schnellen Zugpaaren bediente Relation Berlin — Hamburg wurde zur Auffüllung einer bestehenden Zuglücke zwischen den D 6 und D 8 werktags am frühen Nachmittag werktags mit einem neuen FDt 10 belegt. Als Rückleistung wurde eine neue Spätverbindung von Hamburg-Altona nach Berlin Leb ebenfalls nur werktags als FDt 11 geschaffen. Zum Winterfahrplan wurde das im Sommerabschnitt ebenfalls neu eingelegte FD-Zugpaar 27/28 in ein FDt-Paar umgewandelt, nachdem der hierfür notwendige Triebwagen zur Verfügung stand. Jetzt war die Relation Hamburg — Berlin mit drei FDt-und einem FD-Paar ausgerüstet. Nicht vergessen werden darf bei der Aufführung der mit Triebwagen bedienten Schnellverbindungen die durch den Anschluß Österreichs an das Reichsgebiet auch die DR berührende Schnelltriebwagenverbindung Dt 201/202 Wien Ost — Budapest über Hegyeshalom, die jedoch außerhalb des Kreises unserer Betrachtungen bleiben muß, weil sie zum einen mit einem ungarischen Triebwagen gefahren wurde, zum anderen sie keinen Zwischenaufenthalt, nicht einmal einen Grenzaufenthalt in Hegyeshalom (Straß-Sommerein) hatte; mangels vorhandener innerdienstlicher Fahrplanunterlagen für den deutschen Streckenabschnitt können daher weder Fahrzeit noch Reisegeschwindigkeit bestimmt werden. Außer Betracht bleiben müssen ferner die innerhalb des ehemaligen österreichischen Staatsgebietes mit Triebwagen nur 3. Klasse gefahrenen Leistungen, die als Dt eingestuft waren.

Der letzte Friedensfahrplan vor Ausbruch des Zweiten Weltkrieges vom Sommer 1939 brachte durch weitere Anlieferung von SVT der Bauart „Köln" und den erwarteten Planeinsatz der neuen, vierteiligen SVT der Bauart „Berlin" weitere Schnelltriebwagenverbindungen. Im Berlin-Hamburger Verkehr erfolgte eine Neunummerung der vorhandenen Zugpaare, wobei aus FDt10/27 neu FDt 24/25 wurden; FDt 24 wurde dabei um sieben, FDt 25 um 24 Minuten beschleunigt. FDt 28 wurde um 20 Minuten schneller und FDt 11, der die neue Zugnummer FDt 27 erhielt, um 10 Minuten. Zur Verbesserung der Fühverbindung von Berlin nach Hamburg erhielt der bisherige FDt 2 unter der neuen Zugnummer FDt 22 eine um 40 Minuten spätere Abfahrzeit in Berlin Leb und wurde um 14 Minuten beschleunigt. FDt 1 hieß fortan FDt 23. Schnellster Zug in dieser Relation war FDt 24 mit 137 Minuten Fahrzeit zwischen Berlin Leb und Hamburg Hbf, was eine Reisegeschwindigkeit von 125,6 km/h bedeutete.

Die neuen Fernschnelltriebwagenverbindungen ermöglichten es erstmals, FDt-Fahrten zwischen „Provinzstädten" zu führen, die nicht allein auf die Reichshauptstadt oder Hamburg ausgerichtet waren. Außerdem wurde es erstmals möglich, eine Verbindung ab der Reichshauptstadt in die Pro-

Ein SVT der Bauart Hamburg ist im Herbst 1937 als FDt 10 von Berlin in Hamburg Hbf eingetroffen. *Aufnahme: Slg. Lawrenz*

Im Vergleich zur Bauart Hamburg boten die dreiteiligen Garnituren der Bauart Köln wesentlich mehr Platz: Im Jahre 1938 war ein solcher SVT als FDt 37 Köln – Hamburg-Altona eingesetzt. *Aufnahme: DB*

vinz in Tagesrandlage zu legen, um so einen Geschäftsaufenthalt dort dem Berliner Reisenden zu ermöglichen. Dies war mit dem neuen FDt-Paar 34/35 möglich, das eine Doppelfunktion zu erfüllen hatte. Einmal war es die eben angesprochene Tagesrandverbindung von Berlin nach Frankfurt (Main), zum anderen vermittelte es in Basel SBB Anschluß an den bis Mailand verlängerten „Rheingold", wodurch erstmals eine Tagesfahrt Berlin – Mailand oder umgekehrt möglich wurde. FDt 34/33 verkehrten von Berlin Anh Bf über Halle – Erfurt – Frankfurt – Darmstadt – Mannheim – Karlsruhe – Freiburg nach Basel SBB, wobei FDt 33 über Mannheim, FDt 34 dagegen über Heidelberg verkehrte. Dresden war in Halle durch den neuen FDt 584 an FDt 34 angeschlossen, während in der Gegenrichtung ab Erfurt ein Schnellzug benutzt werden mußte.

Das Ruhrgebiet erhielt erstmals eine FDt-Verbindung nach Süden über die Rheinstrecken, sowohl nach Frankfurt, als auch zur Schweiz durch die an Werktagen verkehrenden FDt 50/49 Dortmund – Basel SBB, wobei der Zug nicht auf der „klassischen" Rheinroute fuhr, sondern über Frankfurt verkehrte: Dortmund – Essen – Duisburg (nur FDt 50) – Düsseldorf (FDt 49 verkehrte von Düsseldorf nach Essen über Kettwig!) – Köln – Koblenz – Mainz – Frankfurt – Darmstadt – Mannheim – Karlsruhe – Baden-Oos – Freiburg – Basel. Um das mitteldeutsche Industriegebiet an die Überseehäfen an der Unterweser anzuschließen (der gesamte Transatlantik-Personenverkehr mit den großen Ozeandampfern lief damals ab Wesermünde, dem heutigen Bremerhaven), wurde – ebenfalls nur an Werktagen – FDt 232/231 Leipzig – Wesermünde (Lehe) als Tagesrandverbindung über Bitterfeld – – Dessau – Magdeburg – Hannover – Bremen eingerichtet. In Bremen stand damit ein Aufenthalt von 6 1/4, in Wesermünde von 4 3/4 Stunden zur Verfügung. Um auch die beiden großen Industriereviere an Rhein-Ruhr und in Mitteldeutschland zu verbinden, wurde an Werktagen FDt 515/520 Köln – Wupper – Hamm – Hannover – Braunschweig – Magdeburg – Halle – Leipzig eingerichtet; dabei war FDt 515 von Köln bis Hannover mit FDt 17/15 vereinigt, der zwischen Hamm und Hannover an Werktagen somit aus drei Triebwageneinheiten bestand. FDt 520 dagegen verkehrte etwa eine Stunde vor FDt 16/18 getrennt nach Köln.

Zur Herstellung einer direkten Frühverbindung von Dresden nach Hamburg und einer Spätverbindung in der Gegenrichtung wurden an Werktagen FDt 584/583 Dresden – Leipzig – Halle – Magdeburg – Hamburg-Altona eingelegt; der Abschnitt Magdeburg – Hamburg Hbf wurde ohne Halt durchfahren, wobei FDt 584 über Stendal – Uelzen – Lüneburg – Harburg nach Hamburg geleitet wurde, während FDt 583 von Hamburg Hbf über die Berliner Strecke bis Wittenberge und weiter über Stendal verkehrte. Als letzte Neuschöpfung des Sommers 1939 ist ein mit dem bekannten Vermerk versehenes FDt-Zugpaar FDt 459/458 (werktags) zu verzeichnen, das als Tagesrandverbindung das mitteldeutsche Industriegebiet mit Schlesien verbinden sollte und zwischen Leipzig und Breslau vorgesehen war. Es berührte Dresden Hbf nicht, sondern wurde über Dresden-Neustadt geleitet, weitere Halte waren nur in Görlitz und Liegnitz vorgesehen. In Breslau bestand Anschluß mit D-Zügen nach und von Oberschlesien. Das Zugpaar dürfte nach allen vorliegenden Erkenntnissen bis zur Einstellung der FDt-Züge aber nicht in Betrieb gekommen sein. Die bisher täglich verkehrenden FDt 77/78, 571/572 und 551/552 mit Flügelzug 1551/1552 verkehrten nur noch an Werktagen, so daß nunmehr der größte Teil des FDt-Netzes nur an Werktagen gefahren wurde. Zum schnellsten Zug wurde in diesem Sommer erstmals seit 1933 nicht ein Zug der Hamburger Verbindung, sondern das „Blaue Band" ging an FDt 52 Berlin Stadtbahn – Bremen mit 126,2 km/h. Damit war zugleich die höchste Reisegeschwindigkeit vor Ausbruch des Zweiten Weltkrieges erreicht. FDt 571 verkehrte nunmehr ebenfalls über die Riedbahn anstelle der Main-Neckar-Bahn, und im Zuge der Neuordnung der Verbindungen Wien – Budapest begannen bzw. endeten Dt 201/202 nun in Wien West statt Wien Ost, wodurch Anschluß mit D 54/55 von bzw. nach Ostende/Amsterdam hergestellt werden konnte. In Wien Ost, das ebenfalls noch angefahren wurde, bestand Anschluß von Berlin Stadtbahn über Oderberg aus D 71, so daß eine Tagesfahrt Berlin – Budapest möglich wurde.

Als Folge der politischen Verhältnisse endeten mit dem 22. August 1939 alle FDt-Fahrten. Während die FD während des Krieges eine kurze Wiederauferstehung erlebten, gab es keine FDt mehr, da wegen der Energiesituation auf dem Rohölsektor des Dritten Reiches alle Triebwagen sofort konserviert auf bestimmten Bahnhöfen abgestellt wurden, wo sie ein beschauliches Dasein fristeten. Wo sie im einzelnen standen, ging aus den vorhandenen Unterlagen nicht hervor. Verschiedene Fahrzeuge erlebten im Laufe des Zweiten Weltkrieges nach entsprechenden Umbauten ein „Come-back" in Form von Einsätzen als Kommando- oder Salonwagen für die Größen des Dritten Reiches. Über ihren Verbleib und ihre weiteren Einsätze gibt Kapitel L nähere Auskunft.

Mit der Einrichtung eines Fernschnellverkehrs-Netzes, sowohl in der Form der FD, als auch der FDt, hatten DRG bzw. DR ein in der Welt einmaliges Netz von schnellen Verbindungen geschaffen. Bei einer Höchstgeschwindigkeit von 160 km/h wurden mühelos Reisegeschwindigkeiten von 120 km/h erreicht, von denen man vor Einführung dieser Züge nur träumte. Es spricht auch für die Güte der

SVT 137 853 und 137 277 als FDt 551 im Sommer 1939 im Frankenwald bei Lauenstein auf der Fahrt nach Berlin. Eine Garnitur kam von München, die andere von Stuttgart.
Aufnahme: Carl Bellingrodt

Ebenfalls im Jahre 1939 gelang dieser Schnappschuß des SVT 137 853 (Bauart Köln) als FDt 17 Köln – Berlin ostwärts des Bahnhofs Ennepetal-Milspe.
Aufnahme: Carl Bellingrodt

Planung dieses Netzes, daß, abgesehen von der Rücknahme von Dt 721/722 auf dem Abschnitt München – Berchtesgaden aus den beschriebenen Gründen keine einmal eingeführte Verbindung bis zum Kriegsausbruch eingestellt werden mußte. Natürlich war mit dem Stand vom Sommer 1939 noch kein Abschluß dieser Entwicklung erreicht, im Gegenteil – ein zügiger weiterer Ausbau war vorgesehen. Hier wäre durch den für spätestens 1940 bevorstehenden Einsatz der SVT „Berlin" im Planeinsatz, dem Weiterbau dieser erst drei Triebzüge umfassenden Gattung und dem Bau des in der Planung befindlichen vierteiligen Triebwagens der Bauart „München" sicher noch so manches in Bewegung gekommen. Dies war aber auch notwendig, bestand der Einsatz der Schnelltriebwagen doch überwiegend in Tagesrandverbindungen von wichtigen Städten in Richtung auf die Reichshauptstadt. Dadurch konnten die Fahrzeuge nur ungenügend genutzt werden: Statt die Nachtstunden für anfallende Fristarbeiten oder Ausbesserungen zu verwenden, standen die Triebwagen zu dieser Zeit an ihren Wendebahnhöfen, die nicht Heimatstützpunkte waren; sie mußten daher während der Tagesstunden gewartet werden, wo ohne weiteres bei entsprechender Fahrplangestaltung zusätzliche Einsätze möglich gewesen wären. Bei im Jahre 1939 vorhandenen 37 Triebwagen (ein SVT 877a/b, 13 der Bauart „Hamburg", vier der Bauart „Leipzig", 14 der Bauart „Köln", zwei der Bauart „Berlin", drei ET 11) war ihr Einsatz auf 42 Zugpaare sicher nicht optimal gelöst. Hier war gegenüber den heutigen Anforderungen ein erheblicher Puffer vorhanden. Aber sicher dachte man damals anders, und die DR dürfte unter den ihr gegebenen Voraussetzungen einen möglichst optimalen Einsatz angestrebt haben. Auch ist zu bedenken, daß die schadensfreien Laufleistungen damals noch bei weitem nicht so hoch lagen wie in unseren Tagen.

Und doch haftete dem Netz manche Unvollständigkeit an. Wir hatten ja bereits festgestellt, daß der überwiegende Teil aller Verbindungen als Tagesrandlage von der Provinz in die Hauptstadt ausgerichtet war, um eben dem Bewohner der Provinz Gelegenheit zu geben, seine Geschäfte in Berlin im Rahmen einer Tagesreise erledigen zu können. Ähnliche Fahrplanverhältnisse weist auch Frankreich auf, wo wie vor dem Kriege im Deutschen Reich alle politischen und wirtschaftlichen Entscheidungen in der Hauptstadt getroffen werden.

Aber sicher bestand auch ein ebenso großes Verkehrsbedürfnis für Tagesrandverbindungen von der Reichshauptstadt zur Provinz. Daß dies nicht aus der Luft gegriffen ist, beweist der besondere Hinweis der DR über die erstmalige Einrichtung einer solchen Verbindung 1939 bei FDt 34/33 nach Frankfurt (Main), und sicher wäre hier mit die größte Aufgabe gewesen, nach 1939 das Netz entsprechend auszugestalten. Daß naturgemäß Hamburg als Welthandelshafen und bis zur Eingliederung Österreichs in das Deutsche Reich zweitgrößte Stadt des Reiches entsprechende Verbindungen erhielt, ist nur konsequent. Aber auch hier stellt sich abgesehen von der ohnehin aus dem Rahmen fallenden Berliner Relation die Frage, ob nicht durch Tagesrandverbindungen ab Hamburg und entsprechender Fahrzeugstationierung dort, ggf. gekuppelt mit Berliner Leistungen, nicht eine höhere Effizienz des Fahrzeugeinsatzes erreichbar gewesen wäre, die ja letztlich weitere Leistungen ermöglicht hätte.

Daß die Verbindung nach Königsberg nicht zustande kam, wurde bereits dargelegt. Sie war nunmehr für 1940 verbindlich vorgesehen – offensichtlich muß man sich mit Polen geeinigt haben –,denn die Triebfahrzeughalle „zur Abstellung des Berliner SVT" im Bw Königsberg (Pr) mußte bis Mai 1940 fertig sein und sie war es auch, wie aus den bekannten Akten der RBD Königsberg ersichtlich ist. Hier kam der Zweite Weltkrieg dazwischen. Bekannt sind auch für 1940 vorgesehende FDt-Verbindungen Frankfurt – Dresden und Stuttgart – Dresden. Aber es fällt auf, daß gewisse Bereiche des Reiches überhaupt nicht in diese schnellen Verbindungen einbezogen waren. Sowohl die starken Relationen vom Rhein-Ruhrgebiet nach Stuttgart wie nach Nürnberg und München waren nicht mit erschlossen, noch war Stettin als größter und bedeutendster Ostseehafen an eine Schnellverbindung angeschlossen. Auch fehlte jede Verbindung mit Wien als nunmehr zweitgrößter Stadt des Reiches, wie überhaupt nach Österreich keine Schnellverbindung geführt wurde. Und betrachtet man die Karte der Hauptreisendenströme des Jahres 1939, so wird man feststellen müssen, daß sich hier noch so manche Verbindung angeboten hätte. Aber wir wollen kein vorschnelles Negativurteil fällen, 1939 war kein Endpunkt einer planmäßigen Entwicklung, sondern nur ein Zwangshalt durch den Ausbruch des Zweiten Weltkrieges, und bei kontinuierlicher Weiterentwicklung wäre sicher bis 1942 so manche heute erkennbare Lücke zufriedenstellend geschlossen gewesen. Prinzipiell bestand ja der Plan, auf allen wichtigen Hauptstrecken FDt einzusetzen und so ein das ganze Reich überziehendes Fernschnellverkehrsnetz aufzubauen, wie es auf der Welt seinesgleichen suchte. Dabei waren nicht nur die erreichten 160 km/h Höchstgeschwindigkeit Endziel, denn es zeigen die Bauten der Schnellfahrdampflok der Baureihen 05, 06 und 61 wie auch der 01.10 und 03.10, aber auch die Weiterentwicklungen bei der elektrischen Traktion mit der für 180 km/h vorgesehenen E 19 für den Schnellverkehr München – Berlin und sicher auch auf anderen elektrifizierten Strecken, aber auch die Entwicklung und Erprobung des neuen Kruckenberg-SVT, der 1939 immerhin auf Probefahrten zwischen Berlin und Hamburg schon annähernd 213 km/h erreicht hatte, daß das Streben der DR nach noch höheren Reise- und Höchstgeschwindigkeiten bei weiter gesteigertem Komfort ging. Hier setzte der Ausbruch des Zweiten Weltkrieges am 1.September 1939 einen Schlußpunkt unter eine Entwicklung, die durch die Folgen dieses Zweiten Weltkrieges mit der Teilung Deutschlands in zwei selbständige Staaten und des Verlustes großer Teile des ehemaligen Reichsgebietes auch heute nicht mehr nachvollziehbar ist. Im Gegensatz dazu verlief die Entwicklung in den beiden deutschen Staaten nach dem Chaos des Tages Null am 8. Mai 1945 in verschiedenen Richtungen, wie die nachfolgenden Darstellungen zeigen werden.

E. Die Entwicklung der internationalen F-Züge nach 1945

a) Der Aufbau des internationalen Netzes von 1946 bis 1950

Nach Beendigung des Zweiten Weltkrieges wurde Deutschland durch das Potsdamer Abkommen der vier Siegermächte in vier Besatzungszonen aufgeteilt und dabei die bestehende einheitliche Eisenbahnverwaltung aufgehoben und nach und nach durch eine für jede Besatzungszone selbständige Verwaltung unterschiedlicher Struktur und Kompetenzen gegenüber der jeweiligen Besatzungsmacht ersetzt. Weite Gebiete des ehemaligen Reichsgebietes befanden sich unter fremder Verwaltung. Als Folge der Kriegshandlungen waren die Eisenbahnanlagen in einem Ausmaß zerstört, wie man es sich bis dahin überhaupt nicht hatte vorstellen können. Die noch vorhandenen und verwendbaren Betriebsmittel befanden sich in einem beklagenswerten Zustand oder mußten für Zwecke der Besatzungsmächte abgegeben werden.

Um nur einen annähernden Überblick über die an Reichsbahnanlagen bestehenden Kriegsschäden zu gewinnen, sei festgehalten, daß diese für den Bereich der drei westlichen Besatzungszonen betrugen:

4340	km Gleise
16800	Weicheneinheiten
1900	Stellwerke
8600	Haupt- und Vorsignale
2000	Schranken und Vorsignale
6700	Streckenblockeinrichtungen
60	Tunnel
3150	Brücken
ca. 30 Mio.	Kubikmeter zerstörter Hochbauten

Der Streckenumfang in den drei westlichen Besatzungszonen belief sich auf 30964,6 km Reichsbahnstrecken und 5328,3 km Privatbahnstrecken, insgesamt also 36202,9 km. Die Reichsbahnstrecken teilten sich auf die nach den Besatzungszonen völlig neu abgegrenzten Reichsbahndirektionen wie folgt auf:

RBD Augsburg	1366,0 km
RBD Essen	1118,4 km
RBD Frankfurt/M	1865,8 km
RBD Hamburg	2591,7 km
RBD Hannover	3245,8 km
ED Karlsruhe	1219,2 km
RBD Kassel	1310,1 km
RBD Köln	1532,4 km
ED Mainz	1766,2 km
RBD München	2035,0 km
RBD Münster	2423,4 km
RBD Nürnberg	2655,6 km
RBD Regensburg	2139,8 km
ED Saarbrücken	520,8 km
RBD Stuttgart	2267,8 km
ED Trier	885,6 km
RBD Wuppertal	1811,8 km

Die organisatorische Entwicklung in den drei westlichen Besatzungszonen ergibt für die Nachfolgebereiche der DR folgende historische Entwicklung (nur die wichtigsten Ereignisse sind genannt):

a) Am 7. Juli 1945 wird unter französischem Protektorat eine eigene Verwaltung des Saargebietes eingerichtet, der auch die dortigen Eisenbahnen als „Eisenbahnen des Saargebietes (EdS)" mit Sitz in Saarbrücken unterstellt werden.
b) Am 19. Juli 1945 wird die Reichsbahn-Oberbetriebsleitung (OBL) für die US-Zone in Frankfurt (Main) eingerichtet.
c) 20. August 1945 Errichtung der „Reichsbahn-Generaldirektion der britischen Besatzungszone (RBGD) in Bielefeld.
d) 20. September 1945 Proklamation Nr. 2 des alliierten Kontrollrats für Deutschland, die den Besatzungsmächten weitgehende Befugnisse für die Benutzung der Eisenbahnen einräumt.
e) Am 8. Januar 1946 wird für die französische Besatzungszone die „Oberdirektion der Deutschen Eisenbahnen" in Speyer eingerichtet.
f) Am 10. September 1946 wird zwischen den Militärgouverneuren der britischen und der US-Zone ein „Vorläufiges Abkommen über die Errichtung einer deutschen Verkehrsverwaltung im amerikanischen und britischen Besatzungsgebiet (Bizone)" abgeschlossen. Dem bizonalen „Verwaltungsrat für Verkehr" wird die Befugnis zur Ausübung der Eisenbahngesetzgebung übertragen.
g) Am 1. Oktober 1946 werden die Eisenbahnnetze der Bizone der „Hauptverwaltung der Deutschen Reichsbahn in der Bizone" in Bielefeld unterstellt.
h) Am 1. April 1947 bilden die „Eisenbahnen des Saarlandes" ein selbständiges Netz, das damit von dem der französischen Besatzungszone abgetrennt wird.
i) Am 25. Juni 1947 kommt es zu einem Abkommen über die Errichtung einer „Betriebsvereinigung der Südwestdeutschen Eisenbahnen" ab 1. Juli mit einer Generaldirektion in Speyer. Am gleichen Tag konstituiert sich der Wirtschaftsrat der Bizone.
k) Nach der Abtrennung der Bahnen im Saargebiet wird am 1. Juli 1947 eine Eisenbahndirektion in Trier eingerichtet.
l) Am 11. Dezember 1947 erfolgt die Errichtung der „Hauptverwaltung der Eisenbahnen (HVE)" in Offenbach (Main).
m) 19. Juni 1948 - 12. Mai 1949 Blockade von Berlin und Unterbrechung des gesamten Eisenbahnverkehrs mit der sowjetischen Besatzungszone und Berlin.
n) Am 20. August 1948 entfällt der Paßzwang zwischen der französischen Zone und der Bizone.
o) Am 12. September 1948 wird das „Gesetz über den Aufbau der Verwaltung für Verkehr im Bereich des Vereinigten Wirtschaftsgebietes (amerikanische und englische Besatzungszone)" erlassen, und die HVE wird in eine „Hauptverwaltung der Deutschen Reichsbahn im Vereinigten Wirtschaftsgebiet (HVR)" umgebildet.
p) Am 7. September 1949 erhält die Deutsche Reichsbahn im Vereinigten Wirtschaftsgebiet die Bezeichnung „Deutsche Bundesbahn (DB)".
q) Mit dem Bundesbahngesetz vom 13. Dezember 1951 werden zum 1. Juni 1952 die Geschäfte der DB an die neuen geschäftsleitenden Organe übergeben.
r) Mit der am 1. Januar 1957 erfolgenden politischen Eingliederung des Saarlandes in die Bundesrepublik Deutschland wird das Unternehmen „Eisenbahnen des Saarlandes" mit dem gesamten früheren Reichseisenbahnvermögen und dem gesamten Personal in die Deutsche Bundesbahn überführt; die Bundesbahndirektion Saabrücken wird wieder eingerichtet.

Nach diesem kurzen Abriß der organisatorischen Entwicklung der Deutschen Eisenbahnen im Gebiet der heutigen Bundesrepublik Deutschland soll nun eine Brücke zum Schnellverkehr nach dem Zweiten Weltkrieg geschlagen werden.

Unter den oben geschilderten Umständen war auf absehbare Zeit nicht daran zu denken, in Deutschland oder einzelnen seiner Besatzungszonen einen Schnellverkehr aufzubauen. Die Eisenbahnen in den einzelnen Zonen waren vielmehr darum bemüht, die gröbsten Kriegsschäden zu beseitigen, die Strecken befahrbar zu machen und zunächst die Versorgung der Bevölkerung und der langsam in Gang kommenden Wirtschaft sicherzustellen. Der Reiseverkehr war dabei zunächst zweitrangig, beschränkt und unterlag den Benutzungsbestimmungen der einzelnen Besatzungsmächte. Um 1947 waren dann die meisten Hauptstrecken wieder befahrbar, wenn auch teilweise erhebliche Engpässe durch nur provisorisch wiederhergestellte Brücken und andere Bauwerke bestanden und die Zahl der Langsamfahrstellen erheblich war. An keiner Stelle des Netzes waren mehr als 100 km/h Höchstgeschwindigkeit erlaubt, und diese konnte mit den vorhandenen Traktionsmitteln meist noch nicht einmal gefahren werden.

Welche Verhältnisse damals im Reiseverkehr herrschten und welche Voraussetzungen überhaupt für Reisen mit der Eisenbahn erforderlich waren, möge aus den nachstehenden Ausführungen ersehen werden, die nicht etwa ein humoristisch angehauchter und optimistischer Zeitgenosse damals verfaßte, sondern die am 1. August 1946 von der Reichsbahn-Generaldirektion der Britischen Besatzungszone in Bielefeld für das Gebiet ihrer Zone publiziert wurden:

Reisen gestern — Reisen heute

Wissen Sie noch, wie Sie einst im Rheingold-Expreß mit 120 km Stundengeschwindigkeit das rheinische Land durchbrausten? Spargel mit Schinken gab's damals im Speisewagen und eine Flasche Piesporter Goldtröpfchen dazu ... Wohl dem, der sich schmunzelnd erinnern kann! Es ist wie ein Traum: Mit Platzkarte und Mitropa-Kissen ins Nord- oder Ostseebad, im Schlafwagen zum Wintersport nach Garmisch, mit dem Gläsernen Zug ins Blaue ... „Schokolade, Keks, Pfefferminz, frisches Obst .. " So klang es melodisch überall auf den Bahnhöfen, und noch heute läuft uns das Wasser im Mund zusammen, wenn wir an die Männer mit dem Bauchladen denken ... Es ist wie ein Traum, wie ein Traum ...
So reiste man gestern! Und wie reisen wir heute? Gegenüber jener Märchenzeit hat sich vieles grundlegend geändert. Die Männer mit dem Bauchladen sind verschwunden, die rollenden Gaststätten sucht man vergebens, Schlafwagen und Platzkarten sind unbekannte Begriffe, und an deren Stelle sind Reisegenehmigungen, Zulassungskarten, Grenzübertrittscheine und Interzonenpässe getreten, amtliche Bestimmungen, die bei unerfahrenen Reisenden ei Gruseln hervorrufen. Und doch sind wir, wenn wir einmal ein Jahr zurückschauen, schon einen gewaltigen Schritt vorwärtsgekommen. Ende Mai vorigen Jahres lag jeglicher Verkehr auf den deutschen Eisenbahnen still — heute sind auf dem verkleinerten Schienennetz von 41 000 Kilometern fast alle Strecken wieder in Betrieb. An die 2000 Eisenbahnbrücken waren allein in den drei westlichen Zonen zerstört — heute ist der größte Teil von ihnen wieder hergestellt. Fast von Monat zu Monat wurde die Zugfolge im Nahverkehr verstärkt und die Fernverbindungen verbessert. Und während im letzten Winter noch Tausende von Menschen auf Kohlenzügen nach Bayern oder von Bayern ins Rheinland fuhren, rollen heute durchgehende Schnellzüge durch alle Zonen. Auch der internationale Verkehr knüpft wieder an Vorkriegsverhältnisse an und schon verkehren einige internationale Luxuszüge zwischen Paris und Wien, Paris und Berlin, Prag und Calais, Berlin und Brest-Litowsk.

So reisen wir heute — wie reisen wir morgen?

Kleine Tricks bei großem Andrang

Seit der Verdoppelung der Fahrpreise ist der Andrang zu den Zügen nicht kleiner, sondern größer geworden. Es gibt Menschen, die lieben das Gedränge. Sie fühlen sich erst richtig wohl, wenn sie drückend und schiebend mit Ellenbogen und Klimmzügen sich den Weg durch Türen und Fenster erkämpfen müssen. Sie gehören sicher nicht dazu, und deshalb verraten wir Ihnen ein paar kleine Tricks, die Ihnen helfen sollen, der drangvoll fürchterlichen Enge zu entgehen. Fast immer sind die Züge in der Mitte stärker besetzt als vorne und hinten. Es ist deshalb das beste, den Zug am Anfang oder am Ende des Bahnsteigs zu erwarten. Den Standort des ersten Wagens können Sie leicht errechnen, wenn Sie die Vorbereitungen des Bahnpersonals für den Gepäckwagen beobachten. Ueber die Länge des Zuges geben Ihnen die Bahnbea meist bereitwillig Auskunft Achten Sie aber darauf, daß Sie nicht in ein Dienstabteil, in Abteil für Zeitkarteninhaber oder für Schwerbeschädigte oder in einen Wagen für Besatzungstruppen geraten, sonst müssen Sie nachher wieder hinaus, und dann sind alle Plätze besetzt! Beim Kampf um den Eingang ins Abteil ist größeres Gepäck meist sehr hinderlich Sie geben es deshalb besser als Reisegepäck auf (versichert!) und behalten nur einen kleinen, festen Koffer, den Sie zur Not als Sitzplatz benutzen können. Kinderwagen mit Kindern dürfen mit ins Abteil für Reisende mit Traglasten genommen werden. Fahrräder dagegen müssen nach Lösung einer Fahrradkarte am Gepäckwagen abgegeben werden, sofern Sie eine Dauergenehmigung des Verkehrsamtes oder eine Einzelgenehmigung der Fahrkartenausgabe besitzen. Sind Sie bei starkem Gedränge zu zweien, so ist es oft zweckmäßig, wenn der eine ohne Gepäck schnell und beweglich zwei Sitzplätze erobert und mit Mantel und Hut belegt, während der zweite das Gepäck durchs Fenster reicht und nachkommt.
Diese kleinen Tricks sollen nicht dazu dienen, der Rücksichtslosigkeit Vorschub zu leisten, sondern sie sollen dem Schwachen helfen, ohne Ellenbogen dasselbe zu erreichen, wie der Starke mit seiner Kraft.

Keine Angst vor Formalitäten!

Was Sie von Reisegenehmigungen, Zulassungskarten, Grenzübertrittscheinen und Interzonenpässen wissen müssen

Sie haben Angst vor den Formalitäten des heutigen Reisens? Das ist kein Wunder, denn es ist tatsächlich nicht einfach, sich in den vielfältigen und verschiedenartigen Reisevorschriften der vier Zonen Deutschlands zurechtzufinden! Und wir verraten kein Geheimnis, wenn wir Ihnen gestehen, daß alle diese Formalitäten erfunden worden sind, um Sie vom Reisen abzuhalten. Gäbe es nämlich keine Formalitäten, so könnte die Bahn den Andrang der Reisenden gar nicht bewältigen. Wenn Sie aber wirklich dringend reisen müssen, dann brauchen Sie auch keine Angst vor Formalitäten zu haben. Im Grunde ist nämlich alles halb so schlimm! Zunächst müssen Sie folgendes wissen: Fahrkarten zweiter und dritter Klasse (in der amerikanischen Zone nur dritter Klasse) können Sie nach allen Orten innerhalb der englischen und französischen Zone ohne weiteres lösen, auch Zuschläge für D- und Eilzüge. Es gibt nun viele Leute, die, mit einer solchen Fahrkarte bewaffnet, lustig drauflosfahren, von Duisburg etwa mit dem Personenzug nach Köln, von Köln mit dem D-Zug durch die französisch Zone nach Frankfurt, und von Frankfurt durch amerikanisch besetztes Gebiet nach München. Wenn Sie Glück haben — und 80% verlassen sich auf ihr Glück — tut ihnen niemand etwas Aber Ihnen müssen wir sagen, daß diese Leute dreifach gegen amtliche Bestimmungen verstoßen und bestraft werden können, wenn man sie erwischt. Sie brauchen nämlich erstens eine Zulassungskarte für den D-Zug, zweitens einen Passierschein für das französische Gebiet, drittens einen Grenzübertrittschein für die amerikanische Zone und viertens eine Reisegenehmigung für die Rückreise von Süddeutschland ins Rheinland.

Für Berufsreisende ist das alles nicht schwierig. Sie erhalten gegen Vorlage einer Dienstreisebescheinigung, die von der zuständigen Wirtschaftskammer ausgestellt wird, an bestimmten Fahrkartenschaltern ohne weiteres die erforderliche Zulassungskarte und können auch bei der Militärregierung bzw. beim Polizeipräsidium einen Interzonenpaß oder einen Grenzübertrittschein beantragen. Sie als Privatreisender erhalten Zulassungskarten nur, soweit sie nicht schon von Berufsreisenden in Anspruch genommen sind, und zwar ohne Prüfung des Reisegrundes 24 Stunden vor Abfahrt des Zuges an bestimmten Fahrkartenschaltern oder in den amtlichen Reisebüros. Das gilt für die englische Zone. Im amerikanisch besetzten Gebiet ist das Reisegenehmigungs- und Zulassungskartenverfahren versuchsweise aufgehoben worden. Zur E i n r e i s e brauchen Sie zwar nach wie vor einen Passierschein

Einen Grenzübertrittschein werden Sie als Privatreisender nur bei gewissen schwerwiegenden Reisegründen und bei sehr großer Geduld bekommen. Für Reisen in die amerikanische Zone soll demnächst der Passierscheinzwang aufgehoben werden, so daß Sie dann keinerlei Schwierigkeiten mehr zu befürchten haben Im übrigen gibt es auch in der englischen Zone D-Züge, die nicht zulassungspflichtig sind, und es kommt nur darauf an, daß Sie sich die richtigen Züge und die richtige Strecke heraussuchen, um von allen Formalitäten entbunden zu sein. Neuerdings sind Uebergangsreisende bei einem Anreiseweg über 25 Kilometer zur Benutzung eines zulassungspflichtigen Zuges ohne Zulassungskarte berechtigt.

Was kostet die Reise?

Ehe Sie eine größere Reise antreten, wollen Sie gerne ungefähr wissen, was die Fahrt kostet. Das können Sie sich selbst ausrechnen, wenn Sie nur die Entfernung kennen. Der Fahrpreis für je 10 km beträgt für 3. Klasse 0,80 RM., für 2. Klasse 1,20 RM. Zuschläge für Eilzüge kosten bis 300 km 3. Klasse 1,50 RM., 1. und 2. Klasse 3,— RM., über 300 km 3. Klasse 2,50 RM., 1. und 2. Klasse 5,— RM. Zuschläge für D-Züge bis 300 km 3. Klasse 3,— RM. 1. und 2. Klasse 6,— RM., über 300 km 3. Klasse 5,— RM., 1. und 2. Klasse 10,— RM.

Mit diesen Darlegungen ist doch eigentlich schon mehr als genug über die damalige Form des Reisens ausgesagt!

Da ein Umfahren Deutschlands wegen seiner geografischen Lage in Mitteleuropa nicht möglich war — ähnliche Versuche nach dem Ersten Weltkrieg mit dem „Simplon-Orient-Expreß" und dem „Train militaire" waren damals bald zum Scheitern verurteilt —, andererseits sich durch die politischen Gegebenheiten in Mittel-, Ost- und Südosteuropa völlig andere Verhältnisse als vor dem Zweiten Weltkrieg herausgeschält hatten, bestand bei den europäischen Eisenbahnverwaltungen schon im Jahre 1945 der Wunsch, einige internationale Verbindungen über deutsches Gebiet zu führen, um die einzelnen europäischen Länder wieder direkt auf der Schiene miteinander zu verbinden. Bereits Ende 1945 begannen daher zwischen den europäischen Eisenbahnverwaltungen die Planungen zum Aufbau eines internationalen Verkehrs, denen sich auch die Kontrollorgane der Besatzungsmächte in Deutschland nicht widersetzten, sondern diese förderten. Daher vollzog sich der Wiederaufbau europäischer

Eisenbahnverbindungen stufenweise nach den aus der Vorkriegszeit bekannten Hauptverkehrsrelationen, wenn auch sehr bald aufgrund der politischen Zwänge zwischen Ost und West hier erhebliche Änderungen eintreten sollten.

Als erste Verbindung zwischen Westen und Osten wurde eine Verkehrsbeziehung Paris/Calais — Berlin für erforderlich gehalten, die unter dem alten Namen „Nord-Expreß" und der Vorkriegs-Zugnummer L 11/12 verkehrlich die Brücke zwischen den westeuropäischen Ländern und dem mitteleuropäischen Raum herstellte. Auf deutschem Boden verkehrte der Zug über Aachen — Köln — Köln-Südbrücke — Wuppertal — Hamm — Hannover — Helmstedt — Magdeburg nach Berlin Stadtbahn, wobei dieser Zug nach dem Fahrplan vom 15. August 1946 nur Di, Do und Sa, in der Gegenrichtung Mo, Mi und Sa verkehrte; der Zug lief nicht über Braunschweig Hbf, der ja damals noch ein Kopfbahnhof war. Großbritannien war in Lüttich durch einen Flügelzug von Calais angebunden. Wann der Zug erstmals verkehrte, kann nicht mehr festgestellt werden, mindestens im Mai 1946 wurde diese Verbindung regelmäßig befahren.

Schon im Sommer 1946 erkannte man, daß ein Anschluß der nordischen Länder erforderlich war. Gegen Ende Mai 1946 wurde daher ein Flügelzug FD 191/192 von Hannover über Hamburg — Flensburg nach Kopenhagen gefahren, der in Richtung Norden an So, Mi und Fr, südwärts dagegen So, Di und Fr verkehrte.

Auf einer vom 22. - 24. November 1945 in Lugano ausgerichteten Konferenz verschiedener europäischer Eisenbahnverwaltungen wurde u.a. auch die Schaffung von Verbindungen zwischen Paris und Wien sowie nach Prag behandelt. Gleichzeitig verständigte man sich darauf, im Oktober 1946 in Montreux die erste EFK nach dem Zweiten Weltkrieg abzuhalten, um dort den Fahrplan 1947 vorzubereiten. Als Folge dieser Besprechung wurde unter der Bezeichnung „Orient-Expreß" eine dreimal wöchentlich verkehrende Verbindung L 5/6 Paris — Strasbourg — Kehl — Karlsruhe — Stuttgart-Untertürkheim Gbf — München — Salzburg — Linz mit einem Flügel L 105/106 Stuttgart-Untertürkheim Gbf — Aalen — Nürnberg — Schirnding — Prag eingerichtet; L 5/6 verkehrte dabei zwischen Kehl und Karlsruhe als „D". Der erste Verkehrstag ist nicht mehr feststellbar, doch waren beide Verbindungen im Fahrplan vom 15. März 1946 bereits enthalten.

Schon ab 7. Oktober 1946 trat eine wesentliche Änderung in den west-östlichen Verkehrsbeziehungen ein. Da der Verkehr mit den nordischen Ländern gegenüber demjenigen mit Osteuropa überwog, wurde der Laufweg von L 11/12 ab Hamm statt nach Berlin auf die Strecke Münster — Osnabrück — Hamburg — Flensburg — Kopenhagen — Stockholm umgelegt. Außerdem wurde auf Betreiben der SNCB der England-Verkehr auf Ostende statt Calais verlegt. Um nun Berlin und Osteuropa nicht völlig vom neuen internationalen Verkehr abzuschneiden, wurde ein neuer FD 111/112 ins Leben gerufen, der auf seinem annähernden Vorkriegsweg in Amsterdam begann und über Utrecht — Bentheim — Osnabrück — Hannover — Helmstedt nach Berlin Stadtbahn verkehrte und in Osnabrück mit dem „Nord-Expreß" zusammengeschlossen war. Dort übernahm er auch den Wagen Paris — Berlin, der nun täglich geführt wurde. Der bisherige Flügelzug FD 191/192 Hannover — Kopenhagen entfiel fortan.

Gleichzeitig meldete aber auch die Schweiz ihr Interesse an einer Nord-Süd-Verbindung an, die es ermöglichen sollte, die südeuropäischen Staaten mit den späteren Beneluxländern, Großbritannien und den nordischen Staaten zu verbinden. Es wurden die FD 211/212 geschaffen, die von Basel SBB ausgehend, linksrheinisch über französisches Gebiet über Strasbourg — Lauterbourg liefen, wo sie die deutsche Grenze erreichten. Der weitere Weg führte über Ludwigshafen — Mainz — Köln — Kaldenkirchen nach Amsterdam; Kurswagen Basel — Kopenhagen und Basel — Stockholm wurden in Köln mit dem „Nord-Expreß" ausgetauscht, wo beide Zugverbindungen zusammengebunden waren. Schließlich verkehrte L 5/6 wieder bis und ab Wien.

Damit war ein Grundnetz internationaler Verbindungen über die westlichen Besatzungszonen Deutschlands geschaffen, das zwar aufgrund der damaligen Verhältnisse lange Reisezeiten und geringe Reisegeschwindigkeiten aufwies, das aber Verbindungen zwischen den damals wichtigsten europäischen Zentren vermittelte. Alle diese Züge dienten nur dem internationalen Durchgangsverkehr und waren für Deutsche nicht zugelassen. Auch kann man diese teilweise unter der Zuggattung „L" verkehrenden Züge nicht mit den großen europäischen Expreßzügen der Zwischenkriegszeit vergleichen, denn es handelte sich weder um reine Schlafwagen- noch Pullmanzüge, sondern sie führten zwar Schlaf- und Speisewagen neben Packwagen, ebenso aber auch Sitzwagen und hier auch die 3. Klasse. Sie waren aufgrund ihrer Zusammensetzungen und Bindungen extrem schwer und sollten eben wirklich nur erste Verbindungen nach einem großen Krieg sein, auf denen dann ein internationales Schienenfernverkehrsnetz aufgebaut werden konnte.

Zum Zwischenfahrplan am 6. Januar 1947 wurde wegen des verstärkten Skandinavienverkehrs eine neue Verbindung von Köln nach Kopenhagen als FD 191/192 über Neuß — Düsseldorf — Essen-Altenessen — Hamm — Osnabrück — Hamburg — Flensburg nach Kopenhagen geschaffen, die einen Flügelzug FD 291/292 Holland — Bentheim — Osnabrück erhielt.

Vom 10. - 19. Oktober 1946 fand die erste EFK nach dem Zweiten Weltkrieg in Montreux für den Fahrplan des Sommers 1947 statt, an der außer Bulgarien, Finnland, Griechenland, Rumänien und der UdSSR alle europäischen Eisenbahnverwaltungen beteiligt waren. Die deutschen Belange wurden durch die jeweiligen Besatzungsmächte unter Hinzuziehung deutscher Fachleute wahrgenommen. Die sowjetische Besatzungszone war jedoch ebenso wie die UdSSR nicht vertreten.

Als Ergebnis dieser EFK wurde der „Nord-Expreß" sowohl in der Zugbildung, als auch in den Reisezeiten verbessert, auch erhielt er einen Anschlußzug ab Göteborg nach Oslo, so daß nunmehr auch Norwegen an diese Verbindung angeschlossen war. Ebenfalls war ein Flügelzug Köln — Berlin geplant; diese scheiterte jedoch an der fehlenden Zustimmung der sowjetischen Besatzungsmacht; es blieb also bei FD 111/112 auf dem Umweg über Osnabrück. Da der „Nord-Expreß" weitere Wagen erhielt, war eine Übernahme der Basler Wagen aus FD 211/212 in Köln nicht mehr möglich. Als Ersatz hierfür wurde daher ein neuer Zug FD 275/276 „Schweiz-Skandinavien-Expreß" geschaffen, der auf dem direkten Weg Basel SBB — Frankfurt — Bebra — Hannover — Hamburg gefahren werden sollte, wo die Wagen für die nordischen Länder auf L 11/12 übergehen sollten; tatsächlich wurde aber der gesamte Zug bis Kopenhagen durchgeführt. Gleichzeitig wurde eine neue Verbindung FD 191/192 „Skandinavien-Expreß" Hoek van Holland — Bentheim — Osnabrück — Hamburg — Flensburg — Kopenhagen eingerichtet, der einen Flügel Paris — Osnabrück als FD 291/292 über Aachen — Köln — Neuß — Düsseldorf — Essen (FD 292: Essen-Altenessen) — Münster erhielt. Dafür entfielen die bisherigen FD 191/192, 211/212 und 291/292 des Winters 1946. Auch FD 111/112 wurde auf den Weg Osnabrück — Berlin Stadtbahn beschränkt und erhielt in Osnabrück die Wagenübergänge aus L 11/12 sowie erstmalig Wagen für den innerdeutschen Verkehr nach Berlin: Damit war dieser Zug die einzige Zugverbindung zwischen den westlichen und der sowjetischen Besatzungszone Deutschlands. L 11/12 wurden dabei zwischen Köln und Osnabrück über Neuß — Essen-Altenessen — Münster geleitet.

Die EFK Montreux sah die Notwendigkeit einer Verbindung mit Warschau über den bestehenden FD 111/112; da aber die sowjetische Besatzungsmacht und die UdSSR nicht anwesend waren, wollte die PKP die Angelegenheit weiter verfolgen. Es kam aber zu keiner Lösung — es war offensichtlich, daß die sowjetische Besatzungsmacht bereits zu diesem Zeitpunkt eine Ausweitung des internationalen Verkehrs über ihre Besatzungszone nach dem Osten nicht wünschte; die spätere „Abschottung" war schon vorgezeichnet. Im neuen FD 291/292 sollte ein Kurswagen Hoek van Holland — Berlin laufen mit Übergang auf FD 111/112 in Osnabrück. Wegen des dabei in West-Ost-Richtung entstehenden Stillagers von 15.05 Uhr bis 6.00 Uhr am folgenden Morgen wurde die Umstellung in der Praxis in Osnabrück auf den britischen Militärurlauberzug M 1/2 vorgenommen und der Lauf des Wagens auf Hannover beschränkt.

Die „Orient-Expreß"-Gruppe konnte erheblich ausgebaut werden. Nunmehr verkehrte L 5/6 auf dem gesamten Lauf Paris — Wien wieder als „L", wobei auch Stuttgart Hbf wieder angefahren wurde. Hier spaltete der Flügelzug L 105/106 Stuttgart — Prag — Kattowitz — Warschau — Gdingen ab, der ebenfalls den Namen „Orient-Expreß" führte, womit eine Verbindung nicht nur zwischen Frankreich und der Tschechoslowakei und Polen, sondern mittels Fährschiffverbindung ab Gdingen (allerdings ohne Trajektierung von Wagen) auch nach Schweden hergestellt wurde. Gleichzeitig wurde der alte „Ostende-Wien-Expreß" in Teilen wieder ins Leben gerufen, wobei dieser als eigener Zuglauf L 51/52 zunächst nur zwischen Köln — Wiesbaden — Frankfurt — Nürnberg verkehrte, zwischen Ostende und Köln dagegen mit dem „Nord-Expreß" vereinigt war. Über einen Flügel D 254/255 war Amsterdam angeschlossen, und in Nürnberg fand der Übergang der Wagen Amsterdam/Ostende — Prag auf L 105/ 106 statt. Zum Herbst 1947 wurde dann L 51/52 über Nürnberg hinaus bis und ab Linz über Passau gefahren und dort mit dem „Orient-Expreß" zusammengeschlossen, so daß nun wieder eine durchgehende Verbindung Belgien/Niederlande — Wien und über L 5/6 sogar bis Belgrad gegeben war, da diese Züge jetzt dreimal wöchentlich einen Schlafwagen Paris — Belgrad und täglich einen Sitzwagen 1. und 2. Klasse in der gleichen Relation führten. Auf Antrag der Niederländischen Eisenbahnen wurde eine neue Verbindung Holland — Schweiz zunächst als D 164/163 geschaffen, die über Kaldenkirchen — Köln — Wiesbaden — Mannheim geführt wurde.

Auf einer vom 6. - 10. Mai 1947 in Venedig abgehaltenen Zwischenkonferenz wurden vor allem die „Nord-Expreß"- und „Orient-Expreß"-Gruppen behandelt, die u.a. auch zu der Weiterführung des L 51/52 über Nürnberg hinaus führten. Da an dieser Konferenz erstmals auch ein russischer General für die sowjetische Besatzungszone teilnahm, wurde dort nochmals das bereits auf der EFK Montreux besprochene Projekt der Verlängerung des FD 111/112 über Berlin hinaus nach Warschau und evtl. bis Brest mit dortigem Anschluß nach Moskau behandelt. Der Wunsch dieser Verbindung ging von der PKP aus und war bereits von dieser mit dem russischen Verkehrsministerium und der sowjetischen Transportverwaltung in Berlin besprochen worden. Die UdSSR lehnte eine Verbindung nach Moskau ab, weil an der polnisch-sowjetischen Grenze die technischen Voraussetzungen für den Übergang mitteleuropäischer Wagen auf die russische Breitspur nicht gegeben seien; der Vertreter der sowjetischen Transportverwaltung in Berlin, General Jaworoncow, lehnte die Übernahme von zwei zusätzlichen Wagen auf den verkehrenden Schnellzug Berlin — Warschau ab. Er war jedoch dem Projekt insgesamt gewogen und daher bereit, die Verlängerung von FD 111/112 auf einen dreimal wöchentlich neu verkehrenden Zug Berlin — Warschau vorzusehen. Dies sollte bis Juli 1947 erfolgen. Auf eine sowjetische Absage hin kam es dann aber doch nicht zur Realisierung dieser Absprache.

Auf der EFK in Istanbul vom 9. -14. Oktober 1947 für den Fahrplan 1948 waren alle europäischen Eisenbahnverwaltungen außer Spanien, Portugal und der Sowjetunion vertreten. Ab 9. Mai 1948 wurde der „Orient-Expreß" so verlängert, daß er dreimal wöchentlich Paris — Bukarest, viermal wöchentlich Paris — Budapest verkehrte. Um den nun voll über Ostende laufenden Englandverkehr nach Südosten aufnehmen zu können, mußte der „Ostende-Wien-Expreß" L 51/52 ab und bis Ostende gefahren werden und es erfolgte die Trennung vom „Nord-Expreß". Dafür wurde der Flügelzug FD 291/292 Paris — Osnabrück zum „Skandinavien-Expreß" aufgegeben und dem L 11/12 beigestellt. Dies bedingte aber nunmehr eine Entlastung dieses Zuges ab Köln, da er von dort ab wegen der Übernahme der Wagen Ostende — Kopenhagen aus L 51/52 überlastet gewesen wäre. Diese Entlastung erfolgte durch Verlegung des FD 111/112 von Osnabrück nach Köln, wo bereits die Berliner Wagen aus L 11/12 übergingen. FD 111/112 verkehrte nun Köln — Essen — Hamm — Hannover — Helmstedt — Berlin Stadtbahn. Mit dieser Konzentration der Kurswagenumstellungen auf Köln konnten die bisher in Lüttich und Osnabrück stattgefundenen Übergänge eingespart werden. Die Weiterführung der FD 111/112 Richtung Warschau wurde erneut auf Antrag der PKP dringlich erörtert, konnte jedoch abermals wegen der Abwesenheit russischer Vertreter nicht beschlossen werden. Durch die Führung von FD 111/112 über das Ruhrgebiet wurden L 11/12 zwischen Köln und Münster wieder über Wuppertal — Hamm geführt. FD 275/276 wurden bereits ab und bis Zürich nach Kopenhagen gefahren, und die Zubringer aus den Niederlanden zu L 51/52 wurden als FD 254/255 (Amsterdam —) Kaldenkirchen — Köln eingestuft. Gleichzeitig wurden die im Vorjahr eingelegten D 163/164 Hoek van Holland — Basel SBB auf deutscher Strecke zu „FD" umgewandelt. Durch den Fortfall der Rangierarbeiten in Osnabrück konnte FD 191/192 so beschleunigt werden, daß er erstmals auf deutschen Strecken Reisegeschwindigkeiten von über 60 km/h erreichte (FD 191 = 62,7, FD 192 = 66,7 km/h, der damit schnellster Zug wurde).

Zum Winterabschnitt 1948/49 ab 3. Oktober 1948 erheilt der FD 111/112 einen Flügel FD 211/212 Wuppertal-Elberfeld — Hamm, um einen Anschluß der Wupper nach Hannover herzustellen. Erstmals wurde als rein innerdeutscher Zug mit FD 475/476 eine „schnelle" Verbindung Frankfurt — Bebra — Hannover — Hamburg — Kiel und zurück eingeführt, wobei in Kiel Schiffsanschlüsse nach Skandinavien gegeben waren; dieses Zugpaar wurde aber bereits zum folgenden Sommerfahrplan 1949 in einen gewöhnlichen D-Zug umgewandelt. Mit der Unterbrechung des Eisenbahnverkehrs zwischen Helmstedt und Marienborn durch die Sowjetunion als Beginn der Berliner Blockade am 19. Juni 1948 endete bzw. begann das Zugpaar FD 111/112 in Helmstedt. Ebenso wie sein zum Winterfahrplanabschnitt geschaffener Flügel FD 211/212 fiel es dann später zeitweilig ganz aus.

Mit Aufhebung der Berliner Blockade am 12. Mai 1949 verkehrten als erste Züge über die innerdeutsche Grenze wieder FD 111/112, und jetzt erhielt auch der Flügel FD 211/212 wieder seine Aufgabe als Verbindung der Wupper mit Berlin zurück.

Zum Sommerfahrplan 1950 wurden gemäß den Beschlüssen der EFK Krakau vom 6. - 16. Oktober 1948, an der trotz der Berliner Blockade außer Spanien und Portugal alle europäischen Eisenbahnverwaltungen, also auch die der Sowjetunion, teilnahmen, erhebliche Verbesserungen des internationalen Verkehrs mit oder über die drei westlichen Besatzungszonen erzielt. An dieser EFK nahmen für die drei Westzonen erstmalig die Generalbetriebsleitungen und das Hauptwagenamt für die sowjetische Besatzungszone ein Vertreter der Reichsbahn in Berlin als technischer Berater der Kontrollorgane ihrer Besatzungszone teil.

Hervorragendes Ergebnis der Beratungen war eine allgemeine, wesentliche Beschleunigung der großen internationalen Verbindungen als Folge der in allen Ländern fortgeschrittenen Wiederherstellungsarbeiten der Kriegsschäden sowie eine Vermehrung der in den einzelnen Zügen laufenden Wagengruppen. Dabei gelang es, von London aus mittels Tagesschiff in Hoek van Holland Anschluß in

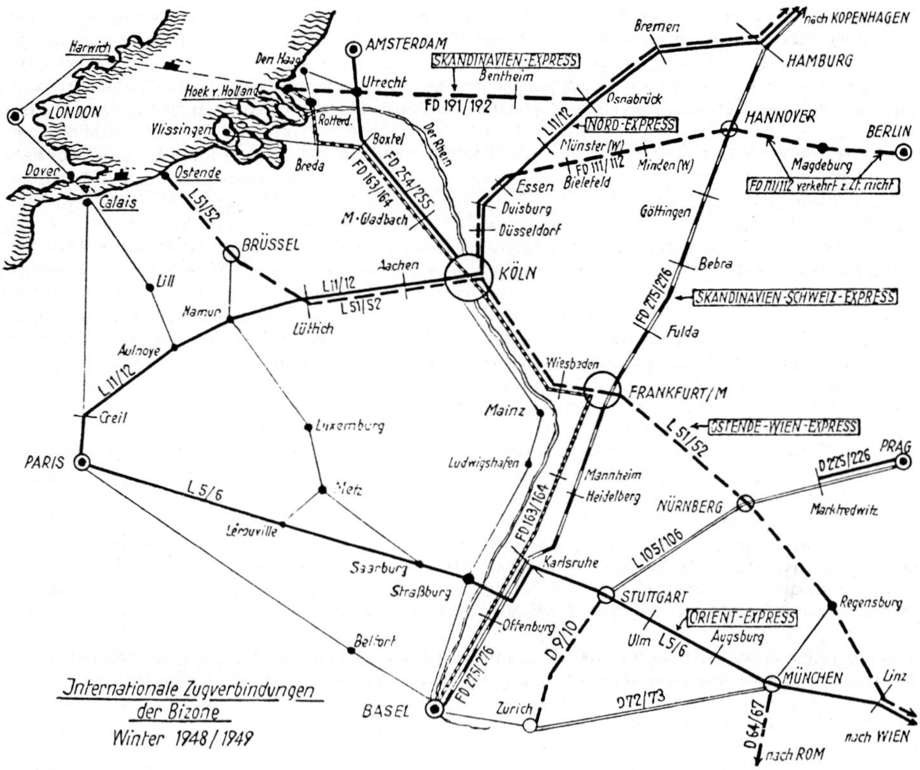

Internationale Zugverbindungen der Bizone Winter 1948/1949

Richtung Köln herzustellen, wofür FD 254/255 auf den Weg Hoek van Holland – Köln umgelegt wurden. Außer den bisher in diesem Zug gefahrenen Wagen nach Prag und Wien konnten weitere Verbindungen von Hoek van Holland nach Warschau über Nürnberg – Prag und nach München eingerichtet werden. In diesem Zusammenhang wurde auch der „Nord-Expreß" fühlbar beschleunigt. Auch die alte Forderung einer Verbindung Paris – Warschau über L 11/12 und FD 111/112 wurde erneut behandelt, wobei vereinbart wurde, im FD 111/112 je einen AB4ü, C4ü und einen WL bis Warschau durchzuführen; es gab aber bereits wieder Streitigkeiten über die Gestellung des WL. Während die ISG der Ansicht war, daß dieser Dienst ihr zustünde, wollten die PKP einen eigenen „Orbis"-WL fahren. Dieser Streit war jedoch nur akademisch, denn zum Zeitpunkt der Beratungen verkehrte FD 111/112 wegen der Berliner Blockade ohnehin nur zwischen Köln und Braunschweig, und nach deren Aufhebung zum Sommer 1949 sah ohnehin alles wieder anders aus.

Die für 1948 getroffene Vereinbarung, den gesamten Verkehr Frankreich – Skandinavien nur über den „Nord-Expreß" abzuwickeln, ließ sich wegen des Verkehrsumfanges nicht aufrecht erhalten. So wurde zum „Skandinavien-Expreß" FD 191/192 erneut ein Flügelzug ab Paris als FD 291/292 gefahren, der jedoch bis und ab Hamburg-Altona über Aachen – Köln – Wuppertal – Münster – Osnabrück verkehrte; erst dort erfolgte der Übergang auf FD 191/192. Die in diesem Zusammenhang beschlossene Führung weiterer Wagen in D-Zügen und ihr Zusammenhang mit den FD sei hier nur am Rande erwähnt. Da nunmehr gegenüber 1947 FD 291/292 nicht mehr über die Ruhr, sondern über die Wupper verkehrten, wurde die Landeshauptstadt von Nordrhein-Westfalen, die sich bereits damals zu einem herausragenden Handels- und Wirtschaftszentrum zu entwickeln begann, durch die Flügelzüge FD 391/392 Düsseldorf – Essen – Hamm an FD 291/292 angeschlossen. Erst dann wurden FD 275/276 ab und bis Rom mit Kurswagen Chur und Luzern verlängert und erhielten die komplizierten Namen „Italien-Schweiz-Skandinavien-Express" bzw. „Skandinavien-Schweiz-Italien-Express".

Die Verkehrsbeziehung London – Holland – Schweiz wurde so beschleunigt, daß FD 164/163 zwischen Hoek van Holland und Basel nicht mehr als Tag-Nacht-Verbindung, sondern als reine

Tagesverbindung wie vor dem Zweiten Weltkrieg gefahren werden konnten; ihre Reisegeschwindigkeit stieg dabei von 41,4 bzw. 40,1 km/h auf 56,2 km/h auf dem deutschen Streckenabschnitt. Eine weitere Beschleunigung wurde dadurch behindert, daß im Bereich der französischen Zone die Strecken noch keine Höchstgeschwindigkeit von 100 km/h zuließen. Es wurde aber vereinbart, nach Beendigung der Bauarbeiten zwischen Karlsruhe und Basel zum Winterabschnitt eine nochmalige Beschleunigung durchzuführen und dabei in Basel SBB einen Anschluß nach Rom herzustellen. Dies erfolgte auch ab 2. Oktober 1949, wobei die Reisegeschwindigkeit nordwärts auf 57,8, in südlicher Richtung auf 58,6 km/h anstieg. Frankfurt wurde durch einen Flügel in Mainz (D 563/564) an diese Verbindung angeschlossen.

Auf Antrag der DR der Bizone wurde eine direkte Nachtverbindung zwischen Holland und München mit dortigem Übergang nach und von Italien durch einen neuen FD 108/107 Arnheim – Emmerich – Duisburg – Köln – Mainz – Mannheim – Stuttgart – München geschaffen; eine Führung ab und bis Amsterdam wurde von den NS wegen ihres im starrem Fahrplan abgewickelten Binnenverkehrs abgelehnt. L 105/106 wurden namensmäßig vom „Orient-Expreß" abgetrennt und als „Paris-Prag-Expreß" bezeichnet, nachdem die Weiterführung ab Prag nach Warschau und Gdingen aufgegeben wurde und nur noch Kurswagen bis Warschau in Zügen Prag – Warschau liefen. Im Winter entfielen FD 391/392 wieder; ihre Trassen wurden durch D-Züge abgedeckt.

Nach den Ergebnissen der EFK Brighton vom 5. - 15. Oktober 1949 wurden für den Sommerfahrplan 1950 die bisherigen L 5/6, 105/106 und 51/52 in FD-Züge umgewandelt, gleichzeitig erhielten sie die 3. Wagenklasse. Damit waren nur noch L 11/12 „Nord-Expreß" als „L" klassifiziert. FD 254/255 erhielten die neuen Zugnummern FD 251/252 im Einklang mit ihren Stammzügen. FD 107/108 und 163/164 wurden neu über Ludwigshafen anstelle der Riedbahn geführt, und der bei Einführung des FD 107/108 ab 1949 geführte Flügel (München –) Duisburg – Dortmund FD 507/508 entfiel wieder, da diese Verbindung durch neue Nachtschnellzüge D 307/308 Basel – Dortmund ausgefüllt wurde, wobei beide Züge in Duisburg Kurswagen austauschten.

Endlich gelang es, bei FD 111/112 den seit Jahren erstrebten Kurswagen Paris – Warschau (aus L 11/12) zusammen mit weiteren Wagenläufen Köln – Warschau und Ostende – Berlin einzurichten.

Ein Bild aus den ersten Nachkriegsjahren: 03 008 fährt am 23. Juli 1949 mit FD 163 am Rhein entlang. *Aufnahme: Carl Bellingrodt*

Da die Besetzung des „Nord-Expreß" weiter zugenommen hatte, wurde für die Sommersaison Juni - September ein neues Zugpaar FD 15/16 Paris — Aachen — Köln — Essen — Münster — Hamburg — Flensburg — Nyborg — Kopenhagen mit Kurswagen von Brüssel eingelegt. Aber auch der „Skandinavien-Expreß" FD 191/192 erhielt in der Saison Juni -September einen Entlastungszug in FD 171/172 (London —) Hoek van Holland — Bentheim — Osnabrück — Hamburg — Flensburg — Kopenhagen. Beide Zugpaare liefen jedoch aus Kapazitätsgründen der Fährstrecke über den Belt nur bis und ab Nyborg, wobei der Anschluß an innerdänische Züge sichergestellt war. Nachdem dem Antrag der DR der Bizone auf Verlängerung von FD 107/108 bis und ab Amsterdam von den NS für den Sommerfahrplan nicht stattgegeben worden war, konnte dies jedoch für den Winterabschnitt ab 8. Oktober 1950 eingerichtet werden.

Die nachstehenden Ausführungen mit Übersicht enthalten Angaben einer Untersuchung über Reisedauer und Reisegeschwindigkeit einschl. ihrer besonderen Einflüsse auf die wichtigsten internationalen Verkehrsbeziehungen im wesentlichen für die Jahre 1939, 1946 und 1949.

Zusammenstellung
Reisedauer u. Reisegeschwindigkeiten
im internationalen Reisezugverkehr.

	Strecken	Angaben auf gesamten Zuglauf: Reisedauer 1939	1946	1947	1948	1949	Mehr- o. Minder-Reisedauer 1949/1939	1949/1947	km	1949 Durchschnitts-Reisegeschwindigk. km/Std.	Zoll- u. Pass-Aufenthalte in Min. 1934	1949	Angaben auf Strecken d. Westzonen: km	Reisedauer 1939	1949	Reisegeschwindigk. 1939	1949
		1	2	3	4	5	6	7	8	9	10	11	12	13	14	15	16
A	Paris - Berlin L 11/12, FD 111/112	13°07'	26°27'	26°30'	27°29'	27°36'	+ 14°29'	+ 1°06'	1072	38×	10'	62 90 195 347'	468 (622 bis Berlin)	7°29' bis Berlin	10°11'	83	46
B	Paris-Stockholm L 11/12	35°15' L 11/D 13 über Berlin	55°10'	43°13'	42°55'	41°40'	+ 6°25'	- 13°30' 1946 - 1°33'	2095	50	—	62 90 71 223'	711	10°17'	11°45'	71	60
C	Paris-Wien L 5/6	19°25'		28°00'	27°05'	26°00'	+ 6°35'	- 2°00'	1386	53	21 10 31'	50 40 90'	561	7°32'	10°15'	74	55
D	Paris - Prag L 5/6, L 105/106	20°05'	32°45'	27°00'	26°15'	26°10'	+ 6°05'	- 50'	1240	46×	21 27 48'	50 112 162'	496	8°12'	10°56'	61	45
E	Ostende - Wien L 51/52	25°27'		30°45'	29°55'	28°30'	+ 2°57'	- 1°45'	1313	46	8 12 20'	45 45 90'	743	10°11'	14°39'	73	50
F	Ostende - Prag L 51/52, L 105/106	19°22'		28°30'	28°40'	27°50'	+ 8°28'	- 40'	1162	40×	8 27 35'	45 112 157'	653	10°33'	16°17'	64	40
G	Ostende-Warschau L 51/52, L 105/106	25°34' 19°56' L 11		47°33'	48°18'	47°33'	+ 21°59'	- 28'	2029 1499 üb. Berlin	42×	10 32 42'	45 112 101 258'	653	10°33'	16°17'	64	40
H	Hoek-Kopenhagen FD 191/192	25°08' 111/211/19		22°25'	22°00'	22°17'	- 2°51'	- 08'	1103	49	6 28 34'	105 83 188'	489	7°19'	7°51'	66	62
I	Hoek-Basel Badbf. FD 163/164, FD 101/102	10°31' 101		22°27'	21°08'	15°05'	+ 4°35'	- 7°21'	839	55	8'	76'	601 (648 üb. Emmerich)	7°27' (101)	11°07'	87	54
K	Kopenhagen-Basel Bad. FD 275/276	24°09' 91/191/133		33°00'	30°24'	27°25'	+ 3°16'	- 5°35'	1418	51	66'	69'	1052	15°42'	19°08'	61	55

× befahren Gebiete des Ostens

Reisedauer

Im Vergleich 1949 gegenüber 1939 ist festzustellen, daß der „Skandinavien-Expreß" (FD 191/192) mit ca. drei Stunden verkürzter Fahrzeit gegenüber dem Frieden am besten abschneidet; im Jahre 1939 bestand keine durchgehende Verbindung von Hoek van Holland nach Kopenhagen; diese Verkehrsbeziehung war auf die FD 111/FD 211/D 19 mit zweimaligem Umstellen von Kurswagen angewiesen. Hierdurch entstand 1939 eine wesentliche Verzögerung, die heute durch den direkten FD 191/192 vermieden wird.

Mit einer Mehrreisedauer von nur ca. 3 Stunden gegenüber 1939 liegen an zweiter Stelle der „Ostende-Wien-Orient-Expreß" und der „Skandinavien-Schweiz-Italien-Expreß", während die Verbindungen nach Berlin und Warschau im Jahre 1949 noch 100% Mehrreisezeit erforderten als vor dem Kriege.

Die Vergleiche zwischen der Reisedauer der Jahre 1947 und 1949 (Spalte 7 der Übersicht) zeigen, daß bei fast allen Verkehrsbeziehungen die Reisezeiten in dieser Zeit mehr oder weniger erheblich verbessert werden konnten. Eine besonders starke Beschleunigung erfuhr der Verkehr Hoek van Holland – Basel mit 7h 21 Minuten und Kopenhagen – Basel mit 5h 35 Minuten; hier zeigt sich, daß Holland und Deutschland in der Verbesserung ihrer Fahrpläne Bedeutendes geleistet haben. Aus dem Rahmen fällt die Beziehung Paris – Berlin, die sich 1949 gegenüber 1947 noch um rund 1 Stunde verschlechterte; dies dürfte auf die Schwierigkeiten bei der Zonengrenzkontrolle und die dort erforderlichen langen Aufenthaltszeiten sowie auf die längere Fahrzeit in der russischen Zone zurückzuführen sein.

Reisegeschwindigkeiten

Ein besonders interessantes Bild ergibt sich beim Vergleich der durchschnittlichen Reisegeschwindigkeiten im Jahre 1949 (Spalte 9 der Übersicht). Die Strecke Hoek van Holland – Basel wird mit durchschnittlich 55 km/h, Paris – Wien mit 53 km/h, Kopenhagen – Basel mit 51 km/h und Paris – Stockholm bei 2095 km Länge mit 50 km/h durchfahren. Diese Tatsache ist unter Berücksichtgung der starken Zerstörungen in den Weststaaten und Deutschland mit den vielen nur behelfsmäßig wiederhergestellten Bauwerken auf den zu durchfahrenden Strecken und den unverhältnismäßig langen Aufenthalten an den Grenzen unbedingt als beachtenswert zu bezeichnen. Wenn die Ostende-Wien-Verbindung im Jahre 1949 nur eine Reisegeschwindigkeit von 46 km/h erreicht, so ist hierbei die lange Liegezeit in Köln und Linz infolge Abwartens der Anschlüsse zu berücksichtigen. Wenn nun 2h 30 Minuten Liegezeit von der Gesamtreisezeit abgezogen werden, ergibt sich auch hier für den gesamten Zuglauf eine durchschnittliche Reisegeschwindigkeit von 50 km/h.

Bei einer Gegenüberstellung der verschiedenen Strecken fällt auf, daß alle Verbindungen, die die Gebiete des Ostens (Zeilen A, D, F, G der Übersicht) berühren, insgesamt eine durchschnittliche Reisegeschwindigkeit von 41 km/h erreichen, während bei den übrigen Verbindungen (Zeilen B, C, E, H, I, K der Übersicht) eine Durchschnittsgeschwindigkeit von 50 km/h erzielt wird. Diese 41 km/h sind im wesentlichen aber auf die sehr langen Grenzaufenthaltszeiten (Spalte 11 der Übersicht) zurückzuführen.

Allgemein ist festzustellen, daß natürlich Paß- und Zollaufenthalt (Spalte 11 der Übersicht) von ca. 100 - 350 Minuten besonders stark auf die Reisezeiten drückten und eine friedensmäßige Normalisierung des internationalen Reisezugverkehrs unmöglich machten.

Nicht nur eine Betrachtung der verschiedenen durchschnittlichen Geschwindigkeiten auf ihrem gesamten Lauf sind interessant, sondern auch die Vergleiche einer ähnlichen Untersuchung nur für die Strecken Westdeutschlands. Sie zeigen, daß die drei Westzonen ihre Fahrpläne durch Verkürzung der Reisedauer wesentlich verbessert haben, ihre durchschnittlichen Reisegeschwindigkeiten (Spalte 16) fast duchweg über dem Gesamtdurchschnitt (Spalte 9) liegen. In diesem Zusammenhang fällt aber der FD 163/164, bei dem gegenüber 1947 ein Zeitgewinn von 7h 21 Minuten erreicht wurde, mit nur 54 km/h gegenüber 55 km/h Gesamtreisegeschwindigkeit auf. Eine nähere Untersuchung ergibt folgende durchschnittliche Geschwindigkeiten auf den einzelnen Streckenabschnitten:

Hoek van Holland – Venlo	70 km/h
Kaldenkirchen – Köln	62 km/h
Köln – Rolandseck	69 km/h
Rolandseck – Mainz	68 km/h
Mainz – Karlsruhe	62 km/h
Karlsruhe – Basel Bad Bf	46 km/h

Hinzu kommt ein Grenzaufenthalt an der deutsch-holländischen Grenze von 76 Minuten (früher 8 Min). Daraus geht hervor, daß die Strecke Karlsruhe – Basel und der Zoll die Gesamtreisezeit außerordentlich belasteten. Allgemein zeigt die Spalte 16 trotz ihrer beachtenswerten Ergebnisse, daß die Deutsche Reichsbahn damals der vollständigen Wiederherstelung ihrer wichtigen internationalen Strecken ihre besondere Aufmerksamkeit widmen mußte.

Reisewege

Von besonderem Interesse dürfte ein Vergleich der Reisewege sein. Hier fällt vor allem die Führung eines Kurswagens Hoek van Holland – Köln – Frankfurt – Nürnberg – Prag – Warschau und die Führung der Wagen Paris – Warschau ebenfalls über Prag besonders ins Auge. Der natürliche Weg von Hoek van Holland nach Warschau dürfte zweifellos über Hannover – Berlin und der Weg von Paris nach Warschau über Köln – Berlin führen. Nachstehend wurden die kilometrischen Entfernungen der einzelnen genannten Verkehrswege zusammengestellt:

a) Hoek van Holland – Prag – Warschau		
Hoek van Holland – Köln	277 km	
Köln – Nürnberg	464 km	
Nürnberg – Warschau	1218 km	
	1959 km	
b) Paris – Prag – Warschau		
Paris – Prag	1240 km	
Prag – Warschau	783 km	
	2023 km	
c) Hoek van Holland – Berlin – Warschau		
Hoek van Holland – Hannover	440 km	
Hannover – Berlin	263 km	1959 km
Berlin – Warschau	563 km	– 1266 km
	1266 km	+693 km
d) Paris – Berlin – Warschau		
Paris – Berlin	1077 km	2023 km
Berlin – Warschau	563 km	– 1640 km
	1640 km	+383 km

Der Weg von Hoek van Holland nach Warschau über Prag ist 693 km länger als der Weg von Hoek van Holland über Berlin nach Warschau. Wird eine durchschnittliche Reisegeschwindigkeit von 50 km/h zugrundegelegt, so bedeutet dieser Umweg für die internationalen Reisenden neben einer erheblichen Verteuerung einen Zeitverlust von 14 Stunden. Bei dem Weg Paris – Warschau über Prag ergibt sich ebenfalls eine Mehrstrecke von 383 km, was bei 50 km/h durchschnittlicher Reisegeschwindigkeit ungefähr 8 Stunden Mehrfahrzeit bedeutet.

Weiter wurde auf der EFK in Krakau beschlossen, den FD 163/164 nicht mehr über Frankfurt, sondern wieder über den kürzeren Weg Köln – Mainz – Mannheim zu führen. Das Anlaufen von Frankfurt würde einen Mehraufwand von 50 km bedeuten. Der hierdurch entstandene Fahrzeitverlust von wenigstens einer Stunde hätte das Gesamtziel, diesen Zug in eine Tagesverbindung zu verwandeln, hinfällig gemacht.

Das Umlegen des FD 291/292 anstatt über Düsseldorf über Wuppertal brachte wohl auch eine gewisse Beschleunigung, der Hauptgrund dürfte aber darin zu suchen sein, daß der FD 291/292 nicht nur Aufgaben des internationalen Verkehrs, sondern auch des innerdeutschen FD-Zugverkehrs zu übernehmen hatte und dabei das Ziel vor Augen stand, sowohl das Gebiet der Wupper, als auch das gesamte Gebiet Düsseldorf – Ruhrgebiet durch diese FD-Zug-Verbindung zu erfassen.

b) Die Konsolidierungsphase zwischen 1951 und 1969

Waren zwischen dem Winter 1945 und dem Sommerfahrplan 1950 in allen Staaten Europas als Folge der Zerstörungen an Bahnanlagen, Traktionsmitteln und Fahrzeugen, aber auch als Folge der politischen Entwicklung durch und nach dem Zweiten Weltkrieg die wichtigsten internationalen Fernzugverbindungen unter erheblichen Mühen schrittweise wiederaufgebaut worden, so bringt die nun folgende Phase ab 1951 die Konsolidierung und Arrondierung des erreichten Standes. Hierzu muß man auch Rückblick auf die politische, wirtschaftliche und ökonomische Situation dieser Jahre halten.

Die politische Entwicklung zwischen West und Ost nach Beendigung der Berliner Blockade und der am 25. Juni 1950 begonnenen Kriegshandlungen in Korea hatten einen tiefen Riß zwischen den demokratischen Staaten des Westens unter Führung der USA auf der einen und den zwischenzeitlich in den Herrschaftsbereich der Sowjetunion gekommenen osteuropäischen Staaten auf der anderen Seite geschaffen, der sich auch auf die Reisebeziehungen zwischen diesen beiden nunmehr immer weiter auseinanderrückenden Teilen Europas auswirkte. Schaffung der Bundesrepublik Deutschland, Einführung der Deutschen Mark im Westen, Absicherung der sowjetischen Besatzungszone und Mark der Deutschen Notenbank auf der anderen Seite führten allein zwischen den Teilen des verbliebenen Restgebietes des vormaligen Deutschen Reiches zu unüberbrückbaren Gegensätzen, in deren Mitte Westberlin wie eine Insel herausragte. Aber auch die mit den Begriffen NATO, Europäischen Gemeinschaft im Westen, Warschauer Pakt und COMECON im Osten umschriebenen politischen und wirtschaftlichen Gruppierungen wirkten sich hier voll aus. So verwundert es nicht, daß die Reiseströme sich sehr bald wandelten. Die klassischen West-Ost-Relationen dünnten immer mehr aus und versandeten bald fast zu einem kläglichen Rinnsal; dagegen entwickelte sich ein immer stärkerer Nord-Süd-Verkehr von Nordeuropa und den Beneluxländern einschließlich Großbritannien nach dem Süden und Südosten. Dem mußte auch der europäische Reisezugfahrplan folgen.

Und noch zwei Ereignisse kamen hinzu. Mit der Währungsreform am 20. Juni 1948 und der staatlichen Konstituierung der Bundesrepublik Deutschland im Jahre 1949 erwuchs aus dem ehemaligen Haupt- und Erzfeind ein Verbündeter, ein Freund oder geachteter Partner — je nach dem Blickpunkt der einzelnen Staaten und deren Bürger, auf jeden Fall aber eine Wirtschaftsmacht, die durch ihre wirtschaftliche Kraft mit dazu beitrug, daß ihre Bürger in einem nie gekannten Umfang auf Reisen gingen, nicht nur im eigenen Lande, sondern bald in ganz Europa, auf der Straße und in der Luft sowie auf der Schiene. Und mit der gleichzeitig einsetzenden Liberalisierung des Reiseverkehrs zwischen den westeuropäischen Staaten, einer Liberalität, wie man sie weder vor dem Ersten Weltkrieg noch gar in den Jahren zwischen beiden Weltkriegen gekannt hatte, waren die Grenzen keine Grenzen mehr und der Reiseboom konnte sich frei entfalten.

So war auch an der Bundesrepublik und ihrem nunmehr wieder selbstständigen in der Deutschen Bundesbahn zusammengefassten Eisenbahnnetz nicht mehr vorbeizugehen. Hatten die Jahre zwischen 1945 und 1950 dem Aufbau eines internationalen Grundfahrplans gegolten, bei dem der Westen Deutschlands nicht wie nach 1918 ausgespart wurde, der aber überwiegend der Deckung des Bedürfnisses der Bürger der Siegermächte und der befreiten und neutralen Staaten diente, so zeigt die Entwicklung nach 1950 ganz deutlich eine nicht mehr zu unterschätzende Eigenwirkung der Bundesrepublik auf dem internationalen Fahrplan. Dies drückte sich auf dem Sektor der D-Züge zwar erheblich stärker als bei den FD-Zügen aus, aber auch hier wurde manche Verbindung nur unter Beachtung der deutschen Interessen geboren oder vom deutschen Verkehrsaufkommen wesentlich gespeist. Und so ist die nun zu behandelnde Phase eine Phase der Konsolidierung und der Arrondierung des bis zum Jahresfahrplan 1950 Geschaffenen. Gleichzeitig ging man zu dieser Zeit vom bisherigen im Jahr geteilten Fahrplan Sommer und Winter zum Jahresfahrplan über, bei dem es zwar Unterschiede zwischen Sommer und Winter aus den Verkehrsströmen der Jahreszeiten und dem Verkehrsaufkommen heraus gab, das Grundnetz jedoch für die Dauer eines Fahrplanjahres konstant blieb.

Für den Bereich der Deutschen Bundesbahn brachte der Jahresfahrplan 1950/51 — wie er jetzt hieß — auch eine Neuabgrenzung der Zuggattungsbegriffe im schnellen Reisezugverkehr. Aus dem bisherigen FD-Zug wurde nun in Anlehnung an den im innerdeutschen Verkehr inzwischen eingeführten und später zu behandelnden leichten Fernschnellzug auch im internationalen Verkehr der mit „F" bezeichnete Fernschnellzug, der nur mit einem besonderen Zuschlag zu benutzen war und sich damit auch sprachlich vom „normalen" Schnellzug, der mit „D" in Anlehnung an die alte Begriffsbestimmung aus der Bildung mit „Durchgangswagen" bezeichnet wurde, abhob. Auch soll nun nachfolgend keine Darstellung jedes einzelnen Zuges in der Form abgegeben werden, aus welchen Gründen er warum und weswegen eingelegt wurde, wie dies für die erste Phase nach dem Zweiten Weltkrieg zum Verständnis der Zusammenhänge als notwendig erachtet wurde, sondern es soll in etwa eine Chronologie der weiteren Ausgestaltung des internationalen F-Zugverkehrs über deutsche Strecken ebenso wie der dann später zwangsläufig eintretende Rückbau dieser Zuggattung bei der DB versucht werden. Und dabei muß zugleich und somit für alle folgenden Ausführungen bis zum Jahre 1982 hin eine weitere Definition gegeben werden: Unter deutschen Strecken im Sinne der nachfolgenden Ausführungen sind immer die Eisenbahnstrecken im Bereich der Bundesrepublik Deutschland anzusehen, da durch die politische Entwicklung sich nun zwischenzeitlich ein zweiter deutscher Staat in der Deutschen Demokratischen Republik aus dem Gebiet der ehemaligen sowjetischen Besatzungszone gebildet hatte. Und hier verlief die Gesamtentwicklung anders und allgemein ohne mit dem Bereich der DB vergleichbaren Phasen, so daß diesem Bereich im Kapitel K eine besondere Darstellung gegeben werden wird. Auch werden in den nachfolgenden Ausführungen die Zugverbindungen, die im Bereich der DB zwar internationale Aufgaben mit wahrzunehmen hatten, die aber überwiegend dem innerdeutschen F-Zugnetz zuzuordnen sind oder in diesem wichtige Funktionen wahrzunehmen hatten, hier nur gestreift werden und dafür bei der Behandlung der innerdeutschen F-Züge oder der TEE in den nachfolgenden Kapiteln erörtert werden.

Mit dem Jahresfahrplan 1951 wurden erstmals in größerem Umfang die Grenzkontrollen auf deutscher Seite nicht mehr an der Grenze, sondern im fahrenden Zug zwischen dem Grenzbahnhof und

Ab dem 20. Mai 1951 verkehrte als F 163/164 der „Rheingold-Expreß" wieder. Am 16. Mai 1951 führte eine Pressefahrt von Köln nach Mannheim. Für die Rückfahrt nach Köln gab der damalige Generaldirektor der neuen Bundesbahn, Dr. Ing. h.c. Helberg, den Abfahrauftrag. Aufnahme: Slg. Wedde

Im Sommer 1951 zog die Ludwigshafener 03 1004 F 163 bei Namedy nordwärts.
Aufnahme: Carl Bellingrodt

geeigneten Binnenhaltebahnhöfen bzw. umgekehrt durchgeführt, teilweise sogar aufgrund zwischenstaatlicher Vereinbarungen von den Kontrollorganen beider Staaten gleichzeitig, ein Verfahren, das heute an den Grenzen Westeuropas weithin üblich ist. Dadurch wurde es möglich, die für die Grenzkontrollaufenthalte bisher erforderliche erhebliche Zeit auf die für die betriebliche Behandlung der Züge bei Übergabe an die andere Verwaltung zu verkürzen, was zu nicht unbeträchtlichen Verbesserungen der Reisegeschwindigkeiten führte. In den Übersichten drücken sich diese Verbesserungen im internationalen Zuglauf nicht aus, da die dort genannten Werte nicht auf die Relation Zuganfangs- zum Zugendbahnhof bezogen sind, sondern nur jeweils für den deutschen Streckenteil gelten. Aber auch die fortschreitende Verbesserung der technischen Anlagen und die nun bald einsetzende Streckenelektrifizierung führten zu erheblichen Verbesserungen von Reisezeit und Reisegeschwindigkeiten von Jahr zu Jahr ab 1951.

Diese Verkürzungen der Reisezeiten waren aber auch notwendig geworden, denn nicht nur im nationalen, sondern auch im internationalen Verkehr war der Eisenbahn mit dem Kraftfahrzeug inzwischen eine Konkurrenz erwachsen, die weit über das hinausging, was sich bereits zwischen den beiden Weltkriegen abgezeichnet hatte. Neben den zunehmenden Individualverkehr traten gewerbliche Omnibusunternehmen im Binnen- wie auch internationalen Verkehr. Schließlich hatte die Luftfahrt einen nicht vorhersehbaren, rasanten Aufschwung genommen, und hinter dem Propellerflugzeug stand als neue Generation bereits der Düsenjet bereit. Hier waren es gerade die europäischen Mittelstrecken zwischen den einzelnen Hauptstädten, die für die Eisenbahn eine bedeutsame Konkurrenz darstellten. Das Monopol der Eisenbahn, das seit den zwanziger Jahren schon im Nahverkehr nicht mehr bestand, war nun endgültig gebrochen. Nur ein leistungsgerechtes, am Markt orientiertes Angebot zeitlich günstiger und schneller Zugverbindungen im internationalen Verkehr konnte dieser Entwicklung begegnen. In den Folgejahren gelang es den beteiligten europäischen Eisenbahnverwaltungen, diese Aufgabe zu meistern und weitere Verbindungen zu schaffen, wobei später der Trans-Europ-Expreß (TEE) für den Geschäftsreiseverkehr zwischen den Zentren neue Maßstäbe setzte.

Der Jahresfahrplan 1951, auf der EFK Amsterdam vom 10. - 21. Oktober 1950 beraten, brachte den Grundstein dieser Anpassung durch

— Ausbau und Beschleunigung der bestehenden internationalen Standardverbindungen, die auf den deutschen Strecken neu als „F"-Züge bezeichnet wurden.
— Kürzung der Aufenthaltszeiten auf den Haltebahnhöfen auf das betrieblich und verkehrlich unbedingt erforderliche Maß.
— Verlegung der Grenzkontrollen weithin in den fahrenden Zug, um die oft sehr langen Grenzaufenthalte zu beseitigen.
— Bereinigung von Standardverbindungen von nur schwach genutzten Kurswagen, um die Zugbildung zu vereinfachen und die betrieblich erforderlichen Aufenthalte zu kürzen.
— Verbesserung (oder Kürzung) der Fahrzeiten durch die Fortschritte bei der Wiederherstellung des Oberbaus und der Brücken, die bisher stark durch Langsamfahrstellen beeinträchtigten.
— Ergänzung des Netzes der internationalen Standardverbindungen durch bi- und multilaterale Schnellzugverbindungen, die dann auch überwiegend Kurswagenträger wurden.

Danach wies der internationale F-Zug-Verkehr für die deutschen Strecken folgende Stammverbindungen auf:

a)	F 5/6	„Orient-Expreß" Paris — Strasbourg — Stuttgart — München — Salzburg — Wien — Budapest — Bukarest
b)	F 105/106	„Paris-Prag-Expreß" (als Flügel zu F 5/6) Stuttgart — Nürnberg — Schirnding — Prag
c)	F 153/154	„Tauern-Expreß" Ljubljana — Villach — Salzburg — München — Stuttgart — Ludwigshafen — Mainz — Köln — Aachen — Oostende
d)	F 51/52	„Wien-Oostende-Expreß" Wien West — Passau — Frankfurt — Wiesbaden — Köln — Aachen — Oostende
e)	F 163/164	„Rheingold-Expreß" Basel SBB — Mannheim — Mainz — Köln — Venlo — Hoek van Holland
f)	F 263/264	(Flügel zu F 163/164) Köln — Oberhausen — Emmerich — Amsterdam
g)	F 107/108	„Italien-Holland-Expreß" Basel SBB — Mannheim — Mainz — Köln — Oberhausen — Emmerich — Amsterdam
h)	F 211/212	„Italien-Skandinavien-Expreß" Roma — Basel — Frankfurt — Bebra — Hamburg — Flensburg — Kobenhavn
i)	F 11/12	„Nord-Expreß" Paris — Aachen — Köln — Essen — Münster — Hamburg — Flensburg — København

Der „Rheingold-Expreß" führte Kurswagen nach Milano, die am 13. Juli 1952 hinter der SBB-Ellok Be 4/6 12 235 in Arth-Goldau eingereiht waren. Aufnahme: Kurt Eckert

F 153 „Tauern-Expreß" wurde am 3. August 1952 von 03 233 und 01 212 bespannt. Aufnahme (bei Brohl): Carl Bellingrodt

k) F 191/192 „Holland-Skandinavien-Expreß" Hoek van Holland — Bentheim — Osnabrück — Hamburg — Flensburg — København

l) F 111/112 Köln — Essen — Hannover — Helmstedt — Berlin Stadtbahn — Warszawa — Brest (— Moskwa)

Hierbei soll F 111/112 zunächst außer Betracht bleiben, da er im Abschnitt „Interzonenverkehr" detaillierter behandelt wird. Jedenfalls war es endlich gelungen, über F 11/12 und 111/112 durchgehende Kurswagen Paris — Warszawa zu schaffen, die ostwärts Berlin in einem nach Brest fahrenden Zug gefahren wurden, der Anschluß auf den russischen Strecken nach Moskau hatte; nunmehr war die Verbindung Paris — Moskau auf der alten „Nord-Expreß"-Route über Berlin möglich geworden.

Und noch eine wichtige Neuerung hatte die EFK Amsterdam gebracht: Es wurde verbindlich vereinbart, daß in allen Fahrplanunterlagen, bei den Zugläufen und den Zuglaufschildern die Orte in der Schreibweise des jeweiligen Landes anzugeben sind. Außer im Text, wo die gebräuchliche deutsche Schreibweise Anwendung findet, halten sich auch die folgenden Ausführungen an diese Vereinbarung bei der Angabe der Laufwege.

Vergleicht man die unter a) - l) genannten Züge mit den Angaben von 1950, so fallen doch ganz erhebliche Unterschiede bei den einzelnen Zugläufen auf, auf die hier kurz eingegangen werden soll. Beim „Orient-Expreß" wurde auf Antrag der SNCB versucht, eine wesentliche Beschleunigung zu erzielen, indem dieser Zug — entgegen dem alten Vertrag von 1883 — nicht mehr über Bratislava (Preßburg) nach Budapest fahren sollte, sondern auf dem direkten, im Winterabschnitt 1938/39 von der DR erzwungenen Laufweg über Hegyeshalom geleitet wurde; die zweimaligen Grenzaufenthalte Österreich/CSSR und CSSR/Ungarn hatten nämlich immer sehr viel Zeit beansprucht, und das Verkehrsaufkommen für Bratislava hatte bei maximal drei Reisenden gelegen. Es verblieb dennoch bei dem bisherigen Lauf, weil die CSD den Antrag ablehnte; alle westlichen Eisenbahnverwaltungen ließen aber in das EFK-Protokoll aufnehmen, daß sie aufgrund dieser Lage anstrebten, ab 1952 den „Orient-Expreß" auf den Laufweg Paris — Wien West zu beschränken; auf diesem Teilstück wurde dieser Zug auch beschleunigt. Auch auf die Weiterführung des „Oostende-Wien-Expreß" über Wien hinaus zum Balkan wurde verzichtet. Die Flügelzüge Amsterdam — Kranenburg — Köln wurden künftig als D 252/ 251 gefahren. In den Flügelzügen zu F 5/6 und 105/106 blieben die Kurswagen Paris — Warszawa und Oostende — Bratislava über Prag bestehen.

Da der bisherige FD 275/276 zu langsam war, wurde angestrebt, in der Relation Kopenhagen — Rom von bisher zwei Tagen und zwei Nächten eine volle Nacht einzusparen. Dies gelang durch die Einlegung des neuen F 211/212 Rom — Kopenhagen, der allerdings südlich Florenz aus Gründen, die bei der FS lagen, die 3. Wagenklasse nicht führen konnte. Gleichzeitig erhielt der Zug einen Kurswagen Berlin — Hannover — Roma über FD 112/111, und er führte eine neue Gruppe København — Wien, die ab Bebra auf D 385/386 überging. Die ursprüngliche Planung eines Kurswagens Stockholm — Saßnitz — Berlin — Hannover — Roma mußte von der DR wegen Fahrzeitschwierigkeiten abgelehnt werden. In Zusammenhang mit F 211/212 wurden die bisherigen F 107/108 München — Amsterdam zu einer Nachtverbindung Basel SBB — Amsterdam über Mannheim — Mainz — Köln — Emmerich umgestaltet und südwärts Basel mit F 211/212 vereinigt gefahren. Somit war eine neue durchgehende Verbindung Niederlande — Italien geschaffen, die den Namen „Holland-Italien-Expreß" erhielt. Die Flügelzüge D 254/ 253 (London —) Hoek van Holland — Kaldenkirchen — Köln wurden angepaßt.

Noch eine große europäische Verbindung erblickte in diesem Jahr das Licht der Welt, der „Tauern-Expreß". Die „Bundesbahn" (Heft 23/1950) berichtet hierüber u.a.:

„Da die Gruppe der Orientzüge nunmehr praktisch in Wien ihr Ende findet, war von der DB der Antrag gestellt, von Ostende über Köln — München — Salzburg nach Ljubljana einen Anschluß an den Simplon-Orient-Expreß herzustellen. Mit diesem Anschluß sollte erreicht werden, daß

1) Belgien, Holland, Deutschland und z.T. auch England und Skandinavien mit Jugoslawien, dem Balkan und Vorderasien (Taurus-Expreß) verbunden wird,
2) hierbei die kürzeste Reiseroute ohne die Umwege über Wien — Budapest — Belgrad bzw. Basel — Mailand gewählt wird und
3) in diesen Verkehrsbeziehungen möglichst kürzere Reisezeiten erreicht werden.

Aus der nachfolgenden Übersicht ist zu ersehen, daß durch die Schaffung dieser Zugverbindung, die den Namen „Tauern-Expreß" (FD 153/154 Ostende — Köln — München — Ljubljana) erhielt, die Reisewege für England um 8,3%, für Holland um 18,8% und für Belgien um 13,9% verkürzt wurden und die Reisezeitgewinne für England 1,1%, für Holland 26,8% und für Belgien 17,0% der heutigen Verhältnisse betragen.

Verkehrsverbesserung durch Schaffung des Tauern-Expreß

Verkehrsbeziehung	Verkehrszeiten mit Simplon-Orient-Expreß			Verkehrszeiten mit Tauern-Expreß			
	Fahrplanzeiten	Entfernung km	Reisezeit	Fahrplanzeiten	Entfernung km	Reisezeit	a) Reiseweg- u. b) Reisezeitverkürzung in %
London-Beograd	ab 9^{30} über Paris an 7^{35}	2361	46°05'	ab 10^{00} über Köln an 7^{45}	2164	45°35'	a) -8,3 b) -1,1
Amsterdam-Beograd	ab 7^{25} über Basel an 7^{35}	2288	48°10'	ab 20^{20} über Köln-München an 7^{35}	1857	35°15'	a) -18,8 b) -26,8
Bruxelles-Beograd	ab 11^{50} über Basel an 7^{35}	2103	43°45'	ab 19^{15} über Köln-München an 7^{35}	1810	36°21'	a) -13,9 b) -17,0

Im Zuge laufen folgende Wagen:

1	ABC4ü	Hoek van Holland – Ulm – Innsbruck (D 254/FD 154/D 208/D 207/FD 153/D 253)
1	WLAB	Hoek van Holland – München (D 254/FD 154/FD 153/D 253)
1	ABC4ü	Hoek van Holland – München (D 254/FD 154/FD 153/D 253)
1	WLAB	Ostende – München (FD 154/FD 153)
1	ABC4ü	Ostende – Merano (FD 154/D 67/D 64/FD 153)
1	ABC4ü	Ostende – Beograd (FD 154/FD 153/SOE)
1	AB4ü	Ostende – Klagenfurt (FD 154/FD 153)
1	C4ü	Ostende – Klagenfurt (FD 154/FD 153)
1	ABC4ü	Amsterdam – Klagenfurt (FD 108/FD 154/FD 153/FD 107)
1	ABC4ü	Amsterdam – München (FD 108/FD 154/FD 153/FD 107)
1	BC4ü	Hamburg-Altona – Klagenfurt (D 386/D364/FD 154/FD 153/D 363/D 385)
1	ABC4ü	Dortmund – Frankfurt – Beograd (D 364/FD 154/FD 153/D 363/SOE)

Mit der Schaffung des „Tauern-Expreß" dürfte zweifellos eine neue äußerst wertvolle Verbindung in der Beziehung West- und Mitteleuropa mit dem Balkan und Vorderasien geschaffen worden sein. Außer Belgien, Holland und Westdeutschland sind an diesem Zug auch die nordischen Länder und Norddeutschland mit den Zügen L 211/212, D 385/386 und D 363/364 angeschlossen.

Bei diesem großen Projekt entstanden auf dem Streckenabschnitt Kopenhagen – Hamburg mit seinen Trajektierungen über den Großen Belt besondere Schwierigkeiten. „Nord-Expreß" und „Skandinavien-Italien-Expreß" sind in Kopenhagen an die gleichen Verbindungen von und nach Oslo gebunden und streben daher auf der Strecke Kopenhagen – Hamburg nach Möglichkeit die gleichen günstigen Fahrplanlagen an. Infolgedessen mußte versucht werden, sowohl beim „Nord-Expreß" alle nur möglichen Verbesserungen zu erreichen, gleichzeitig aber auch die großen Ziele beim „Skandinavien-Italien-Expreß" und dem „Tauern-Expreß" sicherzustellen. Da aber die Verkehrszeiten nicht nur in Kopenhagen, sondern auch in Hoek, Ostende, Paris, Rom, Ljubljana und Berlin festlagen, bedurfte es einer wirklich wohlwollenden und guten Zusammenarbeit aller mitteleuropäischen Verwaltungen, um hier eine Übereinstimmung im Gesamtprojekt zu erreichen. Daß bei der Lösung dieses Problems die größten Schwierigkeiten im Bereich der DB zu überwinden waren, sei hier nur am Rande vermerkt.

Zusammenfassend kann folgendes Ergebnis herausgestellt werden:

1. Mit dem „Skandinavien-Italien-" und „Holland-Italien-Expreß" ist Rom durch einen Zug mit Schweden, Norwegen, Dänemark, Norddeutschland, Berlin, Westdeutschland, Holland, Belgien und England verbunden worden.

2. Erstmalig wieder nach dem Kriege wurde ohne bedeutende Stillager eine gute durchgehende Verbindung Kopenhagen – Wien und Berlin – Rom hergestellt.
3. Über den „Tauern-Expreß" wurden Jugoslawien, der Balkan und Vorderasien auf den kürzesten Wegen mit England, Belgien, Holland, Westschweden und Norwegen ebenfalls verbunden.
4. Im einzelnen betragen die Beschleunigungen:

Kopenhagen – Hamburg	30 Minuten
Kopenhagen – Basel	2 h 45 Min.
Kopenhagen – Zürich	3 h 40 Min.
Kopenhagen – Mailand	3 h 40 Min.
Kopenhagen – Rom	7 h 40 Min.
Kopenhagen – Wien	6 h 45 Min.
Hoek van Holland – Basel	2 h
Hoek van Holland – Zürich	1 h 42 Min.
Hoek van Holland – Mailand	2 h 45 Min.
Hoek van Holland – Genua	3 h 10 Min.
Hoek van Holland – Rom	7 h 40 Min.
Amsterdam – Belgrad	12 h 55 Min.
Brüssel – Belgrad	7 h 25 Min.

Entsprechend der Namensnennung „Tauern-Expreß" war vorgeschlagen, den etwas schwerfälligen bisherigen Namen „Skandinavien-Schweiz-Italien-Expreß" in „Gotthard-Expreß" umzuwandeln. Trotzdem alle beteiligten Verwaltungen mit dieser Umbenennung einverstanden waren und sie befürworteten, versagte die Italienische Staatsbahn bedauerlicherweise ihre Zustimmung. Es wurde daher ein Kompromißvorschlag der Schweizerischen Bundesbahnen angenommen, der den Namen „Skandinavien-Italien-Expreß" vorsah."

In der Sommersaison wurde FD 253/254 als Flügelzugpaar zum Tauernexpreß ab/bis München gefahren. Am 9. August 1952 zog E 18 16 FD 254 durch die Schwäbische Alb. Bei Urspring „kreuzte" der Zug ein Ochsengespann. *Aufnahme: Carl Bellingrodt*

Auf Antrag der NS wurde der „Holland-Skandinavien-Expreß" F 191/192 zu einer reinen Tagesverbindung Hoek van Holland – Kobenhavn ausgebaut, und über neue Flügelzüge im Bereich der DB E 291/292 Osnabrück – Bad Harzburg wurden die bisher über die FD 252/111 bzw. FD 112/251 über Köln laufenden Kurswagen Hoek van Holland – Berlin in Löhne an die bestehenden Berliner Züge D 9/10 angeschlossen, so daß damit auch eine Tagesverbindung Holland – Berlin zustandekam. Da es auf der EFK Amsterdam gelang, den bisherigen FD 163/164 zur schnellsten Verbindung Holland – Schweiz auszugestalten, wurde beschlossen, im Hinblick auf die Vorkriegstradition diesem Zug den Namen „Rheingold-Expreß" zu geben. Durch Korrespondenz- und Flügelzüge in Köln konnten neu Brüssel, Amsterdam, das Ruhrgebiet im Norden, Wien, München, Meran, Venedig, Rom und Chur im Süden an diese Verbindung angeschlossen werden, die folgende Zugzusammensetzung erhielt:

1	ABC4ü	Hoek van Holland – Wien (FD 164/D 304/D 303/FD 163)
1	ABC4ü	Hoek van Holland – Merano (FD 164/D 368/D 63/D 68/D 367/FD 163)
1	Pw4ü	Hoek van Holland – Basel SBB (FD 164/FD 163)
1	C4ü	Hoek van Holland – Basel SBB (FD 164/FD 163)
1	AB4ü	Hoek van Holland – Basel SBB (FD 164/FD 163)
1	WR	Hoek van Holland – Basel SBB (FD 164/FD 163)
1	ABC4ü	Amsterdam – Chur (D 304/FD 164/FD 163/D 303)
1	ABC4ü	Amsterdam – Göschenen (D 304/FD 164/FD 163/D 303)

Durch den Einbau des inzwischen innerhalb der Bundesrepublik im Aufbau befindlichen Netzes schneller und leichter F-Züge konnten mittels Umsteigeverbindungen weitere Beschleunigungen gegenüber der reinen Fahrzeit mit den großen kontinentalen Verbindungen erzielt werden. Für 1951 sind diese in der nachstehenden Zusammenstellung erfaßt:

Gegenüberstellung der Reisezeiten
bei durchgehenden Dampfzügen und kombinierten Verkehr
(Dampfzüge + Triebwagen + Dampfzüge)

	Strecken (Entfernung in km)	a) der internationalen Dampfzüge		b) der internationalen Dampfzüge in Verbindung mit dem innerdeutschen Schnelltriebwagennetz		Beschleunigung komb. Verkehr / durchgehend. Dampfverkehr in %
		Zug Nr	Reisezeit	Zug Nr	Reisezeit	
A	Kopenhagen-Basel (1418)	D 74/73	26°10'	D74/73-Dt44/43	20°41'	-21,6
B	Kopenhagen-Paris (1490)	L 12/11	25°05'	D74/73-Dt 2/3-D 182/181	25°46'	+ 2,9
C	Kopenhagen-München (1360)	D74/73-D174/173	24°29'	D74/73-Dt 56/55	20°24'	- 16,6
D	Kopenhagen-Villach (1698)	L 212/211-D386/385-D364/363-FD153/154	30°33'	D74/73-Dt56/55-Dt 9/10	26°42'	-12,6
E	Köln-Wien (973)	D304/303	17°28'	Dt34/33-D304/303	14°56'	- 18,3
F	Köln-Villach (967)	FD153/154	16°21'	Dt 28/27-Dt9/10	15°04'	-7,8
G	Hamburg-Wien (1150)	L212/211-D386/385	20°17'	Dt54/53-Dt34/33-D204/203	15°16'	-24,7
H	Kopenhagen-Milano (1704)	D74/73-D70/51	34°31'	D74/73-Dt44/43-D68/57	28°45'	-16,7
J	Hamburg-Rom (1767)	D74/73-D174/173 D63/68	35°31'	Dt54/53-D63/68	28°26'	-13,4
K	Köln-Rom (1324)	D367/368-D63/68	30°34'	Dt24/23-D63/68	27°00'	-8,8

Naturgemäß wirkten sich alle diese Maßnahmen auf Reisedauer und -geschwindigkeiten erheblich aus, wenn auch die Vorkriegs-Standardwerte noch bei weitem nicht wieder erreicht waren. Aber ein erfreulicher Anfang war gemacht, auf dem in den folgenden Jahren kontinuierlich aufgebaut werden konnte. Die Entwicklung von Reisedauer und -geschwindigkeiten im internationalen Verkehr zwischen1946 und 1951 im Vergleich zu 1939 sind aus nachstehender Übersicht zu erkennen:

	Strecken	Angaben auf gesamten Zuglauf: Reisedauer 1939	1946	1947	1948	1949	1951	Mehr- u. Minder Reisedauer 1949/1939	1949/1947	1951/1949	km	Durchschnittl. Reisegeschwindigkeit km/Std 1949	1951	Zoll- u. Pass-Aufenthalte in Minuten 1934	1949	1951	Angaben auf Strecken der Westzonen: km	Reisedauer 1939	1949	1951	Reisegeschwindigkeit 1939	1949	1951
		1	2	3	4	5	6	7	8	9	10	11	12	13	14	15	16	17	18	19	20	21	22
A	Paris - Berlin L 11/12, FD 111/112	13°07'	26°27'	26°30'	27°29'	27°36'	20°07'	+ 14°29'	+ 1°06'	- 7°29'	1072	38ˣ	53,3	10'	62 90 195 347'	8 32 81 121'	468 (622 bis Berlin)	7°29' bis Berlin	10°11'	8°51'	83	46	56
B	Paris - Stockholm L 11/12	35°15' L 11/D 173 über Berlin	55°10'	43°13'	42°55'	41°40'	37°40'	+ 6°25'	- 13°30' 1946 - 1°33'	- 4°00'	2095	50	55,6	–	62 90 71 223'	8 12 15 55'	711	10°17'	11°45'	10°37'	71	60	67
C	Paris - Wien FD 5/6	19°25'		28°00'	27°05'	26°00	22°35	+ 6°35'	- 2°00'	- 3°25'	1386	53	61,4	21 10 31'	50 40 90'	40 40 30'	561	7°32'	10°15'	8°35'	74	55	65,3
D	Paris - Prag FD 5/6, FD 105/106	20°05'	32°45'	27°00'	26°15'	26°10'	22°50'	+ 6°05'	- 50'	- 3°20'	1240	46ˣ	54,4	21 27 48'	50 112 152'	40 30 63 133'	496	8°12'	10°56'	8°53'	61	45	55,8
E	Ostende - Wien FD 51/52	25°27'		30°15	29°55'	28°30	23°17'	+ 2°57'	- 1°45'	- 4°33'	1313	46	56,4	8 12 20'	45 45 90'	40 40 80'	743	10°11'	14°39'	12°23'	73	50	60
F	Ostende - Prag FD 51/52, FD 105/106	19°22'		28°30'	28°40'	27°50'	23°55'	+ 8°28'	- 40'	- 3°55'	1162	40ˣ	48,5	8 27 35'	45 112 157'	40 93 133'	653	10°33'	16°17'	13°08'	64	40	50
G	Ostende - Warschau FD 51/52, FD 105/106	25°34' 19°56' L 11		47°33'	48°18'	47°33'	41°48'	+ 21°59'	- 28'	- 5°45'	2029 1499 üb. Berlin	42ˣ	48,5	10 32 42'	45 112 101 258'	40 93 101 234'	653	10°33'	16°17'	13°08'	64	40	50
H	Hoek - Kopenhagen FD 191/192	25°08' 171/271/179		22°25'	22°00'	22°17'	17°12'	- 2°51'	- 08'	- 5°50'	1103	49	64,1	6 28 34'	105 83 188'	20 20 40'	489	7°19'	7°51'	6°43'	66	62	72,8
J	Hoek - Basel Bad. Bf FD 163/164	10°31' 101		22°27'	21°08'	15°05'	12°22'	+ 4°35'	- 7°21'	- 2°43'	839	55	67,8	8'	75'	25'	601 (648 üb. Emmerich)	7°27' (101)	11°07'	8°56'	87	54	67,2
K	Kopenhagen - Basel Bad. Bf D 275/276	24°09' 91/191/133		33°00'	30°24'	27°25'	22°58'	+ 3°16'	- 5°35'	- 4°27'	1418	51	61,8	66'	69'	28'	1052	15°42'	19°08'	15°24'	61	55	69,2
L	Kopenhagen - Rom L 211/212					45°00'	37°30'			- 7°30'	2336	52	62,3		68 63 20 151'	28 20 20 58'	1052		18°39'	15°24'		57,4	69,2
M	Kopenhagen - Wien L 211/212, D 385/386					40°12'	30°36'			- 9°37'	1720	43	56,4		28 53 51 132'	28 40 68'	1042		24°58'	17°04'		51,7	61

ˣ befahren Gebiete des Ostens

Die Ausstrahlung und Netzwirkung der einzelnen Züge des internationalen F-Zug-Verkehrs über Strecken der DB ist für die einzelnen Zuggruppen deutlich aus den folgenden Abbildungen zu ersehen.

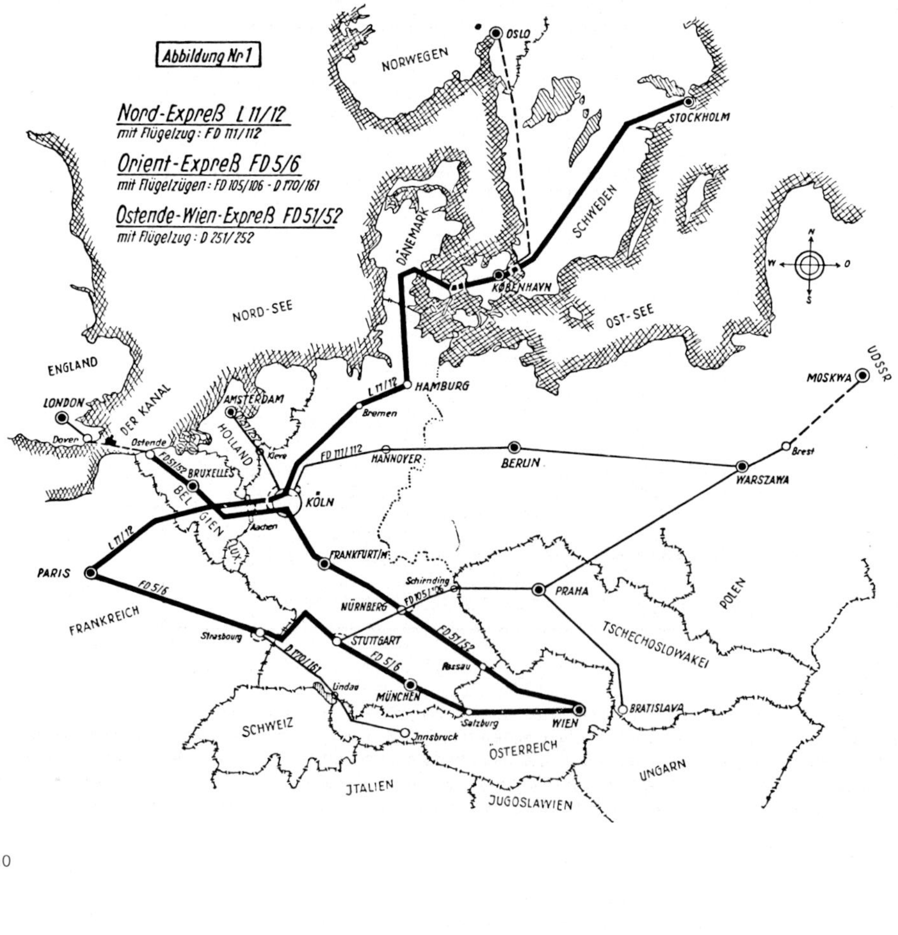

Am 25. Juni 1952 bespannte E 17 13 den F 5 „Orient-Expreß". Bei Asperg gelang Carl Bellingrodt diese Aufnahme.

Im August 1953 brachte E 04 18 des Bw München Hbf F 5 von Stuttgart nach München.
Aufnahme: Heribert Schröpfer

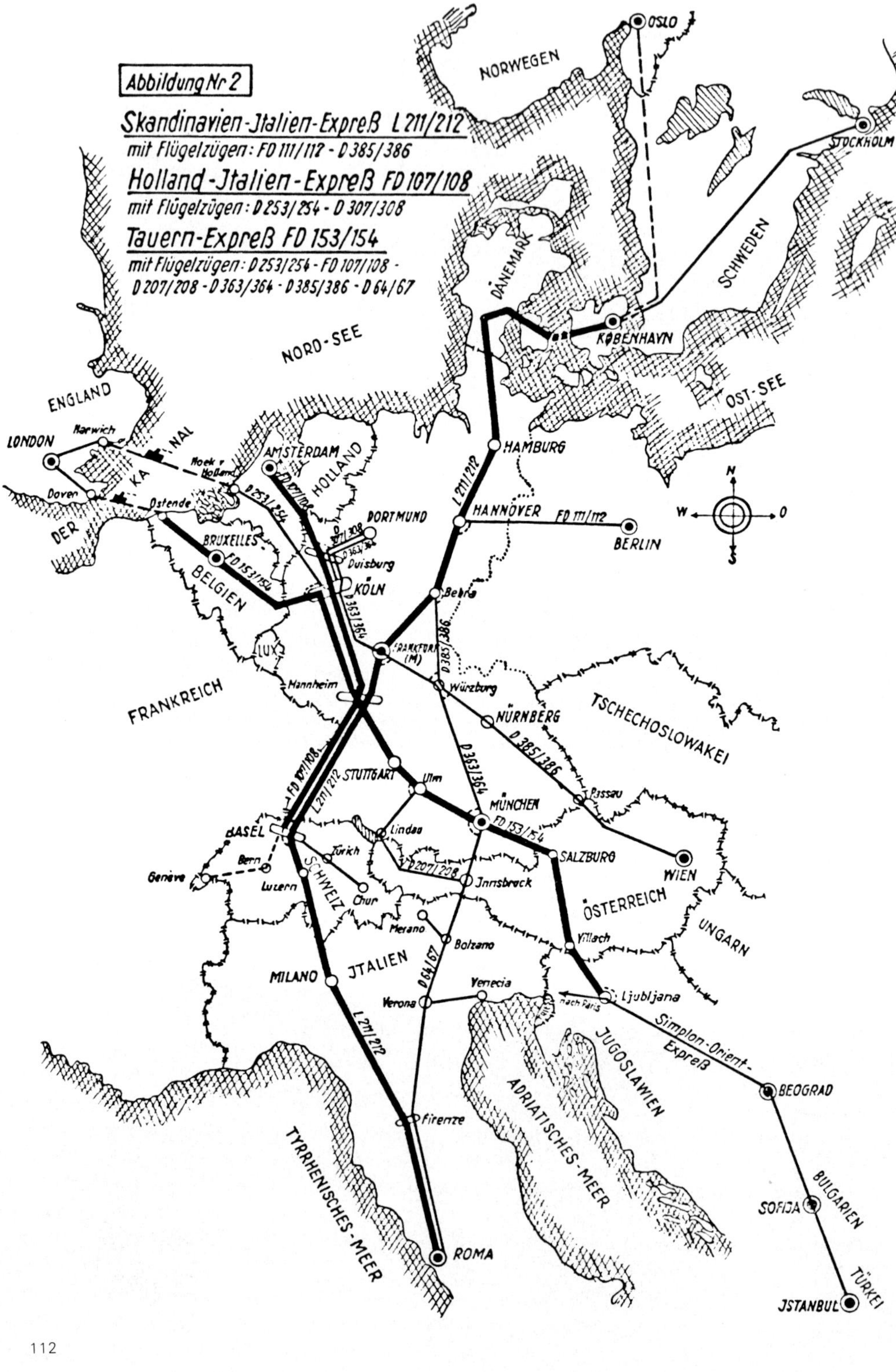
Abbildung Nr 2
Skandinavien-Jtalien-Expreß L 211/212
mit Flügelzügen: FD 111/112 - D 385/386
Holland-Jtalien-Expreß FD 107/108
mit Flügelzügen: D 253/254 - D 307/308
Tauern-Expreß FD 153/154
mit Flügelzügen: D 253/254 - FD 107/108 -
D 207/208 - D 363/364 - D 385/386 - D 64/67
OSLO
NORWEGEN
STOCKHOLM
SCHWEDEN
DÄNEMARK
KØBENHAVN
OST-SEE
NORD-SEE
ENGLAND
LONDON
Harwich
Dover
DER
KA
NAL
Hoek v. Holland
Ostende
AMSTERDAM
HOLLAND
HAMBURG
HANNOVER
FD 111/112
BERLIN
DORTMUND
Duisburg
KÖLN
BRUXELLES
BELGIEN
LUX
Bebra
FRANKFURT (M)
Mannheim
Würzburg
NÜRNBERG
FRANKREICH
TSCHECHOSLOWAKEI
D 385/386
Passau
STUTTGART
Ulm
MÜNCHEN
FD 153/154
SALZBURG
WIEN
BASEL
Bern
Genève
Zürich
Luzern
Lindau
D 207/208
Innsbruck
Chur
SCHWEIZ
ÖSTERREICH
UNGARN
Merano
Bolzano
Villach
Ljubljana
nach Paris
JTALIEN
MILANO
Verona
Venecia
D 64/67
D 363/364
L 211/212
FD 107/108
D 253/254
Simplon-Orient-Expreß
JUGOSLAWIEN
BEOGRAD
ADRIATISCHES-MEER
Firenze
TYRRHENISCHES-MEER
ROMA
BULGARIEN
SOFIJA
TÜRKEI
JSTANBUL
N
W
O
S

Rheingold-Expreß mit Flügelzügen

Abbildung Nr. 3

Abbildung Nr. 4

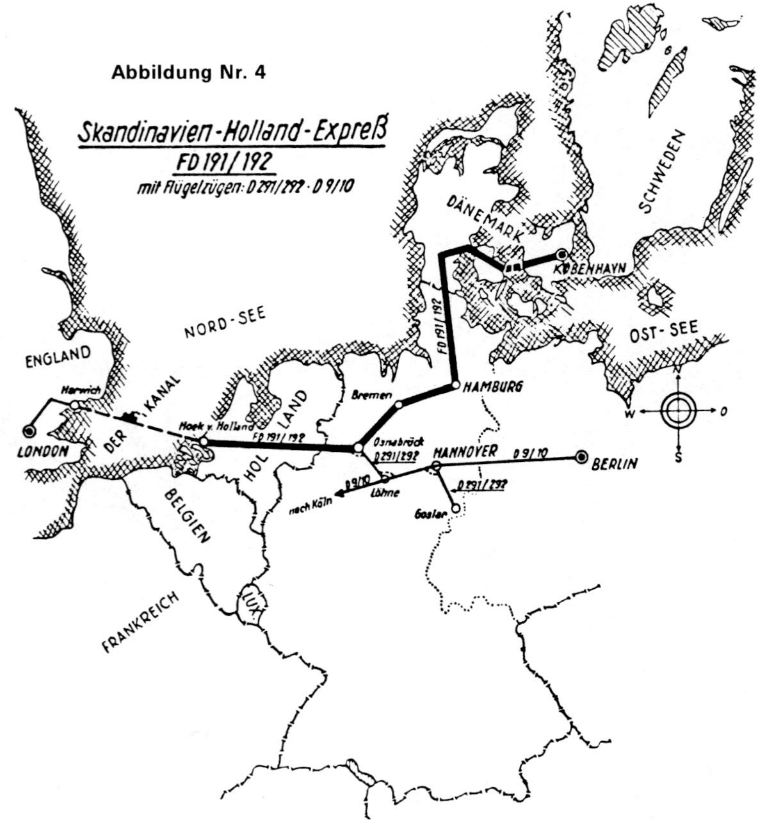

Abbildung Nr. 5

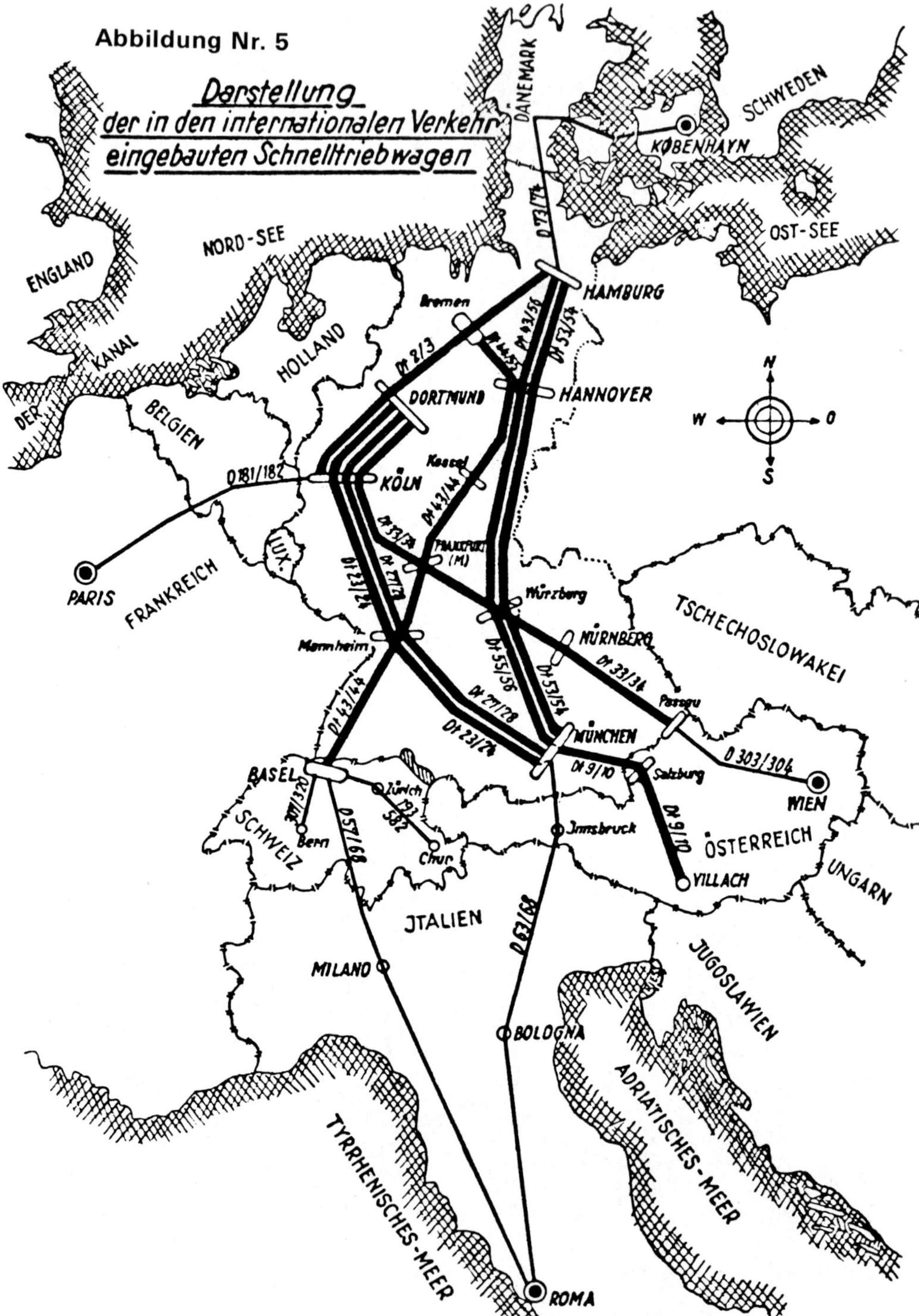

Das Fahrplanjahr 1952 brachte für den stark belasteten „Rheingold-Expreß" F 163/164 eine neue schnelle Tagesverbindung F 9/10 Basel SBB – Hoek van Holland über Mannheim – Mainz – Köln – Venlo mit Flügelzügen F 21/22 Innsbruck – Kufstein – München – Würzburg – Frankfurt – Mainz – Köln – Essen – Dortmund, die in Köln miteinander zusammengeschlossen waren. Interessanterweise trugen beide Züge den Namen „Rhein-Pfeil". Da es sich hier um ins Ausland laufende neue Verbindungen des innerdeutschen leichten F-Zug-Netzes handelt, werden sie in Kapitel F behandelt werden.

Der „Tauern-Expreß" war bereits 1951 ein voller Erfolg, so daß in der Sommersaison die beiden Gruppen von Belgien und Holland nicht mehr in Köln vereinigt werden konnten. In dieser Zeit wurden sie daher getrennt gefahren, und zwar F 154/153 von und nach Oostende Kai, F 254/253 von und nach Hoek van Holland, wobei letztere über Kaldenkirchen – Köln – Mainz – Mannheim – Stuttgart bis München gefahren wurden, wo die Vereinigung mit F 154/153 erfolgte. Außerhalb der Sommersaison verkehrten F 254/253 nur Hoek van Holland – Köln mit dortiger Vereinigung mit F 154/153. Sowohl F 211/212 wie auch F 191/192 erhielten wegen des starken Reiseverkehrs mit Skandinavien in der Saison schnelle Entlastungszüge; da diese aber als D-Züge klassifiziert waren, bleiben sie hier außer Betracht.

Malerische Rheinstrecke am 7. September 1952: F 9 „Rheinpfeil" mit 03 281 als Zuglok fährt an der Blockstelle Pfalz vorbei. *Aufnahme: Carl Bellingrodt*

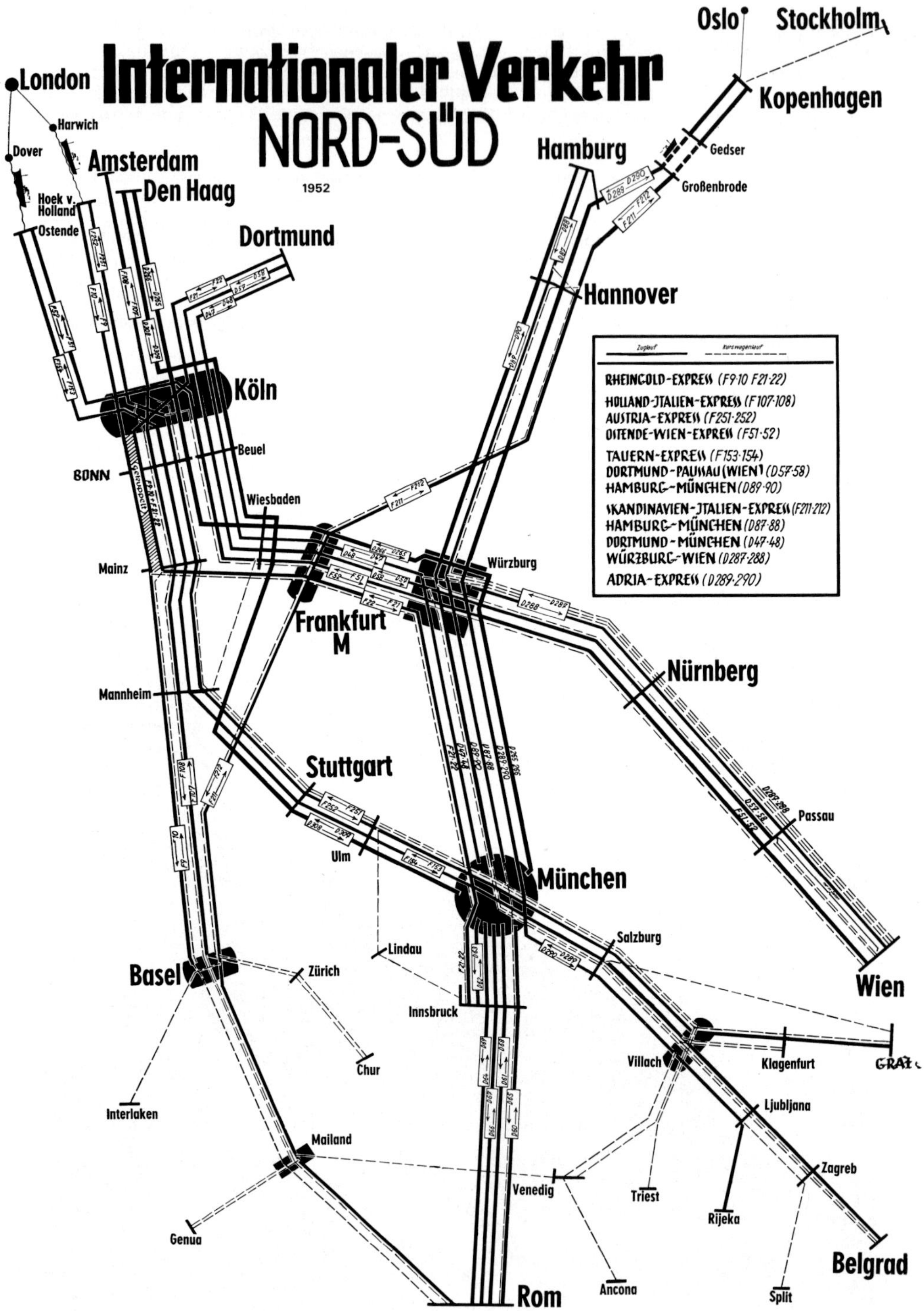

Bild 1: Internationaler Fernverkehr Nord-Süd

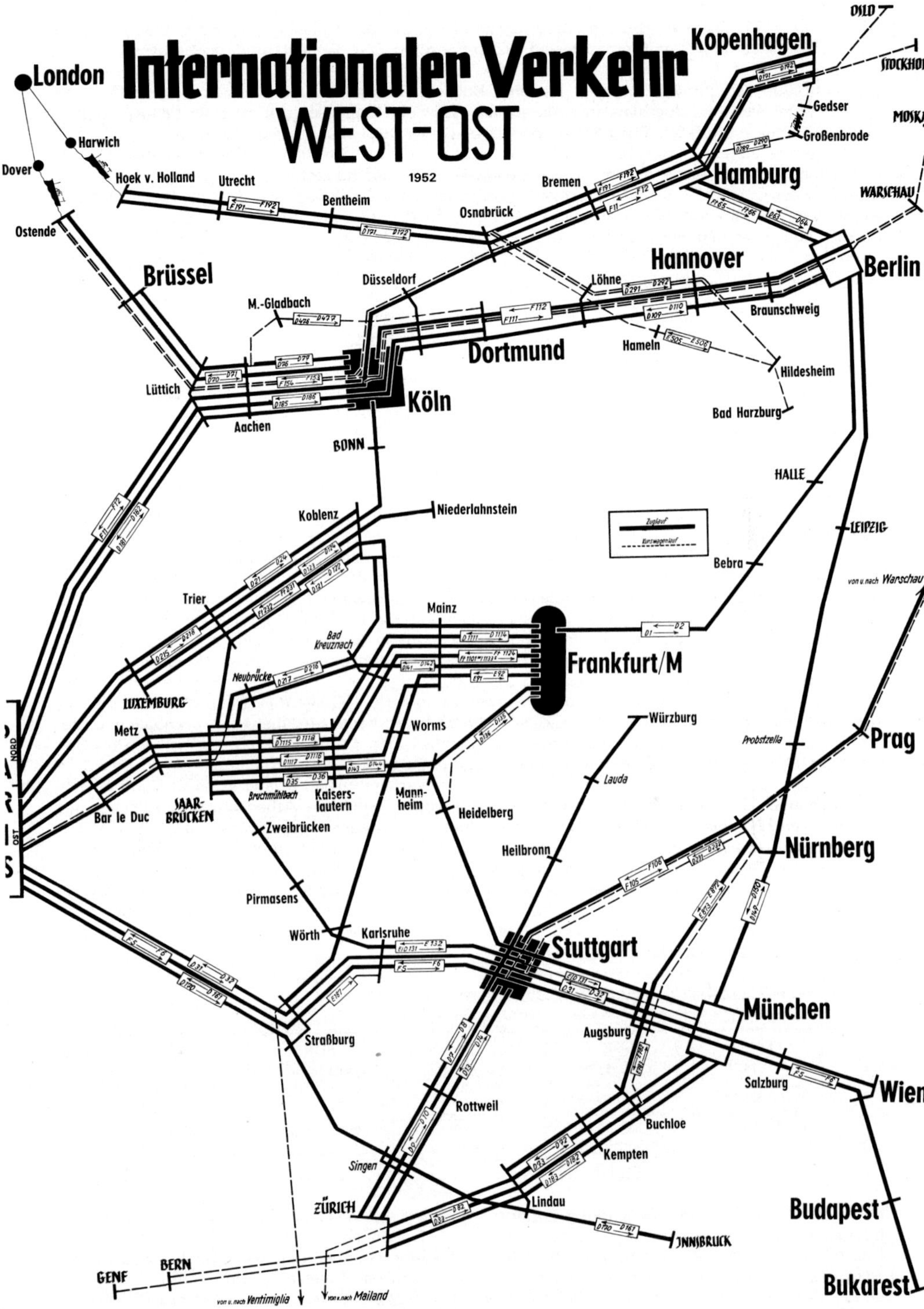

Bild 2: Internationaler Fernverkehr West-Ost

Die vom 1. - 11. Oktober 1952 in Nizza tagende EFK für den Jahresfahrplan 1953 brachte einige wesentliche Neuerungen im internationalen F-Zug-Fahrplan. Die „Bundesbahn" berichtet u.a.:

„Im Nord-Süd-Verkehr von England, Holland, Belgien, Ruhrgebiet und Rheinland einerseits, nach Italien, Österreich und Jugoslawien andererseits, ist in der Nachkriegszeit als einer der wichtigsten Züge der „Tauern-Expreß" (TE) geschaffen worden. Dieser Zug hat in den zwei Jahren seines Bestehens die in ihn gesetzten Erwartungen nicht nur erfüllt, sondern übertroffen. Die Verkehrsergebnisse waren mehr als befriedigend. Der „Tauern-Expreß" stellt auf kürzestem Wege die Verbindung von London über Ostende – Köln – Stuttgart – München nach Österreich und Jugoslawien und damit weiter zum Balkan und dem Vorderen Orient dar. In der gleichen Verkehrsbeziehung England – Balkan, aber über den Weg Calais – Paris – Lausanne – Mailand – Triest – Belgrad, verkehrt der „Simplon-Orient-Expreß" (SOE), dessen Weg jedoch 197 km länger ist. Trotz des kürzeren Weges über Deutschland war bisher der SOE über Paris eine Stunde schneller:

TE	SOE	Jahresfahrplan 1952/53			SOE	TE
10.00	11.00	ab	London	an	19.50	20.50
7.25	7.25	an	Belgrad	ab	22.30	22.30

Hauptaufgabe war, die kürzere Entfernung über Deutschland auch reisezeitmäßig auszuwerten.

Zwischen Dover und Ostende verkehren ganzjährig nur zwei Schiffe, und zwar Tagesschiffe mit einer Abfahrt um 10.00 Uhr und einer Abfahrt um 14.30 Uhr ab London und einer Ankunft um 16.25 Uhr und 20.50 Uhr in London. Heute liegt an der Morgenverbindung ab London der Tauern-Expreß und an der Nachmittagsverbindung der Ostende-Wien-Expreß. Es mußte –als einzige Lösung – erreicht werden, mit dem TE erst um 14.30 ab London zu fahren und bereits 16.25 Uhr wieder in London anzukommen, gleichzeitig aber den Anschluß und Kurswagenübergang mit dem SOE in Laibach zu halten. Durch wesentliche Vereinfachung der Zugbildung, Aufgabe von minderwichtigen Halten, Benutzung der kürzesten und schnellsten Strecken und dank der Hilfe der Belgischen Eisenbahnen gelang es, die erforderliche Zeit von viereinhalb Stunden zu gewinnen. Die neue Lage bringt dem TE auch die gewünschte Entlastung vom innerdeutschen Verkehr und macht ihn frei für den internationalen Transitverkehr. Trotz der viereinhalb Stunden späteren Abfahrt ab London kommt der TE in Laibach ungefähr zur heutigen Zeit an. Die Französichen Eisenbahnen waren aber ihrerseits auch an einer Beschleunigung des SOE interessiert. Die zuerst vorgesehene Früherlegung in Laibach um 80 Minuten kam zwar nicht zustande, jedoch wurden es immerhin 60 Minuten. Dadurch wurde die Absicht, den Zusammenschluß der beiden Züge in Laibach wie heute beizubehalten, unmöglich. Es gelang mit Unterstützung der Jugoslawischen Eisenbahnen, den Tauern--Expreß von Laibach bis Belgrad dem Simplon-Orient-Expreß nachzufahren und in Belgrad einzuholen. Für den Gegenzug wurde eine entsprechende Lösung getroffen. Nach weiteren Verhandlungen gelang es sogar, fünfmal wöchentlich einen Sitzwagen und zweimal einen Schlafwagen Ostende – Athen vom TE in Belgrad auf den SOE umzustellen, so daß erstmalig nach dem Kriege wieder direkte Wagen von Ostende über Deutschland – Belgrad bis nach Athen fahren. Diese Verbindung hat heute um so größere Bedeutung, als der Verkehr nach der Türkei kaum noch über Sofia, sondern vielmehr über Thessaloniki geht. Die Industrie hat die durchgehende Verbindung besonders begrüßt. Gerade aus der Maschinenindustrie müssen ständig Vertreter und Monteure in die Balkanländer fahren. Auch der Güteraustausch, z. B. eilige Maschinen und Motorenteile, wird verbessert, da der TE einen durchgehenden Packwagen nach Belgrad erhält.

Für TE und SOE ergeben sich zum 17.5.1953 folgende Fahrplanlagen:

Tag	TE	SOE		SOE	TE	Tag
1.	— 14.30	— 11.00	London	19.50 —	16.24 —	
	22.21—22.30	—	Brüssel	—	07.44—07.53	
2.	02.22—02.30	—	Köln	—	03.32—03.42	4.
	10.44—11.05	—	München	—	19.06—19.18	
	20.26—20.40	19.33—19.58	Laibach	09.11—09.31	08.42—09.19	3.
3.	06.35—07.20	06.10—07.20	Belgrad	21.57—22.57	21.57—22.45	2.
4.	12.35		Athen	18.25		1.

Es ist damit gelungen, die Verbindung London – Belgrad – Athen so konkurrenzfähig zu gestalten, daß der Reisende nicht nur ohne Nachteil, sondern im Gegenteil mit kürzerer Reisezeit den Weg über Deutschland nehmen kann, sofern er nicht aus besonderen Gründen den Weg über Frankreich vorzieht. Tabelle 1 gibt eine Übersicht über die Entwicklung der Reisezeiten und Reisegeschwindigkeiten des Tauern-Expresses seit 1951/52 sowie eine Gegenüberstellung zum Simplon-Orient-Expreß.

Tabelle 1: Reisezeiten und Reisegeschwindigkeiten des Tauern-Expresses 1951/52—1953/54

Verkehrsbeziehung	Entfernung km	Tauern-Expreß 1951/52 Reisezeit	Tauern-Expreß 1951/52 Reisegeschwindigkeit	Tauern-Expreß 1952/53 Reisezeit	Tauern-Expreß 1952/53 Reisegeschwindigkeit	Tauern-Expreß 1953/54 Reisezeit	Tauern-Expreß 1953/54 Reisegeschwindigkeit	Simplon-Orient-Expreß 1953/54 Entfernung km	Simplon-Orient-Expreß 1953/54 Reisezeit	Simplon-Orient-Expreß 1953/54 Reisegeschwindigkeit
London-Belgrad	2 164	45° 35'	47,5	45° 25'	47,6	40° 05'	53,1	2 361	43° 10'	54,7
London-Athen	3 367	—	—	—	—	69° 05'	48,7	3 564	72° 35'	49,1
Brüssel C - Belgrad	1 857	36° 21'	51,1	36° 18'	51,1	32° 00'	58,0	—	—	—
Brüssel C - Athen	3 030	—	—	—	—	61° 00'	50,2	—	—	—
Köln-Belgrad	1 626	30° 53'	52,6	30° 52'	52,7	28° 05'	57,9	—	—	—
Köln-Athen	2 829	—	—	—	—	57° 05'	49,6	—	—	—

Die in Deutschland aufkommenden Wagen für den TE, die bisherigen Kurswagen Dortmund — Belgrad und Hamburg — Klagenfurt sowie der neue Wagen Hamburg — Belgrad, werden mit den Zügen D 58/57 und D 90/89 bis und ab München gefahren.

Neben dieser Verbindung Tauern-Expreß spielt im Verkehr mit England, wie oben schon erwähnt, der Ostende-Wien-Expreß eine große Rolle. Die Tagesverbindung von England zum Rheinland und Ruhrgebiet und umgekehrt entsprach schon länger nicht mehr den Wünschen der Bundesbahn. Bei einer Abfahrt um 10.00 Uhr ab London, konnte Köln erst um 0.17 Uhr erreicht werden. In der Gegenrichtung ergab eine Abfahrt in Köln um 6.35 Uhr eine Ankunft in London um 20.50 Uhr. Im Wettbewerb zur Luftfahrt sind diese Verbindungen unzulänglich. Durch die Späterlegung des TE wurde die Vormittagsverbindung von London bzw. die Abendankunft in London frei, und es war möglich, den Ostende- Wien-Expreß entsprechend zu verlegen:

	F 52				F 51	
	10.00	ab	London	an	20.50	
18.20	18.27		Brüssel		12.06	12.15
22.51	23.06		Köln		6.57	7.20
7.05	7.17		Nürnberg		23.05	23.20
16.00		an	Wien	ab		13.40

In Köln ergeben sich in Zukunft, neben einem Reisezeitgewinn von 86 Minuten in der einen und von 45 Minuten in der anderen Richtung, wesentlich günstigere Ankunfts- und Abfahrtszeiten. Auf die Anschlüsse in Nürnberg nach und von Prag brauchte keine Rücksicht genommen werden, da die Kurswagen Ostende — Prag wegen zu geringer Besetzung aufgegeben wurden. Auch für Wien ist eine Ankunft von 16.00 Uhr günstiger als bisher 20.50 Uhr.

Gleichzeitig wurde damit auch die Verbindung von London über Harwich — Hoek van Holland nach Deutschland geändert. Durch frühere Abfahrt ab London gelang es, auch diese Verbindung (neu F 252/251) wesentlich zu beschleunigen und mit F 52/51 gleichzeitig nach Köln zu bringen. Zur Entlastung des nur noch dem Transitverkehr dienenden Tauern-Expreß wurden F 252/251 als Austria-Expreß über Köln — Stuttgart — München — Salzburg — Villach — Klagenfurt bis und ab Graz verlängert:

F 252						F 251
	9.30	ab	London Liverpool Street	an	21.08	
18.10	18.43		Hoek van Holland		11.45	12.15
19.05	19.08		Rotterdam		11.19	11.22
22.40	23.08		Köln		6.52	7.14
2.57	3.22		Mannheim		2.35	2.58
5.34	5.42		Stuttgart		0.25	0.34
8.47	9.00		München		20.51	21.11
11.09	11.50		Salzburg		18.10	18.50
15.55	16.28		Villach		13.24	14.03
21.38		an	Graz	ab		8.10

Die Züge F 52/51 und F 252/251 tauschen in Köln bzw. über Flügelzüge F 452/451 Wiesbaden — Mannheim in Mannheim Kurswagen Hoek van Holland — Wien und Frankfurt, Aachen — München,

Ostende — Triest aus. Der Austria-Expreß dient in erster Linie dem holländischen und deutschen Verkehr nach Kärnten und der Adria.

An diese beiden Nachtzüge Austria-Expreß und Ostende-Wien-Expreß wurde von Holland noch der F 108/107 Holland-Italien-Expreß herangebracht, der mit F 252/251 Kurswagen austauscht. Durch die Früherlegung des F 108 konnte in Basel die Bindung mit dem grundsätzlich verlegten F 212 Skandinavien-Italien-Expreß aufrechterhalten bleiben. In der Gegenrichtung war das Anpassen des F 107 an die günstige Lage des Skandinavien-Italien-Expresses in diesem Jahr noch nicht möglich.

	F 108					F 107
	18.40	ab	Amsterdam	an	11.15	
21.41	21.42		Duisburg		8.07	8.09
22.42	23.00		Köln		7.00	7.06
2.50	2.58		Mannheim		2.42	3.06
6.23	6.48		Basel Bad Bf		22.35	23.19
6.55	7.20		Basel SBB		21.30	22.28
13.42	14.05		Mailand		14.35	15.07
18.03	18.10		Florenz		10.31	10.40
22.00		an	Rom	ab		7.00

F 108/107 sollen, ähnlich wie der Tauern-Expreß,vorwiegend dem Transitverkehr dienen. Für den Nachtverkehr Westdeutschland — Schweiz ist, unter Auflassung des schwach frequentierten D 754/753 Köln — Konstanz, ein neuer Zug D 208/207 Dortmund —Basel mit Kurswagen Konstanz, Mailand, Chur, Lausanne — Brig vorgesehen. Die Pfalz wurde für den Wegfall der D 754/753 durch wesentlich günstigere Tageszüge voll entschädigt.

Auch die Tagesverbindungen von (England —) Holland und Westdeutschland nach der Schweiz erfuhren beachtliche Verbesserungen. Auf Wunsch der Engländer wird eine Änderung der Namen bei den Zügen F 9/10 und F 163/164 vorgenommen. Die Namen ,,Rheinpfeil" und ,,Rheingold" führen in England zu Verwechslungen. Diesem Argument, das von den Holländern unterstützt wurde, konnte sich die Deutsche Bundesbahn nicht verschließen, so daß also der bisherige ,,Rheinpfeil" als der schnellste und qualitativ beste Zug mit nur 1. und 2. Klasse den Namen ,,Rheingold-Expreß" erhielt. Der heutige ,,Rheingold" (F 163/164) erhält nach einem Vorschlag der Holländer den Namen ,,Loreley-Expreß". Die deutsche Öffentlichkeit hat bei dem vorjährigen Preisausschreiben diesen Namen ebenfalls stark befürwortet.

Der neue Rheingold-Expreß (F 10/9) ist mit Unterstützung der Niederländischen und Schweizerischen Bahnen zu einer Tagesverbindung Hoek van Holland — Mailand ausgebaut worden und erhält außerdem einen Kurswagen Hoek van Holland — Rom.

	F 10			F 9		
	20.00	ab	London	an	9.14	
5.45	6.25		Hoek v. Holland		23.26	23.50
10.12	10.25		Köln		19.29	19.37
13.40	13.46		Mannheim		15.59	16.05
17.06	17.37		Basel SBB		12.22	12.42
0.20	0.55		Mailand		5.40	6.25
10.20		an	Rom	ab		20.40

Im Fahrplan 1953/54 erreichen F 10/9 etwa die gleiche Reisezeit und damit auch Reisegeschwindigkeit wie der alte Rheingold im Jahre 1939."

Im Zusammenhang mit diesen Maßnahmen entfiel der im Vorjahr eingeführte Flügelzug zum ,,Tauern-Expreß" F 253/254.

Der Verkehr mit Skandinavien krankte seit seiner Einrichtung nach Ende des Zweiten Weltkrieges an der mangelhaften Fährkapazität über den Großen Belt. Obwohl die DSB alle nur möglichen Maßnahmen zur Leistungssteigerung durch vermehrte Fahrten, Einsatz von leistungsfähigeren und schnelleren, größeren Schiffen getroffen hatte, war dieser Flaschenhals, der ja nicht nur dem internationalen Fernverkehr, sondern ebenso dem innerdänischen Verkehr nach Jütland und darüber hinaus vor allem dem gesamten Güterverkehr nach Skandinavien zu dienen hatte, hoffnungslos überlastet. Schon seit Jahrzehnten träumten die Planer davon, den kürzesten Weg zwischen Deutschland und Dänemark über die Inseln Fehmarn auf deutscher und Lolland auf dänischer Seite, die sog.

„Vogelfluglinie", dem internationalen Reiseverkehr dienstbar zu machen. Solange die alte, klassische Fährverbindung Warnemünde — Gedser zur Verfügung stand und damit Mecklenburg mit der dänischen Insel Falster verband, war der Mangel nicht so deutlich spürbar gewesen; durch den Ausfall dieser Verbindung als Folge der Teilung Deutschlands und das stark gestiegene Verkehrsaufkommen mit Skandinavien trat er jedoch immer deutlicher zu Tage. Daher bemühten sich sowohl die Bundesrepublik, als auch Dänemark, hier eine Verbesserung zu erreichen. Für einen Fährverkehr nach dem dänischen Gedser bot sich als Ersatz für das ausgefallene Warnemünde ein ehemaliger Marinestützpunkt in Großenbrode bei Heiligenhafen an, unmittelbar vor dem Übergang zur Insel Fehmarn gelegen. 1951 vereinbarten die beiden Staaten daher die Einrichtung eines solchen Fährverkehrs. Da jedoch die DSB wegen des immensen Verkehrs über den Großen Belt dort keine Fähre abziehen konnten, die Bundesrepublik aber nach der Ablieferung der früheren Fähren als Kriegsbeute an die Sowjetunion über kein Fährschiff mehr verfügte, mußten zunächst die Anlagen in Großenbrode Kai zum Anschluß an die Strecke Lübeck — Heiligenhafen, der Ausbau dieser bis dahin als Nebenbahn betriebenen Strecke unter Beseitigung des Kopfmachens in Neustadt (Holst) und der Bau eines Fährschiffes durch die DB durchgeführt werden. Im Laufe des Monats April 1953 war die neue Hochseefähre „Deutschland" der DB einsatzbereit, und nachdem die Eisenbahnanlagen zunächst provisorisch hergestellt waren, konnte der Fährbetrieb ab 15. Mai 1953 zwischen Großenbrode Kai und Gedser mit zunächst zwei Fahrtenpaaren aufgenommen werden. Dadurch wurde auch möglich, die durch die Bindungen an die Nachtzüge von und nach Oslo und Stockholm in Kopenhagen zusammengeschlossenen F 11/12 und 211/212 in so günstige Trassen zu bringen, daß die bisher wegen Trajektierungsschwierigkeiten am Großen Belt bestehenden Stillager beseitigt werden konnten. Während der „Nord-Expreß" F 11/12 auf der Route über Flensburg und den Großen Belt verblieb, wurde der „Italien-Skandinavien-Expreß" F 211/212 auf den neuen Weg über Lüneburg — Lübeck — Großenbrode — Gedser gelegt. Mit dem Gewinn von zwei Stunden Fahrzeit konnten die bis dahin ungünstigen Ankunfts- bzw. Abfahrtzeiten in Rom verbessert werden. Hamburg, das nun nicht mehr berührt wurde, fand mit D 89/88 in Hannover Anschluß an F 211/212; auf diesem Weg wurden nun auch die vorher in Bebra umgestellten Kurswagen Kobenhavn — Wien geführt. Der „Holland-Skandinavien-Expreß" F 191/192 verblieb zwar auf seinem Weg über den Großen Belt, erhielt aber eine Kurswagengruppe Hoek van Holland — Großenbrode Kai, die ab Hamburg im D 289/290 „Adria-Expreß" befördert wurde; da dieser Zug mit der zweiten Fährfahrt der „Deutschland" trajektiert wurde, ergab sich gegenüber dem Stammzug eine wesentliche Beschleunigung."

Mit diesen Änderungen trat nunmehr eine gewisse Konsolidierung des F-Zug-Verkehrs auf internationaler Ebene ein. Die folgenden Jahre brachten dann nur noch eine Abrundung des bisher Erreichten, wobei aufgrund der veränderten Verkehrssituation und der Einführung der TEE-Züge im Jahre 1957 zahlreiche der bisherigen Standardverbindungen ihre besondere Bedeutung für den internationalen Durchgangsverkehr einbüßten und daher folgerichtig in D-Züge umgewandelt wurden, nachdem der letzte „Luxuszug", der „Nord-Expreß" L 11/12, bereits im Jahre 1951 in einen F-Zug umgewandelt worden war.

Die EFK Athen legte für den Jahresfahrplan 1954 die Führung des „Holland-Skandinavien-Expreß" F 191/192 vom bisherigen Weg über den Großen Belt auf die neue Route Hamburg — Lübeck — Großenbrode Kai — Gedser, nachdem die DSB zur Unterstützung des Fährschiffes „Deutschland" den Einsatz einer zweiten Fähre zugesagt hatten. Der „Paris-Prag-Expreß" F 105/106 verlor diese Funktion und wurde in einen D-Zug Stuttgart — Prag umgewandelt, der jedoch seine Bindungen und Kurswagen an den „Orient-Expreß" in Stuttgart behielt. Der „Tauern-Expreß" konnte durch die von der JZ zugesagte Führung von saisonalen Anschlußzügen Ljubljana — Rijeka und Zagreb — Split weiter aufgewertet werden, es wurde sogar die Führung eines Kurswagens Oostende — Rijeka möglich. Der „Austria-Expreß" F 252/251 erhielt Kurswagen Hoek van Holland — Wien West, die in Mainz auf die neuen Verbindungszüge F 552/551 nach Frankfurt übergingen und von dort mit den F 52/51 an ihren Zielort. Außerdem wurde in dieser Verbindung zusätzlich ein Schlafwagen Kaldenkirchen — Passau vorgesehen.

Die EFK Budapest vom 6. - 16. Oktober 1954 für den Jahresfahrplan 1955 behandelte erstmals Fragen der Einführung neuer „Trans-Europ-Expreß"-Züge (hierüber mehr in Kap. G). Auf dieser Konferenz wurde die Deutsche Schlafwagen- und Speisewagen-Gesellschaft (DSG) als neues Mitglied der EFK aufgenommen und damit der ISG gleichgestellt. Die gewünschte Führung des „Nord-Expreß" über Großenbrode — Gedser konnte mangels eines zeitlich passenden Fährschiffkurses nicht realisiert werden, es verblieb also bei der Führung über den Großen Belt. Dafür war es möglich, den als Entlastungszug zu diesem Zugpaar fungierenden D 311/312 Paris — Stockholm unter dem Namen „Paris-Skandinavien-Expreß" über Großenbrode — Gedser zu führen, wodurch gegenüber dem „Nord-Expreß" die Relation Paris — Kopenhagen um 77, in der Gegenrichtung um 65 Minuten schneller wurde. Da wegen des stark anwachsenden Verkehrs England/Beneluxstaaten — Österreich die bisherigen F 52/51 und F 252/251 nicht ausreichten, wurden die Gruppen von Oostende nach Salzburg, Graz und Rijeka im Sommer zu einem neuen Zug D 652/651 Oostende – Köln – München – Salzburg – Graz mit Flügel nach Jugoslawien herausgenommen. Hierdurch entfielen auch die Verbindungszüge F 552/551 zwischen den beiden F-Zugpaaren; im Winter, als D 652/651 nicht verkehrten, wurden sie aber wieder eingelegt. Durch die Neueinrichtung des D 652/651 konnten auch im „Tauern-Expreß" die Kurswagen Oostende – Rijeka entfallen, dafür führte er neu Kurswagen Oostende – Athenes, Oostende – Sarajevo im Sommer bzw. Dortmund – Sarajevo im Winter und südlich Salzburg die Kurswagen Paris – Beograd aus dem „Orient-Expreß".

Auf der Fährlinie Großenbrode – Gedser waren inzwischen drei Fährschiffe eingesetzt; neben der „Deutschland" waren nun die dänischen Schiffe „Danmark" und die neue „Kong Frederik IX"im Einsatz. Dennoch reichte die Kapazität nicht aus, so daß neben F 11/12 auch im Winter F 191 über den Großen Belt geführt werden mußte, während sein Gegenzug, F 192, auf der Route über Großenbrode verblieb. Die bisher im Sommer zum „Holland-Skandinavien-Expreß" gefahrenen Entlastungs--D-Züge Hoek van Holland – Nyborg wurden bereits im Sommer 1954 als F 171/172 „Nord-West-Expreß" zwischen Hoek van Holland und Großenbrode Kai gefahren; auch 1955 verkehrten sie den ganzen Sommer über. Im Winterabschnitt wurden sie wegen des gestiegenen Verkehrs auch auf dem Abschnitt Hoek van Holland – Osnabrück gefahren, wo Kurswagen auf D 91/ 92 übergingen. Da F 107/108 und F 211/212 jetzt bereits in Basel Bad Bf (vorher in Mailand) korrespondierten, wurden sie zwischen Basel Bad Bf und Milano mit ihren durchlaufenden Wagen zu einem neuen Zug Basel Bad Bf – Roma vereinigt.

Die EFK für den Jahresfahrplan 1956 tagte erstmals seit 1926 wieder in Deutschland, und zwar Mitte Oktober 1955 in Wiesbaden. Bedeutende Beschlüsse bezüglich der großen internationalen F-Zug-Verbindungen durch Deutschland faßte sie nicht; auch traten bei den Zugleistungen gegenüber dem Vorjahr keine Änderungen ein. Aber eine andere wichtige Entscheidung wurde getroffen, nämlich der Wegfall der bisherigen 3. Wagenklasse; diese wurde zukünftig zur 2. Klasse und als „B" bezeichnet, während die früheren 1. und 2. Klasse zur neuen 1. Klasse („A") zusammengefaßt wurden. Dieses Zweiklassensystem hatte die DRG für ihren Bereich bereits zum 7. Oktober 1928 eingeführt, sich auf internationaler Ebene aber damit nicht durchsetzen können. Es mutet geradezu wie ein Treppenwitz an, daß ausgerechnet auf den Tag fast 27 Jahre später auf der ersten wieder auf deutschem Boden stattfindenden EFK dieser Beschluß gefaßt und endlich in die Tat umgesetzt wurde.

Die EFK Lissabon für den Jahresfahrplan 1957 verhandelte ausgiebig über das zu diesem Fahrplanwechsel in Betrieb gehende System der „Trans-Europ-Expreß"-Züge (TEE). Damit wurde aber gleichzeitig der Niedergang der großen internationalen Fernverbindungen eingeläutet, da diese nunmehr nicht mehr die höchste Stufe des europäischen Eisenbahnverkehrs darstellten. Aber die Konkurrenz des Kraftwagens sowie der Luftfahrt auf Mittelstrecken gebot den Eisenbahnen, neue, schnelle, attraktive Verbindungen gehobenen Komforts anzubieten, denen die schweren, mit vielen Kurswagen belasteten und damit zu langsamen internationalen F-Züge nicht mehr gewachsen waren. So wie bis 1951 die großen Luxuszüge in den internationalen F-Zügen aufgegangen waren, so verloren diese nun wieder ihre Spitzenfunktion an die TEE-Züge. Im den Kontinent abdeckenden Fernreiseverkehr hatten die F-Züge weiter ihre bedeutenden Aufgaben zu erfüllen (die meisten Verbindungen bestehen noch heute in fast unveränderter Form und Zeitlage!), aber für die Eisenbahnverwaltungen gab es nicht mehr die Notwendigkeit, diese Züge aus der Masse der dem internationalen Verkehr dienenden D-Züge tariflich und werbemäßig herauszuheben. Diese 1957 begonnene Rückstufung der F- zu D-Zügen zog sich aber bis zum Jahre 1969 hin.

Durch die Indienststellung der zweiten DB-Hochseefähre „Theodor Heuss" am 14. November 1957 konnten bei der Trajektierung auf der Fahrstrecke Großenbrode Kai – Gedser weitere Verbesserungen erzielt werden. So war es vor allem möglich, F 191 im Winter jetzt auch voll über die Fährstrecken zu befördern; der Umweg über den Großen Belt entfiel. Aufgrund des angestiegenen Kraftfahrzeugverkehrs zwischen Skandinavien und Mitteleuropa war die Kapazität aber immer noch zu gering, um auch den „Nord-Expreß" auf diese Linie zu verlegen; er wurde weiter über den Großen Belt geführt. Die Fahrzeiten von F 51/52 und F 251/252 wurden verbessert und ihre Zugbildung vereinfacht; dadurch entfiel die Brücke in Form von F 551/552 zwischen beiden Zugpaaren. F 51 wurde auf den Weg Frankfurt – Mainz – Wiesbaden gelegt. Im „Tauern-Expreß" F 153/154 wurde jetzt zweimal wöchentlich ein Schlafwagen München – Thessaloniki – Istanbul geführt, also eine neue Türkei-Verbindung unter Umfahrung Bulgariens eingerichtet. Auf Antrag der SBB wurden F 107/108 und F 211/212 wegen des starken Verkehrsaufkommens zwischen Basel Bad Bf und Milano getrennt gefahren und erst dort vereinigt. Die geplante getrennte Führung bis Rom ließ sich seitens der FS noch nicht verwirklichen. Der „Nord-West-Expreß" F 171/172 wurde zum D-Zug zurückgestuft.

Am 18. März 1955 brachte 18 541 F 52 „Ostende-Wien-Expreß" nach Passau.
Aufnahme: Carl Bellingrodt

ÖBB-1018.101 (ex. E 18 46) übernahm an diesem Tag F 52 von Passau bis Wien.
Aufnahme: Carl Bellingrodt

Ebenfalls 1955 entstand das Bild des aus Passau ausfahrenden F 52. Als Zuglok fungierte in diesem Fall ÖBB-1041.06. *Aufnahme: Carl Bellingrodt*

E 18 06 des Bw München Hbf fährt im Jahre 1954 mit F 5 „Orient-Expreß" bei Augsburg-Hochzoll in Richtung München. *Aufnahme: DB, Slg. Schröpfer*

Am 1. Mai 1955 bespannte E 17 120 des Bw Augsburg F 5.
Aufnahme (bei Augsburg): Heribert Schröpfer

F 154 kam an diesem Tag mit E 18 048 bei Kissing vorbei. Aufnahme: Heribert Schröpfer

F 6 „Orient-Expreß" am 18. Mai 1958 mit E 16 17 bei Rosenheim. Aufnahme: Helmut Röth

Der Gegenzug F 5 begegnete Carl Bellingrodt am 9. August 1956 bei Rimsting. Es führte E 16 03.

F 154 „Tauern-Expreß" fährt am 27. Mai 1958 mit E 18 055 des Bw München Hbf durch den Chiemgau bei Prien.
Aufnahme: Helmut Röth

Am 26. April 1956 fuhr 01 006 des Bw Offenburg den „Rheingold-Expreß" F 9 von Basel in Richtung Norden. Aufnahme (in Eimeldingen): Carl Bellingrodt

F 163 hieß im Jahre 1957, als dieses Bild des von E 10 155 gezogenen Zuges bei Istein entstand, „Loreley-Expreß". Aufnahme: Carl Bellingrodt

Die vom 2. - 12. Oktober 1957 in Neapel tagende EFK für den Jahresfahrplan 1958 einigte sich für die in der Saison zusätzlich zu fahrenden Züge auf eine genau definierte Verkehrszeit, die bisher weit auseinandergeklafft hatte mit recht nachteiligen Folgen für die Reisenden. Durch eine in diesem Ausmaß früher nicht gekannte Ausweitung des internationalen Verkehrs mußten zahlreiche weitere Zugverbindungen, Entlastungs- wie Saisonzüge geschaffen werden, die teilweise günstigere Reisezeiten, Zugbildungen, Anschlüsse und Streckenführungen als die bisherigen Stammzüge aufwiesen. Dies bedeutete eine weitere Entwertung der internationalen Standardverbindungen, deren Heraushebung damit nicht mehr gerechtfertigt erschien. Es wurde aber den einzelnen Verwaltungen die Entscheidung darüber überlassen, wann und in welcher Form sie eine Herabstufung tariflicher Art vornehmen wollten. Ansonsten brachte außer Fahrzeitmodifikationen dieser Fahrplan keine Änderungen bei den zu behandelnden F-Zügen.

Die EFK für den Jahresfahrplan 1959 fand wieder auf deutschem Boden, aber erstmals in der DDR, statt; sie tagte vom 15. - 21. Oktober 1958 in Leipzig. Als ihr Ergebnis wurde der „Oostende-Wien-Expreß" F 51/52 über Mainz und die linke Rheinstrecke geleitet bei erheblicher Beschleunigung aufgrund der Elektrifizierungsgewinne. Durch die Inbetriebnahme der Umgehungskurve Ludwigshafen konnten F 107/108, 153/154, 163/164 und 251/252 diesen Weg nehmen statt über die Riedbahn; das Kopfmachen in Mannheim entfiel. Nach der Inbetriebnahme des Heidelberger Durchgangsbahnhofs am 5. Mai 1955 war dies im Rhein-Neckar-Raum die zweite große Baumaßnahme der DB, die einer schnelleren Betriebsabwicklung diente und das mehrmalige Kopfmachen der Züge in diesem Raum beseitigte. Nur noch in der Relation Frankfurt — Karlsruhe/Stuttgart gibt es derzeit ein Kopfmachen in Mannheim, das mit der zur Zeit im Bau befindlichen westlichen Riedbahn vsl. 1985 ebenfalls ein Ende haben dürfte.

Durch eine Änderung der Schiffskurse zwischen Großbritannien und Hoek van Holland, die auf britische Wünsche und Maßnahmen der NS zurückgingen, konnte die bestehende Verknüpfung des „Austria-Expreß" F 252/251 mit F 52/51 in Köln nicht mehr aufrechterhalten werden, was zu einer Neuordnung der Kurswagenläufe beider Zugpaare zwang. Einige bisher gut eingeführte Verbindungen entfielen dabei ganz oder wurden auf andere Züge verwiesen, eine detaillierte Aufzählung dieser Änderungen würde hier zu weit führen. Es gelang, den „Austria-Expreß" in der Relation London — Klagenfurt um 105, in der Gegenrichtung um 157 Minuten zu beschleunigen. Der „Orient-Expreß" F 5/6 konnte ebenfalls beschleunigt werden und verkehrte jetzt wieder dreimal wöchentlich von Wien bis Bukarest via Budapest. Insgesamt gesehen, brachten die voranschreitenden Elektrifizierungsarbeiten im Bereich der DB bei den meisten Zügen erhebliche Verkürzungen der Fahrzeit mit sich.

Die EFK Wien für den Jahresfahrplan 1960 behandelte die Frage einer zweijährigen Geltungsdauer der internationalen Fahrpläne. Es ergab sich aber, daß im Zusammenhang mit den überall laufenden Elektrifizierungsprogrammen, der Verbesserung der Oberbauverhältnisse und der Beschaffung neuer Fahrzeuge keine Möglichkeit gesehen wurde, vor dem 1963 beginnenden Fahrplanabschnitt einen zweijährigen Fahrplan einzuführen. Als Folge der weiter fortgeschrittenen Elektrifizierung ergab sich eine Fülle von Einzelmaßnahmen, die zu nicht unerheblichen Fahrzeitverkürzungen führten und teilweise tief in das Gefüge der bestehenden Verbindungen eingriffen. Für den Bereich der DB waren die Züge „Oostende-Wien-Expreß" F 52/51 und „Austria-Expreß" F 252/251 als F-Züge bereits ab dem Winterabschnitt 1959/60 ausgefallen; sie wurden als D-Züge mit teilweise anderen Aufgabenstellungen aber weiter gefahren. Da durch eine Änderung der Struktur des „Simplon-Orient-Expreß" der Anschluß des „Tauern-Expreß" F 154/153 an diesen in Belgrad verloren ging, wurde er bis Athen als selbständiger Zug verlängert; seine Türkei-Wagengruppe ging in Belgrad auf den „Balt-Orient-Express" bis Sofia über, von dort wurde sie wieder als eigener Zug bis Istanbul gefahren. F 211/212 in der alten Form des „Italien-Skandinavien-Expreß" wurde aufgegeben und die bisherigen Verkehrsströme aus Skandinavien und Norddeutschland nach Italien und der Schweiz aufgespalten. Für den Verkehr Skandinavien — Italien wurde ein neuer Zug unter der Bezeichnung „Italia-Express" Stockholm — Roma, jedoch unter den alten Zugnummern F 211/212 eingerichtet, der ab Lübeck über Hamburg — Hannover — Frankfurt geleitet wurde und in Basel mit dem seit Jahren bestehenden „Riviera-Expreß" Amsterdam — Ventimiglia mit gegenseitigem Wagenaustausch zusammenschloß. Damit erhielten das Rhein-Main-Gebiet und der nordbadische Raum bis Karlsruhe eine gute Tagesverbindung nach Skandinavien und eine Nachtverbindung mit Italien. Zwischen Kopenhagen und Großenbrode erfolgte die Führung vereint mit F 192/191 „Skandinavien-Holland-Expreß". Die bisher von F 212/211 bediente Schweiz wurde über eine neue D-Zug-Verbindung angeschlossen.

Sowohl die EFK in Leningrad für den Jahresfahrplan 1961, als auch die in Brüssel tagende EFK für den Jahresfahrplan 1963 brachten keine bedeutenden Änderungen bei den noch verbliebenen F-Zü-

Von Köln nach Ludwigshafen hatte am 7. September 1958 V 200 010 F 154 zu befördern.
Aufnahme (Worms): Helmut Röth

F 108 „Holland-Italien-Expreß" Amsterdam – Rom ist als Zug 54 im Mai 1959 mit Ae 8/14 11852 vom Gotthard kommend in Lugano eingelaufen. *Aufnahme: Heribert Schröpfer*

F 154 „Tauern-Expreß" mit E 18 03 des Bw Stuttgart bei der Ausfahrt aus dem Stuttgarter Rosensteintunnel. *Aufnahme: DB*

gen, soweit hiervon Strecken der DB betroffen waren. 1961 wurden F 191/192 und F 211/212 in der verkehrsschwachen Zeit zwischen Großenbrode und Hamburg vereinigt geführt, während im Vorjahr ja bereits eine Vereinigung zwischen Kopenhagen und Großenbrode bestanden hatte. Der „Orient-Expreß" wurde wegen der Lagen östlich von Wien sowohl bei MAV wie auch CFR auf den Weg Paris — Wien West beschränkt, so daß erstmals in Friedenszeiten die 1882 eingerichtete durchgehende Verbindung Paris — Bukarest unterbrochen war. Der „Tauern-Expreß" gewann durch Beschleunigung auf den Strecken der JZ in Belgrad wieder Anschluß an den „Simplon-Orient-Expreß", blieb aber als nach Athen durchlaufender Zug erhalten. Im Zuge der Neuordnung der Balkanverbindungen im Fahrplanjahr 1962 entfiel der „Tauern-Expreß" F 153/154 in seiner bisherigen Form einer Verbindung der Beneluxländer und Deutschlands mit dem Balkan. Nachdem die JZ trotz massiver Proteste der DB keine annehmbaren An- und Abfahrtzeiten für die deutschen Reisenden anbieten konnten und die ÖBB die Führung zusätzlicher Leistungen kategorisch ablehnten, wurde auf der EFK Brüssel beschlossen, diesen Zug im Sommer unter der Bezeichnung „Tauern-Expreß" zwischen Oostende und Klagenfurt, im Winter dagegen zwischen Oostende und München als gewöhnlichen D-Zug ohne Namensbezeichnung zu führen. Eine traditionsreiche, nach dem Zweiten Weltkrieg geschaffene Standardverbindung war damit sang- und klanglos eingegangen. Die Aufgaben des Balkanverkehrs übernahmen die bereits im Jahre 1960 in D-Züge umgewandelten D 252/251 „Austria-Expreß", wobei jedoch für Belgrad sehr ungünstige, für Athen praktisch unmögliche Ankunfts- und Abfahrtzeiten herauskamen.

Die EFK Kopenhagen für den Jahresfahrplan 1963 vom 26. September bis 2. Oktober 1962 brachte die Erfüllung eines lange gehegten, sehnlichen Wunsches: Die „Vogelfluglinie" zwischen Deutschland und Dänemark wurde am 26. Mai 1963 dem planmäßigen Verkehr übergeben. Dadurch verkürzte sich zwar die Entfernung Kopenhagen nur um 27 km, die neue Fährstrecke Rødby — Puttgarden war mit 19 km aber volle 48 km kürzer als die alte Verbindung Gedser — Großenbrode Kai. Die Seestrecke konnte nunmehr in Süd-Nord-Richtung von 165 auf 65 Minuten, in der Gegenrichtung von 155 auf 55 Minuten verkürzt werden. Weitere Fahrzeitgewinne brachte die zu diesem Zeitpunkt fertiggestellte Elektrifizierung der Nord-Süd-Strecke Hannover — Frankfurt/Würzburg. Auf deutschem Gebiet verlängerte sich damit der Zuglauf von F 211/212 und 191/192 bis und ab Puttgarden. Der „Nord-Expreß" F 11/12 konnte nun endlich auch vom Großen Belt auf die Vogelfluglinie verlegt werden; mit seiner zu diesem Zeitpunkt erfolgten Umwandlung in einen D-Zug scheidet dieses Paar aus unserer weiteren Betrachtung aus. Alle großen, durchgehenden internationalen Zugverbindungen zwischen Deutschland und Skandinavien verkehrten nunmehr über die Vogelfluglinie.

Von den großen internationalen Zugverbindungen der F-Züge waren im Jahre 1963 nur noch folgende übriggeblieben:

a) F 5/6	„Orient-Expreß"	Paris — Wien West
b) F 107/108	„Italien-Holland-Expreß"	Roma — Amsterdam
c) F 163/164	„Loreley-Expreß"	Basel SBB — Hoek van Holland
d) F 191/192	„Holland-Skandinavien-Expreß"	Hoek van Holland — København
e) F 211/212	„Italia-Expreß"	Roma — København

Zu den genannten Zügen trat während des Sommerfahrplans 1964 nochmals ein weiterer, namenloser Zug, der unter der Nummer F 411/412 als reiner Schlaf- und Liegewagenzug Milano — Basel Bad Bf — Karlsruhe — Heidelberg — Frankfurt verkehrte. Seine Einführung war auf der EFK Sofia vom 25. September - 2. Oktober 1963 beschlossen worden. Da die ständige Zunahme des Italienverkehrs zu einer hoffnungslosen Überlastung des „Italia"- und des „Riviera-Expreß" geführt hatten, die auch durch den Einsatz von Zusatz-, Entlastungs- und Gastarbeiterzügen nicht behoben werden konnte, andererseits die SBB über den Gotthard keine Trassen mehr frei hatten und bereits Züge über den Lötschberg geleitet werden mußten, beschloß man zur Vermehrung des Sitzplatzangebotes in den bestehenden Zügen die Schlaf- und Liegewagen aus dem „Italia"- wie „Riviera-Expreß" weitestgehend herauszunehmen und in einem besonderen Zug zu befördern, der die Wagen aus dem „Italia-Expreß" in Frankfurt, die aus dem „Riviera-Expreß" in Karlsruhe umstellte. Neben einer Erhöhung des Sitzplatzangebotes konnte dadurch eine Verbesserung bei den immer wieder erforderlichen Zusatzschlaf- und -liegewagen in diesen Verbindungen erreicht werden. Da der Abschnitt Basel Bad Bf — Karlsruhe ohne Halt durchfahren wurde, erreichte die neue Zugverbindung mit 100,0 km/h in der Süd- und 102,4 km/h in der Nordrichtung die schnellste Reisegeschwindigkeit aller jemals über Strecken der DB gefahrenen internationalen F-Züge; das Zugpaar rückte sofort in die Spitzengruppe der schnellsten Züge der DB vor. F 411 war 1964 sogar zweitschnellster Zug der DB überhaupt.

An diesen Gegebenheiten änderte sich bis 1967 nun nichts mehr; lediglich die Fahrzeiten von F 411/412 wurden leicht entspannt, so daß die Reisegeschwindigkeit im Jahre 1966 auf 99,9 bzw. 94,3 km/h abgesunken war. Durch die zum Sommerfahrplan 1967 vereinbarte zentrale Platzbuchung, der sich

01 088 des Bw Osnabrück wird von Bentheim kommend im oberen Teil des Osnabrücker Hbf wegen Fahrtrichtungswechsel im November 1963 von F 191 „Holland-Skandinavien-Expreß" abgekuppelt. *Aufnahme: Ludwig Rotthowe*

Die Osnabrücker 01 1055 fährt im Juli 1964 mit F 191 im Wiehengebirge zwischen Vehrte und Ostercappeln talwärts Richtung Bremen. *Aufnahme: Ludwig Rotthowe*

auch verschiedene europäische Eisenbahnen angeschlossen hatten, mußten die seit den siebziger Jahren des vergangenen Jahrhunderts bestehenden Zugnummern geändert werden. Derartige Umnummerungen der Züge haben seither noch mehrfach stattgefunden und bei den hochwertigen innerdeutschen F-Zügen, TEE und IC zugleich häufig zu einer Namensänderung geführt. Ohne Einzelverfolgung kann man daher heute nicht mehr den Ursprungszug und seine Entwicklung durch die einzelnen Jahre verfolgen. Das internationale F-Zug-Netz war in den wenigen damals noch bestehenden Verbindungen nur einmal, zum Jahresfahrplan 1967, betroffen. So wurden F 107/108 zu F 92/93, F 191/192 zu F 391/392, F 211/212 zu F 4/3 und schließlich F 411/412 zu F 98/99. Die Zugnummern des „Orient-Expreß" (F 5/6) und des „Loreley-Expreß" (F 163/164) blieben unverändert bestehen. Es entfiel der Halt von F 163/164 in Kaldenkirchen.

Bis zum Jahr 1969 änderte sich nichts mehr bei den F-Zügen des internationalen Verkehrs. Erst 1970 wurden, bedingt durch das Verfahren der zentralen Platzbuchung bei der DB, nicht nur die Zugmmern erheblich geändert, sondern auch die Zuggattungsbegriffe neu definiert. Dabei entfiel der F-Zug für den internationalen Verkehr. Dieser Zuggattungsbegriff blieb allein dem bisherigen leichten F-Zug des innerdeutschen Verkehrs vorbehalten. So wurden ab 31. Mai 1970 alle noch auf Strecken der DB bestehenden F-Züge des internationalen Verkehrs zu D-Zügen umgewandelt.

Damit hatte eine Entwicklung ihren Abschluß gefunden, die 1945 mit dem Aufbau der ersten internationalen Zugverbindungen im zerstörten Deutschland begonnen hatte. Ihre wesentlichste Aufgabe, Mittler zwischen den großen europäischen Zentren zu sein, hatten diese Züge ohnehin bereits 1957 mit Einführung der TEE-Züge verloren, die fortan diese Aufgabe im Schienenverkehr Europas unter anderen Voraussetzungen, Zielsetzungen und Aufgabenstellungen wahrnahmen.

Transit- (Expreß-) Züge – Sommer 1955

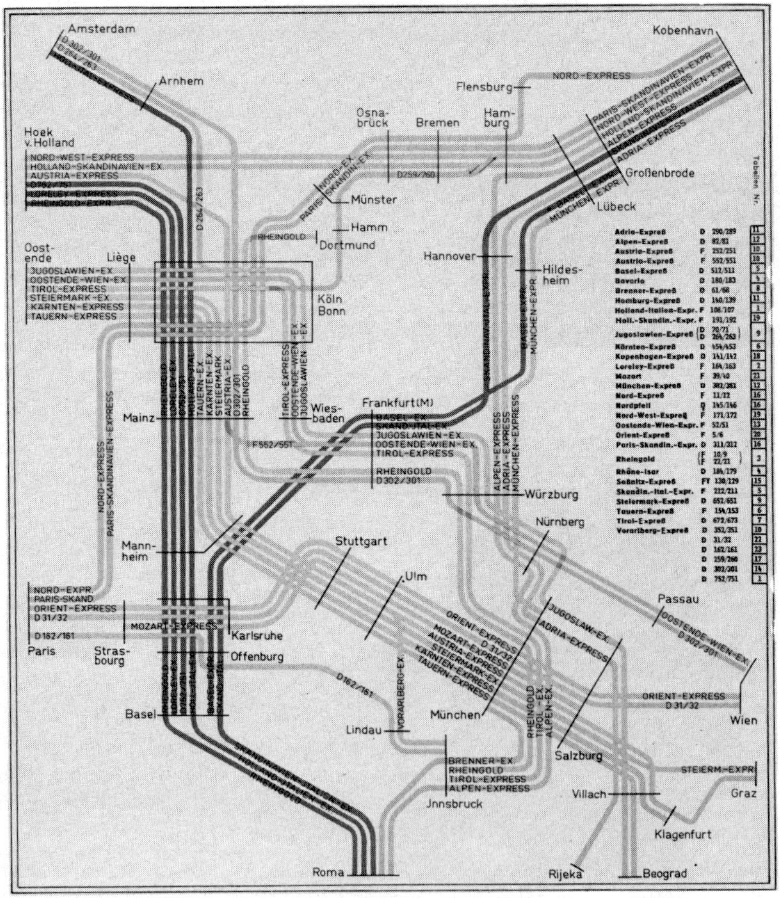

Im Juli 1964 bespannte die inzwischen beim Bw Rheine stationierte 01 088 abermals F 191 zwischen Bentheim und Osnabrück. *Aufnahme: Peter Konzelmann*

Nachschuß auf F 191 im Wiehengebirge bei Ostercappeln. *Aufnahme: Ludwig Rotthowe*

Der „Loreley-Expreß" F 164 Amsterdam – Basel wurde am 25. Juni 1965 in Venlo von V 100 1051 und 1048 des Bw Köln-Nippes übernommen, die den Zug bis Köln bringen sollten.
Aufnahme: Hans de Herder

Am 18. Juli 1967 lief der „Holland-Skandinavien-Expreß" bereits als F 391. 01 1079 brachte den Zug an diesem Tag von Osnabrück bis Hamburg. Aufnahme: Peter Konzelmann

Transit- (Expreß-) Züge – Winter 1955/56

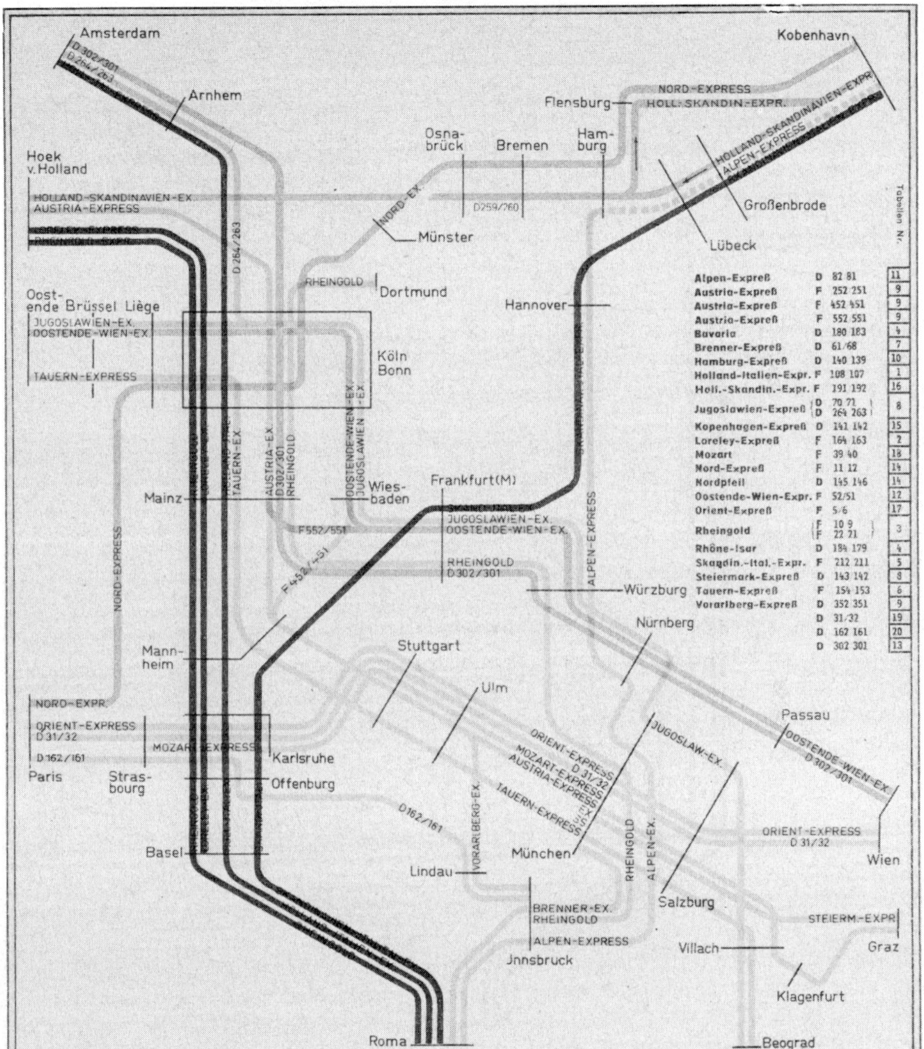

Transit- (Expreß-) Züge – Winter 1956/57

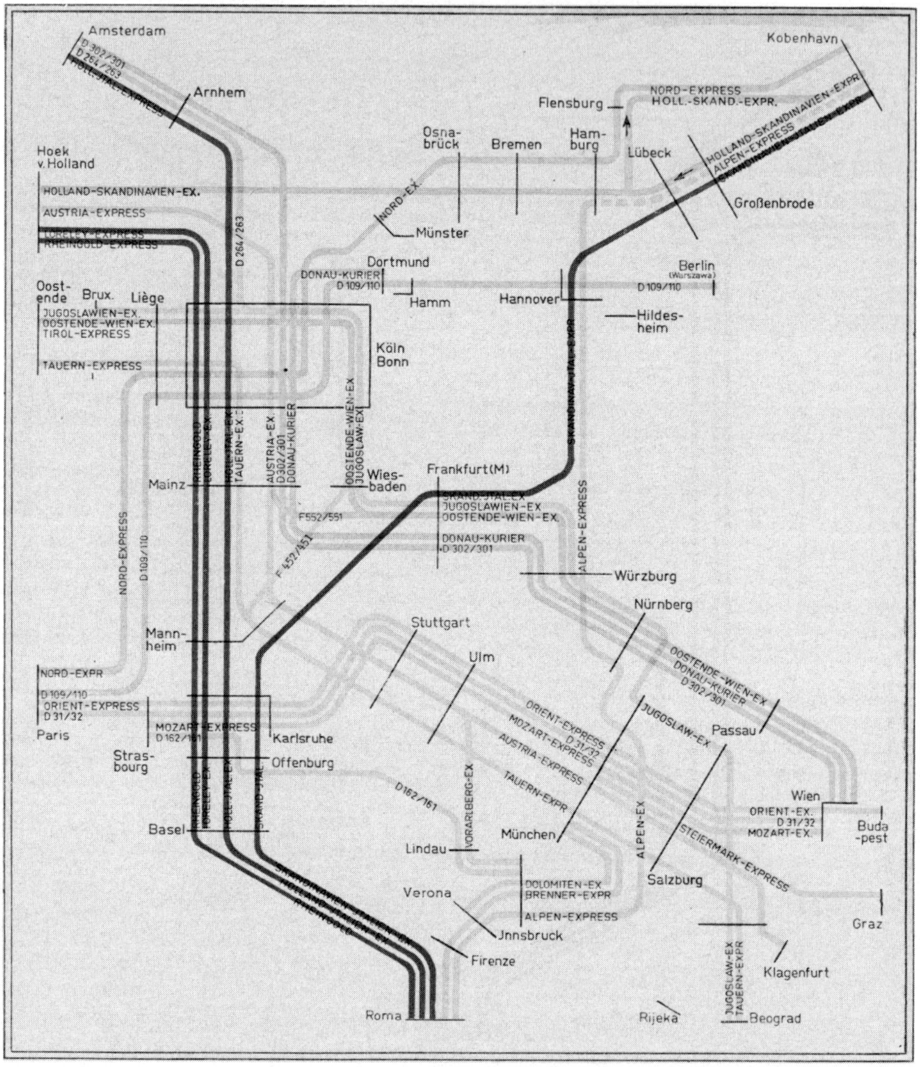

c) F-Züge im Interzonenverkehr

Nach der Kapitulation des Deutschen Reiches am 8. Mai 1945 übernahmen die Alliierten in Deutschland die oberste Regierungsgewalt. Sie dokumentierten dies durch die Berliner Erklärung vom 5. Juni 1945. Bereits durch ein „1. Zonenprotokoll" vom 12. September 1944 hatten die drei Hauptkriegführenden, die USA, Großbritannien und die Sowjetunion , die vorgesehenen Besatzungszonen festgelegt. Durch die Konferenz von Jalta wurden diese Vereinbarungen am 11. Februar 1945 bestätigt. Aufgrund des Rückzugs der amerikanischen und britischen Truppen auf die mit der Sowjetunion vereinbarte Demarkationslinie zwischen ihren Besatzungszonen rückten Anfang Juli 1945 sowjetische Truppen in diese Gebiete ein. Ab 3. Juli 1945 war dann die heute noch bestehende Grenze zwischen den beiden deutschen Staaten Wirklichkeit geworden, abgesehen von nachträglich noch durchgeführten Kleinstkorrekturen.

Auf der Potsdamer Konferenz vom 17. Juli bis 2. August 1945 berieten die drei Alliierten endgültig über das besiegte Deutschland. Durch das am 2. August 1945 unterzeichnete Potsdamer Abkommen, dem Frankreich am 7. August 1945 unter Vorbehalt beitrat, sollte Deutschland während einer längeren Besatzungszeit als wirtschaftliche Einheit behandelt werden. Auch für das Transport- und Verkehrswesen wurden Vereinbarungen getroffen, wobei u.a. unverzüglich Maßnahmen zur Instandsetzung der Verkehrswege zu treffen waren; denn alle vier Besatzungsmächte hatten allein schon aus ihren Eigeninteressen heraus die Notwendigkeit eines raschen Wiederaufbaus des Eisenbahnverkehrs und eines gesunden Verkehrswesens erkannt. Zu diesem Zeitpunkt waren daher schon weite Streckenbereiche wieder in Betrieb; an den noch unterbrochenen Hauptverbindungslinien waren die Instandsetzungsarbeiten in vollem Gange. Durch die ursprünglich viel weiter östlich gelegenen Vormarschgebiete der britischen und amerikanischen Truppen bestand zum Zeitpunkt der Errichtung der Besatzungszonen bereits eine durchgehende Verkehrsmöglichkeit auf den meisten Strecken, als die Besatzungszonen in Kraft traten und somit auch die sowjetischen Truppen die Gebiete erreichten, die nun neue Zonengrenze wurden. Groß-Berlin war durch die „Berliner Erklärung" vom 5. Juni 1945 aus den Besatzungszonen ausgeklammert worden. Die Stadt sollte keiner bestimmten Besatzungszone angehören, sondern als besondere Einheit von allen drei Mächten, denen später auch Frankreich hinzutrat, gemeinsam besetzt und durch eine interalliierte Kommandantur verwaltet werden. Deren Entscheidungen sollten lediglich den Beschlüssen des für ganz Deutschland gebildeten Allierten Kontrollrats unterworfen sein, welcher auf seiner ersten Sitzung am 30. Juli 1945 diese Aufteilung auch bestätigte.

Die in den einzelnen Erklärungen der Siegermächte zum Ausdruck gebrachte Übereinstimmung und einheitliche Behandlung Deutschlands blieb indes nicht lange erhalten. Mit der Übernahme der einzelnen Besatzungszonen waren die Interessensphären abgegrenzt und es begann namentlich zwischen den drei westlichen und der sowjetischen Besatzungszone ein Trennungsprozeß, der letztlich zur Bildung der beiden heute bestehenden Staaten im Laufe der weiteren Entwicklung führte. Hiervon war auch der Eisenbahnverkehr nicht ausgenommen, und die in Betrieb befindlichen Eisenbahnverbindungen zwischen den westlichen und der sowjetischen Besatzungszone wurden nach und nach stillgelegt, auch eine einheitliche Eisenbahnverwaltung kam nicht zustande. Im Gegensatz zur bereits dargestellten Entwicklung in den drei Westzonen verlief diese in der sowjetischen Besatzungszone völlig anders. Die Sowjetunion, die im Gegensatz zu den westlichen Alliierten ihre Besatzungszeit mit einem klaren Programm begonnen hatte, hatte auch bezüglich einer deutschen Zivilverwaltung entsprechend ihren Eigeninteressen vorausgeplant; dies gilt auch für den Eisenbahnverkehr. Mit Befehl Nr. 8 vom 11. August 1945 der sowjetischen Militäradministration in Berlin-Karlshorst vom 11. August 1945 übertrug sie bereits ab 1. September 1945 den Eisenbahnverkehr einer deutschen Verwaltung, mit Befehl Nr. 17 vom 27. Juli 1945 wurde bereits eine Zentralverwaltung des Verkehrs in Berlin eingerichtet, der auch die Deutsche Reichsbahn in der sowjetischen Besatzungszone unterstellt wurde. Dennoch erließ die Besatzungsmacht weiterhin die Richtlinien. Für die Deutsche Reichsbahn wurde zum 1. September 1945 eine Hauptverwaltung mit Sitz in Berlin eingerichtet, welche am 1. April 1948 in „Generaldirektion" umbenannt wurde. Mit der Bildung der „Deutschen Demokratischen Republik" am 7. Oktober 1949 wurde die Verwaltungsspitze der auch weiterhin als „Deutsche Reichsbahn" firmierenden Eisenbahnen in der ehemaligen sowjetischen Besatzungszone in das neu gebildete Ministerium für Verkehrswesen integriert.

Zu einer ersten Vereinbarung zwischen Vertretern der amerikanischen, britischen und sowjetischen Besatzungsbehörden kam es am 1. Oktober 1945 über Fragen des Austausches und der Rückführung rollenden und anderen Eisenbahnmaterials, wobei als Übergabepunkte zwischen der amerikanischen und der sowjetischen Besatzungszone Eichenberg, Bebra, Ludwigsstadt und Hof festgelegt wurden, während es zwischen der britischen und der sowjetischen Besatzungszone Lübeck, Büchen, Oebisfelde, Helmstedt und Jerxheim waren. Im Austausch zwischen den westlichen und der sowjetischen

Besatzungszone wurden die Strecken Vorsfelde – Oebisfelde und Helmstedt – Marienborn befahren, die gleichzeitig dem Berlinverkehr dienten, wobei die alliierten Militärzüge auf die Strecke Helmstedt – Marienborn verwiesen wurden. In lokalem Rahmen gab es darüber hinaus Personenverkehr zwischen Lübeck und Herrnburg, Bebra – Wartha und Hof – Gutenfürst; die teilweise Benutzung des Übergangs Ludwigstadt – Probstzella ist für 1947 bekannt. Einen weiteren Reiseverkehr zwischen den westlichen und der sowjetischen Besatzungszone gab es nicht, sieht man einmal von örtlichen, teilweise das Gebiet der anderen Besatzungszone berührenden Strecken ab. Für den Güterverkehr standen zunächst aber noch weitere Strecken in Betrieb. Auf keinen Fall gab es aber einen durchgehenden Verkehr mit höher klassifizierten Zügen zwischen den westlichen und der sowjetischen Besatzungszone.

Entsprechend der getroffenen Vereinbarung liefern die Militärzüge der amerikanischen, britischen und französischen Besatzungsmächte von und zu ihren Sektoren in Berlin nicht über die kürzeste Strecke, sondern gebündelt über den Übergang Helmstedt – Marienborn und weiter über Eilsleben – Magdeburg – Brandenburg – Potsdam nach den jeweiligen Sektoren in Berlin, wobei die amerikanischen Züge Berlin-Wannsee und Berlin-Lichterfelde, die britischen meist Berlin-Spandau und die französischen Berlin-Tegel zum Ziel hatten. Einen zivilen Reiseverkehr gab es dagegen zunächst nicht. Die erste planmäßige, die Demarkationslinie nach dem 8. Mai 1945 überschreitende Zugverbindung war der im Frühjahr 1946 wieder eingelegte „Nord-Expreß" L 11/12 Paris/Calais – Berlin Stadtbahn, der gemäß Fahrplan vom 15. August 1946 östlich Hannover aber nur dreimal wöchentlich verkehrte. Wegen der nach dem Zweiten Weltkrieg anders gelagerten Verkehrsströme wurde dieser Zug ab 7. Oktober 1946 aber auf den Weg Paris – Skandinavien umgelegt. Der Verkehr mit Berlin wurde daher ab diesem Tage mit dem neu geschaffenen FD 111/112 Amsterdam – Berlin Stadtbahn täglich bedient; Kurswagen mit L 11/12 „Nord-Expreß" wurden in Osnabrück ausgetauscht. Auf Wunsch der ersten EFK nach dem Zweiten Weltkrieg sollte zum Sommerfahrplan 1947 eine weitere Verbindung Köln – Berlin geschaffen werden, der die sowjetische Besatzungsmacht jedoch ihre Zustimmung versagte. FD 111/112 wurde im Zuge der Neuordnung des Skandinavienverkehrs auf den Weg Osnabrück – Berlin Stadtbahn beschränkt; erstmalig führte er nun neben den Wagen des internationalen Verkehrs Wagen 3. Klasse für den deutschen Verkehr nach Berlin, die sowjetische Besatzungszone konnte durch Umsteigen in Marienborn oder Magdeburg mit Binnenzügen erreicht werden. Bis zum Beginn der „Berliner Blockade" am 19. Juni 1948, als die Sowjetunion die Strecke Helmstedt – Marienborn „aus technischen Gründen" sperrte und keine Züge mehr übernahm, blieb dies die einzige qualifizierte Zugverbindung zwischen den westlichen und der sowjetischen Besatzungszone sowie Berlin. FD 111/112 verkehrte nach Verhängung der Blockade anfangs noch zwischen Köln und Helmstedt, dann aber nur noch zwischen Köln und Braunschweig.

Nach den Vereinbarungen vom 4. Mai 1949 in New York, die das Ende der Berliner Blockade zum Inhalt hatten, sollte der Eisenbahnverkehr ab 12. Mai 1949, 0.00 Uhr, wieder aufgenommen werden. Daher fand am 11. Mai 1949 in Helmstedt eine Besprechung statt zwischen der Generaldirektion der Deutschen Reichsbahn in Berlin und der Hauptverwaltung der Deutschen Reichsbahn im Vereinigten Wirtschaftsgebiet in Offenbach. Die Ergebnisse dieser Besprechung wurden in einem Protokoll zusammengefaßt und regelten in den nachfolgenden zwanzig Jahren als „Helmstedter Abkommen" den Eisenbahnverkehr zwischen der Deutschen Bundesbahn und der Deutschen Reichsbahn. Nachdem die Besatzungsmächte sich vorher grundsätzlich darauf geeinigt hatten, den Verkehr wieder so aufzunehmen wie er vor der Blockade bestanden hatte, wollte die DR nunmehr in der Bespannungsfrage eine neue Regelung einführen. Bis dahin waren nämlich alle Berlinzüge mit westdeutschen Lokomotiven und westdeutschem Personal bis zum Endbahnhof in Berlin gefahren worden. Aufgrund von Weisungen der sowjetischen Besatzungsmacht verlangten die Vertreter der DR nunmehr, die Züge ab den jeweiligen Grenzübergängen selbst zu fahren; die britische Besatzungsmacht, die für die Übergänge Oebisfelde und Helmstedt zuständig war, hatte festgelegt, daß alle Güter- und Militärzüge des Berlinverkehrs bis und ab Berlin und FD 111/112 bis und ab Magdeburg mit Personal und Lokomotiven der britischen Besatzungszone auszurüsten waren. Der „Kompromiß" sah folgendermaßen aus: Man bestand auf der britischen Forderung und hielt Lok und Personal vor; um jedoch eine Verzögerung in der Aufnahme des Berlinverkehrs durch Gegenmaßnahmen der sowjetischen Behörden zu vermeiden, akzeptierte man „vorübergehend unter Protest" sowjetzonales Personal und Lokomotiven. Und dabei blieb es bis zum „Eisenbahngrenzübereinkommen" zwischen der Hauptverwaltung der DB und dem Ministerium für Verkehrswesen der DDR vom 25. September 1972. Der erste Zug, der nach Ende der Blockade die Grenze zur sowjetischen Besatzungszone überquerte, der britische Militärzug DBA 671, ab Helmstedt um 1.23 Uhr am 12. Mai 1949, war mit einer Lokomotive der DR bespannt!

Neben hier nicht interessierenden Fragen des Güterverkehrs legte das „Helmstedter Abkommen" die Führung des FD 111/112 Köln – Berlin Stadtbahn als einzigem Zivilreisezug mit Halten in Berlin

Zoologischer Garten und Berlin Friedrichstraße ab 12. Mai 1949 fest. Nach fast einem Jahr Unterbrechung war damit wieder ein durchgehender Zugverkehr zwischen dem Westen Deutschlands und Berlin möglich. Allerdings kam es nochmals zu einer Unterbrechung durch einen Streik der Westberliner Eisenbahner vom 21. Mai bis 28. Juni 1949, in dessen Verlauf diese ihre Forderungen nach Bezahlung in Westgeld durchsetzten. Zusammen mit FD 111/112 wurde auch der in den Fahrplänen vorgesehene Flügelzug FD 211/212 Wuppertal-Elberfeld – Hamm durchgehend mit den Kurswagen nach Berlin-Stadtbahn gefahren; bereits zum Winterfahrplan am 2. Oktober 1949 wurde dieser Zug in einen D-Zug umgewandelt.

Die Normalisierung der Reiseverhältnisse zwischen der Bundesrepublik und Westberlin, aber auch die zunehmende Zahl der Reisen in die DDR, führten bald zu einer totalen Überfüllung des einzigen verkehrenden Zugpaares, zumal zur DDR nur zwischen Lübeck und Herrnburg sowie Hof und Gutenfürst in geringem Umfang ein ,,kleiner Grenzverkehr" bestand. Die Hauptverwaltung der Reichsbahn in Offenbach bat daher die Reichsbahn-Generaldirektion unter Hinweis auf die im ,,Helmstedter Abkommen" offengebliebenen Fragen am 6. Juni 1949 um ein weiteres Gespräch. Neben der Öffnung weiterer Grenzübergänge sollte ein zweites Interzonen-Zugpaar zwischen Frankfurt (Main) und Berlin über Helmstedt oder Bebra eingelegt werden; dabei sollte in den dann verkehrenden zwei Interzonenzugpaaren auch die zweite Wagenklasse eingeführt werden – bisher war deutschen Reisenden in den FD 111/112 nur die 3. Klasse zugestanden.

Die Verhandlungen fanden auf sowjetzonalem Gebiet in Klein Machnow bei Berlin am 23. und 24. August 1949 statt. Die HVE Offenbach forderte wegen der ständigen Überfüllung des FD 111/112 und der Zunahme des privaten Omnibusverkehrs im Linienverkehr nach Berlin, der sich die schwierige Eisenbahnverkehrssituation zunutze gemacht hatte, neue Züge im Berlinverkehr über Bebra – Wartha und Ludwigsstadt – Probstzella. Während in anderen Fragen Einigkeit erzielt werden konnte, mußten die Fragen neuer Grenzübergänge im Berlinverkehr ausgeklammert werden, da sich die Vertreter der DR außerstande sahen, hierüber sofort zu entscheiden. Daher fand am 3. September 1949 eine dritte Besprechung in Offenbach statt, bei der neue Züge im Interzonenverkehr mit Berlin mit ihren Fahrplänen, Bespannungs- und Tariffragen vereinbart wurden. Die neuen Interzonenzüge, die bei beiden Verwaltungen als ,,FD" einzustufen waren, sollten erstmals am 10. September bzw. in der Nacht 10./11. September 1949 verkehren, wobei alle Züge nun auch die 2. Klasse führen sollten. Folgende neue Zugleistungen wurden vereinbart (FD 111/112 blieben in der bisherigen Form bestehen):

a)	FD 1/2	Frankfurt (Main) – Bebra – Wartha – Berlin Stadtbahn
b)	FD 63/64	Hamburg-Altona – Büchen – Schwanheide – Berlin Stadtbahn
c)	FDt 65/66	Hamburg-Altona – Büchen – Schwanheide – Berlin Stadtbahn
d)	FD 109/110	Köln – Wuppertal – Hamm – Hannover – Helmstedt – Marienborn – Berlin Stadtbahn
e)	FD 209/210	(Flügelzug zu FD 109/110) Düsseldorf – Essen-Altenessen – Dortmund – Hamm
f)	FD 149/150	München – Augsburg – Nürnberg – Ludwigsstadt – Probstzella – Berlin Stadtbahn

Für den Lokomotiv- und Triebwageneinsatz wurde festgelegt, daß die Einheit für FDt 65/66 durch einen DR-Schnelltriebwagen gestellt werden sollte, während FD 110/109 bis und ab Helmstedt, FD 64/63 bis und ab Hamburg-Altona, FD 150/149 bis und ab Ludwigsstadt und FD 2/1 bis und ab Bebra durch die DR bespannt werden sollten. Dabei war in Aussicht genommen worden, den Lokwechsel statt in Bebra in Gerstungen durchzuführen – was aber erst mit dem Eisenbahngrenzübereinkommen im Jahre 1972 Realität wurde. Die Bespannung der Züge bis und ab Ludwigsstadt sollte nur vorübergehenden Charakter tragen bis zur vereinbarten Wiederherstellung des elektrischen Zugbetriebes von der Zonengrenze bis Probstzella, um sie dann dorthin zu verlagern. Die Elektrifizierung wurde durch die DR auf ihre Kosten durchgeführt, während die HVE die kostenlose Bereitstellung des erforderlichen Materials vereinbarte.

Ab 10./11. September 1949 verkehrten diese Züge. Bis auf FD 111/112 und FDt 65/66 wurden sie bereits zum Sommerfahrplan 1950 in D-Züge abgewertet, so daß sie aus dem Bereich unserer Betrachtungen ausscheiden. In dieser Form wickelt sich der Verkehr von und nach Berlin und zwischen den beiden deutschen Staaten bis heute ab, ohne daß es bisher zu hochklassigen Zügen kam. Der zeitweise über Hof – Gutenfürst verkehrende ,,Saßnitz-Expreß" wird bei den innerdeutschen F-Zügen mit behandelt werden, soweit er für die Relation München – Hof in Betracht kommt, ansonsten wird er als Schnellverbindung innerhalb der DR angesehen und dort dargestellt werden. Versuche der DB, nach 1953 ein F-Zug-Paar über Helmstedt hinaus bis Berlin zu verlängern, scheiterten ebenso wie die bisherigen Bemühungen zwischen der Bundesregierung und der Regierung der DDR, über Ver-

Nach Beendigung der Berliner Blockade wurde der Interzonenverkehr ab dem 10. September 1949 um weitere Zugpaare verstärkt. Es verkehrte als FDT 66/65 zwischen Berlin Stadtbahn und Hamburg-Altona auch wieder ein Schnelltriebwagen. Den Eröffnungszug dieser Verbindung fuhr ein SVT der Bauart Köln der DR; dieses Motiv wurde in Berlin Zoo kurz vor der Abfahrt des Zuges auf die Platte gebannt.
Aufnahme: Slg. Wedde

Um 7.38 Uhr des 10. September 1949 verließ der erste Nachkriegs-FDT von Berlin nach Hamburg den Westberliner Bahnhof Zoo.
Aufnahme: Slg. Wedde

In der Grenzstation der sowjetischen Besatzungszone Schwanheide begrüßt eine Gruppe Arbeiter den ersten FDT nach Hamburg. *Aufnahme: Slg. Wedde*

In Büchen, der Grenzstation der britischen Besatzungszone, erwartete eine große Menschenmenge den FDT 66 am 10. September 1949. An der Front des Triebwagens wurde sogar ein mit Eichenlaub umkränztes Schild angebracht. *Aufnahme: Slg. Wedde*

Auch die von der DR in Ungarn beschafften Triebwagen der Reihe VT 12.14 kam in dieser Relation zum Einsatz. Am 15. Dezember 1956 fuhr VT 12.14.03 als FT 66 (nicht mehr FDT!) in Hamburg-Altona ein.
Aufnahme: Ulrich Montfort

Auch SVT 137 234 a-d (Bauart Leipzig), der 1945 in dem an Polen gefallenen Gebiet verblieben war, von der DR dann zurückgekauft und zu einer vierteiligen Einheit umgebaut wurde, kam nach Hamburg. Am 9. Februar 1957 fuhr er als FT 66 auf der Hamburger Verbindungsbahn.
Aufnahme: Ulrich Montfort

Aber nicht nur SVT, sondern auch VT der zweiteiligen Bauart Ruhr kamen im Umlauf FT 65/66 zum Einsatz. Am 25. Februar 1957 war es VT 137 295 a/b und eine weitere Einheit dieser Bauart.
Aufnahme: Ulrich Montfort

n 17. Januar 1956 war ein Triebzug der Reihe 12.14 bei der Ankunft als FT 66 in Hamburg f in Brand geraten. Die Hamburger Berufs-erwehr mußte den Brand mit Schaum lö-nen. Aufnahme: Slg. Wedde

Am 12. Mai 1961 stand schließlich SVT 137 856 a-c der Bauart Köln als FT 166 in Hamburg Hbf. Bei diesem Fahrzeug handelte es sich um den ehemaligen VT 06 109 der DB, der am 11. Dezember 1958 an die DR verkauft worden war. Aufnahme: Walter Hanold

Zum Jahresfahrplan 1962 endete der Einsatz der SVT. Für zwei Jahre wurde aus diesem Fernschnelltriebwagenlauf das dampfgeführte F-Zugpaar 165/166, bis es am 31. Mai 1964 zum Schnellzug abgestuft wurde. Im September 1962 brachte die Wittenberger 01 048 F 166 nach Hamburg. Aufnahme: Ulrich Montfort

besserungen der Reisemöglichkeiten nach Berlin (West) zu einer IC-Verbindung mit dieser Stadt zu gelangen.

FD 111/112, der bereits mehrfach genannt wurde, verkehrte ab dem Sommerfahrplan am 23. Mai 1954 als D-Zug, so daß nur noch die Schnelltriebwagenverbindung Berlin – Hamburg als FDt erhalten blieb. Diese wurde seitens der DR in der Regel mit einem SVT der Bauart „Köln" gefahren, in dem der Mittelwagen zur 3. Klasse umgebaut worden war. Zeitweise kamen auch andere Triebwagengattungen zum Einsatz, so der vierteilige Ganz-SVT der DR. Da das Platzangebot der dreiteiligen Einheit nicht immer ausreichend war, hatte man zeitweise einen Steuerwagen der Bauart VS 145 beigegeben, der an einem Ende mit einer Scharfenberg-Kupplung versehen worden war. Dies war aber mehr ein Provisorium, denn es liefen Kabel vom VS 145 zum Führerstand des SVT durch spaltbreit geöffnete und so festgestellte Fenster. Eine Doppeltraktion ist nicht bekannt geworden; offensichtlich fehlten der DR hierzu die Fahrzeuge. Gelegentlich gab es sogar Dampfersatz, wobei überwiegend neben drei Schnellzugwagen der Gruppe 28 auch ein MITROPA-Speisewagen eingesetzt wurde. In diesen Fällen erfolgte die Bespannung auf Strecken der DB bis und ab Büchen, wobei auch T 18 zum Einsatz gelangten. Und da der SVT im Sachsenwald nur eine Hg von 115 km/h fahren sollte, die er in der Regel nicht erreichte, soll die T 18 bis Büchen die Fahrzeit in etwa gehalten haben.

Zum 31. Mai 1964 wurde diese Schnelltriebwagenverbindung, die eigentlich einzige hochwertige Verbindung zwischen den beiden deutschen Staaten nach 1945, in einen zweiklassigen D-Zug umgewandelt. Zwischendurch hatte ab 1. Juni 1958 die Zugnummer von FDt 65/66 in FDt 165/166 gewechselt. Damit war auch auf der Strecke, die ab 15. Mai 1933 als erste im Netz der deutschen Eisenbahn mit dem „Fliegenden Hamburger" im Schnelltriebwagendienst bedient worden war, dieser traditionsreiche Dienst beendet worden. So gab es zwischen Hamburg und Berlin von 1933 – 1939 und von 1950 – 1963, also über 19 Jahre Schnelltriebwagenverkehr!

F. Das innerdeutsche Schnellverkehrssystem

a) Der Reisezugdienst in der Bizone 1945 - 1948

Unter der Berücksichtigung der bereits dargelegten Zustände nach der Kapitulation des Deutschen Reiches am 8. Mai 1945 und den Verhältnissen vor der Währungsreform am 20. Juni 1948 in den drei westlichen Besatzungszonen – die sowjetische Besatzungszone muß wegen ihrer völlig anders gearteten Entwicklung hier außer Betracht bleiben – ist es von großer Bedeutung zu wissen, wie sich der Eisenbahnverkehr zwischen Mai 1945 und dem ersten eigentlich wieder mit normalen Verhältnissen zu messenden Fahrplan vom 15. Mai 1949 auf dem Reisezugsektor abwickelte. Nur durch die zusammenfassende Darstellung dieser Verhältnisse ist es möglich, die ab dem Winter 1948, vor allem aber seit dem 15. Mai 1949 einsetzende rasante Entwicklung zu einem friedensmäßigen normalen Fahrplan und den Aufbau eines besonderen, auch unter damaligen Verhältnissen in Europa einmaligen Schnellverkehrsnetzes zu verstehen.

In der Zeitschrift „Reichsbahn" (Heft 6/1948) hat Min.-Dirigent Schubert von der HVE Offenbach für den Bereich der Bizone die Entwicklung des Reisezugdienstes zwischen 1945 und 1948 so umfassend nachvollzogen, daß diese Ausführungen hier zum besseren Verständnis des Nachfolgenden wiedergegeben werden sollen. Wegen der anders verlaufenen Entwicklung in der französischen Besatzungszone konnte diese nicht mit einbezogen werden. Sie verlief analog der in den beiden anderen Westzonen, wobei allerdings hervorgehoben werden muß, daß in der französischen Zone die Eingriffe der Besatzungsmacht in den Eisenbahnbetrieb ungleich größer als in de amerikanischen und britischen Besatzungszone waren und daher der Spielraum für einen freizügigen zivilen Verkehr hier noch weitaus geringer war. Die in den nachfolgenden Ausführungen von Schubert angeschnittenen Fragen der Fahrplanbearbeitung eines Jahresfahrplans haben bis heute nichts von ihrer Aktualität verloren, denn abgesehen von geringfügigen sachlichen und zeitlichen Änderungen gelten sie heute unverändert, so daß auch diese Ausführungen für den interessierten Leser von Bedeutung sein dürften.

Der Reisezugdienst der beiden letzten Jahre

Die Lage des besiegten deutschen Volkes und hier besonders der Zustand seiner Bahnanlagen sind an dieser Stelle schon mehrfach, erstmalig durch den Herrn Generaldirektor, so eingehend geschildert worden, daß eine nochmalige Darstellung, wenn auch sachlich begründet, als Wiederholung empfunden würde und deshalb unterbleibt. Nur diejenigen Momente sollen herausgehoben werden, die noch nicht behandelt sind oder die die Ausgestaltung des Reisezugdienstes grundlegend beeinflußt haben und zur gerechten Beurteilung der erreichten Leistungen wertmäßig in Anschlag zu bringen sind. Die Aufgabe, vor die sich der Reisezugdienst gestellt sah, war groß und ungeheuer schwierig. Die völlig durcheinandergewürfelten und zerrissenen Familien strebten zur Vereinigung und nach Wohnung und Erwerb. Die Massenflüchtlingsströme aus dem Osten flossen in alle Teile der Bizone, zuerst in die Sammellager und von da in ihre Bestimmungsorte. Die Zertrümmerung der Großstädte zwang zum Wohnen auf dem Lande und zu langen Anfahrten nach der Arbeitsstelle in den Städten. Das Einzugsgebiet des Berufsverkehrs der Großstädte wurde außerordentlich erweitert. Die Bevölkerung der Bizone vermehrte sich um rd. 7 Millionen Menschen und zwar solche, die wegen ihrer ungeordneten Verhältnisse zu vielen Reisen gezwungen waren. Die Beschaffung amtlicher Bescheinigungen wie zum Beispiel Wohnungseinweisungen, Ernährungsunterlagen, polizeiliche Meldungen, Bezugsscheine für Waren usw. bedingten häufige Fahrten zu den Behörden der Bezirksstädte.

Die völlig unzureichende Ernährung vermehrte das Reisen bis zur Währungsreform in einem unwahrscheinlich anmutenden Ausmaße. Aus den Mangelgebieten strömten zwei verschiedene Sorten von „Versorgern" in die besser gestellten Gegenden, und zwar einmal diejenigen, die nur für sich und ihre Familien einholten, und dann die Menge, die gewerbsmäßig schwarz aufkaufte und verkaufte. Besonders gesucht waren Kartoffeln, Fleisch, Fette, Brot und Obst. Hatte das Industriegebiet an allen diesen Dingen Mangel, so besaß es dafür wieder Fertigwaren, besonders aus Stahl und Eisen, die als Gegenleistung mitgebracht wurden. Das wertvollste Tauschobjekt bildete die Zigarette, die in der Ostzone zeitweise frei gekauft wurde, selbst in Massen leicht und daher unschwer zu verbergen war und überall als gutes Zahlungsmittel galt.

Im allgemeinen ging der Strom von Norden nach Süden, schlug aber auch plötzlich in die Gegenrichtung um, so z. B., als die große Trockenheit in Bayern eine schlechte Kartoffelernte brachte und in Niedersachsen größere Bestände vorrätig waren. Ja, selbst unser guter alter Hering führte zu unerträglichen Zugüberfüllungen, indem seine Massenschwärme aus der Nordsee in Bremerhaven an Land stiegen und über Bremen — Hannover — Wernigerode in die russische Zone gelangten, um dort für 10.— RM das Stück verkauft zu werden. Monatelang fuhren täglich viele Hunderte von Personen mit Heringen diesen Weg, überfüllten die Züge und hinterließen leider auch viel Heringlake in den Wagen.

Diese intensiven Versorgungs- und Handelsfahrten verursachten eine Überfüllung der Züge mit Menschen und Gepäck, die die Tragfähigkeit der Wagen überstieg, Wagenbeschädigungen hervorrief und Achsschenkelbrüche befürchten ließ. Der Umfang solcher Versorgungsverkehre erhellt aus dem Umstand, daß in einzelnen Großstädten zehntausend und mehr Menschen auf den Bezug von Lebensmittelkarten verzichteten und vom schwarzen Markt besser und bequemer leben konnten.

Verfasser stellte auf dem Bahnsteig einer Mittelstadt in der auf einen Personenzug wartenden Menge über 150 schwere Kartoffelsäcke und ein andermal auf den Trittbrettern, dem Dach und den Puffern eines einzigen D-Zugwagens über 22 solcher Säcke fest. Daß allein draußen auf Trittbrettern, Dächern, Bremshäuschen und Puffern eines jeden Wagens 20—30 Menschen standen, war eine häufige, bei gewissen Zügen eine regelmäßige Erscheinung. Besondere Abräumkommandos säuberten gelegentlich die Züge, die kurz nach der Abfahrt außerhalb des Bahnhofs zu diesem Zweck gestellt wurden. Wenngleich eine regelmäßige Fahrkartenkontrolle unter solchen Verhältnissen nicht durchzuführen war, verkauften die Schaffner auf einer einzigen Fahrt oft mehrere Blocks Nachlösescheine an Reisende, die entweder ganz „ohne" oder mit ungenügenden Ausweisen fuhren. Der Mangel an Lebensmitteln und Waren einerseits und der Geldüberhang andererseits waren die Paten dieses ungesunden Zustandes.

Die durch äußere und innere Not aufgewühlte, auf dichtestem Raum zusammengedrängte, größtenteils heimat- und arbeitslose und in dauernder Unrast wogende Bevölkerung erzeugte Reiseströme von unvorstellbarem Ausmaße, die bis zur Währungsreform durch keine Wirtschaftspolitik, Polizeigewalt oder andere Maßnahmen abzuschwächen oder zu lenken waren.

Wie unerbittlich die Not und der Reisezwang waren, wird durch die Tatsache grell beleuchtet, daß während des eingeschränkten Reisezugverkehrs im kalten Winter 1946/47 täglich Tausende von Menschen die von Hamburg und Hannover nach der Ruhr zurückfahrenden Kohlenleerzüge benutzten und trotz Kälte stundenlang in den offenen Wagen fuhren. Niemand sage, daß diese Menschen aus Gewinnsucht oder zum Vergnügen reisten.

Der geschilderte Massenandrang verlängerte die Fahrzeiten und Aufenthalte und erschwerte der Eisenbahnverwaltung ihre Aufgabe, mit dem verminderten und verschlechterten Betriebsapparat einen Reiseverkehr zu bewältigen, der denjenigen der Friedensjahre, z. B. 1938, erheblich überstieg.

Lagen die bislang besprochenen Umstände in dem Zustand und Verhalten der Bevölkerung, so wurde darüber hinaus der Aufbau und die Ausgestaltung des Reisezugdienstes noch durch verschiedene, auf anderen Ebenen liegende Faktoren, maßgebend bestimmt oder besser gesagt, begrenzt bzw. gehemmt, die sich nach folgenden Gesichtspunkten gliedern lassen:

Einflüsse materieller Art,
Maßnahmen der Besatzungsmächte,
persönliche Verhältnisse des Personals (Ernährung, Wohnung usw.),
betriebliche Einflüsse (Streckenbelastungen),
höhere Gewalt (Witterung, Kohlenförderung im Ruhrgebiet, politische Ereignisse, Maßnahmen und Wünsche deutscher Verwaltungen und Zollkontrollen).

Die Faktoren **materieller** Art begrenzten einmal den **Umfang** der befahrbaren Strecken und Bahnhöfe infolge Beschädigung der Brücken, Gleise, Weichen, Stellwerke, Fernmelde- und sonstigen Anlagen, andererseits die **Leistungsfähigkeit** der betriebsfähig gebliebenen Teile der Anlagen und der Betriebsmittel infolge ihres mangelhaften Zustandes, besonders des Oberbaues und der Lokomotiven, Wagen, Kohlen und ihrer Betreuungsanlagen (Werkstätten, Wasser-, Bekohlungs- und Lokbehandlungsanlagen und Wagenbetriebswerke usw.) sowie Fehlens der Ersatzmaterialien.

Im Vorrang vor allem waren die **Forderungen der Besatzungsmächte** für ihren Reisezugverkehr zu befriedigen. Sie bezogen sich sowohl auf den militärischen Teil (Truppen-, Urlauber-, Nachschub-, Gefangenen- usw. Züge) als auch auf den sehr erheblichen Verkehr der zivilen alliierten Verwaltungs- und Wirtschaftskreise und ihrer Angehörigen. Nur was an Betriebsmitteln — Lok und Wagen — darüber hinaus übrig blieb, konnte zunächst für den innerdeutschen zivilen Verkehr herangezogen werden. Zwischen der Einstellung der amerikanischen und britischen Besatzungsmacht bestand aber auch hier noch ein Unterschied. Während die amerikanische ihren Eisenbahnverwaltungen schon bald freie Hand im Aufbau des Reisezugdienstes ließ, sofern nur ihre Forderungen restlos erfüllt wurden, gestattete die britische Besatzungsmacht die Leistungen nur im Umfange des von ihr als wirtschaftlich vertretbar angesehenen Maßes. Hieraus entstand bald in Verbindung mit dem Vorteil der elektr. Zugförderung ein Vorsprung der amerikanischen Zone gegenüber der britischen um rd. 250 000 Zugkm/Woche. Neben dieser selbstverständlichen Forderung des Vorranges und der Wirtschaftlichkeit hatte sich die Reichsbahn bei ihrem weiteren Aufbau jederzeit eines ausgesprochenen Wohlwollens und einer verständnisvollen und dankenswerten Hilfe seitens der aufsichtsführenden Besatzungsmächte zu erfreuen.

Hinter dem Besatzungsverkehr rangierte im weiteren Vorrang der deutsche **Güterverkehr** zur Versorgung der Bevölkerung mit Lebensmitteln, Kohle und Bedarfsgütern für die Wirtschaft.

Solange oder sooft eine größere Anzahl von Güterzügen aus Mangel an Lok nicht pünktlich bespannt werden konnte, mußte der Reisezugverkehr zurückstehen und als Reserve dienen. Die Zeitspanne, in der die Lokfrage im Güterzugverkehr den Reisezugdienst sozusagen kontrollierte, währte ungefähr bis Juli 1948.

Zum richtigen Verständnis dieses Satzes muß erklärt werden, daß von Anfang an vorzugsweise Güterzuglokomotiven wieder hergestellt wurden. Infolgedessen trat bei Vermehrung der Personenzüge ein Mangel an Reisezuglokomotiven ein, zu dessen Behebung Güterzuglok eingesetzt wurden, was solange gut ging, als diese nicht vom Güterverkehr selbst gebraucht wurden. Als dieser aber anstieg, zudem scharfer Mangel an G-Wagen eintrat, der durch beschleunigten Umlauf, d. h. vermehrte Güterzüge behoben werden mußte, war der Einsatz von rd. 280 Güterzuglok im Reisezugdienst nicht mehr zu vertreten.

Scharfe Forderungen des Betriebsdienstes drängten auf Freistellung dieser Lok, die nur durch Einschränkung der Reisezüge möglich wurde. Erst mit dem oben genannten Termin gelang durch Zufluß ausgebesserter Reisezuglok eine gewisse Unabhängigkeit vom Güterzugdienst.

Ebenso wie die übrige Bevölkerung war auch das **Eisenbahnpersonal** am Kriegsende durcheinandergewürfelt; es mußte je nach seiner Ausbildung und Verwendbarkeit neu geordnet und untergebracht werden, wobei sich Beschäftigungsort und Unterkunftsmöglichkeit häufig nicht deckten. Hierdurch wurde auch der Lok- und Werkstättendienst und damit die Entwicklung des Reisezugverkehrs behindert. Von weiterem schädigendem Einfluß war bis zum Währungsschnitt die unzureichende Ernährung — besonders des schwerarbeitenden Lokpersonals —, wodurch die Ausnutzung der vollen Lokgeschwindigkeiten sowie die Ausgestaltung des Sonntagsreisezugdienstes beeinträchtigt wurde. So mußte die auf einigen Strecken der britischen Zone bereits 1946 wieder eingeführte Höchstgeschwindigkeit von 100 km/h für deutsche Schnellzüge wegen der infolge der Lebensmittelknappheit verminderten Leistungsfähigkeit des Lokpersonals wieder auf 85 km/h herabgesetzt und die Reisezeit entsprechend verlängert werden. Auch mußte dem Personal an den Sonntagen Ruhe gesichert und deshalb der Sonntagsdienst in einigen Bezirken sehr reduziert werden. Die starke Belegung **betrieblich belasteter Strecken** mit Güterzügen (z. B. die Rheinstrecken und die Linie Hannover — Bebra) erschwerte daselbst die gleichzeitige Vermehrung der Reisezüge oder zwang zu ungünstigen Umlegungen auf Ersatzstrecken, zwei Momente, die sich in einem unzureichenden Fahrplan und verlängerten Reisezeiten auswirkten.

Von außerordentlich nachteiligem Einfluß waren die unnatürlichen **Witterungsverhältnisse** der letzten beiden Jahre. Die außerordentliche Kälte im Winter 1946/47 und die Trockenheit im Sommer und Herbst 1947 führten zu allerschwersten Rückschlägen im Reisezugdienst und zu tiefen Tälern in den Kurven der Zugleistungen. Besonders hart wurde hiervon die amerikanische Zone betroffen, in welcher die Eisenbahnzüge auf 1413 km Streckenlänge mit elektr. Strom gefördert werden. Der auf diese Strecken entfallende Anteil des Reisezugdienstes betrug rd. 250 000 — 300 000 km/Woche, d. h. 25 %. Der tiefe Wasserstand des Walchensees zwang ab der 31. Woche 1947 zu scharfen Einsparungsmaßnahmen unter Abgabe von Dampflokomotiven aus dem Dampfsektor der eigenen und auch der britischen Zone. Dort wiederum mußte die Schiene erhebliche zusätzliche Kohlentransporte von der Schiffahrt übernehmen, da der tiefe Wasserstand des Rheins die Schiffahrt fast lahmlegte.

Als höhere Gewalt der Eisenbahn gegenüber muß auch die Kohlenförderung im Ruhrgebiet betrachtet werden, deren während der ersten Zeit unbefriedigende Leistungen mehrfach und monatelang zu scharfen Einschränkungen des Reisezugdienstes zwangen und besonders die Aufstockung zum Mai-Fahrplan 1947 erheblich reduzierten. Als später die Förderung stieg, trat hierdurch fühlbarer Wagenmangel ein, der durch Einlegen weiterer Güterzüge — also Mehreinsatz von Lok — behoben werden mußte. Naturgemäß wirkte sich dieses wieder in einem Rückgriff auf den Reisezugdienst aus.

Weiterhin fallen unter diesen Abschnitt die von den Besatzungsmächten bzw. deutschen Stellen angeordneten Zugkontrollen, die mit ihren langen Aufenthalten der Züge auf den Zonengrenzstationen die Reisezeit erheblich verlängerten und den Betrieb stark störten. Diese Liegezeit behinderte zudem die Einfahrt für nachfolgende Züge und zwang den Fahrplanbearbeiter, die Zugfolge hiernach zu regeln. Solche Kontrollen wirkten sich besonders störend auf den Rheinstrecken aus, wo die Züge auf kurzer Fahrtstrecke drei Zonen berührten und die entsprechenden Aufenthalte erleiden mußten.

Die an sich schon betrieblich empfindliche Nachschubstrecke Hamburg — Bebra erfuhr durch die Kontrollen bei Eichenberg ebenso schwere Belastungen.

Die Kontrollen zur russischen Zone sollen, da sie z. Zt. ruhen, hier nicht genannt werden.

Diese kurze Aufzählung der hemmenden Faktoren soll zeigen, welche Unzahl von schwerwiegenden Umständen den Entwicklungsgang des Reisezugverkehrs wie Bleiklötze hemmten und welche Aufbauarbeit an allen diesen Faktoren als Voraussetzung notwendig wurde, um die Entwicklung, die nunmehr besprochen werden soll, zu ermöglichen.

Die in der Anlage 1 dargestellten Kurven zeigen in Wochenleistungen die Zugkilometer und, getrennt nach beiden Zonen, den Entwicklungsgang seit Oktober 1946. Am linken Rand sind zudem die entsprechenden Ziffern aus den Friedensjahren 1932, 1937 und 1938 angegeben.

Die getrennte Darstellung ist zweckmäßig, da die beiden Zonen ihren Reisezugdienst unter so verschiedenen Bedingungen entwickelten. Die amerikanische Zone hatte als weitere Hilfe das billige Betriebsmittel, den elektrischen Strom. Sie errang bald den bereits genannten Vorsprung von 200 000 bis 250 000 Kilometer pro Woche, den sie, nur unterbrochen von der Zeit der Wasserverknappung, bis zum Sommer 1948 beibehalten konnte. Die britische Zone erhielt eine ähnliche Handlungsfreiheit im Mai 1947, doch hemmte alsdann der inzwischen stark angewachsene Güterverkehr und der knappe Lok- und Kohlenbestand. Unter der Kurve, die weiter unten im einzelnen besprochen wird, sind die Gründe für die einzelnen Einbrüche eingetragen. Stärkere Anstiege finden sich zum Fahrplanwechsel im Mai der Jahre 1947 und 1948. Die kurzfristigen Einschnitte sind durch Festtage, z. B. Ostern, Pfingsten, Weihnachten usw. hervorgerufen und geben gleichzeitig ein Bild von dem Umfang des jeweiligen Sonntagsverkehrs.

Wie ein ungeduldiger Gläubiger stand der fordernde Fahrplan dauernd hinter dem Betriebsmaschinendienst wegen Lokomotiven und Kohlen, hinter der Werkstättenabteilung wegen der Wagen und hinter der Bauabteilung wegen des Oberbaues und der Brücken. Der emsigen Arbeit aller Beteiligten gelang es, die aus der graphischen Darstellung ersichtlichen großen Fortschritte zu erzielen.

Selbst dem Wettergott gegenüber versuchte der Mensch eine Sicherung einzubauen, um den Folgen großer Trockenheit, die die Elektrizitätsversorgung, besonders im südlichen Sektor, so schwer gefährdet hatte, durch den Ausbau der Wasserzuführung zum Walchensee entgegenzuwirken.

Die Entwicklung **im einzelnen:**

Nach einem vorübergehenden Höhepunkt im Oktober 1946 erfolgte ein scharfer Abschlag, bedingt durch Mangel an Lokomotiven und Kohlen, der seinen tiefsten Punkt an den Feiertagen des Weihnachts- und Neujahrsfestes 1946/47 erreichte.

Der Januar 1947 erlaubte eine Besserung, in der Hoffnung, daß der starke Kälteeinbruch nicht von Dauer sein würde. Diese Hoffnung trog und die anhaltende Kälte zwang nach kleinem Anstieg zu einem außerordentlichen Stillstand während der Monate Februar und März. Mit dem folgenden Frühling und der mit ihm einsetzenden Wärme und Besserung der Loklage fing eine Aufwärtsbewegung an, die nur von zwei Einschnitten, zu Ostern und dem Feiertag am 1. Mai, unterbrochen wurde und einen Höhepunkt zum Fahrplanwechsel im Mai 1947 findet.

Die hier erreichte Höhe überstieg in beiden Zonen den Oktoberstand von 1946 bereits erheblich und verlief alsdann ungefähr horizontal bis Ende Juli.

Die kosmische Wetterlage, die durch ihren dauernden Hochdruck den harten Winter gebracht hatte, war auch die Ursache für die ungewöhnliche Trockenheit im folgenden Sommer. Der Wasserstand der Flüsse und insbesondere des Walchensees sank so ab, daß die Entnahme dem geringen Zufluß angepaßt und der elektr. Stromverbrauch gedrosselt werden mußten. Die Folge waren Einschränkungen auf den elektr. betriebenen Strecken und die Abgabe von Dampflokomotiven von anderen Linien. Die Kurve der Gbl Süd zeigt infolgedessen in der Zeit der 31.—33. Woche einen erheblich stärkeren Abfall als diejenige der britischen Zone.

Die Ende Dezember 1947 und Anfang Januar 1948 einsetzenden, ergiebigen Niederschläge ermöglichten nach dem tiefen Einschnitt des Weihnachts- und Neujahrsfestes 1947/48 ein dauerndes Ansteigen der Zugleistungen, besonders in der amerikanischen Zone, kurz unterbrochen durch Einkerbungen infolge der beiden Eisenbahnerstreiks in Bayern und Württemberg und der Festtage zu Ostern und am 1. Mai. Hand in Hand ging eine erfreuliche Besserung der Kohlen- und Loklage, die es ermöglichte, neue Züge einzulegen und der Bevölkerung zum Fahrplanwechsel am 9. Mai 1948 endlich einen erheblich aufgestockten Fahrplan und wesentlich verbesserte Zugverbindungen zu bringen. Der Fortschritt betrug rd. ⅓ des bisherigen Bestandes und stieg auf 1,48 Mill. in der amerikanischen und 1,28 Mill. in der britischen Zone pro Woche.

Da die günstige Entwicklung der Lok- und Kohlenlage anhielt, wurde der Reisezugdienst bis zum Juni weiterhin gefördert, obgleich schon die in Aussicht stehende Währungsreform und die Ungewißheit über ihre Auswirkung zur Vorsicht mahnten. So erfreulich auch der Anstieg bis zu diesem Zeitpunkt war, so genügten die Leistungen noch in keiner Weise auch nur annähernd dem Verkehrsbedürfnis.

Der Fernverkehr zeigte noch sehr viele Lücken und im Bezirks- und Nahverkehr fanden sich vielfach, selbst auf den Hauptstrecken, noch Zugpausen von 5 bis 7 Stunden, die für die Bevölkerung und Wirtschaft untragbar wurden.

Der Mangel an Zügen fand seinen Ausdruck in einer unerhörten Überbesetzung aller Wagen. Trotzdem die Züge auf das äußerste ausgelastet wurden, betrug ihre Besetzung, besonders bei den schnellfahrenden Zügen noch immer 150—200 %. Um ihre Benutzung wenigstens einigermaßen in erträglichen Formen zu halten, wurde ein großer Teil der Züge scharf kontingentiert (Zulassungskarten). Für Dienstreisen der Behördenvertreter und der führenden Herren von Handel und Wirtschaft und des Kulturlebens wurden Wagen mit Sonderreiseabteilen eingerichtet und Diensttriebwagenzüge auf den wichtigsten Linien gefahren, welche in der derzeitigen Hauptstadt Frankfurt (M) zusammenliefen und den Verkehr zwischen den Landesregierungen und den bizonalen Ämtern sicherstellten.

Es war selbstverständlich, daß unmittelbar nach der Währungsreform, besonders in den ersten 14 Tagen, in denen die Bevölkerung nur über das Kopfgeld verfügte, ein scharfer Abschlag im Fernreiseverkehr eintrat. Ihm wurde durch das Auslegen von 22 Schnellzugpaaren und Kürzung der übrigen Schnellzüge um rd. 250 Wagen Rechnung

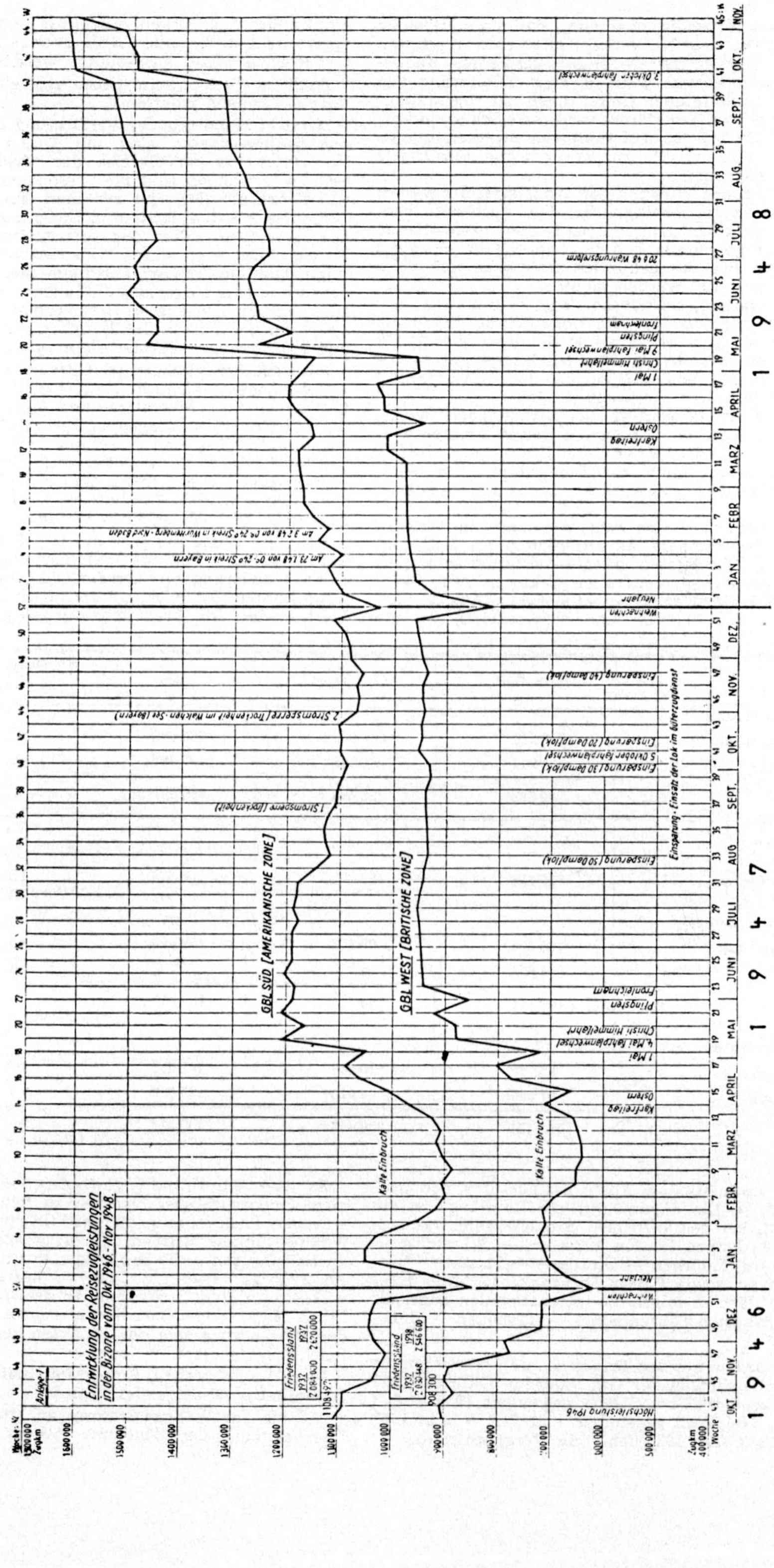
Anlage 1
Entwicklung der Reisezugleistungen in der Bizone vom Okt 1946 - Nov 1948
GBL SÜD [AMERIKANISCHE ZONE]
GBL WEST [BRITISCHE ZONE]
Kälte Einbruch
Kälte Einbruch
Friedensstand 1932 1937 2 084 000 2 620 000
Friedensstand 1932 1938 2 032 448 2 546 600
1 108 492
908 300
1 9 4 6
1 9 4 7
1 9 4 8

getragen. Erfreulich war aber, daß ein Rückschlag im Bezirks- und Nahverkehr nicht eintrat, sondern einige Industriezweige sofort vermehrte Zugleistungen forderten, weil ein starker Andrang von Leuten, die infolge Geldmangels zu werktätiger Arbeit gezwungen waren, vermehrte Schichten verlangte. So wurden auf einzelnen Strecken unmittelbar nach der Währungsreform die Berufszüge sogar vermehrt.

Die gesunde Wirkung der Währungsreform glich aber auch im Fernverkehr den Abschlag überraschend schnell aus, so daß die ausgefallenen Schnellzüge innerhalb 3 Wochen wieder eingelegt werden und die gekürzten Zugparks auf volle Stärke gebracht werden mußten.

Als weitere erfreuliche Folgeerscheinung der Währungsreform war die unnatürliche Besetzung der Reisezüge verschwunden. Wo diese aber 100 % zu übersteigen drohte, konnten infolge der inzwischen eingetretenen Besserung der Betriebsmittel zusätzliche Züge eingelegt werden.

Die Kontingentierung der Schnellzüge wurde völlig aufgehoben. Die langen Reisen konnten weiterhin durch den Einsatz von Schlaf- und Speisewagen sowie durch die Einrichtung von Wirtschaftsbetrieben wesentlich angenehmer gestaltet werden.

Während sonst zum Fahrplanwechsel im Oktober eine saisonbedingte Einschränkung des Reisezugverkehrs einzutreten pflegte, gestattete die günstige Entwicklung auf allen Sektoren zum Oktober 1948 einen weiteren erheblichen Ausbau, besonders des Bezirks- und Nahverkehrs, wo die empfindlichsten Lücken ausgefüllt und der Sonntagsverkehr in fast allen RBD-Bezirken in dem erforderlichen Maße ausgestaltet werden konnte.

Auch im Fernverkehr ließen sich einige zusätzliche Leistungen schaffen.

Hand in Hand mit der Verdichtung des Bezirks- und Berufsverkehrs ging die Ausgestaltung des Vorortverkehrs im Bereich der Großstädte vor sich. Zu erwähnen sind hier besonders der Bezirk von Frankfurt (M), wo zwischen Ff-Höchst und Offenbach durch Einsatz von Dieseltriebwagen ein dichtes Netz schneller Züge geschaffen wurde. Im Bezirk Wuppertal wurde zwischen Schwelm und Wuppertal ein starrer Fahrplan mit halbstündlicher Zugfolge eingerichtet. Das Ruhrgebiet erhielt eine Anzahl neuer schneller Verbindungsfahrten. Desgleichen wurde in den Bezirken Köln, Stuttgart und München der Vorortverkehr gesteigert.

Mit dem Fahrplanwechsel Oktober 1948 war die Aufwärtsbewegung nicht abgeschlossen. Die hohen Leistungen im Werkstätten- und Loksektor, fingen an, ihre Früchte zu tragen, und so zeigte die Kurve auch im Oktober und November eine stetig steigende Tendenz. Es konnten auch im britischen Sektor die letzten vorhandenen großen Lücken ausgefüllt und ihre Leistungen denen der amerikanischen Zone angeglichen werden.

Von den Zugleistungen in der Bizone (Stand 6. 12. 1948) entfallen auf Schnellzüge rund 1/5, über deren Gliederung die nachfolgende Tabelle einen interessanten Überblick, getrennt nach Gbl Süd und West sowie nach ihren Bedeutungen gibt.

	Gbl Süd	Gbl West	Sa.	Durchschn. tgl. Laufstrecke
Gesamtleistung				
Schnellzüge	228 590	235 212	463 802	rd. 338 km
Eilzüge	100 999	91 286	192 285	rd. 137 km
Sa.	329 589	326 498	656 087 x	
Internationaler Anteil				
Schnellzüge	39 314	29 260	68 574 = rd. 10 % von x	rd. 408 km
Bizonaler Anteil				
Schnellzüge	103 500	89 909	193 409	rd. 496 km
Eilzüge	3 654	6 874	10 528	rd. 251 km
Sa.	107 154	96 783	203 937 = rd. 31 % von x	
Zonaler Anteil				
Schnellzüge	85 776	116 043	201 819	rd. 253 km
Eilzüge	97 345	84 412	181 757	rd. 133 km
Sa.	183 121	200 455	383 576 = rd. 59 % von x	

Der internationale Anteil beträgt 10 %, der bizonale 31 %. Die durchschnittliche Lauflänge ist am größten bei den bizonalen Schnellzügen, was sich aus den langen Läufen München — Würzburg — Hamburg, München — Stuttgart — Kassel — Bremerhaven, sowie Passau — Frankfurt (M) — Krefeld erklärt. Es folgen die internationalen Züge mit ihren längsten Läufen Basel — Hannover — Flensburg.

Verglichen mit den Friedensjahren erreichten die Gesamtleistungen der Gbl Süd im Oktober 1948 gegenüber 1932 rd. 77,8 %, gegenüber 1938 61,8 %, der Gbl West gegenüber 1932 74,2 % bzw. 1937 59,0 % (für 1938 fehlt die Vergleichszahl).

Es wäre ein Unrecht gewesen, **Sonderzüge** zu nicht lebenswichtigen Zwecken zu fahren, solange sich der Reiseverkehr im geschilderten Notstand befand und die RBD'en den dringendsten Bedarf an Berufszügen nicht befriedigen konnten. Als sich im Frühjahr 1948 die Lage zu bessern begann, wurde auch diese Zuggattung in dem jeweils möglichen Maße freigegeben und hierdurch gleichzeitig der Bevölkerung und den Finanzen der Deutschen Reichsbahn gedient.

Über die **Fahrzeiten, Reisegeschwindigkeiten** und **Aufenthalte** sei folgendes gesagt:

Die bis zur Währungsreform anhaltende starke Überbesetzung der Züge mit 150 bis 200 % verlangte die äußerste Ausnutzung der Zugkraft der Lok.

Die Schnellzüge fuhren gewöhnlich mit 13 bis 14 Wagen und einer Last von 600 bis 650 t. Zu dieser trat noch die um den Grad der Überbesetzung vermehrte Verkehrslast. Nimmt man statt der normalen Vollbesetzung von rund 800 Personen eine solche von 1800 an, ergibt sich, eine jede Person mit Gepäck zu 70 kg gerechnet, ein Mehrgewicht von 70 t, d. h. mehr als ein schwerer D-Zugwagen mit Vollbesetzung. Neben dieser unnatürlichen Belastung verlängerten der Zustand der Lok und die Beschaffenheit der Kohle ebenso wie die unzureichende Ernährung des Lokpersonals die Fahrzeiten.

Der Oberbau ließ auf den meisten Schnellzugstrecken nur die Höchstgeschwindigkeit von 85 km/h zu und zwang durch die zahlreichen Baustellen zu vielen Langsamfahrstellen, deren Beachtung das Durchhalten einer gleichmäßig hohen Geschwindigkeit nicht gestattete.

Die Überfüllung der Züge, verstärkt durch die gesunkene Verkehrsdisziplin, machte auch eine schnelle Abfertigung auf den Bahnhöfen unmöglich. Die Reisenden konnten nicht ordnungsmäßig zu den Türen gelangen, stiegen vielfach durch die Fenster aus und ein und behinderten so den Betrieb. Die äußerst mangelhafte Beleuchtung machte es auch dem Publikum schwer, sich mit dem großen Gepäck in den Wagen zurechtzufinden, die Stationsnamen rechtzeitig zu erkennen und sich über die Bahnhöfe zu unterrichten.

So mußten, um den Betrieb pünktlich durchführen zu können und nicht fortgesetzt mit großen Verspätungen fahren zu müssen, die Aufenthalte sehr reichlich bemessen werden.

So sehr auch stets seitens des Fahrplans kürzere Fahrzeiten erstrebt und gefordert wurden, war es nicht möglich, den Friedenszustand auch nur annähernd zu erreichen. Die Führung von **Tagesschnellzügen** auf große Entfernungen, z. B. München — Hamburg mußte an einer Reisezeit von 19 Stunden scheitern, weil die Abfahrzeiten nicht vor 6.00 Uhr früh und die Ankunftzeiten nicht nach 23.00 Uhr liegen durften.

Zusammenfassend blieben also die niedrigen Höchstgeschwindigkeiten, die Einrechnung von vielen Langsamfahrstellen in bereits gedehnte Fahrzeiten, die schweren Lasten und die langen unvermeidbaren Aufenthalte bis zur Währungsreform die unabwendbaren Ursachen der langen Reisezeiten. Mit der Geldumstellung verschwand schlagartig die unnatürliche Überbesetzung, wodurch eine erhebliche Leichterung der Zuglasten eintrat. Es besserte sich die Ernährung des Personals, die Arbeiterfrage und damit der Zustand der Lokomotiven und des Oberbaues. Weiterhin nahm die Kohlenförderung und auch die Güte der Kohle zu.

Diese günstigen Veränderungen ließen sich naturgemäß nicht ebenso schlagartig im Fahrplan ausnutzen, da eine grundlegende Änderung desselben in kurzer Zeit aus den bekannten Gründen völlig unmöglich ist und auch die bleibenden Folgen der Währungsreform beobachtet werden mußten.

Die Deutsche Reichsbahn erstellt - wie alle Eisenbahnverwaltungen der Kulturstaaten - grundsätzlich Jahresfahrpläne, deren Gerippe durch die internationalen Züge, die **einmal** im Jahr auf der Europäischen Fahrplankonferenz vereinbart werden, gegeben ist. Nach diesen richten sich Lage und Anschlüsse der durchgehenden Schnellzüge und nach diesen wieder die Personen- und Güterzüge. Es liegt auf der Hand, daß eine plötzliche Änderung einer größeren Anzahl von Zügen die bestehende Struktur des Fahrplans zerrüttet und zur gleichzeitigen Änderung sämtlicher Anschluß- und eingearbeiteten Güterzüge führen muß. Wie unten näher ausgeführt wird, bedarf diese Arbeit mindestens einer Zeitdauer von 6 Monaten.

Im Sommer 1948 konnten die Wiederherstellungsarbeiten einer großen Anzahl von Brücken beendet und in der Folgezeit der Oberbau auf einer großen Zahl von Schnellzugstrecken für eine Höchstgeschwindigkeit von 100 km/h hergerichtet werden, so daß den im September 1948 begonnenen Fahrplanarbeiten für das Jahr 1949/50 — Fahrplanwechsel am 15. Mai 1949 — nunmehr die neuen, erheblich verbesserten Fahrzeiten mit höheren zulässigen Höchstgeschwindigkeiten zugrunde gelegt werden können.

Sehr erhebliche Verkürzungen der Reisezeiten — besonders auf den langen Strecken — werden die erfreuliche Folge sein und nunmehr auch die Einlegung von Tagesschnellzügen zwischen weit entfernten Städten der Bizone gestatten.

Anfang Dezember 1948 konnten diese verkürzten Fahrzeiten wenigstens für zwei neu eingelegte FD-Züge, und zwar FD 289/290 München — Hamburg und FD 285/286 Frankfurt (M) — Hamburg angewandt werden. Die Neueinlegung solcher Züge war ausnahmsweise im Einzelfall möglich, da eine **Neueinlegung** keine Änderung eines bestehenden Zuges mit seinen vielen Bindungen bedeutete.

Während die mit einer Höchstgeschwindigkeit von 85 km/h und den bisherigen längeren Fahrzeiten und Zuschlägen konstruierten D-Züge eine Reisegeschwindigkeit von durchschnittlich rund 51 km/h besitzen, erreichen die neuen FD-Züge eine solche von rund 60 km/h. Im Frieden besaßen vergleichsfähige D-Züge Hamburg — München eine solche von rd. 70 km/h. Doch ist bei solchen Vergleichen zu berücksichtigen, daß heute auf langen Streckenteilen wegen geschwächten Oberbaues die erhöhten Geschwindigkeiten noch nicht angewendet werden können und viele Langsamfahrstellen immer wieder zur Geschwindigkeitseinschränkung führen. Abbildung 3 Anlage 2 zeigt die Reisegeschwindigkeit schneller Dampfzüge auf einigen Strecken der jetzigen Bizone in Friedenszeit und heute.

Von der Beschleunigung im Mai werden auch die **Personenzüge** — wenngleich nicht in diesem Ausmaße — erheblichen Nutzen ziehen. Ihre vielen Halte behindern das Erreichen und das Durchhalten der Höchstgeschwindigkeiten auf längere Strecken. Die durchschnittliche Stationsentfernung in Deutschland beträgt ungefähr 4,58 km. Die volle Geschwindigkeit von 85 km/h erreicht die gewöhnliche Personenzuglokomotive (P 8) auf ebener Bahn und mit einer Last von 250 t erst nach einer Laufstrecke von ungefähr 3,4 km. Liegt die nächste Haltestelle nun bei km 4,58, muß die Lokomotive bald nach dem Erreichen dieser Höchstgeschwindigkeit (nach 1,2 km) die Bremse betätigen, um rechtzeitig auf der Station zu halten. Bei der gleichen Stationsentfernung erreicht die P 8 bei einer Last von 400 t nur die Geschwindigkeit von 75 km/h bis zum Beginn der Bremsung.

Auf Anlage 2 sind die Fahrschaubilder einer P 8 mit 250 t und 400 t dargestellt, aus denen der verzögernde Einfluß einer erhöhten Last zu ersehen ist. Erst nach 7,3 km Lauf erreicht die P 8 bei 400 t die Geschwindigkeit, die sie bei 250 t schon nach 3,4 km erzielt. Ganz abgesehen von dem erhöhten Mehrverbrauch an Kohlen mahnt der Zeitverlust, d. h. der Verlust an unserem besten Werbemittel, nämlich der Schnelligkeit, den Fahrplanbearbeiter und den Zugbildner daran, die Stärke der Züge dem jeweiligen Bedürfnis, d. h. seiner zu erwartenden Besetzung unter Berücksichtigung der Tageszeit, der Strecken und, wenn erforderlich und möglich, auch einzelner Abschnitte anzupassen. Die Beigabe bzw. das Absetzen von Verstärkungswagen

Anlage 2

Abb. 1 Fahrschaulinien für Lok P 8/35.17. bei Gewichten von 250 und 400 t (mittlere Stationsentfernung 4,58 km)

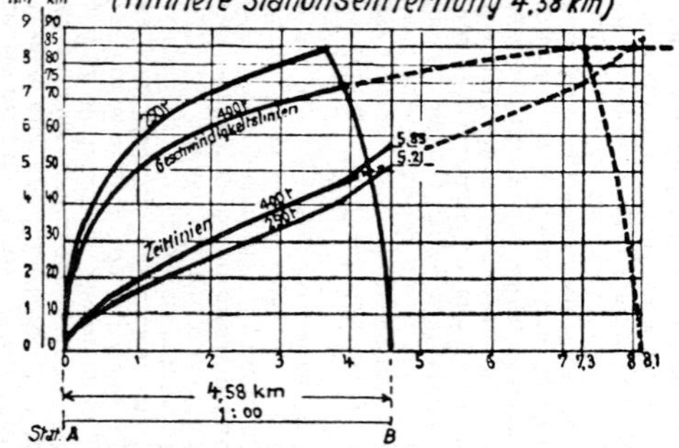

Abb. 2 Fahrschaulinien für 410 PS VT Wagen —— allein besetzt - - - - mit Steuerwagen besetzt (mittlere Stationsentfernung 4,58 km)

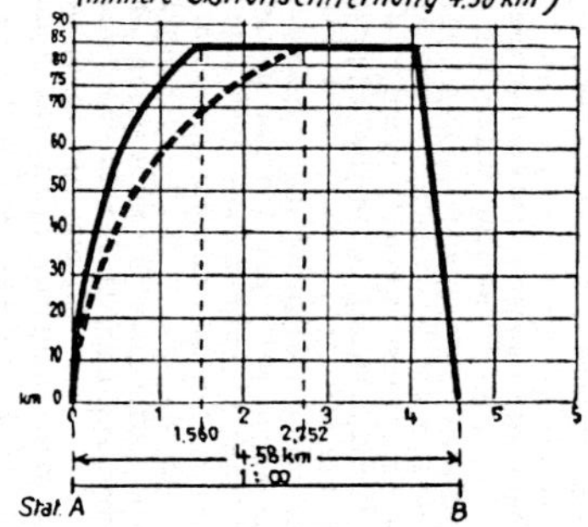

Abb. 3 Reisegeschwindigkeit schnellster Züge auf einigen Strecken der Deutschen Reichsbahn

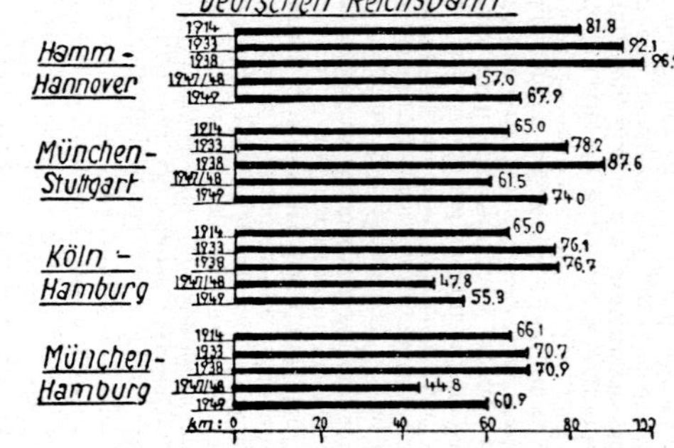

Abb. 4 Personenzug - Fahrschaubild P8/400 t Hamm - Bielefeld

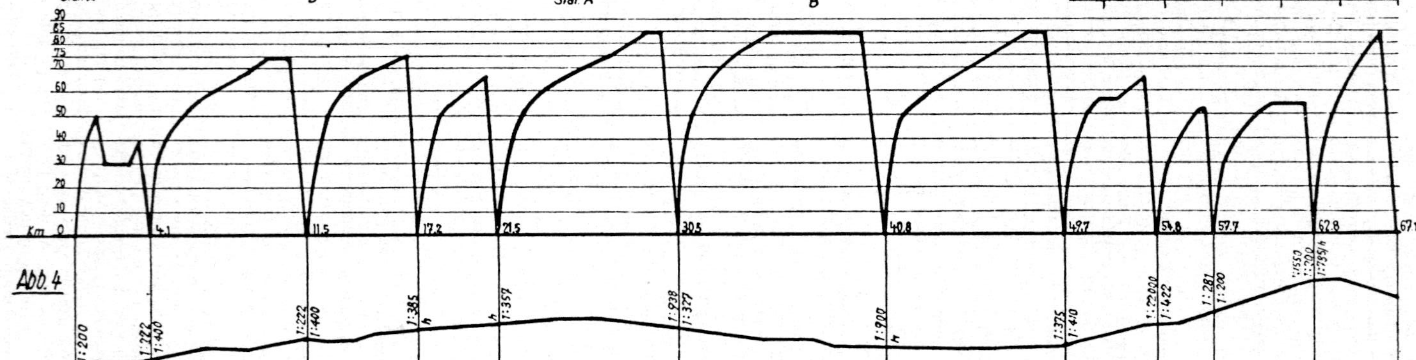

	Hamm–Heessen	Heessen–Ahlen	Ahlen–Vorhelm	Vorhelm–Neubeckum	Neubeckum–Delde	Delde–Rheda	Rheda–Gütersloh	Gütersloh–Isselhorst-Avenwedde	Isselhorst-Avenwedde–Ummeln	Ummeln–Brackwede	Brackwede–Bielefeld
km	4.1	7.4	5.7	4.3	9.0	10.3	8.9	5.1	2.9	5.1	4.3
1948 Fahrzeit · Min	7	12	9	8	12	12	10	10	8	11	7
Reise-Geschwdgk. · km/Std	34	37.5	38	32	45	51.5	53.4	36	21.8	27.8	36.8
Fahrzeit · Min	5	11	7	7	11	11	9	7	5	9	5
Reise-Geschwdgk. · km/Std 1938	48	40.9	48.8	36.8	49	56.2	59.4	43.7	34.8	34	51.6

muß wieder vorgesehen werden, sobald große Unterschiede in der Besetzung die Durchführung des ganzen Zugparks auf längere Strecken nicht mehr rechtfertigen.

Nun sind aber zudem die Strecken nicht eben, sondern haben Steigungen und Krümmungen, die verzögernd wirken. Auch gesellen sich leider noch andere, die Fahrzeiten und den Fahrplan ungünstig beeinflussende Momente hinzu, wie vorliegende Züge, eingleisige Abschnitte, besetzte Gleise im Bahnhof, Zugkreuzungen an den Einfahrten, steile Weichenkurven usw. Als Beispiel der Reisezeiten von Personenzügen und als Vergleich mit 1939 mögen die nachfolgenden Daten solcher Züge auf den Strecken Hamm — Hannover, Osnabrück — Bremen und Augsburg — München (elektr.) dienen.

	Entfernung	Anzahl der Halte	Höchst-Geschwindigkeit	Reisedauer	Reise-geschwindigkeit
Hamm—Hannover					
1938	176 km	32	85 km/h	240′	44 km/h
1948	176 „	32	85 „	320′	33 „
Osnabrück—Bremen					
1938	123 „	18	85 „	149′	49,5 „
1948	123 „	18	85 „	201′	36,7 „
Augsburg—München (elektr. Förderung)					
1938	61 „	10	85 „	80′	45.9 „
1948	61 „	10	85 „	108′	33,8 „

Unter den Abständen der 32 Haltestellen des ersten Beispiels befinden sich 28, die so kurz sind, daß die Höchstgeschwindigkeit von 85 km/h nicht einmal als Spitze erreicht wird. Die 67,1 km lange Strecke von Hamm nach Bielefeld findet sich im Fahrschaubild, ihre Fahrzeiten und Reisegeschwindigkeiten in einer Tabelle darunter, letztere auch mit Vergleichszahlen des Jahres 1938 in Abbildung 4 auf Anlage 2 dargestellt. Das Bild zeigt ferner, daß die Höchstgeschwindigkeit von 85 km h nur auf 5,9 km Länge, also noch nicht auf 1/10 der ganzen Strecke ausgefahren werden kann, weiterhin den störenden Einfluß der La-Stelle zwischen Hamm und Heesen, den verzögernden Einfluß der Steigungen und Krümmungen in der verschiedenen Form der Anfahrkurven und schließlich die Maxima der jeweils zwischen den Stationen erreichten Geschwindigkeiten.

Zum besseren Verständnis der Anfahrkurven ist unter dem Fahrschaubild, wenn auch nur in großen Zügen, das Streckenprofil dargestellt. Das Kurvenband wäre wegen des kleinen Maßstabes und der vielen Kurven unübersichtlich geworden. Wo sich daher die Anfahrkurve nicht aus der Steigung erklärt, mögen als Gründe die Gleiskrümmungen angesehen werden.

Weiterhin wird verständlich, daß der Zeitgewinn, der durch Erhöhung der Höchstgeschwindigkeit bei Personenzügen mit vielen Halten zu erzielen ist, nur gering, jedenfalls nicht annähernd so wirkungsvoll wie bei Schnellzügen sein kann.

Zum Vergleich ist nebenan das Schaubild eines 410 PS-Verbrennungstriebwagens mit und ohne Anhänger dargestellt, das erheblich kürzere Anfahrzeiten zeigt.

PERSONENZUGFAHRPLAN-TERMIN KALENDER

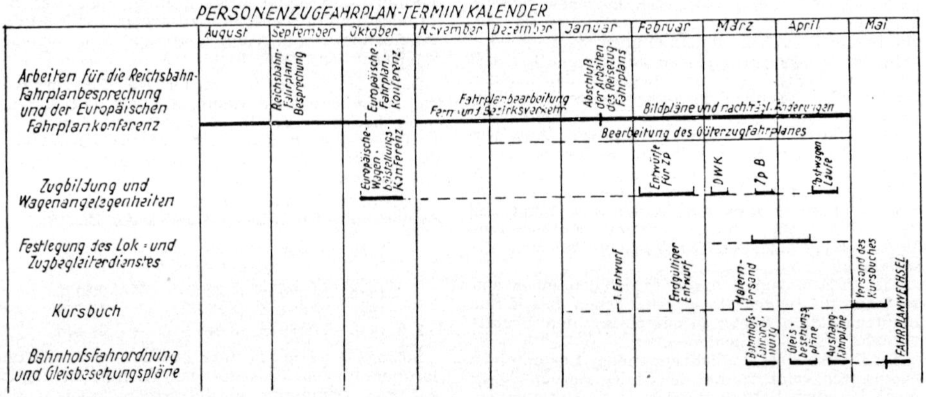

Über die **Fahrplanerstellung** besteht sowohl in den Kreisen des Publikums als auch der Verwaltungen vielfach wenig Kenntnis. Deshalb soll an dem beigefügten Terminkalender (s. Abb.) gezeigt werden, welch lange Folge einzelner Arbeiten, von denen jede auf den Schultern der vorhergehenden steht, und welcher Zeitaufwand erforderlich ist, um zum Fahrplanwechsel fertig zu sein. Die gestellten Fristen sind hierbei bereits so kurz bemessen, daß eine Überschreitung eines Abschnittes sogleich Schwierigkeiten im nächsten hervorruft und die rechtzeitige Fertigstellung gefährdet.

Grundsätzlich erstellt die Verwaltung Jahresfahrpläne, die mit dem Wechsel im Mai anlaufen. Die ersten Arbeiten beginnen reichlich 8 Monate vor diesem Zeitpunkt. In der Reichsbahn-Fahrplanbesprechung Ende September werden die internationalen Verbindungen vorbereitet, die Anfang Oktober in der Europäischen Konferenz festgelegt werden. Alsdann erfolgen die Bearbeitungen der internationalen Züge, der übrigen Schnell- und Eilzüge und schließlich der Personenzüge. Eingeschoben in diese Abschnitte sind die Beratungen der RBD'en mit ihren Industrie- und Handelskammern sowie anderen Verkehrsinteressenten und der HVE mit dem Ständigen Fahrplanausschuß.

Drei Monate vor dem Fahrplanwechsel muß der Personenzugfahrplan abgeschlossen sein. Änderungen dürfen alsdann nur noch mit Zustimmung der Güterzugdezernenten vorgenommen werden. Hat die Bearbeitung der Güterzüge auch schon etwas vorher begonnen, so setzt für sie jetzt erst die Hauptarbeit ein. Für den Personenzugdienst reiht sich nun die Aufstellung der Fahrplanentwürfe und die Bearbeitung des Kursbuches an.

In der Europäischen Wagenbeistellungskonferenz im Oktober und in der Deutschen Wagenbeistellungskonferenz im Februar werden die Zugbildungen und die Wagenumläufe besprochen und dann die Zugbildungspläne aufgestellt, der Bestand und Bedarf der Wagen der RBD'en nachgeprüft und die erforderlichen Ausgleiche herbeigeführt. Unmittelbar darauf werden die Lokumläufe bearbeitet. Die Bahnhöfe ihrerseits haben alsdann die Bahnhoffahrordnung und die Diensteinteilungen auszuarbeiten.

Dem ersten Entwurf, der bereits veröffentlicht wird, folgt alsbald der endgültige mit einem späteren Berichtigungsblatt. Leider sind bis zum Schluß noch immer Änderungen unvermeidlich, so daß, falls die Arbeiten bereits abgeschlossen waren, dem Kursbuche Ergänzungsblätter beigelegt werden müssen.

Da die Fahrplanbearbeitung nach Zehntelminuten erfolgt, ist leicht einzusehen, ein wie scharf eingeschliffenes Gefüge der vollendete Fahrplan darstellt und welche zusätzlichen Arbeiten entstehen, wenn nachträglich größere Änderungen vorzunehmen sind.

Dieses wichtige Kapitel darf nicht abgeschlossen werden, ohne daß die stille aufreibende Arbeit der Fahrplanbeamten des Reise- und Güterzugdienstes während der beiden letzten Jahre wenigstens hier hervorgehoben wird. Ihre Arbeit wird gewöhnlich nach den Friedensverhältnissen bewertet, wo im Jahr **ein** Fahrplan erstellt und im Oktober eine geringfügige Korrektur vorgenommen wird.

In den vergangenen beiden Jahren häuften sich aber zwischenzeitliche. grundlegende Änderungen infolge oft und plötzlich angeordneter Fahrplaneinschränkungen derart, daß eine geordnete planmäßige Durcharbeit kaum möglich war. Aus dem **einen** Jahresfahrplan wurde eine **Reihe** von neuen Fahrplänen, die sich im gehetzten Tempo folgten.

Eine Auslegung von Zügen, besonders in der Berufszeit, besteht nicht nur in der Streichung und der Bekanntgabe, sondern verlangt vielfach eine Verschiebung oder die Neukonstruktion von Ersatzzügen.

Fiel zum Beispiel von 3 Frühzügen einer aus, so lagen die beiden übrig gebliebenen falsch und mußten andere Lagen erhalten, um den Berufsverkehr richtig zu bedienen.

Ergab sich die Möglichkeit, neue Lokomotiven einzusetzen, so durfte mit der Einlegung von Zügen nicht bis zum Fahrplanwechsel gewartet werden, weil die notleidende Bevölkerung sogleich in den Genuß dieser Verbesserung gelangen sollte. Jede solche Änderung bedingte aber wiederum den ganzen Ablauf der entsprechenden, im Terminkalender behandelten Arbeiten.

Mit der Vermehrung der Reisezüge wurde zugleich auch der Ruf nach **Kurswagen** in den wichtigsten Relationen laut. So erwünscht an sich diese Einrichtung auch ist, bringt sie auf den zerstörten Umstellbahnhöfen vermehrte Rangierarbeit und für den Fahrplan und die Reisezeit unerwünschte längere Aufenthalte. Nachteile, die jeder Interessent grundsätzlich anerkennt, für seine eigene Fahrt jedoch nicht gelten lassen will. Soweit es sich irgend vertreten ließ, wurden die Kurswagen nach und nach ab Oktober 1947 eingesetzt und betragen heute 64 Stück in 32 Läufen.

Nach dem Zusammenbruch waren die **Personenwagen** der Bizone ebenso international zusammengewürfelt wie ihre Bewohner. Die Ende 1945 vorhandenen rd. 17 000 betriebsfähigen Personenwagen enthielten rd. 8 000 ausländische, und zwar solche der belgischen, bulgarischen. französischen, griechischen, italienischen, jugoslawischen, luxemburgischen, niederländischen, österreichischen, polnischen, rumänischen, tschechoslowakischen, türkischen, ungarischen, UdSSR und englischen Bahnen.

Der Zustand der Wagen war ein überaus trauriger. Die Fenster waren zerbrochen, die Polster zerschnitten, die Gepäcknetze zerrissen, die Beleuchtungsanlagen entfernt oder zerstört, die sanitären Anlagen (Waschbecken, Toiletten, Heizung) demoliert, die Dächer und die Türen undicht. Es lag in der Natur der Dinge, daß die Besatzungsmächte für ihre Zwecke die jeweilig besten Wagen beanspruchten und außerdem verlangten, daß den Siegerstaaten ihre Wagen nach Möglichkeit zurückgegeben wurden. Die Werkstätten, die durch die Einwirkungen des Krieges schwer mitgenommen waren, litten zudem an einem nicht zu behebenden Mangel an Ersatzstoffen. So war es erklärlich, daß dem zivilen Reiseverkehr lange Zeit nur unzureichendes Material zur Verfügung stand.

Der Bevölkerung mußte zugemutet werden, in ungeheizten und unbeleuchteten Wagen, mit undichten Dächern, Türen und Fenstern ohne Glas während der harten Winter 1945/46 und 1946/47 zu fahren.

Neben den rd. 17 600 betriebsfähigen Wagen sind heute in der Bizone ca. 3400 Betriebsschadwagen und ca. 6000 Altschadwagen vorhanden, die, auf unbenutzten Gleisen abgestellt, der Wiederherstellung harren. Ein großer Teil von ihnen stand zudem einige Zeit auf abgetrennten Gleisen blockiert und daher nicht greifbar und war der Plünderung durch die an Fensterglas und Textilien notleidende Bevölkerung ausgesetzt. Sie wurden regelrecht ausgeschlachtet.

Der Mangel an betriebsfähigen Polsterwagen war besonders stark. Heute, 3 Jahre nach Kriegsende, können wir in Schnellzügen Fahrkarten 2. Klasse erst in vier Zugpaaren verkaufen, was als ein bitterer Nachteil, besonders von der reisenden Geschäftswelt, empfunden wird.

Die nachfolgende Zusammenstellung zeigt die Entwicklung des Wagenbestandes der Bizone.

1939	33 000	(einschl. 6 % Schadwagen)	=	33 000
1946	15 926	+ (4 300[1])	=	20 226
1947	16 894	+ (3 864[1])	=	20 758
1. 9. 1948	17 686	+ (3 442[1])	=	21 128

Solange die Züge so stark überbesetzt waren und darüber hinaus Tausende von Reisenden täglich auf den Bahnhöfen zurückbleiben mußten, das fehlende Platzangebot auch durch neue Züge mangels der Betriebsmittel nicht ersetzt werden konnte, war die Führung von **Speise-** und **Schlafwagen** nicht zu vertreten. Für jeden dieser Wagen hätten sonst 80 bis 100 Personen zurückbleiben müssen. Die Zusammenfassung der Behörden in Frankfurt (M) sowie der Mangel an Hotels und Übernachtungsgelegenheiten zwang jedoch Ende 1947

[1]) Betriebsschadwagen, zu denen noch 5- bzw. 6000 Altschadwagen kommen.

trotz allem dazu, in den Relationen Hamburg — Frankfurt (M), München — Frankfurt (M), später auch Industriegebiet/Rheinland — Frankfurt (M) einige Liege- bzw. Schlafwagen einzusetzen, die sich sogleich großer Beliebtheit erfreuten und ständig ausverkauft waren.

Mit der Vermehrung der Züge und mit dem Einzug einer normalen, wenn auch noch vollen Besetzung nach der Währungsreform wurde, soweit möglich, Wirtschaftsbetrieb in den schnellfahrenden Zügen zugelassen und, soweit vorhanden, Speisewagen eingesetzt. Leider besteht auch an diesen Spezialwagen solcher Mangel, daß der Bedarf nicht annähernd gedeckt werden kann. Zur Zeit laufen für den deutschen Zivilverkehr Schlafwagen in 15 Zugpaaren = 30 Zügen. Speisewagen sind in 26 Zügen eingesetzt.

Ab 6. Dezember 1948 werden erstmalig, und zwar in 26 Zügen, wieder Platzkarten ausgegeben.

Betrachtet man nun den Schnellzugsverkehr, wie er sich am 6. Dezember des Jahres gestaltet hat, so ergibt sich als **Abschluß** folgendes Bild:

Es verkehren

a) **12 internationale Zugpaare,** und zwar

1.	L 5/6	(Orient-Expreß) Paris — Wien (— Bukarest) (mit Flügel Stuttgart — Prag s. 2)
2.	L 105/106	Stuttgart — Prag
3.	L 11/12	(Nordexpreß) Paris — Kopenhagen
4.	L 51/52	(Ostende-Wien-Expreß) Ostende — Wien (mit Flügel s. 5)
5.	FD 254/255	Amsterdam — Köln
6.	FD 191/192	(Skandinavien-Expreß) Hoek v. Holland — Kopenhagen
7.	FD 275/276	(Skandinavien-Schweiz-Expreß) Basel — Kopenhagen
8.	FD 163/164	Hoek van Holland — Basel
9.	D 64/67	München — Rom
10.	D 9/10	Stuttgart — Zürich
11.	D 72/73	München — Zürich mit Flügel (s. 12)
12.	D 25/225 / D 226/26	München — Prag

Bis zur Blockade von Berlin verkehrten noch die FD-Züge 111/112 von Köln nach Berlin.

b) **32 bizonale Zugpaare**

1.	Industriegebiet/Rheinland — Süddeutschland		16 D	+ 2 E	=	18
2.	Hamburg/Bremen — Süddeutschland	2 FD	8 D		=	10
3.	Rheinland — Kassel		2 D	+ 1 E	=	3
4.	Kassel — Wilhelmshaven		1 D		=	1
						32

Der Ausbau schreitet weiter fort und bringt zum Mai 1949 einen weiteren Fortschritt, besonders im Schnellzugverkehr, der vermittels der ermöglichten Fahrzeitverkürzung vermehrte Anschlüsse und bessere Leistungen aufweisen wird. Der Bezirks- und Berufsverkehr wird intensiviert und der Vorortverkehr ausgebaut werden.

Mit der Weiterentwicklung steigen aber auch die Ansprüche der sich ebenfalls erfreulich entwickelnden Wirtschaft und des internationalen Verkehrs.

Der jeweils erzielte zahlenmäßige Fortschritt bedeutet daher keine absolute Verbesserung, sondern muß relativ zu dem gleichzeitigen Anstieg der Wirtschaft gewertet werden.

Es war ein langer mühseliger Weg, der aus dem tiefen Tal des Februar 1947 zur Höhe des November 1948 führte und vom fensterlosen, durchgeregneten Wagen zum sauberen D-Zugwagen mit Platzkarte. Werden auch die Mühsalen — wie es im Leben geht — schnell vergessen, so wurden doch viele reiche und dauernde Erfahrungen gesammelt.

Sind wir auch noch weit vom Friedensstand entfernt, so werden wir ihm doch schon recht ähnlich und, gemessen an den Widerständen, kann die Deutsche Reichsbahn der Bizone wohl beanspruchen, auf diesem Gebiet das z. Zt. Mögliche erreicht und den Weg zur guten Fortentwicklung vorbereitet zu haben.

b) Die ersten innerdeutschen FD-Zug-Verbindungen und ihre Vorläufer

Wie bereits dargelegt, führte trotz der Reiserestriktionen der einzelnen Besatzungsmächte in ihren Zonen und besonders zwischen den einzelnen Besatzungszonen sehr bald ein bestehendes Reisebedürfnis des Behörden- und beginnenden Wirtschaftsverkehrs zu der Notwendigkeit, für diesen Benutzerkreis besondere Reisemöglichkeiten zu schaffen. Mit Errichtung der einzelnen Länder, besonders aber der Schaffung der Zweizonen-Verwaltungsorgane der Bizone, die aufgrund der Kriegszerstörungen dezentral an verschiedenen Orten untergebracht werden mußten, ergab sich die Notwendigkeit besonders hierauf abgestellter Reiseverbindungen, die von den wenigen zwischen den Zonen verkehrenden und dem allgemeinen Reiseverkehr dienenden Zügen nicht bewältigt werden konnte. Außerdem führte die Aufteilung der Eisenbahnverwaltungen der drei Zonen mit den Sitzen ihrer Zentralbehörden (einschließlich der für die Beschaffung der für den Wiederaufbau von Anlagen und Fahrzeugen benötigten Stoffe in Göttingen, Minden und München eingerichteten Zentralämter) zu einem eigenen Geschäftsreiseverkehr der Eisenbahnen untereinander, der ebenfalls nicht mit den bis dahin vorhandenen öffentlichen Verkehrsmitteln abgedeckt werden konnte.

Zwar war an eine Wiederaufnahme eines Schnellverkehrs wie er seit 1923 in den verschiedensten Formen bis zum Kriegsausbruch des Zweiten Weltkrieges bestanden hatte, in absehbarer Zeit überhaupt nicht zu denken. Auch war der Fahrzeugpark dieses bis 1939 bestehenden Netzes, soweit er überhaupt die Kriegswirren überstanden hatte, über verschiedene europäische Länder verstreut. Die zunächst 1939 abgestellten Schnelltriebwagen waren zwar während des Krieges nach und nach als Befehls-, Kommando- oder Salonzüge hochgestellter Persönlichkeiten des Dritten Reiches nach entsprechenden Umbauten wieder eingesetzt worden, bei Kriegsende standen sie aber zumeist auf kleineren Bahnhöfen abgestellt und waren so der Plünderungswelle der letzten Kriegstage ebenso ausgesetzt wie andere Eisenbahnfahrzeuge. Die noch einsatzfähigen Schnelltriebwagen beschlagnahmten die Besatzungsmächte ebenso wie den hochwertigen Reisezugwagenpark für ihre Zwecke. So waren zahlreiche SVT der Vorkriegsbauarten für Zwecke der Besatzungsmächte eingesetzt und wurden je nach ihren Bedürfnissen umdisponiert. Beispielsweise war der als „Fliegender Hamburger" ab 15. Mai 1933 zwischen Berlin Leb und Altona erstmals eingesetzte SVT 877 a/b, der spätere SVT 04 000, in Diensten der französischen Besatzungsmacht und wurde von ihr als Lazarettzug mit verschiedenen Standorten eingesetzt. SVT der Bauarten „Hamburg" und „Köln" wurden von der amerikanischen Besatzungsmacht in ihrem Sektor in Berlin und den für die zukünftige sowjetische Besatzungszone zu räumenden Gebieten aufgefunden und nach Westen zurückgeführt und dort für ihre Zwecke eingesetzt. Die oben aufgezeigten Bedürfnisse eines bizonalen Geschäfts- und Wirtschaftsreiseverkehrs führten dann ebenso wie die Bedürfnisse der Eisenbahn selbst dazu, daß trotz des verlorenen Krieges für einen besonderen Kreis von privilegierten Reisenden sehr bald ein Netz von Dienst-D-Zügen zwischen des einzelnen Bedarfszentren aufgebaut wurde. Bereits nach dem Stand vom 10. August 1946 ist eine Karte über die bestehenden Züge dieser Art im Bereich der britischen und amerikanischen Zone bekannt. Mit Verfügung der inzwischen eingerichteten Oberbetriebsleitung United States Zone der Deutschen Reichsbahn in Frankfurt (Main) vom 17. Juli 1946 wurde ein neues Dienst-D-Zugpaar eingelegt und die bestehenden wurden zusammengefaßt nochmals dargestellt. Dieses Dokument soll hier im Wortlaut wiedergegeben werden:

Deutsche Reichsbahn
Oberbetriebsleitung
United States Zone
Frankfurt (Main)
21.212 Bfpd 1

Frankfurt (Main), den 17.Juli 1946

An die
RBD'en Karlsruhe, Mainz, Saarbrücken, Essen, Hamburg, Hannover, Köln, Münster, Wuppertal, Augsburg, Frankfurt (Main), Kassel München, Nürnberg, Regensburg, Stuttgart,

nachr: VADE Speyer, RBGD Bielefeld, RZA München und Göttingen
-je besonders 5mal -

Betr: Dienst-D-Züge.

Vom 18./19.Juli 1946 an verkehrt zwischen Frankfurt (Main)und München ein neues Dienst-D-Zugpaar über Würzburg - Nürnberg - Ingolstadt. Zum gleichen Zeitpunkt an werden die Pläne für Dsd 3/4 etwas geändert. Bei den meisten Fahrten ändern sich ausserdem die Verkehrstage.

Dsts 1/2 Frankfurt (M) - Göttingen - Wesermünde ändern sich nicht.
Sämtliche Pläne werden nochmals zusammengefasst.

Dsts 1 Mo Frankfurt (M) - Wesermünde Di, Do, Sa Frankfurt (M) - Göttingen		Dsts 2 Mi Wesermünde - Frankfurt (M) Di, Do, Sa Göttingen - Ffm
7.oo	Frankfurt (M) Hbf	12.22
8.12/ 8.14	Giessen	18.1o/18.12
8.44/ 8.45	Marburg (Lahn)	17.37/17.39
1o.32/1o.38	Kassel Hbf	15.23/15.3o
11.47/11.5o	Göttingen	14.11/14.14
12.16/12.19	Salzderhelden	13.4o/13.42
13.2o/13.25	Hannover Hbf	12.41/12.44
15,17/15.2o	Bremen Hbf	1o.47/1o.51
16.21/16.24	Wesermünde-Bremerhaven	9.44/ 9.47
16.3o	Wesermünde-Lehe	9.4o

In Göttingen Di, Do und Sa Anschluss nach und von Bielefeld mit DDt 1oo2/1oo1

Dsts 3 (erstmals 18/19 VII.) Di/Mi u Do/Fr		Dsts 4 (erstmals 19/2o.VII.) Mi/Do u Fr/Sa
22.42	München Hbf	6.oo
-	München-Pasing	5.5o/5.51
23.44/23.52	Augsburg Hbf	4.59/ 5.o2
1.1o/1.12	Ulm Hbf	3.45/ 3.46
2.4o/ 2.5o	Stuttgart Hbf	1.45/ 2.1o
4.21/ 4.22	Bruchsal	o.o5/ o.o6
4.56/ 5.o1	Heidelberg Hbf	23.25/23.3o
5.53/5.55	Darmstadt Hbf	22.29/22.31
6.25	Frankfurt (M)Hbf	22.oo

Dsts 14 Sa	Dsts 16 Di/Mi		Dsts 15 (erstm.19./2o.VII.) Mo/Di u Fr/Sa
12.4o	21.o5	Frankfurt(M)Hbf	6.4o
13.18/13.19	21.52/ 21.54	Kahl (Main)	5.57/ 5.59
13.31/13.32	22.o8/22.o9	Aschaffenburg Hbf	5.42/5.43
14.49/14.52	23.37/23.47	Würzburg Hbf	3.57/ 4.o7
16.2o/16.25	1.35/ 1.45	Nürnberg Hbf	1.57/ 2.o7
- / -	3.23/ 3.24	Schwandorf	o.22/ o.23
18.o4/18.o7	4.o9/ 4.12	Regensburg Hbf	23.33/23.36
19.o5/19.o6	5.1o/ 5.11	Landshut(Bay)Hbf	22.33/22.34
2o.1o	6.16	München Hbf	21.28

Dsts 18 (erstmals 18/19 VII) Mo/Di u Do/Fr		Dsts 17 (erstmals 21/22 VII) So/Mo u Mi/Do
21.o5	Frankfurt (M)Hbf	6.4o
21.52 /21.54	Kahl (Main)	5.57/ 5.59
22.o8 /22.o9	Aschaffenburg Hbf	5.42/ 5.43
23.37 /23.47	Würzburg Hbf	3.57/ 4.o7
1.35 / 2.24	Nürnberg Hbf	1.46/ 2.o7
4.26 / 4.3o	Ingolstadt Hbf	23.49/23.5o
5.5o	München Hbf	22.3o

Dsts 2o	W ausser Sa	Dsts 21
5.42	Wiesbaden Hbf	22.41
5.5o/ 5.52	Mainz-Kastel	22.27/22.3o
6.26/ 6.34	Frankfurt (M) Hpbf	21.46/21.55
7.o4/ 7.o6	Darmstadt Hbf	21.o8/21.14
8.oo/ 8.o3	Heidelberg Hbf	2o.o9/2o.14
8.29/ 8.3o	Bruchsal	19.39/19.4o
9.42	Stuttgart Hbf	18.3o

Dsts 22 W (f.d. öffentlichen Verkehr freigegeben.)			Dsts 23
	5.35	München Hbf	22.1o
5.45 /	/5.46	München-Pasing	22.oo/22.o1
6.4o /	6.43	Augsburg Hbf	21.1o/21.13
8.o4 /	8.o8	Ulm Hbf	19.55/19.56
9.33		Stuttgart Hbf	18.39

DD 1o1 W (öffentli.Verkehr beschränkt zugelassen)			DD 1o2
	8.25	Frankfurt (M) Hpbf	18.25
9.o1 /	9.o3	Mainz-Kastel	17.45/17.48
9.16 /	9.25	Wiesbaden Hbf	17.18/17.33
1o.o2 /	1o.o4	Rüdesheim (Rhein)	16.35/16.38
- /	-	Kaub	15.56/16.11
1o.16/	1o.26	Lorch (Rhein)	- / -
11.21/	11.29	Niederlahnstein	15.o2/15.1o
	11.42	Ehrenbreitstein	14.49/14.51
12.o3/	12.o5	Neuwied	14.23/14.25
12.31/	12.46	Linz (Rhein).	- / -
13.o6/	13.o8	Beuel	13.26/13,3o
13.43/	14.17	Köln-Deutz	12.34/12.47
14.58/	15.o1	Solingen-Ohligs	- / -
15.o7/	15.2o	Düsseldorf-Eller	11.24/11.27§)
15.52/	15.54	Mühlheim(Ruhr)-Speldorf	1o.46/1o.49
16.19/	16.21	Essen Hbf	1o.21/1o.25
16.38/	16.4o	Bochum Hbf	9.59/1o.o2
17.12/	17.14	Doetmund Hbf	9.25/ 9.28
17.51/	18.o5	Hamm	8.4o/ 8,5o
19.15		Bielefeld Hbf	7.35
		§) Düsseldorf Hbf	

Dsts 1oo1		Di, Do, Sa	Dsts 1oo2
	1o.45	Bielefeld Hbf	17.3o
11.o9/	11.1o	Löhne (Westf.)	16.59/17.o1
12.o1/	12.o3	Hameln	16.oo/16.o2
12.3o/	12.33	Elze (Hann.)	15.27/15.3o
13.o5/	13.o7	Kreiensen	14.51/14.53
13.16/	13.18	Salzderhelden	14.41/14.43
13.48		Göttingen Pbf	14.13

gez.Nierhoff

Dienstsiegel

Beglaubigt:
gez.Scheibke
Reichsbahnobersekretär

Für richtige Abschrift:

gez.Unterschrift
Dipl.Ing.

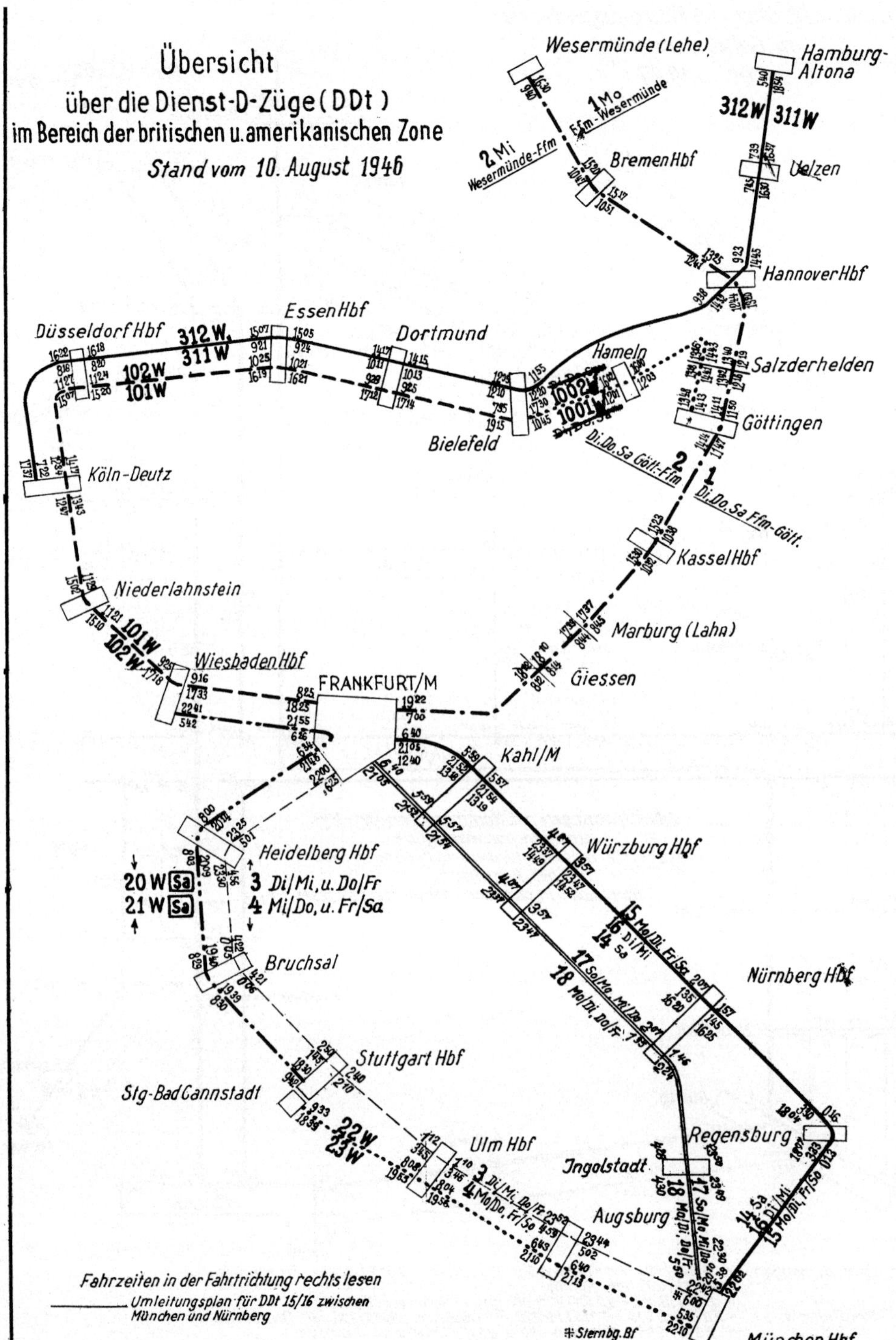

Übersicht
über die Dienst-D-Züge (DDt)
im Bereich der britischen u. amerikanischen Zone
Stand vom 10. August 1946
Wesermünde (Lehe)
Hamburg-Altona
1 Mo Ffm-Wesermünde
2 Mi Wesermünde-Ffm
Bremen Hbf
312 W 311 W
Uelzen
Hannover Hbf
Düsseldorf Hbf
312 W 311 W
Essen Hbf
Dortmund
102 W 101 W
Hameln
1002 W 1001 W
Salzderhelden
Göttingen
Bielefeld
Di.Do.Sa Gött-Ffm
2 1
Di.Do.Sa Ffm-Gött.
Köln-Deutz
Kassel Hbf
Niederlahnstein
101 W 102 W
Marburg (Lahn)
Wiesbaden Hbf
FRANKFURT/M
Giessen
Kahl/M
Heidelberg Hbf
Würzburg Hbf
20 W Sa
21 W Sa
3 Di/Mi, u. Do/Fr
4 Mi/Do, u. Fr/Sa
15 Mo/Di, Fr/Sa
16 Di/Mi
14 Sa
17 So/Mo, Mi/Do
18 Mo/Di, Do/Fr
Bruchsal
Nürnberg Hbf
Stuttgart Hbf
Stg-Bad Cannstadt
22 W 23 W
Ulm Hbf
3 Di/Mi, Do/Fr
4 Mo/Do, Fr/Sa
Regensburg
Ingolstadt
18 Mo/Di, Do/Fr
17 So/Mo, Mi/Do
Augsburg
14 Sa
16 Di/Mi
15 Mo/Di, Fr/Sa
Fahrzeiten in der Fahrtrichtung rechts lesen
Umleitungsplan für DDt 15/16 zwischen München und Nürnberg
* Sternbg. Bf
München Hbf

Übersicht über die Fahrgelegenheiten
im Behördenverkehr
ab 5.10.47

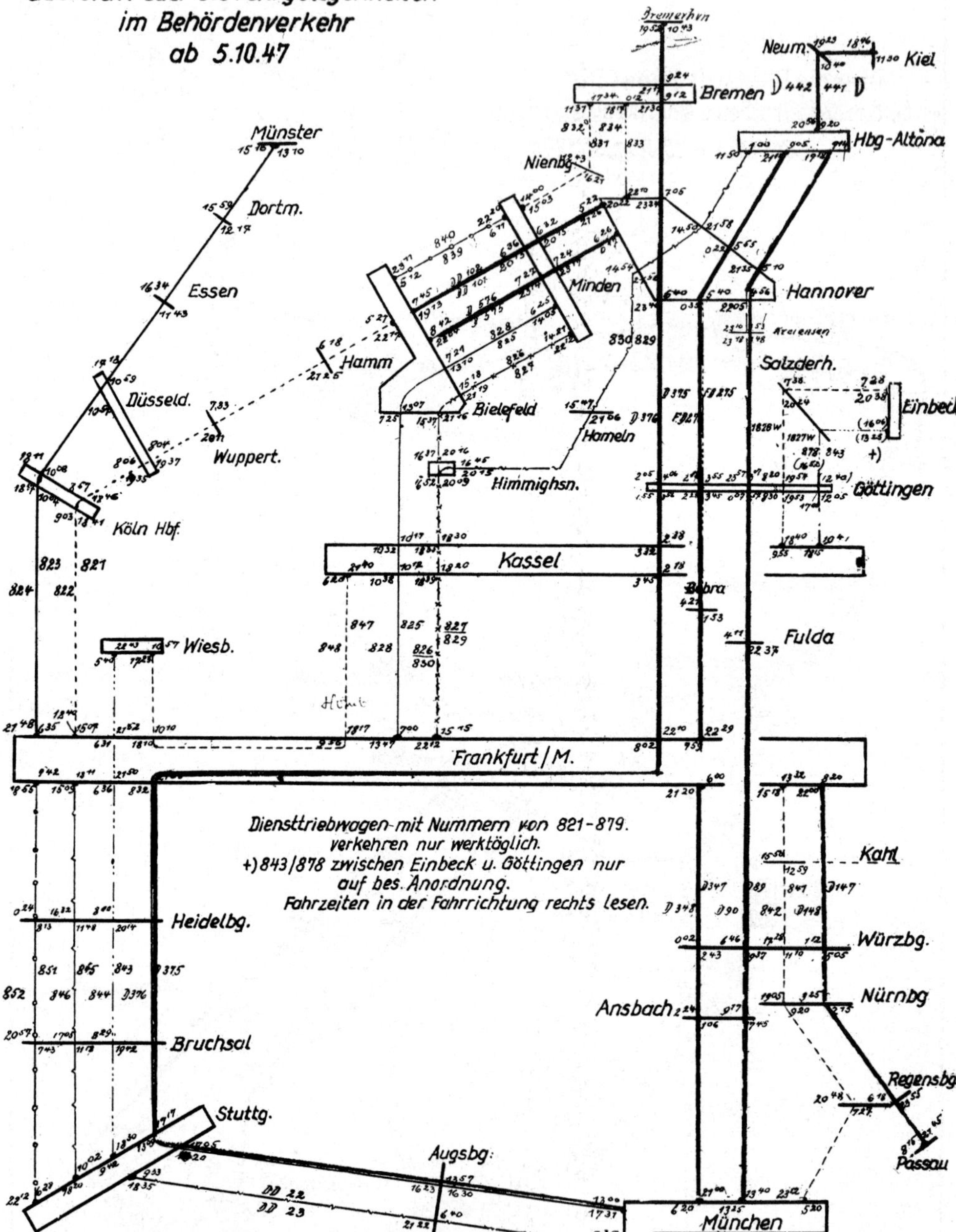

Behördenwagen in D 375/376 Fft-Brhvn, FD 275/D 576 - D 515/FD 276 Fft-Bielefeld
" " FD 275/276 Fft-Hambg.
" " D 89/DD 102 - DD 101/D 90 München-Hannover-Bielefeld
Schlafwagen " FD 275/D 576 - D 515/FD 276 Fft-Bielefeld; D 375/376 Fft-Bremerhvn
" " D 347/348 München-Fft u. D 89/90 Würzburg-Hamburg

SVT 04 107 im Jahre 1947 im EAW Nürnberg als Salonzug der US-Army. Aufnahme: DB

SVT 04 102 1949 als Lazarettzug der US-Army in Stuttgart Nord. Aufnahme: Carl Bellingrodt

Ab dem Frühjahr 1947 stellte sich die Notwendigkeit heraus, über diese Zugverbindungen hinaus auch in den bereits bestehenden des internationalen und nationalen Schnellzugverkehrs besondere ,,Behördenwagen" einzustellen, die für normale deutsche Reisende nicht benutzbar waren und auch bereits als Komfortsteigerung die 2. Klasse aufwiesen. Zwischen Frankfurt, Bielefeld und Bremerhaven, Frankfurt und München sowie zwischen Würzburg und Hamburg wurden außerdem die ersten Schlafwagen für den Behördenverkehr eingesetzt, da die damals allgemein langen Reisezeiten und die fehlenden Übernachtungsmöglichkeiten an den Besprechungsorten entsprechende Verbindungen erforderten. Die nach dem Stand vom 5. Oktober 1947 bestehenden Fahrgelegenheiten im Behördenverkehr sind aus den beigegebenen Karten zu ersehen. Zuggattungsmäßig wurden diese Züge als DD bzw. Dsts bezeichntet und erschienen teilweise im Fahrplan. Während die DD aus Wagenzügen gebildet wurden, waren die Dsts Dieseltriebwagen, bei denen die verschiedensten Triebwagenbauarten eingesetzt wurden, die jeweils zur Verfügung standen. In verschiedenen Relationen liefen auch hier bereits Fahrzeuge der früheren SVT-Bauarten ,,Hamburg" und ,,Köln", die nicht für Zwecke der Besatzungsmächte benötigt wurden und den deutschen Behörden zur Verfügung gestellt worden waren. Im Bereich der französischen Zone sind hier vor allen die zahlreichen —teilweise auch in den Fahrplänen veröffentlchten, aber mit Sperrvermerk für den öffentlichen Verkehr versehenen — Triebwagenverbindungen nach und von Speyer festzuhalten.

Dieses Netz der Dienstzüge war häufigen Wechseln der Verkehrstage und Verkehrsrelationen je nach dem Fortschreiten des Wiederaufbaus des allgemeinen Reisezugfahrplans wie der Bedürfnisse dieses besonderen Behördenverkehrs unterworfen. Ab Ende 1947 wurden auch einzelne Züge für den öffentlichen Verkehr unter besonderen Benutzungs- oder Kontigentierungsbestimmungen freigegeben. Die letzte bekannte Übersicht der damals nur noch verkehrenden Diensttriebwagen (die DD waren inzwischen im öffentlichen Verkehr aufgegangen) stammt vom 1. August 1949. Sie enthält folgende Zugläufe (in Klammern am Zuganfangs-bzw. -endbahnhof jeweils die Abfahrts-bzw. Ankunftszeiten; die angegebenen Bahnhöfe waren die Haltebahnhöfe des jeweiligen Zuges):

a) DDt 825 Frankfurt Hbf (6.48) — Friedberg — Gießen — Marburg — Wabern — Kassel Hbf — Warburg — Altenbeken — Detmold — Lage — Bielefeld Hbf — Herford — Löhne — Bad Oeynhausen — Minden (14.23)
b) DDt 826 Minden (14.03) — Bad Oeynhausen — Löhne — Herford — Bielefeld Hbf — Lage — Detmold — Himmighausen — Altenbeken — Warburg — Kassel Hbf — Wabern — Marburg — Gießen — Friedberg — Hanau Hbf — Offenbach Hbf — Frankfurt Hbf (21.53)
c) DDt 827 Offenbach Hbf (14.50) — Frankfurt Süd — Frankfurt Hbf — Friedberg — Gießen — Marburg — Wabern — Kassel Hbf — Warburg — Altenbeken — Detmold — Lage — Bielefeld Hbf — Herford — Löhne — Bad Oeynhausen — Minden (22.05)
d) DDt 828 Minden (6.58) — Bad Oeynhausen — Herford — Bielefeld Hbf — Lage — Detmold — Altenbeken — Warburg — Kassel Hbf — Wabern — Marburg — Gießen — Friedberg — Frankfurt Hbf (13.47)
e) DDt 847 Wiesbaden Hbf (17.23) — Mainz-Kastel — Frankfurt-Höchst — Frankfurt Hbf — Bad Homburg — Friedberg — Gießen — Marburg — Treysa — Wabern — Kassel- Wilhelmshöhe — Kassel Hbf (21.49)
f) DDt 848 Kassel Hbf (6.20) — Kassel-Wilhelmshöhe — Wabern —Treysa — Marburg —Gießen — Friedberg — Frankfurt Hbf — Frankfurt-Höchst — Mainz-Kastel — Wiesbaden Hbf (10.38)
g) DDt 841 München Hbf (6.30) — Landshut — Regensburg — Nürnberg — Würzburg — Aschaffenburg — Kahl (Main) — Frankfurt Hbf (13.02)
h) DDt 842 Frankfurt Hbf (15.39) — Kahl (Main) — Aschaffenburg — Würzburg — Nürnberg — Regensburg — Landshut — München Hbf (22.43)

Diese Züge verkehrten alle werktags. Darüberhinaus gab es noch folgende nur zum Wochenende verkehrenden Züge:

i) DDt 855 So/Mo Stuttgart Hbf (21.20) — Bruchsal — Heidelberg Hbf — Darmstadt — Frankfurt-Louisa — Frankfurt Hbf — Frankfurt Süd — Offenbach Hbf (1.50)
k) DDt 852 So Frankfurt Hbf (18.37) — Frankfurt-Louisa — Darmstadt — Bensheim — Heidelberg Hbf — Bruchsal — Mühlacker — Stuttgart Hbf (21.52)
l) DDt 865 Sa Offenbach Hbf (12.03) — Frankfurt Süd — Frankfurt Hbf — Treysa — Kassel Hbf — Warburg — Altbeken — Lage — Herford — Bielefeld Hbf (18.50)
m) DDt 866 So/Mo Bielefeld Hbf (19.29) — Herford — Lage — Altenbeken — Kassel Hbf — Gießen — Friedberg — Frankfurt Hbf — Frankfurt Süd — Offenbach Hbf (1.35)

Den Laufplan der DDt 841/842 kann man aus dem beigegebenen Dienstplan Nr. 4 des Bw München Hbf vom 15.5.1949 ersehen, der noch weitere Leistungen dieser Dienststelle enthält. Nach unbestätigten Angaben soll hier ein SVT Bauart „Hamburg" eingesetzt gewesen sein, der für diesen Lauf beim Bw München Hbf beheimatet war und von der amerikanischen Besatzungsmacht kurz vorher zurückgegeben worden sei. Um welches Fahrzeug es sich genau hierbei handelte, konnte nicht in Erfahrung gebracht werden.

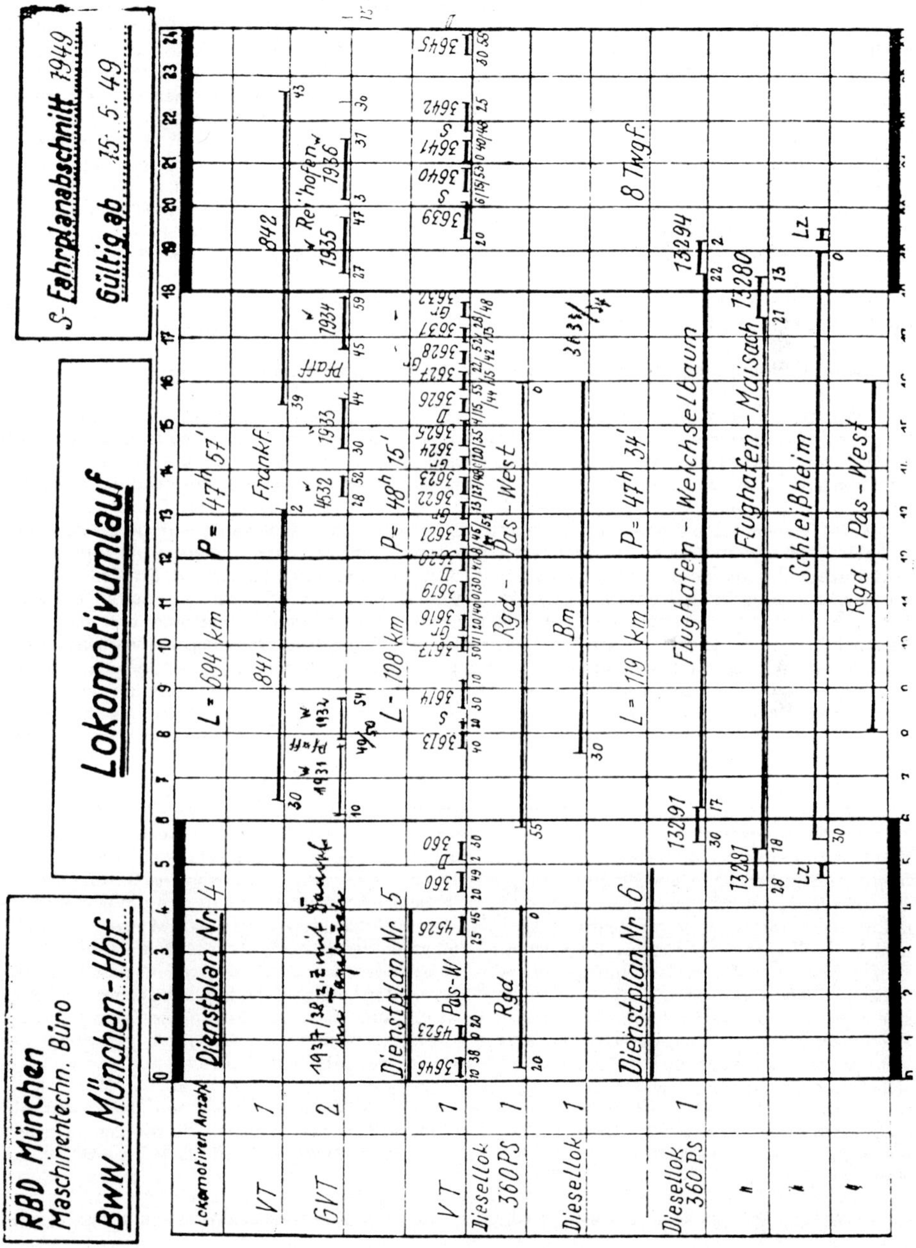

Die Währungsreform in den drei westlichen Besatzungszonen Deutschlands vom 20. Juni 1948 brachte sehr bald nicht nur eine Normalisierung des Wirtschaftslebens, sondern nach den Jahren des Hungers und der Not bestand ein starker Nachholbedarf an Reisen für persönliche Zwecke. Durch die gleichzeitig einsetzende Marshallplanhilfe setzte zusammen mit dem von den westlichen Alliierten verordnetem Reparationsstop die Expansion der deutschen Wirtschaft ein, die man später allgemein als das „deutsche Wirtschaftswunder" bezeichnete. So benötigte man nun innerhalb relativ kurzer Zeit wieder leistungsfähige und schnelle Reisezugverbindungen.

Da als Folge der Währungsreform eben instand gesetzte Reisezugwagen nunmehr nicht gleich wieder ausgeschlachtet wurden, konnte die DR in der Bizone daran gehen, in einem Sonderprogramm Reisezugwagen neuerer Gattungen aus dem Altschadbestand, die nicht von den Besatzungsmächten benötigt wurden, wiederherstellen zu lassen. Dabei konnte auch erstmalig wieder ein gewisser Komfort und zusätzlich die 2. Klasse eingebaut werden. Hiermit wurden nun die ersten Züge für den innerdeutschen Verkehr in den Fahrplan aufgenommen, die in etwa wieder einem höheren Reisestandard entsprachen und die mit weniger Halten und gekürzten, den damaligen Möglichkeiten entsprechenden Fahrzeiten, als FD-Züge eingesetzt wurden. Die erste dieser auch für den deutschen Verkehr zugelassene Verbindung war das ab 3. Oktober 1948 eigentlich für internationale Zwecke vorgesehene Zugpaar FD 475/476 Frankfurt – Bebra – Hannover – Hamburg – Kiel, das jedoch nur in diesem Winterabschnitt verkehrte. Zum Zwischenfahrplan am 6. Dezember 1948 konnten zwei weitere rein innerdeutsche FD-Zugpaare eingelegt werden, die nunmehr die Vorläufer eines von der Reichsbahn im Vereinigten Wirtschaftsgebiet vorgesehenen Netzes schnellfahrender Züge wurden. Es waren dies
a) FD 285/286 Frankfurt – Bebra – Hannover – Hamburg-Altona und
b) FD 289/290 München – Würzburg – Bebra – Hannover – Hamburg-Altona.

Zwischen Hannover und Hamburg-Altona fuhren beide Zugpaare vereinigt. Sie erreichten Reisegeschwindigkeiten zwischen 59,5 und 62,4 km/h.

Gleichzeitig wurden von den Besatzungsmächten um die Jahreswende 1948/49 einige beschlagnahmte SVT der Vorkriegsbauarten neben anderen Triebwagen freigegeben. Sie waren nicht alle bisher im Einsatz der Besatzungsmächte gewesen, teilweise gehörten sie zum Schadbestand, unterstanden jedoch nicht bis dahin der Verfügungsgewalt der Reichsbahnverwaltung. Diese Fahrzeuge wurden nun einer Grundaufarbeitung – überwiegend im EAW Nürnberg und bei einigen Waggonbauanstalten – unterzogen und mit neuer Innenausstattung versehen. Hierbei wurden teilweise (nach dem alten Klassensystem) auch die dritte Wagenklasse und Küche und Speiseraum eingebaut. Ein Teil der Fahrzeuge erhielt zunächst jedoch nur Vorrichtungen zur Wärmung von Speisen und Getränken. Diese Fahrzeuge sollten so bald als möglich in qualifizierten Verbindungen innerhalb der drei westlichen Besatzungszonen eingesetzt werden und die inzwischen eingeführten FD-Zugpaare wieder ablösen. Jedoch bereitete der Wiederaufbau durch noch bestehende Engpässe in der Materialbeschaffung und der Fertigungskapazität Schwierigkeiten, so daß die ursprünglich vorgesehenen Termine häufig nicht eingehalten werden konnten. So wurden auch teilweise andere Triebwagengattungen als die vormaligen SVT, die nach dem neuen inzwischen in Kraft getretenen Nummernplan sogleich umgenummert wurden, in diesen Verbindungen eingesetzt.

Als erste dieser neuen Schnelltriebwagenverbindungen wurde mit dem Zwischenfahrplan des Vereinigten Wirtschaftsgebietes vom 6. Dezember 1948 der DT 49/50 Frankfurt – Mainz – Köln – Essen – Dortmund eingesetzt. Das Zugpaar bot die Möglichkeit, aus dem Rhein-Ruhrgebiet nach Frankfurt zum Sitz der bizonalen Behörden an einem Tag zu reisen und dort noch rund 6 Stunden Zeit zur Erledigung geschäftlicher Angelegenheiten zu haben. Insofern handelte es sich um echte Tagesrandverbindungen zum neuen Zentrum des Vereinigten Wirtschaftsgebietes. Aus Mangel an einsatzbereiten SVT wurde das Zugpaar zunächst mit Triebwagen der Baureihe VT 33.2 gefahren, die durch Umbau nur die 2. Wagenklasse führten, wobei sich wegen der nicht zur Fensterteilung passenden Abteillänge einige sonderbare Notlösungen ergaben. So mußten einige Fahrgäste anstatt aus dem Fenster gegen den dazwischen befindlichen Steg schauen. Aber nach den Jahren des Krieges und der Nachkriegszeit war dies gegenüber den anderen Vorzügen dieser Verbindung kein Handicap. Die eingesetzten Fahrzeuge des Bw Dortmund Bbf verfügten zusätzlich über Wirtschaftsbetrieb der MITROPA und waren ohne jegliche Zulassungsbeschränkungen für jedermann benutzbar; ja es gab sogar die Möglichkeit der Reservierung von Plätzen durch die Wiedereinführung von Platzkarten. Mit 64,8 km/h südwärts und 63,8 km/h Reisegeschwindigkeit nordwärts waren sie die damals zweitschnellsten Züge in Deutschland, die in dieser Fahrplanperiode lediglich vom FD 192 mit 66,7 km/h überboten wurden.

Im ab 15. Mai gültigen Sommerfahrplan 1949 erhielten DT 49/50 Flügelzüge DT 249/250, um das

Zu den Vorläufern der hochwertigen F-Züge nach dem Krieg gehörte das Zugpaar DT 49/50. Im März 1949 fuhr DT 49 mit einem VT 36.2 an der Spitze in Köln Hbf ein. Der Zug führte nur die alte 2. Kl.!
Aufnahme: Slg. Skrzypnik

Der Gegenzug DT 50 mit VT 33 224 an der Spitze kam Carl Bellingrodt in Oberwesel im August 1950 entgegen.

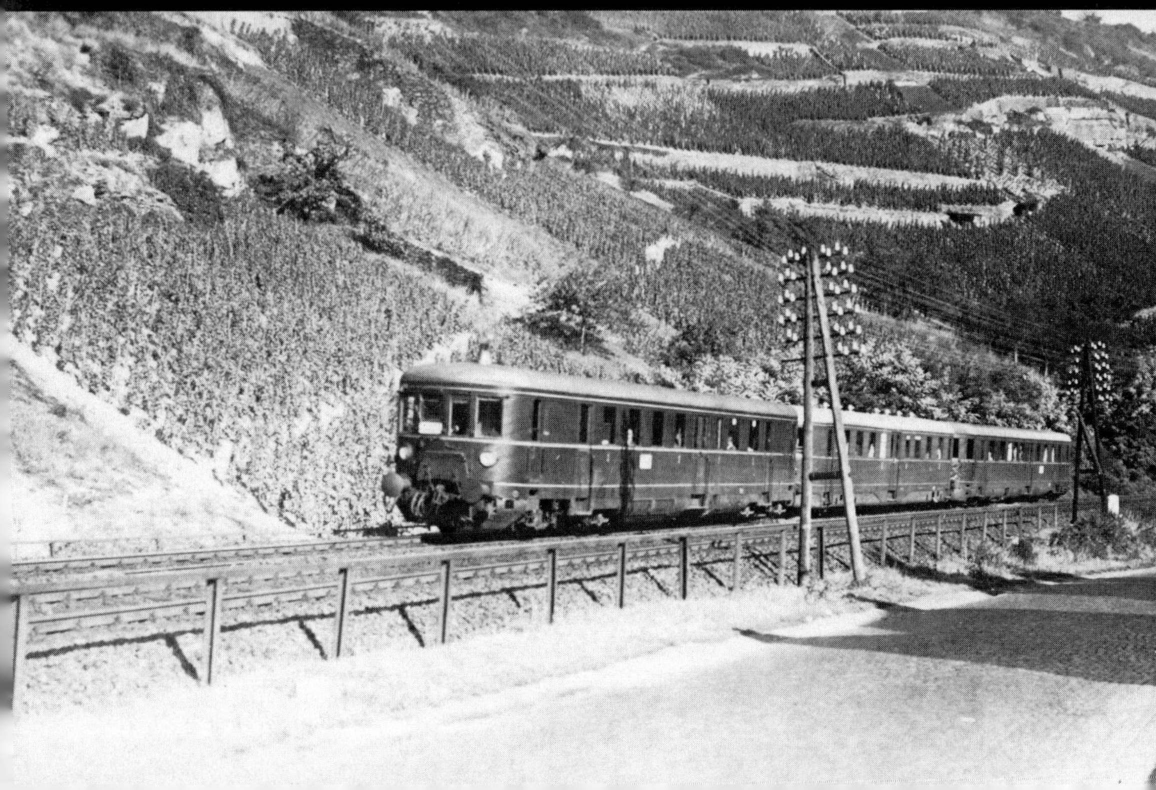

Rhein-Ruhrgebiet mit den Wirschaftsräumen in Luxemburg, in Lothringen und an der Saar zu verbinden, nachdem sich bereits damals herausstellte, daß eine enge wirtschaftliche Verflechtung der Montanindustrieen sich abzeichnete, die dann später zu der Gründung der Europäischen Gemeinschaft für Kohle und Stahl führte. FD 289/290 wurden vom Weg über Ingolstadt über Augsburg geleitet, um diese Stadt an den durchgehenden Verkehr mit Norddeutschland anzubinden. Die bayerische Landeshauptstadt und das Rhein-Ruhrgebiet wurden durch neue Tages-und Nachtverbindungen miteinander verbunden. Als Tagesverbindung erschien wieder der bis 1941 in den Fahrplänen ausgewiesene FD 263/264 München — Würzburg — Frankfurt — Mainz — Köln — Essen — Dortmund, während als Nachtverbindung die aufgrund der Beschlüsse der EFK Krakau neu eingelegten FD 107/108 München — Holland über Stuttgart — Mainz in Duisburg Flügelzüge FD 507/508 Duisburg — Essen — Dortmund mit Sitz- und Schlafwagen München — Dortmund erhielten. Durch Fahrzeitverkürzung konnte die Reisegeschwindigkeit von DT 50 auf 67,1 km/h angehoben werden, so daß ab diesem Zeitpunkt bis zur Einführung des neuen „Rheingold" die neuen Schnelltriebwagenverbindungen wie vor dem Zweiten Weltkrieg die Spitzen des Reisezugverkehrs waren.

Zum Winterabschnitt 1949, der am 2. Oktober in Kraft trat, waren die ersten Schnelltriebwagen einsatzbereit. Der von der französischen Besatzungsmacht zurückgegebene Urahne aller SVT, der 877a/b, fuhr nunmehr unter der neuen Nummer SVT 04 000 als „Schnelltriebwagen Rhein-Main" FDt 77/78 zwischen Basel Bad Bf und Frankfurt über Freiburg — Karlsruhe — Mannheim. Das Fahrzeug war nunmehr mit den damaligen 2. und 3. Wagenklasse ausgestattet worden und führte als erster Schnelltriebwagen wieder Speisewagenbetrieb. Auch paßten Sitzplatzstellung und Fensterteilung nicht immer ganz zusammen, aber auch dies wurde damals hingenommen. Der SVT 04 000 war zu diesem Zweck in Offenburg, ab 22.4.50 sogar beim Bw Basel beheimatet. Mit 69,9 km/h Reisegeschwindigkeit wurde FDt 78 schnellster Zug der seit dem 7. September 1949 bestehenden Deutschen Bundesbahn, während es der Gegenzug als zweitschnellster Zug auf 68,1 km/h brachte. Mit einem SVT 06 wurde die neue Verbindung FT 55/56 München — Hamburg-Altona gefahren, die mit Halten in Augsburg, Treuchtlingen, Würzburg, Fulda, Bebra, Göttingen, Hannover und Hamburg Hbf Isar und Elbe mit 90,5 km/h verbanden; jedoch war diese für damalige Verhältnisse absolute Spitze an Reisegeschwindigkeit nur blasse Theorie. Der SVT verkehrte nur relativ selten und sein dampfbespannter Ersatzzug hatte nicht eine Chance, diese Fahrzeiten zu halten und kam oft mit mehrstündiger Verspätung an den Zielbahnhöfen ab. Da eine derartige Verbindung nicht werbewirksam war, wurde sie bald aus dem Fahrplan genommen und erst 1951 kommt es dann zu der Dauer-F-Zugverbindung in dieser Relation. Dafür war einer anderen SVT-Verbindung jedoch mehr Erfolg beschieden. DT 49/50 erhielten ein Pendant als Tagesrandverbindung Frankfurt — Ruhrgebiet in den DT 41/42 Frankfurt — Wiesbaden — Koblenz — Köln. Hier wurde erstmals der klassische Weg von Frankfurt nach Köln über Mainz verlassen, denn die alte Kurstadt Wiesbaden war als Sitz zahlreicher amerikanischer Dienststellen für den gesamteuropäischen Bereich und als Landeshauptstadt des neuen Landes Großhessen (dieses hieß nach der hessischen Verfassung von 1948 tatsächlich formal so!) von grösserem Gewicht als die zur französischen Zone gehörende rheinland-pfälzische Landeshauptstadt Mainz. Und dann gewann Wiesbaden auch als Kurort wieder an Bedeutung . So fuhren daher in den folgenden Jahren fast alle wichtigen Schnellverbindungen zwischen Frankfurt und Köln über die Taunusbahn und die rechte Rheinstrecke. Um aber Fahrzeit zu sparen, und das Kopfmachen in Wiesbaden Hbf zu umgehen, wurden die Züge über die Güterzugstrecke geleitet und hielten in dem heute für den Personenverkehr fast unbedeutenden Vorortbahnhof Wiesbaden Süd. Wiesbaden Hbf war mit Zubringerzügen angeschlossen.

Der am 14. Mai 1950 in Kraft tretende Sommerfahrplan des Jahres 1950 brachte erstmalig auch Ergebnisse der vorherigen EFK (Brighton), die sich mit Zügen des innerdeutschen Schnellverkehrsnetzes befaßten, das sich gerade im Aufbau befand. Das zum 6. Dezember 1948 eingelegte FD-Zug-Paar 285/286 Frankfurt — Hamburg-Altona wurde zu einer guten Tagesverbindung Basel SBB — Karlsruhe — Heidelberg — Frankfurt — Bebra — Hannover — Hamburg-Altona ausgebaut und vermittelte in Basel nicht nur gute Anschlüsse nach der Innerschweiz, sondern über FD 163/164 auch nach Mailand und Rom. Der seit dem 2. Oktober 1949 verkehrende „Schnelltriebwagen Rhein-Main" FDt 77/78 begann bzw. endete nunmehr in Basel SBB, wodurch Anschlüsse von Chiasso und Genève bzw. nach Zürich und Genève ermöglicht wurden. Gleichzeitig wurden nach Anlieferung weiterer SVT neue innerdeutsche Verbindungen möglich. Zwischen Köln und Hamburg-Altona verkehrten neu FDt 17/18 über Essen — Hamm — Münster als Tagesrandzüge, und die Verbindungen zwischen Frankfurt und dem Rhein-Ruhr-Gebiet wurden vermehrt um DT 43 und DT 45 Frankfurt — Köln, DT 44 Dortmund — Essen — Köln — Frankfurt und DT 46 Köln — Frankfurt. DT 41 wurde über Essen bis Dortmund verlängert, so daß nunmehr zwischen Frankfurt und Köln vier, zwischen Frankfurt und Dortmund zwei Zugpaare des Schnellverkehrs mit nur 2. Wagenklasse verkehrten. Alle Züge außer DT 49/50, die weiter über Mainz verkehrten, wurden über Wiesbaden Süd nach Koblenz geleitet. Die Moselstrecke wurde an diese Züge zusätzlich durch DT 251/252 Trier — Koblenz

SVT 04 000, der alte „Fliegende Hamburger" als „Schnelltriebwagen Rhein-Main" FDt 77 Basel Bad Bf – Frankfurt am 3. Oktober 1949 bei Riegel. Die Rheintalbahn war nach dem Krieg von der französischen Besatzungsmacht eingleisig demontiert worden. Aufnahme: DB

SVT 04 000 am 20. Mai 1950 als FDt 78 „Rhein-Main" auf der Fahrt nach Basel hinter Rheinweiler. Auf der französischen Rheinseite sind die Aufschüttungen beim Bau des Rhein-Seitenkanals deutlich erkennbar. Aufnahme: DB

SVT 06 103 verläßt am 14. Mai 1950 um 6.50 Uhr als FDt 71 den Frankfurter Hbf zur ersten planmäßigen Fahrt nach Hamburg-Altona. *Aufnahme: Slg. Wedde*

Im Mai 1950 entstand dieses Pressefoto, das links die Front eines SVT 06.1, der für den Einsatz als FDt 17/18 vorgesehen war, während einer Probefahrt zeigt, während rechts ein Sachs-Motorrad mit regensicherem Aufbau vorgestellt wird: Schiene und Straße anno 1950. *Aufnahme: Slg. Wedde*

angebunden, die in Koblenz Anschlüsse mit der Ruhr und Frankfurt vermittelten. Eine weitere echte Schnelltriebwagenverbindung mit SVT der Bauart „Köln" wurde mit FDt 71/72 Frankfurt – Bebra – Hannover – Hamburg-Altona geschaffen. Gegenüber dem vorangegangenen Winterabschnitt stieg die Reisegeschwindigkeit der regelmäßig verkehrenden Schnellverkehrszüge von 69,9 auf 80,1 km/h bei FDt 72.

Der Winterabschnitt 1950/51 brachte nochmals eine Aufstockung des Zugangebots, daneben aber auch Laufwegänderungen bei bestehenden Zügen. DT 49/50 wurden zwischen Köln und Düsseldorf über Neuß geführt, um auch den linken Niederrhein anzuschließen; DT 42 begann nun auch bereits in Dortmund und fuhr über Essen Hbf nach Köln, der Weg des DT 43 wurde über die gleiche Strecke bis Dortmund verlängert. DT 45/46 verkehrten dagegen nur noch Frankfurt – Bonn und zurück und verbanden so die nunmehrige Bundeshauptstadt mit der Wirtschaftsmetropole der sich neu bildenden Bundesrepublik. Als völlige Neuleistungen erschienen im Fahrplan DT 25/26 Köln – Wuppertal – Hamm – Hannover – Braunschweig, womit nicht nur die niedersächsische Landeshauptstadt an Bonn angebunden wurde, sondern auch die Wupper erstmals nach 1939 wieder Schnellverbindungen erhielt. Mit FDt 19/20 Frankfurt – Mainz – Köln – Essen – Hamm – Münster – Hamburg-Altona wurde eine Schnellverbindung geboren, die im künftigen Netz der Deutschen Bundesbahn große Bedeutung gewinnen sollte und die sich eigentlich nur aus der neuen verkehrsgeografischen Struktur der Bundesrepublik erklärt; eine solche Verbindung wäre noch 1939 undenkbar gewesen. Diese Verbindungen dienten weniger dem Abgangs-Zielverkehr, hierfür waren die Verbindungen Frankfurt – Hamburg über Bebra besser geeignet und auch schneller, sondern sie erfüllen seit ihrer Einführung im Jahre 1950 bis heute Doppelfunktionen als schnelle Verbindungen zwischen dem Rhein-Main-Gebiet und Köln, dem Ruhrgebiet und der Wupper, ebenso aber auch von der Bundeshauptstadt, Ruhr und Wupper zu den Seehäfen Bremen und Hamburg. Bemerkenswert ist auch, daß alle ersten Schnellverbindungen von Köln nach den Seehäfen immer den Weg über Hamm nahmen und nicht etwa die kürzeren Strecken über Essen – Gelsenkirchen – Münster oder Dortmund – Lünen – Münster, wie sie heute von den IC der Linie 1 bzw. ihren Entlastungszügen befahren werden. Aus Mangel an Triebwagen mußten teilweise die vorgesehenen Kurse auch weiterhin mit Dampfersatzzügen gefahren werden, die häufig die vorgesehenen Fahrplanzeiten nicht einhalten konnten. Im Winterabschnitt 1950/51 waren hiervon insbesondere FDt 17/18 und DT 45/46 betroffen, die im Kursbuch sogar als Züge und nicht als Triebwagen ausgewiesen wurden. Dennoch ist bekannt, daß beide Züge zeitweise mit Triebwagen gefahren wurden.

Damit war die erste Stufe des Aufbaus eines schnellen Reisezugnetzes in der Bundesrepublik Deutschland nach 1945 abgeschlossen, da mit dem Sommerfahrplan 1951 der planmäßige Aufbau eines schnellen innerdeutschen Fernschnellzugnetzes begann. Immerhin gelang es innerhalb von zwei Jahren, die Reisegeschwindigkeit der jeweils schnellsten Züge von 64,8 km/h (DT 50 ab 6. Dezember 1948) auf 91,9 km/h (FDt 72 ab 8. Oktober 1950) zu erhöhen. Damit war ein gewisser Anschluß an den Vorkriegsstand gefunden, dieser aber noch nicht wieder erreicht worden.

Welche Schwierigkeiten bis dahin zu überwinden gewesen waren, wurde bereits dargelegt. Gleichzeitig konnte durch eine Ausweitung der Bewirtschaftung und die Neueinführung von Schreibabteilen eine weitere Verbesserung des gebotenen Komforts erreicht werden. Die nachstehenden Kurzmeldungen mögen ein abschließendes Schlaglicht auf diese Aufbauphase werfen.

Schreibabteile in FDt und FD Zügen

Mit Inkrafttreten des Sommerfahrplans werden einige schnellfahrende Züge mit Schreibabteilen ausgestattet, in denen jeder Reisende gegen eine mäßige Gebühr einer Zugsekretärin ein Schreibmaschinendiktat oder ein Stenogramm ansagen kann. Auch ist die Benutzung der Schreibmaschine durch die Reisenden gestattet. Schreibabteile werden vorläufig in den FDt 17/18 Hamburg – Köln, FDt 71/72 Hamburg – Frankfurt, sowie in den FD 285/86 Hamburg – Karlsruhe, FD 289/90 Hannover – München, FD 263/64 München – Köln eingerichtet.

„ In diesem Abteil werden Sie bedient von Fräulein ....." steht an der Tür eines solchen Schreibabteils, das selbstverständlich gegen Störungen von außen geschützt ist. Die jungen Damen, die in diesen Abteilen arbeiten, sind nach sehr kritischen Gesichtspunkten ausgewählt worden. Jede Zug-Sekretärin wird die Anforderungen erfüllen, die an eine gute Direktionssekretärin der freien Wirtschaft gestellt werden. Die meisten von ihnen haben englische und französische Sprachkenntnisse, stenografieren flott (mindestens 150 Silben in der Minute) und übertragen sicher in die Schreibmaschine. Es ist anzunehmen, daß sich diese Einrichtung bald allgemeiner Beliebtheit erfreut, da derartige Wünsche aus Kreisen der Wirtschaft und der Industrie wiederholt an die Bundesbahn herangetragen wurden.

SVT 06 108 am 17. September 1950 als FDt 72 bei der Ausfahrt aus Hamburg Hbf. Aufnahme: DB

SVT 06 103 fährt am 20. September 1950 als FDt 71 über die Hamburger Lombardsbrücke.
Aufnahme: DB

Mehr D- und Eilzugwagen

Die Hohen Kommissare haben der Bitte der Deutschen Bundesbahn, nicht dringend benötigte vierachsige deutsche Reisezugwagen aus dem Reservewagenpark der Besatzungsmächte zur Verfügung zu stellen, entsprochen und 200 D- und Eilzugwagen, davon etwa 40 Wagen 2. Klasse und rund 160 Wagen 3. Klasse freigegeben. Diese Wagen werden vom 15. Mai 1950 an, also mit Inkrafttreten des neuen Sommerfahrplans, im innerdeutschen Verkehr eingesetzt.

Verbesserung des Reisezugwagenbestandes

Die derzeitige Leistungsfähigkeit der Eisenbahn-Ausbesserungswerke, die Personenwagen reparieren, reicht infolge der Verminderung des Personaleinsatzes nicht aus, die Zahl der Großausbesserungen durchzuführen, die für die notwendige Verbesserung des Erhaltungszustandes des Personenwagenparks erforderlich ist. Der Werkstättendienst muß sich daher in der Personenwagenausbesserung darauf beschränken, durch festumrissene Sonderprogramme die jeweils vordringlichen Bedürfnisse zu befriedigen.

Wegen des Mangels an gut erhaltenen Personenwagen für den Fernreiseverkehr wurde im September 1949 unter dem Stichwort „Polster" eine Sonderaktion eingeleitet, die die friedensmäßige Herrichtung von 200 vorwiegend gemischtklassigen Drehgestellpersonenwagen neuerer Bauart aus dem Betriebsbestand vorsieht. Dieses Programm wird von den Eisenbahn-Ausbesserungswerken durchgeführt und bis zum Fahrplanwechsel im Mai d. J. abgeschlossen sein. Unter dem Stichwort „Oberammergau" werden ferner in den Eisenbahn-Ausbesserungswerken und in der Privatindustrie 160 Eil- und Peronenzugwagen für den Sonderreiseverkehr anläßlich der Passionsspiele in Oberammergau friedensmäßig aufgearbeitet.

Bevor Geldmittel für die Beschaffung neuer moderner Personenzugwagen zur Verfügung stehen, muß versucht werden, aus dem vorhandenen Wagenpark noch solche Wagen wieder aufzuarbeiten, deren Zustand den Aufwand hierfür noch lohnend erscheinen lassen. Für die Neuherrichtung von Schadpersonenwagen aus dem Kriegsrückstand, den sogenannten Altschadwagen, wird die Mithilfe der Privatindustrie, vor allem der Waggonfabriken, in Anspruch genommen. Diese Wagen werden hierbei z. T. nicht wieder in ihren früheren Bauzustand zurückversetzt, sondern erhalten bei der Aufarbeitung eine den heutigen Verkehrsbedürfnissen entsprechende verkehrswerbende Ausstattung. Die 3. Klasse-Abteile der D- und Eilzugwagen werden gepolstert und die Eilzugwagen erhalten außerdem eine neue bequemere Sitzplananordnung (beiderseits des Mittelgangs nur zwei Sitzplätze).

Ein Teil der seiner Zeit im Kriege zu Lazarettwagen hergerichteten Eilzugwagen, deren Lazaretteinrichtung herausgenommen wurde und die entweder, mit Rohrsitzgestellen versehen, wieder in Betrieb sind, oder noch als Schadwagen abgestellt sind, wird hierdurch in sehr ansprechender Weise hergerichtet werden. Diese Wagen, wie auch viele weitere Reisezugwagen, erhalten wieder Spiegel in den Abteilen und Aborten und werden nach Möglichkeit mit der neuen Kaltlichtbeleuchtung versehen werden. Durch Anbringen von Faltenbalgübergängen wird ein angenehmerer Übergang von einem zum anderen Wagen geschaffen. An den Drehgestellen dieser Wagen wird ferner eine Änderung an der Abfederung eine Laufverbesserung bringen.

Der Reisende wird im übrigen bald feststellen können, daß auch die Reinigung und Pflege der in Betrieb befindlichen Personenwagen, die bisher öfter Anlaß zur Beanstandung gegeben hat, besser wird. So wird systematisch an der Wiederherstellung normaler friedensmäßiger Verhältnisse im Reiseverkehr gearbeitet. Leider bereitet die Finanzierung dabei immer noch größte Schwierigkeiten.

c) Die Entwicklung des F-Zug-Netzes von 1951 - 1966

Bis zum Ausbruch des Zweiten Weltkrieges hatte die Deutsche Reichsbahn ein Netz von Schnelltriebwagenverbindungen aufgebaut, das auf der Welt seinesgleichen suchte und noch unterstützt wurde durch mittelschwere FD-Züge über mittlere und große Entfernungen innerhalb des Reichsgebietes; diese sollten nach und nach ebenfalls auf Triebwagendienste umgestellt werden.

Nach dem verlorenen Krieg lag 1945 das Eisenbahnwesen in Deutschland so darnieder, daß an ein Schnellverkehrsnetz überhaupt nicht zu denken war. Auch gab es hierfür keine Notwendigkeit, denn anders als nach dem Ersten Weltkrieg, als das Reichsgebiet weitgehend unangetastet geblieben war und die staatliche Einheit fortbestanden hatte, war Deutschland am Ende des Zweiten Weltkrieges ohne staatliche Einheit in vier Besatzungszonen aufgeteilt und weiter Gebiete seines Staatsgebietes verlustig gegangen. Hinzu kam, daß als Folge der noch niemals nach einem Krieg in diesem Ausmaß gekannten Zerstörungen und der Demontage- und Reparationsbeschlüsse der Siegermächte die deutsche Wirtschaft sich auf einen bis dahin für unmöglich gehaltenen Tiefpunkt abgesunken war. Hinzu kam, daß neben den Zerstörungen der Eisenbahnanlagen durch den Luftkrieg sich die Fahrzeuge für einen Schnellverkehr nicht in einem einsatzfähigen Zustand befanden, sofern sie nicht von den Besatzungsmächten für deren Zwecke beschlagnahmt worden waren. Andere Fahrzeuge waren weit über ganz Europa verstreut und an ihre Rückführung nicht zu denken.

Hatte es nach dem Ersten Weltkrieg immerhin fünf Jahre gedauert, bis in Form der ersten FD-Züge die Reichseisenbahnen die ersten Ansätze zu einem Schnellverkehr machten, so haben wir gesehen, daß als Folge der schnelleren wirtschaftlichen Entwicklung der westlichen Besatzungszonen, aus denen im Jahre 1949 die Bundesrepublik Deutschland entstand, bereits 3 1/2 Jahre nach Kriegsende die ersten Schnellverbindungen eingerichtet wurden. Und dies nach einem nicht nur verlorenen Krieg, sondern nach einem totalen Vernichtungschaos. Diese von der Deutschen Reichsbahn im Vereinigten Wirtschaftsgebiet planmäßig eingeleitete Entwicklung kann daher nicht hoch genug gewürdigt werden.

Fünf Jahre nach dem verlorenen Zweiten Weltkrieg bestand bereits eine erhebliche Anzahl von Schnellverbindungen in Form von FD, FDt und Dt der verschiedensten Komfortstufen. Im sechsten Jahr ging die Deutsche Bundesbahn daran, in ihrem Bereich ein Schnellverkehrsnetz aufzubauen, das damals führend in der Welt war. Als Folge der Währungsreform 1948 und der anschließend voll anlaufenden Marshallplanhilfe war nunmehr hierfür ein tatsächliches Bedürfnis entstanden, zumal sich die deutsche Industrie jetzt explosionsartig entwickelte und eine zunehmende Bedeutung im Welthandel erreichte; ja, innerhalb weniger Jahre stieg die Bundesrepublik zu einer der bedeutendsten Wirtschaftsnationen der Erde auf. Hinzu kam, daß auch die Ansprüche, oder besser gesagt, zunächst der Nachholbedarf des Bürgers zu einem Verkehrsbedürfnis führte, das durch die liberale innenpolitische Lage wie auch die Liberalität auf dem internationalen Reiseverkehrssektor nicht nur geweckt, sondern gefördert wurde. So waren also zum klassischen Geschäftsreiseverkehr von Wirtschaft, Handel und Behörden auch die den Komfort suchenden Individualreisen getreten.

Auch ein noch weiteres Faktum ließ es der Bundesbahn geraten erscheinen, so bald wie möglich wieder ein Schnellverkehrsnetz aufzubauen. Der Kraftwagen, der bereits seit Ende der zwanziger Jahre eine Konkurrenz der Eisenbahn gewesen war und ja letztlich mit zum Aufbau des Schnelltriebwagennetzes vor dem Zweiten Weltkrieg geführt hatte, nahm einen nicht vorhersehbaren, nicht mehr enden wollenden rasanten Aufschwung. Dies galt nicht nur für den kommerziellen Kraftverkehr, also auf dem Sektor des Personenfernverkehrs, durch den Omnibus, sondern insbesondere auch für den Individualverkehr mit dem eigenen Kraftwagen. Jetzt bestand die Möglichkeit für breite Bevölkerungsschichten, sich des eigenen Kraftwagens zu bedienen, und wenn auch Autobahn- und Bundesstraßennetz noch nicht den an sie gestellten Forderungen genügten, so griffen doch immer mehr Bundesbürger nicht nur bei Geschäftsfahrten, sondern immer mehr bei den sich ausdehnenden und zunehmenden Ferienreisen zum eigenen Kraftfahrzeug. Um hier mithalten zu können, eine sich anbahnende Entwicklung nicht für sich selbst im negativen Sinne überschwappen zu lassen, war die DB gezwungen, neben der allgemeinen Verbesserung ihres Reisezugangebotes auch oder gerade auf dem Fernverkehrssektor etwas besonderes bezüglich Schnelligkeit, Komfort und Exklusivität zu bieten.

Und noch ein weiterer Umstand führte bei den Überlegungen der „Chefetage" der Hauptverwaltung dazu, recht bald ein entsprechendes Schnellverkehrsnetz aufzubauen. Die sich anbahnende Entwicklung des Luftverkehrs in den USA und einigen anderen Staaten als Folge der im Zweiten Weltkrieg für die alliierten Luftflotten, aber auch des deutschen Flugzeugbaus entwickelten Technologien, liessen bereits erkennen, daß neben dem Kraftfahrzeug vor allem das Flugzeug ein Konkurrent werden würde, der nicht nur auf den internationalen und europäischen Fern- und Mittelstrecken der Eisenbahn erhebliche bisher unangefochtene Fahrgastanteile abnehmen würde (wie ja die Entwicklung der internationalen Luftfahrt letztendlich zum Ende des transatlantischen und sonstigen überseeischen Hochseelinienverkehrs aller großen Reedereien der Welt ebenso wie der großen Expreßzüge führte), sondern daß dieses Verkehrsmittel über kurz oder lang auch in einem nicht gekannten Ausmaße in den binnenländischen Verkehrsmarkt — und hier insbesondere des höherwertigen Geschäftsreiseverkehrs — einbrechen würde. Zwar hatten 1950 noch die alliierten Luftfahrtgesellschaften das alleinige Recht, am Himmel der Bundesrepublik zu fliegen, unterstützt von den sich immer stärker an dem Geschäft beteiligenden Luftverkehrsgesellschaften der Nachbarstaaten, aber der Zeitpunkt war abzusehen, wann die alliierten Vorbehalte fallen würden und wieder eine deutsche Luftverkehrsgesellschaft am Himmel der Bundesrepublik auftauchen würde. Und 1953 war es dann auch mit der Gründung der Gesellschaft für Luftverkehrsbedarf soweit, aus der dann 1954 wieder die Deutsche Lufthansa hervorging. Und da auf Grund der Folgen des Zweiten Weltkriegs weitgehend der übernationale Markt der neuen Gesellschaft verschlossen blieb, setzte sie ihre ersten Aktivitäten auf den Binnenluftverkehr. Und damit war der zweite große Konkurrent der Eisenbahn schon sehr schnell vorhanden.

Nachdem nunmehr seitens der Hohen Kommissare, die noch die vollziehende Gewalt in der Bundesrepublik Deutschland ausübten, verschiedene der Vorkriegsschnelltriebwagen aus dem vorhandenen Altschadbestand wie auch aus Besatzungsdiensten der DB freigegeben worden waren, andererseits auch zahlreiche Reisezugwagen neuerer Bauarten zurückgegeben wurden, konnten die Planungen für ein entsprechendes Schnellverkehrsnetz beginnen. Neben Fahrzeugen der früheren Bauarten „Hamburg" und „Köln" sowie dem Ursprungsfahrzeug 877a/b waren auch Teile der Bauart „Berlin" im Bundesgebiet vorhanden. Aufgrund der Erfahrungen der Deutschen Reichsbahn mit einem Schnelltriebwagennetz waren die Überlegungen bei der DB weitgehend in diese Richtung geprägt. Dies zeigt auch die relativ frühe Entwicklung und der dann bald vergebene Bauauftrag für einen weiteren Schnelltriebwagen als erste große Nachkriegsentwicklung auf dem Triebwagensektor, der späteren Baureihe VT 08. Man wollte also weitgehend an die Erfahrungen von 1939 anknüpfen und ein modifiziertes, den Gegebenheiten der Bundesrepublik angepaßtes Schnelltriebwagennetz aufbauen. Da aber abzusehen war, daß die vorhandenen und die zu beschaffenden Schnelltriebwagen so schnell nicht das Bedürfnis decken würden, alle vorzusehenden Kurse abzudecken, griff man auf den Reisezugwagenpark zurück und baute in einem Sonderprogramm weitgehend in belgischen Werkstätten – die eigene deutsche Fertigungskapazität war damals durch andere Aufgaben weitgehend ausgenutzt – Schnellzugwagen neueren Komfortstandards für dieses neue Netz wieder auf. Hierbei griff man ebenso zu den damals neuesten „Schürzenwagen" der Gruppe 39, wie auch zu Schnellzugwagen der Gruppen 35 und 28, so daß zunächst ein recht vielfältiger Wagenpark zustande kam. Hierzu traten dann noch die verschiedensten Speisewagentypen der 1950 als Nachfolgerin der MITROPA gegründeten Deutschen Schlafwagen- und Speisewagen-Gesellschaft (DSG), die karmesinrot gestrichen waren. Im Gegensatz hierzu waren die Reisezugwagen blau gestrichen und trugen entweder einen kompletten Schriftzug „Deutsche Bundesbahn" oder erhabene „DB"-Lettern und erhabenen Klassenzahlen. Seltsamerweise baute man die Reisezugwagen in den damaligen 1. und 2. Klassen auf, was sich auch in der Ausstattung der Abteile zeigte. Somit waren es alles AB4ü, obwohl außer in den späteren „Rheingold" und „Rheinpfeil" genannten Zügen ebenso wie in allen Triebwagen nur die 2. Klasse als Einheitsklasse geführt wurde. Da zunächst noch ein Mangel an Speisewagen bestand, man wohl auch für bestimmte Kurse einen Vollspeisewagen für wirtschaftlich nicht vertretbar hielt, diesen Service aber grundsätzlich im gesamten Netz anbieten wollte, baute man zusätzlich Wagen der Gruppe 28 mit Speiseabteil, die dann als ABR4ü liefen. Hierzu kamen im späteren „Rheingold" zunächst noch Speisewagen in den traditionellen blauen Farben der ISG zum Einsatz, da die vertraglichen Bindungen zur damaligen Zeit eine Bedienung dieses Zuges im grenzüberschreitenden Verkehr durch die DSG noch nicht zuließen.

So trat denn die DB mit Beginn des Sommerfahrplans am 20. Mai 1951 mit einem neuen Netz schnellfahrender Züge an die Öffentlichkeit, das seitens der DB die offizielle Bezeichnung „ Netz der leichten Fernschnellzüge" im Gegensatz zu den schwereren und langsameren Fernschnellzügen des internationalen Verkehrs erhielt. Gleichzeitig wurde in den Zuggattungsbezeichnungen das bisherige „D" fortgelassen, so daß nunmehr die mit Dampflok gezogenen Wagenzüge, zunächst bestehend aus zwei AB4ü und einem WR, teilweise sogar nur einem oder zwei AB4ü und einem ABR4ü, als F-Züge, die von Schnelltriebwagen der Baureihen 04.0, 04.1, 04.5, 06.1 und den später hinzukommenden Baureihen 06.5 und 07.5 sowie der Neuentwicklung der Baureihe 08.5 gefahrenen Zugpaare als FT bezeichnet wurden. Ursprünglich sollten diese Züge offensichtlich als D und Dt bezeichnet werden, denn der damalige Reisezugfahrplanreferent in der HVB, Fischer, stellte noch in seinem Bericht über die Ergebnisse der EFK Amsterdam 1950 für den erstmaligen Jahresfahrplan 1951 diese Zuggattungsbezeichnungen vor (vgl. Bundesbahn, Heft 23/1950!).

Bei der Schaffung eines neuen Schnellverkehrsnetzes im Bereich der DB mußte man auch von den geänderten verkehrsgeographischen Gegebenheiten im Netz selbst, den geänderten Verkehrsströmen und der häufig geänderten Bedeutung und Aufgabenstellung im Wirtschaftsleben der einzelnen Städte gegenüber der Zeit vor dem Zweiten Weltkrieg ausgehen. Bestand bis 1939 ein Radialsystem bezogen auf die Reichshauptstadt Berlin, so hatte das Streckennetz der DB nun keinen Zentralpunkt mehr, sieht man von der damals vorherrschenden Häufung von Industriesitzen und Behörden im Raum Frankfurt ab. Vielmehr waren zahlreiche Städte oder Bereiche gleichwertig und mußten untereinander verbunden werden, was zwangsläufig zu einer weitaus engeren Verflechtung führen mußte, als es das Schellverkehrssystem der DR vor dem Zweiten Weltkrieg beinhaltete. Und war diese damals überwiegend auf die Tagesreisen zur Reichshauptstadt oder dem angepeilten Zentrum ausgerichtet, so mußten die einzelnen Zentren der Bundesrepublik sowohl in der einen Relation als Tagesrandverbindung in gleicher Weise wie in der Gegenrichtung verbunden werden, so daß es recht bald in allen wichtigen Relationen oder zumindest den wichtigen Teilbereichen dieser zu Verbindungen mit zwei Zugpaaren kam. Eine weitere Voraussetzung zur Erfüllung des Zweckes vornehmlich für den schnellen Geschäftsreiseverkehr war, auf dem Abgangsbahnhof eine nicht zu frühe Abfahrtszeit vorzusehen, die Zentren der Verkehrsströme aber so rechtzeitig zu erreichen, daß für die zu führenden Gespräche ausreichend Zeit zur Verfügung stand, um dann am Spätnachmittag wieder zurückzufahren und den Ausgangsort nicht zu spät abends, möglichst noch vor Mitternacht wieder zu erreichen. Waren auch einige nicht unbedeutende Verbindungen im Netz der DB kürzer als die seinerzeitigen im gesamten Reichsgebiet mit Tendenz zur Reichshauptstadt, so daß sie diese Bedingungen weitgehend von Anfang an erfüllen konnten, so wiesen aber insbesondere die nun nicht wie vor dem Zweiten Weltkrieg zweitrangigen Nord-Süd bzw. Nordwest-Südost-Verbindungen doch ebenso weite Distanzen wie die durchschnittlich vor dem Krieg gefahrenen auf. Und da man die seinerzeitige zugelassene Höchstgeschwindigkeit von 160 km/h 1951 noch nicht fahren konnte, sondern diese zunächst in Spitzenstrecken auf 140, in weiten Bereichen sogar auf nur 120 km/h begrenzt war, bedurfte es aller fahrplantechnischen Möglichkeiten und Kniffe, die gesteckten Ziele zu erreichen. Und so war die Abfahrtzeit um oder gegen 7.00 Uhr an den wichtigsten Zuganfangsbahnhöfen auf Jahre eine feststehende Zeit, die bei Knoten wie Frankfurt dazu führte, daß dort zu dieser Zeit bis zu sieben Züge zur annähernd gleichen Zeit abfuhren. Analog lagen die Abfahrzeiten am Spätnachmittag und die Ankunftszeiten am Spätabend in den Ausgangspunkten gebündelt.

So wurde das neue Netz am 20. Mai 1951 zunächst mit 15 Verbindungen aufgenommen, die der gegenseitigen Verkehrsbedienung der Großstädte in den Regionen Nordseehäfen, Hannover, Rhein-Ruhr-Wupper, Rhein-Main, Rhein-Neckar, Stuttgart, Oberrhein, Nürnberg und München dienten. Dabei wurde das Netz von Anfang an so aufgebaut, daß Anschlüsse von Zügen dieses Netzes an andere in bestimmten Knoten bestanden, die durch Umsteigen – wenn möglich am gleichen Bahnsteig – sichergestellt wurden. Dadurch konnten zusätzliche Verbindungen geschaffen werden. Teilweise wurden zur Streckenentlastung auch Züge im Anlauf- bzw. Auslaufbereich vereinigt gefahren, wobei jedoch der gesamte Zuglauf trotz der Vereinigung immer als besondere Einheit angesehen und sowohl im Kursbuch, in der Zugnummer wie im Wagenlaufschild ausgedrückt wurde. Wegen der nach und nach immer mehr zunehmenden Zahl der Wagenzüge gegenüber den Triebwagenverbindungen bürgerte sich aufgrund der blauen Wagenfarbe entgegen der offiziellen etwas schwerfälligen Bezeichnung bald die volkstümlichere vom „blauen F-Zugnetz" ein. Von den vorgesehenen FT-Zugpaaren konnten aus Mangel an Schnelltriebwagen noch nicht alle mit SVT gefahren werden; teilweise erschienen sie auch im Kursbuch mit dem Vermerk „A = verkehrt vsl. ab 1. VII." Doch hierüber mehr weiter unten. Ab Mai 1952 konnten dann jedoch alle im Fahrplan als FT ausgedruckten Triebwagenläufe auch tatsächlich mit SVT gefahren werden.

Und so starteten denn im Sommerfahrplan 1951 folgende Zugverbindungen das neue Netz der leichten F-Züge – wobei hier bewußt die häufig im Fahrplan angegebene Bezeichnung „FT" fortgelassen wird, da in mehreren Fällen nicht mit absoluter Klarheit rekonstruiert werden konnte, ob die eine oder andere Verbindung im Jahresfahrplan 1951 tatsächlich mit SVT irgendwann planmäßig gefahren wurde – :

F 1/2	Köln –Essen – Hamm – Münster – Hamburg – Kiel
F 3/4	Frankfurt – Mainz – Köln – Essen – Hamm – Münster – Hamburg-Altona (F 3 über Wuppertal),
F 7/8	Basel SBB – Mannheim – Köln – Hagen – Dortmund (F 8 begann erst in Köln),
F 13/18	Bonn – Köln – Wuppertal – Hamm – Hannover,
F 17/14	Köln – Essen – Hamm – Hannover – Braunschweig (F 14 über Wuppertal)
F 19	Frankfurt – Wiesbaden Süd – Koblenz – Köln,
F 23/34	München – Stuttgart – Mannheim – Mainz,
F 27/28	München – Stuttgart – Mannheim – Mainz – Köln – Essen – Dortmund (F28 über Hagen – Wuppertal)
F 29/30	München – Stuttgart – Heidelberg – Frankfurt
F 31/32	Frankfurt – Mainz – Essen – Köln – Dortmund (F 32 über Wiesbaden Süd),
F 33/24	Frankfurt – Mainz – Köln – Essen – Dortmund,
F 37/38	Regensburg – Nürnberg – Frankfurt – Wiesbaden Süd – Essen – Dortmund (F 37 nur bis Köln),
F 41/42	Frankfurt – Bebra – Hannover – Hamburg-Altona,
F 43/44	Frankfurt – Kassel – Hannover – Bremen,
F 55/56	München – Augsburg – Würzburg – Hannover – Hamburg-Altona.

Bis auf F 19 waren die Züge also alle paarig. Die gekürzten oder verlängerten Laufwege gegenüber dem Gegenzug waren umlaufbedingt. Namen führten diese Züge nach dem Kursbuch vom Sommer 1951 noch nicht; die bis zum Winterfahrplan 1950/51 gebräuchlichen Namen einiger FDt waren

01 229 führte am 23. Juli 1951 F 38 bei Partenstein im Spessart. *Aufnahme: Carl Bellingrodt*

Nach dem Krieg wurden die Maschinen der Reihe 05 „entstromt", umgebaut und dann im hochwertigen Zugdienst eingesetzt. Im Jahre 1951 entstand das Bild der 05 002 vor F 14 Braunschweig – Frankfurt bei Ennepetal-Milspe. Die Zugkomposition ist typisch für den leichten F-Zug: zwei blaue AB4ü und ein WR. *Aufnahme: Carl Bellingrodt*

Trotz der etwas angeschnittenen Lokomotive soll dieses seltene Bild gebracht werden: 01 123 des Bw Würzburg schleppt SVT 06 104 als FT 38 aus Würzburg in Richtung Nürnberg.
Aufnahme (1951): Carl Bellingrodt

Ein SVT 06.1 steht im Herbst 1951 als FT 27 in München Hbf zur Fahrt nach Dortmund bereit.
Aufnahme: Slg. Skrzypnik

wieder entfallen. Ebenso waren natürlich die bis zum 19. Mai 1951 verkehrenden und im vorhergehenden Abschnitt behandelten Züge in dem neuen Netz aufgegangen und verkehrten in der vorhergehenden Form nicht mehr. Die grafische Gestaltung des neuen F-Zugnetzes ergab zum Sommer 1951 folgendes Bild:

F-Zug-Netz im Sommer 1951

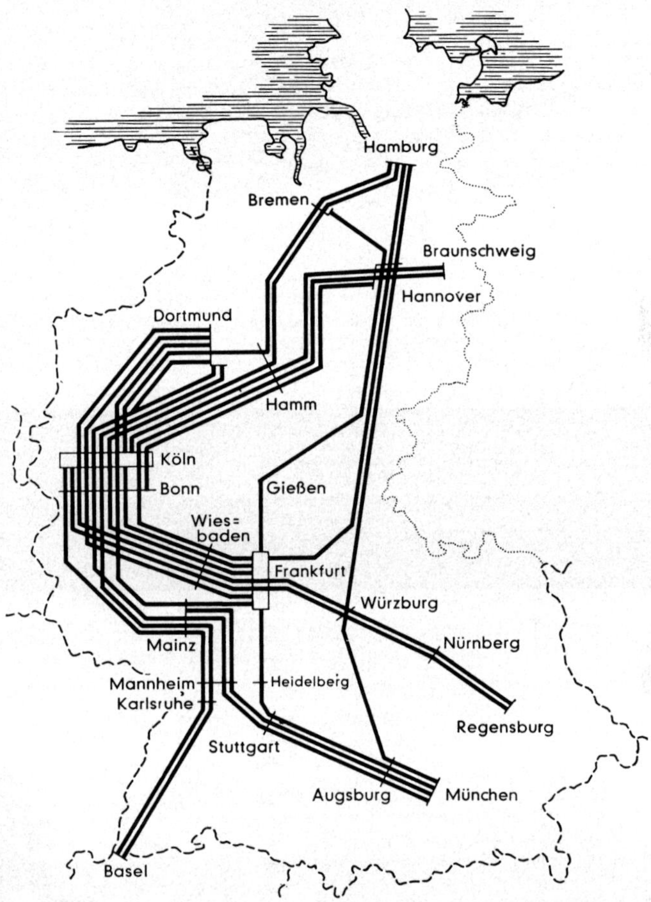

Von den vorbezeichneten Zugverbindungen waren die Zugpaare F 29/30 München – Stuttgart – Heidelberg – Frankfurt als FT, F 43/44 Frankfurt – Kassel – Hannover – Bremen als lokbespannter Zug (F) und F 55/56 München – Augsburg – Würzburg – Hannover – Hamburg-Altona als FT mit dem Vermerk „A = vsl. ab 1.VII.1951" im Kursbuch angegeben. Es kann mit Sicherheit davon ausgegangen werden, daß wegen noch nicht zur Verfügung stehender Triebwagen sowohl FT 29/30 als auch FT 55/56 nicht gefahren wurden, auch nicht als lokbespannte Züge. Gleiches gilt für den Winterabschnitt 1951/52. Ob F 43/44 vor dem Sommerfahrplan 1952 zum Einsatz kamen, konnte nicht mit Sicherheit geklärt werden, zumal diese Verbindung ursprünglich ebenfalls als FT-Verbindung geplant gewesen war.

03 223 vor F 1 „Hanseat" am 18. Mai 1952 bei Osnabrück. Aufnahme: Carl Bellingrodt

03 200 führte am 8. Juni 1952 F 56 „Blauer Enzian" an der Kulisse von Lüneburg vorbei. Aufnahme: Carl Bellingrodt

SVT 06 502 im April 1952 als FT 28 „Rheinblitz" bei Hattersheim am Main. Aufnahme: Kurt Eckert

SVT 04 101 fährt am 13. Juli 1952 als FT 38 „Rhein-Donau-Blitz" am Rhein bei Filsen vorbei.
Aufnahme: Carl Bellingrodt

Ab dem Winterabschnitt 1951/52 erhielten einige der F-Züge Namen analog Gepflogenheiten bei internationalen Zügen und ausländischen Bahnverwaltungen. Es waren dies die beiden Zugpaare F 31/32 Frankfurt – Dortmund als „Rhein-Main" und F 13/18 Bonn – Hannover unter der Bezeichnung „Sachsenross". Im Laufe des Winters wurde unter den Fahrgästen ein Preisausschreiben veranstaltet, das zu dem überraschenden Ergebnis führte, daß Namenszüge bekannter und leichter zu merken waren als „anonyme" Züge unter ihren Zugnummern. Daraufhin ging die DB dazu über, in größerem Umfang hochklassige Züge mit Namen zu versehen, so alle F-Züge. Hierüber weiß die „Bundesbahn" zu berichten: „Die Deutsche Bundesbahn hat im neuen Kursbuch (Sommer 1952) für den Sommerfahrplanabschnitt außer den bereits vorgesehenen Zügen auch neun Züge, die im Preisausschreiben „Sucht Namen für Züge" Namen erhielten, mit den preisgekrönten neuen Bezeichnungen aufgenommen. Es handelt sich dabei um folgende Züge:

F 1/2	„Hanseat"	Köln – Hamburg – Köln
F 3/4	„Merkur"	Frankfurt – Köln – Hamburg – Frankfurt
F 41/42	„Senator"	Frankfurt – Hannover – Hamburg – Frankfurt
F 44/43	„Roland"	Bremen – Hannover – Frankfurt – Bremen
Ft 8/7	„Rhein-Blitz"	Hagen – Basel – Hagen
Ft 28/27	„Rhein-Isar-Blitz"	Dortmund – München – Dortmund
Ft 38/37	„Rhein-Donau-Blitz"	Dortmund – Regensburg – Dortmund
F 30/29	„Münchner Kindl"	Frankfurt – Stuttgart – München – Frankfurt
F 56/55	„Blauer Enzian"	Hamburg – Hannover – München – Hamburg"

Wenn sich auch viele Zugnamen für bestimmte Züge über einen längeren Zeitraum hielten und so diese Züge z.B. als „der Hanseat" usw. prägten, so wechselten leider die Zugnamen sehr bald je nach den Laufwegänderungen, denen die einzelnen Zugläufe im Zuge der kontinuierlichen Weiterentwicklung des Netzes unterworfen waren. Mit der späteren Einführung der Systeme der TEE, des IC-Zweistundentaktes und von „IC 79" wechselten die Zugnamen aber in einem derartigen Umfang und von einer auf andere Strecken, daß bei der Betrachtung der weiteren chronologischen Entwicklung davon abgesehen werden muß, alle diese Wechsel hier nachzuvollziehen. Aus der Übersicht 11 „Verzeichnis der Züge, die einen Namen führen" kann man diese Entwicklung deutlich erkennen.

Bereits der Jahresfahrplan 1952 brachte weitere Zugverbindungen und Änderungen in den Zugläufen, nachdem sich auf der einen Seite herausgestellt hatte, daß dies Angebot bei den Kunden gut ankam, andererseits nun endlich weitere Triebwagen wie blaue Reisezugwagen zur Verfügung standen. Erstmals wurden auch internationale Verbindungen (wenn man von den bisherigen Läufen bis und ab Basel SBB absieht) eingeführt, die in dieses Netz integriert wurden. Hier wären zunächst als schnelle Tagesverbindungen (England –) Holland – Schweiz die als „Rhein-Pfeil" bezeichneten F 10/9 Hoek van Holland – Venlo – Köln – Mainz – Mannheim – Basel SBB zu nennen, die als reine Züge 1. und 2. Klasse (alt) um zwei Stunden kürzere Fahrzeiten aufwiesen als der „Rheingold-Expreß". Für den Verkehr von England und Holland sowie dem Ruhrgebiet nach Bayern und Österreich wurden unter dem gleichen Zugnamen als ebenfalls mit 1. und 2. Klasse verkehrende Züge F 22/21 Dortmund – Essen – Köln – Mainz – Frankfurt – Würzburg – München – Kufstein – Innsbruck geschaffen, wobei der Abschnitt München – Innsbruck nur in den Zeiten der Hochsaison im Sommer und Winter befahren wurde. Zwischen Köln und Mainz waren F 10/9 und F 22/21 miteinander vereinigt. Hierbei gab es das Kuriosum, daß aufgrund der vertraglichen Rechte F 9/10 einen blauen ISG-Speisewagen führten, F 21/22 dagegen einen roten DSG-Speisewagen nur zwischen München und Mainz, ein Durchlauf bis Dortmund also nicht stattfand, obwohl sicher hierzu ein Bedürfnis bestanden hätte. Als weitere Auslandsverbindung wurde das bisherige Zugpaar F 31/32 Frankfurt – Dortmund unter gleicher Zugnummer und dem Namen „Rhein-Main-Expreß" als schnelle Tagesrandverbindung Frankfurt – Holland gefahren; es lief über Mainz – Köln – Emmerich – Arnhem – Utrecht nach Rotterdam Maas.

Die nunmehr als „Rheinblitzgruppe" in die Fahrplangeschichte eingehende Zuggruppe aus FT 8/28/38 bzw. FT 37/27/7 Rheinland – Basel/München/Regensburg wurde bei fast gleicher Zeitlage so verändert, daß FT 8/7 von Dortmund über Hagen – Wuppertal – Köln nach Basel und FT 28/27 zusammen mit FT 38/37 von Dortmund über Essen – Köln nach München und Regensburg verkehrten. Dabei lief die gesamte Zuggruppe zwischen Köln und Koblenz vereinigt. Da noch nicht alle Triebwagen zur Verfügung standen (die umgebauten SVT 06 501 und 502 sowie SVT 07 501 und 502 standen zunächst noch nicht voll zur dienstplanmäßigen Verfügung, da sie häufig Erprobungsfahrten durchzuführen hatten), wurde die Verbindung FT 38/37 zu Beginn als Dampfzugpaar auf dem Abschnitt Koblenz – Regensburg gefahren; die Reisenden hatten in Koblenz aus FT 28/27 bzw. FT 8/7 Anschluß am gleichen Bahnsteig.

Die bisherigen Verbindungen F 23/34 bzw. F 33/24 wurden zu zwei neuen Zugverbindungen umge-

Am 13. Juli 1952 entstand bei Boppard am Rhein das Bild des von 01 231 geführten F 4 „Merkur".
Aufnahme: Carl Bellingrodt

Auch 23 016 kam zu F-Zugehren: Am 23. März 1953 stand sie vor F 21 im Mainzer Hbf.
Aufnahme: Carl Bellingrodt

Mit Volldampf fährt 01 181 mit F 181 „Schwabenpfeil" am Rhein entlang; Wellmich, 10. Mai 1953.
Aufnahme: Carl Bellingrodt

Vor F 21 waren am 27. März 1953 01 056 und 23 022 gespannt. Carl Bellingrodt gelang diese Aufnahme bei der Mainzer Rheinbrücke.

Am 26. Mai 1953 zog E 18 13 F 56 durch Treuchtlingen. Aufnahme: Carl Bellingrodt

Nach Ankunft in Hamburg-Altona wird F 1 „Merkur" am 24. April 1954 aus der Halle gedrückt. Zuglok war die Hammer 05 002. Aufnahme: Ulrich Montfort

staltet, um München und Stuttgart besser an das Rhein-Ruhr-Gebiet anzuschließen. Neu entstanden daher F 23/24 „Schwabenpfeil" Stuttgart – Mannheim – Mainz – Köln – Wuppertal – Hagen – Dortmund und F 33/34 „Gambrinus" München – Augsburg – Würzburg – Frankfurt – Mainz (F 34: Wiesbaden Süd) – Köln – Wuppertal – Hagen – Dortmund. In Würzburg hatten F 33/34 wechselseitigen Anschluß an die neuen F 53/54 „Domspatz" Passau – Nürnberg – Würzburg – Hannover – Hamburg-Altona, so daß dadurch schnelle Verbindungen Rheinland – Wien, Rheinland – München, Hamburg – Wien und Hamburg – München entstanden. Der bisherige F 19 wurde entbehrlich.

Das bestehende Zugpaar D 77/78 wurde in das neue F-Zug-Paar 77/78 „Helvetia-Expreß" (Zürich –) Basel SBB – Mannheim – Darmstadt – Frankfurt umgewandelt, das zunächst als Zug vorgesehen war, dann aber als FT in Verkehr kam. Unter Fortfall der bisherigen Einzelverbindungen wurde das Zugpaar F 17/14 unter dem Namen „Dompfeil" in Köln an die neuen „Rhein-Pfeil"-Züge (F 9/21 bzw. 10/22) angepaßt, so daß in Köln Umsteigeverbindungen mit diesen Zügen aus den Räumen Hannover – Bielefeld – Wupper entstanden. Hieraus ist zu ersehen, daß man sich seitens der DB über die gefahrenen Zugpaare hinaus sehr um gute Umsteigeverbindungen ohne lange Aufenthalte bemühte. Die bisherigen Läufe der F 14 zwischen Braunschweig und Hannover sowie Köln und Frankfurt bei F 17 wurden aufgegeben, da sie durch F 21/22 abgedeckt waren bzw. das Angebot für Braunschweig zeitlich so früh bzw. so spät lag, daß es nicht genutzt werden konnte.

F 29/30 konnten nunmehr als FT gefahren und beschleunigt werden, der Laufweg blieb unverändert. Die Verbindung München – Hamburg wurde jetzt als „Blauer Enzian" endgültig als „F" gefahren, nachdem der zweimal vorgesehene Triebwageneinsatz nicht zum Tragen gekommen war. Und dabei sollte es auch bis heute bleiben, denn diese Relation hat niemals eine Schnelltriebwagenverbindung gesehen. 1952 bestand der „Blaue Enzian" aus zwei AB4ü, einem WR und bei Bedarf einem zusätzlichen AB4ü. Mit 82,2 bzw. 82,9 km/h Reisegeschwindigkeit war dieser dampfbespannte Zug auf den zahlreichen Rampen der Mittelgebirgsstrecken relativ schnell. Die andere Hamburg mit dem Süden verbindende Relation, der „Domspatz" F 54/53, bestand gar nur aus einem AB4ü und einem ABR4ü, so daß insgesamt 66 Sitzplätze zuzüglich ca. 20 Plätze im Speiseabteil zur Verfügung standen. Dies reichte aber damals noch voll aus; erst in den folgenden Jahren wurden die F-Züge länger und aus in der Regel drei bis fünf blauen Wagen sowie Speisewagen gebildet. F 3 verkehrte nun ebenfalls über Wiesbaden Süd, wodurch die hessische Landeshauptstadt immer stärker als die klassische linke Rheinstrecke über Mainz in das F-Zugnetz eingebunden wurde. Weitere Züge sind im Kursbuch vom Sommer als „FT" ausgewiesen, ebenso wie tatsächlich aber mit Dampflok gefahrene Züge. Dies lag daran, daß die bestellten neuen Triebwagen der Baureihe VT08, mit deren Ablieferung man bereits gerechnet hatte, noch nicht zur Verfügung standen. Erst im Winterhalbjahr 1952/53 begann ihre Auslieferung, die sich dann bei den bestellten 20 Einheiten bis zum Jahre 1954 hinzog. Damit aber sogleich die zur Verfügung stehenden Einheiten eingesetzt werden konnten, wurden vorgesehene Verbindungen, die mit Wagenzügen gefahren wurden, ebenso auf SVT umgestellt, wie nun endlich zum Winterabschnitt ab 5. Oktober 1952 weitere Verbindungen ihren Dienst aufnehmen konnten. Die bisherigen Dampfzüge F 43/44 Frankfurt – Bremen wurden durch neue FT 43/44 Basel SBB – Mannheim (FT 44 über Mannheim-Friedrichsfeld – Schwetzingen mit Halt in Friedrichsfeld geleitet) – Darmstadt – Frankfurt – Kassel – Hannover – Bremen unter dem Namen „Roland" ersetzt und die Relation Frankfurt – Basel erhielt zusätzlich als Tagesrandverbindung FT 46/45 unter dem Namen „Schauinsland" über Mannheim. FT 43/44 hatten in Hannover wechselseitigen Übergang zu F 55/56, so daß durchgehende schnelle Umsteigeverbindungen Hamburg – Schweiz wie Bremen – Süddeutschland geschaffen waren. F 3 wurde auf den Weg über Essen statt der Wupper umgelegt und verkehrte nun auf dem gleichen Weg wie sein Gegenzug F 4 nördlich von Köln.

Eine weitere Verbindung erblickte am 5. Oktober 1952 das Licht der Welt, die die Keimzelle eines späteren FT-Zuges bzw. TEE werden sollte, und die in der Zukunft häufigen Wechseln sowohl des Weges wie der Verkehrszeiten unterworfen war, die eigentlich trotz der engen Verflechtungen zwischen den beiden Nachbarländern nie richtig leben, aber als hochqualifizierte Zugverbindung auch nicht sterben konnte. Gemeint ist die mit Schnelltriebwagen der SNCF eingerichtete Verbindung 1101/1124. Eine durchgehende Verbindung nach Paris gab es damals noch nicht; vielmehr war ein Umsteigen erforderlich in Westrichtung in Metz, in der Ostrichtung werktags in Bar-le-Duc, an Sonntagen in Metz. Da das Saarland damals noch eine selbständige politische Einheit mit wirtschaftlicher Angliederung an Frankreich war, waren drei Grenzkontrollen durchzuführen: die französische Polizeikontrolle in beiden Richtungen zwischen Forbach und Metz während der Fahrt, die saarländische Polizei- und französische Zollkontrolle in Homburg (Saar) und schließlich die deutsche Paß- und Zollkontrolle in Bruchmühlbach. Der SNCF-Triebwagen verfügte über 16 Plätze 1. und 36 Plätze 2. Klasse. Der französische Triebwagenführer befuhr die gesamte Strecke, auf dem deutschen

Ein vierteiliger VT 08 als FT 30 „Münchner Kindl" im Jahre 1953 bei Bretten.
Aufnahme: Carl Bellingrodt

Für den grenzüberschreitenden FT 1101 Bar le Duc – Frankfurt stellte die SNCF das Fahrzeug: Triebwagen XD 2626 im Jahre 1953 in Bad Kreuznach.
Aufnahme: Carl Bellingrodt

SNCF-XD 2625 wartet im Juni 1953 im Bw Frankfurt-Griesheim auf seine Rückfahrt als FT 1124 nach Metz.
Aufnahme: Kurt Eckert

Nach einem AW-Aufenthalt kehren im Jahre 1954 VT 08 512 mit einem VS zu ihrem Heimat-Bw Frankfurt-Griesheim zurück.
Aufnahme (bei Fürth): Ullstein-Bilderdienst

Teil stellte die DB einen Lotsen. Diese Verbindung war eine der ersten nach dem Zweiten Weltkrieg, bei der ein Triebfahrzeug einer fremden Verwaltung durchgehend größere Strecken einer anderen Bahn befuhr, ein heute allgemein übliches Verfahren.

Mit Beginn des Fahrplanjahres 1953 standen weitere Schnelltriebwagen der Baureihe 08 zur Verfügung; außerdem wurde aus dem Altschadbestand ein weiterer Mittelwagen der Bauart „Köln" gewonnen, so daß auch hier eine weitere dreiteilige Einheit der Baureihe SVT 06.1 eingesetzt werden konnte. Jetzt endlich war man in der Lage, die im Fahrplan ausgewiesenen Züge, insgesamt 12 F-Zug-Paare, als „FT" zu fahren. Es handelte sich um folgende Zugverbindungen:

FT 2/1	Kiel – Köln – Hamburg-Altona
FT 8/7	Dortmund – Basel – Dortmund
FT 28/27	Dortmund – München – Dortmund
FT 30/29	Frankfurt – München – Frankfurt
FT 31/32	Frankfurt – Dortmund – Frankfurt
FT 38/37	Dortmund – Regensburg – Dortmund
FT 42/41	Hamburg-Altona – Frankfurt – Kiel
FT 44/43	Bremen – Basel – Bremen
FT 46/45	Frankfurt – Basel – Frankfurt
FT 78/77	Frankfurt – Zürich – Frankfurt
FT 128/127	Frankfurt – München – Frankfurt
FT 231/232	Frankfurt – Luxemburg – Frankfurt

Alle anderen Verbindungen des leichten F-Zug-Netzes wurden mit dampflokbespannten Wagenzügen gefahren. Aus der vorstehenden Übersicht ist bereits ersichtlich, daß neue Zugverbindungen hinzu gekommen waren, andere ihre Laufwege geändert hatten. Als neue Auslandsverbindungen kamen der nun tatsächlich bis und ab Zürich als „FT" gefahrene und bereits im Vorjahr vorgesehene, aber dann doch auf Basel SBB beschränkte Zuglauf FT 77/78 „Helvetia" hinzu; wenn auch häufig unter geänderter Zugnummer, so blieb dieser Name für diese Zugverbindung prägend. Neu eingelegt wurde der FT 231/232 „Montan-Expreß" Frankfurt – Mainz – Koblenz – Luxembourg. Inzwischen hatte Europa nämlich begonnen, zu einer Einheit zusammenzuwachsen, und in Luxemburg hatte sich die Europäische Gemeinschaft für Kohle und Stahl (als Vorgängerin der heutigen EG) etabliert, so daß ein Bedürfnis für einen gehobenen Geschäftsreiseverkehr bestand. Beide Zugläufe wurden von den neuen VT 08 des Bw Frankfurt-Griesheim gefahren. Die bereits zum Winter eingeführten französischen Schnelltriebwagenverbindungen 1101/1124 erhielten jetzt offiziell die Bezeichnung „FT". Beide Zugpaare benutzten zunächst den Weg von Saarbrücken über Kaiserslautern und die Alsenzbahn nach Bad Kreuznach und weiter über Mainz nach Frankfurt. An Sonntagen, wenn er in Metz statt Bar-le-Duc begann, führte FT 1101 die Zugnummer FT 1133.

In diesem Fahrplanjahr wurden die Leistungen der als FT eingestuften Zugpaare (außer FT 1101/1124) mit 23 insgesamt dem Betrieb zur Verfügung stehenden SVT erbracht, von denen 15 Vorkriegsfahrzeuge oder aus diesen umgebaute Einheiten waren, während acht aus der Neubaureihe VT 08.5 bestanden. Bereits bald nach Jahresbeginn 1954 war der Bestand bei den VT 08.5 auf 14 Einheiten angewachsen. Diese Fahrzeuge waren zunächst im allgemeinen für 140 km/h ausgelegt, die umgebauten SVT 07.5 nur für 120 km/h. Für schnelle Verbindungen reichte dies aber damals gegenüber dem langsameren Dampfbetrieb aus.

Bei der Ausgestaltung des Fahrplans 1953 wurde Wert darauf gelegt, weitgehend gute Anschlüsse der F-Züge untereinander herzustellen, um so die Zahl der möglichen Verbindungen noch zu erhöhen. So war u.a. der neue „Montan-Expreß" in Koblenz in beiden Richtungen an die „Rheinblitz"-Gruppe angeschlossen, so daß schnelle Verbindungen von und nach Frankfurt wie dem Ruhrgebiet mit Luxemburg gegeben waren.

Die Bundesbahn selbst konstatierte eine wachsende Beliebtheit ihres leichten F-Zug-Netzes und betrachtete mit dem Fahrplan 1953 dessen Aufbau in den Grundzügen als abgeschlossen, was natürlich Verbesserungen und Anpassungen in den Folgejahren nicht ausschloß. Denn ein Fahrplan lebt und wird durch die Erfordernisse des Marktes geprägt, und es wäre für eine Eisenbahnverwaltung ein gefährlicher Irrtum, sich mit dem Erreichten zufrieden zu geben und die Weiterentwicklung zu vernachlässigen.

Neben den bereits genannten neuen SVT-Verbindungen kamen als FT im Jahre 1953 hinzu die FT 41/42 „Senator", wobei FT 41 bis Kiel durchgeführt wurde, zur Rückkupplung mit einer weiteren FT-Verbindung, den FT 1/2, wo FT 1 in Hamburg-Altona endete, F 2 aber in Kiel begann, so daß ein Umlauf FT 41/FT 2/ FT 1/FT 42 mit VT08.5 des Bw Frankfurt-Griesheim zustande kam.

Die im Vorjahr eingeführten F 33/34 „Gambrinus" München — Dortmund wurden über Hamm — Münster — Hamburg bis und ab Kiel verlängert; mit 1201 km war dies der längste Zuglauf im F-Zug-Netz der DB. Diese Standardverbindung hat sich übrigens bis heute erhalten. Überhaupt haben zahlreiche der damals geschaffenen F-Zug-Verbindungen sich über TEE und IC-Zwei-Stunden-Takt bis zur Einführung des Systems IC 79 in fast unveränderter Form erhalten, was sicher auch für die Güte der damaligen Planungen und die richtige Erkenntnis der Markterfordernisse und Verkehrsströme spricht. Und das war bei einem unorganischen Gebilde, wie es die Bundesrepublik Deutschland nach dem Zweiten Weltkrieg darstellte, und bei der völlig andersgearteten Wirtschafts- und Bevölkerungsstruktur wirklich nicht einfach zu prognostizieren.

Da der „Rhein-Donau-Blitz" FT 38/37 trotz Verstärkung mit einer weiteren Einheit nicht ausreichte, mußte unter dem Namen „Glückauf" zwischen Essen und Frankfurt über Köln — Mainz ein weiteres Zugpaar F 20/19 eingelegt werden. Und um FT 27 vom starken Verkehr München — Frankfurt zu entlasten, für den er nicht gedacht war, wurde FT 29 eine Stunde früher ab München gelegt. Nach nur einjährigem Gastspiel nach Rotterdam wurde der „Rhein-Main-Expreß" als FT 31/32 wieder auf den Weg Frankfurt — Dortmund über Mainz — Köln — Essen gelegt.

Zum Herbst 1953 kamen nicht nur weitere Triebwagen der Baureihe VT08.5 zur Ablieferung, sondern es erschienen auch die ersten Neubau-Schnellzugwagen der DB nach dem Zweiten Weltkrieg, die 26,4m langen A4üm, die nach und nach das bisherige Wagenmaterial ersetzten, wobei die alten WR aber noch erhalten blieben. Diese ebenfalls blau gestrichenen Sitzwagen bildeten in den folgenden Jahren das Rückgrat des F-Zug-Verkehrs der DB, bis 1970 die Wagen der neuen „Rheingold"-Bauart bei den IC Einzug hielten. Zwischenzeitlich hatte sich auch die Farbe der SVT geändert, sie waren in dem neuen Einheitsrot gestrichen worden, das die DB für ihre Triebwagen vorgesehen hatte. Die neuen VT08.5 wurden bereits ab Werk in dieser neuen Farbgebung ausgeliefert.

Durch diesen Fahrzeugzugang war es möglich, im Winterfahrplanabschnitt das F-Zugnetz nochmals auszuweiten. Ab 4. Oktober 1953 wurde FT 77/78 über Frankfurt hinaus nun wieder als „Helvetia-Expreß" bis Hamburg-Altona auf dem Laufweg Zürich — Basel — Mannheim — Darmstadt — Frankfurt — Kassel — Hannover — Hamburg-Altona verlängert. Neu hinzu kam mit FT 49/50 erstmalig eine Schlafwagenzugverbindung im Netz der F-Züge, die ohne Namen in jeder Richtung dreimal wöchentlich zunächst „nur auf besondere Anordnung" vorgesehen war und Basel SBB über Karlsruhe — Mannheim — Frankfurt — Bebra — Hannover mit Hamburg-Altona verband. Als Fahrzeug hierfür war der neue Gliedertriebzug der DSG (VT 10 551) vorgesehen, der der Öffentlichkeit auf der Deutschen Verkehrsausstellung in München ebenso wie der der DB gehörige Tagesgliedertriebzug VT 10 501 vorgestellt worden war. Da aber beide Fahrzeuge noch zahlreichen Erprobungs- und Vorführungsfahrten unterworfen waren, kam es in diesem Fahrplan noch nicht zu einem Planeinsatz, und so ist FT 49/50 auch im Fahrplan 1953/54 nicht gefahren worden. Anders dagegen war es mit einer nur diesen einen Winter bestehenden neuen werktags fahrenden F-Zugverbindung F 127/128 München — Stuttgart — Mannheim — Frankfurt, die den „Rhein-Isar-Blitz" FT 27/28 entlasten sollte, da die im Sommer vorgenommene Verlegung von FT 29 nicht zu dem gewünschten Erfolg geführt hatte. Gleichzeitig wurde durch die Bindung von FT 127/128 in Mannheim an FT 7/8 eine Umsteigemöglichkeit Basel — Frankfurt hergestellt. Das Zugpaar berührte Heidelberg nicht.

Der Jahresfahrplan 1954 brachte trotz der im Vorjahr von der DB konstatierten Beendigung der Ausbauphase des F-Zuggrundnetzes dennoch nicht nur neue Zugleistungen, sondern vor allem in zahlreichen Fällen eine Neuordnung zur Verbesserung des Angebots, namentlich in den Relationen, die zu Überbesetzungen neigten. Die bisher differenziert namentlich bezeichneten Zugläufe der „Rhein-.....-Blitz"-Gruppe erhielten die einheitliche Namensbezeichnung „Rhein-Blitz". Da alle bisherigen Entlastungsversuche von FT 28/27 zu keinem Erfolg geführt hatten, wurde die „Rhein-Blitz"-Gruppe unter Wegfall des zum Winter 1953/54 eingeführten F 128/127 um eine weitere Einheit verstärkt, die als FT 138/137 zwischen Dortmund und München über Essen — Köln — Mainz — Frankfurt — Würzburg geführt wurde. Erst in Mainz statt in Koblenz fand nunmehr die Trennung beider Gruppen nach Basel/München (FT8/28 -27/7) und Nürnberg/München (FT 39/138 - 137/37) statt, so daß FT 38/37 linksrheinisch durchgeführt wurden. Gleichzeitig wurde dieses Zugpaar, das bis Würzburg vereinigt mit den neuen FT 138/137 lief, auf den Laufweg Dortmund — Nürnberg beschränkt. Bereits 1953 hatte der „Rhein-Pfeil" auf Beschluß der EFK Nice seinen Namen mit dem F 163/164 in „Rheingold-Expreß" geändert, um diesen Namen traditionsgemäß dem schnellsten Zug Holland — Basel zuzugestehen. 1954 wurde nun wegen der starken Belastung beider Zweige im Sommerabschnitt die getrennte Führung zwischen Köln und Mainz bei F 10/9 und F 22/21 durchgeführt; ansonsten änderte sich bei dieser Zuggruppe nichts. Die zwischen Essen und Frankfurt verkehrenden F 20/19 „Glückauf" wurden unter dem gleichen Namen über Frankfurt hinaus bis und ab Linz über Nürnberg — Passau verlängert. Gleichzeitig erhielten sie Kurswagen Essen — Wien West, so daß nun

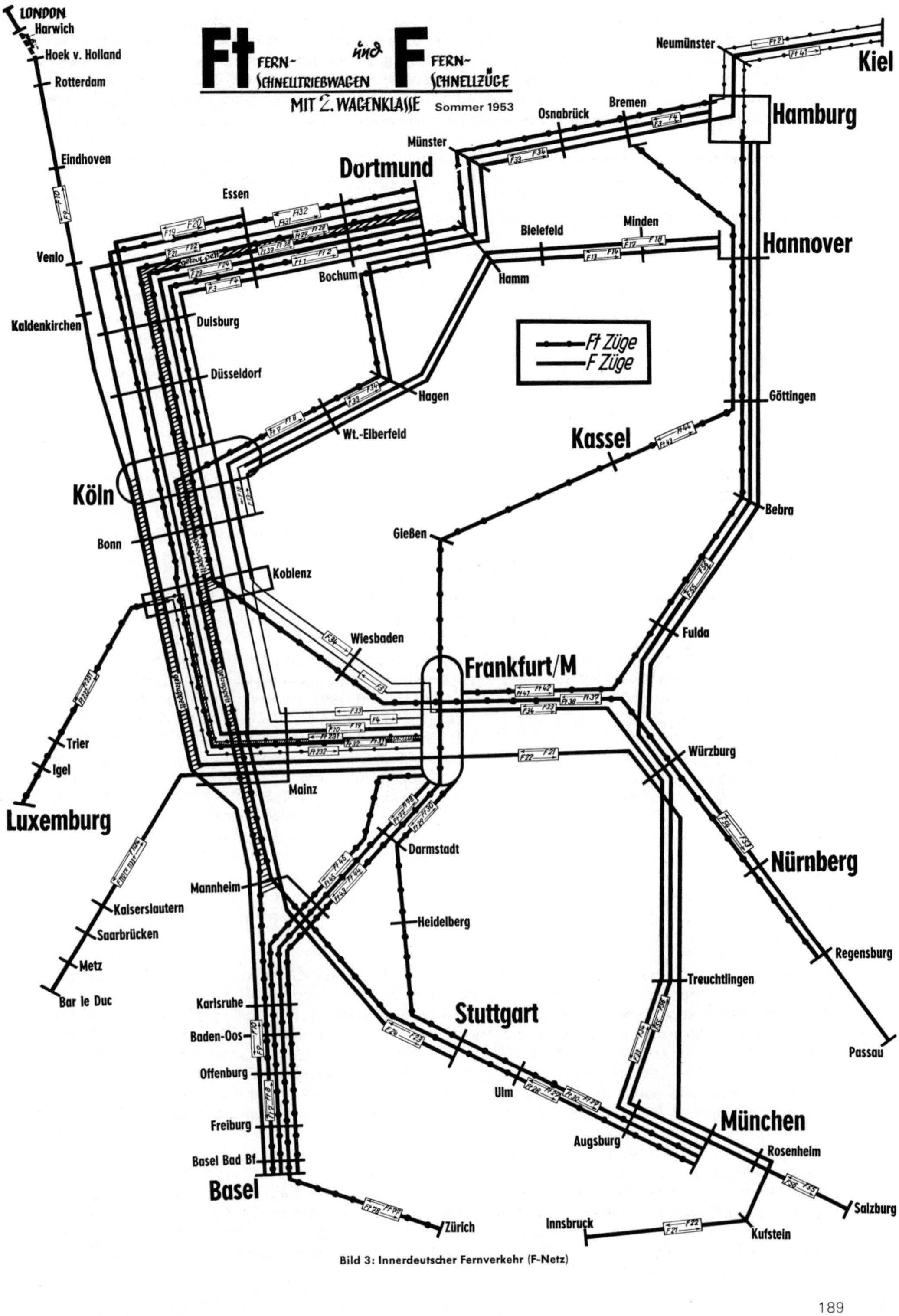

Bild 3: Innerdeutscher Fernverkehr (F-Netz)

auch im reinen blauen F-Zugnetz der Kurswagen seinen Einzug hielt, eine Entwicklung, die man seitens der DB nicht gerade gerne sah und unter allen Umständen vermeiden wollte. Daher hatte man immer dem Blockzugsystem den Vorrang gegeben und dies auch bis heute ziemlich konsequent eingehalten. Leider war dies aus übergeordneten, manchmal auch betrieblichen Gründen, nicht immer möglich und daher gab und gibt es heute noch bei IC 79 in bestimmten Relationen Kurswagen. Ihre Zahl ist allerdings sehr beschränkt und unterliegt alljährlich besonders kritischen Überprüfungen. Um auf den „Glückauf" zurückzukommen, bestand nun eine weitere Auslandsverbindung, die eine Tagesreise Ruhrgebiet — Wien oder umgekehrt ermöglichte. In Würzburg bestand wechselseitiger Übergang zu F 56/55 „Blauer Enzian", so daß sowohl die Nordseehäfen mit Wien, als auch das Ruhrgebiet mit München durch eine weitere Verbindung verknüpft wurden. Als Ersatz für die auf die linke Rheinseite abgewanderten FT 38/37 fuhren F 20/19 über Wiesbaden Süd.

Aber noch weitere Auslandsverbindungen wurden in diesem Sommer geschaffen, teilweise mit deutschen, teilweise ausländischen Fahrzeugen. Mit Anschluß von und nach Harwich verkehrten zwischen Oostende Kai und Dortmund über Aachen — Köln — Essen neu FT 74/75 „Saphir", die in Köln wieder wechselseitig mit FT 31/32 zusammengeschlossen waren. Dadurch ergab sich auch eine Verbindung Frankfurt — Oostende (— England). Der „Helvetica-Express" FT 77/78 wurde über Bebra geführt und ohne Halt zwischen Frankfurt und Hannover gefahren, die damals längste Ohnehaltfahrt eines Zuges im Netz der DB mit 348,5 km. Zwischen Mannheim und Frankfurt wurden sie über Darmstadt gefahren. Gleichzeitig wurde auch der Nachtgliedertriebzug der DSG wieder als dreimal wöchentlich verkehrend unter dem Namen „Komet" als FT 49/50 zwischen Basel SBB und Hamburg-Altona angekündigt, wobei der Laufweg nördlich von Frankfurt über Kassel — Altenbeken — Hameln nach Hannover vorgesehen wurde; tatsächlich kam er aber erst Mitte Juni zum planmäßigen Einsatz. Der Tagesgliedertriebzug VT 10 501 fuhr im Kurs des FT 41/42 „Senator" zwischen Frankfurt und Hamburg-Altona; allerdings kam er erst gegen Ende Oktober in den Planeinsatz. Bis dahin übernahmen VT 08.5 des Bw Frankfurt-Griesheim diese Leistung. Da nunmehr aufgrund des Fahrzeugeinsatzes auch eine Kupplung mit FT 2 in Kiel nicht mehr gegeben war, endete FT 41 in Hamburg-Altona.

Da durch die Neuordnung der „Rheinblitz"-Gruppe die bisherige Kupplung mit FT 29/30 in München unmöglich geworden war und immer noch Triebwagen fehlten, wurde dieses Zugpaar wieder in einen lokbespannten F-Zug umgewandelt. Da auch die Entlastungsfunktion für FT 27 durch die Einlegung von FT 137 entfallen war, konnte F 29 ab München wieder um ca. 70 Minuten später gelegt werden, so daß nunmehr für die Geschäftsreisenden ein längerer Aufenthalt in der bayerischen Landeshauptstadt möglich war. FT 1101/1124 verkehrten nicht mehr an Sonntagen, so daß die Sonntagsverbindung FT 1133 entfallen konnte. Gleichzeitig wurden die Züge von Kaiserslautern auf die Strecke Mannheim — Worms — Biblis — Frankfurt verlegt und damit um 42 bzw. 45 Minuten beschleunigt. Zur Vergrößerung des Sitzplatzangebots setzte die SNCF eine Doppeleinheit ein. F 3/4 wurden zu einer Verbindung Stuttgart — Hamburg-Altona über Heidelberg — Frankfurt verlängert, wobei F 3 weiterhin über Wiesbaden Süd, der Gegenzug aber über Mainz verkehrte. F 1/2 wurden ebenfalls als Zug gefahren und F 1 zur Umlaufkupplung bis Kiel verlängert. F 53/54 wurden auf den Laufweg Regensburg — Hamburg-Altona beschränkt. Um die Industriestadt Ludwigshafen an das F-Zug-Netz anzubinden, liefen F 23/24 erstmals diese Stadt an; das aber bedeutete Kopfmachen, da ja noch der alte Ludwigshafener Hauptbahnhof bestand. Damit wurde das Zugpaar von der Riedbahn auf den Weg über Worms gelegt. Erstmals wurde auch die Abkürzungsstrecke Dortmund — Lünen — Münster, die heutige Stammstrecke der IC-Linie 2, in das F-Zug-Netz aufgenommen, da F 33/34 über diesen Weg statt über Hamm geleitet wurden.

Den Verkehr Köln — Hannover ordnete man neu. F 13/14 verkehrten nun als „Dompfeil" Köln — Hannover über Wuppertal, F 17/18 unter dem neuen Namen „Germania" Bonn — Hannover über Wuppertal, wobei sogar eine Weiterführung bis Berlin Stadtbahn in Erwägung gezogen war, der aber die DR trotz zahlreicher auch später unternommener Versuche nicht zustimmte. Vielleicht wird sich die DR zu einer solchen, längst überfälligen Verbindung eines Tages bereit erklären in Auswirkung eines UIC-Beschlusses, die europäischen Standardverbindungen als „IC" zu bezeichnen. Aber dies ist ein anderes Kapitel deutsch-deutscher Verkehrsgeschichte! Die dritte Verbindung Köln — Hannover wurde mit F 15/16 „Sachsenroß" hergestellt, wobei F 15 über die Ruhr, F 16 dagegen über Dortmund — Hagen nach Köln geleitet wurde.

Schließlich kam es noch zu zwei weiteren neuen grenzüberschreitenden F-Zugverbindungen. Zwischen Strasbourg und Salzburg wurde mit F 39/40 „Mozart" über Kehl — Karlsruhe — Stuttgart — München ein Zugpaar geschaffen, in das man große Hoffnungen als West-Ost-Querverbindung setzte. Ursprünglich hatte die DB eine durchgehende F-Zug-Verbindung Paris — Wien anvisiert, doch die ÖBB verweigerten die Weiterführung Salzburg — Wien mangels Verkehrsbedürfnisses, und die SNCF

SVT 06 502 wird in München Hbf für den Einsatz als FT 27 „Rheinblitz" nach Dortmund gereinigt.
Aufnahme (1954): Dr. Günter Scheingraber

DSG-Nachtgliederzug VT 10 551 im Jahre 1954 als FT 50 „Komet" in Offenburg.
Aufnahme: Carl Bellingrodt

Zwischen Ebersbach und Reichenbach (Fils) zieht im Juli 1954 die Münchner E 18 17 F 40 „Mozart" nach Osten. Die Plangarnitur bestand aus einem B4ü und einem WRB4ü. Aufnahme: H.-G. Knapp

F 55 „Blauer Enzian", geführt von 01 192, am 31. Mai 1955 bei Wernfeld. Deutlich zu erkennen ist die Ersatzgarnitur zum Henschel-Wegmann-Zug mit dem Kanzelwagen am Schluß, der heute noch bei der BD Stuttgart in Diensten steht. Aufnahme: Carl Bellingrodt

fanden sich nicht bereit, ihren Rapide Paris – Strasbourg aufzugeben; sogar der Kompromiß eines Kurswagens ab Paris wurde von der SNCF abgelehnt; man sagte lediglich eine Anschluß-Garantie in Straßburg und die Freihaltung von Plätzen im Rapide nach Paris zu. Mit dem von der DB mit VT 08.5 gefahrenen ,,Ruhr-Paris" bzw. ,,Paris-Ruhr" FT 168/185 Dortmund – Essen – Köln – Aachen – Liège – Paris Nord hatte man dagegen mehr Erfolg; hier konnte im Ausgleich zu FT 1101/1124 ein deutsches Triebfahrzeug gleich die Strecken zweier ausländischer Bahnverwaltungen hintereinander befahren, so daß nun VT08.5 der DB nach Luxemburg, Frankreich und Belgien verkehrten.

Beim Fahrzeugeinsatz gab es noch eine revolutionäre Neuerung: Der nach dem Zweiten Weltkrieg im Bereich der DB aufgefundene Henschel-Wegmann-Zug war wiederhergestellt worden und hatte eine zentrale Klimaanlage als Maschinenwagen hinter der Lok erhalten und am Schluß lief der bekannte Aussichtswagen. Neben Normalabteilen mit sechs Plätzen gab es jetzt in dieser Zugkomposition abgeschlossene Großraumabteile mit Endbänken und zwei Drehsesseln in der Mitte. Eingesetzt wurde der Wagenzug im F 55/56 ,,Blauer Enzian". Um auch bei dem zweitägigen Umlauf den Gegenzug komfortmäßig in etwa gleich auszurüsten, hatte man einen weiteren Aussichtswagen hergerichtet, der mit einer sonst üblichen F-Zuggarnitur lief. Durch umständliche Drehfahrten in Hamburg und München wurde während der Nacht die jeweilige Reihung wiederhergestellt. Die Höchstgeschwindigkeit betrug aber bei diesem Zug immer noch nur 120 km/h, dennoch erreichten F 55/56 Reisegeschwindigkeiten von 82,2 bzw. 82,4 km/h. Die Wagengarnitur wurde bereits seit Dezember 1953 eingesetzt, werbemäßig aber erst zum Fahrplan 1954 angekündigt.

Neu eingeführt wurde auch eine internationale Triebwagenverbindung Hamburg-Altona – Lübeck – Großenbrode – Gedser – København DT 141/142 ,,Kopenhagen-Expreß", die allerdings statt mit VT08.5 mit den bauartgleichen, aber auch die dritte Wagenklasse führenden VT 12.5 gefahren wurde. Da dieser Zug niemals in die Gattung der F-Züge aufrückte, soll er hier nicht weiter behandelt werden, obwohl er seiner Funktion nach sicher in den Kreis der hier zu betrachtenden Verbindungen gehören würde.

So hatte das Fahrplanjahr 1954 im F-Zug-Netz doch erheblich mehr Änderungen gebracht als die DB selbst 1953 prognostiziert hatte. Aber die Verkehrszunahme und das gestiegene Komfortdenken einer prosperierenden Wirtschaft hatte man nicht voraussehen können. Und insoweit liefen hier die realen Gegebenheiten den Planungen der Eisenbahn voraus und es dauerte noch einige Jahre, bis die erhoffte Konstante eingetreten war. Dann aber kam es mit dem TEE doch sehr bald wieder zu einer neuen Steigerung des Angebotes und des Komfortdenkens unserer heute so schnellebigen Zeit.

Die folgenden Jahre brachten eine Konsolidierung des F-Zug-Netzes mit nur geringfügigen Änderungen. Ab 1956 begann dann bei der DB die 1942 durch den Krieg unterbrochene Streckenelektrifizierung in großem Umfang, nachdem schon am 15. Mai 1950 mit Aufnahme des elektrischen Betriebes auf der 96,41 km langen Strecke Nürnberg-Dutzendteich – Regensburg Hbf die erste Fernbahnelektrifizierung der DB nach dem Zweiten Weltkrieg erfolgreich hatte abgeschlossen werden könnnen. Kleinere Abschnitte waren in den Folgejahren noch hinzugetreten, aber1956 begann die eigentliche Großelektrifizierung der Hauptdurchgangsstrecken. Den Fortschritt dieser Arbeiten und die Aufnahme des elektrischen Zugbetriebs auf den einzelnen Streckenabschnitten kann man aus Anhang 1 ersehen. Diese großräumige und umfängliche Elektrifizierung der gesamten dem Hauptdurchgangsverkehr dienenden Strecken führte dann in den folgenden Jahren zu einer stetigen Verkürzung der Reisezeiten und zu einer merklichen Anhebung der Reisegeschwindigkeiten. Hatte letztere bei Einführung des leichten F-Zug-Netzes 1951 bei den FT 84,3km/h und den F 76,0km/h (schnellster Zug war der nicht gefahrene FT 56 mit 90,5km/h, in der Realität jedoch FT 8 mit 89,9 km/h), betragen, so war sie bis 1956 bereits auf 85,4km/h bei den FT, jedoch 79,3km/h bei den F-Zügen angestiegen (schnellster Zug war FT 45 mit 94,3km/h). Durch die Elektrifizierung stiegen diese Werte schnell an, so daß 1960 bei den Ft 92,5 und den F-Zügen 91,1km/h erreicht wurden; die inzwischen eingeführten TEE-Züge hatten eine Reisegeschwindigkeit von sogar 97,4km/h erreicht, (schnellster Zug war Ft 46 mit 103,7km/h Reisegeschwindigkeit, womit erstmals bei dieser Zuggruppe die 100 km/h-Marke überschritten wurde. Dabei ist erkennbar, daß die Steigerung weniger bei den Triebwagen als bei den lokbespannten Zügen nach oben tendierte. Dies war neben der fortschreitenden Streckenelektrifizierung aber auch dem immer weiter fortschreitenden Ersatz der Dampflok durch die 1953 erstmals in Vorserie, 1956 aber in Serie zum Einsatz kommenden Großdiesellloks der Baureihe V 200 zuzuschreiben, die sogleich im F-Zugdienst weitestgehend eingesetzt wurden. Unter diesen Prämissen muß man die weitere Entwicklung der nächsten Jahre beim Zugangebot sehen. Arrondierung, Verbesserung, Ausfeilens des Fahrplans bei gleichzeitiger Steigerung des Komforts, der Reisezeiten und der Reisegeschwindigkeiten war die Devise, die vor spektakulären Neuleistungen größeren Umfangs stand.

Am 5. August 1954 wurde F 55 „Blauer Enzian" durch die Henschel-Wegmann-Garnitur gebildet. Hinter einer E 18 steht die Komposition abfahrbereit im Münchner Hbf. Aufnahme: Walter Hanold

Im August 1954 kam der Gegenzug F 56 mit E 18 06 Carl Bellingrodt bei Möhren vor die Linse.

Im Rahmen des Schnelltriebwagennetzes der DB wurde unter dem Namen „Kopenhagen-Expreß" ein Lauf Hamburg-Altona – Kobenhavn eingerichtet, der von VT 12.5 des Bw Hamburg-Altona gefahren wurde. Am 23. Mai 1954 verließ nach der Einschiffung in Großenbrode Kai zum ersten Mal ein VT 12.5 im dänischen Gedser das Fährschiff „Deutschland". *Aufnahme: Slg. Wedde*

Als der Fahrdraht erst bis Mühlacker reichte, wurden die F-Züge zwischen Heidelberg und Stuttgart noch mit Dampfloks bespannt: 39 181 im Jahre 1952 mit F 23 „Schwabenpfeil" auf dem Enzviadukt bei Bietigheim. *Aufnahme: Carl Bellingrodt*

Am 26. Mai 1954 führte die Heidelberger 39 106 F 3 „Merkur" bei Maulbronn. *Aufnahme: Carl Bellingrodt*

Am 31. März 1956 war F 3 bereits mit Ellok von Stuttgart bis Heidelberg Hbf gefahren worden. 03 113 sollte den Zug dann bis Frankfurt bringen. *Aufnahme: Helmut Röth*

Am 22. Juli 1956 brachte 38 3323 F 3 von Heidelberg nach Frankfurt. Aufnahme: Carl Bellingrodt

So verwundert es auch nicht, daß bereits im Jahresfahrplan 1955 nur geringfügige Änderungen vorgenommen wurden. Durch die Inbetriebnahme des neuen Heidelberger Hauptbahnhofs war dort das Kopfmachen entfallen, was sich auf die Reisegeschwindigkeit sowie auf die Reisezeit positiv auswirkte. Der Antrag der DB auf der EFK Budapest, die Schnelltriebwagenverbindung „Rhein-Main" FT 31/32 wieder nach den Niederlanden mit Ziel Amsterdam oder Rotterdam zu fahren, wurde von den NS unter Bezug auf ihren Taktfahrplan abgelehnt. Auf Antrag der SJ wurde zur Herstellung einer schnellen Verbindung Stockholm — München über das Territorium der DDR der Fahrplan einer Schnelltriebwagenverbindung Saßnitz Hafen — München erarbeitet, die als FT 130/129 unter dem Namen „Saßnitz-Expreß" zweimal wöchentlich in der Sommersaison auf den Strecken der DB über Hof/Gutenfürst — Regensburg verkehrte. Sie war nur dem internationalen Verkehr vorbehalten; Berlin- und Interzonenreiseverkehr war ausgeschlossen. Innerhalb des Bundesgebietes konnte diese Verbindung jedoch unter den üblichen tariflichen Bedingungen benutzt werden. Die Einheit stellte die DR. Damit war erstmalig überhaupt eine Schnelltriebwagenverbindung durch Sachsen nach Bayern geschaffen worden, war doch auch 1939 die Strecke Berlin — München über Hof mit keiner Schnellverbindung ausgerüstet gewesen. FT 49/50 wurden auf den Laufweg Zürich — Hamburg-Altona mit dem Schlafwagengliedertriebzug ausgedehnt und Kassel Hbf wurde nicht mehr angefahren, sondern man fuhr über die Strecke Kassel-Wilhelmshöhe — Kassel Rbf — Altenbeken — Hameln nach Hannover. Der Antrag der DB, die FT 1101/1124 statt in Metz enden bzw. in Bar le Duc beginnen zu lassen, zu einer durchgehenden Verbindung Paris — Frankfurt auszubauen, wurde von der SNCF abgelehnt. Sie sagte jedoch den Einsatz neuerer moderner Doppeltriebwageneinheiten mit Restaurationsbetrieb zu. Auch der wieder vorgebrachte Antrag der DB, F 39/40 bis und ab Wien durchzuführen, wurde von den ÖBB abgelehnt.

Bei den sonstigen Verbindungen des eigentlichen innerdeutschen Netzes wurden FT 77/78 über die Riedbahn statt über Darmstadt geführt und der Tagesgliedertriebzug „Senator" FT 41/42 verkehrte statt über Bebra neuerdings über Kassel-Wilhelmshöhe — Kassel Rbf — Hann. Münden — Dransfeld — Göttingen nach Hannover. Als Ersatz für die über die Main-Neckar-Bahn entfallenden FT 77/78 wurden FT 45/46 über Karlsruhe — Heidelberg — Mannheim — Darmstadt nach Frankfurt geführt; ein etwas seltsamer Weg, aber offenbar wollte man die Wirtschaftsmetropole Mannheim/Ludwigshafen nicht auslassen. F 15 wurde so verlegt, daß er in Köln Anschluß von F 33 aus München aufnehmen konnte, so daß die Wupper und Ostwestfalen an diese Verbindung angeschlossen wurden. In der Tabelle der schnellsten Reisezüge der DB tauchte auf Rang 12 innerhalb der F und FT auf einmal ein DT 17 München — Salzburg mit einer Reisegeschwindigkeit von 83,4 km/h auf. In der Literatur wurde verschiedentlich daraus abgeleitet, daß hier die ehemaligen Schnelltriebwagen mit Oberleitung elT 1900-1902, die späteren ET 11 01-03 im Einsatz seien, die nach dem Zweiten Weltkrieg im Bereich der DB geblieben waren und bisher noch nicht zum Einsatz gekommen waren. Dies war aber nicht der Fall, diese Zugleistung wurde ebenso wie weitere DT zwischen München und Salzburg/Berchtesgaden von ET 25 des Bww München Hbf oder des Bw Freilassing gefahren. Die ET 11 waren immer noch nicht wieder im Einsatz, da ihr Platzangebot zu gering war und sie nur die 2. Klasse besaßen. Sie waren zwar 1950 wieder aufgebaut worden, standen aber abgesehen von Sondereinsätzen zumeist in München, da ihr Einsatz im elektrifizierten F-Zugnetz aus Mangel an geeigneten Strecken noch nicht praktikabel war. Die zwischen 1935 und 1939 gefahrenen Kurse Berchtesgaden bzw. München — Stuttgart erschienen der DB denn doch für das neue F-Zugnetz nicht erstrebenswert. Erst 1957 sollten die Fahrzeuge eine, wenn auch nur kurze, Renaissance im Schnellverkehr erleben.

Auf der EFK Wiesbaden hatten die NS für das Fahrplanjahr 1956 endlich dem Drängen der DB stattgegeben und FT 31/32 als „Rhein-Main" zwischen Frankfurt und Amsterdam akzeptiert. Dadurch entfiel der Lauf Duisburg — Dortmund dieses Zugpaares. Bemerkenswert an der Darstellung der Züge ist ab diesem Fahrplanjahr die nunmehrige alleinige zuggattungsmäßige Bezeichnung als „Fernschnellzug — F". Triebwagen wurden im Kursbuch und im Zug- und Wagenverzeichnis nur noch durch das Piktogramm des Triebwagens dargestellt, so daß bei den nachfolgenden Betrachtungen im allgemeinen auch kein Unterschied zwischen Triebwagenläufen und aus Reisezugwagen gebildeten Zügen gemacht werden soll. Der Triebwageneinsatz wird ohnehin in Kap. L noch detaillierter abgehandelt. Aber es gab noch eine andere wesentliche, viel bedeutsamere Entwicklung in diesem Jahr, nämlich die internationale Einführung des Zweiklassensystems und damit der Wegfall oder besser die Zusammenlegung der bisherigen 1. und 2. Klasse zur neuen 1. Klasse und so führten unsere F-Züge ab diesem Fahrplanjahr alle die 1. Wagenklasse bis auf den heutigen Tag. Folglich verschwand die besondere Stellung von F 9/10 und F 21/22 „Rheingold", die als einzige Züge dieses Netzes bis 1955 sowohl die alte 1. wie 2. Klasse geführt hatten.

Zwei bekannte Züge entfielen im internationalen Verkehr: FT 231/232 „Montan-Expreß" und F 19/

20 „Glückauf". Während ersterer durch einen zweiklassigen Schnellzug Koblenz – Luxembourg gleichen Namens (D 277/278) ersetzt wurde, der im neuen LS-System integriert war, mußte auf Antrag der ÖBB F 19/20 dem in annähernd gleicher Fahrplanlage und ebenfalls als LS-Zug verkehrenden „Donau-Kurier" D 303/304 Wien West – Dortmund weichen. Um die Moselstrecke nicht ganz vom schnellen Reisezugverkehr abzutrennen und der saarländischen Wirtschaft eine gute Verbindung zum Rhein-Ruhr-Gebiet zur Verfügung zu stellen, entstand das namenlose F-Zug-Paar 129/130, das zwischen Saarbrücken und Koblenz über Trier verkehrte und nicht einmal über Restaurationsbetrieb verfügte! Das Paar stellte Anschlüsse zu F 23/24 her und verkehrte nur im Sommerabschnitt; bereits mit dem Winterfahrplan ab 30. September 1956 war es ersatzlos verschwunden. Und da damals die Saarbahnen rechtlich noch nicht in die DB eingegliedert waren, bestand der DB-anteilige Zuglauf eigentlich nur aus dem Weg Saarhölzbach – Koblenz – Saarhölzbach.

Auch der „Saßnitz-Expreß" verkehrte in der Sommersaison wieder als F 129/130 – womit der Fall vorliegt, daß im F-Zug-Netz der DB eine Zugnummer doppelt vergeben war! Da die ÖBB sich weiterhin weigerten, den „Mozart" bis Wien durchlaufen zu lassen, begann F 40 erst in München, während sein Gegenzug F 39 weiter bis Salzburg lief. Durch eine Konzession der ÖBB gab es jetzt aber einen Kurswagen 1. Klasse Wien West – Strasbourg über D 221/38, der in München auf F 40 überging; in der Gegenrichtung fehlte dieser Durchlauf allerdings weiterhin. F 41/42 liefen wieder Kassel an, wobei F 42 weiter über Dransfeld, F 41 dagegen über Eichenberg lief. Ab Dezember 1956 endete der planmäßige Einsatz des Tagesgliedertriebzuges VT 10 501, dessen Leistung VT 08.5 des Bw Frankfurt-Griesheim übernahmen. Der kuriose Lauf von F 45/46 wurde aufgelockert: F 45 verkehrte auf dem kürzesten Wege von Karlsruhe über Mannheim und die Riedbahn nach Frankfurt, F 46 verblieb aber auf der Main-Neckar-Bahn über Darmstadt nach Mannheim, lief aber Heidelberg ebenfalls nicht mehr an, sondern strebte Karlsruhe auf dem kurzen Wege über Graben-Neudorf zu. Im Verkehr Hannover – Köln verkehrte auch F 16 nunmehr paarig über die Wupper. In F 55/56 „Blauer Enzian" entfiel aufgrund zahlreicher Kundenbeschwerden über seine schlechten Laufeigenschaften der Ersatzzug zum Henschel-Wegmann-Zug und wurde durch eine Garnitur Neubau-A4üm ersetzt, wobei der Aussichtswagen wegfiel. Dagegen lief der Original-Henschel-Wegmann-Zug wie bisher im zweitägigen Umlauf.

Die interessanteste Zugverbindung war jedoch nach wie vor die „Rheinblitz"-Gruppe, die unter Einschluß der Pariser Züge F 168/185 eine einmalige Zusammenstellung von SVT darstellte. Während im „Paris-Ruhr" immer VT 08.5 liefen, war die gesamte „Rheinblitz"-Gruppe aus SVT der Vorkriegsbauarten oder daraus entstandenen Umbauten gebildet. 1956 bot sie fahrplanmäßig folgendes Bild: Jeden Morgen um 5.30 Uhr verließen Ft 38/138/168 (in dieser Reihung gekuppelt) den Dortmunder Hbf und trafen nach der Fahrt über Düsseldorf um 7.06 Uhr in Köln ein. Dort warteten am Bahnsteig schon die Ft 28/8 (in dieser Reihung), die Dortmund um 5.33 Uhr verlassen hatten, aber planmäßig nach der Fahrt über Wuppertal bereits um 7.03 Uhr Köln erreichten. Die „Rheinblitz"-Gruppe verließ die Domstadt danach gekuppelt in der Reihung Ft 28/8/38/138 um 7.10 Uhr, während Ft 168 um 7.17 Uhr in Richtung Paris weiterfuhr.

In Mainz Hbf (Ankunft 9.16 Uhr) trennte sich die Gruppe: um 9.19 Uhr ging es für Ft 28/8 weiter nach Mannheim, fünf Minuten später für Ft 38/138 über Frankfurt (Kopfmachen) weiter nach Würzburg. Ab Mannheim und Würzburg gelangten die Triebwagen dann allein nach ihren Zielbahnhöfen: Ft 8 erreichte Basel SBB um 13.24 Uhr, Ft 28 und 138 München Hbf (zufällig gleichzeitig) um 14.38 Uhr und Ft 38 Nürnberg Hbf um 12.48 Uhr.

Das gleiche Schauspiel erfolgte am selben Abend in der Gegenrichtung: München Hbf wurde um 15.35 Uhr (Ft 27) bzw. 15.40 Uhr (Ft 137), Nürnberg Hbf um 17.26 Uhr und Basel SBB um 16.52 Uhr verlassen. In Köln Hbf war vor dem Eintreffen der wieder vierteiligen Gruppe um 23.06 Uhr der Ft 185 aus Paris (dort ab 17.42 Uhr) schon um 22.57 Uhr eingelaufen. Das Ziel Dortmund erreichten Ft 7/27 planmäßig um 0.43 Uhr, zwei Minuten später sollten Ft 37/137/185 einlaufen.

Neben einer fahrplantechnischen Glanzleistung leistete auch der maschinentechnische Dienst bei diesen Umläufen sein Bestes, wird doch von einem zuverlässigen Einsatz der in diesen Plänen laufenden VT 06/07/08 des Bw Dortmund Bbf (nach Paris nur VT 08) berichtet. Dabei erreichten die als Ft 28/27 und 138/137 eingesetzten VT mit rund 1500 km die höchste tägliche Laufleistung des Jahresfahrplans 1956/57. Heutzutage wird der in einem Braunschweiger Triebwagen der Baureihe 613 fahrende Eilzugreisende zwar mitleidig den Kopf schütteln, wenn er daran erinnert wird, daß die vormaligen VT 08 vor 25 Jahren großen Anklang gefunden haben – aber inzwischen werden diese Züge abgefahren und befinden sich zum Teil in einem entsprechend schlechten Zustand. Zudem sind bei dem ab 1963 erfolgten Umbau das Speiseabteil und die Küche der einen Triebkopfvariante (VT 08 501 - 514) einem Großraumabteil 2. Klasse mit 44 Plätzen gewichen.

SVT 06 502 kommt am 23. April 1955 als FT 27 „Rheinblitz" bei Augsburg-Hochzoll vorbei.
Aufnahme: Heribert Schröpfer

An einem Sommertag des Jahres 1955 verkehrte SVT 06 502 als FT 8 „Rheinblitz" nach Basel. Carl Bellingrodt fotografierte den Zug vor dem malerischen Stadtbild von Bacharach. Als FT 28 war an diesem Tage ein VT 08.5 hinter dem SVT 06 gereiht.

SVT 07 502, der durch Umbau aus Teilen von Wagen der Bauart „Berlin" entstanden war, 1955 als FT 137 „Rheinblitz" in München Hbf. *Aufnahme: Dr. Günter Scheingraber*

Bei Kaub am Rhein war SVT 06 104 im Mai 1955 als FT 38 „Rheinblitz" auf dem Weg nach Nürnberg. *Aufnahme: DB*

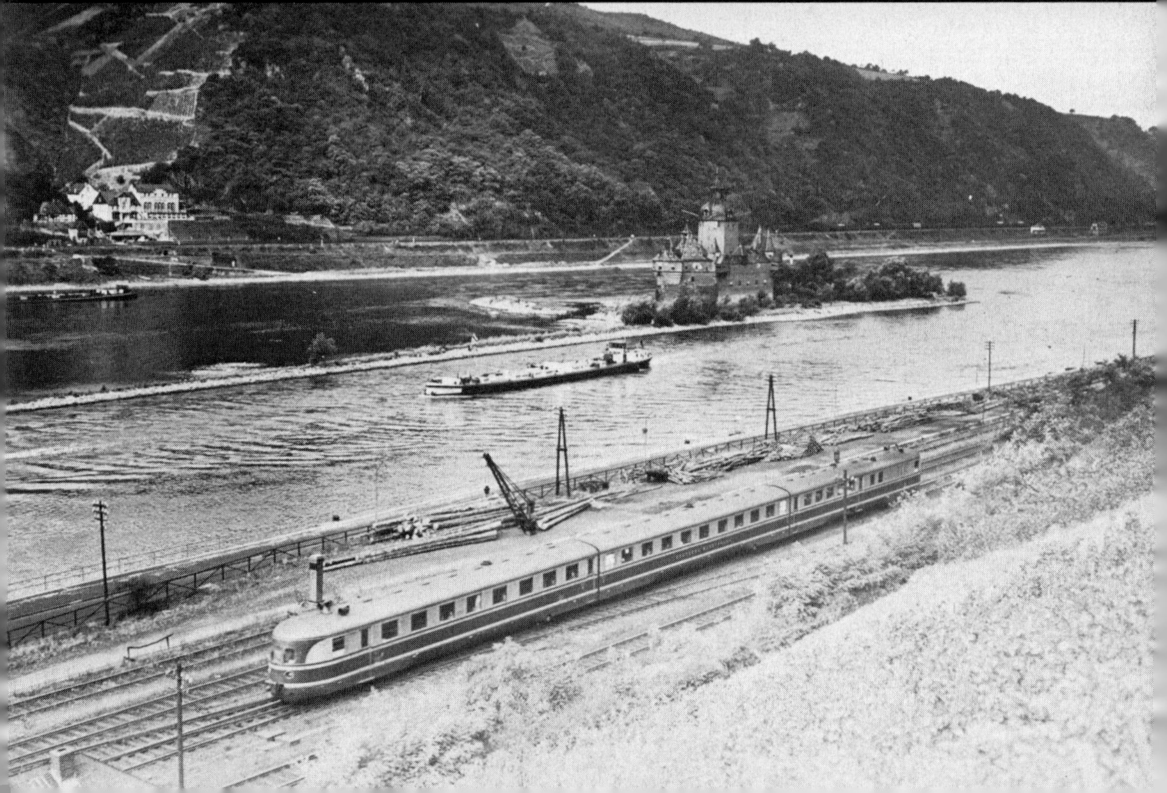

Die „Rheinblitz"-Gruppe war in den fünfziger Jahren für den Eisenbahnfreund ein äußerst interessantes Fotoobjekt, da immer abwechslungsreiche Garnituren zum Einsatz gelangten. Am 31. Juli 1955 kam die vierteilige Gruppe Carl Bellingrodt in Bingerbrück vor die Linse.

VT 06 110 als FT 8 am 26. April 1957 bei Efringhausen-Kirchen. *Aufnahme: Carl Bellingrodt*

Im November 1955 kam SVT 06 108 als FT 28 über die Geislinger Steige. Aufnahme: Slg. Pavel

Kurze Zeit später fuhr SVT 06 104 FT 28, hier zu sehen im Bereich der Geislinger Steige. Aufnahme: Slg. Pavel

SVT 06 502, der auf hydraulisches Getriebe umgebaute ehemalige SVT 06 111, im Jahre 1955 auf Bereitstellungsfahrt vom Betriebsbahnhof zum Dortmunder Hbf. Aufnahme: Karl-Dieter Seidel

Am vereisten Springbrunnen des Block Knoll der Geislinger Steige fuhr SVT 06 501 als FT 28 kurz vor Jahreswechsel 1955/56 in Richtung München. Aufnahme: Slg. Pavel

FT 28 „Rheinblitz" am 31. Mai 1956 bei der Durchfahrt Asperg. Aufnahme: Hans-Georg Knapp

Nur kurze Zeit konnte man die beiden VT 10 im Einsatz beobachten: DSG-Schlafwagenzug VT 10 551 am 23. Juni 1956 als FT 49 „Komet" kurz vor seinem Ziel bei der Ausfahrt aus Hamburg Hbf.
Aufnahme: Ulrich Montfort

Tagesgliederzug VT 10 501 im Juli 1956 in München Hbf. *Aufnahme: Carl Bellingrodt*

Im Oktober 1956 setzte die SNCF als FT 1101 diesen zweiteiligen Triebzug ein.
Aufnahme (beim Bw Frankfurt 1): Kurt Eckert

Am 16. Januar 1957 war VT 08 510 als FT 77 Helvetia in Hamburg-Altona angekommen. Als Verstärkungseinheit lief am Schluß der ehemalige „Fliegende Hamburger" SVT 04 000 mit.
Aufnahme: Ulrich Montfort

SVT 06 108 im Mai 1957 als FT 138 „Rheinblitz" in Frankfurt-Nied. Aufnahme: Kurt Eckert

Am 12. Mai 1957 fuhr SVT 06 104 FT 27 München – Dortmund, hier zu sehen bei der Durchfahrt in Ludwigsburg. Aufnahme: Helmut Röth

Der Flügelzug F 21 des „Rheingold-Expreß" mit 01 220 am 7. Juni 1955 bei Retzbach.
Aufnahme: Carl Bellingrodt

Am 13. Mai 1956 stand F 21 in Gleis 13 des Frankfurter Hbf abfahrbereit nach Dortmund. Zuglok war V 200 004 des Bw Ffm-Griesheim.
Aufnahme: Helmut Röth

Acht Tage später konnte Helmut Röth den Stammzug F 9 „Rheingold-Expreß" mit 01 006 auf der Fahrt nach Norden in Schwetzingen aufnehmen.

Vor F 19 kamen im südlichen Abschnitt meist S 3/6 zum Einsatz: Am 8. Januar 1956 fuhr F 19 mit 18 625 in Regensburg ein. *Aufnahme: Carl Bellingrodt*

18 539 fuhr F 19 am 18. März 1956. *Aufnahme (Passau): Carl Bellingrodt*

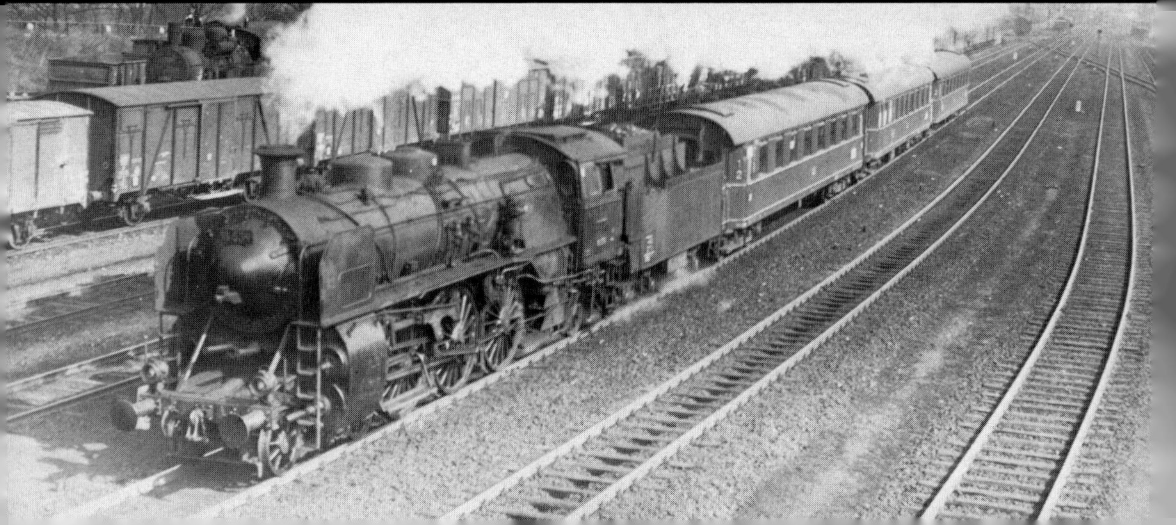

Am 24. Mai 1956 hatte 05 001 des Bw Hamm P F 1 „Hanseat" auf seinem Weg nach Kiel von Köln nach Hamburg gebracht. Der Zug ist bereits aus blauen Aüm-Wagen gebildet.
Aufnahme: Ulrich Montfort

03 168 des Bw Hamburg-Altona am 28. Mai 1956 in Hamburg-Dammtor vor F 54 „Domspatz" auf dem Weg nach Süden.
Aufnahme: Ulrich Montfort

Carl Bellingrodt begegnete die stolze 05 003 am 24. März 1956 vor F 16 „Sachsenroß" bei Wuppertal-Oberbarmen.

Am 8. Mai 1956 führte 05 001 F 16 bei Hagen. *Aufnahme: Carl Bellingrodt*

Am 12. Juli 1956 fuhr 05 003 vor F 1 „Hanseat" aus Hamburg-Dammtor aus.
Aufnahme: Ulrich Montfort

Ausfahrt frei: 01 182 des Bw Treuchtlingen verläßt am 14. August 1956 mit F 21 München Hbf. Rechts daneben steht D 257 mit E 18 30 abfahrbereit. Aufnahme: Hans-Georg Knapp

Am 16. Januar 1957 hatte die Baureihe V 200 bereits die Beförderung des F 1 „Hanseat" übernommen: V 200 036 fährt in Hamburg-Altona ein. Aufnahme: Ulrich Montfort

03 1081 vom Bw Dortmund Bbf im berühmten Langlauf von 702 km von Hamburg-Altona nach Frankfurt vor F 4 „Merkur" im September 1956 auf der Fahrt durch das Münsterland bei Westbevern. Aufnahme: Ludwig Rotthowe

Auch bei F 4 „Merkur" hatten die V 200 die Nachfolge der Dortmunder 03.10 im Langlauf Hamburg – Frankfurt angetreten: V 200 029 des Bw Hamm passiert im Februar 1957 mit F 4 die Emsbrücke bei Westbevern.
Aufnahme: Ludwig Rotthowe

F 34 „Gambrinus", geführt von V 200 038, am 3. März 1957 in der Nähe von Köln Bbf.
Aufnahme: Carl Bellingrodt

Auch der „Blaue Enzian" war 1957 bereits eine Domäne der neuen V 200: F 56 mit V 200 048 am 8. Juni 1957 bei Friedlos. *Aufnahme: Carl Bellingrodt*

V 200 037 des Bw Ffm-Griesheim zog am 3. Mai 1957 einen Ersatzzug für den ausgefallenen VT 08.5 des FT 41 „Senator" von Frankfurt nach Kassel. *Aufnahme (in Marburg): Kurt Eckert*

Der Jahresfahrplan 1957 brachte die europäische Einführung des Trans-Europ-Systems, in dem aus dem bisherigen leichten F-Zugnetz der DB die Zugpaare 31/32, 74/75, 77/78 und 168/185 aufgingen. Sie scheiden damit hier aus dem Kreis der weiteren Betrachtungen aus. Sie werden in Kap. G bei der Behandlung der TEE-Züge weiter erörtert.

Im Zusammenhang mit einer Früherlegung des „Austria-Expreß" F 252 wurde auch das Tagesschiff Harwich – Hoek van Holland angepaßt. Dies bot der EFK Lissabon die Möglichkeit, eine neue Schnelltriebwagenverbindung F 71/72 (London –) Hoek van Holland – Hamburg-Altona unter dem Namen F 71/72 „London-Hamburg-Expreß" zu schaffen, die über Rotterdam – Utrecht – Arnhem – Hengelo – Bentheim – Osnabrück mit VT 08.5 des Bw Hamburg-Altona verkehrte und neben der Verbindung England – Skandinavien Hamburg die Möglichkeit zu einer Tagesrückreise nach den Niederlanden bot. Abhängig war die Schaffung der Verbindung jedoch von der rechtzeitigen Anlieferung der für den TEE-Verkehr neu bestellten Triebwagenzüge der Baureihe VT 11.5, da aneinsonsten kein VT 08.5 zur Verfügung gestanden hätte. Aber es klappte und so konnte das Zugpaar planmäßig am 2. Juni 1957 seinen Dienst aufnehmen. Gleichzeitig erarbeitete die EFK Lissabon zur Verbesserung der Verbindungen und Reisezeiten über den Brenner Fahrplanentwürfe für die beiden folgenden Schnelltriebwagenverbindungen:

a) **Mailand – München – Mailand:**

F 76	6.05	ab	Mailand	an	23.00	F 75
	7.40/ 7.43		Verona		21.25/21.30	
	13.36	an	München	ab	15.45	

b) **München – Florenz – München:**

F 73	7.45	ab	München	an	22.32	F 74
	15.05/15.08		Bologna		15.00/15.03	
	16.20	an	Florenz	ab	13.50	

In Florenz Anschlüsse von und nach Rom: 20.20 an Rom, ab 10.45.

Über den Anlauf dieser Verbindungen konnten, da die Fahrzeugstellung noch nicht zu übersehen war, keine Vereinbarungen getroffen werden. Sie zeigten immerhin die Bereitwilligkeit, auch den Brennerverkehr in der Zukunft mit schnellen Zügen zu bedienen.

Während die Verbindung a) dann später im Rahmen des TEE-Netzes als „Mediolanum" realisiert werden konnte, blieb die Verbindung b) nur eine reine Planungsstudie. Im Netz der leichten F-Züge kam es nur zu geringfügigen Änderungen. F 3/4 wurden nun von Essen auf dem kürzesten Weg nach Münster über Gelsenkirchen geleitet, F 45/46 verkehren in beiden Richtungen über die Riedbahn und durch die Inbetriebnahme der Kaiserbrücke zwischen Wiesbaden und Mainz wurden die Frankfurter Zweige der „Rheinblitz"-Gruppe F 37/137-138/38 von Frankfurt über die Taunusbahn nach Wiesbaden Hbf und von dort über die Kaiserbrücke nach Mainz Hbf zur Vereinigung mit F 7/27-28/8 geleitet. Im Dezember endete der Einsatz des Schlafwagengliedertriebzuges der DSG im „Komet" und das Zugpaar wurde in einen täglich verkehrenden Schlaf- und Liegewagenzug umgewandelt.

Das Fahrplanjahr 1958 bringt die Umwandlung des „Komet" in einen Schlaf- und Liegewagenzug mit Autotransportbeförderung, der täglich verkehrt, Frankfurt Hbf nicht anläuft (Halt in Frankfurt West) und bei dem nach Inbetriebnahme der Altenbekener Kurve das Kopfmachen in Altenbeken entfällt. Dafür wird Kassel Hbf wieder bedient. Der „Saßnitz-Expreß" F 129/130 wird ebenfalls zu einem Zug und führt neu MITROPA-WL München – Malmö und -WR München – Berlin Stadtbahn. Gleichzeitig wird er für den Berlinverkehr zugelassen und läuft somit die Berliner Westsektoren an. An der Saisonierung ändert sich nichts. F 39 endete nun auch in München, nachdem die DB die Hoffnung aufgegeben hatte, eine durchgehende Verbindung Paris – Wien zustande zu bringen. Heute beschweren sich die ÖBB laufend über angeblich mangelnden Komfort im „Mozart" und stellen weitestgehend den Wagenpark, damals aber hätte mit einigem guten Willen sicher die Möglichkeit einer Standardverbindung Paris – Wien, vielleicht sogar in Form eines TEE bestanden. An der DB hat es nicht gelegen und die SNCF waren verschiedentlich kompromißbereit; die ÖBB sahen aber im „Mozart" immer einen Konkurrenten zu ihrem „Transalpin" und hofften, über diesen für sie tariflich günstigeren Weg die Reisenden an sich zu ziehen. Schade, daß in dieser Zeit aus egoistischem Denken einzelner Bahnverwaltungen die Chance zu einer großen europäischen Schnellverbindung vertan wurde, die Nachfolger des „Orient-Expreß" zumindest bis Wien, wenn nicht sogar durch günstige Anschlußverbindung noch weiter östlich hätte werden können!

Am Samstag, dem 1. Juni 1957 verkehrte der „Helvetia" letztmalig als FT 78, ab 2. Juni war der Zug als TEE klassifiziert. Der planmäßigen VT 08.5-Einheit ist als Messeverstärkung ein SVT 04 beigegeben. Man beachte den regen Straßenbahnverkehr am Hamburger Hbf. Aufnahme: Hermann Hoyer

Ausfahrt des SVT 06 110 als FT 30 „Münchner Kindl" am 22. Juni 1957 aus Stuttgart Hbf. Aufnahme: Kurt Eckert

Eine Hamburger VT 08.5-Einheit steht im Bf Hoek van Holland am 18. Juni 1957 neben dem NS-Triebzug 783 als FT 71 „London-Hamburg-Expreß" zur Fahrt nach Hamburg bereit. Aufnahme: DB

VT 08 505 überquert als FT 28 „Rheinblitz" am 6. Juli 1957 die Donaubrücke in Ulm.
Aufnahme: Walter Hanold

VT 07 502 als FT 38 „Rheinblitz" am 7. September 1957 in Nürnberg. Aufnahme: Harald Schönfeld

SNCF-Triebzug als FT 1124 nach Metz; Frankfurt Hbf, 6. April 1958. Aufnahme: Slg. Ernst

FT 43 „Roland", gebildet aus einer fünfteiligen VT 08.5-Einheit, fährt aus Freiburg Hbf aus, Mai 1958. Aufnahme: EK-Archiv

Die elektrischen Schnelltriebwagen der Reihe ET 11 standen in den fünfziger Jahren kurze Zeit im F-Zugdienst: Porträt des ET 11 01. Aufnahme: Slg. Skrzypnik

ET 11 01 und 03 im Mai 1958 als FT 30 „Münchner Kindl" Frankfurt – München bei Augsburg.
Aufnahme: Slg. Scharf

München Hbf, 2. Juni 1958: Zwei Züge der „Rheinblitzgruppe" (FT 27 und 137) warten auf Ausfahrt.
Aufnahme: DB

VT 06 110 des Bw Köln Bbf wird im Juni 1958 in Köln Hbf als F 13 „Dompfeil" nach Hannover bereitgestellt.
Aufnahme: Walter Schmalfeld

VT 08 508 als FT 72 „Hamburg-London-Expreß" ist auf der Fahrt nach Hoek van Holland in Rotterdam Noord angekommen. An dieser „Haltestelle" hielten bis 1966 alle internationalen Züge.
Aufnahme: Hans de Herder

ET 11 02 als FT 30 „Münchner Kindl" am 10. August 1958 nach Ankunft in München Hbf.
Aufnahme: Harald Schönfeld

Am 18. Mai 1959 stand in Freiburg noch die alte badische Bahnsteigüberdachung. Vor dieser Kulisse wartete VT 08 501 als FT 44 „Roland" auf Ausfahrt. *Aufnahme: Helmut Röth*

Am 6. Juli 1957 beförderte die Münchner E 18 055 einen F-Ersatzzug, der aus zwei blauen A4ü-Wagen bestand, von München nach Stuttgart. *Aufnahme (in Ulm): Walter Hanold*

Bereits unter Fahrdraht erklimmt V 200 013 mit F 22 am 9. Oktober 1957 die Spessartrampe bei Laufach. *Aufnahme: Carl Bellingrodt*

Nachschuß auf den von V 200 017 geführten Henschel-Wegmann-Zug (F 56) am 25. April 1958 bei Gambach. *Aufnahme: Carl Bellingrodt*

Als am 13. April 1958 das Bild des mit E 10 135 aus Heidelberg ausfahrenden F 3 entstand, konnte bereits von Stuttgart bis Frankfurt elektrisch gefahren werden. *Aufnahme: Helmut Röth*

Auch F 9 „Rheingold" wurde zeitweise von V 200 bespannt, wie zum Beispiel am 14. August 1958, als V 200 027 mit dem Zug in Mannheim einfuhr. Aufnahme: Helmut Röth

F 3 „Merkur" bei Namedy am Rhein; V 200 034 passiert gerade den aus Profilgründen „geknickten" Mast an der damals noch wenig befahrenen B 9. Aufnahme (1958): Carl Bellingrodt

Im August 1958 brachte die Hammer V 200 075 F 4 „Merkur" von Hamburg nach Frankfurt. Das Bild entstand am Einfahrvorsignal der Gegenrichtung des Bf Westbevern.
Aufnahme: Ludwig Rotthowe

Am 24. März 1959 hatte E 10 191 F 40 „Mozart" bei Plochingen am Haken. Aufnahme: H.-G. Knapp

E 04 17 des Bw München Hbf brachte am 14. April 1959 F 30 „Münchner Kindl" nach Stuttgart, hier zu sehen bei der Ausfahrt aus Ulm. Der zweite Wagen ist einer der DB-Prototypen des Jahres 1952. Aufnahme: Ulrich Montfort

In diesem Jahr konnten F 9/10 „Rheingold" auf der EFK Neapel erstmals weiter beschleunigt werden, die nun „Rheinpfeil" genannten Flügelzüge F 21/22 wurden zeitlich angepaßt, so daß die bisherigen Bindungen und Kurswagenverbindungen bestehen blieben. F 3/4 „Merkur" wurden wieder auf den Laufweg Frankfurt – Hamburg-Altona beschränkt, wobei F 4 linksrheinisch über Mainz, F 3 dagegen bis Koblenz rechtsrheinisch über Wiesbaden Süd verkehrte. Die Verbindung mit Stuttgart blieb aber erhalten durch die in gleicher Lage verkehrenden D 103/104, die den Stamm von F 3/4 und den WR führten, jedoch zwischen Stuttgart und Frankfurt noch einen Wagen 2. Klasse erhielten. Sie galten in dieser Relation als LS-Züge, waren im Grunde nichts anderes als Auslauf-F-Züge, wie sie heute allgemein beim IC-System bei den Früh- und Spätverbindungen bestehen.

Die EFK Leipzig für den Jahresfahrplan 1959/60 brachte bereits wieder das Ende des „Hamburg-London-Expreß" F 71/72, da die NS es ablehnten, den Zug weiter zu übernehmen. Auch hatte die Schiffahrtsgesellschaft Zeeland dahingehend auf eine Änderung der Abfahrtszeit in Harwich gedrängt, daß die traditionelle Londoner Abfahrzeit nach dem Kontinent um 10.05 Uhr wieder möglich würde. Und da in England Tradition von besonderer Bedeutung ist, wurde diesen Sachzwängen stattgegeben. Dies aber hätte für F 71 eine so späte Ankunftszeit in Hamburg ergeben, daß sie uninteressant gewesen wäre. Die DB entschloß sich unter diesen Umständen zur Aufgabe des Zuges, zumal die Änderung der Schiffskurse bei den großen internationalen F-Zügen zu nicht unerheblichen Verbesserungen führte.

Nachdem nun die Strecken Dortmund – Basel und Mannheim – München durchgehend elektrisch befahrbar waren, sollte die elektrische Zugbeförderung auch dem F-Zugdienst voll zu Gute kommen. Dies aber bedeutete das Ende der „Rheinblitz"-Gruppe mit SVT in der bisherigen Form. Hinzu kam, daß nun doch nach und nach aufgrund der gestiegenen Streckenhöchstgeschwindigkeiten an eine Ablösung der Vorkriegsfahrzeuge gedacht werden mußte, VT 08.5 aber nicht voll zur Verfügung standen. So wurden unter der Bezeichnung „Rheinblitz" F 7/8 Basel SBB – Dortmund und F 27/28 München – Dortmund als ellokbespannte Wagenzüge gefahren, die nördlich Mannheim vereinigt und über Essen geleitet wurden. Dabei wurde in den einzelnen Fahrplanabschnitten der Speisewagen aus F 27/28 auf den Lauf München – Mannheim – München beschränkt, in anderen lief er bis und ab Dortmund durch, so daß dann zwischen Mannheim und Dortmund zwei Speisewagen im Zuge waren. F 37/38 kamen auf den Weg München – Dortmund als SVT und erhielten den Namen „Hans Sachs". Sie verkehrten über Nürnberg – Frankfurt – Wiesbaden Hbf – Koblenz – Köln – Wuppertal – Hagen und ersetzten gleichzeitig die bisherige vierte Leistung der alten „Rheinblitz"-Gruppe F 137/138. Wegen Umbauarbeiten in Basel SBB konnten F 7/8 nicht bereits ab und bis Zürich gefahren werden, jedoch sorgten die SBB für eine kostenfreie Überstellung von bis zu zwei Gepäckstükken in die Anschlußzüge in Basel SBB als besonderen Kundendienst.

Da gleichzeitig 1959 die neue Umgehungskurve Ludwigshafen in Betrieb genommen werden konnte, war es möglich, bei zahlreichen Zügen entweder die Anfahrt nach Ludwigshafen (Rhein) Hbf (alter Kopfbahnhof) oder das Kopfmachen in Mannheim Hbf mit Führung über die Riedbahn zu ersparen, was zu einer Kürzung der Fahrzeiten bei Führung über Worms zwischen Mannheim und Mainz führte. Hiervon waren auch die „Rheingold"-Züge F 9/10 betroffen, die neuerdings Kurswagen Chur erhielten. Für F 49/50 ergab sich eine erneute Laufwegänderung, wenn auch nur im Detail, denn statt über Schwetzingen – Mannheim-Friedrichsfeld und Frankfurt West wurden nun wieder Mannheim Hbf und Frankfurt Hbf angelaufen; auf dem Weg über Kassel – Altenbeken Kurve – Hameln verblieb es aber nördlich Frankfurt. F 1101/1124 in ihrer seltsamen Konstruktion als Verbindung Paris – Franfurt entfielen auf der Strecke über Marnheim – Worms, die damit bis heute jegliche qualifizierte Zugverbindung verlor; das Zugpaar wurde stattdessen ab Kaiserslautern über Mannheim und die Riedbahn nach Frankfurt geführt.

Im Jahr 1958 war der „Saßnitz-Expreß" zu einem lokbespannten Zug umgewandelt worden und hatte WL München – Malmö erhalten. Es vermittelte in München gute Anschlüsse von und nach Italien und Jugoslawien und diente außerdem als einzige jemals in dieser Form gefahrene qualifizierte Verbindung dem Verkehr mit Berlin West. Die von der DR für diesen Zug jedoch eingeführten rigorosen Benutzungsbeschränkungen führten zu einer derart schlechten Besetzung, daß weder die SJ, noch die DB ein weiteres Verkehren des Zuges mehr verantworten konnten. So wurde denn auf der EFK Leipzig die Aufgabe dieses Zuges beschlossen und seine Aufgaben gingen auf einen bisher bereits bestehenden Nachtzug München – Berlin über, der über Probstzella verkehrte und die Nummer D 129/130 und den Namen „Saßnitz-Expreß" mit Kurswagen München – Malmö erhielt. Und damit war nicht nur die einzige jemals bestehende reine 1. Klasseverbindung mit Westberlin entfallen, sondern auch die Strecke München – Hof war wieder ohne eine hochwertige Zugverbindung.

Im innerdeutschen Verkehr fuhr F 3 nun ebenfalls über Wiesbaden Hbf und F 33/34 erhielten den

Zuglauf München — Hamburg-Altona, wobei F 33 über Mainz und Lünen, F 34 aber über Hamm und Wiesbaden Süd verkehrten. Neben F 9/10 verkehrten auch F 7/27 - 28/8 und F 23/24 über die neue Umgehungskurve Ludwigshafen. F 53/54 wurden unter dem Namen „Adler" mit SVT gefahren und auf den Laufweg Würzburg — Hamburg-Altona beschränkt. Und im „Blauen Enzian" verschwand in diesem Jahr endgültig die Originalgarnitur des „Henschel-Wegmann-Zuges" und wurde durch die üblichen Aüm ersetzt. Trotzdem fuhr dieser Zug weiterhin nur mit einer Hg von 120 km/h, obwohl bereits zahlreiche andere F-Züge die zwischenzeitlich zugelassene Hg von 140 km/h erhalten hatten. Erst 1960 konnten auch F 55/56 eine Hg von 135 km/h erhalten, so daß dann die Reisezeit um über 30 Minuten gekürzt und die Reisegeschwindigkeit bei F 55 auf 91,7, bei F 56 auf 91,4 km/h angehoben werden konnte. Und damit war nun nach zehn Jahren endlich die Reisegeschwindigkeit in dieser Relation überboten, die 1951 der nicht zum Einsatz gekommene FT 56 mit 90,5 km/h erreichen sollte. Schnellster Zug der DB im F-Zugnetz war in diesem Jahr mit F 16 „Sachsenroß" erstmalig ein Zug der Relation Hannover — Köln mit 98,5 km/h, nachdem durch Auflösung der „Rheinblitz"-Gruppe mehrere Vorkriegs-SVT zum Bw Köln-Nippes gekommen waren und auf der Strecke Köln — Hannover ein neues Einsatzgebiet gefunden hatten. Zum Winterfahrplanabschnitt wurde F 29/30 in einen zweiklassigen Schnellzug unter Beibehaltung der Zugnummer und des Namens „Münchner Kindl" umgewandelt.

Für den Fahrplan 1960 setzte sich diese Entwicklung der Verminderung schwacher Zugleistungen im F-Zugnetz fort, als die bereits im Vorjahr auf den Laufweg Würzburg — Hamburg-Altona gekürzten F 53/54 in zweiklassige Schnellzüge München — Hamburg-Altona umgewandelt wurden, die in Würzburg jedoch mit F 33/34 korrespondierten und so schnelle Verbindungen zum F-Zugnetz erhalten blieben, eine Entwicklung, die sich ab Mitte der siebziger Jahre bis zur Einführung von IC 79 wiederholen sollte. Der Schlafwagenzug F 49/50 wurde zu einer internationalen Verbindung mit Schlafwagen von Stockholm ausgebaut, verkehrte aber nur noch auf dem Abschnitt Basel SBB — Hamburg-Altona. Sein Laufweg im Bereich der DB änderte sich abermals zwischen Rastatt und Hannover auf den Weg über Durmersheim — Karlsruhe — Schwetzingen — Mannheim-Friedrichsfeld — Darmstadt — Frankfurt Hbf — Kassel-Wilhelmshöhe — Altenbeken Kurve — Hameln. F 33/34 wurden in beiden Richtungen über Mainz gefahren und die hessische Landeshauptstadt Wiesbaden erhielt Ersatz durch F 4, der den dortigen Hbf anfuhr. F 1101/1124 wurden in zweiklassige D als Triebwagen umgewandelt, wobei die SNCF nach wie vor die Fahrzeuge stellte. Am Laufweg änderte sich nichts. Dafür gab es neue F 1102 Saarbrücken — Metz — Bar le Duc bzw. als Gegenlauf F 1123 Metz — Saarbrücken mit nur 1. Klasse und Triebwagen der SNCF, die aber für die Betrachtung des deutschen F-Zugnetzes außer Betracht bleiben müssen, da sie nur dem Verkehr Frankreich — Saargebiet als Foge der noch bestehenden wirtschaftlichen Einheit zwischen diesen beiden Bereichen dienten. Geprägt aber war der Fahrplan 1960 vor allem durch eine merkliche Verkürzung der Reisezeiten und eine Erhöhung der Reisegeschwindigkeiten, verursacht durch die weiter fortgeschrittene Streckenelektrifizierung, aber ebenso durch die zwischenzeitlich generell auf 140 km/h angehobene Streckenhöchstgeschwindigkeit nach den neuen gesetzlichen Bestimmungen. Und so erreichte mit F 46 „Schauinsland" erstmalig in diesem Fahrplanjahr ein F-Zug der DB mit 103,7 km/h eine Reisegeschwindigkeit über 100 km/h. Schnellster Zug der DB in diesem Jahr aber war TEE 190, der mit 103,9 km/h eine nur geringfügig schnellere Reisegeschwindigkeit erlangte. Und nachdem im vorhergehenden Jahr 1959 TEE 78 mit 100,0 km/h das erste Mal die magische Grenze von 100 km/h Reisegeschwindigkeit erreicht hatte, war 14 Jahre nach dem Zweiten Weltkrieg erneut eine Geschwindigkeitsgrenze erreicht, die von da an nicht mehr unterschritten werden sollte. Und wie stark die Geschwindigkeit angehoben worden war, kann man daran erkennen, daß im Jahresfahrplan 1960/61 im Netz der DB bereits 10 TEE, 34 F und 5 normale D-Züge schneller als 120 km/h fuhren.

Das Fahrplanjahr 1961/62 brachte im Netz der F-Züge kaum Änderungen. Der Schlafwagenzug F 49/50 wurde erneut in seinem Laufweg umgelegt und verkehrte jetzt teilweise über die Nord-Süd-Strecke; er fuhr jetzt über Rastatt — Durmersheim — Karlsruhe — Schwetzingen — Mannheim-Friedrichsfeld — Darmstadt — Frankfurt Hbf — Kassel Hbf — Eichenberg nach Hannover. Die Autoverladung wurde von Hameln nach Hannover-Wülfel verlegt. Dank des Entgegenkommens der SNCF, ihre Rapide-Züge 1/4 zwischen Paris und Strasbourg zu beschleunigen, konnte F 39/40 einen durchgehenden Kurswagen 1. Klasse Paris — München (im Gegenlauf Salzburg — Paris) führen; dieser von der SNCF gestellte INOX-Wagen prägte jahrelang das Bild dieses Zugpaares. Der Widerstand der ÖBB gegen eine durchgehende Verbindung nach Wien blieb jedoch unverändert bestehen. Im Verkehr mit der Schweiz wurden dem F 7/8 Kurswagen Zürich — Dortmund beigegeben. Die umlaufmäßig zusammengeschlossenen F-Züge „Schauinsland" und „Roland" wurden so bis und ab Zürich verlängert, daß F 46 zwischen Frankfurt und Zürich verkehrte, während F 43 in Zürich beginnend nach Bremen fuhr. In Zürich bestand wechselseitiger Anschluß an die neue TEE-Verbindung der SBB nach Mailand, so daß über die deutschen F-Züge eine schnelle durchgehenden Verbindung mit Oberitalien aus dem Rhein-Main-Gebiet geschaffen war.

ET 11 01 des Bww München wird am 18. August 1959 für FT 30 „Münchner Kindl" nach München Hbf bereitgestellt.
Aufnahme: Walter Hanold

FT 1101 nach Metz am 2. April 1960 in Mannheim-Käfertal, nachdem der Zuglauf auf die Riedbahn gelegt worden war.
Aufnahme: Helmut Röth

Wenige Tage später nahm Carl Bellingrodt FT 1101 an der Grenze bei Forbach auf.

Nürnberg Hbf 1960: VT 08 512 steht als FT 37 „Hans Sachs" abfahrbereit. Daneben wartet auf Gleis 3 ein mit E 44 062 bespannter Personenzug auf Ausfahrt. *Aufnahme: Dieter Dettelbacher*

FT 53 „Adler" im Jahre 1960 auf dem Weg nach Hamburg bei Uelzen. Aufnahme: W. Lehmker

Von der Hohenzollernbrücke läuft VT 08 515 am 17. Juni 1961 als FT 38 „Hans Sachs" in den Kölner Hbf ein. Aufnahme: Walter Hanold

E 17 14 des Bw Augsburg mit einer aus blauen Aüm-Wagen gebildeten Ersatzgarnitur des Henschel-Wegmann-Zuges als F 55 am 18. August 1959 in den weitläufigen Gleisanlagen Münchens.
Aufnahme: Walter Hanold

6, geführt von V 200 047, fährt im Jahre
9 in Hannover Hbf ein.
Aufnahme: Slg. Werner

Während des eingleisigen Betriebs am Distelrasen fährt V 200 044 mit F 56 am 20. September 1959 Richtung Würzburg. *Aufnahme: Helmut Röth*

F 22 „Rheinpfeil" mit der Nürnberger E 10 001 am 5. August 1961 in Hanau. Aufnahme: Helmut Röth

Dagegen mußte die bereits aufgrund mangelnder Besetzung im Vorjahr zu Dt herabgestufte Verbindung 1101/1124 zwischen Saarbrücken und Frankfurt aufgegeben werden, da die Zahl der Fahrgäste weiter rückläufig gewesen war. Die SNCF erklärten sich aber auf der EFK Leningrad bereit, in modifizierter Form für das Jahr 1962 über eine durchgehende schnelle Zugverbindung Paris – Frankfurt zu verhandeln.

Das Jahr 1962 brachte für die DB einen neuen Höhepunkt in Reisezeit, Reisegeschwindigkeit und Komfort mit der Einführung des neuen „Rheingold". Als mit dem Fahrplanwechsel Mai 1953 die Tagesverbindungen Hoek van Holland – Basel endgültig bereinigt werden konnten, erhielten der ein Jahr zuvor eingesetzte F-Zug „Rheinpfeil", der nur die erste und zweite Wagenklasse führte, wieder den traditionellen Namen „Rheingold" und die etwas langsamere Verbindung mit allen drei Wagenklassen den Namen „Loreley-Expreß". Die Fahrzeit wurde auf 10 Stunden 42 Minuten für die Strecke Hoek van Holland – Basel und auf 10 Stunden 45 Minuten für die Gegenrichtung verbessert. Der „Rheingold" führte Kurswagen Hoek van Holland – München und Hoek van Holland – Rom. Er verkehrte im Gegensatz zu den Vorkriegsverbindungen, die über Utrecht – Arnhem – Emmerich fuhren, über Eindhoven – Venlo. Als in den Jahren 1953/54 der Neubau von Reisezugwagen wiederaufgenommen wurde, erhielt auch der „Rheingold" neue 26,4m lange Wagen mit Seitengang. Seit Einführung des Zwei-Klassen-Systems im Juli 1956 führte der „Rheingold" nur noch blaue F-Zug-Wagen der Bauart A4ümg mit 60 Sitzplätzen 1. Klasse in zehn Abteilen.

Durch die fortschreitende Elektrifizierung in Holland und Deutschland sowie den Bau einer Umgehungskurve bei Ludwigshafen waren Verbesserungen der Fahrzeit möglich. Ab Mai 1959 betrug diese für die Strecke Hoek van Holland – Basel nur noch rund 9 Stunden (1953: 10h 42 Min.).

Im Jahre 1960 faßte die DB den Entschluß, für den „Rheingold" wieder besonders repräsentative Wagen einzusetzen. Sie sollten die Tradition des alten „Rheingold" fortsetzen und gleichzeitig die Erfahrungen verwerten, die in der Zwischenzeit mit den seit 1957 in Betrieb stehenden TEE-Zügen gemacht worden waren. Im Gegensatz zu den TEE-Zügen, die aufgrund der TEE-Vereinbarungen als Dieseltriebzüge geschaffen worden waren, war für den „Rheingold" von vornherein wieder ein lokbespannter Wagenzug vorgesehen, der die Führung von Kurswagen und eine schnelle Anpassung an den unterschiedlichen Platzbedarf zuläßt.

Die Planung sah eine Anhebung der Höchstgeschwindigkeit von 140km/h auf 160km/h vor. Da für diese Geschwindigkeit bis dahin keine elektrische Lokomotive zur Verfügung stand, wurde beschlossen, für den neuen „Rheingold" einige Ellok der Baureihe E10 mit Getrieben auszurüsten, die in ihrem Übersetzungsverhältnis der höheren Geschwindigkeit anzupassen waren. Sonstige Änderungen erschienen, abgesehen von einer Angleichung im Anstrich, nicht erforderlich.

Für die Wagen bedingte die Erhöhung der Geschwindigkeit eine Ergänzung der sonst bei Schnellzugwagen üblichen Bremsausrüstung. Lauftechnisch waren bei Verwendung der bewährten Minden-Deutz-Drehgestelle keine Schwierigkeiten zu erwarten. Das Angebot eines hohen Komforts, der sich bei Schienenfahrzeugen leichter und besser als bei den konkurrierenden Verkehrsmitteln – Flugzeug und Kraftfahrzeug – verwirklichen läßt, sollte den Vorsprung, den die Eisenbahn auf diesem Gebiete hat, voll zur Geltung kommen lassen und seine werbende Wirkung ausüben. So war bei der Wahl der Abteillängen – wie auch bei der Wahl der Abstände der Sitzreihen in den mit einem durchgehenden Fahrgastraum versehenen Großraumwagen – auf gute Bewegungsfreiheit der Reisenden und bei der Ausgestaltung der Sitzgelegenheiten auf größtmögliche Bequemlichkeit zu achten. Als besondere Attraktion sollte ein Aussichtswagen mit hochliegendem Fahrgastraum ein neues Erlebnis der schönen Landschaft bieten, die der „Rheingold" durchfährt. Mit der gleichen Aufmerksamkeit sollte auch an das leibliche Wohl der Reisenden durch eine dem Niveau der übrigen Wagen entsprechende Ausstattung der Speisewagen gedacht werden, deren Planung und Beschaffung in den Händen der DSG lag. Zur Ergänzung wurde daneben noch ein Barraum an einem Ende des Aussichtswagens vorgesehen.

Bei der Wahl der für alle Wagen gleichen Maße für Länge und Breite konnte auf die eingehenden Untersuchungen zurückgegriffen werden, die für den bestehenden großen Park von Reisezugwagen mit 26,4m Länge bereits angestellt worden waren.

Der erste Entwurf sah für den Sitzwagen des „Rheingold" in Anlehnung an die alte Tradition zunächst Wagen mit Vier- und Zweiplatz-Abteilen sowie Wagen mit Großraum- und Zweiplatz-Abteilen vor. Er ließ sich leider nicht verwirklichen, da die beiden Nachbarverwaltungen mit dem geringen Sitzplatzangebot je Wagen nicht einverstanden waren. Die Planung wurde daraufhin auf Abteilwagen mit Sechsplatzabteilen und Großraumwagen mit nicht unterteiltem Fahrgastraum und in Fahrgastanordnung 2+1 umgestellt.

Insgesamt waren demnach vier neue Wagentypen zu erstellen, für die folgende Richtlinien festgelegt wurden:

1. Höchstgeschwindigkeit 160 km/h
2. Drehgestelle der Bauart Minden-Deutz
3. Einheitliche Wagenlänge von 26,4 m mit 6 Sitzplätzen in den Abteilwagen und 43 Sitzplätzen in den Großraumwagen
4. Besondere Gepäckablagen und Garderoben in den Großraumwagen
5. Wagenumgrenzung nach RIC Blatt 1 mit max. Höhe für Aussichts- und Speisewagen 4500 mm (Höchstmaß für Schweizer Bahnen)
6. Komfortable Innenausstattung der Abteile mit verstellbaren Sitz- und Liegesesseln, der Großraumabteile mit Dreh- und Neigesesseln
7. Klimaanlage ausgelegt für Außentemperaturen von -20°C bis +30°C, Fensterklappen für Notbelüftung
8. Gute Wärmeisolation und Geräuschdämmung
9. Möglichst große Fenster mit wärmereflektierender oder wärmeabsorbierender Doppelscheibenverglasung
10. Zweite — an Hauptluftbehälter der Lok anschließende — Luftleitung zur Verbesserung der Reaktionsfähigkeit der Druckluftbremse und zur Versorgung der Druckluftzylinder der Türschließeinrichtungen und Magnetschienenbremse
11. Anbringung eines mehrpoligen Kabels für Zentralbetätigung der Schließeinrichtung an den Außentüren sowie für das Ein- und Ausschalten der Beleuchtung und der Klimaanlagen von jedem Wagen aus und für den Betrieb der Lautsprecheranlage
12. Anstrich des Wagenkastens: Schürze grau, darüber bis unterhalb der Fensterbrüstung blau, im Fensterfeld cremefarben, Dach silberfarbig
13. Großräumige Toiletten mit Kalt- und Warmwasserversorgung

Nach diesen Richtlinien ist Anfang 1960 vom BZA Minden (Westf) die konstruktive Entwicklung des Abteilwagens, des Großraumwagens und des Aussichtswagens, sowie von der Deutschen Schlafwagen- und Speisewagen-Gesellschaft die Entwicklung des Speisewagens eingeleitet worden. Sie führte in Zusammenarbeit mit mehreren Waggonfabriken und unter Mitwirkung der für die Innenarchitektur zuständigen Architekten der DB zu den bekannten in diesem Zug eingesetzten Wagenbauformen, auf die im Kap. M noch näher eingegangen werden wird.

Zunächst wurden folgende Stückzahlen von den an der Entwicklung beteiligten Firmen gebaut:
10 Abteilwagen Av4üm durch Waggon- und Maschinenbau, Donauwörth
5 Großraumwagen Ap4üm durch Gebrüder Credé & Co., Kassel
3 Aussichtswagen AD4üm durch Wegmann & Co., Kassel
2 Speisewagen WR4üm durch Orenstein & Koppel, Berlin

Zur Beförderung des Zuges waren für 160 km/h zugelassene Loks der Baureihe E 10 mit geänderter Übersetzung und einer anderen Wagenkastenform vorgesehen. Wegen ihrer höheren Höchstgeschwindigkeit erhielten sie eine „1" vor der Ordnungsnummer. Außerdem waren sie in den Farben des Zuges gestrichen. 1962 kamen beim Bw Heidelberg die blau-beigen E 10 1265 - 1270 und 1963 beim Bw Nürnberg Hbf die E 10 1308 - 1312 in Betrieb. Da die neuen Loks anfangs noch nicht zur Verfügung standen, waren vorübergehend die Serienloks E 10 242 - 248 mit den geänderten Drehgestellen und der neuen Farbgebung versehen dem Bw Heidelberg zur Dienstleistung zugeteilt worden. Übergangsweise erhielten sie die Betriebsnummern E 10 1242 - 1248.

Da das neue Zugpaar mit einer seit dem Zweiten Weltkrieg noch nicht wieder zugelassenen Höchstgeschwindigkeit von 160 km/h gefahren werden sollte, mußten hierfür besondere „Bestimmungen für Schnellfahrten" durch die Aufsichtsbehörde erlassen werden, außerdem bedurfte es einer Ausnahmegenehmigung für diese von der BO abweichende Höchstgeschwindigkeit. Da diese seinerzeit eine absolute Neuerung im Betriebsablauf der DB darstellten, sollen sie nachstehend wiedergegeben werden, stellen sie doch einen Markstein der technischen Entwicklung zur Höchstgeschwindigkeit von 200 km/h dar, die heute schon in größeren Streckenbereichen der DB im IC-Netz Anwendung findet.

I Allgemeines

1. Die nachstehenden Richtlinien ergänzen die bestehenden Vorschriften.
2. Zugfahrten mit mehr als 140 km/h Geschwindigkeit sind ebenso wie solche mit mehr als 120 km/h nur auf Strecken mit 1 000 m Bremsweg zulässig. Strecke und führende Fahrzeuge müssen mit wirksamer Zugbeeinflussung ausgerüstet sein.

Vor dem Einsatz des neuen „Rheingold" mit 160 km/h Höchstgeschwindigkeit fanden zwischen Mannheim und Basel Versuchsfahrten statt. Hier durchfährt der aus blauen Aüm-Wagen mit Mg-Bremse gebildete Dsts 21415 als „Schnellfahrt" am 5. März 1962 Emmendingen. Als Zuglok fungiert die „Übergangs-Rheingoldlok" E 10 1240 des Bw Heidelberg. Aufnahme: H.-W. Scharf

Währenddessen verkehrte der „Rheingold" planmäßig noch mit einer Höchstgeschwindigkeit von 140 km/h: F 9 am 20. Februar 1962 bei der Einfahrt Emmendingen.
Aufnahme: Hans-Wolfgang Scharf

3. Zugfahrten mit mehr als 140 km/h Geschwindigkeit heißen Schnellfahrten. Die Streckenabschnitte, auf denen die Schnellfahrten verkehren, sind Schnellfahrabschnitte. Das befahrene Gleis heißt Schnellfahrgleis.
4. Die Richtlinien gelten für Schnellfahrabschnitte entsprechend den einzelnen Punkten nur für die Zeiten vor und während der Schnellfahrten.
5. Die BDen setzen die Schnellfahrabschnitte fest. Es sind nur solche Abschnitte auszuwählen, wo Geschwindigkeiten von mehr als 140 km/h tatsächlich gefahren werden können und ein merklicher Fahrzeitgewinn erzielt wird. Die Schnellfahrabschnitte sind in den Vorbemerkungen zum Buchfahrplan Teil B bekanntzugeben.

II Bahnanlagen

1. Oberbau

Das Gleis muß die vorgesehene Geschwindigkeit bis 160 km/h anstandslos zulassen. Dies ist in zweifelhaften Fällen durch eine Probefahrt zur Beurteilung des Wagenlaufs festzustellen.

2. Fahrleitungen

Die Fahrleitungen der Schnellfahrabschnitte sind vor Einführung der Schnellfahrten besonders zu untersuchen, während der ersten Fahrten und, soweit erforderlich, auch weiterhin zu beobachten und wenn notwendig nachzuregulieren.

3. Signaleinrichtungen

a) Die festgesetzten Durchrutschwege müssen ohne Einschränkung eingehalten sein.
b) Die Zungenüberwachung der Weichen muß den erhöhten Geschwindigkeiten Rechnung tragen. Die geforderten Fahrstraßenfestlegungen müssen für die hohen Geschwindigkeiten vorhanden sein.
c) Alle Haupt- und Vorsignale müssen rechts vom Gleis oder über Gleismitte stehen. Gruppenausfahrsignale sind nicht zulässig.
d) Die Sicht auf die Hauptsignale muß mindestens 500 m betragen, sonst sind Vorsignalwiederholer einzurichten.
e) Vorsignalabstände unter 950 m sind nicht zulässig. Die Signale Lf 1 sind mindestens 1 000 m vor den Signalen Lf 2 aufzustellen.
f) Die Vorsignale zu Hauptsignalen mit Stellung Hp 2 müssen dreibegriffig sein.
g) Die Sicht auf die Vorsignale muß mindestens 200 m betragen.
h) Ausnahmen und Abweichungen von den signaltechnischen Vorschriften der BO und ESO dürfen nicht vorhanden sein.

4. Bahnbewachung

Für Zugfahrten mit Geschwindigkeiten von mehr als 140 km/h bis zu 160 km/h (Schnellfahrten) sind folgende Maßnahmen notwendig:

a) Bei Schnellfahrten sind alle Schranken spätestens zu Beginn des Bereitseins zu schließen.
b) Die Zugmeldungen für Schnellfahrten sind mindestens 5 Minuten vor der voraussichtlichen Durchfahrt zu geben. Verspätungen von mehr als zwei Minuten sind den Schrankenwärtern mitzuteilen.
c) Die BDen bestimmen, ob und welche Übergänge mit fernbedienten Schranken vor und während der Schnellfahrten durch einen besonderen Posten (Verhinderung des Aufwerfens) zu bewachen sind. Zur Einsparung zusätzlicher Bewachungsposten sind für diese fernbedienten Schranken besondere Verriegelungen einzubauen, die nur bei Schnellfahrten zu bedienen sind. Bei einwandfreier Sicht von der Schrankenbedienungsstelle auf den Bahnübergang ist die Verriegelung unmittelbar im Anschluß an die Schrankenschließung zu bedienen; bei behinderter Sicht ist mit der Verriegelung zu warten, damit ein etwa eingeschlossener Wegbenutzer sich bemerkbar machen kann. Die Schranke ist jedoch spätestens 1 Minute nach dem Schließen zu verriegeln.
d) Anrufschranken dürfen 5 Minuten vor der Ab- oder Durchfahrtzeit auf der rückgelegenen Zugmeldestelle nicht geöffnet werden. Sie dürfen nicht aufwerfbar sein. Fernbediente Anrufschranken sind stets mit Wechselsprechanlagen auszurüsten.
e) Für Schranken oder andere Vorrichtungen an Privatwegübergängen dürfen Ausnahmen von der Aufsichtsbehörde nicht mehr zugelassen werden. An Stelle der bisher von Wegbenutzern zu bedienenden Abschlüsse sind nicht aufwerfbare, mit Wechselsprechanlagen ausgerüstete Anrufschranken oder Blinklichtanlagen — bei zweigleisigen Strecken solche mit Leuchtschild — vorzusehen.
f) An Fußwegübergängen muß im Abstand von 3,75 m von der Gleisachse eine Sicht auf die Bahn von mindestens 2 V vorhanden sein. Andernfalls sind fernbediente Schranken oder Blinklichtanlagen einzubauen.

g) Langholzfuhrwerke, schwere Lastkraftwagen (besonders mit Anhängern) und Fuhrwerke, bei denen die Gefahr besteht, daß sie den Übergang nicht glatt und ohne Stocken überqueren, sind schon vorher bei noch geöffneter Schranke vom Wärter vor dem Übergang anzuhalten und zum Warten bis nach Durchfahrt der Schnellfahrt aufzufordern; wo dies nicht durchführbar ist, sind die Schranken entsprechend früher zu schließen.

h) Viehherden müssen spätestens 10 Minuten vor der Schnellfahrt den Bahnübergang geräumt haben.

i) Bei Blinklichtanlagen sind auf Schnellfahrstrecken die Einschaltkontakte für volle Schnellfahrgeschwindigkeit (160 km/h) anzuordnen.

k) Streckengeher haben sich bei Dienstbeginn über das Verkehren von Schnellfahrten zu unterrichten und Verspätungen in ihr Dienstbuch einzutragen. Diese Eintragungen sind auf allen von ihnen berührten Zugfolgestellen und Schrankenposten zu vergleichen und nötigenfalls zu berichtigen. Streckengeher haben Schnellfahrgleise 3 Minuten vor der mutmaßlichen Durchfahrt einer Schnellfahrt zu verlassen.

III Durchführung der Schnellfahrten

1. Bekanntgabe, Unterrichtung

Den Bediensteten sind Schnellfahrten, ihre planmäßigen Verkehrszeiten und die befahrenen Gleise durch Aushang, Bahnhofsbuch oder dgl. bekanntzugeben. Dem Zugpersonal sind auch Schnellfahrabschnitte auf den von ihm befahrenen Strecken außerhalb des Bereichs der eigenen Dienststelle anzugeben. Es hat sich auf den Bahnhöfen dieser Abschnitte selbst darüber zu unterrichten, auf welchen Gleisen und zu welchen Zeiten die Schnellfahrten verkehren. Da Schnellfahrten verspätet sein können, ist auch zu anderen als den angegebenen Verkehrszeiten auf diesen Abschnitten erhöhte Vorsicht geboten. Wo vorhanden, sind die Bediensteten rechtzeitig vor der Zulassung der Schnellfahrt durch Lautsprecher zu warnen.

2. Überqueren von Schnellfahrgleisen

Zum Überqueren der Gleise sind nach Möglichkeit Übergänge in der Nähe von Betriebsstellen zu benutzen, die an der Durchführung von Schnellfahrten beteiligt sind. Auf freier Strecke sollen Schnellfahrabschnitte nur an Stellen überquert werden, wo nach beiden Seiten freie Sicht ist.

3. Beförderung von Lasten

In den letzten 5 Minuten vor der mutmaßlichen Durchfahrt einer Schnellfahrt dürfen keine Lasten mehr über das Schnellfahrgleis befördert werden.

4. Weichenreinigung

Die Weichenreinigung in oder neben dem Schnellfahrgleis ist 5 Minuten vor der voraussichtlichen Durchfahrt einzustellen.

5. Streckenfahrplan

Im Streckenfahrplan sind die Schnellfahrten farbig zu kennzeichnen.

6. Bahnsteigsperren

Die Bahnsteigsperren sind so rechtzeitig zu schließen, daß sich während der Durchfahrt der Schnellfahrten keine Reisenden auf den Bahnsteigen aufhalten. Wo dies nicht möglich ist, ist, soweit vorhanden, durch Lautsprecher, sonst durch einen Bediensteten durch Zuruf zu warnen.

7. Abmelden

Schnellfahrten sind mindestens 5 Minuten vor der mutmaßlichen Durchfahrtszeit abzumelden, und zwar mit der Bezeichnung „Schnellfahrt", z.B. Schnellfahrt 9 voraussichtlich ab . . .

8. Anrufschranken

Der Wärter, der nur Anrufschranken bedient, hat bei der Erkundigung nach dem Zuglauf vor dem Öffnen einer Anrufschranke die genaue Uhrzeit zu erfragen.

9. Bahnhofsfahrordnung

Schnellfahrten sind in der Bahnhofsfahrordnung farbig zu kennzeichnen.

10. Fahrwegprüfung

Auf Bahnhöfen, auf denen das neben dem durchgehenden Hauptgleis liegende Überholungsgleis nicht durch Schutzweichen oder nicht durch isolierte Streckenschutzlängen von mindestens 10 m Länge im – dem durchgehenden Hauptgleis benachbarten – Überholungsgleis gesichert ist, darf die Schnellfahrt nur zugelassen werden, wenn der Schluß eines im benachbarten Gleis stehenden Zuges mindestens 20 m vom Grenzzeichen der Abzweigweiche entfernt steht und nicht bewegt wird.

Kurz vor Aufnahme des Regelverkehrs erfolgten mit den neuen Rheingold-Wagen ebenfalls Probefahrten: Am 23. Mai 1962 passiert E 10 1240 mit diesem Versuchszug Denzlingen.
Aufnahme: Hans-Wolfgang Scharf

E 10 248 mit F 21 „Rheinpfeil" am 12. Juni 1962 bei Bacharach. Aufnahme: Carl Bellingrodt

11. Vorplanfahren
Schnellfahrten dürfen höchstens 1 Minute vor Plan verkehren.

12. Verspätungen
Die Fahrdienstleiter teilen Verspätungen der Schnellfahrten von mehr als 2 Minuten allen beteiligten Dienstposten und den vorgelegenen Betriebsstellen der freien Strecke bis zum nächsten Bahnhof mit. Vor Zulassung der Durchfahrt einer verspäteten Schnellfahrt ist, wenn vorhanden, durch Lautsprecher, sonst durch Zuruf, am Schnellfahrgleis zu warnen.

13. Räumung des Schnellfahrgleises
Die Direktionen bestimmen für die Fahrplanbearbeitung und für die Durchführung der Züge, wie groß der Vorsprung des der Schnellfahrt vorausfahrenden Zuges sein muß, damit die Schnellfahrt kein Vorsignal in Warnstellung wegen ,,Folgeabstand" antrifft. Rangierfahrten müssen das Schnellfahrgleis 10 Minuten vor der Durchfahrt der Schnellfahrt räumen; auf dem Schnellfahrgleis unmittelbar benachbarten Gleisen muß 5 Minuten vor der Zulassung einer Schnellfahrt jede Rangierbewegung eingestellt sein.

14. Nebenfahrzeuge
Nebenfahrzeuge müssen 10 Minuten vor einer Schnellfahrt auf dem Bahnhofe angekommen oder ausgesetzt sein.

15. Auf den dem Schnellfahrgleis benachbarten Gleisen auf der freien Strecke und in den Bahnhöfen sind Lü-Sendungen ,,Cäsar" und ,,Dora" stets auszuschließen.

16. Schnellfahrten erhalten bei einem befahrbaren Schienenbruch die Befehle zur vorsichtigen Fahrt mit ermäßigter Geschwindigkeit stets von der letzten Zugmeldestelle vor der Bruchstelle.

17. Wenn Schrankenwärter zu benachrichtigen sind, muß der Durchgangsbetrieb bereits bei dem der Schnellfahrt vorausfahrenden Zug zurückgenommen sein.

18. Unterrichtung Bahnfremder
a) An geeigneter Stelle ist zur dauernden Einsicht ein Übersichtsplan mit den Übergangsstellen und Verkehrszeiten auszuhängen.
b) Personen, die aus Anlaß besonderer Aufträge in der Nähe von Schnellfahrabschnitten arbeiten oder sie überqueren müssen, ist von der die Arbeit überwachenden Stelle vor Beginn der Arbeiten von den Unfallverhütungsvorschriften Kenntnis zu geben. Dabei ist ihnen bekanntzugeben, wo der Übersichtsplan aushängt.
c) Bahnhöfe, auf denen Postbedienstete oder Angehörige anderer Behörden regelmäßig Schnellfahrabschnitte dienstlich überqueren müssen, haben der vorgesetzten Stelle der Bediensteten den Aushängeort des Übersichtsplans mitzuteilen und die Unfallverhütungsvorschrift bekanntzugeben.

Man sieht aus dem Umfang und dem Inhalt dieser Richtlinien, welche Fülle von Problemen der Sicherheit bei weiterer Erhöhung der Höchstgeschwindigkeit auf die Verantwortlichen zukamen.

Nach langen Vorbesprechungen mit den am Lauf beteiligten Verwaltungen NS und SBB, die zu vielen Kompromissen zwangen, wurde auf der EFK Brüssel für den Jahresfahrplan 1962/63 der ,,Rheingold" als F 9/10 in seiner neuen Form endgültig vereinbart. Dabei stimmten die NS wegen der in kürzestmöglichen Zeiten durchzuführenden Kurswagenumstellungen in Utrecht und Duisburg der Führung des Speisewagens nur nach Amsterdam zu, verweigerten aber gleichzeitig die Übernahme des als ,,Domcar" bezeichneten Aussichtswagens. Da gleichzeitig die Bindung an F 21/22 ,,Rheinpfeil" bestehen bleiben sollte und die DB dieses Zugpaar für ihre weiteren Planungen ebenfalls mit der vollen Ausrüstung mit Wagen der neuen ,,Rheingold"-Ausführung vorgesehen hatte, ergaben sich sehr schwierige Probleme im Bezug auf die Zugbildung.

Damit ergab sich die Führung von Wagen zwischen
– Hoek van Holland und München (für F 21/22),
– Hoek van Holland und Chur,
– Amsterdam – Basel – Milano,
– Amsterdam – München (für F 21/22),
– Dortmund – Basel SBB einschließlich des Domcar (für F 21/22).
Die NS wollten die ganzjährige Führung des Wagens Chur von der Besetzung abhängig machen;

zunächst wurde dieser Lauf nur für den Sommerabschnitt fest vereinbart. Die Zuggruppe Hoek van Holland zweigte in Utrecht aus dem „Rheingold" ab, der Kurswagenaustausch zwischen „Rheingold" und „Rheinpfeil" wurde nach Duisburg statt bisher Köln verlegt. Dabei ergab sich ab 23. Mai 1963 für den eigentlichen „Rheingold" folgender Fahrplan:

Zug-Nr.	Ankunft	Abfahrt ↓		Ankunft ↑	Abfahrt	Zug-Nr.
		20.00	London (Liv. Str.)	9.13 (S 9.00)		
	21.25	22.15	Harwich PQ	6.45	7.50 (S 7.30)	
D 191	6.15	7.00	Hoek van Holland	23.16	23.40	
	8.01		Utrecht		22.13	D 9
D 10		7.30	Amsterdam CS	22.50		
	8.01	8.13	Utrecht	22.08	22.20	
	8.47	8.56	Arnheim	21.26	21.35	
F 10	9.59	10.09	Duisburg	20.12	20.24	D 9
	10.47	10.49	Köln	19.32	19.34	
	13.22	13.24	Mannheim	16.58	16.59	
	15.30	15.35	Basel Bad. Bf.	14.53	14.54	
458	15.41	16.07	Basel SBB	14.29	14.47	F 9
	17.21	17.31	Luzern	13.09	13.18	
313	21.00	21.18	Chiasso	9.16	9.40	423
	22.23		Milano C		8.18	302
191		16.01	Basel SBB	14.12		
	17.09	17.20	Zürich HB	12.46	13.01	
	19.00		Chur		10.49	184

Fahrplan des „Rheingold" vom 26. Mai 1963 ab.

Auf dem Streckenabschnitt Basel — Duisburg lief der „Rheingold" zunächst mit der Wagenreihung: Großraumwagen — Abteilwagen — Aussichtswagen — Speisewagen — Abteilwagen — Abteilwagen. Es standen 222 in das Platzbelegungsverfahren einbezogene verkäufliche Sitzplätze zur Verfügung. Hinzu kamen 85 unverkäufliche Plätze, von denen sich 22 im Aussichtsabteil, 15 in der Bar und 48 im Speisewagen befanden. Insgesamt wurden also 307 Sitzplätze angeboten. Das Platzangebot konnte durch Verstärkungswagen jeweils um 48 oder 54 Plätze oder um ein vielfaches davon vermehrt werden. Bei der obengenannten Wagenreihung betrug das Zuggewicht 283 t; unter Einbeziehung eines Lokgewichtes von 85 t der E 10.12 ergab sich ein Gesamtgewicht des Zuges von 368 t.

Soweit es die Streckenverhältnisse gestatteten, wurde der „Rheingold" auf dem Netz der Deutschen Bundesbahn mit 160 km/h Höchstgeschwindigkeit gefahren. Er war damit seit 1939 der erste Zug der Deutschen Bundesbahn, der diese Geschwindigkeit wieder erzielte. Da der Anteil der Streckenabschnitte, auf denen die Höchstgeschwindigkeit voll ausgefahren werden konnte, noch verhältnismäßig gering war, erreichte der „Rheingold" auf dem Streckenabschnitt Emmerich — Basel SBB nur eine Reisegeschwindigkeit von 101,6 km/h. Unter Abzug des Streckenabschnittes Basel SBB — Basel Bad BF ergab sich für den deutschen Streckenteil jedoch eine Reisegeschwindigkeit von 104,3 km/h bei F 9 und 103,7 km/h bei F 10. In der Tabelle der schnellsten Züge der DB lag er damit an dritter Stelle. Er wurde in dieser Hinsicht vom Ft 45 „Schauinsland" übertroffen, der auf der Strecke Basel — Frankfurt (Main) eine Reisegeschwindigkeit von 108,1 km/h erreichte, und von dem TEE 190 „Parsifal", der auf der Strecke Hamburg Hbf — Aachen eine Reisegeschwindigkeit von 103,1 km/h hatte. Auf dem 197 km langen Streckenabschnitt Basel — Karlsruhe, wo die Verhältnisse günstig liegen, erzielte der „Rheingold" eine Reisegeschwindigkeit von 120 km/h. Gegenüber seinem Vorgänger von 1928 hatte der „Rheingold" seine Fahrzeit auf dem Weg Hoek van Holland — Basel um 3 Stunden und 33 Minuten in der Gegenrichtung um 4 Stunden und 14 Minuten verbessert.

Im Juli 1962 kam E 19 02 des Bw Nürnberg Hbf ausnahmsweise zu F-Zugehren: Mit zwei verschiedenen Pantographen an der Fahrleitung fährt sie mit F 21 aus München Hbf aus.
Aufnahme: Slg. DGEG

E 10 1240 zieht am 25. August 1962 den neuen F 9 „Rheingold" aus Mannheim Hbf auf die Rheinbrücke.
Aufnahme: Helmut Röth

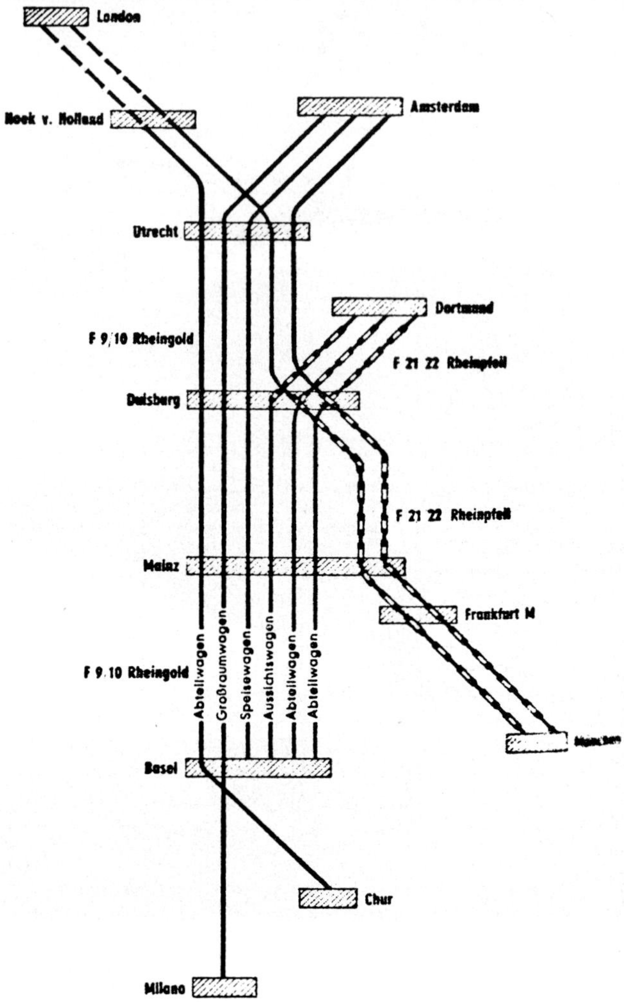

Das beigegebene Fahrschaubild des F 10 vom Sommerfahrplan 1962 zeigt deutlich den Fahrablauf des Zuges von Köln Hbf bis Basel Bad Bf. Aus der Darstellung der Wagenläufe kann man erkennen, wie die einzelnen Wagen im Zuglauf über welche Wege verkehrten. Auch kann aus den bereits vorher dargelegten Ausführungen ersehen werden, daß der „Rheingold" nun wieder voll auf seinen Vorkriegsweg über Utrecht – Arnhem – Emmerich – Duisburg – Düsseldorf nach Köln zurückgekehrt war und den nach dem Krieg eingeschlagenen Weg über Venlo verlassen hatte. Trotz der um 24 km längeren Strecke konnten dadurch wesentliche verkehrliche und betriebliche Vorteile gewonnen werden.

Nach diesen ausführlichen Darlegungen über den Starzug der DB sei noch ein Blick auf die weiteren Änderungen erlaubt, die zum Jahresfahrplan 1962 im Netz der leichten F-Züge eintraten. Zum „Mozart" hatte die DB nach ihren jahrelangen Bemühungen um eine durchgehende Verbindung Paris – Wien zur EFK Brüssel beantragt, dann wenigstens eine schnelle Städteverbindung Wien – München mit Anbindung an den „Mozart" zu schaffen, da die vorangehenden langsamen Kurswagenträger weder für den Geschäftsreiseverkehr noch in Bezug auf den Wettbewerb mit anderen Verkehrsträgern noch zeitgemäß waren. Abermals blieb es bei den bisherigen „Krampflösungen", da die ÖBB sich allen Änderungen gegenüber weiterhin ablehnend verhielten. Als Kompromiß – und in den Augen des Verfassers ein schlechter Kompromiß – fand man lediglich die Lösung, die bisherigen Kurswagen Wien – Strasbourg auch noch mit der 2. Klasse zu versehen, so daß aus Umlaufgründen auch im Zugteil Strasbourg – München die 2. Klasse geführt werden mußte, so daß F 39/40 als erste F-Züge des leichten F-Zugnetzes zweiklassig wurden, womit bereits für das Folgejahr ihr Entfall als F vorprogrammiert war.

Anlage 6

Fahrschaubild des F10 Rheingold von Köln bis Basel

Höchstgeschwindigkeit 160 km/h
Bespannung E 10 12
Last 300 to

—— Geschwindigkeit lt. Fahrplan
- - - - Höchstgeschwindigkeit die nicht überschritten werden darf
▽ verkürzter Vorsignalabstand

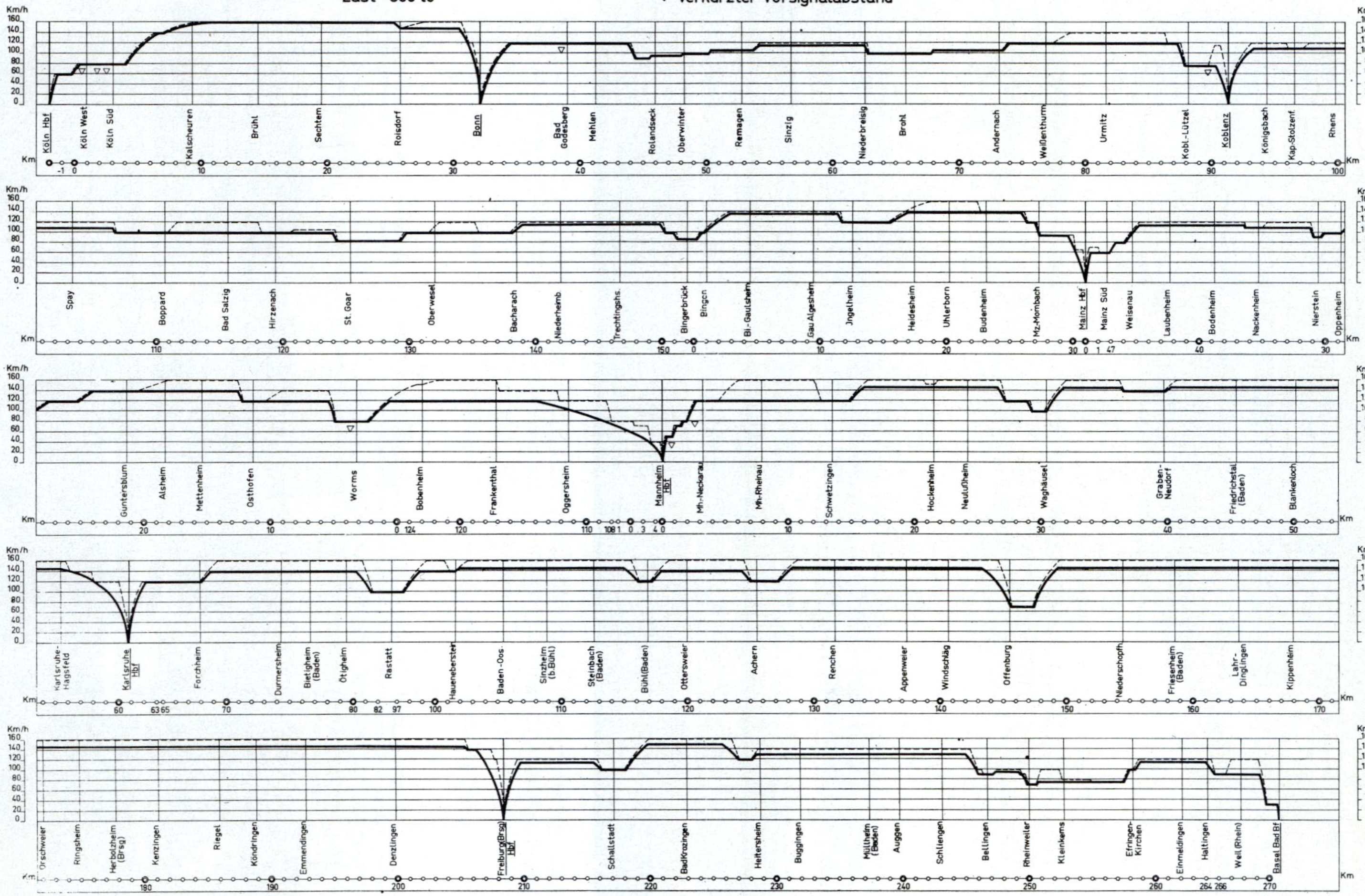

Der von E 10 1269 geführte F 10 kam Carl Bellingrodt am 20. März 1963 am Rhein bei der Blockstelle Peternach vor die Linse.

Dort, wo heute die Brückenrampe der Neubaustrecke in Mannheim beginnt, entstand am 27. April 1963 das Bild des mit E 10 1265 einfahrenden F 9. Aufnahme: Helmut Röth

Blick auf das Ende des nach Nürnberg Hbf einfahrenden F 21 am 17. Juni 1962. Man beachte die bunt gemischte Komposition. *Aufnahme: Walter Hanold*

Am 29. Juli 1962 standen in Würzburg Hbf F 56 „Blauer Enzian" mit V 200 008 und D 204 „Donau-Kurier" mit E 10 132 abfahrbereit. *Aufnahme: Walter Hanold*

E 10 186 führte am 7. März 1963 F 39 „Mozart" am Schwedenturm in Ulm vorbei. Man beachte die damals wegen der Fahrleitungskonstruktion der Strecke erforderliche Fahrt mit zwei angelegten Stromabnehmern. *Aufnahme: Ulrich Montfort*

F 44 „Roland", inzwischen geführt als Wagenzug, fährt am 31. August 1963 mit V 200 048 durch Frankfurt-Eschersheim. *Aufnahme: Helmut Röth*

F 3 „Merkur" nach Aufnahme des elektrischen Betriebs auf der Rheinstrecke am 22. September 1963 in Bingen; es führt die Deutzerfelder E 10 227. Aufnahme: Helmut Röth

„Ausfahrt frei" für 01 1061 mit F 43 „Roland"; Frankfurt Hbf, Herbst 1963. Aufnahme: D. Dettelbacher

Am 28. Mai 1964 wurde F 8 „Rheinblitz" auch schon elektrisch gefahren: E 10 1269 mit blauen Aüm- und einem Schürzen-Speisewagen bei Istein. *Aufnahme: Walter Hanold*

In den Abendstunden des 30. September 1964 stand F 21 „Rheinpfeil" in Gleis der des Kölner Hbf zur Weiterfahrt nach Dortmund bereit. *Aufnahme: Walter Hanold*

F 34 „Gambrinus", längster damaliger F-Zuglauf, verläßt im Januar 1965 Münster Hbf. Zuglok ist eine 03, der V 200 059 des Bw Hamm P Vorspann leistet. Aufnahme: Ludwig Rotthowe

Im April 1965 entstand dieses Bild des F 34 an der Signalbrücke mit den Einfahrsignalen von Münster Hbf. Aufnahme: Ludwig Rotthowe

An der bekannten Fotostelle in Heigenbrücken kam im Juli 1965 F 22 „Rheinpfeil" mit der Nürnberger E 10 1310 vorbei.
Aufnahme: Carl Bellingrodt

Wenige Tage später brachte die Münchner E 10 252 (mit Rheingold-Anstrich) den Gegenzug F 21 nach Nürnberg.
Aufnahme: Dieter Dettelbacher

Bereits zum Winterabschnitt 1961/62 war aufgrund der langen Verhandlungen zwischen DB und SNCF als Ersatz für die jahrelange Interimslösung FT 1101/1124 ein neues Zugpaar als Dt zwischen Paris und Frankfurt durchgehend über Metz — Saarbrücken — Kaiserslautern eingeführt worden. Es führte zwar sowohl die 1. wie die 2. Klasse, war aber aus einer Kombination von VT 08.5 und VT 12.5 des Bw Frankfurt-Griesheim gebildet und gehört somit in den Kreis der hier zu betrachtenden Züge, zumal es zwischen Frankfurt und Saarbrücken die Aufgaben des Geschäftsreiseverkehrs mit wahrnahm. Während D 1107 von Kaiserslautern den Weg über Mannheim und die Riedbahn nach Frankfurt nahm, fuhr D 1110 in der Gegenrichtung über Mainz — Bad Kreuznach und die Alsenzbahn nach Kaiserslautern. Nach den Beschlüssen der EFK Brüssel sollte das Zugpaar den Namen „Lutetia" erhalten; dies wurde aber nicht verwirklicht. F 37/38 „Hans Sachs" wurde auf den Weg München — Hagen beschränkt und zu einem Zug umgewandelt; F 41 lief nun auch über Eichenberg statt über Dransfeld. Die letzten Vorkriegs-SVT und ihre Nachkriegsumbauten wurden außer Dienst gestellt, so daß auch in den Verbindungen Köln — Hannover nur noch Zugeinheiten verkehrten. Damit waren neben den VT 10.5 im TEE-Dienst nur noch die Nachkriegs-VT 08.5 im F-Zugdienst im Einsatz.

Das Jahr 1963 brachte für die DB die Eröffnung der „Vogelfluglinie" auf der provisorischen Route Großenbrode Kai — Gedser. Hiervon waren die Züge des leichten F-Zugnetzes lediglich am Rande betroffen, indem sie an die zu trajektierenden Züge zeitlich so angepaßt wurden, daß auch die schnellen Verbindungen Nutzen aus der Verkürzung des Weges nach Skandinavien ziehen konnten. Im Zusammenhang mit der Neueinrichtung von Städtezügen Stuttgart — Zürich mit Übergang nach Italien sollte auf Anregung der DB auf der EFK Kopenhagen das F-Zugpaar „Schauinsland" ebenfalls als Städteverbindung Frankfurt — Zürich und Basel — Frankfurt mit 1. und 2. Klasse mit einer Kombination aus VT 08.5 und 12.5 gefahren werden. Dem widersetzten sich die SBB, so daß es bei der bisherigen Regelung blieb. Da aber der „Roland" in einen lokbespannten Zug umgestaltet wurde, war die bisherige Kupplung beider Zugpaare nicht mehr gegeben. Es wurde daher entschieden, F 46 wie bisher nach Zürich zum Anschluß an den TEE „Ticino" nach Mailand zu fahren und nach Aufnahme des Anschlusses aus dem „Ticino" von Mailand in Zürich den VT 08.5 nach Basel SBB zu führen, wo er Anschluß an den ellokbespannten „Roland" nach Bremen hatte. Die Einheit des VT 08.5 selber fuhr dann abends als Spätverbindung Basel SBB — Frankfurt F 45 „Schauinsland" zurück, so daß es lediglich noch einen eintägigen Umlauf in dieser Relation gab.

Aus den Betrachtungen der F-Züge schieden die ehemals mit den Gliedertriebzügen gefahrenen Zugläufe F 41/42 „Senator" und F 49/50 „Konsul" ebenso aus wie F 39/40 „Mozart", dessen Abstufung schon im vergangenen Jahr eingeläutet worden war. Alle drei Zugpaare wurden zu Schnellzügen abgewertet, wobei D 49/50 zu einem reinen Schlaf- und Liegewagenzug wurde, nachdem das immer noch im Speisewagen mitgeführte A-Abteil ebenso wie dieser entfiel. Schon zum Winterabschnitt 1962/63 war mit F 25/26 „Diamant" Bonn — Köln — Aachen — Bruxelles — Antwerpen ein neues Schnelltriebwagenpaar mit VT 08.5 eingesetzt worden, das in Köln in Südrichtung am gleichen Bahnsteig Anschluß an F 22 hatte, so daß eine Umsteigeverbindung Belgien — Frankfurt/München/Österreich zustande kam. F 14 „Dompfeil" wurde über Köln hinaus bis Bonn verlängert und mit F 15 „Sachsenroß" gekuppelt, der jetzt ebenfalls in Bonn begann. Damit erhielt die Bundeshauptstadt nicht nur schnelle durchgehende Verbindungen von und nach Niedersachsen, sondern auch über deren Anschlußverbindungen solche an die Nordseehäfen. Als weitere neue innerdeutsche Zugverbindung wurden als Ersatz für F 41/42 als Tagesrandverbindung Mannheim — Hamburg-Altona F 47/48 „Konsul" geschaffen, die nur mit Zwischenhalten in Frankfurt und Hannover voll elektrifiziert über Bebra verkehrten und nordwärts mit 94,0 km/h und südwärts mit 97,8 km/h für die Mittelgebirgsschwelle überschreitende Züge nicht unerhebliche Reisegeschwindigkeiten aufzuweisen hatten.

Die wesentlichste Verbesserung bei den leichten F-Zügen gab es aber in diesem Fahrplan in der Ausrüstung der F 21/22 „Rheinpfeil" mit dem neuen Wagenmaterial der Rheingoldausführung einschließlich Speisewagen und Domcar und der Heraufsetzung der Höchstgeschwindigkeit auf 160 km/h, so daß im Netz der DB zwei herausragende Luxuszüge, die noch dazu miteinander verbunden waren, verkehrten. Für beide Zugpaare standen bis Ende 1963 nun 22 Sitzwagen mit „Vorzugabteilen" (Av4üm-62), 11 Großraumsitzwagen (Ap4üm-62), fünf Aussichtswagen (Domcar) (AD4üm-62) sowie fünf Speisewagen mit Doppelstockküche (WR4üm-62) zur Verfügung. Auch die vorgesehenen Lok für 160 km/h der Baureihe E 10.12-13 bei den Bw Heidelberg und Nürnberg Hbf standen jetzt ganz zur Verfügung.

Nachdem zum Sommerfahrplan 1964 auf weiteren bedeutenden Abschnitten der elektrische Zugbetrieb aufgenommen werden konnte, erfolgten in Anpassung an die elektrischen Fahrzeiten auch Änderungen der Fahrpläne. Dabei wurden die bestehenden Bindungen innerhalb des Netzes der

4061.13 der ÖBB hatte im August 1965 in München Hbf den „Mozart" zur Fahrt nach Wien West übernommen.
Aufnahme: Peter Große

E 10 1310 leistete im Herbst 1965 E 10 239 von Nürnberg bis Frankfurt Vorspann vor F 33 „Gambrinus".
Aufnahme (in Nürnberg): Dieter Dettelbacher

E 03 004 wird als D 10 während der IVA 1965 am 23. Juli 1965 am Schnellfahrtbahnsteig in München zur 200 km/h-Schnellfahrt bereitgestellt. *Aufnahme: Walter Hanold*

E 03 002 bei km 59,0 der Strecke München – Augsburg als 200 km/h-Schnellfahrt während der IVA 1965. *Aufnahme: DB*

leichten F-Züge jedoch weitestgehend beibehalten. Die EFK Sofia beschloß nun etwas, was die DB seit langem gefordert hatte, nämlich eine durchgehende Verbindung Paris — Wien in Form des „Mozart", doch nur als zweiklassiger Schnellzug, der nicht zu unserem Themenkreis gehört. F45/46 „Schauinsland" wurden in lokbespannte Züge 1. und 2. Klasse umgewandelt und auf den Abschnitt Frankfurt — Basel SBB beschränkt, nachdem die SBB die Weiterführung bis Zürich abgelehnt hatten. Damit ging auch der Anschluß an den TEE „Ticino" nach Mailand verloren. Gleichzeitig mit seiner Herabstufung verlor das Zugpaar seine Funktion als schnellste Züge der DB, die bis zum 30. Mai 1964 eine Reisegeschwindigkeit von 106,4 km/h erzielt hatten.

Da die betriebliche Durchführung von F25/26 zwischen Bonn und Köln sehr schwierig war, wurde der Zuglauf auf Köln — Antwerpen gekürzt, jedoch bestand in Köln Anschluß aus F 3 „Merkur" von Stuttgart — Frankfurt, und F26 vermittelte nun neben dem „Rheinpfeil" in Köln auch Anschluß an den „Rheingold", so daß eine sehr schnelle Umsteigeverbindung Belgien — Schweiz/Italien zustande kam. F47/48 „Konsul" erhielten zwischen Mannheim und Frankfurt und in Gegenrichtung einen Wagen 2. Klasse, so daß sie auf diesem Abschnitt als „D" geführt wurden, während sie auf dem Abschnitt Frankfurt — Hamburg-Altona mit einmaligem Halt in Hannover als F-Züge verkehrten. Ihre Reisegeschwindigkeit betrug 95,8 km/h nordwärts und 98,5 km/h in südlicher Richtung.

1965 wurden durch die Anlieferung weiterer und teilweise verbesserter Wagen der Bauart „Rheingold" die bisherigen Zugpaare F9/10 „Rheingold", F21/22 „Rheinpfeil", F25/26 „Diamant" und F55/56 „Blauer Enzian" in den Rang von TEE-Zügen erhoben, sonst traten im Netz der leichten F-Züge keine Änderungen ein.

Aber das Jahr 1965 brachte für die DB eine Sensation auf Schienen. Anläßlich der Internationalen Verkehrsausstellung (IVA) in München stellte sie einen Zug vor, der erstmals in der Geschichte der europäischen Eisenbahnen am 26. Juni 1965 fahrplanmäßig eine Geschwindigkeit von mehr als 200 km/h erreichte. Zwischen dem Ausstellungsbahnsteig in München und Augsburg Hbf legte der mit der Zugnummer D10/11 bezeichnete Zug bis zum Ende der Ausstellung am 3. Oktober täglich diese Strecke auf bestimmten Abschnitten mit 200 km/h zurück.

Neben dieser täglichen Schnellfahrt verkehrte unter der Bezeichnung D12/13 an Samstagen und Sonntagen ein weiteres Schnellfahrtpaar zwischen dem Münchner Ausstellungsgelände (ab 16.33 Uhr) und Augsburg Hbf.

Im Jahresfahrplan 1966 war die Geschwindigkeit der Reisezüge der DB gegenüber den Angaben von 1960 so weit gesteigert worden, daß nunmehr 14 TEE-, 37 F- und 184 D-Züge eine Höchstgeschwindigkeit zwischen 120 und 140 km/h fuhren, vier TEE lagen noch darüber mit Geschwindigkeiten bis 160 km/h. Damit lag die Höchstgeschwindigkeit von etwa 35% aller Schnellzüge des allgemeinen Verkehrs bei der DB über 120 km/h. Wenn auch die Planungen der DB zu einer planmäßigen Einführung der Hg 200 km/h einstweilen wegen technischer Probleme und am Widerstand aus dem Bundesverkehrsministerium als Aufsichtsbehörde noch nicht so schnell wie erhofft realisiert werden konnten, so kann doch aus dem Anhang unschwer der allgemeine Geschwindigkeitsanstieg abgelesen werden. Es war nun nicht mehr eine Heraushebung einzelner Züge wie bei Beginn des leichten F-Zugnetzes im Jahre 1951 erkennbar, sondern das Netz in sich zeigte eine Geschlossenheit und Homogenität, die es zu einem allgemein geschätzten, sicheren, planmäßigen Verkehrsmittel machten, das auch jetzt noch auf der Welt einmalig war und seinesgleichen suchte. Hier hatte die DB an die Traditionen aus der Zeit vor dem Zweiten Weltkrieg nicht nur angeknüpft, sondern diese Entwicklung in der Breite, in der Zuverlässigkeit und in ihrem Ruf bei dem reisenden Publikum bei weitem überschritten. Zwar waren bereits seit einigen Jahren die leichten F-Züge nicht mehr die Spitzenreiter der schnellsten Züge der DB — dieses Merkmal hatten sie an die TEE abgetreten — , aber ihre durchschnittliche Reisegeschwindigkeit von 95,1 km/h bei einer mittleren Haltestellenentfernung von 57,9 km bei einem arbeitstäglich 12773,9 Zugkilometer planmäßig umfassenden Netz konnte sich sehen lassen. Schnellster F-Zug dieser Zeit war F16 „Sachsenroß" zwischen Hannover und Köln mit einer Reisegeschwindigkeit von 100,7 km.

Vor Abschluß dieses Abschnitts sei noch kurz auf die geringen Änderungen im leichten F-Zug-Netz zum Jahresfahrplan 1966 hingewiesen. Das nur drei Jahre alte Zugpaar F47/48 „Konsul" wurde zu einer schnellen, zweiklassigen D-Zug-Verbindung zwischen Stuttgart und Hamburg-Altona umgestaltet, eine Funktion, die es dann 13 Jahre erfüllte, bis zur Einführung des System IC 79 unverändert blieb, als es in den Kreis der hochwertigen Züge zurückkehrte. F33 „Gambrinus" wurde auf den Weg von Köln über Wuppertal — Hagen — Dortmund — Lünen nach Münster umgelegt, während sein Gegenzug F34 auf dem Weg über Hamm — Dortmund — Hagen — Wuppertal — Köln verblieb.

Schnellfahrt 200 km/h

D 10 / D 11 — **München IVA-Ausstellungsgelände – Augsburg Hbf – München IVA-Ausstellungsgelände**
1.

Fahrplan Time Table

Ankunft	km	Abfahrt	
		München IVA 13.20	Sonderbhf. auf dem Ausstellungsgelände
	61,9		Zwischen Kilometer 14,0 und Kilometer 18,0 (Bahnhöfe Lochhausen und Olching) s- wie zwischen Kilometer 27,4 und Ki. meter 53,9 (Haltepunkt Malching bis Bahnhof Kissing) erreicht der Zug die nach dem Fahrplan vorgeschriebene Höchstgeschwindigkeit von 200 km/h
13.46 Augsburg Hbf			
		Augsburg Hbf 14.08	
	61,9		Zwischen Kilometer 48,0 und Kilometer 21,3 (Bahnhof Mering bis Haltepunkt Gernlinden) sowie zwischen Kilometer 12,1 und Kilometer 10,7 (hinter Bahnhof Lochhausen erreicht der Zug die nach dem Fahrplan vorgeschriebene Höchstgeschwindigkeit von 200 km/h
14.34 München IVA			Sonderbhf. auf dem Ausstellungsgelände

Munich – Augsburg:
The train reaches its max. speed of 200 km/h according to schedule between mileage post 14.0 and mileage post 18.0 (station Lochhausen and Olching) as well as between mileage post 27.4 and mileage post 53.9 (stop Malching and station Kissing)

Augsburg – Munich:
The train reaches its max. speed of 200 km/h according to schedule between mileage post 48.0 and mileage post 21.3 (station Mering and stop Gernlinden) as well as between mileage post 12.1 and mileage post 10.7 (behind the station Lochhausen)

E 03 – V_{max} 200 km/h

Die neue Bundesbahn-Lokomotive Baureihe E 03 für die fahrplanmäßige Beförderung von Reisezügen mit einer Geschwindigkeit von 200 km/h entstand in engster Zusammenarbeit mit dem Bundesbahn-Zentralamt München nach Entwürfen der Henschel-Werke AG, Kassel, für den Fahrzeugteil und der Siemens-Schuckertwerke AG, Erlangen, für die elektrische ɜrüstung.

Spurweite	1435 mm
Achsanordnung	Co'Co'
Länge über Puffer	19500 mm
Radstand im Drehgestell	2250 mm
Treibraddurchmesser	1250 mm
Übersetzung	1:1,74
Stundenleistung bei Höchstgeschwindigkeit	6420 kW/8750 PS
Höchstgeschwindigkeit	200 km/h

Kurzzeitig kann eine erheblich größere Leistung für 10 Minuten, z. B. mehr als 9000 kW (12000 PS), abgegeben werden. Damit ist es möglich, einen aus bis zu 8 Wagen bestehenden Fernschnellzug in weniger als 3 Minuten aus dem Stillstand auf 200 km/h zu beschleunigen.

Dienstgewicht	108 t
Fahrdrahtspannung	15 kV $16^2/_3$ Hz Einphasen-Wechselstrom
Kraftübertragung	Siemens-Gummiring-Kardanantrieb bzw. Henschel-Verzweigerantrieb *)

Leichtmetall-Aufbauten auf Stahl-Brückenträger

Die E 03 ist als erste Lokomotive der Deutschen Bundesbahn ·t einer selbsttätigen Geschwindigkeitsregelung ausgerüstet. ·e gewünschte Geschwindigkeit wird automatisch mit der günstigsten Beschleunigung erreicht und unabhängig von Steigungen und Gefällen eingehalten. Stellung und Entfernung der vorausliegenden Signale werden durch Funk zur Lokomotive übermittelt, wo die zulässige Geschwindigkeit elektronisch errechnet wird. +)

*) Ein komplettes Drehgestell der elektrischen Lokomotive Baureihe E 03 mit Siemens-Gummiring-Kardanantrieb sowie Radsätze der E 03 mit Fahrmotor und Henschel-Verzweigerantrieb sowie Siemens-Gummiring-Kardanantrieb sind in Halle 18 für die Dauer der IVA ausgestellt.

+) Ebenfalls in Halle 18 „Die Eisenbahnen in aller Welt – heute und in der Zukunft" wird anhand eines Fahrsimulators und eines Modellführerstandes der Lokomotive E 03 die Arbeitsweise dieses sogen. kybernetischen Systems erläutert.

F 34 wurde im April 1966 kurz vor der Aufnahme des elektrischen Betriebes bis Osnabrück von V 200 018 des Bw Hamm P bei Brock-Ostbevern südwärts gefahren. Aufnahme: Ludwig Rotthowe

Am Rhein wurde F 34 im Jahre 1966 bereits elektrisch gefahren: E 10 130 mit dem „Gambrinus" während Bauarbeiten mit eingleisigem Betrieb bei Boppard. Aufnahme: Carl Bellingrodt

F 33 am 27. Juli 1966 mit der Nürnberger E 10 1309 bei Retzbach am Main. Aufnahme: W. Hanold

d) Die Konsolidierungs- und Übergangsphase zwischen 1967 und 1971

Mit dem Jahresfahrplan 1967 riß nicht etwa eine Entwicklung plötzlich ab, die es erforderlich gemacht hätte, hier eine Zäsur zu setzen. Nein, in den nachfolgenden Jahren blieb das leichte F-Zugnetz der DB auf der erreichten Stufe von 1966 bestehen, wenn auch Modifikationen in Linienführung, Endpunkten usw. auftraten. Dies ist aber bei einem lebenden Fahrplannetz immer der Fall. Hier trat erst 1969 Bewegung ein, als die DB etwas von dem vorab testete, was eigentlich mit den Grund der Abteilung von den bisher beschriebenen Jahren bewirkt hatte.

So waren es zwei Umstände, die dazu führten, die Jahre 1967 bis zum Sommerfahrplan 1971, also dem letzten Fahrplanabschnitt vor Einführung des IC-Zweistundentakts im Netz der DB, getrennt darzustellen:

– die Arbeiten der DB an einem neuen allgemeinen Reisezugkonzept, das sich bei den hochwertigen Zügen zum Winterabschnitt 1971/72 in der Einführung des IC-Zweistundentaktes unter Einbeziehung der vorhandenen Deutschland berührenden TEE ausdrückte,
– der in diesen Jahren konsequenten Einführung einer systematischen Neunummerierung der schnellfahrenden Reisezüge im Netz der DB, eigentlich sogar aller Zuggattungen der DB, ausgelöst nicht nur durch Arbeiten der UIC im internationalen Rahmen, sondern zunächst vor allem durch die Einführung der elektronischen Platzbuchung im Bereich der DB.

Und gerade die letztere Komponente gebot es, eine nochmalige Zusammenfassung der vorhandenen Zugverbindungen und ihrer Zugnummern vorzunehmen, ehe der „Nummernsalat" begann, der ja leider durch die nachfolgenden, teilweise abweichenden UIC-Beschlüsse und die Verfeinerung der elektronischen Datenaufnahme in den nachfolgenden 15 Jahren eigentlich bis heute dazu führte, daß nichts unkonstanter bei der Eisenbahn wurde als Zugnummern. Es wird gehofft, daß die unter Anwendung der verschiedensten Kompromisse gefundene Darstellungsform in etwa verständlich gelungen ist, wenn auch diese im einen oder anderen Extremfall sich auch jetzt noch als schwerfällig und nur mühsam nachvollziehbar darstellt. Und wollte man das eigentlich auch hier hinein mitspielende Kapitel der Zugnamen mit einbinden, dann wäre das Durcheinander, die Unsystematik, die dennoch eisenbahnseitig eine Systematik beinhaltet, so paradox dies für den interessierten Laien auch klingen mag, erst perfekt. Es ist leichter — wenn auch durch die Erfolge der Verbesserungen der Reisegeschwindigkeiten mit bestimmten Zeitverschiebungen —, einen Zuglauf unter gleicher Zugnummer zwischen 1870 und 1966 zu verfolgen, als in einzelnen Jahren zwischen 1967 und 1982! Diese Angaben gelten nicht nur für die hier zu behandelnden leichten F-Züge des innerdeutschen Netzes, sondern ebenso für die bereits behandelten internationalen F-Züge, die noch zu behandelnden TEE und IC wie überhaupt für alle schnellfahrenden Reisezüge insgesamt. Und daher soll sowohl hier wie in den nachfolgenden Kapiteln eine Nummernänderung nur dann nachvollzogen werden, wenn dies zum Verständnis unbedingt erforderlich ist. Und gleiches gilt für die Zugnamen, die im Detail jedes Jahr bezüglich Änderung oder Zugehörigkeit zu bestimmten Zugnummern nachzuvollziehen schier unmöglich ist. Hier sei auf die Angaben in Übersicht 11 „Verzeichnis der Züge, die einen Namen führen" hingewiesen.

So soll dieser Abschnitt mit einer Bestandsaufnahme der im Sommerfahrplan 1967 noch verkehrenden leichten F-Züge beginnen:

F7/8	„Rheinblitz"	Zürich — Dortmund — Zürich
F13/14	„Dompfeil"	Köln — Hannover — Bonn
F15/16	„Sachsenross"	Köln — Hannover — Köln
F17/18	„Germania"	Bonn — Hannover — Bonn
F23/24	„Schwabenpfeil"	Stuttgart — Dortmund — Stuttgart
F27/28	„Rheinblitz"	München — Mannheim — Dortmund — Mannheim — München
F29/30	„Hanseat"	Köln — Kiel — Köln
F31/32	„Merkur"	Frankfurt — Köln — Hamburg-Altona — Köln — Frankfurt
F33/34	„Gambrinus"	München — Nürnberg — Köln — Hamburg-Altona — Köln — Nürnberg — München
F37/38	„Hans Sachs"	München — Nürnberg — Köln — Hagen — Köln — Nürnberg — München
F45/46	„Roland"	Basel SBB — Frankfurt — Bremen — Frankfurt — Basel SBB
F321	—	Duisburg — Dortmund

Dies waren nun elf leichte F-Zugpaare, von denen F45 nördlich Hannover als D-Zug zweiklassig fuhr, um Kurswagen München — Bremen aus D383 mitzunehmen und für diese eine eigene Zugleistung zu ersparen. Außerdem gab es mit F 321 noch einen Einzelläufer. Die Zugläufe selbst waren mit Ausnahme von F 13/14 paarig, während bei letzteren F 13 in Köln begann, F 14 aber noch bis zur Bundeshauptstadt Bonn durchgeführt wurde.

Was hatte sich damit gegenüber der Situation 1966 geändert? Abgesehen von reinen Zugnummernänderungen, die am Ende dieses Abschnitts noch besprochen werden, verkehrten jetzt keine Triebwagen mehr im Netz der leichten F-Züge. Alle Züge wurden aus den blauen Einheits-A4üm gebildet und waren teilweise länger geworden, da sie bis zu sechs Wagen neben dem Speisewagen führten, sofern nicht aus Kapazitätsgründen ein Halbspeisewagen verwendet wurde. Aber es gab auch — namentlich in der Verbindung Ruhrgebiet — Hannover — nach wie vor die früheren Drei-Wagen-Züge. In der Zugführung wurden ab 1967 grundsätzlich alle TEE- und F-Züge, die Wiesbaden berührten, über Wiesbaden Hbf statt Wiesbaden Süd (wie seit 1949 weitgehend praktiziert) geführt. Statt über die rechte Rheinseite nach und von Koblenz liefen sie nunmehr ab Wiesbaden Hbf über die Kaiserbrücke — Mainz-Mombach und die linke Rheinstrecke nach Koblenz bzw. in umgekehrter Richtung; diesen Weg übernahmen dann bis heute die IC-Züge der Linie 2. Dadurch konnte auf der überwiegend dem Güterverkehr dienenden rechten Rheinstrecke das Mischungsverhältnis der verschiedenen Zuggattungen wesentlich verbessert werden, was bei den Güterzügen eine starke Beschleunigung zur Folge hatte. Andererseits hat das Fahren von schnellen Zügen im Blockabstand auf der linken Rheinstrecke — allerdings nach entsprechendem signaltechnischen Ausbau — zu keinem Fahrzeitmehraufwand oder zu Betriebsschwierigkeiten geführt. Durch die Erhöhung der Streckendurchlässigkeit konnten die Nahverkehrszüge daher ebenfalls im allgemeinen flüssig durchgebracht werden.

F7/8 wurden nach langjährigen Anträgen der DB nun endlich bis und ab Zürich gefahren, wodurch zwischen dieser wichtigen Finanzmetropole und dem Rhein-Ruhr-Gebiet eine schnelle durchgehende Zugverbindung für den Geschäftsreiseverkehr zustande kam. Die Bindung an F27/28 in Mannheim und die gemeinsame Führung nördlich Mannheim blieb erhalten, wobei F28 nun nicht mehr über Heidelberg, sondern über Graben-Neudorf nach Bruchsal gefahren wurde. Durch eine fast 50minütige spätere Lage von F45 „Roland" (bisher F43) ging in Hannover der Übergang mit dem TEE „Blauer Enzian" verloren, jedoch wurde das Zugpaar in Mannheim mit dem TEE „Rheingold" zusammengeschlossen, eine Lösung, die in den nachfolgenden Jahren zu den TEE- bzw. IC-Standardverbindungen Genève — Amsterdam und Milano — Bremen führen sollte, die in Basel SBB gegenseitigen Wagenübergang erhielten. Die bisherigen F1/2 verkehrten als F29/30 auf dem Weg nach und von Kiel nun nicht mehr über Hamburg-Altona, sondern wurden über die Altonaer Umgehungskurve geführt. Der „Gambrinus" erhielt nun in beiden Richtungen den Weg von München über Augsburg — Nürnberg — Würzburg — Frankfurt — Mainz nach Köln, F34 wurde zusätzlich vom Weg über Hamm auf die kürzere Strecke über Lünen verlegt. Überhaupt verlor der früher bedeutende Knotenpunkt in diesen Jahren viel von seiner Bedeutung, da viele F-Züge — wie die heutige IC-Linie 1 — von Dortmund über Lünen nach Münster verkehrten und auch die F-Züge der Relation Köln — Hannover Hamm ohne Halt durchfuhren und nur noch die Abschnitte Hagen — Bielefeld bzw. Dortmund — Bielefeld bedienten.

Neben den Zügen des leichten F-Zug-Netzes war auch die VT08.5/12.5-Kombination des Bw Frankfurt-Griesheim als schnelle Verbindung Paris — Frankfurt D209/210 wie 1966 bestehen geblieben. Sie war damit zugleich der letzte planmäßige VT08.5-Einsatz im schnellen DB-Netz. Eine Zugverbindung gilt es noch nachzutragen, die nur zuggattungsmäßig zu den F-Zügen gehörte, eigentlich aber den TEE zuzurechnen war. Bei Einführung der neuen Kombination „Rheingold/Rheinpfeil" mit wechselseitigem Wagenaustausch im Jahre 1962/63 in Duisburg wurden die von den NS nicht übernommenen Wagen einschließlich des Domcar über F21/22 nach und von Dortmund gefahren. Dieser wechselseitige Wagenaustausch brachte aber erhebliche betriebliche Schwierigkeiten im Duisburger Hbf zu Zeiten besonders starker Belastung mit sich, namentlich in der Süd-Nord-Richtung; außerdem wurde dadurch die Zugbildung erschwert. Nachdem der „Rheingold" die bei seiner Einführung in ihn gesetzten Erwartungen bei weitem übertroffen hatte, mußte er dringend verstärkt werden. Dies erfolgte durch Beistellung von Wagen in Emmerich nach Basel und München (für F22) und eine weitere Verstärkung der Gruppe Dortmund — Basel — Genève/Milano. Das aber konnte Duisburg Hbf in den vorgesehenen Zugbildungszeiten nicht mehr verkraften. Unter Beibehaltung des Wagenübergangs aus F21 auf F9 wurde daher in Süd-Nord-Richtung die mit Ziel Dortmund im „Rheingold" laufende Gruppe einschließlich des Domcar anders gereiht und ab Duisburg Hbf als besonderer F321 Duisburg — Essen — Dortmund hinter F21 gefahren. In dieser Form wurde auch nach Überführung der F 9/10 und 21/22 in die Gruppe der TEE-Züge ab Sommer 1965 weiter verfahren.

Durch die fortschreitende Elektrifizierung und weitere Anhebung der Streckenhöchstgeschwindigkeiten auf zahlreichen Abschnitten konnte auch die Höchstgeschwindigkeit der einzelnen Züge, deren Reisezeit und die Reisegeschwindigkeit weiter verbessert werden. Fuhren im Jahresfahrplan 1966 nur etwa 35% aller Schnell- und höherwertigen Züge bei der DB mit Höchstgeschwindigkeiten über 120km/h, so stieg deren Zahl zum Jahresfahrplan 1968 auf fast 50% an. In diesem Jahr verkehrten mit über 120 bis 140km/h Höchstgeschwindigkeit 21 F- und 272 D-Züge, mit 140 bis 160km/h 18 TEE- und 10 F-Züge; mit einer Hg zwischen 140 und 180 km/h verkehrten 2 TEE-Züge.

Unter die F-Züge mit über 140km/h fielen die F7/8, 27/28, 33/34, 37/38 und 45/46. Mit Aufnahme des elektrischen Betriebes auf den Gesamtstrecken Köln — Hamburg und Köln — Hannover zum Winterabschnitt 1968 erhöhte sich die Zahl der mit über 140km/h Hg fahrenden F-Züge abermals, ebenso wie durch die Einführung der als Intercity A - F bezeichneten Züge. Schnellster Zug des F-Zug-Netzes war nun der Intercity D „Wilhelm Busch", der — mit VT 601 gefahren — unter der Zugnummer F147 auf der Strecke Köln — Hannover eine Reisegeschwindigkeit von 123,7km/h erzielte. Vor Einführung dieses „Intercity-Systems" war bei den leichten F-Zügen im Sommerabschnitt 1968 der F46 „Roland" zwischen Bremen und Mannheim mit 118,5km/h der Zug mit der höchsten Reisegeschwindigkeit gewesen.

Um einen Überblick über die elektrische Zugförderung auf den Hauptstrecken der DB für das Netz der F-Züge wie auch der TEE zu geben, sei auf die beigegebene Karte der Elektrifizierung bei der DB nach dem Stand vom 1. Oktober 1968 verwiesen, denen die elektrifizierten Strecken im Jahre 1945 gegenübergestellt werden.

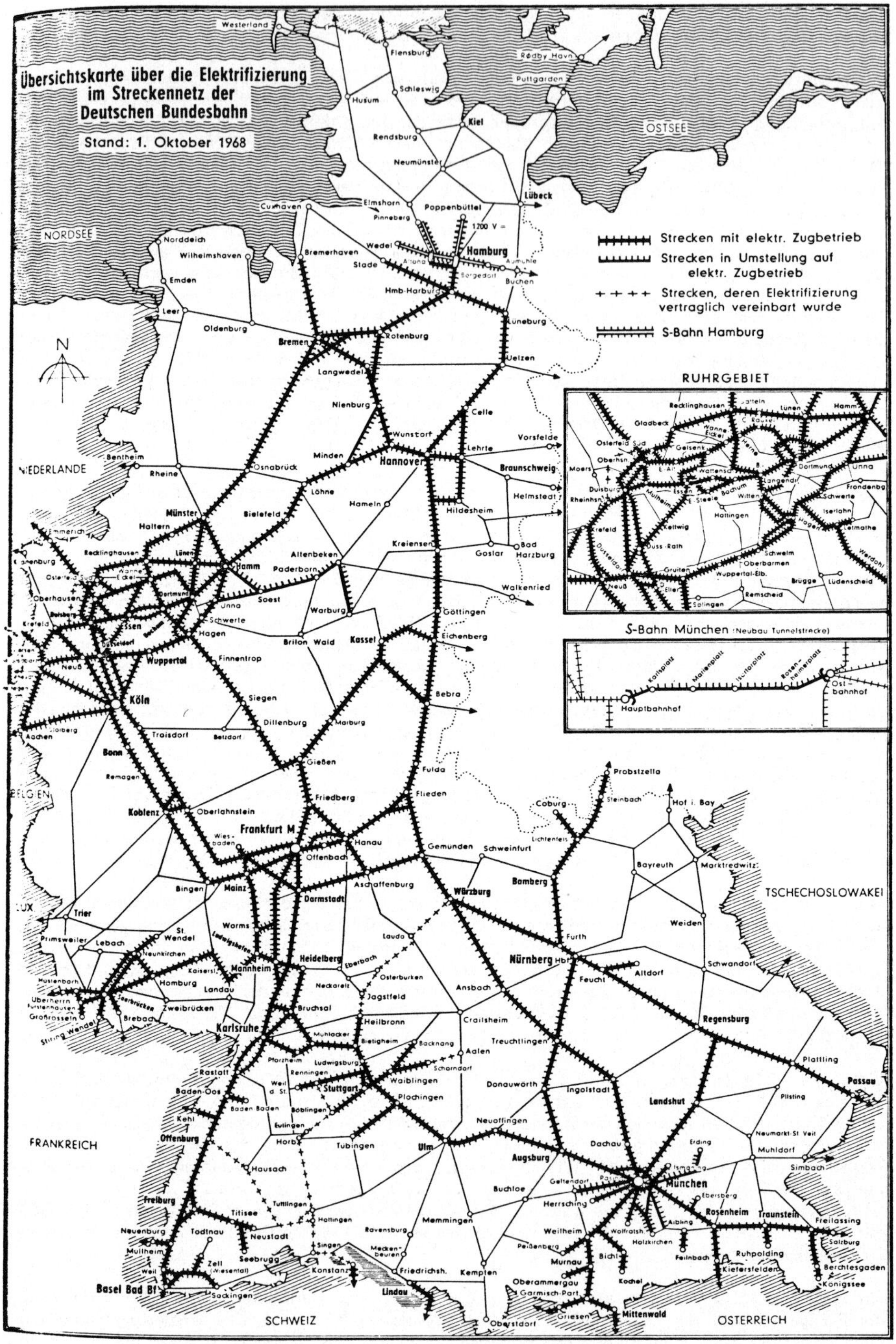

Die elektrifizierten Strecken nach dem Stand vom 1. 10. 1968

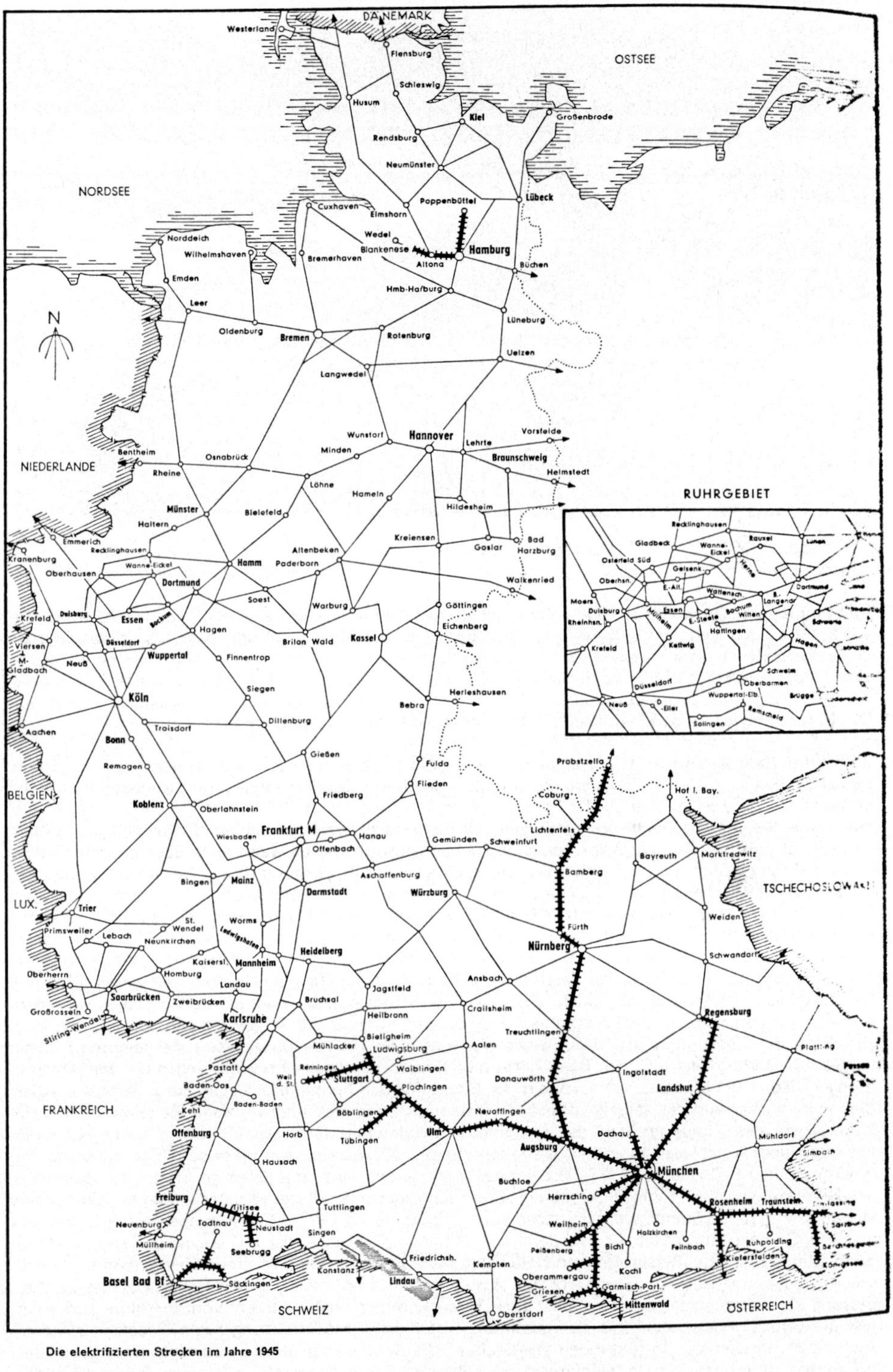

Die elektrifizierten Strecken im Jahre 1945

Kreuzung bei Vehrte am 21. September 1968: 44 100 mit einem Dg nach Bremen begegnet F 34 „Gambrinus".
Aufnahme: Ludwig Rotthowe

Im Sommerfahrplanabschnitt 1968 gab es im Netz der leichten F-Züge eigentlich nur zwei erwähnenswerte Veränderungen: F 29/30 liefen wieder über Hamburg-Altona, um dort nach Bedarf das Zugpaar verstärken oder auch schwächen zu können und um nicht alle Wagen bis Kiel durchlaufen zu lassen. Und F 45/46 verkehrten nur noch zwischen Mannheim und Bremen, statt über Darmstadt jetzt aber über die Riedbahn. Die Anbindung an F 9/10 blieb bestehen, ebenso der Kurswagenübergang aus D 383 in Hannover, so daß F 45 nördlich Hannover weiterhin als D-Zug verkehrte.

Zum Winterfahrplanabschnitt am 29. September1968 hatte sich jedoch die DB etwas grundsätzlich Neues für den schnellen F-Zug-Verkehr einfallen lassen. Im Zusammenhang mit der neuen Fahrplankonzeption, die zum Winter 1971/72 letztlich im IC-Netz im Zwei-Stunden-Takt mündete, führte man sechs besonders schnelle Verbindungen für den Geschäftsreiseverkehr mit sehr wenigen Halten ein, die im Fahrplanjahr 1969 zur besseren Fahrzeugausnutzung teilweise auch über bis dahin nicht übliche Wege geführt wurden. Dabei vereinigte eine solche Zugleistung in der Regel zwei Aufgaben in der Verkehrsbedienung in sich. Durch den zwischenzeitlich bei zahlreichen TEE-Zügen erfolgten Ersatz der 1957 nach dem grundsätzlichen TEE-Konzept eingeführten Triebwagenzüge der nunmehrigen Baureihe 601 (VT 11.5) durch Wagenzüge in der modifizierten „Rheingold"-Bauart waren die 601 teilweise arbeitslos geworden. Da sie aber bei weitem noch nicht abgefahren waren, sondern einen erheblichen Kapitalbestand darstellten, sollten sie zukünftig auch in dem neu zu schaffenden Intercity-System Verwendung finden. Zwar war der Grundgedanke eines deutschen Schnellverkehrssystems seit dem Einsatz des „Fliegenden Hamburgers" immer der Triebwageneinsatz gewesen und auf dieser Basis hatte man ab 1949, insbesondere aber ab 1951, auch das Netz der leichten F-Züge aufgebaut. Und auf der gleichen Basis hatte die DB sich bei ihren Mitverwaltungen bei den Abstimmungen über ein TEE-Netz auf europäischer Ebene für den Schnelltriebwagen stark gemacht. Aber die nicht vorhersehbare, sprunghafte Aufwärtsentwicklung des hochwertigen Reiseverkehrs trotz Konkurrenz des Flugzeugs und des Individualkraftfahrzeugs für Geschäftsreisen, hatte auch die Grenzen eines Triebwageneinsatzes erkennen lassen. Als daraus resultierende Folge waren ja im innerdeutschen F-Zugnetz die VT 08.5 immer mehr durch die an das jeweilige Verkehrsaufkommen an den einzelnen Wochentagen und zu einzelnen Jahresperioden besser anzupassenden Wagenzüge aus diesen Diensten verdrängt worden. Aber auch die Ablösung der TEE-Triebwagen erfolgte aus den gleichen Gründen international, nachdem das „Rheingoldkonzept" der DB bewiesen hatte, wie man ohne Minderung von Reisezeiten und Reisegeschwindigkeiten bei den stark überlastbaren elektrischen Triebfahrzeugen im Gegensatz zur guten alten Dampflok auch bei diesen Zügen eine Anpassung des Sitzplatzangebots an das Verkehrsaufkommen wahrnehmen konnte, ohne daß man hierfür weitere Triebwagen mit der gesamten installierten Motorleistung hätte einsetzen müssen. Aber noch standen sich in führenden DB-Kreisen die Befürworter eines Triebwageneinsatzes in der bekannten und historisch so erfolgreich gewachsenen Form denen des alleinigen Einsatzes ellokbespannter, dem jeweiligen Verkehrsaufkommen zu jeder Zeit und auf jedem Streckenabschnitt anzupassender Wagenzüge gegenüber. So war auch noch keine definitive Entscheidung über das Aussehen eines geplanten Intercity-Netzes bezüglich der einzusetzenden Fahrzeuge gefallen. Dies geht auch aus den zögernden Beschaffungen neuer klimatisierter Wagen der modifizierten Rheingold-Bauart hervor, die zu diesem Zeitpunkt in erheblich höherer Stückzahl bei der Industrie bestellt hätten werden müssen, um 1971 zum Einsatz bereitzustehen. Die Folge dieser späten Beschaffungspolitik war dann ja auch an dem langen Einsatz blauer Aüm-Wagen im Intercity-Verkehr zu erkennen.

So wurden also nun in der jetzt anlaufenden Testphase von den sechs neu zu schaffenden Verbindungen, die erstmals unter dem Begriff „Intercity" und einem zugeordneten Großbuchstaben A - F versehen und so neben dem Namen auch im Kursbuch dargestellt wurden, zwei Verbindungen als ellokbespannte Zugeinheiten und vier mit Triebwageneinheiten der Baureihe 601 gefahren. Gleichzeitig erhielten diese Verbindungen Namen wie bisher bereits die TEE- und F-Züge, wobei teilweise Namen von bestehenden F-Zug-Verbindungen übernommen wurden, die dann wieder mit neuen Namen ausgestattet werden mußten: nach dem „Nummernsalat" fing nun auch der „Namensalat" an, eine leider bis auf den heutigen Tag bestehen gebliebene Unsitte!

Für den Einsatz in diesem Verkehr wurden die bei den VT 601 an den Stirnseiten der Triebköpfe angebrachten „TEE"-Zeichen durch das neue „IC"-Emblem ersetzt; der seitliche Schriftzug „Trans-Europ-Expreß" wurde übermalt. Da ein Teil der Fahrzeuge aber noch im TEE-Verkehr eingebunden war, wurde jeweils das passende Zeichen angebracht. Nach eingehenden Versuchen war außerdem die Höchstgeschwindigkeit der VT 601 für den Intercityverkehr auf 160km/h angehoben worden, während sie im TEE-Dienst zunächst weiterhin nur 140km/h laufen durften. Es verwundert daher nicht, wenn diese IC-Kurse bald zu den schnellsten der DB gehörten.

Intercity	**Zug-Nr.**	**Name**	**Laufweg**	**Reisezeit in Std.**	**Reisegeschwindigk. km/h**
A	F 31	Senator	Köln (17.00) —Essen — (Wanne) — Münster — Hamburg Hbf (20.49) — Hamburg-Altona	3.49	119,0
A	F 32	Senator	Hamburg-Altona — Hamburg Hbf (7.00) — Münster — Hamm — Hagen — Köln (10.47)	3.47	118,3
B	F 130	Toller Bomberg	Hamburg-Altona — Hamburg Hbf (9.15) — Bremen — (Wanne) —Essen — Köln (13.10)	3.55	116,0
B	F 131	Toller Bomberg	Köln (18.51) — Essen — (Wanne) — Bremen — Hamburg Hbf (22.54) — Hamburg-Altona	4.03	112,2
C	F 13	Porta Westfalica	Köln (19.40) — Hagen — Hamm — Hannover (22.10)	2.30	118,9
C	F 14	Porta Westfalica	Hannover (12.50) — Essen — Köln (15.36)	2.46	117,5
D	F 146	Wilhelm Busch	Hannover (15.32) — Hamm — Hagen — Köln (18.03)	2.31	118,1
D	F 147	Wilhelm Busch	Köln (11.18) — Hagen — Dortmund — Hannover (14.03)	2.45	113,2
E	F 117	Prinzregent	München (17.36) — Stuttgart — Heidelberg — Frankfurt (21.49)	4.13	104,5
E	F 120	Prinzregent	Frankfurt (7.05) — Würzburg — (Ingolstadt) — München (10.45)	3.40	112,5
F	F 171	Mercator	Frankfurt (19.16) — Fulda — Hannover (22.28)	3.12	108,9
F	F 172	Mercator	Hannover (6.56) — Fulda — Frankfurt (10.08)	3.12	108,9

Im Zusammenhang mit der Einführung dieser Züge entfielen die bisherigen F 31/32 „Merkur" und wurden in D-Züge umgewandelt. Intercity A und C verkehrten als lokbespannte Züge, die übrigen mit VT601. Intercity B (F 130) befuhr die 255,3km lange Strecke Bremen Hbf — Essen Hbf ohne Halt bei einer Reisegeschwindigkeit von 127,7km/h. Es war die höchste zu dieser Zeit im Bereich der DB erzielte Reisegeschwindigkeit zwischen zwei Halten.

Für die Gestaltung des Jahresfahrplans 1969/70 erließ die HVB Planungsgrundsätze, die in zahlreichen Einzelheiten von der bisher verfolgten allgemeinen Linie abwichen und eine neue Tendenz nicht nur bei den schnellfahrenden Reisezügen erkennen ließen. So wurde darin u. a. festgestellt, „daß die Vorzüge der Schiene , nämlich Sicherheit, Zuverlässigkeit, Witterungsunabhängigkeit, Pünktlichkeit, für die Wahl des Verkehrsmittels nicht mehr ausreichend sind. Bevorzugt werden vielmehr Verkehrsmittel, die Schnelligkeit und Bequemlichkeit bieten und das Sozialprestige heben.

Am 1. Juni 1968 fuhr 601 015 mit TEE-Signet im F-Zugdienst als FT 38 „Hans Sachs".
Aufnahme (Mainz): Peter Konzelmann

Am 6. Juli 1968 liefen 601 010 und 018 als TEE-Einheit im Plan des FT 38 „Hans Sachs", aufgenommen von Dieter Dettelbacher bei Rednitzhembach.

FT 38 „Hans Sachs" durchfährt als 601-Einheit am 27. Juli 1968 Retzbach-Zeltingen auf dem Weg nach München.
Aufnahme: Kurt Müller

Deshalb heißt das Ziel der Bundesbahn:
– Verkürzung der Reisezeiten,
–Verbesserung des Komforts,
– Vermehrung der Bedienungshäufigkeit.
Vor allem sollen die Zugverbindungen über mittlere Entfernungen ausgestaltet und die Netzwirkung verbessert werden.

Das Beförderungsangebot wird nach folgenden Zuggattungen unterschieden:

	Zuggattung	Reisegeschwindigkeit km/h	Höchstgeschw. km/h
1)	TEE- und F-Züge 1. Klasse mit besonderem Komfort	105	bis 200
2a)	F- und D-Züge 1. und 2. Klasse weiträumige Verkehrsbedienung	90	160
2b)	D-Züge für Bedienung regionaler Zentren und Verkehrsknoten	80	160
3a)	Eilzüge für regionale Bedienung wichtiger Hauptstrecken	70	140
3b)	Eilzüge für Bedienung von Nebenfernstrecken und verkehrswichtiger Seitenlinien	Hauptbahn 60 Nebenbahn 50	120
4a)	Nahschnellverkehrszüge (Ns) in Ballungsräumen und für Anschlußverkehr zu TEE, F und D	Hauptbahn 50 Nebenbahn 40	120
4b)	Nahverkehrszüge (bisher Personenzüge) für den Nahbereich	Hauptbahn 40 Nebenbahn 35	120

Mit den vorgenannten neuen Bezeichnungen soll sich ein Qualitätsbegriff verbinden. Daher werden Eilzüge künftig auf kleineren Stationen nicht mehr halten.

Zahlreich innerdienstliche Richtlinien für die Berechnung der Fahrzeiten, der Zugstärke, der Mindestübergangszeiten, der Wartezeiten dienen dazu, unnötige Fahrzeitreserven zu eliminieren.

Mit einem leisen Lächeln nimmt man die Richtlinien für die Bekanntgabe der Abfahrts- und Ankunftszeiten wahr. Ein Zug soll möglichst nicht um 9.59 Uhr abfahren und um 12.00 Uhr ankommen, sondern um 10.00/11.59 Uhr. Schließlich kostet ein Fernsehgerät auch nie DM 700.-, sondern DM 699,50. Vereinfacht wird auch die Darstellung unterschiedlicher Verkehrszeiten in den Fußnoten der Kursbücher.

Für den Schnellstverkehr mit Höchstkomfort über mittlere Entfernungen wird als Fernreiseziel eine täglich etwa fünfmalige Verbindung zwischen den Wirtschaftszentren mit Reisegeschwindigkeiten von 120 - 150 km/h angestrebt. Gegebenenfalls werden hierbei auch gemischtklassige Züge eingesetzt.

Der schwere Fernverkehr wird mit jeweils dem Verkehrsbedürfnis entsprechenden schnellen D-Zügen bedient.

Das Platzangebot soll mehr den Bedürfnissen angepaßt werden, um wenig werbewirksame Überbesetzungen in den Verkehrsspitzen zu vermeiden.

Es werden Bemühungen angestellt, zwischen Nord- und Süddeutschland einen reinen Schlaf- und Liegewagenzug einzulegen.

Lange Aufenthalte zugunsten des Expreßgutverkehrs sollen künftig vermieden werden.

Die Züge des Bezirks- und Nahverkehrs haben einen Anteil von 62 % an der Zugkilometerleistung und beeinflussen daher wesentlich das Erscheinungsbild des Beförderungsangebotes. Deshalb wird auf eine gute Netzgestaltung und verkehrliche Attraktivität besonderer Wert gelegt. Fahrplanlücken sollen durch bisherige Stillager ausgefüllt werden. Hier ist eine Abkehr von dem bisher verfolgten Weg festzustellen, durch Auslegung schwach besetzter Züge den Zugkilometeraufwand herabzusetzen.

Am 3. Februar 1968 kam die Vorserien-E 10 001 vor F 38 „Hans Sachs" zu F-Zugehren.
Aufnahme (bei Katzwang): Dieter Dettelbacher

Am 10. März 1969 leistet die Zweisystemlok 181 002 des Bw Saarbrücken der E 10 114 des Bw Heidelberg Vorspann vor F 46 „Roland". Aufnahme (bei der Einfahrt Mannheim Hbf): Walter Hanold

Aus Gleis 12 des Stuttgarter Hbf fahren am 10. Juni 1969 601 014 und 012 als „Intercity F" „Mercator" Stuttgart – Bremen aus. Aufnahme: Gerhard Neth

Am 19. Dezember 1969 war als F 120 wieder die gewohnte 601-Einheit zu sehen. Der Zug war um 10:48 Uhr in München Hbf eingetroffen. Aufnahme: EK-Archiv

Der Begriff Personenzug wird der Vergangenheit angehören, wie die obenstehende Übersicht zeigt. Verkehrswichtige Strecken sollen künftig möglichst eilzugmäßig bedient werden (grünes Netz).

Dabei ist weniger an einen Taktfahrplan gedacht, als vielmehr an gute Anschlüsse und optimale Lagen für regionale Bedürfnisse.

Geplant ist je nach dem Verkehrsbedürfnis eine täglich fünfmalige (alle drei Stunden), achtmalige (alle zwei Stunden) oder 16-malige (stündliche) Bedienung."

Diese den VdEF-Mitteilungen des Monats Dezember 1968 entnommene Darstellung der Planungsgrundsätze für das künftige Reisezugangebot der DB (in anderen Publikationen war dieses in analoger Form nachzulesen), stimmen heute rückschauend sehr wehmütig, denkt man an die Situation des Reisezugangebots im Nahverkehr, in der Fläche und auch bei der eilzugmäßigen Bedienung – wie das abgelehnte RE-System ja heute so schön umschrieben wird – in den Jahresfahrplänen 1980/81 und noch mehr 1982/83. Innerhalb von 13 Jahren ist bei der DB eine völlige Abkehr von den damals aufgestellten Planungsgrundsätzen zu erkennen, wenn auch nicht verkannt werden soll, daß in der Fernverkehrsbedienung gegenüber dem damaligen Planungsstand ganz erhebliche Verbesserungen erzielt wurden. Aber das Netz der Deutschen Bundesbahn besteht nun einmal nicht nur aus vier IC-Linien mit geringen Halten, Bedienung der Hauptfernstrecken mit guter bis sehr guter Verkehrsbedienung und schon beginnender Verdünnung auf den Nebenfernlinein mit meist nur eilzugmäßiger Bedienung.

Bereits der Jahresfahrplan 1969 brachte die ersten Auswirkungen der neuen Konzeption, weniger im Netz der leichten F-Züge als bei den Schnell-, Eil- und Nahverkehrszügen. Aber auch im Netz der leichten F-Züge gab es einige merkliche Veränderungen. Im alten für 1967 dargestellten Kernnetz traten nur geringfügige Änderungen ein. Dies waren u. a. die Führung von F 14 über Dortmund – Essen statt über die Wupper nach Köln und die Kürzung des Zuglaufes von F 29/30 auf Hamburg-Altona statt Kiel. Aus dem Kreis der Betrachtungen scheiden F 45/46 infolge ihrer Übernahme in das Netz der TEE aus und in D 209/210 endet der Triebwageneinsatz, so daß auch dieser Zuglauf aus den weiteren Betrachtungen ausscheidet. F 15/16 werden unter dem Namen „Dompfeil" auf den Laufweg Frankfurt – Mainz – Köln – Essen (F 16 weiter über die Wupper) – Hannover verlängert.

Dagegen gab es bei den zum 29. September 1968 eingeführten „Intercity"-Zugpaaren A – F größere Veränderungen. Offensichtlich waren diese nur kurzfristig geplant zum Winterabschnitt eingeführt worden und wurden jetzt zum Jahresfahrplan der neuen Konzeption entsprechend ausgestaltet. Es entfielen aber wieder die Bezeichnungen „Intercity" und die Buchstabenangaben A – F. Die Zugpaare erhielten zur Kennzeichnung wie alle bisherigen F-Züge des leichten F-Zugnetzes Zugnummern und Zugnamen als alleinige Kennzeichnungen. Das bisherige Intercityzugpaar A blieb in Zugnummer und Laufweg unverändert, wurde jedoch auf den Namen „Patrizier" umgetauft. Intercity B, D und E blieben unverändert. Dagegen wurde Intercity C unter dem neuen Namen „Sachsenross" mit den Zugnummern F 140/141 zu einer von VT 601 gefahrenen Verbindung mit Doppelfunktion Frankfurt – Hannover – Bielefeld – Essen – Köln umgewandelt und Intercity F verkehrte als „Mercator" F 170/171 auf dem Weg Bremen – Hannover – Frankfurt – Mannheim – Stuttgart, wobei die VT 601-Einheit zwischen Bremen und Hannover in beiden Richtungen als D-Zug klassifiert war, der erste und damals einzige D-Zug nur mit 1. Klasse im Netz der DB! Und im Winterabschnitt kam noch eine weitere VT 601-Verbindung hinzu, der an Samstagen während der Wintersportsaison verkehrende F 1298/1299 „Karwendel" Frankfurt – Seefeld i.Tirol, der seinen Weg über Darmstadt – Heidelberg – Stuttgart – Augsburg – München – Garmisch – Mittenwald nahm.

Die Reisegeschwindigkeiten waren in diesem Jahr weiter allgemein merklich angestiegen. Schnellster Zug bei den F-Zügen war nun F 147 mit 123,7 km/h geworden und es verkehrten mit einer

Hg über 120 – 140 km/h	2 TEE, 10 F, 333 D,
Hg über 140 – 160 km/h	18 TEE, 30 F, 4 D (D 47/48 „Konsul", D 272/273 „Hispania-Expreß"),
Hg über 160 – 180 km/h	2 TEE (TEE 11/12 „Rembrandt"),
Hg über 180 – 200 km/h	2 TEE, 2 F (TEE 54/55 „Blauer Enzian", F 27/28 „Rheinblitz").

Diese 403 Züge, die eine Höchstgeschwindigkeit von mehr als 120 km/h aufzuweisen hatten, entsprachen etwa 60% aller im Bereich der DB verkehrenden Schnell- und höherwertigen Züge. Dabei waren jedoch bereits zahlreiche Eilzüge auf Geschwindigkeit zwischen über 120 – 140 km/h angehoben worden, die in den vorstehenden Zahlen nicht berücksichtigt sind.

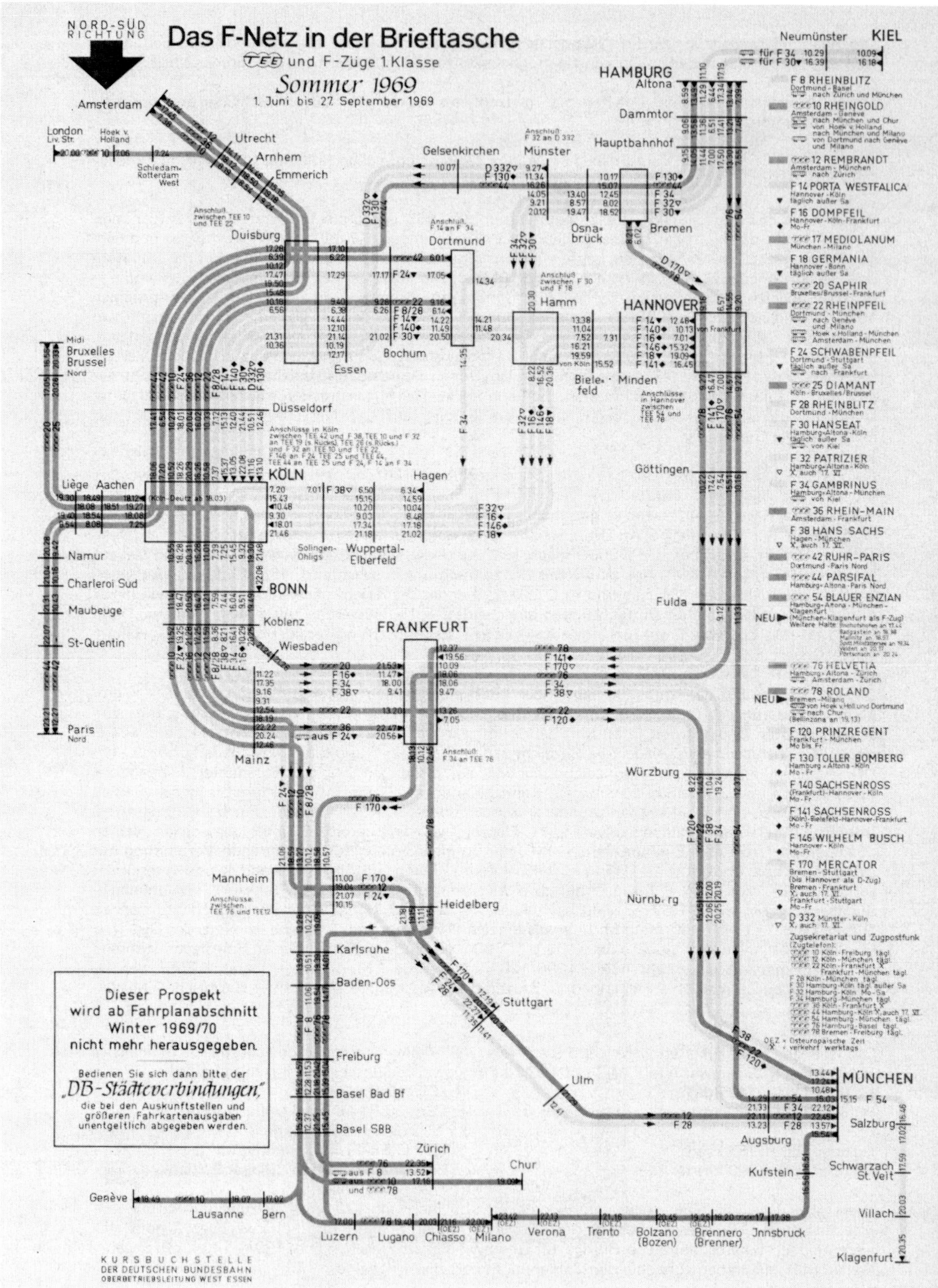

NORD-SÜD RICHTUNG
Das F-Netz in der Brieftasche
TEE und F-Züge 1. Klasse
Sommer 1969
1. Juni bis 27. September 1969
Amsterdam
London Liv. Str.
Hoek v. Holland
Schiedam-Rotterdam West
Utrecht
Arnhem
Emmerich
Duisburg
Essen
Bochum
Dortmund
Gelsenkirchen
Münster
Hamm
Osnabrück
Bremen
HAMBURG
Altona
Dammtor
Hauptbahnhof
Neumünster
KIEL
HANNOVER
Bielefeld
Minden
Göttingen
Fulda
Düsseldorf
KÖLN
Hagen
Solingen-Ohligs
Wuppertal-Elberfeld
BONN
Koblenz
Wiesbaden
Mainz
FRANKFURT
Würzburg
Nürnberg
Mannheim
Heidelberg
Karlsruhe
Baden-Oos
Stuttgart
Ulm
Augsburg
MÜNCHEN
Salzburg
Schwarzach St. Veit
Villach
Klagenfurt
Kufstein
Innsbruck
Brennero (Brenner)
Bolzano (Bozen)
Trento
Verona
Milano
Chiasso
Lugano
Luzern
Zürich
Chur
Freiburg
Basel Bad Bf
Basel SBB
Bern
Lausanne
Genève
Liège
Aachen
Bruxelles Brussel Midi
Nord
Namur
Charleroi Sud
Maubeuge
St-Quentin
Paris Nord
F 8 RHEINBLITZ
10 RHEINGOLD
12 REMBRANDT
F 14 PORTA WESTFALICA
F 16 DOMPFEIL
17 MEDIOLANUM
F 18 GERMANIA
20 SAPHIR
22 RHEINPFEIL
F 24 SCHWABENPFEIL
25 DIAMANT
F 28 RHEINBLITZ
F 30 HANSEAT
F 32 PATRIZIER
F 34 GAMBRINUS
36 RHEIN-MAIN
F 38 HANS SACHS
42 RUHR-PARIS
44 PARSIFAL
54 BLAUER ENZIAN
76 HELVETIA
78 ROLAND
F 120 PRINZREGENT
F 130 TOLLER BOMBERG
F 140 SACHSENROSS
F 141 SACHSENROSS
F 146 WILHELM BUSCH
F 170 MERCATOR
D 332
NEU
Zugsekretariat und Zugpostfunk (Zugtelefon)
OEZ = Osteuropäische Zeit
X = verkehrt werktags
Dieser Prospekt wird ab Fahrplanabschnitt Winter 1969/70 nicht mehr herausgegeben.
Bedienen Sie sich dann bitte der „DB-Städteverbindungen", die bei den Auskunftstellen und größeren Fahrkartenausgaben unentgeltlich abgegeben werden.
KURSBUCHSTELLE DER DEUTSCHEN BUNDESBAHN OBERBETRIEBSLEITUNG WEST ESSEN

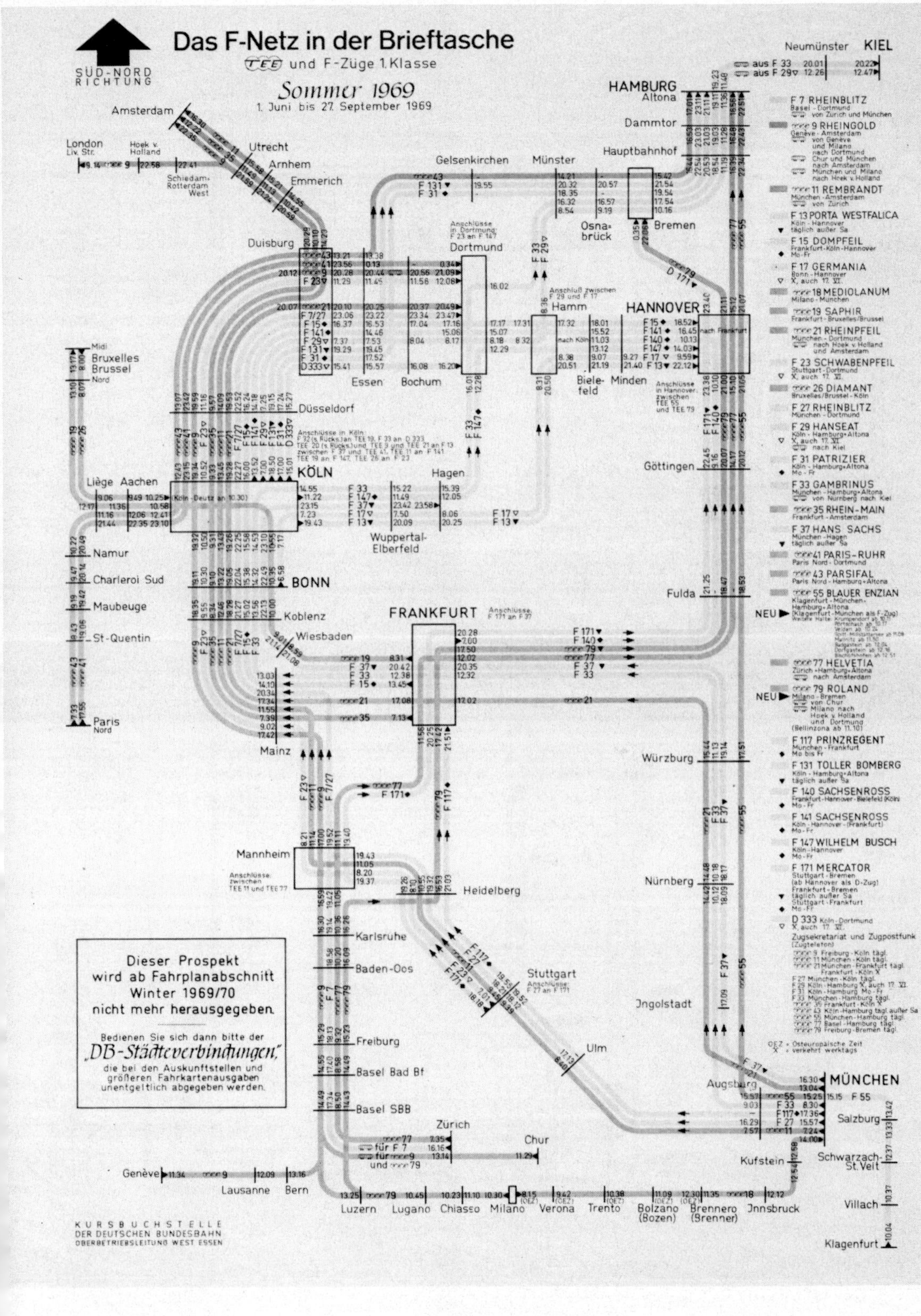

SÜD-NORD RICHTUNG
Das F-Netz in der Brieftasche
TEE und F-Züge 1. Klasse
Sommer 1969
1. Juni bis 27. September 1969
Amsterdam
London Liv. Str.
Hoek v. Holland
Schiedam-Rotterdam West
Utrecht
Arnhem
Emmerich
Gelsenkirchen
Münster
Hauptbahnhof
HAMBURG Altona
Dammtor
Neumünster
KIEL
Duisburg
Dortmund
Osnabrück
Bremen
Hamm
HANNOVER
Essen
Bochum
Bielefeld
Minden
Düsseldorf
KÖLN
Hagen
Wuppertal-Elberfeld
Göttingen
Bruxelles Brussel Midi Nord
Liège
Aachen
Namur
Charleroi Sud
Maubeuge
St-Quentin
Paris Nord
BONN
Koblenz
Wiesbaden
FRANKFURT
Fulda
Mainz
Würzburg
Mannheim
Heidelberg
Nürnberg
Karlsruhe
Baden-Oos
Stuttgart
Ingolstadt
Freiburg
Basel Bad Bf
Basel SBB
Ulm
Augsburg
MÜNCHEN
Salzburg
Zürich
Chur
Genève
Lausanne
Bern
Kufstein
Schwarzach-St. Veit
Villach
Klagenfurt
Luzern
Lugano
Chiasso
Milano
Verona
Trento
Bolzano (Bozen)
Brennero (Brenner)
Innsbruck
F 7 RHEINBLITZ
9 RHEINGOLD
11 REMBRANDT
F 13 PORTA WESTFALICA
F 15 DOMPFEIL
F 17 GERMANIA
18 MEDIOLANUM
19 SAPHIR
21 RHEINPFEIL
F 23 SCHWABENPFEIL
26 DIAMANT
F 27 RHEINBLITZ
F 29 HANSEAT
F 31 PATRIZIER
F 33 GAMBRINUS
35 RHEIN-MAIN
F 37 HANS SACHS
41 PARIS-RUHR
43 PARSIFAL
55 BLAUER ENZIAN
77 HELVETIA
79 ROLAND
F 117 PRINZREGENT
F 131 TOLLER BOMBERG
F 140 SACHSENROSS
F 141 SACHSENROSS
F 147 WILHELM BUSCH
F 171 MERCATOR
D 333
Dieser Prospekt wird ab Fahrplanabschnitt Winter 1969/70 nicht mehr herausgegeben.
Bedienen Sie sich dann bitte der „DB-Städteverbindungen", die bei den Auskunftstellen und größeren Fahrkartenausgaben unentgeltlich abgegeben werden.
KURSBUCHSTELLE DER DEUTSCHEN BUNDESBAHN OBERBETRIEBSLEITUNG WEST ESSEN

Am 18. Juli 1969 war die planmäßige 601-Einheit für F 120 „Prinzregent" schadhaft. Als Ersatz fuhr eine 4010-Garnitur der ÖBB von Frankfurt nach München. Das Bild zeigt den Zug in Frankfurt Hbf. Aufnahme: Günther Steinhauer

Am 4. Juli 1969 waren die Triebzüge der Baureihe 601 bereits planmäßig im F-Zugdienst eingesetzt, wie 601 005 und 006 als F 140 Sachsenroß. Aufnahme (bei Rheda): Dieter Dettelbacher

112 493 am 7. März 1970 vor F 16 „Dompfeil" auf der winterlichen Rheinstrecke bei Boppard.
Aufnahme: Ulrich Budde

F 28 „Rheinblitz" am 17. Juni 1970 auf dem Enzviadukt bei Bietigheim. Aufnahme: Walter Hanold

Waren schon zum Sommerfahrplan 1969 zahlreiche Zugnummern im Bereich der DB geändert worden, so brachte jetzt der Jahresfahrplan 1970 eine systematische Neunummerung der schnellfahrenden Reisezüge. Wegen der grundsätzlichen Bedeutung dieser Frage soll hier zusammenhängend ausführlicher darauf eingegangen werden, insbesondere warum und in welcher Form es zu diesen Zugnummernänderungen kam. Dabei muß aber vorausgeschickt werden, daß es mit der 1970 gefundenen Lösung nicht sein Auslangen hatte, sondern daß später andere Sachzwänge, z. B. die Einführung von IC 79, neue internationale Vereinbarungen auf der Ebene der UIC sowie die weitere Ausgestaltung der elektronischen Platzbuchung zu neuerlichen Änderungen führten. Dennoch darf davon ausgegangen werden, daß die 1970 maßgebenden Systematiken der Nummerung der schnellfahrenden Reisezüge für den Bereich der DB auch heute noch ihre Gültigkeit haben.

In Heft 9/1972 der Zeitschrift ,, Bundesbahn" wurden unter dem Titel ,,Neue Zugnummern bei den Reisezügen" von Langzeuner grundsätzliche Ausführungen für die Gründe der Umnummerung, sowie das Vorgehen der Umnummerung bis 1971 gemacht, die mit freundlicher Genehmigung der Deutschen Bundesbahn hier wiedergegeben werden sollen:

Neue Zugnummern bei den Reisezügen

Mit Beginn des Jahresfahrplans 1970/71 wird das Angebot der DB an Reisezügen im Binnenverkehr in den Kursbüchern, Taschenfahrplänen und in den sonstigen Fahrplan-Veröffentlichungen nach Zugnummern geordnet erscheinen.

Diese Aktion wurde durch die Anwendung der Elektronik im Platzbuchungsverfahren ausgelöst. Aber auch merktechnische Gesichtspunkte haben die Umnummerung der Reisezüge notwendig erscheinen lassen. Nachfolgend sollen die Gründe erläutert, die angestellten Überlegungen und die schließliche Durchführung der Umnummerung aufgezeigt werden.

1. Gründe für die Umnummerung der Reisezüge

1.1 Zentrale elektronische Platzbuchung

Mit der Anwendung der Elektronik wird die Platzbuchung zuverlässiger und schneller. Dem Kunden kann ohne lange Wartezeit seine Platzkarte sofort ausgehändigt werden. Saisonbedingte Schwankungen — bei Verkehrsspitzen im manuellen Verfahren nur durch entsprechend hohen Personaleinsatz aufzufangen — werden von einer elektronischen Platzbuchungsanlage ohne schwierige Personaldisposition bewältigt.

Diese Vorteile, neben anderen wirtschaftlich-technischen Überlegungen, haben die Unternehmensleitung der DB bewogen, das bisherige manuelle Platzreservierungsverfahren vom 1. Februar 1971 an durch eine Elektronische Platzbuchungsanlage (EPA) zu ersetzen. Die Kapazität der beschafften Siemens Duplexanlage vom Typ 4004 läßt die Platzbuchung für höchstens 32 767 Züge zu.

Bei den ersten Überlegungen — schon frühzeitig auch auf internationaler Ebene im Rahmen des Internationalen Eisenbahnverbandes (UIC) angestellt — war davon ausgegangen worden, daß für die Elektronik alle Verschlüsselungen ausschließlich durch Ziffern (d. h. ohne Buchstaben) vorzunehmen sind. Als Schlüssel für die Identifizierung der einzelnen Züge boten sich Zugnummern an.

Wegen der ausschließlichen Kennzeichnung eines Zuges durch seine Zugnummer muß jede Doppelbelegung vermieden werden. Die Maschine braucht ein eindeutiges Merkmal; sie kann nicht aus gleichgenummerten Zügen den richtigen auswählen, es sei denn, der einzelne Zug bekäme noch ein zusätzliches besonderes Merkmal. Das bedeutet aber: Die Einspeicherung der Züge wird umfangreicher. Wirtschaftlich-technische Gründe sprechen daher gegen eine Doppelnummerung von Zügen, soweit sie in die EPA einbezogen werden sollen. Ein wichtiger Anlaß, die Nummerung der Reisezüge zu überprüfen.

1.2. Merktechnische Gesichtspunkte

Sehr viele Mitarbeiter der DB aus den verschiedensten Fachgebieten, aber auch der Kunde der DB sowie Eisenbahnfreunde haben mit den Zugnummern zu arbeiten oder beschäftigen sich damit. Ein großer Peronenkreis stellt sich also unter einer Zugnummer eine ganz bestimmte Zugleistung vor. Haben mehrere Züge die gleiche Nummer, wird dies schwieriger. Dem Fahrplanbearbeiter z. B. hilft seine Erfahrung; andere, weniger mit der Materie Beschäftigte müssen zurückfragen oder in

Unterlagen nachschlagen, um festzustellen, welcher Zug nun eigentlich gemeint ist. Dies alles erschwert die Arbeit und kann zudem eine Fehlerquelle sein.

Die Zugnummern prägen sich um so leichter ein, je häufiger der Einzelne mit ihnen in Berührung kommt. Das Einprägen kann aber sehr erleichtert werden, wenn in der Nummerung ein System besteht, d. h. die Merkmale jeder Zugnummer etwas Bestimmtes aussagen. Bei der Vielzahl der täglich verkehrenden Reisezüge – im Bereich der DB sind es etwa 18 000 – ist ein Hilfsmittel für das Einprägen der Zugnummern erstrebenswert. Nachdem früher aufgestellte Grundsätze weitgehend verwischt waren, bestand Veranlassung, auch in dieser Richtung die Zugnummerung der DB zu überdenken.

2. Ausgangssituation

Bestimmte Kriterien wurden bereits im Jahre 1920 mit der Verreichlichung der Ländereisenbahnen in der Nummerung der Reisezüge zwischen den einzelnen Direktionen angestrebt. Von der Hauptverwaltung der Deutschen Reichsbahngesellschaft wurden wohl 1929 allgemeine Richtlinien erlassen, die jedoch in den folgenden Jahren nicht weiter ergänzt wurden. Bei der raschen Umgestaltung des Fahrplannetzes in den Nachkriegsjahren war der Reisezugfahrplan bemüht, noch diese Grundsätze innerhalb der Nummern 1 bis 4 999 anzuwenden, es gelang jedoch nur sehr unzureichend.

2.1. Verteilung der Zugnummern auf die Hunderterreihen

Im Sommerfahrplan 1968 gab es international vereinbarte Zugnummern, die vom Ausgangs- bis zum Zielbahnhof über Landesgrenzen hinweg gleich blieben und von allen beteiligten Verwaltungen in ihrem Bereich gleichermaßen verwendet wurden. Innerhalb der DB war dadurch bei der Nummerung der Reisezüge von dem vorstehend angesprochenen System noch weniger erkennbar.

Wie im Sommerfahrplan 1968 die Zugnummern der schnellfahrenden Reisezüge auf die einzelnen Hunderterreihen verteilt waren, zeigt Bild 1.

Nach diesem taucht die Zugart „Schnellzüge", zu der nach dem heutigen Stand die Trans-Europ-Express-(TEE-), die Fernschnell- (F-), Schnell- (D-) und Expreßgutzüge zählen, in fast allen Hunderterreihen bis 50 auf. Wenn auch eine gewisse Tendenz in der Zusammenballung ersichtlich ist – z. B. TEE, F-, D-Züge überwiegend in der Reihe 1 bis 499 (jedoch mit 80 Doppel- und 8 Dreifach-Belegungen!) oder die Turnuszüge in zu großer Zahl (109) in der Reihe 900 bis 999 – so war die Streuung über die Hunderterreihen so vielfältig, daß von einem merktechnischen Gesichtspunkt bei diesen Zugnummern nicht mehr gesprochen werden konnte.

Einigermaßen konsequent lagen noch die Expreßgutzüge in der Reihe 3 000 bis 3 099. Dagegen waren wieder Eilzüge (E) in den meisten Hunderterreihen zu finden. Der Grund, der zu dieser Streuung führte, war das Umwandeln von Schnell- in Eilzüge, von Eil- in Nahverkehrszüge und umgekehrt, wobei die Zugnummern beibehalten wurden. Das Zugnummernsystem wurde jedoch dadurch völlig verwässert. Innerhalb der vierstelligen Zugnummern war außerdem noch die große Zahl der Nahverkehrszüge untergebracht.

2.2. Anzahl der schnellfahrenden Reisezüge

Im Fahrplanabschnitt Winter 1968/69 wurde folgende Anzahl von Zugnummern benötigt:

TEE, F-Züge	67
internationale D-Züge	246
innerdeutsche D-Züge	329
Auto-Reisezüge	40
Expreßgutzüge	53
	insgesamt 735
aus dem Turnusverkehr	insgesamt 229 (Pläne)

Bild 1: Belegung der einzelnen Hunderterreihen mit Reisezugnummern – Sommer 1968

Hunderter-reihe	Nummernreihe	belegt mit Zugnummern schnellfahrender Züge: TEE, F, D insgesamt	davon 2fach	davon 3fach	Autoreisezüge	Turnuszüge	Expreßgutzüge	Eilzüge
0	0– 99	119	19	2	2	–	–	2
1	100– 199	129	23	6	4	–	–	11
2	200– 299	90	18	–	–	–	–	22
3	300– 399	91	12	–	2	–	–	25
4	400– 499	65	4	–	25	–	–	42
5	500– 599	40	4	–	5	–	–	216
6	600– 699	24	–	–	4	–	–	223
7	700– 799	10	–	–	2	–	–	241
8	800– 899	9	–	–	–	25	–	221
9	900– 999	22	–	–	–	109	–	5
10	1 000– 1 099	24	–	–	–	25	–	4
11	1 100– 1 199	2	–	–	–	–	–	19
12	1 200– 1 299	9	–	–	–	–	–	3
13	1 300– 1 399	5	–	–	–	–	–	13
14	1 400– 1 499	2	–	–	–	–	–	13
15	1 500– 1 599	4	–	–	–	–	–	4
16	1 600– 1 699	2	–	–	–	4	–	13
17	1 700– 1 799	–	–	–	–	–	–	46
18	1 800– 1 899	–	–	–	–	–	–	38
19	1 900– 1999	1	–	–	–	14	–	20
20	2 000– 2 099	11	–	–	–	8	–	2
21	2 100– 2 199	–	–	–	–	–	–	2
22	2 200– 2 299	–	–	–	–	–	–	13
23	2 300– 2 399	–	–	–	–	–	–	6
24	2 400– 2 499	1	–	–	–	–	–	19
25	2 500– 2 599	2	–	–	–	4	–	–
26	2 600– 2 699	–	–	–	–	8	–	14
27	2 700– 2 799	–	–	–	–	12	–	7
28	2 800– 2 899	–	–	–	–	14	–	18
29	2 900– 2 999	–	–	–	–	17	–	3
30	3 000– 3 099	–	–	–	–	4	41	2
31	3 100– 3 199	–	–	–	–	–	–	46
32	3 200– 3 299	2						33
33	3 300– 3 399	–	–	–	–	–	2	3
34	3 400– 3 499	–	–	–	–	–	–	10
35	3 500– 3 599	–	–	–	–	–	–	2
36	3 600– 3 699	–	–	–	–	5	–	4
37	3 700– 3 799	–	–	–	–	–	–	5
38	3 800– 3 899	–	–	–	–	4	–	32
39	3 900– 3 999	–	–	–	–	15	–	–
40	4 000– 4 099	1	–	–	–	–	1	34
41	4 100– 4 199	–	–	–	–	–	–	6
42	4 200– 4 299	–	–	–	–	–	–	2
43	4 300– 4 399	–	–	–	–	–	–	4
44	4 400– 4 499	–	–	–	–	–	–	–
45	4 500– 4 599	–	–	–	–	4	–	103
46	4 600– 4 699	–	–	–	–	–	–	62
47	4 700– 4 799	–	–	–	–	1	–	69
48	4 800– 4 899	–	–	–	–	10	–	77
49	4 900– 4 999	–	–	–	–	6	–	90
82	8 200– 8 299	–	–	–	–	–	–	1
106	10 600–10 699	2	–	–	–	–	–	–
112	11 200–11 299	1	–	–	–	–	–	–
116	11 600–11 699	–	–	–	–	–	–	2
118	11 800–11 899	–	–	–	–	–	–	6
120	12 000–12 099	–	–	–	–	–	–	1
230	23 000–23 099	–	–	–	–	–	7	–
330	33 000–33 099	–	–	–	–	–	1	–

Eilzüge	unter Geschäftsführung der OBL Süd	der OBL West
355	177	178
Eilzüge (ohne Geschäftsführung)	davon Bereich OBL Süd	der OBL West
1 498	754	744
insgesamt 1 853	931	922

2.3. Verteilung der Züge auf Verkehrsrelationen

Weiter war von Interesse, welche wichtigen Verkehrsrelationen die langläufigen Züge bedienen, bzw. in welche die einzelnen Züge eingeordnet werden konnten.

1)	Relation	TEE	F	Schnellzüge international	Schnellzüge national	saisonierte Schnellzüge international	saisonierte Schnellzüge national	Auto-Reisezüge	Turnuszüge
(0)	Ruhr/Wupper - Basel	2	–	10	8	12	8	8	22
(1)	Ruhr/Wupper - Stuttgart - München	6	4	12	18	10	16	10	47
(2)	Ruhr/Wupper - Würzburg - München	6	4	10	17	4	1	–	8
(3)	Ruhr/Wupper - Hamburg	–	6	37	41	20	9	10	2
(4)	Ruhr/Wupper - Hannover	4	11	8	42	4	14	7	4
(5)	Süddeutscher Ost/West-Verkehr - Nord	–	–	23	39	5	8	–	2
(6)	Süddeutscher Ost/West-Verkehr - Süd	2	2	38	19	24	11	4	101
(7)	Hamburg/Bremen - Basel	4	2	12	26	8	8	8	17
(8)	Hamburg/Bremen - München	2	–	6	16	8	10	4	26
(9)	Hamburg/Bremen - Stuttgart	4	–	16	16	2	14	2	–
Summe (einschließlich für 1970 neu vereinbarter Züge)		30	29	172	242	97	99	33	229

1) Die in Klammern angegebenen Ziffern bezeichnen in der Zehnerstelle der Zugnummer die entsprechende Verkehrsrelation, die zum Sommer 1970 eingeführt wurde.

Die vorstehenden Erhebungen und die daraus gewonnenen Erkenntnisse bestimmen das weitere Vorgehen.

3. Vorgehen bei der Umnummerung

Die Vielzahl der von einer Umnummerung betroffenen Reisezüge verlangte ein behutsames, über den Zeitraum von mehreren Fahrplanabschnitten ausgedehntes Vorgehen, damit die Übersichtlichkeit beim Umstellungsvorgang nicht verlorenging. Dabei waren auch die internationalen Absprachen über durchlaufende Zugnummern zu beachten. Ziel mußte jedoch sein, die Doppelnummern bei TEE-, F- und D-Zügen bis zum Beginn des Winterfahrplans 1970/71 zu beseitigen. Dieser terminliche Zwang ergab sich aus der Einführung der elektronischen Platzbuchung vom 1. Februar 1971 an. Er bestimmte auch den gesamten Rhythmus der Umstellung.

Aber auch auf internationaler Ebene gab man sich mit dem Erreichten nicht zufrieden. Die durchlaufende Zugnummerung konnte nur ein erster Schritt sein, da sie noch systemlos war. Auf der Sitzung der Betriebsdirektoren der UIC im September 1967 in Budapest wurde beschlossen, daß der dafür eingesetzte Unterausschuß „Vereinheitlichung der Zugnummern der internationalen Reisezüge auf ihrem gesamten Laufweg" seine Untersuchungen weiterführen solle mit dem Ziel, ein analytisches Zugnummernsystem zu entwickeln. Die DB als vorsitzende Verwaltung dieses Unterausschusses und als besonders davon betroffene Durchgangsverwaltung legte zur Sitzung im Januar 1969 den Entwurf eines möglichen Nummernsystems für die internationalen Züge vor, das seiner Lage im europäischen Eisenbahnnetz entsprach und den Anschluß der Nachbarverwaltungen jederzeit ermöglichte. Das Grundprinzip dieses Vorschlages wurde auch vom Ausschuß „Betrieb" der UIC auf dessen Sitzung im Mai 1969 in Nürnberg genehmigt und gleichzeitig Auftrag erteilt, die Untersuchungen in dieser Richtung weiterzuführen.

Nach dieser wichtigen Entscheidung konnte die DB die schnellfahrenden Reisezüge des Binnenverkehrs bereits in ein auf internationaler Ebene anerkanntes System einordnen.

Für die Umnummerung der Reisezüge ergaben sich bisher folgende Etappen:

3.1. Sommerfahrplan 1969

Wie die schnellfahrenden Reisezüge waren auch die Nahverkehrszüge weit gestreut genummert. Ausgehend von dem Bedarf an Zugnummern für TEE, F- und Schnellzüge wurden zum Sommerfahrplan 1969 als erster Schritt die Nummernreihen 0 - 1 499 von Nahverkehrszügen freigemacht. Gleichzeitig wurden die nicht ganzjährig verkehrenden F- und D-Züge in die Hunderterreihen über 1 000 bis 1 399, die Autoreisezüge in die Reihe 1 400 bis 1 499 eingeordnet. Darüber hinaus wurden aus der Reihe 1 bis 99 die D- und E-Züge, soweit es möglich war, verlegt.

3.2. Winterfahrplan 1969/70

Wie aus Bild 1 zu ersehen, ergab sich zwingend, die Eilzüge in bestimmten Nummernreihen zusammenzufassen. Dies wurde zum Winterfahrplan 1969/70 durchgeführt und mit weiteren Maßnahmen gekoppelt. So wurden die Nummernreihen 100 bis 899 von Eilzügen, die weitere Reihe 1 500 bis 2 199 von Nahverkehrszügen freigemacht und die der Geschäftsführung der Oberbetriebsleitungen unterliegenden Eilzüge in die Reihe 1 500 bis 1 799, die übrigen Eilzüge in die Reihe 1 800 bis 1 999, bei weiterem Bedarf in die anschließende Reihe 2 000 bis 2 199 verlegt.

3.3. Sommerfahrplan 1970

Zu diesem Zeitpunkt werden 223 schnellfahrende Reisezüge in ein analytisches Nummernsystem eingeordnet, die Eil- und Nahverkehrszüge in Nummernbereiche zusammengefaßt sein.

Auch die Abgrenzug gegenüber dem Güterzugfahrplan wird in einer merktechnischen Form durchgeführt. Die Reihe 0 bis 4 999 steht demnach dem Reisezugfahrplan, die Reihe 5 000 bis 9 999 dem Güterzugfahrplan jeweils in allen Zehntausenderreihen bis 59 999 zur Verfügung.

Gleichzeitig legte die HVB mit Verfügung vom 20. Januar 1970 — 33.334 Bfnr 9 — „Grundsätze für die systematische Nummerung der schnellfahrenden Reisezüge" fest, die von den Kursbuchstellen vertrieben, jedermann zugänglich waren. Sie sollen nachstehend wiedergegeben werden:

Merkblatt

für die systematische Nummerung der schnellfahrenden Reisezüge im DB-Bereich

1. Die Zugnummern für die Reisezüge bestehen aus höchstens 5 Ziffern. Im Kursbuch veröffentlichte Reisezüge haben in der Regel nur Zugnummern mit höchstens 4 Ziffern. Im Zugnummernplan für den Reisezugdienst sind die Zugnummernreihen im einzelnen aufgeteilt.

2. Aus der Zugnummer schnellfahrender Reisezüge (TEE, F, D und E) soll in gewissen Grenzen erkennbar sein
   - **die Fahrrichtung des Zuges (Einerstelle)**
   - **die Verkehrsbeziehung (Zehnerstelle, Dekade)**
   - **die Zuggattung (Hunderterreihen)**
   - **die Verkehrsdauer (Tausender bzw Zehntausender)**

3. Die Zugpaare werden aufsteigend gerade/ungerade genummert, wobei die geraden Nummern für die Ost-West-Richtung und b. a. w. auch für die Nord-Süd-Richtung zu verwenden sind.

4. **Zugnummernmerkmale:**

Schnellzüge des Regelverkehrs (0-999)

Saisonzüge (1000-1499)
Eilzüge, Nahverkehrszüge (1500-4999)

Vor-, Nach-, Messe- und Sonderzüge für Großveranstaltungen, Turnusverkehr (10-14999 u.a.)

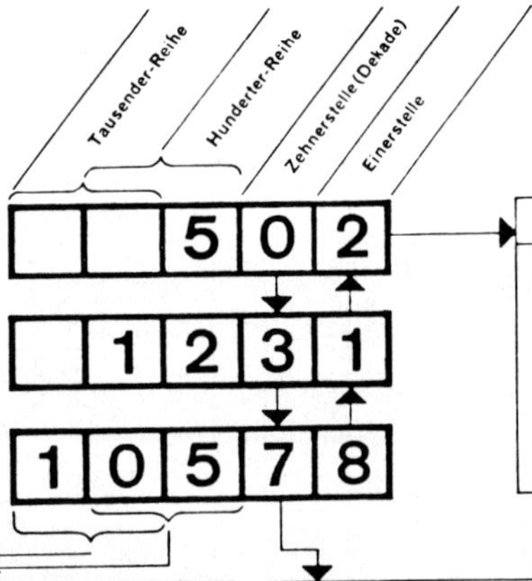

Fahrrichtung (Einerstelle):

gerade Ziffern (0, 2, 4, 6, 8)	für Ost-West-Richtung und b.a.w. für Nord-Süd-Richtung
ungerade Ziffern (1, 3, 5, 7, 9)	für West-Ost-Richtung und b.a.w. für Süd-Nord-Richtung

Tausender-Reihe

10 :	Vorzug (10000-10999)
11 :	Nachzug (11000-11999)
12 :	Doppelführung Kw-Nachführung (12000-12999)
14 :	Reisebürozüge (14000-14999)

Hunderter-Reihe

0 :	TEE (0-99)
1 :	nationale F-Züge (100-199)
2 ↓ 4 :	internationale Schnellzüge (200-499)
5 ↓ 9 :	nationale Schnellzüge (500-999)
10 ↓ 13 :	saisonierte Schnellzüge (1000-1399)
14 :	Autoreisezüge (1400-1499)
15 ↓ 18 :	Eilzüge (1500-1899 [2199]) *)
19 ↓ 49 :	Nahverkehrszüge (1900 [2200] -4999) *)

*) bei Bedarf bis Reihe 21 und ab Reihe 22

Dekade	Verkehrsbeziehung:
0 (00-09) :	Ruhr/Wupper—Basel/Konstanz (Fv 1)
1 (10-19) :	Ruhr/Wupper—Stuttgart—München (Fv 2)
2 (20-29) :	Ruhr/Wupper—Würzburg—Passau/München (Fv 3)
3 (30-39) :	Aachen/Köln—Hamburg einschl. Emden und Wilhelmshaven—Ruhr (Fv 30, 31, 32)
4 (40-49) :	Aachen/Köln—Hannover—Braunschweig einschl. Köln—Kassel (Fv 40, 41, 42)
5 (50-59) :	Süddeutscher Ost/West-Verkehr (nördlicher Bereich)
6 (60-69) :	Süddeutscher Ost/West-Verkehr (südlicher Bereich)
7 (70-79) :	Hamburg/Bremen—Frankfurt (M)—Basel (Fv 7)
8 (80-89) :	Hamburg/Bremen—Würzburg—München (Fv 8)
9 (90-99) :	Hamburg/Bremen—Stuttgart (Fv 9)

5. **Darstellung der innerdeutschen zehn Hauptverkehrsbeziehungen (Relationen), die aus der Zehnerstelle (Dekade) zu erkennen sind.**

Nicht dargestellte Verkehre sind möglichst sinnfällig einzureihen. Im geringen Umfange sind kleine Abweichungen zugelassen (z. B. bei starker Belegung einer Dekade ausweichen in die Nachbardekade).

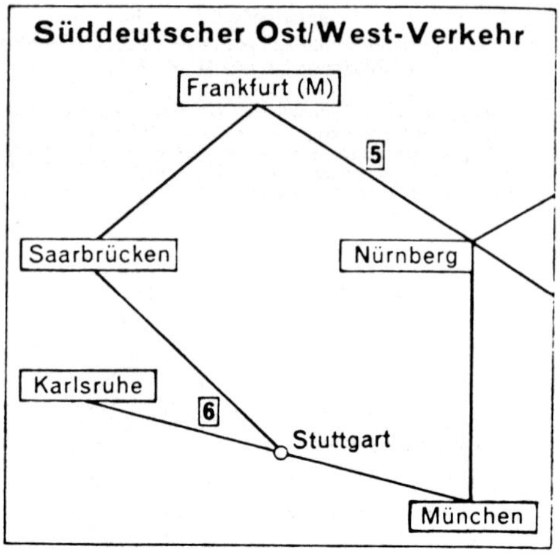

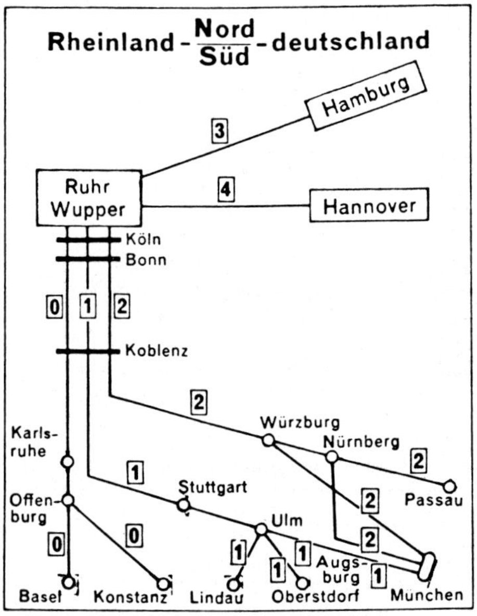

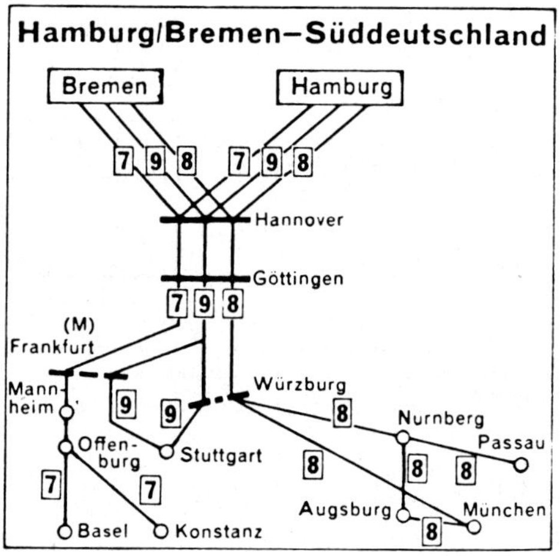

6. **Weitere Erläuterungen:**

6.1. Wegen Einführung der elektronischen Platzbuchung im Laufe des Winterfahrplans 1970/71 ist die Beseitigung von Doppelnummern bei TEE-, F- und D-Zügen terminlich zwingend geworden.

6.2. Die Neuordnung der Zugnummern berücksichtigt auch im Binnenverkehr der DB schon weitgehendst die im Rahmen des internationalen Eisenbahnverbandes (UIC) durchgeführte Untersuchung zur Vereinheitlichung der Nummern internationaler Reisezüge auf ihrer gesamten Laufstrecke.

6.3. Zugnummern des **Regelverkehrs** erhalten die ganzjährig verkehrenden Reisezüge, auch wenn sie ganzjährig nur an einzelnen Tagen (z. B. nur Fr, nur Sa, So usw) gefahren werden.

6.4. **Saisonierte Regelzüge** (Saisonzüge) sind Reisezüge, die **nur**

— während des Sommer- **oder** Winterfahrplanabschnittes,

— in einem bestimmten Zeitabschnitt oder an einzelnen Tagen, auch in Verbindung mit **einem** der vorstehend aufgeführten Abschnitte, verkehren.

6.5. **Nationale Reisezüge** sind hinsichtlich der Zugnummerung alle Züge des Binnenverkehrs sowie die Züge, die auf den Übergangsbahnhöfen fremder Verwaltungen (z. B. Salzburg Hbf, Kufstein, Bregenz, Basel SBB usw) enden.

6.6. **Internationale Reisezüge** — auch Entlastungs- und Saisonzüge — sind alle Züge, deren Laufweg über den Übergangsbahnhof einer fremden Verwaltung hinausführt

6.7. **Internationale Saisonzüge oder nationaler Regelverkehr**

Eine Definition dieser Begriffe muß einer internationalen Regelung vorbehalten bleiben.

Bei der bisherigen Umnumerierung des Binnenverkehrs der DB rangierten die Merkmale des Regelverkehrs vor denen des Laufweges.

Reisezüge des Binnenverkehrs, die auf bestimmten Streckenabschnitten ganzjährig und nur saisonmäßig über Zuführungs- und Auslaufstrecken verkehren, erhalten für ihren gesamten Laufweg eine Nummer aus dem Regelverkehr.

6.8. **Nationale D-Züge mit weiträumiger Verkehrsbedienung (2a-Züge) werden möglichst in die Hunderterreihen 5 und 6 eingeordnet, in die Hunderterreihen 7 und 8 die mit regionaler Verkehrsbedienung (2b-Züge).**

6.9. **Züge, die in einer niedrigeren Zuggattung auslaufen, behalten ihre Zugnummer aus der ursprünglich höheren Zuggattung sowie umgekehrt.**

1970 setzte sich die Nummern– und Namensänderung weiter fort. Obwohl die EFK in Paris beschlossen hatte, südlich München den „Blauen Enzian" als TEE gemäß nachträglichem Antrag der ÖBB durchzuführen, wurde der Flügel Rosenheim – Kufstein – Zell am See im Bereich der DB als F 480/481 durchgeführt. In diesem Flügelzug wurden Speisen und Getränke durch Minibar ausgegeben, da der Speisewagen im Stammzug nach Klagenfurt durchlief und man für den kurzen Flügelweg die Gestellung eines eigenen Speisewagens entsprechend den TEE-Regeln nicht für erforderlich hielt. Diese Verbindung bestand allerdings nur im Sommerabschnitt, da in der Wintersaison der „Blaue Enzian" als TEE auf dem Laufweg Hamburg-Altona – Zell am See lief.

Die bisherige Verbindung „Sachsenross" F 140/141 wurde geteilt. F 140/141 verkehrten als „Wilhelm Busch" zwischen Hannover und Köln, wobei F 140 über die Ruhr, F 141 aber über die Wupper geführt wurden. In der bisherigen Teilverbindung Frankfurt – Hannover dagegen wurden unter dem Namen „Sachsenross" mit VT 601 die F 173/172 gefahren, wobei F 173 von Frankfurt nach Bremen, F 172 aber von Bremen nach Mannheim zum Anschluß an den „Schwabenpfeil" verkehrte. F 173 wurde zwischen Hannover und Bremen als D-Zug mit nur 1. Klasse geführt. In gleicher Weise verkehrten F 192/193 „Mercator" in beiden Richtungen zwischen Bremen und Hannover als D-Züge nur mit 1. Klasse und aus Kupplungsgründen verkehrten montags bis freitags zusätzlich aus VT 601-Garnituren die D 772/773 Bremen – Hannover nur mit 1. Klasse, so daß allein in der Relation Bremen – Hannover bzw. umgekehrt fünf 601-Verbindungen als D-Züge nur mit 1. Klasse angeboten wurden! Dabei stellte Dt 772 in Hannover den Anschluß der Hansestadt an den TEE „Helvetia" nach Zürich her, so daß Bremen nun sehr gut an das komfortable schnelle TEE- und F-Zugnetz angebunden war.

F 15 wurde rund eine Stunde später gelegt, so daß eine bessere zeitliche Aufteilung der F-Züge auf der Rheinstrecke erreicht werden konnte. Gleichzeitig konnte dadurch eine günstigere Abfahrtzeit für den Behördenverkehr in Bonn erreicht und in Köln der Anschluß an F 31 nach Hamburg hergestellt werden. Dabei wurde der Zug über Wuppertal – Hagen – Dortmund geleitet und hatte hier nochmals am gleichen Bahnsteig Reisendentausch mit dem nun über die Ruhr und Lünen nach Münster geführten F 31. Hier wurde also das spätere Prinzip des wechselseitigen Übergangs aus den beiden IC-Linien 1 und 2 bereits praktiziert. Da F 29/30 in diesem Jahr mit den Wagen der TEE-Bauart aus Umlaufgründen bereits ausgerüstet wurden, mußten die Kurswagen Kiel entfallen. F 38 wurde statt über Wiesbaden über Mainz geführt. Im Zuge der Neuordnung der F-Zugverbindung Köln – Hannover entfielen F 146/147, die durch die neuen TEE 25/26 in annähernder Zeitlage ersetzt wurden. Die nur im Winterabschnitt saisoniert verkehrenden F 1298/1299 Frankfurt – Seefeld i. Tirol wurden nicht mehr über München, sondern über den unmittelbaren Weg Augsburg – Weilheim – Garmisch zur Mittenwaldbahn geleitet, so daß diese Strecke damit für einige Jahre in den Genuß einer hochqualifizierten Verbindung kam. Außerdem verkehrte dieses Zugpaar bis und ab Innsbruck und zwar samstags nach und sonntags von Innsbruck. Diese Laufwegverlängerung war eine Folge der Kupplung der verwendeten Einheit mit einem Charterzug der TUI, der Innsbruck als Ziel hatte. Weiterhin wurden F 130/131 unter dem neuen Namen „Merkur" bis und ab Fankfurt über Wiesbaden verlängert. Die besondere Kurswagenführung aus dem „Rheingold" nach Dortmund als F 221 entfiel durch den möglichen Übergang auf TEE 21 in Duisburg.

Insgesamt gesehen kann man den Fahrplan 1970 als eine Atempause vor der für 1971 von der DB geplanten großen Umstellung ihres schnellen Fernverkehrs ansehen. Daher wurden innerdeutsche F-Züge in diesem Fahrplan nur dann beschleunigt, wenn sie das von der DB gesteckte „Soll" von mindestens 100 km/h Reisegeschwindigkeit noch nicht erreicht hatten. Abgesehen von den Saisonzügen F 480/481 und F 1298/1299 erlangten in diesem Fahrplanjahr mit F 23, 24, 27, 28 und 37 fünf F-Züge dieses „Ziel" noch nicht. Im Interesse des für das Winterhalbjahr 1971/72 geplanten neuen Intercity-Systems wurden zahlreiche Baumaßnahmen auf den für dieses neue Netz vorgesehene Strecken vorgezogen, so daß es zu einer Häufung von Langsamfahrstellen kam. Daher wurden alle in diesem Jahr durch technische Verbesserungen erzielten Fahrzeitgewinne nicht zu einer Verkürzung der Reisezeiten herangezogen, sondern vorübergehend als Sonderzuschläge zur Eliminierung der Mehrfahrzeiten für diese Bauzustände verwendet, um die bisherigen Anschlußverbindungen sicherzustellen. Von wenigen Ausnahmen abgesehen, brauchten daher die Fahrzeiten nicht verlängert zu werden, im Gegenteil gelang es durch Straffung auf anderen Streckenbereichen bei einigen Zügen bisher als Fahrplanreserven eingebaute Zeitzuschläge abzubauen. Dennoch war der schnellste unter den hier betrachteten Zügen in diesem Jahr kein eigentlicher F-Zug, sondern der als D eingestufte Zuglauf 772 Bremen – Hannover, der es mit seiner VT 601-Einheit auf eine Reisegeschwindigkeit von 128,9 km/h brachte. Und da diese Strecke auch ohne Halt durchfahren wurde, war es gleichzeitig der schnellste Abschnitt zwischen zwei Halten im

112 500 des Bw Frankfurt 1, die am 12. April 1971 F 124 „Gambrinus" bespannte, war damals mit Pantographen DBS 54a mit Wanischwippe und Oberscherendämpfung ausgerüstet.
Aufnahme (bei Ennepetal): Ulrich Budde

F 28 „Rheinblitz" mit der Münchner 103 113 am 9. Mai 1971 bei der Einfahrt nach München Hbf.
Aufnahme: Ulrich Budde

Netz der DB. Schnellster F-Zug dagegen war F 141 „Wilhelm Busch" als ellokbespannter Zug zwischen Köln und Hannover mit 119,7 km/h Reisegeschwindigkeit.

Im Hinblick auf die für den Winterfahrplan vorgesehene Einführung des neuen Intercitynetzes im Zweistundentakt stellte der Sommerfahrplanabschnitt 1971 ab 23. Mai nur eine Übergangsform dar. Als Folge der Einführung der elektronischen Platzbuchung ab 1. Februar 1971 erhielten zahlreiche F-Züge bereits die Zugnummern, die ihnen im neuen Intercitysystem zugedacht waren, um die Anlaufarbeiten bei der elektronischen Platzbuchung nicht noch mehr zu erschweren. Daher wurden die meisten F-Züge nochmals für vier Monate umgenummert. Einen Überblick über die Umnummerung der F-Züge zwischen 1966 und dem Sommerabschnitt 1971 ergibt nachstehende Übersicht:

Übersicht über die Veränderungen der Zugnummern der F-Züge 1966 - Sommer 1971

1966	1967	1968	1969	1970	Sommer 1971
7	7	7	7	7	100
8	8	8	8	8	101
13	13	13	13	149	149
14	14	14	14	148	148
15	15	15	15	15	124
16	16	16	16	16	125
17	17	17	17	143	143
18	18	18	18	142	142
23	23	23	23	23	118
24	24	24	24	24	119
27	27	27	27	27	110
28	28	28	28	28	111
1	29	29	29	29	133
2	30	30	30	30	134
3	31	31	–	–	–
4	32	32	–	–	–
33	33	33	33	125	122
34	34	34	34	124	123
37	37	37	37	123	120
38	38	38	38	122	121
43	45	45	–	–	–
44	46	46	–	–	–
321	321	221	–	–	–
–	–	–	31	31	131
–	–	–	32	32	130
–	–	–	117	157	152
–	–	–	120	156	153
–	–	–	130	130	137
–	–	–	131	131	136
–	–	–	140	140	140
–	–	–	141	141	141
–	–	–	146	–	–
–	–	–	147	–	–
–	–	–	170	192	193
–	–	–	171	193	192
–	–	–	1298	1298	–
–	–	–	1299	1299	–
–	–	–	–	172	179
–	–	–	–	173	194

Daraus ist zu ersehen, daß die eingeführten klassischen F-Züge im alllgemeinen ihre Zugnummer relativ lange behalten konnten, während dagegen die ab Winterfahrplanabschnitt 1968/69 eingeführten Intercity A – F sehr bald viel häufiger ihre Zugnummern wechseln mußten.

Die EFK Paris beschloß an Änderungen für den Jahresfahrplan 1971 bezüglich des Sommerabschnittes die Führung des bisherigen Flügels des „Blauen Enzian" nach Zell am See auch als

112 503 des Bw Frankfurt 1 mit F 133 „Hanseat" begegnete am 3. Juli 1971 230 001 des Bw Hamburg-Altona im Bahnhof Hamburg-Altona. *Aufnahme: Ludwig Rotthowe*

F 140 „Wilhelm Busch" fährt am 25. August 1971 aus Bielefeld Hbf aus. Zuglok ist 112 308 des Bw Frankfurt 1. *Aufnahme: Richard Schulz*

TEE, so daß F 480/481 aus den Betrachtungen ausscheiden. Wegen der Einbindung in das neue Intercitysystem mußten die internationalen Verbindungen des F-Zugnetzes getrennt für die vier Sommermonate bearbeitet werden. Gleiches galt natürlich auch für die rein innerdeutschen Verbindungen, nur daß dies leichter zu lösen war, da es sich hierbei um ein alleiniges Problem der DB handelte. F 100/101 „Rheinblitz" wurden auf den Lauf Basel SBB – Dortmund beschränkt, behielten aber Kurswagen Zürich. F 15/16 wurden als F 124/125 in beiden Richtungen über Wiesbaden geführt und F 32 verkehrte unter der neuen Zugnummer F 130 zwischen Münster und Köln über Lünen – Dortmund – Hagen, während sein Gegenzug F 131 nun über Essen – Dortmund – Hamm nach Münster gefahren wurde. Im Hinblick auf den künftigen Verknüpfungsknoten Dortmund wurde F 141 in früherer Fahrlage ebenfalls über Hagen – Dortmund gefahren und der „Prinzregent" wurde mit VT 601 gefahren bis und ab Innsbruck über Kufstein verlängert. Die 1. Klasse-D-Zugverbindungen mit VT 601 zwischen Hannover und Bremen blieben in der bisherigen Form bestehen, wobei D 772/773 die neuen Zugnummern D 773/772 systemgerecht erhielten! Und in diesem Sommer gab es sogar nochmals ein neues F-Zugpaar mit dem Namen „Münchner Kindl", die als ellokbespannte Züge F 154/155 zwischen München und Frankfurt mit alleinigem Halt in Würzburg auf dem kürzesten Weg verkehrten!

Damit hatte eine 1949 eingeleitete und 1951 systematisch begonnene Entwicklung nach 20 Jahren ihren Abschluß gefunden. Was so kurze Zeit nach dem total verlorenen Zweiten Weltkrieg hier einmalig in der Welt von der DB als Schnellverkehrssystem aufgebaut wurde, verdient besondere Anerkennung. Ausgehend von den Grundgedanken des SVT-Netzes aus der Zeit vor dem Zweiten Weltkrieg sollte ein Netz schneller Triebwagenverbindungen entstehen, das die Wirtschaftszentren der Bundesrepublik, der es an einem Zentralpunkt wie es in Frankreich Paris war und ist oder Berlin für das Detusche Reich weitgehend war, mangelte, nicht nur verbinden sollte. Vielmehr sollten in jeder Richtung günstige Hin- und Rückfahrmöglichkeiten und bei entsprechendem Verkehrsaufkommen auch zeitlich versetzte Zusatzfahrgelegenheiten dem Geschäfts- und Behördenreisenden geboten werden, die nicht nur Tagesfahrten zuließen, sondern die es auch ermöglichten, zusätzlich am gleichen Tag am Besprechungsort genügend Zeit zur Verfügung zu haben.

Die Beliebtheit des Netzes, das bald eine starke Stammkundschaft an sich zog, war so groß, daß das ursprüngliche Triebwagenkonzept auf Dauer nicht gehalten werden konnte, da hier die Kapazitäten nicht mehr ausreichten und man bald zu einem dem Verkehrsaufkommen besser anzupassenden Wagenzug übergehen mußte. Hierbei spielt es keine Rolle, daß zunächst nicht genügend Treibwagen zur Verfügung standen und daß andererseits bis zum Ende des F-Zugnetzes hin kurze lokbespannte Wagenzüge gefahren wurden. Beides waren kapazitäts- und umlaufbedingte Kriterien, die aber die Kardinalfrage Triebwagen oder Wagenzug eindeutig zugunsten des Wagenzuges entschieden. Und so wandelte sich das ursprünglich als Netz von Fernschnelltriebwagen konzipierte Netz immer mehr zu einem Netz von lokbespannten Zügen, in dem der Triebwagen aber bis zum Ende und dann darüber hinaus auch im neuen IC-System des Zweistundentaktes noch lange seine Daseinsberechtigung hatte. Es war schon beeindruckend, wie präzise die einzelnen Zugläufe aufeinander abgestimmt waren, wenn auch eine Systematik von Anschlußbindungen in bestimmten festgelegten Knoten wie im IC-Netz weder beabsichtigt noch gegeben war. Aber wo solche Anschlüsse herstellbar waren, wurden sie gesucht und geknüpft, um aus zwei Verbindungen vier oder mehr zu machen und möglichst viele Relationen in eine Verbindung einzuknüpfen. Auch die Zusammenführung verschiedener Kurse in Gemeinschaftsführungen auf Teilabschnitten, die immer wieder praktiziert wurde, war betrieblich eine Meisterleistung, standen damals doch noch nicht die technischen Voraussetzungen zur Verfügung, über die die Eisenbahn von heute verfügt. Und daß pünktlich gefahren wurde, war weitgehend selbstverständlich. Hierauf gründete sich ja gerade der gute Ruf dieses Netzes. Denke man nur an die Zusammenknüpfung der „Rheinblitz"-Gruppe mit vier verschiedenen Zugläufen und durch teilweise Einbindung des „Paris-Ruhr" sogar zeitweise mit fünf, die alle weit auseinanderliegende Ausgangspunkte oder Ziele hatten und trotz den für damalige Verhältnisse und die verwendeten Triebzüge knappen Fahrzeiten pünktlich auf den Verknüpfungspunkten eintrafen!

Abgesehen vom „Komet", dem eine Sonderstellung zuzurechnen ist, bestand das gesamte Netz nur aus Tagesverbindungen mit überwiegend Morgenabfahrten und Abendankünften bezogen auf Ausgangs- oder Zielbahnhof. Die berühmte 7.00-Uhrabfahrt war ja ein Kernstück des leichten F-Zugnetzes. Begann es 1951 mit 15 Zugpaaren, so endete es im Sommer 1971 unter Einbeziehung der Dt 773/772 mit 18 Zugpaaren, wobei jedoch zu berücksichtigen ist, daß hierzu die in diesem Fahrplanabschnitt zusätzlich bestehenden 14 TEE-Verbindungen zuzurechnen sind, denn die DB sah das TEE-Netz immer als einen integralen Bestandteil ihres leichten F-Zugnetzes an. Und so waren überwiegend diese 14 TEE auch aus Zügen des leichten F-Zugnetzes hervorgegangen. Zwischen 1951 und 1971 verkehrten insgesamt 50 F- und TEE-Zugpaare bei der DB, von denen außer sechs Verbindungen alle einen Namen führten. Für die Güte des Netzes und seiner Fahrplangestaltung spricht auch, daß in der Gesamtzeit von 1951 bis 1971 nur sechs Zugpaare entfielen, die jedoch in fünf Fällen durch entsprechende neue Züge oder Laufwegänderungen vorhandener F-Zuge kompensiert wurden. 14 F-Zugpaare wurden im Laufe der Jahre in D-Züge umgewandelt, von denen im Sommer 1971 noch 12 als D und einer als Eilzug verkehrten. Ohne irgendeinen Zuglauf besonders herausgreifen zu wollen, so darf doch festgehalten werden, daß die Stars des leichten F-Zugnetzes in den fünfziger Jahren die Züge „Rheinblitz"-Gruppe, in den sechziger Jahren die der „Rheingold"-Gruppe waren.

Die Entwicklung der mittleren Haltestellenentfernungen, der täglichen Zugkilometer und der durchschnittlichen Reisegeschwindigkeit sowie des Spannungsverhältnisses zu den D-Zügen sind ausführlich in Übersicht 8 b wiedergegeben. Ein Eingehen auf Detailangaben erübrigt sich daher. Es sei nur daraufhingewiesen, daß sich die durchschnittliche Reisegeschwindigkeit aller F-Züge im Sommer 1951 von 70,1 km/h auf 106,5 km/h im Sommer 1971 gesteigert hatte, bei gleichzeitiger Erhöhung der mittleren Haltestellenentfernung von 60,5 km im Jahre 1951 auf 92,0 km. Und abschließend möge noch eine Zahl die Entwicklung charakterisieren: Mit 89,9 km/h war 1951 FT 8 der Zug mit der größten Reisegeschwindigkeit (wenn man von den 90,5 km/h des nicht gefahrenen FT 56 absieht), 1971 jedoch erreichte F 141 mit 119,7 km/h die höchste Reisegeschwindigkeit, die von D 772 mit 126,7 km/h noch übertroffen wurde – und da dieser ja eine F-Zugüberführungsfahrt war, müßte eigentlich ihm die Spitzenreiterposition zugesprochen werden.

Am 26. September 1971 begann bei der Deutschen Bundesbahn ein neuer Abschnitt in der Entwicklung des Schienenschnellverkehrs durch die Einführung des Intercityverkehrs 1. Klasse im Zweistundentakt. Darüber aber mehr in Kap H. Zunächst jedoch heißt es nochmals Rückblick nehmen auf zwei andere Entwicklungen des Schnellverkehrs, von denen eine nur eine Ansatzreminiszenz, die andere aber eine bis auf den heutigen Tag bestehende gesamteuropäische Idee war.

e) LS-Züge als Versuch zweiklassiger schneller Reisezugverbindungen

Mit der Schaffung des Netzes leichter F-Züge war die DB 1951 nach der wirtschaftlichen Konsolidierung der Bundesrepublik Deutschland nach dem verlorenen Zweiten Weltkrieg wieder in den Kampf um Verkehrsbesitz und Reisendenanteile eingetreten. Hier war der Reisende angesprochen, der den höherwertigen Service suchte oder dem Zeit Geld bedeutete, der also bereit war, der gewonnenen Vorteile willen auch einen entsprechenden Preis zu bezahlen. Hiervon war aber der „Normalreisende", der überwiegend die 3. Klasse benutzte, ausgenommen. Ihm verblieben nur die schweren, relativ langsamen Schnellzüge, die den klassischen Verkehrsströmen folgend, die wichtigsten Orte der Bundesrepublik entweder direkt oder durch Kurswagen bedienten. Diesen Umstand machte sich sehr schnell die wachsende Konkurrenz des Omnibusses zu Nutze. So war es nur natürlich, daß die DB auch hier recht schnell versuchte, ihren Verkehrsanteil nicht nur nicht zu halten, sondern möglichst zu mehren, zumindest aber dem Normalreisenden einen Standard zu bieten, der friedensmäßigen Verhältnissen entsprach. Dem genügten die vorhandenen Reisezugwagen nicht mehr. Überwiegend waren es noch Wagen der Länderbauarten und der Ende der zwanziger, Anfang der dreißiger Jahre neu gebauten Stahlwagen. Die modernsten Wagen der alten Reichsbahn waren ja die Schürzenwagen der Gruppe 39 sowohl für den Schnellzug- wie den Eilzugdienst gewesen, zu denen dann noch die während des Krieges in größerer Zahl gebauten Lazarettwagen der Eilzugbauart kamen. Von den in den letzten Kriegsjahren mehr als Improvisation gebauten „Landserschlafwagen" konnte man ohnehin keinen Wagen im normalen friedensmäßigen Schnellzugdienst verwenden. Hinzu kamen noch zahlreiche Wagen ehemals polnischer Bauart der Gruppe 250, die nach dem Krieg im Westen stehen geblieben waren. Die DB hatte zwar diese Wagen inzwischen in verschiedenen Sonderprogrammen je nach Freigabe durch die Besatzungsmächte nach modernen Gesichtspunkten erneuern und mit einer modernen Innenausstattung versehen lassen, sie entsprachen aber bei weitem nicht den zu stellenden Ansprüchen. Hinzu kam, daß als Folge der Kriegsverluste und der von den Besatzungsmächten für ihre Zwecke immer noch beschlagnahmten zahlreichen Wagen ein akuter Mangel sowohl bei den Schnellzug- wie auch den Eilzugwagen bestand.

Die DB entschloß sich daher sehr bald zum Entwurf und Bau neuer Wagentypen, sowohl für den Eil-, wie für den Schnellzugdienst. Auf die Entwicklung selbst wird in Kap M noch näher eingegangen werden, so daß hier weitere Ausführungen unterbleiben können. Dabei kamen aus zeitlichen Gründen zunächst die neuen nunmehr 26,4 m langen Eilzugwagen mit ihren charakteristischen Mittel- und Endeinstiegen zur Auslieferung, die sowohl in den Varianten B4ym, BC4ym, C4ym und CD4ym (nach der alten damals gültigen Bezeichnung) gebaut wurden. Ihnen folgten dann etwa ein Jahr später die AB4üm, BC4üm und C4üm, die heute noch allseits bekannten Aüm und Büm für den reinen Schnellzugdienst.

Um den Reisenden möglichst bald die Vorteile der neuen Wagen zukommen zu lassen, wurden sie entgegen der sonst üblichen Reisezugwagenbewirtschaftung bestimmten Heimatbahnhöfen in geschlossenen Gruppen zugeteilt und in eigens hierfür geschaffenen Umläufen eingesetzt, die artrein nur aus den neuen Wagen gebildet waren. Und da man bei der DB inzwischen gelernt hatte, daß man am Markt verkaufen mußte, hatte man sich auch der Wirksamkeit schlagkräftiger und aussagestarker Bezeichnungen entsonnen. Man nannte daher die aus diesen Wagen gebildeten Züge ,,Leichtschnellzüge (LS)" und schuf hierfür im Fahrplan sogar ein eigenes Piktogramm. Pate hatte zu dieser Bezeichnung sicher das Netz der SBB gestanden, das diese seit Mitte der vierziger Jahre mit ihren neuen leichtgewichtigeren Einheitswagen vom Typ II aufgebaut hatten und das beim reisenden Publikum sehr gut angekommen war. Und was den durch keine Kriegswirren verwöhnten Schweizern gut war, müßte doch auch für den Bundesbürger als ein wahrer Segen des Fortschritts erscheinen. Zur Zeichenerklärung des Piktogramms ,,LS" führte das Kursbuch vom Sommer 1953 an: ,,Zug mit modernen Leichtbauwagen und kurzen Reisezeiten". Und es war ja auch ein gewaltiger Fortschritt, mit diesen ,,Leichtschnellzügen" zu reisen, wiesen doch diese Wagen neben vielen technischen bahnbrechenden Neuerungen des Reisezugwagenbaus, die sich naturgemäß auf die Fahrqualität auswirkten, auch optisch für den Reisenden Dinge auf, die bis dato unbekannt waren: Moderne gepolsterte Sitze auch in der 3. Klasse, ausziehbare Sitze in der 2. Klasse, modernes Design und Leuchtstoffröhrenbeleuchtung statt der bisher bekannten nur ein düsteres Licht erzeugenden Steckbirne. Es war schon eine Freude, mit diesen Wagen zu fahren. Das Prädikat ,,Leicht" hatten sie von der in Leichtbauweise ausgeführten Konstruktion, die trotz erheblich größerer Wagenläufe ein weitaus niedrigeres Wagengewicht erbrachte als die herkömmlicher vierachsiger Reisezugwagen. Und da dadurch ein aus diesen Wagen gebildeter Wagenzug ein erheblich geringeres Wagenzuggewicht zusammenbrachte als ein gleichartiger aus herkömmlichen Wagen, war es auch möglich, aufgrund des geringeren Zuggewichts schneller zu fahren und fahrplantechnisch weitaus mehr herauszuholen, als es bisher möglich erschien. So kam es neben den Komfortsteigerungen vor allem zu einer Fahrzeitkürzung. Durch den Verzicht auf die Kurswagenbeistellung bei diesen Zügen konnten nicht nur Aufenthaltszeiten gekürzt, sondern auch Rangierarbeiten eingespart werden, die es ermöglichten, die Wagenzüge wirtschaftlicher als bisher üblich einzusetzen.

Blick auf den aus Doppelstockwagen gebildeten E 719 bei der Ausfahrt aus Koblenz Hbf. Es führt 03 179. *Aufnahme (1953): Carl Bellingrodt*

An einem Sommertag des Jahres 1957 überquerte 01 005 mit E 575 die Fuldabrücke bei Kragenhof. *Aufnahme (1957): Carl Bellingrodt*

Zum Sommerfahrplanabschnitt am 17. Mai 1953 wurde nach Anlieferung der ersten 200 Wagen des Eilzugwagentyps ein Netz von Leichtschnellzügen aufgebaut, in dem neben Neuleistungen vor allem zahlreiche bisher bestehende Schnell-, Eil- oder Städteschnellzüge aufgingen. Dabei wurde im allgemeinen davon ausgegangen, die Züge über mittlere Entfernungen von 300 – 500 km zu fahren. Gegenüber den Vorgängerzügen waren die Reisezeiten im allgemeinen um 10%, in bestimmten Verbindungen sogar bis 25% gekürzt worden. So wurden zwischen München und Frankfurt in einem Fall 70, in einem weiteren sogar 90 Minuten Fahrzeit gegenüber den Vorgängerzügen gewonnen. Die durchschnittliche Reisegeschwindigkeit war auf 65 - 75 km/h aufgebaut, also ein für damalige Verhältnisse beachtlicher Wert. Insofern kann der Aufbau dieses Netzes als ein echter Fortschritt gewertet werden, zumal er ja überwiegend dem Reisenden 3. Klasse zugute kam.

Der Begriff ,,Leichtschnellzug'' soll nun nicht dazu führen, diesen Begriff genau mit dem des klassischen Schnellzuges gleichzusetzen. Von den am 17. Mai 1953 eingeführten 80 Verbindungen waren nur 43, also etwas mehr als 50%, als D-Züge klassifiziert, die übrigen galten als Eilzüge. Dabei war auf den einzelnen Strecken die Belegung mit LS-Zügen sehr unterschiedlich. Gab es Strecken mit nur einer Verbindung, so konnten auf anderen bis zu sechs durchgeführt werden. Schnellster Zug in diesem Jahr war D 573 Frankfurt – Kassel – Hannover – Hamburg mit 78,1 km/h.

Bereits zum Jahresfahrplan 1954 entfielen viele der im Vorjahr so bezeichneten Züge wieder innerhalb des Netzaufbaus. Sie gingen in das Glied der normalen Eilzüge zumeist zurück. Auch wurde nun nicht mehr jeder Zug, der aus den 26,4 m langen Neubauwagen gebildet war, als ,,LS-Zug'' bezeichnet. Mit der nun beginnenden Anlieferung der Schnellzugwagen der neuen Leichtbauart ging man dazu über, überwiegend nur noch aus diesen Wagen gebildete Züge als ,,LS-Züge'' zu bezeichnen, wenn auch das Jahr 1954 eine Mischform darstellt. Immerhin gab es in diesem Jahr noch 62 Verbindungen. Unter den 18 fortgefallenen Verbindungen waren nur zwei als Schnellzüge im Vorjahr klassifiziert gewesen; alle anderen entfallenden Züge waren Eilzüge. Allerdings wurden verschiedene im Vorjahr als Schnellzüge verkehrende Zugläufe zu Eilzügen deklassiert.

1955 konnte man erstmals tatsächlich von einem ,,Netz'' sprechen, denn nach der planmäßigen Anlieferung der Schnellzugwagen der neuen 26,4 m langen Bauform in Leichtbauweise, wurden die bisherigen Verbindungen weitgehend aus dem Begriff ,,LS-Züge'' entlassen und verkehrten mit den neuen Leichtbaueilzugwagen ohne besondere Klassifizierung überwiegend als normale Eilzüge. Damit

01 070 vor E 502 bei der Ausfahrt Herford. *Aufnahme (1959): Carl Bellingrodt*

D 177 Frankfurt – Westerland war einer der typischen LS-Züge. Am 20. Mai 1966 wurde er in Gießen, wo der Fahrdraht damals endete, von 10 001 des Bw Kassel übernommen.
Aufnahme: Herbert Stemmler

Leicht-Schnellzüge

Beme·kenswerle Reisezeilkürzungen

Zug	Strecke	Reisezeit in Min. 1952/53	Reisezeit in Min. 1953/54	Kürzung in Minuten
D 121	Köln-Hannover-Bad Harzburg	480	435	45
D 122	Bad Harzburg-Hannover-Köln	454	416	38
D 113	Köln-Braunschweig	393	352	41
D 114	Braunschweig-Köln	383	347	36
E 469	Frankfurt-Hannover	368	318	50
E 470	Hannover-Frankfurt	369	309	60
E 709	Frankfurt-Dortmund	359	296	63
E 712	Hagen-Frankfurt	383	309	74
E 595	Freiburg-Frankfurt	290	274	16
E 596	Frankfurt-Freiburg	353	282	71
E 527	München-Frankfurt	499	409	90
E 528	Frankfurt-München	483	409	76
D 658/690	Frankfurt-Würzburg-München	475	399	76
D 689/657	München-Würzburg-Frankfurt	432	396	36

Die Reisezeitkürzung insgesamt bei allen LS-Zügen beträgt 8,8 %

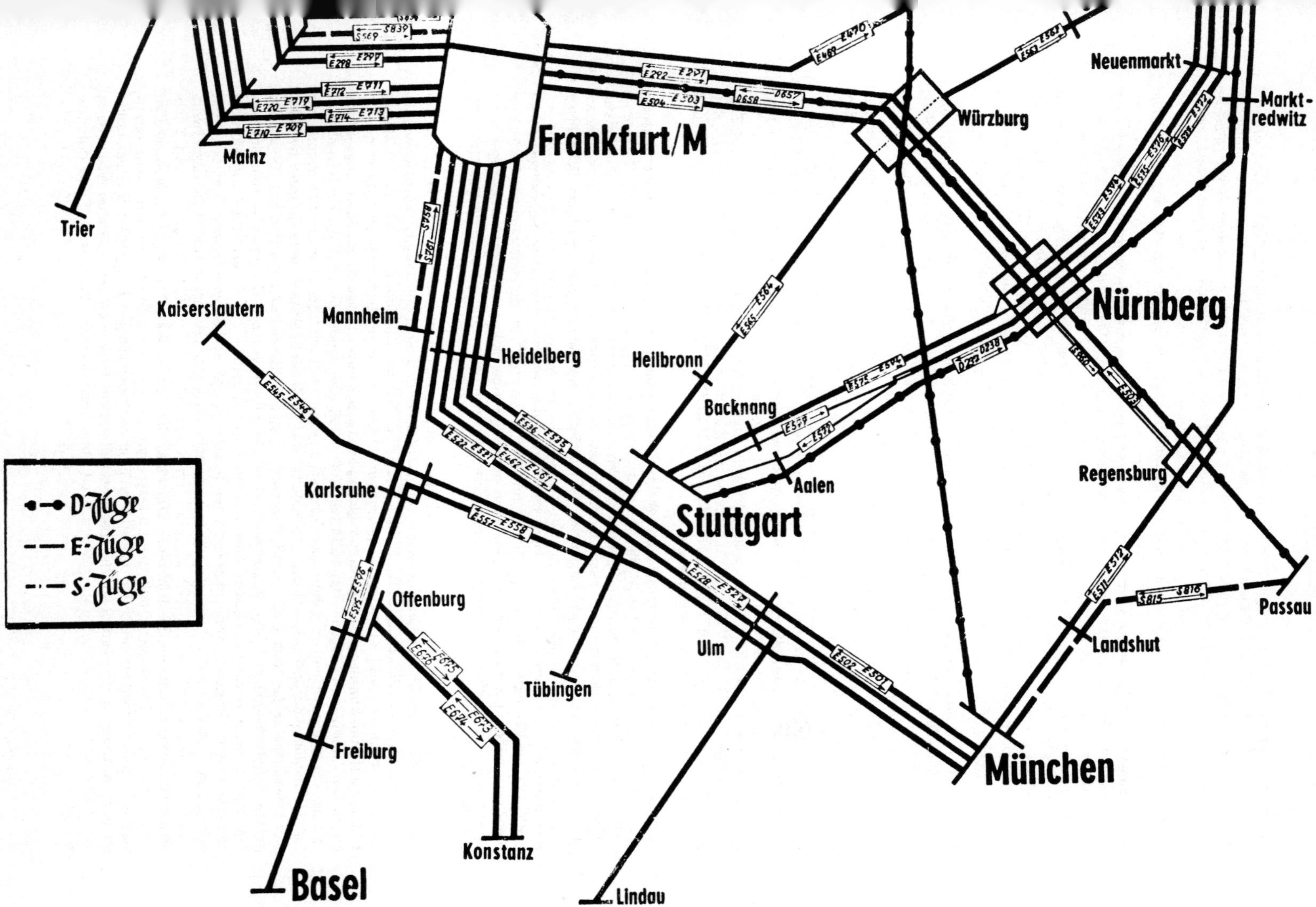

Innerdeutscher Fernverkehr (Leichtschnellzug-Netz)

waren die zuerst gelieferten Wagen in die normale Wagenbewirtschaftung eingefügt worden und die besonderen für die LS-Begriffsbestimmung ausschlaggebenden Umläufe wurden wieder aufgelöst. Natürlich verkehrten noch jahrelang zahlreiche Langlaufeilzüge artrein mit diesen Wagen, aber sie waren gegenüber allen anderen, inzwischen ja zuschlagfreien Eilzügen nicht mehr besonders herausgehoben.

Dagegen wurden bereits 1954 neue Verbindungen geschaffen, die den Grundstock des eigentlichen „LS-Netzes" bildeten, in die 22 Züge der ersten Aufbaustufe von 1953 mit übernommen wurden. 1956 kamen hierzu 32 weitere Verbindungen, während gleichzeitig dreizehn Schnell- und drei Eilzugverbindungen aus dem Netz wieder herausgenommen wurden. Damit hatte sich dann der Kern dieses Netzes gebildet, der ab 1957 aus 76 überwiegend paarigen Zugläufen bestand. Mit 76,5 km/h Reisegeschwindigkeit war D 366 Wiesbaden – München schnellster Zug dieses Netzes. Die DB hatte angestrebt, in allen großen Verkehrsrelationen zwei bis vier Tageszugpaare in dieses von ihr als „Schnellverkehrsnetz" bezeichnete System einzubeziehen. Nur noch diese Zugverbindungen führten die Bezeichnung „LS"; sie waren alle als D-Züge klassifiziert. Die amtliche Definition des Piktogrammes „LS" lautete nun „D-Zug mit modernen Leichtbauwagen und kurzen Reisezeiten".

In dieser Form blieb das Netz bis zum Jahresfahrplan 1959 weitgehend konstant bestehen, wenn auch einzelne Züge in den Laufwegen geändert wurden, entfielen oder neue in geringem Umfang hinzukamen. Selbst Auslandsverbindungen wurden mit diesen Zügen gefahren. Sieht man von den Grenzbahnhöfen Basel, Salzburg und Nymwegen ab, so war es vor allem die als „Montan-Expreß" bezeichnete Verbindung D 227/228 Luxembourg – Trier – Koblenz, die Nachfolger des gleichnamigen FT 231/232 geworden war, die in das benachbarte Ausland fuhr. 1956 wurde mit dem „Donau-Kurier" D 303/304 Wien West – Passau – Frankfurt – Dortmund eine weitere internationale LS-Verbindung eingerichtet und 1958 folgte mit D 527/528 „Wörthersee-Expreß" Klagenfurt – Salzburg – München – Stuttgart – Frankfurt der dritte grenzüberschreitende DB-Lauf im LS-Netz. Im Südwesten und Süden aber gab es noch weitere und jetzt eigentlich „echte" Leichtschnellzugverbindungen im grenzüberschreitenden Verkehr. Zum Ausgleich von der DB anderweitig erbrachter Achskilometerleistungen im internationalen Verkehr stellten die SBB die Wagensätze für fünf Zugpaare und zwar die D 7/8, 9/10 und 13/14 zwischen Zürich und Stuttgart über Schaffhausen – Singen – Rottweil und die D 180/183 „Bavaria" und D 184/179 „Rhône-Isar" zwischen München und Genève über Lindau – Zürich – Lausanne.

In dieser Form blieb das LS-Netz bis zum 28. Mai 1960 bestehen. Mit Beginn des Sommerfahrplanabschnittes 1960 am 29. Mai entfiel die besondere Klassifizierung dieser Züge mit dem Piktogramm „LS". Sie wurden wieder normale Schnellzüge ohne besondere Heraushebung. Ursache hierfür war nicht etwa ein Fehlschlag dieses besonderen Netzes, sondern die inzwischen anlaufenden Serienlieferungen der Leichtbauwagen gestattete es, zukünftig weitgehend alle wichtigen Schnellzüge mit diesen Wagen als Standardwagen auszurüsten, so daß die besondere Bezeichnung ihren Sinn verlor. Immerhin hat dieses besondere Netz den Grundstein für den modernen Schnellzugverkehr der DB in der Nachkriegszeit gelegt. Ein „Schnellverkehrssystem" in der tatsächlichen Bedeutung des Wortes dagegen war es nie, wenn sich auch seine Züge gegenüber den allgemeinen D-Zügen nicht unwesentlich bezüglich Ausstattung, Reisezeit, Fahrgeschwindigkeit und erzielter Reisegeschwindigkeit abhoben.

Immerhin war von 1954, dem eigentlichen Anlaufen eines aus Schnellzügen bestehenden LS-Netzes, bei einem täglichen Zugkilometerlaufwand von 24 063 km und einer mittleren Reisegeschwindigkeit von 62,6 km/h dieses Netz bis 1959 auf 35 750 tägliche Zugkilometer bei einer mittleren Reisegeschwindigkeit von 71,9 km/h angewachsen. Dabei war der mittlere Haltestellenabstand von 21,6 km auf 36,4 km im gleichen Zeitraum gestiegen. Bemerkenswert ist auch das Spannungsverhältnis zu den „normalen D-Zügen", das 1954 bei 1,06, 1956 aber schon bei 1,10 lag, ein Beweis also, daß die LS-Züge nicht nur im Schnitt über den allgemeinen D-Zügen lagen, sondern sich ebenso ihre Reisegeschwindigkeit überproportional entwickelte. War 1953 die höchste erzielte Reisegeschwindigkeit eines Zuges dieses Netzes 78,1 km/h gewesen, so lag sie 1959 bei 87,2 km/h, die D 103 auf der damals bereits weitgehend elektrifizierten und relativ kurzen Strecke Stuttgart – Heidelberg – Frankfurt erzielte. Insgesamt gesehen aber war wie oben dargestellt, die Reisegeschwindigkeit nicht besonders bemerkenswert, wenn man diese Werte auf heutige Verhältnisse bezieht. Berücksichtigt man jedoch, daß im gleichen Jahr die internationalen F-Züge eine durchschnittliche Reisegeschwindigkeit von 76,9 km/h, die des leichten F-Zugnetzes eine solche von 88,8 km/h und die mit Triebwagen gefahrenen Zugläufe des leichten F Zugnetzes eine von 90,4 km/h erreichten, dann erkennt man anhand der Zahlenwerte, daß die LS-Züge gar nicht so schlecht abschnitten. Ganz relativ gesehen, kann man sie als einen sehr frühen Vorläufer des zweiklassigen IC-Systems ansehen, boten sie doch erstmals in der deutschen Eisenbahngeschichte dem Reisenden der untersten Wagenklasse die Möglichkeit, komfortabel und relativ schnell ohne besondere Zuschläge seine Reise durchzuführen.

G. Trans-Europ-Expreßzüge

a) Aufgabe und Vorbedingungen

Mit dem Fortfall der Voraussetzungen der „Grands express européens" nach dem Zweiten Weltkrieg bestand kein hochqualifiziertes Reisezugangebot zwischen den europäischen Zentren mehr. Die Nachfolger der alten „Express" waren langsame und schwere, von Kurswagen vollgestopfte Züge mit langen Laufwegen, unattraktiven Reisezeiten und wenig Komfort, auch wenn sie in manchen Fällen die Namen einer klangvollen Zeit beibehalten hatten. Andererseits hatte die DB mit ihrem leichten F-Zugnetz, das sich in seinen Ausläufern auch auf das benachbarte Ausland erstreckte, bewiesen, daß es auch im Zeitalter des Individualverkehrs auf der Straße und der Konkurrenz der Luftfahrt über mittlere Entfernungen durchaus möglich war, ein hochqualifiziertes Netz von Schnellverbindungen attraktiv anzubieten, das auch seinen Kundenkreis fand.

Sieht man von dem SNCF-Triebwagen ab, der als FT 1101/1124 seit dem 5. Oktober 1952 zwischen Bar le Duc — Frankfurt — Metz verkehrte, so hatte die DB nach Einführung ihrer VT 08.5 zum ersten Mal mit schnellen Triebwagenzügen einen grenzüberschreitenden Verkehr eingerichtet. Hierbei handelte es sich um den ab Sommerfahrplan 1953 verkehrenden FT 78/77 Frankfurt — Zürich (1952 bereits in der Relation Frankfurt — Basel SBB eingesetzt), der zum Sommerfahrplan 1954 auf die Relation Hamburg-Altona — Zürich ausgedehnt wurde und der unter dem Namen „Helvetia-Expreß" verkehrte. Nach Vorbesprechungen im November 1952 wurden auf der EFK Athen im Oktober 1953 dann zwei weitere Verbindungen im internationalen Triebwagenverkehr der DB vereinbart: FT 168/185 „Paris-Ruhr" Dortmund — Paris Nord und FT 75/74 „Saphir" Dortmund — Oostende, die zum Sommerfahrplan 1954 ihren Dienst aufnahmen.

Eine vierte Triebwagenverbindung im internationalen Verkehr, den die DB bereits 1952 vorgeschlagen hatte, konnte zwar 1952 als lokbespannter Zug F 31/32 Frankfurt — Rotterdam realisiert werden, mußte aber auf Einspruch der NS im folgenden Jahr wieder eingestellt werden. Erst zum Sommerfahrplan 1956 war nach Abschluß der entsprechenden Verträge zwischen DB und DSG einer- und ISG andererseits über die Abgrenzung der Interessensphären beider Speisewagengesellschaften der Einsatz des FT 31/32 „Rhein-Main" zwischen Frankfurt und Amsterdam möglich. Mit dem „Montan-Expreß" FT 231/232 Frankfurt — Luxembourg und dem „Kopenhagen-Expreß" DT 141/142 Hamburg-Altona — Großenbrode — København waren 1953 bzw. 1954 zwei weitere grenzüberschreitende Triebwagenverbindungen durch die DB eingeführt worden.

Es verwundert heute noch nachträglich, daß diese sechs grenzüberschreitenden Schnelltriebwagenverbindungen im internationalen Reiseverkehr keine größere Beachtung bei den Eisenbahnverwaltungen fanden, war doch damit eine Entwicklung eingeleitet worden, die für die europäischen Eisenbahnen in der Konkurrenz zu den anderen Verkehrsträgern von eminenter Bedeutung war.

1957 veröffentlichte die „Bundesbahn" einen umfassenden Artikel über die Entwicklung zum TEE-Verkehr, der auszugsweise wiedergegeben werden soll:

„Auch der Präsident der Niederländischen Eisenbahnen, den Hollander, hatte die Bedeutung dieser Entwicklung erkannt und die im Internationalen Eisenbahnverband (UIC) zusammengeschlossenen europäischen Eisenbahnen im Dezember 1953 zur Schaffung eines europäischen Ferntriebzugnetzes angeregt. Das Führungsgremium der UIC, das sogenannte „Bureau des Affaires Communes (BAC)", hat diesen Vorschlag sogleich aufgegriffen und tatkräftig unterstützt.

Einen entscheidenden praktischen Fortschritt in der gleichen Richtung hatte bereits die Deutsche Verkehrsausstellung 1953 in München gebracht, auf der neben den genannten Standardtriebzugtypen der Deutschen Bundesbahn zwei unter der Bezeichnung „Gliedertriebzüge" bekanntgewordene Einheiten — eine für den Tages-, die andere für den Nachtverkehr — gezeigt wurden. Noch im Jahre 1953 und weiterhin in den Jahren 1954 und 1956 wurden mit dem Schlafwagenzug Fernfahrten von Frankfurt nach Jugoslawien, Griechenland und Frankreich ausgeführt. Sie brachten den Beweis, daß in technischer Hinsicht keine Schwierigkeiten bestehen, die größten in Europa vorkommenden Entfernungen mit Dieseltriebzügen zu überbrücken und dabei die im Dampfzugbetrieb bisher erreichten kürzesten Fahrzeiten wesentlich zu unterbieten. Daß bei diesen Fahrten neben den großen Vorzügen des Dieseltriebverkehrs gegenüber dem Dampfzugverkehr die wesentliche Komfortsteigerung (zum Beispiel Klimaanlage, nur Einbettschlafabteile zum Teil mit eigener Toilette, Bar usw.) als sehr angenehm empfunden wurde, soll nur am Rand erwähnt werden.

Damit konnte die technische Aufgabe über die Einführung von internationalen Triebwagen im Re-

Am ersten Verkehrstag des TEE 78 „Helvetia" kam in dieser Relation noch eine aus VT 08 503 und VT 04 501 bestehende Ersatzgarnitur zum Einsatz; Abzweigstelle Main-Neckar-Brücke in Frankfurt, 2. Juni 1957. Aufnahme: Kurt Eckert

VT 11 5003, der erste dem Betrieb übergebene neue TEE-Triebzug der DB, am 27. Juni 1957 auf Probefahrt in Treysa. Auf dem Nebengleis fährt eine 44 mit Wannentender durch. Aufnahme: Slg. Wedde

gelverkehr im Prinzip als gelöst angesehen werden. Bei den Beratungen über die in organisatorischer Hinsicht zu klärenden Probleme traten aber sehr bald erhebliche Schwierigkeiten auf. Sie wären verhältnismäßig leicht zu überwinden gewesen, wenn sich die beteiligten Eisenbahnverwaltungen zu einer Gesellschaft zusammengeschlossen hätten, die die im grenzüberschreitenden Verkehr laufenden Züge einheitlich gebaut und betrieben hätte. Gegen diesen Plan tauchten aber sowohl bei einigen Verwaltungen wie auch bei der Europäischen Verkehrsminister-Konferenz (CEMT) erhebliche Bedenken auf. Man befürchtete, daß eine neue Gesellschaft neben den vorhandenen Servicegesellschaften, insbesondere der „Wagon-Lits", kein leichtes Arbeiten haben und einen erheblichen Verwaltungsaufwand verursachen würde, der die Wirtschaftlichkeit des ganzen Projektes in Frage stellen könnte und anderes mehr. Die meisten Verwaltungen vertraten die Auffassung, daß es genüge, wenn sich die an einem Lauf beteiligten Eisenbahnen im Rahmen der Europäischen Fahrplan-Konferenz — genauso wie bei den großen internationalen lokomotivbespannten Zugverbindungen — einigen würden. Die Entwicklung hat dieser Auffassung recht gegeben. Sie hat auch gezeigt, daß die auftretenden Probleme weit schwieriger sind, als ursprünglich angenommen wurde.

A. Name und Ziel

Nach langen Erörterungen einigte man sich auf den Namen „Trans-Europ-Express-Züge" — abgekürzt TEE —, um zum Ausdruck zu bringen, daß es sich um schnelle Züge handelt, die durch ganz Europa verkehren. Die Ziele dieses Verkehrs lassen sich wie folgt festlegen: größtmögliche Sicherheit, unbedingte Regelmäßigkeit, möglichst kurze Fahrzeiten, möglichst kurze Aufenthalte und geringste Störungen der Reisenden bei den Grenzübergängen durch Paß- und Zollkontrollen, hoher Komfort, bester Service. Die große Sicherheit im Eisenbahnverkehr im Vergleich zu den anderen Verkehrsmöglichkeiten spielt auch heute noch eine entscheidende Rolle, wenn auch im modernen Verkehr das menschliche Leben häufig nicht mehr so hoch bewertet wird wie früher. Weiterhin ist im Reiseverkehr die Regelmäßigkeit und Pünktlichkeit von entscheidender Bedeutung. Es gibt kein Verkehrsmittel, das so unabhängig von Kälte, Schnee, großer Hitze, Nebel und vom Verkehrsanfall ist wie die Eisenbahn. Die Vorzüge größter Sicherheit, Regelmäßigkeit, Pünktlichkeit usw. geben dem Trans-Europ-Express-Verkehr zweifellos Chancen gegenüber dem Straßen- und Flugverkehr. Natürlich verlangt aber der Reisende, der eine Reise statt mit dem Flugzeug mit einem TEE-Zug macht, als Ausgleich für die längere Reisezeit andere Vorteile, zum Beispiel größeren Komfort, niedrigere Preise, billigere Gepäckbeförderung usw.

Über den Komfort beim Reisen mit der Eisenbahn ist in den letzten Jahren viel geschrieben worden. Ohne eine erschöpfende Darstellung zu geben, kann man die Forderungen dahin zusammenfassen, daß der Reisende ein ruhiges, angenehmes und von der Witterung — Hitze und Kälte — unabhängiges Fahren verlangt; daß er wünscht, seinen Platz verlassen, einige Schritte gehen oder aber auch sich hinlegen zu können; daß er voraussetzt, in dem Zug ein gepflegtes Restaurant mit besten Speisen und Getränken vorzufinden; daß er eine aufmerksame, unaufdringliche, möglichst sprachkundige, sich um ihn bemühende Bedienung haben möchte und daß er weiter erwartet, während einer langen Fahrt von der Sorge um sein Gepäck befreit zu sein. Viele Reisende werden die Eisenbahn dem Flugzeug und dem Kraftwagen vorziehen, wenn sie ausreichendes Gepäck zu günstigen Beförderungsbedingungen mitführen können. Sie werden es als sehr angenehm empfinden, wenn gegenüber dem bisherigen Zustande die häufigen Kontrollen durch Bahnbedienstete und beim Grenzübertritt durch die Grenzpolizei und den Zoll ganz wegfallen oder wenigstens auf ein Mindestmaß beschränkt werden.

Die Vorzüge des Flugzeugs, daß die verschiedenen Länder ohne Zoll- und Paßkontrollen überflogen werden können, wird der TEE-Verkehr zwar vorläufig noch nicht aufweisen, aber das Endziel in bezug auf die Paß- und Zollbehandlung liegt in der gleichen Richtung: der TEE-Zug soll bei der Durchfahrt durch ein fremdes Land „exterritoriales" Gebiet bleiben. Nur die Reisenden, die den Zug verlassen bzw. zusteigen, sollen künftig — wie beim Flugzeug — noch einer Paß- und Zollbehandlung unterzogen werden, die im Zug verbleibenden Reisenden und das Durchgangsgepäck dagegen nicht. Die internationalen Verhandlungen der beteiligten Finanz- und Innenminister in dieser Richtung haben bereits Fortschritte gebracht. Solange dieses Endziel noch nicht erreicht ist, soll die Zoll- und Paßbehandlung für die Eisenbahnreisenden der TEE-Züge in ähnlich großzügiger Weise gehandhabt werden wie beim Flugverkehr.

B. Streben nach Einheitlichkeit

Die am Trans-Europ-Express-Verkehr interessierten Verwaltungen waren sich, als eine besondere TEE-Gesellschaft nicht zustande kam, doch darüber im klaren, daß eine möglichst weitgehende Einheitlichkeit angestrebt werden müßte. Die Verhandlungen über diesen Punkt ergaben aber große Schwierigkeiten. Die Anschauungen in den einzelnen Ländern waren so verschieden, daß es nicht möglich wurde, zu einer einheitlichen Bauform für die TEE-Züge zu kommen. Man beschloß schließlich, gewisse Grundlinien aufzustellen, im übrigen aber den Verwaltungen möglichste Freiheit in der Durchführung zu lassen.

C. Die technischen Grundlagen

Die Protokolle und Aussprachen über die technischen Grundlagen der TEE-Züge enthalten ein sehr umfangreiches und interessantes Material. Jede Verwaltung hatte naturgemäß das Bestreben, die im Abschnitt A umrissenen Ziele auf den von ihr bisher beschrittenen Wegen zu erreichen. So waren die SNCF und die FS der Auffassung, daß auch für den internationalen Verkehr auf große Entfernungen die von ihnen entwickelten Triebwagen ausreichten. Die Schweizerischen Bundesbahnen, die Niederländischen Eisenbahnen und die Deutsche Bundesbahn vertraten demgegenüber die Auffassung, daß mit den vorhandenen Dieselzugbauarten ein vermehrter Anreiz zur Benutzung der Eisenbahnen nicht erreicht und damit auch nicht die Möglichkeit geschaffen würde, einen etwas erhöhten Fahrpreis zu fordern. Man einigte sich schließlich auf folgende Punkte:

1. Zahl der Sitzplätze: etwa 100 bis 120;
2. Anordnung der Sitzplätze: höchstens drei in einer Reihe;
3. Wageneinteilung: Großraumwagen mit Mittelgang (Sitzplatzanordnung 2 + 1) oder Abteilwagen mit Seitengang (3 + 0) wird den Verwaltungen überlassen. Es ist anzustreben, in jedem Zug möglichst beide Formen vorzusehen, da die Wünsche der Reisenden in den verschiedenen Ländern auseinandergehen;
4. bequeme Sitzplätze mit guter Polsterung;
5. höchste Laufgüte der Wagen;
6. möglichster Geräuschschutz;
7. Bemessung der Motoren für eine Höchstgeschwindigkeit von 140 km/h in der Ebene und Überwindung von Steigungen bis 16 o/oo mit mindestens 70 km/h;
8. Küche zur Versorgung der 120 Reisenden.

Über weitere Fragen konnte eine einheitliche Auffassung nicht durchgesetzt werden, so zum Beispiel, ob in den TEE-Zügen besondere Speiseräume vorgesehen werden sollen, oder ob am Platz serviert wird. Da man sich nicht entschließen konnte, wie im Flugzeug den Preis für die Mahlzeiten in den Fahrpreis einzubeziehen, hielten SBB, NS und DB es für notwendig, das bisherige System der besonderen Speisewagen beizubehalten, um keine Verschlechterung gegenüber den internationalen lokomotivbespannten Zügen zu haben. Die Vertreter der SNCF und FS machten demgegenüber geltend, daß im Flugzeug auch jeder Reisende an seinem Platz essen würde, ohne daß sich daraus Nachteile ergeben hätten.

Auch für die Heizung und Belüftung konnte keine einheitliche Lösung gefunden werden. Mehrere Verwaltungen haben in ihren Zügen Klimaanlagen mit automatischer Regelung der Heizung und Belüftung vorgesehen, während die Vertreter der kleineren Zugeinheiten die bisher übliche Heizung und Belüftung für ausreichend hielten. Auch für die Forderung, daß jeder Zug zwei Maschinenanlagen haben soll, um bei Ausfall einer Anlage sicherzustellen, daß er mit eigener Kraft sein Ziel oder wenigstens den nächsten Bahnhof erreichen kann, sowie über die Zahl der Ein- und Ausstiege, die Aufbewahrung des Gepäcks, der Mäntel, über die Frage besonderer Aufenthaltsräume und Toiletten für das Personal usw. konnten einheitliche Auffassungen nicht erreicht werden.

Damit waren zwar auf der einen Seite der Phantasie und dem Gestaltungswillen der einzelnen Eisenbahnverwaltungen keine Bindungen auferlegt, auf der anderen Seite war aber die gewünschte Einheitlichkeit der Züge nicht erreicht. Zum Schluß konnte aber wenigstens ein einheitlicher äußerer Anstrich der Züge (bordeauxrote Grundfarbe mit in Beige gehaltenen Absätzen) festgelegt werden.

D. Die technische Bedienung und Betreuung der TEE-Züge

Der Gedanke, daß der Zug einer fremden Eisenbahnverwaltung im eigenen Bereich verkehren soll, ist für manche Eisenbahner nicht ohne weiteres begreiflich. Man denkt an die Unterschiede im Signalsystem, an die Schwierigkeiten einer mündlichen Verständigung, wenn eine solche einmal notwendig werden sollte, an die Unterschiede der Sicherungsvorschriften, aber man erinnert sich kaum, daß im Krieg alle diese Fragen ohne große Schwierigkeiten gelöst worden sind und daß sie auf der Straße und im Luftverkehr täglich immer wieder auftreten und überhaupt keine Probleme mehr bilden. Die Bedenken, die in dieser Hinsicht am Anfang der Verhandlungen zum Teil auftraten, konnten deshalb auch bald überwunden werden, zumal ja in den bereits verkehrenden grenzüberschreitenden Triebzügen Vorbilder vorhanden waren.

Es gibt verschiedene Möglichkeiten. Die Triebwagenführer der Eigentumsverwaltung können mit in den Fremdbereich fahren und dort den Zug selbständig bedienen – nachdem sie eine entsprechende Prüfung abgelegt haben – gegebenenfalls unter Beigabe eines Lotsen, der dann die Verantwortung hat. Die Triebwagenführer können aber auch an der Grenze bzw. in der ersten größeren Station mit einem oder zwei Führern der Fremdverwaltung wechseln. Beide Möglichkeiten haben Vor- und Nachteile. Im ersten Fall ist es vorteilhaft, daß das Personal der Eigentumsverwaltung fährt, das den Zug und seine Eigenarten kennt; die zweite Möglichkeit hat Vorteile bei Unregelmäßigkeiten. Das ganze Problem muß auch von der wirtschaftlichen Seite her betrachtet und abgewogen werden. Aus diesem Grunde ist eine einheitliche und alle Verwaltungen bindende Entscheidung nicht getroffen worden, sondern man überläßt die Regelung den an einem Lauf beteiligten Verwaltungen.

Außer der Führung des Zuges, also dem eigentlichen Fahren, gibt es aber noch eine zweite wichtige Aufgabe: die technische Betreuung des Zuges. Ein moderner Zug, wie der TEE-Zug, ist ein verhältnismäßig kompliziertes technisches Gebilde. Nicht nur die Motorenanlage auf beiden Seiten, auch die Stromerzeugung für die Beleuchtung und die Klimaanlage, die Heizung und Lüftung, die Einrichtungen zur Verminderung der Schwingungen usw. bedürfen einer ständigen Beobachtung. Die Deutsche Bundesbahn hat daher erwogen, einen „technischen Zugmeister" einzustellen, der, ohne sonstige Funktionen zu haben, den Zug ständig begleitet und technisch überwacht. Er soll die Motoren kennen und kleinere Reparaturen während der Fahrt ausführen – was von besonderer Bedeutung ist, wenn fremde Triebwagenführer fahren –, er soll die elektrischen Anlagen überwachen, die Klimaanlagen betreuen, die Wasserversorgungseinrichtungen beobachten usw. und schließlich im Heimatwerk die mit der Unterhaltung des Zuges betrauten Personale auf die kranken oder wenigstens anfälligen Punkte aufmerksam machen. Ein derartiger Posten dürfte sich namentlich am Anfang bestimmt bezahlt machen. Die am TEE beteiligten Verwaltungen wollen die Lösung dieser Frage zunächst den Eigentumsverwaltungen überlassen und sie nach den Erfahrungen des ersten praktischen Betriebsjahres erneut überprüfen.

E. Die Betreuung der Kunden (Service) in den TEE-Zügen

Im BAC war nach langen Verhandlungen beschlossen worden, daß jeder Eisenbahnverwaltung, die einen Zug in Betrieb gibt, das Recht zusteht, die Service-Gesellschaft zu bestimmen, die die Reisenden zu betreuen und die Küche zu führen hat. Damit war ein wichtiger Schritt vorwärts getan, weil nunmehr jede Verwaltung ihre eigene Speisewagen-Gesellschaft einsetzen und gegebenenfalls auch zur Finanzierung heranziehen kann. Die Bedienungskräfte aller eingesetzten Service-Gesellschaften werden eine einheitliche Kleidung und am Ärmel und am Mützenschild das Abzeichen „TEE" tragen. Unter dem Personal sollen mehrere sprachkundige Kräfte sein. Weitere Anregungen, zur Ersparnis von Betriebskosten besonders ausgebildeten Kräften der Service-Gesellschaft auch gewisse Eisenbahnfunktionen zu übertragen (zum Beispiel die Kontrolle der Fahrkarten, Erteilung von Auskünften, Führung statistischer Nachweise und ähnliches), wurden den Verwaltungen zur Einführung freigestellt. Die Zahl der einzusetzenden Kräfte bleibt den Service-Gesellschaften überlassen; desgleichen, ob nur männliches oder auch weibliches Personal eingesetzt wird. Damit ist den in den einzelnen Ländern unterschiedlichen Anschauungen weitgehend Rechnung getragen.

F. Die Abrechnung zwischen den verschiedenen Verwaltungen

Die größten Schwierigkeiten bereiteten die Fragen der Abrechnung. Sie waren zeitweise so groß, daß das ganze System gefährdet schien. Um die aufgetretenen Probleme verstehen zu können, muß auf die im internationalen Reisezugverkehr üblichen Abrechnungsmethoden eingegangen werden.

Die Fahrgeldeinnahmen für eine Reise, die über mehrere Länder führt, werden durch das Zentral-Ausgleichsbüro jeder Eisenbahnverwaltung in der Höhe zugeschieden, wie sie im Tarif festgesetzt sind. Dabei steht es jeder Eisenbahnverwaltung frei, Zuschläge zum normalen Fahrpreis in beliebiger Höhe zu erheben (Schnellzug-, Fernschnellzug- oder Luxuszuschläge).

Die Ausgaben sind beim Lauf eines TEE-Zuges in den einzelnen Verwaltungen ganz verschieden. Die Eigentumsverwaltung hat die gesamten Kosten für die Beschaffung, den Betrieb und die Unterhaltung der Züge zu tragen. Die berührten Fremdverwaltungen stellen nur den Fahrweg zur Verfügung, wofür sie gewisse Kosten in Anrechnung bringen können, deren Höhe nach ganz verschiedenen Gesichtspunkten berechnet werden kann.

Beim Übergang einzelner Personenwagen von einem Land in ein anderes wird die Abrechnung zwischen den verschiedenen Verwaltungen nach dem RIC (Regolamento Internazionale Carrozze) durchgeführt. Dieses geht von der Annahme aus, daß im internationalen Verkehr nur Reisezugwagen verkehren, die in bezug auf Sitzplatzzahl, Bauausführung, Komfort usw. etwa gleichwertig sind. Das ist natürlich in der Praxis nicht der Fall. Aber man hat sich bei der Abrechnung nach dem RIC über die Unterschiede hinweggesetzt, weil man nach dem Gesetz der großen Zahl annehmen zu können glaubt, daß sich bei der Vielzahl von Wagen, die von den einzelnen Eisenbahnverwaltungen in den internationalen Verkehr eingesetzt werden, alle Unterschiede in etwa ausgleichen. Die Abrechnung nach dem RIC braucht deshalb keine Bargeldabrechnung vorzusehen. Sie kann irgendeine andere Einheit für den Ausgleich nehmen, wie zum Beispiel das Achskilometer. Die Achskilometer, welche die Wagen einer Eigentumsverwaltung im Bereich von Fremdverwaltungen zurücklegen, werden an Hand von Übergangsaufschreibungen und Schuldnachweisen ermittelt. Sie werden der Eigentumsverwaltung gutgeschrieben, während die einzelnen Fremdverwaltungen entsprechend belastet werden. Am Ende jedes Fahrplanabschnittes ergibt sich beim RIC-Verband für jede Verwaltung ein Saldo. Verwaltungen, die vier Jahre hindurch Schuldnerin waren, müssen ihre kleinste Schuld der letzten fünf Jahre in bar begleichen, wobei jedes „Debet"-Achskilometer mit fünf Goldcentimes bewertet wird. Im allgemeinen wird aber angestrebt, das Debet durch Übernahme neuer Leistungen in „natura" auszugleichen, was nicht immer eine wirtschaftliche Lösung darstellt. Dieses Verfahren ist einfach, aber verhältnismäßig ungenau. Es geht zu Lasten der Verwaltungen, die neue und gute Wagen auf verhältnismäßig kurze Entfernungen in das Ausland schicken, also bei hohen Ausgaben nur eine geringe Gutschrift von Achskilometern erzielen. Man hat sich aber in der Annahme, daß im großen und ganzen doch ein Ausgleich eintritt, damit abgefunden.

In Ermangelung eines anderen Abrechnungsschlüssels hat man dieses Verfahren zunächst auch auf den grenzüberschreitenden Triebzug-Verkehr angewendet, indem man die zusätzliche Gestellung der Lokomotivkraft durch Gutschrift weiterer Achskilometer je nach der Stärke der Motoren bewertet. Die Abrechnungsformeln sind in einem Merkblatt der UIC (Fiche 621) festgelegt. Sehr eingehende Untersuchungen haben aber ergeben, daß dieses Verfahren für die Eigentumsverwaltungen zu großen finanziellen Verlusten führt. Man hat sich deshalb für den TEE-Verkehr zu einer direkten Abrechnung entschlossen.

Um die Grundgedanken dieser nach langen Erörterungen gefundenen Lösung zu erklären, ist es notwendig, auf die Unterschiede zwischen der Beistellung einzelner Reisezugwagen in internationale lokomotivbespannte Züge und den TEE-Zügen kurz einzugehen. Man muß unterscheiden zwischen der Eigentumsverwaltung eines Wagens oder eines TEE-Zuges und den Fremdverwaltungen, in deren Bereich der Einzelwagen oder der TEE-Zug verkehrt. Im ersten Falle stellt die Eigentumsverwaltung lediglich den leeren Wagen zur Verfügung, alle übrigen Kosten übernimmt die Fremdverwaltung. Sie beheizt und beleuchtet ihn, und sie stellt die Zugkraft und das Personal. Die Eigentumsverwaltung hat also nur die Verzinsung und Amortisation der Beschaffungskosten und die Unterhaltung zu übernehmen. Dabei erstreckt sich die Amortisation über einen Zeitraum von mindestens 35 bis 40 Jahren, so daß auf ein Achskilometer im Fremdbereich nur ein sehr geringer Anteil der Verzinsung und Amortisation der Beschaffungskosten entfällt.

Anders bei den TEE-Zügen. Hier hat die Eigentumsverwaltung den gesamten Zug betriebsfähig zu stellen, also einschließlich Lokomotive bzw. Triebkraft, Treibstoff und Personal. Sie hat das Kapital zu beschaffen, zu verzinsen und zu amortisieren und die Kosten für die gesamte Unterhaltung zu tragen. Von besonderer Bedeutung ist dabei die Tatsache, daß die TEE-Züge wegen ihrer hohen Beanspruchung sowohl in bezug auf Laufleistungen als auch auf Komfortansprüche eine wesentlich kürzere Lebensdauer (etwa zehn Jahre) im internationalen Verkehr haben werden. Da die Fremdverwaltung, die die gesamten Einnahmen in ihrem Streckenbereich erhält, nur den Fahrweg zur Verfügung stellt, muß sie einen Ausgleichsbetrag zahlen, der mindestens die Selbstkosten der Eigentumsverwaltung deckt, denn sonst würde diese ja kein Interesse daran haben, ihre Züge in fremden Bereichen überhaupt verkehren zu lassen. Die Festsetzung eines einheitlichen Abrechnungsschlüssels war schwierig, weil einmal erhebliche Unterschiede in der technischen Konstruktion der einzelnen Züge bestehen und die Bau-, Geldbeschaffungs-, Unterhaltungs-, Betriebs- und Personalkosten in den einzelnen Ländern sehr verschieden sind, vor allem aber auch deshalb, weil erhebliche Unterschiede zwischen den einzelnen Zügen in bezug auf den Komfort vorhanden sind.

Man hat sich schließlich darauf geeinigt, für das erste Jahr von einer Bewertung der Unterschiede im

Komfort abzusehen, also die Zusatzeinrichtungen wie Klimatisierung des gesamten Zuges, besondere Speisewagen, größere Räume für die Hinterstellung des Gepäcks usw., wie sie die Züge der Schweizerischen Bundesbahnen, der Niederländischen Bahnen und der Deutschen Bundesbahn haben, nicht besonders zu bewerten. Als Einheit für den Ausgleich wurde das Sitzplatzkilometer gewählt. Ein Unterausschuß hat unter Berücksichtigung der in den verschiedenen Ländern unterschiedlichen Verhältnisse seinen mittleren Geldwert zu 2,75 Goldcentimes errechnet. Er soll der Abrechnung für das erste Betriebsjahr zugrunde gelegt werden, und man hofft, daß dabei auch die Eigentumsverwaltungen der SBB, NS und DB auf eine wenn auch bescheidene Rendite kommen. Am Ende des ersten Betriebsjahres wird man sehen, inwieweit die gemachten Annahmen zutreffend gewesen sind. Es steht zu hoffen, daß die TEE-Züge recht bald in ihren Leistungen und in ihrem Komfort aneinander angeglichen werden – entscheidend dafür, wie gebaut wird, sollte letzten Endes der Kunde sein –. Bleiben die am Anfang vorhandenen großen Unterschiede zwischen den verschiedenen TEE-Zügen bestehen, so muß in Zukunft auch der verschieden hohe Komfort der einzelnen Züge berücksichtigt werden.

Die Schwierigkeiten, die sich aus den Unterschieden der Konstruktionen und dadurch natürlich auch im Einsatz und hinsichtlich der Vorhaltung von Reserven sowie in der Abrechnung ergeben, müssen durch eine enge Zusammenarbeit der beteiligten Verwaltungen ausgeräumt werden. Hierfür muß – ohne eine besondere Gesellschaft zu schaffen – noch eine zweckmäßige Organisationsform gefunden werden".

Die Forderung nach einem raschen, von Fahrdraht und Stromsystem unabhängigen Grenzübertritt führte zwangsläufig zur Wahl des Dieselbetriebes. Die Frage, ob lokomotivbespannte oder Triebwagenzüge eingesetzt werden sollten, wurde damals nach Berücksichtigung aller verkehrlichen, betrieblichen, technischen und wirtschaftlichen Gesichtspunkte zugunsten der Triebwagen entschieden.

Bei der Entwicklung der TEE-Triebzüge gingen die Bahnverwaltungen getrennte Wege. Es war zwar gedacht, einen weitgehend einheitlichen Zug einzusetzen, in der verfügbaren Zeit ließen sich jedoch nicht Ausführungen finden, die allen Anforderungen und Wünschen der Bahnverwaltungen gleichermaßen Rechnung trugen.

Für den Bau der Züge wurden deshalb nur einzelne Richtlinien festgelegt:

Radsatzlast	18 t
Pufferdruck	150 t
Höchstgeschwindigkeit	140 km/h
Geschwindigkeit in der Steigung 16 o/oo (1 : 63)	70 km/h
Platzangebot	120 Sitzplätze.

Ferner sollten Warmwasser in den Aborten, als Innenbeleuchtung Leuchtstofflampen und eine Zuglaufüberwachungseinrichtung vorgesehen werden.

Die unterschiedliche Auffassung der Bahnverwaltungen über den Komfort der TEE-Züge zeigen die gewählten Ausführungen. Die Niederländischen Eisenbahnen und die Schweizerischen Bundesbahnen entwickelten gemeinsam einen vierteiligen dieselelektrischen Zug mit 120 Sitzplätzen, der aus einem Maschinenwagen, zwei Mittelwagen und einem Steuerwagen besteht. Die Italienische Staatsbahn baute einen zweiteiligen Dieseltriebzug mit Unterflurmaschinenanlage und 96 Sitzplätzen. Die Französischen Eisenbahnen setzten einen zweiteiligen Dieseltriebzug – Maschinen- und Beiwagen – ein. Da der Beiwagen am freien Ende einen Übergang besitzt, kann die Einheit von 81 Sitzplätzen durch Beistellen eines zweiten Maschinenwagens auf 120 und eines weiteren Mittelwagens auf 162 Sitzplätze verstärkt werden. Die Deutsche Bundesbahn dagegen entwickelte einen eigenen neuen Triebzug, der, als VT 11.5 (später 601) bezeichnet, ein weiterer Meilenstein in der Entwicklung deutscher Brennkrafttriebzüge war. Dank der langjährigen Erfahrungen mit mehrteiligen Brennkrafttriebwagen seit der Inbetriebnahme des „Fliegenden Hamburgers" am 15. Mai 1933 waren für die Entwicklung und den Bau dieser Fahrzeuge nur zwei Jahre erforderlich. Hierbei spielten auch die Erfahrungen mit eine Rolle, die die DB im grenzüberschreitenden Verkehr mit Brennkrafttriebzügen seit 1953 planmäßig hatte sammeln können. Auch die mit den Versuchsdieseltriebzügen VT 10 501 und VT 10 551 (Gliedertriebzüge) gewonnenen Erfahrungen flossen mit in die Konstruktion und Gestaltung der neuen Triebzüge ein.

Für die Bearbeitung der offenen technischen, betriebstechnischen und kommerziellen Fragen wurden im November 1954 drei internationale Ausschüsse gebildet. Die ersten Sitzungen der neu gebildeten

Ausschüsse fanden Ende November 1954 in Genua statt. Die Schweizerischen Bundesbahnen hatten den technischen Ausschuß zu leiten. Der Direktor des Zugförderungs- und Werkstättendienstes der Schweizerischen Bundesbahnen, Dr.-Ing. E.h. Gerber, hatte den Vorsitz übernommen. In ihm waren außerdem vertreten die Französischen Staatseisenbahnen (Tourneur), die Niederländischen Eisenbahnen (de Haas), die Italienischen Staatseisenbahnen (Cantutti) und die Deutsche Bundesbahn (Gaebler). Im folgenden soll von den zahlreichen wichtigen nichttechnischen Fragen, die – beginnend mit der großen Europ-Express-Tagung in Utrecht am 3. November 1954 – gemeinsam beraten wurden, nur gesprochen werden, soweit diese auf die technische Planung und die Konstruktion der Fahrzeuge Einfluß hatten.

Die Sitzung vom 3. November 1954 in Utrecht ließ bereits eine ganze Anzahl von bei der Projektierungsbearbeitung der Fahrzeuge zu studierenden Fragen erkennen, die auch in dem von Dr. Gerber geleiteten technischen Ausschuß zu besprechen waren. Hierzu gehörten zum Beispiel durch den geforderten hohen Komfort und den Service sich ergebende Fragen der Gestaltung der Fahrgasträume, der von dem Herkömmlichen in manchem abweichenden Zusammensetzung des Personals der Züge mit ihren Rückwirkungen auf den Grundriß, der aus der Zollkontrolle während der Fahrt resultierenden Bedürfnisse, die Frage der Ausstattung der Züge mit Heizungs-, Lüftungs- und eventuell Klimaanlagen und mit Einrichtungen für funktelegrafischen und fernmündlichen Nachrichtendienst während der Fahrt. Dazu kamen die große Zahl der konstruktiv-technischen Gesichtspunkte wie Aktionsradius, Höchst- und Reisegeschwindigkeiten, mögliche Mindestfahrgeschwindigkeiten auf Rampen, Maschinenleistungsreserve im Regelbetrieb und bei Schäden einer Maschinenanlage, zulässige Bremswege, zulässige Achsdrücke, kleinste zu durchfahrende Kurvenhalbmesser, Wahl und Konstruktion der Kupplungen, Fahrbarkeit der Züge im Verband einschließlich Fernsteuerbarkeit mehrerer Einheiten und nicht zuletzt die Berücksichtigung vieler Vorschriften der UIC und des RIC, soweit diese für Triebwagen und ihren Einsatz auf Auslandsstrecken Bedeutung haben.

Dies geschah auf der erwähnten ersten Sitzung des technischen Ausschusses Ende November 1954 in Genua, an der neben den genannten Verwaltungen auch die Belgischen Staatseisenbahnen, vertreten durch Lemaitre, teilnahmen. Diese Gespräche führten bereits zu einer weitgehenden Abstimmung der Auffassungen der beteiligten Verwaltungen über eine ganze Anzahl grundsätzlicher Fragen. Man kam überein, die Züge für eine Höchstgeschwindigkeit von 140 km/h auszulegen. Die installierte Leistung sollte so bemessen sein, daß nicht nur diese Höchstgeschwindigkeit dauernd gehalten und schnell erreicht werden kann, sondern daß auf Steigungen von 16 o/oo – auch bei Anfahrt in der Steigung aus dem Stillstand – eine Fahrgeschwindigkeit von wenigstens 70 km/h erzielt wird. Unterschiedliche Meinungen der Verwaltungen ergaben sich bezüglich der Frage, ob ein Speiseraum oder das Servieren von Mahlzeiten am Platze im Zuge vorzuziehen ist. Da die aus den Gewohnheiten des Publikums in den beteiligten Ländern resultierenden Auffassungen hier stark differierten, wurde von bindenden Vereinbarungen abgesehen. So ist es zu erklären, daß die nun zum Einsatz kommenden Trans-Europ-Express-Züge teils besondere Speisewagenteile und teils Bedienung der Fahrgäste am Sitzplatz haben. Die Besprechungen über die zu wählenden Abmessungen in den für den Reisekomfort bestimmten Räumen und Bauteilen, über die Gepäckräume sowie Dienstabteile für Zoll und Personal führten zu weitgehender Übereinstimmung. Auch hinsichtlich Beleuchtung, Lautsprecheranlagen, Stromversorgung sowie Heizung und Lüftung der Züge kamen Absprachen zustande, die den Verwaltungen für die Planung ihrer Einheiten Richtlinien gaben,ohne sie jedoch allzu eng festzulegen. Eindeutige und verbindliche Mindestvorschriften wurden bezüglich der maximal zulässigen Bremswege aus 140, 120 und 100 km/h Geschwindigkeit, der zulässigen Achslasten, der Minimalradien zu durchfahrender Kurven und des Fahrzeugbegrenzungsprofils vereinbart. Da Züge mit Mittelpufferkupplungen auch mit voller Geschwindigkeit von Fahrzeugen mit normalen Zug- und Stoßvorrichtungen geschleppt werden können, blieb die Wahl der Kupplungen freigestellt.

Damit waren zwar Richtlinien für die Entwicklung und den Bau von Trans-Europ-Express-Triebwagen in großen Zügen gegeben. Es konnte jedoch noch keine so weitgehende Übereinstimmung der Auffassungen unter den Beteiligten erreicht werden, daß gleichartige oder gar konstruktiv völlig gleiche und einheitliche Züge gebaut wurden. Man mag dies bedauern. Eine sehr weitgehende Gleichheit in Technik und Verkehrswert wäre aus wirtschaftlichen und allgemein eisenbahntechnischen Gesichtspunkten sicherlich zu begrüßen gewesen. Auch dem Europ-Express-Gedanken wäre dies dienlich gewesen. Wenn man das Streben nach völlig einheitlichen Einheiten für solche hochwertigen Fernreiseverbindungen nicht aufgibt, kann jedoch der zunächst eingeschlagene Weg auch Vorteile haben. Denn alle beteiligten Bahnen werden auf diese Weise Musterzüge im Betrieb kennenlernen, deren Vor- und Nachteile später bei freimütigem Meinungsaustausch gegeneinander ausgewogen werden können und sollen. Bei allen Überlegungen dürfen auch die berechtigten Interessen der beteiligten europäischen Industrie, die mit ihren Kenntnissen und Erfahrungen maßgeblich zum Gelingen der Konstruktion beitragen mußte, nicht außer acht gelassen werden. Welche Fülle von Überlegungen bei internationalen Standardisierungs- und Vereinheitlichungsvorhaben zu berücksichtigen sind, hat sich bei den inzwischen angelaufenen, von dem ORE (Office de Recherches et d'Essais) im UIC für alle europäischen Eisenbahnverwaltungen gesteuerten Standardisierungsbestrebungen für einen europäischen Diesellokpark gezeigt. Trotz guten Willens aller Beteiligten ließen sich die vielfältigen örtlichen und auch die wirtschaftspolitisch bedingten Schwierigkeiten noch nicht so weit ausräumen, daß bereits Ergebnisse in Form von verbindlichen Beschlüssen für die Eisenbahnverwaltungen erarbeitet werden konnten. Da aber die Planungsarbeiten an den Trans-Europ-Express-Zügen wegen der Absicht, diese Verbindungen bald einzurichten, damals schon unter Termindruck standen, wäre eine internationale technische Vereinheitlichung in der nur sehr kurzen verfügbaren Zeit auf unüberwindliche Schwierigkeiten gestoßen, es sei denn, man hätte nur einen mit bereits im Betriebe bewährten Elementen gebauten Typ eines Zuges für alle beschafft und vorgehalten.

Eine weitere Sitzung des Technischen Ausschusses fand Mitte Februar 1955 in Utrecht statt. Aufgabe der Sitzung war, Richtlinien für die weitere Zusammenarbeit zu beraten und die bereits erarbeiteten Erkenntnisse und Erfahrungen untereinander auszutauschen.

Die Niederländischen Eisenbahnen und die Schweizerischen Bundesbahnen, die sich zum Bau ihrer Trans-Europ-Express-Züge zusammenschlossen, hatten bereits weitgehende Übereinstimmung bezüglich des Gesamtprojektes ihrer Triebwagen erreicht. In einem „Pflichtenheft" fand diese Arbeit ihren Niederschlag. Dieses Pflichtenheft wurde im Technischen Ausschuß im Mai 1955 in Bern durchgesprochen.

Für die deutschen Züge konnte ein Pflichtenheft damals noch nicht erarbeitet werden. Der Auftrag, die Konstruktions- und Entwicklungsarbeiten gemeinsam mit der deutschen Industrie in Angriff zu nehmen, war dem hierfür zuständigen Bundesbahn-Zentralamt München unter Zuweisung für die Entwicklungsarbeit erforderlicher Geldmittel erst Anfang September 1955 gegeben worden. Die diesem Auftrag zugrunde liegenden Unterlagen waren von einem im Oktober 1954 zu diesem Zweck einberufenen Arbeitskreis des zuständigen „Fachausschusses" der Deutschen Bundesbahn zusammengestellt worden. Das Pflichtenheft für die deutschen Züge konnte so erst im Dezember 1955 zusammengestellt werden.

VT 11 5017 des Bw Hamburg-Altona war vom 4. Januar bis zum 1. Dezember 1958 auf der Expo Brüssel ausgestellt. *Aufnahme: Ludwig Rotthowe*

Für die Deutsche Bundesbahn ergab sich aus dieser Entwicklungsgeschichte im Winter 1955/56 die Aufgabe, ihre konstruktive Planung in sehr kurzer Frist durcharbeiten zu müssen. Im Februar 1956 war es soweit, daß nach Preisverhandlungen die Lieferverträge mit den Waggonbaufirmen abgeschlossen werden konnten. Jetzt begann der schwierigste Teil der Arbeit, und zwar die gemeinsame Durcharbeitung der gewählten Konstruktionen bis zur Baureife in den Konstruktionsbüros der Firmen und den technischen Büros des bauüberwachenden Bundesbahn-Zentralamtes München, die Festlegung, Preisermittlung und Vergabe der zahlreichen Beistellteile, von den Maschinenanlagen angefangen bis zu Heizungs-, Lüftungs- und Klimaanlagen, Zug- und Stoßvorrichtungen, Teilen der Beleuchtungsausstattung, Bremsen und Laufwerke und weiter die Abstimmung der Liefertermine der Materialien und Beistellteile auf den fortschreitenden Konstruktions- und Bauzustand. Im Spätsommer 1956 konnten nach Eingang der Vormaterialien die ersten Wagen bei den Waggonbaufirmen aufgelegt werden. Erste Probefahrten mit Mittelwagenteilen der neuen Züge begannen Mitte Februar 1957.

Über den VT 11.5 ist in der neueren Literatur so viel detailliert geschrieben worden, daß es sich erübrigt, hierauf näher einzugehen.

Parallel mit den Arbeiten im „technischen Ausschuß" liefen vielfältige Untersuchungen und Arbeiten in den beiden anderen im Rahmen des TEE-Projekts gebildeten Ausschüssen, dem „fahrplantechnischen Ausschuß" und dem „kommerziellen Ausschuß". In letzterem hatte die DB den Vorsitz.

Bei der Aufnahme des TEE-Verkehrs am 2. Juni 1957 offerierte die DB ihren Kunden das neue Zugsystem wie folgt:

Trans-Europ-Express-Züge

TEE

„Zur besseren Bedienung des europäischen Reiseverkehrs wurde ein Netz internationaler Zugverbindungen mit der Bezeichnung „Trans-Europ-Express", abgekürzt **TEE** unter Einsatz hochmoderner, schneller Dieseltriebzüge geschaffen. Diese modernen Dieseltriebzüge bieten besonders günstige Tagesverbindungen. Die TEE-Züge sind äußerlich an ihrer Farbe (bordeauxrot mit beige) und an dem TEE-Zeichen erkenntlich, das an den Stirnseiten angebracht ist.

TEE-Züge führen nur die 1. Wagenklasse.

Die **Ausstattung** dieser Züge macht das Reisen besonders genußreich und angenehm. Der von der Deutschen Bundesbahn verwendete TEE-Züge-Typ hat Klimaanlage, ferner breite, meist verstellbare Polstersitze mit bequemen Rückenlehnen und weitem Sitzabstand sowie Speiseabteil, Zugbar, besondere Kofferräume und ein an der Zugspitze oder am Zugschluß liegendes Schreibabteil. Die Eingangs- und Zwischentüren schließen sich selbsttätig. Zwei Dieselmotoren mit 2200 PS, die moderne stabile Bauart dieser Reisezüge, ihre erprobte Stromlinienform sowie der gute Zustand sorgfältig gesicherter Betriebsanlagen gewährleisten eine rasche, komfortable und erholsame Reise.

Die **Grenzabfertigung** findet im fahrenden Zug statt.

Fahrausweise, Sonderzuschläge und Platzbelegung

TEE-Züge können mit Fahrausweisen 1. Klasse für Schnellzüge in Verbindung mit einem TEE-Zuschlagschein benutzt werden. Zugelassen sind Fahrausweise zum gewöhnlichen Fahrpreis, Rückfahrkarten und Rückfahrscheinhefte, auf deutschen Strecken auch Netzkarten, Bezirkskarten und Bezirkswochenkarten. Inhaber von Jahresnetzkarten und Monatsnetzkarten für die ganze Bundesbahn 1. Klasse können TEE-Züge auf den deutschen Strecken ohne Zahlung von Zuschlägen benutzen. Ermäßigte Fahrausweise aller Art für Gruppen haben im allgemeinen in TEE-Zügen keine Gültigkeit. Die TEE-Zuschläge werden im internationalen Verkehr durchgehend nach einem Grundpreis von etwa 0,02 DM je km berechnet, wobei für die Deutschland berührenden Züge mindestens 5.— DM erhoben werden. Für den TEE-„Helvetia" gilt ein Höchstzuschlag von 10.— DM.

Im deutschen Binnenverkehr betragen die TEE-Zuschläge für Entfernungen von

Zone I	1-225 km = 4 DM	Zone V	376-425 km = 8 DM
Zone II	226-275 km = 5 DM	Zone VI	426-475 km = 9 DM
Zone III	276-325 km = 6 DM	Zone VII	üb. 475 km = 10 DM
Zone IV	326-375 km = 7 DM		

Für Kinder, die zum halben Fahrpreis befördert werden, wird der volle TEE-Zuschlag erhoben.

Ein bereits gelöster Fernschnellzug-Zuschlag, auch ein in Netz- und Anschlußkarten — ausgenommen Netzkarten für die ganze Bundesbahn — eingerechnet, wird im innerdeutschen Verkehr auf den TEE-Zuschlag angerechnet.

Im grenzüberschreitenden Verkehr wird den Reisenden bei Lösung des TEE-Zuschlagscheins ein Platz reserviert, wobei der TEE-Zuschlagschein als Platzkarte dient.

Im innerdeutschen Verkehr dagegen werden Plätze nur auf Wunsch der Reisenden vorgehalten. Für die Platzreservierung werden keine Gebühren erhoben, außer für Reisende der Zone I, die bei Platzbestellungen stets die tarifmäßige Platzkartengebühr zu zahlen haben.

Reisende ohne TEE-Zuschlagschein können vom Zugpersonal in TEE-Zügen zugelassen werden, soweit noch Plätze verfügbar sind; der TEE-Zuschlag wird dann im Zug erhoben.

Für jeden TEE-Zug ist ein gesonderter Zuschlagschein erforderlich.

Bei der Bestellung oder Lösung eines TEE-Zuschlagscheins kann für die Weiter- oder Rückfahrt ein weiterer TEE-Zuschlagschein bestellt und gelöst oder auch ein Platz in bestimmten Anschlußzügen gegen die vorgesehene Gebühr bestellt werden.

Nichtbenutzte TEE-Zuschlagscheine können kostenlos auf einen anderen Zug umgebucht werden, wenn der Reisende dies spätestens 72 Stunden vor der Abfahrt des Zuges, auf den der Zuschlagschein lautet, beantragt und die ursprünglich vorgesehene TEE-Reisestrecke unverändert bleibt.

Mit TEE-Reisezügen wird nur das **Reisegepäck** der Reisenden befördert, die diese Züge benutzen."

b) Die TEE-Züge im Bereich der Deutschen Bundesbahn 1957 - 1978

Unabhängig von den Arbeiten im fahrplantechnischen Ausschuß wurden die Probleme eines beabsichtigten schnellen europäischen Verbindungsnetzes zwischen den wichtigsten Kultur- und Wirtschaftszentren des Kontinents in der EFK behandelt. Auf der EFK in Budapest vom 6. - 16. Oktober 1954 für den Jahresfahrplan 1955 wurde ausgiebig die Frage künftiger unter dem Namen „Trans-Europ-Express" verkehrender Städteverbindungen mit besonderem Komfort behandelt. Dabei wurde festgelegt, daß dieses Netz so zu schaffen sei, daß es einen besonders werbewirksamen Effekt habe. Die DB verwies dabei stolz auf ihre Erfolge seit 1951 im Netz der leichten F-Züge, in dem sie diese für ein europäisches Schnellfernverkehrsnetz vorgesehenen Verbindungen bereits voll verwirklicht habe.

Auf der EFK Lissabon für den Jahresfahrplan 1957 wurden dann die in diesem Fahrplanjahr anlaufenden TEE-Verbindungen zwischen den beteiligten Verwaltungen verbindlich vereinbart, zumal die TEE-Ausschüsse der UIC sich für die Behandlung der Detailfragen des Fahrplans in der EFK ausgesprochen hatten.

VT 11 5006 als TEE 77 „Helvetia" am 28. Juni 1958 bei der Ausfahrt Frankfurt Hbf.
Aufnahme: Walter Hanold

Für TEE 75 „Mediolanum" stellte die FS am 25. August 1958 den Triebzug 442 204, der in München Hbf auf Abfahrt wartete.
Aufnahme: Walter Hanold

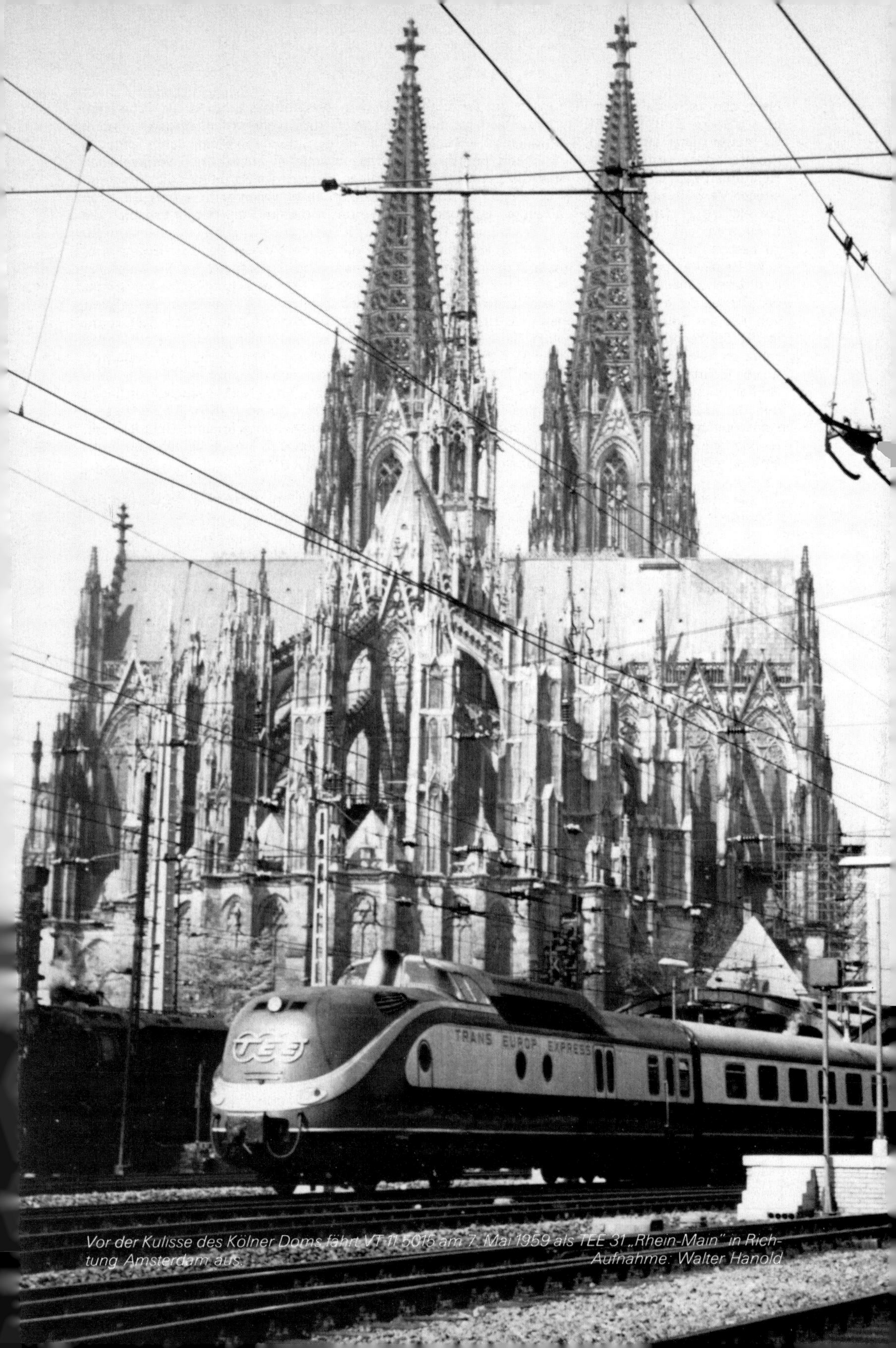

Vor der Kulisse des Kölner Doms fährt VT 11 5015 am 7. Mai 1959 als TEE 31 „Rhein-Main" in Richtung Amsterdam aus. Aufnahme: Walter Hanold

Nach den vorhergehenden Planungen des fahrplantechnischen Ausschusses enthielt das Programm eine größere Zahl von TEE-Verbindungen, als dann tatsächlich 1957 verwirklich werden konnten. Es mußte daher auf einige Relationen zunächst verzichtet werden, die dann einige Jahre später in modifizierter Form in die Wirklichkeit umgesetzt wurden; in anderen ursprünglich vorgesehenen Relationen kam es niemals zu einem TEE-Verkehr. Wesentliche Hindernisse waren hier die Ansichten einiger Verwaltungen, aus wirtschaftlichen Gründen Verbrennungstriebwagen nicht längere Strecken auf elektrifizierten Netzteilen einsetzen zu können. Es wurde in diesem Punkt sogar ernstlich die Frage erwogen, Triebzüge mit auswechselbaren Triebköpfen für Brennkraft- und elektrischen Antrieb zu beschaffen. Die SBB dagegen hatten wegen der Auswirkungen der Abgase der Triebzüge erhebliche Bedenken gegen ihren Einsatz in den Tunneln der Gotthard- und Simplonstrecke. Sie weigerten sich daher zunächst konstant, hier TEE-Züge in der vorgesehenen Form verkehren zu lassen. Seitens der DB wurde je nach Streckenverhältnissen und der Lage des Oberbaus die Höchstgeschwindigkeit von 120 auf 140 km/h angehoben, was zu merklichen Fahrzeitkürzungen führte und die TEE somit in die Spitzengruppe der schnellen Reisezüge der DB brachte. Weiter strebte sie für die folgenden Jahre an, wie vor dem Krieg für die SVT zugelassen, die Höchstgeschwindigkeit wieder auf 160 km/h für die Baureihe VT 11.5 zu erhöhen. Dies sollte aber nur erfolgen, wenn darunter die Reisebequemlichkeit nicht leiden würde, eine Frage, die die nachfolgenden Jahre erfolgreich beantwortet haben und die uns heute als völlig belanglos erscheint. Aber damals hatte man noch nicht bis zur letzten Konsequenz die Auswirkungen der Laufruhe bei hohen Geschwindigkeiten erforscht. Und der noch vorhandene enorme Nachholbedarf in der Oberbauunterhaltung ließ 1957 noch keinen Zeitpunkt für eine mögliche Erhöhung der Geschwindigkeiten erkennen.

So starteten denn mit dem Beginn des Jahresfahrplans 1957 am 2. Juni 1957 zehn TEE-Zugpaare in Europa:

Übersicht der Reisezeiten und Reisegeschwindigkeiten im TEE-Verkehr ab 2. Juni 1957

Name	Zug Nr.	Laufweg		Abfahrt	Ankunft	Entfernung km	Reisezeit		Reisegeschw. km/h
		von	nach				Std.	Min.	
Edelweiß	30	Zürich	Amsterdam	11.45	21.48	1004	10	03	99,9
	31	Amsterdam	Zürich	11.10	21.25		10	15	98,0
Rhein-Main	31	Frankfurt/M	Amsterdam	7.00	12.53	499	5	53	84,8
	32	Amsterdam	Frankfurt/M	17.00	22.59		5	59	83,4
Arbalète	ZP/40	Zürich	Paris	6.44	12.55	615	6	11	99,5
	47/PZ	Paris	Zürich	18.20	0.24		6	04	101,4
Saphir	74	Ostende	Dortmund	16.10	21.52	470	5	42	82,5
	75	Dortmund	Ostende	8.15	13.58		5	43	82,2
Helvetia	77	Zürich	Hamburg	7.39	18.13	959	10	34	90,8
	78	Hamburg	Zürich	12.38	23.15		10	37	90,3
Ile de France	103	Paris	Amsterdam	7.38	13.12	542	5	34	97,4
	148	Amsterdam	Paris	18.04	23.40		5	36	96,8
Oiseau Bleu	108	Brüssel	Paris	7.45	10.30	312	2	45	113,5
	145	Paris	Brüssel	20.40	23.33		2	53	108,2
Etoile du Nord	125	Paris	Amsterdam	17.45	23.18	542	5	33	97,6
	128	Amsterdam	Paris	13.27	19.00		5	33	97,6
Paris—Ruhr	168	Dortmund	Paris	5.29	12.30	615	7	01	87,7
	185	Paris	Dortmund	17.42	0.31		6	49	90,2
Le Mont Cenis	462	Milano	Lyon	7.25	12.44	498	5	19	93,7
	467	Lyon	Milano	18.00	23.27		5	27	91,4
*) Ligure	156	Milano	Marseille	6.25	13.40	553	7	15	76,3
	151	Marseille	Milano	16.45	24.00		7	15	76,3
*) Mediolanum	75	München	Milano	15.45	23.00	579	7	15	79,8
	76	Milano	München	6.05	13.36		7	31	77,0

*) = voraussichtlich ab 29. September 1957.

TEE-Züge

Jahresfahrplan 1957/58

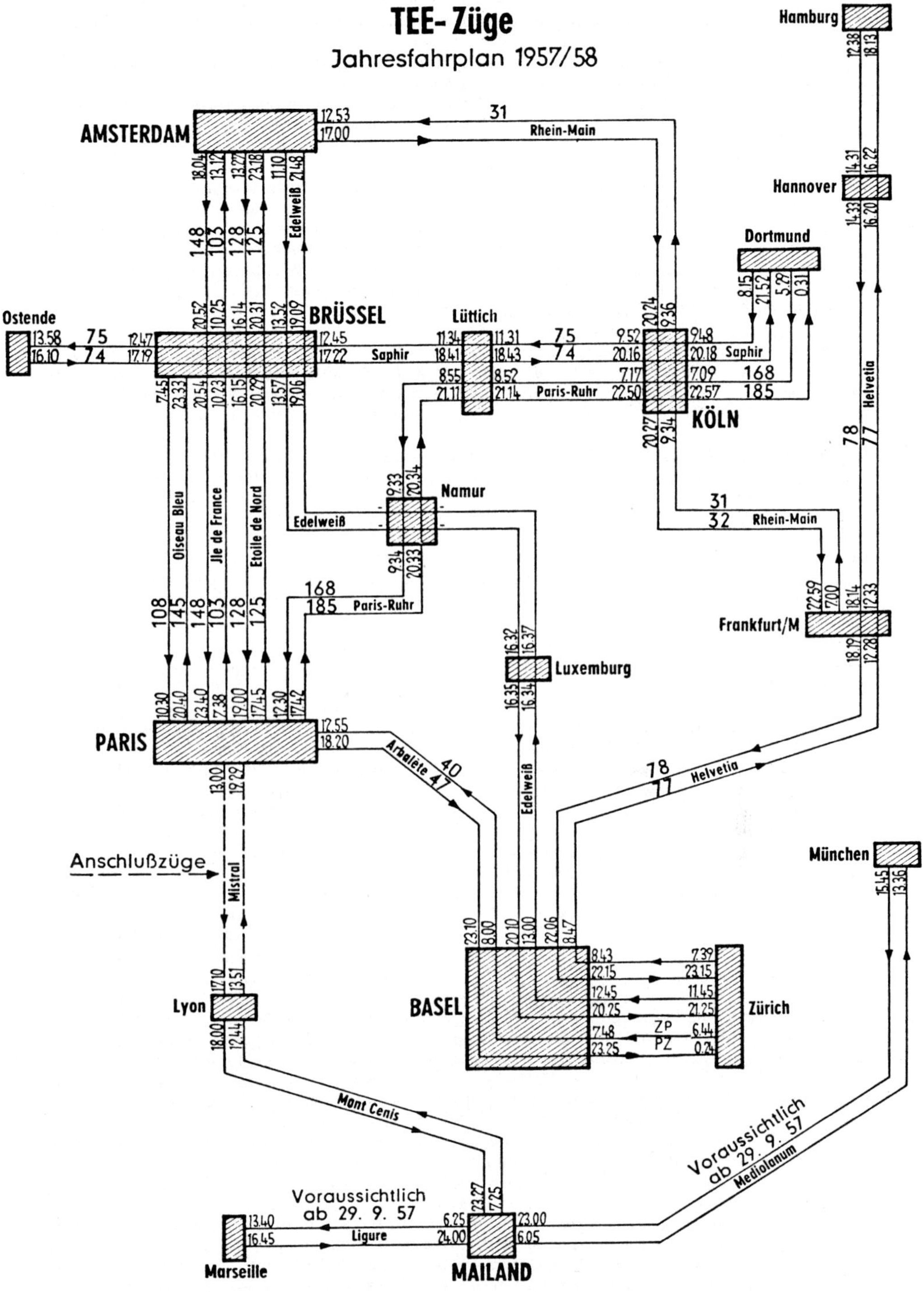

Wie aus obiger Übersicht zu erkennen ist, waren für den Herbst 1957 bereits zwei weitere Verbindungen geplant. Von diesen zehn Erstverbindungen berührten den Bereich der DB die vier Zugpaare:

– TEE 31/32	„Rhein-Main"	Frankfurt – Mainz – Köln – Emmerich – Amsterdam
– TEE 74/75	„Saphir"	Oostende – Aachen – Köln – Essen – Dortmund
– TEE 77/78	„Helvetia"	Zürich – Basel – Mannheim – Frankfurt – Hannover – Hamburg-Altona
– TEE 168/185	„Paris-Ruhr"	Dortmund – Essen – Köln – Aachen – Paris Nord

Alle vier Verbindungen stammten aus dem bisherigen leichten F-Zugnetz und wurden mit den TEE-Fahrzeugen der DB der neuen Baureihe VT 11.5 gefahren. Da aber zum Zeitpunkt der Verkehrsaufnahme noch nicht alle bestellten VT 11.5 geliefert waren, konnte die DB am 2. Juni noch keines der dafür vorgesehenen Fahrzeuge planmäßig einsetzen. An ihre Stelle mußten die bewährten VT 08.5 treten. Erst am 15. Juni konnte planmäßig der Dienst in der TEE-Verbindung „Saphir" vom VT 11.5 übernommen werden; die drei anderen Verbindungen folgten bis zum Jahresende. Somit wurden in der Anlaufphase TEE-Züge planmäßig mit VT 08.5 gefahren.

Unter den Planungen des Jahres 1957 waren auch solche, die sich mit TEE-Verbindungen Paris – Frankfurt, Paris – München – Wien, Hamburg – Hoek van Holland, Frankfurt – Roma, München – Roma, Rotterdam – Köln – Passau – Wien oder Hamburg – Stockholm beschäftigten. Was daraus im Laufe der folgenden Jahre in der Praxis geworden ist, zeigen die späteren Ausführungen.

Eines aber hatten die TEE von Anfang an in ganz Europa gemeinsam: die einheitliche Zuggattung „TEE = Trans-Europ-Express" und das TEE-Signet. In den Kursbüchern wurden sie nach gleichartigen internationalen Richtlinien dargestellt und erläutert und die DB erläuterte die Zuggattung zusätzlich wie folgt: „Fernschnelltriebwagen 1. Klasse mit besonderem Komfort, vorzugsweise für den internationalen Verkehr (mit TEE-Zuschlag und Platzkarten)". Gleiche Zugnummern auf dem ganzen Zuglauf bei allen beteiligten Verwaltungen wurden angestrebt, konnten aber nicht überall erreicht werden, da teilweise nationale innerdienstliche Bestimmungen dem entgegen standen. Hier schaffte erst die als Folge der elektronischen Platzbuchung ab 1966 vereinbarte internationale Zugnumerierung Abhilfe.

Betrachten wir die von den einzelnen TEE-Verwaltungen eingesetzten Zugtypen, so ergeben sich folgende Unterschiede:

1. FS: Zweiteilige Züge (Reihenbezeichnung: 442 200/448 200), bestehend aus zwei Triebwagen; Großräume in beiden Wagen; Service am Platz; nicht klimatisiert. (Sieben Garnituren.)
2. SNCF: Zweiteilige Züge (Reihenbezeichnung X 2771 – 2781 für die Triebwagen, XR 7771 – 7779 für die Anhänger); Großräume in beiden Wagen; Service am Platz; nicht klimatisiert. (Zehn Garnituren.)
3. SBB/NS: Vierteilige Züge, bestehend aus einem Maschinenwagen und drei Anhängern, von denen der letzte als Steuerwagen dient; teils Großraum, teils Abteile mit Seitengang; eigener Speiseraum; Klimaanlage. (Fünf Garnituren.)
4. DB: Siebenteilige Züge, bestehend aus zwei Maschinenwagen, drei Fahrgastwagen (teils Großraum, teils Abteile mit Seitengang); eigener Speisewagen mit Küche; dazu ein zweiter Wagen mit Speiseraum, Bar und Fahrgastraum; Klimaanlage. (Acht Garnituren.)

Zum 15. Oktober 1957 konnte eine weitere TEE-Verbindung, die Strecken der DB berührte, eingerichtet werden. Als TEE 74/75 „Mediolanum" verkehrte diese bereits auf der EFK Lissabon vereinbarte Verbindung zwischen München und Milano über Innsbruck und den Brenner. Eingesetzt wurden Fahrzeuge der FS der Reihen 442.2/448.2, die auf der Brennernordrampe erhebliche Schwierigkeiten hatten. Allein zwischen Innsbruck und dem Brenner benötigten sie eine um drei Minuten längere Fahrzeit als die ellokbespannten schweren Schnellzüge. Teilweise konnten sogar hier nur 40 km/h erreicht werden. Der Fahrgastkomfort war im Vergleich zu den anderen TEE-Garnituren mehr als bescheiden und der gesamte Service mußte am Platz durchgeführt werden. Dazu entsprachen sie noch nicht einmal den TEE-Richtlinien, waren diese Fahrzeuge doch nicht einmal klimatisiert.

Im Winterabschnitt ab 29. September 1957 erschienen darüber hinaus noch zwei weitere TEE-Verbindungen, einmal der bereits auf der EFK Lissabon behandelte, aber zunächst zurückgestellte TEE 155/190 „Parsifal" Paris Nord – Aachen – Köln – Essen – Dortmund. Diese Verbindung stellte als Tagesrandverbindung den Gegenpol zum „Paris-Ruhr" dar und wurde mit Triebwagen der

Zwischen Frankfurt und Köln verkehrten 1959 TEE 31 „Rhein-Main" nach Amsterdam und TEE 19 „Saphir" nach Brüssel vereinigt. Carl Bellingrodt fotografierte die beiden Garnituren vor der Kulisse von Oberwesel.

Im Inntal südlich von Rosenheim fährt TEE 75 „Mediolanum" im Jahre 1959 seinem Ziel München entgegen. Aufnahme: DB

SNCF gefahren. Dann aber erscheint mit dem Vermerk „verkehrt erst auf besondere Anordnung" ein TEE 73/74 ohne Namen mit dem Zuglauf München — Innsbruck — Brenner — Bologna — Firenze. Hier dürfte es sich um die zweite auf der EFK Lissabon als Fahrplanstudie ausgearbeitete Verbindung in der Relation München — Italien handeln. Offensichtlich war hierfür ein italienischer Triebwagen vorgesehen, der aber nicht zur Verfügung stand. Dieser Zuglauf ist nie in Verkehr gekommen. Interessant hierbei ist, daß nunmehr ab dem Winterabschnitt bei nur sieben den Bereich der DB berührenden TEE-Zugpaaren bereits wieder Doppelbesetzungen von Zugnummern auftraten. Dies hätte mit einigem Geschick doch sicher vermieden werden können.

Die EFK Neapel für den Jahresfahrplan 1958 brachte im TEE-Verkehr bereits wieder einige Änderungen. Durch den nunmehr vollständigen Einsatz der VT 11.5 im TEE-Verkehr bei den von der DB zu befördernden Zugläufen konnten hier die Reisezeiten nochmals gekürzt werden. Damit erreichte TEE 77 eine Reisegeschwindigkeit von 97,3 km/h (Vorjahr TEE 78 mit 93,2 km/h) als schnellster TEE-Zug im Bereich der DB. Durch diese Fahrzeitkürzung war es auch möglich, in Basel Anschlüsse an und ab dem TEE Arbalète Basel SBB — Paris herzustellen. Der „Saphir" erhielt neu den Weg Frankfurt — Mainz — Köln — Aachen — Oostende Kaai und die Zugnummern TEE 19/20. Zwischen Frankfurt und Köln verkehrte er mit TEE 31/32 vereinigt. Der „Mediolanum" erhielt die neuen Zugnummern TEE 75/76, offensichtlich um die im vorhergehenden Fahrplanabschnitt im Bereich der DB bestehende Doppelnummerung zu vermeiden.

Auf der EFK Leipzig wurde für den Jahresfahrplan 1959 nunmehr die zweite seit Jahren vorgesehene Verbindung München — Italien in Form des als DT 73/74 eingestuften „Gondoliere" Venedig — München geschaffen. Da die DB aufgrund der negativen Erfahrungen und der laufenden Beschwerden der Reisenden über den im „Mediolanum" verkehrenden, nicht den TEE-Vereinbarungen entsprechenden italienischen Triebwagen sich weigerte, diese Verbindung als TEE anzuerkennen, wurde die dargestellte Lösung gefunden. Trotzdem mußte auch bei diesem von der FS gestellten Triebwagenpaar von vornherein auf Benutzungsbeschränkungen zurückgegriffen werden. TEE 155/190 wurden auf den Laufweg Paris Nord — Düsseldorf beschränkt und da TEE 31/32 beschleunigt wurden, wurde die Bindung mit TEE 19/20 gelöst. Diese verkehrten nunmehr über Wiesbaden — Koblenz, wobei TEE 19 eine um 32 Minuten spätere Abfahrt in Frankfurt erhielt, wodurch die bedrängte 7.00 Uhr-Abfahrt in Frankfurt entspannt werden konnte. Gleichzeitig bestanden in Köln nunmehr Anschlüsse an bzw. von FT 14/13 und F 21/22, so daß Hannover und die Wupper und Dortmund und die Ruhr an diese TEE-Verbindung nach Belgien und England angeschlossen waren. Der „Mediolanum" wurde abermals in TEE 74/75 umgenummert. Gleichzeitig brachte dieses Fahrplanjahr erstmalig bei den TEE auf Strecken der DB eine Reisegeschwindigkeit über 100 km/h, als TEE 78 als nunmehriger Spitzenreiter genau 100,0 km/h erzielte. Von diesem Jahr ab stießen immer mehr TEE in ihren Reisegeschwindigkeiten über diese Schallmauer hinweg. Waren es 1960 bereits zwei Züge, so steigerte sich ihr Anteil hier 1962 auf drei, 1965 auf sechs und 1966 auf sieben, wobei die in diesem Jahr erzielte höchste Reisegeschwindigkeit interessanterweise analog der Entwicklung bei den leichten F-Zügen nicht etwa bei einem reinen Flachlandlauf, sondern bei dem die Mittelgebirgsschwelle überschreitenden TEE 56 „Blauer Enzian" mit 106,1 km/h lag.

Aber zurück zunächst zur Entwicklung des Fahrplanjahres 1960. Die wichtigste, den Bereich der DB berührende TEE-Züge betreffende Entscheidung der EFK Wien war die Verlängerung des „Parsifal" als TEE 155/190 auf dem Laufweg Paris Nord — Aachen — Köln — Essen — Münster — Hamburg-Altona, womit eine TEE-Verbindung zwischen Seine und Elbe geschaffen war, die auf Jahre eine der Standardverbindungen des TEE-Netzes sein sollte. Diese Leistung wurde von der DB mit ihren VT 11.5 übernommen, während der SNCF-Triebwagen den „Paris-Ruhr" übernahm. Das Zugpaar wurde sofort Spitzenreiter bei den Reisegeschwindigkeiten, wobei TEE 190 103,9 km/h, TEE 155 101,5 km/h erreichte. Hier konnten voll die starken Leistungen der VT 11.5 auf der Flachlandstrecke ausgefahren werden. Außerdem gelang es, TEE 77 mit F 33 zu verbinden, so daß in Frankfurt eine Umsteigeverbindung Zürich — Rheinland geschaffen werden konnte. Und F 55/56 konnten in München an TEE 74/75 angeschlossen werden, so daß eine lange gewünschte Verbindung Hamburg — Italien zustande kam.

In dieser Form blieb das TEE-Netz bis zum Jahresfahrplan 1965 unverändert bestehen, wobei jedoch weitgehend von den sich bietenden Möglichkeiten von Reisezeitverkürzungen Gebrauch gemacht wurde, so daß praktisch alle Züge eine höhere Reisegeschwindigkeit erzielten.

Das Fahrplanjahr 1965 brachte dann im Bereich der DB sogleich vier neue TEE-Verbindungen, die wie ihre Vorgänger sämtlich aus dem Netz der leichten F-Züge hervorgingen:

TEE 9/10	„Rheingold"	Genève — Basel — Mannheim — Mainz — Köln — Emmerich — Amsterdam

Für TEE 168 „Paris-Ruhr" stellte 1961 die SNCF die Einheit; Köln-Hohenzollernbrücke, 17. Juni 1961. Aufnahme: Walter Hanold

TEE 74 „Mediolanum" am 4. Juli 1961 bei der Ausfahrt München Hbf. Aufnahme: Peter Lösel

In Gleis 3 des Karlsruher Hbf stand am 24. Juli 1961 VT 11 5007 als TEE 77 „Helvetia" zur Fahrt nach Hamburg bereit. *Aufnahme: Walter Hanold*

Hart an der Zonengrenze bei Werleshausen, wo heute die Grenzbefestigungen die Landschaft zerschneidet, nahm Carl Bellingrodt im Jahre 1958 TEE 77 bei seiner Fahrt nach Norden auf.

Vor der Kulisse der Zeche Dahlbusch bei Gelsenkirchen fährt TEE 155 „Parsifal" am 16. Juni 1962 in Richtung Hamburg. *Aufnahme: DB*

VT 11 5002 als TEE 78 „Helvetia" am 27. September 1962 auf der Fahrt nach Zürich in Höhe des Rbf Wilhelmsburg auf der Hamburger Elbinsel. *Aufnahme: Ulrich Montfort*

TEE 190 „Parsifal" wartet in Köln Hbf auf die Abfahrt nach Paris Nord.   Aufn.: Ullstein-Bilderd.

In der winterlichen Hornheide zwischen Sudmühle und Westbevern fährt im Februar 1963 TEE 55 „Parsifal" seinem Ziel Hamburg entgegen. *Aufnahme: Ludwig Rotthowe*

TEE 190 durcheilt während der Kirschblüte 1964 auf der Fahrt nach Paris Nord das Münsterland. *Aufnahme: Ludwig Rotthowe*

Ausfahrt des TEE 190 „Parsifal“ aus Münster Hbf; am Nebenbahnsteig wartet die Osnabrücker 01 1076. *Aufnahme: Ludwig Rotthowe*

TEE 78 „Helvetia" am 23. Mai 1964 bei Bad Hersfeld; rechts erkennt man das von Heimboldshausen kommende Gleis der Hersfelder Kreisbahn. Aufnahme: Helmut Röth

Ankunft des TEE 31 „Rhein-Main" am 18. März 1967 bei der Ankunft in Utrecht: der DB-VT 11 gibt ein Stelldichein mit Lok 1160 und einem Triebwagen des NS. Aufnahme: Tomas Meyer-Eppler

TEE 21/22	„Rheinpfeil"	München — Nürnberg — Frankfurt — Mainz — Köln — Essen — Dortmund
TEE 25/26	„Diamant"	Dortmund — Essen — Köln — Aachen — Antwerpen
TEE 55/56	„Blauer Enzian"	München — Augsburg — Würzburg — Hannover — Hamburg-Altona

Der Komfort, der bereits seit Jahren in den gleichnamigen F-Zügen 9/10 und 21/22 von der DB geboten wurde, kam dem der TEE-Triebwagen nicht nur gleich, sondern er überbot diese in den verschiedensten Punkten. Erinnert sei nur an die klimatisierten Abteil- und Großraumwagen, den modernen Speisewagen, den Domcar als Aussichtswagen und vieles andere mehr. So war es eigentlich nur folgerichtig, diese beiden Züge, die zudem über eine Hg von 160 km/h verfügten, während für die TEE bis dato nur 140 km/h zugelassen waren, in die Spitzenkategorie der europäischen Züge einzureihen. Dabei wurde der „Rheingold" über Basel hinaus bis Genève über Bern — Lausanne verlängert, behielt aber seine Kurswagenläufe und seine Bindungen zu TEE 21/22 bei. Damit waren aber eigentlich schon zwei Grundkonzepte des eigentlichen TEE-Übereinkommens umgeworfen worden: der Zug verkehrte nicht als reiner „Blockzug" und er bestand nicht aus Dieseltriebwagen. Und da man nun einmal dabei war, den durch Neubauwagen der „Rheingoldbauart" verstärkten hochwertigen Wagenpark der DB in entsprechend hochqualifizierten Zügen einzusetzen, stattete man im gleichen Jahr auch den bisher mit VT 11.5 gefahrenen „Helvetia" mit diesem Wagenmaterial aus, ebenso wie den damit zum TEE aufgewerteten „Blauen Enzian". Die durch den Einsatz von Wagenzügen im „Helvetia" freigewordene VT 11.5-Einheit wurde dazu benutzt, den bisherigen F 25/26 „Diamant" Köln — Antwerpen zu einer TEE-Verbindung Dortmund — Antwerpen auszubauen. Durch eine nochmalige Verkürzung der Fahrzeiten gelang es zudem, den „Rheingold" zum schnellsten Zug der DB zu machen, wobei TEE 9 nunmehr eine Reisegeschwindigkeit von 105,0 km/h erreichte.

So begann sich langsam das Erscheinungsbild der TEE auf den Strecken der DB zu wandeln. Da noch nicht genügend neue Wagen vorhanden waren, liefen zeitweise blaue Aüm mit, für die aber kein TEE-Zuschlag erhoben wurde! Die neugelieferten Wagen trugen bereits die TEE-Farben rot-elfenbein. Im „Rheingold" und „Rheinpfeil" liefen aber bis zu ihrer Umspritzung noch längere Zeit die blau-elfenbein gestrichenen Wagen, so daß bei Einsatz blauer Aüm drei Farbgebungen im Zug sein konnten. Und noch gegen ein Prinzip der TEE-Vereinbarung wurde verstoßen: mit den Zugläufen „Rheinpfeil" und „Blauer Enzian" wurden erstmalig rein innerdeutsche Verbindungen als TEE angeboten, was sicher nicht dem Begriff „Europ" im TEE-Signet entsprach. Aber sicher hatte hier die DB mit einem Auge zu SNCF und SNCB „geschielt", die bereits ab 1964 lokbespannte TEE-Züge mit neuen, den bisherigen INOX-Wagen ähnlichen Wagenzügen zwischen Paris Nord und Bruxelles ausgestattet hatten. Daher wurde auf der Sitzung des TEE-Komitees in Utrecht im November 1964 der DB einstimmig die Anerkennung ihrer Wagen der „Rheingoldbauart" in die TEE-Kategorie gegeben. Gegenüber dem „Rheingold" aber sollten die künftigen mit diesen Wagen ausgestatteten Züge wieder über Speisewagen herkömmlicher Bauart verfügen und der Domcar sollte nicht mehr nachgebaut werden. Dafür kamen in Anbindung an die WR nun noch Barwagen zum Einsatz, die eine weitere Komfortsteigerung mit sich brachten. Solche Wagen liefen u.a. im „Helvetia" und erfreuten sich allgemeiner Beliebtheit. Mit dem Einsatz von Wagenzügen wurde gegenüber der TEE-Vereinbarung nicht nur die grundsätzliche Zusammensetzung dieser Züge geändert, sondern auch die Antriebsart. Es war im Zeitalter der großen Streckenelektrifizierungen bei allen europäischen Bahnen ein Nonsens, Brennkrafttriebwagen auf ihrem gesamten Lauf unter dem Fahrdraht verkehren zu lassen, zumal die Entwicklungen bei SBB, SNCF und SNCB gezeigt hatten, daß auch die verschiedenen Stromsysteme keinen Grund für eine Dieseltraktion mehr abgaben, standen doch leistungsfähige Mehrsystemfahrzeuge — Triebzüge bei den SBB, Ellok bei der SNCF und SNCB — zur Verfügung. Aber auch die zwischenzeitlich bei den Eisenbahnverwaltungen gewonnenen Erkenntnisse, daß bei sorgfältiger Abwägung aller Vor- und Nachteile der lokbespannte Wagenzug günstiger abschneidet, führten nunmehr nach und nach zu einer Verdrängung der Triebwagenzüge. Insbesondere die DB hatte hier umfangreiche Erfahrungen in ihrem leichten F-Zugnetz gewinnen und in die Debatten des TEE-Komitees einbringen können. Über die Vorteile des lokbespannten Zuges wurde bereits berichtet, so daß hier auf eine Wiederholung verzichtet werden kann. Was sich für den innerdeutschen Raum herausschälte, galt naturgemäß auch für die großen europäischen Verbindungen.

Damit hatte sich rückschauend auf die ersten acht Jahre des TEE-Verkehrs dieser in zahlreichen Punkten grundsätzlich gewandelt. Aus dem zwischenstaatlichen Großstadtverkehr mit zielreinen Dieseltriebzügen entstand ein Zugtyp, der bei höchstem auf der Eisenbahn angebotenem Komfort sowohl als lokbespannter Zug wie als Triebwagen in Elektro- und Brennkrafttechnik verkehrt, der auf der einen Seite nach wie vor zielrein als Blockzug gebildet wird, auf der anderen Seite aber zur zusätzlichen qualitativ hohen Verkehrserschließung anderer Gebiete Kurswagen führen kann und der

Ab Sommer 1965 wurden die ersten TEE mit Wagengarnituren der „Rheingold"-Bauart gefahren. Naturgemäß gehörte der TEE „Rheingold" selbst zu den ersten vier Zugpaaren, die mit diesen komfortablen Wagen gefahren wurden; Blick in den „Dome-Car" des TEE 9 im Juni 1965.
Aufnahme: Ralf Roman Rossberg

Auch der „Rheinpfeil" wurde ab Sommer 1965 zum TEE aufgewertet: TEE 21 im September 1965 abfahrbereit nach Dortmund in München Hbf. *Aufnahme: Ralf Roman Rossberg*

Ebenfalls als TEE fuhr ab 1965 der „Blaue Enzian": TEE 56, geführt von E 10 324 des Bw München Hbf, im Herbst 1965 auf der Fahrt nach München in Gemünden. Vor Güterzügen warteten E 50 062 (Bw Würzburg), 44 1586 (Bw Aschaffenburg) und E 40 023 (Bw Bamberg).
Aufnahme: Carl Bellingrodt

E 03 004 des Bw München Hbf fungierte am 24. Mai 1966 als Zuglok des TEE 56 „Blauer Enzian".
Aufnahme (Hamburg-Altona): Walter Hanold

über den ursprünglich übernationalen Rahmen hinaus auch zu einem Inland-Schnellverkehr zwischen bedeutenden Großstädten verkehrt. Unter diesen nunmehr gegebenen Voraussetzungen entwickelte sich das TEE-Netz in den folgenden Jahren, bis, bedingt durch eigenbetriebliche Interessen der DB, im Jahre 1969 eine weitere Umgestaltung dieses Konzeptes erfolgte. Aber davon später mehr.

Der TEE ,,Blauer Enzian" war zwar seitens der DB dazu auserkoren, eine durchgehende Verbindung von der Nordsee nach Italien oder Österreich zu schaffen, aber an dem mangelnden Interesse der FS wie der ÖBB blieb es beim bisherigen Inlandslauf. Mit 8 Std. 7 Min. wurde in beiden Richtungen eine Reisegeschwindigkeit von 100,2 km/h erreicht, die bisher kürzeste Reisezeit zwischen der Hansestadt und Deutschlands ,,heimlicher Hauptstadt" und dies bei weiterhin bestehen bleibender Hg 140 km/h, eine Meisterleistung feindetaillierter Fahrplanarbeit. Ausgerüstet mit den neuen DB-TEE-Wagen der modifizierten ,,Rheingoldbauart" diente er gleichzeitig Versuchen, war doch eine Garnitur klotz-, die andere aber komplett scheibengebremst. Die DB erhoffte sich durch diesen Großversuch im Betrieb Aufschlüsse über die künftige Bremsausstattung schneller Reisezugwagen, brachte doch die gleichzeitig stattfindende Internationale Verkehrsausstellung München 1965 (IVA) die erste planmäßige Zugfahrt auf der Welt mit einer fahrplanmäßigen Hg von 200 km/h und die DB hatte damals guten Grund anzunehmen, daß diese Hg in nächster Zukunft nicht nur vom Ausstellungszug, sondern auch von fahrplanmäßigen Regelzügen gefahren werden würde. Und hier stellten sich Fragen im Bremsverhalten, die einer schnellen Lösung zugeführt werden mußten. Auch standen zur Traktion dieses Zuges die vier Probeloks der neuen DB-Baureihe E 03 zur Verfügung, die bereits für 200 km/h ausgelegt waren. Nach der grundsätzlichen Billigung der Wagentypen der Rheingoldklasse durch das TEE-Komitee beschaffte die DB für die Einrichtung weiterer TEE-Verbindungen laufend weitere Wagen dieser modifizierten Bauarten. Auch gab es neue Wagentypen mit der Beschaffung der 27,5 m langen Bauarten WR4üm-64 als Vollspeisewagen, AR4üm-66 als Teilspeisewagen mit Großraumabteil, sowie des ARD4üm-64 als Barwagen. Jedoch mehr über diese Wagentypen in Kap M.

Das Fahrplanjahr 1966 brachte nach der Expansion des Vorjahres keine Neuerungen im TEE-Verkehr, da man zunächst bemüht war, die für eine volle Verkehrsbedienung erforderlichen Wagen in Einsatz zu bringen, mußten doch immer noch blaue unklimatisierte A4üm-Wagen in TEE laufen! Bei den Triebwagenverbindungen wurden sowohl ,,Saphir" wie ,,Diamant" auf die Strecken Frankfurt bzw. Dortmund – Bruxelles Midi beschränkt. Nach den spektakulären Erfolgen mit dem Ausstellungszug zwischen München und Augsburg mit 200 km/h Höchstgeschwindigkeit wurde der ,,Blaue Enzian" auf der Strecke München – Augsburg mit 200 km/h bei den Fahrplanarbeiten berechnet. Hierzu kam es bedauerlicherweise in der Praxis nicht, da der Bundesminister für Verkehr als Aufsichtsbehörde die von der DB beantragte Ausnahmegenehmigung von der EBO, diese Strecke mit 200 km/h zu befahren, nicht erteilte. Gemäß ausgedrucktem Fahrplan konnte so die Reisezeit zwischen Hamburg und München auf 7 Std 40 Min und in der Nordrichtung auf 7 Std 42 Min gesenkt werden, womit die ,,Schallgrenze" von 8 Std zwischen beiden Städten merklich unterboten werden konnte. Dabei erzielten an Reisegeschwindigkeiten TEE 56 106,1 km/h und TEE 55 105,6 km/h und waren damit die schnellsten Reisezüge der DB. Ob diese aber aufgrund der Weigerungen des Bundesministers für Verkehr in der Praxis eingehalten werden konnten, ist zweifelhaft. Zwischenzeitlich war dieses Zugpaar wieder mit blauen AR4üm gefahren worden, da sich bei den Scheibenbremsen im Betriebsversuch Mängel gezeigt hatten, die aber durch geringe Umbauten am Wagenunterteil schnell beseitigt werden konnten. In dieser Zeit war die betreffende Zuggarnitur TEE-zuschlagfrei. Im gleichen Jahr erreichten sowohl ,,Rheingold" wie ,,Helvetia" in beiden Fahrtrichtungen Reisegeschwindigkeiten über 103 km/h und lagen damit unter den ersten sechs Plätzen als TEE an der Spitze der DB-Geschwindigkeitsrangliste. Und bereits auf Platz neun folgte mit dem ,,Parsifal" ein weiterer TEE-Zug, die sich damit deutlich an die Spitze der schnellen Reisezüge der DB vor den leichten F-Zügen gesetzt hatten.

In Vorbereitung eines dichteren hochklassigen Fernreisezugnetzes, an dessen Konzeption die DB arbeitete, wurden weiterhin Wagen der klimatisierten ,,Rheingoldbauart" beschafft, die zunächst voll im TEE-Verkehr eingesetzt wurden. Hiermit wurden 1967 der ,,Rhein-Main" und der neugeschaffene ,,Rembrandt" ausgerüstet. Die in diesem Jahr im Bereich der DB beginnende große Umnummerungsaktion der Reisezüge machte auch vor den TEE nicht Halt. So erhielten neue Zugnummern

,,Mediolanum"	=	TEE 18/17	,,Parsifal"	=	TEE 43/44
,,Rhein-Main"	=	TEE 31/32	,,Blauer Enzian"	=	TEE 54/55
,,Paris-Ruhr"	=	TEE 41/42			

Die übrigen TEE behielten ihre Nummern. Dieses Jahr brachte seit 1965 wieder einen neuen TEE-Zuglauf im ,,Rembrandt" TEE 11/12 München – Mannheim – Mainz – Köln – Emmerich – Amsterdam. Gleichzeitig erhielten beide Züge in Mannheim Bindungen mit dem ,,Helvetia", so daß

103 004 beförderte im Juni 1966 TEE 55 bei Retzbach am Main nordwärts.
Aufnahme: Carl Bellingrodt

Ebenfalls bei Retzbach kam am 6. Juli 1966 TEE 22 „Rheinpfeil" mit E 10 1309 des Bw Nürnberg Hbf vorbei.
Aufnahme: Walter Hanold

Nochmals das reizvolle Motiv von Retzbach am Main: Im Fluß spiegelte sich am 27. Juli 1966 E 03 004 vor TEE 56 im Fluß.
Aufnahme: Walter Hanold

E 10 416 vom Bw Dortmund hatte als Ersatz für die ausgefallene Heidelberger E 10.12 am 5. Mai 1967 in Emmerich TEE 10 „Rheingold" zur Fahrt nach Basel von der NS übernommen.
Aufnahme: Walter Hanold

VT 11 5006 und 5015 passieren als TEE 31 „Rhein-Main" am 4. Mai 1967 die Pfalz von Kaub.
Aufnahme: Walter Hanold

Am 25. Juni 1967 stellte die FS für TEE 18 „Mediolanum" den Triebwagen 448 029.
Aufnahme (in Kufstein): Walter Hanold

TEE 11 „Rembrandt" mit E 03 002 am 16. Juni 1967 kurz nach der Ankunft in Stuttgart Hbf.
Aufnahme: DB

Am folgenden Tag brachte die Münchner E 10 263 TEE 12 nach Stuttgart.
Aufnahme: Walter Hanold

Die Heidelberger E 10 1308 zog TEE 22 „Rheinpfeil" am 9. August 1967 vor der Burg Stolzenfels rheinaufwärts Frankfurt entgegen.
Aufnahme: Walter Hanold

Im Aussichtswagen des „Rheinpfeil" war die Fahrt durch das romantische Altmühltal sicher ein Erlebnis.
Aufnahme: DB

hier Mannheim erstmals als Verknüpfungsknoten in Funktion trat. ,,Rembrandt" und ,,Helvetia" tauschten in Mannheim auch Kurswagen Zürich – Amsterdam aus, wodurch eine durchgehende TEE-Verbindung Schweiz – Niederlande in den Früh- bzw. Spätlagen geschaffen werden konnte. Mit dieser Regelung war nunmehr das ,,Blockzugsystem" endgültig durchbrochen und in der Folge erhielten immer mehr TEE Kurswagenfunktionen. Die bisher zwischen Wiesbaden und Koblenz auf der rechten Rheinseite verkehrenden TEE ,,Rhein-Main" wurden nunmehr über die Kaiserbrücke – Mainz-Mombach linksrheinisch nach Koblenz gefahren, ein Weg, den nunmehr in der Folge alle TEE nahmen, die Wiesbaden Hbf berührten. Für dieses Fahrplanjahr genehmigte der Bundesminister für Verkehr für die bereits auf der IVA 1965 mit 200 km/h befahrene Strecke Augsburg-Hochzoll – Olching eine Hg von 180 km/h. Dennoch änderte sich an der Reisegeschwindigkeit bei TEE 54/55 nichts, so daß es dem hochbeschleunigten ,,Parsifal" in diesem Jahr gelang, mit 106,7 km/h (TEE 43) Reisegeschwindigkeit Spitzenreiter unter den deutschen Zügen zu werden. In diesem Jahr wurde im ,,Blauen Enzian" erstmals in einem deutschen TEE der Zugpostfunk im Schreibabteil eingerichtet, so daß nunmehr auch die Möglichkeit bestand, zu telefonieren bzw. Gespräche in den fahrenden Zug zu übermitteln.

1968 traten zwar bei den Zugläufen keine Änderungen ein, jedoch wurden die Geschwindigkeiten teilweise nochmals kräftig erhöht. Auch wurde in diesem Jahr die Hg von 160 km/h auf weitere TEE-Züge ausgedehnt, so u.a. auch auf den ,,Helvetia". Es fuhren nunmehr bereits 18 TEE mit einer Hg von 160 km/h. Beim ,,Blauen Enzian", der ebenfalls in diese Zuggruppe vorstieß, wurde nunmehr zwischen Augsburg-Hochzoll und Olching die Geschwindigkeit von 180 km/h im Fahrplan eingearbeitet. Die vom Bundesminister für Verkehr endlich erteilte Genehmigung für eine Hg von 200 km/h konnte fahrplantechnisch nicht mehr verwertet werden, da sie erst nach Abschluß der Fahrplanarbeiten erteilt wurde. Sie konnte daher zunächst nur für die Aufholung von Verspätungen genutzt werden. Erst 1969 war es dann möglich, diese Zeiten erstmalig bei fahrplanmäßigen Regelzügen im Dauerbetrieb anzuwenden. Dennoch konnte der ,,Blaue Enzian" nicht nur zum Spitzenreiter der TEE, sondern aller deutschen Reisezüge aufrücken, denn TEE 55 erreichte eine Reisegeschwindigkeit von 113,0 km/h, der der Gegenzug mit 111,7 km/h nur wenig nachstand. Diese DB-Spitzenreiterstellung verlor er jedoch bereits ab dem Winterfahrplanabschnitt am 29. September wieder, als im weiteren Vorgriff auf ein konzipiertes Schnellfahrnetz der DB die Intercity A – F eingeführt wurden und Intercity A ,,Senator" auf der Strecke Köln – Hamburg Hbf eine Reisegeschwindigkeit von 119,0 km/h erreichte.

Das Fahrplanjahr 1969 brachte erstmals wieder Veränderungen in den Läufen der TEE. TEE 25/26 ,,Diamant" wurden auf den Laufweg Köln – Bruxelles beschränkt und TEE 41/42 ,,Paris-Ruhr" wurden statt mit Triebzügen nunmehr ellokbespannt mit TEE-Wagenzügen der SNCF gefahren. Weiter konnte die EFK Basel Vereinbarungen dahingehend erzielen, daß im Sommerabschnitt TEE 54/55 ,,Blauer Enzian" über München hinaus bis und ab Klagenfurt über die Tauernbahn verlängert wurden. Im Winter dagegen liefen sie in der Saison nach Zell am See über Kufstein. Unter Beibehaltung des Zugnamens ,,Roland" wurden die bisherigen F 46/45 Bremen – Mannheim in neue TEE 78/79 Bremen – Hannover – Frankfurt – Heidelberg – Basel – Chiasso – Milano umgewandelt. Sie führten Kurswagen nach Chur und übernahmen in Basel SBB eine Gruppe von bzw. für TEE 9/10 Hoek van Holland – Milano und Dortmund – Milano. Dabei liefen die Kurswagen Dortmund – Milano in drei TEE: bis Duisburg in TEE 22, bis Basel in TEE 10 und bis zum Ziel in TEE 78. Durch die Einführung dieses Zugpaares mußte der in Südrichtung verkehrende ,,Helvetia" seine Nummer in TEE 76 wechseln; in der Gegenrichtung blieb die alte Nummer erhalten. Neben der Bindung in Basel hatte der ,,Roland" in Hannover wechselseitigen Übergang zu TEE 54/55, so daß mit diesem Zuglauf nunmehr eine Verzahnung der verschiedensten TEE-Verbindungen von den Niederlanden und Belgien über die Nordseehäfen nach der Schweiz, Italien und Österreich geschaffen war.

Nachdem die Zustände mit den von der FS eingesetzten Fahrzeugen im ,,Mediolanum" sowohl von der DB wie den ÖBB als unhaltbar angesehen wurden und auf der FT Paris für den Fahrplan 1968 ein Vorschlag der DB, den ,,Blauen Enzian" als lokbespannten Zug auf dem Laufweg Hamburg – Milano unter Fortfall des "Mediolanum" zu fahren, von den FS abgelehnt wurden, weigerte sich die DB auf der EFK Basel für 1969 den italienischen Triebwagen auf ihre Strecken zu übernehmen. Da die FS zu diesem Zeitpunkt über keine für den TEE-Verkehr geeigneten Fahrzeuge verfügten und erst für das Fahrplanjahr 1970/71 geeignetes Wagenmaterial beschaffen wollten, übernahm die DB nunmehr den ,,Mediolanum" mit freigewordenen VT 601. Dadurch ergaben sich für die Reisenden erhebliche Qualitätsverbesserungen, eine wesentlich Verkürzung der Reisezeiten war jedoch nicht möglich, da die überwiegend für Flachlandstrecken konzipierten 601 auf der Brennernordrampe auch nur 60 km/h erreichen konnten. Die DB hatte im übrigen befürchtet, daß die mit Scheibenbremsen ausgerüsteten Fahrzeuge Schwierigkeiten im Bremssystem verursachen könnten, jedoch hatten Versuchsfahrten auf der Gotthardnordrampe, der Schwarzwaldbahn und der Höllentalbahn gezeigt, daß die Scheibenbremsen auch für den Betrieb auf den langen Alpenrampen geeignet waren. Da die in Frankfurt-Griesheim stationierten Fahrzeuge in München für diesen Lauf in der Luft hingen, wurden sie umlaufmäßig mit den F 117/120 „Prinzregent" München – Frankfurt gekuppelt, so daß in einem Umlauf nunmehr VT 601 sowohl TEE- wie F-Zugdienste leisteten, wobei jeweils das am Kopf angebrachte TEE-Zeichen ausgewechselt wurde. Bemerkenswert ist auch, daß nach wie vor im TEE-Dienst eine Hg von 140 km/h galt, im F-Zugverkehr mit diesen Fahrzeugen aber 160 km/h gefahren werden durften. Die in diesem Umlauf eingesetzten Fahrzeuge erreichten in den zwei Einsatztagen eine Laufleistung von 2 039 km!

Die FT Paris für den Jahresfahrplan 1970/71 brachte für den TEE-Verkehr einige bemerkenswerte Veränderungen. Auf Antrag der ÖBB verkehrten die im Vorjahr südlich von München nur als F bzw. Ex klassifizierten TEE „Blauer Enzian" nunmehr durchgehend im Sommer nach Klagenfurt und im Winter in der Saison nach Zell am See als TEE. Sie erhielten die neuen Zugnummern TEE 80/81 und führten auch im Sommer Kurswagen nach Zell am See, die in Rosenheim abspalteten und zwischen Rosenheim und Zell am See als F 480/481 gefahren wurden. Gleichzeitig konnten zwei neue TEE-Paare eingesetzt werden: bereits ab dem Winter 1969/70 verkehrten die TEE „Bavaria" 56/57 München – Lindau – Zürich mit den TEE-Dieseltriebzügen der SBB und als langgehegter Wunschtraum kam nun der TEE „Goethe" 50/51 Frankfurt – Mannheim – Saarbrücken – Metz – Paris Est. Der Name wurde von der SNCF, die auch den Wagenzug stellte, vorgeschlagen, mit der Begründung, daß Johann Wolfgang von Goethe, dieser große Geist, von beiden Nationen gleich hoch verehrt werde und daher als Symbol einer engen gutnachbarlichen Verbindung beider Völker sehr wohl geeignet sei. TEE 25/26 wurden mit VT 601 auf den Weg Hannover – Bruxelles verlängert, wobei TEE 25 über Dortmund – Hagen, TEE 26 jedoch auf dem direkten Weg Hagen – Hamm verkehrte. Die Reisezeit des „Rheingold" konnte in diesem Jahr zwischen Amsterdam und Basel auf 8 Std. 11 Min (deutscher Streckenteil Emmerich – Basel Bad Bf = 5 Std 36 Min = 114,7 km/h) gesenkt werden, was gegenüber 1928, dem Einführungsjahr des „Rheingold", eine Verbesserung der Reisezeit um 4 Std 35 Min bedeutete. Dennoch erschien er in einer Zusammenstellung der schnellsten Züge der DB in diesem Jahre erst an 19. Stelle! Dies allein drückt aus, wie die Reisegeschwindigkeiten angehoben worden waren und sich die Reisezeiten verkürzten. Gleichzeitig war es in diesem Jahr endlich wieder möglich, die in TEE 9 für Dortmund bestimmten Kurswagen auf TEE 21 umzustellen, so daß der bisherige „Nachläufer" F 221 entfallen konnte.

Die in München beheimatete Schnellfahrlok 110 300 brachte am 23. März 1969 TEE 21 von München nach Nürnberg. *Aufnahme: Ludwig Rotthowe*

Bespannt mit der Heidelberger E 10 1265 stand am 3. März 1968 TEE 22 „Rheinpfeil" in Koblenz. *Aufnahme: Ulrich Budde*

Als wenige Tage später am 30. März 1968 der Gegenzug TEE 21 bei Büchenbach vor die Linse kam, trug die Münchner 103 002 schon ihre neue Computernummer. Aufnahme: Dieter Dettelbacher

Der Schlepptriebwagen VT 92 500 überführte am 20. Juni 1968 eine TEE-Einheit. Vor dem damaligen Geschäftsgebäude der BD Münster nahm Ludwig Rotthowe die Fuhre auf.

Auch bei diesen allein fahrenden Triebköpfen der Baureihe VT 11.5 handelte es sich um eine Überführungsfahrt; Osnabrück, September 1968. Aufnahme: Ludwig Rotthowe

Am 7. März 1968 standen im Gare du Nord von Paris TEE 41 „Paris-Ruhr" (Abfahrt 17:45 Uhr) und TEE „Ile de France" (Abfahrt 17:54 Uhr) mit SNCF-Inoxwagen zur Abfahrt bereit.
Aufnahme: Tomas Meyer-Eppler

TEE 17 „Mediolanum" am 15. März 1969 bei der Ausfahrt Richtung Innsbruck in Kufstein.
Aufnahme: Dieter Dettelbacher

TEE 11 „Rembrandt" war am 3. Juli 1969 in Emmerich von der NS-Lok 1158 zur Fahrt nach Amsterdam übernommen worden. Aufnahme (bei Elten): Dieter Dettelbacher

SBB-Re 4/4 I 10053, die am 17. Juni 1969 TEE 10 „Rheingold" nach Genf beförderte, trug damals noch nicht den TEE-Anstrich, dafür aber das Signet an der Stirnfront. Aufnahme: Walter Hanold

1969 wurde der TEE „Blauer Enzian" als Ex 54 in der Sommersaison bis Klagenfurt geführt; Salzachtal bei Werfen, Juni 1969 — *Aufnahme: Carl Bellingrodt*

TEE 42 „Ruhr-Paris" bestand im August 1969 bereits aus einem SNCF-Wagenzug. Hier ist der Zug mit der Frankfurter 112 489 bei Düren zu sehen. — *Aufnahme: Dieter Dettelbacher*

Am ersten Betriebstag (3. Oktober 1969) entstand bei Oberstaufen das Bild des aus einem SBB-RAm-Tw gebildeten TEE 57 „Bavaria" Zürich – München. *Aufnahme: Walter Hanold*

Aber bei Puchheim war die Herrlichkeit bereits vorbei, wie die Aufnahme von Andreas Knipping vom selben Tag beweist. 221 140 des Bw Kempten mußte den „lahmenden" SBB-Triebzug nach München ziehen.

Am 19. Dezember 1969 war TEE 57 mit eigener Kraft nach München gelangt. Aufnahme: EK-Archiv

Ab dem Sommerfahrplan 1969 hatte die DB die Führung des „Mediolanum" übernommen, da die FS keine dem TEE-Standard entsprechenden Fahrzeuge stellen konnte: 601 001 und 018 am 28. März 1970 als TEE 18 nach München beim Haltepunkt Brennersee.
Aufnahme: Dieter Dettelbacher

Zwei Tage später war TEE 18 wieder von 601 001 und 018 gebildet, hier zu sehen im Bf Patsch an der Brennernordrampe. Aufnahme: Dieter Dettelbacher

Um 11:10 Uhr fuhr am 18. Juni 1970 der nun als TEE 67 bezeichnete „Bavaria" in Kempten Hbf ab. Aufnahme: DB

Ausfahrt des TEE 67 am 27. Juni 1970 aus Lindau Hbf. *Aufnahme: Walter Hanold*

TEE 25 „Diamant" Hannover – Brüssel wurde im Juli 1970 mit DB-Triebzügen der Reihe 601 gefahren. *Aufnahme (bei Brackwede): Richard Schulz*

Im Bw München Hbf warteten am 2. August 1970 DB-601 008 und SBB-RAm 1002 auf den Einsatz als TEE 74 „Mediolanum" bzw. als TEE 68 „Bavaria". *Aufnahme: Walter Hanold*

Am 8. August 1970 wurde TEE „Bavaria" von München nach Zürich als Doppeleinheit gefahren, hier bei der Ausfahrt Lindau Hbf. *Aufnahme: Walter Hanold*

SNCB-Diesellok 205 033 vor TEE 42, Ausfahrt Aachen Hbf, 21. September 1969.
Aufnahme: Dieter Dettelbacher

Im winterlich verschneiten Ausgangsbahnhof Hamburg-Altona stand am 22. Februar 1970 die Frankfurter 112 504 vor TEE 76 „Helvetia" zur Abfahrt bereit. *Aufnahme: Ulrich Budde*

110 281 des Bw München Hbf fuhr am 19. Juli 1970 ersatzweise TEE 22 „Rheinpfeil" von München nach Nürnberg. Aufnahme (bei Ellingen): Dieter Dettelbacher

112 312 des Bw Frankfurt 1 hat im August 1970 mit TEE 9 „Rheingold" soeben Basel verlassen und fährt bei Haltingen Richtung Norden. Aufnahme: DB

TEE 11 „Rembrandt" mit 112 487 in Ludwigsburg im Sommer 1970. Aufnahme: DB

TEE 42 „Ruhr-Paris" war am 19. September 1970 mit der Vierfrequenz-„Europa"-Lok 184 001 des Bw Köln-Deutzerfeld bespannt. Aufnahme (Aachen Hbf): Dieter Dettelbacher

Der Fahrplan des Jahres 1971 brachte eine Zweiteilung: einmal den vier Monate dauernden Sommerabschnitt (23. Mai - 25. September) und dann den ab 26. September gültigen Winterabschnitt. Da zu diesem Zeitpunkt die DB ihr neues Reisezugkonzept schneller Intercityzüge mit nur 1. Klasse in klimatisierten Wagen der weiterentwickelten Rheingoldbauart im Zweistundentakt auf vier Linien verwirklichte und in diesem die TEE-Züge auf den Strecken der DB eingebunden waren, war es bereits auf der EFK Prag erforderlich, getrennte Fahrpläne und auch teilweise Laufwege für beide Fahrplanperioden zu vereinbaren. Damit wurde jedoch die ursprüngliche TEE-Idee großer durchgehender schneller Zugverbindungen zwischen den Zentren Europas weiter verwässert, denn nunmehr übernahmen die auf den Strecken der DB verkehrenden TEE Funktionen des Binnenverkehrs in einem neu geschaffenen Netz. Jedoch war nach dem Gang der Entwicklung diese Folge nicht unlogisch, hatte doch die DB ihr Intercitynetz nach den gleichen Kriterien wie das TEE-Netz aufgebaut. Und der Triebwagen war ja längst weitgehend vom ellokbespannten Wagenzug ersetzt worden und TEE des reinen Binnenverkehrs gab es nicht nur in Deutschland, sondern auch in anderen Ländern. Insoweit hätten eigentlich alle Intercity der DB als TEE eingestuft werden müssen! Das TEE-Komitee wie auch die EFK verschlossen sich nicht diesen Darlegungen der DB und billigten die Integrierung der das Netz der DB berührenden TEE in das neue Intercity-System, soweit sie systemgerecht verkehrten. Eine Ausnahme hiervon machte bis auf den heutigen Tag der „Rheingold", dem immer eine Sonderstellung erhalten blieb und der auf deutschen Strecken nicht integriert wurde. Damit sollte wohl auch nach dem Willen der DB dokumentiert werden, daß dieser von der Deutschen Reichsbahn-Gesellschaft 1928 aus der Taufe gehobene Salonwagenzug auch weiterhin etwas Besonderes sein sollte.

Um Zugnummern für das neue Intercitysystem frei zu bekommen, war zunächst nochmals eine völlige Umnummerung der Zugnummern auch bei den TEE erforderlich, denen nunmehr die Nummernreihe zwischen 1 und 99 zugewiesen wurde, die sie auch bis heute bei der DB behalten haben. Es änderten sich die Zugnummern wie folgt:

„Rheingold"	von 9/10 in 6/ 7	„Paris-Ruhr"	von 41/42 in 43/42
„Rembrandt"	von 11/12 in 10/11	„Parsifal"	von 43/44 in 33/32
„Mediolanum"	von 17/18 in 85/84	„Bavaria"	von 56/57 in 66/67
„Saphir"	von 19/20 in 20/21	„Helvetia"	von 77/76 in 72/73
„Rheinpfeil"	von 21/22 in 26/27	„Roland"	von 78/79 in 75/74
„Diamant"	von 25/26 in 40/41	„Blauer Enzian"	von 80/81 in 91/90
„Rhein-Main"	von 35/36 in 22/23		

Lediglich die Zugnummer des „Goethe" änderte sich nicht. Der „Roland" wurde nunmehr über die Riedbahn und Mannheim geleitet, während er bisher über die Main-Neckar-Bahn und Heidelberg nach Karlsruhe verkehrte. Die bisherigen Flügel zum „Blauen Enzian" F 480/481 wurden in den Rang von TEE erhoben und erhielten die Zugnummern TEE 80/81 für das ganze Jahr, nachdem TEE 90/91 ganzjährig durchgehend nach Klagenfurt geführt wurden; im Winter jedoch saisoniert. Im Vorgriff auf das IC-System der DB entfielen die Kurswagen Amsterdam — Zürich im „Rembrandt" und „Helvetia".

Im übrigen ergaben die Verhandlungen über die einzelnen TEE für beide Fahrplanabschnitte folgenden Lösungsmöglichkeiten:

a) „Paris-Ruhr"	Sommer:	unverändert
	Winter:	nur noch zwischen Düsseldorf und Paris Nord
b) „Parsifal"	Sommer:	TEE 32 erhielt bereits im Sommer die für den Winter im Intercity-System vorgesehene frühere Lage (Hamburg Hbf ab 12.45 Uhr) und verkehrt über Lünen — Dortmund.
	Winter:	TEE 33 behielt seine Lage, da die SNCF einer geplanten späteren Lage ab Paris nicht zustimmte; der Zug wurde aber ebenfalls systemgerecht über Dortmund — Lünen gefahren.
c) „Diamant"	Sommer:	unverändert mit Triebwagen
	Winter:	Anpassung an die IC-Fahrzeiten und lokbespannt als Wagenzug
d) „Saphir"	Sommer:	unverändert mit Triebwagen
	Winter:	Als Wagenzug lokbespannt in Intercity-Fahrzeiten; TEE 20 beginnt bereits in Nürnberg und fährt über Wiesbaden, TEE 21 fährt in Brüssel in 72 Minuten späterer Lage ab und verkehrt über Mainz nur bis Frankfurt.
e) „Rhein-Main"	Sommer:	Die DB hatte beantragt, TEE 23 eine Stunde früher ab Amsterdam zu fahren und bis Nürnberg zu verlängern. Bei dieser Abfahrzeit wären im Intercity-Knoten Köln über IC noch Freiburg und Stuttgart erreicht worden. Die NS plädierten wegen der

Am 15. März 1971 hatte die belgische Zweifrequenzlok 1503 TEE 43 „Parsifal" in Paris Nord übernommen, um ihn auf seinem Weg nach Hamburg bis Köln zu befördern.
Aufnahme: Tomas Meyer-Eppler

Im August 1971 fuhr der bei den ÖBB damals als Gepäcktriebwagen eingestufte 4061.19 den Flügel zum „Blauen Enzian" TEE 80 Zell am See – Rosenheim. Aufnahme (Zell am See): Herbert Fritz

zeitlichen Nähe zum „Riviera-Expreß" dagegen für eine noch spätere Abfahrt, so daß ein nicht allseits befriedigender Kompromiß geschlossen wurde. Im Sommer verkehrte daher das Zugpaar unverändert Frankfurt – Amsterdam, TEE 23 jedoch schon in der von der NS beantragten späteren Lage (18.06 Uhr ab Amsterdam).

Winter: TEE 22 unverändert Frankfurt – Amsterdam, TEE 23 jedoch nur noch Amsterdam – Bonn. Für Reisende nach Frankfurt bestand die Möglichkeit, in Köln oder Bonn in den „Saphir" umzusteigen. Der DB war mit dieser Lösung eine Kupplung im IC-System gegeben, die bei Durchführung bis Frankfurt einen weiteren Wagenzug erfordert hätte.

f) „Rheingold" — Der Zug erhielt einen leicht beschleunigten ganzjährigen Fahrplan. Er ist der einzige TEE, der im DB-Bereich noch Kurswagen austauscht und zwar in Duisburg mit „Rheinpfeil" und in Basel SBB mit „Roland".

g) „Rheinpfeil" — Sommer: Als TEE mit dem „Rheingold" angepaßten Fahrzeiten

Winter: Übenahme in das IC-System als IC 106/107 München – Hannover. Die Kurswagen von Milano und Chur aus dem „Rheingold" enden in Dortmund, der nach Chur beginnt in Hannover, die Wagengruppe mit dem WR Genève – Dortmund wird bis und ab Hannover verlängert, dafür geht die Wagengruppe aus dem „Rheinpfeil" mit dem WR aus dem „Rheinpfeil" in Duisburg mit Ziel Hoek van Holland auf den „Rheingold" über.

h) „Roland" — Sommer: Verkürzte Fahrlagen im Bereich der DB.

Winter: Anpassung der Fahrlagen an die Intercity-Linie 3.

i) „Blauer Enzian" — Sommer: TEE 90 verkehrt etwas früher; TEE 80 wird angepaßt.

Winter: Saisoniert in leicht geänderten Fahrzeiten. Dabei führen südlich München sowohl der Klagenfurter als auch der Zeller Zweig Speisewagen!

k) „Rembrandt" — Das Zugpaar erhielt ganzjährige Fahrplanlagen in Anpassung an das IC-System, TEE 10 verkehrte 24 Min früher, TEE 11 27 Min später. Nach Wegfall der Kurswagen Zürich – Amsterdam blieb in Mannheim der wechselseitige Übergang mit dem „Helvetia" bestehen.

l) „Helvetia" — Sommer: In Anpassung an den „Rembrandt" ebenfalls geänderte Zeiten, um die Korrespondenz in Mannheim sicherzustellen. Im Bereich der SBB bleiben die Fahrzeiten ganzjährig.

Winter: Nochmals geringfügige Anpassung an die Fahrzeiten der IC-Linie 3.

m) „Goethe" — Das Zugpaar ist nicht in das IC-System eingebunden. Es wird jedoch in beiden Richtungen eine Beschleunigung um 10 Min erreicht.

n) „Bavaria", „Mediolanum" — Die Zugpaare sind nicht in das IC-System eingebunden und verkehren ganzjährig unverändert.

Zum Winterabschnitt ab 26. September 1971 wurde ein neues TEE-Zugpaar „Prinz Eugen" TEE 86/87 Wien West – Passau – Würzburg – Hannover – Bremen eingeführt mit Frühabfahrt in Wien und Mittagsabfahrt in Bremen. Durch Einbindung in das IC-System sind Hamburg in Hannover, das Rhein-Ruhr- und Rhein-Main-Gebiet in Würzburg und München wiederum in Würzburg an das Zugpaar angeschlossen. In dieser Form wurde nun das TEE-Netz im Bereich der DB mit Einbindung in das neu geschaffene IC-System in den nächsten Jahren weitergeführt. Bemerkenswert hieran ist, daß nun nur noch als Triebwagen der „Mediolanum" mit VT 601 der DB gefahren wurde. Alle anderen Zugverbindungen waren zwischenzeitlich in Züge umgewandelt worden und die freigewordenen VT 601 wurden im neuen IC-Netz sowie als Charterzüge der TUI eingesetzt. Die Umstellung war durch das neue IC-Netz und die daraus resultierenden Kupplungen erforderlich geworden, um einen möglichst optimalen Wagenumlauf zu erzielen. Die im „Bavaria" verkehrende SBB-Triebwageneinheit war nach dem spektakulären Unfall von Aitrang am 9. Februar 1971 aus dem Verkehr gezogen und durch einen Wagenzug der SBB ersetzt worden.

Auf der FT Paris für den Jahresfahrplan 1972/73 mußten allgemein die Fahrzeiten gestreckt werden, da das überproportionale Verkehrsaufkommen des Jahres 1970 auch zu einer überdurchschnittlichen Abnutzung des Oberbaus führte. Als dies 1971 voll erkannt wurde, mußten zahlreiche Langsamfahrstellen eingerichtet werden, die aber im Fahrplan keine Berücksichtigung mehr finden konnten, da dieser zu diesem Zeitpunkt bereits fertig erstellt war. Um nun die im Vorjahr abgesunkene Pünktlichkeit wiederherzustellen und gleichzeitig die anstehenden Oberbauarbeiten bei allen beteiligten Verwaltungen planmäßig durchführen zu können, wurden die Fahrzeiten gestreckt. Dies drückt sich auch in den Reisegeschwindigkeiten aus. War die höchste Reisegeschwindigkeit eines TEE im Bereich der DB im Sommer 1971 bei TEE 78 116,8 km/h, so sank sie 1972 auf 110,7 km/h bei TEE 44 ab. Und wie aus Übersicht 8b zu erkennen ist, betrug die durchschnittliche Reisegeschwindigkeit aller TEE im Sommer 1971 im Bereich der DB 107,9 km/h, im Sommer 1972 dagegen nur noch 103,8 km/h. Erst ab 1973 stieg sie wieder leicht an, jedoch konnten die Werte von 1971 bis 1981 nicht wieder erreicht werden.

Dem Antrag der DB, den „Saphir" wieder nach Oostende zum Anschluß an das Kanalschiff zu führen, gab die SNCB nicht statt, so daß er für ein Jahr zurückgestellt wurde. Um Anschluß in Würzburg an IC 192 „Ratsherr" zu erzielen, wurde TEE 20 um 21 Minuten früher ab Nürnberg gelegt. Der bisherige TEE „Rhein-Main" erhielt den neuen Namen „van Beethoven"; am Laufweg änderte sich nichts. Da seit seiner Einführung im Jahre 1970 entgegen den Erwartungen von SNCF und DB der „Goethe" eine unbefriedigende Besetzung aufwies, die hart an der Grenze der Wirtschaftlichkeit dieses Zuges lag, vereinbarten beide Verwaltungen eine Neuregelung der gesamten Verbindungen Frankfurt – Paris. Dabei erhielt TEE 50 eine Nachmittags- und TEE 51 eine Vormittagslage. Gleichzeitig konnten damit in Mannheim Anschlüsse an und vom IC-Netz der DB und an bzw. von anderen TEE gewonnen werden, so daß man hoffte, damit das Zugpaar attraktiver zu machen. So hatte TEE 50 in Mannheim Übergang aus IC 160 von München und TEE 6 und 74 aus Richtung Basel. TEE 51 vermittelte ebenso in Mannheim Übergang auf die entsprechenden Gegenzüge. Der „Prinz Eugen" erhielt eine leicht geänderte Fahrlage. Um sowohl vom TEE 90 als auch vom TEE 80 in München Anschluß an IC 116 „Glückauf" nach Stuttgart – Mannheim – Köln – Münster zu gewinnen, wurde statt der Zusammenführung in Rosenheim TEE 80 bis München verlängert. Die Halte in Rosenheim konnten so entfallen.

Bis zum 20. August 1972 verkehrten im „Mediolanum" noch die VT 601 der DB. Die DB hatte sich seinerzeit auf der EFK Basel vorbehalten, diesen der FS zustehenden TEE nur solange zu führen, bis die FS in der Lage war, das zugesagte neue Wagenmaterial einzusetzen. Zwischenzeitlich hatte die FS bei Fiat TEE-Reisezugwagen nach den TEE-Normen bauen lassen. Allerdings erfolgte die Energieversorgung dieser Wagen nicht autark, sondern jede Wagengarnitur mußte einen eigenen Maschinenwagen mitführen. Nach einer am 26. Juli 1972 durchgeführten Probefahrt auf der Gesamtstrecke, die für alle drei beteiligten Verwaltungen befriedigend verlief, konnte somit ab 21. August 1972 noch rechtzeitig zur Olympiade in München diese neue Wagengarnitur seitens der FS eingesetzt werden. Bespannt wurde der Zug zwischen München und Brenner durchgehend mit E 110, später E 111 der DB, ab Brenner wegen des anderen Stromsystems mit E 444 der FS.

Das Fahrplanjahr 1973/74 brachte wieder eine Reihe von Veränderungen im Gefüge der TEE. Auf der hundertsten Sitzung der EFK in St. Gallen beschloß man u.a. zur Vermeidung der aufwendigen Rangierarbeiten in Duisburg bei „Rheingold" und „Rheinpfeil" eine Vereinfachung der Zugbildung. Danach wurden die Kurswagen Genève – Hannover, Chur – Dortmund, München – Hoek van Holland und München – Amsterdam aufgegeben. Dafür erhielt der „Rheingold" neue Wagen Basel SBB – Emmerich, Chur – Amsterdam und im Winter Chur – Emmerich. Sowohl der Domcar als auch der doppelstöckige Speisewagen des „Rheingold" liefen nunmehr durchgehend Genève – Hoek van Holland! Die NS stimmten nunmehr dem Verkehren dieser Wagen auf ihrem Netz zu, was sie seit Einführung des „Rheingold" in dieser Form im Jahre 1962 immer wieder abgelehnt hatten. Im Übergang zum „Rheinpfeil" blieb lediglich der aus dem „Roland" stammende Kurswagen Milano – Dortmund bestehen, der bis und ab Hannover verlängert wurde und jeweils bei beiden Zügen am Schluß gereiht, in Duisburg eine einfache Umstellung ermöglichte. Die DB hatte beantragt, den „Rheingold" über Genève hinaus bis Lyon zu verlängern. Diesem Antrag konnte die SNCF nicht zustimmen, da auf der Strecke Genève – Lyon das Lichtraumprofil für den Domcar und den doppelstöckigen WR nicht ausreichte; auf die Führung des WR aber wollten sowohl SBB wie SNCF nicht verzichten. Es wurde daher als Anschlußzug ein Schnelltriebwagen der SNCF an TEE 7 nach Lyon Perrache mit dort bestehendem Anschluß nach Marseille vereinbart. Gleichzeitig gelang es, in Köln wieder Anschluß an und von TEE 42/43 herzustellen. Dies wurde dadurch ermöglicht, daß der Zuglauf dieser Züge auf Köln – Bruxelles gekürzt wurde. Eine Durchführung bis und ab Hannover hätte wegen der dann bestehenden Bindungen im innerdeutschen IC-Netz zu unvertretbaren Stillagern von 39 bzw. 26 Minuten geführt. Die bereits auf der vorhergehenden FT vorgesehene Namensänderung von TEE 40/ 41 wegen des nur noch bis Düsseldorf reichenden Laufweges wurde nunmehr durchgeführt. Die Züge erhielten den neuen Namen „Molière". Ein neuerlicher Antrag der DB, den „Saphir" wieder bis Oostende durchzuführen, wurde von der SNCB mit der Begründung, daß die Zahl der Reisenden zu gering wäre und damit die Kosten in keinem Verhältnis zum Nutzen stehen würden, abgelehnt.

Der Stammzug TEE 91 „Blauer Enzian" war dagegen am 26. Juni 1972 von der Münchner 110 344 von München nach Klagenfurt bespannt worden, hier zu sehen im Pongau bei Schwarzach-St. Veith. Aufnahme: Dieter Dettelbacher

Nachdem die FS komfortables Material für den TEE „Mediolanum" stellen konnten, fuhr ab dem Spätsommer 1972 der „Mediolanum" als Wagenzug: Am 2. September 1972 fuhr 110 345 mit dem FS-Wagenzug bei Vaterstetten vorbei. Aufnahme: Dieter Dettelbacher

Am 9. September 1972 ist TEE 7 „Rheingold" an seinem Ziel Genf angekommen; es führte die inzwischen in TEE-Farben eingesetzte SBB-Re 4/4 I 1050. *Aufnahme: Tomas Meyer-Eppler*

Kurz darauf setzt die Zuglok des TEE 7 in Genf um. *Aufnahme: Tomas Meyer-Eppler*

Die Saarbrücker Zweifrequenzlok 181 002 bespannte am 19. November 1972 bis Metz den in Frankfurt Hbf mit einer SNCF-Wagengarnitur zur Abfahrt bereitstehenden TEE 50 „Goethe" nach Paris. *Aufnahme: Dieter Dettelbacher*

Nach dem spektakulären Unfall von Aitrang am 9. Februar 1971 wurden die SBB-RAm-Triebzüge aus dem TEE-Dienst des Bavaria zurückgezogen. Die DB stellte dafür einen Wagenzug. Am 15. April 1973 brachte Re 4/4 I 10033 TEE 67 von Zürich nach Lindau. *Aufnahme: Walter Hanold*

181 104 des Bw Saarbrücken am 2. Mai 1973 vor TEE 50 „Goethe" bei Groß Gerau-Dornberg auf der Riedbahn. Aufnahme: Harald Schönfeld

Inzwischen war auch die Serien-103 im TEE-Dienst erschienen: 103 174 des Bw Hmb-Eidelstedt mit TEE 97 „Prinz Eugen" am 6. Juni 1973 bei Neustadt (Aisch) auf dem Weg nach Wien. Aufnahme: Dieter Dettelbacher

Auf dem Bodenseedamm fuhr die Kemptener Gasturbinenlok 210 004 mit TEE 66 „Bavaria" am 1. Juli 1973 nach Lindau Hbf ein. Aufnahme: Walter Hanold

TEE 42 „Molière" stand am 5. August 1973 mit der SNCB-Lok 2628 und SNCF-Wagen in Aachen Hbf zur Fahrt nach Paris Nord bereit. Aufnahme: Dieter Dettelbacher

TEE 24 „Erasmus" am 9. August 1973 mit der Eidelstedter 103 210 bei St. Goar auf dem Weg nach Den Haag. Aufnahme: Peter Konzelmann

Fern der Heimat bespannte die Dortmunder 112 497 im September 1973 TEE 84 „Mediolanum". Aufnahme (zwischen Kufstein und München): Ralf Roman Rossberg

Ankunft des TEE 22 „van Beethoven" am 27. Oktober 1973 in Amsterdam CS. Aufnahme: Tomas Meyer-Eppler

Beim „Helvetia" TEE 73 wurde ein Tausch mit IC 177 „Diplomat" vorgenommen, so daß er nunmehr in einer zwei Stunden früheren Lage durchgeführt wurde. Von der DB war bereits im vorhergehenden Jahr auf der FT Paris beantragt worden, TEE 80/81 mangels Fahrgastaufkommen nicht mehr verkehren zu lassen. Dies konnte damals von den ÖBB für ein Jahr verhindert werden. Auf der EFK St. Gallen erneuerte die DB ihren Antrag, da nach den Ergebnissen des Jahres 1972 keine Bessserung eingetreten war. Diesmal wurde dem Antrag stattgegeben. Bei TEE 90/91 entfielen dadurch Halte in Rosenheim. Dafür verkehrten letztere länger über die Sommerperiode bis und ab Salzburg und in der Wintersaison wieder bis und ab Klagenfurt. Zur Verbesserung der Anschlüsse in Zürich wurde TEE 66 „Bavaria" eine Stunde früher ab München gelegt.

Auf Antrag der NS wurde eine neue TEE-Verbindung München – den Haag über Augsburg – Würzburg – Frankfurt – Mainz – Köln – Emmerich unter der Nummer TEE 24/25 und dem Namen „Erasmus" geschaffen, die südlich Köln die bisherigen IC 124/125 ersetzte. Das Zugpaar führte Aussichtswagen (Domcar), da es umlaufmäßig mit dem „Rheingold" zusammengeschlossen wurde. Außerdem erhielt es in Würzburg wechselseitigen Übergang zum „Prinz Eugen", so daß durchgehende TEE-Verbindungen Österreich – Niederlande und München – Norddeutschland entstanden. Der „Prinz Eugen" erhielt bei nur geringfügiger Fahrplanänderung die neuen Zugnummern TEE 96/97. Wegen einer Großbaustelle auf der eingleisigen Strecke Lünen – Münster fuhren in diesem Fahrplanjahr TEE 32/33 über Hamm. Bereits zum Sommer 1974 wurden sie wieder auf ihren alten Weg zurückgelegt. Die DB plante auch für den Fahrplan 1973, die IC „Präsident" Frankfurt – Mannheim – München zu einem TEE aufzustufen und über Salzburg bis Wien West zu verlängern. Da dieses Zugpaar in Mannheim mit TEE 9/10 und 50/51 zusammengeschlossen war, wären Umsteige-TEE-Verbindungen Paris und Rheinland – Wien zustande gekommen. Die ÖBB standen diesem Projekt jedoch absolut ablehnend gegenüber, so daß es von der DB nicht weiter verfolgt wurde. Dabei hatte die DB vor allem eine Stärkung des „Goethe" im Auge, dessen Benutzungszahlen trotz der im Vorjahr geänderten Lage nach wie vor unbefriedigend waren. In St. Gallen wurde vereinbart, dieses Zugpaar zunächst ein weiteres Jahr zu fahren.

Nachstehend werden für den Sommerabschnitt 1973 die Umlaufpläne der TEE und IC im Bereich der DB wiedergegeben, wobei nur die Stammumläufe berücksichtigt sind. Verstärkungsläufe und Wochenendabweichungen sind nicht berücksichtigt. Dabei ist es faszinierend festzustellen, mit welchen Kunstgriffen wirtschaftliche Umläufe erstellt wurden. Die IC müssen dabei mit angegeben werden, waren doch bei der DB die TEE- und IC-Umläufe miteinander verzahnt.

Heimat Hamburg

TEE 91	Hamburg — Klagenfurt	7.24 — 20.35	Blauer Enzian
TEE 90	Klagenfurt — Hamburg	9.35 — 22.53	Blauer Enzian
(2 Umlauftage, 1199 km/Tag)			
TEE 73	Hamburg — Zürich	11.27 — 20.55	Helvetia
TEE 72	Zürich — Hamburg	7.00 — 16.36	Helvetia
(2 Umlauftage, 972 km/Tag)			
TEE 32	Hamburg — Paris	12.27 — 21.46	Parsifal
TEE 33	Paris — Hamburg	7.33 — 16.48	Parsifal
(2 Umlauftage, 968 km/Tag)			
(Verst. 90)	Hamburg — München	7.24 — 15.09	Blauer Enzian
TEE 66	München — Zürich	16.45 — 21.01	Bavaria
TEE 67	Zürich — München	8.20 — 11.33	Bavaria
(Verst. 90)	München — Hamburg	14.58 — 22.53	Blauer Enzian
(2 Umlauftage, 1175 km/Tag)			
IC 177	Hamburg — Basel	13.30 — 21.52	Diplomat
IC 172	Basel — Hamburg	10.09 — 18.31	Diplomat
(2 Umlauftage, 884 km/Tag)			
IC 110	Stuttgart — Hamburg	7.06 — 15.27	Schwabenpfeil
IC 136	Hamburg — Köln	19.54 — 0.20	Prinzipal
IC 131	Köln — Hamburg	5.35 — 10.01	Prinzipal
IC 119	Hamburg — Stuttgart	14.42 — 22.59	Schwabenpfeil
(2 Umlauftage, 1343 km/Tag)			

Durchschnittliche werktägliche Laufleistung der Hamburger Umläufe 1090 km/Tag

Heimat Bremen

TEE 97	Bremen — Wien	12.07 — 23.00	Prinz Eugen
TEE 96	Wien — Bremen	7.00 — 17.45	Prinz Eugen
(2 Umlauftage, 1100 km/Tag)			
TEE 75	Bremen — Mailand	8.14 — 22.00	Roland } (Zeiten Mailand OEZ)
TEE 74	Mailand — Bremen	10.26 — 22.06	Roland }
(2 Umlauftage, 1193 km/Tag)			

Durchschnittliche tägliche Laufleistung der Bremer Umläufe 1147 km/Tag

Heimat Hannover

IC 183	Hamburg — München	6.00 — 13.17	Riemenschneider
IC 126	München — Hannover	14.40 — 0.13	Herrenhausen
IC 129	Hannover — München	13.55 — 23.47	Herrenhausen
IC 184	München — Bremen	12.29 — 19.52	Südwind
IC 173	Bremen — Basel	6.02 — 13.31	Mercator
IC 176	Basel — Hamburg	16.30 — 0.26	Mercator

(4 Umlauftage, durchschnittliche werktägliche Laufleistung 1297 km/Tag)

Heimat Dortmund

IC 111	Dortmund — München	6.00 — 13.25	Rheinblitz
IC 116	München — Münster	15.03 — 23.08	Glückauf
IC 113	Münster — München	6.55 — 14.56	Glückauf
IC 118	München — Dortmund	16.49 — 0.16	Rheinblitz

(2 Umlauftage, durchschnittliche werktägliche Laufleistung 1553 km/Tag)

Heimat Köln

IC 143	Köln — Hannover	7.03 — 9.55	Germania
IC 127	Hannover — München	12.00 — 21.17	Münchner Kindl
IC 120	München — Hannover	6.44 — 15.51	Münchner Kindl
IC 142	Hannover — Köln	18.01 — 20.55	Germania

(2 Umlauftage, 1266 km/Tag)

IC 135	Köln — Hamburg	9.14 — 13.46	Patrizier
IC 132	Hamburg — Köln	16.29 — 20.57	Patrizier

(1 Umlauftag, 958 km/Tag)

IC 148	Hannover — Köln	10.00 — 13.46	Wilhelm Busch
IC 149	Köln — Hannover	17.07 — 20.01	Wilhelm Busch

(1 Umlauftag, 624 km/Tag)

IC 166	Stuttgart — Düsseldorf	6.02 — 10.25	Friedrich Schiller
IC 167	Düsseldorf — Stuttgart	15.33 — 19.54	Friedrich Schiller

(1 Umlauftag, 848 km/Tag)

TEE 43	Brüssel — Köln	8.17 — 10.40	Diamant
TEE 42	Köln — Brüssel	19.40 — 22.04	Diamant

(1 Umlauftag, 446 km/Tag)
Durchschnittliche werktägliche Laufleistung der Kölner Umläufe 871 km/Tag)

Heimat Frankfurt

IC 103	Frankfurt — Basel	6.56 — 10.01	Markgraf
IC 174	Basel — Hamburg	12.10 — 20.31	Otto Hahn
IC 130	Hamburg — Köln	6.24 — 10.40	Toller Bomberg
IC 147	Köln — Hannover	11.06 — 13.57	Dompfeil
IC 140	Hannover — Frankfurt	6.48 — 12.02	Dompfeil
IC 137	Frankfurt — Hamburg	16.56 — 23.58	Toller Bomberg
IC 175	Hamburg — Basel	9.32 — 17.46	Otto Hahn
IC 178	Basel — Hamburg	18.13 — 21.16	Merian

(4 Umlauftage, 1111 km/Tag)

ICt 171	Frankfurt — Basel	8.55 — 12.07	Merian
ICt 108	Basel — Frankfurt	20.40 — 23.47	Markgraf
ICt 159	Frankfurt — München	7.00 — 12.57	Prinzregent
ICt 186	München — Bremen	16.50 — 0.03	Riemenschneider
ICt 185	Bremen — München	10.11 — 17.37	Nordwind
ICt 158	München — Frankfurt	19.10 — 23.00	Prinzregent

(3 Umlauftage, 1043 km/Tag, **VT 601**)

ICt 165	Frankfurt — München	12.29 — 17.10	Präsident
ICt 168	München — Wiesbaden	19.13 — 23.56	Hessen-Kurier
ICt 163	Wiesbaden — München	6.52 — 11.29	Hessen-Kurier
ICt 160	München — Ludwigshafen	13.04 — 16.55	Präsident
ICt 192	Ludwigshafen — Hamburg	6.25 — 12.33	Sachsenroß
ICt 191	Hamburg — Ludwigshafen	17.27 — 23.38	Sachsenroß
Lt	Ludwigshafen — Frankfurt		

(3 Umlauftage, 1025 km/Tag, **VT 601**)
Durchschnittliche werktägliche Laufleistung der Frankfurter Umläufe 1061 km/Tag

Heimat Basel Bad Bf

IC 170	Basel — Hamburg	6.16 — 14.27	Kommodore
IC 134	Hamburg — Bonn	18.29 — 23.19	Hanseat
IC 133	Bonn — Hamburg	6.37 — 11.31	Hanseat
IC 179	Hamburg — Basel	15.39 — 23.47	Kommodore

(2 Umlauftage, durchschnittliche werktägliche Laufleistung 1397 km/Tag)

Heimat München

TEE 24	München — Den Haag	10.41 — 20.07	Erasmus
TEE 7	Amsterdam — Genf	7.49 — 18.49	Rheingold
TEE 6	Genf — Amsterdam	11.32 — 22.24	Rheingold
TEE 25	Den Haag — München	9.55 — 19.14	Erasmus

(4 Umlauftage, 984 km/Tag)

TEE 10	München — Amsterdam	6.46 — 15.52	Rembrandt
TEE 23	Amsterdam — Bonn	18.05 — 21.13	van Beethoven
IC 145	Bonn — Hannover	8.56 — 12.12	Porta Westfalica
IC 125	Hannover — Nürnberg	16.11 — 23.59	Adler
TEE 20	Nürnberg — Brüssel	6.06 — 13.27	Saphir
TEE 21	Brüssel — Frankfurt	18.07 — 23.14	Saphir

IC 114	München — Hamburg	10.44 — 21.31	Merkur
IC 115	Hamburg — München	8.29 — 19.10	Merkur
(2 Umlauftage, 1105 km/Tag)			
IC 122	München — Hannover	8.22 — 17.54	Nymphenburg
IC 144	Hannover — Wuppertal	20.00 — 22.23	Porta Westfalica
Lr	Wuppertal — Hagen		
IC 121	Hagen — München	6.23 — 13.52	Hans Sachs
IC 128	München — Dortmund	16.20 — 0.16	Hans Sachs
IC 123	Dortmund — München	7.33 — 15.37	Nymphenburg
(3 Umlauftage, 1103 km/Tag)			
Durchschnittliche werktägliche Laufleistung der Münchener Umläufe 1250 km/Tag)			
Heimat SNCF			
TEE 40	Düsseldorf — Paris	6.56 — 12.10	Molière
TEE 41	Paris — Düsseldorf	17.55 — 23.11	Molière
(1 Umlauftag, 1062 km/Tag)			
TEE 51	Paris — Frankfurt	8.00 — 13.52	Goethe
TEE 50	Frankfurt — Paris	15.15 — 22.10	Goethe
(1 Umlauftag, 1292 km/Tag)			
Heimat FS			
TEE 84	Mailand — München	8.00 — 13.59	Mediolanum (Zeiten
TEE 85	München — Mailand	15.40 — 23.28	Mediolanum Mailand OEZ)
(1 Umlauftag, 1190 km/Tag)			
TEE 22	Frankfurt — Amsterdam	7.00 — 11.52	van Beethoven
TEE 11	Amsterdam — München	14.05 — 23.14	Rembrandt
(4 Umlauftage, 1201 km/Tag)			
IC 106	München — Hannover	13.10 — 22.33	Rheinpfeil
IC 107	Hannover — München	7.44 — 17.06	Rheinpfeil
(2 Umlauftage, 948 km/Tag)			
IC 112	München — Hamburg	8.42 — 19.31	Gambrinus
IC 117	Hamburg — München	10.24 — 21.08	Gambrinus
(2 Umlauftage, 1105 km/Tag)			

Der Fahrplan 1974 brachte nochmals eine neue TEE-Verbindung in Form der TEE 34/35 „Merkur" København — Puttgarden — Hamburg Hbf — Münster — Dortmund — Essen — Köln — Mainz — Mannheim — Stuttgart, in denen die bisherigen IC 110/119 aufgingen. Hamburg-Altona war durch Flügelzüge TEE 1034/1035 angebunden, die die überwiegende Wagengruppe dieses Zuges und den WR führten, während nach und von København nur wenige Wagen durchliefen. Zwischen København und Hamburg Hbf wurde kein Speisewagen mitgeführt, der ohnehin nur bis Puttgarden hätte mitgeführt werden können, da eine Trajektierung sich nicht gelohnt hätte. Mit Ausnahme der Fährstrecke bestand somit zwischen København und Hamburg Hbf nur Minibarbetrieb der DSG. In Köln bestand Bindung an TEE 42/43 „Diamant" nach und von Bruxelles, so daß eine durchgehende TEE-Verbindung zwischen Skandinavien und der belgischen Hauptstadt zustande kam. Weitere Veränderungen traten 1974 nicht ein.

Auch der Fahrplan 1975 brachte nur geringfügige Änderungen, allerdings die Einstellung eines TEE. Der „Goethe" befriedigte seit seiner Einführung nicht, obwohl lange Jahre hindurch deutsche wie französische Wirtschaftskreise das Fehlen eines hochwertigen Zuges in dieser Relation beklagt hatten. Auch die 1972 durchgeführte Veränderung der Fahrlagen und die Bindungen an das TEE-Netz in Mannheim brachten keine wesentliche Besserung. Daher waren sich SNCF und DB einig, den Zug im Fahrplanjahr 1975 nicht mehr verkehren zu lassen. Als Ersatz wurde ein zweiklassiger Schnellzug angeboten, der allerdings über Mainz — Bad Kreuznach nach Kaiserslautern verkehrte, womit nun wieder Mannheim mit seinen Anschlußverbindungen ausgeklammert war. TEE 40/41 „Molière" wurden nur noch zwischen Köln und Paris Nord gefahren. Um die Bundeshauptstadt Bern an den „Bavaria" anzuschließen, wurde TEE 67 ab Zürich 35 Minuten später gelegt. TEE 42 „Diamant" wurde um 11 Min früher ab Köln gelegt. Er erreichte dadurch in Bruxelles die Schlafwagenverbindung nach London über Dünkirchen.

Was 1971 die NS bei der Umwandlung des „Rhein-Main" gemäß dem Antrag der DB nicht zugestehen wollten, konnte nun 1976 dennoch realisiert werden: die ca. 105 Min frühere Lage des TEE 23 „van Beethoven", wodurch dessen Durchführung, wie bereits 1971 beantragt, bis Nürnberg über Bonn hinaus möglich wurde. Er erhielt dabei die Fahrlage des IC 125 südlich Köln. In der Gegenrichtung trat keine Änderung ein. Im Zusammenhang mit einer Neuordnung der Fernverkehrsrelationen mit den Niederlanden wurde TEE „Erasmus" unter diesem Namen, aber den neuen Zugnummern TEE 16/17 von München nicht mehr über Würzburg — Frankfurt, sondern über Stuttgart — Mannheim — Mainz nach Köln gefahren. Der Laufweg München — den Haag blieb bestehen. In diesem Zusammenhang ist die Umlegung des „Prinz Eugen" von besonderem Interesse. Diesem Zugpaar ging es seit

SBB-Re 4/4 I 10049 zieht am 11. Juli 1974 TEE 6 „Rheingold" über die Aarebrücke in Bern.
Aufnahme: Walter Hanold

Die NS-Maschine 1149 brachte am 27. August 1974 TEE 7 „Rheingold" nach Emmerich.
Aufnahme: Walter Hanold

103 138 des Bw Frankfurt 1 hatte am 29. August 1974 TEE 10 „Rembrandt" nach Emmerich gefahren. Während sie mit den dort abgehenden Verstärkungswagen umsetzte, fuhr NS-Lok 1115 mit den weiterlaufenden Wagen nach Amsterdam aus. Aufnahme: Walter Hanold

Die SNCB-Lok 1801 am 6. April 1975 nach Übernahme des TEE 20 „Saphir" in Köln Hbf. Aufnahme: Peter Große

TEE 50 „Goethe" stand am 29. April 1975 zur Abfahrt nach Paris in Gleis 17 des Frankfurter Hbf bereit. Die Garnitur bestand aus SNCF-Inoxwagen. Aufnahme: Ralf Roman Rossberg

Die erst wenige Tage im Dienst stehende 181 220 des Bw Saarbrücken durfte am 1. Mai 1975 TEE 50 „Goethe" von Frankfurt nach Metz bespannen. An der Zugspitze läuft ein rotlackierter Maschinenwagen der SNCF vor dem Inoxwagenzug. Aufnahme: Tomas Meyer-Eppler

Re 4/4 I 10046 der SBB am 7. Mai 1975 vor TEE 6 „Rheingold" bei Liestal.
Aufnahme: Dieter Dettelbacher

Am gleichen Tag gelang Dieter Dettelbacher ebenfalls bei Liestal diese Aufnahme des TEE 74 „Roland" mit Re 4/4 II 11160 auf dem Weg von Chiasso nach Basel SBB, wo die beiden TEE 6 und 74 miteinander Wagen austauschten, um dann ihren Zielen Amsterdam (TEE 6) und Bremen (TEE 74) zuzustreben.

seiner Einführung 1973 wie dem „Goethe" zwischen Paris und Frankfurt. Das Zugpaar sollte eine schnelle Verbindung zwischen den deutschen Seehäfen und Skandinavien und der österreichischen Hauptstadt sein, aber es krankte von Anfang an östlich Nürnberg an mangelnder Besetzung. Auch eine mehrfach durchgeführte Änderung der Fahrlagen und Anbindungen an andere Züge vermochten die Benutzerzahlen nicht zu steigern. An und für sich hätte der Zug aus wirtschaftlichen Überlegungen in Nürnberg enden müssen, da er bis hier im Intercity-System eingebunden, ohnehin dann in anderer Form hätte gefahren werden müssen. Da man aber unter allen Umständen versuchen wollte, diesen für die österreichische Hauptstadt bedeutenden „Prestigezug" — war er doch die einzige 1. Klasseverbindung dort — zu erhalten, suchte man nach Möglichkeiten, seine Attraktivität zu erhöhen. So wurde er auf der FT Paris dahingehend geändert, daß er nun nicht mehr Wien West — Bremen verkehrte, sondern als TEE 26/27 von Wien West nach Hannover, aber nun nicht über die Nord-Süd-Strecke, sondern auf dem Laufweg der IC-Linie 2 über Würzburg — Frankfurt — Mainz — Köln — Wuppertal — Dortmund. In Würzburg wurde IC 181/188 „Jakob Fugger" erreicht, so daß nach wie vor Bremen und Hamburg über das IC-Netz erreichbar waren und in Köln bestand wechselseitiger Übergang zu den neu geführten TEE 16/17 „Erasmus". Durch diese Lage erhoffte man sich nicht nur ein größeres Einzugsgebiet, sondern es wurde auch eine durchgehende Verbindung Wien — Rhein-Ruhrgebiet und eine Umsteigeverbindung mit den Niederlanden geschaffen.

Den von Köln nach Westen verkehrenden TEE ging es in diesem Jahr bedauerlicherweise an den „Kragen". Während der „Molière" an Samstagen zwischen Köln und Paris Nord entfiel, mußte TEE 42/43 „Diamant" mangels ausreichender Frequenz ganz entfallen. Als Ersatz wurde eine zweiklassige D-Zugverbindung angeboten. Das Fahrplanjahr 1977/78 brachte die Umwandlung des „Bavaria" in zweiklassige Schnellzüge, die allerdings weiterhin mit entsprechendem Wagenmaterial und kurzen Fahrzeiten gefahren wurden, so daß für die Reisenden der 1. Klasse keine Qualitätseinbuße eintrat. Aber auch durch diese Änderung ließ sich der Status als TEE nicht mehr halten. Auch behielt das D-Zugpaar die analogen Nummern 266/267 und den Namen „Bavaria". Der „Molière" mußte sich eine weitere Einschränkung seiner Verkehrszeiten gefallen lassen und verkehrte nun nur noch montags bis freitags bei Kürzung der Gesamtfahrzeit um 10 Minuten.

Der Sommerfahrplan 1978 stand bei der DB bereits ganz im Zeichen der bevorstehenden Einführung von IC 79, dem Intercity-Einstundentakt auf vier Linien mit beiden Wagenklassen. Hierüber mehr in Kap. I. In diesem Sommer wurde bereits auf dem Teilabschnitt Hamburg — Köln der Linie 1 der Einstundentakt in der zweiklassigen Form eingeführt. Zahlreiche andere IC mußten aus Umlaufgründen mit in die Zweiklassigkeit einbezogen werden, nachdem auf der Linie 4 München — Bremen dies ja bereits seit dem Jahre 1976 praktiziert wurde. Davon waren auch mehrere TEE betroffen. TEE 34/35 wurden zur Ausnutzung der Trasse im Einstundentakt zwischen Hamburg und Köln in zweiklassige IC 134/135 mit gleichem Laufweg und Namen umgewandelt und TEE 20 verkehrte neu zwischen Nürnberg und Frankfurt aus Umlaufgründen als IC 20 mit beiden Wagenklassen, ab Frankfurt weiter jedoch wieder einklassig als TEE. Sein Gegenzug TEE 21 war von dieser Änderung nicht betroffen. Dafür wurde umgekehrt TEE 23 „van Beethoven" nur zwischen Amsterdam und Frankfurt als TEE, ab Frankfurt bis Nürnberg jedoch zweiklassig als IC gefahren (Wende auf IC/TEE 20). Auch hier war der Gegenlauf nicht von der Änderung betroffen. Allerdings mußte die Abfahrt von TEE 22 in Frankfurt um 16 Minuten vorverlegt werden, um in Köln die IC-Anschlüsse nach Hamburg — Westerland und Hannover zu erhalten. Damit entstand die verkehrlich ungünstige Abfahrzeit von 6.44 Uhr, also erstmalig im Knoten Frankfurt eine TEE-Abfahrzeit vor 7.00 Uhr!

Die sicher interessanteste Lösung auf der FT Paris wurde jedoch beim „Prinz Eugen" gefunden! Während bisher die auf Teilstrecken zu zweiklassigen IC umgewandelten TEE die für den IC 79-Verkehr vorgesehenen Büm der DB erhielten, da diese es versäumt hatte, sich rechtzeitig klimatisierte Wagen 2. Klasse zu beschaffen, erhielt der „Prinz Eugen" nunmehr zwischen Wien West und Nürnberg zwei klimatisierte Bmoz der ÖBB, die dem EUROFIMA-Standardwagen entsprachen. Damit hatte dieser Zug auch in der 2. Klasse eine Ausrüstung, die erheblich über der des Standards der DB lag! Bereits auf der EFK Budva 1977 waren Überlegungen angestellt worden, den „Prinz Eugen" aufzugeben, nachdem auch die Änderung des Fahrweges zu keiner wesentlichen Besserung der Besetzung geführt hatte. Die ÖBB plädierten auf der FT Paris aus wirtschaftlichen Überlegungen für einen Ausfall des Zuges, die DB jedoch beabsichtigte, diesen Zug in einen zweiklassigen Intercity im Rahmen ihrer Vorarbeiten zu IC 79 umzuwandeln. Auf der FT Paris entschied man sich dann als Übergangslösung bis zur Einführung von IC 79 bei der DB entgegen den ursprünglichen Absichten auch bei den ÖBB im Wege des Kompromisses zwischen Wien West und Frankfurt den Zug zunächst zweiklassig zu fahren. Durch den Einsatz der ÖBB-Bmoz in einem eintätigen Umlauf ließen sich für die ÖBB zusätzlich Einsparungen auf dem Sektor der Achskilometerschulden erzielen, was ihr sicher den Kompromiß leichter werden ließ. Dabei wurde der Zug auf den Strecken der ÖBB als Ex klassifiziert, so daß er TEE-zuschlagfrei wurde, auf der Strecke Passau — Frankfurt der DB galt er

TEE 67 „Bavaria" am 27. Mai 1976 in Winterthur. Aufnahme: Walter Hanold

103 176 des Bw Frankfurt 1 beförderte am 25. September 1976 TEE 16 „Erasmus" von München nach Stuttgart. Aufnahme (bei Neusäß): Dieter Dettelbacher

jedoch als IC und war damit ebenso wie als TEE in gleicher Höhe zuschlagspflichtig! Von Frankfurt bis Hannover verkehrte das Zugpaar dann weiter als IC (!) nur mit der 1. Wagenklasse. Dabei trat somit der Anachronismus ein, daß dieser Zug auf seinem ganzen Laufweg als IC klassifiziert wurde, jedoch eine Zugnummer aus der Nummernreihe der TEE behielt!

Der bisherige IC „Gambrinus" dagegen wurde im Vorgriff auf das bei IC 79 vorgesehene Konzept der Abdeckung starker Verbindungen mit 1. Klassereisenden durch zusätzliche TEE in einen TEE 14/15 als rein innerdeutsche Verbindung umgewandelt. Dieses Zugpaar deckte damit zwischen Köln und Hamburg die 15.00 Uhr-Lage ab Köln und die 10.00 Uhr-Lage ab Hamburg ab, also indirekt eine Inkonsequenz zum angestrebten Einstundentakt mit beiden Wagenklassen auf der Linie 1. Aber jetzt im Sommer 1978 war man ja noch im Stadium der Versuche und Erprobungen und die damit gewonnenen Ergebnisse sollten die tatsächlichen Planungen für IC 79, die zu diesem Zeitpunkt weitestgehend bereits festlagen, noch untermauern und stützen. Der Gesamtzuglauf des „Gambrinus" als TEE führte von München über Stuttgart – Mannheim – Mainz – Köln – Essen – Dortmund – Münster nach Hamburg-Altona. Er war damit ein Jahr lang der längste TEE-Zuglauf im Netz der DB! Damit endete indirekt eine Phase des TEE-Verkehrs im Bereich der DB nach 21 Jahren, die ausgehend vom eigentlichen TEE-Konzept zwischenzeitlich zahlreichen Wandlungen unterworfen war. Im neuen „Integrierten Bedienungs-System (IBS)" der DB – besser unter dem Markennamen „IC 79" bekannt – hatte die DB dem TEE einen anderen Stellenwert zugeordnet. Er hatte darin nur noch eine Daseinsfunktion, wenn er das neue Netz nicht störte, sonst hatte er in ihm aufzugehen oder, wenn es zur Abschöpfung eines besonders starken Aufkommens an Reisenden 1. Klasse zu bestimmten Tageslagen nicht mit dem Blockzugsystem des IC möglich war, dieses Reisendenaufkommen befriedigend zu befördern. Dann wurde in dieser Fahrlage ein besonderer reiner Zug 1. Klasse gefahren, der dann als TEE bezeichnet wurde. Mehr darüber aber in Kap. I.

Blick vom Loreleyfelsen in das frühlingshafte Rheintal mit dem durchfahrenden TEE 16 „Erasmus" (22. April 1977). *Aufnahme: Ludwig Rotthowe*

Am 21. Mai 1977 fuhr TEE 77 „Bavaria" zum letzten Mal. Die Kemptener 218 441 zog den Zug durch Puchheim.
Aufnahme: Joachim Jakubowski

221 114 des Bw Lübeck fuhr am 29. Mai 1977 mit TEE 34 „Merkur" von Puttgarden kommend in Lübeck Hbf ein. Am Schluß war außerplanmäßig ein Schlafwagen eingereiht.
Aufnahme: Rolf Kuchenbrandt

Vor TEE 26 „Prinz Eugen" waren DB-Lokomotiven im planmäßigen Linksverkehr auf der österreichischen Westbahn zu sehen, wie am 29. Juli 1977 103 151 bei Eichgraben-Altlengbach.
Aufnahme: Slg. DGEG

ÖBB-1042.622 fuhr am 20. August 1977 mit TEE 90 „Blauer Enzian" von Klagenfurt nach München, hier in Rosenheim einfahrend.
Aufnahme: Tomas Meyer-Eppler

Einen Monat später durcheilte 1042.601 mit TEE 90 das Salzachtal bei St. Johann im Pongau.
Aufnahme: Dieter Dettelbacher

Mit dem nur zwei Wagen umfassenden TEE 34 „Merkur" hatte 221 130 am 8. April 1978 bei Reinfeld wenig Mühe.
Aufnahme: Hans-Jürgen Löper

Am 5. Mai 1978 waren D 435 und TEE 35 „Merkur" vereinigt; 221 128 des Bw Lübeck kam an diesem Tag bei Beschendorf Ulrich Budde vor die Linse.

Lok 1603 der SNCB überfährt mit TEE 20 „Saphir" am 1. Mai 1979 die deutsch-belgische Grenze. Der Zug besteht aus einer DB-Garnitur, wobei der zweifarbige WR besonders auffällt.
Aufnahme: Tomas Meyer-Eppler

Am gleichen Tag befördert die SNCB-Maschine 2510 TEE 40 „Molière" mit einer französischen Garnitur von Aachen in Richtung belgische Grenze. *Aufnahme: Tomas Meyer-Eppler*

H. Intercity-Züge im Zweistunden-Takt

a) Aufbau und Ausgestaltung des IC-Systems 1971 - 1978

Die DB hatte ab dem Jahre 1951 beginnend planmäßig ein Netz schnellfahrender F-Züge nur 1. Klasse aufgebaut, das einmalig in Europa war. Hierzu waren ab 1957 die als hochwertige Züge zwischen europäischen Zentren geschaffenen TEE-Züge gekommen, die innerhalb der Bundesrepublik das Netz der leichten F-Züge zusätzlich ergänzten, hatte die DB doch von Anfang an das TEE-Netz als integralen Bestandteil ihres Schnellfahrnetzes angesehen. Mit der Einführung einer neuen Generation von Wagen hohen Komforts in „Rheingold" und „Rheinpfeil" in den Jahren 1962/63 und der Anhebung ihrer Geschwindigkeit auf 160 km/h und der Übernahme dieser Züge in den Rang der TEE durch das TEE-Komitee hatte die DB die Grundlage zu einer neuen Generation schneller Reisezugverbindungen gelegt, die über dem Standard aller vergleichbaren europäischen Verwaltungen lag. Die weitere planmäßige Ausrüstung der von der DB gestellten oder neu zu führenden TEE-Züge mit diesen Wagen war nur eine logische Konsequenz dieser Entwicklung. Gleichzeitig waren dadurch die bisherigen für den TEE-Verkehr gebauten und konzipierten Triebzüge der Baureihe VT 601 mehr und mehr aus ihren eigentlichen Diensten zurückgezogen worden. Erstmals zum Winterfahrplan 1967 erschienen diese Fahrzeuge im leichten F-Zugnetz, als die mit „Intercity A - F" bezeichneten zusätzlichen schnellen F-Züge eingeführt wurden, die teilweise von Triebzügen der Baureihe 601 gefahren wurden. Die DB beschaffte die klimatisierten Bauarten der Reisezugwagen der „Rheingoldbauart" in steigender Stückzahl weiter und so standen, da eine Ausweitung des TEE-Verkehrs in absehbarer Zeit nicht zu erwarten war, neben diesem Reisezugwagenpark auch die Triebzüge der Baureihe VT 601 für den F-Zugverkehr zur Verfügung, der damit in eine Komfortstufe gehoben wurde, die teilweise über der ausländischer TEE-Verbindungen lag. Damit war abzusehen, daß die dort bisher eingesetzten blauen Aüm-Wagen, die bisher dieses Netz geprägt und ihm im Volksmund die Bezeichnung „blaues F-Zugnetz" eingebracht hatten, über kurz oder lang ersetzt sein würden.

Schauen wir noch einmal rückwärts, wie die Entwicklung eines deutschen Schnellverkehrs ab 1933 verlaufen war, um Umfang, Planung und Realisierung der nun von der DB in Angriff genommenen Umgestaltung des bisherigen leichten F-Zugnetzes zu einem planmäßigen Netz schneller Verbindungen höchsten Komforts nur 1. Klasse in einem angenäherten Zweistundentakt ab dem Winterabschnitt 1971/72 zu verstehen und warum gerade ein Winterabschnitt gewählt wurde. Um diese durchgreifende Änderung im gesamten Fahrplangefüge der DB und darüber hinaus fast aller benachbarten europäischen Bahnen zu verstehen, hatten wir ja gesehen, daß die EFK Prag schon erhebliche Probleme mit dieser von der DB geplanten Neustrukturierung ihres innerdeutschen Fernverkehrsnetzes, in das die TEE eingebunden waren, hatte und daß sie für die meisten Züge getrennte Lagen für den Sommer- und den Winterabschnitt erarbeiteten und vereinbaren mußte. Dabei sollen die nachstehenden Ausführungen auch nicht als nochmalige Wiederholung bereits angesagter und bekannter Tatsachen verstanden werden, sondern das Verständnis für eine eigentlich aus der Sicht der DB-Führung konsequente und logische Entwicklung wecken.

Im Sommerfahrplan 1939, dem letzten vor dem Zweiten Weltkrieg, bediente die Deutsche Reichsbahn fast 6000 km Strecken mit einem Schnellverkehrssystem 1. Klasse. Acht Diesel-Schnelltriebwagenverbindungen verbanden Berlin strahlförmig mit Hamburg, Köln, Basel, München, Stuttgart, Breslau/Oberschlesien und Bremen. Mit Sicherheit befuhren vier weitere Schnelltriebwagenverbindungen wichtige Querverbindungen des Deutschen Reiches: Hamburg — Frankfurt — Karlsruhe, Dortmund — Köln — Frankfurt — Basel, Leipzig — Hannover — Bremen — Wesermünde und Dresden — Halle — Magdeburg — Hamburg. Stuttgart — München — Berchtesgaden wurde mit einem elektrischen Schnelltriebwagen gefahren, neue Relationen so u.a. Berlin — Dresden, Frankfurt — Dresden und Berlin — Königsberg (zusammen rund weitere 2000 km) waren in Vorbereitung, wurden aber durch den Kriegsausbruch nicht mehr verwirklicht. Damit endete eine systematische, konsequente und glanzvolle Schienen-Schnellverkehrsentwicklung, die schon am 15. Mai 1933 mit der ersten fahrplanmäßigen Schnelltriebwagenfahrt, dem „Fliegenden Hamburger", begonnen hatte. Er fuhr wie alle Schnelltriebwagen der Deutschen Reichsbahn mit einer Höchstgeschwindigkeit von 160 km/h, die auch 1971 nach 38 Jahren technischer Entwicklung noch nicht überschritten wurde.

Schon 1951 lief das erste Fernschnellzug-System der Deutschen Bundesbahn, das „F-Netz", nach Plänen des damaligen Reisezug-Fahrplanreferenten der Hauptverwaltung der DB, Ministerialrat Dipl.-Ing. Carl Fischer, an. Erstmalig handelte es sich nicht um Einzellinien, die unabhängig voneinander betrieben wurden, sondern um ein Liniensystem, zu dem mehrere Strecken an bedeutenden Umsteigeknoten miteinander verknüpft waren. Da auch damals die neuen verbesserten Schnelltriebwagen der Baureihe VT 08 nicht rechtzeitig ausgeliefert werden konnten, startete man anfänglich mit der guten alten Dampflok und den 68 besten nach Kriegesende übrig gebliebenen und in

Belgien aufgearbeiteten Polsterwagen und etwa 20 Speisewagen. Die Höchstgeschwindigkeit betrug nachkriegsbedingt auch nach Einsatz der ersten Neubau-Schnelltriebwagen 135 km/h; diese Geschwindigkeit wurde erst 1958 durch eine Neuausgabe der dafür maßgebenden Eisenbahn-Bau- und Betriebsordnung (EBO) auf 140 km/h angehoben.

Hiervon wurde anfangs nur bei den TEE-Zügen Gebrauch gemacht, die seit 1957 durch Verlängerung und Umwandlung einiger Fernschnellzüge des innerdeutschen Netzes ins Ausland entstanden waren und die mit neuen leistungsstärkeren Dieseltriebwagen der Baureihe VT 11.5 (601) gefahren wurden. 1959 folgten dann auch die übrigen elektrischen F-Züge in diese neue Höchstgeschwindigkeit.

Das ursprüngliche F-Zug-Netz von 1951 wurde durch die zunehmenden internationalen Wünsche, aber auch durch spezielle innerdeutsche Entwicklungen ab 1958 mehr und mehr seines ursprünglichen Netzcharakters entkleidet. Abgesehen von bestimmten unlösbaren Systembindungen einzelner Zugpaare, z.B. „Rheingold"/„Rheinpfeil" in Köln oder „Blauer Enzian"/„Roland" in Hannover, blieb nur noch ein voneinander ziemlich unabhängiges Liniensystem bestehen.

Für den Jahresfahrplan 1962/63 wurde mit ausdrücklicher Genehmigung des Bundesverkehrsministeriums für den „Rheingold", unverändert durch vier Jahrzehnte Top-Zug der alten Deutschen Reichsbahn und neuen Deutschen Bundesbahn, erstmals seit 23 Jahren wieder eine Höchstgeschwindigkeit von 160 km/h zugelassen. 1963/64 auch auf den „Rheinpfeil" ausgedehnt, wurde diese Geschwindigkeit durch die Neuausgabe der EBO von 1967 ab Jahresfahrplan 1968/69 wieder die „normale" Höchstgeschwindigkeit für alle erstklassigen TEE- und F-Züge.

Damit war der fahrplantechnische Zustand von 1933 in etwa wieder hergestellt, wenn auch vor allem das rollende Material durch die seitherigen technischen und geschmacklichen Entwicklungen wesentlich verbessert und modernisiert werden konnte.

In der Zwischenzeit „eroberten" sich die TEE- und F-Züge einen sehr beachtlichen Kundenkreis überwiegend bei geschäftlich Reisenden aus Wirtschaft, Handel, Industrie und Politik. Aber auch zu Privat- und Urlaubsreisen wurden diese schnellen Komfortzüge mehr und mehr in Anspruch genommen. Die Züge, ursprünglich zwei bis drei Sitz- und ein Speisewagen, wurden immer länger und damit für die DB auch wirtschaftlich immer interessanter. Eine Benutzung durch 300 bis 400 Reisende in bis zu zehn Sitzwagen war keine Seltenheit.

Es lag daher nahe, daß Ministerialdirigent Dipl.-Ing. Wattenberg von der HVB schon im April 1967 den Vorschlag machte, zur „Verbesserung der Fern- und Städteschnellverbindungen" ein dichtes innerdeutsches Schnelltriebwagennetz einzuführen, mit dem alle wichtigeren Wirtschaftszentren der Bundesrepublik untereinander verbunden werden sollten. Schon ein Jahr später legte der seinerzeitige Personenzugfahrplan-Referent der DB, Ministerialrat Dr.-Ing. Hussong, im Auftrage des Vorstandes ein Betriebsprogramm vor, das dessen volle Billigung fand. Der Vorstand setzte daher Ende 1968 eine Arbeitsgruppe aus Spezialisten aller beteiligten technischen und kommerziellen Bereiche (Fahrplan, Oberbau, Fahrzeuge, Tarif, Betriebswirtschaft) ein mit dem Auftrag, bis Mai 1969 die zweckmäßigsten Lösungen für dieses Betriebsprogramm im einzelnen auszuarbeiten. Der Vorsitzende dieses Gremiums, Abteilungspräsident Dipl.-Ing. Friedrich Scheller, legte daraufhin einen umfassenden Vorschlag für ein neuartiges rhythmisches Intercity-Netz-System vor, das am 1. August 1969 vom Vorstand der DB gebilligt und mit kleinen Abweichungen von den Oberbetriebsleitungen und Bundesbahndirektionen in arbeitsintensiven Sonderkonferenzen in den bestehenden Fahrplan eingearbeitet wurde.

Mit Rücksicht auf die langen Lieferfristen für Reisezugwagen wurde dabei der Beginn des Winterfahrplanabschnitts 1971/72 am 26. September 1971 als Einführungstermin festgelegt. Eine noch weitere Hinausschiebung verbot sich aus Wettbewerbsgründen, wenn sich die DB gegenüber dem Regionalluftverkehr, vor allem aber gegenüber dem durch den zügig voranschreitenden Autobahn-Ausbau immer schneller werdenden Autoverkehr am Markte in einem voll kostendeckenden Unternehmensbereich behaupten wollte.

In einem Punkt allerdings konnten die Vorstellungen der „Väter" des Intercity-Verkehrs doch nicht realisiert werden: Sowohl die Höchstgeschwindigkeit von 160 km/h (seit 1933) wie auch die Reisezeiten gegenüber dem status quo konnten im ersten Schritt nicht verbessert werden. Vor allem die Abstriche im Oberbauhaushalt 1970 zur Bremsung der Konjunktur, aber auch die außerordentliche Belastung des Oberbaues durch die Spitzenleistungen des Verkehrsbooms 1970, der sich im Personenverkehr 1971 sogar noch verstärkte, ließen 1971/72 weder die angestrebte Höchstgeschwindigkeit der IC-Züge von 200 km/h auf den dafür geeigneten Streckenabschnitten noch eine generelle

Ausnutzung der sehr viel stärkeren Zugkraft der IC-Lok 103 zu. Was aber – für den anspruchsvollen Kunden sicherlich nicht weniger interessant – bleibt, sind: der dichtere Fahrplan im Zweistunden-Takt und der verbesserte Komfort durch größere klimatisierte Abteile. Das Fahrplansystem wurde jedoch so aufgebaut, daß es nicht völlig umgebaut zu werden braucht, wenn in den kommenden Jahren durch den technischen Ausbau des Netzes höhere Geschwindigkeiten und kürzere Reisezeiten möglich werden sollten. Es würde dann in seinem Kern, auf die „Nabel" Mannheim oder Köln bezogen, bestehen bleiben, zeitlich aber von außen nach innen zusammen schrumpfen. Man würde also früher in Hamburg, Bremen, Basel und München an- bzw. dort später als heute abfahren.

Im Zusammenhang mit der bedauerlichen und so folgenschweren Unfallserie des 1.Halbjahres 1971 wurden wiederholt Kritiken laut, daß die DB einem „Geschwindigkeitsrausch" erlegen sei, daß sie Schnelligkeit und Geschwindigkeit vor Sicherheit und Pünktlichkeit setze. Die ausführliche Darstellung der 38jährigen Vorgeschichte des IC-Verkehrs beweist aber, daß man sicherlich nicht von einer Herausforderung oder perfektionistischen Spielerei sprechen kann, wenn 1971 nach einer mehr als zwanzigjährigen, gerade auch im Eisenbahnwesen erstaunlichen technischen Nachkriegsentwicklung die Höchstgeschwindigkeit nach wie vor unverändert geblieben ist, obwohl statt der damaligen 1200 PS jetzt 10 000 bis 14 000 PS in das Triebfahrzeug installiert werden konnten. Die – vor allem im D-Zug-Bereich – beachtlich kürzeren Reisezeiten sind allein auf die Elektrifizierung, auf die dadurch gegenüber der Dampf-, aber auch gegenüber der modernen Diesellokomotive viel stärkeren Triebfahrzeuge, die bedeutend schneller anfahren, sowie „am Berge" die zulässige Geschwindigkeit tatsächlich erreichen können und – last not least – auf moderne Fahrpläne zurückzuführen, in denen sogenannte „Weitspringer"-Züge weite Strecken, wie z.B. der „Konsul" die 350 km von Frankfurt nach Hannover, ohne Halt zurücklegen. Die Maxime lautete: „Bei der DB steht Sicherheit vor Pünktlichkeit und Pünktlichkeit vor Schnelligkeit". Soweit fuhr auch nach dem 26. September 1971 kein Zug schneller als das nach den gesetzlichen Bestimmungen, nach den noch weit strengeren technischen Vorschriften der DB sowie nach dem jeweiligen technischen Zustand der Anlagen und Fahrzeuge zulässig war.

Das neue IC-Angebot war ein Spitzenangebot der DB an Top-Star-Zügen, wie man sie werblich nennen könnte. Gleichwohl sollte man andererseits die Bedeutung dieser knapp hundert Spitzenreiter des Personenfernverkehrs weder aus der Sicht der Kunden noch aus betriebswirtschaftlicher Eigensicht der DB überschätzen. In verkehrlicher Sicht der Allgemeinheit, aber auch in umsatzmäßiger gewinnbringender Sicht der DB waren 1971 noch die 600 doppelklassigen D-Züge mit 2000 Eilzug-Zubringern bestimmt wichtiger und interessanter als die wenigen, wenn auch glanzvolleren IC. Aber kein Wirtschaftsunternehmen kann darauf verzichten, neben dem breiten und bewährten Grundsortiment einige Spitzenleistungen anzubieten zum Beweis dafür, daß auch dieses Unternehmen nicht nur beliebte Konsumware, sondern auch gefragte, hervorragende Spitzenerzeugnisse mit gutem Gewinn produzieren kann.

Es wäre überhaupt ein Anachronismus, ein Versagen der Ingenieure unserer Zeit, wenn in unserem Jahrhundert der Rationalisierung und Automation gerade dasjenige Verkehrsmittel, das sich von seiner ganzen Konstruktion her, dem schienengeführten Rad, und seiner Fähigkeit, große geschlossene Transporteinheiten, nämlich lange Züge, zu bilden, wie kein anderes Verkehrsmittel zur vollen Automation und zum computergesteuerten Betrieb eignet, nicht qualitativ und quantitativ bessere und höhere Verkehrsleistungen umweltfreundlicher anbieten könnte, als das um ein Vielfaches unfallträchtigere und umweltfeindlichere Auto. Hauptaufgabe des DB-Intercity-Verkehrs war es nicht, dem Luftverkehr Wettbewerb zu bereiten, was ohnehin bei Tagesfahrten über 500 km Entfernung im Verkehr zwischen Städten mit Flughäfen auch auf längere Sicht nicht ganz einfach ist, sondern eine echte, bequeme Alternative zum strapaziösen Auto zu bieten.

Dazu sind aber auch wettbewerbsfähige Schienenwege absolute Voraussetzung. Man kann auf den gewundenen und historisch gewachsenen Trassen der Mitte des vorigen Jahrhunderts nicht Wettbewerb mit großzügigen Autobahntrassen der zweiten Hälfte des zwanzigsten Jahrhunderts betreiben. 300-m-Kurven für Geschwindigkeiten von 75 oder 80 km/h wären in einer Autobahn undenkbar, in den Hauptabfuhrstrecken der mit bis zu 200 Zügen pro Gleis und Tag höchstbelasteten Hauptabfuhrmagistralen der DB sind sie leider keine Seltenheit. Daher sollten zu den Bundesverkehrswegen nicht nur Straßen, Flugplätze und Wasserstraßen, sondern auch Schienenwege zählen. Es erschien damals nicht abwegig, wenn sich der Bund jährlich mit einer Summe, die sich jeweils in einer bestimmten Relation zum Bundesverkehrswegeprogramm hält, zweckgebunden auch an der Modernisierung der Linienführung des Bundes-Schienenweges beteiligen würde. Dieses sollte um so leichter fallen, als glücklicherweise bei gleicher Leistung ein Kilometer Schienenweg erheblich weniger kostet als ein Kilometer Autobahn. Sowohl die Beseitigung einzelner meist topografisch bedingter „Langsamfahrstellen" in Hauptabfuhrstrecken wie auch der wirtschaftlich sinnvollere Bau von Ergänzungsstrecken nach neuzeitlichen Trassierungsgrundsätzen lassen sich leider über den normalen Haushalt der DB nicht finanzieren. Allein diese Ergänzungsstrecken bringen aber den so dringend nötigen Entlastungseffekt für unsere überfüllten Hauptrollbahnen und die im Rad-Schiene-System noch steckenden großen, technisch absolut gesicherten Beschleunigungsmöglichkeiten, wie sie die Tokaido-Bahn und der französische TGV im herkömmlichen Rad-Schiene-System erwiesen haben.

Daß auch heute nach elf Jahren seit Einführung des IC-Netzes trotz Aufnahme in den Bundesverkehrswegeplan und Bereitstellung entsprechender Mittel weder Neubau- noch Ausbaustrecken sehr viel weiter gekommen sind, und gar noch kein längeres Streckenstück hiervon in Betrieb ist, ist ein anderes bedauerliches Kapitel verfehlter deutscher Nachkriegsverkehrspolitik und es ist auch noch nicht abzusehen, ob und wann sich diese politische Haltung grundlegend ändern wird. Diese Frage soll aber hier in diesem Zusammenhang jetzt nicht erörtert werden.

Unter diesen Aspekten gesehen ist das am 26. September 1971 angelaufene IC-System der DB zwar der erste Versuch einer Eisenbahnverwaltung der Welt gewesen, im echten Fahrplan rhythmisch, also in einem annähernd starren Zweistundentakt, zu fahren und damit eine Netz- und Flächenwirkung zu erzielen. Aber bereits damals wurde diese Konstruktion von der DB selbst nur als ein Übergang zu einem wirklich modernen Schienenschnellstverkehr auf Neubaustrecken angesehen und auch so betrachtet, ist dann die übernächste Phase, IC 79 als Einstundentakt, auch nur eine Übergangsphase zu einer anvisierten, aber noch in sehr ferner Zukunft liegenden Endsituation. Erst wenn dies erreicht sein wird und nichts deutet darauf hin, daß dies in der Bundesrepublik Deutschland vor dem nächsten Jahrhundert der Fall sein wird, wird seitens der Eisenbahn quantitativ und qualitativ eine echte Alternative zum Binnenflugverkehr und zu den anstrengenden Fahrten im Individual-PKW auf überfüllten Autobahnen geboten werden können.

Dennoch muß man diesen im Winter 1971 gegangenen Schritt, der naturgemäß nicht frei von Kinderkrankheiten war, als einen beachtlichen Schritt nach vorn im schnellen Schienenpersonenfernverkehr ansehen, zumal er in einer Jahreszeit begonnen wurde, die allgemein den Wettbewerbern der Schiene witterungsbedingt größere Schwierigkeiten bereitet. Wenn der seit 1968 ansteigende erstaunliche Trend zur 1. Klasse sich fortsetzen würde, prognostizierte die DB, daß in besonders stark benutzten Relationen in Spitzenverkehrsstunden Zwischenzüge im Stundenabstand vorgesehen werden könnten, wie dies dann ja tatsächlich unabhängig vom späteren System IC 79 nach wenigen Jahren bereits der Fall war. Auch sah sie dies nur als einen ersten Schritt an, mit dem neuen IC-System erkannte Lücken im erstklassigen und komfortablen Personenverkehrsmarkt zu schließen. Bewußt hatte man im vorhergehenden Sommer erhebliche betriebliche Schwierigkeiten, Fahrplanverlängerungen und Verspätungen in der Pünktlichkeit in Kauf genommen, um die aus Gründen der Konjunkturbremsung zurückgestellten Bauarbeiten auf den IC-Strecken verstärkt nachzuholen. Man hoffte auf einen guten und weitgehend planmäßigen Start. Folgen sollte dann nach den Planungen vsl. 1973 ein Netz von Ergänzungslinien, mit denen weitere 44 abseits des IC-Netzes gelegene Groß- und Mittelstädte in hochwertigen zweiklassigen Verbindungen an das IC-System angeschlossen werden sollten. Mehr darüber im übernächsten Abschnitt. So waren seitens der DB alle Vorbereitungen sorgfältig getroffen worden, um den erwarteten Erfolg eines verbesserten Services für alte und neue Kunden auch tatsächlich realisiert zu sehen durch:

a) eine hervorragende Dienstleistung im Personenfernverkehr für die alten und — potentiellen — neuen Kunden,
b) eine weitere Verbesserung des betriebswirtschaftlichen Ergebnisses in einem Überschüsse abwerfenden Unternehmensbereich der DB und schließlich
c) den Beweis, daß auch ein traditionsbewußtes, konventionelles Verkehrsunternehmen bei Einsatz modernster technischer und kommerzieller Methoden trotz (vorläufig noch) nicht vergleichbarer ungünstiger Trassenverhältnisse einen gegenüber seinen Wettbewerbern auf der Straße und in der Luft gleichwertigen, wenn nicht sogar überlegenen Service bieten kann.

Die Aufgabe des neuen Intercity-Netzes war es, das Leistungsbild im Schienenpersonenfernreiseverkehr mit schnellen, klimatisierten Zügen 1. Klasse entscheidend zu verbessern. Diese schnellen Züge mit kurzen Halten sollten die Handels- und Wirtschaftszentren der Bundesrepublik so miteinander verbinden, daß in jeder Richtung alle zwei Stunden bis zu achtmal am Tage entsprechende Verbindungen bestanden. Diese als Stammnetz oder Intercity-A-Netz bezeichneten Verbindungen sollten dann zum Sommerfahrplan 1973 durch ein System doppelklassiger Züge ergänzt werden, die abseits der Hauptmagistralen gelegene Verkehrsräume mindestens dreimal täglich bedienen sollten: Intercity-Ergänzungs- oder Intercity-B-Netz.

Aufgabe des Intercity-Netzes war es

a) den vorhandenen gewinnabwerfenden hochwertigen Verkehr der Schiene zu erhalten,

b) Verkehr von der Straße und vom Flugzeug besonders über mittlere Entfernungen zurückzugewinnen und
c) den deutlich seit einigen Jahren erkennbaren Trend zur 1. Klasse aufzufangen und damit die normalen doppelklassigen Fernzüge auf Kosten des Platzangebots in der 1. Klasse für weitere Reisende in der 2. Klasse aufnahmefähig zu machen.

Den Planungen für das Intercitynetz gingen seitens der DB umfangreiche Untersuchungen über den Verkehrsmarkt der DB und den Umfang der konkurrierenden Fernverkehre anderer Verkehrsträger voraus. Es war die erste große Marktuntersuchung der DB überhaupt. Sie gab ein aufschlußreiches Bild vom derzeitigen Verkehrsbesitz der DB, dessen Art und Umfang, seinen Verkehrsströmen sowie den gleichgelagerten Verhältnissen bei den konkurrierenden Verkehrsträgern. Dabei ergab sich für den Schienenpersonenfernverkehr überraschenderweise, daß vom gesamten Schienenfernverkehr auf den Strecken des IC- und des IC-Ergänzungsnetzes mehr als ein Drittel aufkamen:

Personenfernverkehr auf den Strecken des IC-Netzes

Jahr 1970	Zahl der Reisenden Mio		Personenkm Mio	
	1. Klasse	2. Klasse	1. Klasse	2. Klasse
IC-Netz	5,4	20,1	1 395	4 784
Ergänzungsnetz	1,1	8,7	263	2 067
Zusammen	6,5	28,8	1 658	6 851

Gleiche Untersuchungen wurden bezüglich des Binnenverkehrs der Fluggesellschaften und des Personenfernverkehrs auf der Straße im Bereich des IC-Netzes durch ad hoc-Arbeitsgruppen durchgeführt. Man kam dabei zu der Überzeugung, daß der konkurrenzierende Markt in seinem Gesamtvolumen groß genug war, um wesentliche Verkehrsgewinne durch das Angebot des IC-Verkehrs zu erzielen.

Über die Struktur dieses Marktes, das Reisendenverhalten und die daraus abzuleitenden Analysen boten sich der DB im Wege der Reisendenzählungen, spezieller Reisendenbefragungen und im Frühjahr 1968 abgeschlossener Strukturuntersuchungen wesentliche Erkenntnisse. Wichtige Hinweise ergaben sich darüberhinaus aus der internationalen TEE-Untersuchung „Marktforschung TEE" vom Oktober 1968, der Untersuchung der Gesellschaft für Konsumförderung vom Mai 1968 über „Reisegewohnheiten TEE" und der Bericht der UIC „Optimaler Reisekomfort" vom März 1969. Aus diesen Untersuchungen konnte man die Ergebnisse sinngemäß auf den IC-Verkehr übertragen, sollte dieser doch den TEE im Komfort gleichwertig, an Geschwindigkeit und Fahrplandichte aber nicht unerheblich überlegen sein. Dabei kam man zu bis dato unbekannten und überraschenden Erkenntnissen, z.B. daß die besonders schnellen und komfortablen Züge nicht etwa eine Domäne des Geschäftsreiseverkehrs waren, sondern mit 30 - 48 % in überraschend hohem Maße von Privatreisenden in Anspruch genommen wurden, denen unter allen anderen Überlegungen der Begriff „Schnelligkeit" im Vordergrund ihrer Überlegungen stand. Somit konnte die Erhöhung der Geschwindigkeit zu einem Reisendenzuwachs von ein bis zwei Prozent führen. An zweiter Stelle bei den Wahlmotiven lag der gebotene Komfort. 96 % aller Befragten machten einen wesentlichen Unterschied zwischen dem allgemeinen Eisenbahnkomfort und dem bei den TEE gebotenen Komfort, ein Ergebnis, das die Unternehmensleitung der DB offensichtlich für die Reisenden der 2. Klasse bei Einführung von IC 79 vergessen hatte! Ein ebenso wichtiger Faktor in den Untersuchungen war für die Wahl des Verkehrsmittels auch die Entfernung. Bereits im alten F-Zugnetz und bei den TEE stellten die Fernreisenden mit Zielentfernungen von 500 bis 700 km 32 % der Benutzer. Im Bereich bis 300 km war dagegen eine unterproportionale Inanspruchnahme festzustellen. Hier trat als Wettwerber vor allem der Individual-PKW auf. Hier sollte der IC-Verkehr der Schiene einen gewissen Marktanteil erschließen. Entscheidend war auch die Verteilung der Reisen auf die einzelnen Wochentage, wo deutliche Spitzen feststellbar waren, sowie die Feststellung, daß nur 14 % aller Geschäftsreisen Eintagesreisen waren, da es an möglichen Rückfahrmöglichkeiten fehlte. Daher war es besonders notwendig, attraktive Tagesrand-, Früh- und Spätverbindungen zur Aktivierung dieses Reisepotentials für die Schiene zu schaffen. Während 88 % der Geschäftsreisenden die Reise mit dem PKW hätten durchführen können, aber die DB bevorzugten, stellte man fest, daß 87 % dieser Zielgruppe in gleicher Weise für die Durchführung der Reisen sich auch des Luftverkehrs bedienten. Daher sah man hier die größte Möglichkeit, durch attraktive Fahrplanlagen einen größeren Anteil für den Schienenverkehr zu gewinnen. Entscheidend war auch die Netzwirkung des Schienenangebots, denn 71 % aller Reisenden im F- oder TEE-Verkehr stiegen einmal, 23 % sogar zweimal um.

Somit waren die vom Markt her analysierten Voraussetzungen klar erkennbar. Es gab daher für die DB die Fragestellung, ein herkömmliches oder starres System anzubieten. Es standen somit zwei Lösungsmöglichkeiten für die Planungsgruppe zur Alternative:

a) Verdichtung des vorhandenen, gut eingefahrenen und bewährten, aber unvollkommenen Netzes der TEE und leichten F-Züge mit leichten Einheiten auf mittlere Entfernungen in fahrwürdigen Lagen unter Herstellung guter Anschlüsse innerhalb dieses Netzes und mit anderen Zügen und ggf. dem Einsatz von Triebwagen von einem zentralen Stützpunkt (wie z.B. Frankfurt) aus oder

b) Neuaufbau eines weitgehend starren Netzes langläufiger Schnellverbindungen, das im regelmäßigem Rhythmus auf den großen Magistralen betrieben wird, mit Integration der bestehenden TEE- und F-Züge in dieses Netz sowie Angliederung eines Ergänzungsnetzes, das Verkehrsräume sekundärer Bedeutung erschloß, aber dafür weniger häufige Bedienung erforderte.

Die Lösung nach b) war zwar aufwendiger, bestach aber wegen der voll zur Geltung kommenden Netzwirkung und wegen der dadurch infolge der sich anbietenden Verknüpfungen sich ergebenden Vielzahl schnellster Verbindungen. Der Nachteil der Anpassung des gesamten übrigen Fahrplangefüges an die neuen in weitestgehendem Umfange starren Trassen eines solchen Netzes mußte dabei in Kauf genommen werden. Dennoch einigte man sich, im sogenannten Stammnetz eine achtmal täglich alle zwei Stunden in jeder Richtung vorzunehmende Bedienung vorzusehen und im später aufzubauenden sogenannten Ergänzungsnetz darauf abgestimmt eine dreimal täglich vorzunehmende Bedienung vorzusehen und somit eine Gesamtnetzverbesserung zwischen den Städten der Bundesrepublik vorzunehmen.

Entgegen den bei Intercity 79 dann gewählten starren Modalitäten, war der über den Tag verteilte Zweistundenrhythmus nicht völlig starr. Zur zeitgerechten Bedienung günstiger Tagesrandverbindungen wurden bei einer Reihe von Verbindungen bestimmte Abweichungen vorgesehen. Kernpunkt des Intercity-Stammnetz (Intercity A) genannten Systems waren vier Intercity-Linien:

a) Linie 1: Hamburg — Bremen — Münster — Dortmund — Essen — Köln — Mainz — Mannheim — Stuttgart — München,

b) Linie 2: Hannover — Dortmund — Wuppertal — Köln — Wiesbaden — Frankfurt — Würzburg — München,

c) Linie 3: Hamburg — Hannover — Fulda — Frankfurt — Mannheim — Basel,

d) Linie 4: Bremen — Hannover — Bebra — Würzburg — Nürnberg — Augsburg — München.

Die dadurch entstehenden Langläufe waren nach den Studien verkehrlich erwünscht und betrieblich wirtschaftlicher, erschienen zunächst aber verspätungsanfälliger als Zugläufe über mittlere Entfernungen. Zeitverluste ergaben sich bei den Linien 2 und 4 durch die Bedienung der Städte Wiesbaden und Nürnberg, die jedoch zur Anbindung dieser bedeutenden Städte in Kauf genommen wurden. Die verkehrlich wichtige Zusammenführung der Linien 1 und 2 in Dortmund verlangte die Führung über die weitgehend eingleisige Strecke Münster — Lünen für die Linie 1, die noch auszubauen war. Daher verkehrten zunächst noch zahlreiche Züge dieser Linie von Münster über Hamm nach Dortmund und umgekehrt.

Verknüpfungspunkte zwischen den einzelnen Linien bestanden

- zwischen Linie 1 und Linie 2 in Dortmund und Köln,
- zwischen Linie 1 und Linie 3 in Mannheim,
- zwischen Linie 2 und Linie 4 in Würzburg,
- zwischen Linie 3 und Linie 4 in Hannover.

Durch diese Linienführung wurden regelmäßig 33 Städte bedient. Linienführung und bediente Orte sind aus der anliegenden Karte über das Intercity-System zu erkennen.

Von diesen 33 Städten wurden folgende Städte von mehreren Linien bedient:

- von drei Linien: Hannover, München,
- von zwei Linien: Hamburg, Bremen, Dortmund, Köln, Bonn, Koblenz, Frankfurt, Mannheim, Göttingen, Würzburg, Augsburg.

Einige IC-Züge (und auch TEE) hielten darüber hinaus noch in anderen Orten an den Strecken des IC-A-Netzes: Baden-Oos, Offenburg, Minden (Westf), Hamm (Westf), Bochum, Solingen-Ohligs, Aschaffenburg und Ingolstadt. TEE hielten darüber hinaus in Randorten außerhalb des IC-A-Netzes.

Mit diesem Liniennetz von etwa 3 700 km wurde im wesentlichen das bisherige F-Zugnetz abgedeckt. Die Fahrpläne wurden so gestaltet, daß in den Systemknoten Köln, Dortmund, Hannover und Mannheim wechselseitige Anschlüsse auf jeden Fall vorhanden waren und für Reisende von/nach Frankfurt in/aus Richtung Nürnberg Anschluß in Würzburg bestand. Diese Anschlüsse wurden jeweils vom gleichen Bahnsteig abgewickelt. Außer den auf den vier Linien vorgesehenen Direktverbindungen ergab sich durch das starre System und die Verknüpfung in den Systemknoten eine große

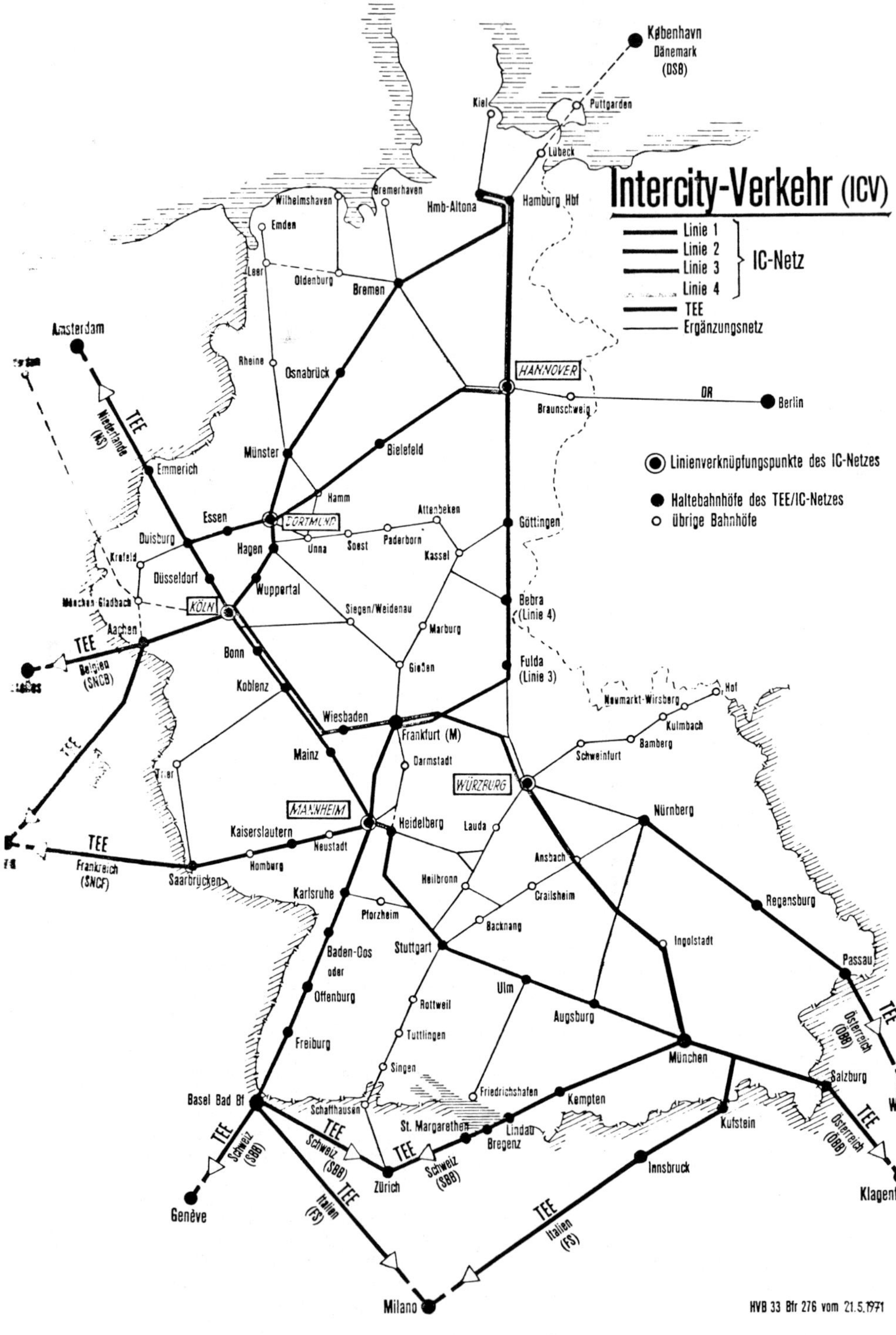

Intercity-Verkehr (ICV)
Linie 1
Linie 2
Linie 3
Linie 4
IC-Netz
TEE
Ergänzungsnetz
Linienverknüpfungspunkte des IC-Netzes
Haltebahnhöfe des TEE/IC-Netzes
übrige Bahnhöfe
København
Dänemark
(DSB)
Puttgarden
Kiel
Lübeck
Hmb-Altona
Hamburg Hbf
Wilhelmshaven
Bremerhaven
Emden
Leer
Oldenburg
Bremen
Amsterdam
Rheine
Osnabrück
HANNOVER
Braunschweig
DR
Berlin
TEE
Niederlande
(NS)
Münster
Bielefeld
Emmerich
Hamm
Essen
DORTMUND
Altenbeken
Göttingen
Duisburg
Hagen
Unna
Soest
Paderborn
Kassel
Krefeld
Düsseldorf
Wuppertal
KÖLN
Siegen/Weidenau
Bebra
(Linie 4)
Aachen
Marburg
TEE
Belgien
(SNCB)
Bonn
Gießen
Fulda
(Linie 3)
Koblenz
Hof
Neumarkt-Wirsberg
Kulmbach
Wiesbaden
Frankfurt (M)
Bamberg
Schweinfurt
Mainz
Darmstadt
WÜRZBURG
Trier
MANNHEIM
Nürnberg
Kaiserslautern
Heidelberg
Lauda
Neustadt
TEE
Frankreich
(SNCF)
Homburg
Ansbach
Saarbrücken
Heilbronn
Crailsheim
Karlsruhe
Regensburg
Pforzheim
Backnang
Ingolstadt
Baden-Oos
oder
Stuttgart
Passau
Offenburg
Ulm
Rottweil
Augsburg
TEE
Österreich
(ÖBB)
Tuttlingen
Freiburg
München
Singen
Salzburg
Wien
Friedrichshafen
Basel Bad Bf
Kempten
Schaffhausen
St. Margarethen
Lindau
Bregenz
Kufstein
TEE
Österreich
(ÖBB)
TEE
Schweiz
(SBB)
TEE
Schweiz
(SBB)
TEE
Schweiz
(SBB)
Zürich
Innsbruck
Klagenfurt
Genève
TEE
Italien
(FS)
TEE
Italien
(FS)
Milano
HVB 33 Bfr 276 vom 21.5.1971

Zahl gleichwertiger Umsteigeverbindungen, wodurch die 33 Städte durch 528 Relationen untereinander bedient werden konnten. Dies entsprach etwa 6 000 Zugverbindungen pro Tag zwischen diesen Städten in Richtung und Gegenrichtung, wovon 62 % Direktverbindungen waren. Um in größeren Verbindungen dem Verkehrsstrom und nicht dem starren System zu folgen und um vorhandene gute Direktverbindungen nicht zu Umsteigeverbindungen abzuwerten, wurden in Systemknoten Routenänderungen zur anderen Linie vorgenommen und zwar zweimal täglich in Dortmund, Hannover und Mannheim, achtmal in Köln und zehnmal in Würzburg. Insbesondere durch die Einbindung der TEE in dieses innerdeutsche Netz ergaben sich zwangsläufig Trassentausche und Trassenverschiebungen, da wegen der internationalen Bindungen nicht alle TEE voll an das starre IC-System angepaßt werden konnten. Mit Ausnahme des „Parsifal" wurden korrespondierende Trassen jedoch als ganzes gesehen, um die Bindungen in den Knoten zu erhalten. Zur Herstellung guter Anschlüsse in den Systemknoten und zur Beseitigung der Schwierigkeiten in der Durchführung rangniedrigerer Reise- und Güterzüge auf Engpaßstrecken wurden die Linien 1 und 2 auf der linken Rheinstrecke zwischen Köln und Mainz-Mombach und auf der Nord-Süd-Strecke zwischen Hannover und Flieden die Linien 3 und 4 zu Doppeltrassen im Blockabstand zusammengefaßt. Gleiches wurde weitgehend zwischen Gemünden und Würzburg zwischen den Linien 2 und 4 versucht.

Von besonderer Bedeutung sind bestimmte Tagesstunden für die Abfahrts- und Ankunftszeiten. eingehenden Untersuchungen des DIHT und im Binnenluftverkehr stellte sich heraus, daß für die Abfahrten die Stunden 7 bis 9, 13 und 17 bis 19, für die Ankünfte die Stunden 10, 13 und 18 - 22 von besonderer verkehrlicher Bedeutung sind. Hierauf war bei der Fahrplangestaltung zu achten. Daher wurden die frühen Abfahrten in der Masse nicht vor 7.00 Uhr und die späten Abfahrten längerer Laufwege nicht nach 19.00 Uhr gelegt, während sich die frühen Ankünfte im allgemeinen zwischen 9.00 und 10.00 Uhr, die letzten zwischen 21.00 und 23.00 Uhr bewegen. Daher mußten einige Frühtrassen in den Relationen Hamburg — Köln, Hannover — Köln und Hannover — Frankfurt außerhalb des Zweistundenrhythmusses in Lagen gebracht werden, die den vom reisenden Publikum geforderten Abfahrts- und Ankunftszeiten besser gerecht wurden. Bei den Halten wurden im allgemeinen die bisherigen F-Zughalte mit gewissen Modifikationen beibehalten, um nicht einen großen Teil potentieller Benutzer auszuschließen, was bei einer Verminderung der Halte zugunsten der erzielbaren Reisezeiten und Reisegeschwindigkeiten der Fall gewesen wäre. Während die Züge der Linie 3 Fulda bedienen, wird Bebra von denen der Linie 4 bedient und auf der Linie 3 wurden alternativ Baden-Baden oder Offenburg bedient, wobei für den Halt in Offenburg die Anschluß - verhältnisse Richtung Schwarzwald/Bodensee und Straßburg entscheidend waren. Dies wurde auch weitgehend bei Intercity 79 beibehalten, was sogar zu einer Bundestagsdebatte führte, da namhafte Wirtschaftskreise im Schwarzwald und am Bodensee sich gegenüber der Kurstadt Baden-Baden zurückgesetzt fühlten. Dennoch hat die DB dieses System weitgehend bis heute — wenn auch mit Modifikationen — durchgehalten. Als Aufenthaltszeiten wurden allgemein eine Minute, in Knotenbahnhöfen zwei Minuten vorgesehen und bei wechselseitigen Anschlüssen in Verknüpfungspunkten Haltezeiten zugrunde gelegt, die außer der reinen erforderlichen Übergangszeit von zwei Minuten am gleichen Bahnsteig noch einen Zeitpuffer von drei Minuten enthielten. In Kopfbahnhöfen mit Lokwechsel wurden sechs bis sieben Minuten vorgesehen, die beim Einsatz von Triebwagen auf drei Minuten gekürzt wurden.

Die Grundzüge des Fahrplansystems der neuen IC-Züge zum Winterabschnitt 1971/72 ist aus der Grafik zu ersehen.

Um auf einen möglichst großen Entfernungsbereich auch gegenüber dem Flugzeug wettbewerbsfähig zu sein, war die Frage der Reisegeschwindigkeit von nicht zu unterschätzender Bedeutung. Dabei war es erforderlich, alle IC-Züge auf den für die betreffenden Streckenabschnitte zulässigen Höchstgeschwindigkeiten zu fahren. Da diese in weiten Bereichen nicht befriedigte, waren Infrastrukturmaßnahmen erforderlich, wie Streckenbegradigungen, Beseitigung von Langsamfahrstellen, allgemeine Erhöhung der Höchstgeschwindigkeiten anderer Zuggattungen, um ein besseres Mischungsverhältnis auf den Strecken zu erhalten, Verstärkungen des Oberbaus, Ausrüstung der IC-Strecken mit Linienzugbeeinflussung, um die angestrebte Geschwindigkeitserhöhung auf 200 km/h möglichst optimal erreichen zu können. Diese Maßnahmen ließen sich nicht alle sofort realisieren, sondern erst Zug um Zug; teilweise sind sie heute noch nicht abgeschlossen. Sie kamen aber nicht allein dem IC-System zugute, so daß sie ihm nicht allein anzulasten waren, sondern der gesamten Betriebsführung auf den betreffenden Hauptdurchgangsstrecken. Selbst die Investitionen für das zu verwendende Wagenmaterial waren nicht allein dem IC-Verkehr zuzurechnen, da aufgrund eines UIC-Beschlusses die europäischen Standardwagen mit höherem Komfort als bisher ausgestattet und klimatisiert sein sollten. Insofern stand hier bei der 1. Klasse die DB an der Spitze. Leider, wie später noch auszuführen sein wird, folgte sie diesen Empfehlungen nicht bei der 2. Klasse, so daß sie heute hier fast Schlußlicht bei den westeuropäischen Eisenbahnen geworden ist.

Maßstab: 100 km ≙ 10 mm
60 Min ≙ 12 mm

Intercity-Ve

Linie	2			1(2)					
Knotenzeiten	G 0	U 36/46	G 48/59	G 50	U 40/42	G 52/54	U 11/13	G 44	U 16/2
	U 53	G 8/19	G 55/U 6	U 9	G 9/14	U 0/2	G 40/42	U 8	G 34/4

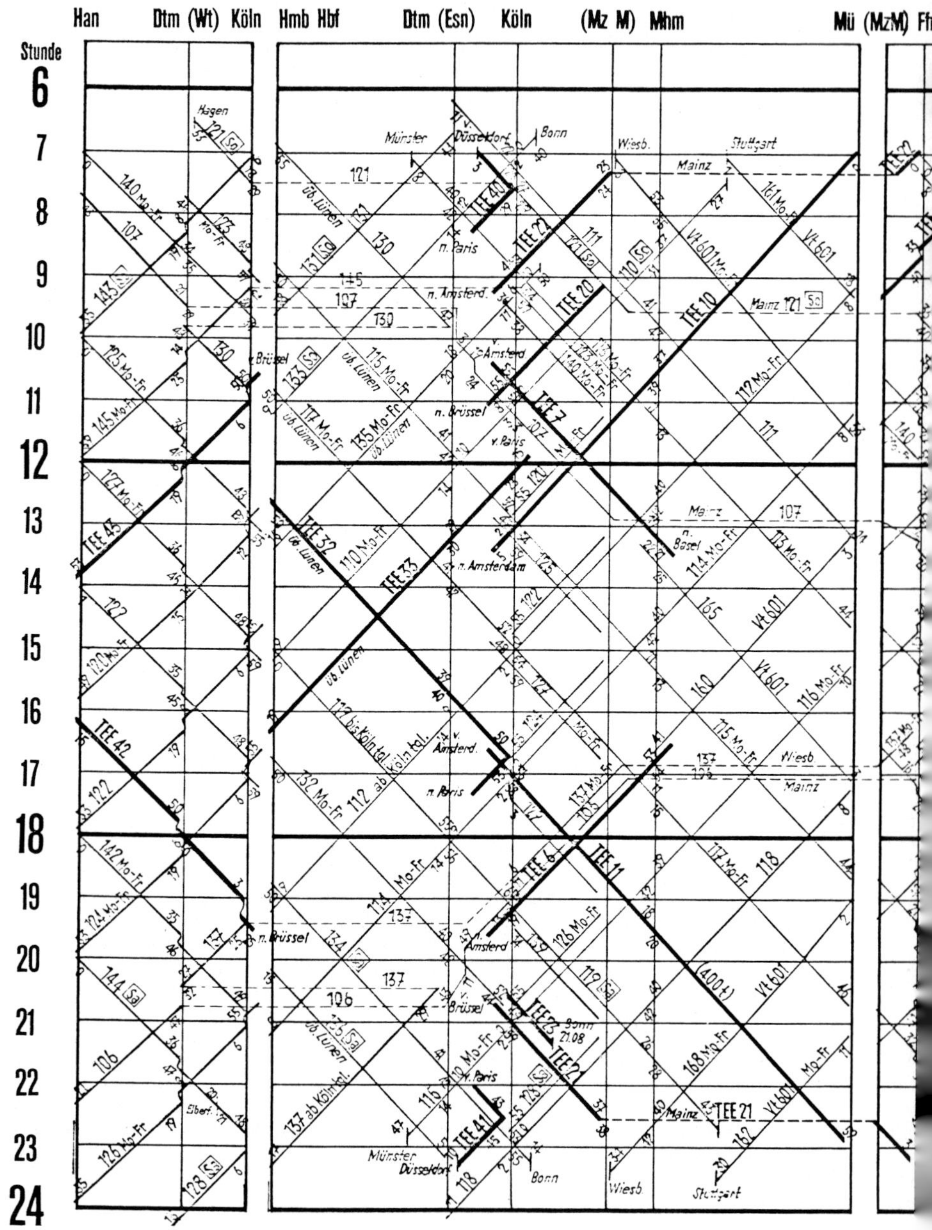

ehr IC-A-Netz

Stand: 15. 6. 1971

Bild 3

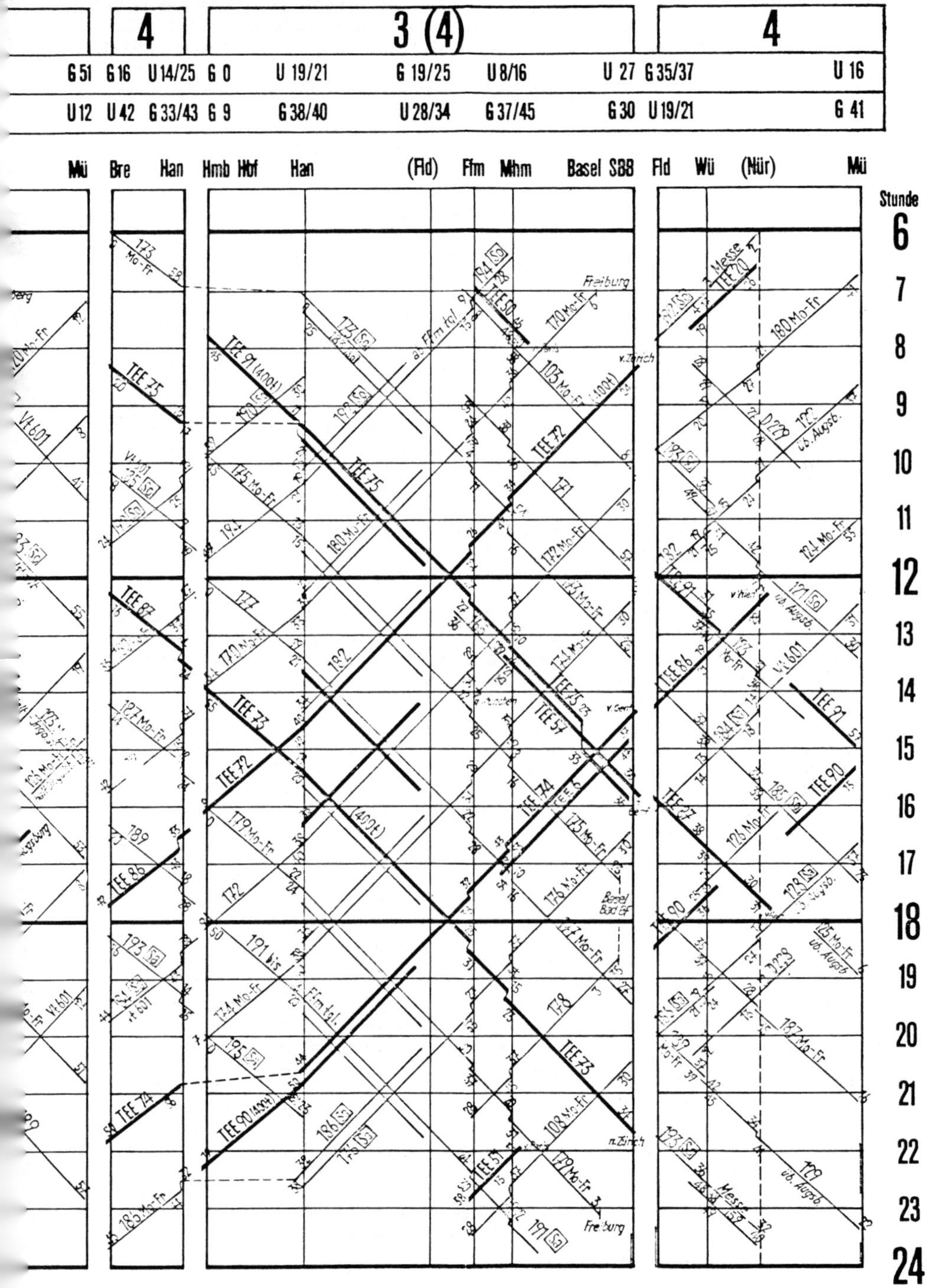

Die Frage, welche Wagenklasse in den IC-Zügen zu führen war, war sowohl von verkehrlicher wie betrieblicher Bedeutung. Da die IC eine Steigerung der bisherigen F- und TEE-Netze darstellen sollten, lag es nahe, deren Komfort in jedem Fall zu übernehmen. Bei Einführung beider Wagenklassen wäre nach den seinerzeitigen Untersuchungen der Zustrom von Reisenden aus den Schnellzügen und damit deren Aushöhlung beträchtlich gewesen, was zu Reduzierungen im Schnellzugnetz geführt hätte. Andererseits aber hätte dies zu einer unerwünschten Erhöhung der Fahrplanlasten geführt, somit also unerwünschte Fahrzeitverlängerungen zur Folge gehabt. Man entschied sich daher im Gegensatz zu den Überlegungen von 1977/78 für IC 79 zur Führung nur der 1. Wagenklasse, da auch aus verkehrlicher Sicht im Wettbewerb Straße/Schiene der Klassenunterschied für die gebotene Komfortsteigerung als am Markt durchsetzbar erschien, was ja auch tatsächlich der Fall war. Als Kontrastangebot zum innerdeutschen Luftverkehr aber mußte nicht nur ein vergleichbarer, sondern möglichst überlegener Komfort geboten werden. Da die DB bezüglich der Reisezeiten mit dem Flugzeug nicht überall konkurrieren konnte, war die Komfortfrage hier von nicht zu unterschätzender Bedeutung, da sie auch in Relation mit den damals im innerdeutschen Flugverkehr eingesetzten Flugzeugtypen gesehen werden mußte. Und diese wurde durch die 2. Wagenklasse absolut nicht erfüllt. Aber die stärksten Argumente für nur die 1. Klasse lagen auf technischem und betrieblichem Gebiet, da eine Aufspaltung des Sitzplatzangebots namentlich bei kleineren Einheiten erheblich problematischer ist. In keinem der beiden geführten Klassenteile sollte bei Verkehrsspitzen Platzmangel auftreten. Dies würde aber bedingen, daß auch die vorzuhaltende Reserve für zwei Wagenklassen vorhanden sein müßte und da der Komfort über dem des allgemeinen Angebots liegen sollte, hätte hier eine über dem allgemeinen Niveau liegende zweiklassige Reserve vorgehalten werden müssen, die erheblich teuerer und unwirtschaftlicher war. Da auch der Trend zur 1. Klasse deutlich erkennbar und dort 1970 ein Zuwachs von 14 % erzielt worden war, war die Entscheidung leichter. Betrachtet man dagegen die heute im Intercity-System bestehende Lösung eines Reserveparks für Entlastungen oder Ersatzzüge, so sind die hier gebotenen Lösungen in der 1. Klasse absolut unakzeptabel, in der 2. Klasse nur bedingt als Folge der Bildung des B-Teils der IC mit unklimatisierten Büm 234! Wenn erst einmal nachgeholt sein wird, was in der 2. Klasse sogleich hätte sein müssen, die alleinige Bildung aus klimatisierten Abteil- und Großraumwagen, wird sich auch hier für die DB die Reservefrage neu stellen. Sicher hat man dem Wohl des Kunden zuliebe beim System 1971 mehr an dessen Komfort gedacht als beim System 79, wo Wirtschaftlichkeitsüberlegungen allein entscheidend waren.

Zum Einsatz im IC-System kamen mit elektrischen Lokomotiven der Baureihe E 103 bespannte Züge, die klimatisierte 1. Klasse-Wagen des TEE-Standards führten, ferner im geringen Umfang Triebzugeinheiten der Baureihe VT 601 (vorhandene TEE-Garnituren) sowie der Baureihe VT 602 mit zwei Triebköpfen, von denen je einer zusätzlich mit Gasturbine ausgerüstet wurde. Mit diesen Betriebsmitteln konnten die erforderlichen Geschwindigkeiten gefahren werden.

Angesichts der voranschreitenden technischen Entwicklung und neuester technologischer Erkenntnisse blieb jedoch die Frage nach dem besten und vorteilhaftesten Antriebsmittel für den schnellsten Verkehr der Bundesbahn im Vordergrund. Dabei spielte die Frage, ob dem lokomotivbespannten Zug oder dem Triebzug — beide mit ganz spezifischen Eigenschaften, Vorteilen und Nachteilen ausgestattet — der Vorzug zu geben ist, eine bedeutende Rolle. Die Forderungen an ein solches Fahrzeug für hohe Geschwindigkeiten mußten sein:

- ein modernes Erscheinungsbild als Inbegriff des neuesten Standes der Technik
- leichtes Gewicht zur Ersparnis an Kosten und Schonung des besonders bei hohen Geschwindigkeiten stark beanspruchten Oberbaues
- anpassungsfähiges Sitzplatzangebot.

Den beiden ersten Forderungen wird der Triebwagenzug, der letzteren der lokomotivbespannte Zug eher gerecht. Um mit der Entwicklung Schritt zu halten, hatte die DB außer der schweren sechsachsigen E 103 mit 19 t Achsdruck und 200 km/h Höchstgeschwindigkeit auch den Bau von Prototypen eines elektrischen Triebzuges und eines Gasturbinentriebzuges in Auftrag gegeben:

- der ET 403 sollte als typischer mehrgliedriger Triebwagenzug mit geringer Fußbodenhöhe und dem kleineren Triebwagenprofil gebaut werden. Er besitzt Allachsantrieb, hat einen Achsdruck von 15,5 t, entwickelt 3 700 kW bzw. 5 040 PS und beschleunigt im Geschwindigkeitsbereich bis 100 km/h mit etwa 0,8m/sek^2. Mit seinem Probeeinsatz wurde 1972 gerechnet;
- der VT 603 sollte aus zwei Triebköpfen mit zwischengeschalteten klimatisierten 1. Klasse-Wagen der Standardbauart bestehen. Die Triebköpfe sollten Gasturbinenantrieb mit ebenfalls geringem Achsdruck von 15 - 16 t haben.

Über die endgültige Wahl des Intercity-Fahrzeugs der Zukunft für das IC-Netz sollte dann die praktische Erprobung entscheiden. Auch im Ergänzungs-Netz, in dem doppelklassige Züge verkehren, sollten die besten Antriebsmittel zur Verfügung stehen.

Nun, der VT 603 wurde nie gebaut und was aus dem ET 403 geworden ist, wird später noch ausführlich behandelt. Die Entwicklung ging über die Triebzüge hinweg und heute ist die Debatte Triebzug oder ellokbespannter Zug zugunsten des letzteren eindeutig entschieden.

Da es sich bei den Intercity-Zügen nicht um ein völlig neues, sondern um ein erweitertes, verbessertes und modifiziertes Leistungsangebot zu den bereits vorhandenen TEE- und F-Zügen handelte, konnte aufwandsmäßig auf diese zurückgegriffen werden. Der Mehraufwand an Zugkilometern für das gesamte IC-Programm belief sich auf 26 000 Zugkm/Tag, was zwar eine Aufstockung an Fernzügen nur 1. Klasse um knapp 90 %, gemessen am Gesamtangebot der DB im Personenverkehr aber nur um 2,5 % bedeutete. Wegen der größeren Fahrplandichte des Netzes und den sich daraus ergebenden günstigeren Fahrzeugkoppelungen blieb der Mehraufwand an Triebfahrzeugen und Wagen hinter dem Zugkilometeraufwand erheblich zurück. Anstelle der bis zum Sommer 1971 erforderlichen 33 Wagengarnituren waren trotz der erheblichen Ausweitung ab Winter 1971 nur 54 Zuggarnituren erforderlich. Dies für sich selbst stellte schon einen wirtschaftlichen Erfolg auf der Betriebskostenseite dar.

Noch einige Worte zur Frage des Komforts und der Bequemlichkeit. Alle IC-Züge erhielten klimatisierte Wagen (ob Wagenzug oder Triebzug) und damit bezüglich des Sitzplatzangebots und des gebotenen Komforts ein gleiches Maß an Bequemlichkeit wie bis dato die Züge des TEE-Verkehrs sie hatten, sofern sie von der DB gestellt wurden. Dies galt in gleicher Weise für Abteil- oder Großraumwagen, für die Form der Bewirtschaftung und den gebotenen Service. Damit war eine individuellere Bedienung der Reisenden als im Flugzeug gegeben. Von der ursprünglich vorgesehenen Einführung einer obligatorischen in den Fahrpreis eingerechneten Mahlzeit wie im Luftverkehr wurde zugunsten dem Essen à la carte und dem individuellen Service abgesehen, da ein Reisen im Zug wegen des auftretenden Unterwegs- und Umsteigeverkehrs im Gegensatz zum Flugzeug von unterschiedlicher Dauer ist und ein derartiges Angebot nur schwer praktikabel wäre. An sich ist es aber interessant, festzustellen, daß sich damals die DB mit dieser Frage intensiv beschäftigte. Dafür erhielten – abgesehen von einigen nur über kurze Strecken laufenden IC-Zügen – alle Züge als einen weiteren Service Zugsekretariate, die sich in den deutschen TEE- und bestimmten F-Zügen bereits seit Jahren bewährt hatten. Daneben erhielten alle Züge Zugpostfunk. Auch war zumindest in den TEE der Einsatz von Hostessen nach dem Vorbild der SNCF im „Mistral" zur Kundenbetreuung vorgesehen, ein Programm, das leider nur in Ansätzen realisiert und bald wieder zurückgenommen wurde. Weitere Servicepunkte waren die Vorbestellung von Mietwagen und Taxi am Ziel sowie die Einführung von park and ride-Systemen an den IC-Haltebahnhöfen. Tariflich wurden die IC nicht besonders behandelt, es galten die allgemeinen Tarife. Sogar Fahrpeisermäßigungen und Gruppenreisen waren zugelassen, allerdings bestanden hier die gleichen Einschränkungen wie im TEE-Verkehr. Für den herausgehobenen Komfort, die Exklusivität und Schnelligkeit der Züge wurde ein Einheitszuschlag von zunächst 8.00, später 10.00 DM erhoben, in dem jedoch eine gebührenfreie fakultative Platzreservierung in TEE und/oder IC eingeschlossen war. Für umsteigende Reisende wurde sie im Vorlauf oder Nachlauf gebührenfrei in D-, IC- oder/und TEE-Zügen ausgedehnt, so daß in zwei Zügen Plätze ohne Bezahlung reserviert werden konnten. Zur Erleichterung des Umsteigens in den Systemknoten wurden Korrespondenzwagen eingerichtet, die sich am Bahnsteig annähernd gegenüberstanden. Hierzu eigneten sich aber nur Abteilwagen.

Für den Intercity-Verkehr wurde analog dem TEE-Verkehr ein eigenes IC-Emblem geschaffen, das einheitlich überall in Verbindung mit dem IC-System angewandt wurde. Bezüglich der Namensgebung im neuen System wurde verfügt: „Die IC-Züge erhalten Namen. Aus früheren Preisausschreiben stand genügend Material zur Verfügung. Bei der Namensgebung wurden einige Grundsätze beachtet. Es sollten keine Namen mit Express verwendet werden, die den schweren internationalen Zügen vorbehalten bleiben. Es sollten weiter keine Namen mit negativen Begriffsvorstellungen und keine Namen, die als Markenbezeichnung dienen, gewählt werden. Auch Namen mit Richtungsbezeichnungen, z.B. „Main-Isar" schieden wegen Namenswechsels in der Gegenrichtung aus.

Wie die TEE-Züge bekommen auch die Intercity-Züge ein besonderes Emblem, das symbolhaft die Exklusivität dieses Zugdienstes unterstreichen soll. Es wurde aufgrund des Ergebnisses eines Preisausschreibens ausgewählt. Dieses Emblem wird in allen Ankündigungen, Hinweisen und in den Kursbüchern als Positiv-Zeichen, beim Anbringen auf Schildern und Gegenständen als Negativ-Zeichen verwendet".

Außerdem wurde durch verschiedene Werbemaßnahmen bereits im Sommer 1971 dafür Sorge getragen, daß das neue Angebot rechtzeitig bekannt wurde und so sichergestellt war, daß bereits bei seiner Einführung am 26. September 1971 dieses von dem vorgesehenen Benutzerkreis weitgehend angenommen wurde.

Insgesamt verkehrten nunmehr ab dem 26. September 1971 zwischen Montag und Freitag 48 Zugpaare in dem neuen Netz, von denen 14 als TEE und 34 als IC eingestuft waren. Das Verkehren der einzelnen Züge am Wochenende wurde den verkehrlichen Erfordernissen angepaßt; es soll bei den weiteren Erörterungen außer Betracht bleiben. Von diesen 48 Zugpaaren waren 29 aus dem früheren leichten F-Zugnetz und den bisherigen TEE-Verbindungen übernommen worden; bei 19 Paaren handelte es sich um Neuschöpfungen. Die Namensliste dieser Züge enthält jedoch 50 Namen, weil infolge der Unpaarigkeit der Laufwege der TEE „Saphir" und „Rhein-Main" sowie des IC „Dompfeil" in der Nord-Süd-Richtung zwei Fahrplanlagen durch die Einzelgänger „Adler" von Köln nach Nürnberg und „Nymphenburg" zwischen Dortmund und München ausgefüllt werden mußten. Wie bereits dargelegt, waren die TEE weitgehend in das neue System integriert worden, was auf der EFK Prag zu den getrennten Bearbeitungen dieser Zugpaare für die beiden Fahrplanabschnitte des Jahresfahrplans geführt hatte. Nur der „Parsifal" konnte in der Relation Paris – Hamburg nicht in den Zweistundentakt auf die Einwände der SNCF hin eingebaut werden. Daher kam es systemwidrig zu einem einmaligen Rhythmus 1 Stunden - 3 Stunden unter Verzicht auf die durchgehende Verbindung München – Köln – Hamburg.

Die neuen IC boten ein einheitliches Erscheinungsbild, da ihre Wagen alle in den rot-beigen TEE-Farben lackiert waren. Allerdings standen anfangs noch nicht alle erforderlichen Wagen zur Verfügung, so daß häufig noch auf längere Zeit blaue Aüm eingesetzt werden mußten. Sechs Triebwagenzüge der Baureihen 601 und 602 waren in die Umlaufpläne eingearbeitet worden. Eine Sonderstellung nahm jedoch weiterhin der „Rheingold" ein, der nach wie vor mit Doppelspeisewagen und Domcar gefahren wurde. Auch war er der einzige Zug, bei dem in der Relation Basel – Rheinland nicht in Mannheim umgestiegen werden mußte.

Während bei den Zugnummern der TEE keine Änderungen eintraten, wurden die IC gegenüber den vorhergehenden leichten F-Zügen völlig neu genummert. Sämtliche Züge kamen in die Nummernreihe zwischen 100 und 199, wobei das bereits bei der DB eingeführte Richtungsschema nach Dezimalen angewendet wurde. Dabei gab es jedoch bei der Numerierung der Züge der Linien 1 und 2, die im Durchlauf auf die andere Linie übergingen, gewisse Schwierigkeiten. Es wurden hier in der Regel die niedrigeren Dekaden 1 und 2 gewählt, was dem längeren Laufweg entspricht. Der „Rheinpfeil" bekam ausnahmsweise die Dekade 0, weil die Dekaden 1 und 2 bereits mit je fünf Zugpaaren belegt waren. Dabei entsprechen seine um hundert erhöhten Zugnummern genau denen des mit ihm verbundenen „Rheingold". Bei der Einerstelle der Zugnummern wurde auf die paarweise Numerierung der gleichnamigen Züge verzichtet. Es wurde grundsätzlich, am Morgen mit 0 oder 1 beginnend, innerhalb der Dekade den Tag über aufwärts numeriert. Durch diese Methode der Numerierung war es möglich, in den meisten Fällen in den Verknüpfungsknoten die gleichen Endziffern bei den Zugnummern der Anschlußzüge zu erhalten. Auf Kurswagen wurde bei Einführung des Systems außer dem gegenseitigen Übergang bei „Rheingold" und „Rheinpfeil" völlig verzichtet; es handelte sich somit um ein konsequent durchgeführtes reines Blockzugsystem.

Bei den gegenseitigen Anschlüssen in den Verknüpfungsknoten mußte auch hier eine starre Bindung eingeführt werden, um das ganze System nicht dem durch die Betriebslage sich ergebenden Zufall auszusetzen. Bei den gegenseitigen Anschlüssen hatte stets die Linie 1 in Dortmund, Köln und Mannheim bei einem Aufenthalt von ein bis zwei Minuten Vorrang. In Hannover war es die Linie 3. Die langsamste Linie war die Linie 2, die in Dortmund und Köln je 8 - 11 Minuten Verknüpfungszeit hatte und zudem durch Kopfmachen in Wiesbaden, Frankfurt und ggf. Nürnberg nochmals jeweils 6 Minuten verlor.

Die langen Linien 1 und 2 sind nicht als Zugverbindungen für die direkte Bedienung zwischen den Zielorten Hamburg bzw. Hannover und München gedacht. Hier ist in jedem Fall Linie 4 erheblich schneller und auch billiger. Vielmehr haben beide Linien Doppelfunktionen und stellen somit in sich eigentlich jeweils zwei Linien dar, die miteinander zusammengeknüpft wurden, um die an und für sich in Köln brechenden Teilbereiche für die Reisenden zu einer durchgehenden Linie gestalten zu können, die die Brechungspunkte überfuhren oder die Mittelbereiche benutzten. Außerdem gestattete diese Konstruktion wie bereits dargestellt eine bessere Möglichkeit der Lokkupplung und des Wagenumlaufs. Theoretisch wäre es möglich gewesen, den gesamten Fahrzeugpark in München zu beheimaten, da dort die Linien 1, 2 und 4 endeten und die Linie 3 in Hamburg auf die Linie 1 hätte wenden können.

Leider konnten gegenüber dem vorhergehenden leichten F-Zugnetz die Geschwindigkeiten noch nicht heraufgesetzt werden, da die oberbaulichen Maßnahmen noch nicht so weit gediehen waren, daß sie wirksame und erkennbare Verbesserungen erlaubt hätten. Dennoch ist in diesem Zusammenhang interessant, daß immerhin von 70 angebotenen Verbindungen, die als IC ausgewiesen wurden, mit Ausnahme von IC 168 ,,Hessen-Kurier" auf der Strecke München – Wiesbaden alle Reisegeschwindigkeiten über 100 km/h erzielten und letzterer mit 99,4 km/h auch nur dicht unter dieser Grenze lag. Ausgenommen von dieser Darstellung war allerdings die Saisonverbindung ,,Karwendel", die aber außerhalb des Systems lag und die erheblich langsamer war. Schnellster Zug des neuen Systems war im Winterabschnitt 1971/72 IC 131 ,,Prinzipal" auf der Strecke Köln – Hamburg Hbf mit 122,5 km/h. In diesem Zusammenhang erhebt sich für die gesamten folgenden Jahre bis zum Jahre 1982 zwangsläufig die Frage nach der Richtigkeit der angegebenen kommerziellen Reisegeschwindigkeiten. Da die Linienführung im IC-Netz über die verkehrsüblichen Reiseweiten hinaus zu Langläufen mit Doppelfunktionen umgestaltet worden war, ist die Beurteilung des Zugwertes für den Reisenden, bezogen auf die klassische Berechnungsmethode von Zuganfangs- zu Zugendbahnhof irrational geworden. Eine getrennte Berechnung der einzelnen in einer Linie eigentlich zusammengebundenen Teillinien würde sicher in zahlreichen Fällen ein bemerkenswert anderes Ergebnis bringen. Dennoch wurde im Interesse der Einheitlichkeit und zur Wahrung des allgemein gebräuchlichen Begriffes der Reisegeschwindigkeit weder bei den Übersichten noch in den vergleichenden Darstellungen im Anhang hiervon abgewichen.

Nun interessiert zunächst einmal, welche Zugläufe denn eigentlich außer den im vorhergehenden Kapitel bereits behandelten und im IC-System integrierten TEE-Zügen tatsächlich geschaffen wurden, um von hier aus die Veränderungen für die folgenden Jahre erkennen zu können. Nun, im einzelnen handelt es sich um folgende 70 Zugläufe:

IC 103 Markgraf	Frankfurt – Mannheim – Basel SBB
IC 106 Rheinpfeil	München – Würzburg – Frankfurt – Mainz – Köln – Essen – Dortmund – Hannover
IC 107 Rheinpfeil	Hannover – Dortmund – Essen – Köln – Mainz – Frankfurt – Würzburg – München
IC 108 Markgraf	Basel SBB – Mannheim – Frankfurt
IC 110 Schwabenpfeil	Stuttgart – Mannheim – Mainz – Köln – Essen – Dortmund – Münster – Hamburg-Altona
IC 111 Rheinblitz	Dortmund – Essen – Köln – Mainz – Mannheim – Stuttgart – München
IC 112 Gambrinus	München – Stuttgart – Mannheim – Mainz – Köln – Essen – Dortmund – Münster – Hamburg-Altona
IC 113 Glückauf	Münster – Dortmund – Essen – Köln – Mainz – Mannheim – Stuttgart – München
IC 114 Merkur	München – Stuttgart – Mannheim – Mainz – Köln – Essen – Dortmund – Münster – Hamburg-Altona
IC 115 Merkur	Hamburg-Altona – Münster – Dortmund – Essen – Köln – Mainz – Mannheim – Stuttgart – München
IC 116 Glückauf	München – Stuttgart – Mannheim – Mainz – Köln – Essen – Dortmund – Münster
IC 117 Gambrinus	Hamburg-Altona – Münster – Dortmund – Essen – Köln – Mainz – Mannheim – Stuttgart – München
IC 118 Rheinblitz	München – Stuttgart – Mannheim – Mainz – Köln – Essen – Dortmund
IC 119 Schwabenpfeil	Hamburg-Altona – Münster – Dortmund – Essen – Köln – Mainz – Mannheim – Stuttgart
IC 120 Münchner Kindl	München – Würzburg – Frankfurt – Wiesbaden – Köln – Wuppertal – Dortmund – Hannover
IC 121 Hans Sachs	Hagen – Wuppertal – Köln – Mainz – Frankfurt – Würzburg – Nürnberg – München
IC 122 Wilhelm Busch	München – Nürnberg – Würzburg – Frankfurt – Wiesbaden – Köln – Wuppertal – Dortmund – Hannover
IC 123 Nymphenburg	Dortmund – Wuppertal – Köln – Wiesbaden – Frankfurt – Würzburg – Nürnberg – München
IC 124 Dompfeil	München – Augsburg – Würzburg – Frankfurt – Wiesbaden – Köln – Wuppertal – Dortmund – Hannover
IC 125 Wilhelm Busch	Hannover – Dortmund – Wuppertal – Köln – Wiesbaden – Frankfurt – Würzburg – München
IC 126 Herrenhausen	München – Nürnberg – Würzburg – Frankfurt – Wiesbaden – Köln – Wuppertal – Dortmund – Hannover
IC 127 Münchner Kindl	Hannover – Dortmund – Wuppertal – Köln – Wiesbaden – Frankfurt – Würzburg – München
IC 128 Hans Sachs	München – Nürnberg – Würzburg – Frankfurt – Wiesbaden – Köln – Wuppertal – Dortmund

IC 129 Herrenhausen	Hannover – Dortmund – Köln – Wiesbaden – Frankfurt – Würzburg Nürnberg – München
IC 130 Toller Bomberg	Hamburg-Altona – Münster – Dortmund – Wuppertal – Köln
IC 131 Prinzipal	Dortmund – Münster – Hamburg-Altona
IC 132 Patrizier	Hamburg – Münster – Dortmund – Düsseldorf – Köln
IC 133 Hanseat	Bonn – Köln – Essen – Dortmund – Münster – Hamburg-Altona
IC 134 Hanseat	Hamburg-Altona – Münster – Dortmund – Essen – Köln – Bonn
IC 135 Patrizier	Köln – Essen – Dortmund – Münster – Hamburg-Altona
IC 136 Prinzipal	Hamburg-Altona – Münster – Dortmund
IC 137 Toller Bomberg	Frankfurt – Wiesbaden – Köln – Wuppertal – Dortmund – Münster – Hamburg-Altona
IC 140 Dompfeil	Hannover – Dortmund – Wuppertal – Köln – Wiesbaden – Frankfurt
IC 142 Germania	Hannover – Dortmund – Wuppertal – Köln
IC 143 Germania	Köln – Wuppertal – Dortmund – Hannover
IC 144 Porta Westfalica	Hannover – Dortmund – Wuppertal – Köln
IC 145 Porta Westfalica	Bonn – Köln – Wuppertal – Dortmund – Hannover
IC 153 Prinzregent	Frankfurt – Würzburg – München – Kufstein – Innsbruck
IC 156 Prinzregent	Innsbruck – Kufstein – München – Würzburg – Frankfurt
IC 159 Adler	Köln – Wiesbaden – Frankfurt – Würzburg – Nürnberg
IC 160 Präsident	München – Stuttgart – Heidelberg – Mannheim
IC 161 Jakob Fugger	Stuttgart – Augsburg – München
IC 162 Jakob Fugger	München – Augsburg – Stuttgart
IC 163 Hessen-Kurier	Wiesbaden – Mainz – Mannheim – Stuttgart – München
IC 165 Präsident	Frankfurt – Heidelberg – Stuttgart – München
IC 168 Hessen-Kurier	München – Stuttgart – Mannheim – Mainz – Wiesbaden
IC 170 Kommodore	Freiburg – Mannheim – Frankfurt – Hannover – Hamburg-Altona
IC 171 Merian	Frankfurt – Mannheim – Basel SBB
IC 172 Diplomat	Basel SBB – Mannheim – Frankfurt – Hannover – Hamburg-Altona
IC 173 Mercator	Bremen – Hannover – Frankfurt – Mannheim – Basel SBB
IC 174 Otto Hahn	Basel SBB – Mannheim – Frankfurt – Hannover – Hamburg-Altona
IC 175 Otto Hahn	Hamburg-Altona – Hannover – Frankfurt – Mannheim – Basel Bad Bf
IC 176 Mercator	Basel SBB – Mannheim – Frankfurt – Hannover
IC 177 Diplomat	Hamburg-Altona – Hannover – Frankfurt – Mannheim – Basel SBB
IC 178 Merian	Basel Bad Bf – Mannheim – Frankfurt
IC 179 Kommodore	Hamburg-Altona – Hannover – Frankfurt – Mannheim – Freiburg
IC 180 Albrecht Dürer	München – Augsburg – Nürnberg – Würzburg – Hannover – Bremen
IC 182 Hermes	München – Würzburg – Hannover – Bremen
IC 183 Riemenschneider	Hannover – Würzburg – München
IC 184 Südwind	München – Augsburg – Nürnberg – Würzburg – Hannover – Bremen
IC 185 Nordwind	Bremen – Hannover – Würzburg – Nürnberg – Augsburg – München
IC 186 Riemenschneider	München – Würzburg – Hannover – Bremen
IC 187 Albrecht Dürer	Bremen – Hannover – Würzburg – Nürnberg – Augsburg – München
IC 189 Hermes	Bremen – Hannover – Würzburg – München
IC 190 Seute Deern	Hannover – Hamburg-Altona
IC 191 Sachsenross	Hamburg-Altona – Hannover – Frankfurt – Mannheim
IC 192 Ratsherr	Nürnberg – Würzburg – Hannover – Bremen
IC 193 Ratsherr	Bremen – Hannover – Würzburg – Nürnberg
IC 194 Sachsenross	Mannheim – Frankfurt – Hannover – Hamburg-Altona
IC 195 Seute Deern	Hamburg-Altona – Hannover
IC 1112 Karwendel	Seefeld i.T. – Garmisch-Partenkirchen – Stuttgart – Heidelberg – Frankfurt
IC 1113 Karwendel	Frankfurt – Heidelberg – Stuttgart – Garmisch-Partenkirchen – Seefeld i.T.

Die nachstehende Übersicht gibt einen Überblick über den Intercity-Fahrplan auf den vier Linien zusammengefaßt nach dem Stand vom 26. September 1971.

Intercity-Fahrplan ab 26. 9. 1971

Linie 1

Nord-Süd

Zug	Name	Hmb Hbf	Dortmund	Köln	Mannheim	Stuttgart	München
IC 161	Jakob Fugger	—	—	—	—	7.01	9.18
IC 163	Hessen-Kurier	—	(Wiesbaden 7.03)		7.53/55	9.13/16	11.33
IC 111	Rheinblitz	—	6.11	7.22/24	9.41/43	10.58/11.04	13.11
IC 113	Glückauf	(Mst 7.08)	7.40/42	8.52/54	11.11/13	12.28/34	14.41
IC 130	Toller Bomberg	6.55	9.47/48	10.50	—	—	—
TEE 7	Rheingold	(Amsterdam 7.45)		10.55/58	13.19/21	(Genève 18.49)	
IC 165	Präsident	—	(Ffm 12.56)		13.22/25	14.43/46	17.03
IC 115	Merkur	8.50	11.41/42	12.52/54	15.11/13	16.28/34	18.41
IC 117	Gambrinus	10.50	13.41/42	14.52/54	17.11/15	18.30/36	20.43
TEE 32	Parsifal	12.50	15.39/40	16.50/53	(Paris 21.46)	—	—
TEE 11	Rembrandt	(Amsterdam 14.05)		16.56/58	19.18/20	20.38/44	22.59
IC 119	Schwabenpfeil	15.00	17.55/56	19.06/09	21.26/28	22.43	
IC 132	Patrizier	16.50	19.40/42	20.52	(TEE 21 Köln 20.59 Ffm 23.03)		
IC 134	Hanseat	18.50	21.41/42	22.53/55	(Bonn 23.14)	—	—
IC 136	Prinzipal	20.15	23.05	—	—	—	—

Süd-Nord

Zug	Name	München	Stuttgart	Mannheim	Köln	Dortmund	Hmb Hbf
IC 131	Prinzipal	—	—	—	—	6.44	9.38
IC 133	Hanseat	—	—	(Bonn 6.40)	7.00/02	8.12/14	11.09
IC 135	Patrizier	(TEE 22 Ffm 7.00 Köln 9.04)			9.11	10.18/20	13.14
IC 110	Schwabenpfeil	—	7.24	8.37/41	11.00/03	12.10/14	15.09
TEE 33	Parsifal	—	(Paris 7.33)		12.15/23	13.29/30	16.19
TEE 10	Rembrandt	7.00	9.16/22	10.37/39	13.02/05	(Amsterdam 15.55)	
IC 112	Gambrinus	9.11	11.21/27	12.40/42	15.00/02	16.09/14	19.09
IC 114	Merkur	11.11	13.21/27	14.40/42	17.00/02	18.09/14	21.08
IC 160	Präsident	13.03	15.22/25	16.41	—	—	—
TEE 6	Rheingold	(Genève 11.32)		16.53/54	19.17/19	(Amsterdam 22.23)	
IC 137	Toller Bomberg	—	(Ffm 16.48)		19.06/25	20.27/29	23.17
IC 116	Glückauf	15.11	17.21/27	18.39/42	21.00/02	22.10/14	(Mst 22.47)
IC 118	Rheinblitz	17.11	19.21/27	20.40/42	23.00/02	0.11	—
IC 168	Hessen-Kurier	19.02	21.21/24	22.40/42	(Wiesbaden 23.34)		—
IC 162	Jakob Fugger	21.11	23.30	—	—	—	—

Linie 2

Nord-Süd

Zug	Name	Hannover	Dortmund	Köln	Frankfurt	Würzburg	Nürnberg	München
IC 153	Prinzregent	—	—	—	7.00	8.14/15	—	10.41
IC 121	Hans Sachs	(Hagen 6.33)		7.18/29	9.33/40	10.49/51	11.42/49	13.34
IC 123	Nymphenburg	—	7.46	8.48/59	11.16/22	12.31/40	13.32/38	15.17
IC 140	Dompfeil	7.00	8.34/35	9.36/38	11.56	—	—	—
IC 107	Rheinpfeil	7.43	9.21/29	11.01/03	13.12/20	14.33/34	—	16.53
IC 125	Wilhelm Busch	10.00	11.36/46	12.48/59	15.16/22	16.34/43	—	18.59
IC 127	Münchner Kindl	12.00	13.37/46	14.48/59	17.16/22	18.31/33	—	20.51
IC 129	Herrenhausen	14.01	15.35/45	16.47/17.03	19.21/29	20.42/43	21.34/41	23.16
TEE 42	Diamant	16.15	17.50/18.00	19.03/25	(Brüssel 21.46)		—	—
IC 159	Adler	—	—	19.14	21.32/38	22.48/49	23.40	—
IC 142	Germania	18.00	19.35/46	20.49	—	—	—	—
TEE 21	Saphir	(Brüssel 18.07)		20.44/59	23.03	—	—	—
IC 144	Porta Westfalica	20.00	21.36/47	22.49	—	—	—	—

Süd-Nord

Zug	Name	München	Nürnberg	Würzburg	Frankfurt	Köln	Dortmund	Hannover
IC 143	Germania	—	—	—	—	7.06	8.08/19	9.55
TEE 22	Rhein-Main	—	—	—	7.00	9.04/06	(Amsterdam 11.51)	
IC 145	Porta Westfalica	—	—	(Bonn 8.50)		9.10/12	10.14/25	11.59
TEE 20	Saphir	—	6.26	7.17/19	8.33/40	10.55/11.08	(Brüssel 13.28)	
TEE 43	Diamant	—	—	(Brüssel 8.25)		10.50/11.06	12.08/19	13.53
IC 120	Münchner Kindl	7.12	—	9.23/25	10.34/40	12.55/13.12	14.14/15	15.49
IC 122	Wilhelm Busch	8.42	10.17/24	11.15/25	12.34/40	14.55/15.06	16.08/19	17.53
IC 124	Dompfeil	11.00	—	13.15/25	14.34/40	16.55/17.06	18.08/19	19.53
IC 106	Rheinpfeil	13.19	—	15.32/34	16.57/17.04	19.11/13	20.43/47	22.21
IC 126	Herrenhausen	14.51	16.25/32	17.23/25	18.34/40	20.55/21.06	22.08/19	23.55
IC 128	Hans Sachs	16.42	18.17/24	19.15/24	20.34/40	22.55/23.06	0.13	—
IC 156	Prinzregent	19.12	—	21.31/33	22.48	—	—	—

Linie 3

Nord-Süd

Zug	Name	Hmb Hbf	Bremen	Hannover	Frankfurt	Mannheim	Basel
IC 103	Markgraf	—	—	—	7.08	7.50/58	10.58
IC 171	Merian	—	—	—	8.55	9.38/46	11.57
IC 173	Mercator	—	6.00	6.58/7.00	10.04/11	10.54/11.16	13.25
TEE 75	Roland	—	8.20	9.16/17	12.21/27	13.10/16	15.38
IC 175	Otto Hahn	9.45	—	11.13/15	14.19/25	15.08/16	17.23 (Bad Bf)
IC 177	Diplomat	12.00	—	13.19/20	16.22/28	17.10/16	19.27
TEE 73	Helvetia	13.55	—	15.18/20	18.25/31	19.15/23	21.34
IC 179	Kommodore	16.00	—	17.21/23	20.30/37	21.20/31	23.03 (Freiburg)
IC 191	Sachsenroß	17.50	—	19.18/20	22.24/30	23.12	—
IC 195	Seute Deern	19.55	—	21.23	—	—	—

Süd-Nord

Zug	Name	Basel	Mannheim	Frankfurt	Hannover	Bremen	Hmb Hbf
IC 190	Seute Deern	—	—	—	8.30	—	9.59
IC 194	Sachsenroß	—	6.26	7.09/15	10.19/21	—	11.47
IC 170	Kommodore	(Freiburg) 7.06	8.36/42	9.24/30	12.32/33	—	13.54
TEE 72	Helvetia	8.24	10.34/42	11.26/32	14.40/42	—	16.09
IC 172	Diplomat	10.30	12.37/45	13.28/34	16.38/40	—	18.09
IC 174	Otto Hahn	12.30	14.37/45	15.28/34	18.38/40	—	20.07
TEE 74	Roland	14.37	16.43/49	17.32/38	20.44/56	21.50	—
IC 176	Merkator	16.30	18.37/44	19.27/33	22.38	—	—
IC 178	Merian	(Bad Bf) 18.35	20.37/45	21.28	—	—	—
IC 108	Markgraf	20.30	22.37/45	23.28	—	—	—

Linie 4

Nord-Süd

Zug	Name	Hmb Hbf	Bremen	Hannover	Würzburg	Nürnberg	München
IC 183	Riemenschneider	—	—	7.25	10.35/36	—	12.54
TEE 91	Blauer Enzian	7.45	—	9.11/21	12.35/37	—	14.55
IC 185	Nordwind	—	10.08	11.09/19	14.37/38	15.35/38	17.23
TEE 87	Prinz Eugen	—	12.16	13.14/24	16.38/39	17.30/31	(Wien 22.45)
IC 187	Albrecht Dürer	—	14.14	15.12/24	18.35/37	19.28/35	21.10
IC 189	Hermes	—	16.20	17.18/28	20.37/39	—	22.57
IC 193	Ratsherr	—	18.16	19.14/25	22.36	—	—

Süd-Nord

Zug	Name	München	Nürnberg	Würzburg	Hannover	Bremen	Hmb Hbf
IC 192	Ratsherr	—	—	7.04	10.13/25	11.24	—
IC 180	Albrecht Dürer	6.46	8.21/27	9.19/20	12.27/37	13.36	—
IC 182	Hermes	9.08	—	11.19/21	14.34/45	15.42	—
TEE 86	Prinz Eugen	(Wien 7.15)	12.27/28	13.19/21	16.33/43	17.42	—
IC 184	Südwind	12.31	14.14/18	15.13/14	18.33/43	19.44	—
TEE 90	Blauer Enzian	15.18	—	17.35/36	20.50/52	—	22.19
IC 186	Riemenschneider	17.08	—	19.19/20	22.32/44	23.43	—

Landeshauptstadt Kiel gut angeschlossen

(Vorläufige Zeiten, Stand 14. 6. 71)

IC 131	9.56	A	10.24	K	11.37
IC 190	10.16	A	10.24	K	11.37
IC 133	11.09	Hbg	11.55	K	13.03
IC 194	11.47	Hbg	11.55	K	13.03
IC 135	13.31	A	13.42	K	14.43
IC 170	13.54	Hbg	14.02	K	15.29
IC 110	15.23	A	15.35	K	16.46
TEE 33	16.36	A	17.05	K	18.16
IC 172	18.26	A	18.33	K	19.44
IC 112	19.09	Hbg	19.20	K	20.37
IC 174	20.07	Hbg	20.15	K	21.22
IC 114	21.22	A	21.47	K	22.58
TEE 90	21.19	Hbg	22.27	K	23.48
IC 137	23.17	Hbg	23.25	K	0.48

K	5.03	Hbg	6.24	IC 130	6.55
K	6.04	A	7.23	TEE 91	7.29
K	7.25	A	8.28	IC 115	8.34
K	9.00	A	10.11	IC 117	10.37
K	10.40	Hbg	11.45	IC 177	12.00
K	11.11	Hbg	12.34	TEE 32	12.50
K	12.28	A	13.36	TEE 73	13.42
K	13.34	Hbg	14.54	IC 119	15.00
K	14.27	A	15.36	IC 179	15.47
K	16.22	A	17.23	IC 191	17.34
K	17.29	Hbg	18.39	IC 134	18.50
K	18.17	Hbg	19.44	IC 195	19.55
K	18.17	Hbg	19.44	IC 136	20.15

Soweit längere Übergangszeiten in Hamburg vorhanden, ergeben sich diese durch die Aufnahme von Anschlüssen anderer wichtiger Züge.

Die sich aus dem neuen System ergebenden Stammumläufe der TEE und IC an Montag - Freitag sind nachstehend wiedergegeben. Verstärkungsumläufe und Abweichungen zum Wochenende oder an einzelnen Tagen sind nicht berücksichtigt. Vergleicht man diesen Umlaufplan mit dem im vorhergehenden Kapitel abgedruckten nach dem Stand vom Sommer 1972, so erkennt man bereits, wie stark sich innerhalb eines nur halben Jahres die Dinge gewandelt hatten und wie sehr es der DB gelang, ihre Umläufe noch optimaler und wirtschaftlicher zu gestalten:

Heimat Hamburg-Langenfelde

1)	TEE 91	Hamburg — München/Salzburg/Klagenfurt/ Zell a. See		Blauer Enzian
	TEE 90	Klagenfurt/Salzburg/Zell a. See/ München — Hamburg		Blauer Enzian
	(2 Umlauftage, bis 1 200 km/Tag)			
2)	Leerfahrt	Hamburg — Bremen		
	TEE 75	Bremen — Milano		Roland
	TEE 74	Milano — Bremen		Roland
	Leerfahrt	Bremen — Hamburg		
	(2 Umlauftage, 1 240 km/Tag)			
3)	IC 190	Hannover — Hamburg		Seute Deern
	TEE 73	Hamburg — Zürich		Helvetia
	TEE 72	Zürich — Hamburg		Helvetia
	IC 195	Hamburg — Hannover		Seute Deern
	(2 Umlauftage, 1 160 km/Tag)			
4)	IC 110	Stuttgart — Hamburg		Schwabenpfeil
	IC 134	Hamburg — Bonn		Hanseat
	IC 133	Bonn — Hamburg		Hanseat
	IC 119	Hamburg — Stuttgart		Schwabenpfeil
	(2 Umlauftage, 1 470 km/Tag)			
5)	IC 170	Freiburg — Hamburg		Kommodore
	IC 191	Hamburg — Mannheim		Sachsenroß
	IC 194	Mannheim — Hamburg		Sachsenroß
	IC 179	Hamburg — Freiburg		Kommodore
	(2 Umlauftage, 1 440 km/Tag)			
6)	IC 177	Hamburg — Basel		Diplomat
	IC 108	Basel — Frankfurt		Markgraf
	IC 103	Frankfurt — Basel		Markgraf
	IC 172	Basel — Hamburg		Diplomat
	(2 Umlauftage, 1 234 km/Tag)			
7)	IC 117	Hamburg — München		Gambrinus
	IC 112	München — Hamburg		Gambrinus
	(2 Umlauftage, 1 110 km/Tag)			

Heimat Bremen Hbf

	TEE 87	Bremen — Wien		Prinz Eugen
	TEE 86	Wien — Bremen		Prinz Eugen
	(2 Umlauftage, 1 100 km/Tag)			

Heimat Hannover Hbf

1)	IC 183	Hannover — München		Riemenschneider
	IC 186	München — Bremen		Riemenschneider
	IC 173	Bremen — Basel		Mercator
	IC 176	Basel — Hannover		Mercator
	(2 Umlauftage, 1 460 km/Tag)			
2)	TEE 42	Bruxelles/Brussel — Hannover		Diamant
	TEE 43	Hannover — Brussel/Bruxelles		Diamant
	(1 Umlauftag, 1 100 km/Tag)			

Heimat Dortmund Bbf

1)	IC 111	Dortmund — München		Rheinblitz
	IC 116	München — Münster		Glückauf
	IC 113	Münster — München		Glückauf
	IC 118	München — Dortmund		Rheinblitz
	IC 123	Dortmund — München		Nymphenburg
	IC 128	München — Dortmund		Hans Sachs
	(3 Umlauftage, 1 550 km/Tag)			
2)	IC 131	Dortmund — Hamburg		Prinzipal
	TEE 32	Hamburg — Paris		Parsifal
	TEE 33	Paris — Hamburg		Parsifal
	IC 136	Hamburg — Dortmund		Prinzipal
	(2 Umlauftage, 1 330 km/Tag)			

Heimat Köln Bbf

1)	IC 130	Hamburg — Köln		Toller Bomberg
	IC 159	Köln — Nürnberg		Adler
	TEE 20	Nürnberg — Bruxelles/Brussel		Saphir
	TEE 21	Bruxelles/Brussel — Frankfurt		Saphir
	IC 171	Frankfurt — Basel		Merian
	IC 174	Basel — Hamburg		Otto Hahn
	(3 Umlauftage, 1 100 km/Tag)			

2) IC 135 Köln — Hamburg — Patrizier
IC 132 Hamburg — Köln — Patrizier
(1 Umlauftag, 960 km/Tag)

3) IC 143 Köln — Hannover — Germania
IC 127 Hannover — München — Münchner Kindl
IC 120 München — Hannover — Münchner Kindl
IC 142 Hannover — Köln — Germania
(2 Umlauftage, 1 290 km/Tag)

Heimat Frankfurt M) Hbf

1) Leerfahrt Frankfurt — Wiesbaden
IC 163 Wiesbaden — München — Hessen-Kurier
TEE 85 München — Milano — Mediolanum
TEE 84 Milano — München — Mediolanum
IC 156 München — Frankfurt — Prinzregent
(**VT 601**, 2 Umlauftage, 1 030 km/Tag ohne Leerfahrt)

2) IC 153 Frankfurt — München — Prinzregent
IC 184 München — Bremen — Südwind
IC 185 Bremen — München — Nordwind
IC 162 München — Stuttgart — Jakob Fugger
IC 161 Stuttgart — München — Jakob Fugger
IC 160 München — Mannheim — Präsident
Leerfahrt Mannheim — Frankfurt
IC 165 Frankfurt — München — Präsident
IC 168 München — Wiesbaden — Hessen-Kurier
Leerfahrt Wiesbaden — Frankfurt
(**VT 601**, 4 Umlauftage, 1 050 km/Tag ohne Leerfahrt)

Heimat München-Pasing

1) TEE 66 München — Zürich — Bavaria
TEE 67 Zürich — München — Bavaria
(bis 16. XII. aus Verstärkungsgruppe „Blauer Enzian", Umlauf Hamburg, gestellt)
(1 Umlauftag, 710 km/Tag)

2) IC 145 Bonn — Hannover — Porta Westfalica
IC 129 Hannover — München — Herrenhausen
IC 114 München — Hamburg — Merkur
IC 175 Hamburg — Basel — Otto Hahn
IC 178 Basel — Frankfurt — Merian
TEE 22 Frankfurt — Amsterdam — Rhein-Main
TEE 11 Amsterdam — München — Rembrandt
TEE 10 München — Amsterdam — Rembrandt
TEE 23 Amsterdam — Bonn — Rhein-Main
(5 Umlauftage, 1 240 km/Tag)

3) IC 122 München — Hannover — Wilhelm Busch
IC 144 Hannover — Wuppertal — Porta Westfalica
Leerfahrt Wuppertal — Hagen
IC 121 Hagen — München — Hans Sachs
IC 126 München — Hannover — Herrenhausen
IC 125 Hannover — München — Wilhelm Busch
(3 Umlauftage, 1 350 km/Tag)

4) IC 180 München — Bremen — Albrecht Dürer
IC 189 Bremen — München — Hermes
IC 182 München — Bremen — Hermes
IC 193 Bremen — Würzburg — Ratsherr
IC 192 Würzburg — Bremen — Ratsherr
IC 187 Bremen — München — Albrecht Dürer
(3 Umlauftage, 1 380 km/Tag)

5) IC 124 München — Hannover — Dompfeil
IC 140 Hannover — Frankfurt — Dompfeil
IC 137 Frankfurt — Hamburg — Toller Bomberg
IC 115 Hamburg — München — Merkur
(3 Umlauftage, 1 090 km/Tag)

Rheingold/Rheinpfeil

Diese beiden Zugpaare TEE 6/7 Genève — Amsterdam und IC 106/107 München — Hannover mit Kurswagenaustausch in Duisburg bestehen praktisch nur aus einer Reihe von unterschiedlich laufenden Wagengruppen, beheimatet in Hannover, Dortmund und München. Sie umlaufmäßig darzustellen, wäre äußerst kompliziert, weil fast jeder Wagen einen anderen Umlauf hat. Nur zusammenfassend:

(4 Umlauftage, etwa 1 060 km/Tag), wenn unterstellt wird, daß jeder Wagen irgendwann mal Hannover — München, Hannover — Genève, Amsterdam — Genève und Amsterdam — München sowie zurück läuft.

Wagenreihung TEE 7 (Amsterdam — Genève)

Avm	Hannover — Basel
3 Avm	Hannover — Chur
ADm, WRm, Apm	Hannover — Genève
Avm	Emmerich — Frankfurt
2 Avm	Emmerich — München
Avm	Amsterdam — München
Apm	Amsterdam — Genève
Avm	Hoek v. H. — Basel
WRm, Avm	Hoek v. H. — München
2 Avm	Dortmund — Milano

} enthaltend alle in Duisburg während des Rangieraufenthalts zum „Rheingold" (und sei es nur auf Teilstrecken) gehörenden Wagen.

,,Der eifrige Rechner wird bereits ermittelt haben, daß insgesamt 55 Wagenzüge, davon sechs VT 601, eingesetzt sind. Hierbei werden in den ersten Wochen bei IC in großem Umfang noch blaue Wagen auftauchen, aber von Woche zu Woche weniger werden. Ganz ohne wird es aber vorläufig noch nicht gehen. Tarifarisch hat man sich darauf eingestellt. Das Einführungsangebot mit auf DM 4.— herabgesetztem Zuschlag (sonst 8.— DM) läuft bis 31. Dezember 1971. Später werden in blauen Wagen an Ort und Stelle DM 4.— vom Schaffner zurückgezahlt. Die sogenannten Korrespondenzwagen (stehen bei korrespondierenden Zügen in den IC-Knoten Hannover, Dortmund, Köln, Mannheim, Würzburg sich jeweils gegenüber und sind vorzugsweise für durchgehende Platzreservierung in zwei oder drei IC /TEE vorgesehen) werden aber von Anfang an als Abteil-TEE-Wagen mit Klimaanlage gestellt. Für das Fahren von Ersatzzügen bei größerer Verspätung eines der korrespondierenden Züge stehen auf den IC-Knoten blaue Reservewagen für kurzfristig anzuordnenden Einsatz zur Verfügung. Die in den Umläufen enthaltenen Leerfahrten begründeten sich entweder in der anschließenden Kupplung oder wie z.B. beim ,,Roland'' dadurch, daß zu Reinigungszwecken eine Überführung zu einem nächstgelegenen Bahnbetriebswagenwerk (Bww) erforderlich war, weil diese am Zugendbahnhof aus irgendwelchen Gründen nicht durchgeführt werden konnte und daher die Leerfahrt wirtschaftlich vertretbar und erforderlich war''.

Die Einführung des IC-Verkehrs im Intercity-A-Netz zum 26. September 1971 wurde deshalb so ausführlich dargestellt, weil einmal erstmalig in der Welt ein Schnellverkehrsnetz von einer Eisenbahnverwaltung auf bestimmten Linien im fast starren Fahrplan aufgebaut wurde und zum anderen zahlreiche der hier aufgetretenen Fragestellungen und ihre Beantwortung acht Jahre später bei Einführung des Integrierten Bedienungs-Systems (IBS) der DB, bekannt als IC 79, wieder auftraten. Nun aber soll wie in dem vorhergehenden Kapitel die chronologische Entwicklung dargestellt werden.

601 018 und 011 als IC 184 „Südwind am 7. November 1971 bei der Ausfahrt Nürnberg Hbf.
Aufnahme: Dieter Dettelbacher

Den Gegenzug IC 185 bildeten am 25. März 1972 601 005 und 018.
Aufnahme (bei Emskirchen): Dieter Dettelbacher

Am 25. März 1972 zog die Eidelstedter 103 136 IC 122 „Wilhelm Busch" bei Emskirchen nordwärts.
Aufnahme: Dieter Dettelbacher

Naturgemäß brachte eine derartig große Umstellung innerhalb eines Gesamtfahrplans nicht unbeträchtliche betriebliche Probleme und Schwierigkeiten mit sich. Ein Taktfahrplan mußte sich erst einspielen, war er doch im Eisenbahnwesen der Bundesrepublik in dieser Form etwas völlig Neues. Hinzu kam noch, daß die Umstellung während eines laufenden Fahrplans – im Winterabschnitt – erfolgte und hier naturgemäß durch Wittterungseinflüsse ohnehin immer zusätzliche betriebliche Erschwernisse eintraten. So verwundert es denn auch nicht, daß es anfangs zu nicht unbeträchtlichen Schwierigkeiten und Kinderkrankheiten kam. Namentlich war hiervon der Pünklichtkeitsgrad betroffen. Auch war man wohl zu optimistisch bezüglich der anzuwendenden Fahrzeiten gewesen, zumal die vorgesehenen Oberbauarbeiten des Sommers 1971 nicht in der erforderlichen Form voran gekommen waren und noch zahlreiche Langsamfahrstellen bestanden oder neu eingerichtet werden mußten und zahlreiche eingleisige Betriebe die Betriebsabwicklung zusätzlich behinderten. Die heute weitgehend vorhandenen Gleiswechselbetriebe in signalabhängiger Durchführung waren 1971/72 bei weitem noch nicht vorhanden, auch war auf zahlreichen Streckenabschnitten das heute dichte Selbstblocksystem, das entscheidend die Leistungsfähigkeit einer Strecke beeinflußt, noch nicht in dieser Form ausgebaut. So verwundert es auch nicht, daß anfangs die Verspätungsanfälligkeit groß war und der Pünktlichkeitsgrad als unbefriedigend bezeichnet werden mußte. Da dies aber dem gesamten System äußerst abträglich war, da es den Kunden weitaus mehr interessierte, zu der im Fahrplan angegebenen Zeit auch tatsächlich anzukommen, als mit einer optimalen Höchstgeschwindigkeit auf zahlreichen Abschnitten zu fahren, wurden bereits zum Jahresfahrplan 1972/73 die Fahrzeiten durch Einbau von Sonderzuschlägen zurückgenommen. Dies drückt sich auch in der mittleren Reisegeschwindigkeit aller IC aus. Sie sank am Stichtag des Winters 1971 von 108,2 km/h auf 102,5 km/h am Stichtag des Jahres 1972 und auch die Fahrgeschwindigkeit aller IC sank im gleichen Zeitraum von 115,4 km/h auf 108,8 km/h (vgl. Anhang 8). Dagegen konnte die Reisegeschwindigkeit des schnellsten Zuges von 122,5 km/h im Winter 1971/72 bei IC 131 „Prinzipal" auf 124,5 km/h bei den IC 190 und 195 „Seute Deern" angehoben werden; jedoch wurde diese Spitzenleistung nur erzielt, weil beide Züge nur auf dem kurzen, ohnehin ohne Halt zu durchfahrenden Abschnitt Hannover – Hamburg Hbf verkehrten. Dagegen waren in der Liste der unter 100 km/h Reisegeschwindigkeit verkehrenden IC nunmehr 13 Züge (Winter 1971/72 nur ein Zug) zu finden, was wohl sicher mehr aussagt, als Spitzenwerte einzelner über relativ kurze Abschnitte verkehrender IC.

Eine seinerzeit auf privater Basis durchgeführte Untersuchung bestimmter TEE und IC auf der Linie 1 ergab für den Winterabschnitt 1971/72 und den ersten Monat des Sommerabschnitts 1972 daher auch folgendes Ergebnis (Quelle: Eisenbahn-Kurier Nr. 37/72):

„Verspätungen von 20 Minuten und mehr im IC-Verkehr waren im Winterfahrplan 1971/72 keine Seltenheit. Um nun wieder einen besseren Pünktlichkeitsgrad zu erreichen, wurden die Fahrpläne im Sommerfahrplan 1972 entspannt, was bei den Intercityzügen zu Fahrzeitverlängerungen zwischen 10 und 20 Minuten und darüber führte.

Durch Auswertung von regelmäßigen Beobachtungen soll hier der Versuch gemacht werden, einen Überblick über die Pünktlichkeit dieser Züge zu geben. Folgende Züge wurden regelmäßig beobachtet: TEE 32, TEE 33, IC 115, IC 117, IC 130 und IC 135.

Allgemein kann zur Pünktlichkeit dieser Züge folgendes gesagt werden: im Winterfahrplan 1971/72 waren die Züge aus Hamburg und Hannover einigermaßen pünktlich, während die aus München kommenden Züge und die im grenzüberschreitenden Verkehr gefahrenen TEE-Züge meist größere Verspätungen aufwiesen. Durch die Fahrzeitstreckung im derzeit gültigen Fahrplan treten Verspätungen über 15 Minuten nicht mehr so häufig auf, die Einplanung der Langsamfahrstellen macht sich hier wohl bemerkbar. Die gelegentliche Bespannung mit Loks der Baureihen 110 bzw. 112 hat wenig Einfluß auf die Pünktlichkeit, außerdem wird sie auch immer seltener.

Ein Vergleich mit den Zeiten, als man die IC-Züge noch Fernschnellzüge nannte, wobei diese nicht so zahlreich verkehrten, zeigt, daß damals bei teilweise kürzeren Fahrzeiten und denselben Zuglasten die Züge pünktlicher waren. Heute scheidet auch die Möglichkeit aus, durch erhöhte Geschwindigkeit eine Verspätung aufzuholen, da die Fahrzeiten auf die höchstzulässige Geschwindigkeit ausgelegt sind. Auch wäre der Zeitgewinn hierbei sehr gering: Auf 100 km Streckenlänge ergäbe sich ein Gewinn von 2,2 Minuten, wenn statt 160 km/h mit 170 km/h Höchstgeschwindigkeit gefahren würde. Allerdings ist es möglich, Verspätungen durch gekürzte Aufenthalte an den Knotenpunkten einzuschränken, da etwa die Hälfte der Züge hier einen planmäßigen Aufenthalt von acht bis zehn Minuten hat.

Zu bemängeln wäre an den IC-Zügen ferner noch, daß bis heute noch nicht genügend Wagen der TEE-Gattung zur Verfügung stehen. So fuhr der IC 119 am 16. Juni 1972 mit einer Garnitur, die aus

Am 12. August 1972 bestand IC 116 „Glückauf" noch aus einer blauen F-Zuggarnitur: 103 117 mit dem Zug bei München-Langwied. Aufnahme: Walter Hanold

Am 13. Augsut 1972 wurde IC 182 „Hermes" aus drei Wagen gebildet. 103 117 beförderte den Zug von München in Richtung Norden. Aufnahme: Walter Hanold

sieben Wagen normaler 1. Klasse-Ausführung, einem Speisewagen der älteren Generation und nur einem Abteilwagen der TEE-Gattung bestand.

Als Darstellung der (Un-)Pünktlichkeit mögen die folgenden Tabellen dienen, wobei folgende Abkürzungen verwendet werden:
V: Verkehrstage im Beobachtungszeitraum
B: Beobachtungstage
O: Planmäßig
3: Verspätung bis zu drei Minuten
5: Verspätung bis zu fünf Minuten, usw.
:
31: Verspätung von mehr als 30 Minuten

Tabelle 1:

IC/TEE im Winterfahrplan 1971/72

		V	B	O	3	5	10	15	30	31
IC 130	Anzahl	243	119	81	20	8	6	3	-	1
	%		100	68	17	7	5	2,5	-	0,8
IC 135	Anzahl	168	100	13	27	20	25	13	2	-
	%		100	13	27	20	25	13	2	-
IC 115	Anzahl	171	104	46	41	8	4	1	4	-
	%		100	44	39	8	4	1	4	-
IC 117	Anzahl	171	103	36	44	5	15	2	1	-
	%		100	35	43	5	15	2	1	-
TEE 33	Anzahl	245	101	3	9	16	30	19	20	4 §
	%		100	3	9	16	30	19	20	4
TEE 32	Anzahl	245	66	11	22	15	11	5	2	-
	%		100	17	33	23	17	8	3	-
Summe	Anzahl	1243	593	190	163	72	91	43	29	5
	%		100	32	28	12	15	7	5	0,8

Klammert man den TEE 33 wegen grenzüberschreitendem Verkehr aus, so ergibt sich folgende Summe:

Summe	Anzahl	998	492	187	154	56	61	24	9	1
	%		100	38	31	11	12	5	2	(0,2)

Anm. §: In drei Fällen Ersatzzug als Vorzug (110 mit zwei A-Wagen)

Tabelle 2:

IC/TEE im Sommerfahrplan 1972 (bis 30. Juni 1972)

		V	B	O	3	5	10	15	30	31
IC 130	Anzahl	34	25	1	15	4	4	1	-	-
	%		100	4	60	16	16	4	-	-
IC 135	Anzahl	25	22	12	7	2	-	-	1	-
	%		100	55	32	9	-	-	5	-
IC 117	Anzahl	25	22	-	5	5	11	1	-	-
	%		100	-	23	23	50	5	-	-
TEE 33	Anzahl	34	17	4	7	1	2	1	2	-
	%		100	24	41	6	12	6	12	-
TEE 32	Anzahl	34	15	-	5	2	7	1	-	-
	%		100	-	33	13	47	7	-	-
Summe	Anzahl	152	101	17	39	14	24	4	3	-
	%		100	17	39	14	24	4	3	-

IC 106 „Rheinpfeil" mußte wegen eines Unfalls am 16. August 1972 als IC-UR 106 über Augsburg umgeleitet werden. Das Bild zeigt 103 163 mit der Garnitur bei Augsburg-Spickel.
Aufnahme: Karl-Friedrich Seitz

Am 26. August 1972 war IC 106 mit der Münchner 103 149 wieder auf der planmäßigen Strecke über Ingolstadt im Altmühltal bei Eßlingen zu beobachten, allerdings nicht mit dem gewohnten Speisewagen.
Aufnahme: Dieter Dettelbacher

Tabelle 3:

Vergleich Tabelle 1/Tabelle 2 (ohne TEE 33 und IC 115)

	V	B	0	3	5	10	15	30	31	
Anzahl	827	388	141	113	48	57	23	5	1	(W 71/72)
"	118	84	13	32	13	22	3	1	-	(S 72)
%		100	36	29	12	15	6	1	(0,25)	(W 71/72)
%		100	16	38	16	26	4	(0,8)	-	(S 72)

Tabelle 4:

Der „Gambrinus" in früheren Fahrplänen

		V	B	0	3	5	10	15	30	31	
W 69/70	Anzahl	90	43	26	9	4	1	2	1	-	(02.03.70-
F 34	%		100	60	21	9	2	5	2	-	30.05.70)
S 70	Anzahl	123	37	10	13	5	1	2	3	3	(31.05.70-
F 124	%		100	27	35	14	3	5	8	8	26.09.70)
W 70/71	Anzahl	61	31	5	7	5	10	3	1	-	(27.09.70-
F 124	%		100	16	23	16	32	10	3	-	25.11.70)
S 71	Anzahl	52	35	10	16	6	3	-	-	-	(23.05.71-
F 123	%		100	29	46	17	9	-	-	-	15.07.71)

Anm.: %-Zahlen sind gerundet, daher in der Summe 99 bzw. 101% möglich".

Sicher sind diese Zahlen nicht repräsentativ für das gesamte IC-Netz — hierzu müßte man die täglichen und wöchentlichen Transportberichte der Zentralen Transportleitung der DB in Mainz auswerten und diese sind nicht allgemein zugänglich —, sie zeigen jedoch einen nicht zu verkennenden Trend auf. Und hierauf sollte es im Rahmen der allgemeinen Ausführungen auch nur ankommen.

Bereits wenige Wochen nach Einführung des neuen Systems waren die Fahrplanarbeiten für den Jahresfahrplan 1972/73 in vollem Gange. So konnten hier nur wenige der bereits gewonnenen Erkenntnisse verwertet werden, wenn man von der allgemeinen Verlängerung der Fahrzeiten absieht. Dennoch wurden bereits in der Anlaufphase erkennbare grobe Mängel beseitigt; teilweise waren auch Beschlüsse der FT Paris zu beachten. Diese betrafen zwar überwiegend den TEE-Verkehr, da dieser jedoch innerhalb des DB-Bereiches im IC-Verkehr integriert war, blieben Auswirkungen hierauf naturgemäß nicht aus. Über die sich bis 1978 ergebenden Änderungen im TEE-Verkehr wurde bereits in Kapitel G hingewiesen; sie werden hier nur noch behandelt, soweit es in entscheidendem Zusammenhang mit der Änderung von IC steht.

IC 153/156 „Prinzregent" verkehrte an den Wochenenden im Sommerabschnitt über München hinaus bis und ab Innsbruck. Als Folge der um ca. 15 Minuten geänderten Lage der IC der Linie 3 in Basel SBB aus den dargelegten Entspannungsgründen verkehrten zur Erreichung besserer Anschlüsse an das Netz der SBB IC 175 bis und IC 178 ab Basel SBB, während dafür in Basel Bad Bf IC 173 und IC 176 endeten bzw. begannen. IC 131/136 „Prinzipal" wurden als jeweils erste und letzte Verbindungen auf der Linie 1 in und aus Richtung Hamburg ab und bis Köln verlängert. IC 162 „Jakob Fugger" wurde ab München in einer um 47 Minuten früheren Lage nach Stuttgart als letzte Verbindung gefahren, wodurch in Ulm und Stuttgart bessere Anschlüsse hergestellt werden konnten und noch Karlsruhe und Mannheim erreicht wurden. IC 115 wurde über Hamm, IC 125 über Mainz gelegt. Und schließlich wurde IC 192/193 „Ratsherr" auf die Strecke Würzburg — Bremen beschränkt. An die Erfahrungen mit dem Verkehrsaufkommen an den einzelnen Wochentagen anknüpfend, wurden die Verkehrstage bei einer Anzahl von Zügen geändert; diese auch in den folgenden Fahrplanjahren durchgeführten Änderungen über das Wochenende sollen jedoch bei den weiteren Betrachtungen außer Beachtung bleiben, da das gesamte Netz grundsätzlich von Montag bis Freitag voll verkehrte. Im übrigen war die DB selbst der Ansicht, daß sieben Monate einer Anlaufzeit einer derartigen Neuerung nicht genügten, umfassende Erkenntnisse über die Richtigkeit des Konzeptes des Gesamtnetzes oder einzelner Züge zu gewinnen. Eine ausreichende Probe- und Bewährungszeit sei unbedingt erforderlich und man dürfe nicht sofort wieder an dem Netz basteln, auch wenn Interessenten Änderungen oder Ergänzungswünsche hätten. Das Grundsystem müsse zumindest zwei Winter- und einen Sommerabschnitt unverändert erprobt werden, bevor Zweckmäßigkeit oder Nutzen der einen oder anderen Änderung auch nur erwogen werden könnten.

Nochmals IC 106 mit 103 144 bei Burgbernheim am 27. September 1972; hinter der Lok der Aussichtswagen. *Aufnahme: Dieter Dettelbacher*

Mit zwei Zwischenwagen absolvierten am 24. Juni 1974 zwei Gasturbinen-Triebköpfe der Baureihe 602 eine Probefahrt von Frankfurt nach Hannover und zurück. Das Bild zeigt die Garnitur in Frankfurt Süd, wo die alte Bahnhofshalle noch stand. *Aufnahme: Manfred Sandtner*

Aber es kam dennoch anders. Wie bereits dargelegt, mußte, schon bevor der erste Intercity-Zug am 26. September 1971 fuhr, bei der Fahrplanbearbeitung für den Sommer 1972 eine weitgehende Entspannung der Fahrpläne an die geänderten Oberbauverhältnisse vorgenommen werden. Wenn dabei auch die Fahrzeiten teilweise wesentlich geändert wurden, blieben doch die Laufwege der Züge wie die Knotenpunktbindungen voll bestehen. Da aber bei den verlängerten Fahrzeiten die bisherigen Wenden an den Endpunkten nicht mehr ausreichten, mußten mehr Wagenzüge in die Umläufe eingeschoben werden. Dies war sehr unangenehm, denn die Investitionsplanungen basierten nicht auf diesen nun eingetretenen Fakten, da sie damals bei deren Aufstellung nicht bekannt waren. Die sich hieraus teilweise ergebenden kleineren Korrekturen zum Sommerfahrplan 1972 wurden oben schon dargestellt.

Bei der Bearbeitung des Winterabschnittes 1972/73 lagen schon gewisse Erfahrungen über das neue Intercity-System vor. Auch Verkehrszählungen waren schon ausgewertet. So entschloß sich die DB angesichts der Bedeutung gerade des IC-Verkehrs im Winter gegenüber den Konkurrenten, weitergehende Korrekturen vorzunehmen, als geplant war. Dabei war die Feststellung, daß der Mehreinsatz an IC gegenüber den vorhergehenden F-Zügen nicht etwa dazu geführt hatte, bisher stark belastete TEE/F-Zuglagen zu entlasten, ein wesentliches Kriterium. Es war im Gegenteil festgestellt worden, daß trotz der wesentlich häufigeren Abfahrten bei den alteingefahrenen Standardzügen Verkehrsfrequenzen auftraten, die in dieser Stärke bisher unbekannt waren, obwohl die übrigen Züge mit geringen Ausnahmen ebenfalls gut besetzt waren. So hatte der erwartete und auch eingetretene Verkehrszuwachs sich nicht etwa gleichmäßig über das ganze angebotene Netz verteilt, sondern gerade bei den bisher schon starken und zur Entlastung anstehenden Zugverbindungen überproportional das neue Reisendenpotential angezogen. So hatte es sich nach relativ kurzer Zeit gezeigt, daß der Zweistundentakt – der auf der Rheinstrecke in etwa schon einem Einstundentakt nahekam – nicht etwa zu opulent bemessen war, sondern auf bestimmten Strecken und zu gewissen Zeiten nicht ausreichte. Dabei ergab es sich sofort als zwingende Notwendigkeit, außerhalb der Systemzeiten ein weiteres IC-Paar zwischen Stuttgart und Düsseldorf einzulegen, das eine sehr frühe Morgenverbindung zum Rhein-Ruhrgebiet anbot, in der Gegenrichtung aber in Parallellage zum „Rembrandt" lag, der trotz Führung mit 13 Wagen häufig überbesetzt war. So wurde ab 1. Oktober 1972 das neue IC-Zugpaar 166/167 „Friedrich Schiller" zwischen den beiden genannten Städten auf der Linie 1 eingerichtet.

Andererseits waren auf der Nord-Süd-Strecke einige IC so schwach besetzt, daß ein Überangebot bestand und man für weitere acht Monate deren Beibehaltung nicht zu verantworten können glaubte. Somit entfielen IC 190/195 „Seute Deern" und der bereits im Sommer gekürzte „Ratsherr" IC 192/193 wurde auf den Abschnitt Hannover – Bremen beschränkt. Dagegen konnte der letzte auf der Linie 3 nach Norden verkehrende IC, der IC 176 „Mercator" bis Hamburg verlängert werden. Er ersetzte einen bereits zum Sommer eingesetzten Anschluß-Schnellzug und fuhr nur bis Hamburg-Dammtor, um von dort ohne Berührung von Altona sofort zum Betriebsbahnhof Langenfelde zu fahren. Im Gegenlauf wurde IC 183 „Riemenschneider" in gleicher Weise als erste Frühverbindung von Hamburg-Dammtor aus gefahren. Im Zusammenhang mit der Kürzung des Laufes des „Ratsherr" konnte der „Prinz Eugen" umlaufmäßig unter Kurzwende auf diesen von Bremen nach Hannover umbeheimatet werden, so daß in Bremen Platz für die nächtliche Unterhaltung des „Roland" geschaffen wurde und die nächtliche Leerüberführung nach Langenfelde und zurück unterbleiben konnte. Angemerkt sei noch, daß nach wie vor, nunmehr als IC 1113/1112, der „Karwendel" an Samstagen in der Wintersaison zwischen Frankfurt und Seefeld i. Tirol verkehrte.

Und noch eine wesentliche Änderung gab es 1972; die neue Numerierung der Kursbuchtabellen in der heutigen Form der KBS (Kursbuchstrecke) wurde eingeführt. Damit war die bei der großen Kursbuchreform der Jahre 1932/33 gefundene reichseinheitliche Ordnung, bei der damaligen Reichsbahndirektion Altona beginnend, alle Strecken einheitlich im Reich durchzunumerieren und dabei über Ost-, Mittel-, West- nach Süddeutschland fortlaufend die Strecken zu bezeichnen, aufgegeben worden. Und gleichzeitig verschwand damit auch ein weiteres Stück deutscher Eisenbahneinheitlichkeit in West und Ost. Stattdessen entfielen nun die bisherigen Unterbezeichnungen durch Buchstabengruppen zu jeder Kursbuchnummer. Die Vorarbeiten hierzu gingen bereits auf das Jahr 1958 zurück, wurden aber erst 1968 - 1970 ernsthaft verfolgt. Während der Kursbuchbesprechung im Oktober 1970 in Augsburg wurde dann die definitive Entscheidung auf Einführung zum Jahresfahrplan 1972 gefällt. Als neue Streckennummern der DB standen die Nummern 100 bis 999, also neun Hunderterreihen zur Verfügung. Sie wurden in Anlehnung an die zu schaffenden Regionalkursbücher wie folgt aufgeteilt:

100 - 199 Hamburg, Schleswig-Holstein und das nordöstliche Gebiet von Niedersachsen bis nach Hannover,

200 - 299 restlicher Teil von Niedersachsen, Lippe und Westfalen bis an die nördliche Grenze des Ruhrgebiets,

300 - 399 restlicher Teil von Westfalen, Ruhrgebiet, Siegerland,
400 - 499 Räume Wuppertal, Köln - Düsseldorf, linker Niederrhein und Eifel,
500 - 599 Hessen und südlicher Odenwald,
600 - 699 Rheinland-Pfalz und Saarland,
700 - 799 Baden-Württemberg ohne den südlichen Odenwald und ohne die Strecke Stuttgart – Ulm mit Nebenstrecken,
800 - 899 Nordbayern,
900 - 999 Südbayern und die Strecke Stuttgart – Ulm mit Nebenstrecken.
Bei den in mehrere Räume hineinreichenden Strecken ist von Fall zu Fall entschieden worden, zu welchem Raum die Strecke nummernmäßig gehören soll. Dabei ist im allgemeinen die räumliche Zuteilung nach dem verkehrlichen Schwerpunkt der Strecke oder nach der Größe des Streckenanteils erfolgt.

Soviel hier zu diesem Themenkreis, der das zu behandelnde Gebiet nur am Rande berührt.

Auf der hundertsten Sitzung der EFK in St. Gallen im Oktober 1972 für den Jahresfahrplan 1973 forderte deren Präsident, der Generaldirektor der SBB, Dr. Karl Wellinger, „Pünktlichkeit geht vor Schnelligkeit". Die DB hatte bereits im vorhergehenden Jahresfahrplan nach dieser Maxime gehandelt. Und so war das im Herbst 1971 aus der Taufe gehobene Intercity-System der DB nach dem Bestehen seiner Bewährungsprobe zu einem integralen Bestandteil des Fernverkehrs geworden, an dem auch die EFK nicht mehr vorbeigehen konnte. Die DB hatte für den Jahresfahrplan 1973 für ihre Produktionsplanung folgende Kernpunkte herausgestellt:
– Regulierungen im Intercity-A-Netz,
– Einführung des Intercity-B-Netzes als Ergänzungssystem,
– Weiterentwicklung des internationalen Fahrplans,
– Bilanz und Ausgestaltung des Autoreisezugdienstes.
Mit diesen nunmehr wieder umfassenden Neuerungen wollte sich die DB marktbewußt verhalten, flexibel den Bedürfnissen der Kundschaft anpassen und auf dem seit 1971 beschrittenen Weg konsequent fortfahren.

Da die EFK St. Gallen im TEE-Verkehr eine Reihe bedeutender Entscheidungen getroffen hatte (vgl. Kapitel G), wirkten diese sich zwangsläufig auf das IC-A-Netz aus. Wie bereits dargelegt, waren bis dato die TEE „Rheingold" und „Blauer Enzian" von dem Planungsgrundsatz der Blockzugbildung ausgenommen worden. Dies wurde nunmehr aufgegeben. Hiervon war im IC-System vor allem der „Rheinpfeil" betroffen, dessen Zugbildung wesentlich vereinfacht wurde. Durch die auf Antrag der NS auf den neuen TEE „Erasmus" übergehende bisherige Kurswagenverbindung München – Amsterdam/Hoek van Holland in einer zwei Stunden späteren Lage mit Bindung an den „Prinz Eugen" in Würzburg ergab sich eine Verschiebung oder Aufgabe verschiedener IC. IC 124/125 entfielen zwischen München und Köln, in deren Lage der „Erasmus" lag und verkehrten unter den neuen Zugnummern IC 149/148 und dem neuen Namen „Wilhelm Busch" nur noch zwischen Köln und Hannover auf der Linie 2. Für den zwischen Hannover und Köln ausgefallenen TEE „Diamant" wurde in Ostrichtung unter dem Namen „Dompfeil" ein neuer IC 147 Köln – Hannover geschaffen, während die Lage des „Diamant" in Westrichtung der IC „Adler" übernahm, der unter der neuen Zugnummer IC 125 nunmehr bereits in Hannover begann und auf der Linie 2 bis Nürnberg verkehrte. In diesem Zusammenhang erhielt IC 122 den neuen Namen „Nymphenburg".

Auf der Linie 3 war TEE „Helvetia" in Südrichtung zwei Stunden früher gelegt worden und kam somit in die Lage des IC 177 „Diplomat". Letzterer tauschte seine Trasse mit dem „Helvetia" und erhielt zur Erhaltung der späteren Verbindung Hamburg – Zürich abweichend vom Blockzugsystem Kurswagen Hamburg-Altona – Zürich, die in Basel SBB auf den TEE „L'Arbalète" von Paris übergingen. Außerdem wurden zur Erzielung günstiger Anschlüsse vom und zum Netz der SBB die IC 173/176 „Mercator" bis und ab Basel SBB durchgeführt. Da sich bereits bei dem IC „Seute Deern" gezeigt hattte, daß kurze IC-Läufe kein entsprechendes Aufkommen haben, entfielen aus dem gleichen Grunde auch die IC 161/162 „Jakob Fugger" zwischen Stuttgart und München als erste bzw. letzte Verbindungen der Linie 1. Wegen einer Großbaustelle an der eingleisigen Strecke Lünen – Münster verkehrten alle IC der Linie 1 in diesem Fahrplan über Hamm, wurden aber 1974 im allgemeinen wieder auf den alten Weg zurückgelegt. Der bisher in Mannheim endende IC 160 „Präsident" wurde aus Umlaufgründen bis Ludwigshafen verlängert. Gleiches erfolgte bei IC 191 „Sachsenross", dessen Gegenzug nunmehr als IC 192 in Ludwigshafen begann. IC 153/156 „Prinzregent" erhielten im Zusammenhang mit der einheitlichen Numerierung der Züge im internationalen Verkehr die neuen Nummern IC 159/158 und verkehrten während der beiden Saisonzeiten im Sommer und Winter über München bis Innsbruck über Kufstein. Schließlich wurde IC 121 systemgerecht wieder über

Statt des planmäßigen 601 kam am 25. Mai 1974 im Lauf des IC 165 „Präsident" ein Vierwagenzug zum Einsatz, 103 134 mit der Garnitur zwischen Augsburg und München.
Aufnahme: Dieter Dettelbacher

Auch IC 159 „Prinzregent" wurde am 7. Juni 1975 statt mit einem 601 als Dreiwagenzug von Frankfurt nach München gefahren. *Aufnahme (bei Obereichstätt): Dieter Dettelbacher*

Wiesbaden statt Mainz gefahren. Somit wurden nunmehr im Sommer 1973 auf vier Linien mit 3 500 km Streckenlänge 32 Städte in zweistündigem Rhythmus von 30 TEE und 67 IC-Zügen bedient. In acht weiteren Städten hielten einzelne IC, um diesen vor allem in Tagesrandlagen günstige Reiseverbindungen zu bieten. Und weitere acht Städte wurden außerhalb des IC-Netzes durch TEE-Züge erschlossen. Das in diesem Jahr neu eingeführte Intercity-B-Netz wird ausführlich in Abschnitt c) dieses Kapitels behandelt werden, so daß hier darauf verzichtet wird, weitergehende Aussagen zu machen.

Zwei weitere Ereignisse dieses Jahres mögen aber noch festgehalten werden. Nachdem zwischenzeitlich ja bereits die Strecke Augsburg-Hochzoll – Olching mit 200 km/h befahren worden war, erreichte am 12. September 1973 im Rahmen der neuen Versuche zur Sammlung von Erfahrungen im höheren Geschwindigkeitsbereich ein Meßzug, bestehend aus der Lok E 103 118 und drei Meßwagen der BZA Minden (Westf) zwischen Rheda und Oelde auf der Linie 2 mit 252,9 km/h einen neuen nationalen Geschwindigkeitsrekord für die DB. Und dann kamen im Laufe des Jahresfahrplans 1973/74 auf der Linie 4 die eigens zum IC-Konzept entwickelten elektrischen Hochgeschwindigkeitstriebzüge der Baureihe 403/404 erstmalig zum Einsatz. Leider wurden diese Triebzüge auf der besetzungsschwächsten aller vier IC-Linien eingesetzt, so daß aufgrund der Nachfrage dort kaum ein wirtschaftlich vertretbarer Einsatz gegeben war und diese neuen Triebzüge bereits 1976 bei der Entwicklung des neuen Konzepts für diese IC-Linie weitgehend wieder abgezogen wurden. Durch diese unglückliche Einsatzgestaltung kamen sie für den IC-Verkehr zu spät und die Frage Triebzug/lokbespannter Zug war damit für die DB bis heute definitiv entschieden. Mehr darüber aber in Kapitel L.

Das Fahrplanjahr 1974/75 bringt als Ergebnis der FT Paris nach dem Beitritt Dänemarks zur EG die Umwandlung des bisherigen IC 110/119 zum TEE 34/35 unter dem Namen „Merkur" auf dem neuen Weg Stuttgart – Linie 1 – Hamburg Hbf – København, mit Bindung an den „Diamant" in Köln, so daß eine durchgehende umsteigemäßige TEE-Verbindung København – Bruxelles zustande kommt. Hamburg-Altona wird durch die Flügel TEE 1034/1035 angeschlossen, die die überwiegende Hamburger Wagengruppe einschließlich des WR führen. Dafür erhalten die IC 114/155 den Namen „Schwabenpfeil". Da der Weg über Lünen wieder nach Beendigung der Baumaßnahme frei ist, werden die meisten Züge der Linie 1 wieder über diesen Weg geführt. IC 160 „Präsident" wird über Ludwigshafen hinaus bis Wiesbaden verlängert, so daß die Leerfahrt Ludwigshafen – Frankfurt nunmehr sich in den kürzeren Weg Wiesbaden – Frankfurt ändert. Auf der Linie 3 muß sich IC 192 abermals eine Umnummerung in IC 190 gefallen lassen.

Im süddeutschen Raum kommt es zwischen den Linien 2 und 4 zu einer Systembereinigung dergestalt, daß die zweite Frühverbindung von München nach Frankfurt – Köln, IC 122 „Nymphenburg", und die letzte Spätverbindung von der Linie 2 nach München, der IC 192 „Herrenhausen", statt über Nürnberg nunmehr auf dem unmittelbaren Weg verkehren, wodurch in der Relation München – Frankfurt eine Beschleunigung von 19 Minuten eintritt. Im Tausch dagegen werden von der Linie 4 IC 182/189 „Hermes" über Augsburg – Nürnberg nach Würzburg und umgekehrt geführt. Um das nachmittags an Freitagen besonders starke Verkehrsaufkommen aus dem Rheinland und der Bundeshauptstadt nach Süddeutschland aufzufangen, verkehrt an diesen Tagen neu IC 161 „Gutenberg" Köln – Stuttgart auf der Linie 1. Die Wintersaisonzüge Frankfurt – Seefeld erhalten die neuen Nummern IC 1151/1150.

Das Fahrplanjahr 1975/76 brachte im IC-Verkehr nur geringfügige Änderungen, die sich aufgrund der inzwischen erkannten Benutzergewohnheiten ergeben hatten. Die sicher bemerkenswerteste Ausweitung über die bisherigen IC-Endpunkte hinaus war die Führung eines IC-Zugpaares an den Wochenenden nach und von Westerland, wobei IC 112 „Gambrinus" von der Linie 1 am Freitagabend nach der Insel Sylt verlängert wurde, während am Sonntagnachmittag IC 136 „Prinzipal" bereits in Westerland begann. Offensichtlich glaubte man im Wochenendverkehr ein Verkehrsbedürfnis hochwertiger Züge nach Sylt erkannt zu haben und da diese Züge bis heute – wenn auch in anderer Form – bestehen geblieben sind, muß die Marktnachfrage auch bestehen. IC 134 verkehrte statt über Hamm nun auch wieder über Lünen. Der „Dompfeil" IC 140 endete nunmehr in Bonn und wendete auf IC 137 „Toller Bomberg" nach Hamburg-Altona, der ebenfalls erst in Bonn begann. Beim „Prinzregent" IC 159/158 war das wochenendliche Zwischenspiel nach Innsbruck beendet und die Züge verkehrten nur noch Frankfurt – München und zurück und der Freitagsentlastungszug „Gutenberg" IC 161 war bereits zum Winterabschnitt 1974/75 wieder weggefallen. Die bisherige von Montag bis Freitag verkehrende Verbindung des „Friedrich Schiller" wurde zwar auf den Laufweg Stuttgart – Dortmund auf der Linie 1 ausgedehnt, aber IC 166 verkehrte nordwärts nur noch an Montagen, IC 167 südwärts an Freitagen. Die ursprünglichen Entlastungsfunktionen müssen also über die Woche nicht mehr erforderlich gewesen sein. Bevor 1976 eine Zwischenentwicklungsstufe im IC-Verkehr eintrat, mögen noch einige bemerkenswerte Darlegungen zum IC-Verkehr und den

IC 185 „Nordwind" am 7. Juni 1975 mit der Eidelstedter 103 186 bei Möhren.
Aufnahme: Dieter Dettelbacher

103 148 durchfuhr am 3. Juli 1975 mit IC 148 „Wilhelm Busch" auf dem Weg nach Köln den Bf Herford.
Aufnahme: Richard Schulz

zwischenzeitlich eingetretenen Geschwindigkeitsknick im schnellen Reisezugangebot der DB erlaubt sein.

Vom Kriegsende bis 1969 haben sich die Zuggeschwindigkeiten in dem Netz der DB stetig verbessert. Die Gründe hierfür sind allgemein bekannt. Erstmals von 1969 bis 1970, wobei jeweils der Sommerfahrplanabschnitt betrachtet wurde, gab es geringfügige Abstriche und zwar ungleich auf die drei betrieblich ähnlichen Gruppen, nämlich TEE, F-Züge und F-Triebwagen verteilt. Beispielsweise hatte man den 601 etwa im Dienst des „Prinzregent" überschätzt und mußte etwas Zeit zulegen. Im Sommer 1971 jedoch fuhr man durchweg wieder etwas schneller, wobei allerdings die Beschleunigungen in erster Linie den TEE, weniger den F-Zügen zukamen, während die F-Triebwagen abermals langsamer wurden. Die Durchschnittsgeschwindigkeit aller drei Gruppen war aber in diesem Sommer ein Maximum. Dann kam die Entspannung der Fahrpläne, da die zum Winter 1971/72 angekündigten Fahrzeiten im Betriebe nicht gehalten werden konnten. Es wäre daher auch unrealistisch, sie für eine Durchschnittsgeschwindigkeit des Winters 1971/72 auswerten zu wollen. Man muß aber zugeben, daß die Fahrzeitentspannung nur einen recht gelinden Verlust an Reisegeschwindigkeit bewirkte, wovon abermals die drei Gruppen, TEE, IC-Züge und IC-Triebwagen, unterschiedlich betroffen worden sind. Bei den TEE mag berücksichtigt werden, daß nicht alle Kurse auf Strekken verkehren, die den technischen Stand der IC-Linie innehaben, so etwa „Goethe", „Bavaria" und neuerdings „Merkur" nördlich von Hamburg. Dies mag die Ursache dafür sein, daß im Sommer 1974 die TEE insgesamt um 4,3 km/h langsamer waren als 1971, die Gesamtheit der Prominentzüge indessen nur um 2,8 km/h.

Die Einzelheiten können aus der nachstehenden Zahlentafel entnommen werden, die sich auf alle diejenigen Züge bezieht, die regelmäßig montags - freitags verkehrten; genau genommen waren es freitags etwas mehr, am Wochenende etwas weniger Züge, auch mit etwas anderen Durchschnittsgeschwindigkeiten. Die in der letzten Zeile angegebenen täglichen Zugkilometer lassen deutlich die enorme Steigerung des Angebots erkennen, das sich also von 1969 bis 1974 mehr als verdoppelt hat.

Insgesamt hat das deutsche IC/TEE-Netz in der ganzen Welt nicht seinesgleichen. Zwar fahren französische und einige wenige italienische Züge schneller, von einem Schnellverkehrsnetz kann man aber in Frankreich kaum sprechen, eher von einem Stern, während in Italien die zeitlichen Abstände zwischen den Rapid-Zügen größer sind als bei uns. Eine Sonderstellung nimmt England ein, wo auf einigen Strecken weit intensiver gefahren wird als bei uns und bei etwa gleichem Tempo, indessen ohne Umsteige- und Anschlußverbindungen gleichen Stils. Übrigens hat man auch in England und in Italien die Fahrzeiten auf vielen Hauptstrecken entspannen müssen. Daß das deutsche IC-Netz eine so einmalige Sache ist mit seinen knappen Anschlüssen, hat aber einen ganz anderen Grund, der vielleicht noch kaum einem Benutzer bewußt geworden ist: es trifft, wenn man genau hinsieht, ja nicht zu, daß die Züge eines Taktes miteinander vermascht sind. Vielmehr treffen in Köln und in Würzburg jeweils Züge des gleichen Taktes zusammen, nicht aber in Mannheim, wo der Zug Hamburg – Bremen – Basel auf den von Köln usw. kommenden Zug des nächsten Taktes trifft. Wer es nicht glaubt, möge es sich anhand des Fahrplans ansehen. Und diese Besonderheit, daß man gleichtaktige Anschlüsse in Köln und Würzburg mit einem gewissermaßen „Sprung"-Anschluß in Mannheim unter einen Hut bringen kann, ist nur aufgrund der geographischen Ausformung des Netzes und der dadurch bedingten Fahrzeiten möglich: ein Zug von Köln nach Würzburg braucht rund die gleiche Zeit wie von Hannover nach Würzburg, ein Zug von Köln nach Mannheim aber braucht ziemlich genau zwei Stunden weniger als ein Zug von Hannover nach Mannheim. Das ist das Geheimnis des Systems, es entdeckt und realisiert zu haben, fast schon genial.

Mittlere Reisegeschwindigkeiten im TEE/IC-Netz der DB

	1969	1970	1971	1972	1973	1974	
TEE	106,0	105,7	107,9	103,8	104,1	103,6 km/h	
F (Züge)	106,1	106,3	106,8	104,8	105,3	104,7 km/h	(jetzt IC)
F (Triebw.)	107,8	106,9	106,1	101,7	102,9		(jetzt IC)
Durchschnitt	106,3	106,1	107,2	104,3	104,7	104,4 km/h	

Tägliche Zugkilometer (mo - fr) im TEE/IC-Netz der DB

	1969	1970	1971	1972	1973	1974
alle zus.	28 463	29 974	30 857	60 284	59 902	60 173 km/Tag

Lag bei Einführung des IC-Systems die Reisegeschwindigkeit des schnellsten Zuges im Winter 1971/72 bei 122,5 km/h bei IC 131 „Prinzipal" und stieg sie im Sommer 1972 kurzzeitig bei den „Kurz-

IC 145 „Porta Westfalica" durchfährt am 3. Juli 1975 Herford auf dem Weg nach Hannover.
Aufnahme: Richard Schulz

Am 8. Juli 1975 überquerte eine 601-Einheit als IC 142 „Germania" die große Talbrücke bei Bielefeld.
Aufnahme: Slg. DGEG

läufen" der „Seute Deern" IC 190/195 auf 124,5 km/h an, so konnten in den Folgejahren diese Werte bei weitem nicht mehr gehalten werden. 1973 waren es beim „Tollen Bomberg" IC 130 nur noch 114,6 km/h, 1974 beim „Markgraf" IC 103 gar nur noch 113,0 km/h und 1975 wurden dann wieder 114,9 km/h bei den IC 171/177 „Merian" erzielt, also alles Züge, die gemessen am gesamten IC-Netz relativ kurze Zugläufe hatten. Immerhin noch neun IC lagen 1975 unter 100 km/h Reisegeschwindigkeit, wenn man die Saison-IC 1150/1151 ausklammert. Somit war die durchschnittliche Reisegeschwindigkeit der IC nach dem Knick von 1972 wieder langsam gestiegen, hatte aber bei weitem noch nicht die damaligen Werte wieder erreicht. Nähere Angaben hierzu möge den Übersichten und Anhängen entnommen werden.

Der Jahresfahrplan 1976/77 brachte als Folge der auf der FT Paris getroffenen Entscheidungen über die Läufe der TEE auch zwangsläufig Änderungen im IC-Netz. Darüber hinaus lagen nunmehr genügend Erfahrungen mit diesem 1971 neu eingeführten System vor, so daß nunmehr entsprechende Korrekturen an das tatsächliche Verkehrsaufkommen und Verkehrsverhalten der Benutzer vorgenommen werden konnten. Aufgrund der unbefriedigenden Besetzung der Züge der Linie 4 wurde die erste größere Korrektur am Gesamtsystem vorgenommen: Die Umwandlung einer Anzahl von Zügen von nur 1. Klasse in doppelklassige IC-Züge. Darüber aber mehr im nächsten Abschnitt. Um hier den Zusammenhang der Entwicklung nicht zu zerreißen und die Hinführung zu IC 79 darstellen zu können, werden Änderungen bei diesen Zugläufen künftig im nächstfolgenden Abschnitt behandelt werden. Hier wird nur noch eine chronologische Behandlung der weiterhin nur 1. Klasse führenden IC vorgenommen. Insofern lassen sich Verweisungen mit Abschnitt b) dieses Kapitels in den folgenden Jahren bis 1978 nicht ganz vermeiden.

Was änderte sich nun im Jahresfahrplan 1976/77, wobei die wieder häufigeren Änderungen von Verkehrstagen auf dem ganzen Zuglauf oder Teilabschnitten an Wochenenden außer Betracht bleiben sollen? TEE 23 „van Beethoven" wurde ca. 105 Minuten früher als bisher gefahren und bis Nürnberg durchgeführt. Dadurch entfiel IC 125 „Adler" zwischen Köln und Nürnberg und verkehrte unter der neuen Zugnummer IC 146 und dem neuen Namen „Wilhelm Busch" nur noch zwischen Hannover und Köln auf der Linie 2, wobei in Köln Anschluß an den „van Beethoven" bestand. Durch die Neuführung des TEE „Prinz Eugen" statt nach Bremen von Würzburg über Köln nach Hannover ergaben sich auf den Linien 2 und 4 eine Reihe von Änderungen. Als Ersatz zwischen Würzburg und Bremen wurde das neue IC-Paar 181/188 geschaffen (siehe Abschnitt b)). Da TEE 26/27 zwischen Würzburg und Hannover IC-Trassen auf der Linie 2 übernahmen, entfiel IC 126 zwischen Dortmund und Hannover und verkehrte München — Dortmund unter dem neuen Namen „Adler". Im Gegenlauf entfiel IC 148 „Wilhelm Busch". Außerdem entfiel auf der Linie 2 IC 144 „Porta Westfalica".

Auf der Linie 1 hatte die Umlegung des „Erasmus" auf den Weg über Stuttgart — Mannheim — Mainz zur Folge, daß IC 114/115 „Schwabenpfeil" auf dem Abschnitt München — Köln entfallen konnten. Nördlich Köln verkehrten sie nunmehr unter der Bezeichnung IC 139/138 „Glückauf" nach Hamburg-Altona. Die bisher diesen Namen führenden IC 113/116 erhielten den frei gewordenen Namen „Schwabenpfeil". Zeitlich wurde ihre Lage den neuen Verhältnissen angepaßt. Der erst im Vorjahr bis Wiesbaden verlängerte IC 160 „Präsident" wurde wieder auf Ludwigshafen zurückgenommen. Dafür verkehrte aus Umlaufgründen auf der Linie 3 IC 191 „Sachsenross" nur noch bis Frankfurt.

Im Zusammenhang mit der Einführung der 2. Wagenklasse auf der Linie 4 wurde der Laufweg von IC 173 „Mercator" auf Hamburg-Altona — Basel SBB umgelegt, während der „Riemenschneider" in Bremen begann (siehe Abschnitt b)). Durch die Früherlegung des „L'Arbalète" entfiel der Kurswagenlauf Hamburg-Altona — Zürich in IC 177 „Diplomat" und während der Saison wurden bei den IC 112 und 136 die Verkehrstage am Wochenende nach und von Westerland ausgedehnt, nachdem sich der vorjährige Versuch des Angebots eines hochqualifizierten Zuges nach Sylt als erfolgreich erwiesen hatte. IC 128 „Hans Sachs" endete nunmehr paarig zu IC 121 in Hagen, so daß die bisherige Leerfahrt zwischen Dortmund und Hagen entfallen konnte.

Auf der EFK Budva für den Jahresfahrplan 1977/78 kündigte die DB für 1979 die Einführung eines erweiterten Intercity-Systems an und bat wegen der damit verbundenen erheblichen Änderungen im Gesamtfahrplangefüge, die rechtzeitig auf bilateraler und internationaler Ebene abgesprochen würden, nur die notwendigsten Änderungen im internationalen Fahrplan vorzunehmen. Nachdem auch ihr erneuerter Antrag von der EFK Basel 1969 auf Einführung eines unter dem Namen „Romulus" verkehrenden weiteren TEE München — Roma abgelehnt worden war, ergaben sich im TEE-Netz kaum Änderungen, die sich auf das IC-Netz auswirkten. Und was sie international erbeten hatte, führte sie auch national durch, so daß im IC-Netz nur geringfügige Korrekturen vorgenommen wurden. Davon betraf die überwiegende Zahl die Verbesserung von Fahrzeiten, denn inzwischen war

Aufgrund eines Maschinenschadens mußte am 26. April 1976 IC 137 „Toller Bomberg" von 103 151 des Bw Frankfurt 1 geschleppt werden. *Aufnahme (bei Ingelheim): Peter Konzelmann*

Frischen Wind im IC-Dienst sollten die neuen Triebzüge der Gattung 403 bringen: 403 003 als IC 180 „Albrecht Dürer" am 24. Juni 1976 bei Siegelsdorf. *Aufnahme: Dieter Dettelbacher*

IC 103 „Markgraf", gebildet aus 601 016, fährt im Juli 1976 auf dem Weg nach Basel in Freiburg Hbf ein.
Aufnahme: Gerhard Greß

Verkehrsknoten Nürnberg Hbf am 5. Januar 1978: Soeben ist 403 001 als IC 182 „Hermes" aus München eingelaufen, auf den Nebengleisen warten 103 144 und 111 039.
Aufnahme: Dieter Dettelbacher

es oberbaumäßig endlich gelungen, die in Betracht kommenden Strecken weitgehend auszubauen, und auch die signalmäßigen Voraussetzungen zur Erhöhung der Leistungsfähigkeit der IC-Strecken waren schon weit gediehen. Und noch einen Erfolg konnte die DB endlich erzielen: Mit Beginn des Sommerabschnitts am 22. Mai 1977 konnte der 42,7 km lange Abschnitt Lochhausen — Augsburg-Hochzoll als erster Abschnitt im Netz der DB generell für IC und TEE mit der Höchstgeschwindigkeit von 200 km/h befahren werden.

IC 133 konnte nun auch über Lünen statt über Hamm geleitet werden und IC 166/167 „Friedrich Schiller" verkehrten bereits ab dem Winterabschnitt 1976/77 nunmehr auf dem gesamten Laufweg Stuttgart — Dortmund montags bis freitags, so daß hier erstmalig auf einem längeren Abschnitt der Linie 1 der Einstundentakt verwirklicht war. Zwischen IC 120 „Münchner Kindl" und IC 180 „Albrecht Dürer" konnte in Würzburg wechselseitiger Anschluß hergestellt werden, so daß nicht nur Augsburg einen Anschluß zum Rhein und zur Ruhr erhielt, sondern man in München später abfahren konnte, um in Würzburg IC 180 noch zu erreichen. IC 136 „Prinzipal" wurde so beschleunigt, daß er noch vor Mitternacht in Köln ankam und der „Markgraf" erhielt südwärts zusätzlichen Halt in Baden-Oos, IC 108 in Offenburg.

Im Prinzip hatte die DB beschlossen, ab dem Jahresfahrplan 1979/80 in Form eines „Integrierten Bedienungs-Systems (IBS)" auf den vier bisherigen IC-Linien einen einstündigen starren Taktfahrplan mit Intercity-Zügen beider Wagenklassen im reinen Blockzugsystem einzuführen. Der Jahresfahrplan 1978/79 stellte zu dieser neuen Konzeption eine Übergangsphase dar, bei der auf der Linie 1 zwischen Hamburg und Köln bereits dieses neue IBS testweise durchgeführt wurde. Gleichzeitig wurden aus Umlaufgründen weitere bisherige IC nur 1. Klasse in die Versuchsphase mit beiden Wagenklassen einbezogen, ja selbst TEE erhielten auf Zu- oder Auslaufstrecken übergangsweise beide Wagenklassen. Dabei schwankte sogar noch zwischen Sommer- und Winterabschnitt der Anteil der mit beiden Wagenklassen geführten Züge. Insofern stellt der Jahresfahrplan 1978/79 einen Übergangsfahrplan zwischen dem bisherigen Prinzip des Zweistundentaktes hochwertiger komfortabler Züge nur 1. Klasse und dem neuen IBS mit Blockzügen beider Wagenklassen dar. Und es läßt sich daher nicht vermeiden, daß bei der Chronologie des IC-Verkehrs 1971 - 1978 eine Aufspaltung im Jahre 1978 hier und in den folgenden Abschnitten erfolgen muß.

Maßgebend für den „Übergangsfahrplan" war die Produktionsplanung für diesen Fahrplan, die wie immer in Abstimmung mit der Absatz- und Verkaufsplanung erfolgte. Die Betriebs- und Verkehrsleistungen in TEE und IC in den Jahren 1975 - 1977 sind aus anliegendem Schaubild zu erkennen. Sie bildeten die Grundlage für die weiteren Planungen am IBS.

Danach war 1977 im Vergleich zu 1976 eine erfreuliche und positive Entwicklung zu verzeichnen. Die Inanspruchnahme stieg um über 10 %, wobei rund 7 % auf die 1. Klasse entfielen. Damit wurden sogar die Reisendenzahlen des als günstig angesehenen Jahres 1974 überschritten. Bereits von Januar bis Mai 1977 war eine Verkehrszunahme in der 1. Klasse von 4 % festzustellen, unter Einbeziehung der IC-Züge mit 2. Klasse waren es sogar rund 7 %. Selbst in dem bekannten „Sommertief" im IC-Verkehr durch die fortfallenden Geschäftsreisen infolge der Ferienzeit in den Monaten Juni - August war noch in der 1. Klasse eine Zunahme um rund 4 % festzustellen. Ab September setzte sich dann der Aufwärtstrend verstärkt fort, so daß dann in der 1. Klasse die Reisendenzahlen um 12 %, in beiden Klassen um etwa 16 % anstiegen. Somit ist nach wie vor in den Wintermonaten die Inanspruchnahme der TEE und IC in den Wintermonaten trotz tarifarischer Maßnahmen für die „Sommerpause" zur Belebung der Besetzung deutlich höher gewesen. In diesen verkehrsstarken Monaten lag das Verkehrsaufkommen im Durchschnitt ein Drittel über dem Monatsmittel der Monate Juli und August. Im Zusammenhang mit dem gestiegenen Reisendenaufkommen wurde 1977 das Platzangebot in der 1. Klasse um etwa 7 %, in beiden Klassen um rund 9 % erhöht. Dabei verbesserte sich die Platzausnutzung in den am meisten besetzten Zuglaufabschnitten in der 1. Klasse auf 54 %; in der 2. Klasse stieg sie von 25 % in 1976 auf 44 % in 1977.

Nach den gegebenen Planungsrichtlinien hatte die Vorphase zum IBS anzulaufen. Zu diesem Zeitpunkt am 28. Mai 1978 hatten alle IC-Züge der Linie 1 in der Relation Köln — Hamburg mit beiden Wagenklassen zu fahren. Außerdem war das bisherige IC-Angebot zu einem Einstunden-Rhythmus zu verdichten. Zwischen den Stunden 6 und 20 verkehrte ab Köln und Hamburg stündlich ein doppelklassiger IC-Zug. Die Ausnahme bildeten wegen der Lage ab Paris, die eine Einbindung in den Takt nicht gestattete, das TEE-Paar 32/33 "Parsifal" sowie das von einem besonders starken Geschäftsreiseverkehr frequentierte bisherige IC-Paar 112/117 „Gambrinus", das im Vorgriff auf die beim IBS angestrebte Lösung derartiger Fälle als TEE 14/15 München — Köln — Hamburg unter Beibehaltung seines Namens nur mit 1. Klasse verkehrte. Durch die neue Bedienungsform sollte für die Reisenden der 1. Klasse die Zahl der schnellen Verbindungen gegenüber dem bisherigen IC-

Darstellung der monatlichen Betriebs- und Verkehrsleistungen im TEE/IC-Verkehr 1975, 1976, 1977

Quelle: Zugkilometer = BSt-Blatt 02

Plätze und Reisende = Reisendenschnellzählung

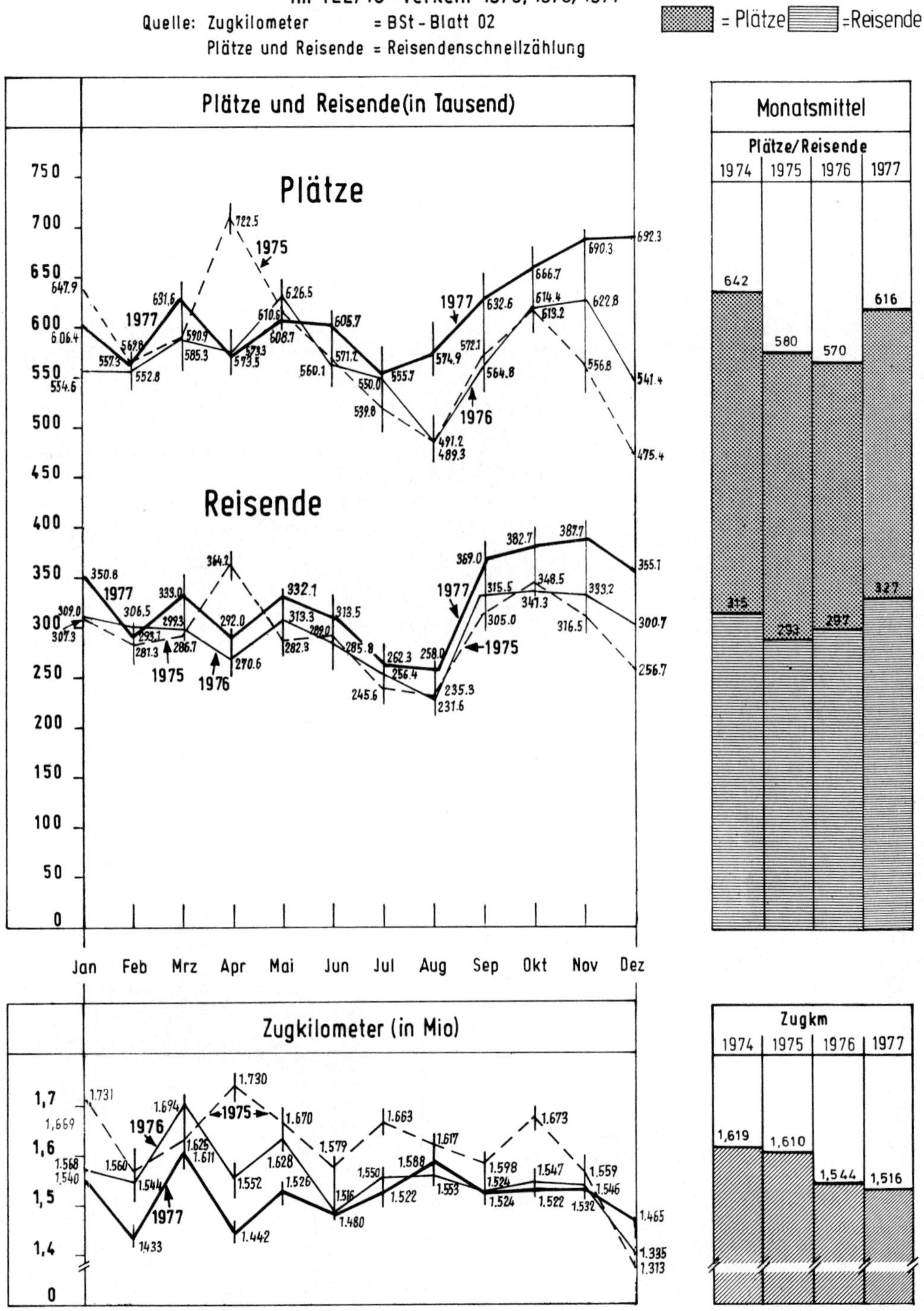

103 160 passierte am 20. August 1977 mit IC 111 „Rheinblitz" den Bf Tamm (Württ).
Aufnahme: Herbert Stemmler

IC 160 „Präsident" am 13. April 1978 in Asperg. Aufnahme: Rudolf P. Pavel

Die Endwagen der 601-Garnituren erhielten nach und nach das DB-Emblem: IC 153 „Prinzregent" im Mai 1978 bei Schwabach. *Aufnahme: Herbert Stemmler*

Ein Gasturbinenzug der Gattung 602 fuhr am 18. Mai 1978 als IC 131 „Prinzipal" Köln – Hamburg bei Münster nordwärts. *Aufnahme: Ludwig Rotthowe*

System im Zweistundentakt verdoppelt und für die Reisenden der 2. Klasse ein einstündiges Verkehrsangebot geschaffen werden, das letzteren gegenüber den bisherigen D-Zugverbindungen etwa 30 - 40 Minuten kürzere Reisezeiten bot. Dabei wurde ein Teil der neuen IC-Leistungen im Zwischentakt durch die Umwandlung bisheriger D-Züge in IC gewonnen. Die zwischen Köln und Hamburg weiterhin verkehrenden sechs Tagesschnellzüge im Sommer (im Winter fünf) hatten die Beförderung von Post, Gepäck und Expreßgut vorzunehmen, wogegen TEE und IC grundsätzlich ohne Packwagen zu fahren waren. Da die IC aufgrund der Linienführung der Linie 1 über Lünen — Dortmund — Essen gefahren wurden — sofern nicht ein Trassentausch mit Linie 2 zwischen Dortmund und Köln erfolgte — wurden die Schnellzugverbindungen über Recklinghausen und die Wupper ausgerichtet. Darüber hinaus wurden verschiedene IC dieser Linie über Köln hinaus südwärts und nordwärts verlängert, so daß z.B. Nürnberg, Stuttgart oder København zu IC-Endpunkten des neuen Systems wurden. Über die Umwandlung in IC bzw. die streckenweise Führung von TEE mit 2. Klasse wurde bereits in Kapitel G berichtet. Außerdem wurden neben der Linie 4, die bisher schon weitgehend doppelklassig gefahren wurde, auch in der Relation Frankfurt — München verschiedene IC mit beiden Wagenklassen ausgestattet.

Da aus der Sicht der Kunden der Reisegeschwindigkeit eine besondere Bedeutung beigemessen wird, wurde bei der Zahl der Halte ein besonders strenger Maßstab angelegt. Aktuelle Untersuchungen ergaben, daß allein auf den 33 IC-A-Systemhaltebahnhöfen (= 7,7 % aller Haltebahnhöfe im Schienenpersonenfernverkehr der DB) ca. 60 % aller Reisenden des Fernverkehrs zu- oder ausstiegen. Daher wurde auch allen Anträgen auf weitergehende Halte beim Betriebsversuch des IBS auf der Linie 1 widersprochen. Da für 1979 auf allen vier IC-Linien die Einführung des IBS vorgesehen war, wurde auf weitergehende grundsätzliche Neuerungen im Fernverkehr verzichtet.

Der Wagenbestand in der 1. Klasse bei den reinen A-Wagen für den IC-Verkehr war in diesem Fahrplanjahr ausreichend. An fünf Knotenbahnhöfen standen für IC-Ersatzzüge je eine Garnitur, aus je drei blauen Am-Wagen mit Mg-Bremse bestehend, zur Verfügung. Durch die Lieferung von 123 Bm 234 konnte der entstandene Neubedarf von 129 Wagen für das IBS ohne Schwierigkeiten abgedeckt werden; im Hinblick auf das im Jahr 1979 einzuführende IBS waren zahlreiche Bm anderer Bauarten im Umbau zu Bm 234, so daß hier im Laufe des Jahres mit weiteren Zugängen zu rechnen war. Nicht so befriedigend war die Lage auf dem Speisewagensektor, jedoch erwartete man von den 40 bestellten Quick-Pick-Wagen, von denen bereits sechs vorhanden waren, noch im Laufe des Sommers weitere 12, die teilweise im IC-Verkehr zum Einsatz kommen sollten. Ob dies allerdings eine Qualitätsverbesserung gegenüber dem bisherigen Speisewagenservice klassischer Prägung darstellte, mag füglich bezweifelt werden. Die bei Einführung von IC 79 denn auch aufgetretenen massiven Proteste auf nationaler wie internationaler Ebene gegen diese Wagen sprechen eigentlich für sich. Doch davon später.

Was änderte sich eigentlich im Jahresfahrplan 1978 im IC-A-Netz? Die sich aus der weitergehenden Einführung der 2. Klasse ergebenden Änderungen werden in Abschnitt b) behandelt werden; hier sollen nur die Änderungen im alten Stammnetz dargestellt werden. Zunächst wurde einmal grundsätzlich entschieden, daß aus wirtschaftlichen Gründen auf der Linie 2 auf der 41 km langen Strecke Frankfurt — Wiesbaden die jetzt auf drei Abschnitten mit insgesamt 27,0 km mögliche Hg von 160 km/h nicht angewendet wird, da im Verhältnis zu dem geringen Fahrzeitgewinn von 0,8 bzw. 1,4 Minuten die Beigabe eines Beimanns, der nach den gesetzlichen Bestimmungen bei einer Hg über 140 km/h erforderlich wäre, nicht in Betracht komme. Diese Frage war bereits 1976 einmal geprüft und abschlägig beschieden worden. Die Umlaufregelung für die ET 403 und die siebenteiligen VT 601 wurde wie folgt festgelegt:

a) ET 403 IC 180 München — Bremen, IC 187 Bremen — München, IC 182 München — Bremen, IC 189 Bremen — München. Im Winterabschnitt waren IC 180/187 an Montagen und Freitagen fünfteilig zu fahren,

b) VT 601 IC 190 Ludwigshafen — Hamburg-Altona, IC 191 Hamburg-Altona — Frankfurt, Lr Frankfurt — Wiesbaden, IC 163 Wiesbaden — München, IC 160 München — Ludwigshafen.

Da für das vorgesehene IBS die vorhandenen Lok der Baureihe E 103 nicht als ausreichend angesehen wurden, sollten E 111 ebenfalls im IC-Verkehr mit Hg 160 km/h gefahren werden. Für einen längeren Betriebsversuch wurden daher mit Lokbaureihe E 111 statt E 103 alle TEE und IC der Linie 3 zwischen Frankfurt und Basel mit Ausnahme der TEE 6 und 7 und der IC 103 und 108 vorgesehen, wobei zwangsläufig in Mannheim Lokwechsel sein mußte. Diese Regelung wurde später wieder teilweise fallengelassen; andererseits liefen verschiedene TEE und IC der Linie 3 in diesem Fahrplanabschnitt südlich Mannheim teilweise sogar mit Doppeltraktion E 111. Für die Festlegung der Zugnummern im IBS-Versuch Köln — Hamburg wurden noch keine bindenden Regelungen erlassen, so daß diese Züge entweder mit ihren bisherigen Nummern oder ihren „Arbeitsnummern" der bisheri-

403 002 als IC 180 „Albrecht Dürer" am 20. September 1978 bei Hagenbüchach.
Aufnahme: Dieter Dettelbacher

IC 168 „Hessen-Kurier" am 10. November 1978 in Plochingen. Aufnahme: Herbert Stemmler

gen Studien gefahren wurden, die in den Hunderterreihen von 501 bis 699 lagen, die nunmehr von D-Zügen nach und nach freizumachen waren. Da Bochum durch die Einführung des zweiklassigen IC-Systems als Haltebahnhof ursprünglich nicht vorgesehen war, andererseits aber alle verbleibenden D-Züge über andere Wege verkehrten, wurde nachträglich zugestanden, daß in Bochum drei IC-Zugpaare des doppelklassigen Systems Köln — Hamburg dort halten dürften.

Abweichend von der bisherigen Regelung, die im IC-Netz eintretenden Änderungen möglichst nach IC-Linien zusammenzufassen, soll von hier ab der besseren Übersichtlichkeit halber abgewichen werden und das bei der DB übliche Bearbeitungsschema nach Dekaden übernommen werden. Damit ist sichergestellt, daß alle Änderungen von Bedeutung im Zusammenhang erfaßt werden. Somit ergaben sich für 1978/79:

a) Dekade 0: keine Änderungen,
b) Dekade 1: IC 112/117 „Gambrinus" werden zu innerdeutschen TEE 14/15 München — Köln — Hamburg-Altona als reine 1. Klassezüge mit gleichem Zugnamen zusammengefaßt, wobei TEE 14 samstags und sonntags nördlich Köln nicht verkehrte. Die bisherigen TEE 26/27 „Prinz Eugen" werden unter Beibehaltung der Zugnummer durchgehend als IC im Bereich der DB, im Bereich der ÖBB als Ex bezeichnet, wobei eine Anpassung der Zugnummern bis 1979 zurückgestellt wurde.
c) Dekade 2: keine weitergehenden Änderungen,
d) Dekade 3: Die sich hier ergebenden Änderungen waren weitgehend durch die Einführung der IBS-Vorstufe Köln — Hamburg bedingt und werden daher im nächsten Abschnitt behandelt. Da bisher IC 130 auf IC 147 einerseits und IC 140 auf IC 137 wendeten, IC 130 und 137 aber mit beiden Klassen neu verkehrten, mußte IC 140 im Winterabschnitt zwischen Bonn und Frankfurt ausfallen und IC 147 bereits ab Bonn verkehren, um eine ganzjährige Wende IC 140 auf IC 147 herzustellen.
e) Dekade 4: keine Änderungen,
f) Dekade 5: keine Änderungen,
g) Dekade 6: keine Änderungen,
h) Dekade 7: Der Antrag, IC 175 und 176 im Interesse des wechselseitigen Übergangs auf die bereits zweiklassigen IC 185/186 in Hannover auch zweiklassig zu fahren, wurde mit der Begründung, daß hierfür zu diesem Fahrplan die erforderlichen Bm 234 noch nicht zur Verfügung ständen, nicht weiter behandelt. Dafür erhielten aber IC 170 und IC 179 neue Halte in Offenburg, da einmal durch die Elektrifizierung der Schwarzwaldbahn Tagesrückreisen in das Rhein-Ruhrgebiet möglich wurden und zum anderen in einer neu eröffneten Flugverbindung Strasbourg — Köln eine ernste Abwanderungskonkurrenz gesehen wurde.
i) Dekade 8: keine Änderungen,
k) Dekade 9: keine Änderungen.

Darüber hinaus war es erforderlich, die Fahrpläne der Züge der Linie 2 an die des Einstundentaktes der Linie 1 anzupassen, um die Verknüpfung in Dortmund und Köln jeweils zu erhalten. Dies wirkte sich naturgemäß voll auf diese Linie aus. Auf der Linie 1 südlich Köln ergaben sich bei den IC, die nur die 1. Klasse führten, keine weitergehenden Änderungen, da der „Gambrinus" als TEE durchgeführt wurde und „Rheinblitz" und „Schwabenpfeil" weiterhin bis und ab Dortmund bzw. Münster verkehrten. Südlich Köln waren dagegen durch die Einführung der 2. Klasse in bestimmten Zügen bis Nürnberg, Frankfurt und Stuttgart die Verbindungen teilweise günstiger geworden (siehe Abschnitt b)).

Zum Sommerfahrplan 1978 konnte die DB weitere drei Abschnitte mit 200 km/h Höchstgeschwindigkeit befahren. Hiervon waren alle Linien betroffen, so daß bei durchgehenden über die ganze Linie verkehrenden Zügen weitere für 200 km/h geeignete Wagen eingesetzt werden mußten. Dies wirkte sich naturgemäß auf die Gestaltung der Umlaufpläne aus. Es handelte sich um die Abschnitte

— Augsburg-Oberhausen — Bäumenheim mit 36,5 km
— Sprötze — Lauenbrück mit 19,5 km,
— Uelzen — Langenhagen (Han) mit 78,4 km.

Somit waren nunmehr vier Abschnitte mit insgesamt 177,1 km für 200 km/h befahrbar. Sicher ein im Gesamtverhältnis zum IC-Netz nur sehr kleiner Bereich, aber nun war auch bei der DB ein Anfang zum Vorstoß in höhere Geschwindigkeitsbereiche im Regelverkehr in größerem Umfang gemacht.

Mit dem 26. Mai 1979 endete der mit Beginn des Winterfahrplans 1971 begonnene Verkehr eines hochwertigen, schnellen Intercity-Netzes hoher Komfortstufe mit nur 1. Klasse im Zweistundentakt auf vier Linien im Bereich der DB und führte ab 27. Mai 1979 zur vollen Einführung des Integrierten Bedienungs-Systems, besser unter dem Markennamen „IC 79" bekannt. Wurden im Sommer

IC 1150 „Karwendel" am letzten Betriebstag, 17. März 1979: 601 004 und 009 auf der Mittenwaldbahn bei Klais.
Aufnahme: Ludwig Rotthowe

Zwei Tage vor seiner Einstellung steht IC 163 „Hessen-Kurier" am 24. Mai 1979 in Gleis 15 des Stuttgarter Hbf zur Weiterfahrt bereit.
Aufnahme: Berndt v. Mitzlaff

IC 160 „Präsident" am 24. Mai 1979 vor der Abfahrt in München Hbf. Zwei Tage später wurde auch dieser Zuglauf vom IC 79-System abgelöst. Aufnahme: Berndt v. Mitzlaff

Am 4. Juni 1978 führte die Frankfurter 103 171 IC 26 „Prinz Eugen" von Wien West bis Frankfurt, hier zu sehen bei Seubersdorf. An der Spitze laufen die beiden ÖBB-Bmoz, die zwischen Wien und Frankfurt diesen Zug zweiklassig machten, während er weiter nordwärts bis Hannover nur die 1. Kl führte. Aufnahme: Dieter Dettelbacher

1972 zusammen mit den weitgehend integrierten TEE 60284,0 Zugkilometer werktäglich gefahren (reine IC 46012,7 km), so waren es im Sommer 1978 als letztem Betriebsjahr dieses Systems 65151,2 Zugkm (reine IC 50 676,3 km). Die Reisegeschwindigkeit dieser Züge hatte sich von 1972 mit 104,3 km/h (reine IC 104,4 km/h) auf 105,3 km/h erhöht, eine Auswirkung der inzwischen durchgeführten Oberbaumaßnahmen und der Anhebung bestimmter Abschnitte auf eine Hg von 200 km/h. Dagegen war die mittlere Haltestellenentfernung von 1972 mit 76,5 km auf 71,7 km im Jahre 1978 abgesunken, ein Zeichen, daß doch trotz der eindeutigen Haltung der DB zur Frage der Einrichtung zusätzlicher Halte die nach und nach bei bestimmten Zügen in Tagesrandlagen eingeführten zusätzlichen Halte sich hier negativ ausgewirkt hatten. Und hatte das System mit 122,5 km/h bei IC 131 „Prinzipal" im Winter 1971/72 als schnellstem Zug begonnen, so endete es 1978 bei 119,2 km/h Reisegeschwindigkeit bei IC 179 „Kommodore". Dies ist um so bemerkenswerter, da doch gerade ein Langlauf über die Gesamtstrecke der Linie 3 mit deren ungünstiger Trassierung über die Mittelgebirgsschwelle ein derartiges Ergebnis nicht hätte erwarten lassen. Aber die Linie 3 war eigentlich immer im Gesamtverhältnis aller IC eines Jahres sehr schnell, trotz der Führung über diese Mittelgebirgsschwelle, zweimaligem Kopfmachen in Frankfurt und Mannheim und Führung über die sehr stark belastete Nord-Süd-Strecke. Dies war eine fahrplantechnische Meisterleistung, zumal Züge dieser Linie allgemein nicht so verspätungsanfällig wie die anderer Linien waren.

b) IC mit 2. Klasse als Vorphase zum Einstundentakt zwischen 1976 und 1978

Im September 1971 war das Intercity-System als reines hochwertiges Angebot nur 1. Klasse eingeführt worden. Es war im vorhergehenden Abschnitt ja ausführlich dargelegt worden, warum die DB gerade Züge nur mit 1. Klasse in diesem System fuhr. 1975 erkannte man eine gewisse Stagnation bei den Zuwachsraten, woraus die Unternehmensleitung ableitete, daß der anvisierte und langfristig geplante weitere Ausbau des Netzes zu weiteren Linien im A-System und einer Verdichtung des Taktes gefährdet sei. Ja, man trug sich sogar aus wirtschaftlichen Erwägungen mit dem Gedanken von Einschränkungen überall dort, wo durch die nachlassende Nachfrage die Zugauslastung gering war. So wurden Untersuchungen angestellt, ob es nicht möglich wäre, die schwachen Züge so auszulasten, daß sie wirtschaftlich mit einem vertretbaren Aufwand eine effektivere Wirkung haben würden. Die überwiegend im IC-Verkehr eingesetzten E 103 konnten durchaus auch bei einer Hg von 160 km/h die doppelte Last befördern, ohne daß Fahrzeitverlängerungen eintreten müßten. Da auf tarifarischem Gebiet (Senkung der Tarife, Sonderangebote) nicht damit zu rechnen war, Neuverkehr zu gewinnen, fand man, daß dieser Mehrverkehr, der ohne besonderen Aufwand geradezu als „Mitläuferverkehr" mitbefördert werden konnte, aus dem Reservoir der Reisenden der 2. Klasse kommen könnte. Natürlich entsprach dies nicht dem IC-Konzept, es gab da auch technische Probleme, denn Büm-Wagen für 160 km/h waren kaum vorhanden, was also zwangsläufig zu einer Senkung der Höchstgeschwindigkeit der IC hätte führen müssen. Und dann war da ja noch die Exklusivität dieser Züge, zu denen man doch nicht so einfach „Jedermann" zulassen konnte, vom Bundeswehrsoldaten bis zum Tramper, vom Rentner bis zu Tante Emma, wo blieb dann das Air der Züge für die gehobene Klasse der Geschäfts- und Dienstreisenden. Nicht umsonst hatte sich doch der Typ des IC-Reisenden herausgebildet, den man eigentlich ebenso erkannte wie den Businessman der Londoner City! Andererseits waren die wirtschaftlichen Vorteile für ein nicht nur auf kaufmännische Usancen bedachtes, sondern vor allem nach wirtschaftlichen Gesichtspunkten arbeitendes Verkehrsunternehmen staatlicher Provenienz doch allzu bestechend, diese Exklusivzüge, da wo man unter der Grenze der Wirtschaftlichkeit fuhr, aufzupeppen. Natürlich dachte man in der Chefetage der DB zu diesem Zeitpunkt noch nicht an ein allgemeines doppelklassiges Intercitynetz — wenn es auch irgendwo schon herumspuken mochte —, aber man glaubte im Interesse von Markt und Wirtschaftlichkeit einmal das bestehende Angebot halten und auch ausbauen zu müssen, auf der anderen Seite aber unter wirtschaftlichen Prämissen schwache Züge so aufzubauen, daß sie weiterhin vertretbar waren. Und hier blieb wirklich nur die Einführung der 2. Wagenklasse in solchen Zügen. Und man glaubte bei dem Erfolg eines „Versuchs" — etwas, was ab da im Jargon der DB bei allen möglichen Rationalisierungs- oder Einsparungsmaßnahmen zunächst in dieser Form auftauchte — Erkenntnisse zu gewinnen, die man dann sukzessive immer weiter ausbauen konnte. Und dann hätte man doch eigentlich das Ei des Columbus gefunden, in dem man auf dem Sektor der D-Züge zu nicht unerheblichen Einsparungen bei Zugkilometern, Triebfahrzeugen, Wagenparks, Personaleinsatz usw. kommen könnte.

Da die Züge der Linie 4 München — Bremen leider von Anfang an nicht den in sie gesetzten Erwartungen entsprachen und man mit den neuen ET 403/404 ohnehin nicht die gesamte Linie abdecken konnte, bestand hier die akute Frage, die bestehenden Dienste auf dieser Linie einschränken zu müssen. Dann wäre aber der Zweistundentakt passé gewesen mit allen Folgen, die sich aus der Verknüpfung dieser Linie in Hannover mit der Linie 3 und in Würzburg mit der Linie 2 ergaben. Die einzige Alternative war die Anreicherung mit Reisenden der 2. Wagenklasse. Trotz vieler dagegen sprechender Stimmen im eigenen Hause, härtestem Widerstand der Fahrplanausschüsse und des

Deutschen Industrie- und Handelstages, warnender Stimmen in Wirtschaft und Presse wurde auf höchster DB-Ebene entschieden:

Ab dem Jahresfahrplan 1976 am 30. Mai 1976 werden alle Züge der Linie 4, die nicht mit Triebzügen der Baureihe ET 403/404 umlaufmäßig gefahren werden, zu IC-Zügen mit beiden Wagenklassen umgewandelt. Dabei wurde im Interesse der „Exklusivität" der Reisenden der 1. Klasse eine scharfe Trennung zwischen beiden Wagenklassen vorgenommen, die durch den Speisewagen gegeben war. Nur hier gab es Berührungspunkte zwischen den beiden Klassen. Die Zugbildung des A-Teils einschließlich des WR blieb unverändert, gegebenenfalls wurde sie dem wirklichen Verkehrsaufkommen durch Schwächung angepaßt, im B-Teil wurden Büm der neuesten Ausführung, also mit Plüschpolsterung, verstellbaren Kopfstützen und Leselampen, eingesetzt. Der Zuschlag wurde auch in der 2. Klasse einheitlich auf 10.-DM festgesetzt, außerdem wurde eine Platzreservierungspflicht in dieser Klasse eingeführt. Da die Büm über keine Magnetschienenbremsen (Mg-Bremse) verfügten, mußte die Höchstgeschwindigkeit dieser Züge auf 145 km/h heruntergesetzt werden, was zu Fahrzeitverlängerungen führte, die aber als tragbar angesehen wurden. Wichtig war aber, daß die Systembindungen erhalten blieben. Dies war möglich, da auf dem Mittelabschnitt der Linie 4 zwischen Hannover und Würzburg damals aus Trassierungsgründen auf den meisten Abschnitten ohnehin noch keine 160 km/h zugelassen waren. Man war auch auf der Ebene der HVB 1976 noch der Ansicht, daß eine Ausdehnung dieses Verfahrens auf andere IC-Linien beim Zweistundentakt nicht realisierbar sei, da die dort verkehrenden IC häufig bis zu 500 Reisende in der 1. Klasse beförderten und daher die Zulassung der 2. Klasse zu Lasterhöhungen führen müßte, die wegen der dann erforderlichen Fahrzeitverlängerungen die Systembindungen und damit das ganze IC-Netz sprengen würden. Und an eine Ausrüstung der Büm mit Mg-Bremse dachte man damals ebenfalls nicht, da man bei der DB nicht auf diesem Wege, sondern über die Signaltechnik ausreichende Bremsmöglichkeiten zu erhalten hoffte. Diese Lösungen lagen aber noch in weiter Ferne. Daß es dann anders kam, zeigen aber die folgenden Jahre.

Im Kursbuch wurde ein besonderes Zeichen geschaffen, das die zweiklassigen IC-Züge kennzeichnete. Dieses Signet war in Form des bekannten IC-Symbols gehalten, aber in weißer Farbe mit schwarzer Umrandung der beiden Buchstaben. Während das alte IC-Zeichen nunmehr bedeutete „Intercity-Zug, nur 1. Klasse mit besonderem Komfort (IC-Zuschlag erforderlich)", wurde das neue zweiklassige IC-Symbol wie folgt erläutert: „Intercity-Zug, 1. und 2. Klasse; in Wagen der 2. Klasse Platzkartenpflicht; Zug mit besonderem Komfort (IC-Zuschlag erforderlich)". Es wurden ab 30. Mai 1976 auf der Linie 4 in zweiklassige IC umgewandelt: die bisherigen IC 183/186 „Riemenschneider", IC 184 „Südwind" und IC 185 „Nordwind". Außerdem wurde das als Ersatz für den über Köln nach Hannover umgelegten TEE „Prinz Eugen" auf der Linie 4 neu geschaffene IC-Paar 181/188 „Jakob Fugger" sogleich mit beiden Klassen ausgestattet. Da IC 183 bisher ab Hamburg-Altona über die Linie 3 auf die Linie 4 verkehrte, wurde er mit IC 173 „Mercator" ausgetauscht und er verkehrte nunmehr Bremen — München. Zum Winterfahrplanabschnitt änderte sich an dieser Konzeption nichts.

Der Sommerfahrplanabschnitt 1977 brachte zunächst einmal den Entfall der Platzkartenpflicht für Reisende der 2. Klasse und eine Senkung des Zuschlages auf 5.- DM, da man erkannt hatte, daß der zunächst angenommene Ansturm der Reisenden 2. Klasse ausgeblieben war. Auf der Linie 4 änderte sich nichts, aber auf der Linie 1 wurde der als Zusatzzug verkehrende IC 166/167 „Friedrich Schiller" Stuttgart — Köln — Dortmund unter Erweiterung seiner Verkehrstage von bisher montags nordwärts und freitags südwärts auf montags bis freitags nun mit beiden Wagenklassen ausgerüstet, so daß es nun vier IC-Zugpaare mit beiden Klassen gab. Da der „Friedrich Schiller" außerhalb der Systembindungen lag, ergaben sich hier keine betrieblichen Schwierigkeiten.

Auf der EFK Budva für den Zweijahresabschnitt 1977/78 wurde festgelegt, daß die von einer Reihe europäischer Bahnen beschafften und nach gemeinsamen Gesichtspunkten gebauten Wagen mit hohem Standard (EUROFIMA-Wagen), die alle auch in der 2. Wagenklasse klimatisiert waren, in besonders qualifizierten Schnellzugverbindungen einzusetzen seien. Für deutsche Strecken wurden sie vereinbart für die bekannten Standardschnellzüge „Donau-Kurier", „Rosenkavalier", „Mozart", „Metropolitano" und „Wörthersee" sowie zwei Zugpaare München bzw. Stuttgart — Zürich — Milano und für alle Städteschnellzüge Köln — Belgien. Bisher hatte bei diesen Zügen die DB überwiegend den Wagenpark gestellt. Da aus unverständlichen und im Zusammenhang mit dem IBS noch zu erörternden Gründen die DB sich nicht an der Beschaffung von klimatisierten B-Wagen beteiligt hatte, sondern nur A-Wagen in ihren Bestand einstellte, mußten diese Züge mit Ausnahme der Restaurationswagen und teilweise eines A-Wagens, der aus dem IC-Park gestellt werden mußte, durch Fremdverwaltungen, zumeist ÖBB, FS und SNCB gefahren werden. Und gerade die DB, die zu diesem Zeitpunkt nicht nur bereits IC-Züge mit der 2. Wagenklasse fuhr, sondern an ihrem IBS intensiv arbeitete und dies bereits auf der EFK Budva angekündigt hatte, hätte doch eigentlich längst klimatisierte Wagen 2. Klasse für hohe Geschwindigkeiten beschaffen müssen. War man bisher in Komfort und

Standard führend in Europa gewesen, so warf die Entscheidung der für Beschaffung und Planung auf dem maschinentechnischen Sektor zuständigen Leute in der HVB, seitens der DB auf eine Klimatisierung der 2. Klasse zu verzichten, die DB um Jahre nicht nur in der technischen Entwicklung, sondern auch in der Wagenbeschaffung zurück. Und dabei fehlte es nicht an Konstruktionen des BZA Minden, man hätte nur beschaffen müssen. Stattdessen entschied man sich für den nichtklimatisierten Büm 234 mit Mg-Bremse für den künftigen IC-Verkehr, der nunmehr in Serienbeschaffung als Büm 235 ging. Dazu kam ein Umbauprogramm älterer Büm zur Gewinnung der erforderlichen Wagen für das IBS. Und so läuft heute die DB noch ihren Achskilometerschulden nach dem bilateralen Ausgleich (kev) nach, die inzwischen so horrend sind, daß die nunmehr aus Serie angelieferten Neubeschaffungen von klimatisierten 2. Klassewagen des Jahres 1982 zunächst einmal zur Abgeltung der Achskilometerschulden statt in den IC- überwiegend in den Schnellzugverkehr dieser Standardverbindungen gehen müssen. Und ebenso schaffte der Einsatz der „Quick-Pick" statt konventioneller WR solchen Ärger, daß z.B. die ÖBB sich weigerten, ab 1982 noch diese Wagen zu übernehmen und sich bereit erklärten, lieber eigene WR zustellen bzw. diese anstelle der „Quick-Pick" auf ihren Strecken allein einzusetzen!

Für das Fahrplanjahr 1978/79 wurde im Vorgriff auf das für 1979 kommende IBS festgelegt, auf dem Abschnitt Köln — Hamburg der IC-Linie 1 alle IC im Einstundentakt und sämtlich zweiklassig zu fahren. Hierüber wurde schon ausführlich im vorhergehenden Abschnitt berichtet. Damit war eine völlige Umstellung des gesamten IC- und Schnellzugverkehrs zwischen Köln und Hamburg verbunden. Für Köln wurde die Taktzeit mit 00 (volle Stunde), für Hamburg Hbf im allgemeinen mit 45 festgelegt. Daraus ergab sich auf der Linie 1 nunmehr folgendes neue Angebot:

Köln — Hamburg:

		IC 131	IC 133	IC 533	IC 535	IC 166	IC 135	IC 524
Köln Hbf	ab	5.36	7.00	8.00	9.00	10.00	11.00	12.00
Essen Hbf	ab	6.28	7.52	8.52	9.52	10.52	11.52	12.52
Dortmund Hbf	ab	6.50	8.18	9.14	10.14	11.18	12.14	13.14
Bremen Hbf	ab	8.56	10.17	11.19	12.19	13.19	14.14	15.20
Hamburg Hbf	an	9.54	11.16	12.18	13.17	14.17	15.12	16.19

		TEE*) 33	IC 537	TEE*) 14	IC 637	IC 139	IC 618	IC**) 137
Köln Hbf	ab	12.24	13.08	15.00	16.00	17.06	18.00	19.22
Essen Hbf	ab	13.12	14.00	15.51	16.52	17.59	18.52	-
Dortmund Hbf	ab	13.34	14.23	16.15	17.18	18.21	19.14	20.34
Bremen Hbf	ab	15.30	16.27	18.12	19.22	20.26	21.19	22.35
Hamburg Hbf	an	16.29	17.26	19.11	20.21	21.24	22.19	23.34

*) nur 1. Klasse
**) über Wuppertal-Elberfeld — Hagen

Hamburg — Köln:

		IC **) 130	IC 619	IC 138	IC 538	TEE*) 15	IC 167	TEE*) 32
Hamburg Hbf	ab	6.20	7.45	8.35	9.40	10.45	11.44	12.40
Bremen Hbf	ab	7.21	8.45	9.37	10.41	11.46	12.43	13.40
Dortmund Hbf	ab	9.27	10.43	11.39	12.43	13.43	14.42	15.36
Essen Hbf	ab	-	11.07	12.01	13.04	14.03	15.06	15.57
Köln Hbf	an	10.38	11.57	12.52	13.55	14.53	15.57	16.49

		IC 525	IC 134	IC 636	IC 132	IC 530	IC 534	IC 136
Hamburg Hbf	ab	13.40	14.50	15.45	16.40	17.42	18.50	19.45
Bremen Hbf	ab	14.42	15.51	16.46	17.41	18.43	19.51	20.45
Dortmund Hbf	ab	16.44	17.49	18.45	19.40	20.43	21.49	22.44
Essen Hbf	ab	17.05	18.11	19.06	20.01	21.07	22.11	23.05
Köln Hbf	an	17.57	19.02	19.57	20.52	21.57	23.03	23.56

*) nur 1. Klasse
**) über Hagen — Wuppertal-Elberfeld

Die neuen Züge erhielten Zugnummern aus einer Arbeitsnummernreihe zwischen 501 und 699, die bisherigen IC blieben mit ihren vorhergehenden Zugnummern aus der alten IC-Nummernreihe 100 - 199 in diesem Versuchssystem bestehen. Die Neuleistungen waren nicht in jedem Fall reine neue Zugverbindungen, sondern bisherige D-Züge der Relation Köln — Hamburg gingen in ihnen auf. Sie erhielten alle das zweiklassige IC-Symbol, das nunmehr die Bedeutung erhielt „Intercity-Zug, 1. und 2. Klasse Zug mit besonderem Komfort (IC-Zuschlag erforderlich, Platzreservierung unentgeltlich)". Ausgestattet wurden diese Züge im A-Teil wie bisher, jedoch wegen des stündlichen Angebots mit Schwächung auf in der Regel drei A-Wagen, im B-Teil mit fünf bis sieben Bm 234 mit Mg-Bremse und Schlingerdämpfung. Als Grundlast der Fahrplanberechnung wurden 500 t angenommen bei einer Hg von 160 km/h. Die Trennung zwischen beiden Wagenklassen erfolgte durch den Speisewagen wie bisher auf der Linie 4. Im allgemeinen sollten diese Blockzüge ohne Kurswagen laufen, es gab aber bereits in dieser Versuchsphase Ausnahmen. Da bisherige Schnellzüge in das System einbezogen worden waren, ergab sich eine Ausdehnung nach Norden und Süden nicht nur aus Umlaufgründen, sondern um auf diesen Strecken den bisherigen Schnellzugstandard zu erhalten. Teilweise verkehrten die IC auf den Zu- und Auslaufstrecken tariflich und betrieblich als D-Züge. Auch die bisherigen TEE „Merkur" wurden als doppelklassige IC Stuttgart — København in dieses System mit einbezogen, sehr zum Verdruß der DSB, die damit ihren einzigen TEE verloren.

Welche Züge verkehrten nun unter welchem Namen auf der Linie 1 in diesem Großversuch als Vorphase des IBS? Die Zeiten und Zugnummern sind ja bereits aus der obigen Übersicht zu ersehen. Wenn nachstehend keine Laufwege angegeben werden, so verkehrten die betreffenden Züge exakt auf der Linie 1 zwischen Köln — Hamburg — Köln:

IC 137/130	„Toller Bomberg"	
IC 131/538	„Prinzipal"	IC 131 über Hamm
IC 133/534	„Hanseat"	IC 534 bis Bonn, IC 133 ab Bonn.
IC 135/134	„Merkur"	Stuttgart — Köln — København mit Flügel IC 1034/1035 Hamburg Hbf — Hamburg-Altona
IC 139/636	„Glückauf"	
IC 166/167	„Friedrich Schiller"	Stuttgart — Köln — Hamburg-Altona, IC 167 als D bereits ab Westerland mit Kurswagen Dagebüll — Köln — Stuttgart
IC 524/525	„Meistersinger"	Nürnberg — Frankfurt — Mainz — Köln — Hamburg-Altona
IC 530	„Poseidon"	in Südrichtung
IC 533/132	„Patrizier"	
IC 535	„Theodor Storm"	bis Westerland mit Kurswagen Köln — Dagebüll
IC 537/136	„Störtebeker"	an Samstagen als D bis Westerland, an Montagen als D von Westerland
IC 618/619	„Heinrich Heine"	Stuttgart — Köln — Hamburg-Altona
IC 637/138	„Gorch Fock"	bis und ab Kiel als D

Dies waren elf IC-Zugpaare und in jeder Richtung ein Einzelzug, zu denen ja noch die TEE „Gambrinus" und „Parsifal" kamen.

Über die aufgrund der Umstellung der Linie 1 auf dem Abschnitt Köln — Hamburg und ihren Zu- und Ablaufstrecken verkehrenden doppelklassigen IC verkehrten nach wie vor auf der Linie 4 die bisherigen drei Zugpaare. Durch die Durchführung von vier IC-Paaren der Linie 1 über Köln südwärts nach Nürnberg und Stuttgart erhielt diese statt der bisher einzigen Leistung „Friedrich Schiller" nunmehr auch weitere doppelklassige IC. Neben den bisherigen IC-Haltebahnhöfen kam bei einigen Zügen vornehmlich in Tagesrandlagen Hamburg-Harburg hinzu sowie Bochum als Ausgleich für fortgefallene Schnellzüge.

Wie sah nun das Angebot auf diesem Abschnitt als IBS-Vorstufe insgesamt aus? Dies mögen die nachstehenden Daten beleuchten. Dabei ist aber zu berücksichtigen, daß aufgrund des EFK-Zwischenjahres (nur FT-Tagung in Paris) die auf dieser Strecke verkehrenden internationalen D-Züge zumeist nicht angepaßt oder aufgegeben werden konnten. Bei einer konsequenten Anwendung des IBS und Planung über eine EFK hätte sich naturgemäß ein anderes Angebot ergeben.

Sommerabschnitt 1978

Nord-SUd

Zugg. Name	verkehrt	Hmb Hbf ab	Hmb-Harb ab	Köln Hbf an	Bemerkungen
IC Toller Bomberg	Mo-Sa	6.20	6.31	10.38	über Wuppertal
D	tgl	7.00	7.16	11.52	über Gelsenkirchen
IC Heinrich Heine	tgl	7.45	-.—	11,57	nach Stuttgart
IC Gorch Fock	Mo–Sa	8.35	8.46	12.52	als D von Kiel
IC Prinzipal	tgl	9.40	-.—	13.55	
D	tgl	10.40	10.58	15.29	über Wuppertal Kw n. Paris
TEE Gambrinus	Mo–Fr	10.45	—.—	14.53	nach München
D	tgl	11.20	11.35	16.14	über Gelsenkirchen
IC Friedrich Schiller	tgl	11.44	—.—	15.57	als D von Westerland nach Stuttgart
TEE Parsifal	tgl	12.40	—.—	16.49	nach Paris
D	tgl	13.00	13.16	17.50	von Rostock über Gelsenkirchen
IC Meistersinger	tgl	13.40	—.—	17.57	nach Nürnberg
D	Fr	14.05	14.21	18.35 Ddorf	über Gelsenkirchen
IC Merkur	tgl	14.50	—.—	19.02	von København nach Stuttgart
D	tgl	14.55	15.11	19.41	von Frederikshavn über Wuppertal
IC Glückauf	So–Fr	15.45	15.56	19.57	
IC Patrizier	tgl	16.40	—.—	20.52	
D	Fr	16.50	17.01	21.27	von Flensburg, Kw Kiel über Gelsenkirchen
D	tgl	16.55	17.11	21.40	als E von Westerland über Gelsenkirchen
IC Poseidon	So–Fr	17.42	—.—	21.57	
D	Fr	17.55	18.11	22.48	von Flensburg, Kw Kiel über Gelsenkirchen
D	Fr	18.25	—.—	23.11 Mögladbach	über Wuppertal
IC Hanseat	tgl	18.50	19.01	23.02	nach Bonn
IC Störtebeker	So-Fr	19.45	—.—	23.58	So als D von Westerland

Süd-Nord

Zugg. Name	verkehrt	Köln Hbf ab	Hmb-Harb an	Hmb Hbf an	Bemerkungen
IC Prinzipal	Mo–Sa	5.36	—.—	9.54	
D	tgl	6.19	10.50	11.04	über Gelsenkirchen als E nach Westerland
IC Hanseat	tgl	7.00	—.—	11.13	von Bonn
IC Patrizier	Mo–Sa	8.00	—.—	12,18	
D	tgl	8.14	12.48	13.04	über Wuppertal
IC Theodor Storm	tgl	9.00	—.—	13.17	als D nach Westerland
D	tgl	9.31	13.58	14,13	über Wuppertal nach Frederikshavn
IC Friedrich Schiller	Mo–Sa	10.00	—.—	14.17	von Stuttgart
D	tgl	10.12	14,43	14,52	über Gelsenkirchen nach Rostock
IC Merkur	tgl	11.00	—.—	15,12	von Stuttgart nach København

IC Meistersinger	tgl	12.00	—.—	16.19	von Nürnberg
TEE Parsifal	tgl	12.24	—.—	16.29	von Paris
IC Störtebeker	tgl	13.08	17.13	17.26	Fr als D nach Westerland
D	tgl	14.00	18.42	18.59	über Wuppertal
TEE Gambrinus	Mo-Fr	15.00	—.—	19.11	von München
D	tgl	15.07	19.47	20.04	über Gelsenkirchen
IC Gorch Fock	tgl	16.00	20.00	20.24	nach Kiel
IC Glückauf	So–Fr	17.06	—.—	21.24	
D	So	17.40 Ddorf	21.43	21.50	über Gelsenkirchen nach Flensburg, Kw Kiel
IC Heinrich Heine	tgl	18.00	22.07	22.19	von Stuttgart
D	So	18.10	22.50	23.04	über Gelsenkirchen
D	So	19.00 Mögladb.	23.03	23.19	über Wuppertal
IC Toller Bomberg	So–Fr	19.22	23.22	23.34	über Wuppertal
D	So/Mo	19.29	0.01	0.16	über Recklinghausen

Hierin sind die nur freitags bzw. sonntags verkehrenden Entlastungs-Schnellzüge für den gerade in dieser Relation besonders starken Bundeswehrurlauberverkehr mit enthalten. Sie wurden bewußt mit hier hinein genommen, da schon ab dem Winter 1979 nach voller Einführung des IBS dieser Bundeswehrwochenendurlauberverkehr zu erheblichen Problemen und zahlreichen zusätzlichen in den Fahrplan aufzunehmenden Entlastungs-IC führte, eine Bedienungsaufgabe, die trotz zahlreicher Änderungen, Kontigentierungen usw. auch im Fahrplan 1982 noch nicht so gelöst ist, daß man sagen kann, man habe das non plus ultra gefunden. Aber darüber mehr im nächsten Kapitel I.

Vergleicht man die Jahresfahrpläne 1977/78 und 1978/79, so fällt auf: Die Reisezeiten der zweiklassigen IC sind gegenüber den bisherigen D fühlbar verkürzt, gegenüber denen der einklassigen IC jedoch geringfügig verlängert. Ersteres ergibt sich aus der höheren Höchstgeschwindigkeit (160 statt 140 km/h) und der leicht eingeschränkten Zahl der Unterwegshalte. Letzteres ist verursacht durch die höheren Zuglasten und die für Züge mit überwiegend 2. Klasse-Wagen notwendigen längeren Aufenthaltszeiten auf den Unterwegsbahnhöfen. Reisezeitunterschiede zwischen einzelnen IC derselben Fahrtrichtung ergaben sich aus den unterschiedlichen Laufwegen zwischen Dortmund und Münster (Westf), nämlich über Lünen oder über Hamm. Leider konnten nicht alle IC über den kürzesten Weg (Lünen) geführt werden, weil der Takt es mit sich brachte, daß sich die Pläne auf dem (noch) eingleisigen Abschnitt zwischen Lünen und Münster schneiden würden.

Für den Aufbau des IC-Gefüges sind die Knoten Köln und Mannheim maßgebend. Der IC-Takt des neuen Systems zwischen Köln und Hamburg richtet sich also im wesentlichen nach Köln. Hier sind für die beiden Fahrtrichtungen die Minuten 57/00 die „Taktzeiten". Ausnahmen bestehen (zumindest für 1978/79 noch) bei Tagesrandverbindungen oder wenn die Taktzeiten durch internationale Züge (TEE) Richtung Niederlande oder Belgien belegt sind und die Hamburger IC dann in Köln beginnen oder enden.

Einige Beispiele für Taktabweichungen:
Köln ab 5.36 (maßgebend Ankunft in Hamburg vor 10.00)
Köln ab 13.08 (13.00/02 TEE „Rembrandt")
Köln ab 17.06 (16.57/17.00 TEE „Erasmus")
Köln ab 19.22 (19.17/19 TEE „Rheingold")
Köln an 10.38 (10.46/59 TEE „Rheingold)
Köln an 12.52 (12.57/13.00 TEE „Erasmus")
Köln an 16.49 (16.58/17.00 TEE „Rembrandt")
Köln an 19.02 (Bindung an Fähre Rødby – Puttgarden)
Köln an 23.02 (Bindung in Hamburg an D 491 von København)
Köln an 23.58 (Bindung in Hamburg an D 438 von Stralsund)
Minuziöse IC-Taktabfahrten in Richtung Hamburg gibt es in Köln um 7.00, 8.00, 9.00, 10.00, 11.00, 12.00, 15.00, 16.00, 18.00;
minuziöse IC-Taktankünfte aus Richtung Hamburg dagegen nur um 11.57, 15.57, 17.57, 19.57, 21.57.

Es fällt auf, daß in Richtung nach Hamburg die IC-Taktabfahrt 14.00 offenbleibt. „Schuldiger" ist indirekt der außer Takt liegende TEE „Parsifal", welchen die SNCF nicht in der von der DB gewünschten Zeit zu übergeben in der Lage war. Man hätte natürlich auf die Taktabfahrt 13.08 verzichten und dafür mit dem IC „Störtebeker" um 14.00 fahren können. Das hätte aber eine Pause von zwei Stunden mit zweiklassigen Zügen ergeben. Außerdem waren bei der Abfahrt 13.08 die wichtigen Anschlüsse von TEE „Rembrandt" und IC „Münchner Kindl" aufgenommen, während die 14.00 Uhr-Abfahrt anschlußlos ist (auf der Rheinstrecke noch 2-Stunden-Takt!). Um 14.00 Uhr lag im übrigen (gewissermaßen als Ersatz) ein D nach Hamburg, welcher wegen seiner ab Münster laufenden Kurswagen von Paris an diese Zeitlage gebunden war. Somit war die gewählte Löstung doch als die unter diesen Umständen beste anzusehen.

Dieser Sommerfahrplan 1978 hatte aber noch weitere Überraschungen. Wie bereits in Kapitel G ausführlich dargestellt, gab es sogar vier TEE mit der zweiten Wagenklasse! Während TEE 26/27 „Prinz Eugen" auf den deutschen Strecken zu IC zuggattungsmäßig abgewertet wurden und nur zwischen Wien West und Frankfurt österreichische klimatisierte Bmoz als zweite Wagenklasse führten und damit in der zweiten Klasse den höchsten Komfort aller IC-Züge aufwiesen, auf dem Streckenabschnitt Frankfurt — Köln — Hannover der Linie 2 aber als reine IC alter Ordnung mit nur 1. Klasse verkehrten, gab es zwei TEE, die auf Teilstrecken als IC mit beiden Wagenklassen fuhren. Es waren dies TEE 23 „van Beethoven" zwischen Frankfurt und Nürnberg und im Gegenlauf TEE 20 „Saphir" zwischen Nürnberg und Frankfurt. Und zwischen Frankfurt und München über Würzburg wurden darüber hinaus weitere zweiklassige IC eingeführt. Es war beantragt worden, wegen des Fehlens einer Tagesverbindung zwischen Frankfurt und München nach 19.00 Uhr IC 129 und im Gegenlauf IC 120 mit beiden Wagenklassen zu führen, was wegen des damals noch bestehenden Wagenmangels jedoch nicht realisiert werden konnte. Dagegen war es möglich, die als Tagesrandverbindungen konzipierten IC 158/159 „Prinzregent" zwischen Isar und Main zu zweiklassigen IC umzuwandeln, wobei Aschaffenburg und Ingolstadt IC-Halte erhielten. Dabei sollte IC 158 auch an Sonntagen durchgeführt werden. Zur Wagenwende war zunächst beabsichtigt, IC 123 „Nymphenburg" an Sonntagen zweiklassig zwischen Frankfurt und München zu führen. Dies wurde aber später wieder verworfen und es wurde ein neuer IC 157 unter dem Namen „Main-Isar" als zweiklassiger Zug an Sonntagen zwischen Frankfurt und München über Würzburg — Nürnberg — Ingolstadt mit einer Abfahrt in Frankfurt um 11.23 Uhr und Ankunft in München um 15.33 Uhr eingeführt.

Somit bestanden nun im Bereich der DB insgesamt 36 Intercity-Züge mit beiden Wagenklassen: sechs auf der Linie 4 zwischen Bremen und München, sechs auf der Linie 1 zwischen Hamburg und Stuttgart, zwei von der Linie 1 auf die Linie 2 übergehend zwischen Hamburg — Köln — Nürnberg, weitere 16 auf der Linie 1 zwischen Hamburg und Köln bzw. Bonn, zwei weitere auf der Linie 2 zwischen Frankfurt und Nürnberg, zwei als Teile von TEE auf den Linien 2 und 4 zwischen Frankfurt und Nürnberg und zwei in Form des „Prinz Eugen" zwischen Frankfurt und Passau (— Wien West). Hinzu kam der nur aus Umlaufgründen als Einzelgänger zu zählende sonntägliche IC 157 zwischen Frankfurt und München über Teile der Linien 2 und 4.

Zum Winterabschnitt 1978/79 wurde IC 130 „Toller Bomberg" über Köln hinaus auf der Linie 2, die er im Systemwechsel bereits ab Dortmund befuhr, bis Frankfurt verlängert und im Gegenlauf begann IC 137 ebenfalls in Frankfurt. In dieser Form verkehrten innerhalb des Intercity-A-Systems bis zum 26. Mai 1979 die zweiklassigen IC-Züge, die den Übergang zum ab 27. Mai 1979 auf allen vier Linien anlaufenden Integrierten-Bedienungs-System im Einstundentakt mit zweiklassigen Blockzügen brachten.

c) DC-Züge — Ein Versuch zur Ergänzung des IC-Systems 1973 — 1977

Bereits bei der Einführung des Intercity-Systems 1. Klasse im Zweistundentakt am 26. September 1971 hatte die DB bekanntgegeben, daß sie vsl. zum Sommer 1973 ein Intercity-Ergänzungsnetz in Betrieb nehmen würde. Sie nannte daher auch das 1971 eingeführte Netz „Intercity-Stammnetz" oder „Intercity-A-Netz". Dieses Netz hatte durch den Zweistundentakt, seine Verknüpfung in fünf Systemknoten und seine kurzen Reisezeiten wesentliche Forderungen schneller Verkehrsbedienung erfüllt. Dabei erbrachte es auch den kalkulierten Mehrverkehr.

Zum Fahrplanwechsel am 3. Juni 1973 führte die DB ein neues Netz von Ergänzungszügen zum bestehenden Intercity-A-Netz als sogenanntes „B-Netz" ein, dem die Aufgabe zufiel, abseits der vier Intercity-A-Linien liegende Verkehrsräume zu erschließen. Dieses neue Ergänzungsnetz umfaßte eine Streckenlänge von rund 3 000 km und es bezog weitere 73 Städte ein. Damit waren durch das A- und das B-Netz nun 121 Städte in einen schnellen komfortablen Reisezugverkehr einbezogen, die einen Anteil von 80% des gesamten Schnellzugverkehrs aufbrachten.

Das Ergänzungsnetz selbst gliederte sich wieder in zwei Gruppen von Strecken: die eigentlichen Ergänzungsstrecken und die Anschlußstrecken. Auf den Ergänzungsstrecken verkehrten in der Regel drei Zugpaare in Früh-, Mittags- und Abendlagen. Diese Zugverbindungen wurden durch ein neues Emblem gekennzeichnet, dem „DC". Dieses Emblem besagte, daß es sich bei diesen Zugverbindungen um D-Züge handelte, die zur City fahren und wie alle D-Züge auch die 2. Klasse führen, da eine reine Führung von 1. Klassezügen wie im A-Netz unrentabel gewesen wäre. DC-Züge stellten insofern eine Kombination zwischen den klassischen Schnell- und den Intercity-Zügen dar. Sie wurden im Kursbuch so erläutert: „DC = City-D-Zug. Schnellzug des Intercity-Ergänzungssystem (zu Fahrausweisen bis 50 km sowie zu Streckenzeitkarten ist Schnellzugzugzuschlag erforderlich)". Insofern waren sie tariflich den Schnellzügen gleichgestellt und es wurde kein Sonderzuschlag erhoben. Es wurden folgende acht Strecken als Intercity-Ergänzungsstrecken gefahren und als Linien 11 - 18 bezeichnet:

Intercity B

Linie 11	Emden — Münster — Hamm — Hagen — Hüttental-Weidenau (Siegen) — Gießen — Frankfurt
Linie 12	Kassel — Frankfurt — Darmstadt — Mannheim bzw. Stuttgart
Linie 13	(Bebra) — Kassel — Paderborn — Dortmund — Duisburg — (Mönchengladbach)
Linie 14	Köln — Siegen — Gießen — Kassel — Göttingen
Linie 15	(Köln — Bonn —) Koblenz — Trier — Saarbrücken
Linie 16	Saarbrücken — Mannheim — Heidelberg — Heilbronn — Crailsheim — Nürnberg
Linie 17	Karlsruhe — Stuttgart — Nürnberg — (Regensburg)
Linie 18	Stuttgart — Würzburg — Hof

Die ursprünglich innerhalb der Linie 18 als Linie 17 vorgesehene Führung Schaffhausen/Konstanz — Singen — Stuttgart — Würzburg — (Hof) wurde nicht realisiert; die vorgesehene Linie 18 Karlsruhe — Nürnberg erhielt die Nummer Linie 17. Die ein- oder beidseitig an das IC-A-Netz angebundenen neuen Linien erfüllten neben eigenständigen Aufgaben der Bedienung des Unterwegs- und Zwischenortsverkehrs auf der Linie selbst vor allem typische Zu- und Abbringerfunktionen zum A-Netz mit dort bestehenden kurzen Übergangen. In 12 Verknüpfungsknoten berührten sich Stamm - und Ergänzungsnetz. Aus verkehrlichen Gründen wurden in einigen Fällen DC-Züge über die eigentliche Linie hinaus über den anschließenden Knoten bis zum nächsten IC-Knoten weitergeführt. So haben beispielsweise die Strecken Kassel — Bebra und Kassel — Göttingen sowohl den Charakter einer Ergänzungs- wie auch einer Anschlußstrecke. Die Strecke Würzburg — Hof blieb 1973 wegen der dort vorhandenen geringen Verkehrsintensität zunächst auf zwei DC-Zugpaare beschränkt und wegen umfangreicher von den SBB geplanter Änderungen im Schweizer Binnennetz, die sich wegen des dort bestehenden Zweijahresfahrplans nur frühestens für 1974 verwirklichen ließen, entfiel die zunächst geplante Linie 17 (alt).

Eine zweite Gruppe des Ergänzungssystems stellen die IC-Anschlußstrecken dar. Sie hatten im Prinzip die gleiche Funktion wie die Ergänzungstrecken. Da auf ihnen jedoch der potentielle Intercity-Verkehr geringer anzusetzen war, wurden hier nur einzelne DC-Züge als Neuleistungen eingeführt; ansonsten wurden vorhandene Schnell- und Eilzüge zu Zu- und Abbringerfunktionen zum IC-A-Netz herangezogen, sofern sie kurze Anschlüsse an oder von den IC-Zügen vermittelten. Hierbei handelte es sich um weitere acht Linien, die von 21 bis 28 genummert waren:

Linie 21:	Kassel — Bebra,	Kurhessen-City
Linie 22:	Kassel — Göttingen,	Kurhessen-City
Linie 23:	Hamburg — Kiel,	Förde-City
Linie 24:	Hamburg — Lübeck,	Hansa-City
Linie 25:	Bremerhaven — Bremen,	Weser-City
Linie 26:	Oldenburg — Bremen,	Oldenburg-City
Linie 27:	Braunschweig — Hannover,	Welfen-City
Linie 28:	Nürnberg — Regensburg,	Donau-City

Eine Übersicht über die nunmehr bestehenden drei Teile des Intercity-Systems ist aus der nebenstehenden Karte zu ersehen.

INTERCITY-SYSTEM

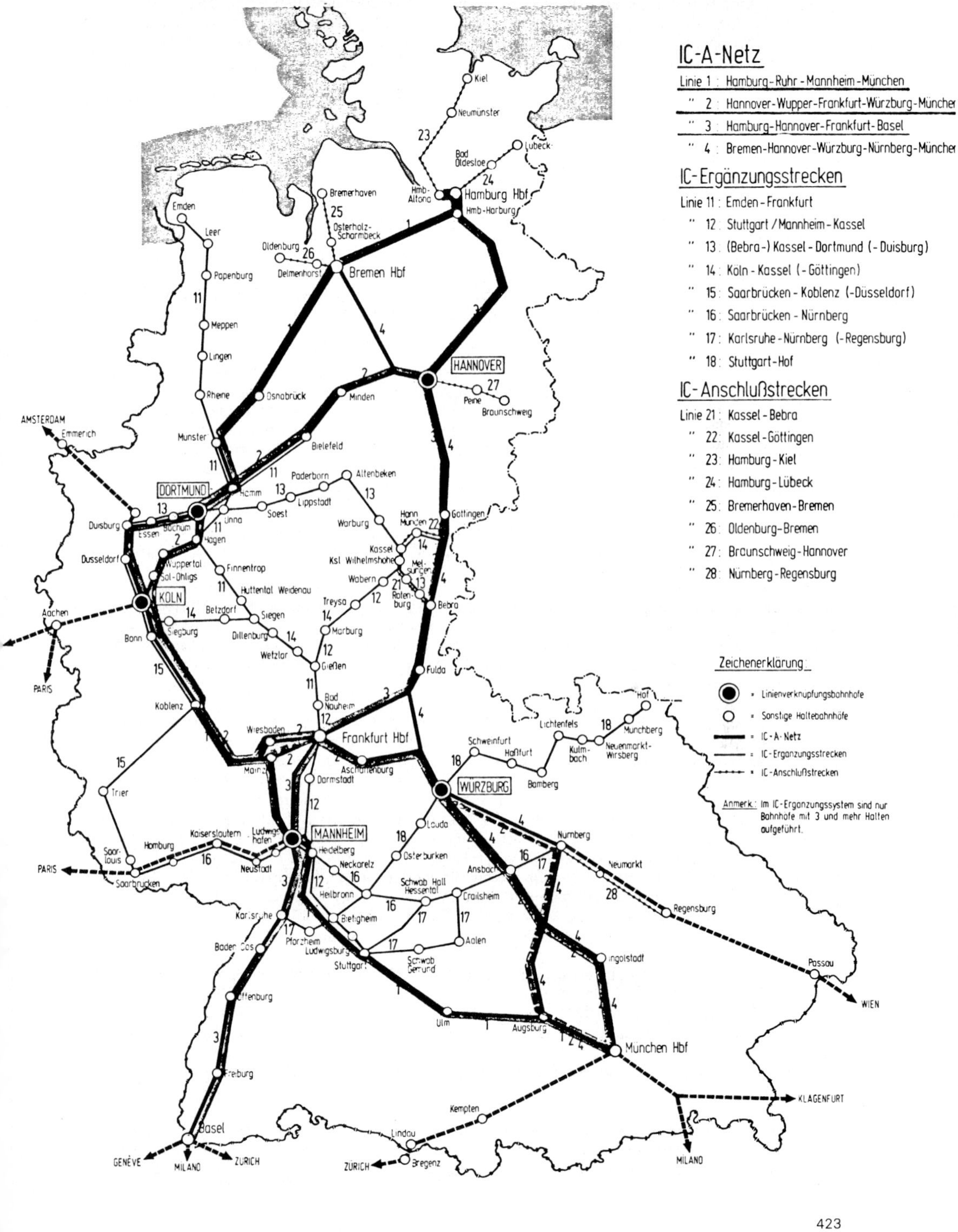

Bei der Einführung dieses Ergänzungsnetzes war es keine leichte Augabe, die vorzusehenden Halte zu bemessen. Hierbei wurde zunächst vom Verkehrswert der Bahnhöfe ausgegangen, von denen statistische Unterlagen vorlagen. Dabei war zwischen der verkehrlichen Ergiebigkeit eines Haltes und dem Verlust an Reisegeschwindigkeit für die Einrichtung des Haltes zu unterscheiden, sollten nach der Planung doch die DC mit einer geplanten Reisegeschwindigkeit von 90 km/h verkehren. Wurden nun in das neue System bereits vorhandene Zugleistungen einbezogen, mußte man aus Kompromißgründen bestehende Halte weitgehend tolerieren, um hier keine Verschlechterungen einzuführen. Dies wirkte sich naturgemäß auf die Reisegeschwindigkeit aus. Man ging daher beim Ergänzungsnetz nicht mit der gleichen rigorosen Konsequenz wie beim A-Netz vor.

Mit den DC sollte sich ein bestimmter Qualitätsbegriff verbinden. Es war zwar der Einsatz des üblichen Schnellzugwagenparks vorgesehen — da man ja leider trotz vorhandener Baumuster und auch zwischenzeitlich von der Industrie gelieferter Einzelwagen sich nicht zum Bau neuerer qualitativ hochwertiger Wagen für die 2. Klasse entschieden hatte, was sich dann ja später beim IBS in noch stärkerem Maße negativ zeigte —, allerdings sollten nur Wagen der neuesten Bauart und guten Allgemeinzustandes in den Umläufen zum Einsatz kommen. Dies sollte dem normalen Komfort von Schnellzügen mit hoher Reisegeschwindigkeit entsprechen. An eine Ausstattung mit Speisewagen war grundsätzlich nicht gedacht; stattdessen sollten alle Züge des Ergänzungssystems Minibar führen. Wenn auch keine Zuschläge erhoben wurden, so war eine durchgehende Platzreservierung DC — IC oder umgekehrt möglich.

Die Züge der Linien 11-17 führten Namen der Landschaften, die sie durchquerten, die Züge der Anschlußstrecken der Linien 21-28 erhielten dagegen einen die Strecke charakterisierenden, pauschalen Gruppennamen, der landschafts- oder städtebezogen war und am Ende das Wort „City" hatte, z. B. „Förde-City", „Weser-City" usw. Bei den in das System einbezogenen normalen Schnell- und Eilzügen war dies der einzige Hinweis, die deren Zugehörigkeit zu diesem Ergänzungsnetz erkennen ließ, und diese Züge führten diesen Namen auch nur auf dem Teil ihres Laufweges, auf dem sie die Funktion der IC-Abschlußstrecken nach den Linien 21-28 wahrnahmen.

Für die Betriebsaufnahme auf dem gesamten Ergänzungssystem (IC-B-Netz) waren fast 17 000 Zugkilometer pro Tag aufzuwenden, von denen 7 000 Zugkilometer durch vorhandene Leistungen aus dem Schnell- und Eilzugnetz abgedeckt werden konnten, so daß sich der tatsächliche Mehraufwand auf etwa 10 000 Zugkm/Tag belief. Durch das B-Netz erhöhten sich bei der DB die Aufwendungen für die Schnellzugleistungen um 3%, die aller Reisezüge um knapp 1%. 100 Reisezugwagen der Gattungen Aüm, ABüm und Büm und 24 Lok mußten zusätzlich eingesetzt werden. In Anbetracht der erwarteten Verkehrssteigerungen und der Verbesserung des gesamten Leilstungsangebots im schnellfahrenden Reisezugnetz erschien das Verhältnis zwischen materiellem Aufwand und zu erzielendem Nutzen angemessen.

Dennoch waren sich die Planer darüber im Klaren, daß trotz der beiden Systemergänzungen zum Intercity-A-Netz noch eine Lücke bestand. Der Reisende 2. Klasse fand in den Anschlußknoten häufig keine geeignete Anschlußverbindung auf den Hauptmagistralen, da die Züge des Ergänzungssystems auf die nur die 1. Klasse führenden Intercity des A-Netzes auf dessen vier Linien ausgerichtet waren. Eine an und für sich wünschenswerte Ausdehnung des DC-Systems auf diese Hauptmagistralen war jedoch damals wegen der fehlenden Mittel nicht realisierbar. Und daraus erhellt sich auch nochmals die Tatsache, daß die DB bei Einführung des Ergänzungssystems noch in keiner Weise daran dachte, im IC-Stammnetz die zweite Wagenklasse einzuführen, wie dies auf der Linie 4 bereits nur drei Jahre später erfolgte. Vielmehr waren die weitgehenden Planungen damals darauf ausgerichtet, auf den Hauptmagistralen nach und nach mit weiteren Linien, oder Ausdehnung der soeben eingeführten, einen zeitgemäßen DC-Verkehr einzuführen. Nun, auch hier kam alles anders, als es geplant war.

IC-A-Netz und Ergänzungsnetz waren miteinander in Münster, Dortmund, Hagen, Köln, Koblenz, Göttingen, Bebra, Frankfurt, Mannheim, Karlsruhe, Stuttgart, Nürnberg und Würzburg verknüpft. Ursprüngliche Planungen von 1971 hatten zusätzlich noch die Strecken Oldenburg — Wilhelmshaven, Heidelberg — Osterburken — Würzburg — Hof, Ulm — Friedrichshafen und wie bereits dargestellt Stuttgart — Singen — Konstanz/Schaffhausen — Zürich einbezogen. Als Höchstgeschwindigkeit für die Planung der Züge des Ergänzungsnetzes war bei einer Zuglast von 300 t 140 km/h vorgegeben.

Von allen an früheren Hauptmagistralen liegenden Großstädten des Bundesgebietes, die auch vor 1939 bereits mit Fernschnellzügen bedient wurden, war durch die geänderte Verkehrslage nach Zweiten Weltkrieg Kassel in den Windschatten der großen Verkehrsströme geraten. Die DB hatte sich zwar bemüht, innerhalb der Relation Nordeutschland — Frankfurt — Basel/Stuttgart die überwiegende Anzahl der Schnellzüge über Kassel und die zwischenzeitlich auch elektrifizierte Main-Weser-Bahn zu führen, die Anbindung der Stadt in West-Ost-Richtung war jedoch mehr als dürftig. Nachdem auch trotz erheblicher Proteste die IC-Linie 3 nicht über Kassel, sondern durchgehend auf der Nord-Süd-Strecke durchgeführt worden war, lag die Stadt abseits der wichtigen Schnellverbindungen. Dabei hätte auch für einen 1. Klasse-IC-Verkehr die Führung über Kassel verkehrlich sicher ein größeres Kundenpotential gebracht, lagen doch im Einzugsbereich dieser Linienführung nach Frankfurt die wirtschaftlich bedeutenden Universitätstädte Marburg und Gießen mit dem benachbarten Wirtschaftszentrum an Lahn und Dill (Wetzlar, Haiger, Dillenburg), die gegenüber Fulda mit Sicherheit weit mehr Reisende in die Züge gebracht hätten. Aber das Kopfmachen in Kassel und die zusätzlichen Halte auf der etwas längeren, topografisch sicher aber ebenso unergiebigen Main-Weser-Bahn wie der Nord-Süd-Strecke hätten zu einem Fahrzeitmehrbedarf geführt, der auf die Verknüpfung Hannover und Mannheim bezogen, das A-Netz in dieser Form nicht hätte Realität werden lassen. So gewann Kassel durch die Lage an drei Ergänzungsstrecken (Linien 12, 13 und 14) und zwei Anschlußstrecken (Linien 21 und 22) im Netz erheblich an Bedeutung und wurde eigentlich der Netzknoten innerhalb des eigentlichen Ergänzungs- (B-) Netzes! Der Abschnitt Dillenburg — Gießen wurde von den Zügen der Linien 11 und 14 gemeinsam befahren (nicht Siegen — Gießen, da nicht alle Züge der Linie 11 Siegen anfuhren, sondern über Hüttental-Weidenau — Umgehungskurve verkehrten), der Abschnitt Gießen — Frankfurt von den Zügen der Linien 11 und 12 und zwischen Gießen und Kassel fuhren die Züge der Linien 12 und 14 gemeinsam, so daß dort statt drei insgesamt sechs Zugpaare angeboten wurden. Dies bedeutete für diese Strecken eine erhebliche Aufwertung.

Die auf den IC-Ergänzungsstrecken verkehrenden DC-Zugpaare wurden mit Zugnummern der Nummernreihe 900 — 999 ausgestattet und erhielten Namen die sämtlich landschaftsbezogen auf „...land" endeten,so z. B. „Mainland", „Moselland" usw. Die DC auf den IC-Anschlußstrecken (Linien 21 — 28) erhielten dagegen den Namen der Linie „City" und eine Zugnummer aus der Zugnummernreihe 800 — 899. Die in das System der IC-Anschlußstrecken einbezogenen Schnell- und Eilzüge dagegen behielten in der Regel ihre Zugnummer, sofern es sich nicht um Neuleistungen handelte, und bekamen nur den Namen der Linie mit dem Zusatz „City".

Die am 3. Juni 1973 den Verkehr auf dem IC-Ergänzungsnetz der Linien 11 — 18 aufnehmenden Züge sind mit ihren Fahrlagen und ihrer Verknüpfung an das IC-A-Netz nachstehend wiedergegeben. Dabei werden auch die Namen der Züge aufgeführt.

Linie 11 Emden — Münster — Hagen — Gießen — Frankfurt

	DC 919 Westfalenland		DC 913 Münsterland		DC 915 Emsland		DC 917 Ostfriesland	
Emden	—	—	—	6.48	—	12.49	—	17.00
Münster	—	—	8.50	8.53 1)	14.51	15.08 1)	19.02	19.14 1)
Bielefeld	—	7.00	/		/		/	
Hagen	8.06	8.14 1)	9.48	10.00 2)	15.56	16.05 2)	20.03	20.12 2)
Frankfurt	11.07	— 2)	13.00	— 3)	19.15	— 3)	23.23	—
	1) IC 123 an 7.54		1) IC 130 ab 9.01		1) TEE 32 15.01/02		1) IC 132 19.08/09	
	2) IC 123 ab 11.23		2) IC 130 9.55/56		2) IC 129 16.00/01		2) IC 142 20.07/08	
			3) IC 107 ab 13.16		3) IC 129 ab 19.42			

	DC 910 Emsland		DC 912 Ostfriesland		DC 918 Westfalenland		DC 914 Münsterland	
Frankfurt	—	6.53	—	10.34 1)	—	13.43 1)	—	14.39 1)
Hagen	9.58	10.10 1)	13.31	13.40 2)	16.35	16.38	17.47	17.57 2)
Bielefeld	/		/		17.45	—	/	
Münster	10.59	11.13 2)	14.30	14.43 3)	—	—	18.45	18.58 3)
Emden	13.16	—	16.46	—	—	—	21.05	—
	1) IC 145 10.05/06		1) IC 120 an 10.27		1) IC 170 an 13.13		1) TEE 24 an 14.32	
	2) IC 135 11.05/06		2) IC 120 ab 13.54				2) IC 149 17.52/53	
			3) D 542 14.36/39				3) IC 114 18.52/53	

Linie 12 Stuttgart — Heidelberg — Darmstadt — Frankfurt — Kassel

	DC 970 Tanusland		DC 972 Hessenland		DC 974 Ederland	
Stuttgart	—	7.11	—	—		
Heidelberg	8.21	8.23	—	—		
Mannheim	/		—	12.17		
Frankfurt	9..13	9.30 1)	13.09	13.23 1)	—	17.53 1)
Kassel	11.36	—	15.30	—	19.59	—
	1) IC 170 9.14/21		1) IC 172 13.13/20		1) TEE 74 an 17.38	

	DC 971 Hessenland		DC 973 Ederland		DC 975 Tanusland	
Kassel	—	7.50	—	14.18	—	18.28
Frankfurt	9.54	10.00 1)	16.23	— 1)	20.36	20.51 1)
Mannheim	10.53	— 2)	—	—	/	
Heidelberg	—	—	—	—	21.42	21.44
Stuttgart	—	—	—	—	22.55	—
	1) IC 173 ab 10.26 2) IC 113 ab 11.16 IC 173 ab 11.19		1) TEE 73 ab 16.37		1) IC 179 20.42/48	

Linie 13 Bebra — Kassel — Altenbeken — Soest — Dortmund — Duisburg

	DC 930 Eggeland		DC 932 Diemelland		DC 934 Lippeland	
Bebra	—	—	—	12.22 1)	—	19.19 1)
Kassel	—	6.46	13.03	13.09	20.05	20.13
Dortmund	9.05	9.11 1)	15.27	— 2)	22.33	— 2)
Duisburg	9.49	— 2)	—	—	—	—
	1) IC 107 ab 9.22 IC 130 ab 9.34 2) TEE 7 ab 10.07		1) D 588 an 12.16 2) TEE 32 ab 15.37 IC 129 ab 15.40		1) TEE 90 an 19.10 2) IC 136 ab 23.07	

	DC 931 Diemelland		DC 933 Eggeland		DC 935 Lippeland	
Duisburg	—	—	—	12.53	—	17.17
Dortmund	—	7.44 1)	13.30	13.45 1)	17.54	18.03 1)
Kassel	10.01	10.08	16.03	16.13	20.23	— 2)
Bebra	10.57	— 2)	16.59	— 2)	—	—
	1) IC 113 an 7.28 2) TEE 91 ab 11.05		1) IC 127 an 13.32 TEE 33 an 13.36 IC 117 an 13.37 2) IC 187 ab 17.07		1) IC 125 an 17.46 IC 119 an 17.51 2) D 671 ab 20.31	

Linie 14 Köln — Siegen — Gießen — Kassel — Göttingen

	DC 941 Schwälmerland		DC 943 Siegerland		DC 945 Werraland	
Köln	—	7.01 1)	—	13.12 1)	—	17.09 1)
Kassel	10.41	10.47	16.46	16.53	20.46	20.54
Göttingen	11.33	— 2)	17.41	— 2)	21.42	— 2)
	1) D 216 an 6.52 2) IC 180 ab 11.41 IC 170 ab 11.46		1) TEE 25 an 12.51 IC 120 an 12.57 TEE 10 an 13.03 2) IC 184 ab 17.49 IC 174 ab 17.54		1) TEE 32 an 16.50 TEE 11 an 16.54 TEE 24 an 16.54 2) IC 186 ab 21.57 IC 176 ab 22.04	

Linie 15 Saarbrücken — Trier — Koblenz — Düsseldorf

	DC 900 Rheinland		DC 902 Saarland		DC 904 Moselland	
Saarbrücken	—	6.28	—	11.16	—	16.00
Koblenz	8.48	8.55 1)	13.40	— 1)	18.20	— 1)
Köln	9.51	9.54 2)	—	—	—	—
Düsseldorf	10.20	—	—	—	—	—
	1) D 1213 ab 9.00		1) IC 115 ab 13.55		1) IC 137 ab 18.26	
	D 311 ab 9.12		IC 122 ab 13.57		IC 106 ab 18.31	
	D 503 ab 9.18		TEE 25 ab 14.00		TEE 6 ab 18.36	
	2) D 641 ab 10.19		IC 112 ab 14.02			

	DC 901 Moselland		DC 903 Saarland		DC 905 Rheinland	
Düsseldorf	—	—	—	—	—	17.05
Köln	—	—	—	—	17.31	17.35
Koblenz	—	8.28 1)	—	14.11 1)	18.33	18.42 1)
Saarbrücken	10.51	—	16.36	—	21.05	—
	1) IC 111 an 8.10		1) IC 115 an 13.54		1) IC 137 an 18.25	
	IC 121 an 8.15		IC 122 an 13.56		IC 106 an 18.30	
	TEE 22 an 8.16		TEE 25 an 13.59		TEE 6 an 18.35	
			IC 112 an 14.01			

Linie 16 Saarbrücken — Mannheim — Heilbronn — Ansbach — Nürnberg

	DC 951 Frankenland		DC 953 Hohenloherland		DC 955 Pfälzerland	
Saarbrücken	—	7.54	—	—	—	16.58 1)
Mannheim	9.21	9.23 1)	—	13.32 1)	18.25	18.37 2)
Nürnberg	13.00	— 2)	17.06	— 2)	22.10	— 3)
	1) IC 111 ab 9.46		1) TEE 51 an 13.04		1) DC 903 an 16.36	
	IC 171 ab 9.49		TEE 7 an 13.19		2) IC 116 ab 18.46	
	2) D 221 ab 13.11		IC 165 an 13.15		IC 167 ab 18.33	
			TEE 75 an 13.21		IC 176 ab 18.49	
			2) TEE 97 ab 17.44		3) DC 967 ab 22.15	

	DC 952 Hohenloherland		DC 950 Pfälzerland		DC 954 Frankenland	
Nürnberg	—	7.34 1)	—	13.02	—	15.17 1)
Mannheim	11.07	11.22 2)	16.35	— 1)	18.48	18.52 2)
Saarbrücken	12.48	—	—	—	20.18	—
	1) D 458 an 7.22		1) TEE 74 ab 16.55		1) D 220 an 15.09	
	2) D 506 ab 11.15		TEE 6 ab 17.00		2) IC 176 an 18.41	
	IC 173 ab 11.19		TEE 50 ab 17.08		IC 116 an 18.44	

	DC 940 Siegerland		DC 942 Werraland		DC 944 Schwälmerland	
Göttingen	—	—	—	12.21 1)	—	18.27 1)
Kassel	—	6.36	13.09	13.15	19.13	19.20
Köln	10.16	— 1)	16.45	— 2)	22.55	— 2)
	1) TEE 7 ab 10.48		1) IC 175 an 12.08		1) IC 179 an 18.16	
	IC 107 ab 10.54		IC 185 an 12.14		IC 189 an 18.21	
	TEE 20 ab 11.06		2) TEE 32 ab 16.53		2) IC 118 ab 23.03	
			TEE 11 ab 16.56		IC 128 ab 23.06	
			IC 129 ab 17.04			
			TEE 24 ab 17.06			

Linie 17 Karlsruhe — Stuttgart — Ansbach — Nürnberg — Regensburg

	DC 961 Luginsland			DC 963 Badenerland			DC 965 Schwabenland			DC 967 Donauland		
Karlsruhe	—	—		—	8.02	1)	—	14.01	1)	—	18.20	1)
Stuttgart	—	7.02		9.03	—	2)	15.02	15.09		19.22	19.28	
Nürnberg	9.18	—	1)	—	—		17.35	—	2)	21.56	22.15	2)
Regensburg	—	—		—	—		—	—		23.17	—	
	1) D 229 ab 9.33			1) IC 170 an 7.52 2) IC 163 ab 9.11			1) IC 174 an 13.52 TEE 7 an 13.51 2) TEE 97 ab 17.44			1) TEE 73 an 17.58 IC 176 an 18.12 2) IC 129 an 21.58 DC 955 an 22.10		

	DC 960 Donauland			DC 962 Schwabenland			DC 964 Luginsland			
Regensburg	—	6.56		—	—		—	—		
Nürnberg	8.00	8.10	1)	—	12.20	1)	—	16.15	1)	
Stuttgart	10.33	10.39		14.43	14.49		18.39	18.49		
Karlsruhe	11.40	—	2)	15.50	—	2)	19.50	—	2)	
	1) IC 180 ab 8.08 2) IC 173 ab 11.48 IC 172 ab 11.52			1) IC 121 an 12.11 TEE 96 an 12.12 2) IC 175 ab 16.03 TEE 74 ab 16.19 TEE 6 ab 16.29			1) D 852 an 15.55 2) IC 178 ab 19.56 IC 177 ab 20.05			

Linie 18 Stuttgart — Würzburg — Bamberg — Hof

	DC 990 Tauberland			DC 992 Mainland			DC 996 Neckarland			DC 998 Saaleland			
Stuttgart	—	6.33		—	10.21	1)	—	14.53	1)	—	18.58	1)	
Würzburg	8.56	—	1)	12.41	12.52	2)	17.15	—	2)	19.59	20.05		
Bamberg	—	—		13.53	13.59		—	—		21.45	—		
Hof	—	—		15.39	—		—	—		—	—		
	1) IC 180 ab 9.06 IC 120 ab 9.10			1) D 666 an 10.04 2) IC 123 an 12.40 TEE 91 an 12.44 TEE 96 ab 13.11 TEE 24 ab 13.15			1) D 1212 an 14.34 2) IC 126 ab 17.26 TEE 90 ab 17.30			1) IC 187 an 18.45 IC 127 an 18.50			

	DC 991 Tauberland			DC 993 Saaleland			DC 995 Neckarland			DC 997 Mainland			DC 999 Heilbronnerland		
Hof	—	—		—	6.16		—	—		—	12.15		—	—	
Bamberg	—	—		7.49	7.55		—	—		13.50	13.56		—	15.15	
Würzburg	—	6.20		8.57	—	1)	—	11.07	1)	15.02	—	1)	16.20	16.52	1)
Stuttgart	8.44	—	1)	—	—		13.33	—		—	—		19.16	—	
	1) IC 163 ab 9.11			1) IC 180 ab 9.06 IC 120 ab 9.10			1) IC 183 an 10.52			1) IC 184 ab 15.18 IC 106 ab 15.37			1) TEE 97 ab 16.47 TEE 25 ab 16.49 D 220 ab 16.23 D 592 ab 16.36		

Aus Platzgründen sollen die Zugverbindungen der IC-Anschlußstrecken 21 — 28 nicht auch dargestellt werden. Um jedoch ein Beispiel dieser hier geschaffenen Verbindungen aufzuzeigen, sei dies an den Linien 23 und 24 demonstriert:

Linie 23 Förde City

DC 825	DC 827	D 589	D 691	DC 829		DC 824	D 690	DC 826	DC 828
7.16	10.16	12.15	15.17	16.10	Kiel	12.40	15.08	20.39	23.07
8.23	—	13.25	16.21	17.14	Hmb-Altona	—	14.00	19.37	•)22.02
—	11.24	—	—	—	Hamburg Hbf	11.33	—	—	—
IC 115	TEE 73	IC 177	IC 132	IC 191	Anschlüsse	IC 133	IC 135	IC 112	IC 114
8.29	—	13.30	16.29	17.27	Hmb-Altona	—	13.46	19.31	21.31
—	11.40	—	—	—	Hamburg Hbf	11.14	—	—	—

Weitere gute Anschlüsse durch E mit etwas längerer Reisezeit aus
TEE 91, IC 175, IC 117, IC 179, IC 134, IC 136

Weitere gute Anschlüsse durch E mit etwas längerer Reisezeit an
IC 192, IC 110, TEE 33, IC 172, IC 174, TEE 90
•) D 582 an 21.56

Linie 24 Hansa City

	DC 921	E 2011	E 2013	E 2019	E 2021	E 2027
Lübeck	5.50	7.45	8.50	11.45	12.47	15.42
Hamburg Hbf	6.29	8.34	9.34	12.29	13.34	16.29
Anschlüsse	IC 130	IC 115	IC 175	TEE 32	IC 177	IC 132
Hamburg Hbf	6.40	8.45	9.45	12.40	13.45	16.45

	E 2012	E 2020	D 396	D 398	E 2038	DC 928
Lübeck	10.40	14.22	17.05	19.00	21.16	23.36
Hamburg Hbf	10.00	13.40	16.27	18.22	20.57	22.57
Anschlüsse	IC 131	IC 135	TEE 72	IC 172	IC 174	TEE 90
Hamburg Hbf	9.47	13.29	16.19	18.14	20.17	22.39

Weitere gute Anschlüsse durch E mit etwas längerer Reisezeit aus
IC 192, IC 170, IC 110, TEE 33

Weitere gute Anschlüsse durch E mit etwas längerer Reisezeit an
TEE 91, IC 117, TEE 73, IC 119, IC 191, IC 134, IC 136

Während auf allen Linien des Ergänzungsnetzes drei Zugpaare verkehrten, waren es auf der Linie 11 vier. Dort verkehrte zusätzlich DC 918/919 „Westfalenland" von Frankfurt nach Bielefeld, also eigentlich abweichend von der eigentlichen nach Emden führenden Linie, die dieses Zugpaar in Hamm verließ, wobei nur DC 919 eine reine Tagesrandverbindung war. Dies war irgendwie nicht systemgerecht. Und doch hatte dieses Zugpaar eine Besonderheit: Es war das einzige DC-Paar, das jemals als Triebwagen gefahren wurde, zeitweise mit VT 634 des Bw Osnabrück, zeitweise sogar mit ET 430 des Bw Hamm, also mit Fahrzeugen, die ihrer Konzeption nach keineswegs für einen Schienenschnellverkehr gebaut worden waren.

Mit der Einführung des Intercity-Ergänzungsnetzes waren zahlreiche zusätzliche Orte durch das Intercity-B-Netz neu angeschlossen worden. Die DB veröffentlichte Mitte 1973 eine Liste der Orte, die in den einzelnen Netzbereichen bedient wurden:

Übersicht der in das Intercity-System einbezogenen Städte

A) Gemeinden des Intercity-A-Netzes, in denen alle TEE/IC halten

(Die Gemeinden, deren Ortsname gesperrt gedruckt ist, werden gleichzeitig auch im Intercity-B-Netz bedient.)

1) Augsburg
2) Basel
3) Bebra
4) Bielefeld
5) Bonn
6) Bremen
7) Dortmund
8) Düsseldorf
9) Duisburg
10) Essen
11) Frankfurt
12) Freiburg
13) Fulda
14) Göttingen
15) Hagen
16) Hamburg
17) Hannover
18) Heidelberg
19) Karlsruhe
20) Koblenz
21) Köln
22) Mainz
23) Mannheim
24) München
25) Münster
26) Nürnberg
27) Osnabrück
28) Stuttgart
29) Ulm
30) Wiesbaden
31) Würzburg
32 Wuppertal

B) Gemeinden des Intercity-A-Netzes, in denen nicht alle TEE/IC halten

(Die Gemeinden, deren Ortsname gesperrt gedruckt ist, werden gleichzeitig auch im Intercity-B-Netz bedient. Die hinter dem Ortsnamen in Klammern angegebene Ziffer gibt die Zahl der haltenden TEE/IC an.)

1) Aachen (8)
2) Emmerich (8)
3) Kaiserslautern (2)
4) Hamm (3)
5) Ingolstadt (4)
6) Minden (3)
7) Regensburg (6)
8) Sol.-Ohligs (2)

C) Gemeinden außerhalb des Intercity-A-Netzes mit TEE-Halt

(Die Gemeinden, deren Ortsname gesperrt gedruckt ist, werden gleichzeitig auch im Intercity-B-Netz bedient. Die hinter dem Ortsnamen in Klammern angegebene Ziffer gibt die Zahl der haltenden TEE/IC an.)

1) Aachen (8)
2) Emmerich (8)
3) Kaiserslautern (2)
4) Kempten (2)
5) Lindau (2)
6) Passau (2)
7) Regensburg (2)
8) Saarbrücken (2)

D) Gemeinden des Intercity-B-Netzes mit mindestens 6 haltenden System-Zügen

1) Altenbeken
2) Ansbach
3) Bad Nauheim
4) Bad Oldesloe
5) Betzdorf
6) Bietigheim
7) Braunschweig
8) Bremerhaven
9) Crailsheim
10) Delmenhorst
11) Dillenburg
12) Emden
13) Finnentrop
14) Gießen
15) Heilbronn
16) Kassel
17) Kiel
18) Lauda
19) Leer/Ostfr.
20) Lingen/Ems
21) Lippstadt
22) Lübeck
23) Marburg/Lahn
24) Meppen
25) Neckarelz
26) Neumünster
27) Oldenburg
28) Osterburken
29) Osterholz-Scharmb.
30) Paderborn
31) Papenburg
32) Peine
33) Pforzheim
34) Rheine
35) Saarlouis
36) Schwäb. Hall
37) Siegburg
38) Siegen
39) Soest
40) Trier
41) Unna
42) Warburg
43) Wetzlar

E) Gemeinden des Intercity-B-Netzes mit weniger als 6 haltenden System-Zügen

Die Zahl der haltenden Züge ist in Klammern angegeben.

1) Aalen (5)
2) Backnang (1)
3) Bamberg (5)
4) Bullay (2)
5) Darmstadt (4)
6) Friedberg (1)
7) Gütersloh (2)
8) Hann. Münden (3)
9) Haßfurt (5)
10) Hof (5)
11) Homburg (Saar) (4)
12) Hüttental-Weidenau (4)
13) Kreuztal (1)
14) Kulmbach (4)
15) Lichtenfels (4)
16) Ludwigsburg (3)
17) Ludwigshafen (4)
18) Melsungen (2)
19) Münchberg (4)
20) Neustadt/W. (4)
21) Neuenm.Wirsberg (4)
22) Neumarkt (3)
23) Nienburg (2)
24) Rotenburg/F. (2)
25) Schwäb.Gemünd. (5)
26) Schweinfurt (5)
27) Schwerte (1)
28) Treysa (3)
29) Verden (2)
30) Wabern (4)

Interessant an dieser von der DB herausgegebenen Übersicht ist, daß dort nunmehr die beiden Intercity-Systeme als „Intercity-A-Netz" und „Intercity-B-Netz" angegeben werden und der in der Planung verwendete Begriff „Intercity-Ergänzungssytem" nicht auftaucht. Und dabei blieb es auch für die Folge; man sprach kurz von „IC-A" und „IC-B"!

Das mit großem Pomp angekündigte „Intercity-Ergänzungssystem" oder wie es jetzt hieß „Intercity-B-Netz", das zwar nicht mit klimatisierten Wagen – die bei der DB aufgrund der bekannten Entscheidung nicht vorhanden und auch nicht in absehbarer Zeit zu erwarten waren –, aber mit Schnellzugwagen „modernster Bauart" gefahren werden sollte, erfüllte bei weitem nicht die gehegten Erwartungen. Und hier hatte die DB selbst nicht wenig Schuld. Die anvisierte Reisegeschwindigkeit von 90 km/h wurde auch annähernd nicht erreicht. Es wurden zwar von 1973 – 1977 von den Spitzenzügen Reisegeschwindigkeiten von mehr als 100 km/h erreicht: 1973 bei DC 826 Hamburg-Altona – Kiel mit 101,5 km/h, 1974 bei DC 887 Lübeck – Hamburg Hbf mit 117,8 km/h und dann ab 1975 wieder bei DC 826 mit 106,7 km/h, 1976 mit der gleichen Reisegeschwindigkeit und 1977 schließlich mit 108,5 km/h, aber dies waren beides DC auf relativ kurzen Flachlandstrekken mit nur einem (DC 826) oder gar keinem (DC 887) Zwischenhalt. Betrachtet man aber die in den eigentlichen Ergänzungslinien 11 –18 verkehrenden DC-Züge, so wurden 90 km/h Reisegeschwindigkeit überhaupt nur in ganz wenigen Fällen überschritten, nämlich 1973 in vier, 1974 in sechs, 1975 in acht, 1976 in sieben und 1977 ebenfalls in sieben Fällen, wobei die höchste überhaupt bei diesen Zügen erreichte Reisegeschwindigkeit mit 99,6 km/h 1974 DC 997 Hof – Würzburg erzielte. In der Masse der DC wurden gerade 80 km/h erreicht, ja viele DC fuhren Reisegeschwindigkeiten zwischen 74 und 79 km/h! Die Entwicklung aller Reisegeschwindigkeiten der DC ergab für 1973 83,7 km/h, für 1974 83,8 km/h, für 1975 85,2 km/h, für 1976 nur wieder 83,9 km/h und für 1977 ebenfalls nur 84,3 km/h! Damit war aber kein Staat zu machen.

Aber es kam noch eines hinzu. Es wurde nicht das „beste und modernste Schnellzugwagenmaterial" eingesetzt, sondern in den DC-Umläufen der Linien 11 –18 liefen Garnituren der verschiedensten Bauvarianten der Aüm, ABüm und Büm. Aüm wurden bald meist ganz zurückgezogen und die Züge bestanden in aller Regel aus einem ABüm und drei bis vier Büm, die sich häufig in einem innerlich und äußerlich negativem Zustand befanden. Zahlreiche Schnellzüge, ja selbst in Schnellzugumläufen eingebundene Eilzüge, verfügten über ein ansprechenderes und saubereres Material! Nicht das auf dem Zuglaufschild aufgemaltes „DC-Symbol" und der in rot abgesetzte Zugname machten das Image eines Angebotes aus wie die gleiche Anzeige an den Zuglaufanzeigern der Bahnhöfe, sondern der Gesamtzustand dieser Züge. Auch die angekündigten Minibars verkehrten häufig nicht auf dem gesamten Zuglauf und der Verfasser hat mehr als einmal erlebt, daß der Minibarmann (oder war es eine Frau) einmal während eines ganzen Zuglaufes kamen oder überhaupt nicht und das bei maximal fünf Wagen! Es gab auch Umläufe, die äußerlich ansprachen; andere aber wieder boten ein Bild, daß man sich schämte, mit einem „hochwertigeren" Zug der DB zu fahren. Hier sind insbesondere die Nürnberger Umläufe auf der Linie 17 dem Verfasser besonders negativ ins Auge gefallen. Auch anderweitig wurde Kritik an diesen Zügen laut und das „Handelsblatt" schrieb sogar im Sommer 1973 u. a. „Es handelt sich meiner Meinung anch um eine überflüssige Bezeichnung, denn die „DC" sind simple D-Züge ohne besonderen Komfort, ohne Speise- oder Büffetwagen. Nur auf bestimmten Abschnitten sorgen die etwas primitiven „Minibars" für die leiblichen Bedürfnisse der Reisenden, und auch das nicht an allen Tagen". Und die „Hamburger Blätter" erläuterten dazu, daß „mit der Bezeichnung „DC" auch nur auf die Anschlußfunktion zum IC-Netz hingewiesen werden soll. Als Fernziel besteht nach wie vor die Absicht, die DC auch materialmäßig (Klimaanlagen) besonders hervorzuheben. Dazu fehlt vorerst aber die finanzielle Voraussetzung". Und wie wir wissen, blieb es dabei, denn selbst IC 79 brachte keine klimatisierte 2. Klasse. Und so wunderte es nicht, daß die potentiellen Kunden für diese Züge, die Übergangsreisenden zum 1. Klasse IC-A-Netz, es lieber vorzogen, sich mit dem firmeneigenen PKW zum IC-Haltebahnhof fahren oder von dort abholen zu lassen, wenn keine zu großen Entfernungen zurückzulegen waren. Und für die Reisenden der 2. Klasse waren es eben nur normale Schnellzüge zwischen X und Y! Noch schlimmer aber war es komfortmäßig mit den Anschlußstrecken der Linien 21 – 28 bestellt. Hatte man nicht das Glück, einen „normalen" Schnellzug als „City-Zug" vorzufinden, der nur auf Teilstrecken seines Laufes diese Anschlußfunktion übernahm, dann war es in aller Regel ein Eilzug. Und dieser war aus allen möglichen Wagentypen gebildet, überwiegend aus den Nahverkehrswagen der Gattungen ABn und Bn, die ja entgegen ihrer eigentlichen Konzeption bei der DB als Mädchen für alles fungierten und auch heute noch fungieren, da man ja nach den „LS-Wagen" der Bauserie 1952/53 nie mehr reine Eilzugwagen bei der DB gebaut hatte. Und dieser „City-Eilzug" konnte eben vor seinem Einsatz als „City-Zug" als Nahverkehrszug im Berufsverkehr gefahren sein und sah auch entsprechend aus! Und um nicht ganze unnötige Wagengarnituren durch die Gegend zu schleppen, wurden die Umläufe teilweise gekürzt. So fuhren u. a. auf der Linie 28 als „Donau-City" Züge aus zwei Wagen, einem ABn und einem Bn!

Im Juni 1973 zog die Ulmer 215 098 DC 951 „Frankenland" Saarbrücken – Nürnberg bei Schwäbisch Hall seinem Ziel entgegen. *Aufnahme: Herbert Stemmler*

Als stilreiner „Popwagenzug" fährt DC 915 mit 220 051 über die Emslandstrecke. *Aufnahme (bei Petkum): Wolfgang Bügel*

Wie die vorstehenden Fahrplanauszüge und auch die vorangegangene Übersicht erkennen lassen, bestand das IC-B-Netz im Bereich der Linien 11 –18 aus 25 Zugpaaren und zwei unpaarigen DC auf Teilabschnitten der Linien 17 und 18. Hierauf soll die chronologische Entwicklung des Netzes in den Folgejahren bis 1977 aufgebaut werden. Die IC des Anschlußnetzes der Linien 21 – 28 sollen dabei nicht näher behandelt werden, da sie mit wenigen Ausnahmen ohnehin bald ihrer Zuggattung als „DC" verlustig gingen und in die allgemeinen Zugverbindungen dieser Linien integriert wurden.

1974 deutete der Fahrplanreferent der DB, Dipl. Ing. Hussong, in einem Artikel in der Hauszeitschrift „Bundesbahn" an, daß bei den Schnellzügen noch bewegliche Planungsmöglichkeiten vorhanden seien. Die sich daraus ergebenden Umgruppierungen im Bereich der Schnellzüge legten es nahe, das System der DC-Züge auch auf die schnellen Hauptstrecken auszudehnen, um ein geschlossenes DC-Netz 1. und 2. Klasse zu schaffen, das in herausragenden Schnellzugrelationen Dortmund – München, Dortmund – Basel, Hamburg – Köln, Hamburg – München und Hamburg – Basel in Fahrplantrassen verkehren, die etwas langsamer als die Trassen des IC-A-Netzes seien. Also auch damals noch der Gedanke eines allumfassenden DC-Netzes zur Ergänzung des bestehenden IC-A-Netzes. In diesem Zusammenhang ist bemerkenswert, daß gleichzeitig eine weitere Anschlußlinie zum IC-A-Netz in der Verbindung Hamburg – Flensburg unter dem Namen „Wiking-City" geschaffen wurde, um den Raum Schleswig-Holsteins zu erfassen. Dabei erhielten vorhandene Zugverbindungen in Hamburg Hbf oder Hamburg-Altona genaue Anschlüsse an Intercity-Züge der Hamburg berührenden Linien 1 und 3.

Der Jahresfahrplan 1974 brachte mit dem Fortfall der bisherigen auf Anschlußstrecken verkehrenden DC 815, 845, 846, 869, 880, 884 und 897 noch keine wesentliche Änderung der vorgesehenen Konzeption, die man zunächst noch weiter testen wollte. Vielmehr wurden diese Züge im Bereich der Anschlußstrecken in die „City-Züge" integriert und unter anderen Zuggattungsbezeichnungen weiter gefahren. Um auch den ostfriesischen Inselverkehr an das DC-Netz der Linie 11 anzuschließen, wurden im Sommerfahrplan DC 910 „Emsland" und DC 912/917 „Ostfriesland" ab und bis Norddeich Mole verlängert und DC 990 „Tauberland" zwischen Stuttgart und Würzburg wurde in eine 105 Minuten spätere Lage gebracht. Durch den Halt von DC der Linie 15 in Cochem, Bullay und Wengerohr wurden nicht nur weitere Orte an das DC-System angeschlossen, sondern damit auch die Weinorte der Mosel in das System einbezogen. Natürlich dienten hier die Halte dazu, schwachen DC-Zügen mehr Verkehr zuzuführen.

Im Jahr 1975 hatte man nun gewisse Erfahrungen mit dem DC-System gewonnen, die sich bereits in größeren Fahrplankorrekturen niederschlugen. Zunächst einmal fielen von den Anschlußstrecken die meisten der dort vorhandenen DC fort und wurden in Regionalzüge umgewandelt. Es waren DC 819, 828, 829, 833, 834, 835, 842, 888, 891, 892 und 894, so daß auf den Anschlußstrecken von der ursprünglichen Konzeption von 24 DC-Zügen nur noch fünf Züge in Schleswig-Holstein übrig geblieben waren. Aber auch das eigentliche IC-Ergänzungsnetz mußte sich merkliche Abstriche gefallen lassen. So entfielen auf der Linie 13 die DC 931, 932, 933 und 934 und DC 930 verkehrte nur noch bis Duisburg. Auf der Linie 14 verkehrten DC 942 und 943 nur noch freitags und die Linie 16 verlor mit den DC 950, 952, 953 und 955 zwei ihrer drei Verbindngen. Auf der Linie 16 erfolgte eine Umgestaltung der DC-Relationen in der Form, daß DC 962 unter dem Namen „Enzland" nur noch zwischen Stuttgart und Karlsruhe verkehrte und als Gegenlauf DC 963 den gleichen Namen erhielt. Dafür erhielt DC 960 die Bezeichnung „Badenerland", DC 964 den neuen Namen „Schwabenland". Im Gegenlauf zu DC 960 verkehrte ebenfalls unter dem Namen „Badenerland" DC 967 nur noch zwischen Karlsruhe und Nürnberg und mit DC 966 „Luginsland" wurde zwischen Nürnberg und Stuttgart über Backnang eine neue DC-Verbindung geschaffen, die aber eigentlich gar nichts weiter war, als die Fortführung der CSD-Kurswagen aus D 250 von Praha über Nürnberg hinaus nach Stuttgart. Und in gleicher Weise hatte der Gegenzug DC 961 von der DR gestellte Wagen Stuttgart – Berlin Stadtbahn für D 302 ab Nürnberg erhalten, wahrlich ein besonderer Leckerbissen bezüglich Komfort für den, der Reisezugwagen im internationalen Verkehr aus sozialistischen Ländern kennt. Damit hatte eigentlich die DB selbst ihr System ad absurdum geführt, denn sie bewies doch damit, daß die DC nichts weiter als normale Schnellzüge waren!

Die Linie 12 mußte sich die Kürzung von DC 971/972 auf den Weg Kassel – Frankfurt gefallen lassen und DC 975 „Taunusland" wurde in Frankfurt gebrochen und fuhr von dort in späterer Lage als DC 977 „Neckarland" von Frankfurt über Heidelberg nach Stuttgart, während der Gegenlauf DC 970 Stuttgart – Kassel in der bisherigen Form bestehen blieb. Ganz arg aber erwischte es die Linie 18. Mit dem Wegfall der DC 990 – 999 verschwand diese ganze Linie aus dem DC-Netz!

Dafür gelang es in Abstimmung mit den SBB, die ursprünglich bereits für 1973 vorgesehene Einführung einer DC-Verbindung Zürich – Schaffhausen – Singen – Stuttgart mit den zwei Zugpaaren

DC 480/483 „Hegauland" und 482/481 „Schweizerland" zu verwirklichen. Die Zugnummern lagen außerhalb der DC-Nummernreihe, entsprachen aber den internationalen Vereinbarungen. Die Züge wurden mit Einheitswagen III der SBB gefahren und hielten nur in Rottweil oder Tuttlingen neben Singen (Hohentwiel). Sie wurden die schnellsten Verbindungen zwischen Zürich und Stuttgart und wiesen wohl von allen DC-Zügen den größten Komfort auf. Interessant ist, daß die DB in ihrem Fahrplanmitteilungsblatt „Neuerungen und Änderungen im Fernverkehr" alle Änderungen im DC-Netz schamhaft verschwieg! Damit hatte das Intercity-B-Netz seinen ersten großen Einbruch erlebt und war gegenüber der ursprünglichen Konzeption merklich geschrumpft.

Im vierten Jahr des Bestehens des IC-B-Netzes im Fahrplanjahr 1976/77 ging es weiter bergab. Infolge ungenügender Besetzung, wie es in der Fachsprache hieß, entfielen gleich eine Reihe weiterer DC und zwar aus dem Ergänzungsnetz DC 825, auf der Linie 11 DC 910, während hier DC 917 nur noch sonntags, DC 918 nur noch freitags und DC 919 nur noch montags verkehrten. Auf der Linie 12 entfiel DC 975, auf der Linie 13 waren es die DC 930 und 935 und auf der Linie 14 verkehrten DC 941 nur noch montags und samstags, außerdem nur noch bis Kassel, DC 942 und 943 nur noch freitags, DC 944 nur noch freitags und sonntags lediglich auf dem Abschnitt Kassel – Köln und schließlich verkehrte DC 945 nur noch an Freitagen zwischen Kassel und Göttingen. Damit war auch diese Linie weitgehend egalisiert worden. Auch die Linie 15 mußte Federn lassen, denn hier entfielen die DC 901, 902 und 904, während DC 900 schon seit dem Vorjahr nur noch bis Düsseldorf fuhr.

Auf der Linie 17 schieden DC 960 und 965 als besondere Zugleistungen aus. Dafür bekamen die Schnellzüge Hof – Strasbourg D 750/751 zwischen Nürnberg und Karlsruhe zur Aufrechterhaltung des Angebotes den Status eines DC, wobei auf diesem Abschnitt DC 750 den Namen „Badenerland" führte und über Aalen fuhr,während im Gegenlauf DC 751 unter dem Namen „Schwabenland" über Backnang verkehrte. Ostwärts von Nürnberg lief dieses Zugpaar als D-Zug, südlich von Karlsruhe als Eilzug mit Kurswagen Bayreuth – Pegnitz – Strasbourg, wahrhaft eine herrliche Konstruktion für einen IC-Ergänzungszug! Daneben gab es noch Vereinigungen mit anderen Zügen: So verkehrten zwischen Frankfurt und Gießen DC 914 und DC 972 vereinigt, DC 918 auf der gleichen Strecke sogar mit D 1370 nach Hamburg, DC 940 zwischen Kassel und Gießen mit DC 971 und DC 977 bekam simple Kurswagen Westerland – Stuttgart! Und teilweise wurden diese Änderungen im Fahrplanmitteilungsblatt noch als „Verbesserungen" verkauft. Des Gesamtüberblicks wegen sei noch darauf hingewiesen, daß auf der Linie 16 DC 954 die neue Zugnummer DC 952 erhielt.

Mit dem Jahresfahrplan 1977/78 entfielen DC 824 und 887, so daß von den Zügen der Anschlußstrecken nur noch die beiden DC 826/827 zwischen Hamburg und Kiel bestehen geblieben waren. DC 900 erhielt den neuen Namen „Saarland", DC 903 dafür den Namen „Moselland". DC 905 wurde in DC 901 umgenummert und bekam ebenfalls den Namen „Saarland". Nachdem von der Linie 15 nicht mehr viel übrig geblieben war, sollte wohl aus politischen Gründen der Name „Saarland" bestehen bleiben. Auf Linie 11 wurde DC 914 über Hüttental-Weidenau statt über Siegen gefahren und die im Vorjahr auf einmal wöchentlich beschränkten DC 918/919 „Westfalenland" Frankfurt – Bielefeld verkehrten wieder montags bis freitags und bekamen ebenso wie DC 914 und DC 915 Halt in Letmathe zum Anschluß der Stadt Iserlohn.

Nachdem das 1973 mit soviel Vorschußlorbeeren aus der Taufe gehobene IC-B-Netz bereits 1975 erheblich eingeschränkt worden war und die Anschlußverbindungen der Linien 21 – 28 ihre Kennzeichnung mit dem Zusatz „City" verloren hatten, hielten sich von den ursprünglich 52 DC-Verbindungen der Linien 11 – 18 bis zum Winterfahrplan 1977/78 noch ganze 28 DC-Verbindungen, von denen ein großer Teil auch nur noch an einzelnen Tagen verkehrte. Der Kunde hatte dieses Netz auf Grund der unattraktiven Ausstattung nicht akzeptiert, denn für einen aus einem IC des A-Netzes übergehenden Fahrgast waren diese Züge eine Zumutung. Zwar waren die ganze Zeit über bei der DB Überlegungen im Gange, durch besseres Wagenmaterial einen weiteren und neuen Kundenkreis auf die Schiene zu bringen, aber leider wurden die bis zur Konstruktionsreife entwickelten Projekte eines 1972 vorgestellten Konzepts von Reisezugwagen höherer Komfortstufe nicht weiter verfolgt und es blieb bei einzelnen Probewagen, die wirklich optisch ansprechend gestaltet gewesen waren. Es ist bekannt, daß nicht allein die wirtschaftlichen Zwänge zu dieser Entwicklung führten, sondern ebenso die Abneigung bestimmter DB-Kreise gegen klimatisierte und mit höherem Komfort ausgestattete Wagen für die 2. Klasse und es mußte trotz IBS bis zum Jahre 1982 dauern, ehe derartige Wagen im „Schnellverfahren" auf den Schienen erschienen. Aber darüber mehr in Kapiteln I und M.

Bei der ersten Bearbeitung des Jahresfahrplanes 1978/79 waren noch die DC-Züge in der Fahrplanbearbeitung enthalten, ebenfalls bei den nachfolgenden Detailbearbeitungen. Bei der Reisezugfahrplanabschlußbesprechung (BPB IV) im November 1977 waren die DC-Züge verschwunden. Die bis dahin bestehen gebliebenen Zugläufe existierten noch weiterhin unter der gleichen Zugnummer, zumeist in den gleichen Fahrplanlagen, jedoch waren sie in das Glied zurückgetreten, in das sie eigentlich von Anfang an gehörten, nämlich in das der normalen D-Züge. Und als solche existieren sogar heute im Jahresfahrplan 1982/83 noch einige dieser Verbindungen. Es war ein sang- und klangloses Begräbnis erster Klasse.

Schnellverbindungen im Sinne der vorliegenden Abhandlung waren die DC-Züge ebenso wenig wie die Züge der Anschlußstrecken zum IC-Netz. Unter diesem Gesichtspunkt hätte das ganze IC-B-Netz eigentlich im strengen Sinne dieser Abhandlung nicht behandelt werden brauchen. Aber da sie dennoch eine entscheidende Phase im Aufbau eines Intercity-Netzes in Deutschland waren und ihnen ursprünglich eine ganz andere und wesentlich bedeutendere Aufgabe zugeordnet war, als sie dann tatsächlich wahrnehmen konnten, was ihre Planer nicht vorhersehen konnten, weil zwischenzeitlich bei der DB betriebswirtschaftliche Überlegungen vor den Kundendienst gestellt wurden, wäre diese Abhandlung ohne ihre Behandlung unvollständig.

220 015 am 14. Mai 1975 vor DC „Tauberland" auf der Strecke Lauda – Würzburg bei Gerlachsheim. *Aufnahme: Jürgen Rech*

I. IC 79 – Einstundentakt auf vier Linien mit 1. und 2. Klasse

a) Die Einführung von IC 79 – Marktanalyse und Planung –

Mit der Einführung eines Schnellverkehrsnetzes auf vier Linien 1. Klasse im Zweistundentakt zum Winterfahrplanabschnitt 1971/72 hatte sich erstmalig eine Eisenbahnverwaltung der Welt ein Netz von schnellfahrenden komfortablen Zügen aufgebaut, das weite Bereiche ihrer Hauptverkehrsströme abdeckte. 1976 kam es dann auf der Linie 4 als Folge des zu geringen Verkehrsaufkommens nur in der 1. Klasse zur Einführung zweiklassiger IC-Züge mit drei Zugpaaren, die in Zukunft auch auf anderen Strecken weiter ausgebaut wurden. Mit Beginn des Sommerabschnittes des Jahresfahrplans 1978/79 am 28. Mai 1978 führte die DB nun auf der Strecke Köln – Hamburg der Linie 1 einen Einstundentakt schneller Züge mit beiden Wagenklassen unter der Zuggattung „Intercity" als Großversuch und Vorstufe für ein neues in Planung befindliches „Integriertes Bedienungs-System (IBS)" im Gesamtnetz ein.

Die Arbeiten an diesem neuen IBS liefen bereits seit einer Reihe von Jahren, nachdem sich gezeigt hatte, daß der IC-Zweistundentakt auf der einen Seite aus verkehrlichen Gründen einer Aufstockung bedurfte, andererseits aber das Potential der Reisenden nur der 1. Klasse nicht so hoch eingeschätzt wurde, ein entsprechend verdichtetes Netz nur in der 1. Klasse wirtschaftlich vertretbar durchzuführen. Und das Fiasko mit den DC führte darüber hinaus zu Überlegungen, wie man die übrigen außerhalb der bisherigen vier IC-A-Linien liegenden Hauptstrecken zeitgemäß, angemessen und wirtschaftlich bedienen könnte.

So wurde nach langen Planstudien, Marktuntersuchungen, Analysen der nationalen wie internationalen Verkehrströme, Reisendenzählungen, Struktur- und Quellenuntersuchungen, Studien betrieblicher Durchführbarkeit usw. beschlossen, für den Schienenpersonenfernverkehr (SPFV) stufenweise in einem jeweiligen Zweijahresrhythmus, beginnend mit dem Jahresfahrplan 1979/80 als neues Leistungsangebot ein integriertes Bedienungssystem, bundesbahnseitig abgekürzt „IBS", einzuführen.

Was soll man darunter verstehen? – Das neue Leistungsangebot, welches einen Kompromiß zwischen den verkehrlichen Wünschen und den betrieblichen und wirtschaftlichen Möglichkeiten darstellt, sah in Zukunft folgende Zugsysteme vor:

System A (Einführung 1979/80):

IC-Züge 1./2. Klasse im 1-Stunden-Rhythmus auf dem derzeitigen IC-Streckennetz (3115 km Länge, 4 IC-Linien) mit einer durchschnittlichen Reisegeschwindigkeit von 103 km/h (bei Hg 160 km/h) bzw. später 130 km/h (bei Hg 200 km/h). Das System ist wie bisher auf den bekannten Systemknoten in sich verknüpft. Einige rentable TEE sollen als internationales Spitzenangebot mit nur 1. Klasse bestehen bleiben.

System B (Einführung 1981/82):

D-Züge 1./2. Klasse in einem konstruktiven Rhythmus im Kernnetz des SPFV (etwa 4000 km Streckenlänge) mit voraussichtlich 12 Stammlinien und einer durchschnittlichen Reisegeschwindigkeit von 90 km/h (bei Hg 140 km/h) bzw. später 110 km/h (bei Hg 160 km/h).

Dieser ebenfalls auf einem Stundenraster basierende Rhythmus wird in seiner ausgenutzten Dichte von den Verkehrsanforderungen bestimmt, es werden also keinesfalls alle Trassen belegt. Insofern beinhaltet System B im Bezug auf die Stunden individuelle, bezüglich der Minuten jedoch rhythmische Fahrpläne.

Es werden darin integriert geeignete vorhandene innerdeutsche und internationale D, soweit sie nicht schon im System A aufgegangen sind, sowie die künftig wegfallenden Ferneilzüge, sofern sie nicht in Regionalzüge umgewandelt werden. Da jedoch ein großer Teil der Grundlast des 2.-Klasse-Verkehrs auf größere Entfernungen künftig vom IC-Netz wahrgenommen wird (als Anregung dazu wird der IC-Zuschlag 2. Klasse bereits ab 22.5.77 von 10.– auf 5.– DM herabgesetzt), dürfte die der D-Züge dieses Systems geringer sein als die der heutigen D auf den betreffenden Strecken. Das System in sich ist ebenfalls anschlußmäßig auf einer Anzahl von Knotenbahnhöfen verknüpft (welche nicht immer identisch mit denen des IC-Systems sein müssen, so etwa u. U. Heidelberg anstelle Mannheim), besitzt aber keine Zu- und Abbringerfunktionen zum IC-System.

Der Mitläuferverkehr (Reisegepäck,Expreßgut, Post) verbleibt zwar auch im System B, die Dauer der Aufenthalte wird aber lediglich nach den Belangen der Personenbeförderung bemessen; diese Züge werden also keine ausgesprochenen ,,Lastensegler'' sein.

System C (Einführung 1983/85):

Sonstige D-Züge in individuellen Fahrplanlagen, welche aus den verschiedensten Gründen nicht in die Systeme A und B einzubinden sind. Z. B. internationale Fernzüge, ausgesprochene Urlauberzüge (u. a. Weiterspringerzüge), Nachtzüge, Autoreisezüge, Reiseunternehmer-Turnuszüge, Sonderzüge aller Art, Entlastungszüge im Wochenendverkehr sowie im Fest- und Ferienverkehr.

Diese Züge werden wie bisher in ihren zeitlichen Lagen, der Zahl und Dauer der Halte und in ihren Geschwindigkeiten ganz gezielt auf den speziellen Zweck abgestellt. Sie sollen jedoch nach Möglichkeit anschlußmäßig an die Züge des Systems B gebunden werden. In diesem System C wird es auch nach wie vor Kurswagen (vor allem im Urlaubsreiseverkehr) geben.

Dazu sollte im Schienenpersonennahverkehr (SPNV) das System der Regionalzüge (RE-System) kommen, das eine Auflassung der Halte kleinerer Orte in der Fläche vorsah. Nun, es kam wie wir heute wissen, von dieser Konzeption bisher nur zur Ausführung des Systems A. Die Systeme B und C wurden bisher nicht realisiert, wenn es auch ab dem Jahresfahrplan 1982 beginnend zu einer Neuordnung der Fernverbindungen – allerdings in anderer Form – kommt. Und das ,,RE-System'', das in bestimmten Bereichen schon damals erprobt wurde, stieß auf einen solch nachhaltigen Widerstand aus allen Kreisen, daß es in der Versenkung verschwand, aber leider nicht auf Nimmerwiedersehen, sondern inzwischen feiert es fröhliche Auferstehung durch das ,,eilzugmäßige Fahren'' auf zahlreichen Strecken, da man einfach soviel kleinere Stationen schloß, daß man zwangsläufig zu Nahverkehrszügen kam, die den bisherigen Eilzügen entsprechen und daher zuggattungsmäßig auch so bezeichnet werden. Dies aber nur am Rande, da diese Entwicklung des SPNV nicht in den Rahmen dieser Abhandlung gehört.

Die seit dem 28. Mai 1978 auf der Linie 1 zwischen Köln und Hamburg erzielten Ergebnisse waren an und für sich ermutigend, jedoch zeigten sich auch hier sofort Schwachstellen. So waren schon kurz nach Einführung des Einstundentaktes verschiedene IC in bestimmten Fahrlagen laufend überfüllt, andere krankten an chronischer Unterbesetzung. Für die überfüllten in guten Verkehrslagen liegenden IC mußten Entlastungszüge gefahren werden, die eigentlich, ohne in den Fahrplanunterlagen veröffentlicht zu werden, Regelleistungen waren. Verschärft wurde das Problem auf dieser Strecke noch durch den Bundeswehrwochenendurlauberverkehr, denn die meisten Wehrpflichtigen aus dem bevölkerungsreichsten Bundesland Nordrhein-Westfalen dienten in Garnisonen in Niedersachsen und Schleswig-Holstein. Zwar gab es für sie zahlreiche garnisonsorientierte Schnellzüge zur ,,Heimat'' am Freitag und ,,zum Bund'' am Sonntagabend, aber die findigen Rekruten hatten bald herausgefunden, daß man mit den schneller fahrenden IC eher bei Muttern oder der Braut war als mit den für sie eigentlich vorgesehenen Zügen. Somit kam es zusätzlich an diesen Tagen zu erheblichen Überbesetzungen der IC und laufenden Unzuträglichkeiten mit den normalen Reisenden. Hier hatte sich die DB eigentlich von vornherein eine falsche Teststrecke ausgesucht, bei der man sich zusätzlich Probleme schuf, die anderswo in dieser Form nicht vorhanden gewesen wären. Und daß es sich hier nicht um ein zufälliges Problem handelte, beweist die Tatsache, daß man die Frage des Bundeswehrurlauberverkehrs in dieser Relation im Prinzip erst mit dem Jahresfahrplan 1982/83 gelöst zu haben glaubt. Aber davon später mehr.

Für diese zu fahrenden Ersatzzüge war naturgemäß das erforderliche Wagenmaterial im IC-Standard nicht vorhanden, da die DB ja bekanntermaßen durch ihre knappen Wirtschaftsmittel und der falschen Wagenbeschaffungspolitik an einem chronischen Wagenmangel litt. Man mußte daher aus dem ganzen Bundesgebiet auf Sonderbereitschaften oder an Wochenenden aus anderen Gründen nicht benötigte Zuggarnituren zurückgreifen, so daß neben Reisezugwagen 2. Klasse älterer Vorkriegsausführungen und 1. Klasse-Wagen der alten blauen F-Zugfarbgebung in nicht klimatisierter Ausführung in nicht wenigen Fällen ,,Silberlinge'', also Nahverkehrswagen, zum Einsatz kamen. Da auch die erforderlichen Loks nicht eingeplant waren, konnten bei Bespannung mit E 110, teilwiese sogar E 141 und E 140, die Fahrzeiten zwangsläufig nicht gehalten werden. Da aber in diesen ,,IC-Entlastungszügen'' der normale IC-Zuschlag erhoben wurde, kam es zu massiven Kundenbeschwerden. Die HVB verfügte daraufhin, daß diese Züge nicht mehr als ,,Entlastung zum Intercity ...'' anzusagen und zu bezeichnen seien, sondern als ,,Schnellzug-Entlastungszug zum Intercity...'', so daß zumindest kein IC-Zuschlag mehr zu erheben war.

Bereits auf der EFK Budva für den Zweijahresfahrplan 1977/79 hatte die DB den anderen Verwaltungen angekündigt, daß sie am IBS arbeite und daß sie dieses 1979 einführen wolle, jedoch vorher sich wegen der tiefen Eingriffe, die dieses System in den internationalen Fahrplan mit sich bringen würde, mit den anderen Verwaltungen abstimmen werde. Diese Abstimmungen erfolgten sowohl auf bilateraler, als auch multilateraler Ebene bereits ab dem Sommer 1977 je nach dem Fortschreiten des Planungsstandes bei der DB. In zahlreichen außerplanmäßigen Sitzungen, Arbeitstagungen, Fahrplanbearbeitungen, die neben den normalen Bearbeitungen der Fahrpläne 1977 und 1978 durchgeführt werden mußten, wurden zahlreiche Studien erarbeitet, verworfen, modifiziert, umgestaltet, bis endlich ein allgemeines System für die Stufe A bestand, das nun der Feinarbeit bedurfte. Hier waren gleichermaßen die Reisezugfahrplanreferate und -dezernate der HVB, der ZTL und der Bundesbahndirektionen neben anderen Fachdiensten, wie Betriebsmaschinendienst (für Lok und Wagen), Werkstättendienst (zur Herrichtung des erforderlichen Wagenparks in Sonderarbeiten), Baudienst (zur Strecken- und Bahnhofsherrichtung), aber besonders auch der Absatzbereich in HVB und ZVL beteiligt. Da man recht bald erkannte, daß aufgrund der allgemeinen Proteste von Öffentlichkeit, Kommunen, Kreisen, Ländern und den Medien das RE-System nicht durchgeboxt werden konnte, auf der anderen Seite aufgrund der finanziellen Lage der DB auch nicht abzusehen war, ob die Stufen B und C des IBS in der ursprünglich geplanten Form zeitlich passend realisiert werden konnten, ließ man neben dem Begriff „RE-System" auch den des „IBS" in der Versenkung verschwinden – er war wertlich ohnehin schwer verwertbar – und nannte die Stufe des Systems A kurz und prägnant „Intercity 79" – abgekürzt „IC 79". Und unter diesem Markennamen, der sich gut verkaufen ließ und der haften und hängen blieb, ist der Intercity-Einstundentakt auf vier Linien im Bereich der DB denn auch weiter geplant, eingeführt und bis heute weiterentwickelt worden.

Bereits 1977 hatte Simon in Heft 1/2 der Eisenbahn-Technischen-Rundschau (ETR) unter der Überschrift „Deutschland im Einstunden-Takt mit 1. und 2. Wagenklasse – Vorschlag eines Kunden der Deutschen Bundesbahn" detaillierte Vorschläge aus seiner Sicht als langjähriger Benutzer des seit dem Winter 1971 durchgeführten Zweistunden-IC-Systems unterbreitet, die darauf hinaus liefen, die Bundesrepublik Deutschland auf ihren wichtigsten Magistralen im Stundentakt mit Intercity-Zügen beider Wagenklassen zu bedienen. Er stellte dabei tiefschürfende Betrachtungen über das vorhandene Fernverkehrsnetz, seine Mängel und Unbequemlichkeiten aus seiner Sicht als vielreisender Kunde an und zeigte Lösungsmöglichkeiten zu einer aus der Sicht eines Geschäftsreisenden sich anbietenden Lösung auf. Dabei verglich er bewußt den Bereich der DB mit dem anderer benachbarter europäischer Bahnen. Er stellte dabei folgende sieben Fakten nebst Erläuterungen auf, die auszugsweise wiedergegeben werden sollen:

„1. Alle Züge führen 1. und 2. Klasse.
2. Zur Erhaltung der Anziehungskraft auf den Geschäftsreiseverkehr sind die Fahrzeiten der heutigen Intercity-Züge möglichst einzuhalten.
3. Die heutigen IC-Knotenpunkte sollten erhalten bleiben.
4. Die Fahrplanlage ist so einzurichten, daß sich die Züge möglichst an Stationen kreuzen, an denen Anschlüsse zu beiden Richtungen hergestellt werden sollten.
5. Die Züge des Fern-Taktnetzes sollten in größerem Umfang als heute die TEE-Züge über die Endbahnhöfe des heutigen IC-Netzes hinauslaufen bzw. von diesem abzweigen.
6. Nach Möglichkeit sollten nicht verspätungsanfällige Auslandsverbindungen in das Netz eingebunden werden. Nach Belgien und den Niederlanden sollten diese sich in den Taktfahrplan der dortigen Bahnen einfügen.
7. Kassel sollte wenigstens zweistündlich direkt an das IC-Netz angeschlossen werden.

Die Forderungen 1 und 2 nach Zweiklassigkeit und Schnelligkeit können nur dann kombiniert werden, wenn das Zuggewicht trotz der Wagen 2. Klasse in Grenzen bleibt und die Haltezeiten auf den Bahnhöfen kurz bleiben. Dazu müssen Überfüllungen der Züge durch Platzkartenpflicht in der 2. Klasse vermieden werden. Präzise Angabe des Wagenstandortes am Bahnsteig nach Muster der japanischen Staatsbahnen ist eine weitere Hilfe zur Verkürzung der Haltezeiten.

Gegen die Platzkartenpflicht könnte man einwenden, sie beschränke die freie Benutzbarkeit der Bahn. Das trifft aber nur für Stehplätze zu, die im Fernverkehr ohnehin ein unzumutbarer Notbehelf sind. Darf ein Zug nur mit Platzkarten benutzt werden, so kann die Platzauszeichnung wegfallen. Freie Plätze können über die Elektronische Datenverarbeitung noch unmittelbar vor Abfahrt auf Zwischenbahnhöfen vermittelt und auch zurückgenommen werden, wie das z. B. in Japan geschieht. Zudem ermöglicht die Platzkartenpflicht in den Stoßzeiten ein Verweisen der Reisenden auf weniger belastete Züge, auf dem Bedarf besser anzupassende Zusatzzüge oder sogar auf andere Reisetage.

Die Einbindung des nordhessischen Zentrums Kassel in die Relation Hannover – Basel müßte möglich sein, wenn die Züge nur in Kassel-Wilhelmshöhe halten und von Frankfurt (M) über Darmstadt-

Heidelberg weiterfahren. In Heidelberg erfolgt die Verknüpfung mit der Linie Köln – Stuttgart. Um Mannheim nicht aus der Nord-Süd-Linie auszuschließen, muß als Kompromiß im Zweistundenrhythmus zwischen den Fahrwegen über Kassel – Heidelberg und Fulda – Mannheim gewechselt werden. Für die Relation Köln – Basel ergibt sich zweistündig ein 10-Minuten-Umweg über Heidelberg. Wegen der wahrscheinlich für einen Stundenverkehr nicht ausreichenden Fahrgastzahl auf der Strecke Hannover – München könnten zwei oder drei Züge in der Relation Münster/Osnabrück – Kassel – Würzburg – München verkehren und von Fulda aus südwärts in den IC-Takt eingefügt werden. Durch Anschluß an IC-Züge Hannover – Fulda – Frankfurt (M) bliebe der Stundentakt Hannover – München, wenn auch als Umsteigeverbindung, erhalten.

Die Umgehung von Kassel Hauptbahnhof ist leider nicht zu vermeiden, wenn die IC-Verknüpfungen in Hannover und Mannheim/Heidelberg aufrechterhalten werden sollen. Fahrgästen aus Kassel sollte das zusätzliche Umsteigen so bequem und zeitsparend wie möglich gemacht werden.

Der Fahrplan für die Linie Köln – Nürnberg wurde zweistündig wechselnd über Wiesbaden bzw. Mainz entworfen. Dadurch kann wenigstens zweistündig der internationale Flugverkehr direkt an das Fernzugnetz angeschlossen werden. Das ist von Bedeutung, da Flugreisende immer ihr Gepäck mitführen und daher das Umsteigen scheuen.

Von den IC-Zügen Köln – Mannheim, sofern sie zeitparallel zu den Zügen über Wiesbaden laufen, sollte guter Anschluß zum Flughafen bestehen, was beim Entwurf der S-Bahn-Fahrpläne zu berücksichtigen wäre.

Das Risiko der Abwanderung vom Eisenbahnfernverkehr zum Flugzeug-Kurzstreckenverkehr ist dabei denkbar gering und wiegt den Vorteil der direkten Eisenbahnfahrt zu Übersee- und anderen Fernflügen nicht auf, die ohnehin keine Konkurrenz für die Bahn sind."

Soweit Simon. Mit Sicherheit sind bestimmte seiner Anregungen in die Planungen von IC 79 eingeflossen. Im übrigen sei darauf hingewiesen, daß die in Kap H Abschn a) ausführlich dargestellten Gründe für die Einführung des IC-Systems im Zweistundentakt im Winter 1971 in dieser Form auch für die Entscheidungen für oder gegen IC 79 galten und hier mit Eingang in die Überlegungen der maßgebenden Planer und später der Unternehmensleitung fanden. Und mit diesem System hatte man ja bereits eine gewaltige Vorarbeit geleistet, die zu einer positiven Aufnahme am Markt geführt hatte. Jetzt galt es, den veränderten konjunkturellen, wirtschaftlichen und marktpolitischen Gegebenheiten entsprechend, das vorhandene Netz attraktiver zu gestalten. Und da die Reisendenzahlen der 1. Klasse stagnierten, andererseits dem Reisenden der 2. Klasse ein neuer Anreiz zur Benutzung der Eisenbahn geboten werden mußte, dies aber aus wirtschaftlichen Erwägungen ohne eine neue Netzgestaltung neben dem bestehenden Intercitynetz erfolgen sollte und die bisherige Schnellzugbedienung nicht mehr zeitgemäß war, war eigentlich automatisch das Zuwachsreservoir nur noch im Bereich der Reisenden 2. Klasse zu finden. Dies bestätigten auch die Ergebnisse in den Bereichen, die zwischenzeitlich im IC-Netz mit der 2. Klasse ausgestattet worden waren.

Das Marktsegment der Geschäfts- und Dienstreisen, die den überwiegenden Anteil des bisherigen Intercitynetzes stellten, war verhältnismäßig schmal und ließ kaum auf Erweiterungsmöglichkeiten hoffen, zumal die allgemeine weltwirtschaftliche Lage auf Rezession stand und somit von hier aus auf einen Geschäftsreiseverkehr in absehbarer Zeit kaum Impulse zu erwarten waren. Dagegen entfielen 87% der bei der DB im SPFV geleisteten Personenkilometer auf die 2. Wagenklasse, von denen aber nur 13% dem Dienst- und Geschäftsreiseverkehr zuzurechnen waren. 78% der im SPFV geleisteten Personenkilometer der 2. Klasse entfielen dagegen auf den Sektor Privatreisen. Nach Marktanalysen hatte die DB im Bereich der Urlaubs- und sonstigen Privatreisen aber nur einen relativ geringen Anteil aufzuweisen, den es auszuweiten galt. Da zudem noch dem die 2. Klasse benutzenden Kundenkreis nur 65% des Zugangebotes zur Verfügung standen, war hier ebenfalls eine akute Marktlücke erkennbar. Und schließlich wirkte die seit Jahren stagnierende durchschnittliche Reisegeschwindigkeit der Schnellzüge (1969 = 79,6 km/h, 1973 = 80,4 km/h, 1976 = 81,4 km/h und 1978 = 81,5 km/h) auch nicht gerade einladend zur Benutzung der DB. So war also hier allein von der Ausgangsposition am Markt her eine baldige Änderung erforderlich, wollte die DB gegenüber den konkurrierenden Verkehrsträgern, vor allem aber den Reisen mit dem Individual-PKW nicht noch mehr Marktanteile verlieren.

Nachdem diese Entscheidung getroffen war, wurde die Aufnahme der 2. Klasse in das bestehende IC-System nach den bereits für die Wahl des Transportmittels in Kap H genannten Kriterien erneut untersucht und dabei festgestellt, daß dies nur möglich wäre, wenn dies ohne eine wesentliche Verminderung der Reisegeschwindigkeit zu realisieren war. Diese würde bei einem erweiterten

Angebot mit klaren, nach marktechnischen Gesichtspunkten ausgewählten örtlichen Taktzeiten von dem bisherigen Kundenstamm der Reisenden 1. Klasse noch akzeptiert werden, für die Reisenden der 2. Klasse dagegen würde es gegenüber der durchchnittlichen Reisegeschwindigkeit der ihnen bisher offenstehenden Schnellzüge eine sehr wesentliche Verbesserung des Angebotes bedeuten. Eine darüber hinaus gehende Strukturuntersuchung des Schnellzugverkehrs auf den bisherigen vier Intercity-A-Linien ergab, daß etwa die Hälfte aller die 2. Klasse benutzenden Schnellzugreisenden nur die Halte des bisherigen IC-Netzes benötigte. Dies bedeutete, die Zahl der IC-Haltebahnhöfe im Grundsatz nicht zu erhöhen. Da allerdings entgegen den Geschäftsreisenden der 1. Klasse die Allgemeinreisenden der 2. Klasse im Prinzip vermehrt Gepäck mit sich führen und auch durch die vermehrte Reisendenzahl dessen Umschlag einen höheren Zeitaufwand erfordern würde, war es klar, daß die sehr knapp bemessenen Haltezeiten der bisherigen IC-Züge ausgedehnt werden mußten. Hierfür wurde jedoch auch nur ein Minimum gegenüber den bisherigen Schnellzügen vorgesehen, zumal die neuen zweiklassigen IC grundsätzlich ohne Ladeaufgaben nur der reinen Personenbeförderung dienen sollten. Die der Fahrzeitberechnung zugrunde liegenden Wagenzuggewichte wurden maximal auf 500 t begrenzt, was einer Zugstärke von 11 Wagen entspricht. Demgegenüber betrug die mittlere Zugstärke der IC-Züge des Zweistundentakts im Fahrplanjahr 1977/78, wo nur die drei Zugpaare auf der Linie 4 und der „Friedrich Schiller" zweiklassig gefahren wurden, 6,8 Wagen. Durch diese Maßnahmen und die allgemeine Weisung, IC-Züge mit der Baureihe E 103 zu bespannen, die über die nötigen Leistungsreserven verfügte, war es möglich, bei Anwendung der allgemeinen Hg von 160 km/h sowie von 200 km/h auf den bereits zugelassenen Abschnitten, innerhalb des Netzes der vier Grundlinien, an denen sich gegenüber dem System von 1971 nach den eingehenden Untersuchungen nichts änderte, eine Reisegeschwindigkeit von 103 km/h zu erhalten, die damit nur um etwa 0,5 km/h unter der im Jahresfahrplan 1978/79 erzielten lag.

Eine weitere bedeutende Komponente des neuen Systems war aus Kapazitätsüberlegungen vorgegeben. Da man davon ausging, daß in etwa die Hälfte der Reisenden der 2. Klasse, die auf den bisherigen IC-Strecken in der 2. Klasse der Schnellzüge reiste, auf die IC übergehen würde, mußte gegenüber dem bisherigen Zweistundentakt eine Verdoppelung auf den Einstundentakt vorgenommen werden. Damit erzielte der 1. Klassereisende als Nebeneffekt einen deutlichen Zeitvorteil und ebenfalls ein verbessertes Angebot. Da ein Individual-PKW jederzeit vorhanden und einsetzbar ist, spielt ein etwa vorhandener Wartezeitabstand für die Wahl eines Verkehrsmittel einen nicht zu unterschätzenden Faktor. Die größte und entscheidenste Änderung gegenüber dem Zweistundentakt war jedoch der, daß der Takt bisher in der Regel nur theoretisch war, da aus vielerlei Gründen, die im Fahrplangefüge und internationalen wie nationalen Bindungen lagen, es einen eigentlichen Takt bisher nicht gab, sondern nur eine rhythmische Zweistundenzugfolge erreicht werden konnte. Nun aber wurde mit absoluter Konsequenz unter Änderung des gesamten Fahrplangefüges der DB in allen seinen Bereichen bis zum letzten Güterzug ein exakter minutiöser Takt auf allen vier Linien für alle Haltebahnhöfe erarbeitet und definitiv festgelegt. Nur in ganz begründeten Ausnahmefällen, durch Aufnahme zusätzlicher Halte einzelner Züge, wurde eine ganz geringfügige Taktabweichung zugelassen. Daß dies international zu Spannungen bei der Erarbeitung des internationalen Fahrplans führen mußte, war somit zwangsläufig vorgegeben, zumal ja das IC-Netz bereits bisher z. B. in Basel SBB an eine Nachbarverwaltung anschloß, in anderen Fällen aber durch die geplante Ausdehnung bzw. Umwandlung von TEE in IC die Fahrpläne anderer Verwaltungen tangierte. Aber hierüber weiter unten mehr. Dieses System hatte aber den unbestreitbaren Vorteil, daß der Reisende kein Kursbuch mehr benötigte, sondern bei Kenntnis der Taktzeiten seines Bahnhofes innerhalb des gesamten IC-Netzes stündlich mit Sicherheit eine entsprechende schnelle hochqualifizierte Zugverbindung vorfinden würde. Taktfahrpläne hatte es bereits bei den Eisenbahnen mehrfach gegeben, z. B. bei S-Bahn-Systemen, bei benachbarten ausländischen Bahnverwaltungen in bestimmten umgrenzten überschaubaren Räumen wie bei den NS, aber daß ein Fernverkehrssystem in Form eines Schnellverkehrs in einem großen Netz im Taktsystem den überwiegenden Teil des Fernverkehrs abdecken sollte, war etwas absolut Neues, Einmaliges, sieht man von der Tokaidolinie in Japan einmal ab, aber hier war auch nur eine Linie im Takt befahren, nicht aber ein Netz, das in sich verknüpft war.

Insofern hatte das bisherige Zweistundennetz wertvolle Vorarbeiten geleistet. Es konnte praktisch unverändert übernommen werden, wobei auch die bisherigen Verknüpfungsknoten zwischen den einzelnen der vier Linien unverändert blieben. Um den neuen Anforderungen des zweiklassigen Systems gerecht zu werden, wurde für jede Linie ein IC-Musterfahrplan erstellt, der verbindlich war (vgl. Übersicht 20 a). Er enthielt auch die verbindlichen Taktzeitem beim Systemwechsel eines Zuges von einer Linie auf die andere. Dadurch war sichergestellt, daß in den Systemverknüpfungspunkten der Übergang von der einen zur anderen Linie garantiert war. Da dieser immer am gleichen Bahnsteig zu erfolgen hatte, bedeutete dies bei den Verknüpfungsbahnhöfen erhebliche betriebliche Detailplanungen, um Fahrplanausschlüsse, Trassenbelegungen, Einfädelung von Zügen anderer Strecken entsprechend den verkehrlichen Bedürfnissen usw. zu vermeiden oder sicherzustellen. Und wenn man die einzelnen Verknüpfungsknoten, ihre Zulaufstrecken, ihre Gleisanlagen und die gegebenen Fahrstraßenausschlüsse betrachtet, wozu man noch die erforderliche Bahnsteiglänge für die aufzunehmenden Züge rechnen muß, so war dies ein gar nicht leichtes Unterfangen. Man denke nur an Bahnhöfe wie Mannheim Hbf, wo innerhalb der Taktzeiten zweier sich korrespondierender Linien beide Richtungen gleichzeitig – also vier IC – zusammentreffen und dann noch Fahrstraßenüberschneidungen der einzelnen Linien zuzüglich Kopfmachen mit Lok an- und absetzen vorgenommen werden müssen! Dies war eine minutiöse, fast möchte man sagen generalstabsmäßige Feinarbeit!

Da der Privatreisende in der Regel mehr Handgepäck als der Geschäftsreisende mit sich führt und das Lebensalter des Kundenkreises der 2. Klasse an und für sich eine größere Unbeweglichkeit beinhaltet, kam möglichst vielen Direktverbindungen entsprechend den vorherrschenden Verkehrsströmen eine nicht zu unterschätzende Bedeutung zu. Verschiedene Untersuchungen hatten ergeben, daß diese Zielgruppe von Reisenden einem durchgehenden Zug überwiegend den Vorzug vor einer mit Umsteigen gebotenen Verbindung gibt, auch wenn letztere schneller für die Gesamtreisedauer ist. Daher war es notwendig, das bestehende, auf den 1. Klassereisenden abgestellte IC-Netz, auf die Verkehrsströme des Privatreiseverkehrs zu überprüfen. Dabei ergab sich, daß die vorhandenen vier Linien des bisherigen Systems im Prinzip marktgerecht verliefen, wenn auch Simon schon auf bestimmte Mißhelligkeiten hingewiesen hatte. Dies galt auch im Hinblick auf das beabsichtigte erweiterte Angebot des Einstundentaktes. Es ergaben sich aber auch zu bestimmten Zeiten Verkehrsstöme, die es geboten erscheinen ließen, die Laufwege zweier Linien miteinander zu tauschen, um so über diese beiden Teillinien umsteigefreie Verbindungen anbieten zu können. Dadurch konnte die Zahl der Direktverbindungen erhöht werden. Und für die Reisenden, die in den verkehrsstarken Relationen der Stammlinien aufkamen, verblieb es immerhin noch bei dem bereits bestehenden Zweistundentakt wie bisher, ergänzt um das bisher nicht bestehende Angebot für die Reisenden der 2. Klasse. Bei einem solchen Übergang von einer auf die andere Linie erhielten die auf die andere Linie übergehenden Züge die exakten Taktzeiten der neuen Linie von der Abfahrt von dem Verknüpfungsbahnhof ab.

Die in Wien West beheimatete ÖBB-1044.14 bespannte am 27. Juni 1979 IC 126 „Prinz Eugen" auf dem Weg nach Hannover von Wien West bis Frankfurt.
Aufnahme (bei Langenfeld): Dieter Dettelbacher

Naturgemäß konnten die neuen Zugverbindungen, die sich gegenüber dem bisherigen Zweistundenrhythmus zum Einstundentakt ergaben, nicht alle durch Neuleistungen geschaffen werden. Hier wäre die Kapazitätsausweitung wirtschaftlich unvertretbar gewesen, zumal man ja davon ausgehen mußte, daß ein nicht unerheblicher Teil der Reisenden der 2. Klasse dieser bisherigen Schnellzurelationen in die neuen IC überwechseln würde. Demgemäß mußten bisher bestehende Schnellzüge in das neue Konzept integriert werden, wobei hierfür sowohl nationale wie auch internationale Züge vorgesehen wurden. Lediglich zur Bedienung der nicht mit IC bedienten bisherigen Haltebahnhöfe und als Kurswagenträger sowie zur Bedienung der Erfordernisse des Kleingut- und Postverkehrs einschließlich des Gepäckverkehrs mußten Schnellzüge tagsüber vorgehalten werden. Die bisherigen Nachtverbindungen waren hierbei ohnehin ausgenommen.

Durch diese Reduzierung des Schnellzugangebots als Folge der Einbeziehung dieser Zugleistungen in das erweiterte IC-Netz und des Reisendenwechsels von den herkömmlichen Schnellzügen zu den neuen doppelklassigen IC gingen Direktverbindungen von Bahnhöfen außerhalb des eigentlichen IC-Netzes, insbesondere in Feriengebieten verloren. Zum Ausgleich der hierdurch entstandenen Nachteile wurden bereits bei der Planung in geeigneten Tageslagen IC über die Netzgrenzen hinaus verlängert. Da diese Konzeption eine höhere Wagenzahl als das reine Kernnetz erfordert, beeinträchtigt dies die Wirtschaftlichkeit des ganzen IC-Systems, so daß nur tatsächlich verkehrsintensive Städte oder Feriengebiete, die gleichmäßig ein entsprechendes Verkehrsaufkommen garantieren, entsprechend angebunden werden.

Außerdem war es im Benehmen mit den SBB möglich, nach verkehrsstarken schweizerischen Zentren oder Feriengebieten wie Brig, Chur, Interlaken oder Zürich Kurswagen zu führen, die keine Abkehr vom festgelegten Blockzugsystem bei der DB brachten, da die erforderlichen Umstellungen von den SBB vorgenommen wurden.

Da nicht alle IC aufgrund der Zeitlage über die gesamte Linie geführt werden konnten, war es wie beim bisherigen System erforderlich, bestimmte Züge früher enden oder beginnen zu lassen. Dabei bot es sich an, ab bestimmten IC-Haltebahnhöfen Abzweigungen von der Linie nach benachbarten Großstädten oder in das benachbarte Ausland vorzunehmen, um auch diese in den Genuß durchgehender Zugverbindungen im IC-System kommen zu lassen. Da jedoch in Tageslagen auf der weiterführenden Linie in der entsprechenden Taktzeit ein Zug fehlen würde, war dieses Verfahren im allgemeinen nur in Tagesrandlagen möglich. Ein Wechsel außerhalb dieses Grundsatzes wurde daher auch nur beim „Prinz Eugen" in Nürnberg vorgenommen, der die Relation nach Wien weiterhin bediente und zwischen Nürnberg und München auf der Linie 4 ein zusätzlicher Zug eingeschoben werden mußte. Um die Taktzeiten einhalten zu können, war die Mitführung von Kurswagen, die immer zeitaufwendige Rangiermanöver erfordern, ausgeschlossen worden. Die Kurswagenträger im Bereich der SBB wurden bereits genannt. Ansonsten waren Kurswagen nur zugelassen, wenn sie auf Zu- oder Auslaufstrecken zu- oder abgestellt werden mußten, nicht aber im IC-Kernnetz. Eine einzige Ausnahme bildete die Kurswagenverbindung von Saarbrücken nach Hamburg/Westerland, die in Nordrichtung in Mannheim, in Südrichtung in Frankfurt durch den dort ohnehin erforderlichen Fahrtrichtungswechsel des Zuges möglich wurde.

Zur Fahrplankonstruktion wäre festzuhalten, daß jede der vier IC-Linien durch Anschlüsse an mehreren Punkten an andere Linien gebunden war. So waren die Fahrpläne aller Linien voneinander und der der Gegenrichtung mittelbar abhängig. Daher waren in diesem vorgegebenen Fahrplangebilde keine Toleranzen enthalten, was die Konstruktion selbst zusätzlich erschwerte. Die Abhängigkeiten in den Verknüpfungspunkten wurden schon dargestellt; hinzu kam aber auch noch eine zusätzliche Abhängigkeit durch die Benutzung des gleichen Streckengleises durch Züge verschiedener Linien.

Ausgangspunkt für die gesamte Fahrplankonstruktion war der Verknüpfungspunkt Köln. Hier liegen die Taktzeiten der Nord-Süd- und der Süd-Nord-Richtungen der Linien 1 und 2 zusammen, um Anschlüsse von und nach Belgien und den Niederlanden für beide Richtungen mit kurzen Übergangszeiten zu gewährleisten. Diese Konstruktion aber bestimmte wieder durch den wechselseitigen Anschluß der Linien 1 und 3 in Mannheim die Taktzeiten für die Linie 3 und durch den Wechselanschluß der Linie 2 mit der Linie 4 in Würzburg die Taktzeiten der Linie 4. Andererseits sind die Linien 3 und 4 in Hannover wieder miteinander verknüpft, und für die Linien 1 und 2 besteht eine zusätzliche Bindung in Dortmund. So kam es, daß hinsichtlich der Taktzeiten in Köln bzw. Dortmund zusammengehörige Züge der Linien 1 und 2 jeweils durch die bestehenden Anschlußbindungen in Mannheim und Würzburg die Fahrlagen der Züge der Linien 3 und 4 bestimmten. Diese aber treffen in Hannover nicht zu den jeweiligen Taktzeiten zusammen, sondern mit einer Differenz von zwei Stunden. Entsprechend ergibt sich auch in Köln ein Zweistundensprung, wenn man von in Hannover korrespondierenden Zügen der Linien 3 und 4 ausgeht. Somit läßt sich also keine Gruppe von vier Zügen einer bestimmten Taktzeit zugehörig definieren. Dies ist aus der nachstehenden Übersicht der Knotenzeiten des IC-Systems deutlich zu erkennen:

Bahnhof	IC-Linie 1 (Richtung Nord - Süd)	2	3	4	1 (Richtung Süd - Nord)	2	3	4
Hamburg	8 35		9 45		17 19		16 09	
Bremen	9 36 / 9 38			12 09	16 21 / 16 19			13 45
Hannover		9 53	11 08 / 11 10	13 05 / 13 15		16 00	14 45 / 14 43	12 48 / 12 38
Dortmund	11 35 / 11 38	11 30 / 11 41			14 23 / 14 17	14 22 / 14 12		
Koln	12 53 / 12 57	12 51 / 13 03			13 00 / 12 57	13 03 / 12 51		
Frankfurt (Main)		15 27 / 15 33	14 31 / 14 37			10 28 / 10 22	11 23 / 11 17	
Mannheim	15 24 / 15 27		15 21 / 15 29		10 30 / 10 27		10 33 / 10 25	
Wurzburg		16 53 / 16 56		16 48 / 16 59		9 03 / 8 57		9 07 / 8 58
Augsburg	18 38 / 18 40			19 10 / 19 12	7 14 / 7 12			6 46 / 6 44
Munchen	19 10	19 23		20 42	6 43	10 30		6 15
Basel			17 46				8 08	

▲———▲ Wechselanschluß
●———▲ einseitiger Anschluß

Knotenzeiten des IC-Systems

Wenn auch äußerlich diese Details als nicht gravierend angesehen werden, so haben sie jedoch zur Folge, daß Züge in Tagesrandlagen und bei Streckung von Taktfolgen an Tagen zum Wochenende nicht alle Korrespondenzanschlüsse in den Systemknoten erhalten können.

In Hannover trifft der auslaufende Zug der Linie 2 (Süd-Nord) mit 10 Min bzw. 15 Min Übergangszeit auf die in Richtung Süden abfahrenden Züge der Linie 3 und 4. Entsprechendes gilt in der Gegenrichtung. Diese Verbindung ist für die Verkehrsrelation Bielefeld/Minden — Frankfurt interessant. In Frankfurt sind Eckanschlüsse von Linie 2 aus Würzburg auf Linie 3 in Richtung Basel mit 15 Min Übergangszeit und in der Gegenrichtung mit 16 Min gegeben. Diese Anschlüsse bedeuten weitere Abhängigkeiten zwischen Nord-Süd- und Süd-Nord-Richtung zusätzlich zur Verknüpfung in Köln.

Auf einige Anschlüsse, die theoretisch nach der Netzfiguration denkbar sind, mußte aufgrund der Fahrzeitbindungen verzichtet werden. Dies trifft für die Verbindung Bielefeld nach Hamburg/Bremen über Hannover und die Umwegverbindung von den Bahnhöfen Basel bis Karlsruhe nach Heidelberg mit Umsteigen in Mannheim zu. In der Relation Ulm — Nürnberg über Augsburg ist die Übergangszeit nur in einer Richtung gegeben; der Anschluß von Nürnberg in Richtung Ulm war wegen weniger fehlender Minuten nicht herstellbar.

In mehreren Bahnhöfen bestehen höhengleiche Kreuzungen der von IC befahrenen Fahrstraßen. Da die Fahrpläne so gestaltet werden müssen, daß die Züge bei pünktlichem Eintreffen freie Fahrwege vorfinden, mußte das Zusammentreffen zweier Züge an solchen Ausschlußpunkten vermieden werden. Diese Zwangspunkte verursachten Abhängigkeiten zwischen Richtung und Gegenrichtung. So kreuzt in Treuchtlingen der Fahrweg der Linie 2 Süd-Nord höhengleich den Fahrweg der Linie 4 Nord-Süd und umgekehrt. Die planmäßigen Durchfahrtzeiten liegen zu den Minuten 40 und 35 bzw. zu den Minuten 13 und 22. Es sind also nur verhältnismäßig kleine Zeitpuffer vorhanden. Ähnliche Zwangspunkte gibt es in Augsburg für die Linie 1 Nord-Süd mit der Linie 4 Süd-Nord, in Gemünden für die Linie 2 Süd-Nord mit der Linie 4 Nord-Süd, in Würzburg für die Linie 2 Süd-Nord mit der Linie 4 Nord-Süd und in Mannheim für die Linien 1 und 3 in beiden Richtungen. In Dortmund ist die gleichzeitige Einfahrt von Zügen der Linien 1 und 2 aus westlicher Richtung nicht möglich; außerdem schneidet die Ausfahrt der Linie 1 nach Osten die Einfahrt der Linie 2 von Osten.

Weitere Abhängigkeiten entstehen durch die Notwendigkeit, aus Kapazitätsgründen die IC-Züge auf den langen, durch zwei Linien belegten Streckenabschnitten Köln — Mainz-Mombach und Hannover — Flieden im Blockabstand gebündelt zu fahren.

Zwischen Hannover und Wunstorf benutzen die Züge der Linien 2 und 4 dasselbe Streckengleis im Abstand von fünf Minuten. Daher können Züge der Linie 2 zur Aufnahme zusätzlicher Halte nicht früher in Hannover abfahren bzw. später ankommen, es sei denn, der entsprechende Fahrplantakt der Linie 4 ist nach Hamburg geführt. Zwischen Hamburg Hbf und Hamburg-Harburg folgen die Züge der Linien 1 und 3 im selben Streckengleis im Zehn-Minuten-Abstand aufeinander.

Die aufgeführten Abhängigkeiten sollen darlegen, wie außerordentlich eng verknüpft das Fahrplannetz des neuen IC-Systems ist und wie empfindlich und weit ausstrahlend es auf Minutenänderungen reagiert. Solche Änderungen können durch Fahrzeitverlängerungen (Bauarbeiten, zusätzliche Halte) oder durch Planverdrängung infolge zusätzlicher Züge (Doppelführungen, Entlastungszüge) verursacht werden.

Die Übergangszeiten an den Verknüpfungspunkten betragen mindestens fünf Minuten. Diese Zeit setzt sich zusammen aus zwei Minuten Umsteigezeit am selben Bahnsteig und einem Zeitpuffer von drei Minuten zum Auffangen kleiner Verspätungen. Für die korrespondierende Linie ergeben sich hieraus bereits verhältnismäßig lange Aufenthaltszeiten. Sofern es das Fahrplangefüge zuläßt, wurde die längere Aufenthaltszeit der weniger frequentierten Linie zugeordnet. So erfolgt beispielsweise in Hannover in der Nord-Süd-Richtung die Einfahrt der Linie 4 zur Minute 05. Die Übergangszeit von fünf Minuten bestimmt die frühestmögliche Abfahrt der Linie 3 zur Minute 10. Ein Zug der Linie 4 folgt in dasselbe Streckengleis mit dem Mindestabstand von fünf Minuten. Die Aufenthaltszeit der Linie 4 beläuft sich also auf zehn Minuten. Die Umsteigezeit von zwei Minuten reicht nur aus, weil Sorge getragen ist, daß sich die jeweiligen Wagenklassen am Bahnsteig gegenüberstehen. Bei Bahnsteigwechsel müßte die Übergangszeit entsprechend länger sein.

Bereits aus diesen Überlegungen ist ersichtlich, welch ein filigranes Netz die gesamte Fahrplankonstruktion ist und warum die DB in den bi- und multilateralten Besprechungen mit den Nachbarbahnen, insbesondere aber auf der EFK-Vorkonferenz Maribo und der EFK Edinburgh mit solcher Hartnäckigkeit auf den von ihr festgelegten Taktzeiten bestand. Hätte sie dies nicht getan, wäre das gesamte System ins Wanken gekommen. Hier kann man für die geleistete Planungsarbeit nur allen Beteiligten höchstes Lob aussprechen, denn wir alle wissen ja heute, daß dieses filigrane Konzept nicht blanke Theorie ist, das durch kleine Unregelmäßigkeiten weit aus seinen Gesetzmäßigkeiten geworfen wird, sondern daß das System IC 79 im allgemeinen mit einem Pünktlichkeitsgrad funktioniert, daß man heute dies als eine quasi Selbstverständlichkeit hinnimmt! Aber ein besonderer Dank ist den Konstrukteuren des Intercity-Systems 1971 noch heute auszusprechen, die damals dieses Netz in seiner Grundkonstruktion konzipierten, planten und durchführten, wenn auch nur für einen annähernden Rhythmus und einen zweistündigen Takt, aber daß der Aufbau von IC 79 voll auf diesem System erfolgen konnte und bisher weder eine Änderung der Linienführung einer der vier Linien, noch eines der Verknüpfungspunkte erfolgen mußte, trotzdem seitdem die Geschwindigkeiten angehoben und die Lasten erheblich vermehrt wurden, spricht für die Weitsicht und Güte der damaligen Planungen.

Für die zwischen den einzelnen Verknüpfungspunkten, deren Taktzeiten durch das System festlagen, anzuwendende Fahrzeit waren neben den als konstant anzusehenden Werten für die zulässige Streckenhöchstgeschwindigkeit Zuglast und Bespannung maßgebend. Grundsätzlich wurden für den IC-Verkehr Lok der Baureihe E 103 bestimmt, die durch vorausschauende Planung und Beschaffung zur Verfügung standen. Hier hatte der vorhergehende Vorstand trotz vieler anfeindender Kritik den Weg für ein in der Welt einzig dastehendes Zugsystem gewiesen, das ohne diese Lok überhaupt nicht durchzuführen gewesen wäre. Hierfür ist Heinz-Maria Oeftering und seinen Vorstandskollegen nachträglich Dank zu sagen, auch wenn der Bundesrechungshof es Jahre später wegen der aus ganz anderen Gründen zunächst nicht auszufahrenden Geschwindigkeit von 200 km/h, für die die Aufsichtsbehörde die Verantwortung trug, dem damaligen Vorstand „Verschwendung" anlasten zu müssen glaubte. Hier hatten aber die Bürokraten aus Herrn Wittrocks Behörde wieder einmal nur Teilaspekte geprüft, daraus Negativschlüsse gezogen und Jahre danach diese dann publiziert, als das Gesamtbild sich bereits längst gewandelt hatte. Und eine interessierte Medienlandschaft kolportierte dies mit bissigen Seitenhieben auf die DB. Viel eher wäre dann dem nachfolgenden Vorstand unter Herrn Vaerst die zögernde Haltung in der Wagenbeschaffungspolitik der 2. Klasse negativ anzulasten, die ja mit dazu führte, daß IC 79 in seinem Gesamterscheinungsbild nicht die nach den Erkenntnissen der Technik und den Erfordernissen des Marktes modernste Eisenbahn repräsentierte.

Aber zurück zu den Fahrzeitberechnungen. Da leider (!) nicht genügend Lok der leistungsfähigen Baureihe E 103 zur Verfügung standen, mußten Züge der Linie 4 teilweise mit Lok der Baureihe E 111, Züge der Linie 2 zwischen Frankfurt und Wiesbaden mit Lok der Baureihe E 110 bespannt werden, was bedeutete, daß das planmäßige Wagenzuggewicht auf 400 t verringert werden mußte. Insofern konnten hier entweder wie auf der Linie 2 nicht die zulässigen Höchstgeschwindigkeiten von 160 km/h auf dem betreffenden Abschnitt angewendet werden, oder aber es mußten wie auf der Linie 4 IC-Züge mit einer weniger starken Nachfrage lastmäßig geschwächt gefahren werden. Dies aber wieder führte zu unerwünschten Einschränkungen in der Kupplung der Wagenzüge. Außerdem wurden in alle Fahrzeitberechnungen Regel- und Sonderzuschläge für betriebliche Unregelmäßigkeiten, Bauarbeiten usw. eingearbeitet, um ein weitgehend pünktliches Verkehren der Züge sicherzustellen. Dadurch ließen sich in der Regel die planmäßigen Fahrzeiten auch bei Lastüberschreitungen um ein bis zwei Wagen einhalten.

Eine weitere nicht unbeachtliche Frage war aus der wechselnden Nachfrage zu den einzelnen Tageszeiten und an den einzelnen Wochentagen zu lösen. Bekannt sind die Tagesspitzen in den Vormittags- und Abendstunden und die besonderen Verkehrsspitzen an den Wochenenden, namentlich am Freitagnachmittag/-abend, am Samstagfrüh und am späteren Sonntag. Nach Reisendenzählungen kamen im gesamten Netz in der 2. Klasse an Wochenmittentagen rund 30.000, an Freitagen aber 55.000 bis 58.000 Reisende auf. Die Massierung der 1. Klassereisenden am Freitagnachmittag war ja ohnehin allgemein bekannt. In den stark gefragten Verkehrsrelationen waren diese Tagesspitzenwerte bisher durch die Bündelung mehrerer D-Züge aufgefangen worden. Dies war aber bei der Höchststärke der Takt-IC auf elf Wagen nicht mehr möglich. Konnte nicht erwartet werden, daß sich das Reisendenaufkommen auf mehrere beieinanderliegende Takte verteilte, so mußte das Angebot verdichtet werden. Als Möglichkeit bot sich an, in Parallellage einen TEE für Reisende 1. Klasse zu fahren, um diese auf diesen Zug zu verweisen und so in dem IC die Aufnahmefähigkeit für weitere Wagen 2. Klasse zu schaffen. Dies war aber nur möglich, wenn in dieser Zeitlage ohnehin ein starkes Aufkommen an Reisenden 1. Klasse erkennbar war. Weiter bot sich an, in annähernd paralleler Zeitlage einen Schnellzug verkehren zu lassen, jedoch war es wegen der langsameren Geschwindigkeit (140 km/h Hg) und der nicht gegebenen Verknüpfung im IC-Netz schwer, diesen Zügen einen ausreichenden Attraktivitätsgrad zu geben. Wie die weitere Entwicklung des IC-Netzes auch zeigte, brachten beide Möglichkeiten nicht den erhofften Erfolg, so daß sie bald wieder weitgehend aufgegeben wurden. Eine dritte Lösung war dagegen erfolgreicher und wird heute allgemein angewandt: Die Einlegung zusätzlicher Entlastungs-IC, die voll im Fahrplan veröffentlicht sind, die jedoch häufig wegen fehlender Zeitlücken an den Fahrwegüberschneidungspunkten und der mangelnden Gleiskapazität der Verknüpfungsbahnhöfe nicht die Anschlüsse an den gleichen Takt der korrespondierenden Linien vermitteln können. Hinzu kommen nicht im Kursbuch, aber mehr oder weniger regelmäßig nach festen Umläufen verkehrende Entlastungszüge zu IC in Form von Vor- oder Nachzügen. Andererseits führte aber auch der Einstundentakt dazu, daß das Angebot auf der Linie 4 und Teilen der Linie 2 zu bestimmten Tageszeiten übersetzt ist. Da aber auch auf der Linie 4 eine Mindestbedienung mit Tagesschnellzügen wegen der Verkehre mit Kurswagen, Expreßgut, Reisegepäck und Post sowie der Bedienung der nicht von IC-Zügen bedienten Schnellzughaltestationen erforderlich war, war hier von vornherein ein Kapazitätsüberschuß gegeben. Hier sei die Frage erlaubt, ob nicht eine andere Konstruktion der Linien 3 und 4, ggf. auch 2 und 4 zu besseren Ergebnissen führen würde. Hierauf wird in Abschnitt g) noch eingegangen werden.

Andererseits war es aus Umlaufgründen nicht erwünscht, die einzelnen Umläufe unterwegs laufend zu schwächen oder zu verstärken, da diese ja so eingebunden waren, daß mit möglichst wenigen Wagen optimale Umläufe erzielt wurden, die nicht an die einzelnen Linien gebunden waren, sondern quer durch das ganze Netz verkehrten. Somit war auch aus dieser Sicht wegen der ungleichmäßigen Nachfrageverteilung ein deutlicher Unterschied der mittleren Angebotsausnutzung vorgegeben, was sich auch aus den nachstehenden Werten aus den ersten Wochen des neuen IC-Verkehrs ablesen läßt:

Angebotsnutzung auf den vier IC-Linien

IC-Linie	Zugkilometeranteil	Reisenden-kilometeranteil	mittlere Platzausnutzung 2. Klasse
1	33,5 %	42 %	52 %
2	27,3 %	22 %	40 %
3	23,7 %	24 %	45 %
4	15,4 %	12 %	38 %
alle Linien	100 %	100 %	46 %

Da sich das Blockzugsystem auf der Versuchsstrecke Köln — Hamburg der Linie 1 im Jahresfahrplan 1978/79 im allgemeinen bewährt hatte, wurde dieses grundsätzlich beibehalten. Die beiden Klassen waren durch den „Restaurantwagen", wie es nunmehr hieß und wodurch verschämt umschrieben werden sollte, daß nicht mehr nur Speisewagen, sondern auch die neuen „Quick-Pic" mit Selbstbedienung und Plastikgeschirr zum Einsatz kamen, voneinander getrennt. Von wesentlicher Bedeutung für die gesamte Fahrplankonstruktion waren die möglichst minimalen Übergangszeiten für die gesamte Fahrplankonstruktion zwischen den einzelnen Linien an den Verküpfungspunkten, um die gegenseitigen, durch bestimmte Verknüpfungspunkte vorgegebenen Taktzeiten einhalten zu können. Daher war es zur Verringerung dieser Zeiten erforderlich, daß an den Verknüpfungspunkten auch die beiden Wagenklassen am gleichen Bahnsteig gegenüberstanden, um den umsteigenden Reisenden so kurze Wege wie möglich zu bieten und nicht durch Überkreuzläufe zusätzlich auf den betreffenden Bahnsteigen für Behinderungen zu sorgen. Dies klingt eigentlich logisch und simpel, ist es aber bei einem derartigen Netz von vier Linien mit fünf Hauptverknüpfungspunkten nicht, zumal auf einzelnen Linien noch durch die Lage der Bahnhöfe Kopfmachen erforderlich ist. Und siehe da, das 1971 konzipierte Intercity-Netz des Zweistundenrhythmusses für die 1. Klasse erwies sich hier als optimal, denn es brachte bei Führung über die Linien, aber auch bei Linientausch immer die beiden Wagenklassen an den Verknüpfungspunkten gegenüber! Eine wahrlich meisterhafte Leistung der damaligen Planer, die bei Erstellung ihres Netzes nur für Reisende 1. Klasse sicher nicht an ein zweiklassiges Blockzugsystem, wie es nun 1979 eingeführt wurde, gedacht hatten. Um so genialer scheint uns heute noch nachträglich die damalige Konstruktion. Dies aber mag auch mit dafür für die DB entscheidend gewesen sein, an der Linienkonstruktion im hergebrachten Sinne nichts zu ändern, so sehr sich daraus für bestimmte Bereiche (Kassel und Main-Weser-Bahn, Darmstadt und Main-Neckar-Bahn, um nur einige zu nennen) negative Entscheidungen ergaben. Gerade Kassel kam nun nach Fortfall der bisher über diese Stadt und die Main-Neckar-Bahn geführten Schnellzüge der Relation Basel — Nordsee, die ja weitgehend im IC-Netz aufgingen und nach dem Eingehen des dieser Stadt bessere Verbindungen gebrachten DC-Systems in einen absoluten Verkehrsschatten. Und die derzeitige Konstruktion wird ja nun über kurz oder lang 1985 oder 1986 je nach Baufortschritt eine andere Lösung finden müssen, wenn die Linie 3 durch Einführung der neuen im Bau befindlichen westlichen Riedbahn in Mannheim nicht mehr Kopf machen wird, sondern Durchläufe Frankfurt — Basel bzw. Stuttgart möglich werden. Und dies wird ja durch die konzeptionelle Anbindung der Neubaustrecke Mannheim — Stuttgart mit Ausfädelung nach Basel im Raum

Wiesental im Mannheimer Hauptbahnhof für die Linien 1 und 3 noch verstärkt. Und man macht sich bei der DB daher heute schon Gedanken einer Lösungsmöglichkeit, um die dann entstehende Unpaarigkeit so gering wie möglich zu halten, sollte man sich nicht doch entschließen, zu neuen Linienführungen zu kommen.

Entsprechend den inzwischen von der UIC festgelegten Grundsätzen für die Nummerung internationaler Reisezüge und den bei der DB gegebenen Grundsätzen der Zugnummerung aus Gründen der elektronischen Platzbuchung erhielten nunmehr die in dieses neue System einzubringenden Züge folgende Zugnummernreihen zugewiesen:

a) 0 – 99 = TEE-Züge
b) 100 – 199 = internationale IC-Züge
c) 500 – 699 = innerdeutsche IC-Züge
d) 1500 – 1699 = Zusatz- und Entlastungs-IC-Züge mit saisonierten Verkehrstagen.

Dabei unterschied die DB bei den TEE nicht mehr nach den bisherigen internationalen TEE-Standardverbindungen und innerdeutschen Verbindungen, sondern alle nur mit der 1. Klasse verkehrenden Züge erhielten die Zuggattungsbezeichnung „TEE". Die Einordnung der innerdeutschen IC-Züge nach Linien oder Zeitlagen war nicht genau definiert; der eine Zug konnte sowohl in der Nummernreihe 500 – 599, der andere in der von 600 – 699 sein. Bestimmte Grundsätze lassen sich hier nicht erkennen, noch sind sie definitiv festgelegt. Auch gab es immer wieder Überschneidungen bei den in Basel SBB endenden bzw. beginnenden IC-Zügen. Einmal erhielten sie eine Nummer aus der internationalen Zugnummernreihe für IC, einmal eine solche aus der innerdeutschen Nummernreihe. Auch der Grundsatz, daß IC mit Kurswagenweiterläufen in den Bereich der SBB eine internationale Nummer erhalten sollten, wurde nicht konsequent eingehalten. Andererseits führten auch nur in Basel SBB beginnende IC nach Frankfurt internationale Nummern, während andere bis Hamburg laufende solche der nationalen Nummerreihe aufwiesen. Auch konnte vom Fahrplandienst der DB dem Verfasser hierzu keine definitive Antwort gegeben werden.

Leider war es auch bei der Einführung von IC 79 nicht möglich, durchgehende Verbindungen in Form von IC-Zügen mit Berlin (West) zu schaffen, obwohl die DB diesen Wunsch seit Einführung des seinerzeitigen F-Zuges „Germania" immer wieder gegenüber der DR in der DDR vorgetragen hatte. Auch die Führung von IC bis Braunschweig sollte neben der Anbindung dieser bedeutenden Stadt mit dazu beitragen, möglichst nahegelegene Brückenglieder zur Grenze der DDR zu schaffen, um auf diese Weise Berlin (West) schnell ohne wesentliche Netzänderungen erreichen zu können. Was mit vielen europäischen Nachbarverwaltungen möglich war und was eigentlich nach der zwischenzeitlich seitens der UIC neu definierten Begriffsbestimmung „Intercity-Zug" auch für den internationalen Reiseverkehr zwischen den beiden deutschen Staaten gelten sollte, konnte trotz vielfacher Bemühungen der DB bisher nicht verwirklicht werden. Auch auf politischer Ebene wurde diese Forderung immer wieder vorgetragen, jedoch offensichtlich seitens der Bundesregierung nicht in die Verhandlungen mit der Regierung der Deutschen Demokratischen Republik eingebracht. Nach neuesten Presseinformationen soll nun in der nächsten, für 1982 anstehenden, Verhandlungsrunde diese Frage endlich erörtert werden. Es bleibt so zu hoffen, daß fast dreißigjährige Bemühungen der DB nun endlich zum Erfolg führen, Berlin (West) mit hochqualifizierten Verbindungen an die Bundesrepublik anzuschließen.

Nach den Planungen der DB sollten nunmehr auf vier Linien 147 IC-Züge = 73 Zugpaare und ein unpaariger IC im Einstundentakt mit beiden Wagenklassen als Blockzüge verkehren, die in fünf Verknüpfungsknoten miteinander verbunden waren. Zur Anbietung direkter Verbindungen bei entsprechendem Verkehrsaufkommen sollte ein Linientausch immer dann stattfinden, wenn der größere Verkehrsstrom dies rechtfertigte. Außerdem waren in Lagen, die besonders starken Verkehr an Reisenden 1. Klasse aufwiesen, im Bundesgebiet noch 10 TEE-Zugpaare nur 1. Klasse vorgesehen, von denen allerdings nur noch drei internationalen Charakter haben sollten, also dem ursprünglichen TEE-Konzept entsprachen (im Fahrplanjahr 1978/79 waren es immerhin noch elf reine internationale TEE und ein zu einem IC umgewandelter „Quasi-TEE" – „Prinz Eugen" – sowie ein innerdeutscher TEE gewesen). Alle anderen vorgesehenen TEE waren nunmehr rein innerdeutsche Verbindungen; die bisherigen internationalen TEE sollten im IC-Netz aufgehen. Da auf der Rheinstrecke mit einem besonders hohen Aufkommen an Reisenden 1. Klasse gerechnet wurde, waren hier allein acht TEE-Paare vorgesehen. Ergänzt werden sollte das IC-System durch ein Netz qualifizierter Schnellzugverbindungen zum Auffangen der Verkehrsspitzen und zur Erfüllung der sonstigen im Reiseverkehr anfallenden Aufgaben des Ladedienstes und der Postbeförderung, also das, was man gemeinhin im Fahrplanjargon „Lastensegler" nennt. So war es ein Charakteristikum von IC 79, die Wahl zu haben zwischen schnellen Verbindungen mit IC, bei deren Benutzung u. U. erhebliche

Reisezeitgewinne, allerdings mit Umsteigen zu erzielen waren, oder der Benutzung von herkömmlichen, etwas langsameren, aber dafür umsteigefreien Verbindungen. Dies alles bezog sich nur auf den Tagesverkehr zwischen 6.00 und 24.00 Uhr; der reine Nachtverkehr war von diesem System ausgenommen und sollte in den alten Bahnen bleiben.

War das einklassige Intercitysystem 1971 im Zweistundenrhythmus maßgebend von Namen wie Wattenberg, Hussong, Scheller und Rückel geprägt worden, so trug Intercity 1979 nun die eindeutige Handschrift einer neuen Generation in der Unternehmensführung der DB: Wiedemann als eigentlicher Vater dieses Systems, daneben aber Scotland, Walker und Treutler. Die Aufführung dieser Namen soll keine Reihenfolge nach Rangordnung oder Bedeutung darstellen; auch waren viele andere heute prominente Persönlichkeiten aus der DB-Führungsspitze bei HVB, ZTL und ZVL maßgebend an diesem Konzept beteiligt, nicht zu vergessen die Dezernenten 33 der einzelnen Bundesbahndirektionen mit ihren ersten Fahrplanbearbeitern für den Reisezugfahrplan.

So ging die DB mit einem fertigen, eigentlich nicht mehr umzustoßenden Konzept in die EFK Edinburgh vom 18. - 28. September 1978, die über den internationalen Reisezugfahrplan der Zweijahresperiode 1979/81 zu beschließen hatte. Wie bereits dargelegt, waren dieser EFK bilaterale und multilaterale Besprechungen mit benachbarten Eisenbahnverwaltungen vorausgegangen, griff doch das neue System tief in die Gesamtstruktur des europäischen Reisezugfahrplans ein. Und in diesen Besprechungen waren bereits zahlreiche Probleme vorgeklärt worden. Auf der EFK-Vorkonferenz in Maribo im August 1978 war es bereits heiß hergegangen, fühlten sich doch eine ganze Anzahl von europäischen Eisenbahnverwaltungen düpiert und wollten den von der DB vorgelegten Planungsentwürfen, die sich in einzelnen EFK-Anträgen aufspalteten, nicht ihre Zustimmung geben. Viele Probleme mußten bis zur eigentlichen EFK zurückgestellt werden. Wäre die DB eine Randverwaltung im europäischen Eisenbahnnetz gewesen, so wären die Auswirkungen auf den europäischen Reisezugfahrplan weniger gravierend gewesen, aber als zentraler Mittelpunkt aller wichtigen europäischen Verkehrsströme waren die meisten der internationalen Zugverbindungen unmittel – und mittelbar von den Auswirkungen von IC 79 betroffen, auch wenn die betreffenden Züge nach den Vorstellungen der DB nicht unmittelbar in IC 79 aufgehen sollten. Aber durch die festliegenden, vorgegebenen Taktzeiten, deren Ausgewogenheit und filigrane Gestaltung ja bereits ausführlich dargelegt wurde, war es der DB nicht möglich, hier nachzugeben oder sich in Kompromisse einzulassen, sollte nicht das ganze System IC 79 scheitern. Somit war der bisher seit Bestehen der EFK beachtete Grundsatz, daß sich in der Regel der nationale Verkehr den internationalen Verbindungen im Interesse der Gemeinsamkeit unterzuordnen hatte, nicht zu halten: Die DB mußte auf ihrem Konzept bestehen.

So wurde die EFK Edinburgh wohl die heißeste und erbittertste EFK in der 106-jährigen Geschichte dieser Institution. Die DB blieb unnachgiebig und stur und boxte mit einer noch nie gekannten Form ihre Anträge durch. Daß sie natürlich hier als Mittelpunkt des europäischen Fahrplansystems eine Stellung hatte, die es ihr erlaubte, alle ihr nicht genehmen Anträge abzulehnen, spielte sie voll aus. Auf Kompromisse ließ sie sich nicht ein. Teilnehmer benachbarter, besonders von den Auswirkungen von IC 79 auf ihr Netz betroffener Verwaltungen waren bestürzt und verbittert und stimmten oft nur zähneknirschend und dem stärkeren Druck weichend einzelnen Vereinbarungen zu. Ein Schweizer Teilnehmer sprach von der Verhandlungstaktik der DB als „stur wie ein Rammbock", und ein bekannter österreichischer Fahrplanexperte sprach gar von „Vergewaltigung der kleineren Verwaltungen". Aber die harte, konsequente Haltung der Vertreter der DB zahlte sich aus. Im Prinzip bekam sie ihr Konzept durch, und die von ihr gewährten Kompromisse führten im innerdeutschen Bereich zu keinen Abstrichen am vorgesehenen IC-System.

Zwar war das von der DB vorgelegte Konzept etwas völlig neues im Fahrplanwesen, denn die bisherigen Taktsysteme bei DSB, NS oder SNCB waren hiermit nicht vergleichbar und betrafen nur kleinere Räume oder Strecken, und auch die bei ÖBB und SBB erkennbaren Ansätze zu solchen Lösungen führten nicht zu derartigen Eingriffen in das internationale Fahrplangefüge. Insofern ist die Haltung der ausländischen Verwaltungen wohl zu verstehen. Doch heute verliert niemand mehr hierüber ein Wort, nachdem sich in vierjähriger Fahrplanarbeit dieses Konzept voll bewährt hat. Im Gegenteil, die ÖBB haben zwischenzeitlich in ihrem Schnellverkehr auf Süd- und Westbahn das Taktsystem eingeführt und den größten, eigentlich noch weit über den des Systems IC 79 hinausgehenden Schritt haben die Schweizerischen Bundesbahnen zum Jahresfahrplan 1982/83 mit der Einführung ihres „Neuen Fahrplan-Konzepts (NFK)" geschaffen, das sich auch verwirklichen ließ, obwohl die SBB im Herzen Europas liegen. Ja, hier war es sogar möglich, die Taktzeiten der Linie 3 in Basel SBB mit denen des innerschweizerischen Intercity-Netzes zu verknüpfen, so daß zwischen DB und SBB in Basel SBB ein weiterer Verknüpfungsknoten, nunmehr auf internationaler Basis entstand. Aber davon konnte man 1978 in Edinburgh ja wohl kaum etwas ahnen, wenn auch derlei Planungen schon in der Luft hingen.

Integriertes Bedienungssystem (IBS)

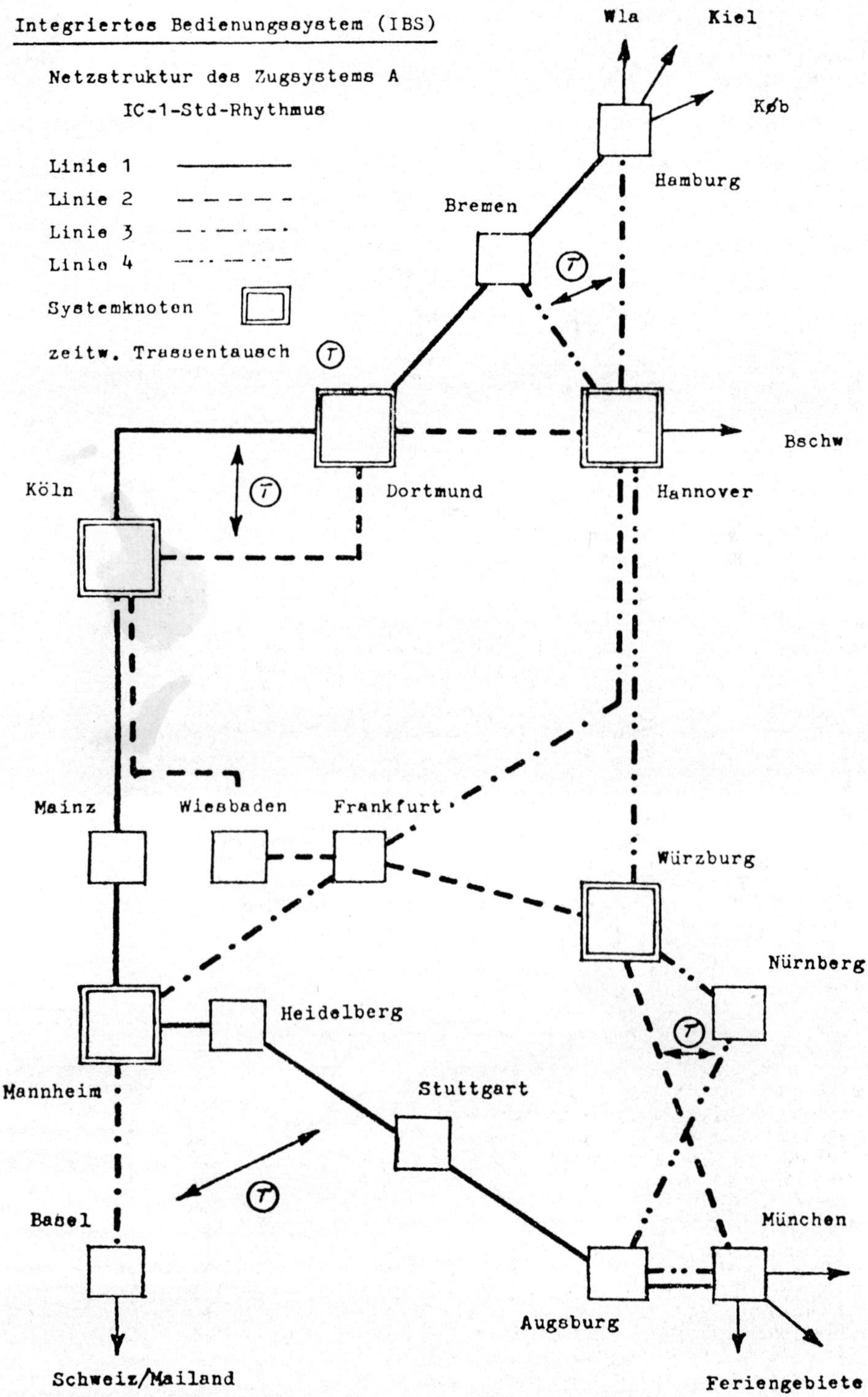

Gewitterstimmung am Rhein in Oberwesel: 103 105 passierte am 12. Oktober 1979 die alte Stadtmauer. Aufnahme: Ludwig Rotthowe

Am 3. September 1980 standen in Nürnberg Hbf nebeneinander 103 148 vor IC 580 „Riemenschneider" und 103 215 vor IC 527 „Drachenfels" Aufnahme: Herbert Stemmler

Welche Entscheidungen gegenüber dem Planungskonzept der DB brachte nun die EFK Edinburgh bezüglich der TEE und IC für die DB? Bei den jeweiligen Angaben werden ausnahmsweise in Klammern die laufenden Nummern der EFK-Niederschrift vermerkt:

a) Zwischen SBB und DB wurden nunmehr verbindlich für alle IC die An- und Abfahrtszeiten in Basel SBB einschließlich der Zielorte und Kurswagenführungen und die definitiven Zugnummern, die teilweise von den bisherigen DB-Arbeitsnummern erheblich abwichen, festgelegt (1236).
b) In gleicher Weise wurden die Zugbildungen für alle der bis und ab Basel SBB verkehrenden IC vereinbart (1236). Dabei wurden auch die jeweiligen Umläufe festgelegt. Alle Wagen stellte die DB.
c) Für TEE 7/6 „Rheingold" wurde der neue Laufweg Amsterdam – Genève – Amsterdam statt bisher Hoek van Holland mit der Zugbildung festgelegt. Dabei waren Kurswagen Amsterdam – Chur, Milano und Chiasso sowie eine Wagengruppe Emmerich – Basel SBB vorgesehen, und TEE 7/6 wurden mit TEE 26/27 in Amsterdam zusammengebunden. Außerdem wechselte in Genève ein Apm aus/auf IC 177/176 (2316).
d) Die neuen Zeiten und Wagenbildungen für TEE 11/10 „Rembrandt" wurden festgelegt. Der gesamte Wagenzug wendete in Stuttgart auf/aus IC 123/122 und ergab dessen A-Teil (2311).
e) TEE 17/16 „Erasmus" erhielten die neuen Zugnummern TEE 27/26 und den neuen Laufweg Frankfurt – Amsterdam – Frankfurt, wobei TEE 26 freitags bereits ab Nürnberg verkehrte (2306). Die NS stellten den Antrag, für 1980/81 das Zugpaar in anderer Lage als IC mit beiden Wagenklassen auf dem Laufweg Amsterdam – Innsbruck zu führen, worüber auf der Vorkonferenz zur FT 1979 weiter verhandelt werden sollte.
f) TEE 21/20 „Saphir" wurden unter Beibehaltung des Zugnamens in qualifizierte Züge 1. und 2. Klasse, auf DB-Strecken als IC unter den Zugnummern IC 129/128 und dem Weg Bruxelles – Frankfurt und Nürnberg – Bruxelles umgewandelt (2216).
g) TEE 23/22 „van Beethoven" wurden unter Beibehaltung ihres Namens ebenso umgewandelt (auf DB-Strecken als IC 123/122) mit Laufweg Amsterdam – Frankfurt; IC 123 über Mainz, IC 122 über Wiesbaden. Der A-Teil wechselte in Amsterdam auf/aus TEE 11/12 (2301).
h) Die bereits im Vorjahr zu IC/Ex umgewandelten TEE 27/26 „Prinz Eugen" wurden versuchsweise für ein Jahr in qualifizierte Züge mit 1. und 2. Klasse, auf DB-Strecken als IC unter dem durchlaufenden Zugnamen „Prinz Eugen" so umgewandelt, daß IC 127 Braunschweig – Köln – Wien West und IC 126 Wien West – Köln – Hannover mit reinem DB-Wagenzug verkehrten (2516).
i) TEE 33/32 „Parsifal" wurden in qualifizierte Züge 1. und 2. Klasse mit SNCF-Park und DB-WR zwischen Paris Nord und Köln umgewandelt und gingen zunächst nicht im IC-Netz auf (neue Zugnummern 435/434) (151).
k) In gleicher Weise wurden die TEE 41/40 „Molière" unter Beibehaltung des Zugnamens in die qualifizierten D-Züge 431/432 Paris Nord – Köln mit SNCF-Park und ISG-WR umgewandelt. Sie kamen zunächst ebenfalls nicht in das IC-Netz (151).
l) Der bisherige TEE „Helvetia" 73/72 entfiel. Dafür wurde ein neues IC-Paar 179 Westerland (Sommer)/Hamburg-Altona (Winter) – Zürich und 178 Basel SBB – Hamburg-Altona mit 2 Avm als Kurswagen von Zürich unter dem Zugnamen „Helvetia" auf der Linie 3 geschaffen. Den Wagenpark stellte die DB (2506).
m) Ebenfalls entfielen TEE 75/74 „Roland". An ihrer Stelle wurde ein neues IC-Paar mit DB-Park unter den Zugnummern IC 173/172 Hamburg-Altona – Basel – Milano geschaffen, das den Namen „Tiziano" erhielt. Die DB hatte für dieses Zugpaar alternativ den Namen „Lago Maggiore" vorgeschlagen, der jedoch nicht die Zustimmung der FS fand.
n) Im Zusammenhang mit der Einführung von IC 79 entfiel das bisherige TEE-Paar 91/90 „Blauer Enzian" (2501).
o) Es wurden über den Übergang Basel folgende neuen Zugpaare geschaffen:
– IC 101/100 Frankfurt – Basel SBB mit einem Avm als Kurswagen Zürich unter dem Namen „Breisgau" (1248).
– IC 103/102 Frankfurt – Basel – Milano unter dem Namen „Metropolitano", unter Wegfall der bisherigen D 277/276 gleichen Namens sowie Kürzung auf Antrag der FS auf Milano statt Genova. Der A-Teil und der „Quick-Pick" wurden von der DB, der B-Teil von der FS gestellt (1226). Nach Beschluß (1228) wurden die Züge dann ab Winterabschnitt bis Genova Brignole verlängert.
– IC 105/104 Dortmund – Mannheim – Basel SBB unter dem Namen „Orion" mit 2 Bm als Kurswagen bis Brig (1242). Das Zugpaar erhielt tatsächlich den Namen „Rheinblitz". Wagenpark durch DB.
– IC 109/108 „Saturn" Hamburg-Altona – Basel SBB auf den Linien 1 und 3 mit einem Bm als Kurswagen Zürich. Das Zugpaar erhielt tatsächlich den Namen „Rheinpfeil" (1240).
– IC 171/170 Frankfurt – Basel SBB. IC 170 unter dem Namen „Otto Hahn" mit einem Avm Zürich – Hamburg-Altona wurde über Frankfurt hinaus bis Hamburg-Altona anstelle eines

vorgesehenen IC 574 durchgeführt. IC 171 verkehrte ab Frankfurt anstelle eines vorgesehenen IC 571 mit einem Kurswagen Chur (Apm) unter dem Namen ,,Hans Holbein". Beide Züge mit DB-Park (1243 und 1244).

– Im Gegenlauf zu dem neu vereinbarten IC 170 verkehrte ebenfalls unter dem Namen ,,Otto Hahn" auf der Linie 3 zwischen Hamburg-Altona und Basel SBB IC 175 mit zwei Bm als Kurswagen Interlaken (1249).

– Anstelle der bisherigen D 377/376 verkehrten unter dem Namen ,,Hispania" die neuen IC 177/170 Hamburg – Genève auf der Linie 3, Wagenpark durch DB. Die bisherigen Kurswagen Hamburg – Port Bou aus D 377/376 wurden im Bereich der DB mit Schnellzügen befördert und gingen erst auf dem Abschnitt Basel SBB – Genève auf IC 177/176 über (1211).

– IC 573/572 als ,,Anselm Feuerbach" Bremen – Basel SBB mit DB-Park über die Linien 4 und 3. Die von der DB beantragten 2 Bm Bremen – Brig konnten von den SBB nicht akzeptiert werden (1245).

p) Mit den ÖBB wurden mit DB-Park die IC 117/116 ,,Nymphenburg" für den Sommerabschnitt Dortmund – München – Kufstein – Innsbruck auf der Linie 1 vereinbart. Über die Winterführung sollte auf der Vorkonferenz zur FT 1979 entschieden werden, die dann auch die Durchführung während der Wintersaison vereinbarte (1164).

q) Unter der Bezeichnung ,,Blauer Enzian" wurden auf der Linie 2 mit Tausch über die Linie 4 im Hinlauf IC 121/120 Dortmund – Salzburg – Klagenfurt, im Rücklauf sogar bis Braunschweig vereinbart, wo ebenfalls die DB den Wagenzug stellte (1168).

r) Und letztlich wurden mit den DSB die IC 133/132 ,,Merkur" nunmehr Karlsruhe – København über die Linien 3 und 1 vereinbart, von denen 1 Avm und drei Bm Karlsruhe – København und ein Apm Karlsruhe – Puttgarden durchlaufen sollten, während der sonstige Zugstamm auf Karlsruhe – Hamburg beschränkt blieb.

Nach diesen nunmehr international festgelegten IC-Verbindungen stand der Einführung des Systems IC 79 nichts mehr im Wege, nachdem auch die letzten im Bereich der DB liegenden Entscheidungen auf der Abschlußbesprechung für den Personenzugfahrplan Ende November 1978 in Bad Homburg geklärt worden waren. Dabei wurden dann noch so grundsätzliche Fragen definitiv geklärt wie z. B.:

– Trotz der bei der Planung sich ergebenden Schwierigkeiten bei 66 IC-Zügen das Blockzugsystem aus Zugbildungsgründen wegen Kurswagenführungen, Verstärken oder Schwächen nicht anwenden zu können, wurde entschieden, daß dies unter allen Umständen ohne irgendwelche Kompromisse durchzuführen ist und von der Regelung A-Teil – Restaurantwagen – B-Teil nicht abgewichen werden dürfe. Auch diese Frage wurde gelöst.

– Es wurde das endgültige Namensverzeichnis der Züge festgelegt. Dies führte teilweise zu hitzigen Diskussionen, da manche BD eigene Namensvorstellungen für die ihre Bereiche berührenden IC durchsetzen wollten. Die BD Hannover verwies z. B. darauf, daß nach Bekanntwerden des IBS eine große Braunschweiger Tageszeitung für das Braunschweig anlaufende IC-Paar eine Namensumfrage gestartet hätte und sich hier die Mehrheit für den Zugnamen ,,Heinrich der Löwe" ausgesprochen habe, was dann auch akzeptiert wurde. Die BD Hamburg wiederum brachte den Antrag ein, bei den in der IBS-Vorphase auf der Linie 1 1978 eingeführten Zugnamen bei diesen Zügen auch auf dem ausgedehnten Lauf zu bleiben, da diese sich bereits eingeprägt hätten. Diesem Antrag konnte nur teilweise entsprochen werden. Und schließlich wurde ein Antrag abgelehnt, getrennte Zugnamen für Richtung und Gegenrichtung einzuführen, da gleichlautende Zugnamen zu Verwechslungen bei den Reisenden führen könnten. Aber auch hierzu kam es gottlob nicht, da man entschied, daß ansonsten die Zahl der Zugnamen ins Uferlose wachsen würde und schon jetzt verdoppelt werden müßte.

– Nachdem ein erheblicher Anteil der bisherigen Schnellzugleistungen in IC 79 aufgegangen war, erhob sich die Frage, ob es gerechtfertigt war, einen besonderen IC-Zuschlag zu erheben. Einer Marktuntersuchung nach jedoch erschien ein Einheitszuschlag von 5,00 DM für alle Wagenklassen und Entfernungen marktgerecht zu sein. Nun, man entschied nachher auf tarifarischem Gebiet, es bei dem Zuschlag von 10,00 DM für die 1. Klasse zu belassen und in der 2. Klasse übergangsweise einen Zuschlag von 5,00 DM zu erheben, der auf 3,00 DM nach angemessener Zeit abgesenkt werden sollte.

– IC-Züge der Linie 4, die über 200 km/h-Abschnitte verkehrten und mit Lok der Baureihe E 111 aus Mangel an E 103 zu bespannen waren, konnten mit 160 km/h berechnet werden unter der Voraussetzung, daß dadurch keine Änderung der Systemzeiten eintrat, ansonsten müsse Doppeltraktion vorgesehen werden.

– IC-Züge der Linie 2 waren zwischen Frankfurt und Wiesbaden in den Fahrzeiten der Baureihe E 110 mit Hg 140 km/h zu berechnen.

– IC-Züge der Linie 3, die nicht in Frankfurt begannen und endeten, waren abweichend von der normalen Linienführung über Niederrad – Ffm-Sportfeld über Abzw Main-Neckar-Brücke – Ffm-

Louisa — Abzw Forsthausstraße -- Ffm-Sportfeld zur und von der Riedbahn zu führen, um in Frankfurt Hpbf geeignete lange Bahnsteige für 11-Wagen-Züge anfahren zu können und benachbarte Bahnsteige mit den Zügen der Linie 2 zu erhalten, um ein Umsteigen zu ermöglichen.
— In Bochum wurde der Halt von je vier IC in jeder Richtung festgelegt, in Hamburg-Harburg und München-Pasing bei bestimmten Zügen in Tagesrandlagen, um den in diesem Einzugsbereich wohnenden bzw. von der S-Bahn umsteigenden Reisenden noch Anschlüsse zu bieten. Alle anderen Haltwünsche wurden weitestgehend abgelehnt. Hier blieb man konsequent. Ebenso wurden Verlängerungswünsche bei IC, z. B. bis und ab Flensburg oder Freiburg (Breisgau) abgelehnt.

Und so konnte nach diesen langen planerischen Vorarbeiten dann das System „Intercity 79" in Betrieb gehen.

b) Intercity 79 — Das Produkt —

Am 27. Mai 1979 startete Intercity 79. Was wurde nun geboten? Auf den vier Linien des IC-Stammnetzes — wie das bisherige bereits befahrene Kernstück jetzt genannt wurde — verkehrten insgesamt 152 Züge der Zuggattung IC, die im Kursbuch nunmehr wie folgt definiert wurde:

„IC =Intercity-Zug, 1. und 2. Klasse (IC-Zuschlag erforderlich; Platzreservierung unentgeltlich. Für Reisegruppen Platzreservierung erforderlich)."

Es wurde als Markenzeichen, das sogar als Warenzeichenmuster eingetragen wurde, wieder das alte, vor Einführung der 2. Klasse bereits verwendete „IC-Signet" in voller ausgefüllter schwarzer Schrift auf weißem Untergrund verwendet. Das bisherige Teilzeichen für IC 1. und 2. Klasse aus der Versuchsphase zum IBS entfiel. Diese 152 IC-Züge gliederten sich auf in 74 Zugpaare, bei denen Namen für Hin- und Rückweg gleich waren, wobei allerdings nicht immer die Zugnummern aufeinander folgten und bei denen die Laufwege in beiden Richtungen nicht immer voll identisch waren. Daneben gab es noch den unpaarigen IC 571 „Hessen-Kurier" Hannover — Frankfurt, einen Flügel zu IC 132 als IC 1132 Hamburg-Altona — Hamburg Hbf, um die Hamburger Gruppe dem aus København kommenden IC 132 beistellen zu können, sowie als Vorgeschmack auf den in den nächsten Jahren stärker auszubauenden Bundeswehrurlauberverkehr auf der Linie 1 das Wochenendpaar IC 1516/1632 „Seeadler" Köln — Hamburg-Altona. Ein Zugpaar war zweimal vertreten IC 126/127 „Prinz Eugen". Da der Stammzug über die Linien 2 und 4 hinaus ab Nürnberg nach und von Wien West verkehrte, fehlte auf der Linie 4 ein Takt. Dieser wurde durch den ebenfalls „Prinz Eugen" genannten IC 566/567 München — Augsburg — Nürnberg vermittelt, der voll in Nürnberg in IC 126/127 aufging bzw aus diesem abspaltete. Dieses Zugpaar wurde nur durch Minibar bewirtschaftet, da der WR nach Wien lief. Zu diesem IC-Netz kamen noch elf TEE-Paare zur Auffangung starker Verkehrspitzen in der 1. Klasse, von denen allerdings nur noch vier eigentliche internationale Standardverbindungen im Sinne der TEE-Vereinbahrung waren. Alle anderen waren reine Inlandszüge.

Kurswagen gab es nach den Zielorten Brig, Chur, Dagebüll, Interlaken, Klagenfurt, Mittenwald, Saarbrücken, Westerland, Wien West und Zürich außerhalb der IC-An- und Auslaufstrecken.

Da bekanntermaßen Züge in Tagesrandlagen über die Endpunkte des IC-Stammnetzes hinaus zu geeigneten Endorten geführt wurden bzw dort begannen, nannte man diese Streckenabschnitte IC-An- und Auslaufstrecken. Sie wurden von der DB auch bei der Erfassung der Zugkilometer getrennt erfaßt (vgl. Anhang 12). Als Zielorte auf den Auslaufstrecken waren gewählt worden: Aachen, Amsterdam, Berchtesgaden, Bonn, Braunschweig, Bremerhaven-Lehe, Bruxelles, Garmisch-Partenkirchen, Genève, Innsbruck, Karlsruhe, Kassel, Klagenfurt, Kiel, Ludwigshafen, Milano, Regensburg, Saarbrücken, Westerland, Wien West. Dabei wurden auf den An- und Auslaufstrecken als Schnellzüge und nicht als IC gefahren die Züge 179 Westerland — Hamburg-Altona, 564/565 Köln — Frankfurt, wobei dieser Zug als einziger hochqualifizierter Zug über Frankfurt-Flughafen geführt wurde, und 670 Hamburg-Altona — Westerland.

Aus folgenden Bahnhöfen innerhalb des Stammnetzes hielten einzelne IC-Züge zusätzlich, zumeist in Tagesrandlagen: Aschaffenburg, Bochum, Darmstadt, Fürth, Hamburg-Harburg, Hamm, Hanau, Ingolstadt, Minden, München-Pasing und Solingen-Ohligs.

Linientausche fanden statt zwischen den einzelnen Linien der folgenden Züge:
a) Linie 1 auf Linie 2 bzw Linie 2 auf Linie 1 = 16 Züge:
IC 512/513, 526, 527, 530/531, 543/544, 610, 613, 620/621, 626/627, 632/633
b) Linie 1 auf Linie 3 bzw Linie 3 auf Linie 1 = 16 Züge:
IC 104/105, 108/109, 132/133, 506/507, 596/597, 598/599, 690/691, 692/693
c) Linie 2 auf Linie 4 bzw Linie 4 auf Linie 2 = 24 Züge:

IC 121, 522/523, 526, 527, 550, 560/563, 564, 581/582, 583, 586, 620/621, 624/625, 680/681, 682/683, 687, 688/689
d) Linie 4 auf Linie 3 bzw Linie 3 auf Linie 4 = 14 Züge:
IC 180/181, 572/573, 575/576, 580/581, 582/585, 586/587, 588/589.

Außerhalb der eigentlichen Taktzeiten der Linien lagen die IC 122/123 und 128/129. Aus diesen Linientauschen kann man erkennen, daß diese nicht grundsätzlich paarig vorgenommen wurden, daß aber in jedem Fall in jeder Richtung immer die gleiche Zugzahl auf die andere Linie tauschte. Eine Besonderheit des Linientausches bestand zwischen den IC „Merkur" und „Konsul". Diese tauschten ihre Linien nicht an dem eigentlichen Verknüpfungspunkt der Linien 1 und 3 in Mannheim, sondern in Heidelberg, da IC 692/693 über die Main-Neckar-Bahn mit Anbindung von Darmstadt in Tagesrandlage geführt wurden. IC 132/133 mußten daher auf der Linie 1 bis Heidelberg weiterfahren und fuhren über Bruchsal nach und von Karlsruhe, wobei die Taktzeiten für Karlsruhe nicht eingehalten werden konnten.

Wie bereits festgestellt, war das Reisendenaufkommen auf der Linie 4 erheblich schwächer als auf anderen Linien, so daß eine volle Taktdurchführung ab und von Bremen nicht wirtschaftlich gewesen wäre. Daher wurde eine Anzahl dieser IC auf die Linie 3 abgelenkt. Da auf dieser aber bereits die planmäßigen Taktzüge verkehrten, wären hier unerwünschterweise jeweils zwei IC in unmittelbarer Zeitfolge hintereinander gefahren. Man löste dieses Problem dadurch, daß man die IC 180/181, 580/581 und 582/585 zwischen Hannover und Hamburg-Altona und die IC 588/589 zwischen Hannover und Kiel als Schnellzüge mit zusätzlichen Halten in den Schnellzughaltebahnhöfen Celle, Uelzen, Lüneburg und Hamburg-Harburg halten ließ und somit dort zusätzliche Anschlußleistungen an den Knoten Hannover durch Schnell- oder Eilzüge vermied. Hier spielt auch das in Abschnitt g) noch zu behandelnde Problem einer möglichen anderen Linienführung der Stammlinien mit hinein.

Die im alten IC-System bestehende Besonderheit des jeweiligen Wechsels der Halte auf der Linie 3 zwischen Baden-Oos und Offenburg war beibehalten worden, wobei jedoch nunmehr angestrebt worden war, jeweils im Zweistundentakt Halte auf beiden Bahnhöfen einzurichten, auf die die Anschlußzüge der Schwarzwaldbahn abgestimmt wurden, so daß es hier im Tagesverlauf ebenfalls zu einem annähernden zweistündigem Eilzugrhythmus Offenburg — Konstanz — Offenburg kam.

Wie wir bereits gesehen hatten, waren zunächst die Schnellzüge aus den dargelegten Gründen nicht sämtlich beseitigt worden, wenn auch zahlreiche dieser ehemals wichtigen Standardverbindungen jetzt in IC umgewandelt worden waren. Dadurch ergaben sich bei Einführung von IC 79 im Stammnetz als Tagesverbindungen folgende Fernverkehrsverbindungen auf den vier Linien:

Fernverkehr in Tageszügen der Linie 1

Nord-Süd

IC	D	ab	Start	Ziel	an	Ausfalltage*)
591		6.57	Stuttgart	München	9.10	6, 7
593		6.46	Karlsruhe	München	10.10	7
595		6.00	Saarbrücken	München	11.10	
511		5.57	Köln	Berchtesgaden	15.14	7 Köln-Mainz
105		5.38	Dortmund	Basel SBB	11.46	
	211	5.49	Dortmund	Klagenfurt	20.50	
15		6.35	Dortmund	München	13.51	6, 7
117		6.38	Dortmund	Innsbruck	16.29	
	713	6.16	Dortmund	Oberstdorf	15.47	
513		7.41	Dortmund	München	15.10	
	813	7.00	Dortmund (-Frankfurt)	Oberstdorf	16.26	
507		5.35	Hamburg	Basel SBB	14.46	7
	1717	8.23	Dortmund	Tegernsee	18.41	
	715	8.27	Münster	München	18.07	
7		7.53	Amsterdam	Genève	18.48	
515		6.35	Hamburg	Garmisch-Partenkirchen	18.38	
	730	7.00	Hamburg	Köln	11.49	
517		7.35	Hamburg	München	18.10	7 Hmb-Dtm
613		7.06	Kiel	München	19.10	
	417	11.24	Nijmegen	München	21.04	
611		9.35	Hamburg	München	20.10	7 Hmb-Dtm
19		10.25	Hamburg	München	20.30	6, 7
519		10.35	Hamburg	München	21.13	6 Köl-Mü
	815	9.32	Norddeich (-Frankfurt)	München	21.52	
	732	10.40	Hamburg	Köln	15.30	
17		14.33	Dortmund	Stuttgart	19.30	6, 7
615		Som 8.38 Win 8.45	Westerland	München	22.13	
11		13.53	Amsterdam	München	22.53	
109		12.35	Hamburg	Basel SBB	21.46	
	719	15.33	Dortmund	München	1.11	
530		13.35	Hamburg	Stuttgart	21.51	
534		14.35	Hamburg	Stuttgart	22.51	6
132		10.15	København	Karlsruhe	23.06	
630		16.35	Hamburg	Köln	20.52	6
1632		18.03	Bremen	Köln	21.33	1-4, 6, 7
	736	Som 12.52 Win 12.56	Westerland	Köln	21.47	
632		17.35	Hamburg	Aachen	22.43	6
634		18.34	Hamburg	Bonn	23.16	
636		19.35	Hamburg	Köln	23.53	7
		16.41	Westerland	Köln	23.53	1-6

IC	D	ab	Start	Ziel	an	Ausfalltage*)
631		5.32	Köln	Hamburg	9.50	7
	737	6.19	Köln	Westerland	14.54	
635		6.37	Bonn	Hamburg	11.19	
633		7.10	Aachen	Hamburg	12.19	7
637		9.00	Köln	Westerland	Som 16.20 Win 16.10	
133		6.48	Karlsruhe	København	19.40	
16		6.20	Stuttgart	Dortmund	11.22	6, 7
535		7.03	Stuttgart	Hamburg	15.19	7
	718	4.05	München	Dortmund	13.22	
531		8.03	Stuttgart	Hamburg	16.19	
614	733	6.43	München	Hamburg	17.21	5
	814	6.43	München	Westerland	20.21	1-4, 6, 7
10		7.00	München	Amsterdam	15.56	
	733	13.17	Köln	Hamburg	18.14	
	814	7.05	München	(Frankfurt-) Norddeich	19.32	
		6.59	München	Nijmegen	16.52	
518	416	7.43	München	Hamburg	18.19	7
108		10.08	Basel SBB	Hamburg	19.19	6, 7
18	731	9.26	München	Hamburg	19.24	
		15.07	Köln	Hamburg	20.14	
610		9.43	München	Hamburg	20.21	6 Dtm-Hmb
	714	9.06	München	Münster	18.44	
612		10.43	München	Kiel	22.44	
1516		17.34	Köln	Hamburg	21.59	1-6
	1716	9.05	Tegernsee	Dortmund	19.07	
516		11.43	München	Hamburg	22.21	6 Dtm-Hmb
514		11.11	Garmisch-Partenkirchen	Hamburg	23.21	
6		11.17	Genève	Amsterdam	21.56	
	712	11.01	Oberstdorf	Dortmund	20.52	
	812	12.08	Oberstdorf	(Frankfurt-) Dortmund	21.32	
506		15.08	Basel SBB	Hamburg	0.21	6/7
116		12.23	Innsbruck	Dortmund	22.19	
14		15.10	München	Dortmund	22.23	6, 7
512		15.43	München	Dortmund	23.12	
	210	9.15	Klagenfurt	Dortmund	0.08	
104		18.08	Basel SBB	Dortmund	0.18	
510		14.38	Berchtesgaden	Köln	23.57	6 Mz-Köln
594		18.43	München	Saarbrücken	23.59	
592		19.43	München	Karlsruhe	23.07	6
590		20.43	München	Stuttgart	22.57	6, 7

*) 1 = montags, 4 = donnerstags, 6 = samstags, 7 = sonntags

Fernverkehr in Tageszügen Linie 2

Nord-Süd | Süd-Nord

IC	D	ab	Start	Ziel	an	Ausfalltage*)	IC	D	ab	Start	Ziel	an	Ausfalltage*)
561		6.33	Frankfurt (M)	München	10.27	6, 7	541		7.03	Köln	Hannover	10.02	7
563		7.33	Frankfurt (M)	München	11.42	7	543		8.02	Köln	Hannover	11.00	7
565		5.37	Köln	München	12.22		122		6.41	Frankfurt (M)	Amsterdam	11.46	
25		5.34	Dortmund	Frankfurt (M)	8.56	5, 7	545		9.03	Köln	Hannover	12.00	
		5.34	Dortmund	Nürnberg	11.19	1-4, 6, 7	28		6.56	Frankfurt (M)	Dortmund	10.21	6, 7
121		5.41	Dortmund	Klagenfurt	19.30		628		7.28	Frankfurt (M)	Hannover	13.00	7
	1425	5.42	Dortmund	Bischofshofen	18.59		128		6.03	Nürnberg	Bruxelles	13.29	7 Nür-Ffm
569		6.41	Dortmund	München	14.22		626		5.51	Regensburg	Hannover	15.00	7 Reg-Nürn
	723	6.50	Dortmund	Berchtesgaden	18.14		520		6.31	München	Hannover	16.00	7
621		7.06	Münster	München	15.42		522		7.16	München	Hannover	17.00	7
	740	6.00	Hannover	Bonn	9.33	6, 7	528		8.31	München	Hannover	18.00	
521		6.12	Braunschweig	München	16.22	7	526		9.16	München	Braunschweig	19.42	7 Mü-Köl, 6 Köl-Brg
	721	8.28	Dortmund	Passau	18.51								
127		7.53	Hannover	Wien	21.25			720	7.55	Passau	Dortmund	18.10	
567		16.09	Nürnberg	München	17.49	7	524		8.55	Garmisch-Partenkirchen	Hannover	20.02	
525		8.53	Hannover	Garmisch-Partenkirchen	19.49		26		12.39	Nürnberg	Amsterdam	19.56	1-4, 6, 7
27		9.53	Amsterdam	Frankfurt (M)	14.56				15.00	Frankfurt (M)	Amsterdam	19.56	5
527		9.51	Hannover	München	19.42	6, 7	566		11.16	München	Nürnberg	12.54	6
529		10.14	Braunschweig	München	20.22	7 Brg-Han	126		7.35	Wien	Hannover	21.00	
	725	12.29	Dortmund	Passau	23.18			722	8.46	Berchtesgaden	Dortmund	19.58	
523		11.53	Hannover	München	21.42	6		741	18.32	Köln	Hannover	21.55	6, 7
623		12.51	Hannover	München	22.25	6		1424	7.15	Bischofshofen	Dortmund	21.02	
625		13.53	Hannover	München	23.46		120		7.00	Klagenfurt	Braunschweig	22.42	6 Dtm-Brg
627		14.53	Hannover	Regensburg	23.59	6 Nür-Reg	24		17.05	Frankfurt (M)	Dortmund	20.22	6
629		15.51	Hannover	Nürnberg	23.55	6		724	11.19	Passau	Dortmund	21.29	
542		16.53	Hannover	Köln	19.51	6	624		13.16	München	Hannover	23.00	6
123		16.57	Amsterdam	Frankfurt (M)	22.27		568		14.31	München	Dortmund	22.14	
29		19.23	Dortmund	Frankfurt (M)	22.46	6, 7	620		15.16	München	Münster	23.51	
540		17.53	Hannover	Köln	20.51	6	622		16.31	München	Dortmund	0.13	6/7
129		18.11	Bruxelles	Frankfurt (M)	23.13		564		17.16	München	Köln	0.29	
544		18.53	Hannover	Köln	21.52	6	560		18.16	München	Frankfurt (M)	22.25	6
546		19.53	Hannover	Köln	22.51		562		19.31	München	Frankfurt (M)	23.23	6, 7

*) 1 = montags, 4 = donnerstags, 5 = freitags, 6 = samstags, 7 = sonntags

Fernverkehr in Tageszügen Linie 3

Nord-Süd | Süd-Nord

IC	D	ab	Start	Ziel	an	Ausfalltage*)	IC	D	ab	Start	Ziel	an	Ausfalltage*)
101		6.37	Frankfurt	Basel SBB	9.46	7		778	6.42	Kassel	Hamburg	10.44	
103		7.37	Frankfurt	Milano C	17.30		672		6.27	Ludwigshafen	Hamburg	12.09	7
	993	7.01	Wiesbaden	München	13.04			774	7.03	Frankfurt	Hamburg	13.49	
597		6.26	Kassel	München	13.10		692		5.56	Stuttgart	Kiel	14.39	
571		6.10	Hannover	Frankfurt	9.30	7	670		6.14	Basel Bad Bf	Westerland	17.18	
	799	7.11	Kassel	Berchtesgaden	17.58			776	8.55	Frankfurt	Braunschweig	15.35	
573		6.09	Bremen	Basel SBB	13.46		578		7.08	Basel SBB	Hamburg	15.09	6, 7
	371	23.45	København	Konstanz	17.13		178		8.08	Basel SBB	Hamburg	16.09	
	873	7.14	Braunschweig	Frankfurt	12.12			796	8.13	Stuttgart	Bremerhaven-Lehe	17.43	
599		6.45	Hamburg	München	16.10	7							
	791	5.31	Wilhelmshaven	Lindau	18.57		576		9.08	Basel SBB	Bremen	16.45	
91		7.57	Bremen	Stuttgart	14.38	6, 7	691		8.43	München	Hamburg	18.09	
173		7.45	Hamburg	Milano C	22.05			772	9.10	Freudenstadt	Kiel	20.59	
171		9.37	Frankfurt	Basel SBB	12.46		176		7.59	Genève	Hamburg	19.09	
	771	8.05	Hamburg	Basel Bad Bf	17.08			790	8.27	Lindau	Wilhelmshaven	22.23	
175		8.45	Hamburg	Basel SBB	16.46			770	11.31	Basel Bad Bf	Hamburg	20.34	
	773	6.27	Kiel	Freudenstadt	18.31		574		12.08	Basel SBB	Hamburg	20.09	6, 7
177		9.45	Hamburg	Genève	20.59		170		13.08	Basel SBB	Hamburg	21.09	
575		11.09	Bremen	Basel SBB	18.46			872	16.53	Frankfurt	Braunschweig	21.51	
577		11.45	Hamburg	Basel SBB	19.46	6, 7		370	11.55	Konstanz	København	6.45	
	797	10.33	Bremerhaven-Lehe	Stuttgart	20.32		172		9.15	Milano C	Hamburg	22.09	
							90		15.24	Stuttgart	Bremen	22.03	6, 7
179		9.39	Westerland	Basel SBB	20.46		598		13.43	München	Hamburg	23.09	6
	775	12.55	Hamburg	Frankfurt	19.50			798	10.55	Berchtesgaden	Kassel	21.46	
	777	16.26	Braunschweig	Frankfurt	21.13		572		16.08	Basel SBB	Bremen	23.45	
691		13.45	Hamburg	München	23.13		102		12.15	Milano C	Frankfurt	20.17	
579		14.45	Hamburg	Basel Bad Bf	22.39	6, 7	596		16.43	München	Kassel	23.23	
671		15.45	Hamburg	Basel Bad Bf	23.39		100		19.08	Basel SBB	Frankfurt	22.17	
693		15.13	Kiel	Stuttgart	23.59			992	17.20	München	Wiesbaden	23.11	
673		17.45	Hamburg	Ludwigshafen	23.27	7	570		20.08	Basel SBB	Frankfurt	23.17	6
	779	18.50	Hamburg	Kassel	22.45								

*) 6 = samstags, 7 = sonntags,

Fernverkehr in Tageszügen Linie 4

Nord-Süd | Süd-Nord

IC	D	ab	Start	Ziel	an	Ausfalltage*)	IC	D	ab	Start	Ziel	an	Ausfalltage*)
551		7.25	Kassel	München	12.42			786	5.30	München	Bremen	12.48	7
581		5.40	Hamburg	München	13.27		588		6.14	München	Kiel	16.12	
181		6.30	Hamburg	Innsbruck	17.32		688		7.31	München	Bremen	14.45	7
	781	6.50	Hamburg	Berchtesgaden	17.37		686		8.16	München	Bremen	15.45	
	883	6.56	Osnabrück	München	15.19		586		9.31	München	Hamburg	17.11	
	783	6.55	Hamburg	Oberstdorf	18.20		684		10.16	München	Bremerhaven-Lehe	18.29	6, 7
81		7.30	Hamburg	München	15.04	6, 7							
583		8.09	Bremen	München	15.24	7		784	9.24	Passau	Hamburg	19.49	
	785	7.50	Hamburg	Passau	18.00		682		11.31	München	Bremen	18.45	7
585		8.30	Hamburg	München	16.42			782	9.23	Oberstdorf	Hamburg	20.49	
	793	8.50	Hamburg	Stuttgart	17.29		584		12.16	München	Bremen	19.45	6
681		10.09	Bremen	München	17.24			780	9.55	Berchtesgaden	Hamburg	20.59	
587		10.45	Hamburg	München	18.42	7	680		13.31	München	Bremen	20.45	6
683		12.09	Bremen	München	19.24	7		882	13.37	München	Osnabrück	22.13	
685		12.24	Bremerhaven-Lehe	München	20.42	6, 7		792	13.57	Stuttgart	Hamburg	22.17	
							180		11.05	Innsbruck	Hamburg	22.24	
687		14.09	Bremen	München	21.27	6	80		14.50	München	Hamburg	22.29	6, 7
589		13.02	Kiel	München	22.46		582		15.31	München	Hamburg	23.30	6
689		16.09	Bremen	München	232.4	6	580		16.16	München	Hamburg	0.14	
	787	17.06	Bremen	München	0.31	6	550		17.31	München	Kassel	22.32	

*) 6 = samstags, 7 = sonntags,

Konnte bereits aus den vorstehenden Darstellungen erkannt werden, welche Züge in welchen Zeitlagen auf den einzelnen Linien lagen, so ist jedoch noch nichts darüber ausgesagt, welche Züge nun auf welchen Laufwegen in das System „Intercity 79" aufgenommen wurden und welche Namen sie erhalten hatten. Dies ist schon allein deshalb von emminenter Bedeutung, weil sich ja nur darauf die Fortentwicklung des IC-Netzes in den Fahrplanjahren 1980 – 1982 aufbauen kann. Ohne eine entsprechende Darstellung würde jeglicher Überblick verloren gehen.

IC 100 Breisgau
Basel SBB – Mannheim – Frankfurt
IC 101 Breisgau
Frankfurt – Mannheim – Basel SBB
IC102 Metropolitano
Milano – Chiasso – Gotthard – Basel SBB – Mannheim – Frankfurt
IC 103 Metropolitano
Frankfurt – Mannheim – Basel SBB – Gotthard – Chiasso – Milano
IC104 Rheinblitz
Basel SBB – Mannheim – Mainz – Köln – Essen – Dortmund
IC 105 Rheinblitz
Dortmund – Essen – Köln – Mainz – Mannheim – Basel SBB
IC 108 Rheinpfeil
Basel SBB – Mannheim – Mainz – Köln – Essen – Dortmund – Münster – Hamburg-Altona
IC 109 Rheinpfeil
Hamburg-Altona – Münster – Dortmund – Essen – Köln – Mainz – Mannheim – Basel SBB
IC 116 Nymphenburg
Innsbruck – Kufstein – München – Stuttgart – Mannheim – Mainz – Köln – Essen – Dortmund
IC 117 Nymphenburg
Dortmund – Essen – Köln – Mainz – Mannheim – Stuttgart – München – Kufstein – Innsbruck
IC 120 Blauer Enzian
Klagenfurt (Ex 212) – Salzburg (IC 120) – München – Würzburg – Frankfurt – Wiesbaden – Köln – Wuppertal – Dortmund – Hannover – Braunschweig
IC 121 Blauer Enzian
Dortmund – Wuppertal – Köln – Wiesbaden – Frankfurt – Würzburg – Nürnberg – Augsburg – München – Salzburg (Ex 213) – Klagenfurt
IC 122 van Beethoven
Frankfurt – Mainz – Köln – Duisburg – Emmerich – Utrecht – Amsterdam
IC 123 van Beethoven
Amsterdam – Utrecht – Emmerich – Duisburg – Köln – Wiesbaden – Frankfurt
IC 126 Prinz Eugen
Wien West (Ex 226) – Linz – Passau(IC 126) – Nürnberg – Frankfurt – Wiesbaden – Köln – Wuppertal – Dortmund – Hannover
IC 127 Prinz Eugen
Hannover – Dortmund – Wuppertal – Köln – Wiesbaden – Frankfurt – Würzburg – Nürnberg – Passau (Ex 227) – Linz – Wien West
IC 128 Saphir
Nürnberg – Würzburg – Frankfurt – Wiesbaden – Köln – Aachen – Bruxelles
129 Saphir
Bruxelles – Aachen – Köln – Mainz – Frankfurt
IC 132 Merkur
Kobenhavn – Puttgarden – Hamburg – Münster – Dortmund – Essen – Köln – Mainz – Mannheim – Heidelberg – Karlsruhe
IC 133 Merkur
Karlsruhe – Heidelberg – Mannheim – Mainz – Köln – Essen – Dortmund – Münster – Hamburg – Lübeck – Puttgarden – Kobenhavn
IC 170 Otto Hahn
Basel SBB – Mannheim – Frankfurt – Hannover – Hamburg-Altona
IC 171 Hans Holbein
Frankfurt – Mannheim – Basel SBB
IC 172 Tiziano
Milano – Chiasso – Gotthard – Basel SBB – Mannheim – Frankfurt – Hannover – Hamburg-Altona
IC 173 Tiziano
Hamburg-Altona – Hannover – Frankfurt – Mannheim – Basel SBB – Gotthard – Chiasso – Milano
IC 175 Otto Hahn
Hamburg-Altona – Hannover – Frankfurt – Mannheim – Basel SBB
IC 176 Hispania
Genéve – Lausanne – Basel SBB – Mannheim – Frankfurt – Hannover – Hamburg-Altona
IC 177 Hispania
Hamburg-Altona – Hannover – Frankfurt – Mannheim – Basel SBB – Lausanne – Genéve
IC 178 Helvetia
Basel SBB – Mannheim – Frankfurt – Hannover – Hamburg-Altona
D/IC 179 Helvetia
Westerland – Hamburg-Altona(IC 179) – Hannover – Frankfurt – Mannheim – Basel SBB
IC 180 Karwendel
Innsbruck (1180) – Mittenwald (IC 180) – Garmisch-Partenkirchen – München – Augsburg – Nürnberg – Würzburg – Hannover (D 180) – Hamburg-Altona
D/IC 181 Karwendel
Hamburg-Altona – Hannover (IC 181) – Würzburg – Nürnberg – Augsburg – München – Garmisch-Partenkirchen – Mittenwald (E 1181) – Innsbruck
IC 506 Rhein-Kurier
Basel SBB – Mannheim – Mainz – Köln – Essen – Dortmund – Münster – Hamburg-Altona

IC 507 Rhein-Kurier
Hamburg-Altona — Münster — Dortmund — Essen — Köln — Mainz — Mannheim — Basel SBB
IC 510 Chiemgau
Berchtesgaden — München — Stuttgart — Mannheim — Mainz — Köln
IC 511 Chiemgau
Köln — Mainz — Mannheim — Stuttgart — München — Berchtesgaden
IC 512 Dompfeil
München — Stuttgart — Mannheim — Mainz — Köln — Wuppertal — Dortmund
IC 513 Dompfeil
Dortmund — Wuppertal — Köln — Mainz — Mannheim — Stuttgart — München
IC 514 Werdenfels
Garmisch-Partenkirchen — München — Stuttgart — Mannheim — Mainz — Köln — Essen — Dortmund — Münster — Hamburg-Altona
IC 515 Werdenfels
Hamburg-Altona — Münster — Dortmund — Essen — Köln — Mainz — Mannheim — Stuttgart — München — Garmisch-Partenkirchen
IC 516 Senator
München — Stuttgart — Mannheim — Mainz — Köln — Essen — Dortmund — Münster — Hamburg-Altona
IC 517 Senator
Hamburg-Altona — Münster — Dortmund — Essen — Köln — Mainz — Mannheim — Stuttgart — München
IC 518 Patrizier
München — Stuttgart — Mannheim — Mainz — Köln — Essen — Dortmund — Münster — Hamburg-Altona
IC 519 Patrizier
Hamburg-Altona — Münster — Dortmund — Essen — Köln — Mainz — Mannheim — München
IC 520 Germania
München — Würzburg — Frankfurt — Wiesbaden — Köln — Wuppertal — Dortmund — Hannover
IC 521 Germania
Braunschweig — Hannover — Dortmund — Wuppertal — Köln — Wiesbaden — Frankfurt — Würzburg — München
IC 522 Münchner Kindl
München — Augsburg — Nürnberg — Würzburg — Frankfurt — Wiesbaden — Köln — Wuppertal — Dortmund — Hannover
IC 523 Münchner Kindl
Hannover — Dortmund — Wuppertal — Köln — Wiesbaden — Frankfurt — Würzburg — Nürnberg — Augsburg — München
IC 524 Wetterstein
Garmisch-Partenkirchen — München — Würzburg — Frankfurt — Wiesbaden — Köln — Wuppertal — Dortmund — Hannover
IC 525 Wetterstein
Hannover — Dortmund — Wuppertal — Köln — Wiesbaden — Frankfurt — Würzburg — München — Garmisch-Partenkirchen
IC 526 Heinrich der Löwe
München — Augsburg — Nürnberg — Würzburg — Frankfurt — Wiesbaden — Köln — Essen — Dortmund — Hannover — Braunschweig
IC 527 Drachenfels
Hannover — Dortmund — Essen — Köln — Wiesbaden — Frankfurt — Würzburg — Nürnberg — München
IC 528 Drachenfels
München — Würzburg — Frankfurt — Wiesbaden — Köln — Wuppertal — Dortmund — Hannover
IC 529 Heinrich der Löwe
Braunschweig — Hannover — Dortmund — Wuppertal — Köln — Wiesbaden — Frankfurt — Würzburg — München
IC 530 Hölderlin
Hamburg-Altona — Münster — Dortmund — Wuppertal — Köln — Mainz — Mannheim — Stutgart
IC 531 Hölderlin
Stuttgart — Mannheim — Mainz — Köln — Wuppertal — Dortmund — Münster — Hamburg-Altona
IC 534 Schwabenpfeil
Hamburg-Altona — Münster — Dortmund — Essen — Köln — Mainz — Mannheim — Stuttgart
IC 535 Schwabenpfeil
Stuttgart — Mannheim — Mainz — Köln — Essen — Dortmund — Münster — Hamburg-Altona
IC 540 Westfalen
Hannover — Dortmund — Wuppertal — Köln
IC 541 Westfalen
Köln — Wuppertal — Dortmund — Hannover
IC 542 Wilhelm Busch
Hannover — Dortmund — Wuppertal — Köln
IC 543 Wilhelm Busch
Köln — Essen — Dortmund — Hannover
IC 544 Rheinland
Hannover — Dortmund — Essen — Köln
IC 545 Rheinland
Köln — Wuppertal — Dortmund — Hannover
IC 546 Niedersachsen
Hannover — Dortmund — Wuppertal — Köln
IC 547 Niedersachsen
Köln — Wuppertal — Dortmund — Hannover
IC 550 Veit Stoss
München — Würzburg — Bebra — Kassel
IC 551 Veit Stoss
Kassel — Bebra — Würzburg — Nürnberg — Augsburg — München
IC 560 Präsident
München — Augsburg — Nürnberg — Würzburg — Frankfurt
IC 561 Prinzregent
Frankfurt — Würzburg — München
IC 562 Prinzregent
München — Würzburg — Frankfurt
IC 563 Präsident
Frankfurt — Würzburg —Nürnberg — Augsburg — München

IC 564 Burggraf
München — Augsburg — Nürnberg — Würzburg — Frankfurt (D 564) — Mainz — Köln
D/IC 565 Burggraf
Köln — Mainz — Frankfurt (IC 565) — Würzburg — München
IC 566 Prinz Eugen
München — Augsburg — Nürnberg
IC 567 Prinz Eugen
Nürnberg — Augsburg — München
IC 568 Glückauf
München — Würzburg — Frankfurt — Wiesbaden — Köln — Wuppertal — Dortmund
IC 569 Glückauf
Dortmund — Wuppertal — Köln — Wiesbaden — Frankfurt — Würzburg — München
IC 570 Hans Holbein
Basel SBB — Mannheim — Frankfurt
IC 571 Main-Kurier
Hannover — Frankfurt
IC 572 Anselm Feuerbach
Basel SBB — Mannheim — Frankfurt — Hannover — Bremen
IC 573 Anselm Feuerbach
Bremen — Hannover — Frankfurt — Mannheim — Basel SBB
IC 574 Schauinsland
Basel SBB — Mannheim — Frankfurt — Hannover — Hamburg-Altona
IC 575 Kaiserstuhl
Bremen — Hannover — Frankfurt — Mannheim — Basel SBB
IC 576 Kaiserstuhl
Basel SBB — Mannheim — Frankfurt — Hannover — Bremen
IC 577 Schauinsland
Hamburg-Altona — Hannover — Frankfurt — Mannheim — Basel SBB
IC 578 Diplomat
Basel SBB — Mannheim — Frankfurt — Hannover — Hamburg-Altona
IC 579 Diplomat
Hamburg-Altona — Hannover — Frankfurt — Mannheim — Basel Bad Bf
IC 580 Riemenschneider
München — Augsburg — Nürnberg — Würzburg — Hannover (D 580) — Hamburg-Altona
D/IC 581 Riemenschneider
Hamburg-Altona — Hannover (IC 581) — Würzburg — München
IC 582 Amalienburg
München — Würzburg — Hannover (D 582) — Hamburg-Altona
IC 583 Linderhof
Bremen — Hannover — Würzburg — München
IC 584 Linderhof
München — Augsburg — Nürnberg — Würzburg — Hannover — Bremen
D/IC 585 Amalienburg
Hamburg-Altona — Hannover (IC 585) — Würzburg — Nürnberg — Augsburg — München
IC 586 Ernst Barlach
München — Würzburg — Hannover — Hamburg-Altona
IC 587 Ernst Barlach
Hamburg-Altona — Hannover — Würzburg — Nürnberg — Augsburg — München
IC 588 Max Planck
München — Augsburg — Nürnberg — Würzburg — Hannover (D 588) — Hamburg-Altona — Kiel
D/IC 589 Max Planck
Kiel — Hamburg-Altona — Hannover (IC 589) — Würzburg — Nürnberg — Augsburg — München
IC 590 Schwaben-Kurier
München — Stuttgart
IC 591 Schwaben-Kurier
Stuttgart — München
IC 592 Baden-Kurier
München — Stuttgart — Karlsruhe
IC 593 Baden-Kurier
Karlsruhe — Stuttgart — München
IC 594 Saar-Kurier
München — Stuttgart — Mannheim — Kaiserslautern — Saarbrücken
IC 595 Saar-Kurier
Saarbrücken — Kaiserslautern — Mannheim — Stuttgart — München
IC 596 Herkules
München — Stuttgart — Mannheim — Frankfurt — Gießen — Marburg — Kassel
IC 597 Herkules
Kassel — Marburg — Gießen — Frankfurt — Stuttgart — München
IC 598 Ludwig Uhland
München — Stuttgart — Mannheim — Frankfurt — Hannover — Hamburg-Altona
IC 599 Ludwig Uhland
Hamburg-Altona — Hannover — Frankfurt — Mannheim — Stuttgart — München
IC 610 Gutenberg
München — Stuttgart — Mannheim — Mainz — Köln — Wuppertal — Dortmund — Münster — Hamburg-Altona
IC 611 Gutenberg
Hamburg-Altona — Münster — Dortmund — Essen — Köln — Mainz — Mannheim — Stuttgart — München
IC 612 Gorch Fock
München — Stuttgart — Mannheim —Mainz — Köln — Essen — Dortmund — Münster — Hamburg-Altona — Kiel
IC 613 Gorch Fock
Kiel — Hamburg-Altona — Münster — Dortmund — Wuppertal — Köln — Mainz — Mannheim — Stuttgart — München
IC 614 Poseidon
München — Stuttgart — Mannheim — Mainz — Köln — Essen — Dortmund — Münster — Hamburg-Altona — Westerland
IC 615 Theodor Storm
Westerland — Hamburg-Altona — Münster — Dortmund — Essen — Köln — Mainz — Mannheim — Stuttgart — München

IC 620 Hans Sachs
München – Augsburg – Nürnberg – Würzburg – Frankfurt – Wiesbaden – Köln – Essen – Dortmund – Münster
IC 621 Hans Sachs
Münster – Dortmund – Essen – Köln – Wiesbaden – Frankfurt – Würzburg – Nürnberg – Augsburg – München
IC 622 Gürzenich
München – Würzburg – Frankfurt – Wiesbaden – Köln – Wuppertal – Dortmund
IC 623 Gürzenich
Hannover – Dortmund – Wuppertal – Köln – Wiesbaden – Frankfurt – Würzburg – München
IC 624 Meistersinger
München – Augsburg – Nürnberg – Würzburg – Frankfurt – Wiesbaden – Köln – Wuppertal – Dortmund – Hannover
IC 625 Meistersinger
Hannover – Dortmund – Wuppertal – Köln – Wiesbaden – Frankfurt – Würzburg – Nürnberg – Augsburg – München
IC 626 Walhalla
Regensburg – Nürnberg – Würzburg – Frankfurt – Wiesbaden – Köln – Essen – Dortmund – Hannover
IC 627 Walhalla
Hannover – Dortmund – Essen – Köln – Wiesbaden – Frankfurt – Würzburg – Nürnberg – Regensburg
IC 628 Herrenhausen
Frankfurt – Wiesbaden – Köln – Wuppertal – Dortmund – Hannover
IC 629 Herrenhausen
Hannover – Dortmund – Wuppertal – Köln – Wiesbaden – Frankfurt – Würzburg – Nürnberg
IC 630 Seestern
Hamburg-Altona – Münster – Dortmund – Essen – Köln
IC 631 Seestern
Köln – Essen – Dortmund – Münster – Hamburg-Altona
IC 632 Karolinger
Hamburg-Altona – Münster – Dortmund – Wuppertal – Köln – Aachen
IC 633 Karolinger
Aachen – Köln – Wuppertal – Dortmund – Münster –Hamburg-Altona
IC 634 Hanseat
Hamburg-Altona – Münster – Dortmund – Essen – Köln – Bonn
IC 635 Hanseat
Bonn – Köln – Essen – Dortmund – Münster – Hamburg-Altona
IC 636 Poseidon
Westerland – Hamburg-Altona – Münster – Dortmund – Essen – Köln
IC 637 Theodor Storm
Köln – Essen – Dortmund – Münster – Hamburg-Altona – Westerland
IC 670 Kommodore
Basel Bad Bf – Mannheim – Frankfurt – Hannover – Hamburg-Altona (D 670) – Westerland
IC 671 Kommodore
Hamburg-Altona – Hannover – Frankfurt – Mannheim – Basel Bad Bf
IC 672 Sachsenross
Ludwigshafen – Mannheim – Frankfurt – Hannover – Hamburg-Altona
IC 673 Sachsenross
Hamburg-Altona – Hannover – Frankfurt – Mannheim – Ludwigshafen
IC 680 Südwind
München – Würzburg – Hannover – Bremen
IC 681 Nordwind
Bremen – Hannover – Würzburg – München
IC 682 Seeteufel
München – Würzburg – Hannover – Bremen
IC 683 Seeteufel
Bremen – Hannover – Würzburg – München
IC 684 Jakob Fugger
München – Augsburg – Nürnberg – Würzburg – Hannover – Bremen – Bremerhaven-Lehe
IC 685 Jakob Fugger
Bremerhaven-Lehe – Bremen – Hannover – Würzburg – Nürnberg – Augsburg – München
IC 686 Albrecht Dürer
München – Augsburg – Nürnberg – Würzburg – Hannover – Bremen
IC 687 Albrecht Dürer
Bremen – Hannover – Würzburg – Ingolstadt – München
IC 688 Herrenchiemsee
München – Würzburg – Hannover – Bremen
IC 689 Herrenchiemsee
Bremen – Hannover – Würzburg – München
IC 690 Hohenstaufen
München – Stuttgart – Mannheim – Frankfurt – Hannover – Hamburg-Altona
IC 691 Hohenstaufen
Hamburg-Altona – Hannover – Frankfurt – Mannheim – Stuttgart – München
IC 692 Konsul
Stuttgart – Heidelberg – Darmstadt – Frankfurt – Hannover – Hamburg-Altona – Kiel
IC 693 Konsul
Kiel – Hamburg-Altona – Hannover – Frankfurt – Darmstadt – Heidelberg – Stuttgart
IC 1132 Merkur
Hamburg-Altona – Hamburg
IC 1516 Seeadler
Köln – Essen – Dortmund – Münster – Hamburg-Altona
IC 1632 Seeadler
Bremen – Münster – Dortmund – Essen – Köln

111 085 vor IC 121 westlich von Rottendorf am 24. Mai 1980. Aufnahme: Joachim Bügel

111 069 begegnete dem Fotografen Steffen Lüdecke mit einem IC auf der Strecke Garmisch – München bei Wilzhofen, Mai 1980.

Waren im Winterfahrplan 1978/79 im IC-Verkehr werktäglich von Montag bis Freitag noch 50 109 Zugkilometer gefahren worden, so stiegen diese auf nunmehr 102 293 an, was praktisch einer Verdoppelung entsprach. Dies traf ja auch durch die Einführung des Stundentaktes gegenüber dem Zweistundenrhythmus zu, doch ganz so einfach war die Sache denn noch nicht. Einmal waren im Winter 1978/79 auf der Strecke Köln — Hamburg der Linie 1 bereits die Stundentakte durch die Vorphase zum IBS eingeführt worden, zum anderen waren beim alten IC-System im Zweistundenrhythmus die Deutschland berührenden TEE, die ja nicht in diesen Zahlen enthalten sind, integriert. Insofern stellt die Verdoppelung also mehr dar als die bloße Ausdehnung auf den Stundentakt. Hinzu kamen dann noch auf den IC-Zu- und Anlaufstrecken weitere 4 222 Zugkilometer, so daß im neuen IC-Netz ohne die verbliebenen bzw. neugeschaffenen TEE insgesamt 106 515 Zugkilometer aufzuwenden waren. Wenn dem auch Einsparungen bei den Schnellzugleistungen von etwa 20 - 25 % gegenüberstanden, so erkennt man daran jedoch, in welch großem Maße die DB neue Zugleistungen geschaffen hatte. Ohne die An- und Zulaufstrecken war die Laufweite je Zug gegenüber 1978 mit 668,1 km auf 695,9 km angestiegen und die Reisegeschwindigketi hatte sich von 103,5 km/h auf 102,0 km/h vermindert, was jedoch aufgrund der Fahrplankonstruktion und der vorgegebenen Taktbindungen nicht verwunderlich ist. Auf jeden Fall war die in der Planung vorgegebene Reisegeschwindigkeit von 103 km/h in etwa eingehalten worden. Auch war die Haltezeit je Zug von 2,7 auf 3,3 Min gestiegen, auch ein Wert, der aus den Verknüpfungen mit den Taktzeiten erklärlich ist. Die mittlere Haltestellenentfernung stieg dagegen von 67,2 km auf 70,4 km, ein Zeichen, mit welcher Konsequenz sich die DB der Anträge auf Einrichtung weiterer Halte erwehrt hatte. Zwangsläufig nicht so günstig waren die Werte auf den An- und Auslaufstrecken des IC-Netzes. Die Laufweite mit 117,3 km war durch die Funktion als Zulauf- oder Auslaufstrecke bedingt, die mittlere Haltestellenentfernung von nur 34,3 km einmal durch die teilweise kurzen Streckenbereiche, zum anderen aber auch dadurch, daß überwiegend Feriengebiete erschlossen wurden, in denen naturgemäß viel öfter anzuhalten war. Daraus resultiert auch die erheblich niedrigere Reisegeschwindigkeit mit 81,5 km/h, wurde sie doch auf zahlreichen Strecken mit erheblich geringerer Höchstgeschwindigkeit erzielt. Insofern ist dieser Wert dennoch bemerkenswert erfreulich, lag er doch noch über dem der früheren DC-Züge! Und die Haltezeit je Zug mit 4,8 Min entspricht auch wieder den Funktionen, die man an diese Züge auf den Zu- und Auslaufstrecken stellte. Schnellster Zug im neuen IC-Netz war wieder ein Kurzlauf, nämlich der Flügel des „Prinz Eugen" IC 566 zwischen München und Nürnberg mit 121,9 km/h, der ja über zwei größere 200 km/h-Abschnitte lief. Auch sein Gegenzug war mit 119,5 km/h erstaunlich schnell. Schnellster „Linien-IC" war interessanterweise wieder ein Zug der Linie 3 mit IC 579 „Diplomat", der zwischen Hamburg Hbf und Basel Bad Bf eine Reisegeschwindigkeit von 113,8 km/h erzielte!

Das neue IC-System hatte nicht nur eitel Freude bei allen betroffenen Reisendengruppen ausgelöst. Vor allem aus den Kreisen der potentiellen Ersterklasse-Reisenden kam viel Kritik und Beschwerde, waren diese „Aktenkofferreisenden" doch nun — sofern sie sich nicht eines der zusätzlich verkehrenden TEE bedienen konnten — ihrer Exklusivität beraubt. Durch Blätterwald, Rundfunk und Fernsehen ging so manche Klage, und manch ironischer Kommentar wurde abgegeben. Dies nicht nur in renommierten Blättern wie der „FAZ", der „Süddeutschen" oder im „Handelsblatt", auch ausländische Presseorgane beschäftigten sich hiermit, wie beispielsweise die in Abschnitt d) wiedergegebenen Kritiken aus der „Neuen Zürcher Zeitung" beweisen. Aber auch mehr regional ausgerichtete Zeitungen beschäftigten sich hiermit und sparten nicht mit Kritik. Als Beispiel möge eine Glosse stehen, die in den in Karlsruhe erscheinenden „Badischen Neuesten Nachrichten" am 22. November 1980 — also nach über einem Jahr seit Einführung von IC 79 — zu finden war:

„Nicht mehr erstklassig"

Die beiden Herren kehren wohlig gestärkt aus dem Speisewagen in ihr Erster-Klasse-Abteil zurück in der Absicht, sich einem Nickerchen hinzugeben. Doch ihre reservierten Plätze sind inzwischen durch eine munter plaudernde Familie aus ländlicher Gegend besetzt worden. Den zaghaft vorgebrachten Hinweis: „Da sitzen eigentlich wir!" nimmt die Oma mit Humor auf: „So dick sind wir ja nicht, da rücken wir halt ein bißchen zusammen". Die beiden Herren blicken sich düpiert an, lassen sich einzwängen zwischen Kind und Kegel und warten sehnsüchtig auf einen, den sie bei ihren Intercity-Fahrten die letzte Zeit nicht selten insgeheim zum Teufel gewünscht haben: Den Schaffner, der heute viel öfter als früher die Fahrtausweise kontrolliert.

Als er dann endlich erscheint, wollen die Leutchen, die sich mit ihren Zweiter-Karten in die erste Klasse verirrt haben, ohnehin aussteigen. Nun finden die beiden Geschäftsreisenden Muße, ein Thema zu diskutieren, das auch bei der Jahrestagung der deutschen Firmen-Reisestellen im Mittelpunkt heftiger Debatten stand: Die stiefmütterliche Behandlung der Erster-Klasse-Benutzer in Intercity-Zügen, seitdem dort — freilich mit großem Publikumszuspruch — zusätzlich die Zweite Klasse eingeführt worden ist.

Sieht man einmal von den nur „Erstklasslern" zugänglichen Einrichtungen wie Zugsekretariat, Telefon und Konferenzabteil ab, dann bietet die Bundesbahn heute ihren Reisenden Erster Klasse eigentlich keinen besonderen Aufpreis-Service mehr. Ganz im Gegenteil: Wegen der starken Nachfrage mußte die DB inzwischen die schnellen Züge mit immer mehr Zweiter-Wagen bestücken. Um aber die Zuglängen nicht über die Bahnsteigenden hinauswachsen zu lassen, war es notwendig, dafür Erster-Klasse-Wagen einzusparen. Vor allem an Freitagen reichen die Sitze in der Ersten oft nicht mehr aus, so daß manche Kunden mit Stehplätzen vorlieb nehmen müssen. Die bis zum „Geht-nicht-mehr" ausgedehnten Zuglängen sind auch kein Grund dafür, daß die Intercitys weder einen zweiten Speisewagen noch einen Gepäckwagen mitnehmen können wie für die an manchen Tagen fast schon zur Regel gewordenen Verspätungen.

Es scheint, daß die Bundesbahn ihr jetziges IC-Konzept kritisch überprüfen müßte, statt ständig neue Erfolgsmeldungen über die steigenden Fahrgastzahlen zu verbreiten. Sonst nämlich treibt sie treue Erster-Klasse-Kunden der Lufthansa, die mit neuen Spartarifen in den Konkurrenzkampf im Inlandverkehr eingestiegen ist, geradezu in die Arme. Armin Ganser"

Besonders negativer Kritik erfreuten sich dabei die in der 2. Klasse eingesetzten nichtklimatisierten Bm 234, aber auch die 26, aus Mangel an echten Speisewagen im IC-Verkehr einzusetzenden WRbuz – allgemein im Volksmund besser bekannt als „Quick-Pic" –, die mit Plastikgeschirr und zumeist gastarbeitendem Personal ausgerüstet, Mikrowellenfertigkost à la Campingplatz boten, nicht aber einen Service, den man von den höchstqualifizierten Zügen eines europäischen Eisenbahnunternehmens erwarten konnte. Und da sowohl Herr Vaerst als Chef der DB als auch Herr Streichard als Chef der DSG diese Wagen als die „Restaurationswagen der Zukunft" ansahen (für sie gesehen nur von der Personalkostenseite und nicht vom Service her), konnte man ahnen, was auf den Reisenden zukam. Es war schon ein weiter Weg von den Blütenweißen, in Damast und mit Tafelsilber gedeckten Tischen der guten alten „grands expresses", zu den schmuddeligen plastikbebecherten „Quick-Pick" der Jetztzeit. Aber wir hatten uns ja gewandelt von einem „Feudalstaat" zu einer „Konsum- und Wegwerfgesellschaft", und dem glaubte auch die Eisenbahn Rechnung tragen zu müssen.

Aber auch noch einige andere „Ungereimtheiten" entstanden durch IC 79. Hiervon waren weitgehend die höher bezahlenden Reisenden der 1. Klasse betroffen. War es früher Grundsatz bei der Zugbildung, die höherwertigen Klassen, wenn irgend möglich, in die Mitte eines Zuges einzustellen, um den qualifizierten Reisenden die Wege so kurz wie möglich zu gestalten (und nicht wie häufig kolportiert wurde, aus Sicherheitsgründen bei Entgleisungen oder Aufstößen), so hatte das IC-System von 1971 ebenso wie das vorangegangene F-Zugnetz an diesem Grundsatz im Prinzip nicht viel geändert. Waren es hier zwar nur Ersterklassezüge, so waren sie doch in der Regel so kurz, daß sie allgemein bahnsteigmittig halten konnten. Nun aber kam das Blockzugsystem, bei dem zugunsten der 2. Klasse ja die 1. Klasse auf bis zu drei Wagen gekappt werden mußte. Und da es Grundsatz war, beide Klassen voneinander zu trennen, entstand nun auf einmal die Situation, daß die 1. Klasse grundsätzlich als Block am Zuganfang oder -ende vorzufinden war. Bei der Struktur des IC-Netzes in seinen vier Linien, der Länge der Züge mit in der Regel elf Wagen und der baulichen Situation der IC-Haltebahnhöfe kam es nun dazu, daß an vielen wichtigen Bahnhöfen dem Reisenden der 1. Klasse der weiteste Weg zugemutet werden mußte. Gegenüber den Haupteingängen der Bahnhöfe seien als Beispiel nur Karlsruhe, Freiburg, Mainz, Heidelberg, Ulm, Koblenz oder Hannover genannt. Ganz gravierend wurde dies bei Kopfbahnhöfen wie Wiesbaden, Frankfurt (bei der Linie 3) und Stuttgart, um nur einige zu nennen, zumal die dort teilweise vorhandenen Querunterführungen sehr weit „hinten" liegen. So hat der hochzahlende 1. Klassereisende nicht nur unerträglich lange Wege zurückzulegen, er sucht zumeist außerhalb der Bahnhofshallen vergeblich einen Kofferkuli und muß wegen fehlender Bahnsteigüberdachungen wie z. B. in Freiburg, Stuttgart oder Mainz voll dem Wetter ausgesetzt auf seinen „IC" warten. Und wer schon einmal, mit der S-Bahn vom Frankfurter Flughafen kommend, mit seinem Gepäck (und der Flugreisende führt nun einmal bekanntermaßen sein Gepäck weitgehend mit sich) im Frankfurter Hauptbahnhof zur Linie 3 umsteigen mußte (oder umgekehrt), der wird als 1. Klassereisender den Sinn des Blockzugsystems wahrlich nicht „verkehrswerbend" nennen und sich überlegen, ob er nach Mannheim oder Karlsruhe, Fulda oder Göttingen fahrend, bei der nächsten Flugreise nicht doch sich des PKW bedienen und diesen im „Flughafenuntergrund" trotz aller Negativa abstellen wird. Natürlich wird man einwenden, daß man nicht alles allen recht machen kann, aber eine intensivere Prüfung dieser Fragen hätte sicher eine andere Lösung mit sich gebracht, denn man kann ja auch ohne die Netzwirkung zu verlieren, die Klassen einmal „drehen", es kommt nur darauf an, unter welchem Blickwinkel man die Bedeutung der einzelnen Haltebahnhöfe insgesamt einschätzt.

Für die Realisierung des Konzeptes „Intercity 79", das ja weitgehend in die Belange aller Fachdienste eingriff, hatte die DB eine Arbeitsgruppe für die Realisierung von IC 79 unter der Leitung der Vizepräsidenten Schmidt und Treutler eingesetzt, die ein Sechs-Punkte-Programm aufstellten, das nachfolgend leicht gekürzt wiedergegeben werden soll:

„1. Einführung in das „IC 79"-Programm, Werbung nach innen und außen

Alle Einführungsinformationen „IC 79" müssen absatzbezogen die Vorzüge des IC-Angebotes und die veränderte Angebotsstruktur im Personenfernverkehr betreffen. Hieraus ergibt sich die erste These: „Weitersagen und Kommunikation. Über unser neues Reiseangebot wo immer möglich."

Dazu bedarf es einer Kommunikationsstrategie,
– die das neue Angebot argumentativ und zielgruppenorientiert auffächert und
– die das Ansprechen von geeigneten Vermittlern und Multiplikatoren sicherstellt.

Zielgruppen sind vor allem
- die Mitarbeiter der DB (mit Sonderansprache auf ihre speziellen Dienstaufgaben im Rahmen von IC 79). (Wir müssen unsere Mitarbeiter davon überzeugen, daß die Kunden Menschen sind, die uns den außerordentlichen Gefallen getan haben, unser Reiseangebot in Anspruch zu nehmen.)
- die Mitverkäufer auf allen Distributionswegen (nicht zuletzt Reisebüros und Reiseveranstalter)
- Multiplikatoren (also sowohl unsere Stammkundschaft, von der wir wissen, daß sie unser Angebot besonders schätzt – Institutionen wie IHK, Fremdenverkehrsorte, die z. B. einen IC-Halt bekommen etc.–)
- der Markt schlechthin in allen Segmenten.

Die Informationsaktivitäten beginnen mit dem Beginn des Jahres 1979 und müssen bei den Multiplikatoren mit der Werbeaussage korrespondieren, zeitlich aber früher einsetzen. Damit kommt man zu dem Absatzförderungsinstrument Werbung.

Zu dem mehrdimensionalen Zielsystem gehören neben der breiten Öffentlichkeit die Zielgruppe „Geschäftsreisende", die davon überzeugt ist, daß der Ein-Stunden-Takt gerade ihr zugutekommt, und deren Verständnis für die Doppelklassigkeit geweckt werden muß. Daneben sind die Privatreisenden – vor allem der Zweiten Klasse – einzuladen, das „neue" Angebot zu benutzen, um mehr Reisende und mehr Reisen zu erreichen. Die Paßidee in allen Varianten kann diese Zielvorstellung stützen, ebenso der Einführungspreis für den Zweiter-Klasse-Zuschlag (DM 3.–).

Die Werbung muß sich zentral, regional und punktuell (z. B. gezielt bei Veranstaltungen) aussagegemäß ergänzen und auch in die spezielle Angebotswerbung für bestimmte Zielgruppen (z. B. Seniorenpaß) integriert werden.

Start: Massiert etwa einen Monat vor Angebotswechsel bis etwa Ende August.

2. Information der Reisenden an den Kontaktstellen und auf den Bahnsteigen

Was für die Werbung als Kommunikationsinstrument, vor allem mit den potentiellen Kunden, gilt, ist erst recht für alle Kontakte mit den bereits Reiselustigen wichtig.

Es muß eine breite Informationsgemeinschaft des Personals sichergestellt werden und die Fach- und Sachkunde in Bezug auf das neue Angebot gefördert werden. Und damit gelangt man zur zweiten These:

Es gilt, den Kunden mehr und besser zu informieren und mit dem Kunden zu sprechen, wo immer möglich. Das betrifft nicht nur die Verkaufsstellen, vielmehr muß der Kunde während seiner ganzen Reise „begleitet" werden.

Zu der Reiseinformation an den Kontaktstellen müssen die Reisenden auf den Bahnsteigen eindeutig über den Laufweg des Zuges und die Stellung des Wagen im Zug informiert werden. Dazu ist eine Ergänzung der heute schon vorhandenen Zuganzeiger und Wagenstandanzeiger nötig. Vorgesehen ist, die Bahnsteige in mehrere Abschnitte zu unterteilen, die durch Lichtwürfel markiert werden. Im Zug- und Wagenstandanzeiger wird dann die Stellung der Wagen bzw. der Zugblöcke anhand der Abschnittmarkierungen wiederholt. Die Zugänge zu den Bahnsteigen werden durch ein einheitliches Lichttransparent mit dem IC-Symbol markiert.

3. Zuverlässigkeit von Zugbildung, Komfort und Reiseservice

Für IC 79 gilt grundsätzlich die Blockzugbildung: Erste Klasse – Speisewagen – Zweite Klasse: Zwei Zugteile, die durch den Speisewagen verbunden werden. Diese Zugbildung muß zuverlässig über den Gesamtweg eingehalten werden. Sie ist darauf ausgerichtet, daß bei korrespondierenden Zügen am selben Bahnsteig die entsprechenden Klassen sich gegenüberstehen. Das bringt zwar Erschwernisse bei der Kurswagenumstellung, bei der Einreihung von Verstärkungs- und Ersatzwagen, ist aber nach der Erfahrung der Einführungsphase nötig, um den bisherigen Standard der Ersten Klasse weitgehend zu erhalten.

Zur Zuverlässigkeit von Zugbildung und Komfort gehört auch die richtige Bedienung der Klimaanlage, der Beleuchtung, Beheizung, der Lautsprecheranlagen und der einwandfreie Reinigungszustand der Wagen. Eine Mehrung der heute eingesetzten Zugpflegerinnen um etwa 20 % wird als untere Grenze zu gelten haben.

Die Doppelklassigkeit der Züge gibt uns vor, den gewohnten IC-Service für Reisende Erster Klasse nicht zu verschlechtern und den IC-Service der Reisenden Zweiter Klasse zu öffnen.

Soweit hieraus ein Zielkonflikt entsteht, ist die bessere Lösung unter Abwägung der Maßanforderungen, der Machbarkeit und der Auswirkungen zu suchen. Daß der vom Reiseservice ausgehende Zusatznutzen für die Wahl des Verkehrsmittels Gewicht hat, ist dabei unbestritten.

Zu einigen Servicepositionen:

Speisewagen-Service oder wie neuerdings gesagt wird: Das Zugrestaurantangebot. Unter der Vorgabe, eine Einschränkung des Komforts für Reisende Erster Klasse im Rahmen des Möglichen zu vermeiden, führen IC-Züge ein Zugrestaurant, d. h. meistens einen herkömmlichen Speisewagen. Lediglich 33 Züge mit vsl. Nachfrage nach Hauptmahlzeiten haben ein Zugrestaurant in Form eines Quick-Picks, der sich hier in einem anderen Aussehen (gedeckte Tische, Gläser für edle Getränke und mit Platzbedienungsmöglichkeit) präsentiert und sich somit von der gewohnten Selbstbedienungsform abhebt. Immerhin bietet dieses Zugrestaurant zehn warme Essen zur Auswahl.

Neben der Bedienungsform „vor" der Theke bei der IC-Variante des Quick-Pick ist allgemein daran gedacht, den Kleinbedarf im Zugabteil Zweiter Klasse durch Minibar „vor" dem Zugrestaurant abzufangen und bei Gemeinschaftsmahlzeiten im Speisewagen „Vor"-Bestellungen vorab vom Zugabteil Erster Klasse entgegen zu nehmen und schließlich über voraussehbare Belegung des Zugrestaurants die Reisenden rechtzeitig „vor" der erwarteten Vollbelegung zu informieren. Dieses viermal „vor" soll logistisch helfen, die möglichen Zielkonflikte bei Kunden und Anbieter zu lösen.

Beim Zugsekretariat, einer profilierenden Angebotsvariante, die vor allem den Telefonservice mit zunehmender Nachfrage (auch aus dem Nachfragebereich Zweiter Klasse) bietet, sind einer Aufstockung schon aus technischen Gründen Grenzen gesetzt. Zur Zeit stehen 50 Zugpostfunkgeräte zur Verfügung. Damit sollen 12 TEE- und 37 IC-Züge bestückt werden. Ausweitung auf 100 Zugpostfunkgeräte ist ohne Schwierigkeiten möglich, jedoch wird eine Anlaufphase von zwölf bis 14 Monaten gebraucht.

Die Einführung des Selbstwähldienstes mit Münzfernsprechern (Versuch bei der ÖBB, zwei Labor-Münzfernsprecher) ist wegen der Größe des IC-Netzes erst nach einer Anlaufphase von drei bis vier Jahren möglich. Erhebliche technische Probleme sind die automatische Kanalgruppenumschaltung, Markierung der Funkverkehrsbereiche und Übertragung der Gebührenimpulse.

Der Reisegepäckdienst wird durch IC 79, dessen Züge bekanntlich zur Reisegepäckbeförderung nicht zur Verfügung stehen, vor schwierige organisatorische Aufgaben gestellt, die das Beförderungskonzept, die Ladeorganisation und die Personaldisposition betreffen. Der Beförderungsdienst hält die Probleme bei hinreichenden D-Zugleistungen für lösbar, d. h., die Beförderungsqualität wird annähernd gehalten werden können, wenngleich die Störanfälligkeit erhöht wird. Als flankierende Maßnahme soll das Haus-Haus-Gepäck-Angebot, insbesondere für die Fremdenverkehrszielorte, noch mehr ins Spiel gebracht werden.

Daß die Kofferkuli-Organisation in diesem Zusammenhang weitere und besondere Aufmerksamkeit verdient, ist ein wichtiger Merkposten.

Das Konferenzabteil bleibt als Angebot erhalten, jedoch nur in Form der Vorbestellung, damit es nicht unnötig blockiert wird.

Die IC-Bespannung der Zukunft? 120 005, eine der fünf Prototyploks dieser Reihe, vor einem Intercity bei Ellingen am 8. Mai 1982. *Aufnahme: Manfred Dettelbacher*

4. Pünktlichkeit in der Betriebsführung, Zuverlässigkeit der Anschlüsse

Sicherheit, Zuverlässigkeit und Pünktlichkeit sind die Grundpfeiler einer guten Betriebsführung. Es wird erhebliche Anstrengungen kosten, den heutigen Stand zu halten. Zu den bestehenden Netzverbindungen kommen noch die Bindungen der Linie 2 in Hannover an die Linien 3 und 4, die Verdichtung auf den Stundentakt und die Weiterführung eines Teils der IC-Züge im internationalen und nationalen Verkehr über die Linienendpunkte hinaus.

Erforderlich ist eine zügige Abfertigung am Bahnsteig, gute Dispositionsarbeit bei der Zugüberwachung, die leider noch immer mit einem technisch unzulänglichen Meldeapparat arbeiten muß. Annähernd doppelte Arbeit fällt bei der IC-Betriebsüberwachung und der technischen Wagenleitung an, die auch heute noch kein eigenes Meldenetz zur Verfügung haben. Alle Zubringerzüge müssen wie IC-Züge verschärft überwacht werden, um Anschlußverspätungen zu vermeiden.

Große Bedeutung kommt der schnellen Verfügbarkeit der technischen Störungsdienste zu, um wenigstens die Auswirkungen der unerfreulich hohen Zahl technischer Störungen zu mildern. Vorgesehen ist auch der vermehrte Einsatz wagentechnischer Zugbegleiter, die mit gutem Erfolg Schäden bereits während der Fahrt beheben oder zumindest eingrenzen und eindeutig vormelden.

Auch für den Oberbau wird IC 79 eine Umstellung zumindest für die stark belasteten Hauptabfuhrstrecken zwischen den Systemknoten bringen, da die durchgehende Sperrung eines Gleises hier nicht möglich ist. Erschwernisse ergeben sich auch für Weicheneinbauten und Brückenarbeiten durch den verstärkten Wochenendbetrieb.

Trotz aller Erschwernisse muß man um die zuverlässige Einhaltung der Anschlüsse bemüht sein. Hier wird der Zugbahnfunk vermehrt zur Vormeldung von Übergangsreisenden, für Mitteilungen der Betriebsleitstellten über die betriebliche Regelung bei Störungen und die Angabe der Ersatzverbindungen in Anspruch zu nehmen sein. Die Information der Reisenden im Zug und auf den Bahnsteigen muß besser werden als dies heute vielfach festzustellen ist.

Eine pünktliche Betriebsführung erfordert das Einhalten der Fahrzeiten und dies wiederum das Einhalten der den Fahrzeiten zugrunde liegenden Zuglasten. Außerplanmäßige Verstärkungen sind deshalb im IC 79 nur in engen Grenzen möglich. Bei IC 79 läßt die Blockzugbildung sowieso nur Verstärkungswagen über den ganzen Zuglauf oder deren Einstellung an bestimmten Plätzen (im allgemeinen auf Kopfbahnhöfen) und jeweils nur für eine Wagenklasse zu. Auch durch die beengte Wagenlage wird der Spielraum für außerplanmäßige Verstärkungen sehr stark eingeschränkt.

Leider wird es auch nötig sein, schärfere Kriterien für das außerplanmäßige Halten von IC-Zügen zum Aufnehmen und Absetzen von Reisegruppen anzuwenden. In Zukunft werden außerplanmäßige Halte, zumindest in der Anlaufphase, nur auf Auslaufstrecken zu vertreten sein.

5. Dispositionsreserven und kommerzielle Steuerungsmaßnahmen

Was kann der Absatz tun, um die Nachfragestrukturen, die sich der Produktionslage nicht gerne anpassen, im Sinne einer Optimierung von Auslastung und Ertrag zu beeinflussen?

Hier werden folgende Positionen verfolgt:
- Steuerung durch Information (insoweit hat die regionale und bahnhofsbezogene Aufbereitung des Angebots besondere Bedeutung).
- Platzreservierung (keine allgemeine Reservierungspflicht für den Einzelreisenden, auch nicht zu verkehrsstarken Zeiten mit Ausnahme wie bisher für internationale Züge, jedoch Kennzeichnung von Zügen, für die Reservierung besonders empfohlen wird und für die Reisegruppen keine Ermäßigung erhalten. Der auch zeitweise Ausschluß bestimmter Angebotszielgruppen des Individualverkehrs vom IC ist schon wegen des Diskriminierungseffektes nicht marktverträglich). Angebots- und Preisdifferenzierungen innerhalb des IC-Angebotes sind nur im stärker steuerbaren Gruppenreiseverkehr und regional als allgemeine Steuerungsmaßnahme denkbar und sollen hier auch nachfragegerecht unter Ertragsgesichtspunkten voll eingesetzt werden.

Folgende Angebotsvarianten sind für den IC zu unterscheiden: Züge, für die Reisegruppen keine Ermäßigung erhalten; Züge, die ein begrenztes Reisepreisangebot haben, das zentral zu steuern ist; schließlich Züge, für die noch dazu preisgünstig zu akquirieren ist. Allgemein wird für Reisegruppen die Reservierungspflicht eingeführt.

Daneben werden Preismaßnahmen in drei Steuerungsstufen eingesetzt nach verkehrsschwachen, verkehrsstarken und Spitzenverkehrszeiten. Außerdem werden noch mehr Charterangebote ausgearbeitet werden müssen.

Angesichts der veränderten Wagenlage und der eingeschränkten Möglichkeit, Sonderzüge anbieten zu können, wird im übrigen für den Sonderverkehr absatzseitig alles darauf ankommen, ob und inwieweit es gelingt, die durch die Leistungsstruktur bedingten Einnahmeausfälle durch Sonderfahrten von Reisegruppen in Regelzügen zu kompensieren.

Was die regionalen Maßnahmen zur Einzelreise-Verkehrsbelebung angeht, wird zwischen den Angeboten außerhalb des IC-Fünfecks und Auslaufstrecken zu unterscheiden sein.

Die Dispositionsreserve auf dem Triebfahrzeugsektor liegt in den Triebfahrzeugen der Baureihe 111, die in Einfach- oder Doppeltraktion, je nach Last des Zuges, eingesetzt werden können. Triebfahrzeuge der Baureihe 103 stehen für Entlastungszüge oder als Ersatz nur in sehr begrenzter Zahl zur Verfügung. Ebenfalls gering sind die buchmäßigen Wagenreserven. Es bleibt abzuwarten, in welchem Umfang Wagenumläufe nach ersten Erfahrungen mit der Besetzung der Züge geschwächt werden können. Während der Fest- und Ferienspitzen liegen Reserven in der weitgehenden Absenkung des Schadstandes.

Für Zwecke des Betriebsleitstellendienstes müssen an den wichtigen Knoten Wagenreserven für Ersatzzüge bereitstehen, um bei Einbruchsverspätungen von Nachbarbahnen, größeren Störungen oder Witterungsumschlägen mit Ersatzzügen die Trassen abdecken zu können. In den letzten Wochen mußten mehrfach bis zu zwölf Ersatzzüge ad hoc disponiert werden. Eine Perfektion ist auf diesem Gebiet nicht möglich. Sie kann auch aus wirtschaftlichen Gründen nicht angestrebt werden. Hier muß flexibel, nach Lage der Möglichkeit, disponiert werden.

Wegen der angespannten Lage auf dem Fahrzeugsektor gewinnen alle Steuerungsmaßnahmen für den Tarif erheblich an Bedeutung.

6. Schulung der mit IC 79 befaßten Mitarbeiter

Um IC 79 so reibungslos wie möglich einführen zu können, ist ein umfangreiches Schulungsprogramm festgelegt worden. Die Themen werden zentral gestellt, der Lehrstoff wird zentral bearbeitet und die Lernziele für die einzelnen Ansprechgruppen werden vorgegeben. Ansprechgruppen sind insbesondere die Bahnhofsvorsteher der IC-Bahnhöfe und die Bundesbahnlehrer, die als Multiplikatoren in ihren Bereichen wirken; die in IC-Zügen tätigen Zugbegleiter, für die ebenfalls eine seminarmäßige Schulung vorgesehen ist. Alle übrigen mit IC 79 befaßten Mitarbeiter werden im Fortbildungsunterricht und in den Mitarbeiterbesprechungen, die im ersten Halbjahr 1979 auf das Thema IC 79 ausgerichtet sein sollen, gründlich informiert. Für besonders wichtig wird das praktische Üben mit allen Mitarbeitern gehalten, die mit Ansagen über Zugbahnfunk oder Lautsprecheransagen auf den Bahnsteigen und in den Zügen befaßt sind. Als Hilfsmittel sollen einheitliche Texte für alle Anwendungsfälle aufgelegt werden. Die Mikrofonscheu muß behoben und die Sprechtechnik noch erheblich verbessert werden. Das ist nur in Form von Sonderschulungen am Gerät möglich. Die Verwendung automatischer Ansagespeicher ist bisher nur für die in Verbindung mit dem Abfahrauftrag stehenden Ansagen möglich. Für die übrigen Bereiche, insbesondere für Regelansagen in den Zügen, ist die Entwicklung geeigneter Ansagespeicher ein dringendes Anliegen. Es ist selbstverständlich, daß auch auf diesem Gebiet enger Kontakt zu allen verkaufsbezogenen Aktivitäten gehalten wird.

In den eingeleiteten Schulungsmaßnahmen wurde bereits deutlich gemacht, daß im Hinblick auf IC 79 vorrangig in die Personalfortbildung investiert werden muß. D.h. informieren, überzeugend argumentieren, motivieren, um das Ziel zu erreichen, daß alle Dienstzweige sich mit dem Angebot identifizieren.

Das bedeutet neben stärkeren Fortbildungsmaßnahmen besondere Schulungs- und Beratungsaktivitäten. Die gezielten Vorbereitungen zur Verkaufsförderung für alle, die verkaufen helfen können, sind bereits angelaufen. Neben besonders aufbereiteten Verkaufsunterlagen werden ab Februar umfassende Verkaufshilfen zur Verfügung stehen. Bezirklich wird vor allem zu prüfen sein, inwieweit die Ablauforganisation und Personalausstattung der Verkaufs- und sonstigen Kontaktstellen den veränderten Angebots- und Nachfragstrukturen gerecht wird.

Zusammenfassung

Weil Neues und Gutes geboten wird, sollte, ja muß darüber geredet werden und es allen weitergesagt werden. Erst recht muß mit den Reisenden gesprochen werden (hierein gehört auch der Merkposten „Reklamationen").

Wenn das Reiseangebot IC 79 nicht nur in der Geschichte der Eisenbahn, sondern auch auf dem Reisemarkt ohne Beispiel ist, darf auch ein beispielhafter Einsatz von allen gefordert werden."

Und so lief denn „Intercity 79" mit mehr oder weniger großen Geburtswehen am 27. Mai 1979 an. Niemand hatte angenommen, daß ein so tiefgreifender Eingriff in das gesamte Fahrplangefüge, ja des gesamten Betriebsgeschehens einer großen Eisenbahnverwaltung reibungslos über die Bühne gehen würde. Und so war es auch nicht verwunderlich, wenn es in den ersten Tagen mehr oder minder große Pannen und Verspätungen gab. Aber bereits nach wenigen Tagen normalisierte sich die Betriebsabwicklung, und es dauerte gar nicht lange, da hatte IC 79 einen Pünktlichkeitsgrad erreicht, von dem man nur geträumt hatte. Und abgesehen von größeren Störungen aus den verschiedensten Ursachen im Netz oder bei der Übergabe von Nachbarverwaltungen und witterungsbedingten Unregelmäßigkeiten, wie sie besonders im Winter auftreten, ist IC 79 in den nun über drei Jahren seines Bestehens so pünktlich und zuverlässig, daß eben derartige Unregelmäßigkeiten von den Benutzern als Negativum angesehen werden. Das Image des Systems ist hervorragend, und welches Verkehrsmittel gibt es, das bei einer derartigen Bandbreite und Größe so planmäßig, sicher und zuverlässig verkehrt?

Der am 30. September 1979 beginnende Winterabschnitt des Jahresfahrplans 1979/80 brachte einige Bagatellkorrekturen, die sich in den ersten Wochen als notwendig erwiesen hatten.

So mußte IC 123 „van Beethoven" eine Fahrplananpassung zwischen Emmerich und Köln erfahren, um im 20.00-Uhr-Takt in Köln die Abfertigung der IC am gleichen Bahnsteig zu ermöglichen. Dadurch war eine Überholung des IC 123 in Duisburg durch IC 132 „Merkur" erforderlich, der im Verknüpfungsknoten Köln nicht mehr erreicht wurde, worauf im Fahrplan besonders für die Reisenden hingewiesen wurde. IC 179/670 wurden auch in den Saisonzeiten des Winterabschnittes ab und bis Westerland gefahren, da durch IC 79 eine früher bestehende ganzjährige gut genutzte Verbindung Frankfurt – Westerland entfallen war. Eine Verlängerung der IC 680 „Südwind" und IC 687 „Albrecht Dürer" bis und ab Bremerhaven aus Reinigungsgründen in Bremen (das Problem war ja schon durch den alten TEE „Roland" bekannt) wurde nicht akzeptiert, nachdem sich doch noch eine Lösung anbot. Ansonsten verblieb es bei dem ab 27. Mai eingeführten Angebot.

c) Die weitere Ausgestaltung des IC-Systems 1980 - 1982

IC 79 war noch keine drei Monate alt, als die Fahrplanexperten der DB sich bereits mit den grundsätzlichen Fragen des Jahresfahrplans 1980/81 beschäftigen mußten, und Ende September fand in Paris bereits die Fachtechnische Tagung (FT) der EFK für den folgenden Jahresfahrplan statt. Bis zur endgültigen Abschlußbesprechung über den Personenzugfahrplan im Dezember war zwar der Sommerabschnitt „gelaufen", und es lagen entsprechende Zahlenwerte vor, aber für einen Winterabschnitt mit all seinen Änderungen der Verkehrsströme, witterungsbedingtem Wechsel in der Benutzung der Verkehrsmittel, dem Reisendenverhalten zu den großen, in diesen Abschnitt fallenden Feiertagen, lagen überhaupt keine Ergebnisse, noch gar Erfahrungen vor. Hinzu kam, daß das Jahr 1979 die zweite Ölkrise gebracht hatte, die zu Verlagerungen der Verkehrsaufkommen geführt hatte, die die DB vor die Kapazitätsgrenze ihrer Leistungsfähigkeit stellte. Und so war es für die Planer wirklich schwer abzuschätzen, ob das neue Angebot „angekommen war", ob es einer Korrektur oder nur bestimmter Änderungen oder Feinabstimmungen an den erkannten „Reibungsstellen" bedurfte. Normalerweise hatte die DB – und so war es auch bei Einführung des Zweistundensystems im Winter 1971 gewesen – immer zwei Sommerabschnitte und einen vollen Winterabschnitt vergehen lassen, ehe sie grundsätzliche Korrekturen an einem neuen System vornahm, da erst dann die notwendigen klaren Erkenntnisse vorlagen. Aber die wirtschaftliche Situation der DB in aller ihrer erschreckenden Lage, die Forderung des Eigentümers Bund auf absolute Wirtschaftlichkeit und Sparsamkeit, forderten bereits so wenige Wochen und Monate nach Einführung der größten, jemals im deutschen Fahrplangefüge vorgenommenen grundsätzlichen Änderungen eine Überprüfung und Anpassung an die vorgegebenen wirtschaftlichen Zwänge. Und so ließ der Vorstand der DB unter diesen Sachzwängen keinen Zweifel daran, daß der bei der Planung des Angebots IC 79 bewußt in Kauf genommene erhöhte Aufwand – und hier wieder bei der DB als Bemessungsgrundlage üblich nach Zugkilometern – überall dort wieder abzubauen sei, wo das Angebot nicht in der erwarteten Form in Anspruch genommen worden sei. Nach einer nicht zu lange bemessenen Beurteilungszeit müsse hier (im Sinne der DB) marktgerecht vorgegangen werden und die Fahrwürdigkeit all der Züge überprüft werden, die nicht voll angenommen worden seien. Im Grundsatz solle dabei das IC-Netz nicht angetastet werden, aber man stellte sich vor, daß beispielsweise bei den zusätzlichen Leistungen für die Reisenden 1. Klasse bei den TEE Einsparungen durchaus möglich und marktverträglich seien!

Nach der Gesamtkonzeption des seinerzeitigen IBS war für den SPFV ein zweites Zugsystem vorgesehen. Dieses sollte in weitergehendem Umfang die Marktanforderungen nach Direktverbindungen und vermehrten Halten erfüllen und zwei Jahre nach dem „A-System" eingeführt werden, also zum Jahresfahrplan 1981/82. Wenn die Marktsituation ein solches Netz erfordere, sei die DB nach Vorstellungen des Vorstandes weiterhin interessiert, aber derartige Nachfragen des Marktes seien nicht erkennbar. Daher war im Interesse der Qualität und der vollen Funktionsfähigkeit des IC-Netzes schon im Fahrplan 1980/81 darauf zu achten, daß den Marktanforderungen Rechnung getragen werden müsse, was eindeutig die erste Absage an dieses zweite weitergehende System war. Darüberhinaus wurde aber auch festgelegt, daß über das 1979 eingeführte System „IC 79" eine Ausweitung hinsichtlich der Ziele oder Halte grundsätzlich nicht in Betracht kommen könne. Lediglich in begründeten Einzelfragen bestand bei den Planungen ein gewisser Spielraum. Oberster Grundsatz war nicht ein entsprechendes Kundenangebot oder eine Marktkonformität, obwohl dies niemals in dieser Form offen ausgesprochen wurde, sondern allein die Wirtschaftlichkeit des Angebotes. Alle Forderungen nach Mehrleistung, nach zusätzlicher Leistung, mußten wirtschaftlich vertretbar im Sinne der Vorstellungen der DB sein! Dabei spielte es auch keine Rolle, schwache Leistungen wieder auszulegen. Da aus Finanzgründen weder mit mehr Lok noch Wagen zu rechnen war, mußte die Planung darauf abgestellt sein, mit dem vorhandenen Material „kundengerecht" auszukommen, um das Unternehmen insgesamt vor Fehlinvestitionen zu bewahren. Dies war also auch wieder eine klare Absage an eine Verbesserung des Zustandes der IC-Ausrüstungen in der 2. Wagenklasse!

Soweit man absehen konnte, hatten sich die Hoffnungen auf das System IC 79 erfüllt. Die im SPFV erkennbare Verkehrszunahme überstieg die vorgenommene Mehrung des Zugkilometeraufwandes, wobei diese Verkehrszunahme überproportional auf den vier IC-Linien eingetreten war gegenüber dem übrigen SPFV. Insofern hatte das neue System die in es gesetzten Hoffnungen erfüllt, wenn auch eine gewisse Verkehrszunahme aus Konjunkturentwicklung und Energiesituation abzuleiten war. Aber auch zu diesem Zeitpunkt waren sich die Verantwortlichen der DB darüber im klaren, daß es vor Ablauf des Winterabschnittes 1979/80 zu früh war, endgültige Aussagen über die Bewährung des neuen Systems zu machen.

Unter diesem Hintergrund müssen die für 1980/81 vorgenommenen Planungen und Änderungen im IC-System gesehen werden.

Eine wichtige Frage war zunächst einmal die Lage der Verkehrstage der IC an den Wochenenden und zu den Wochenfeiertagen, die hier nicht näher behandelt werden soll, der aber eine erheblich größere Bedeutung zukam als vorher beim IC-Zweistundenrhythmus, da damals ja noch das Angebot der allgemein über große Entfernungen verkehrenden Schnellzüge vorhanden war und die Reisenden der 2. Klasse hiervon überhaupt nicht betroffen gewesen waren. Nun aber entstanden bei nicht sachgerechter Anwendung unter Umständen erhebliche Zeitlücken im Angebot, die über einen Zweistundentakt hinausgehen konnten. Auch war die Wende der Zugeinheiten, die ja sehr detailliert und filigran miteinander verknüpft waren, hier neben der verkehrlichen Zeitlage von besonderer Bedeutung. So mußten unter Umständen Züge aus Umlaufgründen in einem Takt gefahren werden, der verkehrlich nicht so gefragt war, während der nächste Takt, für den dann ohne Mehraufwand insgesamt kein Wagenzug zur Verfügung stand, verkehrlich wichtiger gewesen wäre. Die Lösung dieser Fragenkomplexe, die zwischen Marktverträglichkeit, Kundenverhalten und Wirtschaftlichkeit hin und her pendelte, waren bedeutende Punkte aller zukünftigen Fahrplanbesprechungen. Sie ist im Detail nachzuvollziehen, würde aber den Rahmen dieser Abhandlung bei weitem sprengen.

Auf der Linie 1 zwischen Köln und Hamburg hatte sich bereits jetzt an den Wochenenden gezeigt, daß die Bundeswehrurlauber in zunehmendem Umfang auf die planmäßigen IC übergingen und immer weniger die ihnen angebotenen besonderen Wochenendschnellzüge annahmen, obwohl diese eher auf ihre Garnisonen und Heimatorte orientiert waren. Es war daher bei bestimmten IC zu unerträglichen Überfüllungen gekommen, was dringend einer Lösung bedurfte. Da aber die ad hoc gewählte Lösung der Führung von Entlastungszügen aus allen möglichen Wagengarnituren nicht befriedigte, weil durch den noch weitergehenden Leistungsabfall ja nicht nur die Bundeswehrurlauber, sondern vor allem die Normalreisenden getroffen wurden, die sich nicht durch das „Recht des Stärkeren" Plätze sichern konnten, war es erforderlich, in die Kursbücher aufzunehmende Entlastungs-IC als Regelzüge zu den entlastungsbedürftigen IC einzuführen, die aber nur dann eine wirksame Entlastung bringen konnten, wenn sie fahrplanmäßig so konstruiert waren, daß sie mit IC-Ausrüstungen gefahren und von den Regel-IC unterwegs nicht überholt wurden. Außerdem war eine Bewirtschaftung erforderlich. Unter diesem Gesichtspunkt wurden für den Sommerabschnitt 1980 folgende neuen IC-Zugleistungen — südwärts jeweils freitags, nordwärts jeweils sonntags — vorgesehen:

IC 1506/1509 „Albatros"	Köln — Wuppertal — Dortmund — Hamburg, IC 1509 ab Münster über Gelsenkirchen — Essen — Düsseldorf,
IC 1508/1534 „Seestern"	Koblenz — Köln — Essen — Dortmund — Hamm — Hamburg, IC 1534 über Recklinghausen — Essen nur bis Köln,
IC 1514/1632 „Seemöwe"	Köln — Essen — Recklinghausen — Hamburg, IC 1632 über Dortmund — Essen und bis Koblenz (ab Bonn als D),
IC 1516 „Seelöwe"	Köln — Essen — Dortmund — Hamburg,
IC 1610/1530 „Seeschwalbe"	Köln — Essen — Dortmund — Hamburg, IC 1530 über Dortmund — Wuppertal,
IC 1612/1532 „Kormoran"	Köln — Essen — Recklinghausen — Hamburg,
IC 1616/1630 „Seeadler"	Koblenz — Köln — Essen — Recklinghausen — Hamburg-Altona — Neumünster — Flensburg, IC 1630 nur bis Köln.

Mit diesen sechs Zugpaaren und einem unpaarigen sonntags nordwärts fahrenden Zug hoffte man, das Bundeswehrproblem in den Griff zu bekommen. Daß dem so leider nicht war, zeigen die späteren Ausführungen. Dabei hatte der bereits im Vorjahr verkehrende IC 1516 seinen bisherigen Namen „Seeadler" in „Seelöwe" geändert.

Die beantragte Führung der IC auf den Abschnitten München — Kufstein/Salzburg mit Hg 160 km/h wurde abgelehnt, da dadurch ein Beimann erforderlich geworden, also zusätzliche Personalkosten entstanden wären. Andererseits wollte der Maschinendienst auf den Abschnitten Nürnberg — Würzburg, Würzburg — Fulda/Bebra und Frankfurt — Fulda nur mit einer Hg von 140 km/h fahren, da dadurch die Beimänner wegfallen und somit 38 Personalköpfe eingespart werden könnten. Dies wurde jedoch abgelehnt, da es den Vorstellungen der DB auf allgemeine Erhöhung der Höchstgeschwindigkeiten widersprach, so sehr die wirtschaftlichen Einsparungen bestachen und die eintretenden Fahrzeitverlängerungen minimal gewesen wären. Allerdings wurde beim Bundesminister für Verkehr ein Antrag auf Verzicht des Beimanns gemäß EBO § 45 bei Zügen zwischen 140 und 160 km/h gestellt. Bis zu seiner Entscheidung war zu prüfen, ob die bei Anwendung der Hg 140 km/h entstehenden längeren Fahrzeiten durch eine Kürzung der Aufenthaltszeiten ausgeglichen werden konnten. In diesem Fahrplanjahr kam es hier noch zu keinen Auswirkungen.

Andererseits waren die Trassen der neu in Betrieb gehenden Frankfurter S-Bahnlinien durch den IC-Verkehr teilweise gestört. Trotz des hier deutlichen und klaren Netzsystems der S-Bahn, vor allem in der Zusammenführung der einzelnen Strecken auf dem unterirdischen Abschnitt Frankfurt Hbf tief und Frankfurt Hauptwache wurde festgelegt, daß die IC-Trassen Vorrang haben; lediglich in vertretbaren Einzelfällen war eine geringfügige Anpassung möglich, die sich aber nicht auf die Netzfunktion insgesamt auswirken durfte. Die DSG wollte sogar ihr schon ohnehin der Kritik ausgesetztes Angebot in einzelnen Zügen noch weiter verschlechtern. Sie schlug dabei für einzelne Züge anstelle von ARm die ach so beliebten „Quick-Pic", für eingesetzte „Quick-Pic" sogar alleinige Minibarbewirtschaftung vor! Danach sollten fast alle noch verkehrenden innerdeutschen TEE „Quick-Pick" erhalten! Zum Glück kam es für die Reisenden nicht zur Realisierung dieses aus alleinigem „Wirtschaftlichkeitsdenken" orientierten Antrages; der HVB war das denn doch zu viel. Ebenso wurde die Aufgabe der Bewirtschaftung in den Entlastungs-IC der Linie 1 abgelehnt. Diese Züge bekamen ARD-Wagen gestellt.

Zwischenzeitlich hatte die UIC festgelegt, daß qualifizierte Züge zwischen bedeutenden Orten innerhalb Europas mit beiden Wagenklassen und bestimmten Minimalanforderungen bezüglich Ausstattung, Komfort, Reisegeschwindigkeit, Entfernung, Haltezeiten, Bewirtschaftung usw. als „Intercity" zu bezeichnen seien. Sie ersetzten jedoch nur teilweise die bereits früher geschaffenen „qualifizierten Züge 1. und 2. Klasse als Standardverbindungen", die mit den EUROFIMA-Wagen gemäß Beschluß der EFK Helsinki durchzuführen waren. Die FT Paris 1979 für den Jahresfahrplan 1980/81 übernahm diese UIC-Empfehlung und legte fest, daß bestimmte Zugverbindungen künftig international als IC einzustufen seien. Hierin konnten bisherige nationale Intercity-Züge, TEE-Züge oder aber auch qualifizierte Schnellzüge aufgehen.

Die DB kam damit erneut in eine prekäre Situation, denn die Definition dieser Züge sah ausdrücklich den Einsatz klimatisierter Wagen in beiden Wagenklassen sowie die volle Bewirtschaftung vor. Denn sie hatte ja keine Wagen 2. Klasse dieses Standards. Zwar waren nun endlich die ersten klimatisierten Großraumwagen 2. Klasse im Bau und standen vor der Auslieferung (Bpmz), jedoch reichten diese bei weitem nicht aus, die nun international als IC einzustufenden Züge damit auszurüsten; ganz zu schweigen von den aufgelaufenen Achskilometerschulden für die Leistungen fremder Verwaltungen bei den bisherigen qualifizierten Zügen aus EUROFIMA-Wagen. Jetzt erst wurde mit aller Eile ein Wagenbauprogramm für klimatisierte 2. Klassewagen in Gang gesetzt, nicht weil man in der Vorstandsetage der DB inzwischen anderen Sinnes für die armen 2. Klasse Reisenden geworden war, sondern weil allein schon der Zwang der internationalen Entwicklung und die auflaufenden Achskilometerschulden im kev-Ausgleich die DB dazu zwangen, solche Wagen in größerer Zahl einzusetzen, wollte sie nicht nach dem RIC horrende Summen als Ausgleichszahlungen an dritte Verwaltungen in bar entrichten. So rächte sich nun die verfehlte Wagenbaupolitik der letzten Jahre. Und was da schnell als Großraumwagen Bpmz auf die Beine gestellt wurde, erinnerte eher an das Innere eines Charter-Jets als an einen Eisenbahnwagen moderner Komfortstufe. Die armen Reisenden größerer Leibesfülle — die es in Deutschland nicht zu wenig geben soll — und diejenigen, die noch weit unter Gardemaß des Soldatenkönigs in ihrer Körpergröße blieben, wissen ein Lied von der Bequemlichkeit zu singen, in diesen Wagen über längere Zeit zu sitzen. Ein Charterflug nach Nairobi ist auch nicht strapaziöser, als in einem derartigen Wagen von Frankfurt nach Hamburg zu fahren. Aber es wurde die Werbetrommel für den großartigen Fortschritt in einem Umfang gerührt, daß es bald peinlich war und auf allen DB-Darbietungen präsentierte sich nun schnell dieser neue Wagen als das neueste, modernste, kreativste der „Bahn" — wie sich ja neuerdings die DB im Werbeslogan verkaufte.

Die FT Paris beschloß eine Anzahl bisheriger bei der DB gefahrener IC als internationale IC auf dem gesamten Laufweg zu führen. Dies waren IC 102/103 „Metropolitano", IC 116/117 „Nymphenburg", IC 120/121 „Blauer Enzian", IC 122/123 „van Beethoven", IC 132/133 „Merkur", IC 172/173 „Tiziano", sowie im allgemeinen alle in den Bereich der SBB verkehrenden IC. Ausgenommen hiervon waren lediglich IC 176/177 „Hispania", die nur zwischen Basel SBB und Hamburg-Altona als IC verkehrten, weil sie auf dem übrigen Lauf bis Genève die Wagen Port Bou führten, die über Genève hinaus unter der Bezeichnung „Hispania-Expreß" gefahren wurden. Dem Antrag der DB, auch IC 180/

181 „Karwendel" auf dem gesamten Zuglauf als IC zu führen, stimmten die ÖBB nicht zu, weil in ihrem Bereich die kommerziellen Voraussetzungen noch nicht erfüllt waren. Entsprechend dem Antrag der NS auf der EFK Edinburgh wurden unter dem Namen „Erasmus" anstelle der entfallenden TEE 26/27 die neuen IC 124/125 Innsbruck – Kufstein – München – weiter auf der Linie 2, jedoch über Mainz statt Wiesbaden – Köln – Amsterdam gefahren, wobei diese Züge im Bereich der ÖBB ebenfalls noch nicht als IC galten. Die Strecke Innsbruck – Amsterdam wurde im Sommer täglich, im Winter nur während der Saison befahren, ansonsten verkehrte das Zugpaar München – Amsterdam. IC 126/127 „Prinz Eugen" verkehrten statt auf der Linie 2 nach Hannover neu auf der Linie 4 über Würzburg nach Hannover und dann auf der Linie 3 als D-Zug nach Hamburg-Altona, so daß der neue Laufweg Wien-West – Hamburg-Altona unter den neuen Zugnummern IC 182/183 zustande kam. Bei den ÖBB fuhren diese Züge weiter nur als Ex. Die bisherigen Flügelzüge gleichen Namens IC 566/567 München – Nürnberg auf der Linie 4 entfielen, dafür verkehrten der neuen Zeitlage angepaßt unter dem Namen „Adler" die IC 662/663 zwischen München und Nürnberg auf der Linie 4. Wagen gingen keine mehr über, da der „Prinz Eugen" als reiner Blockzug ohne Kurswagen gefahren wurde. Die ehemaligen IC 128/129 „Saphir" verkehrten unter dem gleichen Namen, aber der neuen Nummer IC 148/149 mit DB-Park als durchgehende IC nur noch Köln – Bruxelles Midi und der auf der EFK Edinburgh in qualifizierte Schnellzüge beider Klassen abgewertete TEE „Molière" wurde nun als IC 130/131 mit dem gleichen Namen zwischen Köln und Paris Nord gefahren, allerdings nur zwischen Köln und Aachen als IC. IC 180/181 fuhren neu nach und von Bremen statt Hamburg und die ehemaligen IC 171 „Hans Holbein" Frankfurt – Basel SBB und IC 571 „Main-Kurier" Hannover – Frankfurt wurden zu einer durchgehenden Verbindung Hannover – Basel als IC 171 „Hans Holbein" zusammengeschlossen. Damit verkehrten nun im Bereich der DB insgesamt 44 internationale Intercity-Züge, davon jedoch 18 lediglich zwischen Basel SBB und Bahnhöfen im Bereich der DB.

Die Beschlüsse der FT Paris hatten zwangsläufig Auswirkungen auf das innerdeutsche IC-Netz, waren doch dadurch eine ganze Anzahl von Takten betroffen worden, die wieder ausgefüllt werden mußten. So verwundert es nicht, daß zwangsläufig dadurch eine nicht unbeträchtliche Zahl innerdeutscher IC umgelegt werden mußte; teilweise begründeten auch die Kupplungen zwischen den einzelnen Wagenparks bestimmte Änderungen. IC 514 „Werdenfels" begann neu statt in Garmisch erst in München auf der Linie 1 und erhielt den Namen „Kurpfalz"; dafür wurde in verkehrsgünstigerer Lage IC 613 „Gorch Fock" ab Garmisch gefahren. Er erhielt Kurswagen von Mittenwald. Im Gegenlauf wurden diese mit IC 515 befördert, der den Namen behielt und weiterhin nach Garmisch fuhr. Um München eine Frühverbindung mit Stuttgart zu geben, wurde IC 531 „Hölderlin" nach München zurückverlängert; er erhielt dabei die neue Zugnummer IC 616 und hatte eine wirkliche „frühe" Abfahrt in München mit 5.43 Uhr. IC 521 „Germania" bekam ab Braunschweig einen einstündigen späteren Takt. Bei dem Zugpaar IC 524/525 „Wetterstein" verkehrte IC 524 unter dem neuen Namen „Heinrich der Löwe" nun bis Braunschweig und IC 525 wurde „Stolzenfels" genannt. Bei beiden Zügen war die südliche Begrenzung jetzt München. Als Ersatz für die zwischen München und Garmisch ausfallenden Züge verkehrten neu IC 621 „Hans Sachs" und IC 624 „Meistersinger" unter dem neuen Namen „Wetterstein" Münster – Garmisch – Hannover.

IC 672/673 „Sachsenroß" wurden mit Halt in Darmstadt neu über die Main-Neckar-Bahn geleitet, wobei IC 672 bis Kiel verkehrte zur Wende auf IC 693 „Konsul". Dagegen wurde dessen Gegenzug auf Hamburg-Altona beschränkt. Das Zugpaar fuhr nun systemgerecht über Mannheim und die Riedbahn, so daß auch dort die Verknüpfung mit dem „Merkur" erfolgen konnte, der jetzt zwischen Mannheim und Karlsruhe in den Taktzeiten der Linie 3 die unmittelbare Strecke befuhr.

Zur Vermeidung einer Bedienungslücke zwischen dem Rheinland und Nürnberg von je vier Stunden, die sich durch die Verlegung des „Prinz Eugen" von der Linie 4/2 nach Hamburg ergaben, wurden IC 525/524 über Nürnberg – Augsburg gelegt, während die korrespondierenden IC 587/586 der Linie 4 auf der Linie 2 über Ingolstadt – Ansbach verkehrten. Im Zusammenhang mit den Veränderungen bei den IC 525/524 erhielt IC 526 den neuen Namen „Stolzenfels" und verkehrte nur noch bis Hannover. Auf der Linie 3 wurde bei Abfahrt in Frankfurt 5 Minuten vor der Taktzeit zur Verbesserung des Angebots IC 101 „Breisgau" mit Halt in Darmstadt über Main-Neckar-Bahn nach Mannheim gefahren.

Auf der Linie 4 entfielen IC 681/682, die durch den neuen „Prinz Eugen" ersetzt wurden. Dafür mußten IC 181/182 nach Bremen statt nach Hamburg gefahren werden; es war jedoch wegen zahlreicher Bundeswehrurlauber sonntags als Neuleistung ein D 1780 Hannover – Hamburg-Altona erforderlich.

Was gab es noch an weiteren Änderungen? Wegen schwacher Besetzung entfiel IC 590 „Schwaben-Kurier", sein Gegenlauf blieb aber im Zusammenhang mit der Rückverlängerung des IC 531 ab München bestehen. Im Zusammenhang mit dem neuen IC „Erasmus" wurde in den bisherigen Fahrlagen IC 521 „Germania" und IC 126 „Prinz Eugen" das neue Zugpaar IC 548/549 „Porta Westfalica" zwischen Hannover und Köln gefahren. Als Folge der Beschränkung des Laufweges der IC 129/128 „Saphir" ab und bis Köln wurden in deren ehemaligen Trassen IC 540 „Westfalen" bis Frankfurt und IC 547 „Niedersachsen" ab Frankfurt verlängert, wobei IC 540 über Mainz, IC 547 über Wiesbaden verkehrten.

Der von der DB zur FT Paris gestellte Antrag, D 229/228 „Johann Strauß" in eine IC-Verbindung umzuwandeln und dafür IC 563/560 „Präsident" zwischen Frankfurt und Nürnberg ausfallen zu lassen, wurde von den ÖBB abgelehnt, so daß hier zunächst alles beim Alten blieb. Auch Anträge auf Verlängerungen von IC nach Freiburg, Oldenburg, Wilhelmshaven, Bremerhaven, Kaiserslautern, Bad Harzburg verfielen der Ablehnung. Ebenso zahlreiche Anträge auf neue Halte. Lediglich Oberhausen wurde in die neuen Holland-IC als Haltebahnhof aufgenommen. Im Zusammenhang mit den Bundeswehr-IC wurden einige Namen geändert. So erhielten IC 630/631 „Seestern" den neuen Namen „Graf Luckner", IC 683 „Seeteufel" den Namen „Nordwind" und die neue Zugnummer IC 681; IC 684 „Linderhof" wurde auf die Linie 2 in Würzburg nach München getauscht. IC 628 fuhr in um einen Takt späterer Zeitlage bereits ab Nürnberg und schließlich bekamen noch neue Namen IC 584 mit „Jakob Fugger", IC 585 mit „Albrecht Dürer", IC 620 mit „Toller Bomberg" und IC 687 mit „Amalienhof".

Der Winterabschnitt brachte aufgrund des weiter gestiegenen Bundeswehrurlauberverkehrs hier nochmalig Erweiterungen. Neben Änderungen der Laufwege mußten sogar noch weitere Züge eingelegt werden, da nun auch auf der Linie 2 zwischen Köln und Hannover die bekannten Überbesetzungen eintraten. So wurden neu jeweils an den bekannten Wochenendtagen eingeführt:

IC 1520/1540	„Wittekind"	Köln — Hagen — Hamm — Hannover — Hamburg, zwischen Hannover und Hamburg als D, IC 1540 von Wuppertal nach Düsseldorf statt Köln,
IC 1542/1624	„Weserbergland"	Hannover — Dortmund — Essen — Köln-Deutz; IC 1624 ab Köln Hbf,
IC 1629/1524	„Hohensyburg"	Hannover — Dortmund — Wuppertal — Köln-Deutz; IC 1524 ab Köln Hbf.

Auf der Linie 1 verkehrten IC 1516 nach Flensburg, IC 1532 ab Kiel und IC 1612 bis Kiel. Die IC 573/572 „Anselm Feuerbach" bekamen im Zusammenhang mit dem Ausfall der TEE 90/91 den Namen „Roland", der damit wieder auf seine traditionelle Strecke Bremen — Basel zurückkehrte.

Schließlich wurde zum Herbst 1980 der 57,4 km lange Abschnitt der Linie 2 zwischen Brackwede und Hamm (Westf) als vierter Abschnitt im Netz der DB für 200 km/h Hg zugelassen; die fahrplanmäßige Verwertung erfolgte aber erst zum Jahresfahrplan 1981/82.

Da bekanntermaßen nichts so beständig ist wie der Wechsel, ergaben sich für den Jahresfahrplan 1981/82 wieder umfangreiche Änderungen. Dies war einmal dadurch begründet, daß in diesem Jahr wieder eine EFK, diesmal in den Haag, stattfand und auf dieser erfahrungsgemäß eine größere Änderung der internationalen Fahrpläne erforderlich wird, zum anderen ab 31.5.1982 zwei weitere Abschnitte im Netz der DB für 200 km/h befahrbar wurden und zwar der 18,6 km lange Abschnitt Lengerich (Westf) — Sudmühle auf der Linie 1 und der 5,7 km lange Abschnitt Mertingen — Donauwörth auf der Linie 4. Nachdem nun auch die bereits ab Herbst 1980 mit 200 km/h befahrbare Strecke Brackwede — Hamm auf der Linie 2 voll in den Fahrplanelementen eingearbeitet wurde, standen somit nunmehr im Bereich der DB auf sieben Abschnitten insgesamt 258,8 Streckenkilometer zur Verfügung, auf denen 200 km/h Höchstgeschwindigkeit nicht nur zugelassen, sondern auch ausgefahren wurden. Dies bedeutete eine Änderung der IC-Musterfahrpläne, da man ja die Verbesserungen in der Höchstgeschwindigkeit auch den Reisenden zugute kommen lassen wollte. Da die Taktzeiten der wichtigen Verknüpfungspunkte Köln und Mannheim unverändert bleiben mußten, legte man die gewonnenen Fahrzeitverbesserungen auf spätere Abfahrten bzw. frühere Ankünfte an den Endpunkten, soweit sie auf einzelnen Abschnitten nicht dazu benötigt wurden, fehlende Regel- oder Sonderzuschläge zum pünktlichen Verkehren der Züge einzubauen. Da zudem das Intercitynetz der DB durch seine gegenseitigen Verknüpfungen und Linientausche so eng miteinander vermascht ist, daß sich die Änderung nur eines Linientausches oder einer Taktzeit auf alle anschließenden Züge in den Verknüpfungsknoten auswirkt, müssen dann zwangsläufig zahlreiche Züge mit umgelegt werden. Außerdem hatte die DB nun über zwei Sommerperioden und eine Winterperiode Erfahrungen mit ihrem 1979 eingeführten Angebot „Intercity 79" gewonnen, so daß sich zwangsläufig hieraus auch Konsequenzen ableiten mußten.

Die Personenverkehrsentwicklung der DB war 1980 zufriedenstellend verlaufen. Im gesamten SPFV wurden nicht nur die Einnahmen des Vorjahres übertroffen — allerdings wohl mit eine Folge der Tariferhöhungen —, auch die Beförderungsmengen übertrafen die Vorjahreswerte nicht unerheblich. Während bei den Beförderungsmengen eine Zunahme von etwa 20% zu verzeichnen war, nahmen die Personenkilometerleistungen um fast 3% zu. Dennoch war es für die Unternehmensleitung der DB nach wie vor aufgrund der sich immer mehr verschärfenden Finanzlage der Unternehmens von entscheidender Bedeutung, nicht nur die Entwicklungstendenzen auf dem Personenverkehrsmarkt laufend zu verfolgen und das Angebot an die Nachfrage anzupassen, sondern vor allem durch nachfragegerechte Leistungsangebote auf der einen Seite eine Steigerung der Erträge zu erreichen, auf der anderen Seite aber den Produktionsaufwand laufend weiter zu senken. Gerade die Schere Kosten — Erträge in ein günstigeres Verhältnis zu bringen, war daher ein Hauptziel der Personenverkehrsplanung. Dies entsprach auch dem Unternehmensziel, das in dem bekannten Vorgabekatalog der DB festgelegt war, nämlich „die nachhaltige Sicherung der Zukunft der DB als Verkehrsunternehmen bei Begrenzung der Bundesleistungen auf ein gesamtwirtschaftlich vertretbares Maß durch Stabilisierung und Verbesserung des Wirtschaftsergebnisses". Und um diese Unternehmensziele in den wichtigen Kernbereichen Absatz (= Verkauf, Leistungserstellung) und Produktion (= Leistungsangebot, Betriebsdurchführung) durchzusetzen, hatte der Vorstand der DB schon 1979 einen „Generalbevollmächtigten für Absatz und Produktion" eingesetzt, der zwischen den eigentlichen Vorstandsmitgliedern mit ihren von ihnen verantwortlich geführten Vorstandsbereichen und den Fachbereichsleitern der einzelnen Fachbereiche stand.

Für das Fahrplanjahr 1980/81 waren als Vorgaben für die Planung auf der Quantitätsseite Ausbau der Marktanteile des SPFV und insbesondere Ausschöpfung der Marktchancen im IC- und Autoreisezugverkehr, auf der Qualitätsseite kürzere Reisezeiten, mehr Service und Komfort (!) und eine quantitative Sicherstellung des Leistungsbildes „IC-Verkehr" vorgegeben worden. Dies waren sehr schöne wohlgesetzt klingende Worte. Wie sollten diese denn nun realitätsbezogen verwirklicht werden? Beschränken wir uns hier auf die für den IC-Verkehr maßgebenden Vorgaben.

Dieser war aufgrund der seit 1979 gewonnenen Erkenntnisse nach allen möglichen Kriterien zu durchleuchten je Linie, Zugzahlen, Leistungen an den Wochentagen und zum Wochenende, Überprüfung der auf den An- und Auslaufstrecken zu leistenden Zugkilometer im Verhältnis zu ihrem Nutzen, Überprüfung der Verspätungsanfälligkeit der IC-Züge und Ausnutzung der auf den Verknüpfungsbahnhöfen bereitgestellten Knotenpunktreserven, Anpassung des Platzangebots in beiden Wagenklassen an das Verkehrsaufkommen, Überprüfung der Taktdichte und der Struktur der Züge einschließlich der Grundsatzfrage über das weitere Schicksal der TEE und des Ausbaus internationaler IC-Verbindungen. Daraus war schon zu erkennen, daß auf die Planung für diesen neuen Fahrplan erhebliche Aufgaben hinzukamen, die innerhalb eines relativ kurzen Zeitraums zwischen August und Dezember gelöst werden mußten.

Nun, bevor man in die EFK ging, mußten bundesbahnseitig zunächst Grundsatzfragen des eigenen Netzes geklärt werden. Man wollte ja auch nicht noch einmal eine EFK in der Atmosphäre von Edinburgh, bei der ja die DB ihre Ansichten rigoros durchgeboxt hatte, um das System „Intercity 79" überhaupt in der vorgesehenen Form durchführen zu können. Inzwischen hatte sich ja die Konzeption der DB als gut und verkehrsfördernd herausgestellt,und die ausländischen Verwaltungen waren diesem System keinesfalls mehr so abgeneigt. Im Gegenteil, durch den UIC-Beschluß über die Einführung internationaler IC-Züge war hier der Weg für weitere kooperative Abstimmungen frei geworden, und die Ergebnisse der FT 1979 Paris ermutigten ja auch in dieser Richtung für die Zukunft, wenn es auch für den TEE-Verkehr nicht mehr rosig aussah. Hinzu kam, daß zumindest mit den ÖBB und SBB zwei weitere Verwaltungen an größeren Taktsystemen arbeiteten, die nun mit dem deutschen Netz aufeinander abgestimmt werden mußten. Insoweit war also von vornherein eine weitgehende Kooperation gegeben.

Bei der DB wurde zunächst einmal eine fünfte IC-Linie diskutiert, die als Linie 5 von Göttingen nach Karlsruhe über Kassel — die Main-Weser-Bahn — Frankfurt — die Main-Neckar-Bahn — Heidelberg führen sollte. Hierbei sollte vor allem die durch Einführung von IC 79 um über 13 ooo Zugkilometer geschwächte Relation Kassel — Frankfurt, die wie bereits ausgeführt, in den absoluten Verkehrsschatten gekommen war, aufgewertet werden. An ihr lagen neben der Großstadt Kassel ja auch die bedeutenden Mittelzentren Marburg und Lahn (wie damals der zwangsweise erfolgte und inzwischen wieder rückgängig gemachte Zusammenschluß von Gießen und Wetzlar hieß), die neben ihrer Funktion als Universitätstädte vor allem in Lahn ein nicht zu unterschätzendes Wirtschaftspotential hatten.

Ebenso war auch die Main-Neckar-Bahn mit den Großstädten Darmstadt und Heidelberg in der Realisierung von IC 79 im Süd-Nord-Verkehr schlecht weggekommen. Heidelberg war nur durch Umsteigen von der Linie 3 in Mannheim auf die Linie 1 erreichbar, andererseits aber bestand in Mannheim aus Taktgründen keine Umsteigemöglichkeit von Heidelberg von der Linie 1 nach Süden auf die Linie 3 und umgekehrt, wofür aber ebenfalls ein akutes Verkehrsbedürfnis besteht. Bei Anwendung einer Grundlast von 400 t und einer Hg von 140 km/h, die auch die Bespannung mit den Baureihen E 110 oder E 111 zugelassen hätte, wären in Göttingen bahnsteiggleich Anschlüsse aus und zu den Linien 3 und 4 möglich gewesen, in Frankfurt wäre die Linie 2 in beiden Richtungen erreicht worden und in Karlsruhe bestanden wieder Anschlüsse bahnsteiggleich an bzw von der Linie 3. Mit vorgesehenen Halten in Kassel, Marburg, Gießen, Frankfurt, Darmstadt und Heidelberg wäre die Linie 5 Göttingen – Karlsruhe eine „Universitätsstadtlinie" geworden. Zwar wäre durch die längere Fahrzeit und das zweimalige Kopfmachen in Kassel und Frankfurt in Karlsruhe oder Göttingen jeweils ein Takt später erreicht worden, dieser Nachteil wäre aber ohne Zweifel durch die Anbindung eines wirklich aufkommensstarken Verkehrsraumes aufgewogen worden. Zunächst sollte hier nach dem Planungsvorschlag nicht im Stundentakt gefahren werden, sondern bei täglichem Verkehren ein Zweistundentakt mit sechs Zügen in jeder Richtung eingerichtet werden. Durch Einsparung von vorhandenen Zugleistungen hätte der aufzuwendende Zugkilometeraufwand von 34 000 km/Woche um 17 700 km/Woche auf 16 300 Zugkm/Woche vermindert werden können, ein sicher relativ geringer Aufwand im Verhältnis zum erzielbaren Nutzen und der Auswirkungen positiver Art auf das Gesamtnetz. So interessant dieser von der BD Karlsruhe eingebrachte Vorschlag auch war und so sehr er positiv begrüßt wurde, konnte er doch nicht realisiert werden, da keine Wagen in IC-Qualität zur Verfügung standen. Also ließ hier wieder einmal die schon so häufig angesprochene Wagenfrage, die leider immer wieder angeschnitten werden muß, ein positives Projekt scheitern. Nach neuestem on dit soll jedoch nach Anlieferung der im Bau befindlichen Bpmz, die die Wagenlage ja entspannen werden, diese Frage wieder an Aktualität gewonnen haben. Lassen wir uns für die Zukunft überraschen, ob es doch noch einmal zu einer IC-Linie 5 kommt.

Aufgrund des im vergangenen Jahres gestellten Antrags auf Erteilung einer Ausnahmegenehmigung zu § 45 EBO, bei Zügen von mehr als 140 km/h bis zu 160 km/h auf den Beimann zu verzichten, wurde ein Betriebsversuch auf der Strecke Nürnberg – Augsburg – München durchgeführt. Diese Züge wurden ohne Beimann gefahren, wobei die Züge der Linie 4 und die liniengetauschten Züge der Linie 2 in den Versuch einbezogen wurden. In den Versuch waren aber nur Züge einzubeziehen, bei denen dies fahrplantechnisch möglich war; die in der Versuchstrecke liegenden 200 km/h-Abschnitte durften nicht mit mehr als 14o km/h befahren werden, wenn Linienleiter und Zugbahnfunk nicht einwandfrei arbeiteten. Bei den in den Versuch einbezogenen Zügen wurde die Taktzeit in München Hbf bei der Ankunft in den Musterfahrplänen auf 45 (bisher 42,8) und bei der Abfahrt auf 13 (bisher 15) vorgesehen.

Was änderte sich nun konkret aufgrund der Beschlüsse der EFK den Haag und der DB-internen Planungen im IC-Netz zum Jahresfahrplan 1980/81? Unter Berücksichtigung der vom Betriebsausschuß der UIC eingeleiteten Aktivitäten zum Aufbau eines internationalen IC-Netzes wurden zwei weitere internationale Intercity-Verbindungen geschaffen, die beide außerhalb der Einstundentrassen des deutschen Binnensystems lagen und die aus bisherigen Schnellzugverbindungen hervorgingen.

Es waren die IC 152/153 Frankfurt – Mannheim – Saarbrücken – Metz – Paris Est und IC 136/137 Köln – Aachen – Paris Nord. Beide Züge blieben namenlos. Bei den schon existierenden internationalen Intercity-Verbindungen wurde IC 130/131 „Molière" auf den Laufweg Paris – Dortmund über Essen verlängert und durch Einführung des britischen „Jetfoil-Systems" auf dem Kanal wurden IC 148/149 „Saphir" nach Oostende Kaai mit unmittelbarem Schiffsanschluß nach und von der britischen Insel verlängert. Damit entstand eine um zweieinhalb Stunden schnellere Verbindung zwischen Köln und London, als es die bisher schnellste Relation bot.

Bei den im IC-79-System eingebundenen, in das Ausland verkehrenden IC verblieb es nach Zugzahl und Zielbahnhöfen bei dem bestehenden Stand von 31 Zügen. IC 178/179 „Helvetia" der Linie 3 liefen anstelle eines bisherigen Apm mit der gesamten Zuggarnitur bis Zürich durch. Dadurch mußte aber IC 179 auf den Laufweg Hamburg-Altona statt bisher Westerland beschränkt werden, um die Wagenwenden durchzuführen. Auf der Linie 2 erhielt der IC 120 „Blauer Enzian" eine ab Klagenfurt wesentlich günstigere Abfahrzeit und verkehrte drei Takte später im Trassentausch mit der Linie 4 über Augsburg – Nürnberg. Sein Laufweg mußte dadurch auf Dortmund beschränkt werden; er erhielt zusätzlich die bisherigen Kurswagen Graz – Dortmund aus D 210, die in Bischofshofen beigestellt wurden. Die bisher bestehenden Systemabweichungen des IC 125/124 „Erasmus" konnten endlich beseitigt werden, und durch günstigere Übergabezeiten seitens der ÖBB war die Führung über die Linie 4 bis Würzburg und systemgerecht über Wiesbaden auf der Linie 2 möglich. Damit kamen die Züge so nach Würzburg, daß sie dem Blockzugsystem wieder voll gerecht wurden und sich bei den korrespondierenden Zügen die beiden Klassen wieder gegenüberstehen. IC 181 wurde ab Garmisch D-Zug.

Bei den innerdeutschen IC ergaben sich durch die Änderungen bei den internationalen IC Austausche von Trassenlagen, um die einzelnen Takte wieder abdecken zu können. IC 125 verdrängte in seiner neuen Lage auf dem Abschnitt Würzburg – Nürnberg – München den IC 585 „Albrecht Dürer". Er wurde über Ingolstadt umgelegt und erhielt den neuen Namen „Ernst Barlach". IC 124 verdrängte den nur zwischen München und Nürnberg laufenden IC 662 „Adler", der ja eigentlich nur wegen des außerhalb der Taktzeit bisher verkehrenden IC 124 erforderlich war. Er entfiel, ebenso wie sein Gegenzug IC 663. Um die bisher hier an IC 183/182 „Prinz Eugen" bestehenden Bindungen aufrecht zu erhalten, wurde von der Linie 2 IC 521 „Germania" über Nürnberg geführt. Dadurch wären nun fünf aufeinanderfolgende Takte der Linie 2 über Nürnberg gelaufen. Um dies zu vermeiden, tauschten IC 525 „Stolzenfels" der Linie 2 und IC 587 „Ernst Barlach" der Linie 4 ihre Laufwege zwischen Würzburg und München. Da IC 587 nunmehr über Nürnberg verkehrte, erhielt er den neuen Namen „Albrecht Dürer".

Im Zusammenhang mit der neuen Fahrlage des IC 120 mußte auf der Linie 2 IC 620, der als „Toller Bomberg" nach Münster lief, in der bisherigen Lage des IC 120 über die Linie 2, aber über Essen, nach Hannover geleitet werden. Er erhielt den neuen Namen „Dompfeil". IC 512 als entsprechender Takt der Linie 1, der bisher diesen Namen trug, verkehrte unter dem Namen „Toller Bomberg" nach Münster und wendete dort auf IC 513, der den gleichen Namen erhielt und ebenfalls über Essen geleitet wurde. Zum Ausgleich wurde der bisher ab Münster verkehrende IC 621 auf Dortmund beschränkt und über Wuppertal geführt. An der Namensgebung „Wetterstein" änderte sich hier nichts.

Da IC 179 nach Zürich verkehrte, mußte aus Umlaufgründen der bisherige Lauf ab Westerland entfallen. Als Ersatz wurden von der Linie 3 IC 578/579 „Diplomat" über Hamburg-Altona hinaus bis und ab Westerland verlängert, und IC 670 „Kommodore" endete in Hamburg-Altona. Die seitherigen Kurswagen Saarbrücken – Westerland wurden auf IC 578/579 übernommen. Aus Umlaufgründen mit den vorstehenden Änderungen war es erforderlich, den einen Takt früher auf der Linie 1 verkehrenden IC 630 „Graf Luckner" unter dem Namen „Karolinger" bis Aachen zu führen. Dafür wurde IC 632, der bisher diesen Namen geführt hatte, auf Köln beschränkt und erhielt den Namen „Graf Luckner".

IC 515 „Werdenfels" war auf der Linie 1 nach einer Dreistundenlücke der erste IC auf dem Direktweg Ruhr – Stuttgart. Er war ständig überbesetzt, konnte aber wegen der gegebenen Beschränkungen der Wagenzuglänge nicht weiter verstärkt werden. Er wurde daher auf München als Ziel beschränkt und erhielt den neuen Namen „Senator". Dafür wurde der einen Takt später verkehrende IC 517 „Senator" nach Garmisch verlängert und erhielt den Namen „Werdenfels". In diesem Zusammenhang wurde auch eine Neuverteilung der Trassenführungen Ruhr/Wupper der Linien 1 und 2 vorgenommen. IC 513 und IC 521 verkehrten neu über Essen statt über Wuppertal, dagegen fuhren IC 515 und 521 über die Wupper statt über die Ruhr. Aus Umlaufgründen mußte auf der Linie 2 IC 525 bereits ab Braunschweig verkehren, während IC 521 auf Hannover beschränkt wurde. In diesen Fällen änderte sich an den Namen nichts.

Zur Schaffung einer hochwertigen Frühverbindung wurde IC 133 „Merkur", wie schon seit zwei Jahren von der BD Karlsruhe beantragt, nunmehr bereits ab Freiburg gefahren. Um in Karlsruhe den Übergang auf IC 593 „Baden-Kurier" herstellen zu können, verkehrte er außerhalb der Taktzeiten etwas früher. Der längere Aufenthalt in Karlsruhe wurde dazu genutzt, den Hauptteil des Zuges beizustellen, der nicht aus IC 134 des Vortages nach Freiburg überführt wurde. Zur Entlastung des an Sonntagen häufig überbesetzten IC 572 „Roland" verkehrte an diesen Tagen neu IC 1572 „Kranich" von Karlsruhe nach Hamburg Hbf, der jedoch über Heidelberg und die Main-Neckar-Bahn nach Frankfurt geführt wurde. Der bisher als einziger IC der Linie 3 nicht in Fulda haltende IC 670 „Kommodore" konnte nunmehr diesen Halt bekommen, der bisher wegen der in Mannheim beizustellenden Kurswagen Saarbrücken – Westerland aus Fahrzeitgründen nicht möglich gewesen war. IC 550/551 „Veit Stoß" wurden auf dem Abschnitt Fulda – Kassel als Schnellzüge gefahren und erhielten Halte in Bad Hersfeld. Wegen der schwachen Besetzung verkehrte IC 685 „Jakob Fugger" nur noch montags bis freitags nach Bremerhaven-Lehe; an den übrigen Tagen blieb der Zug auf Bremen beschränkt. Und schließlich wurde auch IC 100 „Breisgau" über Darmstadt geleitet, nachdem bereits im vorhergehenden Winterabschnitt IC 101 diesen Weg erhalten hatte.

Beschwerden gab es über den „Metropolitano", da die FS sehr häufig die auf der EFK vereinbarten

Zugbildungen nicht einhielten und statt der zu stellenden klimatisierten EUROFIMA-Wagen nur für 140 km/h lauffähige sonstige RIC-Wagen einstellten. Es trat also hier der gleiche Zustand wie seinerzeit nach 1957 beim TEE „Mediolanum" ein. Die DB wies aufgrund des UIC-Merkblattes über internationale IC-Züge die FS mehrfach auf die Einhaltung der Bestimmungen hin; andererseits bereitete die Zugförderung dieses Zuges mit 140 km/h wegen der im Fahrplan enthaltenen Zuschläge auf DB-Strecken keine Schwierigkeiten, so daß in Mannheim die Anschlußbindung gehalten werden konnte.

Durch die vorstehend dargestellten Änderungen wurden im Prinzip weder die Zahl der Züge im Binnenverkehr verändert, noch die Bedienung von Orten inner- oder außerhalb des Stammnetzes eingeschränkt, sondern lediglich Trassenaustausche vorgenommen, allerdings mit zwei Ausnahmen:

a) Die nicht mehr fahrbaren IC 662/663 „Adler" wurden nicht auf die entsprechenden Takte im Abschnitt München – Ingolstadt – Würzburg umgelegt, sondern entfielen ersatzlos. Dadurch war auf der Strecke München – Ingolstadt – Würzburg im Zusammenhang mit dem „Erasmus" der Takt in beiden Richtungen einmal unterbrochen. Man nahm dies hin, da für die Reisenden die etwas länger dauernde Fahrmöglichkeit über die Linie 4 über Nürnberg bestand.

b) die bisherige Kurswagenführung München – Hamburg – Westerland im IC 588/589 „Max Planck" wurde durch die im Zusammenhang mit IC 179 getroffene Ersatzregelung sinnlos. In Parallellage zum bisherigen Kurswagenträger verkehrte nun neu IC 579 von Westerland her mit Umsteigemöglichkeit in Hannover auf IC 589. In der Gegenrichtung entstand um einen Takt später eine analoge Umsteigeverbindung von IC 688 auf IC 578, so daß im Prinzip das Angebot nicht verschlechtert worden war.

Alle anderen Anträge auf zusätzliche Führung von IC, Verlängerung auf Zu- oder Auslaufstrecken und Einrichtung weiterer Halte wurden abgelehnt. Bei den Halten entspann sich wieder ein erbittertes Ringen, dem die HVB in einzelnen, ihrer Ansicht nach begründeten oder besonders benachteiligten Fällen, stattgab. Wegen der von den ÖBB nicht akzeptierten früheren Lage des IC 182 „Prinz Eugen" auf der EFK-Vorkonferenz Kalmar und der neuen Lage des IC 124 „Erasmus" über Nürnberg kam es bedauerlicherweise zu einer Doppellage zweier IC im Blockabstand zwischen Nürnberg und Würzburg, was jedoch leider nicht zu verhindern war. Die Führung des „Erasmus" über Ingolstadt, wo zu diesem Takt keine Trasse abgedeckt war, hätte auf dem Gesamtlauf dieses Zuges wieder die Unpaarigkeit der Wagenklassen auf allen Korrespondenzknoten bedeutet, was auch nicht erstrebenswert war. So biß die DB in den sauren Apfel. Eine angestrebte spätere Abfahrt des IC 595 „Saar-Kurier" in Saarbrücken aus verkehrlichen Gründen wäre nur bei Anwendung einer Hg von 160 km/h zwischen Saarbrücken und Mannheim möglich gewesen. Wegen des dann einzusetzenden Beimannes wurde die Frage fallengelassen. Trotz der unzureichenden Besetzung von IC 626/627 „Walhalla" zwischen Nürnberg und Regensburg wurde für ein Jahr noch die versuchsweise Beibehaltung festgelegt. Eine Ausdehnung von IC der Linie 4 nach Oldenburg stand ebenfalls zur Debatte, jedoch wurde dies zwecks Prüfung der technischen Möglichkeiten zurückgestellt.

Der Bundeswehrurlauberverkehr auf den Linien 1 und 2 war noch immer nicht im „Griff". Er bereitete den Verantwortlichen der DB erhebliche Sorgen, kam es doch zu laufenden Beschwerden der übrigen Reisenden wegen des teilweise „ruppigen" Verhaltens der Wehrpflichtigen. Auch der Einsatz von Bundeswehrstreifen brachte keine durchgreifende Besserung. Außerdem waren nach wie vor bestimmte IC chronisch überbesetzt. So mußten bereits zum Sommerabschnitt folgende Änderungen bei den Wochenend-IC der Linien 1 und 2 durchgeführt werden (Züge in Süd- bzw. Westrichtung jeweils freitags, in der Gegenrichtung jeweils sonntags):

a) IC 1516 „Seelöwe"	über Hamburg-Altona hinaus verlängert bis Flensburg,
b) IC 1508 „Seestern"	beginnt aus Umlaufgründen erst in Köln,
c) IC 1524 „Hohensyburg"	wird über Hannover hinaus als D bis Hildesheim verlängert,
d) IC 1606 „Seewind"	neue Leistung Köln – Essen – Recklinghausen – Hamburg-Altona,
e) IC 1610 „Seeschwalbe"	wird über Altona hinaus bis Westerland für die nordfriesischen Garnisonen verlängert, ab Altona als D,
f) IC 1624 „Weserbergland"	wird über Hannover hinaus über Lehrte – Hildesheim – Elze als D bis Göttingen für die dortigen Garnisonen verlängert.

Diese Maßnahmen reichten aber immer noch nicht aus, so daß zum Winterabschnitt folgende Änderungen erforderlich wurden:

a) IC 1508 „Seestern"	beginnt wieder in Koblenz (Reisezeit 5.34, Reisegeschwindigkeit 101,5 km/h),
b) IC 1509 „Albatros"	wird bis Koblenz als IC verlängert (Reisezeit 5.17, Reisegeschwindigkeit 103,5 km/h),
c) IC 1542 „Weserbergland"	verkehrt statt nach Düsseldorf wieder nach Köln-Deutz tief (Reisezeit 3.10, Reisegeschwindigkeit 102,3 km/h).

Es fällt dem Chronisten nicht leicht, über das 60. Jahr eines Schienenschnellverkehrs in Deutschland in der bisher üblichen Form zu berichten, da die Zahl der Änderungen innerhalb des IC-Netzes so groß und umfangreich war, daß es für einen nicht an den Fahrplanarbeiten Beteiligten schwer fällt, die einzelnen Sachzusammenhänge klar und deutlich zu erkennen. Das IC-Netz als wichtigster Träger des SPFV der DB hatte zwischenzeitlich einen solchen Stellenwert und Umfang eingenommen, daß die hier nunmehr durchzuführenden Änderungen eine Größenordnung erreichten, wie sie früher für den gesamten Personenfahrplan des Fernverkehrs üblich war. Neben einer im Juni in Lüneburg tagenden Vorkonferenz zur FT 1981 Paris, dieser selbst im September, hatte die DB in drei Planungsbesprechungen und mehreren Gruppenverhandlungen diesen Fahrplan bearbeitet, was sich alles bis Dezember 1981 hinzog, wo Anträge, Gegenanträge, Teilbearbeitungen, Zurückverweisungen, endgültige Beschlußfassungen so das Bild verzerrten, daß es schwer wird, hier noch klar durchzublicken, warum welche Entscheidung so getroffen wurde und welche Konsequenzen sie bezüglich der Taktzeiten der Linienabdeckungen oder der Anschlußbindungen in den Verknüpfungsknoten hatte. Der Leser möge daher verzeihen, wenn das bisher übliche Bild verlassen und versucht wird, zumindest die tatsächlich gegenüber dem Vorjahr eingetretenen Änderungen aufzuzeigen, so umfangreich sie auch sind, da auch die amtlichen Verlautbarungen über den Jahresfahrplan 1982/83 wie die dem Kursbuch – Gesamtausgabe – beigegebene „Vorausschau auf die wichtigsten Änderungen" nicht alles klären.

Die Altbau-Elloks der Reihen 144/145 besorgten bis zum Ende des Winterfahrplans 1982/83 die Überführung der IC-Leergarnituren von München Hbf nach Pasing-West. *Aufn.: St. Lüdecke*

111 058 vor IC „Johann Strauß" bei Preßbaum in Österreich. *Aufnahme: Zronek*

Eines ist jedenfalls klar, der Bundesbahn ging und geht es schlecht, so schlecht wie seit langem nicht mehr. Hier spielen Fragen der allgemeinen Bonner Verkehrspolitik ebenso hinein wie die Haushaltsmisere des Eigentümers Bund, und wo es zu sparen galt, war Einschränkung, Rationalisierung im Negativsinne, Leistungsminderung unausweichlich, wenn auch die DB selbst versuchte, trotz enormer Zinslast und Verschuldung bei gleichzeitiger Kürzung der Bonner Haushaltsansätze, aber weiter steigender Personal- und Sachkosten ihr Topangebot im SPFV, das Intercity-Netz so wenig wie möglich zu beschneiden. Der Generalbevollmächtigte des Vorstandes der DB für Absatz und Produktion, Dipl. Ing. Scotland, hatte Recht, wenn er feststellte, daß es der DB nicht mehr so schlecht gegangen sei wie im Augenblick. Und diese Aussage wurde gemacht vor dem Hintergrund einer politischen Entscheidung der Änderung des Bundesbahngesetzes mit dem Ziel, einen neuen Vorstand in die leitenden Positionen der DB zu bringen, eine Revirement also, wie es die DB in ihrer kontinuierlichen Entwicklung nach dem Zweiten Weltkrieg noch nicht durchgemacht hatte.

Zwar hatte die DB im SPFV 7,5 % Einnahmen mehr erwirtschaftet, als die Ansätze des Haushaltsplanes vorsahen, dies aber nur aufgrund dreier kurz nacheinander folgender, nicht unbeträchtlicher Tariferhöhungen, die die Belastbarkeit des Marktes an die oberste Grenze des Vertretbaren gebracht hatten; andererseits mußten aber bei steigenden Preisen für Personalkosten und Sachleistungen die Investitionsmittel aufgrund der verminderten Bundeszuschüsse so drastisch gekürzt werden, daß die erforderlichen Neuinvestitionen aufgrund der natürlichen Abgänge nicht mehr gedeckt werden konnten. So war es nur verständlich, wenn Sparsamkeit und Wirtschaftlichkeit oberste Ziele der neuen Produktionsplanung waren, die vor Marktverträglichkeit und Absatzchancen gingen.

Eine Marktvernachlässigung andererseits war aber nicht möglich, wollte man nicht auf Dauer Marktanteile verlieren, die nicht mehr wiederzuholen wären, denn auch die Konkurrenz, die ebenfalls unter der allgemeinen weltwirtschaftlichen Konjunkturflaute litt, schlief nicht und wartete nur darauf, auch nur den kleinsten Marktanteil übernehmen zu können. Nur unter diesen Gesichtspunkten sind viele der zu treffenden Entscheidungen zu verstehen.

Da EBO § 45 bezüglich der Frage der Beimänner noch keine Änderung gebracht hatte, wurde versucht, hier durch Herabsetzung auf eine Hg von 140 km/h zu erheblichen Personaleinsparungen zu kommen. Es wurde dabei ermittelt, daß auf den Strecken ohne Linienzugbeeinflussung außerhalb der IC-Verknüpfungspunkte erhebliche Personaleinsparungen möglich wären. Es handelte sich dabei um die Streckenabschnitte Bremen — Hannover, Bremen — Osnabrück, Münster — Dortmund, Mannheim — Basel, Mannheim — Stuttgart, Ulm — Augsburg und Würzburg — Ingolstadt — München. Unter Prüfung aller betrieblichen und verkehrlichen Aspekte kam man dann zu einer Entscheidung, daß eine Hg von 140 km/h nur auf den Abschnitten Münster — Dortmund und Mannheim — Ulm vertretbar ist. Hier wurde aus wirtschaftlichen Zwängen diese neue Hg der Fahrplanbearbeitung zugrunde gelegt. Während also alle europäischen Bahnen sich bemühten, zu Fahrzeitkürzungen und einer Steigerung der Höchstgeschwindigkeiten zu kommen, mußte die DB aus wirtschaftlichen Gründen, die nicht sie, sondern ihr Eigentümer Bund zu vertreten hatte, die Geschwindigkeiten senken. Sie fiel damit auf einen Stand der Jahre Mitte 1950 zurück! Nur kundenorientierte oder betrieblich bedingte Zwangspunkte des gesamten IC-Netzes verhinderten, daß auf weiteren großen Abschnitten des Netzes die Hg von 160 auf 140 km/h heruntergesetzt wurde. Andererseits war es möglich, auf der Linie 1 zwischen Osnabrück und Bremen auf weiteren zwei Abschnitten von 23,9 km Länge die Höchstgeschwindigkeit auf 200 km/h anzuheben, so daß nunmehr im Netz der DB im Jahresfahrplan 1982/ 83 insgesamt 282,7 km mit dieser Hg befahren werden können.

111 007 beförderte am 14. April 1982 IC 624 „Meistersinger" bei Eschenlohe. Aufn.: Prömper

Mit dem Fahrplanwechsel wurde das bisherige Serviceangebot „Zugsekretariat" aufgehoben und dafür der neue Service „Münz-Zugtelefon" aufgenommen. Es wurden alle IC des Regelverkehrs, ausgenommen nach Frankreich und Belgien, mit diesem neuen Service ausgerüstet, wobei die Telefone in 134 Apm-Wagen eingebaut wurden, von denen nach Abzug einer Reserve von 24 Wagen 110 Apm in die planmäßige IC-Zugbildung aufgenommen werden konnten.

Die bisherigen Barwagen ARDmh 105 und 106 waren bis dahin in den Wochenend-IC auf den Strecken Hamburg — Köln und Hannover — Köln eingesetzt. Da ein Teil der neun vorhandenen Wagen zur Untersuchung anstand, zum anderen die Bewirtschaftungskosten nach Angaben der DSG nicht gedeckt wurden und bei Wegfall dieser Wagen zusätzlich Platz für einen Bm-Wagen in diesen Zügen geschaffen werden konnte, war beantragt worden, die ARD durch Minibarbewirtschaftung zu ersetzen. Diesem Antrag wurde zugestimmt, zumal ohnehin eine Änderung im Bundeswehrwochenendverkehr anstand. Bereits zum Winterabschnitt 1981/82 waren die IC 1532 und 1612 ohne ARD zu fahren. In diesem Zusammenhang kam auch die Frage der Sauberkeit der Reisezüge zur Sprache, die nach allgemeinen Feststellungen zu wünschen übrig ließ. Da ein neues Reinigungssystem in Erprobung und eine Ergänzung des RIC beantragt war, mit dem ein international vereinbarter Qualitätsstandard und einheitliche Beurteilungskriterien festgelegt werden sollen, wurde die Frage trotz ihrer Aktualität noch zurückgestellt. Man war sich allerdings einig, daß hier im Interesse des Imagebildes der Eisenbahn bald etwas geschehen müsse.

Eine wichtige Frage stand in der Führung der IC der Linie 2 zwischen Wiesbaden und Frankfurt an. In Frankfurt Hpbf ist es aus betrieblichen Gründen nur möglich, in die Gleise 4 - 7 auf dem direkten Weg der Relationen Mainz/Wiesbaden/Mannheim einzufahren. Von diesen Gleisen war aber nur Gleis 7 für eine Zuglänge von elf Wagen ausreichend, während die Gleise 4 - 6 nur für Züge mit zehn Wagen aufnahmefähig sind. Dagegen können die Gleise 2 und 3 Wagenzüge bis 15 Wagen ohne Schwierigkeiten aufnehmen. Andererseits konnte der Bf Wiesbaden Hbf nur Wagenzüge mit maximal 12 Wagen aufnehmen. Es wurde daher angestrebt, abweichend von dem direkten Weg, den die Linie 2 bisher genommen hatte, die Züge der Linie 2 in die Gleise 2 und 3 in Frankfurt Hpbf einzuführen. Dies erforderte jedoch statt der Ausfahrt über Abzw. Main-Neckar-Brücke — Frankfurt Süd einen längeren Fahrweg über Frankfurt-Niederrad — Abz. Forsthausstraße — Frankfurt Süd, also praktisch eine weitere nach Westen und Süden, um den Frankfurter Hauptbahnhof gezogene Schleife. Neuralgischer Punkt war hier die eingleisige Strecke Frankfurt-Niederrad — Abzw. Forsthausstraße, da bei Verspätungen die dort bereits über Frankfurt-Sportfeld — Abzw. Forsthausstraße — Frankfurt-Louisa — Frankfurt Hpbf bzw. umgekehrt verkehrenden Züge der Linie 3 mit denen der Linie 2 an einer Weichenverbindung zusammenkommen. Trotzdem wurde diese Frage entsprechend entschieden, und die Züge der Linie 2 nehmen nunmehr diesen Weg. Ausgenommen hiervon waren alle IC, die in Aschaffenburg hielten, da sonst die Fahrzeiten nicht bis und ab Würzburg ausreichten. Im Jahresfahrplan 1982/83 handelte es sich um die IC 128, 129, 561, 562, 564, 626, 627, 628 und 629. Dabei war gleichzeitig vom BZA Minden zu prüfen, ob die Lok der Baureihe E 103 zwischen Wiesbaden und Frankfurt in beiden Zugrichtungen am Zugschluß außer Dienst mitgeschleppt werden können, um betriebliche Vereinfachungen, Aufenthaltskürzungen und Verbesserungen des Lokumlaufs erzielen zu können. Da aber die Versuche ergaben, daß eine Kürzung der Wendezeiten durch Schleppen der Lok nicht zu erreichen war, wurde zunächst von der Einführung abgesehen; die Angelegenheit wird aber weiter verfolgt. Die IC-Musterfahrpläne wurden entsprechend überarbeitet und den neuen Gelegenheiten angepaßt (vgl. Übersicht 20 b).

Eine nicht unbedeutende Stellung nahm die planmäßige Aufnahme der vielen „ad hoc" zu fahrenden Entlastungszüge namentlich an den Wochenenden zu den IC-Zügen ein. Die Praxis hatte gezeigt, daß das Reisendenaufkommen zu bestimmten Zügen planmäßig so stark war, daß in der Saison, zu Feiertagen oder an bestimmten Tagen regelmäßig zusätzliche Züge gefahren werden mußten, die teilweise über Fahrplanmitteilungsblätter, teilweise ohne Veröffentlichung als Entlastungszüge gefahren werden mußten. Dies belastete den Betriebsapparat sehr stark. Die ZTL war daher der Ansicht, daß bei zahlreichen Verbindungen zusätzliche Zugleistungen erforderlich seien, die als IC in den Fahrplänen auch ausgedruckt werden müßten, um die notwendige Entlastungswirkung zu erzielen. Es wurde jedoch entschieden, daß für die beantragten zusätzlichen Leistungen weder Lok noch Wagenmaterial für 160 km/h zur Verfügung ständen und es daher bei den „ad hoc"-Maßnahmen bleiben müsse. Aber auch aus dem Mangel an Fahrplantrassen — die „ad hoc"-Entlastungszüge wurden meist zugleitungsmäßig durchgeführt — könnten solche Leistungen nur sonderzugmäßig in den erforderlichen günstigen Parallellagen zu den jeweiligen Hauptzügen geplant werden. Daher könne auch mit einer ausreichenden Entlastungswirkung nicht gerechnet werden. Also biß sich die Katze mal wieder in den Schwanz: Man wußte von der Misere, konnte sie aber nicht abstellen, weil das erforderliche Material nicht vorhanden war und fuhr statt dessen sonderzugmäßig geplante oder „ad hoc" eingelegte Entlastungszüge aus bunt zusammengewürfeltem Material, von denen man im voraus wußte, daß sie nicht die erforderliche Entlastungswirkung erzielen würden. Dies war ja auch kein Wunder, denn der

Reisende wartete lieber auf seinen Regelzug mit entsprechender Wagenausstattung, statt in Silberlingen oder ähnlichen Komfortstufen zu seinen teuren Fahrpreisen zu reisen, wenn zudem häufig unterwegs der Entlastungszug wegen geringerer Geschwindigkeit von dem eigentlich zu entlastenden Hauptzug überholt wurde. Und damit sind wir halt schon wieder einmal bei der unzureichenden Ausstattung der DB mit hochwertigem Reisezugmaterial.

Da die Schweizerischen Bundesbahnen zum Fahrplanwechsel am 23. Mai 1982 ihr „Neues Reisezugkonzept (NRK)" einführten, auch kurz „Swiss-Takt" genannt, und andererseits die Österreichischen Bundesbahnen auf der Westbahn den stündlichen „Austro-Takt" aufnahmen, der sich durch die Führung der bis Innsbruck oder Bregenz laufenden Züge über Salzburg und die neue Rosenheimer Kurve nach Kufstein auch auf Strecken der DB auswirkte, waren auf der FT Paris erhebliche Änderungen der IC-Zugbildungen erforderlich, die sich zwangsläufig auf das inländische IC-Netz der DB auswirkten. Insbesondere die mögliche Anpassung des deutschen und schweizerischen IC-Taktfahrplans in Basel SBB bewirkte auf der Linie 3 eine weitgehende Umstellung. Hiervon waren nicht nur die Taktzeiten, die einzelnen Zugläufe, sondern auch die Durchbindungen der durchgehenden Zugläufe in und aus dem Netz der SBB betroffen, die wieder wegen der Linientausche in Mannheim und Hannover sich auch auf die Linien 1 und 4 unmittelbar auswirkten. Mittelbar wurden davon jedoch alle Linien betroffen.

Im Zusammenhang mit dem NRK der SBB ergaben sich für den Übergang und nunmehrigen neuen Verknüpfungspunkt Basel SBB folgende Änderungen der IC-Lagen:

Nord-Süd-Richtung

Basel SBB an	neue Zugnummer	alte Zugnummer	Zuglauf ab 1982
9.46	IC 571	IC 101	Frankfurt – Basel Kurswagen Zürich entfallen
10.46	IC 673	IC 103	Frankfurt – Basel
11.46	IC 105	IC 105	Dortmund – Milano
12.46	IC 171	IC 171	Hannover – Chur
13.46	IC 573	IC 573	Bremen – Basel
14.46	IC 107	IC 507	Hamburg – Dortmund – Brig mit Kurswagen Interlaken
15.46	IC 173	IC 173	Hamburg – Milano
16.46	IC 675	IC 175	Hamburg – Basel
17.46	IC 177	IC 177	Hamburg – Genf
18.46	IC 575	IC 575	Bremen – Basel
19.46	IC 577	IC 577	Hamburg – Basel
20.46	IC 179	IC 179	Hamburg – Zürich
21.46	IC 109	IC 109	Hamburg – Dortmund – Basel

Süd-Nord-Richtung

Basel SBB ab	neue Zugnummer	alte Zugnummer	Zuglauf ab 1982
7.08	IC 578	IC 578	Basel – Westerland
8.08	IC 178	IC 178	Zürich – Hamburg
9.08	IC 108	IC 576	Zürich – Dortmund – Hamburg
10.08	IC 576	IC 108	Basel – Bremen
11.08	IC 176	IC 176	Genf – Hamburg
12.08	IC 574	IC 574	Basel – Hamburg
13.08	IC 170	IC 170	Chur – Hamburg
14.08	IC 106	IC 172	Brig – Dortmund – Hamburg mit Kurswagen Interlaken
15.08	IC 172	IC 506	Milano – Hamburg
16.08	IC 572	IC 572	Basel – Bremen
17.08	IC 104	IC 102	Milano – Dortmund
18.08	IC 674	IC 104	Basel – Frankfurt
19.08	IC 570	IC 100	Basel – Frankfurt
20.08	IC 672	IC 570	Basel – Frankfurt

Die Anschlußzüge der SBB wurden im Rahmen des NRK auf diese IC-Abfahrten und -ankünfte in Basel SBB ausgerichtet, soweit nicht bestimmte DB-IC als IC im Rahmen des NRK SBB-Trassen in der Innerschweiz übernahmen.

Im einzelnen ergaben sich im internationalen Verkehr folgende Maßnahmen nach den Ergebnissen der FT Paris: IC 102/103 „Metropolitano" erhielten die neuen Zugnummern IC 105/104 unter Beibehaltung des Namens und wurden auf den Laufweg Dortmund – Milano über die Linien 1 und 3 umgelegt mit durchgehender Bewirtschaftung Dortmund – Chiasso. IC 105 verkehrte gegenüber dem alten IC 103 einen Takt später. IC 109 „Rheinpfeil" endete wie bisher in Basel SBB. Die Einheit wurde jedoch am nächsten Morgen als SBB-IC nach Zürich gefahren, wo IC 108 im Gegenlauf nach Hamburg-Altona neu begann. Dabei nahm IC 108 einen eine Stunde früheren Takt ein. Die bisherigen IC 170 „Otto Hahn" Basel SBB – Hamburg-Altona und IC 171 „Hans Holbein" Hannover – Basel SBB wurden unter den gleichen Zugnummern und dem neuen Namen „Rätia" bis und ab Chur verlängert. IC 172 „Tiziano" erhielt einen eine Stunde späteren Takt, und das Zugrestaurant wurde in diesem Zugpaar auf Antrag der FS auf Chiasso beschränkt, wobei der Abschnitt Hamburg – Freiburg von der DSG, der Basel SBB – Chiasso jedoch von der Schweizerischen Speisewagen-Gesellschaft (SSG) bewirtschaftet wird, was wegen der Schließung des Wagens von Freiburg bis oft hinter Basel SBB und einem angeblich unzureichenden Angebot der SSG zu zahlreichen Beschwerden führte. Die bisherige – zwar nur im Bereich der SBB – durchgehende Verbindung der IC 176/ 177 „Hispania" Hamburg-Altona – Genève – Port Bou wurde in eine reine IC-Verbindung Hamburg-Altona – Genève mit dem neuen Namen „Mont Blanc" und einer Nachtverbindung von Genève nach Barcelona aufgeteilt, für die die RENFE klimatisierte Großraumwagen einsetzen wollte. Der bisherige IC 507/506 „Rhein-Kurier" erhielt die neuen Nummern IC 107/106 und den neuen Namen „Lötschberg" und verkehrte künftig über die Linien 1 und 3 Hamburg-Altona – Mannheim – Basel –Brig mit Kurswagen Interlaken. Dabei verkehrte IC 106 einen Takt früher ab Basel.

Im Verkehr mit anderen Verwaltungen wurde auf der FT Paris vereinbart, daß IC 120/121 „Blauer Enzian" zukünftig beidklassige Kurswagen Graz führt. Durch eine Beschleunigung auf den Strecken der ÖBB war es möglich, IC 120 bereits einen Takt früher ab München zu fahren. Die bereits im Vorjahr von der DB als IC beantragten D 229/228 „Johann Strauß" konnten nunmehr als durchgehende IC 129/128 mit dem gleichen Namen zwischen Frankfurt und Wien West über Nürnberg und Passau vereinbart werden. Sie nahmen die Trassen der bisherigen IC 560/563 „Präsident" ein, die entfielen. Bei den zwischen Frankfurt und Paris verkehrenden IC 152/153 übernahm die DB die gesamte Wagengestellung; bisher war dies nur beim A-Teil der Fall gewesen. IC 181/180 „Karwendel" verkehrte nunmehr ganzjährig Bremen – Seefeld i. Tirol. Im Sommerabschnitt lief er bis und ab Innsbruck über die Karwendelbahn durch. Auf Antrag der ÖBB wurde das Zugpaar südlich München als Schnellzug gefahren und IC 180 erhielt eine um zwei Takte frühere Lage. Bei den IC 510/511 „Chiemgau" war die Inanspruchnahme zwischen Berchtesgaden und Freilassing zu gering, so daß das Zugpaar auf den neuen Laufweg Salzburg – Köln geändert wurde. In Salzburg bestanden nun günstige Anschlüsse an den „Austro-Takt" nach und von Wien, so daß hier ebenfalls eine Verknüpfung der Takte beider Verwaltungen erzielt werden konnte.

Schon aufgrund dieser Beschlüsse der FT Paris ergaben sich im DB-Binnenverkehr erhebliche Änderungen, da ja die veränderten Takte abgedeckt werden mußten. Als weitere Folge von „Swiss-Takt" ergaben sich noch folgende Zugnummern und Namensänderungen: IC 100/101 wurden unter dem Namen „Breisgau" IC 570/571. Der bisherige IC 103 wurde als IC 673 „Hans Holbein" und der bisherige IC 570 unter dem gleichen Namen als IC 673 Frankfurt – Basel –Frankfurt gefahren. Die bisherigen IC 672/673 „Sachsenross" erhielten die neuen Nummern IC 694/695. IC 512 „Toller Bomberg" wurde durch IC 104 aus seiner Lage verdrängt und mußte daher einen Takt später ab München verkehren. Da die Ankunftszeit in Münster zu spät wurde, endete der Zuglauf in Dortmund mit den neuen Namen „Gückauf". Der Gegenzug IC 513 begann nun ebenfalls erst in Dortmund. Er erhielt den neuen Namen „Dompfeil". Dafür verkehrten nunmehr IC 568 und IC 621 nach und von Münster. IC 568 erhielt den neuen Namen „Toller Bomberg" und verkehrte einen Takt später. Durch IC 106 mußte auch IC 514 „Kurpfalz" einen Takt später ab München verkehren. Die Führung über die Wupper blieb bestehen. Wegen der Früherlegung des IC 108 mußte IC 518 „Patrizier" nun dessen Takt einnehmen und verkehrte eine Stunde später. Ebenfalls wegen des „Swiss-Taktes" mußte IC 576 „Kaiserstuhl" seine Trasse mit IC 108 um einen Takt tauschen.

Da IC 120 zeitlich geändert war, mußte IC 582 „Amalienburg" über Nürnberg geführt werden. Gleichzeitig mußte IC 584 „Jakob Fugger" im Zusammenhang mit der Früherlegung des IC 180 und der Führung des IC 120 über Augsburg einen zwei Stunden späteren Takt erhalten und über Ingolstadt nach Würzburg gefahren werden. In diesem Zusammenhang erfolgte eine Änderung der Verknüpfung in Hannover. IC 584 fuhr nun nach Hamburg-Altona und erhielt den Namen „Amalienburg", IC 582 den Namen „Jakob Fugger" und fuhr nach Bremen. Da IC 108 und IC 576 geändert worden waren, mußte auch IC 586 angepaßt werden. Er erhielt die neue Zugnummer IC 684, den neuen Namen „Linderhof" und verkehrte nach Bremerhaven-Lehe mit einer einstündigen späteren Taktabfahrt ab München. Der bisherige IC 684 „Linderhof" erhielt die neue Zugnummer IC 586 und den Namen „Ernst Barlach" und verkehrte nun nach Hamburg-Altona. Er lag jetzt einen Takt früher ab München als bisher.

IC 512 war wegen der neuen Lage des IC 104 einen Takt später ab München gekommen. Bis Mannheim war seine Lage frei. In diese kam der IC 596 „Herkules", der nun nicht mehr ab Frankfurt nach Kassel, sondern weiter auf der Linie 3 bis Hannover geführt wurde und den neuen Namen „Otto Hahn" erhielt. Wegen IC 172 mußte auch der ab Mannheim in dessen Trasse liegende IC 598 „Ludwig Uhland" geändert werden; er erhielt im Tausch mit IC 172 eine um einen Takt frühere Lage. Nachdem der Korrespondenzzug zu IC 620 „Dompfeil", der neue IC 106,über die Ruhr geleitet wurde, mußte zwangsläufig IC 620 über die Wupper gefahren werden. Ebenso mußte aus den gleichen Gründen bei IC 514 nun IC 624 „Meistersinger" über die Ruhr geführt werden.

Im Zusammenhang mit „Swiss-Takt" war die alte Trasse des IC 102 ab Basel noch frei. Andererseits war durch die Früherlegung von IC 596 und seine Führung nach Hannover die bisherige Verbindung nach Kassel und die Kupplung auf IC 597 noch offen. In dieser Trasse wurde daher unter der Zugnummer 674 und dem Namen „Herkules" ein neuer IC Basel SBB – Mannheim – Frankfurt – Kassel gefahren. Der bisherige IC 175 erhielt die Nummer 675 und den Namen „Otto Hahn". Am Laufweg änderte sich nichts. Im Zusammenhang mit der Änderung der Lagen der IC 108 und 518 wurde der noch offene Takt ab München mit IC 690 „Hohenstaufen" belegt, der nunmehr einen Takt früher verkehrte. IC 630/633 sollten im Zusammenhang mit einer Neukonzeption der Schnellzugverbindungen auf den Laufweg Hamburg – Köln beschränkt werden und den neuen Naman „Colonius" erhalten. Tatsächlich sind sie aber im laufenden Fahrplan nach und von Aachen ausgedruckt. Es ist unbekannt, worauf diese nachträgliche Änderung zurückzuführen ist. Zur Entlastung des sehr stark besetzten IC 693 „Konsul" an Freitagen wurde ein neuer IC 1693 „Kranich" Kiel – Hamburg-Altona – Hannover – Frankfurt – Darmstadt – Heidelberg – Karlsruhe geschaffen, der das Gegenstück zu dem an Sonntagen verkehrenden IC 1572 bildete, der über Hamburg bis Kiel verlängert wurde. Die Einrichtung dieser Leistung wurde möglich, weil einmal durch die Neuordnung des Bundeswehrwochenendverkehrs der Wagenmehrbedarf gedeckt werden konnte, zum anderen bisher schon die Einheit für IC 1572 ab Hamburg als Leerleistung zugeführt werden mußte! Interessant ist auch die Zugbildung. Der Zug besteht aus einem Avm und 10 Am, die deklassiert für die 2. Klasse angeboten werden. Insofern stellen wohl derzeit für die 2. Klasse IC 1572/1693 das hochwertigste Wagenangebot dar!

Aus diesen Ausführungen ist bereits ersichtlich, welche gravierenden Auswirkungen bei einem derart miteinander vermaschten und aufeinander abgestimmten Netz auch nur geringere Änderungen einzelner Züge insgesamt haben. Umso höher ist es zu bewerten, daß nicht nur alle Leistungen wieder abgedeckt werden konnten, sondern vor allem auch erstmalig eine Verknüpfung des deutschen IC-Netzes mit dem Swiss-Takt in Basel SBB erfolgen konnte und daß weiter Ansätze zu einer Verknüpfung mit dem Austro-Takt der ÖBB zu erkennen sind. Nur in der Relation Nürnberg – München der Linie 4 war es durch die zahlreichen Änderungen nicht möglich, alle Takte abzudecken. Um nun nicht unwirtschaftliche Zugleistungen aus Gründen der Wagenvorhaltung Nürnberg – München fahren zu müssen, wurde in drei Fällen der anfallende Takt mit Leistungen des normalen SPFV abgedeckt. Dabei wurde die Taktzeit Nürnberg ab 6.02 Uhr durch den neuen E 2561 (alt E 3003) Lichtenfels – München und die Taktzeit Nürnberg ab 10.02 Uhr durch den neuen E 2563 (alt E 3005) Bad Kissingen – München abgedeckt, während in der Gegenrichtung die Taktzeit des bisherigen IC 560 in München mit 18.14 Uhr durch D 988 München – Nürnberg gedeckt wurde.

Lange Untersuchungen gab es über den Bundeswehrurlauberverkehr und die daraus resultierenden Überbesetzungen der IC einschließlich der immer noch nicht ausreichenden planmäßigen Wochenendentlastungs-IC. Da die Lage so nicht mehr weiter gehen konnte, auch nicht mehr ausreichend Wagenmaterial für IC-Neuleistungen zur Verfügung stand, wurde mit den beteiligten Stellen der Bundeswehr ein besonderes Verfahren der Einrichtung von Bundeswehrurlauber-Schnellzügen und der Kontigentierung von Bundeswehrurlaubern auf bestimmte IC durch die Bundeswehr geschaffen. Es würde in diesem Zusammenhang zu weit führen, alle untersuchten Möglichkeiten und Entwicklungen aufzuzeigen. Als Ergebnis bleibt festzuhalten, daß bei Berechnung eines Kontingents von jeweils an den beiden Wochenendtagen anfallenden ca. 11 000 Reisenden Platzangebote in neu geschaffenen Schnellzügen mit jeweils 1 000 Sitzplätzen von über 11 000 Reisenden geschaffen wurden, wobei diese Schnellzüge so geplant wurden, daß sie einmal garnisonsorientiert waren, zum anderen Fahrlagen erhielten, die unmittelbar vor dem zu entlastenden IC in Köln bzw. Hamburg eintrafen. Dadurch wurden die bisherigen Entlastungs-IC wie folgt in Schnellzüge umgewandelt:

IC1514	= D 1937	IC 1612	= D 1931
IC 1516	= D 1935	IC 1616	= D 1933
IC 1532	= D 1934	IC 1630	= D 1936
IC 1534	= D 1930	neu	= D 1932

Von den verbliebenen Wochenend-IC der Linie 1 und 2 wurde ein Teil auf die Stammnummern der zu entlastenden IC umgenummert, andere erhielten veränderte Laufwege, um den Bundeswehrverhältnissen besser entgegenzukommen. So wurde IC 1506 zu IC 1514 in Lage zu IC 514 mit dem neuen Namen „Albatros"; er begann bereits in Koblenz und wurde nach Hamburg-Altona geführt. IC 1508 erhielt die neue Nummer IC 1518 und den Namen „Seestern", IC 1530 verkehrte bereits ab Hamburg-Altona und IC 1542 wurde bis Köln-Deutz tief verlängert. IC 1610 begann auch schon in Koblenz, IC 1606 wurde IC 1614 und bis Kiel verlängert, und IC 1632 begann bereits in Eckernförde und lief über Kiel – Neumünster nach Hamburg. Der bisherige IC 1624 „Weserbergland" wurde nun nicht mehr nach Göttingen gefahren, sondern verkehrte ab Hannover als Schnellzug über Celle – Uelzen nach Munster (Oertze), wo er unmittelbar in den Bundeswehranschluß als Rangierfahrt weitergeleitet wurde! Er führte Kurswagen Köln – Lüneburg, die nördlich Uelzen mit einem neuen D 1924 befördert wurden.

Dies war die chronologische Entwicklung des Systems IC 79 in den ersten vier Jahren seines Bestehens. Es bleibt abzuwarten, wie sich dieses System in der Zukunft entwickeln wird und ob es in der bestehenden Form beibehalten oder gar, was zu hoffen ist, ausgeweitet und um weitere Linien ergänzt wird. Ansätze hierzu sind ja bereits erkennbar. Die DB-Hauszeitschrift „Wir" illustrierte das Problem des Bundeswehrurlauberverkehrs passend:

„Mehr Züge für Bundeswehrurlauber:
Erweitertes Sitzplatzangebot

An jedem Freitagnachmittag das gleiche Bild auf Norddeutschlands Bahnhöfen: Zwischen Flensburg und Hamburg, Lübeck und Bremen stürmen Tausende von Wehrpflichtigen die Züge in Richtung Süden. Seitdem ab Januar 1979 die Bundeswehr ihren Angehörigen für zwei Heimfahrten pro Monat die Kosten übernimmt, hat sich der Trend, mit der Bahn in den Wochenendurlaub zu fahren, über Erwarten verstärkt.

Reisende und Zub in diesen Verbindungen kennen die Begleiterscheinungen, die ein solcher Ansturm auf die Fernzüge freitagnachmittags bringen, zur Genüge. Gleiches dann sonntags, wenn sich die Ströme wieder in Richtung Kaserne bewegen. Klagen über Belästigungen, Alkohol-Orgien und Zerstörungen sind an der Tagesordnung.

Durch ein weiteres Angebot von über 3 000 Sitzplätzen hofft die DB, mit Beginn des Sommerfahrplans ab 23. Mai 1982, den Bundeswehrurlaubern – und damit auch allen anderen Reisenden – eine spürbare Besserung der Verhältnisse bieten zu können. Sechs neue D-Zug-Paare werden zwischen Schleswig-Holstein und dem Ruhrgebiet eingesetzt. Jeden Freitagnachmittag verkehren dann innerhalb von 6 Stunden in Südrichtung 24 IC- und D-Züge und jeden Sonntagnachmittag in der Gegenrichtung 22 Züge. Damit erhöht sich die Zahl der Sitzplätze in diesen Verbindungen freitags von 10 750 auf rund 13 000 und sonntags von 11 550 auf etwa 12 400. Die meisten Züge werden über Hamburg hinaus bis Kiel, Flensburg oder Eckernförde verkehren, so daß ein Umsteigen in Hamburg in den meisten Fällen nicht mehr notwendig sein wird. Außerdem werden nördlich von Hamburg zusätzliche Halte eingerichtet.

Die neue Regelung für rund 10 000 Bundeswehrurlauber, die jeweils am Wochenende nach Hause fahren, wurde in Absprache mit der Bundeswehr getroffen. Sie sieht vor, daß die Entlastungszüge zu den IC-Zügen in den Hauptverkehrszeiten nur noch die 2. Wagenklasse mit rund 1 000 Plätzen bieten und in Eckernförde und Flensburg beginnen. Diese Züge fahren gegenüber den nachfolgenden Stamm-IC rund 30 Minuten früher ab (14.10, 15.10 und 16.10 ab Hamburg Hbf), sind 5 Minuten früher am Ziel und erreichen dort die gleichen Anschlüsse wie die nachfolgenden IC-Züge. Dabei verkehrt dann freitags ab Hamburg in der Zeit von 12.27 Uhr bis 18.40 Uhr alle 16 Minuten ein Zug in Richtung Ruhrgebiet. Während die D- und Entlastungs-IC von den Bundeswehrsoldaten zukünftig ohne Einschränkung benutzt werden können, gibt es für die Stamm-IC zwischen Hamburg und Dortmund eine Platzbegrenzung. Hier stehen für die grundwehrdienstleistenden Soldaten nur noch jeweils 144 Plätze zur Verfügung. Die Bundeswehr gibt dafür Zulassungskarten aus. Diese Lösung wird vor allem für den „Normal"-Reisenden wieder ein attraktives IC-Angebot bringen."

IC - Fahrplan im 1-Stunden-Takt

27. September 1981 bis 22. Mai 1982

Nord-Süd

Das Intercity-System
bietet Ihnen auf 4 Linien zu jeder Stunde einen schnellen und komfortablen IC-Zug mit 1. und 2. Wagenklasse. Zusätzlich verkehren TEE-Züge; sie führen nur die 1. Wagenklasse. In Hannover, Dortmund, Köln, Mannheim und Würzburg haben jeweils Züge zweier Linien gegenseitigen Anschluß (Korrespondenz). Hier können Sie am selben Bahnsteig umsteigen. Die Korrespondenzzüge sind im jeweiligen Bahnhofsblock auf einer Zeile nebeneinander aufgeführt.
Um Ihnen ggf. das Umsteigen zu ersparen, gehen einige Züge von einer auf eine andere Linie über. Den Zuglauf können Sie anhand der Zug-Nr. und Farben verfolgen.
Einige Züge verkehren über das dargestellte Netz hinaus. Dies ist aus dem Zugverzeichnis zu ersehen, in dem die Züge nach der Zug-Nr. geordnet in ihrer farbigen Kennzeichnung aufgeführt sind. Die Fahrplanzeiten der Haltebahnhöfe, die außerhalb des dargestellten Netzes liegen, können aus Platzgründen nur teilweise im Zugverzeichnis dargestellt werden.
Auf nicht täglich verkehrende Züge wird in den jeweiligen Bahnhofsblöcken hinter der Zug-Nr. mit einem Sternchen hingewiesen. Die Verkehrstage sind anhand des Zugverzeichnisses in Verbindung mit der Zeichenerklärung zu erkennen.
Alle Züge haben ein Zugrestaurant; einige haben (in der Regel montags bis freitags) ein Zugsekretariat mit Zugtelefon.
Einzelheiten über die Besetzung der Zugsekretariate auf bestimmten Streckenabschnitten sowie über den Besetzungszeitraum entnehmen Sie bitte der besonderen Übersicht im DB-Kursbuch.

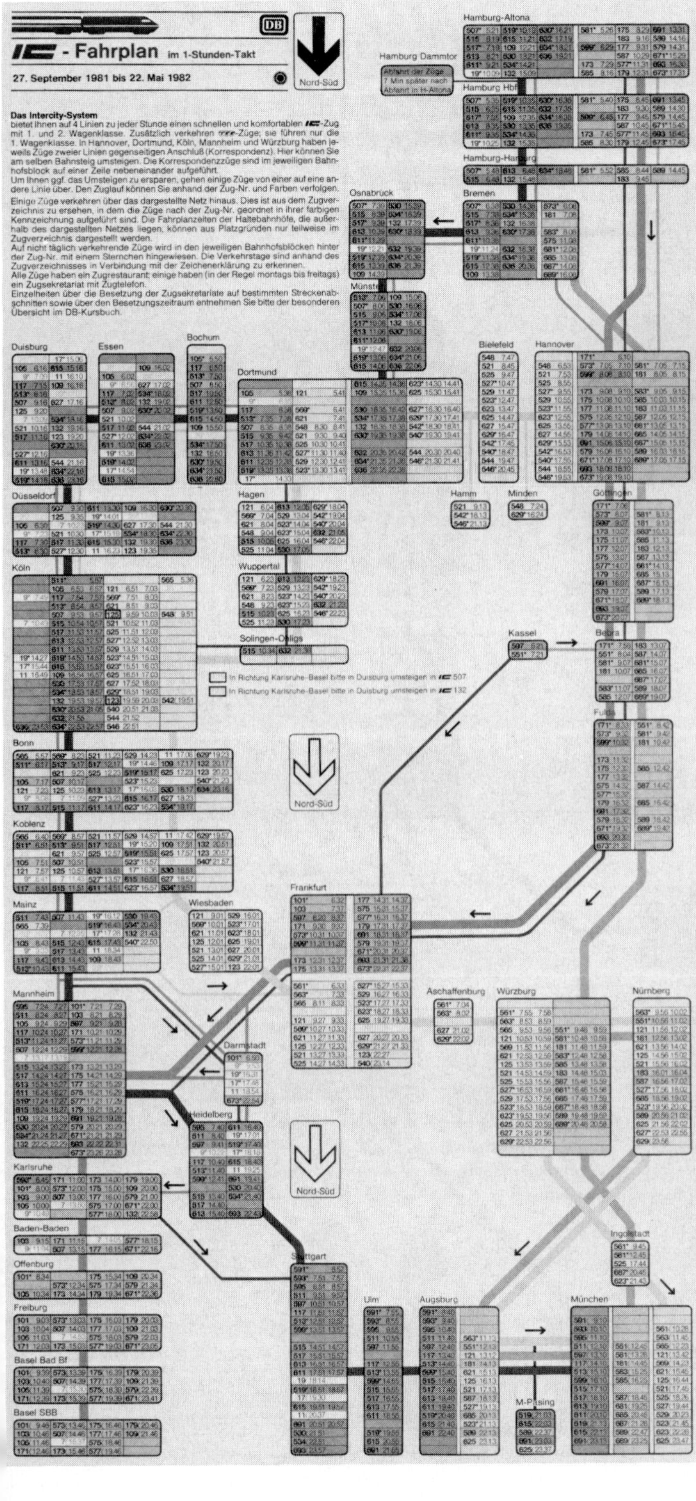

Nr.	Name		Laufweg
7	Rheingold		Amsterdam ab 7.49 – Genf an 18.40 nach Chur an 16.36 nach Mailand an 21.05
9	Albert Schweitzer	Ⓖ	Dortmund – Kehl an 11.30 – Strasbourg an 11.48
11	Rembrandt		Amsterdam ab 13.55 – Stuttgart
17	Friedrich Schiller	Ⓗ	Dortmund – Stuttgart
19	Gambrinus	Ⓗ	Hamburg – Münster – Stuttgart
		Ⓘ	Münster – Stuttgart
25	Goethe	Ⓗ	Dortmund – Frankfurt
29	Heinrich Heine	Ⓗ	Dortmund – Frankfurt
85	Mediolanum		München ab 15.35 – Innsbruck an 17.22 – Milano C. an 22.45

Nr.	Name		Laufweg
101	Breisgau	Ⓕ	Frankfurt – Basel
		①	nach Zürich an 11.03 – nur 1. Kl –
103	Metropolitano		Frankfurt – Genova an 18.57
105	Rheinblitz		Dortmund – Basel nach Brig an 15.21 – nur 2. Kl –
109	Rheinpfeil		Hamburg – Köln – Basel nach Zürich an 23.17 – nur 2. Kl –
117	Nymphenburg	Ⓣ	Dortmund – München – Rosenheim an 15.01 – Innsbruck an 16.30 Dortmund – München
121	Blauer Enzian		Dortmund – München – Klagenfurt an 19.30
123	van Beethoven		Amsterdam ab 16.55 – Duisburg – Frankfurt
125	Erasmus	Ⓣ	Amsterdam ab 6.57 – München – Rosenheim an 17.35 – Innsbruck an 18.59 Amsterdam – München
132	Merkur		Kopenhagen ab 10.15 – Lübeck ab 14.26 – Köln – Karlsruhe
171	Hans Holbein	Ⓒ	Hannover – Frankfurt – Basel Frankfurt – Basel
		Ⓒ	Hannover – Chur an 15.40 – nur 1. Kl –
		⑦	Frankfurt – Chur an 15.40 – nur 1. Kl –
173	Tiziano		Hamburg – Hannover – Mailand an 21.05
175	Otto Hahn		Hamburg – Hannover – Basel nach Interlaken an 19.40 – nur 2. Kl –
177	Hispania		Hamburg – Hannover – Genf an 20.59
179	Helvetia		Hamburg – Hannover – Zürich an 22.05
181	Karwendel	Ⓝ	Bremen – Hannover – München – Garmisch-Partenkirchen an 16.11 (– Seefeld an 17.11) Bremen – Hannover – München nach Wien Westbf an 19.10 – nur 2. Kl –
183	Prinz Eugen		(Hamburg) – Hannover – Regensburg an 17.05 – Passau an 18.12 – Wien Westbf an 21.25
507	Rhein-Kurier	Ⓒ	Hamburg – Dortmund – Basel Dortmund – Basel
511	Chiemgau	Ⓕ	Köln – Mainz – München – Berchtesgaden an 15.11 Mainz – München – Berchtesgaden an 15.11
513	Toller Bomberg	Ⓕ	Münster – Köln – München
515	Senator		Hamburg – Köln – München
517	Werdenfels	①	Hamburg – Dortmund – München – Garmisch-Partenkirchen an 19.40
		Ⓒ	Hamburg – Dortmund – München
		Ⓞ	Dortmund – München – Garmisch-Partenkirchen an 19.40 Dortmund – München
519	Patrizier	Ⓑ	Hamburg – Köln – München
		Ⓩ	Hamburg – Köln
521	Germania		Hannover – Köln – Frankfurt – München
523	Münchner Kindl	Ⓓ	Hannover – Dortmund – München
		Ⓔ	Dortmund – München
525	Stolzenfels	Ⓕ	Braunschweig ab 8.14 – Peine ab 8.29 – Hannover – Köln – München Hannover – Köln – München
527	Drachenfels	Ⓐ	Hannover – Köln – München
529	Heinrich der Löwe	Ⓒ	Braunschweig ab 10.14 – Peine ab 10.29 – Hannover – Köln – München Hannover – Köln – München
530	Hölderlin		Hamburg – Köln – Stuttgart
534	Schwabenpfeil	Ⓑ	Hamburg – Köln – Stuttgart
540	Westfalen	Ⓑ	Hannover – Köln – Frankfurt
542	Wilhelm Busch	Ⓑ	Hannover – Köln
544	Rheinland		Hannover – Köln
546	Niedersachsen	Ⓑ	Hannover – Köln
548	Porta Westfalica		Hannover – Köln
551	Veit Stoß	Ⓒ	(Kassel – Fulda) – Nürnberg – München
561	Prinzregent	Ⓐ	Frankfurt – Würzburg – München
563	Präsident	Ⓒ	Frankfurt – Nürnberg – München
565	Burggraf		(Köln – Ffm-Flughafen an 7.55) – Würzburg – München
569	Glückauf	Ⓒ	Dortmund – Frankfurt – München
573	Roland	Ⓒ	Bremen – Hannover – Basel
575	Kaiserstuhl		Bremen – Hannover – Basel
577	Schauinsland	Ⓑ	Hamburg – Hannover – Basel
579	Diplomat	Ⓦ	Westerland ab 11.42 – Hamburg – Hannover – Basel Hamburg – Hannover – Basel nach Saarbrücken an 22.18 – nur 2. Kl –
581	Riemenschneider	Ⓒ	(Hamburg –) Hannover – München
583	Linderhof	Ⓒ	Bremen – Hannover – München
585	Ernst Barlach		(Hamburg –) Hannover – München
587	Albrecht Dürer		Hamburg – Hannover – München
589	Max Planck		(Kiel ab 13.01 –) Hannover – München
591	Schwaben-Kurier	Ⓐ	Stuttgart – Plochingen ab 7.11 – München
593	Baden-Kurier	Ⓒ	Karlsruhe – Pforzheim ab 7.08 – München
595	Saar-Kurier		Saarbrücken ab 5.57 – Kaiserslautern ab 6.38 – Ludwigshafen (Rhein) ab 7.20 – München
597	Herkules		Kassel – Marburg ab 7.21 – Gießen ab 7.41 – Mannheim – München
599	Ludwig Uhland	Ⓒ	Hamburg – Hannover – Mannheim – München
611	Gutenberg	Ⓒ	Hamburg – Dortmund – München Dortmund – München
613	Gorch Fock		Kiel ab 7.00 – Köln – München
615	Theodor Storm		Westerland ab 8.46 – Köln – München
621	Wetterstein	Ⓞ	Dortmund – Köln – Garmisch-Partenkirchen an 17.13 Dortmund – Köln – München
		③	nach Innsbruck an 19.03
		⑥	nach Mittenwald an 17.50
623	Gürzenich	Ⓑ	Hannover – Köln – München
625	Meistersinger		Hannover – Köln – München
627	Walhalla	Ⓔ	Hannover – Köln – Nürnberg – Regensburg an 23.59 Hannover – Köln – Nürnberg
629	Herrenhausen	Ⓑ	Hannover – Köln – Nürnberg
630	Karolinger	Ⓑ	Hamburg – Köln – Aachen an 21.43
632	Graf Luckner		Hamburg – Köln
634	Hanseat	Ⓑ	Hamburg – Bonn
636	Poseidon	Ⓨ	Westerland ab 16.45 – Hamburg – Köln Hamburg – Köln
671	Kommodore	Ⓑ	Hamburg – Hannover – Basel
673	Sachsenroß	Ⓢ	Hamburg – Hannover – Ludwigshafen an 23.32
681	Nordwind	Ⓞ	Bremen – Hannover – München
685	Jakob Fugger	Ⓞ	Bremerhaven ab 12.31 – Hannover – München Bremen – Hannover – München
687	Amalienburg	Ⓔ	Bremen – Hannover – München
689	Herrenchiemsee	Ⓑ	Bremen – Hannover – München
691	Hohenstaufen		Hamburg – Hannover – Mannheim – München
693	Konsul	Ⓑ	Kiel ab 15.12 – Hamburg – Hannover – Stuttgart Hamburg – Hannover – Stuttgart

Zeichenerklärung

Ⓐ = ① bis ⑤, nicht 24. bis 27. XII., 31. XII. bis 3. I., 9. bis 12. IV.
Ⓑ = täglich außer ⑥, nicht 24. bis 26. XII., 31. XII. bis 2. I., 9. bis 11. IV.
Ⓒ = ① bis ⑥, nicht 25. bis 27. XII., 1. bis 3. I., 10. bis 12. IV.
Ⓓ = ① bis ⑤, nicht 24. XII. bis 3. I., 9. bis 12. IV.
Ⓔ = täglich außer ⑥, nicht 24. XII. bis 2. I., 9. bis 11. IV.
Ⓕ = ① bis ⑥, nicht 25. XII. bis 3. I., 10. bis 12. IV.
Ⓖ = ① bis ⑤, nicht 19. XII. bis 3. I., 9. bis 12. IV.
Ⓗ = ① bis ⑤, nicht 18. XI., 19. XII. bis 3. I., 9. bis 12. IV., 20. und 21. V.
Ⓘ = ① bis ⑤, nicht 19. XII. bis 3. I., 9. bis 12. IV., 20. und 21. V.
Ⓙ = ① bis ⑥ auch 27. XII. und 3. I.; nicht 26. XII. und 2. I.
Ⓚ = täglich außer ⑥, auch 10. IV.; nicht 11. IV.
Ⓛ = täglich außer ⑥/⑦, nicht 24./25. bis 26./27. XII., 31. XII./1. I. bis 2./3. I. sowie 9./10. bis 11./12. IV.
Ⓜ = täglich bis 1. XI. sowie 19. XII. bis 11. I. und ab 6. II.
Ⓝ = täglich bis 31. X. sowie 18. XII. bis 10. I. und ab 5. II.
Ⓞ = täglich bis 1. XI. und ab 18. XII.
Ⓟ = täglich bis 2. XI. und ab 12. XII.
Ⓠ = täglich bis 1. XI. und ab 11. XII.
Ⓡ = ①, nicht 21. und 28. XII. sowie 12. IV.; auch am 13. IV.
Ⓢ = ⑤, nicht 25. XII., 1. I. und 9. IV.; auch am 8. IV. und 19. V.
Ⓣ = ⑥ vom 3. bis 31. X.; ⑤ und ⑥ vom 1. I. bis 20. III.; täglich vom 17. bis 26. XII. und ab 25. III.
Ⓤ = ⑥ vom 3. bis 31. X. sowie 3. IV. und ab 17. IV.; auch 9. und 11. IV.
Ⓥ = ⑦ vom 27. IX. bis 1. XI.; ⑥ und ⑦ vom 2. I. bis 21. III.; täglich vom 18. bis 27. XII. und ab 26. III.
Ⓦ = ⑦ vom 27. IX. bis 1. XI. sowie 4. IV. und ab 18. IV.; auch 10. und 12. IV.
Ⓧ = ⑦, auch 23. und 30. XII. sowie 8. IV.; nicht 25. XII., 1. I. und 9. IV.

Fortsetzung siehe Rückseite

IC - Fahrplan im 1-Stunden-Takt

27. September 1981 bis 22. Mai 1982

Süd-Nord

Das Intercity-System
bietet Ihnen auf 4 Linien zu jeder Stunde einen schnellen und komfortablen IC-Zug mit 1. und 2. Wagenklasse. Zusätzlich verkehren TEE-Züge; sie führen nur die 1. Wagenklasse. In Hannover, Dortmund, Köln, Mannheim und Würzburg haben jeweils Züge zweier Linien gegenseitigen Anschluß (Korrespondenz). Hier können Sie am selben Bahnsteig umsteigen. Die Korrespondenzzüge sind im jeweiligen Bahnhofsblock auf einer Zeile nebeneinander aufgeführt.
Um Ihnen ggf. das Umsteigen zu ersparen, gehen einige Züge von einer auf eine andere Linie über. Den Zuglauf können Sie anhand der Zug-Nr. und Farben verfolgen.

Einige Züge verkehren über das dargestellte Netz hinaus. Dies ist aus dem Zugverzeichnis zu ersehen, in dem die Züge nach der Zug-Nr. geordnet in ihrer farbigen Kennzeichnung aufgeführt sind. Die Fahrplanzeiten der Haltebahnhöfe, die außerhalb des dargestellten Netzes liegen, können aus Platzgründen nur teilweise im Zugverzeichnis dargestellt werden.
Auf nicht täglich verkehrende Züge wird in den jeweiligen Bahnhofsblöcken hinter der Zug-Nr. mit einem Sternchen hingewiesen. Die Verkehrstage sind anhand des Zugverzeichnisses in Verbindung mit der Zeichenerklärung zu erkennen.
Alle Züge haben ein Zugrestaurant; einige haben (in der Regel montags bis freitags) ein Zugsekretariat mit Zugtelefon.
Einzelheiten über die Besetzung der Zugsekretariate auf bestimmten Streckenabschnitten sowie über den Besetzungszeitraum entnehmen Sie bitte der besonderen Übersicht im DB-Kursbuch.

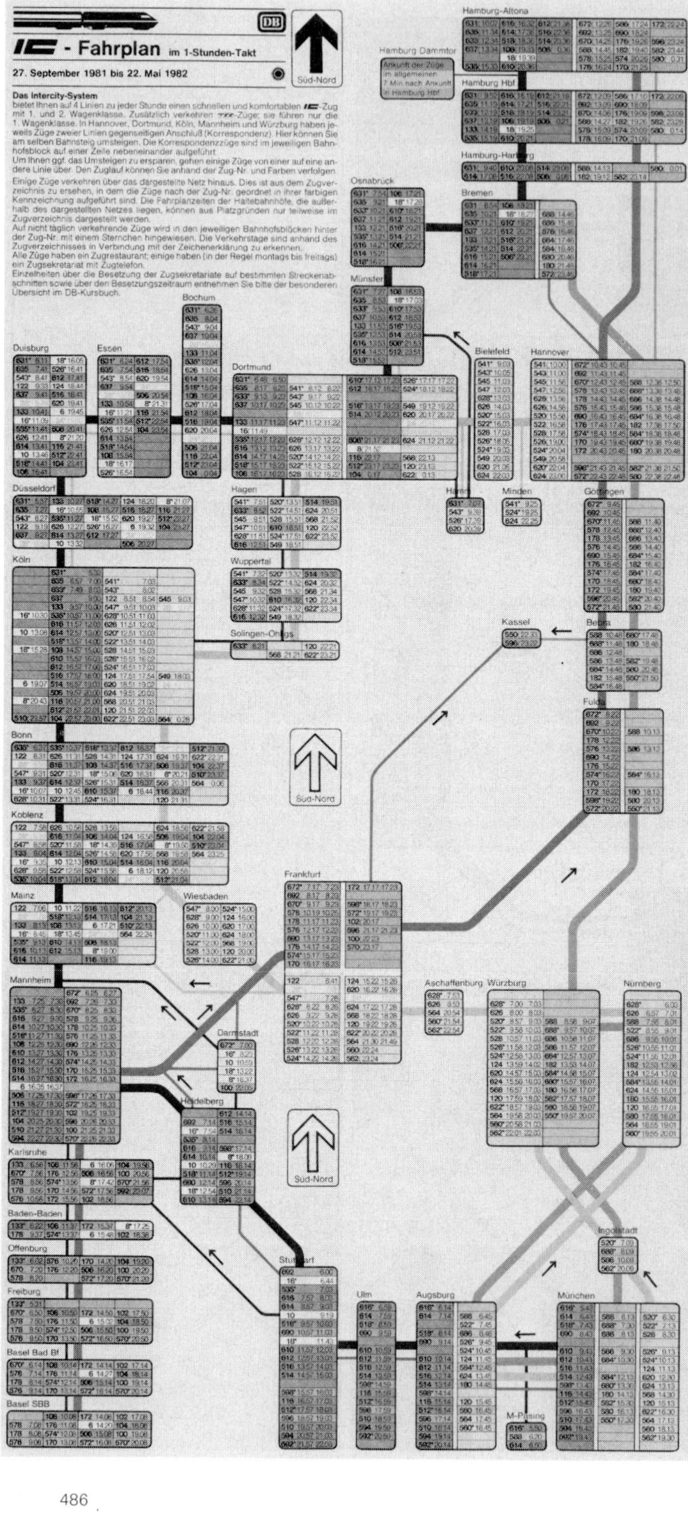

6	Rheingold		Genf ab 11.21 – Amsterdam an 21.56 von Chur ab 11.26 von Mailand ab 8.20
8	Albert Schweitzer	Ⓖ	Strasbourg ab 16.43 – Kehl ab 17.01 – Dortmund
10	Rembrandt		Stuttgart – Amsterdam an 15.56
16	Friedrich Schiller	Ⓗ	Stuttgart – Dortmund
18	Gambrinus	Ⓢ	Stuttgart – Münster – Hamburg
		Ⓘ	Stuttgart – Münster
24	Goethe	Ⓗ	Frankfurt – Dortmund
26	Heinrich Heine	Ⓗ	Frankfurt – Dortmund
84	Mediolanum		Milano C. ab 6.50 – Innsbruck ab 12.13 – München an 14.03

100	Breisgau		Basel – Frankfurt
		5	von Zürich ab 17.45 – nur 1. Kl –
102	Metropolitano		Genova ab 8.51 – Frankfurt
104	Rheinblitz		Basel – Dortmund von Brig ab 14.35 – nur 2. Kl –
108	Rheinpfeil		Basel – Köln – Hamburg von Zürich ab 8.34 – nur 2. Kl –
116	Nymphenburg	Ⓥ	Innsbruck ab 12.23 – Rosenheim ab 13.53 – München – Dortmund München – Dortmund
120	Blauer Enzian		Klagenfurt ab 9.15 – München – Dortmund von Graz ab 8.15
122	van Beethoven		Frankfurt – Duisburg – Amsterdam an 11.45
124	Erasmus	Ⓥ	Innsbruck ab 8.57 – Rosenheim ab 10.22 – München – Amsterdam an 20.56 München – Amsterdam
133	Merkur	Ⓓ	(Freiburg –) Karlsruhe – Köln – Lübeck an 15.25 – Kopenhagen an 19.40 Karlsruhe – Köln – Lübeck an 15.25 – Kopenhagen an 19.40
170	Otto Hahn		Basel – Hannover – Hamburg von Zürich ab 11.55 – nur 1. Kl –
172	Tiziano		Mailand ab 8.20 – Hannover – Hamburg
176	Hispania		Genf ab 7.59 – Hannover – Hamburg von Interlaken ab 8.10 – nur 2. Kl –
178	Helvetia		Zürich ab 6.57 – Hannover – Hamburg
180	Karwendel	Ⓜ	(Seefeld ab 11.37 –) Mittenwald ab 12.05 – Garmisch-Partenkirchen ab 12.38 – München – Bremen München – Bremen
182	Prinz Eugen		Wien Westbf ab 7.35 – Passau ab 10.46 – Regensburg ab 11.50 Hannover (– Hamburg)
506	Rhein-Kurier	Ⓛ	Basel – Dortmund – Hamburg Basel – Dortmund
510	Chiemgau	Ⓔ	Berchtesgaden ab 14.41 – München – Mainz – Köln Berchtesgaden ab 14.41 – München – Mainz
512	Toller Bomberg	Ⓔ	München – Köln – Münster
514	Kurpfalz		München – Köln – Hamburg
516	Senator	Ⓑ	München – Dortmund – Hamburg München – Dortmund
518	Patrizier	Ⓒ	München – Köln – Hamburg
520	Germania	Ⓒ	München – Frankfurt – Hannover
522	Münchner Kindl	Ⓓ	München – Dortmund – Hannover
		Ⓕ	München – Dortmund
524	Heinrich der Löwe	Ⓑ	München – Köln – Peine an 20.24 – Braunschweig 20.41
526	Stolzenfels	Ⓚ	München – Köln – Hannover
		Ⓙ	München – Köln
528	Drachenfels		München – Köln – Hannover
535	Schwabenpfeil	Ⓒ	Stuttgart – Köln – Hamburg
541	Westfalen	Ⓒ	Köln – Hannover
543	Wilhelm Busch	Ⓒ	Köln – Hannover
545	Rheinland		Köln – Hannover
547	Niedersachsen	Ⓒ	Frankfurt – Köln – Hannover
549	Porta Westfalica		Köln – Hannover
550	Veit Stoß	Ⓑ	München – Würzburg – (Fulda – Kassel)
560	Präsident	Ⓑ	München – Nürnberg – Frankfurt
562	Prinzregent	Ⓐ	München – Würzburg – Frankfurt
564	Burggraf		München – Nürnberg – (Ffm-Flughafen ab 22.03 – Köln)
568	Glückauf		München – Frankfurt – Dortmund
570	Hans Holbein	Ⓔ	Basel – Frankfurt
572	Roland	Ⓑ	Basel – Hannover – Bremen
574	Schauinsland	Ⓑ	Basel – Hannover – Hamburg
576	Kaiserstuhl		Basel – Hannover – Bremen
578	Diplomat	Ⓠ	Basel – Hannover – Hamburg – Westerland an 18.10 Basel – Hannover – Hamburg von Saarbrücken ab 7.52 – nur 2. Kl –
580	Riemenschneider		München – Hannover (– Hamburg)
582	Amalienburg	Ⓑ	München – Hannover (– Hamburg)
584	Jakob Fugger	Ⓑ	München – Hannover – Bremen
586	Ernst Barlach		München – Hannover – Hamburg
588	Max Planck		München – Hannover (– Kiel an 16.02)
592	Baden-Kurier	Ⓑ	München – Pforzheim an 22.43 – Karlsruhe
594	Saar-Kurier		München – Kaiserslautern an 23.17 – Saarbrücken an 23.58
596	Herkules		München – Mannheim – Gießen an 22.01 – Marburg an 22.19 – Kassel
598	Ludwig Uhland	Ⓑ	München – Mannheim – Hamburg
610	Gutenberg	Ⓑ	München – Dortmund – Hamburg München – Dortmund
612	Gorch Fock	Ⓟ	Garmisch-Partenkirchen ab 9.07 – München – Köln – Kiel an 22.50 München – Köln – Kiel
614	Poseidon	Ⓦ	München – Köln – Hamburg – Westerland an 20.16 München – Köln – Hamburg
616	Hölderlin	Ⓐ	München – Stuttgart – Köln – Hamburg Stuttgart – Köln – Hamburg
620	Dompfeil	Ⓔ	München – Köln – Hannover – Braunschweig an 22.41 München – Köln – Hannover
622	Gürzenich	Ⓛ	München – Würzburg – Dortmund
624	Meistersinger	Ⓟ	Garmisch-Partenkirchen ab 11.34 – Köln – Hannover München – Köln – Hannover
		7	von Mittenwald ab 11.00
		4	von Innsbruck ab 9.46
626	Walhalla	Ⓕ	Regensburg ab 5.51 – Nürnberg – Köln – Hannover Nürnberg – Köln – Hannover
628	Herrenhausen	Ⓒ	Nürnberg – Köln – Hannover
631	Graf Luckner	Ⓒ	Köln – Hamburg
633	Karolinger	Ⓒ	Aachen ab 7.10 – Köln – Hamburg
635	Hanseat	Ⓒ	Bonn – Köln – Hamburg Köln – Hamburg
637	Theodor Storm		Köln – Hamburg – Westerland an 16.10
670	Kommodore	Ⓒ	Basel – Hannover – Hamburg
672	Sachsenroß	Ⓒ	Ludwigshafen Rh. ab 6.21 – Hannover – Kiel an 13.40
680	Südwind	Ⓕ	München – Hannover – Bremen
684	Linderhof	Ⓓ	München – Hannover – Bremerhaven an 18.23
686	Albrecht Dürer		München – Hannover – Bremen
688	Herrenchiemsee	Ⓒ	München – Hannover – Bremen
690	Hohenstaufen		München – Mannheim – Hannover – Hamburg
692	Konsul		Stuttgart – Hannover – Hamburg

Zeichenerklärung (Fortsetzung von Vorseite)

Ⓥ = ⑦, nicht 11. IV., auch 12. IV
Ⓩ = nicht 25. und 26. XII., 1. und 2. I., 10. und 11. IV.
1 = ① bis ⑤, nicht 24. XII. und 9. IV.
2 = ① bis ⑤ bis 1. XI. und ab 11. XII.; nicht 25. und 26. XII., 1. und 2. I. sowie 10. und 12. IV.
3 = 11. XII. bis 13. III.
4 = 12. XII. bis 14. III.
5 = ① bis ⑤, nicht 24. XII. bis 3. I., 9. und 12. IV.
6 = bis 1. XI. und ab 14. III.
7 = bis 2. XI. und ab 15. III.

① = Montag
② = Dienstag
③ = Mittwoch
④ = Donnerstag
⑤ = Freitag
⑥ = Samstag
⑦ = Sonntag

* = Zug verkehrt nicht täglich (siehe Zugverz.)
‹ = Ankunft
() = Führung auf diesem Streckenabschnitt als D

Zusätzliche Züge zum Intercity-System

An Wochenenden sowie zu den Spitzenverkehrszeiten des Festtags- und Ferienverkehrs bieten wir Ihnen zusätzlich zu den im IC-Fahrplan veröffentlichten IC-Zügen im 1-Stunden-Takt eine Reihe von weiteren Zügen in stark gefragten Verbindungen an. Diese Züge verkehren zum Teil als D-Züge, für die kein IC-Zuschlag erforderlich ist.

Informationen über Laufwege, Verkehrstage, Fahrpläne sowie Anschlüsse dieser Züge finden Sie zum Teil in den Kursbüchern und Taschenfahrplänen bzw. in den Sonderprospekten „Zusätzliche Züge zum Intercity-System", die jeweils für Spitzenverkehrszeiträume herausgegeben werden.

Achten Sie bitte auch auf die Aushänge „Zusätzliche Züge" und auf Lautsprecherdurchsagen in den Bahnhöfen.

Herausgeber: Zentrale Transportleitung, Postfach 15 69, 6500 Mainz

d) TEE-Züge als internationale Verbindungen und Ergänzung des innerdeutschen IC-Systems 1979 - 1982

Im Fahrplanjahr 1978/79 gab es noch, wie bereits in Kap G ausführlich dargestellt, 11 internationale TEE-Zugpaare nach den TEE-Vereinbarungen von 1957, daneben mit dem TEE 14/15 „Gambrinus" ein innerdeutsches TEE-Zugpaar, das aufgrund der Vorstufe zum IBS auf der Linie 1 zwischen Köln und Hamburg aus einem bisherigen IC 1. Klasse zum TEE umgewandelt worden war, um den in diesen Zeiten aufkommenden überproportionalen Verkehr in der 1. Klasse aufzufangen, da man der Ansicht war, daß die in der 1. Klasse wagenmäßig geschwächten zweiklassigen IC diesen Verkehr allein nicht bewältigen könnten.

Mit der Einführung von Intercity 79 zum Sommerabschnitt 1979 am 27. Mai 1979 waren von diesen 12 TEE-Zugpaaren nur noch vier internationale Zugpaare übriggeblieben. Hierbei handelte es sich um die

– TEE 6/7 „Rheingold"	Amsterdam – Genève
– TEE 10/11 „Rembrandt"	München – Amsterdam
– TEE 26/27 „Erasmus"	Frankfurt – Amsterdam, an Freitagen ab Nürnberg
– TEE 84/85 „Mediolanum"	Milano – München.

Aufgrund der Beschlüsse der EFK Edinburgh waren die TEE 6/7 „Rheingold" auf den Laufweg Amsterdam – Genève festgelegt worden. Sie verloren ihre Bindungen von und nach Hoek van Holland und somit den Anschluß über die Kanalschiffe an Großbritannien. Dabei führten sie nur noch Kurswagen Amsterdam – Milano, Chiasso und Chur und eine Gruppe Emmerich – Basel SBB. Die Verbindung mit dem „Rheinpfeil" war entfallen. Die bisherigen TEE 16/17 hatten die neuen Nummern 26/27 unter den bisherigen Namen „Erasmus" erhalten und liefen nur noch Frankfurt – Amsterdam – Frankfurt, wobei TEE 26 freitags in Nürnberg begann. Sie waren in Amsterdam mit TEE 6/7 gekuppelt. Die NS hatten jedoch bereits beantragt, in anderer Fahrlage ab dem Fahrplanjahr 1980/81 dieses Zugpaar als IC Amsterdam – Innsbruck zu fahren, so daß sie bereits den Keim des Todes in sich hatten.

Die bisherigen TEE „Saphir", „van Beethoven", „Prinz Eugen", „Parsifal", „Molière", „Helvetia", „Roland" und „Blauer Enzian" entfielen, wobei die Zugpaare „Saphir", „Parsifal", und Molière" in qualifizierte Züge 1. und 2. Klasse des internationalen Verkehrs umgewandelt wurden, die TEE „van Beethoven", „Prinz Eugen", „Helvetia" und „Roland" im neuen IC-System in anderer Form aufgingen, was bei TEE „Prinz Eugen" bereits in gewisser Form zum Fahrplanjahr 1978/79 verwirklicht worden war. TEE „Blauer Enzian" entfiel in diesem Zusammenhang ganz.

Da die DB bei Einführung des später IC 79 genannten IBS davon ausging, daß aufgrund des höheren Aufkommens von Reisenden 1. Klasse in bestimmten Taktlagen die A-Gruppen der neuen Einstundentakt-IC nicht ausreichen würden, hatte sie vorsorglich zur Abdeckung der sich abzeichnenden Bedarfslücke zusätzliche Züge 1. Klasse zwischen diesen IC-Takten vorgesehen. Diese Züge, die nur im innerdeutschen Verkehr verkehrten und praktisch „Abschöpfungen" der Reisenden 1. Klasse von den IC bewirken sollten, wurden ebenfalls als TEE bezeichnet, obwohl sie den eigentlichen TEE-Kriterien nicht entsprachen. Die DB führte aber ab 1979 alle nur 1. Klasse führenden Züge grundsätzlich nur noch als TEE und wies ihnen die Nummernreihe 1 - 99 zu. In diesem Zusammenhang wurden zur Abdeckung des als erforderlich erkannten Bedarfs neben dem bereits bestehenden TEE 18/19 „Gambrinus" folgende TEE neu geschaffen:

– TEE 14/15 „Bacchus"	München – Stuttgart – Mainz – Köln – Essen – Dortmund,
– TEE 16/17 „Friedrich Schiller"	Stuttgart – Mainz – Köln – Essen – Dortmund,
– TEE 24/25 „Goethe"	Frankfurt – Mainz – Köln – Essen – Dortmund,
– TEE 28/29 „Heinrich Heine"	Frankfurt – Mainz – Köln – Essen – Dortmund,
– TEE 80/81 „Diamant"	München – Augsburg – Nürnberg – Würzburg – Hannover – Hamburg-Altona,
– TEE 90/91 „Roland"	Stuttgart – Mannheim – Frankfurt – Hannover – Bremen.

Bemerkenswert hierbei ist, daß nunmehr alle TEE, die auf der Linie 1 verkehrten, ab Heidelberg nach Mainz nicht über den Verknüpfungsknoten Mannheim, sondern über die Main-Neckar-Bahn und Darmstadt nach Mainz und umgekehrt geleitet wurden. Insofern wurde Darmstadt mit Zügen 1. Klasse gut angebunden, während dagegen Orte der Linie 3, die ein erhebliches Aufkommen von Reisenden 1. Klasse aufzuweisen hatten, wie Karlsruhe und Freiburg, namentlich aber auch die nicht unbedeutenden Geschäftsreisenden aus der Schweiz, an diese Züge nicht herankamen und auf die IC der Linie 3 mit Umsteigen in Mannheim auf die Linie 1 angewiesen waren, sofern sie nicht gerade einen Zug mit Linientausch benutzten. Nur der „Rheingold" befuhr hier seine alte klassische Route.

Nach den Planungen sollte TEE 80/81 „Diamant" mit ET 403 gefahren werden, zum Einsatz kam nachher tatsächlich aber ein Wagenzug. Es ist ohnehin unverständlich, warum die nun entbehrlich gewordenen ET 403 nicht voll in diesem TEE-System eingesetzt wurden. Gerade der starke Verkehr mit TEE zwischen Stuttgart und Frankfurt und dem Rhein-Ruhr-Gebiet hätte den Einsatz der ET 403 gerechtfertigt. Man hätte hier zusätzlich A-Wagen frei bekommen, die anderweitig fehlten. Stattdessen wurden die hochwertigen ET 403 nur noch im Sonderverkehr eingesetzt und brachten praktisch kaum Leistungen und dies bei Zügen, deren Anschaffungspreis sich damals bei weitem durch ihren bisherigen Einsatz auf der Linie 4 noch nicht amortisiert hatte. Auch dies ist eines der Rätsel um den deutschen IC-Verkehr.

Bereits zum Winterabschnitt gab es die ersten Änderungen. Nachdem die bestehende Bindung zwischen TEE 18 „Gambrinus" und TEE 29 „Heinrich Heine" entfallen war, erhielt TEE 29 eine frühere und verkehrlich interessantere Fahrlage zum Geschäftsschluß, die seine Besetzungszahlen heben sollte. TEE 25 „Goethe" verkehrte freitags zur Wende auf TEE 26 „Erasmus" bis Nürnberg.

Die Beschlüsse der EFK Edinburgh brachten nicht nur aus bei der DB liegenden Gründen durch Einführung des Systems Intercity 79 wesentliche Einschränkungen des TEE-Verkehrs, nein auch andere am TEE-Verkehr beteiligte Verwaltungen werteten bisherige TEE-Verbindungen zu sogenannten „qualitativen Schnellzügen mit 1. und 2. Klasse" ab. Dies blieb in der Öffentlichkeit nicht ohne Widerspruch, waren doch die TEE das hochwertigste Angebot, das die europäischen Eisenbahnen boten. Auf die teilweise bissigen, meist aber sehr kritischen Kommentare der deutschen Medien aus Anlaß der Einführung von IC 79 wurde bereits hingewiesen. Aber auch so renommierte ausländische Blätter wie die „Neue Zürcher Zeitung" setzten sich sowohl mit dem TEE-Sterben als auch dem von der DB einzuführenden System „Intercity 79" kritisch auseinander. In zwei Kommentaren vom 4.11. und 1.12.1978 berichtete das Blatt unter der Überschrift „Ende des TEE-Konzepts" über die Beschlüsse der EFK Edinburgh. Da diese Ausführungen das gesamte Problem schlagartig beleuchteten, sollen sie hier wiedergegeben werden:

„Vom 18. bis zum 28. September hatte unter dem Vorsitz von SBB-Generaldirektor Dr. Karl Wellinger in Edinburg die Europäische Reisezug-Fahrplankonferenz für die Fahrplanperiode 1979 - 81 stattgefunden. Die Vertreter aller europäischen Bahnen, die daran teilnahmen, beschlossen in erster Linie die Abschaffung zahlreicher bisheriger Trans-Europ-Express-Züge (TEE), die in Intercity-Züge oder gewöhnliche Schnellzüge mit beiden Wagenklassen verwandelt werden.

Die Deutsche Bundesbahn (DB) läßt bekanntlich vom 27. Mai 1979 an, dem Tag des Fahrplanwechsels, ihre Städteschnellzüge im Stundentakt verkehren, womit sie den SBB, denen dieser Vorschlag (in einem umfasserenden Sinne) zuerst vorgelegen hatte, zuvorgekommen ist. Während das Wagenmaterial für die 1. Klasse dasselbe bleibt (ältere TEE- und Eurofima-Wagen in den TEE-Farben, beide klimatisiert), müssen für die 2. Klasse einstweilen gewöhnliche, nicht klimatisierte Schnellzugfahrzeuge zum Einsatz gelangen, da die DB trotz hohen Geschwindigkeiten diesen Komfort für ihre Zweitklasspassagiere bis vor kurzem abgelehnt hat.

Diesem Konzept fallen die bisherigen TEE-Züge „Helvetia" (Zürich — Basel — Frankfurt — Hamburg) und „Roland" (Bremen — Frankfurt — Basel — Luzern — Mailand) zum Opfer. Sie werden durch zweiklassige IC-Züge ersetzt, wobei der letztere neu unter dem Namen „Tiziano" ab Hamburg verkehrt. Wohl auch aus Pietätsgründen zumindest vorläufig als Trans-Europ-Express nicht abgeschafft wird der dieses Frühjahr 50jährig gewordene, traditionsreiche „Rheingold"-Zug (Amsterdam — Genf, mit Kurswagen nach weiteren Destinationen), der jedoch seinen Zweig Hoek van Holland (für die mit dem Nachtfährbot über Harwich anreisenden Londoner Passagiere) verliert.

Wie erwartet, fällt vom nächsten Frühjahr an eines der beiden TEE-Zugpaare nach Brüssel dahin. Eher unerwartet handelt es sich dabei um die Morgenverbindung „Edelweiss" ab Zürich, während der Spätnachmittag-/Abendzug „Iris" eine offenbar noch nicht abschließend definierte „Gnadenfrist" erhält. Der Ersatz besteht in einer SBB-Komposition mit Eurofima-Erstklass-, nichtklimatisierter Zweitklass- und einem schweizerischen Speisewagen, die — nicht im Zeichen des Fortschritts — wegen langer Grenzaufenthalte in Basel gegenüber heute eine deutlich verlängerte Fahrzeit erhält. Was mit der bisherigen TEE-Vierstrom-Komposition der SBB, die jetzt noch nach Brüssel fährt, in Zukunft angefangen werden soll, ist noch nicht klar; fest steht nur, daß die sich seit langem aufdrängende zweite TEE-Verbindung nach Mailand (Zürich ab etwa um 17 Uhr) weiterhin nicht geschaffen wird.

Völlig überraschend kommt das Ende der TEE-Zugverbindung „L'Arbalè te" (Zürich — Basel — Paris), die durch einen gewöhnlichen, aus „Corail"-Wagen der Französischen Staatsbahnen gebildeten Zug mit beiden Klassen abgelöst wird. Von Bedeutung ist, daß der „Arbalète" nicht nur seine TEE-Erstklasswagen, sondern auch den Speisewagen verliert; das Essen soll demjenigen, der da noch essen mag, in Form aufgewärmter Plättchen nach dem Flugzeug-System (im Gegensatz dazu aber zu einem ansehnlichen Preis) am Platz serviert werden, während für Getränke und belegte Brötchen ein Barwagen vorgesehen ist. Das derzeitige „fahrende Restaurant" (von ausgezeichneter Qualität) serviert montags bis freitags durchschnittlich etwa 120 Nachtessen pro Tag (oder mehr als der beste Kurs der Schweizerischen Speisewagengesellschaft), ist aber defizitär, weil der Einsatz der Mannschaft in der falschen Richtung erfolgt und deshalb in Basel mit entsprechenden Spesen übernachtet werden muß.

Die Beschlüsse der Europäischen Fahrplankonferenz kommen praktisch einem Ende der bestfunktionierenden, beliebtesten und erfolgreichsten Dienstleistung der Bahnen im internationalen Reiseverkehr, des TEE-Konzepts, gleich, auch wenn einige grenzüberschreitende Trans-Europ-Express-Züge vorläufig noch weiterrollen werden.

Von insgesamt 40 TEE-Zügen im gegenwärtigen Fahrplan entfallen 15 auf den landesinternen Verkehr in Frankreich und in Italien, 9 werden mit der zweiten Wagenklasse ausgerüstet, darunter auch die beiden Verbindungen Paris – Köln (Molière und Parsifal), und 16 internationale Züge bleiben. 6 der letzteren verkehren allein auf der wegen der Europäischen Gemeinschaften besonders stark gefragten Strecke Paris – Brüssel, teils – Amsterdam. Die Trans-Europ-Express-Züge „Bavaria" (Zürich – München), „Goethe" (Paris – Frankfurt) sowie Verbindungen nach Wien, Kopenhagen und in Frankreich sind schon früher aus dem Sortiment gestrichen worden. Dem TEE „Iris" (Zürich – Brüssel) kann nach dem Stand der Dinge wohl keine große Überlebenschance mehr eingeräumt werden, „Erasmus", „Rembrandt" und selbst der „Rheingold" (alle im Holland-Verkehr) dürften über kurz oder lang den Vereinheitlichungsbestrebungen der Deutschen Bundesbahn zum Opfer fallen, und der „Cisalpin" (Paris – Lausanne – Mailand und im Sommer – Venedig) kann nur noch so lange seine Funktion erfüllen, bis – in den ersten achtziger Jahren – die Schnellbahn Paris – Lyon ihren Betrieb aufnimmt.

Was bleibt, sind außer den erwähnten Brüsseler Zügen bis zum Ende der Lebensdauer der 1981 20jährig werdenden SBB-Vierstrom-Kompositionen der „Gottardo" (Basel – Zürich – Mailand) sowie drei italienische Züge, bis eine noch etwas weiter links stehende Römer Regierung deren „unsozialen" Charakter entdecken wird, und der „Catalan-Talgo" (Genf – Barcelona), mit seinem Spurwechsel-System, ein in Frankfreich vermutlich auch nicht mehr allzu lange geduldeter Einzelgänger.

Die TEE-Züge sind 1957 auf Initiative des damaligen Präsidenten der Niederländischen Eisenbahnen und mit Unterstützung von SBB-Generaldirektor Otto Wichser geschaffen worden und betrafen ursprünglich allein den grenzüberschreitenden Verkehr. Sie sollten, den Hauptverkehrsströmen folgend, soweit als möglich die mehr stehenden als fahrenden, weil immer wieder umständlich zu rangierenden internationalen Züge ablösen und in einer zweiten, leider nie verwirklichten Etappe durch „fahrende Hotels" ergänzt werden. Der „zerhackte Wurm", der traditionelle Kurswagenzug, den Otto Wichser damals so einprägsam charakterisierte, ist seither etappenweise wieder zurückgekehrt und findet nun seinen klassischen Anwendungsfall in der TEE-Nachfolge-Verbindung Zürich – Basel (– Hamburg/Paris/Brüssel) in einem gemeinsamen Zug, was prompt zu unattraktiv langen Grenzaufenthalten führt.

Die Umwandlung von Trans-Europ-Express-Verbindungen in Züge mit beiden Wagenklassen ist keineswegs grundsätzlich abzulehnen, und in einigen Fällen hätte sie sich schon längst aufgedrängt. Doch nun scheint das Kind mit dem Bade augeschüttet zu werden, indem mit der Einführung der 2. Klasse das (Qualitäts-) Markenzeichen „TEE" fallengelassen wird, und die Ergänzung betrifft teils die falschen, weil bisher schon ausgelasteten Züge, während dem „Lemano" (Mailand – Genf) und dem „Rheingold" in der Schweiz keine Zweitklasswagen beigegeben werden. Ob die deutschen Intercity-Züge, die mit ihren Fahrzeiten heute schon eher Mühe haben, mit ihren wesentlich schwereren Lasten das „Plansoll" einhalten zu können, oder ob nicht doch wieder längere Reisezeiten die Folge sein werden, wird sich erweisen müssen, und dasselbe trifft für den „Arbalète" nach Paris zu, der allerdings als Folge der drastischen Komfortsenkung einen Großteil seiner Schweizer Erstklasskundschaft verlieren dürfte. Die Bezeichnung „Trans-Europ-Express" hätte ohne weiteres auch für Züge mit der zweiten Wagenklasse verwendet werden können, sofern gewisse einheitliche Qualitätsmerkmale (nicht Zuschläge) und Farben diese Verbindung kennzeichnen würden; doch von einem solchen, den neuen Verhältnissen angepassten Konzept ist nichts zu vernehmen.

Die Frage bleibt, weshalb das TEE-Netz, zumindest in seinem ursprünglichen Sinne, untergehen muß. Zum einen handelt es sich um einen nicht nur heute spürbaren Rückfall der Bahnen ins nationalstaatliche Denken: Man setzt seinen TEE-Wagen lieber von Paris nach Lille als nach Zürich ein.

Jedenfalls sind die Trans-Europ-Express-Züge, von wenigen Ausnahmen abgesehen, nicht an Frequenzmangel „gestorben''. Der „Arbalè te'' beispielsweise hat als zweiteiliger Dieseltriebzug ab Zürich begonnen und in Frankreich jeweils 2 weitere Teile erhalten, während er heute, je nach Wochentag, 9 bis 11 TEE-Wagen führt und damit die Lastgrenze der französischen Diesellokomotive erreicht.

Im übrigen ist die Vorstellung naiv, daß mit der Einführung der zweiten Klasse sich für die bisherigen Erstklasspassagiere nichts ändern werde. Aufgrund der schwereren Züge werden Fahrzeitverlängerungen vielenorts unvermeidlich, was sich auch darin äußern kann, daß der Ertrag von Bahnhof- und Streckenausbauten nicht weitergegeben wird. Wenn die Deutsche Bundesbahn etwas anderes behauptet, so ist sie daran zu erinnern, daß sie schon bei der Schaffung der heutigen Intercity-Züge (IC) erster Klasse nicht in der Lage war, ihre Fahrpläne zu berechnen, und deshalb hat Korrekturen vornehmen müssen. Die französische Gewohnheit, nach Möglichkeit auf den Sprung des Sekundenzeigers genau anzukommen, ist im IC-Verkehr der DB nie üblich gewesen.

Für die Anschlüsse verhängnisvoll dürften sich die Doppelführungen von Intercity-Zügen auswirken. Von der Versuchsstrecke Köln – Hamburg mit Einstundentakt liegen dazu Erfahrungen vor. Mangels Reserven an geeignetem Rollmaterial müssen zum Teil Vorortsverkehrswagen (sogenannte „Silberlinge'') mit 140 statt 200 km/h Höchstgeschwindigkeit verwendet werden. Als das Publikum reklamierte, wurden der IC-Zuschlag fallengelassen und die Bezeichnung „IC-Entlastungszug'' durch das bürokratische einprägsame „Schnellzugsentlastungszug zu IC...'' ersetzt. Während weiterhin neue Triebfahrzeuge für 150 km/h die Fabriken verlassen, klärt die vom Bundesrechungshof wegen massiver Fehlplanungen gerügte und auf einem „Lokomotivberg'' ungenügender Leistungsklassen sitzende Deutsche Bundesbahn in einem Großversuch erst jetzt, ob ihrer jüngsten Baureihe allenfalls auch das für den IC-Verkehr zumindest notwendige Tempo 160 zugemutet werden könne. Von seiten der Wirtschaft soll sich die DB wegen der Aufgabe des bisherigen TEE-/IC-Konzepts unter erheblichem Beschuß befinden; die Lufthansa zu wählen, und vor dem Abflug ein Lunchpaket zu fassen, ist eben nicht jedermann's Sache... H. Bossard, Inlandredakteur NZZ''

Dem wäre eigentlich nichts hinzuzufügen. Aber noch eine Gegend trauerte einem der bekannten und renommierten TEE-Züge nach: die Hamburger dem „Blauen Enzian'', der seit Herbst 1949 zunächst namenlos, dann seit 1952 unter diesem Namen als F-Zug des leichten Fernschnellzugnetzes täglich die Elbmetropole mit der Isar verband, um dann ab 1965 als TEE zu verkehren, seit Sommer 1969 saisonal nach Klagenfurt und Zell an See verlängert. Ein Vierteljahrhundert war dieser Name einprägsam beim Publikum eine Markenbezeichnung für eine bestimmte Zugrelation, ohne berührt zu werden von der inzwischen Mode gewordenen Inflation der Namensänderungen, die es dem Reisenden schwer machen, einen bestimmten Zug daraus wie früher, seine Aufgaben und zeitliche Lage zu identifizieren. Es erschien unverständlich, daß dieser für eine Verbindung geradezu „klassische'' Zugname nicht im neuen IC-Netz in der gleichen Relation Verwendung fand, sondern auf eine neue imaginäre, durch das Liniensystem von IC 79 vorgegebene Verbindung Dortmund – Klagenfurt – Köln – Braunschweig überging. Und dabei verkehrte ja zwischen Hamburg und München in Gestalt des TEE 80/81 noch nach dem neuen Konzept ein TEE, der aber nach den unerfindlichen Vorstellungen der DB-Namensgeber den zwar klangvollen, aber für diese Verkehrsbeziehung nichtssagenden Namen „Diamant'' erhielt. Sicher war dessen baldiges Ende bei der seinerzeitigen Namensvergebung noch nicht vorherzusehen.

Für den Jahresfahrplan 1980/81 brachte die FT Paris nochmals die Neuschaffung eines TEE in Form des TEE 8/9 „Albert Schweitzer'', der die Europastadt Strasbourg mit der Bundeshauptstadt verbinden und so den Politikern einen Anreiz zur Benutzung der Eisenbahn mit ihren ohnehin vorhandenen Freifahrkarten geben sollte. Gleichzeitig wurde ihm eine Entlastungsfunkion zum 8.00 Uhr-Takt ab Köln gegeben, der bei der 1. Klasse zu Überbesetzungen neigte. So erhielt das Zugpaar den Laufweg Stasbourg – Kehl – Karlsruhe – Heidelberg – Darmstadt – Mainz – Köln – Essen – Dortmund. In diesem Zusammenhang wurde das bisher zwischen Dortmund und München verkehrende im Vorjahr eingerichtete TEE-Zugpaar 15/14 „Bacchus'' aufgegeben. Bereits bei ihren Planungsgrundsätzen für das Fahrplanjahr 1980/81 hatte ja die HVB darauf hingewiesen, daß aus wirtschaftlichen Gründen es erforderlich sei, gewisse bei Einrichtung des Systems IC 79 geschaffenen Überkapazitäten wieder abzubauen, und dabei vor allem auf die TEE-Züge verwiesen. So wundert es also auch nicht, daß neben dem „Bacchus'' weitere TEE Einschränkungen hinnehmen mußten. Mit der Begründung der „schwachen Besetzung'' wurde TEE 10/11 „Rembrandt'' auf Stuttgart beschränkt und entfiel zwischen München und Stuttgart. Der an Freitagen nach Nürnberg laufende TEE 25

„Goethe" entfiel zwischen Frankfurt und Nürnberg, so daß er an allen Verkehrstagen nur noch zwischen Dortmund und Frankfurt verkehrte. Und dann entfielen von den alten klassischen internationalen TEE die TEE 26/27 „Erasmus" und wurden durch ein neues IC-Paar Amsterdam – Innsbruck ersetzt.

Trotz der Bearbeitung Amsterdam – Genève auf der FT Paris mußte wegen der Nichteinführung der Sommerzeit in der Schweiz der „Rheingold" in dieser Phase auf den Laufweg Amsterdam – Bern beschränkt werden; TEE 6 führte dabei die Kurswagen Chur nur nach Zürich. Mit der Wiedereinführung der Normalzeit in Mitteleuropa wurde der Zug wieder auf dem Laufweg Amsterdam – Genève gefahren.

Da man im Laufe des Sommers aus Urlaubs- und Betriebsferiengründen glaubte, ein geringeres Reisendenaufkommen der 1. Klasse zu haben, die mit den vorhandenen IC anstandslos abbefördert werden konnten, entfielen im gesamten Sommerfahrplan die TEE 16/17 „Friedrich Schiller" Stuttgart – Dortmund und TEE 90/91 „Roland" Stuttgart – Bremen. Für TEE 28/29 „Heinrich Heine" Frankfurt – Dortmund war dies ebenfalls beantragt worden, jedoch sah man hiervon wegen der zahlreichen Messen in Köln und Düsseldorf ab, für die man wohl ein zusätzliches Reisendenpotential der 1. Klasse erwartete und das Zugpaar entfiel nur in der reinen Sommersaison vom 1.Juni bis 31. August.

Der Winterabschnitt brachte zwar wieder das Verkehren des „Friedrich Schiller" von Stuttgart nach Dortmund, dafür aber wurden TEE 18/19 „Gambrinus" auf die Verkehrstage Montag – Freitag beschränkt und erhielten nur noch den Laufweg Stuttgart – Köln – Bremen, so daß sie zwischen München und Stuttgart und Bremen und Hamburg-Altona ausschieden. TEE 90/91 „Roland" Stuttgart – Bremen existierten nun auch im Winterabschnitt nicht mehr. Damit waren jetzt von den bei Einführung von IC 79 im Mai 1979 im Bereich der DB vorhandenen vier internationalen und elf nationalen TEE nur noch drei (durch den hinzugekommenen „Albert Schweitzer") internationale und fünf nationale TEE-Paare übrig geblieben, deren Laufwege aber bereits stark beschränkt waren und deren Verkehrstage auch nur noch von Montag bis Freitag lagen.

Der Jahresfahrplan 1981/82 schränkte den TEE-Verkehr weiter ein. TEE 16/17 „Friedrich Schiller" fuhren nach den Erfahrungen des Vorjahres nur im Winterabschnitt, wobei TEE 16 ab Essen über Gelsenkirchen nach Dortmund geführt wurde, um D 349 Köln – Berlin zwischen Essen und Bochum in den auf der EFK den Haag und der DB-DR-Abstimmung vereinbarten Zeiten durchführen zu können. Auch TEE 18/19 mußten sich weitere Einschränkugen zur Einsparung von Zugkilometern gefallen lassen. TEE 18 fuhr montags – donnerstags nur noch Stuttgart – Münster, freitags dafür Stuttgart – Hamburg-Altona, TEE 19 im Gegenlauf montags ab Hamburg, dienstags bis freitags aber ebenfalls nur noch von Münster. Außerdem wurde für das Zugpaar eine Hg von 160 km/h festgelegt, da der zu stellende WR nur für 160 km/h zugelassen war. Die ursprünglich vorgesehene Rücknahme des Zugpaares auf Dortmund als nördlichen Endpunkt wurde nicht verwirklicht, da der Raum Gelsenkirchen – Recklinghausen angeschlossen bleiben sollte. TEE 28/29 „Heinrich Heine" verkehrten ebenfalls nicht bis zum 30. August 1981. Und schließlich mußte aufgrund der Besetzungszahlen auch TEE 80/81 „Diamant" München – Hamburg-Altona eingestellt werden. Damit verlor die Nord-Süd-Strecke ihre letzte TEE-Verbindung.

Auf der FT Paris für den Jahresfahrplan 1982/83 wurde eine folgenschwere Entscheidung gefällt: Der historisch gewachsene traditionsreiche TEE 7/6 „Rheingold" Amsterdam – Genève wurde wegen der Einführung des Swiss-Taktes durch die SBB für diese in der bisherigen Form nicht mehr durchführbar und mußte daher in seinem Laufweg auf Amsterdam – Basel SBB mit Kurswagen Amsterdam – Bern täglich, Amsterdam – Chiasso bis 30. Oktober 1982 und ab 30. April 1983 sowie Amsterdam – Chur vom 31. Oktober 1982 bis zum 29. April 1983 beschränkt werden. Die Kurswagenführung nach Mailand mußte entfallen. Damit war wieder einer der großen europäischen Standardzüge aus der Zeit vor dem Zweiten Weltkrieg den immer mehr bei den einzelnen Bahnen sich durchsetzenden Taktsystemen zum Opfer gefallen. In diesem Zusammenhang mußte TEE 6 nordwärts eine etwa zwei Stunden frühere Fahrlage entgegen seiner traditionellen Lage erhalten, um nicht mit dem aufgrund von „Swiss-Takt" neu geschaffenen IC 106 „Lötschberg" in eine zeitparallele Lage zu kommen. Dies aber bewirkte wieder, daß nun auch TEE 8 „Albert Schweitzer" eine um eine Stunde frühere Fahrlage bekommen mußte, um nördlich Karlsruhe in etwa die frühere Fahrlage des TEE 6 zu übernehmen, der wichtige IC-Entlastungsfunktionen im Bereich der 1. Klasse ausübte. Insofern versprach man sich aus dieser neuen Lage des TEE 8 eine bessere Frequenz, die bei diesem Zug bisher sehr zu wünschen übrig ließ und die immer wieder zu Diskussionen um die Beibehaltung dieses Zugpaares geführt hatten. Die DB ließ aber ausdrücklich in das Protokoll der FT Paris hineinschreiben, daß sie sich den Ersatz des ARmh 15 durch Minibar-Service vorbehalte und dies

Zwei der nur noch in relativ geringer Anzahl verkehrenden TEE-Züge treffen sich am 6. März 1982 in Genf: rechts der „Catalan Talgo" nach Barcelona, links TEE „Rheingold" mit Re 4/4 I 10046.
Aufnahme: Karl Jetzer

111 009 vor TEE „Mediolanum" am 8. Oktober 1981 bei St. Jodok am Brenner. Aufn.: Zronek

erfolgte dann auch tatsächlich, so daß nunmehr TEE 8/9 die einzigen TEE sind, die keinen Speisewagen führen, sondern auf dem Abschnitt Kehl – Dortmund durch Minibar der DSG bewirtschaftet werden. Wahrhaft ein rascher Niedergang des einst so stolzen TEE-Verkehrs auf Europas Schienen. Und letztlich wurde bei einer Lastminderung auf 200 t das Zugpaar zwischen Kehl und Heidelberg nur mit Hg 140 km/h bearbeitet, um den Beimann sparen zu können. Dadurch ergeben sich Reisezeitverlängerungen von 6 bzw. 10 Minuten!

„Infolge mangelnder Inanspruchnahme" wie es so schön seitens der DB hieß, entfielen TEE 16/17 „Friedrich Schiller", die ohnehin nur im Winterabschnitt fuhren. Dafür kamen die TEE 10 „Rembrandt" Stuttgart – Amsterdam in die Trasse des bisherigen TEE 16 und TEE 19 „Gambrinus" südwärts in die Trasse des bisherigen TEE 17. Dabei wurde der Laufweg der TEE 18/19 „Gambrinus" auf Stuttgart – Dortmund, wie bereits im Vorjahr einmal geplant, beschränkt. Das Zugpaar lief jetzt über Essen unmittelbar nach und von Dortmund. Bei TEE 28/29 „Heinrich Heine" verblieb es dabei, daß das Zugpaar erst ab 30. August fuhr.

Somit gab es ab 23. Mai 1982 bei der DB nur noch sieben TEE-Zugpaare, von denen nur noch „Rheingold", „Rembrandt" und „Albert Schweitzer" internationale Zugläufe waren, wenn man den kurzen Weg Kehl – Strasbourg beim „Albert Schweitzer" überhaupt als internationalen und nicht nur als grenzüberschreitenden Lauf ansehen will. Von diesen verbliebenen TEE verkehrten auch nur noch die in Amsterdam umlaufmäßig zusammengeschlossenen „Rheingold" und „Rembrandt" täglich, alle anderen TEE hatten als Verkehrstage nur noch Montag – Freitag, ggf. mit weiteren Einschränkungen.

Zum Zeitpunkt der Niederschrift dieses Manuskriptes, an dem sich gerade der 25. Jahrestag der Einführung der TEE als große internationale komfortable herausragende europäische Fernzüge besonderen Standards jährt, beraten am 8. Juni die Präsidenten der zehn am TEE-Verkehr beteiligten europäischen Eisenbahnverwaltungen über das zukünftige Schicksal dieser Züge. Im Hinblick auf die von der UIC festgelegten Kriterien für europäische Intercity-Züge mit beiden Wagenklassen und der immer mehr zur Tendenz werdenden Einführung von Taktfahrplänen bei den europäischen Eisenbahnverwaltungen gehört keine große Prophetenangabe dazu festzustellen, daß das 25. Jahr des Trans-Europ-Expreß-Verkehrs auch das letzte sein wird und daß es ab 29. Mai 1983 keine TEE-Züge mehr in Europa geben wird, sondern daß der 28. Mai 1983 der letzte Verkehrstag dieser Züge sein wird, mit denen am 2. Juni 1957 ein neuer großer Abschnitt in der Geschichte des Schnellverkehrs auf Europas Schienen begann. Ob es außer im Charterverkehr nach dem 28. Mai 1983 in Europa noch planmäßige Reisezüge mit nur 1. Klasse geben wird, ist eine heute noch nicht zu beantwortenden Frage, aber alle Anzeichen deuten darauf hin, daß das Jahr 1983 das Ende der hochwertigen Polsterzüge sein wird, die über ein Jahrhundert lang die Schienen Europas prägten.

Nachdem zahlreiche Bemühungen der verschiedensten Stellen aus Politik, Wirtschaft, Verkehrsinteressenten beim Vorstand der DB es bisher nicht geschafft hatten, den Weltflughafen Frankfurt Rhein-Main an das Fernverkehrsnetz der DB, insbesondere an den Intercity-Verkehr anzubinden, sieht man einmal von den drei Flughafen-Eilzugpaaren Ludwigshafen – Mannheim – Darmstadt – Frankfurt-Flughafen und dem auf diesem Abschnitt als D-Zug verkehrenden IC 564/565 „Burggraf" ab, begann am 27. März 1982 eine neue Ära im Verkehr zwischen Lufthansa und Deutscher Bundesbahn. Seit diesem Tage setzt die Deutsche Lufthansa auf der Strecke Düsseldorf – Frankfurt-Flughafen unter der Bezeichnung „Lufthansa-Airport-Expreß" vier Zugpaare täglich ein, um Inlandflüge zwischen den Flughäfen Düsseldorf und Köln/Bonn und Frankfurt Rhein-Main aus Kostengründen einzusparen. Diese neuen „Lufthansa-Airport-Express"-Züge werden mit von der Lufthansa von der DB gecharterten und für ihre Zwecke bei Linke-Hoffmann-Busch in Salzgitter umgebauten elektrischen Schnelltriebzügen der Baureihe ET 403 gefahren, die dadurch endlich nach langer Zeit eine positive Verwendungsmöglichkeit gefunden haben. Die vier Zugpaare haben Halte in Köln und Bonn und werden zwischen Bonn und dem Flughafenbahnhof Frankfurt ohne weiteren Halt durchgeführt, wobei sie die linke Rheinstrecke und die Flughafenbahn benutzen. Aus betrieblichen Gründen im Flaschenhals Mainz Hbf und dem anschließenden betrieblich äußerst schwierigen Abschnitt bis Mainz Süd müssen allerdings vier Züge über Mainz-Mombach – Kaiserbrücke – Mainz-Kostheim – Mainz-Bischofsheim um Mainz herum geführt werden. Die Züge haben seitens der Lufthansa „Flugnummern" mit der Bezeichnung LH 1001 – 1008 erhalten und werden von der DB zuggattungs- und zugmeldemäßig als TEE behandelt und führen ohne besonderen Namen die Zugnummern TEE 61/62, 63/64, 65/66 und 66/67, wobei gerade Zugnummern ab Düsseldorf, ungerade ab Frankfurt-Flughafen verkehren. Aus Abstellungs-, Wartungs- und Betriebsgründen ist es nötig, die Einheiten als Leerfahrten zwischen den einzelnen Zugläufen nach Kelsterbach, Frankfurt-Sportfeld und Frankfurt Hpbf zu überführen, da in Frankfurt-Flughafen keine Abstellmöglichkeiten bestehen, ohne den planmäßigen S-Bahnverkehr der dort verkehrenden zwei S-Bahn-Linien des Frankfurter-Verkehrs-Verbundes zu behindern.

Dabei ergibt sich für den Sommerabschnitt des Jahresfahrplans 1982/83 folgender Fahrplan und Umlauf:

TEE 61 (LH 1001)		TEE 63 (LH 1003)		TEE 65 (LH 1005)		TEE 67 (LH 1007)			TEE 62 (LH 1002)		TEE 64 (LH 1004)		TEE 66 (LH 1006)		TEE 68 (LH 1008)	
254		253		253		253		Zkm Zkm	254		253		254		254	
145		142		141		142		Rz Rz	145		140		143		144	
105		107		107		107		Rg Rg	105		109		107		106	
	6^{17}		9^{46}		13^{17}		17^{58}	Düsseldorf	11^{32}		15^{31}		19^{01}		23^{30}	
6^{37}	6^{38}	10^{07}	10^{08}	13^{37}	13^{38}	18^{18}	18^{19}	Köln-Deutz	11^{08}	11^{09}	15^{08}	15^{09}	18^{38}	18^{39}	23^{07}	23^{08}
6^{41}	6^{42}	10^{11}	10^{12}	13^{41}	13^{42}	18^{22}	18^{24}	Köln Hbf	11^{04}	11^{06}	15^{04}	15^{06}	18^{35}	18^{36}	23^{03}	23^{05}
6^{59}	7^{00}	10^{29}	10^{30}	13^{59}	14^{00}	18^{41}	18^{42}	Bonn	10^{43}	10^{44}	14^{43}	14^{44}	18^{15}	18^{16}	22^{43}	22^{44}
8^{42}		12^{08}		15^{38}		20^{20}		Frankfurt (M) Flughafen		9^{07}		13^{11}		16^{38}		21^{08}
		Lt 30063		**Lt 30065**		**Lt 30068**					**Lt 30064**		**Lt 30066**		**Lt 30067**	
		–	12^{16}	–	15^{47}	–	20^{28}	Frankfurt (M) Flughafen			13^{02}	–	16^{30}	–	20^{55}	–
			–		–	20^{31}	–	Kelsterbach				–		–		20^{51}
			–	15^{51}	–		–	Ffm Sportfeld				–		16^{24}		–
		12^{31}	–	–	–		–	Ffm Hauptbahnhof			–	12^{47}		–		–

Neu an diesem Charterverkehr ist, daß die DB lediglich die betriebliche Abwicklung durchführt, alle anderen Aufgaben jedoch bei der Lufthansa liegen, diese also auch den vollen Service und die Betreuung der Reisenden übernimmt. Die DB stellt neben dem Triebfahrzeugpersonal nur noch einen Zugführer. Zunächst gilt dieses Chartergeschäft für eine Versuchsdauer von zwei Jahren, jedoch ist bereits aufgrund der positiven Fahrgastzahlen anzunehmen, daß er verlängert wird; ja seitens der Lufthansa sind schon Projekte bekannt geworden, diesen Verkehr auch auf die Relation nach Nürnberg auszudehnen. Da von den vorhandenen drei ET 403 nur zwei im Augenblick von der Lufthansa planmäßig eingesetzt werden, dürfte bei Einsatz auch des dritten ET 403 und entsprechender Fahrplangestaltung sicher eine Durchbindung Düsseldorf – Nürnberg mit vollem Fahrgastwechsel in Frankfurt-Flughafen nicht unrealistisch sein. Planungen, ggf. auch die Inlandsflüge von Stuttgart in diesen neuen Dienst einzubeziehen, würden allerdings den Einsatz weiterer Fahrzeuge erforderlich machen, wozu sich hier auch die ja nicht voll ausgelasteten und nur teilweise im TUI-Charterverkehr eingesetzten VT 601 anbieten würden, so daß möglicherweise diese für den TEE-Verkehr gebauten Fahrzeuge nochmals zu hochwertigen Einsätzen gelangen könnten. Da es sich hier um eine versuchsweise Kooperation Lufthansa – Bundesbahn handelt, deren Weiterentwicklung unter wohlwollender Unterstützung des Bundesministers für Verkehr steht, wurden die neuen „Airport-Expreß" bewußt zunächst auf die Relation Düsseldorf – Frankfurt-Flughafen beschränkt, obwohl sich angeboten hätte, die Züge bereits in Dortmund beginnen zu lassen, zumal Heimat-Betriebswerk der ET 403 das Bw Hamm (Westf) ist, wo übrigens auch die VT 601 beheimatet sind. Aber die DB fürchtete wohl eine Abwanderung von ihrem IC-Netz, obwohl diese Züge nur mit Flugscheinen benutzt werden können. Sicher ist auch hier noch nicht das letzte Wort gesprochen, und es steht zu hoffen, daß hier eine hoffnungsvolle Entwicklung und eine positive Kooperation zwischen den beiden großen Bundesunternehmen ihren Anfang genommen hat, wenn man angesichts der nachstehenden, in den letzten Tagen durch die Presse gegangenen Meldung noch nicht so recht an eine wirklich wünschenswerte Kooperation, zumindest auf dem deutschen Binnenverkehrsmarkt glauben mag:

„Frankfurt (dpa/vwd). Mit neuen preiswerten Flügen im innerdeutschen Verkehr und einem verbesserten Service auf allen Routen will die Lufthansa künftig mehr Reisende in die Luft holen. Zusätzlich zu den Holiday-, Flieg- und Spartarifen zum halben Preis will die Fluggesellschaft auf den Strecken innerhalb der Bundesrepublik um nochmals 30 Prozent verbilligte Flüge für Senioren, junge Leute und für Teilnehmer an Großveranstaltungen anbieten. Das Unternehmen hofft, daß die erforderliche Genehmigung noch vor den Sommerferien vom Bundesverkehrsministerium erteilt wird".

Die neuen LH-TEE legen die Strecke Düsseldorf Hbf – Frankfurt-Flughafen in Fahrzeiten zwischen 2.20 Std (TEE 64) und 2.25 Std (TEE 61) zurück und erzielen dabei Reisegeschwindigkeiten zwischen 108,2 km/h bei TEE 64 und 104,9 km/h bei den TEE 61 und 62. Dies sind für die Streckenverhältnisse auf der linken Rheinseite durchaus beachtliche Werte, wobei naturgemäß die über die Kaiserbrücke fahrenden Züge etwas an Fahrzeit zusetzen müssen und geringere Reisegeschwindigkeiten als die über Mainz Hbf auf dem kürzeren Weg fahrenden Züge erzielen.

Nachdem die Bundesbahn nichts rechtes mehr mit den Triebwagen der Baureihe 403 anzufangen wußte, charterte diese die Lufthansa für den neuen Airport-Expreß, der mit mehreren Zugpaaren – von der DB als TEE eingestuft – Düsseldorf mit Frankfurt-Flughafen verbindet: TEE 62 auf der Kaiserbrücke bei Mainz-Nord am 5. April 1982. Aufnahme: Joachim Seyferth

Einer der attraktivsten Züge auf der Rheinstrecke ist Anfang der achtziger Jahre der Lufthansa-Airport-Expreß: 403 002 als TEE 64 in Oberwesel, April 1982. Aufnahme: Jürgen Hörstel

e) Die Integrierung des deutschen IC-Systems in den internationalen Verkehr

Bereits eine der ersten nach dem Zweiten Weltkrieg eingerichteten Schnelltriebwagenverbindungen führte in das benachbarte Ausland. Der „Schnelltriebwagen Rhein-Main" verkehrte von Frankfurt nach Basel Bad Bf, ein Jahr später bereits nach Basel SBB zum Anschluß an das Schweizerische Eisenbahnnetz. Auch bei der Einrichtung der leichten F-Züge wurden sofort Verbindungen nach Basel SBB aufgenommen, und neben diesen Standardverbindungen gab es über längere Zeiträume F-Züge nach Zürich, sogar mit dem Gliedertrieb-Schlafwagenzug „Komet". Im Netz der leichten F-Züge wurden dann nach und nach Auslandsverbindungen mit deutschen Triebwagen nach Paris, Rotterdam, Amsterdam, Oostende, Antwerpen und Hoek van Holland aufgebaut, bis mit Einführung der TEE zum Sommerfahrplan 1957 diese europäischen Dienste auf diese neuen Verbindungen übergingen.

Mit der Einführung des Zweistundentaktes im Winter 1971 als einklassiges Intercity-System wurde die Linie 3 nach Basel SBB als Endpunkt geführt, womit zwangsläufig der Anschluß an das Netz der SBB bestand. Kurswagen nach verschiedenen Orten in der Schweiz ergänzten diese Verbindungen. Aber auch Österreich wurde in diesem Netz mit dem nach Innsbruck verkehrenden IC 153/156 „Präsident" erreicht, vom Saison-IC im Winterabschnitt nach Seefeld i. Tirol „Karwendel" ganz abgesehen. 1978 kam zu diesen Verbindungen der „Prinz Eugen" zwischen Wien West und Hannover über Köln als abgewerteter TEE ebenso hinzu wie der „Merkur" von Stuttgart über Köln – Hamburg nach København. Damit waren also bis zur Einführung von IC 79 immer Verbindungen nach dem benachbarten Ausland vorhanden gewesen.

Bei der Einführung von IC 79 am 27. Mai 1979 wurde die Linie 3 wie im bisherigen Zweistunden-IC-System nach Basel SBB geführt. So bestand dort stündlich Anschluß an bzw. von den SBB. Insgesamt begannen und endeten 20 Intercityzüge dort. Darüber hinaus begann der Frühtakt ab Basel in Basel Badischer Bahnhof ebenso, wie der letzte südlich Karlsruhe verkehrende Takt dort endete. Damit war die Stadt Basel und ihr Umland auch mit diesen Zügen noch an das Intercitynetz angeschlossen, denn für Basel und seine nähere Umgebung ist es weitgehend ohne Belang, ob ein Zug am Badischen oder Centralbahnhof (wie der Bahnhof Basel SBB im Schweizer Sprachgebrauch genannt wird) beginnt oder endet, denn der Benutzer kann mit Tram, Bus, Taxi oder Individual-PKW diese Züge am Badischen Bahnhof ebenso gut erreichen wie am Centralbahnhof. Die Führung nach oder ab Basel SBB ist lediglich eine Frage der Anschlußbindungen an das Schweizerische Eisenbahnnetz. Wo derartige Anschlüsse nicht gegeben sind, wie dies in den frühen Morgen- oder späten Abendstunden der Fall ist, ist End- oder Ausgangspunkt Basel Bad Bf, wohin die Parks, sofern dort nicht ohnehin beheimatet, jeweils zur Reinigung und Ausrüstung als Leerfahrten überführt werden. Dabei ist die Betriebsgrenze zwischen beiden Verwaltungen die Grenze Mitte Rheinbrücke und nicht etwa die Staatsgrenze, denn auch der Badische Bahnhof liegt ja auf Schweizer Hoheitsgebiet. Auch die gegenseitige Abrechnung der Betriebsleistungen zwischen beiden Verwaltungen im Verkehr zwischen Basel Bad Bf und Basel SBB bzw. Basel Bad Rbf und Basel SBB RB erfolgt aufgrund besonderer vertraglicher Vereinbarungen und nicht nach den sonst üblichen Abrechnungsgrundsätzen im grenzüberschreitenden internationalen Verkehr.

Über diese Führung der Linie 3 nach und von Basel SBB hinaus wurden aber weitere IC der Linie 3 sofort weiter in die Innerschweiz und nach Italien geführt, andere führten Kurswagen nach und von Zielen in der Schweiz. Bereits der erste Fahrplan des neuen Intercity-Systems brachte mit den IC 103/102 „Metropolitano" nach Milano/Genova, 173/172 „Tiziano" nach Milano, 177/176 „Hispania" nach Genève über den Übergang Basel, IC 117/116 „Nymphenburg" nach Innsbruck über den Übergang Kufstein, IC 121/120 „Blauer Enzian" nach Klagenfurt über den Übergang Salzburg, IC 127/126 „Prinz Eugen" nach Wien West über den Übergang Passau, IC 122/123 „van Beethoven" nach Amsterdam über den Übergang Emmerich, IC 128/129 „Saphir" nach Bruxelles über den Übergang Aachen und IC 133/132 „Merkur" nach København über den Übergang Puttgarden/Rødby neun weitere IC-Zugpaare, die in Nachbarländer durchgehend verkehrten. Mit den in Basel SBB endenden bzw. beginnenden IC waren es somit 38 grenzüberschreitende IC bei Aufnahme des neuen Systems IC 79. Damit war bereits dokumentiert, daß sich das neue Netz nicht auf die Strecken der DB beschränkte, sondern sich gesamteuropäisch auswirkte.

Für den Jahresfahrplan 1980/81 kamen zu diesen Verbindungen mit dem IC 124/125 „Erasmus" die ersten IC-Züge nach dem DB-System hinzu, die sowohl ihren Ausgangs- wie ihren Endbahnhof im Ausland hatten, also in das deutsche IC-Netz eingebundene Transitzüge waren. Dieses zwischen Innsbruck und Amsterdam verkehrende Zugpaar kam auf Anregung der Niederländischen Eisenbahnen zustande. Damit hatten die Übergänge Kufstein und Emmerich je ein weiters IC-Paar erhalten. Mit den IC 130/131 „Molière" nach Paris Nord erhielt der Übergang Aachen sein zweites grenzüberschreitendes IC-Paar, und IC 181/180 „Karwendel" verbanden Innsbruck über den Grenzübergang Mittenwald mit dem IC-Netz. Somit war die Zahl der grenzüberschreitenden IC auf 44 Züge schon nach einem Jahr angewachsen.

Die EFK den Haag für den internationalen Jahresfahrplan 1981/82 behandelte einen vom geschäftsführenden und vom Betriebsausschuß der UIC bereits verabschiedeten Entwurf eines UIC-Merkblattes, nachdem Intercity-Züge = IC (Intercity – Intercité – Intercittá) als internationale Tageszüge 1. und 2. Klasse definiert wurden, die in den wichtigsten internationalen Städteverbindungen mittlerer Entfernungen zwischen 200 und 600 km verkehren sollten. Weitere Grundsätze dieses UIC-Merkblattes sind: Bildung der Züge aus modernsten Wagen, im allgemeinen klimatisiert und für hohe Geschwindigkeiten ausgelegt, kurze Fahrzeiten, Einbau der IC-Züge in die IC-Netze der einzelnen Länder. Dadurch soll eine gemeinsame Verknüpfung der einzelnen Netze mit Taktzeiten im internationalen Verkehr erreicht werden, nachdem die DB bereits ab 1979 ein solches System eingeführt hatte, die SBB und ÖBB 1982 zu diesem System mehr oder weniger stark überzugehen beabsichtigten und auch die FS Planungen entwickelt hatten, auf ihren Hauptstrecken ab 1982 einen Taktverkehr einzuführen. Die EFK den Haag stellte fest, daß mit Stand vom 1. Juni 1980 bereits 26 derartige internationale IC-Verbindungen beständen, zu denen weitere 23 Verbindungen in den folgenden Jahren hinzukommen sollten. Den größten Anteil an den bereits bestehenden Verbindungen stellte die DB.

Aufgrund der Empfehlungen der EFK den Haag und des neuen UIC-Merkblattes wurde auf der EFK den Haag sogleich eine Anzahl von weiteren Verbindungen zwischen den beteiligten Verwaltungen vereinbart. Hieran war die DB gegenüber den bereits bestehenden 44 Zügen neu beteiligt an den namenlosen IC-Paaren 136/137 Köln – Aachen – Paris Nord und IC 152/153 Frankfurt – Mannheim – Forbach – Paris Est. Außerdem wurde über den Übergang Basel das bisher in Basel SBB endende Zugpaar IC 179/178 „Helvetia" nach Zürich verlängert. Damit waren zum Jahresfahrplan 1981/82 nunmehr 48 grenzüberschreitende IC-Züge vorhanden.

Mit dem Jahresfahrplan 1982/83 änderte sich im Verkehr über den Übergang Basel zwar nicht die Zugzahl, jedoch wurden eine ganze Anzahl von Zügen neu in das Netz der SBB als innerschweizerische IC-Züge des Swiss-Taktes weitergeführt. Außerdem gelang es, den Takt der Linie 3 der DB in Basel SBB auf die Taktzeiten der schweizerischen Intercity-Züge abzustimmen, so daß damit Basel SBB praktisch zum sechsten Verknüpfungsknoten im IC-Netz der DB und zum ersten Verknüpfungsknoten auf internationaler Ebene in der Verknüpfung der IC-Netze zweier Verwaltungen wurde. Innerhalb dieser Neuorganisation verkehrten nunmehr durchgehend über Strecken der DB und SBB – teilweise bis in das Netz der FS – als durchgehende internationale IC die IC 105/104 „Metropolitano" Dortmund – Milano, IC 107/106 Hamburg-Altona – Brig unter dem Namen „Lötschberg", IC 109/108 „Rheinpfeil", wobei IC 108 in Zürich HB begann und durchgehend nach Hamburg-Altona geleitet wurde, während IC 109 in Basel SBB von Hamburg kommend zwar endete, aber am nächsten Morgen als innerschweizerischer IC mit DB-Park nach Zürich HB geführt wurde, IC 171/170 „Rätia" nach Chur, IC 173/172 „Tiziano" Hamburg-Altona – Milano, IC 177/176 „Mont Blanc" Hamburg-Altona – Genève und IC 179/178 „Helvetia" Hamburg-Altona – Zürich HB. Als neue internationale IC-Verbindung war im Verkehr mit den ÖBB über den Übergang Passau IC 129/128 „Johann Strauß" Frankfurt – Wien West hinzugekommen, so daß die DB nunmehr 50 IC-Züge, ohne die Kurswagen führenden Züge auf Auslaufstrecken, als internationale IC in das benachbarte Ausland führte. Und rechnet man den nunmehr nach Salzburg verkehrenden IC 511/510 „Chiemgau" hinzu, der in Salzburg mit dem Austro-Takt der ÖBB nach und von Wien verknüpft war, so waren es sogar bereits 52 grenzüberschreitende IC-Züge der DB, bei denen nunmehr in allen Fällen die DB das gesamte Wagenmaterial stellte. Somit war eine enge internationale Verknüpfung, ausgehend vom System 79 der DB, entstanden, einem System, das auf der EFK Edinburgh und der Vorkonferenz zu dieser EFK in Maribo noch vielfach auf das Unverständnis der ausländischen Verwaltungen gestoßen war. Insofern hatte die DB hier Schrittmacherdienste zu einem internationalen Netz von Standard-Intercity-Verbindungen zwischen den Taktsystemen der einzelnen Verwaltungen geleistet, das heute nachträglich nicht hoch genug eingeschätzt werden kann. Ohne die Initiativen und vielleicht auch „Sturheit" der DB 1978 in Edinburgh wären wir auf internationaler Ebene sicher heute noch nicht so schnell zu dem Ergebnis gekommen, das international heute vorliegt und weiteren Ausbaus harrt.

f) Das Netz der Expr-IC

Als am 27. Mai 1979 die DB ihr neues Reisezugkonzept Intercity 79 einführte, war dies nicht nur ein gravierender Eingriff in das Fahrplangefüge und die Änderung bisheriger Reisegewohnheiten, sondern die sogenannten „Mitläuferverkehre" des bisherigen, ja weitgehend in Intercity 79 aufgegangenen Schnellzugnetzes waren hiervon ebenso stark betroffen. Bei der DB selbst waren dies der Gepäck- und Expreßgutverkehr, für den wegen der Nichtführung von Packwagen in den IC andere Beförderungsmöglichkeiten gefunden werden mußten. Hauptbetroffener hiervon aber war die Deutsche Bundespost (DBP), die mehr als man gemeinhin annimmt, ihre Sendungen auf der Schiene befördert. Der Paket- und Päckchendienst war hiervon weniger getroffen, denn mit diesem konnte man ebenso wie bei Gepäck- und Expreßgutverkehr auf andere Zeitlagen und die vermehrte Führung von Expreßgutzügen (Expr) ausweichen. Nicht so war dies aber bei der Briefpost. Die DBP befördert jährlich etwa 12 200 Millionen Briefsendungen, von denen die meisten Sendungen, wenn auch nicht immer auf der ganzen Strecke, so doch in wesentlichen Teilbereichen auf der Schiene befördert werden.

Nachdem also ein wesentlicher Teil der bisher zur Briefpostbeförderung zur Verfügung stehenden Schnellzüge nach der Einführung von IC 79 nicht mehr zur Verfügung stand, mußten die erforderlichen Briefposten weitgehend auf andere Züge verlegt werden. Dies führte aber, wie sich bald zeigte, zu unerträglichen Verzögerungen in der Briefpostbeförderung, ist es doch ein – wenn auch nicht immer erreichter – Grundsatz der DBP, Briefpost etwa um 22.00 Uhr im Ursprungsgebiet abgehen zu lassen und im Empfangsgebiet möglichst vor 6.00 Uhr anzukommen, damit die Frühzustellung des nächsten Tages auch in der von den Empfangspostämtern zu bedienenden Fläche noch erreicht werden kann. Die verbleibenden Nachtzüge erfüllten weitgehend nicht diese Forderungen, da sie mit Rücksicht auf die gleichzeitig zu befördernden Schlaf- und Liegewagen in den Zielgebieten nicht vor 7.00 Uhr ankommen sollten. Die von der DB für den Gepäck- und Expreßgutverkehr geführten Expr waren aber aufgrund ihrer Rangordnung als D oder E und ihrer, für die zu erfüllenden Ladeaufgaben langen Aufenthaltszeiten für Briefpost ebenso wenig geeignet, da sie in den Empfangsgebieten in der Regel noch später ankamen. Sie konnten daher zumeist nur für Paketpost genutzt werden. Somit war durch die verbliebenen Nachtzüge eine ausreichende Briefpostversorgung nicht mehr gewährleistet, was zu einer merklichen Absenkung der Beförderungszeiten für Briefsendungen im Sommer 1979 führte und zahlreiche Beschwerden, namentlich der Wirtschaft auslöste. Selbst der Bundestag beschäftigte sich mit dieser Frage.

Um den größten Mißständen abzuhelfen, hatte die Zentrale Verkehrsleitung (ZVL) der Deutschen Bundespost in Köln, die den gesamten Postbeförderungsdienst lenkt und die auch auf den Bundesbahnfahrplanbesprechungen als vollberechtigtes Mitglied vertreten ist, beantragt, in verschiedenen IC – anstelle von ausfallenden Bahnposten in entsprechenden Schnellzügen – Bahnpostwagen zu führen, um ein Mindestmaß an Pünktlichkeit in der Briefpostbeförderung herzustellen und die gröbsten aufgetretenen Mißstände zu mildern.

Die DBP hatte zu diesem Zweck Postmrz der Baureihe 73 aus den Beschaffungsjahren 1974 - 1976 mit Magnetschienenbremsen und Schlingerdämpfern nachrüsten lassen, wobei die Kosten dieser Nachrüstung etwa 55 000 DM betrugen. Damit waren diese Wagen für 200 km/h lauffähig; außerdem entsprachen sie den Bestimmungen des RIC und waren somit zu fremden Bahnen übergangsfähig.

Die DB erkannte die Schwierigkeiten der DBP und genehmigte, beginnend mit dem Einführungsdatum des Systems IC 79 die Führung von Postmrz mit Hg 200 km/h in bestimmten IC-Zügen und an bestimmten Tagen, wenn sich dies betrieblich für die DB entsprechend dem IC-Konzept durchführen ließ und keine zusätzlichen Rangieraufwände unterwegs entstanden, die das Taktsystem der IC gefährdeten. Auf diese Weise wurden nach und nach bis heute folgende Bahnposten in IC eingerichtet:

IC 510	Stuttgart – Mainz	samstags
IC 512	München – Köln	täglich außer samstags
IC 560	München – Nürnberg	werktags außer samstags
IC 572	Basel SBB – Hannover	werktags außer samstags
IC 580	München – Hamburg-Altona	täglich
IC 587	Hamburg-Altona – Nürnberg	Montag - Samstag außer nach Feiertagen
IC 589	Hamburg-Altona – München	samstags
IC 693	Hamburg-Altona – Frankfurt	samstags, sonntags, an Feiertagen
IC 693	Frankfurt – Stuttgart	werktags außer samstags

Trotz dieser nach und nach eingeführten Maßnahmen befriedigte die Briefpostbeförderung bei weitem nicht. Hinzu kam, daß im Zeichen der Energiekrise Bundesminister Gscheidle Kraftwagenleistungen der DBP als Zu- und Abbringer zum Nachtflugnetz der DBP sowie Leistungen in diesem Nachtflugnetz selber einsparen wollte. Auch stießen aus Umweltschutzgründen diese Nachtflüge der DBP zwischen deutschen Flughäfen häufig auf Proteste, da sie aus postalischen Gründen innerhalb der Ruhezeiten der Flughäfen lagen und somit zusätzlichen Lärm verursachten. Der Bürger war mündig geworden und nahm nicht mehr alles hin.

Gscheidle beauftragte in seiner Doppelfunktion als Bundespost- und Bundesverkehrsminister bereits im Sommer 1979 DB und DBP, eine Arbeitsgruppe einzusetzen, die sich mit dem Problem der schnellen Briefpostbeförderung im Nachtsprung auf der Schiene und einer Einführung eines schnellen Nachtbahnpostnetzes (NBbN) zu beschäftigen hatte. Bereits zum Sommerfahrplan 1980 sollten die ersten Verbindungen laufen. Als Ergebnis dieser Untersuchungen legte die ZVL der DBP zur Bundesbahn-Personenzugfahrplan-Besprechung für den Jahresfahrplan 1980/81 einen Antrag auf Einführung von Post-IC (abgekürzt PIC) zwischen Hamburg-Altona und Freiburg mit einem Flügel Mannheim — Stuttgart als PIC 71/70 und 91/90 vor. Auf der vom 14. - 17. August 1979 stattgefundenen Besprechung lehnte die HVB die Einführung der mit DB-Zugnummern als Expr-IC 14 071/070 bzw. 14 091/090 bezeichneten Züge ebenso ab, wie eine von der DB selbst vorgesehene Neunummerierung der Expr zur Freimachung der Zugnummernreihe 14 000 bis 14 099 für Expr-IC. Es wurde in den Tagungsniederschriften lediglich vermerkt „Entscheidung wird später bekanntgegeben".

Nachdem der Postminister zwischenzeitlich mit seinen Plänen an die Öffentlichkeit getreten war, hatte man für die Haltung der DB-Hauptverwaltung kein Verständnis, wenn diese auch darauf hinwies, daß aus wirtschaftlichen Gründen eine zusätzliche Leistung dieser Züge, noch dazu wie von der DBP beantragt mit mindestens 160 km/h, was den Einsatz von Lok der Baureihe E 103 mit Beimann erfordert hätte, nicht zu vertreten sei. Hinzu komme, daß gerade in den Nachtstunden die vorgesehenen Strecken durch den Güterverkehr derart belastet seien, daß die Durchführung so schneller Züge wegen des auftretenden ungünstigen Mischungsverhältnisses zu ernsten Störungen der gesamten Betriebsdurchführung auf diesen Hauptdurchgangsstrecken führen würde. Gscheidle blieb aber hart und verordnete in seiner Eigenschaft als Bundesverkehrsminister die Einführung dieser Züge zum Sommerfahrplan 1980.

Und so verkehrten denn als erste Züge eines Nachtbahnpostnetzes ab 1. Juni 1980 die Expr IC 14071 Hamburg-Altona — Hannover — Fulda — Frankfurt — Mannheim — Freiburg, Expr IC 14070 Basel SBB — Freiburg — Mannheim — Frankfurt — Fulda — Hannover — Hamburg-Altona mit den Flügelzügen Expr IC 14090 Stuttgart — Mannheim und Expr IC 14091 Mannheim — Stuttgart. Die Züge führten Postmrz Hamburg-Altona — Frankfurt, Basel Bad Bf, Freiburg und Stuttgart sowie Hannover — Stuttgart in der Südrichtung, wobei der Wagen Basel ab Freiburg mit E 2161 weiterbefördert wurde. In der Nordrichtung wurden befördert Postmrz Frankfurt —, Stuttgart —, Basel — Hamburg-Altona, Basel — Hannover, Basel — Frankfurt und Stuttgart — Frankfurt. Die DBP wollte ursprünglich den Begriff „PIC" durchsetzen, ließ aber dann ihre Einwände fallen und gab sich mit der Bezeichnung „Expr IC" unter der Voraussetzung zufrieden, daß die Züge seitens der DB mit dem Pünktlichkeitsgrad der IC-Züge durchgeführt würden.

Zum Jahresfahrplan 1981/82 stellte die ZVL der DBP den Antrag, auf Einführung der zweiten Stufe des Nachtbahnpostnetzes in den Verbindungen Köln — Hamburg, Düsseldorf — Hannover und Fulda — München. Dabei sollten die beiden ersten Verbindungen untereinander in Hamm Wagen austauschen, während das dritte Zugpaar ein Flügel des bereits bestehenden Expr IC 14071/14070 Hamburg — Basel war. Eine Entscheidung wurde zunächst noch nicht getroffen, da die leidige Frage der Beimänner auch hier hineinschwebte und die HVB anstrebte, von Ausnahmefällen abgesehen, die Expr IC mit Hg 140 km/h zu befördern. Dies paßte aber der DBP wieder nicht, denn sie wollte im Interesse einer möglichst schnellen Beförderunszeit nicht nur diese neuen Züge, sondern auch die bereits bestehenden zwei Zugpaare statt mit einer Hg von 160 km/h mit einer solchen von Hg 200 km/h gefahren haben, da ja inzwischen auf allen betroffenen Verbindungen entsprechende Abschnitte vorhanden waren und ihr — mit erheblichen Kosten ausgebauter — Wagenpark diese Geschwindigkeit ohne weiteres zuließ.

Es kam dann zu längerwierigen Verhandlungen zwischen Vorstand der DB und Bundespostminister, die erst durch ein Schreiben des Vorstandes der DB vom 6. Juli 1981 endgültig beendet wurden, mit dem die DB aus wirtschaftlichen Gründen darauf beharrte, alle bestehenden und künftig noch einzuführenden Expr IC mit einer Hg von 140 km/h zu fahren. Entsprechend wurde auch in der Zwischenphase verfahren, und die Fahrpläne wurden so bearbeitet.

So kamen im Jahresfahrplan 1981/82 folgende neuen Expr-IC-Verbindungen hinzu:

Expr IC 14030	Hamburg-Altona — Bremen — Osnabrück — Münster — Hamm — Hagen — Wt-Elberfeld — Köln,

Expr IC 14031	Köln Hbf – Wt-Elberfeld – Hagen – Hamm – Münster – Osnabrück – Bremen – Hamburg Hbf,
Expr IC 14040	Hannover – Minden – Herford – Bielefeld – Hamm – Dortmund – Bochum – Essen – Duisburg – Düsseldorf,
Expr IC 14041	Düsseldorf – Duisburg – Essen – Bochum – Dortmund – Hamm – Bielefeld – Herford – Minden – Hannover,
Expr IC 14080	München Starnb. Bf. – Augsburg – Würzburg – Fulda,
Expr IC 14081	Fulda – Würzburg – Augsburg – München Holzkirchner Bf.

Expr IC 14030/14031 und 14040/14041 tauschten in Hamm gegenseitig Wagen aus, während Expr IC 14080/14081 Zu- bzw. Abbringer zu Expr IC 14070/14071 waren. Bei Expr IC 14070/14071 wurden die bisherigen Halte in Göttingen zugunsten solcher in Kreiensen geändert, da dort weite Gebiete Niedersachsens, insbesondere des Braunschweiger Raums angebunden waren und die Aufenthaltszeiten in Göttingen von 2 Minuten nicht ausreichten, alles aufkommende Postgut einwandfrei zu ver- bzw. entladen.

Die DB hatte sich zwischenzeitlich die zunächst von ihr ungeliebten Expr IC auch zu Nutze gemacht und festgestellt, daß aufgrund der Zugkraft der eingesetzten Lok noch weitere Wagen als die Postmrz befördert werden konnten. Sie nutzte dies aus, indem sie zur Beschleunigung ihres Gepäck- und Expreßgutverkehrs über die Nacht in die Züge Dms als Expreßgutkurswagen (Exk) einstellte, so daß nunmehr alle Mitläuferverkehre des alten Schnellzugnetzes von dem Expr-IC-Netz partizipierten.

Und zum Jahresfahrplan 1982/83 wurde das von der seinerzeitigen Arbeitsgruppe konzipierte Nachtbahnpostnetz in seiner dritten und zunächst letzten Stufe verwirklicht, indem die noch vorgesehenen fehlenden Verbindungen eingerichtet wurden. Allerdings wurde der erneute Antrag der DBP auf Führung der Expr IC mit Hg 200 km/h aufgrund des angezogenen Vorstandsbeschlusses abgelehnt, und es wurde eine allgemeine Hg von 140 km/h zugrunde gelegt. Somit verkehrten ab 23. Mai 1982 neu

Expr IC 14010	München – Augsburg – Ulm – Stuttgart – Heidelberg – Ludwigshafen – Mainz – Koblenz – Bonn – Köln – Düsseldorf – Duisburg – Essen – Bochum – Dortmund,
Expr IC 14011	Dortmund – Bochum – Essen – Duisburg – Düsseldorf – Köln – Bonn – Mainz – Mannheim – Heidelberg – Stuttgart,
Expr IC 14033	Köln – Solingen-Ohligs – Wt-Elberfeld – Hagen als Flügel zur Expr IC 14010,
Expr IC 14050	Nürnberg – Würzburg – Frankfurt – Mainz als Zubringer zu Expr IC 14010
Expr IC 14051	Mainz – Frankfurt – Aschaffenburg – Gemünden – Würzburg – Nürnberg als Abbringer aus Expr IC 14011.

IC 625 „Meistersinger" führte am 1. August 1980 einen Gepäckwagen für Expreßgut mit. Das Bild entstand in Wuppertal-Barmen an der Stelle, wo Carl Bellingrodt den auf Seite 63 abgebildeten FD 226 ablichtete. *Aufnahme: Joachim Schmidt*

Die im Vorjahr eingeführten Expr IC 14080/14081 erhielten zusätzliche Halte und zwar 14080 in Treuchtlingen und Ansbach, 14081 in Gemünden, Ansbach und Treuchtlingen. Die DB hatte zwischenzeitlich mit Expreßgutkurswagen die Expr IC 14010, 14011, 14031, 14041, 14051 und 14080 belegt.

Somit waren nun nach dreijähriger Einführungsphase zum Jahresfahrplan 1982/83 insgesamt 15 Expr IC für das Nachtbahnpostnetz eingeführt worden, die wie bereits dargestellt, nur in etwa paarig liefen, da die Aufgaben sich aus der Führung der einzelnen Bahnposten ergaben, die nicht in allen Fällen in Richtung und Gegenrichtung gleich waren. Im nunmehrigen Endausbau hat das Nachtbahnpostnetz folgende Gestalt:

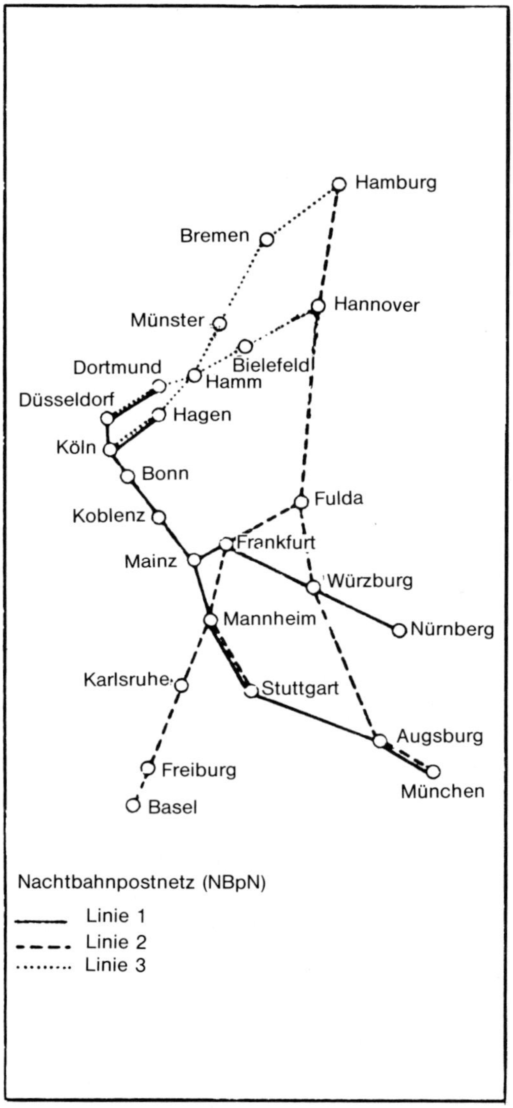

Für das Nachtbahnpostnetz und den Einsatz in Regel-IC der DB verfügt die DBP nunmehr über 65 Postmrz 73, die für eine Hg von 200 km/h lauf- und bremstechnisch ausgerüstet sind. Diese sind wie folgt bei den einzelnen Bahnpostämtern beheimatet:

Frankfurt (Main) Hbf	8
Hamburg Hbf	10
Hannover Hbf	19
Köln Hbf	10
München Hbf	13
Stuttgart Hbf	5

Die um 1976 in der Regel beschafften Fahrzeuge hatten Beschaffungskosten von etwa 520 000 DM, zu denen die Nachrüstungskosten für 200 km/h Hg von je 55 000 DM kamen, so daß der Beschaffungspreis für den Einsatz eines Wagens im Nachtbahnpostnetz auf etwa 575 000 DM die DBP zu stehen kam.

g) Erfolg und Kritik von und an Intercity 79

Das am 27. Mai 1979 eingeführte System Intercity 79 stellte eine so gravierende Änderung des gesamten Fernreisezugfahrplangefüges der DB, darüber hinaus sogar bei verschiedenen Nachbarbahnen, dar, daß die Frage nach dem Erfolg dieses doch zunächst augenscheinlich sehr aufwendigen Systems gestellt werden muß. Und da, wo Licht auch Schatten ist, muß die zweite Frage gestellt werden, die da lautet, was hätte oder müßte anders, besser gemacht werden.

Es war etwas absolut neues im Netz einer großen Eisenbahnverwaltung, den überwiegenden Teil des Fernverkehrs in vier, nach bestimmten Taktzeiten verkehrenden Linien, die stündlich während der Haupttagesstunden bedient werden, zusammenzufassen und in Form eines Blockzugsystems beider Wagenklassen zu führen. Da ja bekanntermaßen nicht alle Reisenden die gleichen Wege, Ziele, Quellgebiete haben und das Netz der DB ja noch aus weitaus mehr Fernverkehrsstrecken als den vier IC-Linien besteht, ergab sich die Frage, wie würde dieses neue Netz von den Reisenden angenommen.

Nun, um es vorwegzunehmen, der DB war hier ein ganz großer Wurf gelungen, und es kann ihr für ihren Pioniergeist, für das Festhalten an den einmal für richtig erkannten Grundgedanken dieses schnellen Fernverkehrsnetzes, nicht genug gedankt werden. Die Einführung von Intercity 79 war einer der großen Marksteine in der deutschen Eisenbahngeschichte, und wie sich inzwischen gezeigt hat, auch des gesamten europäischen Fahrplangefüges. Nichts kann der Pionierleistung der DB mehr Anerkennung zollen, als nach den erbitterten Kritiken auch der ausländischen Nachbarverwaltungen nach der EFK Edinburgh, daß nur wenig später die UIC auf der 131. Tagung des Geschäftsführenden Ausschusses dem Zuggattungsbegriff „IC" internationale Anerkennung gab und die europäischen Standardverbindungen dieser neuen Zuggattung, die die DB seit dem Winterabschnitt 1971 eingeführt hatte, zuordnete. Und Taktfahrpläne im Fernverkehrsbereich einer Eisenbahnverwaltung sind heute keine „belächelte Utopie" mehr, sondern neben der DB haben zwischenzeitlich in mehr oder weniger abgeänderter, modifizierter, teilweise sogar noch weitergehender Form die Eisenbahnverwaltungen in Belgien, den Niederlanden, der Schweiz, Österreich und Italien Fernverkehrstaktsysteme eingeführt, die teilweise inzwischen mit dem Netz der DB zusammengeschlossen werden konnten, so daß es sich bereits heute abzeichnet, daß ein europäischer Fernverkehrstakt, der die Fahrpläne der europäischen Eisenbahnverwaltungen miteinander verbindet, keine Utopie mehr ist. Und wenn auch in Frankreich eine teilweise andersgeartete Entwicklung mit dem TGV-System eingeleitet wurde, so liegt der Grundgedanke des französischen Systems an der gleichen Wurzel wie das System der DB, nur war es der SNCF im Gegensatz zur DB vergönnt, Neubaustrecken in Betrieb nehmen zu können, auf denen diese Zugleistungen weitgehend gefahren werden können, eine Lösung, die für die DB heute noch Wunschtraum ist, die aber hoffentlich trotz der zahlreichen Widerstände gegen die unbedingt erforderlichen und auch zwangsläufig kommenden Neubau- und Ausbaustrecken auch in der Bundesrepublik Deutschland bald Realität und Eisenbahnalltag sein wird.

Aber nicht durch allgemeine Behauptungen sichert sich der Erfolg von IC 79, sondern neben der inzwischen sprichwörtlichen Zuverlässigkeit und Pünktlichkeit des Systems – von Unfall-, Betriebsstörungs- und witterungsbedingten Einflüssen abgesehen – geben die Einnahmeseite, die Zahl der beförderten Personen und die geleisteten Zugkilometer unbestechlich Auskunft über die Wirtschaftlichkeit dieses Systems. Und dieser Gegebenheiten waren sich die Planer dieses Systems ebenso nicht sicher wie der Vorstand, als er dem System im Planungsstadium das Placet der Realisierung gab. Aber der Einsatz hat sich wahrlich gelohnt.

1979 wurden im Bereich der DB etwa 14 500 Streckenkilometer von Fernreisezügen befahren, von denen nur ca. 3 100 km das Netz der vier IC-Linien bildeten. Aber wie sich zeigte, kamen in diesen 21 % des Fernreisezugnetzes 74 % der tatsächlichen Nachfrage auf. Sofort nach Einführung des neuen Systems war eine deutliche Nachfragesteigerung im SPFV festzustellen, die auch eine merkliche Einnahmesteigerung bei den Personenverkehrseinnahmen brachte. Und interessanterweise trat die Zunahme der Reisendenzahlen fast ausschließlich auf den IC-Strecken ein, ein Zeichen, daß das neue Angebot nicht nur vom Kunden angenommen wurde, sondern daß es geradezu eine Sogwirkung hatte. Hinzu kam noch, daß im übrigen Fernverkehrsnetz der DB kein Nachfrageeinbruch eintrat, sondern dort die Nachfragehöhe des Vorjahres 1978 gehalten werden konnte. Insofern ist die eingetretene tatsächliche Verkehrssteigerung um etwa 12 % allein dem System IC 79 zuzuordnen, eine deutliche Bestätigung der unternehmenspolitischen Entscheidung zur Einführung dieses Systems.

Mit der Einführung des neuen IC-Systems wurden die Zugkilometer (Zugkm) gegenüber dem vorhergehenden Sommerfahrplan 1978 um 14,7 % erhöht. Der Verminderung des Zugkm-Aufwandes bei den TEE- und Schnellzügen, die entweder entfielen oder in das Netz integriert wurden, um 217 000 Zugkm/Woche stand eine Mehrung bei den IC um insgesamt 426 000 Zugkm/Woche gegenüber, so daß die tatsächliche Mehrung im SPFV der DB 209 000 Zugkm/Woche betrug. Trotz der um 13 % höheren IC-Leistungen als 1978 — und dies nunmehr für beide Wagenklassen! — war das Gesamtfernreiseangebot der DB nur um etwa 9 % angehoben worden. Da zudem das Taktsystem eine bessere Ausnutzung des eingesetzten Wagenmaterials erlaubte, führte die Mehrung nicht zwangsläufig zur Steigerung der Betriebskosten in analoger Höhe. Während 1978 weitgehend nur für die 1. Klasse nur 38 % aller Fernzugleistungen in TEE- und IC-Qualität erbracht wurden, waren es ab dem 27. Mai 1979 nunmehr rund 50 %. Die Mehrung bei den einzelnen Linien, bezogen auf die aufzubringenden Zugkm/Woche, waren unterschiedlich. Sie waren bei der Linie 3 am geringsten, bei der Linie 2 dagegen am größten. So ergaben sich Mehrungen von 12,3 % bei der Linie 1, von 29,3 % bei der Linie 2, von 5,3 % bei der Linie 3 und von 19,0 % bei der Linie 4. Dies zeigt auch, wie stark bisher die einzelnen Linien im Intercity-System 1971 mit hochwertigen Leistungen bereits abgedeckt waren.

Aufgrund der starken Nachfrage war es erforderlich, die IC zum Sommerfahrplan 1980 nochmals um 19 000 Zugkm/Woche aufzustocken, was vor allem auf die Vermehrung der IC-Leistungen an den Wochenenden zurückzuführen war. Dagegen war es jetzt möglich, die TEE- und Schnellzugleistungen um 67 000 Zugkm/Woche zu vermindern, so daß bei Verbesserung der IC-Leistungen eine Verminderung des Angebotsumfangs gegenüber 1979 um 2,9 % eintrat. Für 1981 mußten die IC nochmals um 11 000 Zugkm/Woche aufgestockt werden, denen aber eine Minderung bei den TEE- und Schnellzügen von fast 45 000 Zugkm/Woche entgegenstand, so daß 1981 gegenüber 1979 eine Gesamtminderung im SPFV der DB um 16 % eintrat.

Zur Attraktivität des neuen Systems für die Reisenden der 2. Klasse, die die überwiegende Mehrheit der neu für die DB gewonnenen Reisenden ausmachten, gehörte neben dem Einstundentakt vor allem die Netzverknüpfung in den fünf Verknüpfungsbahnhöfen. Die in den Zwischenlagen zu den planmäßigen Takt-IC gefahrenen TEE mit nur 1. Klasse, die zwangsläufig keine Taktverknüpfungen haben konnten, zogen nicht mehr 1. Klassereisende auf sich als die parallel verkehrenden IC. Somit konnte die befürchtete Abwanderung Reisender 1. Klasse, die nun nicht mehr die IC als Topangebot der DB ansahen und zu anderen Verkehrsmitteln abwanderten, aufgehalten werden, wenn auch eine Wanderungsbewegung ohne Zweifel zunächst vorhanden war. Selbst in Zeitlage zu durchlaufenden Schnellzügen liegende IC hatten entsprechende Zuwachsraten aufzuweisen, die deutlich erkennen ließen, daß auch Reisende mit Gepäck sich schneller dem IC mit Umsteigen im Verknüpfungsknoten anvertrauten, als dem durchlaufenden Schnellzug ohne Umsteigen. Hier wirkte der Faktor Zeit auf die Entscheidung der Reisenden entscheidend ein. Es wirkte sich aber auch positiv das konsequente Festhalten an den gewählten 33 Systemhaltebahnhöfe aus, das zu den schnellen Reisezeiten beitrug.

Diese Fakten wurden auch durch die Reisenden-km/Woche belegt. Betrugen sie 1978 noch in den Fernzügen der vier IC-Linien insgesamt 378,5 Mio, so stiegen sie 1979 bereits auf 440,7 Mio an, um 1980 sogar auf 477,4 Mio weiter zu steigen. Die Zahl der Reisenden je Zug nahm dabei von 265 im Sommer 1979 auf 286 im Sommer 1980 zu, wobei die Nachfragesteigerung in den Reisenden-km in den IC in der 1. Klasse 8 %, in der 2. Klasse sogar 11,2 % betrug. Und dies wiederum beweist die Richtigkeit der Annahme der Planer des Systems, daß ein größeres Marktpotential überwiegend nur noch durch die 2. Klasse zu erreichen sei. Insofern haben die Reisendenzahlen die Richtigkeit der Einführung des Zweiklassensystems in den IC in konsequenter Durchführung bewiesen.

Die Serienlokomotive 103 159 (vor Intercity) traf am 29. Mai 1981 die Vorserien-103 004 in München-Pasing. *Aufnahme: Steffen Lüdecke*

Das Platzangebot konnte demgegenüber nicht immer befriedigend gelöst werden, da es mit der Nachfrage nicht konform ging. Es betrug 1980 zu 1979 in der 1. Klasse + 4 %, in der 2. Klasse sogar nur + 3,4 %, während ja die Steigerungsraten + 8,0 % bzw. + 11,2 % waren. Dies führte aufgrund des bestehenden Wagenmangels namentlich an den Wochenenden zu teilweise erheblichen Überbesetzungen bestimmter Züge, die durch schnell eingelegte Entlastungszüge, die aber aus dem dargestellten Wagenmangel weitgehend mit Wagen gefahren werden mußten, die nicht dem IC-Standard entsprachen, zwar nominell entlastet wurden, jedoch eine deutliche Qualitätseinbuße mit sich brachten, insgesamt gesehen also ein unerfreulicher Zustand. Interessant ist hier auch die Entwicklung der Platzausnutzung der IC auf den einzelnen Linien, die in der 1. Klasse weitgehend auf allen vier Linien nahezu konstant war, in der 2. Klasse aber erhebliche Schwankungen zwischen den einzelnen Linien aufwies. Und hier war interessanterweise die sicher nicht vermutete Linie 2 die am schwächsten ausgelastete Linie.

Platzausnutzung in IC

	1. Klasse		2. Klasse	
	Sommer 1979	Sommer 1980	Sommer 1979	Sommer 1980
Linie 1	30 %	30 %	57 %	60 %
Linie 2	22 %	24 %	40 %	45 %
Linie 3	27 %	29 %	53 %	56 %
Linie 4	27 %	28 %	50 %	54 %

Neben den sehr erheblichen Schwankungen an den einzelnen Wochentagen, die ein absolutes Hoch in der 2. Klasse von Freitag bis Montag, dagegen eine deutliche Minderung in der Wochenmitte von Dienstag bis Donnerstag ausweist, während in der 1. Klasse an den Wochenenden, wegen des wegfallenden Geschäftsreiseverkehrs die schwächste Besetzung vorliegt, dagegen die Spitzen am Freitagnachmittag und Montagvormittag liegen und über die Woche in etwa konstante Besetzung erkennbar ist, besteht auch zusätzlich noch eine schwankende Nachfrage über die einzelnen Tagesstunden. Durch eine differenzierte Zugbildung sind im IC-System derzeit 14 verschiedene Kombinationen in der Anpassung der Wagenzahlen der beiden Klassen möglich.

Variationen der Zugbildung der IC-Züge

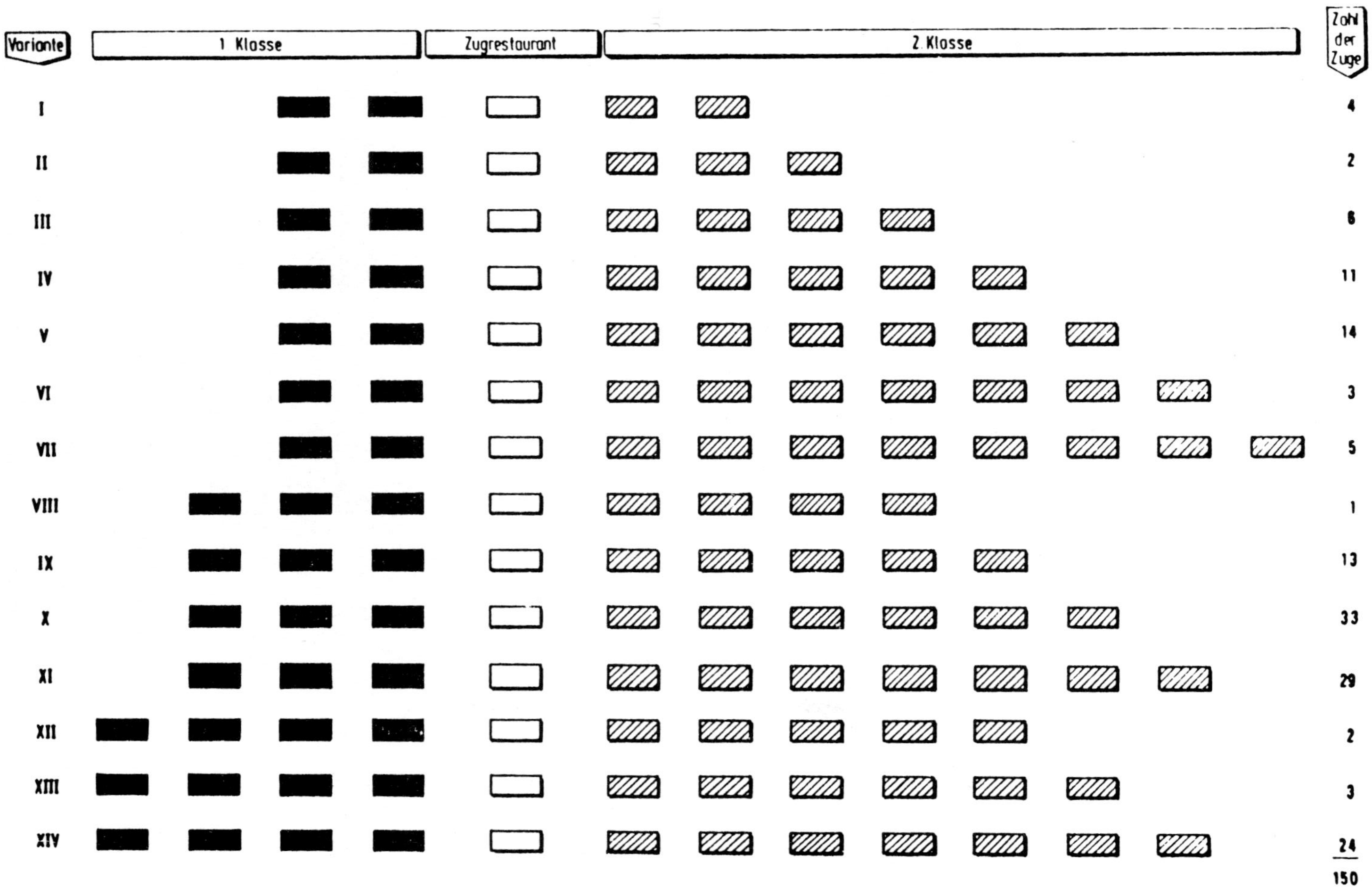

Nach dem Zugbildungsplan führten 1980 24 Züge (16 %) mehr als elf, 35 Züge (23 %) weniger als neun Wagen; bei den restlichen Zügen (39 %) lag die Zugstärke zwischen neun und elf Wagen. Insgesamt gesehen liegt das IC-Angebot bezüglich der Taktdichte von Montag bis Donnerstag innerhalb der erkennbaren Nachfrage, sieht man von Besonderheiten wie Großveranstaltungen oder witterungsbedingten Nachfragemehrungen ab. An den Wochenendtagen dagegen nehmen die Schwierigkeiten erheblich zu. Bisher war hier der Bundeswehrurlauberverkehr zum Wochenende mit ein wesentlicher, auslösender Faktor. Es ist noch zu früh, Erkenntnisse aus der Angebotsumstrukturierung im Sommerfahrplan 1982 gerade für diesen speziellen Verkehr zu ziehen, jedoch kann festgestellt werden, daß nach wie vor an den Wochenenden das Angebot nicht der Nachfrage entspricht. Hier könnte nur eine Verdichtung des Fahrplans mit Kursbuchveröffentlichung in IC-Qualität wirksame Abhilfe bringen, aber diese ist ja gerade nicht möglich, wie die zahlreichen abgelehnten Anträge zum Jahresfahrplan 1982/83 für entsprechende Entlastungszüge auf allen vier Linien zeigen. Nicht nur fehlende Fahrplantrassen und Schwierigkeiten in den Haltebahnhöfen, namentlich den Verknüpfungspunkten, sind die Ursache, sondern diese liegt doch wohl vor allem an dem fehlenden Fahrzeugmaterial, sowohl bei den einsetzbaren Lok, wie auch vor allem auf der Wagenseite. Über letztere wurde schon mehrfach berichtet, die erstere aber ist ebenso ein für sich sprechendes Problem, das so einfach nicht allein in den Raum gestellt werden kann. Es kann keiner wirtschaftlich denkenden Eisenbahnverwaltung zugemutet werden, für einen auch noch so regel- und planmäßig aufkommenden Spitzenverkehr höchstqualifizierte Triebfahrzeuge vorzuhalten, für die in der übrigen Wochenzeit keine gleichrangig hohe Einsatzmöglichkeit gegeben ist. Auch die SNCF hat bei den niemals erwarteten und alle Prognosen übersteigenden Fahrgastzahlen im TGV-Verkehr Paris — Lyon und weiter nicht die Möglichkeit, die Kapazitätsspitzen mit den sehr kostenintensiven TGV-Einheiten abzudecken. Aber man muß doch fragen, warum die DB nach dem Ende der Beschaffung der Baureihe E 103 im Jahre 1974 anschließend bis heute mit der Baureihe E 111 eine nur überarbeitete und modifizierte Ellok in 227 Exemplaren beschafft und bestellt hat, die nur für 150 km/h Hg ausgerichtet ist, obwohl damals bereits die Maxime des Betriebs galt, Schnellzüge mit 160 km/h zu fahren, höherwertige TEE- und IC-Züge aber mit 200 km/h! Es mußte doch damals den Verantwortlichen klar sein, daß spätestens bei Realisierung des Projektes IBS, an dem doch bald danach gearbeitet wurde, der Lokbestand für diese Züge nicht ausreichen würde und mit einer Serienreife der als Allzwecklok vorgesehenen, in Drehstromtechnik zu bauenden E 120 in entsprechender Zeit noch nicht zu rechnen war. Ja, eigentlich hatte man damals überhaupt noch keine Erkenntnisse über die Betriebstüchtigkeit einer Drehstrom-Allzwecklok, wie sie die E 120 darstellen sollte. Und so hätte doch eigentlich nach der E 103 eine Zwischenkonstruktion gebaut gehört, die den Anforderungen des Betriebs eher gerecht geworden wäre, wie der mehr als Verlegenheitslösung zur Beschäftigung der Lokindustrie in Auftrag gegebenen E 111! Und da ja nun auch nicht vor 1985 mit der E 120 in Serie und dann auch erst nach einigen Jahren in größeren Stückzahlen zu rechnen sein wird, andererseits die 200 km/h-Abschnitte doch sicher weiter zunehmen werden, wird die Frage der Deckung des Angebotsdrucks an den Wochenenden auf Jahre bestehen bleiben!

Blick in einen für den Intercityverkehr beschafften klimatisierten Großraumwagen der Gattung Bpmz. *Aufnahme: DB*

Eine sehr positive Lösung der Systemfrage war es ohne Zweifel, über die Endpunkte der Linien hinaus IC-Züge in geeignete Feriengebiete oder peripher gelegene Wirtschaftszentren zu führen, denn diese Gebiete hätten ohne Zweifel bei einer starren Einhaltung der Netzstruktur besonders hart unter den ausfallenden Schnellzugverbindungen gelitten und wären hier von der Angebotsseite überproportional benachteiligt worden. Daß dies nicht erfolgte, sondern vielmehr mit dem Gesamtqualitätsangebot IC diese Gebiete erschlossen wurden, kann nicht hoch genug eingeschätzt werden. Daß dabei auch Gebiete ins Abseits kamen, die eigentlich eine stärkere IC-Anbindung verdient hätten, ist am Beispiel Kassel bereits dargelegt worden. Für diese Leistungen auf den IC-An- und Auslaufstrecken werden etwa 35 000 Zugkm/Woche im Sommerabschnitt und 33 500 Zugkm/Woche im Winterabschnitt aufgewandt, was knapp 5 % der gesamten IC-Leistungen ausmacht. Durch die immer mehr zunehmende Einführung internationaler IC nach dem zitierten UIC-Beschluß wurden seit 1980 zahlreiche Zugkm aufgewandt, die außerhalb des eigentlichen Netzes liegen. Dieser Aufwand wird auch weiterhin steigen, jedoch steht dem ein Minderverbrauch an Zugkm bei entfallenden Schnellzügen entgegen. Insofern ist die Einführung internationaler IC über die Angebotsverbesserung hinaus vor allem eine wesentliche Qualitätsverbesserung mit den Faktoren Schnelligkeit, Bequemlichkeit, Komfort und letztendlich Anbindung an das binnenländische IC-Netz, so daß hier über dieses hinaus attraktive, schnelle und internationale Verbindungen angeboten werden, die sicher der Eisenbahn neue Kunden zuführen werden.

Die dargestellte Entwicklung, sowohl bezüglich der Reisendenzahlen als auch der Einnahmen im Intercityverkehr, hielten weiterhin 1981 und auch 1982 an. So war in den ersten neun Monaten des Jahres 1981 trotz mehrfach durchgeführter Fahrpreiserhöhungen (das Jahr 1981 ging in der Tarifgeschichte der Nachkriegszeit als das Jahr mit den meisten Tariferhöhungen ein) das Verkehrsaufkommen nochmals um rund 4,5 % gestiegen, dagegen war der TEE-Verkehr um 19 % auf 340 000 Reisende gesunken, was wieder deutlich macht, warum dem TEE-Verkehr für die Zukunft keine Chance mehr eingeräumt werden kann. Dagegen wurden in diesem Zeitraum im IC-Verkehr in beiden Klassen rund 15 Mio Fahrgäste befördert, von denen 87 % die 2. Klasse benutzten! Dies drückte sich dann auch in den Zugkm für den Jahresfahrplan 1982/83 aus. Bei der Zuggattung der IC nahmen diese im Sommerabschnitt von 747 232 pro Woche in 1981 auf 752 308 in 1982 oder um 0,7 % zu, während im TEE-Verkehr eine Abnahme von 34 484 in 1981 auf 33 428 in 1982 oder um minus 3,1 % zu verzeichnen waren. Gleichzeitig sanken die Zugkm bei den Schnellzügen um 3,4 % durch entsprechende Anpassungsmaßnahmen, und bei den Expr war eine Steigerung von 14,4 % festzustellen, von denen allein 13 660 (von insgesamt + 15 740) Zugkm auf die Expr IC entfielen. Der gesamte Zugkm-Aufwand im SPFV der DB ergab 1982 zu 1981 eine Minderung um 47 976 Zugkm oder minus 1,7 %.

So positiv sowohl die am Markt erzielten Erfolge als auch die wirtschaftlichen Ergebnisse auf der Einnahmeseite wie auch bei der Produktion im Aufwand waren, so hatte und hat das System auch seine Schattenseiten. Auf die nicht mögliche Anpassung des Angebots an die Nachfrage an den Wochenenden wurde schon hingewiesen, ebenso auf die ungenügende Ausstattung für Spitzenverkehre mit den erforderlichen Triebfahrzeugen. Aber auch noch andere Negativaspekte sind deutlich zu erkennen. Hier sollte nicht unerwähnt bleiben, daß in bestimmten nachfragestarken IC-Verbindungen häufig in der 1. Klasse das Platzangebot nicht ausreicht und nicht nur zu Spitzenzeiten oder aus witterungsbedingten Gründen nicht unerhebliche Überbesetzungen vorkommen. Aber gerade der Geschäftsreisende der 1. Klasse reagiert ausgesprochen negativ und schnell, wenn er nicht den gewohnten Service vorfindet. Hier müßte es die vornehmste Aufgabe der DB sein, trotz akuten Wagenmangels, bestehender Unwägbarkeiten und gewisser Imponderabilien dieses Marktes sicherzustellen, daß jeder hochzahlende Reisende einen Sitzplatz auch dann vorfindet, wenn er in einen Korrespondenzzug auf einem Verknüpfungsknoten umsteigt. Hier hilft auch nicht der Hinweis auf mögliche Platzreservierung einschließlich kostenloser Platzreservierungsmöglichkeit im Anschlußzug, denn häufig muß der Geschäftsreisende relativ kurz entscheiden, ob die Reise durchgeführt wird und mit welchem Verkehrsmittel sie erfolgt. Nicht nur die bekannten Überbesetzungen in der Relation Köln — Frankfurt, auch die Übergänge zwischen Linie 3 und 1 und umgekehrt in Mannheim, aber auch Lagen zwischen Würzburg und Frankfurt lassen es geboten erscheinen, hier einer intensiven Abhilfe sich zu bemühen. Der DB werden diese Züge sicher sehr genau bekannt sein, nur mit Allgemeinfloskeln ist hier am Markt nichts mehr zu machen. Die Lufthansa hat dies ja bereits allzu deutlich erkannt, und wie man hört, macht sie der DB nicht ohne Erfolg in bestimmten Verbindungen eine zunehmende Konkurrenz. Schließlich war man 1971 ja auch durch das IC-System des Zweistundentaktes mit der Devise angetreten, die von der Luftfahrt umworbenen potentiellen Kunden der Schiene zu erhalten oder zurückzugewinnen. Und wenn auch heute 87 % der IC-Reisenden der 2. Klasse angehören, so darf man doch einen Markt von 13 % nicht vernachlässigen, der ja zudem bei fast gleichen Traktionskosten ein mehrfaches an Fahrpreis für die gleiche Strecke bezahlt. Und höherer Preis verlangt nun auch einmal einen höheren und zuverlässigeren Service, dies ist im gesamten Geschäftsleben so.

Aber auch die angebotenen Komfortbedingungen der 2. Klasse entsprechen doch bei weitem nicht dem, was man heute in Europa als Standard im Reiseverkehr bei allen Verkehrsträgern ansieht, geht man einmal nicht vom Standard des Jet-Charterverkehrs aus. Technisch mögen die Bm 234 und 235, die heute zu noch fast 95 % die Wagengestellung im IC-Verkehr ausmachen, durchaus auf dem Stand der Neuzeit sein, in ihrer Aufmachung und Darstellung jedoch bieten sie keineswegs das Bild, das der Reisende erwarten kann. Daß Sauberkeit heute außen wie innen nicht mehr allzu groß geschrieben wird, im Zeichen der Personalkosten und automatischen Reinigungsanlagen auch kaum einen anderen Standard ergeben können, ist ein Zug unserer Zeit, mit dem wir leben müssen. Daß die DB diese Frage erkannt hat, wurde ja bereits ausgeführt, wenn auch verschmutzte Toiletten, fehlende Handtücher und holzstarkes Toilettenpapier nicht gerade werbend wirken, wenn die Fenster so verschmutzt sind, daß man nur wie durch einen Schleier die Landschaft sieht, obwohl die Sonne scheint oder die Gangfenster vom schmutzigen Lappen erst so schön schlierig gemacht wurden. All das registriert auch der Reisende der 2. Klasse (der der 1. Klasse empfindet dies schon abstoßend und der Überlegung wert, ein anderes Beförderungsmittel zukünftig zu wählen). Aber viel weniger dem Komfort entsprechend empfindet er die häufig durchgesessenen, wenn auch gepolsterten Sitze in den viel zu engen Abteilen, die keineswegs dem herausragenden Zugangebot als Topzüge entsprechen. Und wenn er das Glück hat, in einem der inzwischen vermehrt in den IC auftauchenden 40 klimatisierten Bpmz 290 zu reisen, so wird er, wenn ihn schon das Großraumabteil nicht stört, was bekanntlich nicht jedermanns Sache ist, doch wenig über die Sitzqualität erfreut sein, die dem Charter-Jet nachempfunden wurde, die aber heute im Luftverkehr bereits weitgehend wieder zugunsten bequemerer Sitzgelegenheiten mit mehr Beinfreiheit verlassen werden. Dem Verfasser kommt es so vor, als wenn die Konstrukteure derartiger Sitzgelegenheiten über eine unterproportionale Körperstruktur verfügten, die aber die Masse der Bürger unseres Staates nicht aufzuweisen haben. Denn mit der gleichen Akrobatik muß ja auch der Durchschnittsbürger in den „Silberlingen", die ja beileibe nicht nur in Nahverkehrszügen zu finden sind, sich zurechtfinden, wenn er dort ein stilles Örtchen sitzend aufsuchen muß. Inwieweit die neuen Bpmz 291, die gerade in der Auslieferung als zukünftige Serienfahrzeuge des IC-Verkehrs stehen, hier über eine bessere Sitzplatzaufteilung verfügen, kann noch nicht aus der Praxis gesagt werden; sollte dies aber gegenüber den Bpmz 290 nicht der Fall sein, so sei der DB-Spitze doch einmal angeraten, eine Fernreise in einem vollbesetzten Regelzug in einem dieser Wagen durchzuführen, um dann zu entscheiden, ob es im Interesse des Komforts des Topangebots der DB nicht doch besser ist, den noch folgenden Bauserien dieses Wagens eine bessere körpergerechte Bestuhlung mit mehr Platzfreiheit für den Reisenden zu geben.

Und noch ein Ärgernis besteht im IC-Verkehr, das Speisewagenangebot, oder wie es heute heißt, das Zugrestaurant. Nach der unglücklichen Entscheidung, die allein aus Personalkostenproblemen bei der Bewirtschaftung begründet war, statt Vollspeisewagen nur als „Quick-Pick" bezeichnete Büffetwagen zu beschaffen, blieb es nicht aus, auch diese Wagen aus Mangel an geeigneten Vollspeisewagen im IC-Verkehr einzusetzen. Die Begründung, daß 31 IC, die nur eine schwache Nachfrage erwarten lassen, mit Quick-Pick gefahren werden, während in 135 IC Speisewagen konventioneller Bauart laufen, wie sie die DB Ende 1979 kolportierte, kann nicht unwidersprochen bleiben. Auch heute noch müssen doch allein aus dem Mangel an Speisewagen und aus „wirtschaftlichen Erwägungen" der DSG bei zunehmend geringer werdendem Service 18 Quick-Pick im IC-Verkehr eingesetzt werden. Allein doch der Mangel an geeigneten und in den letzten Jahren eigentlich zu bauenden Speisewagen konventioneller Art machen doch den Einsatz dieser so unbeliebten Servicewagen notwendig. Und wenn ausländische Verwaltungen die Übernahme von Quick-Pick ablehnen und lieber eigene Speisewagen auf deutschen Strecken einsetzen, um den Service zu halten, dann kann man dies doch nicht intern als „Angebotsverbesserung" abtun, andererseits aber den Einsatz eines Quick-Pick anstelle eines nicht vorhandenen Vollspeisewagens mit „Bedarfsanpassung" begründen. Schließlich ist die Kritik am Quick-Pick nicht aus der Luft geholt, sondern international mehr als deutlich gemacht worden, und in neuerer Zeit haben u. a. neben der SNCF vor allem die SBB und die ÖBB gerade zur Haltung des Leistungsstandards entschieden, auch zukünftig nur Vollspeisewagen für den höherwertigen Reisezugverkehr zu beschaffen. Hier also müßte trotz der nicht von ihr zu vertretenden wirtschaftlichen Misere und der knappen Kassen die DB bemüht sein, so bald wie möglich alle Quick-Pick aus dem Topangebot des IC-Verkehrs herauszulösen und durch Speisewagen zu ersetzen. Und wenn eben in bestimmten Zügen nicht eine entsprechende Angebotsnachfrage bestehen sollte, warum kommt man nicht auf den so bewährten alten Halbspeisewagen oder das Speiseabteil zurück, wie sie zur vollsten Zufriedenheit seit 1951 in den leichten F-Zügen liefen? Aber sicher müssen wir uns aufgrund des bestehenden Speisewagenmangels und der verfehlten Beschaffung noch über Jahre mit den Quick-Picks herumärgern, denn wie der Restaurantwagenbestand sowie der entsprechende Bedarf für den Sommerfahrplan 1982 aussehen, ist hier noch kein Silberstreif zu erkennen:

Restaurantwagenbestand und -bedarf Sommer 1982

	200 km/h			160 km/h			140 km/h			
	WRm	ARm	QP	WRm	ARm	QP	ARs	BRy	BRbu	Summe
Verfügb. Bestand November 81	45	64	30	13	17	16	7	7	7	206
Davon Reserve (22%)	10	14	7	**)4	4	4	*)3	2	2	50
Regierungsreserve	2	-	-	-	1	-	-	-	-	3
Einsatzbestand für Regelverkehr	33	50	23	9	12	12	4	5	5	153
Bedarf										
TEE	-	-	-	2	6	-	-	-	-	8
IC Linie 1	23	6	-	2	1	-	-	-	-	32
Linie 2	-	22	3	-	-	1	-	-	-	26
Linie 3	10	16	-	-	-	-	-	-	-	26
Linie 4	-	4	13	-	-	1	-	-	-	18
Zwischensumme TEE/IC	33	48	16	4	7	2	-	-	-	110
D-Züge	-	-	-	3	2	16	4	3	4	32
Autoreisezüge	-	-	-	2	5	1	-	-	-	8
Gesamtbedarf	33	48	16	9	14	19	4	3	4	150
Überschuß/Mangel	./.	+2	+7	./.	-2	-7	./.	+2	+1	+3

*) davon 1 ARms abgestellt
**) auch für ARm

Aber noch etwas anderes gehört zu einem entsprechenden Service für den Kunden in einem Topangebot, das doch nun einmal das IC-System sein soll und will: Der Service im Restaurant selbst. So wie es Restaurants und Pinten gibt, so verdient auch hier der Reisende eines IC, gleich welcher Klasse er reist, eine bessere Behandlung. Wenn es auf einer Bahnreise nicht möglich ist, analog dem Flugzeug oder der Fernreisebus eine kostenfreie (im Preis natürlich einkalkulierte) Mahlzeit zu servieren, dann kann dieser Reisende aber doch verlangen, daß er frische Waren erhält und nicht Dosenkost, wo z. B. beim „Frühstück" der Abfall an Verpackungen größer als die verzehrte Menge ist oder wenn bei der Mittagsmahlzeit für relativ gängige Speisen — natürlich vorgekocht und nur noch mikrowellengewärmt — im Verhältnis zur gebotenen Menge Preise verlangt werden, die einem Nobelrestaurant alle Ehre machen. So braucht man sich dann nicht zu wundern, wenn der Speisewagenverzehr weiter abnimmt und dann das einzufahrende Wirtschaftsergebnis unter den Kosten bleibt und man bei der DSG dann der Ansicht ist, man müsse zur Angebotsanpassung einen geringerwertigen, sprich kostengünstigeren Wagentyp einsetzen. Denn so schließt sich der Negativkreislauf. Nicht umsonst sind bei zahlreichen Reisenden die Speisewagendienste anderer Verwaltungen weitaus beliebter als die DSG, die einmal in Europa bezüglich ihres Services führend war. Hier sollte die DB ihrer Tochter DSG doch einmal besser auf die Finger schauen und dies aus der Sicht eines mit ihr reisenden Fahrgastes und nicht aus der Sicht von Wirtschaftlichkeit und Kostendenken, so sehr die heutige Zeit auch diese Faktoren berücksichtigen muß. Es ist verständlich, daß die Zeiten der „grand expresses" allein aus Personalkostengründen nicht mehr kommen können, aber es muß sich doch eine Synthese zwischen Aufwand und zufriedenem Kunden finden lassen, die mehr ist, als das heute bei einem Topangebot der Bahn gebotene.

Als die DB 1951/52 mit den neuen 26,4 m langen Eil- und Schnellzugwagen der Nachkriegsgeneration erschien, setzte sie auf Europas Schienen ebenso Maßstäbe wie 1962 mit der Einführung der neuen Wagengarnitur im „Rheingold", die dann letztlich zum TEE- und heutigen IC-Standardwagen der 1. Klasse wurden. Aus dem C4üm von 1952 entwickelten sich (bedingt duch die Änderung der Zahl der Wagenklassen) die Büm — oder wie sie nunmehr heißen Bm — von heute, die den Grundstock des IC-Parks 2. Klasse bilden. Wenn auch die seinerzeitigen Konstruktionen immer wieder überarbeitet und in ihrem technischen Standard neuzeitlichen Entwicklungen angepaßt wurden, so kann doch letztlich die Tatsache, daß die ursprünglichen Grundkonstruktionen der Wagen der 2. Klasse nunmehr über 30, die der 1. Klasse, sieht man einmal von den Eurofima-Wagen ab, über 20 Jahre alt sind, nicht darüber hinwegtäuschen, daß der auch im hochwertigsten Angebot von der DB eingesetzte Wagenpark stark überaltert ist. Im Gegensatz hierzu haben benachbarte ausländische Verwaltungen in den letzten Jahren keine Mühen und Kosten gescheut, ihren Wagenpark, der lange weit unter dem Standard der DB lag, zu modernisieren. Und dies mit Erfolg, wie die Beispiele SNCF, SNCB, ÖBB oder SBB zeigen, um nur einige zu nennen. Und wie sieht es bezüglich des Intercityverkehrs bei der DB aus? Die Frage auf dem Speisewagensektor wurde ja bereits behandelt. Bei den eigentlichen, hier benötigten Reisezugwagen standen für den Jahresfahrplan 1981/82 insgesamt 1 385 Wagen zur Verfügung, die sich aufteilten auf 500 Avm/Apm, 61 nichtklimatisierte Am 203 für Verstärkungen und Reserven, 761 Bm und Bpm mit 200 km/h Lauffähigkeit sowie 63 Am und Bm mit Mg-Bremse und einer Lauffähigkeit für 160 km/h, die jedoch nicht dem IC-Standard entsprachen. Unter Berücksichtigung der erforderlichen Reserven für Ausfälle und des planmäßig und außerplanmäßig anfallenden Schadbestandes wurden jedoch 1 340 Wagen benötigt, so daß tatsächlich nur 45 Wagen für „ad hoc"-Entlastungsmaßnahmen, Verstärkungen und Zusatzverkehre übrig blieben. Hierbei handelte es sich um 34 Avm/Apm, 2 Am 203 ohne Klimaanlage, 5 Bm 234/235 für 200 km/h und 4 Am für 160 km/h mit Mg-Bremse. Diese Zahlen sind mehr als gering anzusehen; insbesondere der praktisch totale Einsatz aller Wagen der 2. Klasse erleuchtet schlagartig, warum es der DB einfach aus Wagenbestandsgründen nicht möglich ist, den IC-Verkehr durch Verstärkungen der planmäßig überbesetzten Züge oder durch weitere Ausgestaltung des Netzes entsprechend der Nachfrage auszudehnen. Und hier rächt sich nun heute die verfehlte Wagenbaupolitik der letzten 10 - 15 Jahre. Denn man muß ja bei all dem berücksichtigen, daß es sich, abgesehen von 40 Bpmz 290, bei allen Bm-Wagen um nichtklimatisierte Wagen handelt, die schon seit Einführung der europäischen Standardzüge auf der EFK Budva mit klimatisierten Wagen 2. Klasse praktisch dem Komfortstandard nach, den UIC und EFK an derartige Verbindungen stellen, überholt sind. Aus einem ehemals führenden Eisenbahnunternehmen, das den anderen Verwaltungen Impulse zum Wagenbau nach dem Zweiten Weltkrieg gab, ist die DB als große Verwaltung nun ins Abseits gerutscht. Insofern hat sich die damalige aus Kostengründen diktierte Entscheidung für den nichtklimatisierten Wagen 2. Klasse als Bumerang erwiesen, denn 1975 und in den folgenden Jahren waren die Beschaffungskosten je Wageneinheit mit Sicherheit geringer als heute und in den Folgejahren mit den auf allen Gebieten eingetretenen enormen Preissteigerungsraten.

Nun hinkt die DB der allgemeinen internationalen Entwicklung nach. Die 1980 mit großer Publicity zum Einsatz gekommenen klimatisierten Großraumwagen 2. Klasse Bpmz 290 konnten nicht alle in den IC-Verkehr übernommen werden, da die DB einen Teil dieser Wagen zur Abgeltung enorm angewachsener Achskilometerschulden bei den europäischen Standardzügen im Schnellzugverkehr einsetzen mußte. Inzwischen ist ein Neubauprogramm für Großraumwagen in klimatisierter Bauart für die 2. Klasse angelaufen, das einmal über 400 Fahrzeuge umfassen soll. Hiervon sind derzeit 140 Wagen der Bauart Bpmz 291 im Bau; die ersten Fahrzeuge befinden sich bereits im Betriebseinsatz. Diese Wagen werden bei den Heimatbahnhöfen Dortmund Hbf, Frankfurt (Main) Hbf, Hamburg-Altona, Köln-Deutzerfeld und München-Pasing beheimatet sein. Die ersten ausgelieferten Wagen kamen aber nicht, wie zu erwarten, im IC-Verkehr zum Einsatz, sondern zunächst zur Abgeltung von Achskilometerschulden im hochwertigen Schnellzugverkehr. Anschließend werden die im internationalen Verkehr eingesetzten IC-Umläufe damit ausgerüstet werden, und erst danach, in einigen Jahren, wird der innerdeutsche Verkehr abgedeckt werden können, so daß es noch geraume Zeit dauern wird, bis das Erscheinungsbild der IC von diesen Wagen weitgehend geprägt sein wird. Über die Frage der Innenqualität aus der Sicht des Reisenden wurden ja bereits weiter oben einige kritische Anmerkungen dargelegt, so daß hierauf verzichtet werden kann. Ein erster positiver Schritt ist getan, und es bleibt zu hoffen, daß die allgemeine wirtschaftliche Entwicklung und die kritische Finanzlage der DB nicht dazu führen müssen, hier Streckungen in den Planungen vorzunehmen.

Aber auch über den Bpmz 291 hinaus, der ja nur Großraumwagen ist, hat die DB inzwischen für den IC-Verkehr einen neuen, klimatisierten Abteilwagen von 27,5 m Länge in zwölf Exemplaren bei Linke-Hoffmann-Busch in Salzgitter in Auftrag gegeben. Während es sich beim Bpmz 290 und auch seiner Weiterentwicklung 291 nur um eine schnelle Verlegenheitslösung zur Behebung des Zustandes des Nichtvorhandenseins klimatisierter Wagen der 2. Klasse handelte, wird der neue Abteilwagen eine völlige Neukonstruktion sein, von der die DB hofft, daß er eimal das Grundmodell einer neuen Generation von Reisezugwagen abgibt, die ebenso erfolgreich sein werden wie seinerzeit die heute abzulösenden 26,4 m-Wagen der Entwicklung 1951/52, und daß hier der europäische Standard nicht nur wieder erreicht, sondern hoffentlich auch wieder überboten werden wird. Und damit fiel zugleich auch die Revision über eine Entscheidung, die besagte, daß wenn schon klimatisierte 2. Klassewagen gebaut werden müßten, diese nur allein als Großraumwagen zu bauen seien, da der allgemeine europäische Trend zu diesem Wagentyp gehe. Neuere Marktuntersuchungen haben aber ergeben, daß mindestens 16 - 22 % aller Reisenden der 2. Klasse grundsätzlich einen Großraumwagen ablehnen und ein weiterer, nicht unbeträchtlicher Porzentsatz ihre Reise bei einem beiderseitigen Angebot im Abteilwagen durchführen würden. Und so hält der Dezernent für den Reisezugwagenbau beim BZA Minden (Westf), Dipl. Ing. Münther, im Zweiterklasseblock der IC ein Angebot von 2/3 Großraumwagen und 1/3 Abteilwagen in klimatisierter Bauform für empfehlenswert (vgl. Münther: Großraum- oder Abteilwagen im Reiseverkehr — ETR 5/82). Aber auch unkonventionelle Wege zu gehen, ist die DB nunmehr bereit. So wird u. a. auch die Frage des Einsatzes von Doppelstockwagen zumindest erörtert. Ob dies aber einmal Realität wird oder nur Planungsüberlegungen sind, läßt sich heute noch nicht absehen. Eines aber ist sicher, die Frage des geeigneten modernen Wagens für den IC-Verkehr ist, wenn auch verspätet, voll in Gang gekommen.

Bei all diesen Überlegungen und kritischen Anmerkungen darf man aber zwei sehr wichtige Komponenten nicht außer Betracht lassen, die sind
— die wirtschaftliche Lage des Unternehmens DB,
— der Kapitaleinsatz, der in einem modernen IC-Zug steckt.

Wenn wir den zweiten Punkt zuerst beleuchten, so muß festgehalten werden, daß nach dem Preisstand von 1980 bereits die Beschaffungskosten für eine IC-Garnitur der Regelzugbildung — bestehend aus drei Wagen 1. Klasse, einem Speisewagen und sieben Wagen 2. Klasse — rund 10 Mio DM betrugen. Ein klimatisierter Wagen kostet rund 900 000 DM, ein Speisewagen rund 1,3 Mio DM. Dazu kommen noch die Beschaffungskosten der Lok, die mit mindestens 3,5 Mio DM anzusetzen sind. Dies sind bei der heutigen wirtschaftlichen und finanziellen Situation der DB Werte, die nur sehr schwer im Wirtschaftsplan innerhalb relativ kurzer Zeit unterzubringen sind. Und da aufgrund der allgemeinen finanzpolitischen Misere des Eigentümers Bund dessen Leistungen an die DB in nächster Zeit mit Sicherheit nicht zunehmen, sondern günstigstenfalls stagnieren werden, ist hier eine wirksame Hilfe, wie sie ausländischen Eisenbahnverwaltungen durch ihren Eigentümer Staat zuteil wurde und noch wird, für die DB nicht zu erwarten. Und inwieweit bei weiter steigenden Personalkosten und Sachausgaben, gleichzeitig aber allgemein sinkendem Verkehrsaufkommen als Folge der wirtschaftlichen Rezession, die DB bei ihrer immensen Eigenverschuldung weiterhin derartige Beträge selbst erwirtschaften kann, ist eine heute nicht erklärbare Frage, zumal mit Tariferhöhungen auch keine Einnahmesteigerungen zu erwarten sind, da hier der Markt selbst nicht mehr viel hergeben wird. Insofern sind die für die Bereiche Finanzen, Produktion, Absatz und Beschaffung zuständigen Mitglieder des neuen Vorstandes der DB nicht zu beneiden, ist doch der Intercity-Verkehr, wenn auch Topangebot des Unternehmens auf dem Personenverkehrssektor, nicht der einzige abzudeckende wichtige Haushaltsposten.

Stellt sich abschließend bei einer Würdigung der positiven und negativen Seiten des Systems Intercity 79 die Frage, ob die Auswahl der vier Linien in der Grundform des im Winter 1971 geschaffenen Intercity-Zweistundentaktes heute noch optimal ist, ob sich nicht vielleicht doch eine andere Linienführung mit anderen Verknüpfungspunkten angeboten hätte und ob nicht weitere Linien erforderlich sind. Nun, die letztere Frage wurde ja von der DB selbst bereits behandelt in Form einer für das Fahrplanjahr 1981/82 vorgesehenen Linie 5 von Göttingen über Kassel — Frankfurt — Darmstadt — Heidelberg nach Karlsruhe, die neben anderen Gründen vor allem am Wagenmangel scheiterte. Diese Linie ist nach wie vor im Gespräch und nicht zu den Akten gelegt, zumal in ihrem Einzugsbereich mit den Groß- und Universitätsstädten Kassel, Marburg, Gießen, Darmstadt und Heidelberg Orte mit bedeutendem Verkehrsaufkommen liegen, die bisher nicht oder nur unzureichend an das IC-Netz angeschlossen sind.

Aber auch die in den nächsten Jahren akut werdende westliche Einführung der Riedbahn in den Mannheimer Hauptbahnhof stellt neue Fragen, da dann zwischen den Linien 1 und 3 bei gleichzeitiger Einfahrt von Westen das Blockzugsystem in Mannheim nicht mehr angewandt werden kann, es sei denn, man findet im Netz insgesamt einen anderen Verknüpfungspunkt, bei dem die erforderliche Wende so durchgeführt werden kann, daß alle vier Linien an allen Verknüpfungspunkten wie bisher sich bei den beiden Blöcken gegenüberstehen. Es sind in der Literatur hier schon die verschiedensten Lösungsmöglichkeiten erörtert worden; zu einem praktischen Ergebnis ist man aber noch nicht gekommen, denn die bisherige Netzstruktur führt nun einmal zwangsläufig dazu, daß aufgrund der bestehenden Bindungen bei Herausbrechen einer Wende das ganze System ins Wanken gerät. Und hieran kann man wiederum erkennen, wie fein gesponnen unser IC-Netz doch eigentlich ist. Andererseits hat das Fernverkehrsnetz der DB eine solche Engmaschigkeit, daß es eigentlich möglich sein sollte, eine entsprechende Lösung zu finden, nur ist es dann die entscheidende Frage, ob aufgrund der aufzuwendenden Fahrzeiten die Taktzeiten an den Verknüpfungspunkten gehalten werden können. Also wird man wohl zwangsläufig an einer Umstrukturierung unter gleichzeitiger Änderung der Taktzeiten nicht herumkommen. Und dies dürfte dann in etwa vier Jahren zu einer grundsätzlichen Reform des derzeitigen IC-Systems führen.

Dabei bietet es sich dann an, ggf. andere Streckenführungen zu finden, die den bisherigen Randgebieten einen Anschluß an das IC-Netz ermöglichen. Hier sei nochmals der Punkt Kassel genannt. Die vorstehende Kalamität auf der Linie 3 mit der neuen Einfahrt in Mannheim würde blockzugmäßig aufgehoben durch eine Führung der Linie 3 über Kassel und die Main-Weser-Bahn nach Frankfurt, wobei naturgemäß hier wieder die Frage der Fahrzeiten zur Erreichung der Verknüpfungsknoten auftritt. Es bestünde aber auch die Möglichkeit, die Linie 3 über Darmstadt und die Main-Neckar-Bahn nach Heidelberg zu führen und statt in Mannheim dort die Verknüpfung mit der Linie 1 vorzunehmen, wenn irgendwo anderweitig im Netz eine Lösung des Blockzugsystems gefunden wird. Damit könnte dann auch die immer wieder gewünschte Umsteigemöglichkeit Linie 1 auf Linie 3 nach Süden bzw. umgekehrt geschaffen und die Großstadt Darmstadt angeschlossen werden. Dem steht als Nachteil aber die Abhängung des bedeutenden Industriezentrums Mannheim entgegen, wenn es nicht gelingt, bei der Verknüpfung in Heidelberg auch die Zeiten so zu legen, daß Mannheim von der Linie 3 aus beiden Richtungen über die Linie 1 erreicht werden kann. Alternativ bietet sich an, eine Linie 5, wie einmal geplant, von Göttingen über Frankfurt nach Karlsruhe zu führen und dabei aber ab Frankfurt südwärts bis Karlsruhe über den bisherigen Weg der Linie 3, die über Heidelberg geführt wird, zu fahren. So wäre auch wieder Mannheim angeschlossen. Als weiterer Nachteil dieser Lösung steht aber der nun von beiden Linien (1 und 3) im Blockabstand zu befahrende Abschnitt Heidelberg-Wieblingen — Heidelberg Hbf — Bruchsal entgegen, wenn man sich nicht entschließen könnte, sich ergebende Fahrzeitüberschüsse dahingehend zu verwenden, die Linie 1 statt über Bruchsal — Bretten durch das Neckartal nach Stuttgart zu führen, womit die Großstadt Heilbronn mit ihrem starkem Wirtschaftsgebiet an den IC-Verkehr angeschlossen werden könnte.

Bei der Führung der Linie 2 erhebt sich einmal die Frage, ob nicht eine Führung über Mainz Hbf — Frankfurt-Flughafen nach Frankfurt Hpbf erfolgen könnte. Hier wird zwar die hessische Landeshauptstadt Wiesbaden ausgeschlossen, es entfällt aber das Kopfmachen, und es ergibt sich somit vielleicht eine Möglichkeit, die in Mannheim bei der Linie 3 durch die westliche Einführung eintretende Störung des Blockzugsystems irgendwie im Gesamtnetz wettzumachen. Zum anderen könnte endlich Frankfurt-Flughafen an das IC-Netz voll angeschlossen werden, wobei in Frankfurt Hbf Anschlüsse von der Linie 3 und einer möglichen Linie 5 bestehen sollten, um das lästige Umsteigen der Flugreisenden mit Gepäck über die S-Bahn in Frankfurt Hbf tief zu vermeiden. Problemhaft dürfte hier nur Mainz Hbf mit dem anschließenden Flaschenhals Mainz Hbf — Mainz Süd sein, aber bei einer blockabstandsmäßigen Führung ab Köln auf der linken Rheinseite der Linien 1 und 2 dürfte sich auch dieses Problem lösen lassen. Und sicher entfiele bei einer derartigen Linienführung auch die ab dem Jahresfahrplan komplizierte Führung der Linie 2 über Abzw. Forsthausstraße ebenso, wie die Führung der Linie 3 über den gleichen Weg bei Führung über die Main-Neckar-Bahn entfallen würde, so daß insgesamt eine betriebliche Entlastung des Knotens Frankfurt eintreten würde.

Auch die Führung der Linie 1 über Lünen mit dem immer noch auf nicht absehbare Zeit bestehenden eingleisigen Abschnitt bereitet betrieblich Probleme. So ansprechend die Verknüpfung der Linien 1 und 2 in Dortmund ist, so wäre doch bei einer Neuorientierung des IC-Netzes zu fragen, ob die Verknüpfung nicht statt in Dortmund in Hamm erfolgen sollte, wobei die Linie 1 dann von Münster über Hamm nach Dortmund, die Linie 2 aber von Bielefeld kommend über Hamm unmittelbar nach Hagen geführt werden sollte. Der auf der Linie 2 dann entstehende Fahrzeitüberschuß könnte für die immer wieder beantragten Halte in Solingen-Ohligs verwandt werden. Und letztlich kann man ja durch häufigeren Linientausch die Zahl der Fahrmöglichkeiten der Linie 2 nach Dortmund in etwa ausgleichen.

Die Linie 4 ist bekanntermaßen die am geringsten frequentierte. Als Folge ist der Linientausch zwischen den Linien 2 und 4 südlich Würzburg relativ häufig, ebenso aber die Doppelführung von IC nördlich Hannover nach Hamburg auf der Linie 3 in Form von Schnellzügen, um nicht Züge der Linie 4 von Flieden bis Hamburg Hbf mit der Linie 3 hintereinander fahren zu lassen. Es bietet sich hier an, bei Einführung einer Linie 5 diese nicht wie seinerzeit vorgeschlagen in Göttingen, sondern bereits in Bremen beginnen zu lassen und diese über Hannover – Kassel – Frankfurt – Mannheim nach Karlsruhe zu führen, wo Anschluß an und von der Linie 3 besteht. Die Linie 3 dagegen verbleibt auf dem Weg bis Frankfurt wie bisher und verkehrt dann, wie vorgeschlagen, über Darmstadt – Heidelberg nach Karlsruhe. Damit wäre dem starken und überwiegenden Verkehr Hamburg – Süddeutschland nach wie vor der kürzere Weg vorbehalten, dem geringeren Verkehr Bremen – Süddeutschland aber der längere über Kassel. Damit wäre Reisenden, die schnell nach Süden kommen wollen, in Hannover immer noch die Möglichkeit zum Umsteigen zwischen Linie 3 und 5 gegeben.

Die Linie 4 jedoch sollte auf den Abschnitt Fulda – München zurückgenommen werden. Alternativ böte sich ggf. eine Verknüpfung mit der neuen Linie 5 in Göttingen an, um ein zweimaliges Umsteigen für Reisende Richtung Bremen zu vermeiden. Die Aufteilung der Verkehrsströme zwischen dem Südwesten und dem Norden über die neuen Linien 3 und 5 mußte kapazitätsmäßig ausreichen, den nach Hamburg zielenden Verkehr der bisherigen Linie 4 in Fulda oder Göttingen auf die Linie 3 abzugeben, wobei ggf. sogar daran gedacht werden könnte, die Linie 4 statt nach Göttingen ab Bebra nach Kassel zu führen und dort eine Verknüpfung mit der neuen Linie 5 herzustellen. Diese Lösung würde nicht nur zu Zugkilometerverminderungen, sondern betrieblich auch zu der so erwünschten Entlastung der Nord-Süd-Strecke in ihrem am stärksten befahrenen Abschnitt zwischen Bebra und Flieden führen. Inwieweit bei dieser neuen Linienführung der Linie 4 dann eine Führung über Nürnberg oder aus zugbildungsmäßig schwächeren Zugeinheiten bestehend über den bisherigen Weg der Linie 2 (Ansbach – Treuchtlingen – Ingolstadt) zweckmäßiger ist, müßte im Detail durch Zielzählungen der Reisenden geklärt werden. Bei dieser Führung aber müßte die Linie 2 zum Ausgleich grundsätzlich über Nürnberg gelegt werden, das auch stärker nach der Linie 2 als der Linie 4 in ihrer jetzigen Form tendiert. Dabei soll das sich dann stellende Problem Augsburg sowohl bei der Linie 2 als auch der Linie 4 in der neuen Form ausgeklammert werden. Es wäre ja auch durchaus denkbar, die neu gestaltete Linie 4 grundsätzlich von Treuchtlingen über Augsburg, die Linie 2 von diesem Punkt über Ingolstadt zu führen, ohne daß dort ein neuer Halt zu entstehen braucht.

So ist es bereits erkennbar, daß aus den verschiedensten Gründen spätestens 1986 eine Änderung der bisherigen Struktur des IC-Netzes erforderlich wird. Wie diese endgültig aussehen wird, kann man noch nicht vorhersagen. Nachdem aber der Schöpfer des Systems Intercity 79, Dipl. Ing. Wiedemann, nunmehr als Vorstandsmitglied der DB für den Bereich Produktion verantwortlich ist, kann man mit Sicherheit voraussagen, daß das IC-Netz der DB auch in Zukunft den Stellenwert haben wird, der ihm als Topangebot der Deutschen Bundesbahn im Schienenpersonenverkehr der Bundesrepublik Deutschland zukommt.

Eine Ausdehnung auf weitere Strecken erscheint zwar machbar, aber wenig sinnvoll, wie die schlechten Erfahrungen mit dem DC-Netz bewiesen haben. Hier fehlt einfach zu einem hochwertigen, schnellen, komfortablen Angebot das entsprechende Verkehrsaufkommen über den ganzen Tag, um in einem Takt fahren zu können. Hinzukommen werden sicher noch im Zuge des weiteren Ausbaus des internationalen IC-Netzes Streckenabschnitte außerhalb des jetzigen Netzes als Verbindungsglieder zu Nachbarbahnen. Und Änderungen wird es geben, wenn einmal die Neu- und Ausbaustrecken der DB über längere Abschnitte in Betrieb gehen werden. Aber nach dem derzeitigen Stand der Arbeiten wird dies nicht vor den Neunziger Jahren der Fall sein, so daß wir uns sicher noch gut ein Jahrzehnt im IC-Verkehr auf dem derzeitigen Streckennetz der DB bewegen müssen.

K. Der Schnellverkehr nach dem Zweiten Weltkrieg im Bereich der Deutschen Reichsbahn

von Dipl.-Ing. Wilfried Biedenkopf

a) Allgemeines

Die Struktur eines Fahrplansystems hängt in erster Linie von zwei Voraussetzungen ab, nämlich von der Gestalt des zur Verfügung stehenden Liniennetzes und vom Lebensstandard der Bevölkerung, der mit dem Verkehrsbedürfnis korreliert. Einen zwar naheliegenden, aber doch viel geringeren Einfluß hat dagegen die Antriebsart – was man heute etwas oberflächlich als „Strukturwandel" bezeichnet – also der Übergang vom Betrieb mit Dampflokomotiven zu anderen Antriebsarten. Auch beim Dampfbetrieb gab es dichtbefahrene Netze mit reichhaltig gegliedertem Fahrplan, wenngleich auch etwas geringeren Geschwindigkeiten als mit den „modernen" Antriebsarten.

Das Netz der alten Reichsbahn nach dem Stand von 1937 war eine Mischung von Radialnetz mit dem Zentrum Berlin und Polygonnetz mit etwa einem Dutzend primärer Hauptknoten. Man muß bedenken, daß viele wichtige Strecken entstanden sind, ehe Berlin die überragende Rolle als Reichshauptstadt spielte. Vielmehr waren die damaligen Landeshauptstädte, aber auch andere wichtige Orte, wie z.B. die Freie Reichsstadt Frankfurt (Main) bald Mittelpunkt von sternförmig ausgehenden Eisenbahnlinien. Da Berlin aber schon immer die Hauptstadt von Preußen war, andererseits aber der Westen schon damals dichter besiedelt war und besonders wichtige Großstädte enthielt, war der Ostteil des alten Reichsbahnnetzes in höherem Maße radial, der Westteil in höherem Maße polygonal ausgeformt. Das wäre sicher etwas anders ausgefallen, wenn entweder Berlin genau in der Mitte des Reiches gelegen hätte oder aber die Bevölkerung anders verteilt gewesen wäre.

Bei der Grenzziehung nach 1945 kam der überwiegende Teil des östlichen Radialnetzes zur PKP, ein Teil aber auch zur DR, während die DDR nur im Westen ihres Staatsgebietes über ein wohlausgeformtes Polygonalnetz verfügt.

Die Netzstruktur ist, um es zu wiederholen, von der geographischen Verteilung der primären Hauptknoten, also der wichtigsten Großstädte, abhängig. Waren diese im Reichsgebiet von 1937 großenteils rund 500 - 700 km von Berlin, der exzentrisch gelegenen Hauptstadt, entfernt (Köln, Rhein-Ruhr-Gebiet, Frankfurt, Stuttgart, München), so liegen im Staatsgebiet der DDR die nächst Berlin wichtigsten Städte (Leipzig, Dresden, Halle und Magdeburg) nur rund 180 km von der Hauptstadt entfernt, Karl-Marx-Stadt und Rostock rund 230 km. Auf den ersten Blick möchte man meinen, daß dies eine Binsenwahrheit, da eine logische Folge des kleineren Staatsgebietes sei. Aber dies trifft doch nicht ganz zu. Denn schon in Ungarn, dessen Staatsfläche geringfügig kleiner ist als jene der DDR, liegen wichtige Großstädte rund 230 km von Budapest entfernt (Debrecen, Pecs), keine bedeutende Stadt dagegen so dicht bei der Hauptstadt wie etwa Magdeburg bei Berlin. Erst recht aber ist das Eisenbahnnetz der CSD ein eindrucksvolles Gegenbeispiel: zwar ist die Staatsfläche etwas größer als jene der DDR, die Entfernungen zu den wichtigsten Großstädten sind aber von ganz anderer Größenordnung: knapp 400 km nach Preßburg und Mährisch-Ostrau mit seinem Industriegebiet, über 250 km nach Brünn, sogar rund 700 km nach Kaschau, während nur Pilsen „nahe" bei Prag liegt.

Geht man von diesen verkehrsgeographischen Grundlagen der DDR aus, so muß man einräumen, daß sie für die Ausbildung eines vielfältig abgestuften Fahrplansystems mit deutlich hervorgehobenen Fernreisezügen nicht eben günstig sind. Auf den ersten Blick ist nur Erfurt (rund 280 km) hinreichend weit von Berlin entfernt, um einen besonderen Fernverkehr mit gehobenen Zuggattungen sinnvoll erscheinen zu lassen, wobei jedoch nachteilig ins Gewicht fällt, daß diese Stadt sich an Bedeutung und Einwohnerzahl nicht mit Dresden oder Leipzig messen kann.

Ging es bisher um den Radialverkehr, so muß man natürlich auch fragen, ob und in welchem Umfange Verkehrsströme zwischen Großstädten unter sich qualifizierten Schnellverkehr rechtfertigen. Auch in dieser Hinsicht sind die geographischen Voraussetzungen nicht eben günstig: Dresden, Karl-Marx-Stadt, Leipzig und Halle liegen so dicht beieinander, daß hier der Einsatz von besonderen Schnellfahrten, die sich über das Niveau der D-Züge erheben, nicht in Frage kommen. Für den echten Polygonalverkehr bieten sich als Antipoden zu diesen Großstädten die Häfen Rostock, Stralsund und Saßnitz an. Und da sieht man gleich, daß ein solcher Polygonalverkehr in dem vorhandenen Netz unmöglich oder sehr erschwert wäre, da man in den meisten Fällen einfach über Berlin fahren muß, wenn man vom Süden nach dem Norden des Staates will. Die einzige vorhandene und wirklich gute Süd-Nord-Verbindung Leipzig/Halle – Magdeburg – Schwerin – Rostock ist jedenfalls bisher nur mit D-Zügen ausgestattet worden.

Wie sehr die technischen Voraussetzungen zu einem echten Polygonalnetz fehlen, ersieht man auch daraus, daß D-Züge auf ihrem Weg zum Ostseestrand über Abschnitte von Nebenbahnen geführt werden, Umwege oder andere Nachteile in Kauf nehmen müssen. Das alte Radialnetz um Berlin hat sich noch nicht zu einem Polygonalnetz umgestaltet, auch wenn dafür jetzt ein Verkehrsbedarf besteht.

Diese verkehrsgeographischen Betrachtungen erscheinen unerläßlich, ehe damit begonnen werden kann, etwas über die Entwicklung von solchen Zügen für den Binnenverkehr der DDR auszusagen, die in ihrem fahrplantechnischen Anspruch über den herkömmlichen D-Zügen liegen. Ganz anders ist es natürlich mit dem internationalen Verkehr. Hier lag es nahe, Berlin durch qualifizierte Züge, seien es nun Triebwagen oder später auch Wagenzüge, mit den benachbarten Netzzentren, vor allem jenen der sozialistischen Bruderländer, nämlich Prag, Warschau und Budapest, zu verbinden. Aber auch in der Beziehung Berlin — Kopenhagen gab es jahrelang hochwertige Züge.

Schließlich ist als in der ganzen Welt einmaliges Phänomen der Interzonenverkehr zu nennen, der zwischen Berlin (West) und Hamburg nach dem Ende der Berliner Blockade mit Fernschnelltriebwagen und zwischen Westberlin und Frankfurt, Köln und München mit Fernschnellzügen bedient wurde. Obgleich dieser Verkehr nicht für die Bürger der DDR bestimmt war, muß er doch mitbetrachtet werden, da er auf den Schienen der DR abgewickelt wurde und wird.

Fassen wir also zusammen: Wir kennen besonders qualifizierten Verkehr (womit hier Züge höheren Ranges als D-Züge gemeint sind) im Radialnetz um Berlin, sowohl nach binnenländischen Zielen als auch nach Netzzentren von Nachbarländern, zu einem wichtigen Erholungsgebiet und schließlich nach Frankfurt, Hamburg, Köln und München als Interzonenverkehr.

b) Der grenzüberschreitende Verkehr

Der allererste höher qualifizierte Zug auf dem Boden der damaligen „Sowjetischen Besatzungszone Deutschlands" war im Sommer 1946 ein als L 11/12, also mit der alten Nummer, bezeichneter Nachfahre des „Nordexpreß", der mit Schlaf-, Speise- und Sitzwagen 1./2. Klasse nachmittags die Demarkationslinie zwischen Helmstedt und Marienborn überquerte und spät abends in Berlin eintraf, und auch das nur dreimal in der Woche. Schon im Winter 1946/47 war an dessen Stelle ein dreiklassiger FD 111/112 getreten, der in Osnabrück von dem nunmehr auf Kopenhagen ausgerichteten „Nordexpreß" abspaltete, anfangs noch in ähnlicher Zeitlage wie 1946. Ab Mai 1947 wurde die Demarkationslinie schon früher am Tag überschritten, womit sich eine Ankunftszeit in Charlottenburg am späten Nachmitttag ergab. Natürlich durften diese Züge zunächst nur von den Siegermächten benutzt werden, im Herbst 1946 aber war schon ein Wagen 3. Klasse für deutsche Reisende mit gültigem Interzonenpaß freigegeben, die außerdem auch eine Zulassungskarte haben mußten. Im Sommer 1947 aber gab es „Wagen 1./2./3. Klasse für deutsche Reisende mit Interzonenpässen". Es mutet uns heute seltsam an, daß in der sowjetischen Besatzungszone weit früher als in den Westzonen Deutsche wieder zu den Polsterklassen zugelassen wurden.

Von den hier betrachteten Zügen war FD 111/112 das einzige Paar, das auch die alte 1. Klasse führte. Allerdings gab es diese auch jahrelang in einigen anderen internationalen Verbindungen, so z.B. Berlin — Bukarest, Berlin — Kaschau und Berlin — Warschau, aber nur in D-Zügen.

Von Juni 1948 bis Juli 1949 war infolge der Berliner Blockade das Zugpaar FD 111/112 eingestellt. Nach deren Ende ging es in grundsätzlich gleicher Fahrplanlage weiter, wenn sich auch die Ankunft in Berlin dank günstigerer Fahrzeiten — besonders in der Bundesrepublik — immer früher legen ließ. Stets hielten FD 111/112 nur in Magdeburg an. Dauernd führten sie Kurswagen Paris — Warschau, Ostende — Berlin und außerdem bis einschließlich 1951 auch Rom — Berlin über Frankfurt — Hannover. Dazu kamen zeitweise Verstärkungswagen Köln — Warschau, Köln — Leipzig und Hannover — Leipzig, weil damals der Berlin-Verkehr noch nicht von jenem in die spätere DDR getrennt war. Im Gegensinn lief alles dazu paarig.

Mit Beginn des Sommerabschnittes 1954 wurde der Zug zum D abgestuft und scheidet somit aus den weiteren Betrachtungen aus.

Nach dem Ende der Berliner Blockade wurde mit einigen Feierlichkeiten als FDt 66/65 ein Schnelltriebwagenlauf Berlin — Hamburg-Altona eingeführt, der genau die Strecke des alten „Fliegenden Hamburgers" befuhr. Nur gab es jetzt in Schwanheide und Büchen Kontrollaufenthalte, dazu in Ostrichtung einen weiteren Halt in Hagenow Land. Als Fahrzeug diente zunächst ein dreiteiliger SVT der Bauart Köln. Mit einem Schnitt von 103,5 km/h von Berlin Zoo bis Schwanheide war dieser Zug im Sommerfahrplan 1950 der dritt-, im Sommer 1951 gar der zweitschnellste Zug in ganz Europa – eine Tatsache, die man so kurz nach dem total verlorenen Krieg und der völligen Desorganisation des Eisenbahnwesens gar nicht hoch genug einschätzen kann. Die Streckenhöchstgeschwindigkeit betrug damals im Bereich der DR mindestens 120 km/h, vielleicht auf einzelnen Abschnitten sogar noch mehr. In der Bundesrepublik war dagegen im Jahr 1950 die Höchstgeschwindigkeit noch auf 100 km/h beschränkt.

Diese knappen Fahrzeiten ließen sich aber dauernd doch nicht einhalten; mag sein, daß sie in der ersten Begeisterung zu hoch gegriffen waren, mag sein, daß auch der Oberbau mehr zu wünschen übrig ließ, als man angenommen hatte. Zudem kam später ein neues Fahrzeug in diesen Dienst, das man wegen seiner ungarischen Herkunft (Ganz, Bundapest) auch scherzhaft als „ungarischen Fliegenden Hamburger" bezeichnete, die Baureihe VT 12.14. Diese hatte nur 125 km/h Höchstgeschwindigkeit, Motorleistung 2 x 450 PS, war vierteilig, dieselmechanisch und mit 54 + 112 Sitzplätzen in den beiden Klassen sowie 32 Plätzen im Speiseraum ausgestattet.

Ab Sommer 1962 wurde der VT durch einen Wagenzug, der als Expreß eingestuft war, abgelöst. Das bedeutete Dampfbetrieb und eine Fahrzeitverlängerung um rund eine Stunde. Im Folgejahr mußten die Fahrzeiten sogar abermals entspannt werden. Im Jahr 1964 wurde der Zug dann zum D-Zug abgestuft.

Mit diesen beiden Zugpaaren ist der Anteil des Interzonenverkehrs, der sich später zum deutsch-deutschen Auslandsverkehr entwickelte, am qualifizierten (sprich „höher tarifierten") Schnellzugverkehr abgehandelt. Die nur nach der Berliner Blockade im Winterfahrplan 1949 verkehrenden FD-Züge zwischen Berlin (West) und Frankfurt (Main), Hamburg, Köln und München sollen hier außer Betracht bleiben, da sie nur ein halbjähriges Übergangsstadium darstellen und bereits zum Sommerfahrplan 1950 in D-Züge des Interzonenverkehrs umgewandelt wurden.

Der historischen Entwicklung folgend, wenden wir uns nun dem echten Auslandsverkehr zu, der sich vorwiegend zwischen Berlin und anderen Hauptstädten des sozialistischen Lagers aufbauen sollte.

Die Berlin nächstbenachbarte Hauptstadt ist bekanntlich Prag, kaum 370 Bahnkilometer entfernt. Daher wundert es auch nicht, daß dorthin 1951 mit FDt 54/55 der erste grenzüberschreitende Schnelltriebwagenkurs der DR eingerichtet wurde. (Bei Eröffnung des Berlin – Hamburg-Verkehrs im Spätsommer 1949 handelte es sich noch nicht um eine Staatsgrenze.) Vor den Ereignissen des Jahres 1938 war der Grenzübergang zur CSR in Bodenbach, ehe er dann zur neuen Grenze bei Theresienstadt verlegt wurde. Obwohl die Grenze zwischen der DDR und der CSSR seit 1945 mit jener der Jahre vor 1938 identisch ist, wurde doch die deutsche Kontrolle von Bodenbach (das auf tschechisch Podmokly heißt) nach Bad Schandau zurückverlegt. Einen Ort Podmokly gibt es jetzt allerdings nicht mehr, er wurde nach Tetschen = Decin eingemeindet; der Bahnhof heißt jetzt Decin hl. n.

Der Zuglauf begann und beginnt früh am Morgen im Berliner Ostbahnhof. Dies ist jetzt keineswegs selbstverständlich, wurden doch, da dort der Platz beengt ist, nachher viele und wichtige Züge nach Berlin-Lichtenberg oder gar Berlin-Schöneweide umgelegt. In den ersten beiden Fahrplanjahren begann der Zug sogar in Berlin Friedrichstraße, nach einer Pause von einigen Jahren später wieder. Der Einheitlichkeit halber wird aber die Fahrzeit stets nur ab und bis Ostbahnhof gerechnet.

Ursprünglich bot das Zugpaar eine Tagesreise nach Prag und zurück, allerdings ohne hinreichende Aufenthaltszeit an der Moldau. Hätte man die Rückfahrt später gelegt, so hätte sich dieser Mangel, auch angesichts der für befreundete Nationen extrem langen Kontrollaufenthalte, beheben lassen. So aber kam man wenigstens mit einer Fahrzeuggarnitur aus. 1952 erhielt das Zugpaar die neuen Nummern FDt 50/51, die im Januar 1957, als der Zug bis und ab Wien Franz-Josefs-Bahnhof verlängert wurde, wieder in FDt 54/55 zurückgeändert wurden. Dabei erhielt er den Namen „Vindobona-Expreß", in den österreichischen Kursbüchern jedoch schlicht „Vindobona", was man Jahre später auch im Bereich der DR nachholte.

Es war dies somit der erste höher qualifizierte Zug, der einen neuen Namen erhielt. Allerdings hatte er auf dem Gebiet der CSSR schon in den Jahren, als der Zuglauf auf Prag beschränkt war, einen Namen gehabt, nämlich „Mir – Frieden", in dieser Form mit dem tschechischen und dem deutschen Wort für die gleiche Sache. Warum die DR diese Bezeichnung nicht offiziell benutzte bzw. nicht im Fahrplan veröffentlichte, ist nicht bekannt.

Die Einsatzfahrzeuge wurden abwechselnd von den beteiligten Verwaltungen gestellt, wobei zunächst zweijährlicher Wechsel vorgesehen war. Jedoch ergab es sich bald, daß die DR und die CSD häufiger

Der noch heute verkehrende „Vindobona" Berlin Ostbf – Wien wurde jahrzehntelang als Schnelltriebwagen gefahren: SVT 137 852 der DR (Bauart Köln) am 27. März 1957 in Wien-Brigittenau. Aufnahme: DB

SVT 137 852 der DR als „Vindobona" im August 1958 bei Klosterneuburg. Aufnahme: DB

Im Jahre 1958 wurde von der DR im Umlauf des „Vindobona" auch SVT 137 253 der Bauart Leipzig eingesetzt. Das Bild zeigt die Einheit bei der Ausfahrt aus dem alten Wiener Franz-Josef-Bahnhof. *Aufnahme: DB*

Fast an seinem Ziel war SVT 137 278 an einem Sommertag des Jahres 1958 angelangt, als er durch Berlin-Schönefeld fuhr. *Aufnahme: Joseph Löffler*

Kurze Zeit später traf SVT 137 154 als „Vindobona" in Bad Schandau die CSD-434 289.
Aufnahme: Joseph Löffler

Mitte der sechziger Jahre wurde der „Vindobona" auf der Fahrt nach Berlin, aus zwei Einheiten bestehend, bei Gmünd auf den Film gebannt. TS 55 wurde gebildet aus SVT 137 852, dem ein vierter Teil beigegeben war, und als Verstärkung aus SVT 137 152 der Bauart Hamburg (ex DB-VT 04 102).
Aufnahme: Dieter Dettelbacher

als die ÖBB die Fahrzeuge stellten, da diese nicht über geeignete Fahrzeuge verfügten. Mit der Gattung und Einrichtung des benutzten Triebwagens hängt auch die Klassenangabe im Kursbuch zusammen: Zunächst wurden 2./3. Klasse geführt, 1951 mit Verabreichung von Speisen und Getränken im Zuge, im Folgejahr mit echtem Speiseabteil, 1953 gar mit Zugbewirtschaftung nach dem Zug- und Wagenverzeichnis, jedoch bescheidener nach dem Streckenfahrplanbild 163 Berlin — Dresden. In den Fahrplanjahren 1954 und 1955 gab es nur die (alte) 2. Klasse, 1954 mit Speiseabteil, 1955 mit Zugwirtschaft. Dies läßt auf die Fahrzeuggattungen schließen: die DR setzte ursprünglich zwei- und dreiteilige Triebwagen beider Klassen ein, die für den Ruhrschnellverkehr bestimmt gewesen waren, die CSD dagegen echte Schnelltriebwagen der Bauart ,,Hamburg", die 1945 in ihrem Bereich verblieben waren. Nach der Umbenennung der Wagenklassen gab es im Jahre 1956 letztmalig nur Polsterklasse, ab Sommer 1957, nachdem inzwischen der Zug bis Wien verlängert worden war, wurde er endgültig zweiklassig, da die ÖBB, anders als die sozialistische CSD, reine Polsterzüge zunächst grundsätzlich ablehnten, ja sogar jahrelang Triebwagen ohne Polsterabteile beschafft hatten. Die DR setzte in den ersten Jahren des ,,Vindobona" vornehmlich umgebaute SVT ,,Köln" ein, ab Mai 1960 kam die CSD mit ihrem M 495 an die Reihe. Es war dies ein der DR-Reihe VT 12.14 ähnliches Fahrzeug, ebenfalls von Ganz (Budapest), dieselmechanisch mit 2 x 450 PS, jedoch dreiteilig mit 24 + 120 Sitzplätzen in den beiden Klassen sowie 24 Plätzen im Speiseraum, Hg 125 km/h. Später wurde die Reihe M 495.0 in M 295.0 umgezeichnet. In den nächsten beiden Fahrplanjahren stellte die ÖBB mit ihrer Reihe 5045 das Fahrzeug. In der Urform war das ein zweiteiliger VT mit einem 500 PS-Motor, im ,,Vindobona" eingesetzt wurden aber zwei VT mit dazwischen gereihten kombinierten Speisewagen/1. Klasse, oft auch weiteren Verstärkungswagen. Daher läßt sich eine Sitzplatzzahl kaum angeben. Der VT 5045 war nur für 115 km/h zugelassen und für diesen Dienst eigentlich nicht geeignet. Nach seinen zwei Einsatzjahren kam im Mai 1964 wieder die CSD mit ihrem M 498.0 an die Reihe, einem vierteiligen Triebzug mit 54 + 96 Sitzplätzen sowie 24 Speiseplätzen, 2 x 600 PS Ganz-Motoren und einer Höchstgeschwindigkeit von 130 km/h. Diese Reihe wurde später in M 298.0 umgezeichnet. Als nach zwei Jahren die DR wieder das Fahrzeug stellen mußte, konnte sie die inzwischen neu entwickelte Reihe VT 18.16 einsetzen. Diese Garnitur wurde auch als SVT ,,Görlitz" bezeichnet und erhielt später die Reihennummer 175. In der Regel war er vierteilig, enthielt 36 + 104 Sitzplätze und 23 Speiseplätze. Seine Höchstgeschwindigkeit von 160 km/h konnte er wohl nirgends ausnutzen, ebenso seine Leistung von 2 x 900 PS. Nach einer ersten Einsatzperiode folgte die Reihe M 296.10 der CSD im August 1969. Sie war dieselhydraulisch 2 x 800 PS, Hg 120 und bot 54 + 120 Plätze, dazu 24 Plätze im Speiseraum, wenn der Zug vierteilig gebildet wurde. Häufiger aber sah man ihn sechsteilig; er hatte dann 108+168 Sitzplätze in beiden Klassen und ebenfalls 24 Speiseplätze. Nachdem die DR im Mai 1972 wieder den ,,Vindobona" mit ihrem VT 175 ausgestattet hatte, verzichtete die CSD 1974 auf die Wagenstellung. Dadurch blieb die Fahrzeuggestellung bis zum Ende des Triebwageneinsatzes bei der Deutschen Reichsbahn. Der ,,Vindobona" war eine der längstlebigen internationalen Triebwagenverbindungen. Erst seit Beginn des Sommerfahrplans 1979 wird der Zug aus Wagen gebildet. Weitere Einzelheiten über den ,,Vindobona" kann man der Zeitschrift ,,Eisenbahn", Wien, Jahrgang 1979, S. 121 ff entnehmen.

Die Fahrzeiten des ,,Vindobona" schwankten sehr. Im Sommer 1974 wurde die kürzeste Fahrzeit erzielt, gleichzeitig war dies auch die höchste Reisegeschwindigkeit, die jemals zwischen Berlin und Bad Schandau erreicht wurde. Darin war die Teilstrecke Zentralflughafen Schönefeld — Dresden Hbf mit 96 Minuten Fahrzeit einbegriffen, was einem Durchschnitt von 106 km/h entspricht. Man war also hier nach 35 Jahren wieder auf dem Geschwindigkeitsniveau des Henschel-Wegmann-Zuges angelangt. Nur ließen sich leider diese Fahrzeiten nicht halten; sie wurden auch bis heute nicht wieder erreicht.

Der Weg über Bad Schandau war aber nicht die einzige Möglichkeit, um von Berlin nach Prag zu kommen. Im Sommer 1959 wurde als Ext 148/147 unter dem Namen ,,Karlex" ein zweiklassiger Expreßtriebwagen von Berlin über Leipzig — Gera — Plauen — Bad Elster — Bad Brambach — Karlsbad nach Prag eingelegt. Zu Beginn des Sommerfahrplans 1959 wechselten die Zuggattungsbezeichnungen bei der DR, womit die alten Begriffe aus der Zeit von 1923 bis 1939 abgelöst wurden. Die FDt hießen nunmehr Ext, die FD sinngemäß Ex.

Eingesetzt wurde die CSD-Reihe M 295.2, ein fast unveränderter Nachbau der Reihe M 295.0, die übrigens zunächst analog M 495.2 geheißen hatte. Die Neuschöpfung war indessen von zweifelhaftem Wert: Auf dem Weg über Bad Schandau brauchte man damals ein paar Minuten mehr als sechs Stunden, über Bad Brambach hingegen über zwölf Stunden, wobei (außer dem Teilstück Berlin — Leipzig) durchweg Strecken benutzt werden mußten, die nur für geringe Geschwindigkeiten zugelassen waren. Daher war der ,,Karlex" nur über zwei Fahrplanjahre eine Triebwagenverbindung zwischen beiden Hauptstädten. Bereits im Sommer 1961 wurde daraus ein normaler Schnellzug, der jetzt auch vernünftigerweise in Karlsbad endete.

CSD-M 495 004 im Jahre 1962 im Bw Berlin-Karlshorst. *Aufnahme: Joseph Löffler*

Kurze Zeit später lösten die moderneren Triebzüge der CSD-Reihe M 498 die M 495-Garnituren im hochwertigen internationalen Dienst ab: M 498 001 und 002 warten im Jahre 1962 in Karlshorst auf die Rückleistung. *Aufnahme: Joseph Löffler*

Blick von der Straßenbrücke am S-Bahnhof Warschauer Str. in Ost-Berlin auf Ext 147 „Karlex" am 22. Oktober 1978. Aufnahme: Herbert Stemmler

Am 5. August 1979 wurde Ex 67 „Karlex" als Doppeleinheit von Berlin bis Plauen gefahren. Aufnahme: Slg. Bäuchle

Den Rang eines D-Zuges behielt der „Karlex" über acht Fahrplanjahre hinweg. Erst als in der zweiten Hälfte der sechziger Jahre die Hauptserie der Baureihe VT 18.16 (später VT 175) in den Regeldienst kam, war für diesen Zug wieder eine Triebwagengarnitur verfügbar. Offen bleibt, ob ausschließlich diese Reihe eingesetzt war, oder ob man zunächst auch ältere Fahrzeuge, die anderswo freigeworden waren, benutzte. Unter der alten Zugnummer Ext 148/147 fuhr man nunmehr nicht mehr über Gera, sondern die kürzere Strecke Leipzig – Plauen ohne Zwischenhalt und sparte gegenüber dem Fahrplan von 1959 rund anderthalb Stunden, obwohl jetzt der obligatorische Halt am Zentralflughafen Berlin-Schönefeld dazugekommen war. Der Zug endete auch immer in Karlsbad. In manchen Jahren war er südlich Plauen nur für den internationalen Verkehr zugelassen. Dann waren die Fahrzeiten auch nicht im eigentlichen Kursbuch, sondern nur im Ergänzungsheft für den internationalen Verkehr veröffentlicht. Während einiger Jahre fuhr der Zug auch bis und ab Plauen mit zwei Garnituren, jedoch nur mit einer zum Endziel.

Die angegebenen Fahrzeiten und Geschwindigkeiten gelten stets bis und ab Brambach, das nach 1945 an die Stelle des früheren Grenzüberganges Voitersreuth getreten war und in manchen Jahren den Zusatz „Bad", in anderen „Radiumbad" zu dem Ortsnamen benutzte.

Es ist geradezu grotesk, daß der „Karlex", obwohl sein Weg südlich Werdau topographisch recht schwierig war, trotzdem in manchen Jahren insgesamt schneller fuhr als „Vindobona" und „Hungaria", die beide die Flachlandstrecke Berlin – Dresden – Bad Schandau benutzten. Hier zeigt sich, daß schon bald die alte Rennstrecke Berlin – Leipzig wieder so gut ausgebaut war, daß dort gewonnene Zeit durch die Hindernisse weiter südlich nicht völlig aufgezehrt werden konnte, während die Dresdener Strecke, die ohnehin etwas ungünstiger trassiert war – was man auch an den Fahrzeiten des Sommers 1939 erkennen kann – zudem noch durch ihre Eingleisigkeit benachteiligt war. Erst im Sommer 1973 gingen dann auch die Fahrgeschwindigkeiten auf der Dresdener Strecke in die Höhe. Warum aber gleichzeitig der „Karlex" langsamer wurde, ist nicht recht einzusehen.

In der zweiten Jahreshälfte 1958 hatte die DR einige Schnelltriebwagen der Vorkriegsbauarten, die durch den Einsatz der VT 08 und den Beginn des TEE-Verkehrs bei der DB entbehrlich geworden waren, erworben bzw. eingetauscht und konnte damit ihren Triebwagendienst merklich erweitern. So wurde sogleich ab 1959 auch nach der zweitnächsten Hauptstadt eines sozialistischen Nachbarlandes, nämlich Warschau, ein beschleunigter Triebwagendienst eingerichtet. Dem starken Verkehr – meist als Durchgang zur und von der Sowjetunion – entsprach ein dichter Fahrplan. Offenbar bestand aber doch noch Bedarf an einem zusätzlichen Zugpaar, das als Ext 22/21 früh in Berlin wegfahrend am frühen Nachmittag Warschau erreichte und gegen Abend an der Grenzstation Brest den am vorangegangenen Abend von Berlin abgefahrenen Schlafwagenzug eingeholt hatte. Analog sparte man auch in der Gegenrichtung eine Nacht im Schlafwagen und kam noch vor Mitternacht in Berlin an. Wegen der Sprachschwierigkeiten hielt man auch hier einen lateinischen Namen für den Zuglauf für angemessen und nannte ihn „Berolina" entsprechend zu „Vindobona" und „Mediolanum". Die im ersten Einsatzjahr 1959 vorgeschriebenen sehr knappen Fahrzeiten mußten allerdings bald entspannt werden. Die 81,2 km lange Strecke von Berlin Ostbf bis Frankfurt (Oder) wurde natürlich ohne Zwischenhalt befahren. Stets war der Zug ein internationaler Lauf ohne Bedeutung für den Binnenverkehr der DDR. Mit Beginn des Sommerfahrplans 1962 wurde sein Lauf auf Warschau beschränkt, gleichzeitig wurde die Zeitlage geändert. War man zuvor in jeder Richtung einen vollen Tag unterwegs gewesen, so gestattete die geringe Entfernung nun die Lage als Tagesrandzugpaar: Früh morgens in Warschau wegfahrend, konnte man Berlin kurz nach Mittag erreichen. Die Aufenthaltszeit von knapp drei Stunden ermöglichte eine Ankunft in Warschau kurz vor Mitternacht. Hier wurde nun auch nicht mehr, das Zentrum der Stadt umfahrend, der Danziger Bahnhof angelaufen, sondern der Zug benutzte nun die Durchmesserlinie von Warschau West nach Warschau Hauptbahnhof, damals noch der kurz nach Kriegsende provisorisch anstelle des alten Ortsgüterbahnhofes errichtete Bahnhof Glowna.

Ursprünglich war es ein reiner Triebwagenlauf, im Sommer 1962 eine gemischte Garnitur aus zwei Triebwagen mit angehängten Sitzwagen 1. und 2. Klasse und Speisewagen. Ähnlich war die Zusammensetzung auch 1964, als der Zug in einen Dt umgewandelt wurde. Wegen seines kurzen Streckenanteils im Gebiet der DDR und dessen günstiger Trasse war der „Berolina" oft schneller als die anderen Expreßzüge, auch nach seiner Abwertung zum Dt. Eigenartig sind aber die beträchtlichen Schwankungen in der Zuggeschwindigkeit, die hier noch größer sind als auf anderen Linien. Überhaupt ist der Fahrplan der DR sehr unruhig, d.h. von Jahr zu Jahr gab es spürbarere Veränderungen, als dies in den Nachbarländern üblich war. Besonders auffällig schlug „Berolina", dessen Zugnummer im Jahr 1960 in Ext 125/126 geändert worden war, die in Übersicht 13 unterstrichenen schnellsten Expreßzüge in den Jahren 1964 (Berlin Ostbf – Frankfurt (Oder) 90,2 km/h gegenüber „Vindobona" Berlin Ostbf – Bad Schandau 78,1 km/h) und 1966 („Berolina" 81,2 km/h, „Neptun"

79,5 km/h); eigenartigerweise aber waren andere Züge, aus Lok und Wagen, in den Jahren 1963 und 1967 zwischen Berlin und Frankfurt (Oder) noch schneller als der Triebwagenzug.

Kaum weiter von Berlin entfernt als Prag ist Kopenhagen, etwa 420 Bahnkilometer und dazu noch die Fährstrecke Warnemünde – Gedser mit 42 km. Dorthin wurde im Sommer 1960 als Ext 21/22 eine Schnelltriebwagenverbindung mit dem Namen „Neptun" eingerichtet. Weil damals die abgebaute Strecke Neustrelitz – Güstrow noch nicht wieder hergestellt war, mußte man zunächst den Umweg über Neubrandenburg machen. Erst im Sommer 1963 ging es wieder über Waren – Güstrow, wodurch 36 km eingespart werden konnten. Den daraus stammenden Fahrzeitgewinn brachte aber erst das Folgejahr durch den Einsatz des VT 18.16. Um die Zufahrt zu dem Überseehafen Rostock zu verbessern, wurde später auch die Strecke über Plaaz wieder aufgebaut und zum Teil neu trassiert. Damit sparte man abermals 7 km ein. Die ganze Strecke erwies sich als echte Rennstrecke; wenn man bedenkt, daß die Höchstgeschwindigkeit immer noch auf 120 km/h festgeschrieben ist, wurden hervorragende Durchschnitte erzielt. Im Jahre 1967 wechselte die Zugnummer in Ext 311/312 mit dem Laufweg Berlin Ostbf – Kopenhagen, wie all die Jahre.

Eingesetzt waren neben Fahrzeugen der DR auch solche der DSB und zwar der Vorkriegsgeneration, die zuerst in Dänemark als „Lyntog" gelaufen waren. Die etwas ältere dreiteilige Spielart wurde als Reihe MS, die jüngere vierteilige als Reihe MB bezeichnet. Die Reihe MS von 1934/35 war mit zwei Jakobsdrehgestellen und 4 x 250 PS Motor ausgestattet und bot 36 + 112 Plätze in beiden Klassen. Die Reihe MB aus 1937 war eigentlich eine Kombination von zwei zweiteiligen Triebwagen, ebenfalls mit zwei Jakobsdrehgestellen als Motorgestelle, jedoch trennbar in der Zugmitte. Sie bot 42 + 156 Sitzplätze und weitere 16 Sitze im Speiseabteil. Im Sommerfahrplan 1964 begann hier der regelmäßige Einsatz der DR-Reihe VT 18.16, die später als VT 175 bezeichnet wurde. Da es in den älteren „Lyntog"-Garnituren (Reihe MS) kein Speiseabteil gab, wurden in den Jahren, in denen die DSB regelmäßig diese Fahrzeuggattung einsetzte, nur „Zugwirtschaft", also Verkauf von Speisen und Getränken im Zuge, angeboten, so z.B. 1961 und 1963. Nachdem im Laufe des Jahres 1973 beide Reihen der alten Lyntog-Bauart ausgemustert worden waren, verkehrte im Sommer 1974 der „Neptun" erstmals als Wagenzug. Er erhielt nun auch eine Kurswagengruppe vom Westberliner Bahnhof Zoologischer Garten und endete stets zielrein in Kopenhagen. Mit Beginn des Sommerfahrplans 1979 wurde er in einen D-Zug umgewandelt, mit Zwischenhalten in Oranienburg und Waren. In all den Jahren bis 1978 war er nur für den internationalen Verkehr zugelassen. Er war wesentlich schneller als der Vorkriegs-D-Zug von Berlin nach Kopenhagen, spürbar auch noch ab 1979, als er als D-Zug mit einer V-Lok gefahren wurde.

Gleichzeitig mit dem „Neptun" erschien im Sommer 1960 auch eine Schnellverbindung von Berlin nach Budapest als Ext 154/155 unter dem Namen „Hungaria" im Fahrplan. Ähnlich wie beim „Neptun" nach Norden, handelte es sich auch hier um einen klar erkennbaren Nachfahren eines Vorkriegszuges, des D 148/147 Berlin – Budapest. Hatte man im Sommer 1939 die 978 km noch mit einem kurswagenschweren Dampfzug in rund 16 Stunden bewältigt, so war dies nach dem Zweiten Weltkrieg zunächst nicht möglich. Die neue Triebwagenverbindung, die zudem weniger Zwischenhalte hatte, schaffte nun die Fahrt in knapp 15 Stunden. Ähnlich wie beim „Vindobona" wechselten auch hier Fahrzeuge der drei beteiligten Verwaltungen ab: DR, CSD und MAV. Die CSD setzte die Reihen M 295.0 und M 295.2, wie sie auch im „Karlex" gelaufen waren, später auch M 298.0 ein. Die DR verwandte hier anfangs die gleichen Fahrzeugreihen wie auch im „Vindobona", eigenartigerweise jedoch niemals den modernen VT 175. Welche Fahrzeugreihen die MAV beisteuerte, ist nicht bekannt.

Zwischen Berlin und der Grenze bei Bad Schandau war der „Hungaria" manchmal schneller, manchmal langsamer als der „Vindobona". Gleichzeitig mit diesem und „Neptun" wurde auch „Hungaria" zum Sommer 1979 in einen zielreinen Wagenzug umgewandelt, der trotz vermehrter Zwischenhalte für die Gesamtstrecke etwas weniger Zeit brauchte als im Jahre 1960 der Triebwagenzug.

Deutete schon die zeitliche Nähe von „Vindobona" und „Hungaria" zwischen Berlin und Prag die überragende Stellung dieser Strecke im Fahrplannetz der Ostblockstaaten an, so wurde diese durch die Aufwertung der Zugläufe „Balt-Orient-Expreß" und „Pannonia-Expreß" im Sommer 1959 noch unterstrichen. Weiter oben war erwähnt worden, daß der Tagesschnellzug Berlin – Budapest des letzten Vorkriegssommers allerhand Kurswagen mitgeführt hatte, was bei dem „Hungaria" nicht möglich war. Stattdessen fuhr, etwas später ab Berlin und daher bis Budapest auch noch die Nacht benötigend, ein Kurswagenschnellzug, der im Sommer 1959, als er zum Expreß aufgestuft wurde, Sitzwagen nach Prag, Bukarest und Sofia sowie Schlafwagen abwechselnd nach Bukarest und Sofia enthielt. In beiden Richtungen bediente er auch Elsterwerda, nordwärts darüber hinaus auch Doberlug-Kirchhain, unterschied sich also in der Fahrplanqualität kaum von einem D-Zug, wozu er nach zwei Fahrplanjahren auch wieder abgewertet wurde. Er hieß schon vorher und auch später „Panno-

Ext 31 „Neptun" Berlin – Kopenhagen führte auf den Strecken der DSB die Zugnummer E 311. Am 9. September 1968 fuhr DR-VT 18.16.08 durch den Bf Nykøbing. *Aufnahme: Dieter Dettelbacher*

Der Gegenzug Ext 22 wurde als E 312 am gleichen Tag von einer DSB-Einheit gefahren: DSB-Ms 405/406 bei der Ausfahrt Nykøbing. *Aufnahme: Dieter Dettelbacher*

Ex 1320 „Neptun" steht, inzwischen zum Wagenzug geworden, am 30. September 1977 im West-Berliner Bf Zoo.
Aufnahme: Reinhard Nörenberg

Seltenes Treffen in Berlin Ostbf am 2. Mai 1970: SVT 137 273 der Bauart Köln als Ext 155 „Hungaria" nach Budapest und VT 18.16.03 als Ext 148 „Karlex" nach Karlsbad (Karlovy Vary).
Aufnahme: Herbert Stemmler

nia-Expreß". Pannonia war eine römische Provinz und umfaßte den Teil Ungarns rechts der Donau und Teile des heutigen Österreich bis zum Alpenfuß. Der Zug führte jahrelang die Nummern 76/77, in den Fahrplanjahren 1959 und 1960 war er Expreßzug, davor und danach wieder D.

Eher schon die Fahrplanqualität eines Expreß hatte dagegen der Ex 58/59, der auf den Namen „Balt-Orient-Expreß" hörte und nach 1945 zunächst als Verbindung von Odra Port (wie Ostswine jetzt heißt) nach Budapest und weiter zum Balkan eingelegt worden war. Es war dieses der erste neue Namenszug nach Ende des Zweiten Weltkrieges und, auch von der Laufstrecke her gesehen, eine völlige Neuschöpfung. Niemals zuvor hatte es durchgehenden Zugverkehr vom Ufer der Ostsee durch das östliche Mitteleuropa zum Balkan gegeben. Immer war der Verkehr in Berlin oder Warschau gebrochen worden. Der Name ist, der Bedeutung dieses Zuges entsprechend, an die Namen der großen europäischen Expreßzüge angeglichen. Für uns ist es allerdings im ersten Augenblick ungewöhnlich, daß in vielen europäischen Sprachen unsere Ostsee „Baltensee" oder ähnlich heißt, der Begriff „baltisch" sich also nicht allein auf die ehemaligen baltischen Staaten bezieht. Das Wort „Orient" darf man, wie auch bei den großen europäischen Expreßzügen, nicht allzu wörtlich nehmen. Für eine Verbindung von der Ostsee zu den südlichen Ostblockstaaten war der Name also nicht schlecht gewählt. Schon in den letzten Vierzigerjahren hatte es in diesem Zuge Schlafwagen von Stockholm nach Belgrad und Svilengrad gegeben. Streng genommen war der „Balt-Orient-Expreß" ja kein einzelner Zuglauf, sondern ein kompliziertes System von Zubringern, Brücken- und Flügelzügen. Genaueres darüber kann man bei Sölch „Orient-Expreß", S. 86 ff. nachlesen.

Im Sommer 1952 jedenfalls war der D 58 Berlin — Bad Schandau (und weiter als R 6 über Prag nach Nove Zamky) ein Zubringer zum „Balt-Orient-Expreß", der damals mit seinem Hauptteil von Ostswine (Odra Port) über Posen — Breslau — Oderberg — Sillein verkehrte und sich in Nove Zamky, etwa 90 km östlich Preßburg, mit dem Berliner Zweig vereinigte. Allerdings kann man über die Frage, was Hauptteil und was Flügelzug war, geteilter Meinung sein: Die CSD bezeichnete ihren R 6 durchgehend von Schöna bis Szob mit dieser Nummer und ließ den R 314/313 Sillein (Zilina) — Neutra — Nove Zamky dort enden, wobei er allerdings den Namen zusammen mit seinen Fernkurswagen abgab.

Nachdem im Jahre 1954 der Fährverkehr Saßnitz — Trelleborg wieder aufgenommen worden war, galt ab 1955 der Zug Berlin — Prag — Budapest als Stamm des „Balt-Orient-Expreß", ein D-Zug, der für den innerdeutschen Verkehr gesperrt war. In seinem ersten Jahr als Expreßzug (1959) enthielt er Sitzwagen Berlin — Prag, — Bukarest und — Sofia nebst Schlafwagen nach Bukarest und Sofia. Später kamen auch Wagengruppen von Leipzig nach Prag und Budapest dazu. Außer dem üblichen Halt am Zentralflughafen Berlin-Schönefeld fuhr dieser Zug immer bis Dresden ohne Zwischenhalt. Zum Sommerfahrplan 1967 wurde er zum D-Zug abgewertet, nachdem er ein zielreiner Zug Berlin — Bukarest geworden war.

Weder der von Berlin ausgehende „Balt-Orient-Expreß" noch der „Pannonia-Expreß" führten jemals wieder Kurswagen von Stockholm, wie dies in der allerersten Zeit über Ostswine (Odra Port) der Fall gewesen war. Dafür aber gab es, ebenfalls mit dem Namen „Balt-Orient-Expreß", ein Schnellzugpaar Stockholm — Berlin mit Schlafwagen über Pasewalk — Stettin nach Warschau, das aber, da niemals als Expreß eingestuft, nicht in den Rahmen dieser Arbeit gehört.

Der Verkehrsbedarf zwischen den benachbarten Hauptstädten Berlin und Prag wuchs, auch dadurch, daß die Reisebestimmungen zwischen der DDR und den sozialistischen Nachbarstaaten gelockert worden waren, derart an, daß zur Entlastung des „Pannonia-Expreß" ein neues Expreßzugpaar zielrein und mit ähnlichen Verkehrszeiten wie sie damals für „Hungaria" und „Vindobona" galten, zum Sommer 1974 als Ex 77/76 „Progreß" eingelegt werden mußte. Die früher dem „Pannonia-Expreß" zugewiesenen Nummern waren freigeworden; der „Pannonia-Expreß" war jetzt D 371/D 370. Zunächst vermied auch der „Progreß" allzuviele Zwischenhalte. Im Sommer 1977 hielt er nordwärts auch in Großenhain, wo sonst viele Schnellzüge durchfuhren, im Folgejahr wanderte der Halt nach Doberlug-Kirchhain. In diesem seinem letzten Expreßzugjahr wurde die Fahrzeit merklich entspannt.

Kurios übrigens, daß „Progreß" — wie auch „Hungaria" — in verschiedenen Kursbuchteilen der DR verschieden eingestuft und dargestellt wurden. Nach dem Zug- und Wagenverzeichnis galten alle beide noch im Sommer 1978 als Expreßzüge, nach dem Streckenfahrplan Berlin — Dresden wurde „Progreß" immer, „Hungaria" ab 1974 als D-Zug bezeichnet.

Wir müssen uns nun wieder dem Verkehr in Richtung Skandinavien zuwenden. Nachdem Prag, Kopenhagen, Warschau, Wien und Budapest durch qualifizierte Züge mit Berlin verbunden waren, sollte man meinen, daß nun Stockholm an der Reihe sei. Tatsächlich wurde auch im Sommer 1968 als

03 121 führt im Juni 1964 den „Pannonia" durch das Elbtal bei Rathen. Aufnahme: Slg. Wenzel

03 2030 mit internationalem Schnellzug im Juni 1974 bei Dresden. Aufnahme: Slg. Wenzel

03 0078 fährt am 25. August 1975 Ex 316 über den Stralsunder Rügendamm.
Aufnahme: Slg. Wenzel

Mit Volldampf bringt 03 0046 des Bw Stralsund Ex 316 seinem Ziel entgegen, Stralsund, Sommer 1975.
Aufnahme: Slg. Wenzel

Ext 121/122 eine Triebwagenverbindung in diese Richtung eingelegt, die aber in Malmö endete, wo Anschluß an einen schwedischen Nachtschnellzug nach Stockholm bestand. Von der reinen Fahrzeit her gesehen wäre es durchaus möglich, einen etwa 6 bis 6 1/2 Stunden früher in Berlin abfahrenden Triebwagen oder Triebzug noch am gleichen Tage bis zur schwedischen Hauptstadt zu bringen. Vielleicht hätte er sich aber so nicht in das schwedische Fahrplanschema eingefügt. Nur die Niederschrift der EFK könnte vielleicht darüber etwas aussagen. Der Zug, der mit VT 18.16 (später als VT 175 bezeichnet) gefahren wurde, erhielt abweichend von der bisher geübten Regel der lateinischen Zugbezeichnungen den Namen „Berlinaren", was natürlich „Der Berliner" heißt und schwedisch ist. Er ist und war damit der einzige nach Mitteleuropa hineinlaufende Zug, dessen Name aus der schwedischen Sprache stammt. Bei Zügen, die nur innerhalb Skandinaviens verkehren, ist derlei natürlich gang und gäbe.

Von Sommer 1971 an wurde der Triebwagen durch einen Wagenzug ersetzt. Nun gab es auch eine eigene Wagengruppe Berlin — Saßnitz Hafen. Die Ankunftszeiten des Zuges in Saßnitz und seine Abfahrtszeiten sind aber nicht veröffentlicht worden, sondern jeweils nur die Abfahrtszeiten des Fährschiffes nordwärts oder dessen Ankunftszeit südwärts in Saßnitz Hafen. Daher mußten diese Zeiten, was eigentlich nicht ganz korrekt ist, den Geschwindigkeitsberechnungen zugrunde gelegt werden. Könnte man die nicht bekannte Aufenthaltsdauer in Saßnitz Hafen absetzen, so ergäben sich höhere Reisegeschwindigkeiten. Zum Sommer 1973 wurde dem Zugpaar endlich auch ein Kurswagen Berlin — Stockholm beigegeben, als es eine andere Zeitlage bekam. War es zunächst in beiden Richtungen so angeordnet, daß in Malmö Anschluß an Nachtschnellzüge von und nach Stockholm bestand, so verließ Ex 316 ab 1973 Berlin am frühen Morgen, was einer Ankunftszeit in Malmö nachmittags entsprach, wodurch noch ein Tagesschnellzug (oder Expreß) zur Hauptstadt erreicht wurde. Die Gesamtfahrzeit Berlin — Stockholm betrug etwa 15 1/2 Stunden für rund 1030 km. Bis 1978 hat sich daran nichts wesentliches mehr geändert. Mit Beginn des Sommerfahrplanes 1979 wurde auch der „Berlinaren" zu einem Schnellzug abgestuft.

Die zeitlich letzte Neuschöpfung eines grenzüberschreitenden Expreßzuges berührte Berlin nicht. Leipzig, zweifellos die zweitwichtigste Stadt in der DDR, wurde — wohl auch um den „Karlex" zu entlasten — durch einen neuen Schnelltriebwagenkurs mit Karlsbad verbunden. Diese Stadt mit ihren weltberühmten Thermalquellen war vor 1939 der durch das internationale Fahrplansystem meistbegünstigte Kurort in Europa gewesen. Im Sommer 1938, vor der Abtrennung des Sudetenlandes, liefen von Karlsbad aus Kurswagengruppen, teils in Luxuszügen, nach Berlin, Budapest, Bukarest, Warschau und Wien sowie, stellvertretend für London, nach den Kanalhäfen Boulogne und Ostende. Eine solche Fülle hatte damals nicht einmal jede europäische Hauptstadt aufzuweisen. Allerdings muß man bedenken, daß Karlsbad, durch die Form der böhmischen Beckenlandschaft bedingt, abseits der großen Rollbahnen liegt und daher, anders als etwa Baden-Baden oder Spa, nicht an deren Durchgangsverkehr Anteil haben kann.

Erstmals im Sommer 1972 verkehrte Ext 348/347 unter dem Namen „Karola" auf dem kürzeren Weg Leipzig — Plauen, ab Sommer 1981 dann jedoch über Gera und die Elstertalbahn. Wegen der schon oben erwähnten schwierigen Geländeverhältnisse sind auch hier die Reisegeschwindigkeiten nur mäßig.

Der Namen „Karola" hat den Vorteil, in deutscher und tschechischer Sprache gleich geschrieben und ausgesprochen zu werden. Es ist übrigens einer der wenigen weiblichen Zugnamen.

Der Schnelltriebwagenstern um Berlin mit „Vindobona", „Hungaria", „Berolina", „Neptun", „Karlex" und „Berlinaren", schließlich auch dem namenlosen FDt Berlin — Hamburg-Altona, bildete einige Jahre lang ein eindrucksvolles östliches Gegenstück zu dem TEE-System in Westeuropa. Bemerkenswert ist vor allem, daß nirgends sonst im Ostblock ein ähnliches sternförmiges System aufgebaut wurde; zwar waren Prag und Budapest über den „Hungaria" ebenfalls sehr gut miteinander verbunden, eine Schnellverbindung „Hutnik" zwischen Prag und Warschau lebte in dieser Form aber nur kurz, und andere Zentren der sozialistischen Staaten hatten gar an diesem qualifizierten Verkehr überhaupt keinen Anteil. Diese überragende Einschätzung von Ostberlin ist keineswegs selbstverständlich. Die Stadt liegt zwar einerseits ziemlich zentral im Ostblock, andererseits aber hatte Budapest weit mehr, hatten Prag und Warschau ähnlich viele Einwohner. Gegenüber dem westeuropäischen TEE-System waren die Ausstattung und auch die Geschwindigkeit bescheidener: zulässige Streckenhöchstgeschwindigkeiten über 120 km/h sind in den sozialistischen Ländern selten; reine Polsterzüge gab es, abgesehen vom „Mir — Frieden" zwischen Berlin und Prag der Fahrplanjahre 1954 - 1956, im Ostblock überhaupt nicht.

Ähnlich wie auch bei den westeuropäischen Bahnverwaltungen wurden auch im Osten sowohl die

In Tetschen-Bodenbach (Dêcin) wurde im April 1969 VT 18.16.03 als „Vindobona" auf der Fahrt nach Wien angetroffen. *Aufnahme: Herbert Stemmler*

175 004 der DR als TS 55 „Vindobona" Wien Mitte – Berlin Ostbf am 22. April 1973 bei Schwarzenau. *Aufnahme: Dieter Dettelbacher*

internationalen als auch die nationalen Schnellverbindungen im Laufe ihrer Verkehrszeit mehrfach umgenummert. Maßgebend dafür waren Beschlüsse der EFK und der UIC im Zusammenhang mit der elektronischen Platzbuchung, die es nicht mehr zuließ, daß durchlaufende internationale Züge an der Grenze die Nummer wechselten. Hinzu kam die Einordnung der Zugnummern in Dekadensysteme. Einzelheiten dazu sind aus den Erläuterungen zu den Übersichten 12 - 16 zu entnehmen.

c) Der Binnenverkehr der DR

Hatte es sich als zweckmäßig erwiesen, die internationalen Schnellverbindungen etwa dem historischen Ablauf folgend zu ordnen, so ist bei der Betrachtung der dem Binnenverkehr der DDR dienenden qualifizierten Züge eine andere Einteilung ratsam. Die Entwicklung war hier nämlich weit weniger stetig, sondern sie hatte eher die Form einzelner Stufen oder Schübe, die daher in zeitlicher Reihenfolge betrachtet werden müssen. Während die internationalen Kurse jeder für sich, gewissermaßen als Individuum geplant und durchgeführt wurden, entstanden, namentlich in jüngerer Zeit, die binnenländischen Schnellverbindungen gleichzeitig und gruppenweise.

Abweichend von dem allgemeinen Grundsatz, nur diejenigen Zugläufe zu berücksichtigen, die in den Sommerausgaben der amtlichen Kursbücher nachgewiesen sind, sollen doch zunächst zwei Vorläufer des schnellen Binnenverkehrs kurz gestreift werden: Vom 16. August 1948 an gab es einen FDt 1/2 Schwerin — Berlin Zoologischer Garten, dessen Reisegeschwindigkeit auch für damalige Verhältnisse mit 55 km/h äußerst bescheiden war. Im Winterfahrplan 1948/49 wurde er etwas beschleunigt, auch entfiel der Halt in Neustadt (Dosse), während diejenigen in Ludwigslust und Wittenberge blieben. So erreichte man immerhin von Schwerin bis Berlin-Spandau auf 195,4 km einen Schnitt von 65,1 km/h bei Hg 80 km/h. Über das eingesetzte Fahrzeug ist nichts bekannt.

Auch einen FD gab es, FD 121/120 Erfurt — Leipzig — Berlin Anh Bf, der ab 6. Dezember 1948 eingesetzt wurde, zwischen Erfurt und Berlin eine Reisegeschwindigkeit von 54,4 km/h entwickelte und im Sommer 1949 nicht mehr als FD, sondern verlangsamt und mit zusätzlichen Halten als D-Zug fuhr.

Schon in den allerersten Nachkriegsjahren war im Reisezugfahrplan der DR der Anteil der Triebwagen an dem damals kargen Schnell- und Eilzugangebot beträchtlich. Hier muß man allerdings mit der Möglichkeit rechnen, daß auch Fahrzeuge, die von der Reichsbahn vor 1939 für den Personenzugdienst beschafft worden waren, nun höherwertig eingesetzt wurden. Daher, und auch aus anderen Gründen, waren die Fahrgeschwindigkeiten der Triebwagen zuerst sehr gering. Etwas später aber erzielten einige im D-Zug-Dienst doch beachtliche Reisegeschwindigkeiten, wie Dt 31/32 Berlin — Neubrandenburg — Schwerin zwischen Neustrelitz und Fürstenberg (94 km/h im Sommer 1952) und zwischen Neustrelitz und Neubrandenburg (91 km/h im gleichen Fahrplanabschnitt) und das, wohlgemerkt, auf eingleisiger Strecke!

Die drei Schnelltriebzüge Bauart Ganz-Mavag (Reihe VT 12.14), die 1954 geliefert wurden, brachten den Triebwagenverkehr voran. Zum Sommer 1955 wurde ein Tagesrand-Zugpaar FDt 143/144 Erfurt — Berlin Ostbf (bzw. Schöneweide) geschaffen, das es erstmals wieder ermöglichte, den größten Teil des Tages in der Hauptstadt zuzubringen, ohne eine Nacht zu opfern oder eine eigentlich unzumutbar frühe Abfahrtszeit in Erfurt hinzunehmen (wie z.B. bei D 41 des Sommers 1953 mit Abfahrt 3.53 Uhr!). Nordwärts wurden Weißenfels und Halle, südwärts nur Halle bedient. Einsatzfahrzeug war der SVT 137 902, der aus in der DDR verbliebenen Teilen des Schnelltriebzuges „Berlin" und niederländischer Triebzüge zusammengebaut worden war. Im Antriebsteil, eigentlich war es ein regelrechter Maschinenwagen gewesen, befand sich ein Dieselmotor mit 1360 PS Leistung. Über die Innenausstattung und die Platzzahl ist nichts genaues bekannt.

Der Zug hatte so guten Zuspruch, daß er zwei Jahre später in ein FD-Paar umgewandelt werden mußte, das mehr Sitzplätze bot. Allerdings wurden die im Jahre 1956 gestrafften Fahrzeiten wieder entspannt. Im Sommer 1958 war FD 143 zum D-Zug abgestuft worden und hielt nun auch in Weimar, im folgenden Jahr fuhr er mit Zwischenhalten in Weimar und Halle ebenfalls in einer extrem frühen Zeitlage, indessen wieder als Triebwagen. Wahrscheinlich kam man bei einer Abfahrt in Erfurt um 4.18 Uhr mit dem geringeren Platzangebot des Triebwagens aus.

Hier drängt sich daher die Frage auf, warum in Ostblockländern wichtige Züge von Provinzstädten zur Hauptstadt häufig schon vor Tau und Tag aufbrechen müssen. Wenn der Reiseweg in einem Land mittlerer Größe nicht allzu lang ist, sollte man eigentlich annehmen, daß auch bei einer etwas späteren Abfahrt noch genug Zeit zum Erledigen wichtiger Angelegenheiten in der Hauptstadt bleibe. Eher kann man in großen Staatsnetzen verstehen, wenn solche Behördenpendelfahrten sehr früh beginnen müssen, um den Tag zu nutzen. Gerade aber z.B. in Frankreich oder gar England fuhren ebenso wie in der Bundesrepublik Deutschland nur äußerst selten wichtige Züge vor 7 Uhr morgens in Provinzstädten ab.

Die andere Neuschöpfung des Jahres 1955 hatte noch geringere Lebensdauer. Dafür war der FDt 179/180 Dresden – Stralsund der erste und bisher einzige qualifizierte Zuglauf quer durch die ganze Republik. Wer zu angenehmer Morgenstunde in Dresden-Neustadt wegfuhr, konnte, waren seine Geschäfte in Stralsund nicht allzu zeitraubend, knapp vor Mitternacht zurück sein. In diesem Fahrplanjahr fuhr der Zug über Züssow und Greifswald; in Berlin lief er nicht den Ostbahnhof, sondern Schöneweide und Lichtenberg an. Dies gibt uns Gelegenheit, eine Besonderheit zu erwähnen, die damals erstmals auftauchte: Bedeutende Züge begannen und endeten nicht mehr am Berliner Ostbahnhof. Schon zuvor waren minder wichtige D-Züge vom Ostbahnhof, um ihn zu entlasten, weggenommen und z.B. nach Berlin-Schöneweide ausgerichtet worden. Was zunächst damals als vorübergehende Notmaßnahme erscheinen mochte, ist aber längst Dauerzustand geworden. Die in den Berliner Westsektoren liegenden ehemaligen Fernbahnhöfe, Potsdamer, Anhalter, Lehrter und Görlitzer Bahnhof, waren stillgelegt und abgebaut worden. Der ehemalige Schlesische Bahnhof, jetzt Ostbahnhof, mußte deren Aufgaben übernehmen, obwohl er als Durchgangsbahnhof der Stadtbahn dafür eigentlich nicht geeignet war. Er wurde auch nicht erweitert und war daher bald voll ausgelastet, zumal er auch den auf Berlin zulaufenden Interzonenverkehr zu den Westsektoren mit aufnehmen mußte. So fehlt Ostberlin als der Hauptstadt der DDR ein für die Erfordernisse dieses Staates geeigneter Fernbahnhof als zentraler Knoten.

Im Falle der FDt 179/180 war es wohl nicht nur eine Notmaßnahme, sondern durchaus sinnvoll, daß diese Züge den Berliner Ostbahnhof mieden. Die höchsten Reisegeschwindigkeiten dieses Zugpaars lagen auf Teilstrecken in Vorpommern, zwischen Stralsund und Greifswald (89 km/h) und zwischen Greifswald und Züssow, dem Abzweigbahnhof nach Wolgast und damit zur Insel Usedom. Ähnliche Geschwindigkeiten hatte der Schnelltriebwagen FDt 143/144 von und nach Erfurt nicht aufzuweisen. Im Folgejahr wurde in Mecklenburg der Schnelltriebwagenlauf auf die Nordbahn, die weiter westlich über Neustrelitz nach Stralsund führt, verlegt, womit auch die Bezirkshauptstadt Neubrandenburg bedient werden konnte. Außerdem begann er nun bereits sehr früh in Dresden Hbf. Auf der Dresdener Strecke hatten die Fahrzeiten vom Vorjahre nicht ganz gehalten werden können, einigermaßen bemerkenswert war nur die Teilstrecke Stralsund – Neubrandenburg mit 82 km/h Schnitt. Leider wurde dieser Zug im Fahrplanjahr 1957 nicht mehr eingesetzt, erst 1958 kam dann als schwacher Abglanz ein Dt von Dresden nach Rostock, der jedoch unterwegs häufiger anhielt. Es ist möglich, daß das der DB-Baureihe VT 33.2 entsprechende Fahrzeug des Bw Dresden-Pieschen auch zuvor im FDt-Dienst Dresden – Stralsund eingesetzt worden war, zumal zum Triebwagen-Bw Dresden-Pieschen keine Vorkriegs-SVT gehörten.

Das Fahrplanjahr 1960 war das letzte der Fernschnelltriebwagen alter Art. Danach begann dann 1961 die Zeit der Serie 1100. Dies war eine wesentliche Verbesserung für den Behörden- und Wirtschaftsverkehr. Ähnlich, wie es bei der Deutschen Reichsbahn bis 1939 Schnellverbindungen gegeben hatte, die es ermöglichten, am Morgen von wichtigen Großstädten aus zur Reichshauptstadt zu gelangen und abends nach angemessener Aufenthaltszeit auch wieder zurückzufahren, wurden nun beschleunigte D-Zug-Paare von den größeren Bezirksstädten nach Berlin eingerichtet. Stets aber, und das unterscheidet ebenfalls das neue System von jenem der dreißiger Jahre, gab es auch ein gegenläufiges Paar, das von Berlin aus einen Aufenthalt in der Bezirksstadt ermöglichte. Eigentlich gehören diese Züge, da sie tariflich als reine D-Züge eingestuft waren, nicht zum Thema. Aber als Vorläufer des Städteschnellverkehrs und teilweise auch der Städte-Expreßzüge müssen sie erwähnt werden. Dieses System umfaßte Dresden, Karl-Marx-Stadt, Leipzig, Magdeburg und Rostock als reine Städtverbindungen; Halle und Erfurt dagegen wurden jeweils gemeinsam mit zwei Zugpaaren bedient. Diese Züge hatten sämtlich Zugnummern zwischen 1101 und 1200, mit Zehnergruppen den einzelnen Verbindungen zugeordnet. Daher sei die Sammelbezeichnung „1100er-Serie" für diese Untergruppe der Zuggattung „D-Zug" erlaubt.

In ihrer Fahrplanqualität, d.h. hinsichtlich der Reisegeschwindigkeit und der mittleren Haltestellen-Entfernung, unterschieden sie sich deutlich von der großen Mehrheit der anderen D-Züge. Indessen hielten sie auch bisweilen an mittleren Orten, wie Doberlug-Kirchhain, Riesa, Falkenberg, Michendorf und Neustrelitz an, dazu natürlich alle am Berliner Zentralflughafen Schönefeld, soweit dieser auf der Fahrt über den südlichen Berliner Außenring berührt wurde. Es ist dies der erste bekannte Fall in Europa, daß wichtige Züge Systemhalte an einem großen Flughafen erhielten, lange ehe dies in Frankfurt oder Zürich üblich wurde.

Die Züge der 1100er-Serie waren ein solcher Erfolg, daß daneben jahrelang kaum Bedarf an bedeu-

VT 137 284 und 287 in Breitendorf im Oktober 1957. Mit diesen beim Bw Dresden-Pieschen beheimateten dreiteiligen VT wurde unter anderem der Schnelltriebwagenkurs Dresden – Rostock gefahren.
Aufnahme: Joseph Löffler

VT 137 154 ist soeben aus Dresden kommend in Rostock eingetroffen, Oktober 1962.
Aufnahme: Joseph Löffler

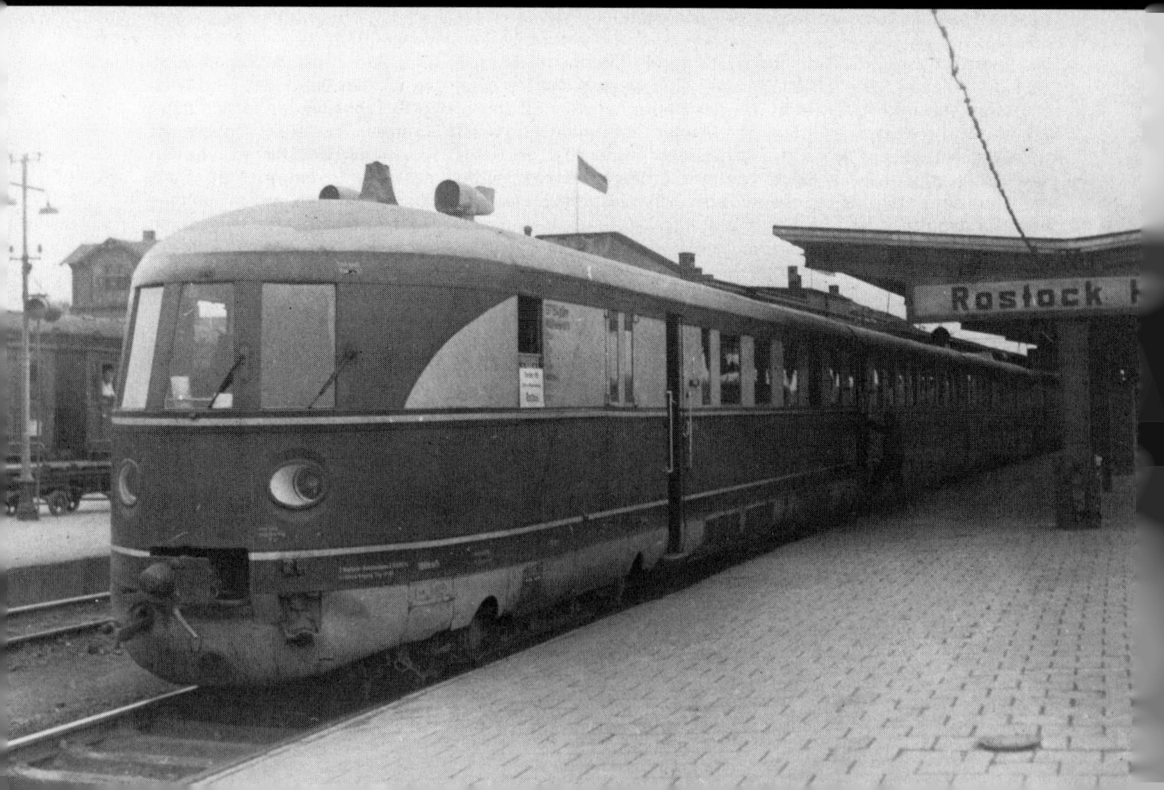

tenden Neuleistungen bestand. Der Fahrplan wurde zwar dauernd verbessert, doch betraf dieses Schnell- und Eilzüge in anderen Relationen. Erst nachdem mehrere Garnituren des VT 175 dadurch frei wurden, daß internationale Triebwagenverbindungen in Wagenzüge umgewandelt worden waren, konnte man damit im Jahre 1970 die neuen Expreßzugverbindungen Ext 2/7 und Ext 6/3 zwischen Berlin und Leipzig ausstatten. Zwar waren dies Neuleistungen neben den weiterhin fahrenden Zügen der 1100er-Serie; so ganz ohne Vorgänger waren sie aber auch wieder nicht: Im Sommer 1962 hatte es vorübergehend ein Dt-Zugpaar gegeben, das zwischen Leipzig und Berlin-Karlshorst als Dt 39 mit einem Schnitt von 85,3 km/h schneller war, als der in der Übersicht 13 unterstrichene „Vindobona", der zwar der schnellste Expreßtriebwagen jenes Jahres, aber eben doch nicht der schnellste Zuglauf überhaupt war. Man sieht also, wie sehr sich Bedeutung und Schnelligkeit der Zuggattungen miteinander vermischen. Anders als bei der Reichsbahn der dreißiger Jahre und auch der DB war es nämlich bei der DR jetzt keineswegs ausgemacht, daß die höchstrangigen Züge auch die schnellsten waren. Der Dt 39 des Sommers 1962 enthielt auch die sehr schnellen Teilstrecken Wittenberg – Jüterbog mit 100 km/h und Jüterbog – Zentralflughafen Schönefeld mit 96 km/h. Damit konnte damals kein Expreß, einerlei ob Triebwagen oder Wagenzug, mithalten. Ein noch eindrucksvolleres Beispiel in diesem Jahrzehnt war der ebenfalls zur 1100er-Serie gehörige, nur 1967 für ein Jahr verkehrende Dt 1196 Neubrandenburg – Berlin Ostbf, der die 151,4 km non-stop mit 89,9 km/h Durchschnitt und – da es sich ja um den vollen Zuglauf handelt – Reisegeschwindigkeit fuhr. Er war mithin über 8 km/h schneller als der Tabellenführer der Übersicht 13.

Der Sommer 1969 war nun vollends das Jahr der schnellen D-Züge. Die Oberleitungstriebwagen der Reihe ET 25 und ellokbespannte Schnellzüge Erfurt – Magdeburg, Leipzig – Magdeburg und Leipzig – Erfurt beherrschten die Szene. Als schnellster erschien Dt 384 Erfurt – Halle – Magdeburg mit 99,7 km/h Reisegeschwindigkeit, ebenfalls fast 8 km/h schneller als der beste der Expreßtriebzüge.

Erst 1970 wurde im System der besonders qualifizierten Züge Nennenswertes verbessert: Zusätzlich zu den herkömmlichen beiden Leipziger Zugpaaren der 1100er-Serie verkehrten nun die schon oben genannten beiden neuen Expreßtriebzüge, die im Ostbahnhof begannen und endeten, und schließlich ein drittes Zugpaar der 1100er-Serie. Samt dem „Karlex" hatte Leipzig damit also sechs schnelle Verbindungen mit der Hauptstadt, wozu noch acht D-Züge kamen. Mit 101 km/h Reisegeschwindigkeit waren natürlich die Triebwagenzüge Berlin – Leipzig schneller als dort die Wagenzüge. Auf der frisch elektrifizierten und wieder durchgehend zweigleisigen Strecke Leipzig – Dresden-Neustadt aber schafften zwei D-Züge hinter Ellok sogar 102,4 km/h. Erstmals seit den Tagen des erneuerten „Fliegenden Hamburgers" nach dem Ende der Berliner Blockade gab es damit wieder einen Zug der DR, der auf seinem gesamten Lauf eine Reisegeschwindigkeit über 100 km/h erreichte. Es ist dies eine Erscheinung, die wir aus vielen europäischen Ländern kennen: Gegenüber dem alten Dampfbetrieb (und dann auch dem normalen Schnellzugbetrieb mit Diesellok) brachte der Dieselschnelltriebwagen Fahrzeitgewinne, namentlich, wenn die mittlere Haltestellenentfernung groß war. Wurde aber dann die Strecke elektrifiziert, so fuhren auch „gewöhnliche" Schnellzüge bald – oder manchmal auch gleich von Anfang an – schneller als die Dieselschnelltriebwagen. Hier wurde diese Erscheinung noch dadurch bekräftigt, daß der VT 175 seine Höchstgeschwindigkeit von 160 km/h (gleich jener der VT 601 der DB) niemals und nirgends praktisch ausnutzen durfte. Mit dem VT 601 hatte der VT 175 die Eleganz der äußeren Form und die Eigenheit gemeinsam, daß das Platzangebot durch Einschieben von Mittelwagen verändert werden konnte. Der Prototyp war 1963 gebaut worden, sieben weitere Garnituren folgten 1965. Teilweise enthielten diese auch ein Salonabteil mit zehn Plätzen.

Im Verkehr Berlin – Leipzig änderte sich über vier Fahrplanjahre nicht viel; die Fahrzeiten der Expreßtriebwagen mußten allerdings etwas entspannt werden, wodurch die Reisegeschwindigkeiten ab Sommer 1972 wieder durchweg unter die 100 km/h-Marke absanken. Man darf annehmen, daß diese Schwankungen nicht durch die Leistungsfähigkeit des Fahrzeuges oder die Zuglast, sondern durch den Oberbauzustand verursacht wurden. Überhaupt gewinnt der Beschauer von DR-Kursbüchern den Eindruck, daß immer dort, wo gerade der Oberbau entscheidend verbessert oder erneuert werden konnte, anschließend für einige Jahre besonders hohe Reisegeschwindigkeiten erzielt wurden, unabhängig davon, ob es sich hierbei um eine der ganz großen Rollbahnen oder doch mehr nur um eine Nebenfernstrecke handelt. Im Jahre 1973 wurden auch in der DDR die Zugnummern umgestellt. Dadurch bekamen die Züge der 1100er-Serie nun Zugnummern zwischen 101 und 200, entsprechend der einheitlichen Regelung in ganz Europa. Danach erhalten besonders wichtige, gegenüber der Menge der allgemeinen Schnellzüge herausgehobene Zugläufe Nummern dieser Hundertergruppe. Aber erst im Jahr darauf, 1974 also, führt die DR für diese Wagenzüge, nicht aber auch für die Expreßtriebwagen, die zusätzliche Bezeichnung „Städteschnellverkehr" ein. Man mag darüber streiten, ob dieses Zusatzwort eine neue Zuggattung begründet. Für uns soll es der Anlaß sein, nunmehr auch die Züge der ehemaligen 1100er-Serie, bzw. was von ihnen noch übrig geblieben war, in

03 1087 mit einem 1100er-Schnellzug, der aus preußischen Schnellzugwagen gebildet ist, im August 1962 bei Löwenberg. *Aufnahme: Slg. Wenzel*

03 205 vor einem Schnellzug der 1100-Serie in Berlin Ostbf Anfang 1962. *Aufnahme: Slg. Wenzel*

01 005 wartet in Dresden-Altstadt Abstellbf mit ihrer Garnitur auf den nächsten Einsatz als 1100er-Schnellzug, Mai 1968. Aufnahme: Joseph Löffler

01 137 vor einem Fernzug im August 1968 in Dresden-Neustadt. Die Maschine ist noch heute als Traditionslok einsatzfähig. Aufnahme: Joseph Löffler

den Kreis der weiteren Betrachtung einzubeziehen, auch wenn es sich hier noch nicht um Expreßzüge im strengen Sinne handelt.

Das im Jahre 1961 eingeführte Schema hatte sich, trotz des großen Erfolges des Gesamtkonzepts, doch nicht in vollem Umfange behaupten können. Dies hängt von der unterschiedlichen Bedeutung der Zielorte und dem damit verbundenen unterschiedlichen Verkehrsbedarf ab. Wir hatten bereits gesehen, daß in der Verbindung Berlin – Leipzig aufgestockt worden war, dies ohne Zweifel, weil es sich hier um die wichtigste Binnenverbindung der ganzen DDR handelt. Leipzig hatte damals etwa 600 000 Einwohner und war, und ist auch heute noch, die zweitgrößte Stadt der DDR. Nach Dresden (etwa 500 000 Einwohner) hatten sich die beiden Zugpaare behauptet, ebenso nach Halle (285 000 Einwohner), Erfurt (190 000 Einwohner) und Rostock (165 000 Einwohner). Das eine der beiden Erfurter Zugpaare war über Suhl (26 000 Einwohner) nach Meiningen (etwa 20 000 Einwohner) verlängert worden, was eigentlich erstaunlich ist, denn Suhl ist die kleinste aller Bezirkshauptstädte. Auch die Bedeutung des Thüringer Waldes als Erholungs- und Freizeitgebiet kann nicht die entscheidende Rolle gespielt haben, denn die Städteschnellzüge hielten in den berühmten Fremdenverkehrsorten gar nicht an. In ähnlicher Weise war ein Leipziger Zugpaar nach Gera (100 000 Einwohner) verlängert worden. Dafür aber hatten Karl-Marx-Stadt und Magdeburg ihre prominenten Züge verloren. Allerdings waren diese nicht ersatzlos gestrichen worden, sondern sie wurden in normale Schnellzüge mit entsprechenden häufigeren Aufenthalten und verlängerter Fahrzeit umgewandelt, in Richtung Magdeburg schon zum Sommer 1967, in Richtung Karl-Marx-Stadt teils 1971, teils 1973. Dabei waren Magdeburg (270 000 Einwohner) und Karl-Marx-Stadt (290 000 Einwohner) größer als Rostock, Erfurt oder gar Gera. Vielleicht liegt der Grund der Maßnahme darin, daß Flachlandzüge, wie nach Magdeburg, schwerer gemacht werden konnten, ohne die Leistungsfähigkeit der Zuglok zu überfordern und daß man daher auch Reisende von und nach Unterwegsorten aufnahm. Warum aber gerade auf der steigungsreichen Strecke zwischen Riesa und Karl-Marx-Stadt ein schwererer Zug angestrebt werden sollte, bleibt unklar.

Wie schon die Züge der 1100er-Serie waren auch diejenigen des Städteschnellverkehrs in der Zuglast zunächst beschränkt, im Gegensatz zu den sonst oft sehr langen und daher auch langsamen D-Zügen. Vielleicht der Zuglast zuliebe, vielleicht aber auch, weil passende Speisewagen fehlten, führten im Jahre 1961 alle 1100er Züge nur Zugwirtschaft. Später wurde das geändert. So wurden die ersten Speisewagen in diesen Zügen zwischen Berlin und Dresden eingesetzt, später aber wieder zurückgezogen. Ein paar Jahre lang hatten dann die Züge nach Karl-Marx-Stadt die Speisewagen, später solche nach Rostock. Eine klare Linie vermißt man, mindestens ist sie bei dem häufigen Wechsel schwer zu erkennen.

Mit Beginn des Sommerfahrplans 1974 bestand also unter Einschluß der qualifizierten Auslandszüge und der Expreßtriebwagen folgendes Angebot an Zügen über dem herkömmlichen D-Zug-Niveau:

fünfmal täglich Dresden – Berlin und zurück
(davon dreimal weiter von Prag, Wien und Budapest)
fünfmal täglich Leipzig – Berlin, viermal täglich zurück
(davon einmal von Gera, einmal von Karlsbad)
zweimal täglich Erfurt – Halle – Berlin und zurück
(davon einmal von Meiningen – Suhl)
zweimal täglich Rostock – Berlin und zurück.

Nähere Angaben und Einzelheiten können aus der Übersicht 16 ersehen werden.

Die Zeitlage der internationalen Züge richtete sich dabei nach den Fahrplänen der Nachbarländer. Darüber war unter b) schon gesprochen worden. Diejenige der Binnenzüge war auf den Behörden- und Wirtschaftsverkehr abgestellt: Die Frühzüge aus den Bezirksstädten kamen zwischen 7.52 Uhr und 9.33 Uhr auf verschiedenen Berliner Bahnhöfen an und verließen als Abendzüge diese wieder zwischen 16.22 Uhr und 18.26 Uhr. Damit ergaben sich zum Teil sehr frühe Abfahrtszeiten, z.B. in Meiningen schon 3.11 Uhr, also „mitten in der Nacht". Dadurch war aber die Aufenthaltszeit in Berlin reichlich bemessen. Die jeweils gegenläufigen Zugpaare hatten zwar ähnliche Zeitlagen, jedoch wurde Berlin morgens stets zu annehmbarer Zeit, nämlich zwischen 6.24 Uhr und 7.57 Uhr, verlassen und auch abends wieder erreicht (zwischen 18.02 Uhr und 20.30 Uhr). Allerdings waren dadurch die Aufenthaltszeiten in den Bezirksstädten spürbar knapper. Standen den Hauptstadtbesuchern zwischen 7 Stunden 18 Minuten (von Rostock) und 9 Stunden 59 Minuten (von Meiningen, Suhl, Erfurt und Halle) als Brutto-Aufenthaltszeit zur Verfügung, so hatte andererseits ein Berliner draußen in der Republik weniger Aufenthaltsdauer zu erwarten, nämlich zwischen 6 Stunden 6 Minuten in Rostock und 7 Stunden 29 Minuten in Erfurt. Dabei überrascht die Feststellung, daß man ausgerechnet denjenigen, die die weiteste und damit auch anstrengendste Anreise hinter sich hatten, nämlich den Besuchern aus Thüringen, die längste Aufenthaltsdauer in Berlin gewährte, wodurch ein Meininger, abgesehen vom örtlichen Zu- und Abgang, insgesamt 19 Stunden 38 Minuten unterwegs war, gegenüber einem Rostocker, der für die Gesamtreise einschließlich Aufenthalt nur 14 Stunden 27 Minuten benötigte. Hier mögen Zweifel erlaubt sein, ob dieses Fahrplansystem optimal war. Ganz besonders aber muß man die Frage aufwerfen, warum man nicht den Berlinern, wohl aber den Gästen aus den Provinzstädten zumutete, große Teile der Nachtruhe zu opfern. Nur ein „Insider" kann darauf vielleicht eine Antwort geben.

Schließlich muß aber noch bedacht werden, daß die Reisemöglichkeiten grundsätzlich jetzt etwas anders verteilt waren als im ursprünglichen System der 1100er-Serie: Damals hatte ein Berliner noch ungefähr gleiche Bedingungen gehabt, seine Reise nach den Zugzielen abzuwickeln wie der Bewohner der Bezirksstädte. Nachdem aber Züge auf Meiningen, Suhl und Gera ausgedehnt worden waren, galt diese Parität nicht mehr. Zwar kam man von den genannten Städten in einem einzigen, wenngleich auch langen und anstrengenden Tag nach Berlin und wieder zurück, jedoch war es einem Berliner völlig unmöglich, Gera, Suhl oder Meiningen in ähnlicher Weise zu besuchen. Eine solche Reise kostete dann schon eine Übernachtung außerhalb. Dadurch wurde die oben angedeutete Benachteiligung der Bezirksstadtbewohner ungefähr ausgeglichen: Das Fahrplansystem hatte jene hinsichtlich der extrem frühen Abfahrtszeiten benachteiligt, die Berliner mußten dies durch zusätzliche Übernachtungen gewissermaßen kompensieren.

Alle Züge des Städteschnellverkehrs waren Blockzüge, d.h. sie waren kurswagenfrei und liefen in gleicher Wagenfolge vom Ausgangs- bis zum Zugendbahnhof durch. Abgesehen von den Expreßtriebwagen der Reihe VT 175, die natürlich ihr Speiseabteil hatten, führten in den ersten beiden Fahrplanjahren des Städteschnellverkehrs nur die Züge von und nach Rostock Speisewagen mit.

Die Reisegeschwindigkeiten waren zwar nicht sensationell, aber doch anerkennenswert. Damals waren bereits fast alle dem Städteschnellverkehr dienenden Strecken wieder zweigleisig, nur zwischen Pegau und Gera und südwestlich von Neudietendorf in Richtung Meinungen fuhr man noch eingleisig, wobei allerdings wohl andere Züge durch Kreuzungsaufenthalte Zeit verloren. Faßt man alle Expreßzüge, Expreßtriebwagen und Städteschnellverkehrszüge zusammen, so leisteten diese 7 831 tägliche Zugkilometer mit einer mittleren Reisegeschwindigkeit von 81,5 km/h und einer mittleren Haltestellenentfernung von 87,0 km. Zieht man den Kreis enger und läßt nur den Städteschnellverkehr und die beiden Expreßtriebwagenpaare Berlin — Leipzig zur Mittelbildung zu, so steigt die mittlere Reisegeschwindigkeit bei 4353 täglichen Zugkilometern auf 84,0 km/h, die mittlere Haltestellenentfernung sinkt allerdings auf 80,6 km ab.

Wir dürfen annehmen, daß für den Städteschnellverkehr das beste verfügbare Wagenmaterial eingesetzt wurde. Allerdings ist auch nicht auszuschließen, daß solche Garnituren auf normale Schnellzüge wendeten. Einzelheiten darüber sind naturgemäß nicht bekannt. Waren diese Züge in der Regel mit Ellok oder Diesel-Lok bespannt, so sind doch mindestens zwischen Berlin und Dresden damals noch Dampfloks im Städteschnellverkehr eingesetzt worden.

In den Fahrplanjahren 1975 und 1976 änderte sich an diesem System der Städte-Schnellverkehrs-Züge kaum etwas. Die Ankunfts- und Abfahrtsbahnhöfe in Berlin mußten, wie dies auch bereits zuvor bei den Zügen der 1100er-Serie der Fall war, mehrfach gewechselt werden. Vom Sommer 1976 an führten alle Städte-Schnellverkehrs-Züge Speisewagen mit. In diesem Jahr gab es auch einmalig so etwas wie Kurswagen: Aus dem D 100 Gera — Berlin bildete man den D Berlin — Stralsund, der nicht zum Städteschnellverkehr zählte. Der Wagendurchlauf Gera — Stralsund war allerdings nicht paarig.

Wesentlicher aber war die bedauerliche Tatsache, daß die eingangs so erfreulichen Reisegeschwindigkeiten nicht beibehalten werden konnten. Schon im Sommerfahrplan 1975 mußte, namentlich in den Verbindungen mit Erfurt, Gera und Meiningen, soviel Zeit zugelegt werden, daß die mittlere Reisegeschwindigkeit dadurch von 84,0 km/h im Vorjahr auf 81,9 km/h absank. Die Zahl der Zwischenhalte blieb dabei unverändert. Diese Scharte wurde aber bereits 1976 wieder ausgewetzt, außerdem kam in diesem Jahr ein zweiter unpaariger Städteschnellverkehrs-Zug Leipzig — Berlin als D 160 hinzu. Die tägliche Kilometerleistung erhöhte sich dadurch auf 4547 Zugkilometer, wobei die mittlere Reisegeschwindigkeit nun wieder 84,4 km/h betrug.

Der Sommerfahrplan 1977 brachte dann als neue Zuggattung den „Städte-Expreß". Die DR warb dazu in ihren Kursbüchern mit einer ganzseitigen Anzeige:

Mitte der siebziger Jahre wurde der Einsatz der alten SVT immer seltener. Am 7. September 1977 hatte der Fotograf das Glück, zwei Züge der Bauart Köln als Doppeleinheit bei Leipzig vor die Linse zu bekommen. *Aufnahme: Slg. Wenzel*

Kurz vor Ende des planmäßigen Dampfbetriebs auf der Strecke Berlin – Dresden kamen die stolzen Dampfloks noch zu Städte-Expreß-Ehren: 01 2204, heute im Westen, und 01 1512, 1983 noch Heizlok in Magdeburg, bei Großenhain am 16. September 1977. *Aufnahme: Slg. Wenzel*

„Städte-Expreß für den Fernberufsverkehr
Die Verbindung, die ein volles Tagesprogramm
in der Hauptstadt möglich macht".

Die sieben Zugpaare der neuen Zuggattung, die zunächst verkehrten, waren teils Neuleistungen, teils ersetzten sie D-Züge mit der Zusatzbezeichnung „Städteschnellverkehr", teils auch waren es Wiederbelebungen von ehemaligen Zügen der 1100er-Serie. Die neuen Namenszüge belegten nun die Nummerngruppe 101 - 200 und verdrängten so die Züge des Städteschnellverkehrs in die Nummernreihe 1001 - 1100. Entscheidend für die Einordnung in Übersicht 16 war daher nicht die Zugnummer, sondern die zeitliche Fahrplanlage.

Vergleicht man das Angebot des Sommers 1977 mit jenem von 1974, so haben wir in den wichtigen Verbindungen zusammen mit den Expreßzügen und den Expreßtriebwagen für den internationalen Verkehr, also insgesamt an Zügen über dem normalen D-Zug-Niveau:
sechsmal täglich Dresden — Berlin und zurück
(darunter Ex „Elbflorenz", ferner dreimal von Prag, Wien und Budapest)
einmal täglich Zwickau — Karl-Marx-Stadt — Berlin und zurück
(Ex „Sachsenring")
fünfmal täglich Leipzig — Berlin und viermal täglich zurück
(darunter Ex „Elstertal", ferner je ein weiteres Paar von Gera und Karlsbad)
dreimal täglich Erfurt — Halle — Berlin und zurück
(darunter Ex „Rennsteig" und ein weiteres Paar von Meiningen)
einmal täglich Magdeburg — Berlin und zurück
(Ex „Börde")
einmal täglich Schwerin — Berlin und zurück
(Ex „Petermännchen")
dreimal täglich Rostock — Berlin und zurück
(darunter Ex „Stoltera")
Der nur dem internationalen Verkehr dienende „Neptun" ist, wie auch schon 1974, hier nicht mitzuzählen, im Gegensatz zu den anderen internationalen Verbindungen, die — wenn auch zulassungsbeschränkt — auf den deutschen Teilstrecken doch auch für den Binnenverkehr benutzt werden durften. Anstelle der 27 Züge des Jahres 1974 haben wir jetzt also deren 39, davon 14 als Städte-Expreß. Während aber 1974 der Tagesverkehr nach Berlin hin und von Berlin weg noch ungefähr paritätisch war (je zwei Zugpaare der ehemaligen 1100er-Serie), so überwog nun der Verkehr zur Hauptstadt hin deutlich. Besonders fällt dabei auf, daß die Tagesrandverbindungen von Gera und Meiningen, die einen Aufenthalt in Berlin ermöglichen, verdoppelt wurden, ohne daß bisher ein entsprechender Zug im Gegensinn, also früh ab Berlin und abends dorthin zurück mit Aufenthalt in den Bezirksstädten, geschaffen worden wäre. Dafür fiel eines der beiden Expreßtriebwagenzugpaare zwischen Leipzig und Berlin aus. Dessen so freigewordene Fahrplantrasse wurde in Richtung Berlin — Leipzig durch den Ex „Elstertal" belegt; für den Gegenlauf gab es aber kein Ersatzangebot.

Die meisten Zugnamen der Städte-Expreßzüge sind naheliegend gut gewählt, leicht verständlich und sämtlich frei von politischer Propaganda. Es sind überwiegend geographische Begriffe, wobei noch daran erinnert werden mag, daß es eigentlich mehrere Börden gibt; hier ist natürlich die Magdeburger gemeint. Wenig bekannt ist, wenigstens in Westdeutschland, der Begriff „Stoltera". Nach dem Lexikon handelt es sich hier um einen altslawischen Namen für Mecklenburg. „Petermännchen" schließlich ist eine in der Ostsee vorkommende Fischart. Warum dieser Name für einen Zug gewählt wurde, der die Ostsee gar nicht berührt, bleibt freilich offen.

Für die Städte-Expreß-Züge wurde neues, besseres Wagenmaterial eingesetzt. Die DR warb denn auch mit dem Komfort, nicht etwa mit der besonderen Schnelligkeit dieser Züge. Ein Blick in die Übersicht 16 zeigt, daß die neuen Namenszüge in vielen Fällen langsamer als die des Städteschnellverkehrs waren, ja, sie bleiben sogar hinter den nicht ausführlich behandelten Zügen der 1100er-Serie bisweilen zurück. Dafür sei nur ein Beispiel genannt: Der D 1193 des Sommers 1972 legte die Strecke Berlin Ostbf — Rostock, die 230,2 km lang ist, in 148 Minuten zurück. Das ergibt eine Reisegeschwindigkeit von 93,3 km/h. Der Städte-Expreß „Stoltera" begann 1977 mit 89,2 km/h in Südrichtung (154 Minuten für 228,9 km) und steigerte sich 1979 auf nur 91,2 km/h in der Nordrichtung (146 Minuten für 221,9 km). Danach sanken die Reisegeschwindigkeiten wieder ab.

In den fünf Fahrplanjahren 1977 - 1981, in denen das neue Konzept nun läuft, hat sich wenig geändert. Viele Fahrzeiten mußten entspannt werden, aus Richtung Dresden und Rostock wurde jeweils ein zeitlich den Städte-Expreß-Zügen benachbartes Städteschnellverkehrs-Zugpaar in normale

D-Züge umgewandelt. Die acht Expreßtriebwagen der Reihe 175 wurden langsam aus dem hochwertigen Binnenverkehr zurückgezogen und sollen jetzt nur noch für Sonderfahrten dienen. Das überrascht kaum, denn auch in anderen europäischen Staaten ist die Blütezeit der Dieselschnelltriebwagen vorbei. Schließlich hatte die DR ja auch nur eine beschränkte Anzahl dieser ihrer einzigen Schnelltriebwagenreihe gebaut. Die übrigen Triebwagen dagegen waren entweder längst ausgemustert worden oder in untergeordnete Dienste abgewandert. Das im Sommer 1978 anstelle des letzten Expreßtriebwagenpaares Ext 163/168 Berlin – Leipzig geschaffene Expreßzugpaar Ex 161/166 war zunächst ohne Namen und erhielt erst 1979 die Bezeichnung „Lipsia", was wiederum ein lateinischer Ortsname ist, ungewöhnlich insofern, als die alten Römer zwar Mediolanum und Vindobona kannten, nicht aber Leipzig, dessen Name zu Zeiten, als dort das frühere Reichsgericht ansässig war, latinisiert worden war. Daher stammte auch der Spruch „Lipsia locuta est" – „Leipzig hat gesprochen" – d.h., die Entscheidung des Reichsgerichts war unumstößlich. Daran mag uns heute noch der Name dieses Zuges erinnern. Aber noch in anderer Hinsicht ist dieser Zug bemerkenswert: Er ist der einzige in der Reihe der Städte-Expreß-Züge, der nicht für eine Reise nach Berlin, sondern für eine Reise von Berlin weg, eben nach Leipzig, dient.

In den letzten drei Sommerabschnitten, 1979, 1980 und 1981 wurden folgende Fahrten über dem D-Zug-Niveau angeboten:
zweimal täglich Dresden – Berlin und zurück
(darunter Ex „Elbflorenz")
einmal täglich Zwickau – Karl-Marx-Stadt – Berlin und zurück
(Ex „Sachsenring")
fünfmal täglich Leipzig – Berlin und viermal täglich zurück
(darunter Ex „Elstertal" sowie ein weiteres Paar von Gera, „Karlex" von Karlsbad und der Ex „Lipsia")
dreimal täglich Erfurt – Halle – Berlin und zurück
(darunter Ex „Rennsteig" sowie ein weiteres Paar von Meiningen)
einmal täglich Magdeburg – Berlin und zurück
(Ex „Börde")
einmal täglich Schwerin – Berlin und zurück
(Ex „Petermännchen")
zweimal täglich Rostock – Berlin und zurück
(darunter Ex „Stoltera")

d) Der Transitverkehr

Die Darstellung des Schnellverkehrs der DR wäre unvollständig, wollte man einen Zug unerwähnt lassen, der in jeder Hinsicht ein Sonderling war: der „Saßnitz-Expreß" verkehrte mit dem aus den Kriegsfahrplänen bekannten X-Zeichen „verkehrt nur auf besondere Anordnung" vielleicht schon irgendwann im Laufe des Sommers 1954 als FDt. Sicher lief er dann ab 1955 als FDt 129/130 über drei hochsommerliche Fahrplanperioden, aber auch dann nur jeweils zweimal wöchentlich, nämlich montags und donnerstags südwärts, dienstags und freitags nordwärts. Sonderbarerweise erschien dieses Zugpaar nicht in den Streckenfahrplänen des Reichsbahn-Kursbuches, sondern nur bei den internationalen Fernverbindungen. Angeblich fuhr dieser FDt, der die 2. und 3. Klasse und ein Speiseabteil führte, zwischen Gutenfürst und Saßnitz Hafen ohne Zwischenaufenthalt durch. Das wird zwar im Kursbuch so dargestellt, tatsächlich dürfte es aber doch Betriebshalte, allein schon zum Personalwechsel, gegeben haben. Über den Laufweg ist aus den Kursbüchern nichts zu entnehmen. Außerdem gab das Zug- und Wagenverzeichnis der DR in all diesen Jahren als Zuglauf München – Saßnitz – Stockholm an, was sicher nicht zutrifft. Das entsprechende Verzeichnis der DB nennt Saßnitz Hafen als Endziel und vermerkt zusätzlich „Für Interzonenreisende nicht zugelassen". Wir dürfen daher annehmen, daß der Zug tatsächlich stets in Saßnitz endete, sollte er wirklich einmal trajektiert worden sein, dann in Trelleborg, denn die schwedischen Kursbücher dieser Jahre weisen keinen FDt München – Stockholm nach. Wohl aber gab es als Flügelzug zum „Skandinavien-Holland-Expreß" vor den Verkehrstagen des FDt Saßnitz Hafen – München einen Zubringerzug Häßleholm – Trelleborg mit Schlafwagen Stockholm – und Malmö – Saßnitz. Dieser Zug hieß ebenfalls „Sassnitzexpressen" (wobei die schwedische Rechtschreibung angewandt wurde). Erst im Sommer 1957 ist dann ein Zwischenhalt im Berliner Ostbahnhof nachgewiesen; gleichzeitig entfiel im DB-Kursbuch der Sperrvermerk für Interzonenreisende, die Platzkartenpflicht blieb aber bestehen.

Im Folgejahr 1958 fuhr das Zugpaar täglich als FD über die Berliner Stadtbahn, aber auch dann nicht während der gesamten Fahrplanperiode, sondern nur vom 2. Juni bis zum 31. August. Auch der FD „Saßnitz-Expreß" war nur für den grenzüberschreitenden Reiseverkehr bestimmt und führte Sitzwagen München – Berlin und – Saßnitz, MITROPA-Schlafwagen München – Malmö und einen

MITROPA-Speisewagen München — Berlin Ostbf. Auch er hielt, zumindest offiziell, innerhalb der DDR nicht an. Um nicht in Leipzig Hbf Kopf machen zu müssen, vielleicht auch, um den Bewohnern der DDR diesen Zug möglichst wenig zu zeigen, benutzte er abenteuerliche Wege: Von Hof ging es zunächst, jetzt aber ohne Kontrollhalt in Gutenfürst, normal bis Mehltheuer, dann über eine Nebenbahn zur Elstertalbahn nach Weida, auf dieser bis Zeitz, dann wieder auf einer Querlinie, wenngleich diese auch als Hauptbahn eingestuft ist, nach Weißenfels. Über Halle, Bitterfeld und Dessau gelangte man wie vor dem Zweiten Weltkrieg nach Berlin Zoologischer Garten. Diesen Weg weist wenigstens das Kursbuch so nach. Nördlich von Berlin wurde die Strecke über Neubrandenburg und den Rügendamm benutzt. Nur in Berlin Zoologischer Garten und Berlin Ostbf, nordwärts auch in Friedrichstraße, hielt der Zug (nach den Kursbuchangaben) an. Vielleicht aber gab es darüber hinaus nicht-veröffentlichte Halte.

Schon im nächsten Jahr, 1959, wurde der „Saßnitz-Expreß" zu einem über Probstzella — Saalfeld fahrenden D-Zug abgestuft, der nun vornehmlich dem Verkehr zwischen München und Westberlin diente.

Er paßt in keine der im Anhang enthaltenen Übersichten. Für die Jahre 1954 - 1957 lassen sich Laufwege und daher auch die Reisegeschwindigkeiten nicht angeben, nur für die Reisezeiten bestehen verläßliche Unterlagen jeweils für die Strecke Gutenfürst — Saßnitz Hafen:

1955:	nordwärts	9	Stunden	04	Minuten;	südwärts	8	Stunden	56 Minuten
1956:		8	"	56	"		8	"	49 "
1957:		9	"	22	"		9	"	24 "

Mehr Zeit dagegen brauchte der Zug im Sommer 1959, als der Triebwagen nicht mehr eingesetzt war: Für die 649,3 km lange Strecke waren nordwärts 12 Stunden 19 Minuten, südwärts 12 Stunden 11 Minuten vorgesehen, was Reisegeschwindigkeiten von 52,7 km/h bzw. 53,3 km/h ergibt. Das sind Zahlen, die selbst zum technischen Stand jener Jahre schlecht passen, auch wenn man daran denkt, daß der Zug sich auf einem Teilabschnitt bimmelnd und pfeifend durch die Landschaft schlängeln mußte.

e) Vergleichende Betrachtungen

Mit fünf verschiedenen Zuggattungen hatten wir es nun zu tun:

FD, FDt, Ex, Ext (bzw. Ex (tw)) und D des SSV.

Es sind fünf Bezeichnungen. Sind es auch wirklich fünf verschiedene Zuggattungen? Von der Fahrplanqualität her müssen wir zunächst die FD und die Ex der Jahre 1959 bis 1966 zusammenfassen. Es war wirklich nur ein Namenswechsel für die im Grunde gleiche Sache, nämlich besonders wichtige, schwere und daher nicht allzu schnelle Züge, vergleichbar den internationalen F-Zügen der DB, die auf ehemalige FD und L zurückgingen. Nur der ganz kurz verkehrende FD Erfurt – Berlin paßt nicht recht in dieses Schema. Er war leichter und schneller und daher eher ein Vorläufer der späteren Städteexpreßzüge. Auch die FDt und die Ext (bzw. später Ex mit (tw)-Piktogramm) sind eine einzige Zuggattung. Daß zuerst Vorkriegsbauarten eingesetzt wurden, ist nicht entscheidend. Der Namenswechsel fällt zeitlich nicht mit dem Erscheinen der modernen Reihe VT 175 zusammen.

Was ab 1974 als Ex bezeichnet wurde, ist nicht ganz einheitlich. Internationale Züge, gewissermaßen ein osteuropäisches Gegenstück zum westlichen TEE-Netz und die 1977 eingeführten Städte-Expreß-Züge sind eben doch nicht ganz gleichartig, wenn man an die Verkehrsaufgabe, den Benutzerkreis denkt. Hinsichtlich der mittleren Reisegeschwindigkeiten und der mittleren Haltestellenentfernung aber passen sie doch ganz gut zusammen.

Die letzte große Gruppe sind dann die D-Züge des Städteschnellverkehrs, die sich in ihren Fahrplaneigenschaften kaum von den Städte-Expreß-Zügen unterscheiden.

Sinnvoller erscheint daher folgende Einteilung der höherwertigen Zuggattungen:

1) FD und Ex (bis 1966) (ohne FD Erfurt – Berlin),
2) FDt, Ext und Ex (tw),
3) Ex (ab 1974), (dazu FD Erfurt – Berlin),
4) D des Städteschnellverkehrs (dazu FD Erfurt – Berlin).

In den Anhängen 13a - c sind die Ergebnisse aus den Übersichten 12 - 16 zusammengestellt, um Mittelwerte bilden und so einen Trend erkennen zu können. Man sieht zunächst, daß die täglichen Laufleistungen der FD und FDt stark schwankten. Der „Saßnitz-Expreß" wurde dabei aus den weiter oben genannten Gründen außer acht gelassen. Die Zahlen enthalten ab 1947 nur die über den ganzen Sommerfahrplanabschnitt täglich, später jedoch auch die mindestens fünfmal wöchentlich dauernd verkehrenden Züge. Die tägliche Laufleistung war 1955 und 1956 am größten, als die Schnelltriebwagen von Dresden nach Stralsund verkehrten. Der Anhang 13a schließt mit dem letzten Jahr, in dem die alten Zuggattungsbezeichnungen galten, ab. Bis dahin hatten die mittleren Reisegeschwindigkeiten ein deutliches Tal mit dem Tiefpunkt etwa 1955 - 1956 bereits wieder überwunden. Es ist kein Wunder, daß gerade in den Jahren, als der Fernschnelltriebwagen Dresden – Stralsund fuhr, dieser die Durchschnittswerte der Reisegeschwindigkeiten nach unten drückte. Aber auch die Fahrpläne der Schnellzüge im weitesten Sinne hatten damals entspannt werden müssen. Somit ist es eindrucksvoller, das Spannungsverhältnis zwischen den Reisegeschwindigkeiten der besonderen Zuggattungen „FDt" und „FD" und denjenigen der großen Menge der D-Züge und der Dt zu ermitteln und darzustellen als nur die absoluten Zahlenwerte selbst. Betrachtet man diese Spalte kritisch, so erkennt man sofort, daß im Sommer 1950 dieser Wert, das Spannungsverhältnis, durch den Einsatz der FDt Berlin – Hamburg besonders hoch war. Auch im internationalen Vergleich ist das etwas Besonderes: Schnellfahrten mit Verbrennungs- oder auch Oberleitungstriebwagen erbringen meist um 40 - 50 % höhere Reisegeschwindigkeiten als normale Schnellzüge. Wir sahen, daß bei der Bundesbahn ein einziges Mal ein Spannungsverhältnis von 1,50 erreicht wurde. Bei der DR lag dagegen das Spannungsverhältnis in diesen Jahren, was die FDt anbetrifft, durchweg höher, nämlich zwischen 1,50 und 1,60 und hatte nur im Sommer 1956 mit nur 1,39 sein Minimum. Trotz aller sonstigen Änderungen, die inzwischen eingetreten waren, passen diese Zahlenwerte auch gut zu den Vorkriegsverhältnissen: im Sommer 1937 betrug das Spannungsverhältnis der Geschwindigkeiten FDt : D nämlich 107,1 : 65,5 = 1,64.

Das Spannungsverhältnis FD : D bewegt sich in diesen Jahren zwischen 1,06 und 1,33, ist also naturgemäß immer geringer als jenes gegenüber den FDt. Im Friedensjahr 1937 betrug dieses, auf das damalige Reichsgebiet bezogen 85,7 : 65,5 = 1,31. Ob es wohl sehr überrascht, daß dieses fast genau die Hälfte zwischen dem oben ermittelten Wert und der Basis ist? Für die DR dieser Jahre erkennt man sofort, daß – während die FDt in ungefähr gleichem Maße schneller waren als die D-Züge auch vor dem Kriege, – die FD sich in ihrer Geschwindigkeit doch nur mehr geringer von den D-

Zügen unterschieden. Sie hatten somit an relativer Fahrplanqualität eingebüßt. Daß alle diese Zahlen auf absolut niedrigerem Niveau liegen als 1937 ist hier ohne Bedeutung. Es kommt nur auf die relativen Verhältniszahlen an.

Das Zuggattungsdiagramm für die Jahre 1947 - 1958 zeigt, schon wegen der geringen Zugzahlen, unscharfe Mittelbildung mit weit gestreuten Punktfeldern. Auch hier erkennt man mit einem Blick, daß hinsichtlich der Geschwindigkeit das FDt-Punktfeld völlig von jenem der FD getrennt ist. Die mittlere Haltestellenentfernung (MHE) hingegen ist von gleicher Größenordnung. Man sieht auch, daß sich hier gegenüber den Vorkriegsverhältnissen fast nichts geändert hat: Im Sommer 1937 betrug die MHE der FDt nämlich 110,3 km, jene der FD war mit 90,3 km kaum geringer. Ganz ähnliche Zahlen sind auch in der letzten Spalte von Anhang 13a zu sehen, was insofern erstaunt, als wir eher in größeren Staatsgebilden große MHE erwarten als in der, gegenüber der Flächengröße des Reiches von 1937, doch eher kleinen DDR.

Aus den Zahlenangaben läßt sich vereinfacht folgender Satz ableiten: Abgesehen von den allersten Nachkriegsjahren, hielten die FDt mehr als die FD ihre besondere Fahrplanqualität hinsichtlich der Geschwindigkeit. Dabei waren die Absolutwerte den Zeitverhältnissen entsprechend natürlich geringer als vor dem Zweiten Weltkrieg. Die Haltehäufigkeit war dabei derjenigen der Vorkriegszeit gleichwertig.

Solche Betrachtungen sind, wie der Anhang 13b zeigt, für den Zeitabschnitt 1959 - 1973 weniger ergiebig. Einmal befand sich damals zunächst das Geschwindigkeitsniveau aller Züge der DR, auch das der hervorgehobenenen Züge auf einem auffälligen Tiefstand, zum anderen aber auch wurde der Fahrplan über ein Jahrzehnt durch die 1100er-Serie beherrscht, die formal in die große Gattung der D-Züge gehört. Unter der Bezeichnung „Expreß" liefen damals schwere und daher langsame Kurswagenzüge, die die mittleren Reisegeschwindigkeiten nach unten drückten. Die weitere Entwicklung in diesen Jahren ist aus Anhang 13b zu ersehen. Erst 1967 war wieder der Geschwindigkeitsstand des Jahres 1958 ungefähr erreicht. Von da an aber besserte er sich deutlich. In Anhang 13b fehlt die Spalte „Spannungsverhältnis", weil nicht für alle Jahre Reisegeschwindigkeiten der D-Züge, die als Basis hätten dienen können, ermittelt wurden.

Die Aussage des Zuggattungsdiagramms ist ebenfalls wenig präzis. Die Expreßtriebwagen liefern ein Punktfeld, das mit jenem der FDt bis 1958 weitgehend zusammenfällt.

Erst nachdem 1974 die bisherige 1100er-Serie zum „Städteschnellverkehr" (SSV) aufgewertet worden war, wurde die Anzahl der „Über-D-Züge", wozu natürlich auch die Expreßzüge und die Expreßtriebwagen zählen, spürbar größer. Je größer aber das zur Mittelbildung herangezogene Kollektiv ist, desto gesicherter sind die Mittelwerte, d.h. desto geringer ist deren Standard-Abweichung. Sowohl die Zahlen für die mittlere Reisegeschwindigkeit als auch jene für die mittlere Haltestellenentfernung pendeln jetzt wesentlich geringer. Allerdings mußten alle drei hier betrachteten Zuggattungen doch wieder spürbar verlangsamt werden, bei allen nahm auch die MHE ab. Die Zahlen können aus dem Anhang 13c entnommen werden. Nur im Jahre 1975 waren die Expreßtriebwagen schneller als Expreßzüge oder SSV, 1974 dagegen und immer ab 1977 sind die Expreßzüge an der Spitze, nur 1976 war es dagegen der SSV. Dies überrascht, denn eigentlich ist man gewohnt, daß bei ähnlichen Betriebsvoraussetzungen Triebwagen schneller als Wagenzüge fahren, mindestens an den Aufenthaltszeiten einsparen können. Diese allgemeine Regel gilt hier nicht und zwar einzig aus dem Grund, daß die wenigen Expreßtriebwagen dieser Jahre auf ungünstig trassierten Streckenabschnitten eingesetzt waren.

Alle drei Zuggattungen halten deutlich seltener an als die große Menge der D-Züge, deren MHE z.B. für das Sommerhalbjahr 1974 mit 34,8 km ermittelt wurde. Meistens hielten die Expreßzüge seltener an als die Expreßtriebwagen, beide seltener als der SSV. Das ist auch aus dem Zuggattungsdiagramm zu ersehen. Daraus wird deutlich, daß der Unterschied in der Reisegeschwindigkeit zwischen den Expreßzügen und dem SSV nicht groß ist. In vielen europäischen Netzen hat man in den letzten Jahren die Zuggeschwindigkeiten entspannen müssen. Teils sind dafür häufigere Aufenthalte die Ursache, teils aber auch die Zunahme des Zuggewichtes (etwa durch Mitnahme von Speisewagen), der Unterhaltungszustand des Oberbaues und schließlich die angestrebte Energieersparnis. Es ist schwierig, diese Ursachen hinsichtlich ihrer Auswirkungen auf die Zuggeschwindigkeiten der DR zu trennen, ohne einen Einblick zu besitzen, den naturgemäß nur ein Betriebsangehöriger haben kann. Bekannt ist nur, daß durch die Elektrifizierungsarbeiten viele Langsamfahrstellen eingerichtet werden mußten, dazu sogar zusätzliche Halte zum Lokwechsel, und daß andererseits auch beim Betrieb mit Diesellokomotiven Probleme auftraten. Eigenartigerweise wirkten sich diese Erschwernisse nicht in gleichem Maße auch auf den „normalen" Schnellzugbetrieb aus. Daher kann man, ähnlich wie bei der DB, auch hier beobachten, daß die Fahrplanqualität der „Über-D-Züge" sich langsam an diejenige der großen Mehrheit der D-Züge annähert. Das Spannungsverhältnis der Reisegeschwindigkeiten sinkt dabei immer mehr ab. In den letzten Jahren ist es durchweg unter die im Anhang 13a angegebenen Werte gekommen und betrug z.B. im Jahre 1974 für die drei Zuggattungen Ext, Ex und SSV 1,29, 1,32 und abermals 1,29. Diese Marke etwa ist später nie mehr erreicht oder überschritten worden. Die Tendenz hält noch an und ließe sich nur dann in ihr Gegenteil umkehren, wenn es gelänge, den höherwertigen Zuggattungen auch höhere Höchstgeschwindigkeiten zuzugestehen, wie dies ja in den dreißiger Jahren mit den FDt der Fall war. Wenn dies nicht eintritt – und vorerst weist nichts darauf hin –, muß damit gerechnet werden, daß sich durch den Dieselbetrieb und die fortschreitende Elektrifizierung immer mehr D-Züge verbessern, gemessen an den höheren Zuggattungen also der Abstand in der Fahrplanqualität immer geringer wird.

Für den zukünftigen Schnellverkehr in der DDR ist die neu entwickelte Reihe 212 der Deutschen Reichsbahn gedacht. *Aufnahme: Slg. Goebel*

Quellenverzeichnis zu Kapitel K:

Bek, J., Atlas Lokomotiv 2., Prag 1969

Biedenkopf, W., Schienenschnellverkehr in Europa, 2. Aufl., Vevey 1960

Biedenkopf, W., Eisenbahn-Netzformen und Fahrplansystem. Jahrbuch des Eisenbahnwesens 1955, Darmstadt

Biedenkopf, W., Zuggattungsbegriffe im Reiseverkehr. Schweizerisches Archiv für Verkehrswissenschaft und Verkehrspolitik, 16. Jahrg. 1961, Zürich

Gottwaldt, A. B., Schienenzeppelin, Augsburg 1972

Kunicki, H., Deutsche Dieseltriebfahrzeuge gestern und heute, Berlin 1968

Stenvall, F., Nordens Järnvägar, Malmö 1970 und 1973

Periodika:

„Eisenbahn", Wien

„Hamburger Blätter", Hamburg

„Lok-Magazin", Stuttgart

L. Triebfahrzeuge im Schnellverkehr

a) Der Einsatz von Dampflok

Mit Einführung der ersten FD im Bereich der damaligen Reichseisenbahnen am 1. Juni 1923 trat auch die Frage der Zugförderung dieser Züge in den Vordergrund. Die Reichseisenbahnen hatten bei ihrer Gründung am 5. Mai 1920 von den Staatseisenbahnen der Länder einen typenmäßig vielfältigen, durch die Ereignisse der Ersten Weltkrieges überalterten und buntscheckigen Lokomotivpark übernommen, der in keiner Weise den Anforderungen entsprach, die die neue reichseigene Verwaltung an ihn zu stellen hatte. Zudem waren aufgrund der Bestimmungen des Versailler Vertrages die besten und jüngeren Lokomotiven an die Siegermächte abgegeben worden. Es war daher ebenso wie auf der wagenbaulichen Seite das Bestreben der Reichseisenbahnen, sobald als möglich einen den neuen Bedürfnissen entsprechenden Lokomotivpark zu schaffen, der all den an ihn zu stellenden Erfordernissen für den Gesamtbereich des Unternehmens gerecht werden sollte. Die dabei vorgesehenen Vereinheitlichungsbestrebungen im Benehmen mit der deutschen Lokomotivindustrie hatten zwar schon ihre ersten Früchte getragen, zu baureifen Lokmustern war es aber noch nicht gekommen. Um dem dringendsten Bedürfnis nach neuen Lokomotiven für den Betrieb abzuhelfen, hatten daher die Reichseisenbahnen bewährte Lokomotivgattungen der Länder nachbauen lassen. Außerdem waren gleichzeitig noch von den einzelnen Länderverwaltungen in Auftrag gegebene Maschinen von der Industrie ausgeliefert worden.

So standen bei Einführung der ersten FD-Züge am 1. Juli 1923 für deren Zugförderung keine speziellen Lokomotivgattungen zur Verfügung, sondern es mußten die gleichen Gattungen verwendet werden, die auch im schweren Schnellzugdienst und bei den Luxuszügen der ISG und MITROPA zum Einsatz kamen. Der Vorteil der kürzeren Fahrzeiten gegenüber den normalen Schnellzügen lag bei den FD eben darin, daß kurze, wagenzugmäßig leichte Zugeinheiten über größere Entfernungen mit wenigen Halten gefahren wurden, bei denen die einzusetzenden Lokgattungen über größere Streckenbereiche ihre Höchstgeschwindigkeiten bzw. die zulässigen Streckengeschwindigkeiten ausfahren konnten. Schon dies allein ergab den beachtenswerten Vorsprung bezüglich der Reisezeiten und Reisegeschwindigkeiten gegenüber den allgemeinen Schnellzügen, aber auch den teilweise schwereren Luxuszügen.

Im FD-Zugverkehr, der ja zunächst auf die Strecken Berlin — Altona, Berlin — Köln und Berlin — München beschränkt war, kamen zunächst Lok der Gattungen 17.10 (pr. S 10.1 Bauart 1914 — 2'C-h4v) und 18.4-5 (Nachbau der bay S 3/6 von 1923/24, 2'C1'-h4v) zum Einsatz. Mit der Ausweitung des FD-Zugnetzes in den folgenden Jahren wurden aber auch die Lokgattungen 18.1 (wü C, 2'C1'-h4v) und 18.3 (bad IVh, 2'C1'h4v) vor diesen Zügen eingesetzt. Dagegen wurden vor den Luxuszügen der ISG und MITROPA neben diesen Gattungen auch die Gattungen 17.2 (pr S 10.2, 2'C-h3) und 18.4 (bay S 3/6, 2'C1'-h4v) zur Bespannung herangezogen. Mit dem Erscheinen der Baureihe 39.0 (pr P 10, 1'D1'-h3) kam auch diese auf den für ihren Einsatz geeigneten Strecken, vornehmlich im norddeutschen Flachland, zum Einsatz, bis sich herausstellte, daß diese Lok mit ihren 19 t Achslast doch zu schwer für den Einsatz auf einem Großteil dieser Strecken war, da diese noch nicht wie vorgesehen, baulich und oberbaumäßig für 20 t Achslast hergerichtet waren. Aber auch die gute alte P 8 kam vor diesen Zügen zum Einsatz, wie Bilder von Altmeister Carl Bellingrodt vor L 175/176 beweisen. Bei diesen relativ leichten und kurzen Zügen mit kleinen Bespannungsabschnitten konnte die P 8 die geforderten Fahrzeiten mühelos halten, so daß es nicht erforderlich war, die ohnehin knappen, schweren Schnellzuglok hier einzusetzen.

Mit dem Erscheinen der ersten Schnellzugeinheitslok der Baureihen 01 (2'C1'-h2) und 02 (2'C1'-h4v) in den Jahren 1925/26 wurden diese sofort auch für die Zugförderung der FD- und L-Züge herangezogen, soweit die von den für 20 t Achslast ausgelegten Maschinen zu befahrenden Strecken von Zügen dieser Gattung über längere Bespannungsabschnitte befahren wurden. War jedoch nur ein relativ geringer Abschnitt mit diesen Lok befahrbar, so wurde im Interesse kurzer Reisezeiten auf einen Lokwechsel verzichtet und die bisherigen Länderbahnbauarten behielten die Zugförderung.

Der zum Sommerfahrplan 1928 neu eingeführte Salonwagenluxuszug der DRG, der FFD 101/102 „Rheingold" wurde zwischen Basel Bad Bf und Mannheim von den bad IVh des Bw Offenburg befördert, während auf seinem nördlichen Streckenteil ab Mannheim bis Zevenaar zunächst bay S 3/6 der Serien „d" und „e" und sodann Nachbau-S 3/6 der Baujahre 1926/28 des Bw Wiesbaden zur Bespannung vorgesehen wurden. Der Zug wurde dann auf seinem Zuglauf von Basel Bad Bf bis Zevenaar ab 1934 bis Mannheim von Offenburger 01 und nördlich davon ab 1935 von Mainzer S 3/6 befördert.

Die bayerischen Renner der Gattung S 3/6 waren jahrzehntelang nicht aus dem Bild des hochwertigen Zugdienstes wegzudenken: 18 546 vor FD 80 im Jahre 1932 im Frankenwald bei Rothenkirchen. Aufnahme: Carl Bellingrodt

Die badische IVh 18 316 vor FD 102 „Rheingold" in Baden-Oos. Aufnahme: Carl Bellingrodt

Mit dem Fortschreiten der Verstärkung der Hauptstrecken für 20 t Achslast übernahmen die in laufenden Baulosen angelieferten Einheitslok der Baureihe 01 mehr und mehr auf diesen Strecken die Beförderung der FD und L, während mit dem Erscheinen der nur für 18 t Achslast ausgelegten leichteren Einheitslok der Baureihe 03 (2'C1'-h2) ab dem Jahre 1930 diese die restlichen Leistungen auf den übrigen Strecken von den Länderbahngattungen übernahm. Nur in Süddeutschland hielt sich die bay S 3/6 zusammen mit ihren Nachbauschwestern noch bis weit in die dreißiger Jahre in der Zugförderung dieser Züge, soweit sie nicht über zwischenzeitlich elektrifizierte Strecken liefen.

Zum Zeitpunkt des Erscheinens des ersten dieselelektrischen Schnelltriebwagens im planmäßigen Reisezugverkehr, des als „Fliegender Hamburger" bekanntgewordenen SVT 877a/b, hatten die Einheitslok der Baureihen 01 und 03 weitgehend die Zugförderung der FD und L übernommen. Da sich nach den damaligen Verhältnissen die Baureihe 03 wegen ihrer vielseitigen Einsatzmöglichkeiten besonders hervortat, suchte die DRG nach Möglichkeiten, die Zugförderung der schnellen Züge auch mit den klassischen Mitteln der Dampfzugförderung durchzuführen. Dies nicht allein nur wegen der auch in der Spitze der HV der DRG deutlich sichtbaren konträren Meinungen zum Thema Schnelltriebwagen oder Dampflok, sondern insbesondere auch, weil auf absehbare Zeit mit Sicherheit der Schnelltriebwagen nicht alle Leistungen würde übernehmen können, die im Schnellverkehr angeboten wurden und die noch für erforderlich gehalten wurden.

So tendierte man zur Entwicklung einer Schnellfahrdampflokomotive, da die bisherigen Einheitslok der Baureihen 01 zunächst nur für eine Hg von 110 km/h, später 130 km/h, die der Baureihe 03 für 13o km/h ausgelegt waren, also mit den eine Hg von 160 km/h aufweisenden SVT nicht mithalten konnten. Um nun die besonderen Verhältnisse bei Schnellfahrten zu studieren, wurden mit verschiedenen Lok der Baureihe 03 zahlreiche Versuche unternommen. Hierbei spielte nach den damaligen Erkenntnissen der Aerodynamik die Verkleinerung des Luftwiderstandes eine erhebliche Rolle, um bei gegebener Kesselleistung eine möglichst hohe nutzbringende Leistung am Zughaken zu erzielen. Nach eingehenden Windkanalversuchen wurden die Lok 03 154 und 03 193 mit verschiedenen Verkleidungsformen ausgerüstet, die von Teil- bis zur Vollverkleidung reichten. Die bei den Versuchsfahrten vom LVA Grunewald gemessenen Leistungsgewinne waren bei diesen Lok so beträchtlich, daß die HV der DRG entschied, sämtliche vorgesehenen ausgesprochenen Schnellfahrlokomotiven windschnittig zu verkleiden.

Auf dieser Basis wurde die neue Schnellfahrlokomotive der Baureihe 05 (2'C2'-h3) entwickelt, die, von den Borsig-Lokomotivwerken in Berlin-Tegel 1934 in zwei Exemplaren gebaut, zunächst eingehenden Versuchen unterzogen wurde. Dabei erzielte die 05 002 die bekannte Weltrekordmarke von 200,2 km/h. Für den planmäßigen Zugdienst wurde diese Lokbaureihe für eine Hg von 175 km/h zugelassen, die sie noch bei einer Anhängelast von 250 t erreichen mußte. Diese erste wirkliche Schnellfahrlokomotivbaureihe der DRG kam ab Fahrplanwechsel am 15. Mai 1936 bei den FD 23/24 zwischen Altona und Berlin Leb zum Einsatz, wobei sie beim damaligen Bw Altona Hbf beheimatet wurde.

Das gleiche Datum brachte aber noch eine weitere Schnellfahrlokomotive in den planmäßigen Zugdienst. Vor dem Henschel-Wegmann-Zug D 53/54 und D 57/58 verkehrte zwischen Dresden Hbf und Berlin Anh Bf die für eine Hg von 175 km/h zugelassene neue Schnellfahrtenderlokomotive der Baureihe 61 (2'C2'-h2). Da diese Lok für die zweimalige werktägliche Fahrt zwischen den beiden Städten nicht ausreichte, zum anderen aber auch häufiger ausfiel, wurden mit einer Notkupplung zur Scharfenbergkupplung versehene 01 oder 03 des Bw Dresden-Alt eingesetzt. Ab April 1938 wurde die mit einem Stromlinientender gekuppelte 01 226 hierfür eingesetzt. Erst am 12. Juni 1939 lieferte Henschel eine zweite, nunmehr in der Achsanordnung 2'C3'-h2 gebaute Lok unter der Betriebsnummer 61 002 an die DRB ab, die aber vor Ausbruch des Zweiten Weltkrieges nicht mehr zum Einsatz vor dem Henschel-Wegmann-Zug kam.

Auch die seit 1933 laufend vermehrt eingesetzten FDt der verschiedensten Bauarten mußten des öfteren bei Ausfall durch einen Ersatzzung gefahren werden. Hierfür wurden ebenso wie beim erforderlich werdenden Schleppen eines SVT die Lok der Baureihen 01 und 03 eingesetzt, wobei 03 ungleich häufiger zum Einsatz aufgrund ihrer höheren Geschwindigkeit kamen. Daß diese Ersatzzüge naturgemäß nicht die Fahrzeiten der Schnelltriebwagen halten konnten, ist verständlich, dennoch war es beachtenswert, wie sie diese Züge mit relativ geringen Verspätungen beförderten.

Die 1938/39 in zwei Exemplaren gelieferten schweren stromlinienverkleideten Lok der Baureihe 06 (2'D2'-h3) dürften kaum im Fernschnellzugdienst eingesetzt worden sein. Sie versahen zwar, beim Bw Frankfurt 1 beheimatet, Schnellzugdienste in Richtung Norden, zur Beförderung der zwischen Frankfurt und Berlin verkehrenden FD 5/6 dürften sie kaum herangezogen worden sein.

Der Einsatz der Dampfturbinenlok 18 1001 vor FD-Zügen ist nachgewiesen, am 27. Juli 1935 führte sie D 4 bei Landwehr. *Aufnahme: Carl Bellingrodt*

61 001, eine der beiden Loks für den Henschel-Wegmann-Zug, nach ihrer Ablieferung 1935 in ihrem Heimat-Bw Dresden-Altstadt. *Aufnahme: DB*

Und die letztlich für 150 km/h Hg ausgelegten Weiterentwicklungen der Baureihen 01 und 03, die stromlinienförmig verkleideten Lok der Baureihen 01. 10 (2'C1'-h3) und 03. 10 (2'C1'-h3), ebenfalls jeweils wieder für 20 bzw. 18 t Achslast vorgesehen, kamen mit ihren Auslieferungen ab Herbst 1939 zu spät, um noch im FD-Zugverkehr vor Ausbruch des Zweiten Weltkrieges eingesetzt zu werden, so daß sie während der Kriegszeit entgegen ihrer eigentlichen Aufgabe, für die sie konstruiert waren, nur im schweren Schnellzugdienst mit den herabgesetzten Geschwindigkeiten Verwendung fanden. Damit aber ist bereits der Kreis der bei den FD- und L-Zügen eingesetzten Lokgattungen abgehandelt. Einzelheiten über Einsätze bestimmter Bw vor bestimmten Zügen auf bestimmten Strecken hier darzustellen würde zu weit führen, zumal auch hier nur fragmentarische Unterlagen aus der Zeit vor dem Zweiten Weltkrieg vorhanden sind. Der speziell interessierte Leser sei hier auf die bekannten Baureihenbücher des EK verwiesen. Immerhin sei noch darauf hingewiesen, daß im Juli 1939 im Netz der DRB Dampfzüge mit einer mittleren Geschwindigkeit zwischen zwei Halten von mehr als 100 km/h täglich 2 335 km zurücklegten.

Nach dem Ende des Zweiten Weltkrieges war neben den Eisenbahnanlagen auch der Fahrpark weitgehend zerstört oder herabgewirtschaftet. In den ersten Jahren nach dem Kriege hatten im Interesse der Versorgung von Bevölkerung und Wirtschaft Güterzuglok unabdingbaren Vorrang in der Ausbesserung vor Reisezugmaschinen. So nimmt es auch nicht wunder, daß die ersten, ab Mitte 1945 durch das Gebiet der drei westlichen Besatzungszonen wieder eingelegten FD-Züge für Angehörige der Siegermächte und neutraler Staaten von allen möglichen Lokomotivgattungen bespannt wurden. Ein planmäßiger Lokumlauf war lange Zeit noch nicht möglich. Erst ab 1948 normalisierten sich die Verhältnisse wieder soweit, daß die damals verkehrenden L und internationalen FD wie auch die ersten innerdeutschen FD wenigstens weitgehend planmäßig mit Schnellzugmaschinen bespannt werden konnten, wobei allerdings auch Länderbahntypen noch zahlreich herangezogen wurden. Auch die gute alte P 8 half hier öfter, als man glaubte, aus.

Erst um 1950 war es der Hauptverwaltung der Eisenbahnen in der Bizone möglich, zu einem geregelten Lokeinsatz zu kommen, während die SWDE in der französischen Zone weiterhin unter einem akuten Mangel an Schnellzuglok litt, der nur dadurch etwas gemildert werden konnte, daß die amerikanische und britische Zone an die französische Zone Schnellzuglok im Interesse einer einheitlichen Bespannung abgaben. Hiervon waren insbesondere Lok der Baureihe 03 betroffen, die damals Einzug in die klassischen Schnellzug-Bw an den Rheinstrecken hielt.

Mit dem Aufbau des leichten F-Zugnetzes bei der DB zum Sommerfahrplan 1951 mußten aus Mangel an Schnelltriebwagen zahlreiche der vorgesehenen Züge zunächst als Wagengarnituren mit Dampflok bespannt gefahren werden. Die weitere Ausgestaltung dieses Netzes in den Folgejahren führte dann trotz des Einsatzes der Neubautriebwagen der Baureihe VT 08.5 und weiterer von den Alliierten zurückgegebener SVT der Vorkriegsbauart zu einem vermehrten Einsatz von dampflokbespannten Wagenzügen, den bekannten „blauen F-Zügen". Und letztlich waren dann sowohl der Triebwageneinsatz wie die Dampflokbespannung leichter Wagenzüge im Netz der leichten F-Züge gleichwertig geworden. Zum Einsatz kamen hier seitens der DB die bekannten Vorkriegs-Einheitsbaureihen 01 und 03 sowie nach ihrer Wiederherstellung alle drei Lok der Baureihe 05. Darüber hinaus fanden nunmehr auch die Drillingslok der Baureihen 01.10 und 03.10 nach erfolgter Grundüberholung, teilweiser Neubekesselung und Entstromung den Einsatzbereich, für den sie eigentlich 1939/40 gebaut worden waren, durch die Kriegsereignisse aber nicht mehr eingesetzt werden konnten. Nicht in den Schnellverkehr zurück kehrten dagegen die beiden Lok der Baureihe 06, die, nicht wieder aufgebaut, am 14.11.1951 ausgemustert wurden. Auch die Henschel-Wegmann-Zuglok 61 001 befand sich im Gebiet der DB, wurde aber ebenfalls nicht mehr im Schnellverkehr eingesetzt. Beim Bw Bielefeld beheimatet, fristete sie ihre letzten Tage vor Eilzügen zwischen Münster und Altenbeken, ehe auch sie als Einzelgänger am 14.11.1952 ausgemustert wurde. Ihre Schwester 61 002 war ohnehin in der DDR verblieben, wo sie später zu einer Schnellfahrlok zur Erprobung von Wagenzügen umgebaut und als 18 201 noch viele Jahre im Schnellzugdienst von der Versuchsanstalt in Halle aus eingesetzt wurde. Heute ist sie „Traditionslok" und wird der Nachwelt betriebsfähig erhalten. Bei der DB kamen mit den 1957 von Krupp gelieferten beiden 2'C1'-h3 Schnellzuglok 10 001 (Abnahme 31.3.1957) und 10 002 (Abnahme 5.3.1958) nochmals Schnellzuglok einer neuen Baureihe zum Einsatz, die aber aufgrund der immer weiter durch die Elektrifizierung eingeschränkten Streckenbereiche nur einen Teil ihres nur 10 Jahre dauernden Lebens im echten Schnellverkehr verbringen konnten.

Es würde im Rahmen dieser Abhandlung zu weit führen, Detailangaben über den Einsatz von Dampflok im F-Zugverkehr widerzugeben. In Anhang 15 sind die Bespannungsverhältnisse der Züge des Schnellverkehrs nach dem Stand vom 8. Oktober 1950 und vom 22. Mai 1955 wiedergegeben. Daraus erkennt man bereits den Umfang der Bespannungen bei den damals bestehenden drei Trak-

Das Bild der Fernschnellzüge der fünfziger Jahre prägten die Pacific-Schnellzugloks der DB: 01 209 bei Rheindiebach im September 1952. *Aufnahme: Carl Bellingrodt*

Ebenfalls Stütze des Fernzugdienstes in den Anfangsjahren der DB war die Baureihe 03: 03 045 im Jahre 1952 bei Brohl am Rhein. *Aufnahme: Carl Bellingrodt*

tionsarten Dampflok – Ellok – Schnelltriebwagen und die Einsatzstrecken der von den einzelnen Bw gestellten Triebfahrzeuge. Weitere Angaben kann der am Detail interessierte Leser den alljährlich in der „Bundesbahn" erschienenen Standardaufsätzen von Klingensteiner/Ebner über „Der Zugförderungsdienst im Fahrplanjahr 19..." entnehmen, die die Fahrplanjahre 1951 bis 1970 umfassen. Leider wurde seitens der DB später eine analoge allgemeininteressierende Darstellung nicht mehr gegeben.

Hier sei nur auf einige, den Schnellverkehr besonders betreffende, bemerkenswerte Leistungen kurz eingegangen. Im Gegensatz zur Vorkriegszeit, wo zwar gegenüber den sonstigen qualifizierten Reisezügen vor den FD und L längere Bespannungsabschnitte durchfahren wurden, war es nach dem Zweiten Weltkrieg das Bestreben der DB, im Interesse einer maximalen Ausnutzung der Triebfahrzeuge soweit wie möglich Durchläufe einzuführen, um vermittels dieser Langläufe nicht nur zu optimalen Laufwerten zu gelangen, sondern auch mit einem Minimum an Triebfahrzeugen ein Optimum an Zugläufen abdecken zu können. Und diese Werte wurden von Jahr zu Jahr bei allen drei Traktionsarten gesteigert, bei der Dampflok jedoch nur so lange, als die fortschreitende Elektrifizierung und der vermehrte Einsatz von Großdiesellokomotiven diesen Einsätzen nicht von selbst Grenzen setzte. Danach sanken bis zum Ende der Dampflokaera im Schnellverkehr die Laufleistungswerte ebenso ab wie die kilometrischen Werte der vor einem Zug durchlaufenen Streckenabschnitte.

Auch die beiden Maschinen der Gattung 10 – letzte für den hochwertigen Schnellzugdienst von der DB konzipierte Dampflokbaureihe – kamen auf der Nord-Süd-Strecke und der Main-Weser-Bahn vor F-Zügen zum Einsatz. Hier ist 10 001 am 12. August 1965 auf der Drehscheibe ihres damaligen Heimat-Bw Kassel zu sehen. Aufnahme: Herbert Stemmler

Lokdurchläufe im F-Zugdienst über 400 km

Fahrplanjahr	Laufabschnitt	Heimat-Bw	Baureihe	km
1952	Frankfurt – Würzburg – München	Würzburg	01	414
1954	Frankfurt – Köln – Hamburg-Altona	Dortmund Bbf	03.10	703
	Lübeck – Hannover – Frankfurt	Bebra	01.10	557
	Hamburg-Altona – Aachen	Osnabrück Hbf	01	522
	Hamburg-Altona – Köln	Osnabrück Hbf	01	468
1955	Frankfurt – Köln – Hamburg-Altona	Dortmund Bbf	03.10	702
	Lübeck – Hannover – Frankfurt	Bebra	01.10	557
	Treuchtlingen – Frankfurt – Mönchengladbach	Treuchtlingen	01	551
	Hamburg-Altona – Aachen	Hamm	05	478
	München – Würzburg – Frankfurt	Würzburg	01	414
	Mannheim – Köln – Hamm	Köln Bbf	01	412
1956	Frankfurt – Köln – Hamburg-Altona	Dortmund Bbf	03.10	703
	Hamburg-Altona – Köln	Hamm	05	478
	Hamburg-Altona – Köln	Osnabrück Hbf	03	478
	Mannheim – Köln – Arnheim	Köln Bbf	01	421
	München – Würzburg – Frankfurt	Würzburg	01	414
	Mannheim – Köln – Hamm	Köln Bbf	01	408
	Aachen – Bremen	Osnabrück Hbf	01.10	405
1957	Köln – Hamburg-Altona	Osnabrück Hbf	01.10	478
	Mannheim – Köln – Arnheim	Köln Bbf	01	421
	Frankfurt – Würzburg – München	Würzburg	01	414
1958	Frankfurt – Hannover	Bebra	01.10	534
	Köln – Hamburg-Altona	Osnabrück Hbf	01.10	458
	Ludwigshafen – Köln – Arnheim	Köln Bbf	01	416
1959	Hamburg-Altona – Würzburg	Bebra	01.10	544
	Frankfurt – Hannover – Hamburg-Altona	Bebra	01.10	534
	Köln – Hamburg-Altona	Osnabrück Hbf	01.10	458

Ab 1960 wurden im F-Zugdienst keine Langläufe über 400 km mehr mit Dampflok gefahren, jedoch waren in den folgenden etwa fünf Jahren Schnellzugdampflok noch auf kürzeren Streckenabschnitten vor F-Zügen, namentlich den schwereren internationalen F-Zügen im Einsatz, während ansonsten diese Leistungen die Großdiesellok und die Ellok übernommen hatten. Lediglich 1963 erscheint bei den F 11 und F 12 nochmals ein annähernder Langlauf:

1963	Essen – Hamburg-Altona	Osnabrück Hbf	01.10	377

Nach dem Fahrplanjahr 1963/64 sind überhaupt keine größeren Läufe von Dampflok vor F-Zügen bekannt.

Die Maschinen der Gattung 01.10 verloren nach dem Krieg ihre Stromlinienverkleidung, wurden schließlich rekonstruiert und mit neuem Kessel versehen: 01 1001 vor F 163 im Juni 1954 in Basel.
Aufnahme: Carl Bellingrodt

Nur bis Ende der fünfziger Jahre konnten sich die hochrädrigen Renner der Baureihe 05 in den Diensten der Bundesbahn halten. Am 7. Mai 1956 fuhr 05 001 mit F 16 durch Ennepetal.
Aufnahme: Carl Bellingrodt

b) Verbrennungstriebwagen als Mittel zum Aufbau eines Schnellverkehrsnetzes

Erstmals auf der Eisenbahntechnischen Ausstellung in Seddin 1924 wurde eine größere Zahl von neu entwickelten Triebwagen mit Verbrennungsmotoren gezeigt, und ab 1925 kamen die ersten Fahrzeuge in den betrieblichen Einsatz. In den folgenden Jahren wurden viele Bauarten entwickelt, die zeigten, daß man intensiv auf der Suche nach den für den Eisenbahnbetrieb am besten geeigneten Ausführungen von Motoren, Getrieben und Steuerungen war, die mit dem Ziel höherer Leistung und besserer Betriebstüchtigkeit laufend weiterentwickelt wurden. Hierbei wurden sowohl mechanische, elektrische wie auch hydraulische Kraftübertragungen angewandt. Wagenbaulich stand das Streben nach Gewichtsminderung im Vordergrund, und es entwickelten sich Fahrzeuge für verschiedene Einsatzbereiche, so für den Einsatz auf Hauptbahnen, Nebenbahnen, für den Bezirks- oder Nahverkehr. Erst ab Mitte der dreißiger Jahre kann man von gewissen „Einheitsbauarten" sprechen, die dann auch in größeren Stückzahlen beschafft wurden.

Analog zur Entwicklung dieser Bauformen lief nach den Versuchen und Erfahrungen von Kruckenberg, wie bereits in Kap D Abschn e) dargestellt, seitens der DRG die Entwicklung von besonderen Schnelltriebwagen zur Bedienung eines besonderen, vom bisherigen Zugsystem herausgehobenen Schnellverkehrsnetzes.

Zur Zeit der DRG und auch bei der DRB trugen wie auch nach 1945 weiterhin bei der DR die Verbrennungstriebwagen keine Baureihenbezeichnungen; sie wurden vielmehr fortlaufend in der Reihenfolge der Beschaffungen nur in bestimmte Gruppen eingeordnet, die nach der Verf. der HV der DRG vom 21. Oktober 1932 – 31 Fen 39 – wie folgt definiert waren:
„Für die älteren Triebwagen mit eigener Kraftquelle bleibt die bisherige Nummernfolge bestehen:
VT 701 - 750 für zweiachsige Triebwagen mit Vergasermotoren
VT 751 - 790 für vierachsige Triebwagen mit Vergasermotoren
VT 801 - 850 für zweiachsige Triebwagen mit Dieselmotoren
VT 851 - 899 für vierachsige Triebwagen mit Dieselmotoren.
Für die neuen „Leichttriebwagen" und leichte Beiwagen kommen hinzu als neue Nummernfolge:
VT 133 000 - 133 999 für zweiachisige Triebwagen mit Vergasermotoren
VT 134 000 - 134 999 für vierachsige Triebwagen mit Vergasermotoren
VT 135 000 - 136 999 für zweiachsige Triebwagen mit Dieselmotoren
VT 137 000 - 138 999 für vierachsige Triebwagen mit Dieselmotoren ..."
Die Angaben für die „leichten Beiwagen" können hier fortgelassen werden, da sie für die Schnelltriebwagen ohne Belang sind. Um aber die Triebwagen in ihrer wagenbaulichen Gestaltung und verkehrlichen Nutzung unterscheiden zu können, hatte die DRG mit dem neuen Nummernplan für Reisezugwagen vom 27. März 1930 auch für die Triebwagen Bauartbezeichnungen eingeführt, die aus dem Reisezugwagen-Gattungszeichen, einer Kennzeichnung der Fahrzeugart und dem Konstruktionsjahr bestanden. Insofern wurden also die Verbrennungstriebwagen wie Reisezugwagen behandelt. Zur Kennzeichnung der Fahrzeugart wurden hier u. a. vorgesehen:
vT Triebwagen mit Verbrennungsmotor
vS Steuerwagen dazu
v Beiwagen für Triebwagen ohne Fahrleitung.
In Verbindung mit der Betriebsnummer wurde jedoch die Bezeichnung „VT" verwendet, die um 1935 für die neuen Schnelltriebwagen um die Bezeichnung „SVT" erweitert wurde. Die einzelnen Fahrzeugteile bei mehrteiligen Triebwagen wurden nicht besonders genummert, sondern durch nach dem Alphabet fortlaufende kleine Buchstaben gekennzeichnet, die auch nach der Betriebsnummer entsprechend an dem Fahrzeugteil angeschrieben waren, z. B. „a" oder „b". Waren nur zwei solche Kennzeichen vorhanden (also bei zweiteiligen Triebwagen), wurden diese in Schrägstrichform dargestellt, z. B. 877a/b, bei mehrteiligen Triebwagen aber wurden sie mit Bindestrich zusammen dargestellt, z. B. 137 224a-c.
Echte Baureihenbezeichnungen, unterschieden nach Verwendungsarten und Untergattungen, führte erst für den Bereich der westlichen Besatzungszonen das RZA München mit dem Nummernplan vom September 1947 ein, wobei Triebwagen mit hydraulischem Getriebe grundsätzlich die Baureihenuntergruppe „5" erhielten, z. B. VT 08.5. Die einzelnen Teile der Triebwagen bei mehrteiligen Triebwageneinheiten wurden nunmehr ebenfalls noch mit kleinen, dem Alphabet folgenden Buchstaben bezeichnet, in der Zusammenfassung jedoch durch Schrägstrich dargestellt, wie z. B. SVT 06 105a/b/c. In diesem Nummernplan waren auch die als in der sowjetischen Besatzungszone vorhandenen bekanntgewesenen SVT und VT eingearbeitet, da man zunächst davon ausging, daß der neue Nummernplan auch dort Anwendung finden würde, was aber nicht der Fall war. So sind diese Nummern auch nie an diesen Fahrzeugen angeschrieben worden. Im Gegenteil hat die DR bei Übernahme von SVT von der DB im Dezember 1958 an diese wieder die alten Nummern nach dem Reichsbahnnummernplan vom 21. Oktober 1932 angeschrieben.

Im Gegensatz zu der bisherigen Regelung für die Kennzeichnung der verschiedenen Teile mehrteiliger Triebwagen wurden die Bezeichnungen „VM" für „Mittelwagen" und „VS" für „Steuerwagen" sowie „VB" für „Beiwagen" vorgesehen. Dies galt aber nur für Neubaufahrzeuge; die aus dem alten Reichsbahnbestand übernommenen Fahrzeuge behielten die alten Kennzeichnungen ebenso, wie bei den Schnelltriebwagen der Vorkriegsbauarten die Bezeichnung „SVT" beibehalten wurde, während alle Neubautriebwagen auch für das Schnellverkehrsnetz nur die Bezeichnung „VT" vor der Baureihennummer erhielten. Die DB übernahm diesen Nummernplan und behielt ihn bis zur Einführung der kodifizierten Gattungsbezeichnungen nach den neuen Baureihennummernplan vom März 1973 bei. Die DR dagegen hatte bereits 1970 eine Umnummerung nach kodifizierbaren Gattungsbezeichnungen vorgenommen. Entsprechend diesen Regelungen wurden auch die Schnelltriebwagen behandelt.

Nachfolgend soll die Entwicklung der deutschen Schnelltriebwagen vom „Fliegenden Hamburger" bis zum Gasturbinentriebzug der Baureihe 602 kurz nachvollzogen werden, wobei Detailangaben, insbesondere technischer Art, den Rahmen dieser Darstellung bei weitem sprengen würden. Außerdem sind alle Fahrzeugtypen ausführlich in der einschlägigen Literatur beschrieben worden, so daß dem Interessenten hierfür eine umfangreiche Spezialdarstellung zur Verfügung steht.

Der erste von der DRG in Auftrag gegebene und gebaute Schnelltriebwagen war das noch nach dem alten Bezeichnungsschema genummerte und unter dem volkstümlichen Begriff „Fliegender Hamburger" bekannt gewordene Fahrzeug 877a/b, das im Dezember 1932 von der Waggon- und Maschinenbau A.-G. (Wumag) in Görlitz an die DRG abgeliefert wurde. Da der Bezeichnungsplan für Verbrennungstriebwagen der HV der DRG vom 21. Oktober 1932 stammte, hätte dieses Fahrzeug eigentlich die Nummer 137 001 erhalten müssen; offensichtlich war aber die Betriebsnummer bereits vor der Ablieferung festgelegt worden. Die HV der DRG hatte das RZA für Maschinenbau in Berlin im Februar 1931 aufgrund der Erfahrungen mit den Kruckenberg'schen Versuchsfahrzeugen, insbesondere des als „Schienenzeppelin" bekannt gewordenen Fahrzeugs, beauftragt, die konstruktive Durchbildung und Beschaffung eines Schnelltriebwagens durchzuführen, der auf der kurvenarmen, günstig trassierten Flachlandstrecke Berlin — Hamburg in einem über den bisherigen FD-Zugverkehr hinausgehenden regelmäßigen Schnellverkehr mit Spitzengeschwindigkeiten um 150 - 160 km/h eingesetzt werden sollte. Es war dies der erste tatsächlich eisenbahntüchtige und auch über längere Zeit schnellste Triebwagen der Welt.

Das Fahrzeug war mit dem damals allgemein üblichen dieselelektrischen Antrieb ausgestattet und verfügte über einen 410 PS leistenden 12 Zylinder V-Motor der Firma Maybach. Wagenbaulich war es als zweiteilige Einheit ausgebildet, wobei der Aufbau stromlinienförmig ausgebildet war. Die direkt gekoppelten Generatoren waren in beiden Fahrzeugteilen über den Enddrehgestellen angebracht, während der elektrische Antrieb über zwei Tatzlagermotoren auf dem mittleren Drehgestell, das als Jacobsdrehgestell ausgebildet war, erfolgte. Die elektrische Ausrüstung in Form der Gebusschaltung wurde von den Siemens-Schuckert-Werken geliefert. Als Bremsausrüstung wurden erstmalig eine neuartige druckluftbetätigte Trommelbremse mit Kunststoff-Bremsbelägen und zusätzlich eine elektromagnetische Schienenbremse eingebaut. Während die Hauptbremse ein weiches Abbremsen des Fahrzeuges innerhalb des für dessen Einsatz zugelassenen Vorsignalabstandes von 1 200 m (bis dahin war ein solcher von 700 m üblich) aus 160 km/h ermöglichte, war die Mg-Bremse eine zusätzliche Gefahrenbremse. Durch das Zusammenwirken beider Bremseinrichtungen konnte der Wagen aus 160 km/h innerhalb von 800 m zum Halten gebracht werden. Neu war auch die Ausrüstung mit der als „Totmann-Einrichtung" bekanntgewordenen Sicherheitsfahrschaltung (Sifa) und mit induktiver Zugbeeinflussung (Indusi), die auf den Einsatzstrecken des Fahrzeuges erst verlegt werden mußte.

Nach seiner Ablieferung an die DRG wurde das Fahrzeug eingehenden Erprobungen durch die Reichsbahn-Versuchsämter in Grunewald unterzogen. Bei späteren Probefahrten erreichte es u. a. am 5. November 1933 auf der in 2.30 Std zurückgelegten Strecke Nordhausen — Berlin (diese Strecke wurde seinerzeit vom schnellsten Zug in 4 Std zurückgelegt) eine Spitzengeschwindigkeit von 170 km/h, und bei einer weiteren Fahrt am 17. Juni 1934 wurde die 576 km lange Strecke Berlin — Köln ohne Halt in 4.45 Std durchfahren, was einer Reisegeschwindigkeit von 121,3 km/h entsprach.

Ab 15. Mai 1933 wurde der SVT 877a/b sodann im planmäßigen Dienst als FD 2/1 zwischen Berlin Leb und Altona Hbf eingesetzt, wobei er die 287 km lange Strecke Berlin — Hamburg Hbf nordwärts mit einer Reisegeschwindigkeit von 124,7 km/h, südwärts mit 122,9 km/h durchfahren konnte; Werte, die damals absolut neu im europäischen Eisenbahnverkehr waren. Bis in den Sommer 1935 hinein hat der „Fliegende Hamburger" den Schnellverkehr Berlin — Altona allein durchgeführt.

Am 30. April 1934 absolvierte er bereits seine 1 000. Fahrt auf dieser Strecke. Trotz der völligen Neukonstruktion und der unbekannten neuartigen Betriebsbedingungen hat das Fahrzeug in den ersten zwei Einsatzjahren rund 85 % aller planmäßigen Fahrten ausgeführt. Dieser Wert ist umso beachtlicher, als die Ausfalltage nicht etwa allein auf Ausfälle infolge technischer Mängel zurückzuführen waren, sondern diese auch die Fristuntersuchungen, planmäßige Instandsetzungsarbeiten und zahlreiche zwischenzeitlich durchgeführte Versuchsfahrten beinhalteten, die der Verbesserung des Fahrzeuglaufs, der Bremsen und anderer Teile des Fahrzeugs galten und die der Weiterentwicklung der von der DRG in Auftrag gegebenen Schnelltriebwagen dienten. Über die Nachkriegseinsätze dieses ersten deutschen Schnelltriebwagens wird weiter unten noch berichtet. Bis zu seiner Ausmusterung am 29. Juni 1957 legte der SVT 877a/b und als späterer SVT 04 000 eine Laufleistung von rund 1 550 000 km zurück.

Durch den Einsatz des „Fliegenden Hamburger" stieg die Nachfrage nach Plätzen in den beiden Schnelltriebwagenläufen FD 1/2, und es wurden so viele Wünsche nach der Einrichtung weiterer derartiger Verbindungen in anderen Relationen laut, daß die DRG bereits 1934 beschloß, ein Schnelltriebwagennetz mit dem Mittelpunkt Berlin aufzubauen. Hierfür wurden ebenfalls bei der Wumag in Görlitz noch im gleichen Jahr weitere 13 Schnelltriebwagen in Auftrag gegeben, die als Bauart „Hamburg" von dieser 1935 an die DRG ausgeliefert wurden und die Betriebsnummern 137 149a/b – 137 152a/b und 137 224a/b – 137 232a/b erhielten. Die unterteilte Nummerierung ist auf den Grundsatz der DRG zurückzuführen, die Fahrzeuge fortlaufend nach ihrer Beschaffung zu nummern, die in zwei Aufträgen bei dieser Bauart vom RZA vergeben wurde. Bei dieser Bauart wurden die gleichen Bauelemente wie beim SVT 877a/b verwendet. Der wesentlichste Unterschied ist die Ausbildung der Frontpartie und die um 230 mm größere Wagenlänge. Außerdem erhielten im Gegensatz zu dem nur mit Notkupplungen versehenen 877a/b die Fahrzeuge der Bauart „Hamburg" Scharfenbergkupplungen und Einrichtungen zur Mehrfachsteuerung, da vorgesehen war, in einem Zugverband mehrere Fahrzeuge gleichzeitig einzusetzen. Als Schaltung kam anstelle der Gebus-Schaltung eine vom RZA entwickelte, als „RZM-Schaltung" bezeichnete Bauform zum Einbau, die die Mehrfachtraktion ermöglichte. Die bisher nur seitlich angeordneten Schürzen wurden auch unter den Wagen durchgeführt, und das Platzangebot wurde bei verbesserter Sitzpolsterung und Einbau eines größeren Büffets von 65 auf 76 Plätze erhöht. Die Hg war allgemein für 160 km/h ausgelegt.

Mit der Auslieferung der Wagen konnte im Fahrplanjahr 1935/36 das bisherige Angebot von einem FDt-Paar, wie nunmehr diese Züge zuggattungsmäßig ab 15. Mai 1935 bezeichnet wurden, auf fünf Zugpaare erhöht werden. So wurde am 1.Juli 1935 der Schnelltriebwagenverkehr zwischen Berlin und Köln aufgenommen (FDt 16/15), dem am 15. August 1935 die Relation Berlin – Frankfurt (Main) (FDt 572/571) folgte. Bis zum Frühjahr 1936 waren dann noch die Strecken Berlin – Nürnberg – München (FDt 551/552), Berlin – Nürnberg – Stuttgart (FDt 721/711) und Köln – Hamm – Altona (FDt 37/38) gefolgt. Hierbei wurde die Strecke Berlin Anh Bf – Nürnberg planmäßig in Doppeltraktion von Anfang an befahren, während im Fahrplanjahr 1936/37 durch die Einführung des FDt 17/18 Köln – Hamm mit Weiterlauf nach Berlin auch zwischen Hamm und Berlin Stadtbahn Doppeltraktion eingeführt wurde. Durch die Zusammenbindung der beiden von Köln ausgehenden FDt nach Berlin und Altona bis Hamm kam es hier zusätzlich zu einer Doppeltraktion. Zwar blieb FDt 1/2 der Zug mit der höchsten Reisegeschwindigkeit, die 1936 sogar noch auf 125,6 km/h gesteigert werden konnte, aber bereits 1935 erreichte FDt 16 auf dem 254 km langen Abschnitt Berlin Zoologischer Garten – Hannover Hbf eine Reisegeschwindigkeit von 132,6 km/h, was damals der bei weitem schnellste, ohne Halt durchfahrene Abschnitt war. Bei einer mittleren Monatsleistung von 222 000 km haben die 13 Fahrzeuge im Jahr 1937 eine Jahreslaufleistung von insgesamt 2 665 000 km erreicht. Dies ergab für jedes Fahrzeug einen Jahresdurchschnitt von 205 000 km oder 561 km/Tag einschließlich der Bereitschafts-, Frist- und Ausbesserungstage, eine für die damaligen Zeitverhältnisse außergewöhnliche Leistung, die die Güte der Konstruktion und die innerhalb so kurzer Zeit erreichte Betriebsreife deutlich zeigen.

Auch nach Einführung der SVT der Bauart „Hamburg" erfreuten sich die Schnelltriebwagen einer steigenden Beliebtheit, so daß die zweiteiligen Einheiten sehr schnell nicht mehr ausreichten. Für die weitere Entwicklung sah daher das RZA dreiteilige Einheiten vor, um ein größeres Platzangebot anbieten zu können. Da vorgesehen war, die Strecken Berlin – Beuthen und Berlin – Königsberg als nächste Strecken in das Schnelltriebwagennetz einzubeziehen, hier aber aufgrund von Bevölkerungsdichte und wirtschaftlicher Strukturen nicht mit einem ausreichenden Verkehrsaufkommen nur in der Zweiten Klasse zu rechnen war, entschied man sich, dreiteilige Einheiten sowohl mit der Zweiten als auch der Dritten Klasse zu bauen. Unter Beibehaltung der grundsätzlichen Anordnung des bewährten SVT der Bauart „Hamburg" kam man durch Einschieben eines Mittelteils zur gewünschten Erhöhung der Platzzahl ohne große Neukonstruktionen. Die so entstandenen dreiteiligen Fahrzeuge mit 30 Plätzen 2. Klasse und 109 Plätzen 3. Klasse wurden als Bauart „Leipzig"

Der Urtyp der deutschen Schnelltriebwagen war SVT 877 a/b Berlin, später bekannt geworden als „Fliegender Hamburger", nach dem Krieg schließlich bei der DB als SVT 04 000 eingereiht.
Aufnahme: Ullstein-Bilderdienst

FDt 551, gebildet aus zwei Triebzügen der Bauart Hamburg, im Sommer 1936 an der Saale vor den Dornburger Schlössern.
Aufnahme: Carl Bellingrodt

bezeichnet. Sie waren ebenfalls für 160 km/h ausgelegt. Sie hatten zwei Enddrehgestelle und zwei in Jakobsausführung gestaltete Mitteldrehgestelle. Um ein ausreichendes Beschleunigungsvermögen zu erreichen, mußte die Maschinenleistung erhöht werden, was durch Aufladung des 410 PS-Maybach-Motors der Bauart ,,Hamburg"auf 600 PS Leistung erzielt wurde. Da die neuen Motoren in Abmessungen und Gewicht keine wesentlichen Änderungen aufwiesen, konnten sie ohne konstruktive Veränderungen in die Drehgestelle eingebaut werden. Die somit installierte Leistung war auf 1 200 PS gestiegen. Die beiden bei Linke-Hofmann-Busch, in die die Wumag inzwischen aufgegangen war, gebauten Fahrzeuge 137 233 unf 137 234a-c erhielten die nach dem RZM-System der Bauart ,,Hamburg" aufgebaute dieselelektrische Kraftübertragung. Sie wurden bereits 1935 abgeliefert und nach Erprobungsfahrten bereits im Winterfahrplan 1935/36 als Dt zwischen Berlin und Beuthen eingesetzt, um dann aber ab Fahrplanwechsel am 15. Mai 1936 als FDt 45/46 zwischen Berlin Stadtbahn und Beuthen zu verkehren. Der vorgesehene Lauf nach Königsberg kam zunächst wegen der mit der PKP bestehenden Differenzen bezüglich der Triebfahrzeugführergestellung im polnischen Korridor nicht zum Tragen. Sie erreichten Reisegeschwindigkeiten von 116,9 km/h, und der 336 km lange Abschnitt Berlin Schles Bf – Breslau Hbf wurde sogar mit 124,3 km/h durchfahren. Dies war gegenüber der höchsten, mit Dampfzügen 1935 auf dieser Strecke erzielten Reisegeschwindigkeit von 89,9 km/h eine enorme Steigerung.

Zwischenzeitlich waren auch hydrodynamische Getriebe für größere Leistungen entwickelt worden. Da sie sich durch günstigeres Gewicht gegenüber den relativ schweren elektrischen Übertragungsarten auszeichneten, daneben aber noch eine einfachere Bedienung und niedrigere Unterhaltungskosten boten, bestellte die DRG ebenfalls bei Linke-Hofmann-Busch zwei weitere SVT der Bauart ,,Leipzig", nunmehr jedoch mit dieser Getriebebauart. Die nach dem von Prof. Föttinger entwickelten Prinzip gestalteten Flüssigkeitsgetriebe, die von den Firmen Voith und Triebwagenbau A.-G. (TAG) entwickelt worden waren, erlaubten es, je eine geschlossene Antriebsanlage (Dieselmotor, Flüssigkeitsgetriebe und Achsantriebe für beide Achsen) in jedem der beiden Enddrehgestelle unterzubringen, während die Mitteldrehgestelle nur als Laufachsen ausgebildet waren. Dabei wiesen diese Getriebe noch kleinere Abmessungen und ein um 10 t geringeres Gewicht als die dieselelektrischen Getriebe auf. Mit dem Bau dieser beiden Fahrzeuge, die im wagenbaulichen Teil den SVT 137 233-234a-c gleich waren, leitete die DRG eine Entwicklungsarbeit im Getriebebau für schnellaufende Dieselmotoren ein, die in ihren vollen Auswirkungen erst nach dem Zweiten Weltkrieg voll zum Tragen kamen. Die beiden als SVT 137 153 und 154a-c bezeichneten Fahrzeuge wurden zusammen mit ihren beiden dieselelektrischen Schwestern zusammen eingesetzt. Da der Lauf nach Königsberg bis zum Ausbruch des Zweiten Weltkrieges nicht zum Tragen kam, andererseits für die Leistung Berlin – Beuthen neben einem Reservefahrzeug maximal nur zwei Fahrzeuge benötigt wurden, ist bis heute ungeklärt, welche Einsatzbereiche daneben die ab 1937 vorhandenen vier Fahrzeuge insgesamt hatten. Wegen ihrer 109 Plätze der 3. Klasse konnten sie im sonstigen SVT-Dienst nicht als Verstärkungsfahrzeuge eingesetzt werden; es sind aber auch keine anderen zweiklassigen SVT-Läufe bekannt. Somit müssen die Fahrzeuge, sollen sie nicht überwiegend herumgestanden sein oder für Versuchszwecke gedient haben, in Diensten als Dt gelaufen sein. Angaben hierüber sind aber weder in der Literatur angegeben, noch kann dies durch sonstige Angaben belegt werden. Bei einer am 17. Februar 1936 durchgeführten Versuchsfahrt mit dem SVT 137 153 auf der Strecke Berlin – Hamburg wurde eine Höchstgeschwindigkeit von 205 km/h erreicht, was damals den Weltrekord für Eisenbahnfahrzeuge in normaler Regelausführung bedeutete.

Da alle Fahrzeuge außer dem SVT 137 153a-c nach dem Zweiten Weltkrieg bei der DR eingesetzt waren, wobei der SVT 137 234a-c von Polen zurückgekauft wurde, sind auch keine Betriebsbuchangaben einsehbar, sofern die Betriebsbücher den Krieg überhaupt überdauert haben. Die DB reihte die Fahrzeuge in ihren neuen Nummernplan von 1947 vorsorglich als SVT 06 500a/b/c und 06 001-022a/b/c ein, sie trugen aber nie diese Nummern. Die DR setzte sie auf verschiedenen Läufen ein; so waren sie nach dem Krieg u. a. in dem FDt-Lauf Berlin – Hamburg ebenso zu finden wie im ,,Saßnitz-Expreß" München – Saßnitz Hafen. Eine Umzeichnung nach dem Umzeichnungsplan von 1970 der DR erfolgte nicht mehr; somit müssen sie vor diesem Zeitpunkt bereits ausgeschieden sein.

Da sowohl die Bauart ,,Hamburg" als auch die Bauart ,,Leipzig" aufgrund des gewachsenen Verkehrsbedürfnisses bzw. der überwiegend vorhandenen 3. Klasse bald nicht mehr in bestimmten Relationen ausreichten oder nicht so freizügig verwendbar waren, entstand bald die Notwendigkeit des Baus einer dreiteiligen Schnelltriebwagenbauart nur mit 2. Klasse. Insbesondere auf der Strecke Berlin – Köln konnten trotz der seit 1936 durchgeführten Doppeltraktion die Verkehrsbedürfnisse nicht befriedigt werden. Auch bestand der Wunsch nach einer Verbesserung des Reisekomforts durch das Anbieten geschlossener Abteile statt der Großräume bei der Bauart ,,Hamburg" und das Angebot eines echten Speiseraums.

Das RVM beauftragte daher bereits im Sommer 1936 das RZA mit der Konstruktion eines entsprechenden Schnelltriebwagens, der wegen seiner Einsatzkonzeption auf der Strecke nach Köln die Bauartbezeichnung „Köln" erhielt. Die Forderungen nach 100 Sitzplätzen in der 2. Klasse und dem Einbau eines Speiseraums einschließlich Küche ergaben bei der konstruktiven Durcharbeitung eine Verlängerung des Wagenraums der dreiteiligen Einheit gegenüber der Bauart „Leipzig" um 99 cm. Damit war zwangsläufig eine Gewichtserhöhung um 36 t gegenüber der dieselelektrischen Ausführung der Bauart „Leipzig" verbunden, so daß die Jakobsdrehgestelle nicht beibehalten werden konnten. Vielmehr erhielt nunmehr jeder Wagen zwei Drehgestelle. Als Motor wurde der in der Bauart „Leipzig" mit Erfolg erprobte 600 PS-Maybach-Motor mit Aufladung eingebaut und die dieselelektrische Kraftübertragung nach Bauart „RZM" gewählt. Die Platzzahl konnte auf 102 Plätze in 17 Abteilen zu 6 Plätzen gebracht werden, zu der dann noch 30 Plätze im Speiseraum kamen. Insgesamt wurden noch Ende 1936 bei Linke-Hofmann-Busch 14 Fahrzeuge in Auftrag gegeben, die ab Frühjahr 1938 zur Auslieferung kamen. Sie wurden in zwei Baulosen gebaut und erhielten die Betriebsnummern 137 273a-c - 137 278a-c und 137 851a-c - 137 858a-c. Obwohl bei gleicher Antriebsleistung und höherem Gewicht gegenüber der Bauart „Leipzig" eine geringere spezifische Leistung zur Verfügung stand, konnte das vorgesehene Betriebsprogramm mit einer Hg von 160 km/h anstandslos abgewikkelt werden.

Die Fahrzeuge kamen sofort nach ihrer Anlieferung in den Betriebseinsatz. Am 1. Juli 1938 verkehrte erstmals ein SVT der Bauart „Köln" in der Relation Berlin Stadtbahn — Köln als FDt 16/15. Mit ihrer Anlieferung war es der DRB auch möglich, fortlaufend ab dem Sommerfahrplan 1938 weitere Schnelltriebwagenleistungen einzulegen, wobei teilweise bisher von der Bauart „Hamburg" gefahrene Leistungen auf die Bauart „Köln" übergingen. Mit den so freigewordenen Fahrzeugen der Bauart „Hamburg" konnten dann erstmals Zugläufe eingerichtet werden, die nicht auf die Reichshauptstadt allein ausgerichtet waren, sondern Verbindungen zwischen anderen Großstädten des Reiches anboten. Teilweise wurden die einzelnen Zugläufe auch in Doppeltraktion sowohl der Bauart „Köln" wie der Bauart „Hamburg" als auch kombiniert miteinander gefahren. Der Sommerfahrplan 1939 brachte dann durch die restliche Anlieferung der Fahrzeuge der Bauart „Köln" und den beginnenden Betriebseinsatz der weiter unten noch zu besprechenden Bauart „Berlin" weitere Zugläufe, wobei aber nicht in allen Fällen sicher ist, ob der Zuglauf vor Einstellung der Schnelltriebwagenläufe kurz vor Ausbruch des Zweiten Weltkrieges noch planmäßig gefahren wurde. In diesem Zusammenhang ist auch eine Dreifachtraktion zwischen Köln und Hamm und Hamm und Hannover interessant, wobei sowohl Fahrzeuge der Bauart „Köln" als auch der der Bauart „Hamburg" im gleichen Zugverband liefen. Nähere Angaben hierzu sind aus Kap D und Übersicht 3 zu entnehmen.

Wie bereits in Kap D ausführlich dargestellt, hatte Dipl. Ing. Kruckenberg seitens der HV der DRG die Genehmigung erhalten, einen Entwurf für einen dreiteiligen dieselhydraulischen Schnelltriebwagen aufzustellen, der in seiner Gesamtkonzeption den betrieblichen und verkehrlichen Erfordernissen der Eisenbahn entsprechen sollte, was ja bei den vorhergehenden Versuchsfahrzeugen nicht der Fall gewesen war. In Zusammenarbeit mit dem RZA und der Firma Vereinigte Westdeutsche Waggonfabriken (Westwaggon) in Köln-Deutz entwickelte Kruckenberg ein Fahrzeug, das 1938 abgeliefert die Bezeichnung „Versuchstriebwagen Bauart Kruckenberg" und die Betriebsnummer 137 155a-c erhielt. Da es ebenfalls für eine Hg von 160 km/h ausgelegt war, war es in seiner äußeren Form windschnittig gestaltet, wich in seinem Erscheinungsbild aber erheblich von den bekannten SVT der Reichsbahn ab. Gute Laufeigenschaften wurden durch neukonstruierte Drehgestelle mit Gummikugeln als Federelemente erzielt, wobei die Enddrehgestelle als Triebdrehgestelle ausgebildet waren. Als Antriebsanlagen dienten zwei 600 PS starke Maybachdieselmotoren und ein AEG-Föttinger-Flüssigkeitsgetriebe. Diese konnten in den stark gewölbten Vorbauten vor dem hochliegenden Führerstand untergebracht werden, die in ihrem Erscheinungsbild stark an das spätere Styling der DB-TEE-Triebwagen der Baureihe VT 11.5 erinnerten. Als Mitteldrehgestell dienten lenkergesteuerte Jakobslaufgestelle. Die Wagenkästen waren gegeneinander über vorgespannte Ringfedern so abgestützt, daß die drei Wagenkästen zwar waagerecht und senkrecht gelenkige, aber drehsteife Röhren bildeten. Das Fahrzeug war erstmals in Deutschland mit einer Klimaanlage ausgerüstet und verfügte über 100 Sitzplätze. In ihm waren zahlreiche später in den Triebfahrzeugbau eingegangene neuartige Bauelemente vereint.

Nach der Anlieferung im Sommer 1938 wurden mit dem Fahrzeug zahlreiche Versuchsfahrten durchgeführt, die sehr gute Laufeigenschaften zeigten. Bei einer dieser Probefahrten wurde am 23. Juni 1939 auf der Fahrt von Hamburg nach Berlin zeitweise eine Spitzengeschwindigkeit von 215 km/h erreicht, was wiederum einen neuen Geschwindigkeitsweltrekord für ein für den öffentlichen Verkehr bestimmtes Fahrzeug bedeutete. Es war beabsichtigt, diese Sonderausführung nach Abschluß der Versuche ab dem Jahresfahrplan 1940/41 auf der Strecke Berlin - Hamburg in den planmäßigen Ver-

Der dreiteilige SVT der Bauart Leipzig erschien 1935 in vier Exemplaren, von denen zwei mechanische und zwei hydraulische Kraftübertragung besaßen. Der hier gezeigte dieselhydraulische SVT 137 153 ging im Krieg verloren. Aufnahme: AEG-Telefunken, Slg. Tietze

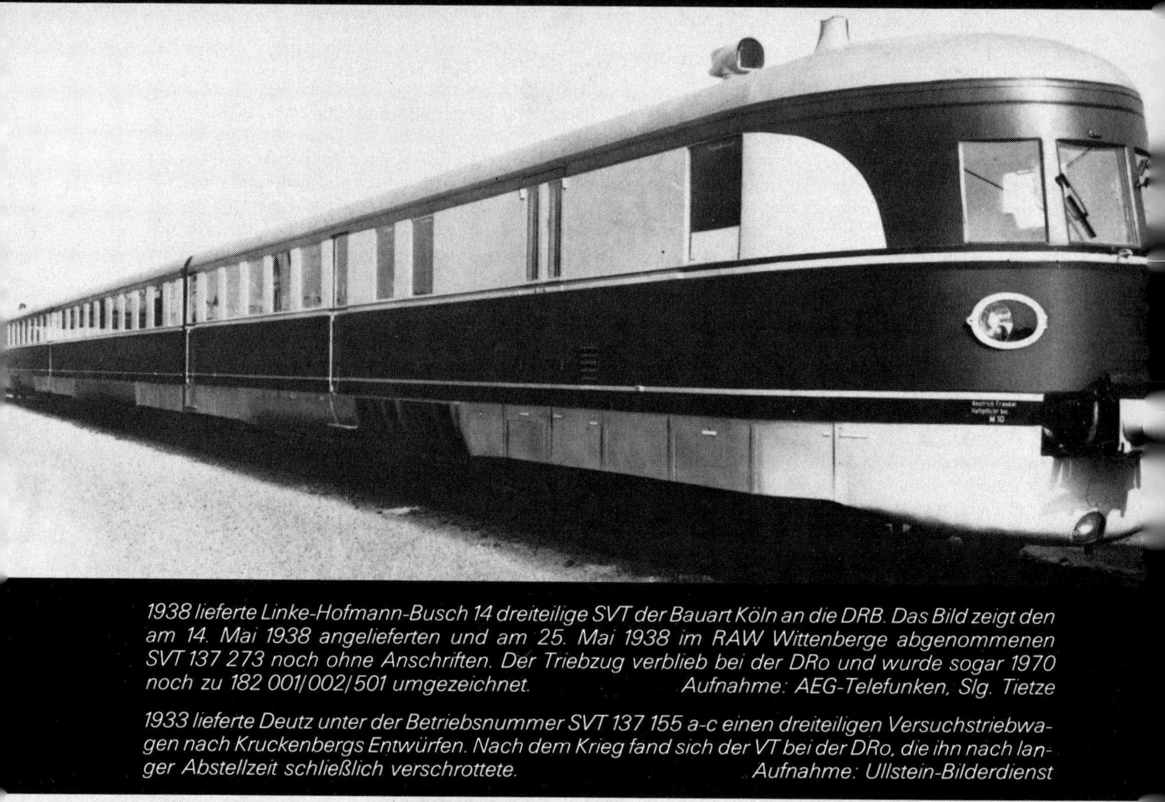

1938 lieferte Linke-Hofmann-Busch 14 dreiteilige SVT der Bauart Köln an die DRB. Das Bild zeigt den am 14. Mai 1938 angelieferten und am 25. Mai 1938 im RAW Wittenberge abgenommenen SVT 137 273 noch ohne Anschriften. Der Triebzug verblieb bei der DRo und wurde sogar 1970 noch zu 182 001/002/501 umgezeichnet. Aufnahme: AEG-Telefunken, Slg. Tietze

1933 lieferte Deutz unter der Betriebsnummer SVT 137 155 a-c einen dreiteiligen Versuchstriebwagen nach Kruckenbergs Entwürfen. Nach dem Krieg fand sich der VT bei der DRo, die ihn nach langer Abstellzeit schließlich verschrottete. Aufnahme: Ullstein-Bilderdienst

kehr zu nehmen, was durch den Ausbruch des Zweiten Weltkrieges, der auch die noch nicht abgeschlossenen Versuchsprogramme beendete, nicht realisiert werden konnte. Das Fahrzeug verblieb im Unterhaltungs-RAW Wittenberge und kam somit bei Ende des Zweiten Weltkrieges in der Bestand der DR, befand sich jedoch in recht desolatem Zustand. Die DR baute das Fahrzeug nicht mehr auf, sondern musterte es Mitte der sechziger Jahre aus; die DB hatte ihm in ihrem 1946 erstellten Umzeichnungsplan noch die Betriebsnummer SVT 91 500a/b/c zugedacht.

Fast gleichzeitig mit der konstruktiven Entwicklung der SVT der Bauart „Köln" begannen 1936 die Entwurfsarbeiten zu einem vierteiligen Schnelltriebzug, dem die Baureihenbezeichnung „Berlin" gegeben wurde. Er wich in der Antriebsanlage vollkommen von den bisherigen Schnelltriebwagenbauarten ab. Obwohl die DRG mit den in die Drehgestelle eingebauten schnellaufenden Dieselmotoren gute Betriebserfahrungen gesammtelt hatte, die ja letztlich auch zu dem neuen Auftrag über die 14 dreiteiligen Einheiten der Bauart „Köln" führten, wollte man versuchsweise die im Ausland bereits mit Erfolg angewandte Anordnung der Maschinenanlage im Wagenkasten erproben. Dieser Versuch sollte klären, ob die Verwendung von langsamer laufenden und robuster gebauten Dieselmotoren einschließlich der Unterbringung der gesamten Antriebsleistung in einem Motor und die Lagerung der Maschinenanlage im Wagenkasten unterhaltungsmäßig kostengünstiger und wirtschaftlicher als die bisher verwendete Bauart war. Der vom RZA in Verbindung mit der Firma MAN entwickelte Triebzug erhielt einen aufgeladenen 8-Zylinder-MAN-Dieselmotor mit 1 320 PS Leistung bei 700 Umdrehungen/Min, der zusammen mit dem Generator in einem besonderen Maschinenwagen untergebracht war. Ein Hilfsdieselmotor von 120 PS wurde für die Versorgung der Nebenbetriebe vorgesehen. Die wagenbauliche Ausstattung übernahm die zum MAN-Konzern gehörende Waggon- und Maschinenbau G.m.b.H. (WMD) in Donauwörth. In dem Maschinenwagen waren noch Diensträume für Gepäck und Post vorgesehen, so daß erstmalig ein SVT eine Ladekapazität von 11 t erhielt. Der anschließende Dreiwagenzug verfügte in Einzelabteilen 2. Klasse mit Seitengang über 126 Sitzplätze, wozu im Endwagen (Teil „d") noch ein Speiseraum mit 29 Plätzen und einer Anrichte kam. An jedem Ende des Zuges befand sich ein Führerstand, so daß das Fahrzeug nicht gewendet werden mußte. Damit verfügte erstmalig ein SVT der DRB über einen als „Steuerwagen" bezeichneten Wagenteil. Der elektrische Antrieb war auf die inneren Drehgestelle der beiden jeweiligen Endwagen (Maschinen- und Steuerwagen) verteilt. Dadurch war es möglich, den Maschinenwagen, der mit dem übrigen Zug durch eine automatische Kupplung verbunden war, im Betrieb leicht vom Zug zu trennen. Auch konnte der Maschinenwagen mit eigener Kraft als Einzeleinheit gefahren werden. Der Hilfsdiesel ermöglichte es, bei Ausfall des Antriebsmotors den Zug mit eigener Kraft, wenn auch mit verminderter Geschwindigkeit, weiterzufahren.

Zunächst wurden zwei Züge bei MAN/WMD in Auftrag gegeben, die 1938 abgeliefert wurden und die Betriebsnummern 137 901a-d und 137 902a-d erhielten. Diese Nummernreihe war im Bezeichnungsplan für Triebwagen von 1932 gar nicht vorgesehen und wurde mit der Nummernfolge 137 901-999 für Fahrzeuge mit Maschinenwagen neu geschaffen. 1939 kam ein dritter Maschinenwagen, der zunächst als Ersatz bei Ausfall der beiden 1938 gelieferten Maschinenwagen gedacht war, als SVT 137 903a von den gleichen Herstellern hinzu. Die Fahrzeuge wurden sogleich einer eingehenden Erprobung durch die Versuchsämter unterzogen und kamen ab Sommerfahrplan 1939 zur Erkenntnis betrieblicher und verkehrlicher Fragen auch teilweise in den Betriebseinsatz anstelle von Fahrzeugen der Bauart „Köln". Es ist aber nicht bekannt, welche Züge mit ihnen befördert wurden. Diese Versuche ergaben, daß seitens der Reisenden die geringere Lärmbelästigung, die in den SVT doch spürbar war, infolge der Trennung von Maschinen- und Fahrgastwagen als sehr angenehm empfunden wurde. Auch sprachen die Fahrzeuge bei den Reisenden durch ihre Gestaltung und die innere Ausgestaltung sehr an. Dagegen konnte die Frage der Wirtschaftlichkeit, derentwegen die Fahrzeuge eigentlich gebaut worden waren, und die damit verbundene Alternative (Maschinenanlage im Drehgestell oder im Wagenkasten; langsamlaufender oder schnellaufender Dieselmotor) bis zur Einstellung des Schnelltriebwagenverkehrs vor Ausbruch des Zweiten Weltkrieges nicht mehr eindeutig geklärt werden. Dennoch müssen die Versuchsergebnisse positiv gewesen sein, denn die DRB hatte 1939 an MAN/WMD einen Anschlußbauauftrag zur Auslieferung bis 1941 über 20 weitere Triebzüge gegeben, wobei es sich eigentlich nur um 19 vollständige neue Triebzüge handelte, während der vorhandene Maschinenwagen SVT 137 903a um die wagenbaulichen Teile 137 903b-d komplettiert werden sollte. Vorgesehen waren für diese Fahrzeuge die Betriebsnummern 137 903a-d — 137 922a-d. Als 1940 abzusehen war, daß durch den weiteren Kriegsverlauf in absehbarer Zeit mit einer Wiederaufnahme des Schnelltriebwagenverkehrs nicht mehr zu rechnen war, wurde der Auftrag storniert.

Nach Ende des Zweiten Weltkrieges waren von den zwei vollständigen Triebzügen und dem dritten Maschinenwagen im Bereich der DB die wagenbaulichen Teile 137 901b-d und 137 902b-d vorhanden, während die zugehörigen Maschinenwagen, die während des Krieges seitens der Wehrmacht verwendet worden waren, als Kriegsverlust abgeschrieben werden mußten. Aus den verbliebenen Teilen

Ab Herbst 1938 erhielten auch die SVT das Hoheitszeichen, wie SVT 137 852, der am 3. Juni 1938 angeliefert wurde. Auch dieses Fahrzeug verblieb nach dem Krieg bei der DRo und erhielt 1970 die neuen Nummern 182 005/006/505. Aufnahme: AEG-Telefunken, Slg. Tietze

1938 lieferten MAN und die Waggonfabrik Donauwörth zunächst zwei vierteilige Triebzüge der Bauart Berlin, BBC steuerte die elektrische Ausrüstung bei. Aus den Fahrzeugen entstanden bei der DB unter Verwendung anderer Fahrzeugteile SVT 07 501 und 502. *Aufnahme: Slg. Lawrenz*

baute die DB dann bei WMD in Donauwörth die dieselhydraulischen SVT 07 501a/b/c und 07 502a/b/c auf, die 1951 in Betrieb kamen und beide erst am 4. Juni 1960 als letzte der SVT der DB der Vorkriegsgeneration ausgemustert wurden. Der dritte Maschinenwagen 137 903a fand sich 1945 im Bereich der sowjetischen Besatzungszone und kam so zur DR. Unter Verwendung eines ebenfalls in deren Bereich verbliebenen holländischen Triebkopfes und dreier Schnellzugwagen wurde ein neuer vierteiliger SVT aufgebaut, der die (falsche!) Betriebsnummer 137 902a/b/c/d erhielt und der im Schnellverkehr der DR auf den verschiedensten Strecken zum Einsatz kam. Unter anderem lief er auch zeitweise im „Saßnitz-Expreß" und kam so auf Strecken der DB. Mitte der sechziger Jahre wurde das Fahrzeug aus dem Verkehr gezogen und stand noch einige Zeit beim Bw Karlshorst für Sondereinsätze zur Verfügung, bevor es vor dem Umzeichnungsplan von 1970 ausgemustert wurde. Die DB hatte in ihrem Umzeichnungsplan den SVT der Baureihe „Berlin" die Betriebsnummern SVT 08 000a/b/c, 08 001a/b/c und 08 002a gegeben, die aber niemals angeschrieben wurden.

In der Literatur hält sich bis Mitte des Zweiten Weltkrieges hartnäckig der Hinweis auf „vierteilige Versuchs-Schnelltriebwagen", der nach Einführung der Bauart „Leipzig" erst in einem, ab 1937 in zwei Exemplaren gebaut worden sein soll. Zuletzt berichtet Maier in „Der Schnelltriebwagen" im Dezember1941 hiervon, aber auch bei Breuer ist im „Organ für Fortschritte des Eisenbahnwesens" 1937 hiervon die Rede. Bezeichnenderweise ist aber trotz des Zeitraumes 1936 – 1939 niemals im Nummernverzeichnis der Triebwagen der DRB eines dieser Fahrzeuge aufgetaucht, noch gibt es sonstige Hinweise auf diese Fahrzeuge, ihren Einsatz oder Verbleib. Eine nochmalige genaue Auswertung aller vorhandenen Quellen ergab unter Vergleich der gegebenen, teilweise recht ungenauen oder unvollständigen Maßangaben und des Vergleichs von den Aufsätzen beigegebenen Bildern von Bauteilen, daß es sich bei diesen beiden „vierteiligen Versuchs-Triebwagen" um nichts anderes handelt, als um die nachmaligen und damals in der Entwicklung bzw. im Bau befindlichen SVT 137 901a-d und 137 902a-d der Bauart „Berlin". Warum aber nach deren Erscheinen sowohl im Versuchseinsatz wie im Plandienst ab dem Jahre 1938 noch bis zum Jahre 1943 die Version des „Versuchstriebwagens" verbreitet wurde, ist unbekannt. Hier hat sicher bereits damals ein Verfasser vom anderen abgeschrieben!

Mit der Konstruktion und Inbetriebnahme der SVT der Bauart „Berlin" und des „Versuchs-Schnelltriebwagens Kruckenberg" war die Entwicklung des Schnelltriebwagenbaus bei der DRB vor dem Zweiten Weltkrieg aber noch nicht abgeschlossen. Für 1941/42 plante die DRB den Ausbau eines ausgedehnten Schnelltriebwagennetzes, das nicht nur die noch vorhandenen Dampf-FD außer dem „Rheingold" ersetzen sollte, sondern das auch alle wichtigen Städte des nunmehr nach Anschluß Österreichs als „Ostmark" und der Rest-CSR („Protektorat Böhmen und Mähren") als „Großdeutsches Reich" bezeichneten Staatsgebietes umfassen sollte. Ja, es bestanden sogar im Zuge der Achse Berlin – Rom Pläne, beide alliierten Staaten mit Schnelltriebwagen zu verbinden. Da hierfür sowohl die vorhandenen als auch die zwischenzeitlich weiter bestellten 20 SVT der Bauart „Berlin" bei weitem nicht ausreichten, wurde noch eine weitere Schnelltriebwagenbauart unter der Bauartbezeichnung SVT „München" vom RZA entwickelt und Ende 1939 nach Ausbruch des Zweiten Weltkrieges in 30 Exemplaren in Auftrag gegeben. Ebenso wie die weiteren 20 SVT der Bauart „Berlin" 1940 aufgrund der Kriegsereignisse storniert wurden, fiel auch Ende 1940 der gesamte Auftrag über die Bauart „München" der Stornierung anheim. Es ist dabei nicht bekannt, ob in Friedrichshafen bereits mit den Bauarbeiten begonnen worden und Teile gefertigt waren.

Bei diesem Triebwagen handelte es sich um eine vierteilige Einheit, da man aufgrund des Verkehrsaufkommens festgestellt hatte, daß für die zu befahrenden Standardverbindungen vierteilige Einheiten erforderlich waren. Die kleineren zwei- und dreiteiligen Einheiten sollten dafür in Verkehrsbeziehungen umbeheimatet werden, die bisher noch nicht vom Schnellverkehr erschlossen waren, jedoch für die Kapazität dieser Einheiten einen ausreichenden Verkehrsmarkt hergaben. Abweichend von der mit der Bauart „Berlin" gefundenen Lösung des Wagenzuges mit Unterbringung der gesamten Antriebsanlage in einem Maschinenwagen sollte wieder die bei den früheren Bauformen angewandte Form der elektrischen Kraftübertragung über Drehgestelle erfolgen. Trotz der bei der Bauart „Berlin" erkannten positiven Erfahrungen und trotz der dann 1939 erfolgten Nachbestellung von 20 dieser Fahrzeuge, ließ der große Aufwand an Raum, Gewicht und Kosten gegenüber den zwar empfindlicheren, aber trotzdem zunehmend mehr bewährten schnellaufenden, leichten Maschinenanlagen im Drehgestell erhebliche Zweifel an der Zweckmäßigkeit der Langsamläufer aufkommen. Hier muß allerdings festgestellt werden, daß eine endgültige Klärung dieser Frage durch die bei Ausbruch des Zweiten Weltkrieges noch nicht voll abgeschlossenen Versuche mit der Bauart „Berlin" nicht herbeigeführt werden konnte. Es wäre 1940/41 geworden, ehe für die weitere Entwicklung im Schnelltriebwagenbau auf deutschen Schienen eine definitive Klärung zu erhalten war, zumal ja gerade im Ausland der Weg, der mit dem SVT „Berlin" eingeschlagen worden war, später zu bemerkenswerten Erfolgen geführt hat.

Da aber die DRB beabsichtigte, etwa ab 1941 eine erhebliche Ausweitung ihres Schnelltriebwagennetzes vorzunehmen, wartete sie die vollständigen Ergebnisse der Versuche mit dem SVT „Berlin" nicht ab, sondern verschob die definitive Entscheidung auf einen späteren Zeitpunkt. Stattdessen gab die 1939 dem RZA den Auftrag zur Konstruktion eines vierteiligen Schnelltriebwagen der Bauart „München", in dem alle bisher im Schnelltriebwagenbau zusammengefaßten Erfahrungen Verwendung finden sollten. Mit dieser Entwurfs- und Konstruktionsarbeit endet auch der erste Entwicklungsabschnitt des deutschen Schnelltriebwagens. Die Einheit sollte mit zwei im Drehgestell eingebauten schnellaufenden Maschinenanlagen von je 650 PS und elektrischer Kraftübertragung der Bauart „RZM" ausgerüstet sein. Dabei war aus betrieblichen und unterhaltungstechnischen Gründen die Teilung jedes Zuges in zwei zweiteilige Jakobseinheiten vorgesehen. Als Motor sollte der durch weitere Leistungssteigerung auf 650 PS gebrachte bewährte 12-Zylinder-Maybach-Dieselmotor verwendet werden, der schon erfolgreich in der Bauart „Köln" angewandt worden war. Überhaupt wurden zahlreiche Bauelemente der Bauart „Köln" verwendet. Die geschlossenen Abteile sollten 120 Sitzplätze 2. Klasse aufweisen und im Speiseraum waren zusätzlich 30 Plätze vorgesehen. Es wurden zwar bei der ehemaligen Luftschiffwerft in Friedrichshafen 1939 noch 30 Einheiten in Auftrag gegeben, die als zukünftige Neubauwerkstätte für SVT vorgesehen war, jedoch bereits 1940 wieder storniert, so daß auch hier nicht bekannt ist, ob mit dem Bau schon begonnen wurde und größere Werkteile bereits gefertigt waren.

Daß man gerade für den Bau weiterer Schnelltriebwagen auf die ehemalige Luftschiffwerft in Friedrichshafen zurückgriff, die nunmehr unter der Bezeichnung „Luftschiffbau Zeppelin" firmierte, ist darauf zurückzuführen, daß dort einmal nach Einstellung des Luftschiffbaus im Gefolge der Katastrophe von Lakehurst Kapazitäten frei waren, während die traditionellen deutschen Waggon- und Tiebwagenbauanstalten durch die bereits vergebenen oder vorgesehenen Aufträge kapazitätsmäßig ausgelastet waren, zum anderen aber die neuen SVT „München" zur Herabsetzung des Gesamtgewichts in den Wagenkästen aus Leichtmetall gefertigt werden sollten. Hier aber hatte die ehemalige Luftschiffwerft erhebliche Erfahrungen, die für den Schnelltriebwagenbau ausgewertet werden sollten.

Als Probeauftrag hatte die Firma bereits Anfang 1939 den Auftrag zur Entwicklung und zum Bau eines weiteren Fahrzeuges der Bauart „Leipzig", nun allerdings in Leichtbauweise unter Verwendung von Leichtmetallen, erhalten. Aber auch dieses Fahrzeug wurde nicht fertiggestellt und es ist auch hier nicht bekannt, wieweit die bauliche Gestaltung gediehen war, als 1940 der allgemeine Baustopp für Schnelltriebwagen erteilt wurde. Auf jeden Fall hatte der Nummernplan für dieses Fahrzeug keine Nummer definitiv vorgesehen.

1	Fliegender Hamburger 2'Bo'2' m. Jakobs-Drehgestell 2×410 PS Maybach-Diesel elektr. Schaltg: SSW-Gebus VT 877 a, b Wumag-SSW 1931/32 Bb4ivT-32	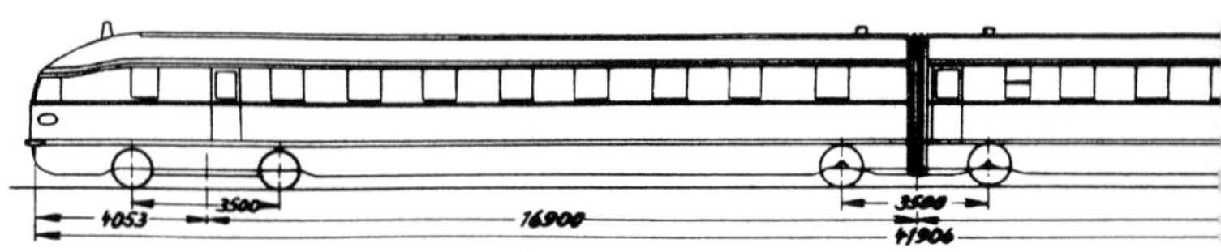
2	Bauart Hamburg 2'Bo'2' m. Jakobs-Drehgestell 2×410 PS Maybach-Diesel elektr. Schaltung: RZM VT 137 149-152 a, b VT 137 224-232 a, b Wumag-SSW+AEG 1935-36 B4vT-34	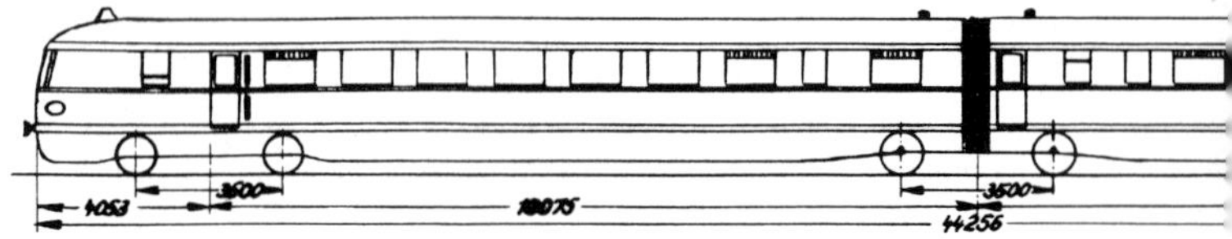
3	Bauart Leipzig hydr. Bo'2'2'Bo' m. Jakobs-Drehgestell 2×600 PS Maybach-Diesel TAG-Voith Flüssigkeitsgetriebe VT 137 153-154 a, b, c LHW Breslau 1935-36 BCPw Post K8vT-34	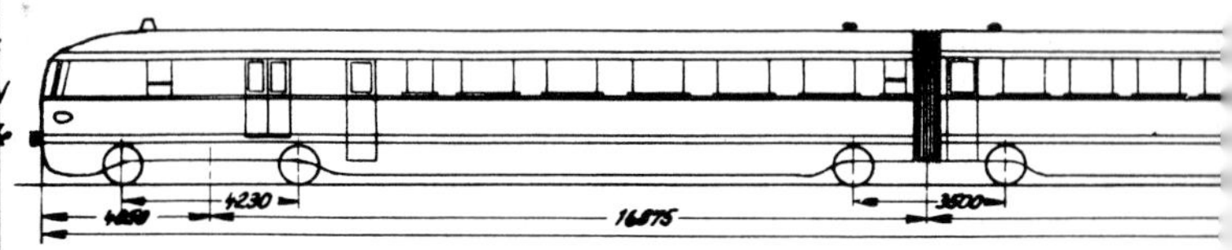
4	Bauart Leipzig elektr. 2'Bo'Bo'2' m. Jakobs-Drehgestell 2×600 PS Maybach-Diesel elektr. Schaltung: RZM VT 137 233-234 a, b, c LHW Breslau-AEG+SSW 1935-36	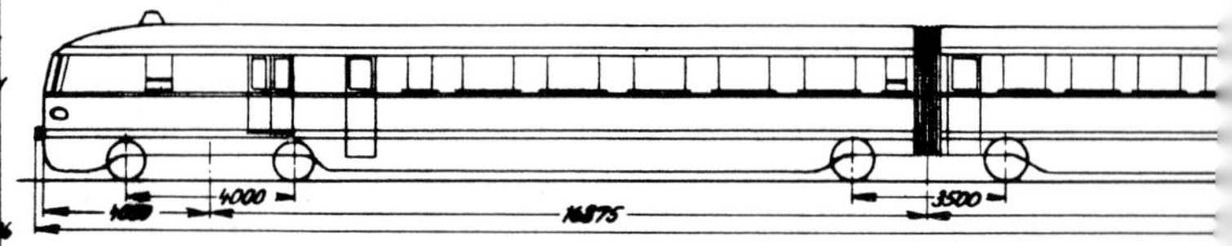
5	Bauart Köln 2'Bo'+2'2'+Bo'2' 2×600 PS Maybach-Diesel elektr. Schaltung: RZM VT 137 273-278 a, b, c VT 137 851-858 a, b, c LHW Breslau-AEG+SSW 1938 WRBPw12vTK-35	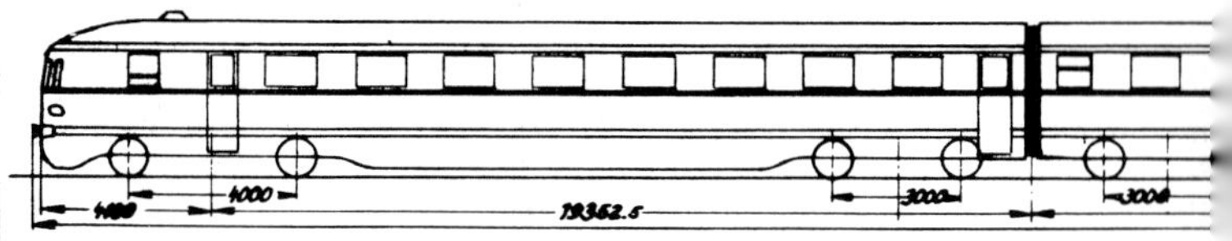
6	Bauart Kruckenberg Bo'2'2'Bo' m. Jakobs-Drehgestell 2×600 PS Maybach-Diesel TAG-Voith-Flüssigkeits-Getriebe VT 137 155 a, b, c Köln-Deutz 1935 BPw Post K8vT-34	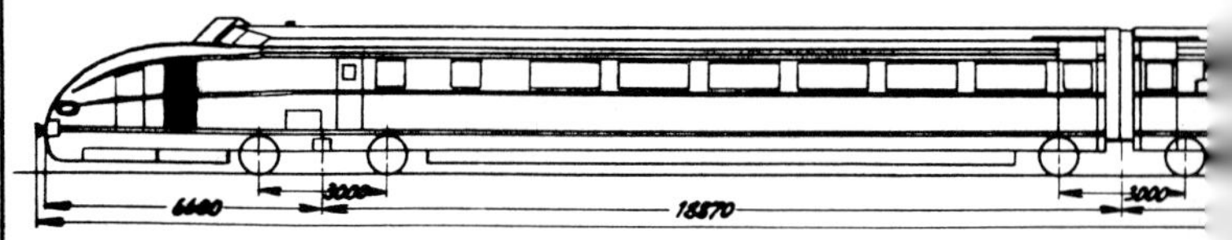
7	Bauart Berlin 2'Bo'+2'2'+2'2'+Bo'2' 1300 PS MAN-Diesel elektr. Schaltung: BBC VT 137 901-902 a, b, c, d VT 137 903 a Ersatz Masch.-Wag. MAN Nürnberg-BBC	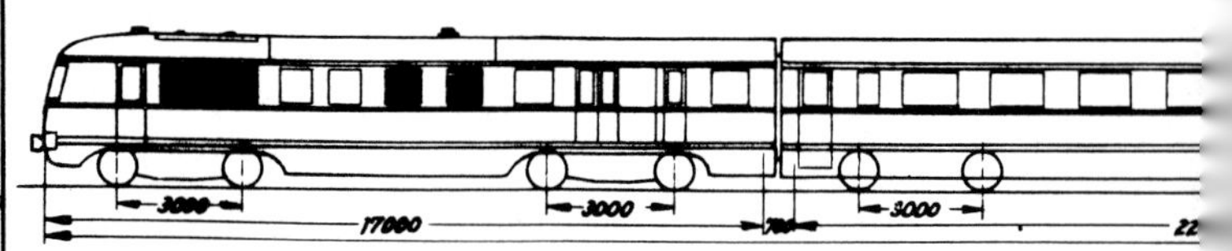
8	Oberleitungs-Schnelltriebwagen Bo'2'+2'Bo' 1900 a, b ET 11.01 a, b ME-BBC 1901 a, b ET 11.02 a, b MAN-SSW 1902 a, b ET 11.03 a, b MAN-AEG 1935-1937	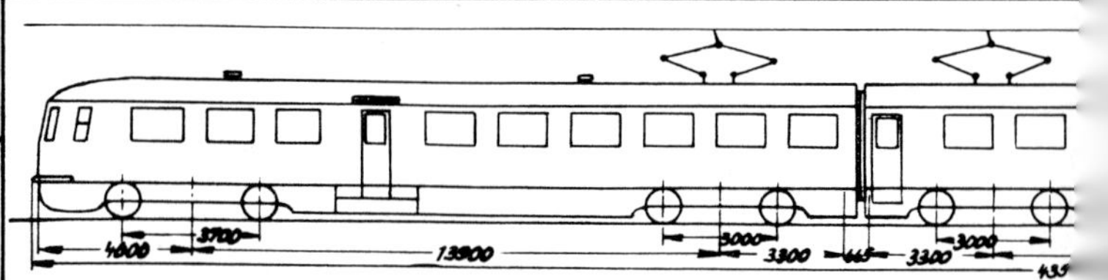

3500
4053
3500
4053
3500
16875
4230
4050
3500
16875
4000
4050
3000
3000
22600
70205
19262,5
3000
13870
3000
70080
3000
445
22580
445
3000
22565
3000
3700
4000

Die überkommenen Zeichnungen ergeben für den SVT „München" folgendes Bild:

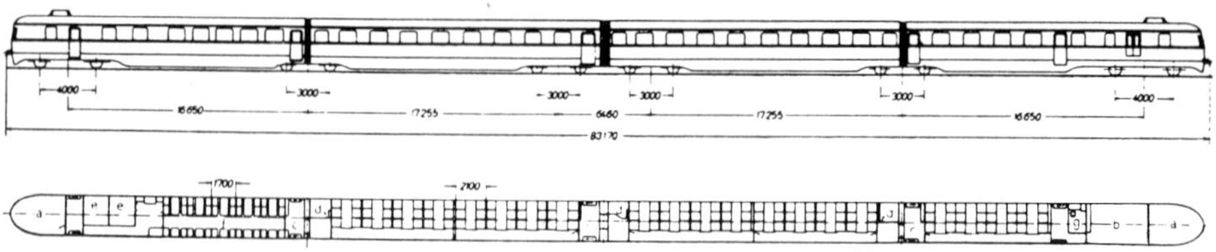

Entwurf für den vierteiligen Schnelltriebwagen, Bauart „München".

Vierteiliger Schnelltriebwagen Bauart „München", Entwurf 1939. 2 × 650 PS — dieselelektrisch

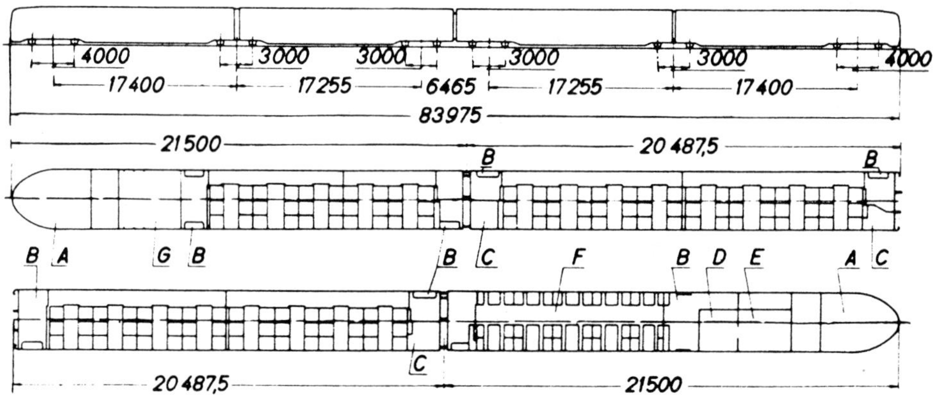

A Maschinenraum
B Einsteigeraum
C Abort
D Anrichte
E Küche
F Speiseraum
G Gepäckraum

Mit der Entwicklung der Bauart „München" endete die so erfolgreiche und auf der Welt einzigartige Konstruktion von Schnelltriebwagen durch die DRG und DRB, die, ausgehend von den Ideen Kruckenbergs über den SVT 877a/b, zu dieser Entwicklungsreife innerhalb von nur acht Jahren geführt hatte. Die wichtigsten Daten der SVT der alten Reichsbahn sind in der nachstehenden Übersicht ebenso zusammengefaßt wie die weiter unten noch zu behandelnden Nachkriegsentwicklungen der DB auf dem Schnelltriebwagensektor, zumal die Vorkriegsfahrzeuge ja sowohl bei der DB als aber auch der DR nach 1945 im Schnellverkehr noch eine erhebliche Bedeutung hatten.

Die wichtigsten Daten der deutschen Fernschnelltriebwagen seit 1933

Lfd. Nr.	Bauart	Lieferjahr	Stückzahl	Höchstgeschwindigkeit km/h	Antriebsart	Motorleistung PS	Betriebsgewicht t	Leistungszahl PS/t	Länge über Blech m	Platzzahl gesamt	Gewicht je m Zuglänge t/m	Gewicht je Sitzplatz t/Pl.
1	2teilig „Fliegender Hamburger"	1933	1	160	de	2 x 410	93,8	8,8	41,9	65	2,2	1.44
2	2teilig „Hamburg"	1935	13	160	de	2 x 410	100,0	8,2	44,2	76	2,25	1,31
3	3teilig „Leipzig"	1936	2	160	de	2 x 600	129,0	9,3	59,6	II. Kl. 30	2,26	0,93
		1936	2	160	dh	2 x 600	119,0	10,1	59,6	III. Kl. 109	2,00	0,86
										139		
4	3teilig „Köln"	1938	14	160	de	2 x 600	165,0	7,3	69,5	132 (30) ¹)	2,37	1,62 (1,25)
5	3teilig „Kruckenberg"	1938	1	160	dh	2 x 600	113,2	10,6	69,6	100	1,63	1,13
6	4teilig „Berlin"	1938	2	160	de	1 x 1320	212,7	6,2	86,7	155 (29)	2,45	1,69 (1,37)
7	4teilig „München"	Entwurf 1939	—	160	de	2 x 650	170,0	7,6	83,9	150 (30)	2,03	1,42 (1,13)
8	Fern-Dieseltriebzug „VT 08"	1952/54	2)									
	3teilig a)			140	dh	1 x 1000	120,5	8,3	79,2	138 (24)	1,32	1,06 (0,87)
	4teilig b)			140	dh	2 x 1000	173,1	11,6	106,0	186 (24)	1,63	1,07 (0,93)
	5teilig c)			140	dh	2 x 1000	206,2	9,7	132,2	246 (24)	1,56	0,93 (0,84)
9	Leichtmetall-Gliedertriebzug „VT 10" 7teilig VT 10.501 (Tages-Gliederzug)	1954	1	120	dh	4 x 210	121,0	6,9	96,2	131	1,26	0,92
10	Leichtmetall-Gliedertriebzug „VT 10" 8teilig VT 10.551 (Schlafwagen-Gliederzug)	1954	1	120	dh	4 x 210	128,0	6,6	108,4	81	1.18	1,58
11	Fern-Dieseltriebzug „VT 11" „Trans-Europ-Express"	1957/58	3)									
	7teilig³)			140 (160)	dh	2 x 1100	211	10,4	130,0	169 (47)	1,62	1,73 (1,25)
	bis 10teilig			140 (160)	dh	2 x 1100	279	7,9	184,4	274 (47)	1.51	1,23 (1,02)

1) (—)-Werte bei Platzzahl sind die in der Gesamtzahl enthaltenen Plätze im Speiseraum

2) 1961 vorhanden: 14 VT (Speise), 22 VM, 8 VS, 6 VT (Sitz), die nach Bedarf als

a) VT (Speise) + VM + VS b) VT (Speise) + VM + VM + VT (Sitz) c) VT (Speise) + VM + VM + VM + VT (Sitz) gefahren werden können.

3) 1961 vorhanden: 19 VT und 45 VM, die nach Bedarf als 7- bis 10teilige Triebzüge gefahren werden können.

Über den betrieblichen Einsatz der Fahrzeuge in den einzelnen FDt-Zugläufen, ihre Beheimatung oder Laufleistungen ist relativ wenig bekannt. Der erste Schnelltriebwagen, der SVT 877a/b war für den Hamburger Verkehr erst einmal beim Bw Berlin Leb beheimatet und da der SVT-Verkehr zunächst radial von der Reichshauptstadt ausging, wurden die anschließend gebauten Bauarten „Hamburg" und „Leipzig" ebenfalls in Berlin beheimatet, wobei die Zusammenfassung der SVT bei wenigen Heimatbahnbetriebswerken allein schon aus unterhaltungstechnischen Gründen vorteilhaft war. Später, mit der weiteren Ausdehnung des SVT-Netzes ab 1938 sind dann SVT auch zu anderen Bw gekommen. Hier liegen ebenfalls keine detaillierten Angaben vor, da entweder die Betriebsbücher nichts über die Vorkriegszeit aussagen oder aber diese nicht den Zweiten Weltkrieg überdauert haben.

Nach dem Stand vom Jahre 1937, also vor Erscheinen der SVT der Bauart „Köln", ist die Beheimatung komplett bekannt. Da aber ein genaues Datum dieser Übersicht auch nicht bekannt ist, können innerhalb dieses Jahres, wie Betriebsbuchangaben erweisen, Umbeheimatungen innerhalb der Berliner Bw erfolgt sein. Es kann jedoch die nachstehende Stationierung als gesichert angesehen werden:

a) „Fliegender Hamburger"	877a/b	Berlin Leb
b) Bauart „Hamburg"	137 149 – 152a/b	Grunewald
	137 224 – 227, 229 – 232a/b	Berlin Anh Bf
	137 288a/b	Altona Hbf
c) Bauart „Leipzig" hydr.	137 153 – 154a-c	Grunewald
d) Bauart „Leipzig" elektr.	137 233 – 234a-c	Grunewald
e) Schnelltriebwagen „Bauart Kruckenberg"	137 155a-c	Grunewald

Dabei wurden im Plandienst vom Bw Berlin Leb (Lehrter Bf) der Verkehr der Relation Berlin – Altona, vom Bw Berlin Anh Bf (Anhalter Bf) der Verkehr nach Frankfurt, München und Stuttgart und vom Bw Grunewald der Verkehr Richtung Westdeutschland und Köln sowie der Lauf FDt 45/46 mit den Fahrzeugen der Bauart „Leipzig" abgewickelt. Der als Einzelgänger dem Bw Altona Hbf zugewiesene SVT 137 228a/b wurde für den Zuglauf FDt 37/38 Köln – Altona Hbf eingesetzt. Durch die Fahrplankonstruktion, Verbindungen zu schaffen, die den Reisenden aus der Provinz einen ausreichenden Geschäftsaufenthalt in der Reichshauptstadt ermöglichten und ihm erlaubten, noch am gleichen Abend zu ihrem Ausgangspunkt zurückzukehren, waren die SVT (abgesehen von den Reservezwekken dienenden SVT) immer über Nacht am entgegengesetzten Ende ihrer Beheimatung, was aus umlauftechnischen Gründen nicht besonders günstig war, da somit für die anfallenden Frist- und Bedarfsarbeiten nur die kurzen Tagesaufenthalte in Berlin zur Verfügung standen und somit häufiger Ersatzfahrzeuge eingeschoben werden mußten. Dies aber bewirkte einen größeren Bedarf an Reservefahrzeugen, als dies bei optimaler Laufplangestaltung eigentlich nötig gewesen wäre. Aber man war damals leider noch nicht so weit wie nach dem Zweiten Weltkrieg, als die DB ihre Umlaufpläne unabhängig vom Beheimatungsort so gestaltete, daß optimale Laufleistungen erzielt wurden und die Spitzen in diesen Läufen durch Triebfahrzeugführer anderer, nicht an der Beheimatung beteiligter Bw, ausfahren ließ. Dieses Verfahren war der DRB noch unbekannt. Hätte man dieses spätere Verfahren schon angewandt, hätte man sicher mit den vorhandenen Fahrzeugen weitere Läufe fahren oder aber diese besser dem Verkehrsbedürfnis entsprechend verstärken können. Das bereits dargestellte Rätsel um den Einsatz von vier SVT der Bauart „Leipzig" für nur einen Lauf mit Übernachtung in Beuthen bleibt bestehen und wird wohl kaum noch gelöst werden können.

Sofort bei Anlieferung der SVT der Bauart „Köln" 1938 erhielten die Bw Berlin Anh Bf und Grunewald diese Fahrzeuge, während SVT „Hamburg" an andere Bw abgegeben wurden. So erhielt für die weiteren Läufe nach Hamburg das Bw Berlin Leb nun auch Fahrzeuge der Bauart „Hamburg" und auch das Bw Hamburg-Altona, das ab 1938 nach der Eingemeindung Altonas in Hamburg nach dem „Großhamburg-Gesetz" diese Bezeichnung führte, bekam für die verschiedenen nunmehr von dort ausgehenden Läufe weitere Fahrzeuge dieser Bauart zugeteilt. Ob auch SVT „Köln" in Hamburg stationiert waren, ist unbekannt. Bis 1939 kamen dann zu den Bw Leipzig Hbf West und Dortmund Bbf mit Sicherheit SVT der Bauart „Hamburg". Ob auch das Triebwagen-Bw Dresden-Pieschen solche Fahrzeuge erhielt, ist nicht mit Sicherheit nachweisbar; denn FDt 583/584 können sowohl von dort aus, als auch vom Bw Hamburg-Altona aus gefahren worden sein. Die SVT der Bauart „Berlin" waren beim Bw Grunewald beheimatet, da sie überwiegend noch von den in Grunewald ansässigen Versuchsämtern getestet wurden; ihr Betriebseinsatz erfolgte dann in Läufen der SVT „Köln" von Berlin aus nach den verschiedensten Richtungen. Auf keinen Fall hatte zu diesem Zeitpunkt das in Berlin im Zuge der Umgestaltung der Bahnanlagen der Reichshauptstadt im Bau befindliche zentrale Triebwagen-Bahnbetriebswerk Berlin-Karlshorst wie später zu Zeiten der DR SVT beheimatet.

Wie Fritz Schadow noch in Erfahrung bringen konnte, war die Beheimatung auf die beiden Berliner Bw Grunewald und Anh Bf (später auch Leb) im Interesse der Rationalisierung der Fahrzeugunterhaltung konzentriert worden, zumal zunächst hierfür Fachkräfte fehlten und erst herangebildet werden mußten. Soweit es nach den Einsätzen und den vorhandenen Fahrzeugen erforderlich war, mußten sich die beiden Bw an die Gegebenheiten anpassen und Fahrzeuge kurzfristig austauschen. Dies galt namentlich für verkehrlich erforderlich werdende Verstärkungen zu bestimmten Zeiten, um Reservefahrzeuge einzusparen. Aus diesem Grunde wurde auch der Hamburger Lauf FDt 1/2 bis zur Aufstockung dieser Relation 1938 bei Ausfall des SVT 877a/b immer mit einem Dampfersatzzug gefahren, da man kein Reservefahrzeug zur Verfügung hatte, das nach Berlin Leb überstellt werden konnte.

Unterhaltungs- wie Abnahme-RAW für alle SVT der DRG und DRB war grundsätzlich das RAW Wittenberge, zumal dieses günstig zu Berlin und Hamburg, den Haupteinsatzschwerpunkten lag. Nach Unterlagen der ZW der DB waren die beim Bw Dortmund Bbf 1939 beheimateten SVT jedoch dem RAW Opladen in diesem Jahre zur Unterhaltung zugeteilt worden. Es ist aber nicht bekannt, um welche Fahrzeuge es sich hier handelt und welche Kurse von Dortmund aus gefahren wurden. Neben FDt 49/50 Basel – Dortmund begann bzw. endete kein Kurs in Dortmund und es ist unwahrscheinlich, daß nur für die zwei hierfür benötigten Fahrzeuge in Opladen eine eigene Unterhaltung von SVT aufgenommen wurde, wenn auch das RAW Opladen Triebwagenunterhaltungs-RAW war. Dies hätte nicht nur in der Ersatzteilhaltung, sondern auch in der Fertigung zu unnötigen Kosten geführt. Andererseits ist aber aus dieser Zeit von der DRB bekannt, daß verschiedenen RAW Lokbaureihen mit minimalen Stückzahlen zur Unterhaltung zugewiesen waren, also die später konzentrierte Unterhaltung auf bestimmte AW nach Baureihen, wie sie die DB konsequent zur Erhöhung der Fertigungskapazität, der Vorratshaltung und der Senkung der Ausbesserungskosten durchgeführt hatte, noch nicht eingeführt war. Andererseits wäre es aber theoretisch auch möglich gewesen, in Köln beginnende FDt-Läufe in Dortmund zu beheimaten. Dies wäre aber ohne Leerfahrten während der Nacht nicht realisierbar gewesen und in diesem Fall hätte sich Köln als Beheimatungsstandort eher angeboten. Aber auch der – wenngleich teilweise unter anderen Vorzeichen – von der DB nach 1950 weitgehend in Dortmund aufgebaute Beheimatungsstand an Schnelltriebwagen läßt diese Möglichkeit zumindest nicht in den Bereich der Spekulation treten. Geklärt werden aber auch diese Dinge nicht können.

Trotz der umlaufmäßig ungünstigen Fahrplangestaltung erzielten die SVT der DRB nicht unbeträchtliche Laufleistungen. So betrug u. a. die tägliche Tageskilometerleistung aller SVT im Fahrplanjahr 1938/39 18 824 km und die Entwicklung der im Schnelltriebwagennetz der Reichsbahn von 1933-1939 gefahrenen täglichen Laufleistungskilometer ist aus der untenstehenden Grafik zu ersehen.

Im Schnelltriebwagennetz der Deutschen Reichsbahn täglich gefahrene Schnelltriebwagen-Kilometer, 1933—1939

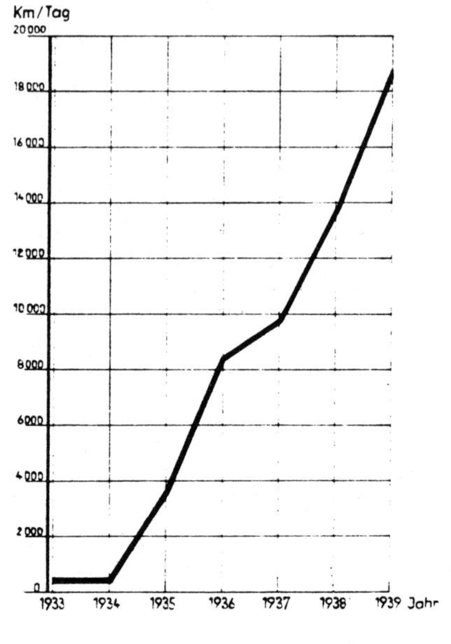

Mit der Mobilmachung und der Einführung des Militärfahrplans am 22. August 1939 endete auch der gesamte Schnelltriebwagenverkehr der DRB. Die SVT wurden zunächst in ihre Heimat-Bw zurückgeführt und dort abgestellt. Als sich im Verlauf des Krieges Mitte 1940 herausstellte, daß in absehbarer Zeit mit einer Wiederaufnahme eines Schnelltriebwagenverkehrs nicht mehr zu rechnen war, wurde, auch insbesondere wegen des 1941 einsetzenden alliierten Luftkrieges gegen deutsche Städte, eine Auslagerung der SVT aus diesen Gebieten vorgenommen. Zusammen mit anderen nicht mehr zum Einsatz kommenden VT wurden sie auf bestimmten Bahnhöfen im Reichsgebiet abgestellt, wobei auch Abstellungen im Bereich der östlichen Direktionen und des Protektorates erfolgten. Diese Standorte wechselten häufiger und wurden nicht in die Betriebsbücher eingetragen, vielmehr galten die bisherigen Heimat-Bw weiter.

Sowohl die Führungsgrößen des Reiches als auch die Wehrmacht hatten ein Interesse an den verschiedensten VT-Bauarten für den Einsatz als mobile Kommandofahrzeuge. Während das RVM zunächst noch den Einsatz der SVT weitgehend verhindern konnte, mußten zahlreiche andere VT an die Wehrmacht abgegeben werden, die als einzige über die erforderlichen Kontingente an dem so knappen Dieseltreibstoff verfügte. Ganz gelang dies allerdings nicht, denn bereits im November 1939 wurde der der Bauart „Köln" zugehörige SVT 137 851a-c als mobiles Stabsquartier des Oberkommandos der Wehrmacht beschlagnahmt und bis Kriegsende für diesen Zweck eingesetzt. Nach und nach fanden die Größen des Dritten Reiches Gefallen an den SVT als repräsentativen Salonwagenzügen. Dies galt namentlich für die SVT der Bauart „Köln", die aufgrund ihres dreiteiligen Aufbaus und des schon vorhandenen Speiseraumes besonders geeignet erschienen. So wurden im Laufe des Jahres 1942 fast alle SVT dieser Bauart von ihren Abstellplätzen geholt und entsprechend als Befehls- oder Salonwagenzüge umgebaut. Bekannt sind die Einsätze der SVT 137 275 für den Rüstungsminister Speer und 137 276 und 853 für den Reichsmarschall Göring, der als besonders prunkliebender Potentat der Dritten Reiches gleich über zwei Züge verfügen mußte. Aber schon spätestens im August 1944 war er den SVT 137 276 wieder los (ob er als Ersatz ein anderes Fahrzeug erhalten hat, ist nicht bekannt), denn dieser SVT mußte nun als „Führerzug" eingesetzt werden. Hitler standen zu diesem Zeitpunkt die beiden besonders auf seine Wünsche und Bedürfnisse umgebauten SVT der Bauart „Köln" 137 274 und 276 zur Verfügung. Beim Umbau war festgelegt worden, daß sie eine Reichweite Ostpreußen (Hitlers Hauptquartier „Wolfsschanze" bei Rastenburg) – Westfront haben mußten. Letztere verlief damals nach der Invasion der Westalliierten noch im Westen Frankreichs. Die Maschinenwagen der Bauart „Berlin" SVT 137 901 – 903a konnte die Wehrmacht sehr gut gebrauchen, so daß sie nach entsprechender äußerer Entfeinerung von dieser an der Ostfront eingesetzt wurden, wobei ja auch die beiden Fahrzeuge SVT 137 901 und 902a verloren gingen, während das dritte Fahrzeug in den späteren Bereich der DR zurückgeführt werden konnte. Wie alle diese Fahrzeuge während dieser Sondereinsätze gestrichen waren, ist nicht genau bekannt, auf jeden Fall hatten sie ihre elfenbein/creme gestaltete Farbkombination aus dem Vorkriegseinsatz verloren und dürften in irgendeinem feldgrauen Ton lackiert gewesen sein.

Bei Ende des Zweiten Weltkrieges am 8. Mai 1945 waren die Vorkriegs-SVT weit verstreut. Einen Teil hatten die alliierten Streitkräfte auf ihrem Vormarsch vorgefunden und,soweit es sich um Stabszüge der Größen des Dritten Reiches handelte und sie sich in einem einsatzfähigen Zustand befanden, sofort für ihre Zwecke verwendet. So fielen der US-Army im Bereich der späteren BD München und in Oberösterreich die drei der Bauart „Köln" zugehörigen SVT 137 854, 856 und 853 in die Hände, die ihr die US-Army-Nummern 222, 444 und 666 gab und sie sofort einsetzte. Weitere Fahrzeuge wurden an anderen Plätzen Süddeutschlands, aber auch in Berlin vorgefunden und daraus erklärt sich, daß die US-Army den überwiegenden Teil dieser Züge in ihre Dienste nahm. Verwunderlich ist lediglich, daß die Rote Armee diese in Berlin befindlichen Fahrzeuge nicht sofort für sich requirierte, eroberte sie doch Berlin, während die USA erst im August 1945 aufgrund der Beschlüsse der Potsdamer Konferenz der drei Siegermächte (Frankreich durfte daran ja trotz de Gaulles Protest nicht teilnehmen) ihren Berliner Sektor einnahmen. Ob hier ein „Übersehen" der sonst so eifrig alles in den Westsektoren abbaubare Gerät wegschaffenden sowjetischen Kommandos war, bevor die drei Westalliierten ihre Sektoren bezogen oder ob hier eine Absprache vorlag, ist ungeklärt. Die nach dem August 1945 in Berlin nachgewiesene starke Beheimatung von SVT als Befehlszüge der US-Army ist darauf zurückzuführen, daß Berlin zunächst nach dem Potsdamer Abkommen weiterhin als Hauptstadt Deutschlands angesehen und Deutschland als Ganzes verwaltet werden sollte und somit auch der Alliierte Kontrollrat seinen Sitz in Berlin hatte. Die von der US-Army in der nachfolgenden Übersicht im Bestand der RBD Dresden aufgefundenen SVT waren zu dem angegebenen Zeitpunkt mit Sicherheit nicht mehr dort, sondern wurden in der ersten von dieser RBD nach dem Krieg erstellten Liste der ihr zugehörigen Fahrzeuge nur noch ausgewiesen. Für den SVT 137 853 ist das Auffinden in Oberösterreich nachgewiesen, ob aber die anderen Fahrzeuge im Erzgebirge im Raum Zwickau/Plauen/Aue, das noch von der US-Army besetzt wurde, gefunden wurden, kann nur vermutet werden.

Möglich ist es, da auch im anschließenden Erzgebirgsbereich auf böhmischer Seite nach Komotau und Karlsbad hin SVT zu Kriegsende abgestellt waren, die dann in den Besitz der CSD gelangten. Da anderersetis Pattons 3. Armee auch den Raum Karlsbad erreichte, könnte auch hier der eine oder andere SVT in die Hände der Amerikaner gefallen sein.

Die französische 1. Armee fand bei ihrem Vormarsch im Schwarzwald in Immendingen den Ur-SVT 877a/b vor, den sie sofort in ihre Dienste nahm und als Lazarettwagen nach entspreckendem Umbau im EAW Friedrichshafen einsetzte. In dieser Form war er, wie sich aus den weiter unten abgedruckten Auszügen aus den Beheimatungen der SVT ergibt, ab 27. Januar 1946 beim Bw Landau (Pfalz) beheimatet, ehe er für den späteren Einsatz im „Schnelltriebwagen Rhein-Main" im Mai 1949 wieder in das EAW Friedrichshafen zum Umbau als Regelfahrzeug kam.

Interessant ist, daß die überwiegende Anzahl der SVT im süddeutschen Raum bei Kriegsende vorgefunden wurde, sei es in den Bereichen, die die US-Army oder die französische Armee einnahmen, sei es im Bereich des Sudetenlandes und des ehemaligen Protektorats, womit diese Fahrzeuge an die CSD fielen. Einzelne Fahrzeuge waren in Berlin oder im RAW Wittenberge, wo sie sicher größere Schäden hatten, denn sonst hätten die Amerikaner oder Engländer, die gemeinsam unter Montgomerys Oberkommando den Raum Wittenberge eroberten, diese Fahrzeuge sicher zurückgeführt, als dieses Gebiet aufgrund der Beschlüsse der Potsdamer Konferenz an die sowjetische Besatzungszone fiel. Auch fällt auf, daß den Briten und Kanadiern kein derartiges Fahrzeug in die Hände fiel, obwohl doch der Sitz der letzten Reichsregierung und zahlreicher Kommandostellen sich im Mai 1945 in Schleswig-Holstein befand. Andererseits ist für zahlreiche Fahrzeuge, namentlich der Bauart „Hamburg", nach 1945 ein Verbleib nicht mehr bekannt, so daß diese als Kriegsverlust, vermutlich im Osten, angesehen werden müssen. Abzuziehen hiervon sind die Fahrzeuge, die auf dem Staatsgebiet der CSSR verblieben und an die CSD gelangten. Weder ihre Anzahl, noch die Betriebsnummern sind jedoch bekannt, lediglich der 137 224 wurde zu einem unbekannten Datum von der CSD, wo er die Betriebsnummer 297.003 getragen hatte, zurückgegeben. Danach müssen also mindestens drei SVT „Hamburg" bei der CSD verblieben sein. Inwieweit die Sowjetunion SVT erbeutete und in ihr Staatsgebiet zurückführte, ist unbekannt. Dagegen war der SVT „Leipzig" 137 234a-c 1945 auf dem neuen polnischen Staatsgebiet stehen geblieben und wurde von der DR von der PKP zurückgekauft. Der Einsatz von SVT bei der PKP nach 1945 ist aber nicht bekannt und auch durch keine Unterlagen belegt. Andererseits lassen die Einsätze bzw. das Vorhandensein von SVT auf den Staatsgebieten der CSSR und der Volksrepublik Polen nach 1945 darauf schließen, daß die Sowjetunion diese Fahrzeuge nicht im Gegensatz zu so vielem anderen deutschen Eisenbahnmaterial in diesen Gebieten requirierte und in die Sowjetunion verbrachte. Dies läßt wieder den Schluß zu, daß die restlichen fehlenden SVT als Kommandozüge tatsächlich total kriegszerstört wurden und als absolute Verluste abzuschreiben sind.

Der Mitte der fünfziger Jahre an die DR zurückgegebene CSD-M 297 003 (ex SVT 137 224) wurde nicht mehr aufgearbeitet. *Aufnahme: Joseph Löffler*

Der als „Führerzug" eingesetzte und von der US-Army erbeutete SVT der Bauart „Köln" SVT 137 274a-c wurde im Mai 1946 mit anderem deutschen Eisenbahnmaterial (so u. a. auch der ersten stromlinienverkleideten Dampfmotorlok mit Einachsantrieb 19 1001) nach den USA verbracht, wo er in Fort Eustis,Virginia, 1949 noch vorhanden war.

Die von der DRG und DRB gebauten und in Auftrag gegebenen SVT und ihre wichtigsten Kenndaten einschließlich der nachgewiesenen Verbleibe nach 1945, der Umbauten und Umzeichnungen bei beiden deutschen Eisenbahnverwaltungen sind aus dem nachfolgenden Verzeichnis zu ersehen:

Verzeichnis der von der DR in Auftrag gegebenen SVT und ihr Verbleib

a) Bauart „Fliegender Hamburger" = 1 SVT
2'Bo'2; 2 x 410 PS; B6üvT-32; LüP 41,906 m; Gew 75,0 t; 102 Pl + 4 Pl im Eßraum
Ladegewicht 1,5 t; 2 Abteile 2. Klasse; 150 km/h
877a/b; Wumag 1933 = DB SVT 04 000
ausgemustert DB 29.6.1957 = Verkehrsmuseum Nürnberg

b) Bauart „Hamburg" = 13 SVT
2'Bo'2; 2 x 410 PS; B6üvT-34; LüP 44,256 m; Gew 90,0 t; Ladegewicht 1,5 t
2 Abteile 2. Klasse; 76 Pl.; 160 km/h

137 149a/b	Wumag/1935/1 = DB SVT 04 101a/b = ausgemustert DB 27.12.1957 = verkauft an DR 11.12.1958 = DR 137 149a/b Einsatz bei DB für US-Army, so z. B. bekannt Darmstadt 7.55. und Ffm-Griesheim 6.57.
137 150a/b	Wumag/1935/2; Anlieferung 4.5.1935; Abn. 28.5.35. RAW Wittenberge Verbleib nach 1945 unbekannt, vsl. Kriegsverlust
137 151a/b	Wumag/1935/3 Verbleib nach 1945 unbekannt, vsl. Kriegsverlust
137 152a/b	Wumag/1935/4 = DB SVT 04 102a/b = ausgemustert DB 7.5.1957 = verkauft an DR 11.12.1958 = DR 137 152a/b = 183 001-7 (1970) Einsatz bei DB für US-Army, so z. B. bekannt Frankfurt 1 11.45., Ffm-Griesheim 1.51. und 6.57.
137 224a/b	Wumag/1935/5 = Anlieferung 18.8.1935, Abn. 31.8.35. RAW Wittenberge = CSD 297.003 = Rückgabe an DR als Schrott (Datum unbekannt)
137 225a/b	Wumag/1935/6 = vorgesehene DB-U-Plan-Nr. SVT 04 103a/b = DR 137 225a/b = DR 183 252-6
137 226a/b	Wumag/1935/7 = vorgesehene DB-U-Plan-Nr. SVT 04 104a/b = DR 137 226a/b
137 227a/b	Wumag/1935/8 = DB SVT 04 105a/b = Umbau DB zu SVT 04 501a/b = ausgemustert DB 16.7.1956 = verkauft an DR 11.12.1958 = DR 137 227a/b
137 228a/b	Wumag/1935/9 = Anlieferung 18.8.1935, Abn. 31.8.1935 RAW Wittenberge Verbleib nach 1945 unbekannt, vsl. Kriegsverlust
137 229a/b	Wumag/1935/10 Verbleib nach 1945 unbekannt, vsl. Kriegsverlust
137 230a/b	Wumag/1935/11 Verbleib nach 1945 unbekannt, vsl. Kriegsverlust

137 231a/b — Wumag/1935/12 = DB SVT 04 106a/b = ausgemustert DB 7.5.1957 = verkauft an DR 11.12.1958 = DR 137 231a/b = DR 183 002-5
eingesetzt bei DB von US-Army als Lazaretttriebwagen, bekannte Stationierungen: Frankfurt 1 11.45, Ffm-Griesheim bis 20.10.1953, Kaiserslautern ab 21.10.1953, Ffm-Griesheim 8.56., Kaiserslautern 12.56., Mainz 6.57.

137 232a/b — Wumag/1935/13 = Anlieferung 19.3.1936, Abn. 8.4.1936. RAW Wittenberge = DB SVT 04 107a/b = ausgemustert DB 7.5.1957 = verkauft an DR 11.12.1958 = DR 137 232a/b = DR 183 003-3
Bei DB eingesetzt für US-Army; in Betrieb seit August 1945, März 1946 Bw Berlin Anh Bf, 6.48. - 1955 Ffm-Griesheim, 1955 - 1957 Stuttgart

c) Bauart „Leipzig" = 4 SVT

2'Bo'Bo'2; 2 x 600 PS; BCPwPost8KvT-34 LüP 60,150 m; Gew 124 t (133 t bei den Fahrzeugen 137 233 - 234); Ladegew 1,5 t; 5 Abteile 2. Klasse/3 Abteile 3. Klasse; 30 Pl. 2. Klasse/109 Polsterplätze 3. Klasse; 160 km/h

137 153a-c — Linke-Hofmann-Busch (LHB)/1935
Verbleib nach 1945 unbekannt, vsl. Kriegsverlust

137 154a-c — LHB/1935 = vorgesehene DB-U-Plan-Nr. SVT 06 500a/b/c = DR 137 154a/b/c

137 233a-c — LHB/1937 = vorgesehene DB-U-Plan–Nr. SVT 06 000a/b/c = DR 137 233a/b/c

137 234a-c — LHB/1937 = vorgesehene DB-U-Plan-Nr. SVT 06 001a/b/c = DR 137 234a/b/c = DR 183 251-8
Das Fahrzeug befand sich 1945 in Polen und wurde von der DR zurückgekauft; dabei wurde ein 4. Teil (d) gebaut!

d) Bauart „Köln" = 14 SVT

2'Bo'Bo'2; 2 x 600 PS; WRBPw12vTK-35; LüP 70,205 m; Gew 168 t; Ladegew 1,5 t; 17 Abteile 2. Klasse; 102 Pl + 30 Pl im Speiseraum; 160 km/h

137 273a-c — Linke-Hofmann-Busch (LHB)/38 = Anlieferung 14.5.1938; Abn. 25.5.1938. RAW Wittenberge = vorgesehene DB-U-Plan-Nr. SVT 06 101a/b/c = DR 137 273 a/b/c = 182 001-8 (a), 182 002-6 (b), 182 501-7 (c)

137 274a-c — LHB/38
8.44. eingesetzt als „Führerzug", von Kriegsende bis Mai 1946 in US-Zone befindlich, im Mai 1946 von US-Army nach den USA verbracht; in Fort Eustis, Virginia, noch 1949 vorhanden = ausgemustert 28.9.1946 mit Verf. der Obl United-States-Zone of Germany in Frankfurt (Main)

137 257a-c — LHB/38 = DB SVT 06 102a/b/c = Umbau in SVT 06 501a/b/c = ausgemustert DB 24.4.1958 = verkauft an DR 11.12.1958 = 137 275a/b/c
1.44. Kommandozug Reichsminister Speer; 4.11.45 Bw Berlin Anh Bf im Dienst der US-Army, von dieser im Juni 1948 in US-Zone verbracht

137 276a-c — LHB/38 = DB SVT 06 103a/b/c = ausgemustert DB 20.11.1959 = verschrottet im Mai 1964 in München-Feldkirchen
1.44 Befehlszug Reichsmarschall Göring, 8.44 eingesetzt als „Führerzug", bis 4.11.1945 bei RBD Berlin, dann von US-Army nach US-Zone verbracht, ab 8.11.1945 im Bf Kassel Hbf abgestellt.

137 277a-c — LHB/38 = DB SVT 06 104a/b/c = ausgemustert DB 20.11.1959
Die mit Verf. HVB 23.233a Fau 375 vom 19.2.1958 verfügte Ausmusterung wurde wieder aufgehoben!
Bei Kriegsende im RAW Cannstatt vorgefunden = Verbleib: Werkmuseum Linke-Hofmann-Busch in Salzgitter-Watenstedt als 137 851 (falsche Nummer!); verkauft mit Schreiben BZA München vom 28.8.1962. – 31a.3101 Faut –

137 278a-c — LHB/38 = vorgesehene DB-U-Plan-Nr. SVT 06 105a/b/c = DR 137 278a/b/c = DR 182 003-4 (a), 182 004 (b), 182 503-3 (c)

137 851a-c — LHB/38 = DB SVT 06 106a/b/c = ausgemustert DB 10.1963 als letzter Vorkriegs-SVT
1939 - 1944 als mobiles Stabsquartier des Oberkommandos der Wehrmacht eingesetzt, ab Sommer 1945 in Berlin in Diensten der US-Army, August 1946 Bw Berlin Anh Bf, anschließend Stabszug des Oberkommandierenden der US-Streitkräfte, des amerikanischen Militärgouverneurs, des amerikanischen Hohen Kommissars und des amerikanischen Botschafters in der Bundesrepublik Deutschland. Fahrzeug war dunkelblau lackiert.
Beheimatungen: Juni 1948 - 20.1.1960 Bw Ffm-Griesheim
21.1.1960 - 1963 Bw Köln-Nippes (Einsatzbf. Mehlem)
Verbleib: 06 106a/b verkauft an Eisenbahn-Sportverein Konstanz
06 106c verkauft an Eisenbahn-Hochseesportfischer-Verein Lübeck (Standort Lübeck-Travemünde Hafen)
Nummer fälschlich bei SVT 06 104 im Werkmuseum LHB in Salzgitter angebracht!

137 852a-c — LHB/38/5889.3 = Anlieferung 3.6.1938; Abn. 16.6.1938 RAW Wittenberge = vorgesehene DB-U-Plan-Nr. SVT 06 112a/b/c = DR 137 852a/b/c = DR 182 005-9 (a), 182 006-7 (b), 182 505-8 (c)

137 853a-c — LHB/38 = DB SVT 06 107a/b/c = ausgemustert DB 24.4.1957 = verkauft an DR 11.12.1958 = DR 137 853a/b/c = DR 182 007-5 (a), 182 008-3 (b), 182 508-6 (c)
1.44. Stabszug Reichsmarschall Göring; 14.9.1945 im Bestand der RBD Dresden (!), dann von US-Army in US-Zone verbracht, erhielt USA-Nr. 666; ab 10.45. Bw Ffm 1/Ffm-Griesheim, 1955 - 1957 Stuttgart

137 854a-c — LHB/38 = DB SVT 06 108a/b/c = ausgemustert DB 20.11.1959 = verschrottet DB 1960
Fahrzeug war im Einsatz der US-Army; erhielt USA-Nr. 222; gehörte 4.11.1945 zum Bestand der RBD Berlin (vmtl. Bw Grunewald) im Einsatz der US-Army, März 1946 Bw Berlin Anh Bf, später nach US-Zone verbracht.

137 855a-c — LHB/38 = vorgesehene DB-U-Plan-Nr. SVT 06 113a/b/c = DR 137 855a/b/c

137 856a-c	LHB/38 = DB SVT 06 109a/b/c = ausgemustert DB 19.2.1958 = verkauft an DR 11.12.1958 = DR 137 856a/b/c = DR 182 009-1 (a), 182 010-5 (b), 182 509 (c) Fahrzeug war im Einsatz der US-Army; erhielt USA-Nr. 444; gehörte am 14.9. 1945 zum Bestand der RBD Dresden (!) und wurde von US-Army in die US-Zone verbracht; dort im Oktober 1945 beim Bw Bamberg.
137 857a-c	LHB/38 = Abn. 5.12.1938 RAW Wittenberge = DB SVT 06 110a/b/c = ausgemustert DB 20.11.1959 = verschrottet DB Mai 1964 in München-Feldkirchen stand 1945 abgestellt im RAW Nürnberg
137 858a-c	LHB/38 = DB SVT 06 111a/b/c = Umbau DB SVT 06 502a/b/c = ausgemustert DB 24.4.1958 = verkauft an DR 11.12.1958 = DR 137 858a/b/c = nur 137 858c wurde von DR 1970 noch umgezeichnet in 182 511-6 Das Fahrzeug war von 1952 - 1958 beim Bw/Bww Dortmund Bbf beheimatet.

e) Bauart „Berlin" = 22 SVT

2'Bo' + 2'2' + 2'2' + 2'2'; 1 300 PS; MaschPwPost4üvT + B4üv + B4üv + BWR4üvS-37; LüP 87,455 m; 21 Abteile 2. Klasse; 126 Pl 2. Klasse + 29 Pl im Speiseraum; 160 km/h; Gew 212,7 t

137 901a-d	Donauwörth/MAN/38/101 = Anlieferung 7.2.38; Abn. 14.5.38, RAW Wittenberge = vorgesehene DB-U-Plan-Nr. SVT 08 000a/b/c = 137 901a Kriegsverlust 137 901b Umbau DB in SVT 07 501 137 901c Umbau DB in VM 07 501 137 901d Umbau DB in VS 07 501 b - d: ausgemustert DB 4.7.1960, verschrottet DB
137 902a-d	Donauwörth/MAN/38/102 = vorgesehene DB-U-Plan-Nr. SVT 08 001a/b/c 137 902a Kriegsverlust 137 902b Umbau DB in SVT 07 502 137 902c Umbau DB in VM 07 502 137 903d Umbau DB in VS 07 502 b - d: ausgemustert DB 4.7.1960, verschrottet DB
137 903a-d	Donauwörth/MAN/39/103 = vorgesehene DB-U-Plan-Nr. SVT 08 002a 1938 wurde zunächst nur der Maschinenwagen 137 903a gebaut und 1939 als Ersatzstück für die Züge 137 901 und 902 abgeliefert. Der Rest des Zuges war 1939 bestellt, jedoch 1940 storniert worden. Dieser Maschinenwagen befand sich 1945 im Bestand der DR und wurde dort mit drei Schnellzugwagen und einem holländischen Triebkopf, der im Bereich der sowjetischen Besatzungszone verblieben war, von der DR zu dem vierteiligen 137 902a/b/c/d aufgebaut! Man beachte hierbei die falsche Nummerierung!
137 904a-d bis 137 922a-d	Diese Fahrzeuge wurden 1939 zusammen mit den fehlenden Teilen 137 903b-d bei MAN/Donauwörth bestellt und sollten bis 1941 ausgeliefert werden. Der Auftrag wurde 1940 storniert.

f) Versuchsbauart „Kruckenberg" = 1 SVT

Bo'2'2'Bo'; 2 x 600 PS; BPwPost8üKvT-34; LüP 78,08 m; Gew 114,7 t; Ladegew 22,5 t; 3 Abteile 2. Klasse mit 100 Pl; 215 km/h

137 155a-c	Deutz/38 = vorgesehene DB-U-Plan-Nr. SVT 91 500a/b/c = DR 137 155a/b/c = verschrottet RAW Wittenberge

g) Bauart „München" = vorgesehen 30 SVT
vierteilige Einheit mit Jakobsdrehgestellen 2 x 650 PS; Leichtbau
Auftrag zu einem Versuchszug war vergeben an „Luftschiffbau" Friedrichshafen; der Auftrag für 30 SVT wurde noch Ende 1939 erteilt, jedoch 1940 storniert.

Aufgrund der vorstehenden Aufstellung ergibt sich somit nach dem Ende des Zweiten Weltkrieges die nachstehende Aufteilung auf die einzelnen Verwaltungen, wobei berücksichtigt werden muß, daß SVT, die unter „Verbleib unbekannt" eingestuft sind, möglicherweise bei Nachbarverwaltungen wie PKP und CSD verblieben sind. Dies stützt sich bereits aus den Rückgaben der DR von SVT der Bauarten „Leipzig" und „Hamburg". Andererseits ist auch bekannt, daß die CSD noch 1954/55 im „Vindobona" zweiteilige Triebwagen der Bauart „Hamburg" einsetzte, die bei ihr verblieben waren. Somit können nicht alle Fahrzeuge als „echter Kriegsverlust" angesehen werden, wenn sicherlich auch einzelne dieser Fahrzeuge durch ihren Einsatz als Kommandozüge aufgrund von Feindeinwirkungen so beschädigt wurden, daß sie bereits während des Krieges ausgemustert wurden. Hierüber liegt aber ein absolutes Dunkel, das sich auch wohl kaum jemals wieder aufklären lassen wird.

Verbleib der SVT nach 1945

Bauart	insg. gebaut	DB	DR	Verbleib bei PKP	CSD	unbek.	von anderen Verwalt. später an DR	
Fliegender Hamburger	1	1						
Hamburg	13	5	2			3	3	6
Leipzig	4		2	1			1	1
Köln	14	10*	4					4
Berlin	3	2	1					
Kruckenberg	1		1					
Zwischensumme	36	18	10	1	3	4	11	
bestellte und stornierte Fahrzeuge								
Versuchs-SVT 35	2							
Berlin	19							
München	30							
Gesamt-SVT bei DRB	87	18	10	1	3	4	11	

* = davon 1 SVT 1946 in die USA verbracht

Bevor nun auf den weiteren betrieblichen Einsatz der SVT der Vorkriegsbauarten ab 1949 im Bereich der späteren DB eingegangen wird, sollen zunächst die seitens der DB erfolgten Um- und Neubauten von Triebwagen für den Schnellverkehr behandelt werden. Angaben über die Fahrzeuge der DR sollen hier nicht gegeben werden, da keine ausreichenden Unterlagen vorliegen, die einen nachweisbaren Erkenntnisstand sichern. Daher soll auch auf den weiteren Bau von SVT bei der DR einschließlich der von ihr vorgenommenen Umbauten an Vorkriegs-SVT bewußt verzichtet werden. In der einschlägigen DDR-Literatur, die heute auch im westlichen deutschsprachigen Raum ohne weiteres erhältlich ist, sind die wesentlichsten Entwicklungsstufen dargestellt.

In den leitenden Positionen der neugebildeten DB befanden sich nach dem Zweiten Weltkrieg zahlreiche Männer, die dem Gedanken der zwischenzeitlich weiterentwickleten hydraulischen Kraftübertragung gegenüber der bisher weitgehend bei den SVT angewandten schwereren dieselelektrischen Kraftübertragung den Vorzug gaben. Da im Zuge der durch den Krieg eingeleiteten technischen Entwicklung namentlich in den USA eine Tendenz von der Dampflok zur Diesellok bereits erkennbar war, plante man von Seiten der DB bei einem möglichen Ersatz der Dampflok hier Fahrzeuge mit dieselhydraulischer Übertragung anzuwenden, zumal die nach dem Prinzip Prof. Föttingers weiterentwickelten Getriebe und Wandler zwischenzeitlich eine Betriebsreife erlangt hatten, die ihren Großserieneinsatz geraten erscheinen ließen. Hier hatte vor allem die Firma Voith in Heidenheim erhebliche Schrittmacherdienste geleistet. Und da andererseits für den Aufbau eines zwischenzeitlich wieder geplanten Schnelltriebwagennetzes die vorhandenen und ggf. von den Siegermächten noch zurückzugebenden SVT der Vorkriegsbaurten nicht ausreichen würden, machte man sich frühzeitig Gedanken über eine Nachfolgegeneration von Triebwagen hoher Leistungen. Die mit den beiden dieselhydraulischen SVT der Bauart „Leipzig" der Vorkriegszeit gewonnenen Erfahrungen waren zwar sehr positiv verlaufen, jedoch konnte die DB nicht auf sie zurückgreifen, da die meisten Unterlagen über die Versuchsergebnisse zwar mit der Verlagerung der Versuchsämter und des RZA nach dem Westen in ihrem Besitz waren, aber keines der beiden Fahrzeuge. SVT 137 153 war nach dem Krieg verschollen; SVT 137 154 befand sich im Bereich der DR und stand nicht zur Verfügung.

Um Erkenntnisse für den zukünftigen Bau serienmäßiger Schnelltriebwagen mit hydraulischer Kraftübertragung zu gewinnen, baute die DB daher ab 1949 von dem in ihrem Besitz befindlichen Altschadbestand bzw. ihr von der amerikanischen Besatzungsmacht zurückgegebenen Fahrzeuge eines der Bauart „Hamburg" und zwei der Bauart „Köln" auf hydraulische Kraftübertragung um. Dabei handelte es sich um den „Hamburger" SVT 137 227a/b, der nach dem neuen seit 1947 gültigen Umzeichnungsplan nun die Betriebsnummer SVT 04 105a/b trug und der die neue Betriebsnummer SVT 04 501a/b erhielt sowie die beiden „Kölner" SVT 137 275a-c und 137 858a-c, die über die Zwischennummern SVT 06 102a/b/c und 06 111a/b/c nun die neuen Betriebsnummern SVT 06 501 a/b/c und 06 502 a/b/c erhielten. Inzwischen war ja der neue Nummernplan für Verbrennungstriebwagen nach dem Stand vom September 1947 in Kraft getreten, der im Gebiet der drei westlichen Besatzungszonen konsequent angewandt und von der DB übernommen wurde, während die DR ihn nicht einführte. Die Vorkriegs-SVT erhielten darin folgende Nummernreihen zugewiesen:

Fliegender Hamburger	SVT 04.0
Bauart „Hamburg"	SVT 04.1
Bauart „Leipzig" hydraulisch	SVT 06.5
Bauart „Leipzig" dieselelektrisch	SVT 06.0
Bauart „Köln"	SVT 06.1
Bauart „Berlin"	SVT 08.0
Bauart „Versuchstriebwagen Kruckenberg"	SVT 91.5

Dies war darin begründet, daß nach dem neuen Nummernplan normalspurige vier- und mehrachsige Verbrennungstriebwagen mit Drehgestellen und einer Hg von 120 km/h und mehr in die Baureihengruppe 01 bis 19 eingruppiert wurden. Die folgende Ordnungsnummer bestand aus einer drei- oder vierstelligen Zahl, wobei die erste Ziffer die Art der Kraftübertragung, die folgenden Zahlen die laufende Nummer des Fahrzeugs angab. Die Ziffern 0 - 4 wurden der elektrischen, die 5 - 8 der hydraulischen und die Ziffer 9 der mechanischen Kraftübertragung zugeordnet.

Die im Bereich der DB vorhandenen Fahrzeuge einschließlich der in Diensten der Besatzungsmächte laufenden Fahrzeuge wurden auf das neue Bezeichnungsschema umgenummert, die von der US-Army teilweise angebrachten besonderen „Eigentumsnummern" entfielen wieder oder galten nur für den USA-internen Gebrauch weiter. Für Schnelltriebwagen war somit keine eigene Baureihengruppe geschaffen worden.

Von den Triebzügen der Bauart „Berlin" fanden sich nach dem Zweiten Weltkrieg im Bereich der DB die Mittel- und Steuerwagen 137 901b-d und 137 902b-d. Die Teile wurden Ende Oktober 1949 zur Waggon- und Maschinenbau-GmbH nach Donauwörth gebracht, wo aus ihnen nach einer vom RZA München gefertigten Konstruktionszeichnung unter weitgehender Beibehaltung des wagenbaulichen Teils ein dreiteiliger dieselhydraulischer Triebwagen in der bei der Bauart „Leipzig" hydraulisch (SVT 137 153 und 154a-c) entwickelten Form aufgebaut wurde. Wegen der damals nur beschränkten Geschwindigkeiten wurden die Fahrzeuge zunächst nur für eine Hg von 120 km/h vorgesehen. Dabei war der zum Motorwagen aufgebaute Teil analog der bei dem Umbau des SVT 06 102 zum SVT 06 501 gefundenen Form mit Fahrgastabteilen ausgestattet worden. Als zweiter Endwagen der beiden Züge diente der frühere Steuerwagen des Triebzuges der Bauart „Berlin". Als Maschinenanlagen und Getriebe wurden die gleichen Baumuster verwendet, wie sie zu gleicher Zeit in die neu geschaffenen Schnelltriebwagen der DB der Baureihen VT 08.5 und 12.5 eingebaut wurden, so daß hier nicht besonders darauf eingegangen werden muß. Die Fahrzeuge erhielten die Betriebsnummern SVT 07 501 und 502a/b/c und wurden ab August bzw. September 1951 beim Bw Dortmund Bbf zum Einsatz in der „Rheinblitz"-Gruppe beheimatet. Wenn sie auch aus den Fahrzeugen der Bauart „Berlin" hervorgegangen waren, so stellten sie doch die erste eigentliche Nachkriegsentwicklung an Schnelltriebwagen der DB dar. Trotz ihrer mit den VT 08.5 und 12.5 identischen Ausrüstung wurden sie als „Altbautriebwagen" bereits am 4. Juni 1960 ausgemustert.

Aber es erfolgte seitens der HV der Deutschen Reichsbahn in der Bizone noch ein weiterer Umbau von Triebwagen für einen beginnenden Schnellverkehr. Als bereits zum 6. Dezember 1948 und sodann vermehrt zum Fahrplan am 15. Mai 1949 die ersten Schnelltriebwagenkurse in Form der DT 49/50 und 249/250 eingerichtet wurden, standen SVT der Vorkriegsbauarten noch nicht zur Verfügung. Es wurden daher Triebwagen der Baureihe VT 33.2 (137 068 - 073, 080 - 093 der Bauart „Essen") der Baujahre 1933/35, 2'Bo', Hg 110 km/h, 410 PS mit zugehörigen Steuerwagen herangezogen und sowohl als reine 2. Klassefahrzeuge mit Speiseraum, teilweise aber nur mit Küche und Bedienung am Platz in Dienst gestellt. Ein Teil der Fahrzeuge hatte zunächst sogar nur Vorrichtungen zur Wärmung von Speisen und Getränken. Der Umbau erfolgte im EAW Opladen. Wie lange diese Fahrzeuge in dieser Form im Schnellverkehr im Einsatz waren, ist nicht genau bekannt; sie dürften aber bis 1951, als genügend Schnelltriebwagen wieder zur Verfügung standen und die von ihnen gefahrenen Kurse im neuen leichten F-Zugnetz der DB aufgegangen waren, wieder ihrer alten Verwendung unter Rückbau der für den Schnellverkehr eingebauten Einrichtungen zugeführt worden sein.

Die neu geschaffene DB plante bereits sehr früh den Aufbau eines Schnelltriebwagennetzes nach dem Muster vor dem Zweiten Weltkrieg, nur mußten entsprechend der verkehrsgeografischen Verhältnisse jetzt andere Relationen als damals bedient werden. Hierfür reichten die von den Besatzungsmächten zurückgegebenen, möglicherweise noch zurückzugebenden und die im Altschadbestand der DB vorhandenen und von den Besatzungsmächten zur eigenen Verfügung freigegebenen SVT der Vorkriegsbauarten nicht aus. Auch war deutlich, daß Einsätze anderer Triebwagenbauarten wie der VT 33.2 nur Übergangslösungen sein konnten. Hinzu kam, daß die Altbaufahrzeuge hinsichtlich ihrer Laufeigenschaften und ihres Komforts zum Teil nicht mehr den Bedürfnissen entsprachen, die man nun stellen zu müssen glaubte.

So wurde umgehend nach der Entscheidung über ein neues Fernschnellverkehrsnetz im Auftrag der HVB vom BZA München mit der deutschen Industrie die Neuentwicklung geeigneter Fahrzeugtypen aufgenommen, wobei man auf die wertvollen Betriebserfahrungen der Vorkriegszeit, aber ebenso auch auf die gleich wertvollen Versuchserfahrungen mit den verschiedensten Bauarten, die teilweise bei Ausbruch des Zweiten Weltkrieges noch nicht abgeschlossen waren, aufbaute. Und schließlich flossen die technischen Fortschritte, die während des Krieges auf dem Gebiet der Motoren, der Kraftübertragungsanlagen und des Wagenbaus weltweit erzielt worden waren, in diese Entwicklungsarbeiten ein. Als Grundsatzentscheidungen kristallisierten sich folgende Punkte heraus:

a) Verwendung schnelldrehender und damit leichterer und kleinerer Dieselmotoren für höhere Leistungen,
b) Verwendung hydrodynamischer Getriebe, die bei großen Leistungen leichter, raumsparender und vor allem billiger zu bauen sind als vergleichbare elektrische Übertragungen,
c) Achsantriebe über Kardanwellen,
d) automatische Kühl- und Überwachungsanlagen,
e) Austauschbarkeit von Maschinenanlagen verschiedener Hersteller, von Zubehör und Verschleißteilen, wenn möglich auch innerhalb verschiedener Fahrzeugtypen,
f) Gewichtsverminderung durch konsequente Anwendung des Leichtbaus.

Von diesen Entscheidungen waren vor allem die Punkte b) und e) richtungweisend. Mit der Entscheidung zum hydrodynamischen Getriebe beschritt erstmals die Deutsche Bundesbahn einen Weg, der serienmäßig bis dahin in dieser Form noch von keiner bedeutenden Eisenbahnverwaltung der Welt beschritten worden war und mit der Forderung nach Austauschbarkeit wurde ein Weg beschritten, der später beim Bau von Großdiesellokomotiven und von elektrischen Lokomotiven konsequent weiter entwickelt und fortgeführt wurde bis zur Erstellung nur weniger Baureihen verschiedener Leistungsaufgaben mit vielen gleichartigen Bauteilen, was nicht nur die Beschaffung, sondern vor allem die Unterhaltung im Betrieb erheblich verbilligte.

Nach dem durch den Zweiten Weltkrieg erzwungenen zehnjährigen Entwicklungs- und Baustillstand im Bau von Schnelltriebwagen erteilte die DB 1950 den Bauauftrag über die ersten nach diesen Grundsätzen aufgebauten neuen Schnelltriebwagen der Baureihe VT 08.5. Es wurde zunächst ein dreiteiliger Dieseltriebzug entwickelt, der abweichend von der Vorkriegspraxis aus den Teilen Maschinenwagen (VT), Mittelwagen (VM) und Steuerwagen (VS) bestand. Für die Motoren waren Neukonstruktionen erforderlich, wobei es die gewonnenen Erfahrungen ermöglichten, aus einem schnellaufenden 12-Zylindermotor statt bisher 650 PS nunmehr 800 PS und wenig später sogar mindestens 1 000 PS herauszuholen. Abmessungen und Gewichte gestatteten den bewährten Einbau im Drehgestell. Aus den guten Erfahrungen mit Daimler-Benz-, MAN- und Maybach-Motoren heraus wurden von allen drei Firmen Motoren entwickelt, die untereinander voll austauschbar waren. Auch bei der hydraulischen Kraftübertragung legte man Wert auf eine gleichzeitige Verwendung in Triebwagen und Großdiesellok, wofür die Firma Voith ein rein hydrodynamisches Getriebe, die Firma

1951 erhielt die DB ihre ersten Neubauschnelltriebwagen der Baureihe VT 08.5. Diese aus VT, VM und VS bestehenden Fahrzeuge konnten in verschiedenen Variationen zusammengestellt werden. Hier fährt eine vierteilige Einheit im Jahre 1952 aus dem Stuttgarter Rosensteintunnel auf die Nekkarbrücke.
Aufnahme: Slg. Wedde

Maybach aber ein hydromechanisches Maybach-Mekydro-Getriebe entwarfen, die ebenfalls wahlweise verwendbar waren. Durch diese Maßnahme gelang es nicht nur, mit einer Maschinenanlage von 800 bzw. 1 000 PS auszukommen und dabei eine Leistungszahl von 8,4 PS/t zu halten, sondern durch die gleichen Abmessungen und die Tauschbarkeit konnten die gleichen Maschinenanlagen in die Triebwagenbauarten VT 12 und später VT 11 wie aber auch in die später zu bauenden Großdieselstreckenlokomotiven der Bauarten V 80, V 100 und V 200 eingebaut werden. Damit war der entscheidende Schritt zu nur einer Maschinenanlage statt bisher zwei im Schnelltriebwagenbau getan.

In Anlehnung an die guten Erfahrungen bei den Bauarten „Köln" und „Berlin" in wagenbaulicher Hinsicht wurde dieser Teil weitgehend an diese Bauarten angelehnt. Da man aber im Reisezugwagenbau ab 1950 seitens der DB zum Reisezugwagen von 26,4 m Wagenlänge übergegangen war, wählte man für die neuen VT ebenfalls Wagenlängen von über 26 m. Dabei kam die Stahlleichtbauweise konsequent zur Anwendung, wobei man auf die Erfahrungen mit dem Versuchstriebwagen „Bauart Kruckenberg" zurückgreifen konnte. Zur Verringerung des Luftwiderstandes erhielten die Wagen seitliche Schürzen und verkleidete Bodenwannen sowie eine windschnittige Ausbildung der Kopfenden der Maschinen- und Steuerwagen. Zur Geräuschdämmung wurde eine weitgehende Auskleidung mit Dämmstoffen vorgenommen. Jeder Wagen erhielt zwei zweiachsige Drehgestelle mit Achslenkern, Schraubenfedern und Öldämpfern. Außerdem wurden Druckluftscheibenbremsen und in je ein Laufdrehgestell jedes Wagens eine Magnetschienenbremse eingebaut. Sifa und Indusi waren selbstverständlich und an jedem Ende eines Wagens waren selbsttätige Mittelpufferkupplungen zur gleichzeitigen Kupplung der Luft- und Steuereinrichtungen vorhanden.

Die Leichtbaukonstruktion der Wagen erlaubte es analog der Vorkriegsbauart „Köln", im Maschinenwagen ein Triebdrehgestell einzubauen, wodurch Drehgestell, Getriebe und Motor eine feste Einheit bilden. Die Kompaktbauweise dieser Antriebseinheit zwang aber dazu, auf Wiege- oder Drehzapfen zu verzichten und die Führung des Drehgestells erfolgte über Lenker und seitliche Gleitstücke. Die Laufdrehgestelle wurden in geschweißter Ausführung mit innenliegender Federung und Lagerung ausgeführt.

Dadurch unterscheiden sich die Schnelltriebzüge der Baureihe VT 08.5 von ihren Vorkriegsvorgängern nicht allein durch den Übergang zum Hochleistungseinzelmotor, sondern sie weisen als zusätzliche Merkmale noch erheblich verbesserte Laufeigenschaften durch die neuzeitlichen Drehgestelle auf. Gut ausgestattete Abteile, Speiseräume und Toiletten sowie die geräuschhemmende Abdichtung der geräumigen, mit selbsttätig schließenden Schiebetüren versehenen Übergänge zwischen den einzelnen Wagenteilen erhöhen die Annehmlichkeiten für den Reisenden. Der Triebzug bietet in der dreiteiligen Ausführung 114 Sitzplätze 2. Klasse (alt), die in den grundsätzlich als Abteilwagen ausgeführten Teilen VM und VS untergebracht wurden, während im eigentlichen VT außer dem Führerstand und dem Motorraum, Gepäck- und Posträumen vor allem der Speiseraum mit 24 Plätzen und die Küche mit Anrichte untergebracht wurden. Als Achsfolge ist B'2+2'2'+2'2' festgelegt, während die Bauartbezeichnung DR4üm/B4üm/B4üm-50 lautet; die Motorleistung ist unterschiedlich 800 bzw. 1 000 PS als Einzelmotor und die Hg wurde schließlich ebenfalls einheitlich auf 140 km/h festgesetzt.

Bei verschiedenen Herstellern wurden zunächst 14 VT, 15 VM und 13 VS in der vorstehend geschilderten Ausführung beschafft, wobei von vornherein daran gedacht war, in der betrieblichen Konzeption durch Änderung der Wagenzusammenstellung auch mehr als dreiteilige Einheiten zu bilden, weshalb der VT 08.5 seitens der DB die Bezeichnung „mehrteiliger Schnelltriebwagenzug" erhielt. 1953 erfolgte nochmals eine Nachbestellung um sechs VT und sieben VM, bei denen bei den VT jedoch nunmehr neben Führerstand, Motorraum und Zugführerabteil Fahrgastabteile mit 42 Sitzplätzen 1. Klasse eingebaut wurden. Außerdem wurden einige der ersten für die Baureihe VT 12 vorgesehenen Teile, die ja im wesentlichen baugleich war, zu Einheiten für die VT 08 umgebaut, so daß letztlich 14 VT mit Speiseraum, sechs VT mit Fahrgastraum (VT 08 501 - 520), 22 VM (VM 08 501 - 522) und 13 VS (VS 08 501 - 513) zur Verfügung standen. Die Lieferung verteilt sich auf folgende Hersteller:

Lieferer und Fabrik-Nr. von VT - VM - VS 08.5

VT 08 501	MAN	1952	140 549
502	Düwag	"	25 341
503	MAN	"	140 550
504	Düwag	"	25 342
505	MAN	"	140 551
506	Düwag	"	25 343
507	MAN	"	140 552
508	Düwag	"	25 344
509	MAN	"	140 553
510	Düwag	1953	25 345
511	MAN	"	140 554
512	Düwag	"	25 346
513	MAN	"	140 555
514	Düwag	"	25 347
515	MAN	1954	140 968
516	"	"	140 969
517	"	"	140 970
518	"	"	140 971
519	"	"	140 972
520	"	"	140 973

VM 08 501	WMD	1952	104
502	"	"	105
503	"	"	106
504	"	"	107
505	"	"	108
506	"	"	109
507	"	"	110
508	"	"	111
509	"	"	112
510	"	"	113
511	"	"	114
512	"	"	115
513	"	"	118
514	"	1953	116
515	"	"	117
516	"	1954	177
517	"	"	178
518	"	"	179
519	"	1955	196
520	"	"	198
521	"	"	198
522	"	"	199

VS 08 501	Rathgeber	1952	VS 08 501
502	VWW	"	185 641
503	Rathgeber	"	VS 08 503
504	VWW	"	185 642
505	Rathgeber	"	VS 08 505
506	VWW	"	185 643
507	Rathgeber	"	VS 08 507
508	VWW	"	185 644
509	Rathgeber	"	VS 08 509
510	VWW	"	185 645
511	Rathgeber	"	VS 08 511
512	VWW	"	185 646
513	Rathgeber	"	VS 08 513

Der vierteilige VT 08 505 war am 11. Juni 1955 als „Rhein-Main-Expreß" eingesetzt.
Aufnahme (bei Spay): Carl Bellingrodt

Tausch des Triebdrehgestells bei einem VT 08.5 im Bw Frankfurt-Griesheim im Jahre 1954.
Aufnahme: Slg. Wedde

Durch die vorhandene Einrichtung der Vielfachsteuerung und der vollautomatischen Mittelpufferkupplung ist nicht nur das Fahren mehrerer gleichartig aufgebauter Züge vom Spitzenführerstand, sondern in Anpassung an den Platzbedarf auch das Bilden von mehr als dreiteiligen Triebwagenzügen möglich gewesen, bei denen zwei Maschinenwagen (z.B. ein VT mit Fahrgastraum und ein VT mit Speiseraum) mit zwei und mehr Mittelwagen zusammengestellt werden konnten. Und für den Einsatz in der Relation Frankfurt – Paris war sogar später die Kombination von Teilen der Baureihe 08 mit denen der bauartgleichen Baureihe 12 möglich. Die Fahrzeuge kamen 1952 erstmalig in den Zugdienst und schieden zwischen 1963 und 1970 aus dem Schnelltriebwageneinsatz wieder aus. Durch Umbau zu VT 12.6 bzw. später zur Baureihe 613 wurden sie dann bis heute, wenn auch bereits durch Ausmusterungen dezimiert, zusammen mit ihren Schwestertypen der Baureihe VT 12.5 in Schleswig-Holstein und Niedersachsen von den Heimat-Bw Hamburg-Altona und Braunschweig aus im Eil- und hochwertigen Nahverkehrsdienst, aber auch bei zahlreichen Sonderfahrten eingesetzt.

Die betriebliche Bewährung dieser Fahrzeuge, die so viele neue Bauelemente enthielten und zum anderen bahnbrechende Leistungen im Bau von Schnelltriebwagen hervorbrachten, war hervorragend, was für die Güte der Gesamtkonzeption spricht. So haben die Motoren Laufleistungen von 300 000 km zwischen zwei Überholungen teilweise erheblich überschritten und die eingesetzten VT 08 hatten bereits im ersten Einsatzjahr Laufleistungen von über 4 500 000 km zurückgelegt. Mit dem Einsatz der VT 08 im Schnelltriebwagenverkehr, der bald über deutsche Zielorte weit in das Ausland, so u.a. nach Paris, Zürich, Oostende, København oder Hoek van Holland führte, wurden die 1938 erreichten Jahresleistungen im Schnelltriebwagenverkehr von 2,5 Millionen km im Jahre 1953 mit 4,5 Millionen km gesteigert, die dann 1954 auf 6,3 Millionen km und schon 1955 – also vor dem Einsatz der TEE-Triebzüge – auf über 8 Millionen km anstiegen.

Nur kurze Zeit nach der Auftragsvergabe der Triebzüge der Baureihe VT 08.5 wurden, anknüpfend an die Entwicklungsarbeiten Kruckenbergs, von der DB Untersuchungen darüber angestellt, wie die technischen und betrieblichen Eigenschaften neuartiger, komfortabler Triebwagenbauarten sein müßten, um einen über dem bisherigen Standard liegenden Schienenschnellverkehr auch in der europäischen Dimension durchzuführen. Obwohl zu dieser Zeit der Gedanke des TEE noch nicht im Raum stand, versuchte auf diesem Gebiet die DB Pionierarbeit zu leisten. Hier war der damalige Erste Präsident der DB, Prof. Dr. Ing. Frohne, selbst die treibende Kraft, der diese Züge nicht nur anregte, sondern auch ihre konstruktive Durcharbeitung und schließlich ihren Bau förderte. Ausgehend vom spanischen Talgo-Zug, wurden zwei neuartige Züge erstellt, die durch die weitgehende Verwendung von Leichtmetallen neue Wege im Bau von Eisenbahnfahrzeugen aufzeigten. Das im Talgo-Zug erstmalig angewandte Gliederzugprinzip wurde hier in zwei Varianten zur Ausführung gebracht und zwar im Falle des achtteiligen Schlafwagengliedertriebzuges unter Benutzung der bereits früher im Bau von SVT verwendeten Jacobsdrehgestelle, andererseits beim siebenteiligen Tagesgliedertriebzug durch Verbindung der einzelnen Wagenkästen mit Einzelachslaufgestellen. Während der Tagesgliedertriebzug, für den die Betriebsnummer VT 10 501 vorgesehen wurde, von Linke-Hofmann-Busch in Salzgitter gebaut wurde und für die DB selbst vorgesehen war, wurde der Schlafwagengliedertriebzug unter Beteiligung der DSG bei Wegmann in Kassel gebaut; ihm war die Betriebsnummer VT 10 551 vorbehalten.

Beide Züge wurden als in sich geschlossene Einheit ausgebildet, wobei die Wagenkästen des gesamten Zuges eine in sich geschlossene Röhre darstellten. Ihre Form war in Windkanalversuchen festgelegt worden. Da sie nur etwa 12 m lang waren, konnten sie nach den Grundsätzen der seitlichen Maßbegrenzungen im Eisenbahnfahrzeugbau über 300 mm breiter als Schnellzugwagen gebaut werden, was der Bequemlichkeit in den Abteilen zugute kam. An den Stoßstellen waren die einzelnen Glieder drehsteif miteinander verbunden. Durch Tieferlegen des Fußbodens über Schienenoberkante wurde eine tiefe und sehr günstige Schwerpunktlage erreicht.

Als Antriebsmotoren wählte man aufgeladene 8-Zylinder-V-Motoren von MAN. Neben den insgesamt vier in den Maschinenwagenvorbauten untergebrachten Antriebsmotoren besaß jeder Zug noch zwei Hilfsdieselmotoren mit je 125 PS für die Hilfseinrichtungen. Die Hauptmotoren hatten eine Leistung von je 210 PS Leistung bei 2 000 Umdrehungen/Min. Diese waren zusammen mit dem hydromechanischen Getriebe der Bauart „Föttinger-EMG" (EMG = Elektro-Mechanik GmbH, Wendener Hütte über Olpe) in die vorgezogenen Kopfenden vor den Triebdrehgestellen eingebaut. Zusammen mit den Hilfsdieseln verfügte jeder Zug somit über insgesamt sechs Motoren mit einer insgesamt installierten Leistung von 840 + 250 = 1 090 PS.

Die Inneneinrichtung bestand beim Tageszug aus Großabteilen mit insgesamt 131 Plätzen 1. Klasse und 29 Sitzen im Speiseraum und der Bar, beim Schlafwagenzug aus Schlafabteilen mit 40 Betten in Längs- oder Querrichtung sowie ebenfalls 29 Plätzen im Speiseraum und der Bar. Alle Teile der

Innenausstattung waren mit besonders hohem Komfort ausgeführt worden. Der Fahrzeugaufbau war eine Aluminium-Leichtbau-Konstruktion.

Bemerkenswert ist noch, daß an der Konstruktion dieser Fahrzeuge ein Konstruktionsbüro unter der Leitung von Dipl.-Ing. Kruckenberg maßgeblich beteiligt war. Ursprünglich wollte sich neben der DB und der DSG auch die DBP an dem Bau von Gliedertriebzügen für die Postbeförderung beteiligen; sie zog aber noch vor Erteilung der Bauaufträge ihre Zustimmung zurück. Beide sodann gebauten Gliedertriebzüge wurden erstmals auf der Deutschen Verkehrs-Ausstellung in München 1952 vorgestellt und dann nach nochmaligen Werkaufenthalten 1954 in Dienst gestellt. Die Achsfolge beim Tagesgliedertriebzug VT 10 501 war B'1'1'1'1'1'1'B' und die Gattungsbezeichnung BPw10ÜkII-52, die des Schlafwagengliedertriebzuges VT 10 551 B'2'2'2'2'2'2'2'B' bzw. WLABBPwWR18ük-52. Die Höchstgeschwindigkeit war zunächst auf 120 km/h festgesetzt und wurde nach den erfolgreichen Erprobungen für den Betriebseinsatz auf 160 km/h heraufgesetzt. Nach zahlreichen Versuchsfahrten kam VT 10 501 als FT 41/42 ,,Senator" zwischen Frankfurt und Hamburg-Altona zum Einsatz, während der Schlafwagengliedertriebzug als FT 49/50 zwischen Basel SBB, später teilweise sogar Zürich und Hamburg-Altona verkehrte. Während bei VT 10 501 ein eintägiger Umlauf möglich war, konnte wegen der nur vorhandenen einen Einheit bei VT 10 551 nur eine Führung alle zwei Tage vorgenommen werden. Beheimatet war VT 10 501 beim Bw Ffm-Griesheim, VT 10 551 beim Bw Hamburg-Altona. VT 10 551 wurde für zahlreiche Fern- und Demonstrationsfahrten herangezogen, u.a. nach Jugoslawien, Griechenland und Frankreich.

Als Einzelstücken war beiden Fahrzeugen kein langes Leben beschieden. Aus lauftechnischen Gründen, aber auch aus betrieblichen und verkehrlichen Erfordernissen wurde VT 10501 bereits am 28. November 1957 aus dem Betrieb gezogen und am 12. Juni 1959 ausgemustert. Damit erreichte dieser Triebzug die kürzeste Lebensdauer aller hochwertigen DB-Fahrzeuge. VT 10 551 war noch bis zum 6. Juni 1960 im Betriebsbestand, aber dann ereilte auch ihn die Abstellung und am 20. Dezember 1960 wurde auch er ausgemustert. Beide Züge wurden 1963 verschrottet, nachdem sich kein Interessent gefunden hatte. Für VT 10 551 war nachträglich noch für den Bundespräsidenten ein Salonwagen gebaut worden, der bei Bedarf in die Einheit eingereiht werden konnte. Als einziges Originalstück der beiden Gliedertriebzüge ist der Salonteil für Bundeskanzler Adenauer erhalten geblieben, den die ,,Nürnberger Eisenbahnfreunde" erwarben und als Vereinsheim vorbildlich unterhalten.

War der Einsatz der Gliedertriebzüge auch nur von relativ kurzer Dauer, so wurden mit ihnen unter Anwendung moderner, vom Herkömmlichen abweichender Baugrundsätze im Eisenbahntriebfahrzeugbau Probefahrzeuge gebaut, die wertvolle Erkenntnisse und Unterlagen schufen, die bei den Planungs- und Entwicklungsarbeiten für die TEE-Züge eingingen.

Nachdem bereits 1953 die Bildung eines europäischen grenzüberschreitenden Ferntriebzugnetzes hohen Standards angeregt worden war, kam es im Rahmen der bereits in Kapitel G beschriebenen Ausschüsse zur Bildung eines Trans-Europ-Expreß-Pools von sieben europäischen Eisenbahnverwaltungen. Die Modalitäten wurden dann in dem 1957 abgeschlossenen TEE-Übereinkommen festgelegt. Obwohl für den technischen Bereich eine gemeinsam entwickelte einheitliche Bauform der einzusetzenden Triebzüge wünschenswert gewesen wäre, kam es jedoch wegen der Eigeninteressen der einzelnen Verwaltungen noch nicht hierzu. Dafür war die Zeit noch nicht reif. Aber man einigte sich auf einheitliche Richtlinien über die Fahrzeugbegrenzungslinie, das anzuwendende Bremssystem, die maximale Achslast von 18 t, eine Fahrgeschwindigkeit von 140 km/h in der Ebene und mindestens 70 km/h bei 16 °/oo Steigung, etwa 120 Sitzplätzen 1. Klasse ohne die Plätze im Speiseraum, Küchen- und Speisewagenbetrieb sowie eine Komfortstufe, die weit über der bisheriger Züge liegen sollte.

Die DB war von vornherein aufgrund ihrer langen Entwicklungs- und Betriebserfahrungen mit Schnelltriebwagen der Ansicht, daß die vorhandenen Dieseltriebwagen nicht dem TEE-Standard entsprechen würden. Sie entschloß sich daher zum Bau völlig neuer und nur für diese Zuggattung vorgesehener Züge, bei denen alle zwischenzeitlich bei den VT 08.5, den Gliedertriebzügen und den Erkenntnissen Kruckenbergs gewonnenen Erfahrungen berücksichtigt werden sollten. 1955 wurde der Auftrag zu den Entwicklungs- und Konstruktionsarbeiten erteilt, 1956 wurden die Lieferverträge abgeschlossen. Da die Züge bereits aufgrund der TEE-Vereinbarung im Sommerfahrplan 1957 eingesetzt werden sollten, mußte das ganze Programm in relativ kurzer Zeit bewältigt werden.

Die DB entschied sich für eine zunächst siebenteilige Einheit eines Dieseltriebzuges in der Achsfolge B'2'+2'2'+2'2'+2'2'+2'2'+2'2'+2'B' und der Gattung Dü+Aü+WRy+ARy+Ay+Aü+Dü-55, die aus je einem Maschinenwagen am Ende, zwei Reisewagen mit Abteilen, einem Reisewagen mit

Der von DB und DSG gebaute Schlafwagen-Gliederzug VT 10 551 bewährte sich nicht, ihm war nur ein zweijähriger Betriebseinsatz beschieden. *Aufnahme: Ullstein-Bilderdienst*

Umso größeren Erfolg hatten dagegen die 1957 für den TEE-Verkehr von der DB in Betrieb genommenen Triebzüge der Gattung VT 11.5, die durch Beistellung von Zwischenwagen als bis zu zehnteilige Einheit eingesetzt werden konnten. Sie prägten das Bild der hochwertigen Triebwagenläufe bei der DB bis zur Einführung von IC 79. Heute sind die Züge im Turnusverkehr zu sehen. *Aufnahme: Slg. Wedde*

Großraum, einem Speisewagen mit Bar und Fahrgastraum und einem Küchenwagen mit Speiseraum bestand und 122 Reisenden Platz in der 1. Klasse sowie zusätzlich 47 Plätze in den Speiseräumen bot. Die Entwicklungsarbeiten wurden vom BZA München in Zusammenarbeit mit den dann auch bauausführenden Firmen MAN, Linke-Hofmann-Busch und Wegmann durchgeführt. Aufbauend auf den Erfahrungen mit den Gliedertriebzügen und den bei den VT 08.5 erzielten Ergebnissen bezüglich Wartung und Unterhaltung wählte man Untergestelle und Kastengerippe der Wagenkästen aus selbsttragenden verwindungssteifen Röhren in kombinierter Spanten- und Schalenbauweise in Leichtmetall-Verbundbauart. Da man bezüglich der Unterhaltung der Fahrzeuge eine weitestgehende Flexibilität der Einzelfahrzeuge der Triebzüge benötigte, wurden alle Wagen als Drehgestellfahrzeuge gebaut. Untereinander mit automatischen Scharfenbergkupplungen gekuppelt, können die einzelnen Zugteile in Minuten getrennt oder verbunden werden. Durch die windschlüpfrig gestaltete Form der Maschinenwagenköpfe, die geschlossene Bodenwanne und die umrißgleichen Übergänge zwischen den einzelnen Fahrzeugen wurde ein sehr niedriger Luftwiderstandsbeiwert erzielt. Die Mittelwagen hatten erstmalig im deutschen Fahrzeugbau feststehende Fenster nur mit Lüftungsklappen; dafür waren die Einheiten mit Klimaanlagen ausgerüstet. Die eingebauten Druckluftscheibenbremsen ermöglichten die Abbremsung des Zuges aus einer Hg von 140 km/h auf 720 m; unter Hinzunahme der in den Laufdrehgestellen der Maschinenwagen und in je einem Laufdrehgestell der Mittelwagen eingebauten Mg-Bremsen konnte der Bremsweg auf 500 m verkürzt werden.

Für Antrieb und Kraftübertragungsanlagen wurde auf die bereits bei den Baureihen VT 08 und 12 sowie den Diesellokbaureihen V 80 und V 200 verwendeten Modelle zurückgegriffen; gleiches galt für die maschinellen und elektrischen Neben- und Hilfsanlagen. Als Motoren standen wahlweise die inzwischen auf 1 000 PS Leistung bei 1 500 Umdrehungen/Min gebrachten Maybach-, Daimler-Benz- und MAN-12-Zylindermotoren zur Verfügung, als Getriebe die ebenfalls gegeneinander austauschbaren Flüssigkeitsgetriebe der Bauarten Voith und Maybach-Mekydro. Während Motor, Getriebe und alle Hilfseinrichtungen im Maschinenwagen angeordnet sind, liegen die über Kardanwellen angetriebenen Achstriebe im Triebdrehgestell. Durch den Einbau der Vielfachsteuerung wurde es möglich, mehrere gleichartige Züge von einem Spitzenführerstand aus zu steuern. Die Antriebsanlagen wurden so ausgestaltet, daß gegebenenfalls auch zehnteilige Züge, bestehend aus zwei Maschinenwagen, vier Abteilwagen, zwei Großraumwagen, einem Speisewagen und einem Küchenwagen gebildet werden konnten. Ein solcher Zug bot 227 Plätze und zusätzlich 47 Plätze im Speiseraum. In dieser Zusammenstellung konnte der Zug noch eine Steigung von 16 ‰ mit 80 km/h bewältigen.

VT 11 5004 als TEE 78 am 12. August 1958 bei Albungen. *Aufnahme: Carl Bellingrodt*

Da für den betrieblichen Einsatz bereits der Sommerfahrplan 1957 vorgesehen war, blieb für eine betriebliche Erprobung der neuen Baureihe, die als VT 11.5 bezeichnet wurde, kaum Zeit. Daß sich trotz des sofortigen schweren Regeldienstes keine Anstände ergeben haben, ist auf die sorgfältige Planung und die Verwendung bewährter Bauelemente zurückzuführen. Sie waren diejenigen unter den von allen TEE-Verwaltungen eingesetzten Züge, die beim Publikum den größten Anklang fanden und auch die längste Einsatzzeit im hochwertigen Reisezugverkehr haben. Insgesamt wurden 19 Maschinenwagen, 20 Mittelwagen als Abteilwagen mit Seitengang, acht Mittelwagen als Großraumwagen, acht Mittelwagen mit Großraumabteil, Bar und Speiseraum und neun Mittelwagen mit Speiseraum und Küche gebaut. Die Hersteller, Fabriknummern und Abnahmedaten sind aus nachstehendem Verzeichnis zu ersehen:

a) Dü Maschinenwagen

Fahrzeug-Nr.	Lieferer	Baujahr	Fabrik-Nr.	Abnahme
VT 11 5001	MAN	1957	143 480	15.05.57
5002	"	"	143 481	15.05.57
5003	"	"	143 482	22.06.57
5004	"	"	143 483	01.07.57
5005	"	"	143 484	26.07.57
5006	"	"	143 485	26.07.57
5007	"	"	143 486	22.08.57
5008	"	"	143 487	22.08.57
5009	"	"	143 488	19.09.57
5010	"	"	143 489	19.09.57
5011	"	"	143 490	07.10.57
5012	"	"	143 491	07.10.57
5013	"	"	143 492	28.10.57
5014	"	"	143 493	28.10.57
5015	"	"	143 494	11.11.57
5016	"	"	143 495	11.11.57
5017	"	"	143 496	27.11.57
5018	"	"	143 497	09.12.57
5019	"	"	143 498	09.01.58

b) A 4 ü Mittelwagen mit Seitengang und Abteilen

VM 11 5101	Linke-Hofmann	1957		15.05.57
5102	"	"		15.05.57
5103	"	"		06.06.57
5104	"	"		06.06.57
5105	"	"		26.07.57
5106	"	"		26.07.57
5107	"	"		29.07.57
5108	"	"		29.07.57
5109	"	"		19.09.57
5110	"	"		19.09.57
5111	"	"		07.10.57
5112	"	"		07.10.57
5113	"	"		28.10.57
5114	"	"		28.10.57
5115	"	"		11.11.57
5116	"	"		11.11.57
5117	"	1958		30.09.58
5118	"	"		30.08.58
5119	"	"		16.10.58
5120	"	"		16.10.58

c) A 4 y Mittelwagen Großraumwagen

VM 11 5201	Linke-Hofmann	1957	22.06.57
5202	"	"	15.05.57
5203	"	"	26.07.57
5204	"	"	29.07.57
5205	"	"	19.09.57
5206	"	"	07.10.57
5207	"	"	28.10.57
5208	"	"	11.11.57

d) AR 4 y Mittelwagen Großraumwagen – Bar – Speiseraum

VM 11 5301	Wegmann	1957	3623	29.07.57
5302	"	"	3624	15.05.57
5303	"	"	3625	10.07.57
5304	"	"	3626	06.06.57
5305	"	"	3627	26.07.57
5306	"	"	3628	26.07.57
5307	"	"	3629	19.09.57
5308	"	"	3630	07.10.57

e) WR 4 y Mittelwagen Speiseraum und Küche

VM 11 5401	Wegmann	1957	3631	15.05.57
5402	"	"	3632	22.06.57
5403	"	"	3633	06.06.57
5404	"	"	3634	26.07.57
5405	"	"	3635	11.11.57
5406	"	"	3636	29.07.57
5407	"	"	3637	19.09.57
5408	"	"	3638	07.10.57
5409	"	"	3639	28.10.57

Die Fahrzeuge wurden, wie noch ausgeführt wird, später aus dem TEE-Verkehr zurückgezogen, da aufgrund des gestiegenen Verkehrsaufkommens häufige Überbesetzungen auftraten. Da die Züge aber nur maximal um drei Mittelwagen zur zehnteiligen Einheit verstärkt werden konnten und wegen der Gesamtauslastung aller vorhandenen Einheiten Doppeltraktionen nicht möglich waren, wurden sie im TEE-Verkehr nach und nach durch ellokbespannte Züge ersetzt. Ab Herbst 1968 wurden sie dann im innerdeutschen Netz der leichten F-Züge unter dem damals erstmalig geprägten Begriff „Intercity" eingesetzt und bei Schaffung des IC-Systems im Winter 1971 fanden sie dort sofort ihren festen Stammplatz. Bis 1978 dauerte dieser Einsatz; im neuen Konzept „Intercity 79" hatte man keine Verwendung für sie mehr, obwohl sie sicher ebenso wie die gleichfalls brotlos gewordenen ET 403 in den innerdeutschen TEE-Verbindungen noch gute Dienste geleistet hätten. 1978 wurde ihre laufende Unterhaltung eingestellt und sie waren im AW Nürnberg reihenweise abgestellt. Durch die Initiative der Generalvertretung Dortmund der Bundesbahndirektion Essen gelang es, große Reiseveranstalter für diese Züge zu interessieren, so daß diese herrlichen Fahrzeuge eine Wiedergeburt erlebten. In einer Schnellaktion wurde der größte Teil der nunmehr nach dem neuen Bezeichnungsschema der DB als VT 601 bezeichneten Fahrzeuge im AW Nürnberg aufgearbeitet und seitdem werden sie als zehnteilige Einheiten im Reisebüro-Sonderverkehr eingesetzt. Zwar wurden zwischenzeitlich zwei Fahrzeuge ausgemustert, jedoch wurde mit Ausnahme eines Küchenwagens bisher noch keines der 1957 gelieferten Fahrzeuge zerlegt. Und so bleibt zu hoffen, daß nach der Renaissance der ET 403 im Lufthansa-Airport-Verkehr auch den VT 601 noch eine lange Lebensdauer und eine große Zukunft beschieden sein möge.

War auch der VT 11.5 der letzte für den Schienenschnellverkehr der DB gebaute Brennkrafttriebzug, so machten doch mehrere dieser Einheiten nochmals einen Umbau mit, der zu einer nochmaligen Leistungssteigerung dieser Fahrzeuge führen sollte. Die VT 11.5 bewährten sich trotz der sehr langen grenzüberschreitenden Läufe so gut, daß von 1957 bis 1969 jeder der Triebzüge ca. 3 Millionen km Laufleistung bei Tageslaufleistungen von 1 000 km und mehr erreichte. Die störungsfreie Laufleistung zwischen zwei Betriebsausfällen ergab in dieser Zeit einen Durchschnitt von 1,4 Millionen km, einen Wert, der von anderen Triebfahrzeugarten oder -gattungen auch nicht im entferntesten erreicht werden konnte. Wie bereits dargelegt, mußten Mitte der sechziger Jahre die Triebzüge der Baureihe

VT 11.5 aus dem TEE-Verkehr zurückgezogen werden, da sie aufgrund ihrer Leistung und des gewachsenen Verkehrsaufkommens nicht mehr ausreichten. Ein neues Aufgabengebiet fanden diese Züge im anlaufenden Intercity-Verkehr. Hier aber war im Gegensatz zu den im TEE-Verkehr international vereinbarten Höchstgeschwindigkeiten von 140 km/h eine Hg von 160 km/h Standard. So mußte zunächst durch Versuchsfahrten geklärt werden, ob die vorhandenen Triebzüge diese höhere Geschwindigkeit zuließen. Die Versuchsfahrten wurden mit fünfteiligen Einheiten durchgeführt, wobei die Fahrdieselmotoren in den beiden Maschinenwagen vorübergehend auf 1 200 PS Leistung erhöht wurden. Die Versuchsergebnisse wurden lauf- und bremstechnsich ebenso ausgewertet wie hinsichtlich der Beanspruchung der Drehgestelle, Gelenkwellen und Radsatzgetriebe. Dabei ergab sich, daß die eingebaute Magnetschienenbremse zusammen mit der vorhandenen Scheibenbremse genügend Bremshundertstel erbrachte, um in allen Situationen sicher aus 160 km/h den Triebzug abbremsen zu können. Auch die sonstigen Versuchsergebnisse verliefen positiv, so daß einer Heraufsetzung der Geschwindigkeit nichts im Wege stand.

Als nächstes Problem stellte sich die Frage der erforderlichen Antriebsleistung. Es hatte sich nämlich gezeigt, daß die Maschinenwagen der Baureihe 601 mit einer Gebrauchsdauerleistung von 1 100 PS bei den Motoren nur für fünf-, maximal sechsteilige Einheiten ein ausreichendes Beschleunigungsvermögen bis 160 km/h erbrachten. Dies hätte bei einer genügend großen Zahl von vorgesehenen Intercity-Zügen besetzungsmäßig ausgereicht, um alle vorhandenen Einheiten über lange Zeit auch unter Anwendung optimaler Laufplangestaltungen beschäftigen zu können. Mit der ursprünglich siebenteiligen Grundeinheit kam man aber bei diesen Geschwindigkeiten an die Grenze der zu fordernden Mindestlebensdauer der Getriebe. Somit ließen sich in zahlreichen attraktiven Intercity-Verbindungen die VT 601 nicht einsetzen, zumal das Reisendenaufkommen hier bereits nach kurzer Zeit noch über der Kapazität der siebenteiligen Einheit lag. Da andererseits die Fahrzeuge ebenso wie bereits vorher im TEE-Verkehr beim reisenden Publikum auch im Intercity-Verkehr sich steigender Beliebtheit erfreuten, war seitens der DB nach Mitteln und Wegen zu suchen, diese hochwertigen Zuggarnituren durch Erhöhung der Antriebsleistung in die Lage zu versetzen, auch zehnteilig eine Hg von 160 km/h anstandslos in einer Steigung von 5 ‰ zu fahren und durchzuhalten.

Um nicht zu große Umbauten vornehmen zu müssen und um den beim VT 601 vorhandenen Vorteil niedriger Radsatzlasten nicht zu beseitigen, entschloß sich die HVB, in einigen der vorhandenen 19 Maschinenwagen VT 601 die Dieselantriebsanlagen durch erheblich leistungsstärkere, aber gewichtsmäßig nicht schwerere Gasturbinenanlagen zu ersetzen. Ohne hier eine detaillierte Darstellung der gewählten Bauteile und der Funktion der Gasturbine einschließlich ihrer Hilfsbetriebe geben zu wollen, sei darauf hingewiesen, daß es sich aufgrund der Maschinenraumabmessungen des VT 601 anbot, eine Turbine einzubauen, die eine Leistung von 2 200 bis 2 500 PS erbrachte. Eine derartige Turbine wurde von der Firma MTU in München als Industrieentwicklung einer von General Electric in den USA entwickelten Hubschrauberturbine ebenso angeboten, wie von Klöckner-Humboldt-Deutz (KHD) die Industrieversion einer anderen in den USA entwickelten Hubschrauberturbine der Firma Avco Lycoming. Beide Turbinenanlagen waren im VT 601 einbaubar und gegebenenfalls auch miteinander tauschbar. Zunächst aber wurde die KHD-Version beschafft und eingebaut. Da andererseits das Triebdrehgestell des VT 601 unverändert beibehalten werden konnte, hielt man an der hydraulischen Übertragung fest; allerdings war das bisher eingebaute Voithgetriebe mit drei Wandlergängen zu schwach, so daß Voith in Heidenheim ein neues Getriebe mit einem Wandlergang und einem hydraulischen Kupplungsgang entwickelte, das zum Einbau kam. Umgebaut wurden zwischen 1971 und 1973 die vier Maschinenwagen VT 601 003, 007, 010 und 012 zu den nunmehr als VT 602 001 - 004 bezeichneten Einheiten, die beim Bw Frankfurt 1, das zwischenzeitlich die Aufgaben des Triebwagen-Bw Ffm-Griesheim übernommen hatte, zwischen dem 22. Februar 1972 und dem 7. März 1973 in den Betriebseinsatz kamen. Es war von vornherein zur Erzielung möglichst vieler Züge mit hoher Sitzplatzzahl daran gedacht, aus je einem Maschinenwagen VT 601 und VT 602 bestehende acht- bis zehnteilige Triebwagen-Intercity-Züge mit Hg 160 km/h zu befördern. Somit stand an einem Triebwagenende eine installierte Leistung von 1 100 PS mit Dieselmotor, Dreiganggetriebe und 160 km/h Fahrzeughöchstgeschwindigkeit, am anderen Zugende aber eine im Maschinenwagen installierte Leistung von 2 200 PS mittels Gasturbine, Zweiganggetriebe und einer Geschwindigkeitsauslegung auf 210 km/h zur Verfügung. Um einen Zusammenlauf derart verschiedenartiger Triebzüge in einem Zugverband von einem Führerstand aus zu ermöglichen, war die Entwicklung einer neuen Leistungssteuerung erforderlich, die diese Aufgabe nicht nur erfüllen, sondern auch ein beliebiges Zu- und Abschalten der beiden Antriebsanlagen während der Fahrt erlaubte. Ja, man wollte als Maximum sogar eine Steuerung haben, die es erlaubte, zwei VT 601 und zwei VT 602 miteinander im gleichen Zugverband laufen zu lassen. Die Firma BBC entwickelte eine entsprechende Steuerung, deren Beschreibung ebenfalls zu weit führen würde. Im Versuchsprogramm war es sogar möglich, mit zwei VT 602 und acht Mittelwagen mit gutem Beschleunigungsvermögen eine Hg von 200 km/h nicht nur zu erreichen, sondern auch im Dauerbetrieb zu halten. Planmäßig wurde aber mangels damals vorhandener 200 km/h-Abschnitte im Netz der DB hiervon nicht Gebrauch gemacht.

Die VT 602 kamen dann zum 1. Oktober 1973 im Zuge der Zusammenfassung aller Schnelltriebwagen der Bauarten VT 601 und 602 zum Bw Hamburg-Altona und wurden von hier aus bis 1979 eingesetzt. VT 602 003 war als letzter der vier Triebzüge bis zum 31. Mai 1979 im Betriebseinsatz und am 25. Juni 1979 musterte die DB alle vier Triebzüge aus. Damit hatte mit der Entwicklung der VT 602 der Schnelltriebwagenbau mit Brennkraftfahrzeugen, der mit dem „Fliegenden Hamburger" SVT 877a/b 1932 so hoffnungsvoll und erfolgreich begonnen hatte, bei der DB sein Ende gefunden.

Vier der später als Baureihe 601 bezeichneten VT 11.5 wurden zwecks Leistungssteigerung 1971-73 mit Gasturbinen ausgerüstet und fortan als Reihe 602 geführt. Am 26. Oktober 1975 standen beide Ausführungen in Form von 601 011 und 602 003 im AW Nürnberg nebeneinander.
Aufnahme: Dieter Dettelbacher

Die US-Army ließ 1955/56 acht zweiteilige Triebzüge auf Basis der VT 08.5 bauen, so daß anschließend die letzten noch beschlagnahmten Vorkriegs-SVT an die DB zurückgegeben werden konnten; VT 08 801 auf dem Enzviadukt bei Bietigheim. *Aufnahme: Herbert Stemmler*

Zwei Schnelltriebwagengenerationen im Vergleich: oben zwei SVT der Bauart Leipzig am 28. Mai 1936 als FDt 551 bei Lauenstein, unten als Vertreter der ersten DB-Nachkriegskonstruktion VT 08 502 am 8. Mai 1954 als FT 77 in Schwetzingen. *Aufnahmen: Carl Bellingrodt*

①
Erster deutscher Schnelltriebwagen „Fliegender Hamburger"

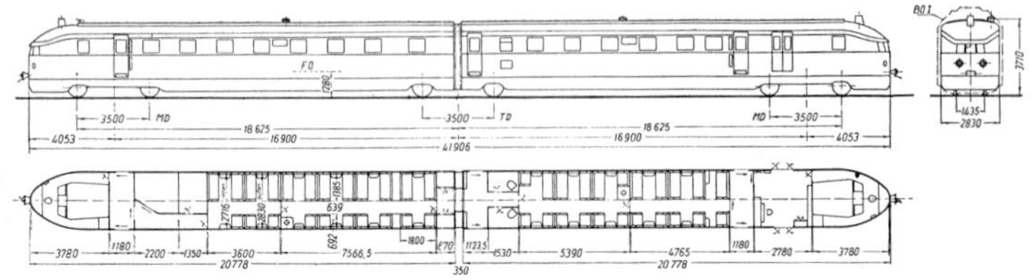

②
Zweiteiliger Schnelltriebwagen „Hamburg"

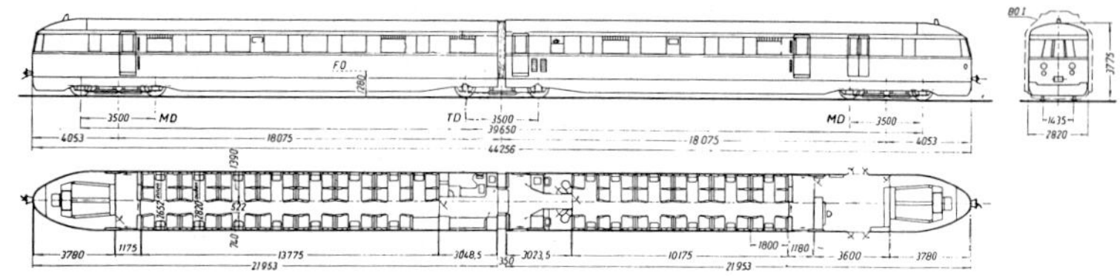

③
Dreiteiliger Schnelltriebwagen „Leipzig"

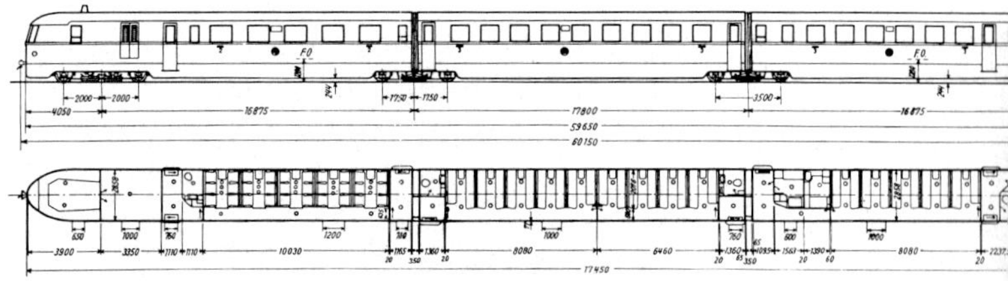

④
Dreiteiliger Schnelltriebwagen „Köln"

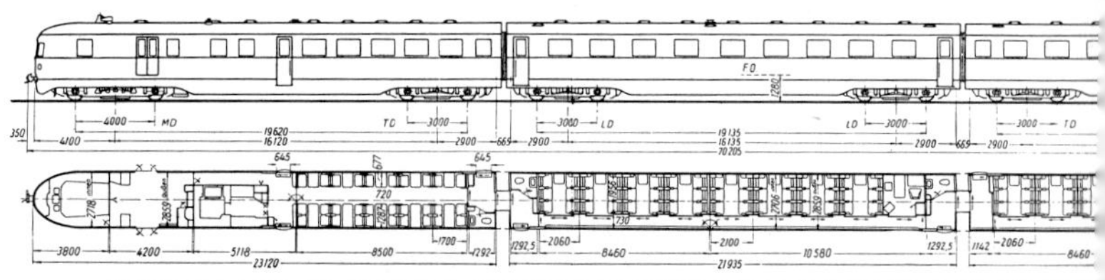

⑤
Dreiteiliger Schnelltriebwagen „Kruckenberg"

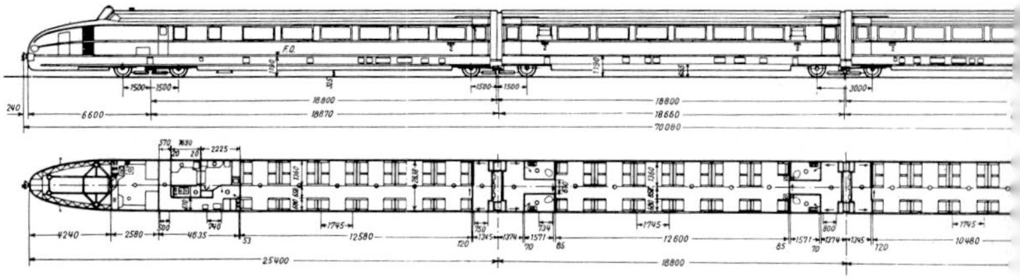

…sichten und Grundrisse der
…tschen Schnelltriebwagen
1933 bis 1957

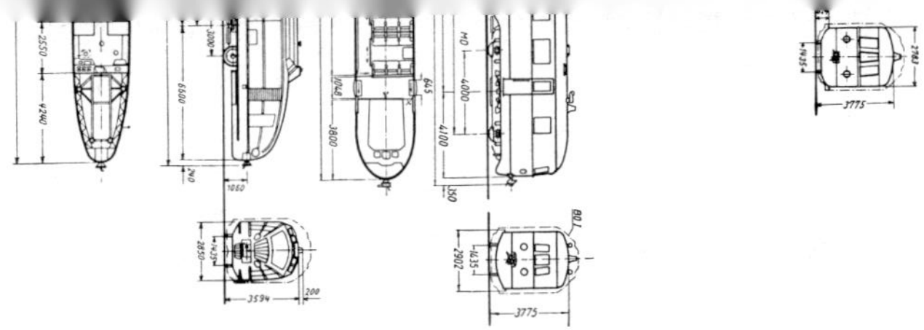

Tafel III: Entwicklungsreihe und wichtigste Kenndaten der deutschen Schnelltriebwagen.

Baureihe	Bauart	Betriebseinsatz im Jahr	Stückzahl	Höchstgeschwindigkeit km/h	Motorleistung PS	Antrieb	Gewicht betriebsfähig t	Länge über Blech m	Platzzahl gesamt	Leistungszahl PS/t	Gewicht je m Zuglänge t/m	Gewicht je Sitzplatz t/Pl
04. / 04.1	Zweiteiliger SVT „Fliegender Hamburger" „Hamburg" (Jakobs)	1935 / 1935	1 / 13	160	2× 410	Diesel-elektrisch	93,8 / 100,0	41,9 / 44,2	65 / 76	8,8 / 8,2	2,2 / 2,25	1,44 / 1,3
–	Dreiteiliger SVT „Leipzig" (Jakobs)	1936	4	160	2× 600	Je zwei Einheiten dieselelektrisch und dieselhydraulisch	129,0 / 119,0	59,6	2 Kl 30 / 3 Kl 109 / 139	9,3 / 10,1	2,18 / 2,02	0,94 / 0,88
06.	Dreiteiliger SVT „Köln"	1938	14	160	2× 600	Zwölf Einheiten dieselelektrisch, zwei Einheiten dieselhydraulisch	165,0 / 159,3	70,2	132 (30)	7,6 / 7,8	2,32 / 2,26	1,60 (1,24) / 1,56 (1,18)
–	Dreiteiliger SVT „Kruckenberg"	1938	1	160	2× 410	Diesel-hydraulisch	113,2	69,6	100	7,4	1,65	1,13
–	Vierteiliger SVT „Berlin"	1938	2	160	1× 1320	Diesel-elektrisch	212,7	86,7	155 (29)	6,3	2,47	1,56 (1,37)
08.	Dreiteiliger VT 08.5	1953	14	120/140	1× 1000		120,0	79,2	136 (24)	8,4	1,37	1,06 (0,83)
08.	Vierteiliger VT 08.5	1954	6	120/140	2× 1000		176,0	103,8	186 (24)	11,2	1,71	1,09 (0,96)
10.	Siebenteiliger Tages-Gliedertriebzug (mit Einachsgestellen)	1954	1	120/140	4× 210	Diesel-hydraulisch	118,3	96,2	129	7,2	1,21	0,92
10.	Achtteiliger Schlafwagen-Gliedertriebzug (Jakobs)	1954	1	120/140	4× 210		122,0	108,4	Nachts 44 (29) / Tags 84	6,9	1,12	1,45 (1,07)
11.	Siebenteiliger TEE Trans Europ Express	1957	8	140	2× 1000		220,0 (geschätzt)	129,9	175 (53)	6,2	1,7	1,9 (1,25)

Entwicklungsreihe der Schnelltriebwagen und Schnelltriebzüge vom Fliegenden Hamburger zum TEE

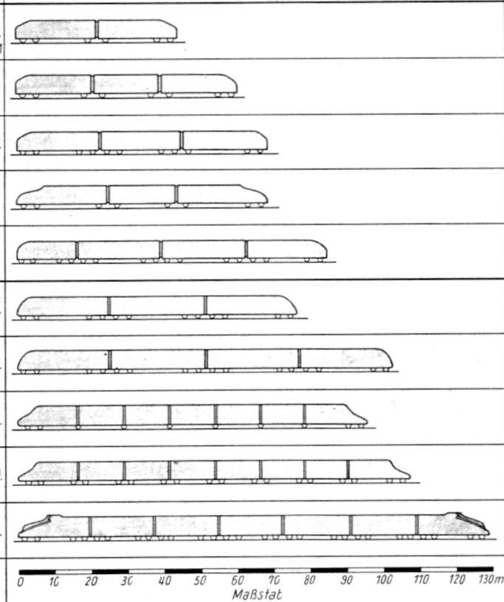

Die ( )-Werte in den Spalten der Platzzahl und des Sitzplatzgewichts nennen bzw. berücksichtigen die in der Gesamtzahl enthaltenen Plätze im Speiseraum.

⑥ *Vierteiliger Schnelltriebwagen „Berlin"*

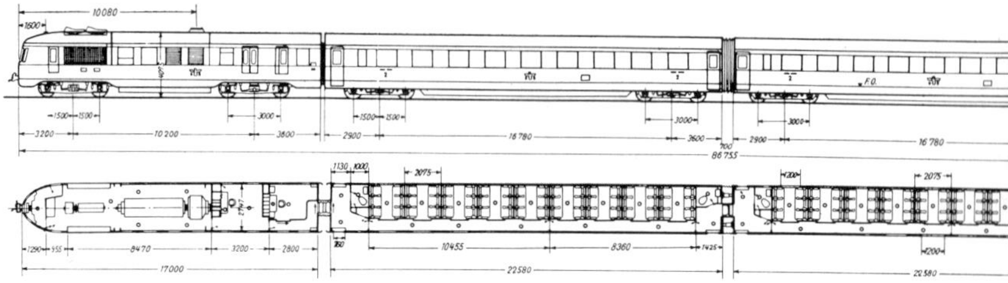

⑦ *Dreiteiliger Schnelltriebwagen „VT 08"*

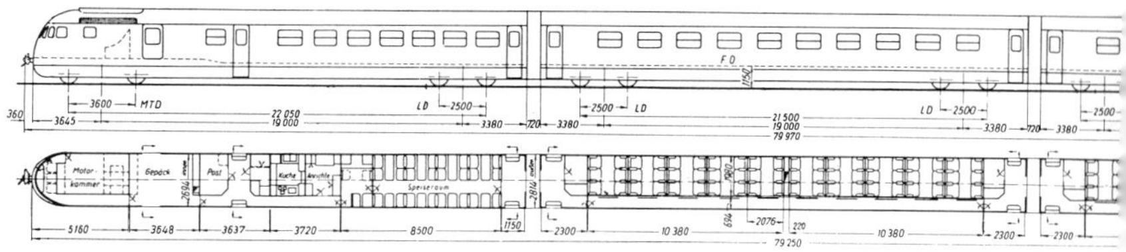

⑧ *Siebenteiliger Leichtmetall-Tagesgliederzug mit Einachsgestellen*

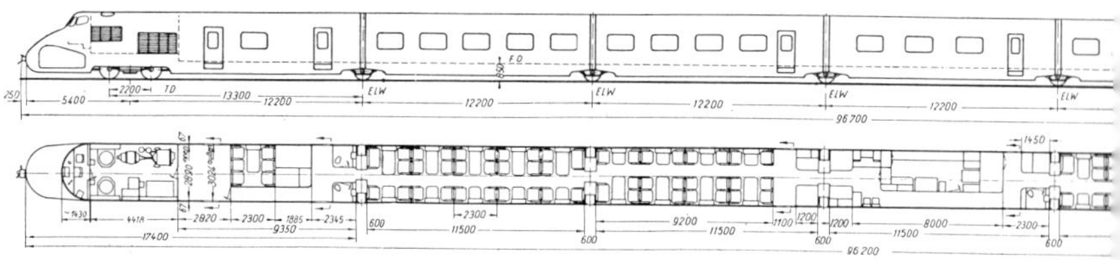

⑨ *Achtteiliger Leichtmetall-Schlafwagen-Gliederzug*

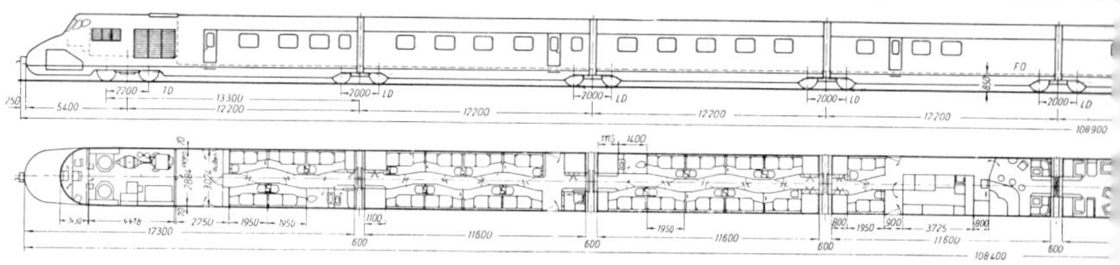

⑩ *Siebenteiliger Trans-Europ-Express „TEE"*

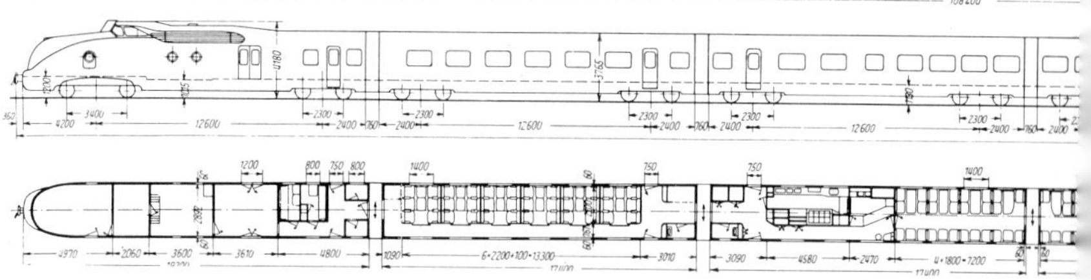

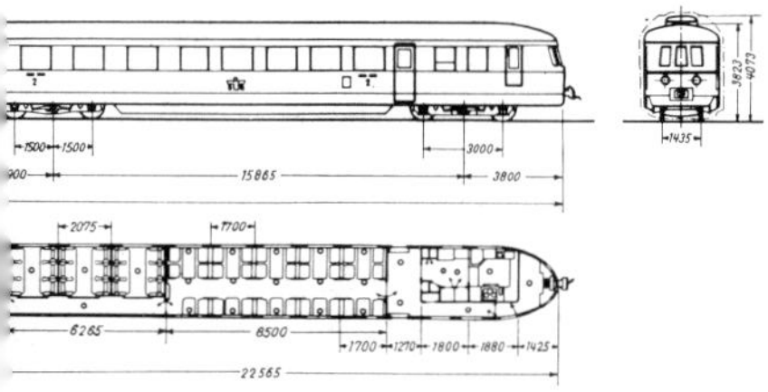

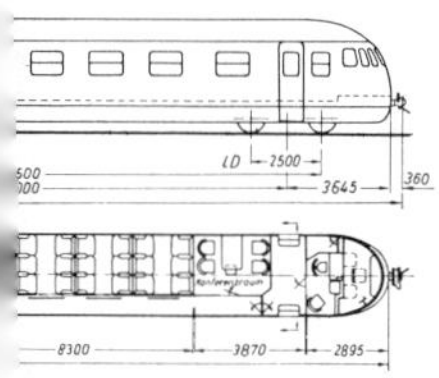

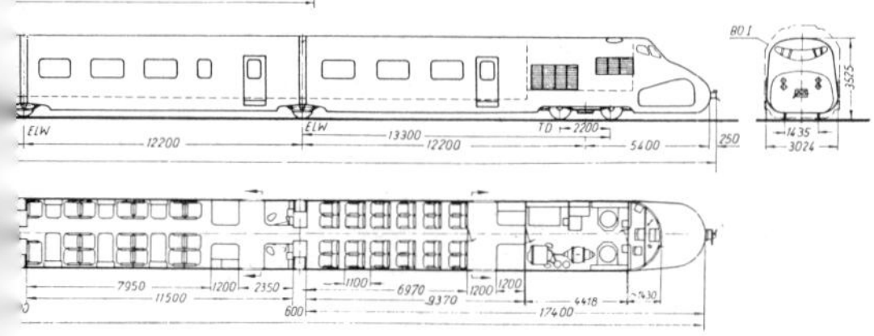

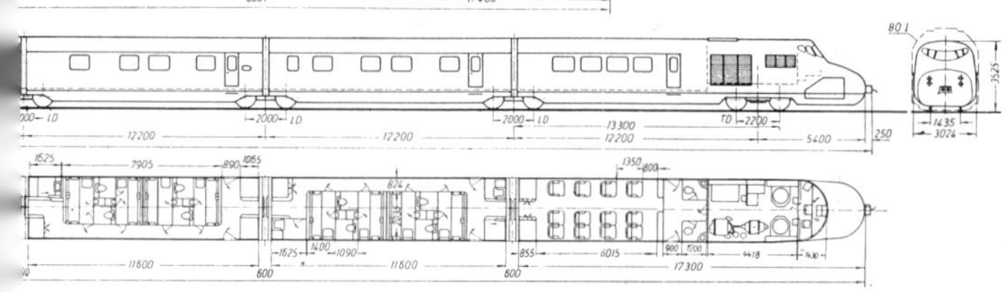

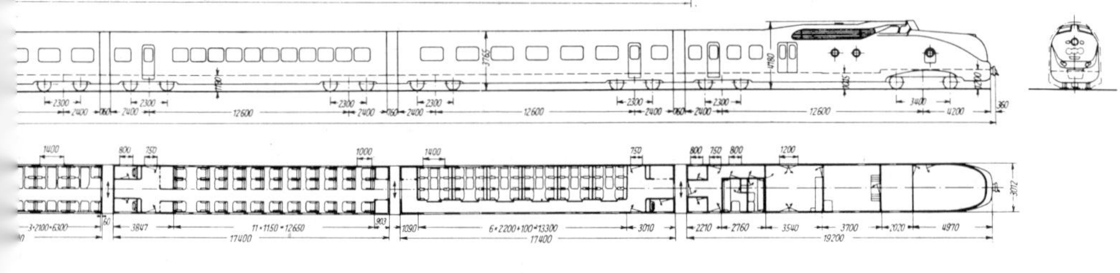

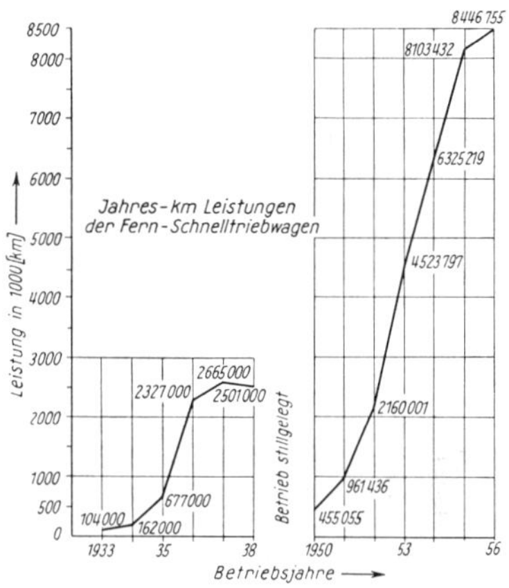

Jahresleistungen der deutschen Schnelltriebwagen in den Jahren 1933 bis 1938 und 1950 bis 1956.

Mit der langsam eintretenden Normalisierung der Verkehrsverhältnisse in den drei westlichen Besatzungszonen ab Mitte 1948 griff man auch auf die mehr oder minder weit zerstreuten und teilweise in stark desolatem Zustand sich befindlichen Schnelltriebwagen zurück, soweit diese nicht von den Besatzungsmächten für ihre Zwecke beschlagnahmt waren und eingesetzt wurden. Zunächst fanden diese Fahrzeuge, soweit sie nicht für Zwecke der Besatzungsmächte eingesetzt wurden, als Dienst- oder Salonwagen Verwendung, insbesondere beim Einsatz der Dienstschnelltriebwagenverbindungen (DDt). Wie bereits dargestellt, waren bei Kriegsende in den Bereichen der westlichen Besatzungszonen der SVT 877a/b „Fliegender Hamburger", fünf Fahrzeuge der Bauart „Hamburg", zehn Fahrzeuge der Bauart „Köln" und jeweils drei Teile von zwei Triebzügen der Bauart „Berlin" vorhanden, die aber nicht alle der Reichsbahnzonenverwaltung unterstanden. Die ersten ab dem Fahrplan vom 6. Dezember 1948 eingeführten DT-Verbindungen wurden noch mit den umgebauten VT 33.2 gefahren; erst mit dem Fahrplan vom 2. Oktober 1949 erschien mit dem „Schnelltriebwagen Rhein-Main" FDt 77/78 Basel Bad Bf — Frankfurt der eigentliche erste echte Schnelltriebwagenlauf nach dem Kriege. Hierzu wurde der von der französischen Besatzungsmacht bisher als Lazaretttriebwagen eingesetzte Urtyp aller SVT, der alte SVT 877a/b, der SWDE zurückgegeben, die ihn im EAW Friedrichshafen so umbauen ließ, daß er nunmehr über 67 Plätze der 2. Klasse und 26 Plätze der 3. Klasse (!) verfügte. Dabei erhielt er die neue Betriebsnummer SVT 04 000 und wurde zunächst in diesem Kurs vom Bw Offenburg, später vom Bw Basel Bad Bf aus eingesetzt. Das Fahrzeug leistete im Winterfahrplan 1949 in einem eintägigen Umlauf FDt 77 Basel Bad Bf — Frankfurt — FDt 78 — Basel Bad Bf werktäglich 678 km.

Zum Sommerfahrplan 1950 war der SVT 04 000 zum Bw Basel Bad Bf umbeheimatet worden; an seiner Laufleistung änderte sich nichts. Dafür war neu ein zweitägiger Umlauf mit drei SVT 06.1 (ehemalige Bauart „Köln") des Bw Frankfurt 1 hinzugekommen:

FDt 71 Frankfurt — Hamburg-Altona — FDt 18 — Köln	= 1 012 km
FDt 17 Köln — Hamburg-Altona — FDt 72 — Frankfurt	= 1 012 km

Der ursprünglich als FT 55/56 München — Hamburg-Altona zum Sommerfahrplan 1951 vorgesehene Lauf mit einem zweitägigen Umlauf von SVT 06.1 unterblieb, da die dafür vorgesehenen Fahrzeuge noch nicht zur Verfügung standen. Stattdessen wurde dieses Zugpaar dampflokbespannt gefahren. SVT 04 000 war inzwischen aus dem Planeinsatz genommen und am 20. November 1950 der Firma WMD in Donauwörth zu einem erneuten Umbau zugeführt worden, wobei er wieder ein reines Fahrzeug 2. Klasse mit 65 Plätzen und zusätzlicher Küche wurde. Gleichzeitig erhielt er statt der seit 1932 eingebauten Gebus- die in den anderen SVT vorhandene RZM-Schaltung und statt der nur vorhandenen Notkupplung wurde die Scharfenbergkupplung ebenso eingebaut wie die Vielfachsteuerung, um das Fahrzeug zusammen mit anderen SVT in einem Zugverband einsetzen zu können. Nach Abnahme im EAW Nürnberg stand er dann dem Betrieb ab 31. Oktober 1952 beim Bw Dortmund Bbf wieder zur Verfügung.

Zwischenzeitlich waren die Laufleistungen der drei Frankfurt SVT 06.1 zum Winterfahrplan 1950/51 neu geordnet worden. In einem nunmehr dreitägigen Umlauf wurden gefahren:

FDt 71 Frankfurt — Hamburg-Altona — FDt 72 — Frankfurt	= 1 067 km,
FDt 20 Hamburg-Altona — Köln — Frankfurt — FDt 78 — Basel SBB	= 1 040 km,
FDt 77 Basel SBB — Frankfurt — FDt 19 — Köln — Hamburg-Altona	= 1 040 km.

Dies ergab einen täglichen Durchschnitt von 1 049 km. Die Einkupplung muß in Hamburg-Altona erfolgt sein, da ansonsten ein dreitägiger Umlauf nicht mit drei Fahrzeugen möglich gewesen wäre. Genaue Unterlagen hierüber konnten jedoch nicht aufgefunden werden. Trotzdem sind die täglichen Laufleistungen von über 1 000 km gegenüber der Vorkriegszeit bereits bemerkenswert.

Der Sommerfahrplan 1951 brachte bei der DB die Einführung des Netzes der leichten F-Züge, von denen ein Teil mit SVT der Vorkriegsbauarten gefahren wurden. Neben den drei SVT 06.1 standen nun auch ein SVT 04.5 und zwei SVT 06.5 zur Verfügung, die vom Bw Dortmund Bbf aus eingesetzt wurden und die bekannte „Rheinblitz"-Gruppe bildeten. Gefahren wurden:

FT 38 Dortmund — Regensburg — FT 37 — Köln,
FT 8 Köln — Basel SBB — FT 7 — Hagen,
FT 28 Hagen — München — FT 27 — Dortmund.

Dabei wurde eine Tagesleistung von 1 290 km erreicht. Den Triebfahrzeugführer stellte das Bw Dortmund Bbf, während Spitzen von Triebfahrzeugführern der Bw Frankfurt-Griesheim und Würzburg ausgefahren wurden, ein Verfahren, das hier bei der DB erstmalig angewandt, später zur Regelbesetzung aller Triebfahrzeuge werden sollte. Bei Ausfall eines Fahrzeuges wurden FT 38/37 erst ab und bis Koblenz mit einem Dampfersatzzug gefahren. Entgegen diesen Umlaufangaben wurden die Triebwagen nach Aussagen Dortmunder Triebfahrzeugführer abends immer nach Dortmund gefahren und von dort aus auch am Morgen wieder eingesetzt, so daß die Wenden in Köln bzw. Hagen nur auf dem Papier standen. Dies dürfte auch notwendig gewesen sein, um die erforderlichen Wartungen im Heimat-Bw durchführen zu können. Die beiden zwischenzeitlich neu gelieferten SVT 07.5, die beim Bw Frankfurt-Griesheim beheimatet waren, befanden sich in diesem Jahresfahrplan noch nicht im Planeinsatz, sondern absolvierten weiterhin Probefahrten über die verschiedensten Strecken. Es war jedoch in Aussicht genommen worden, sie zwischen Frankfurt und München sowie München und Hamburg-Altona einzusetzen (FT 29/30 und FT 55/56), wozu es aber in diesem Fahrplanjahr nicht mehr kam.

VT 06 108 überquert am 10. Mai 1959 als FT 16 „Sachsenroß" die Kölner Hohenzollernbrücke in Köln. *Aufnahme: Walter Hanold*

VT 06 106 a und b warten am 27. April 1965 in Immendingen auf ihr weiteres Schicksal. Bei diesem Fahrzeug handelt es sich um den bei der DB am längsten in Betrieb befindlichen SVT. Der zuletzt als Salonzug des amerikanischen Botschafters eingesetzte Triebzug wurde erst im Oktober 1963 ausgemustert und schließlich an den Eisenbahn-Sportverein Konstanz verkauft, wo er heute noch „im Einsatz steht". *Aufnahme: Herbert Stemmler*

Zum Fahrplanjahr 1952/53 rechnete die DB nach Anlieferung eines noch fehlenden VM zu einem SVT 06.5 und der ersten Neubaufahrzeuge der Baureihe VT 08.5 sowie des Einsatzes der SVT 07.5 mit einer Ausdehnung des Verkehrs mit Schnelltriebwagen. Vorsorglich waren hierzu bereits Fahrpläne erarbeitet worden, die jedoch im Kursbuch nicht alle veröffentlicht wurden; vielmehr waren dort die betreffenden Züge noch mit Dampffahrzeiten angegeben. Tatsächlich kam es aber noch nicht zum Einsatz der VT 08.5 wegen Lieferverzögerungen der Industrie, die ohnehin in einer sehr kurzen Zeit zwischen Planung, Bestellung und Lieferung diese Fahrzeuge bauen mußte. Vorgesehen war hier zunächst vom Bw Frankfurt-Griesheim aus der Einsatz bei den FT 46/45 und FT 44/43 mit Umlauf Frankfurt – Basel – Bremen – Basel – Frankfurt. Statt dessen wurden zunächst die neuen VT 08.5 noch eingehend erprobt und das Triebfahrzeugpersonal geschult, so daß die fünf im Laufe des Sommerabschnittes zur Verfügung stehenden VT 08.5 vom Bw Frankfurt-Griesheim laufplanmäßig nur in einem eintägigen Umlauf

FT 30 Frankfurt – München – FT 29 – Frankfurt	= 883 km

eingesetzt wurden.

In Dortmund Bbf dagegen standen nunmehr drei SVT 06.1, zwei SVT 06.5, ein SVT 04.5 und zwei SVT 07.5 zur Verfügung. Mit diesen acht Fahrzeugen konnte nunmehr die gesamte neu orientierte „Rheinblitz"-Gruppe gefahren werden, wobei tägliche Laufleistungen von 1 377 km erreicht wurden. Die Gesamttageslaufleistung aller Schnelltriebwagen der DB war in diesem Fahrplanabschnitt 1 239 km.

Zum Winterabschnitt waren weitere VT 08.5 einsatzbereit und es kam zu einer Umstationierung der Fahrzeuge, wobei auch der SVT 04 000 wieder zur Verfügung stand. In der „Rheinblitz"-Gruppe liefen nunmehr ein SVT 04.0, ein SVT 04.5, drei SVT 06.1 und zwei SVT 06.5, wobei FT 28/29 aus dem Umlauf von Dortmund herausgenommen worden waren. Wegen der starken Inanspruchnahme mußten FT 8/7 und 38/37 teilweise doppelt gefahren werden, so daß diese Anzahl an Fahrzeugen erforderlich war. Das Bw Ffm-Griesheim setzte dagegen in einem viertägigen Laufplan zwei SVT 07.5 und acht VT 08.5 wie folgt ein:

FT 30 Frankfurt – München – FT 27 – Dortmund	= 1 185 km
FT 28 Dortmund – München – FT 29 – Frankfurt	= 1 183 km
FT 46 Frankfurt – Basel SBB – FT 43 – Bremen	= 1 186 km
FT 44 Bremen – Basel SBB – FT 45 – Frankfurt	= 1 186 km.

Dies ergab einen Tagesdurchschnitt von 1 185 km. Ab 18. Mai 1953 wurden die im Fahrplan als Dampfzüge enthaltenen FT 128/127 Frankfurt – München – Frankfurt bis zum Fahrplanwechsel von SVT des Bw Ffm-Griesheim übernommen, wobei hier die SVT 07.5 zum Einsatz gekommen sein sollen.

Zum Jahresfahrplan 1953/54 erfolgte nochmals eine Neuverteilung der SVT auf die beiden Triebwagen-Bw Frankfurt-Griesheim und Dortmund Bbf, wobei nunmehr die Baureihen wie folgt aufgeteilt wurden:

Dortmund Bbf	vier SVT 06.1, zwei SVT 06.5, zwei SVT 07.5,
Ffm-Griesheim	ein SVT 04.0, ein SVT 04.5, 14 VT 08.5.

Neben den bereits im vorhergegangenen Winterabschnitt gefahrenen Kursen, von denen FT 127/128 wieder entfielen, kamen fünf weitere Zugläufe hinzu, so daß im F-Zugnetz nunmehr insgesamt elf Zugpaare mit Schnelltriebwagen gefahren werden konnten. Im einzelnen liefen die Fahrzeuge wie folgt:

Bw Dortmund Bbf:	
FT 8 Dortmund – Basel SBB – FT 7 – Dortmund	= 1 284 km
FT 28 Dortmund – München – FT 29 – Frankfurt	= 1 183 km
FT 30 Frankfurt – München – FT 27 – Dortmund	= 1 185 km
FT 38 Dortmund – Regensburg – FT 37 – Dortmund	= 1 352 km
Bw Frankfurt-Griesheim:	
FT 231 Frankfurt – Luxembourg – FT 232 – Frankfurt	= 584 km
FT 46 Frankfurt – Basel SBB – FT 43 – Bremen	= 1 186 km
FT 44Bremen – Basel SBB – FT 45 – Frankfurt	= 1 186 km
FT 31 Frankfurt – Dortmund – FT 32 – Frankfurt	= 678 km
FT 41 Frankfurt – Kiel – FT 2 – Köln	= 1 316 km
FT 1 Köln – Hamburg-Altona – FT 42 – Frankfurt	= 1 106 km
FT 77 Frankfurt – Zürich – FT 78 – Frankfurt	= 864 km

Unter Einschluß der Verstärkungsläufe legten dienstplanmäßig die Dortmunder Fahrzeuge im Durchschnitt 1 254 km, die Frankfurter Fahrzeuge 963 km je Betriebstag zurück, wobei die Spitzen in den einzelnen Läufen nunmehr von Triebfahrzeugführern der Bw Hamburg-Altona, Frankfurt-

Griesheim und Stuttgart Hbf ausgefahren wurden. Bei den Auslandskursen stellte die Auslandsverwaltung auf ihren Strecken jeweils einen Lotsen. Mit der Verlängerung von FT 77/78 bis und ab Hamburg-Altona zum Winterabschnitt 1953/54 erhielt das Bw Hamburg-Altona drei VT 08.5, die es in einem zweitägigen Umlauf FT 78 Hamburg-Altona – Zürich und FT 77 Zürich – Hamburg-Altona mit einer Tageslaufleistung von jeweils 1 051 einsetzte. Der Jahresfahrplan 1954/55 brachte nach der restlichen Anlieferung der ersten Serie der VT 08.5 sowie des Einsatzes des Schlafwagengliedertriebzuges VT 10 551 eine weitere Ausdehnung des Netzes der Schnelltriebwagen, wobei nunmehr auch vermehrt Auslandsläufe aufgenommen wurden. Nähere Angaben über die einzelnen von den Bw gefahrenen Kurse sowie den Kupplungen ist aus der nachfolgenden Übersicht zu ersehen.

Verzeichnis der Schnelltriebwagenläufe

Bundesbahndirektion	Ft, Dt Nr.	Name	Strecke	km	Eingesetzte Schnelltriebwagen Baureihe
Essen	168/185	Paris/Ruhr	Dortmund—Paris und zurück	1 228	08*
Essen	75/74	Saphir	Dortmund—Ostende und zurück	936	08
Essen	28/29	Rheinblitz/Münchener Kindl	Dortmund—München—Frankfurt	1 180	06, 07, 08
Essen	30/27	Münchener Kindl/Rheinblitz	Frankfurt—München—Dortmund	1 180	06, 07, 03
Essen	8/7	Rheinblitz	Dortmund—Basel SBB und zurück	1 260	06, 07, 08
Essen	38/37	Rheinblitz	Dortmund—Nürnberg und zurück	1 162	06, 07, 03
Essen	138/137	Rheinblitz	Dortmund—München und zurück	1 516	06, 07, 08
Frankfurt	46/43	Schauinsland/Roland	Frankfurt—Basel SBB—Bremen	1 188	08
Frankfurt	44/45	Roland/Schauinsland	Bremen—Basel SBB—Frankfurt	1 188	08
Frankfurt	31/32	Rhein-Main	Frankfurt—Dortmund und zurück	695	08
Frankfurt	231/232	Montan-Expreß	Frankfurt—Luxemburg und zurück	586	04
Hamburg	78/77	Helvetia-Expreß	Hamburg-Altona—Zürich und zurück	1 974	08
Hamburg	141/142	Kopenhagen-Expreß	Hamburg Hbf.—Kopenhagen und zurück	652	12
Hamburg	50/49	Komet	Hamburg-Altona—Basel SBB und zurück	1 843	10
			zusammen:	16 800 km/Tag	
			bisher:	12 280 km/Tag	

*) Mit 2 Motoranlagen

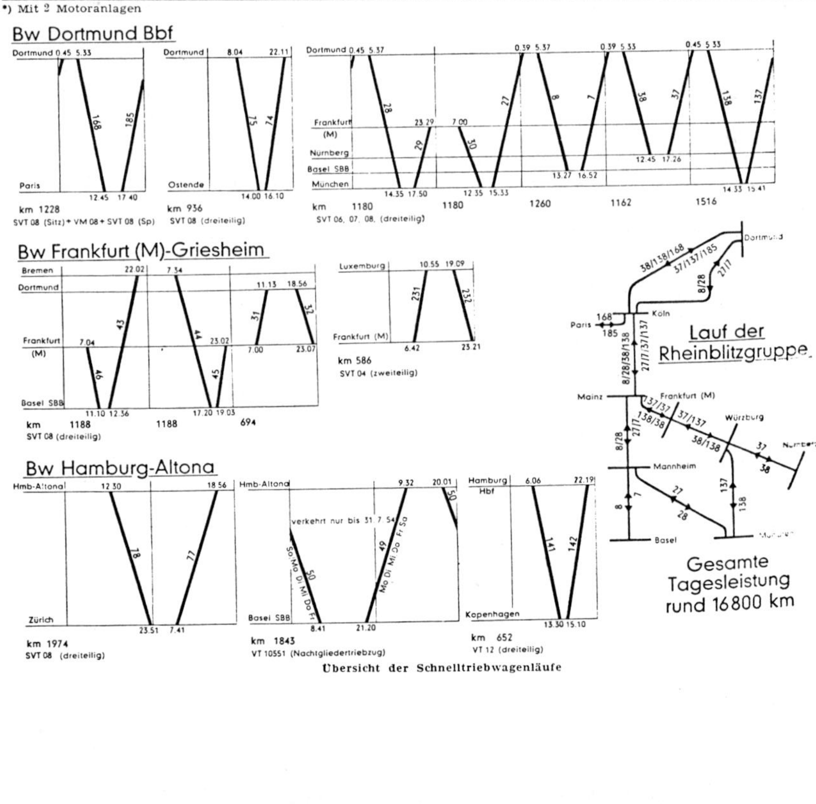

Übersicht der Schnelltriebwagenläufe

Hierzu wäre noch zu bemerken, daß in diesem Fahrplanjahr das mit Schnelltriebwagen gefahrene Verkehrsvolumen von bisher 12 300 auf 16 800 km (+ 37 %) gesteigert werden konnte, wobei der längste Triebwagenlauf FT 138/137 mit 1 516 km je Betriebstag war; bei weiteren sieben Läufen lagen die Leistungen zwischen 1 160 und 1 260 km/Betriebstag. Da die nach Paris verkehrenden FT 168/185 auf Strecken der SNCF mit 140 km/h Hg verkehrten, mußten sie aufgrund der französischen gesetzlichen Bestimmungen mit einer Überwachungseinrichtung, dem Flaman-Gerät, ausgerüstet werden. Gegenüber der deutschen Indusi bestand der wesentlichste Unterschied darin, daß beim Flaman-Gerät das Triebfahrzeug bei haltzeigendem Signal nicht selbsttätig abgebremst wird, sondern nur eine durchdringende Hupe ertönt, um den Lokführer aufmerksam zu machen. Gleichzeitig wurden sämtliche bisher gelieferten VT 08.5 für eine Hg von 140 km/h hergerichtet und die induktive Zugbeeinflussung (Indusi) eingebaut.

Das Fahrplanjahr 1955 brachte keine wesentlichen Änderungen, abgesehen davon, daß nunmehr auch der Tagesgliedertriebzug VT 10 501 eingesetzt wurde. Den längsten ununterbrochenen Lauf stellte VT 10 551 mit 1 010 km im „Komet", der nunmehr bis und nach Zürich verkehrte. Im Fahrplanjahr 1956 änderte sich im wesentlichen nichts an der bisherigen Konzeption, abgesehen davon, daß im grenzüberschreitenden Verkehr FT 31/32 nunmehr nach Amsterdam verkehrten, so daß die DB sechs Zugpaare in das Ausland fuhr. Neu geregelt wurde die Personalablösung im grenzüberschreitenden Verkehr. Fuhren bisher die deutschen Triebfahrzeugführer die gesamte Strecke und die ausländische Verwaltung stellte auf ihren Strecken einen Lotsen, so wurden nunmehr Triebfahrzeugführer der fremden Verwaltung auf den deutschen Fahrzeugen eingeschult und fuhren diese ab Landesgrenze unter eigener Verantwortung, während der Triebfahrzeugführer der DB nur noch zur Wartung der Maschinenanlagen mitfuhr.

Mit der Einführung des TEE-Verkehrs im Fahrplanjahr 1957/58 erfolgten erstmalig wieder größere Veränderungen im Einsatz der Schnelltriebwagen. Nicht nur daß im Zuge des TEE-Verkehrs nun auch über den bisherigen Einsatz in der Verbindung Bar le Duc – Frankfurt – Metz mit französischen Triebwagen hinaus weitere Zugläufe wie auch in den folgenden Jahren durch Triebwagen fremder Verwaltungen auf deutschen Strecken gefahren wurden, mit der Anlieferung der VT 11.5 für den TEE-Verkehr kamen auch wieder neue Fahrzeuge seitens der DB zum Einsatz. Als erste Leistung wurde ab 15. Juli 1957 TEE 75/74 Dortmund – Oostende mit VT 11.5 vom Bw Dortmund Bbf gefahren, der ab 14. Oktober TEE 78/77 Hamburg-Altona – Zürich vom Bw Hamburg-Altona aus folgte. Mit der im Laufe des Fahrplanjahres erfolgten Anlieferung der weiteren bestellten VT 11.5 konnten die bisher mit Diesellok V 200 gefahrenen F-Zugpaare F 13/14, F 15/16 und F 17/18 zwischen Köln/Bonn und Hannover auf SVT 06 umgestellt werden, die diese Zugläufe von ihrem Heimat-Bw Dortmund Bbf aus befuhren. Da der Tagesgliedertriebzug VT 10 501 trotz aller Verbesserungen nicht befriedigte, wurde er aus dem Verkehr gezogen und schließlich am 12. Juni 1959 ausgemustert. Durch den Einsatz der TEE stieg das Schnelltriebwagennetz auf 18 300 km an, wobei die größte planmäßige Laufleistung eines dort eingesetzten Triebwagens nunmehr bei 1 460 km/Betriebstag lag. Der längste Triebwagenlauf vor einem Zug betrug weiterhin beim „Komet" 1 010 km. Analog der Regelung, auf deutschen Triebwagen auf ausländischen Strecken Triebfahrzeugführer des betreffenden Landes einzusetzen, übernahmen auch die Triebfahrzeugführer der DB nunmehr die auf deutsche Strecken übergehenden ausländischen Fahrzeuge. Der Bestand und die Einsatzstrecken der Schnell- und Fernverkehrstriebwagen nach dem Stand vom 31. Dezember 1957 sind aus nebenstehender Übersicht zu ersehen.

Bestand und Einsatzstrecken der Schnell- u Fernverkehrstriebwagen am 31.12.1957

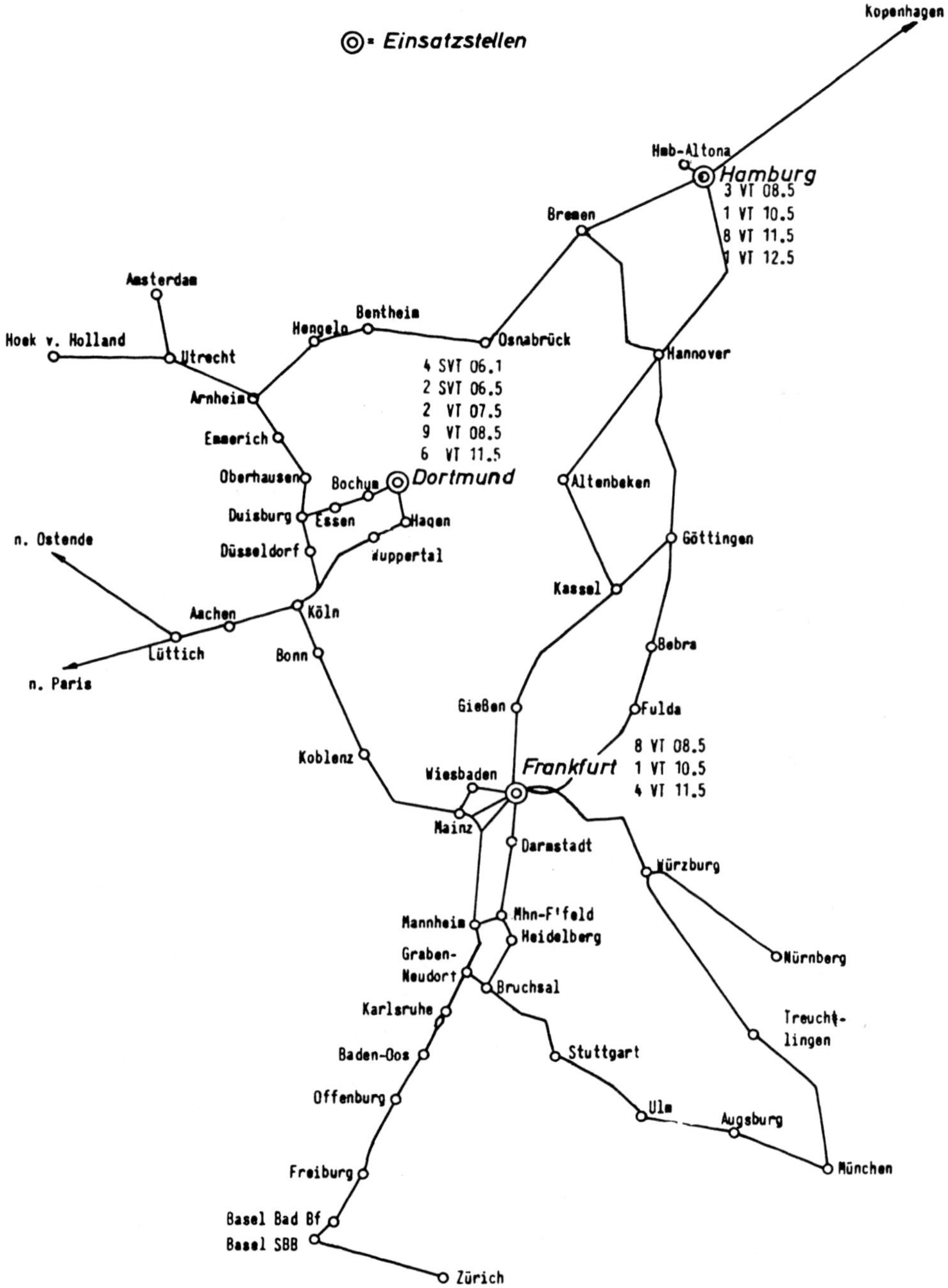

Zwischenzeitlich war durch die Anlieferung der zusätzlich bestellten VT 08.5 und der VT 11.5 eine Typenbereinigung dahingehend eingetreten, daß sowohl die SVT 04.0, 04.1, 04.5 wie auch die 06.5 und von den Besatzungsmächten nicht mehr benötigte und zurückgegebene SVT 06.1 aus dem Bestand ebenso ausschieden wie die beiden Gliedertriebzüge VT 10 501 und 10 551. Ende 1958 konnte ein Teil dieser Fahrzeuge an die DR im Kompensationswege abgegeben oder verkauft werden, wo sie unter ihrer alten Reichsbahn-Betriebsnummer wieder zum Einsatz gelangten. Näheres hierzu ist aus den Übersichten zu den einzelnen Fahrzeugen zu ersehen. Somit blieben ab dem Fahrplanjahr 1958/59 neben den Neubaufahrzeugen VT 08.5 und 11.5 (für den TEE-Verkehr) nur noch Vorkriegsfahrzeuge der Baureihe SVT 06.1 sowie die aus Teilen der alten Triebzüge der Bauart „Berlin" neu aufgebauten beiden SVT 07.5 im Einsatzbestand.

Der Jahresfahrplan 1958 brachte dann nochmals eine Ausdehnung des mit Triebwagen gefahrenen F-Zugnetzes durch die Übernahme des F 53/54 Hamburg-Altona – Regensburg durch VT 08.5 des Bw Hamburg-Altona und der endgültigen Leistung der F-Züge Bonn/Köln – Hannover mit vier SVT 06.1, die zu diesem Zweck vom Bww Dortmund Bbf zum Bw Köln Bbf umbeheimatet wurden. Die täglich planmäßig im FT-Verkehr befahrene Streckenlänge betrug 1958 18 250 km, wovon 2 844 km auf ausländische Streckenabschnitte entfielen. Dabei erreichten die im Fernschnellverkehr ohne VT 11.5 eingesetzten Triebfahrzeuge eine durchschnittliche störungsfreie Laufleistung von 253 000 km, die im TEE-Verkehr eingesetzten VT 11.5 jedoch sogar eine solche von 1 219 000 km. Hier drückt sich bei den SVT die größere Störanfälligkeit der Vorkriegsfahrzeuge deutlich aus.

Die Ausweitung des mit Schnelltriebwagen bedienten F-Zugnetzes (ohne TEE) zeigt die nachstehende Aufstellung:

Fahrplanabschnitt	Zahl der gef. Kurse	Durchschn. km je Kurs	eingesetzte VT
Sommer 1951	2	1 392	2
Winter 1951/52	3	1 378	3
Sommer 1952	4	1 233	4
Winter 1952/53	6	1 253	6
Sommer 1953	11	1 069	11
Winter 1953/54	11	1 170	12
Sommer 1954	12	1 155	13
Winter 1954/55	12	1 155	13
Sommer 1955	14	1 178	15
Winter 1955/56	13	1 223	14
Sommer 1956	14	1 254	15
Winter 1956/57	14	1 254	15
Sommer 1957	15	1 245	16
Winter 1957/58	14	1 271	15
Sommer 1958	16	1 140	17
Winter 1958/59	16	1 140	17

1959 endete der Einsatz der Vorkriegstriebwagen der Baureihe SVT 06.1 im Plandienst Bonn/Köln – Hannover und die Leistungen wurden von VT 08.5 des Bww Dortmund Bbf. gefahren. Gleichzeitig entfielen im Triebwageneinsatz die „Rheinblitz"-Gruppe, von der nur noch F 38/37 „Hans Sachs" unter Änderung des Laufweges nach München als Triebwagen gefahren wurden. Ebenso entfielen die Triebwageneinsätze beim „Hamburg-London-Expreß" F 71/72 und beim „Hanseat" F 1/2. Durch zusätzliche geringfügige Änderungen beim TEE-Einsatz der DB umfaßte somit das Schnelltriebwagennetz nur noch 14 Zugpaare mit 13 400 km täglicher Laufleistung.

1960 wurden die letzten vier Vorkriegs-SVT der Baureihe 06.1 sowie die Nachkriegs-Umbauten SVT 07.5 aus dem Verkehr gezogen. Somit bestand der Schnelltriebwagenpark der DB jetzt nur noch aus VT 08.5 und VT 11.5, wodurch der Unterhaltungsaufwand und die Vorhaltung der Reserven günstig beeinflußt wurden. VT 08.5 waren beheimatet in Dortmund Bbf, Ffm-Griesheim und Köln-Nippes, VT 11.5 in Hamburg-Altona und Ffm-Griesheim. Das gesamte Netz umfaßte jetzt 13 Zugpaare mit 14 100 km Laufleistung. Die Einsätze bei den einzelnen Zügen und die Kupplungen sind aus der beigegebenen Übersicht zu ersehen.

Vorkriegs-VT 04 501 (ex. SVT 137 227) als „Montan-Expreß" am 24. April 1954 in Trier, unten VT 08 502 als FT 31 am 12. April 1956 bei Brohl. Aufnahmen: Carl Bellingrodt

Bww Dortmund Bbf

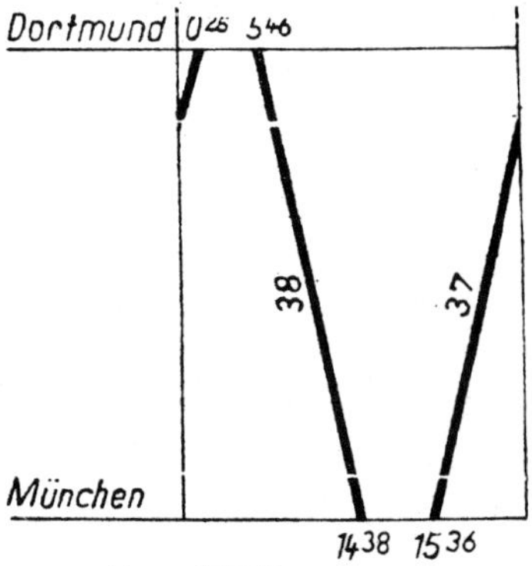

Km 1537
VT 08 (4 teilig)

Bw Köln-Nippes

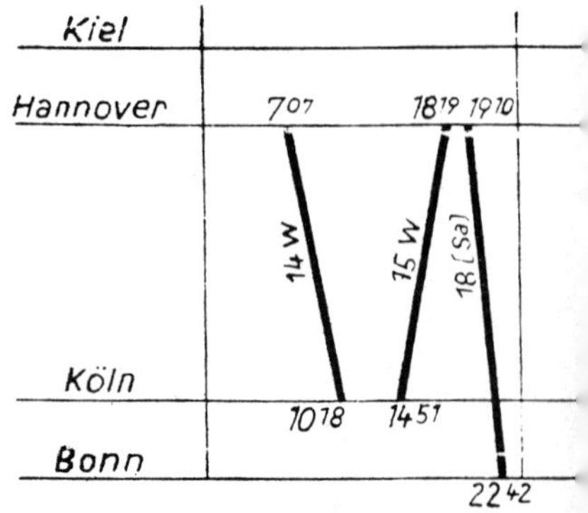

Km 981 9
VT 08 (3 teilig)

Bw Frankfurt (M)-Griesheim

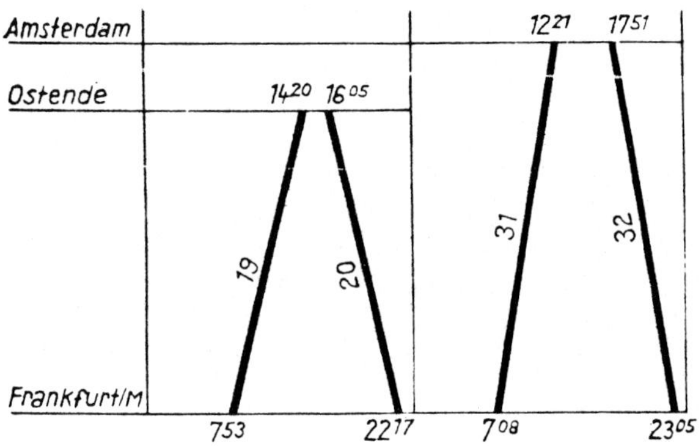

Km 1148 964
VT 11 (7 teilig)

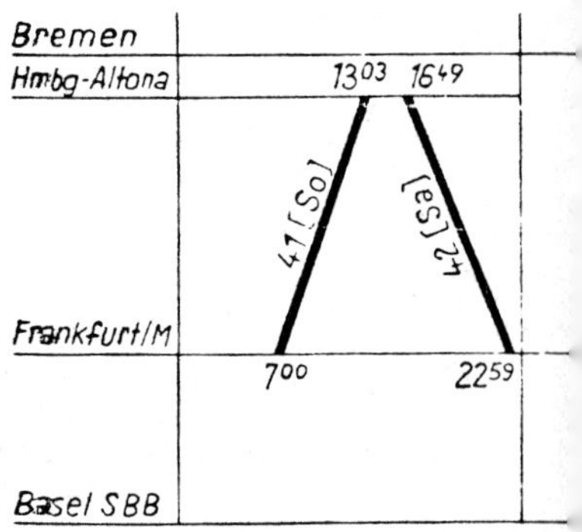

Km 1103
VT 08 (3 teilig)

Bw Hamburg-Altona

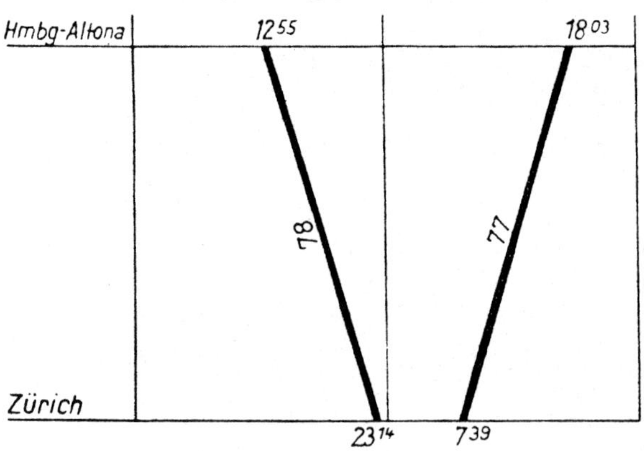

Km 963 963
VT 11 (8 teilig)

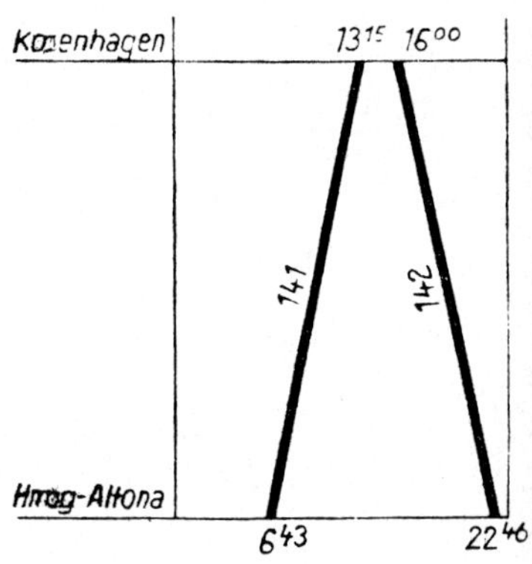

Km 656
VT 12

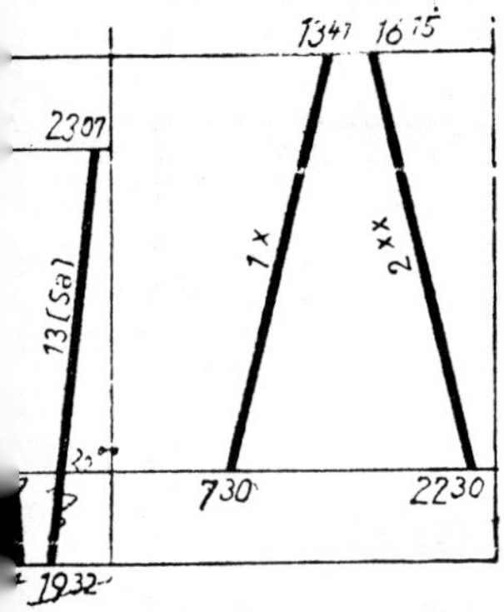

1166
VT 08 (5teilig)

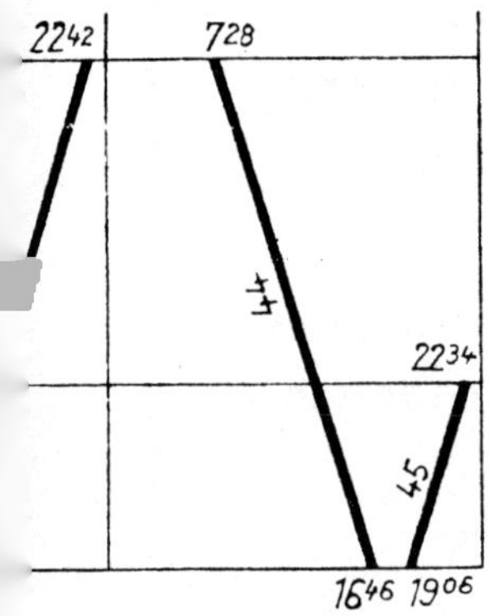

1178

)

Übersicht der Schnelltrieb= wagenläufe

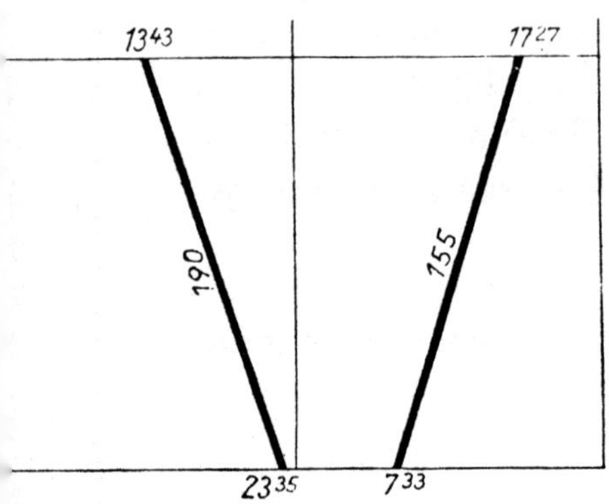

971 971
VT 11 (7teilig)

Fahrplanzeiten und Verkehrstage noch nicht endgültig!

x Mo-Fr Köln-Kiel
Sa Köln-Hmbg/Altona

xx Mo-Fr Kiel-Köln
So Hmbg/Altona-Köln

Im Oktoberheft 1960 der „Eisenbahntechnischen Rundschau (ETR)" veröffentlichte das BZA Minden (Westf) die nachstehende Verkaufsanzeige:

Zu verkaufen

ausgemusterte Dieseltriebwagen und -lokomotiven für Normalspur 1435 mm

dreiteilige Schnelltriebwagenzüge SVT 06.1, dieselelektrisch, 2 × 600 PS,

dreiteilige Triebwagenzüge VT 07.5, dieselhydraulisch, 1000 PS, (**ohne** Maschinenanlagen),

sieben- bzw. achtteiliger Gliedertriebzug VT 10.5, dieselhydraulisch-mechanisch, 4 × 210 PS,

zweiachsige Triebwagen VT 70.9 und VT 75.9, dieselmechanisch, 150 und 135 PS, zweiachsige Beiwagen, VB 140 und 144,

zweiachsige Diesellokomotiven V 45 (französische Bauart), dieselhydraulisch, Dreifach-Kettenantrieb, Saurer-Motor 450 PS, Höchstgeschwindigkeit 55 km/h, 34 t Dienstgewicht, 3800 mm Achsstand, Druckluftbremse, kleinster Krümmungshalbmesser 80 m.

Anfragen an Bundesbahn-Zentralamt München, München 2 BZ, Arnulfstr. 19

Bei den angebotenen Fahrzeugen handelte es sich in Bezug auf die Schnelltriebwagen um die vier zuletzt im Bw Köln-Nippes beheimateten und in der Relation Bonn/Köln – Hannover eingesetzten ehemaligen Fahrzeuge der Bauart „Köln" SVT 06 103, 104, 108 und 110 sowie die zuletzt beim gleichen Bw beheimateten Umbaufahrzeuge aus der Bauart „Berlin" von 1951 SVT 07 501 und 502 sowie die beiden Gliedertriebzüge der DB und DSG 10 501 und 10 551. Man hatte möglicherweise an die DR als Interessenten gedacht, die ja bereits 1958 mehrere Vorkriegs-SVT übernommen hatte und diese in ihrem Netz noch mit Erfolg einsetzte. Aber dieses „Geschäft" ließ sich nicht wiederholen, sei es, daß man bei der DR kein Interesse mehr an den Fahrzeugen hatte, da diese im VT 12.14 von Ganz bereits Ersatz gefunden hatte und selbst konstruktiv bereits an den später so erfolgreichen VT 18.16 arbeitete, sei es, daß die beim Verkauf 1958 nachträglich aufgetretenen „politischen Turbulenzen" eine Wiederholung nicht zuließen. So blieben die Fahrzeuge unverkäuflich, lediglich Linke-Hofmann-Busch in Salzgitter kaufte den SVT 06 104 für sein Werksmuseum. Alle anderen Fahrzeuge wurden letztlich 1963 und 1964 verschrottet. Lediglich der SVT 06 106 verblieb als Salonzug des amerikanischen Botschafters, formal beim Bw Köln-Nippes beheimatet, noch bis zum Sommer 1963 im Einsatz, bis auch er ausgemustert wurde. Über sein Schicksal wurde bereits an anderer Stelle berichtet.

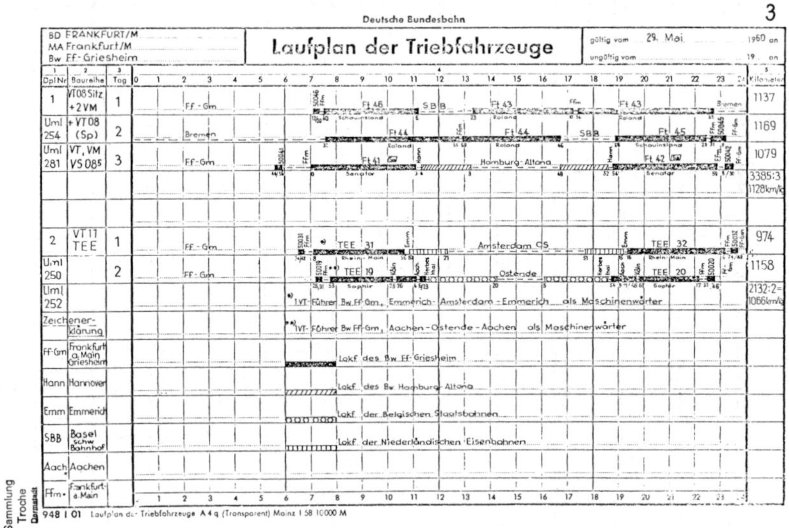

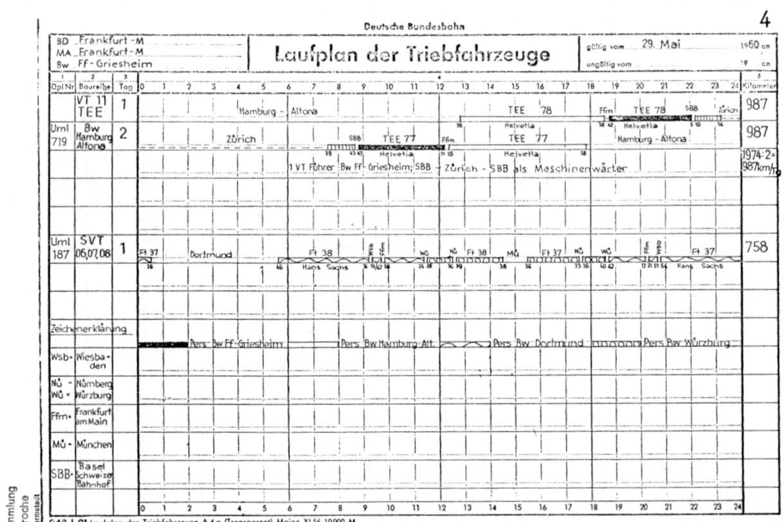

Deutsche Bundesbahn

BD Essen
MA Dortmund
Bww Dortmund-Bbf.

Laufplan der Triebfahrzeuge

gültig vom 1. Juni 1958 an
ungültig vom .... 19 .... an

1 Dpl Nr	2 Baureihe	3 Tag	4 (0–24 Uhr)	5 Kilometer
11+12	VT. 08⁵+07⁵	1	Ft 38 – Nürnberg – Ft 37	1164
		2	Ft 138 – München – Ft 137	1542
		3	Ft 28 – München – Ft 27	1472
		4	Ft 8 – Basel – Ft 7	1260
				5438 / 1360
13	VT. 11⁵	1	TEE 168 – Paris-Nord – TEE 185	1220

943 I 01 Laufplan der Triebfahrzeuge A 4 q (Transparent) Mainz ... 10000 M

1961 kam erstmalig eine kombinierte VT 08.5/VT 12.5-Leistung des Bw Frankfurt-Griesheim im Zugpaar D 1107/1110 Frankfurt – Paris zum Einsatz. Hierfür stellte das Bw Ffm-Griesheim eine Zugkomposition in der Zusammenstellung VT 08 (mit Speiseabteil) + VM 08 + ein oder zwei VM 12 + VT 12, womit in der 1. Klasse 78 bzw. 96 Plätze, in der 2. Klasse 115 bzw. 186 Plätze angeboten werden konnten. 1962 kam im grenzüberschreitenden Schnelltriebwagenverkehr der Einsatz eines vierteiligen VT 08.5 des Bw Köln-Nippes als F 25/26 Bonn – Antwerpen neu hinzu. Ab 1963 erfolgte der Rückgang der VT 08-Leistungen im Schnelltriebwagenverkehr, während die VT 11.5 weiterhin voll im TEE-Verkehr eingesetzt waren. In diesem Jahr wurden von VT 08.5 nur noch drei Zugpaare gefahren: F 25/26, F 46/45 und in der Kombination mit VT 12.5 D 1110/1107. Damit ging das von Schnelltriebwagen befahrene Netz auf acht Zugpaare mit 9 400 km täglicher Leistung zurück. Gleichzeitig begann der Umbau der VT 08.5 zu VT 12.6, der sich über Jahre je nach dem Einsatzerfordernis im Schnelltriebwagenverkehr hinzog und erst 1970 abgeschlossen war.

1964 entfielen F 45/46 und F 25/26 in der bisherigen Form. Zur Entlastung des TEE 190 verkehrte aber ab 27. September 1964 ein F 25 Münster – Antwerpen mit VT 08.5, im Gegenlauf als F 26 Antwerpen – Dortmund. Hierbei war vor allem bemerkenswert, daß zwischen Köln und Liège TEE 190 und F 25 vereinigt gefahren wurden, so daß hier eine Kombination VT 11.5/VT 08.5 zustande kam. Eine weitere Kombination entstand mit dem Zugpaar D 195/196 Hengelo – Hamburg-Altona, das vom Bw Hamburg-Altona in der Zusammensetzung VT 08.5 (mit Speiseabteil) + zwei VM 12.6 + VT 12.6 gefahren wurde, wodurch 24 Plätze 1. und 150 Plätze 2. Klasse angeboten wurden und die umgebauten ehemaligen VT 08.5 als VT 12.6 nunmehr im Schnellverkehr vorübergehend erschienen. In diesem Jahr wurden bei acht Zugpaaren 9 050 km täglicher Leistung im Sommer- und 9 330 km im Winterabschnitt gefahren. 1965 wurde TEE „Helvetia" in einen lokbespannten Zug umgewandelt, wodurch VT 11.5 frei wurden, die in Dortmund Bbf neu beheimatet wurden und von dort aus die TEE 168/185 und TEE 25/26 fuhren. Außerdem wurde mit Dortmunder Fahrzeugen TEE 155/190 verstärkt, während D 195/196 in einen lokbespannten Zug umgewandelt wurde, so daß die einjährige Kombination VT 08.5/VT 12.6 beendet war. Insgesamt wurden nur noch sieben Zugpaare mit rund 8 000 km Leistung im Schnelltriebwagennetz gefahren. 1966 wurden durch die Kürzung von TEE-Läufen nur noch 7 670 km täglich erreicht, wobei die Spitze nach wie vor D 1107/1110 Frankfurt – Paris – Frankfurt in der Kombination VT 08.5/VT 12.5 des Bw Ffm-Griesheim mit 1 290 km täglicher Leistung hielt. Nach weiterer Umwandlung von TEE in lokbespannte Züge wurden 1967 nur noch fünf Zugpaare mit 6 050 km täglicher Laufleistung gefahren. Dabei setzten ein das

Bw Frankfurt-Griesheim	VT 11.5 für TEE 19/20, VT 08.5/12.1 für Dt 209/210,
Bww Dortmund Bbf	VT 11.5 für TEE 25/26 und 41/42,
Bw Hamburg-Altona	VT 11.5 für TEE 43/44.

An Fahrzeugen der Baureihe VT 08.5 waren nunmehr nur noch fünf Triebwagen und vier Mittelwagen vorhanden; alle anderen waren zwischenzeitlich zu VT/VM/VS 12.6 umgebaut worden. Zwischenzeitlich trat der neue Umzeichnungsplan der DB in Kraft und aus den Schnelltriebwagen wurden

VT 11.5 = Baureihe 601
VT 08.5 = Baureihe 608
VT 12.5 = Baureihe 612
VT 12.6 = Baureihe 613.

Analog wurden die VM und VS in die Nummernreihen mit gleicher Endziffer der Neunhunderterreihe übernommen.

Erstmalig zum Sommerfahrplan 1968 wurde der TEE-Triebzug 601/901 im F-Zugdienst eingesetzt, als das Bww Dortmund Bbf den Lauf F 38/37 Dortmund – München – Hagen (mit Leerrückführung nach Dortmund) mit diesen Zügen bediente. Ansonsten gab es gegenüber dem Vorjahr keine Änderungen. Zum Winterabschnitt dagegen wurden erstmals die im TEE-Verkehr freigewordenen 601 als neue „Intercity-Züge" mit einer Hg von 160 km/h eingesetzt, nachdem weitere TEE lokbespannt gefahren wurden und die Sommerleistung F 38/37 wieder mit einem Wagenzug gefahren wurde. So gab es ab 29. September 1968 folgende Triebwagenverteilung:

Frankfurt-Griesheim

TEE 19/20	Saphir	Frankfurt (M) – Brüssel	BR 601/901
Ft 117/120	Intercity E	Frankfurt (M) – München	BR 601/901
Ft 171/172	Intercity F	Frankfurt (M) – Hannover	BR 601/901
Dt 209/210	–	Frankfurt (M) – Paris	BR 608/612 (908/912)

Dortmund Bbf

TEE 41/42	Paris-Ruhr	Dortmund – Paris	BR 601/901

Hamburg-Altona

Ft 130/131	Intercity B	Köln – Hamburg	BR 601/901
Ft 146/147	Intercity D	Köln – Hannover	BR 601/901
Ft 140/141	Sachsenroß	Frankfurt (M) – Hannover – Köln	BR 601/901
TEE 25/26	Diamant	Köln – Brüssel	BR 601/901

Die gute Besetzung des Ft 131 Köln – Hamburg bereits kurz nach Anlaufen des Intercity-Verkehrs ließ es geraten erscheinen, das Leistungsangebot zu überprüfen. Ab 11. November 1968 wurde das Zugpaar Intercity B und, aus Gründen eines wirtschaftlichen Reisezugwagenumlaufes, das Zugpaar Intercity D zusammen mit dem schon immer lokomotivbespannten Zugpaar Intercity A in lokomotivbespannte Züge umgewandelt. Damit mußten die Triebwagen neu verteilt werden, und es verblieben nur noch die Stützpunkte:

Frankfurt-Griesheim

TEE 19/20	Saphir	Frankfurt (M) – Brüssel	BR 601/901
TEE 25/26	Diamant	Köln – Brüssel	BR 601/901
Ft 117/120	Intercity E	Frankfurt (M) – München	BR 601/901
Ft 140/141	Sachsenroß	Frankfurt (M) –Hannover – Köln	BR 601/901
Ft 171/172	Intercity F	Frankfurt (M) – Hannover	BR 601/901
Dt 209/210		Frankfurt (M) – Paris	BR 608/612 (908/912)

Dortmund Bbf

TEE 41/42	Paris-Ruhr	Dortmund – Paris	BR 601/901

Dabei stellte das Bw Ffm-Griesheim bis einschließlich Winterabschnitt 1969/70 folgenden Umlauf mit der Baureihe 601:
F 140 Frankfurt – Köln – TEE 25 – Bruxelles – TEE 26 – Köln – F 141 – Frankfurt.

Durch diese eingetretenen Änderungen umfaßte das Schnelltriebwagennetz nunmehr sieben Zugpaare mit 6 000 km täglicher Laufleistung. Während die im TEE-Verkehr eingesetzten 601 aufgrund der TEE-Vereinbarung weiterhin nur eine Hg von 140 km/h fuhren, waren für sie im F-Zugdienst 160 km/h zugelassen. Bei Einsatz von mehr als sechsteiligen Triebzügen mußte jedoch zunächst die Fahrplanhöchstgeschwindigkeit auf 150 km/h begrenzt werden.

1969 übernahm die DB wegen der bekannten Misere mit den italienischen Triebwagen den TEE „Mediolanum" mit ihren 601. Eine Probefahrt im Januar 1969 hatte ergeben, daß sowohl die Antriebs- wie die Bremsanlage der Fahrzeuge für das Befahren der Brennerrampen mit einer höchsten Neigung von 26 ‰ geeignet waren, wobei die Fahrzeit München – Milano noch um zwölf Minuten gekürzt werden konnte. Dadurch kam ein in dieser Form bis zum Winterabschnitt 1972/73 bestehender zweitägiger Umlauf des Bw Ffm-Griesheim zustande:

F 120 – Frankfurt – München – TEE 17 – Milano
TEE 18 – Milano – München – F 117 – Frankfurt = 1 342 km tgl. Laufleistung

Durch eine Änderung der Umläufe und Umwandlung weiterer TEE in lokbespannte Züge war es möglich, in diesem Fahrplanjahr alle Triebzüge der Baureihe 601 beim Bw Ffm-Griesheim zu konzentrieren. Von hier aus fuhren sie sechs (im Winter durch die Führung des „Karwendel" an Samstagen aus Stillager sieben) TEE- und F-Zugpaare mit 5 050 km (Winter 5 350 km) täglicher Laufleistung. Die zweitbeste tägliche Laufleistung wurde bei dem Zugpaar F 170/171 Stuttgart – Bremen mit 1 021 km erzielt. In diesem Jahr endete auch der Einsatz der Kombination 608/612 Frankfurt – Pariş und damit der 608-Einsatz überhaupt. Bei den 601 wurde zugelassen, nunmehr bis zu siebenteilige Triebzüge mit einer Hg von 160 km/h zu fahren; für die acht- bis zehnteiligen Einheiten verblieb es bei einer Hg von 150 km/h. Mit dem Umbau von Triebköpfen 601 in solche mit Gasturbine der Baureihe 602 wurde begonnen und drei Mittelwagen wurden zum Einbau der gleisbogenabhängigen Wagenkastensteuerung vorgesehen, wofür die Baureihenbezeichnung 902 bestimmt wurde.

Im Fahrplanjahr 1970/71 wurden im Schnellverkehr von Triebzügen der Baureihe 601 sieben Regelzugpaare des TEE- und F-Zugverkehrs gefahren. Hinzu kam erstmals der Einsatz im Turnusverkehr mit vier Zugpaaren im Sommer und drei Zugpaaren im Winter, wo auch wieder die Leistung des

„Karwendel" gefahren wurde. Dabei umfaßte das gesamte mit Triebzügen der Baureihe 601 befahrene Netz während der Saisonzeiten einen täglichen Durchschnitt von 6 230 km, wobei je Triebzug je Betriebstag 1 040 km erreicht wurden. Spitzenreiter waren hier weiterhin die Verbindungen Frankfurt – München – Milano (F 156/TEE 17) bzw. umgekehrt mit 1 342 km sowie das Turnus-Saisonzugpaar Dt 14610/14611 Dortmund – Oberstdorf – Dortmund mit 1 308 km. Vom Sommer 1970 bis zum Winter 1971 bestand folgender VT 601-Umlauf des Bw Ffm-Griesheim:
F 173 Frankfurt – Bremen – D 772 – Hannover – TEE 25 – Bruxelles – TEE 26 – Hannover – D 773 – Bremen – F 172 – Mannheim – Lr – Frankfurt.

Mit der Einführung des Intercity-Zweistundentaktes ab dem Winterfahrplan 1971 wurden die Triebzüge der Baureihe 601 voll in diese Dienste integriert, nachdem sie zu diesem Zeitpunkt mit Ausnahme des „Mediolanum" aus dem TEE-Dienst ausschieden. Daneben wurden sie verstärkt, vor allem an den Wochenenden, im Turnusreiseverkehr eingesetzt. Mit der Übernahme des „Mediolanum" zum Sommer 1973 wieder durch die FS schieden sie endgültig aus dem TEE-Verkehr aus, für den sie 1957 geschaffen worden waren. Zum 1. Juli 1971 wurden die verbliebenen 15 Triebzüge geschlossen zum Bw Hamburg-Altona umgesetzt, von wo aus sie bis zum Ende ihres Einsatzes im Intercity-Verkehr eingesetzt wurden.

Zwischen dem 22. Februar 1972 und dem 17. März 1973 gingen als Baureihe 602 beim Bw Frankfurt 1, das zwischenzeitlich die Aufgaben des aufgelösten Triebwagen-Bw Frankfurt-Griesheim übernommen hatte, die vier Triebköpfe zu, die mit Gasturbinen ausgerüstet worden waren. Sie wurden zusammen mit Triebköpfen 601 nach vorhergegangener Erprobung in einem Zugverband eingesetzt, wobei zehnteilige Triebzüge gebildet wurden. Interessant ist, daß sie zunächst in Frankfurt 1 beheimatet waren und nicht in Hamburg-Altona, wo sich ja inzwischen alle VT 601 befanden. Erst zum 1. Oktober 1973 kamen auch die vier Gasturbinen-Triebköpfe VT 602 zum Bw Hamburg-Altona. Hier dauerte ihr Einsatz nur bis 1978/79 und sie wurden in der Reihenfolge der Betriebsnummern am 22. Februar 1978, 8. März 1978, 1. Juni 1979 und 5. September 1978 z-gestellt und alle vier am 25. Juli 1979 ausgemustert.

Mit der Einführung von Intercity 79 am 27. Mai 1979 wurden die VT 601 aus dem Intercity-Dienst herausgenommen und nur noch im Turnus- und Sonderreiseverkehr eingesetzt. Sie teilten damit das Schicksal ihrer elektrischen Geschwister der Baureihe ET 403/404. Damit endete auf den Strecken der DB, nur unterbrochen durch die Zeit des Zweiten Weltkrieges und die ersten Nachkriegsjahre, nach 46 Jahren der planmäßige Einsatz von Dieselschnelltriebwagen.

Versuchsfahrt mit Gasturbinen-Triebwagen 602 und der Gasturbinenlok 210 006 am 4. April 1974. *Aufnahme (Freiburg): Gerhard Greß*

Während 601 002 am 11. Juni 1981 und 601 009 am 22. August 1981 ausgemustert wurden, stationierte man die verbliebenen 13 Fahrzeuge zum 1. September 1981 zum Bw Hamm (Westf) um, wo sie heute noch beheimatet sind. Daß sie je wieder über den Einsatz im Turnus- und Charterverkehr eine Renaissance im Plandienst des Regelverkehrs erleben werden, ist heute ziemlich auszuschließen.

Abschließend seien noch zwei Zahlenangaben aus den Jahren 1977 und 1978 für die Triebzüge der Baureihen 601 und 602 mitgeteilt. Während sowohl 1977 wie 1978 15 + 4 Triebzüge zum Eigentumsbestand gehörten, belief sich der mittlere Einsatzbestand zum 1. Halbjahr 1978 bei der Baureihe 601 auf 13, bei der Baureihe 602 auf drei Triebzüge. Dabei legten im 1. Halbjahr 1977 jeder Triebzug bei der Baureihe 601 79 757, bei der Baureihe 602 64 998 km zurück, im gleichen Halbjahr des Jahres 1978 waren es bei der Baureihe 601 78 373 km (- 1,7 %) und bei der Baureihe 602 63 381 km (- 2,5 %). Die größte Laufleistung im Sommerfahrplan 1978 erzielten zwei VT 601 mit 1 005 km täglich.

Langläufe im Schnelltriebwagenverkehr 1958 - 1970

Bespannungsabschnitt	km	Heimat-Bw	Baureihe	Jahre
Zürich – Hamburg-Altona	973	Hamburg-Altona	VT 11.5	1958 - 63
Regensburg – Hamburg-Altona	757	Hamburg-Altona	VT 08.5	1958 - 59
München – Dortmund	746	Bww Dortmund Bbf	VT 08.5	1958 - 61
Basel SBB – Dortmund	642	Bww Dortmund Bbf	VT 08.5	1958
Dortmund – Paris Nord	592	Bww Dortmund Bbf	VT 11.5	1958 - 59, 1965 - 68
Nürnberg – Dortmund	577	Bww Dortmund Bbf	VT 08.5	1958
Hamburg-Altona – Hoek van Holland	548	Hamburg-Altona	VT 08.5	1958
Basel SBB – Bremen	837	Ffm-Griesheim	VT 08.5	1959 - 60
Kiel – Köln	577	Hamburg-Altona	VT 08.5	1959
Frankfurt – Oostende	574	Ffm-Griesheim	VT 11.5	1959 - 62
Frankfurt – Hamburg-Altona	551	Ffm-Griesheim	VT 08.5	1959 - 62
Hamburg-Altona – Würzburg	543	Hamburg-Altona	VT 08.5	1959
Frankfurt – Amsterdam	482	Ffm-Griesheim	VT 11.5	1959 - 62
Hamburg-Altona – Paris Nord	955	Hamburg-Altona	VT 11.5	1960 - 68
Köln – Kiel	590	Köln-Nippes	VT 08.5	1960 - 61
Zürich – Bremen	913	Ffm-Griesheim	VT 08.5	1961 - 62
Frankfurt – Zürich	435	Ffm-Griesheim	VT 08.5	1961 - 62
Frankfurt – Paris Est	646	Ffm-Griesheim	VT 08.5/12.5	1962 - 68
Dortmund – München	732	Bww Dortmund Bbf	601	1968
Frankfurt – Hannover – Köln	675	Frankfurt 1	601	1969
Bremen – Frankfurt – Stuttgart	671	Frankfurt 1	601	1969 - 70
München – Milano	594	Frankfurt 1	601	1969 - 70
Hannover – Bruxelles	528	Frankfurt 1	601	1970

Monatliche Laufleistungen von Schnelltriebwagen

Juli 1959	VT 08 506	Bww Dortmund Bbf	36 432 km
Juli 1960	VT 08 570	Bw Ffm-Griesheim	27 931 km
	VT 11 5005	Bw Hamburg-Altona	28 870 km
Juli 1961	VT 08 515	Bww Dortmund Bbf	36 802 km
	VT 11 5007	Bw Hamburg-Altona	29 439 km
Juli 1962	VT 08 505	Bw Ffm-Griesheim	29 692 km
	VT 11 5002	Bw Hamburg-Altona	29 431 km
Juli 1963	VT 08 507	Bw Ffm-Griesheim	27 393 km
	VT 11 5004	Bw Hamburg-Altona	27 757 km
Juli 1964	VT 08 507	Bw Ffm-Griesheim	39 815 km
	VT 11 5015	Bw Ffm-Griesheim	28 314 km
Juli 1968	601 017	Bww Dortmund Bbf	31 806 km
Juli 1969	601 019	Bw Frankfurt 1	27 522 km

Bei der Deutschen Reichsbahn waren nach 1945 insgesamt zehn Schnelltriebwagen verblieben und zwar zwei der Bauart „Hamburg", zwei der Bauart „Leipzig", vier der Bauart „Köln", ein Triebkopf der Bauart „Berlin" und der Kruckenberg-Versuchs-SVT 137 155. Als drittes Fahrzeug der Bauart „Leipzig" wurde SVT 137 234 von der PKP zurückgekauft und mit einem neu gebauten vierten Wagen versehen, so daß der Triebwagen nunmehr vierteilig eingesetzt werden konnte. Die SVT der Bauart „Köln" wurden in 2. und 3. Klasse umgebaut und kamen zunächst im Dt-Verkehr zum Einsatz. Der der DR erhalten gebliebene Maschinenwagen der Bauart „Berlin" 137 903a wurde mit einem in der DDR aufgefundenen holländischen Triebkopf und drei Schnellzugwagen zu einem vierteiligen Triebzug aufgebaut, der irrtümlich die falsche Nummer 137 902a/b/c/d erhielt, obwohl der eigentliche Maschinenwagen 137 902a im Krieg verloren gegangen war.

1958 erhielt die DR im Wege der Kompensation und durch teilweisen Kauf von der DB noch die im Bereich der DB nicht mehr benötigten und dort zwischenzeitlich ausgemusterten SVT 04 101 (137 149), 04 102 (137 152), 04 106 (137 231), 04 107 (137 232), 04 501 (137 227), 06 107 (137 853), 06 109 (137 856), 06 501 (137 275) und 06 502 (137 858), insgesamt also fünf Fahrzeuge der Bauart „Hamburg" und vier Fahrzeuge der Bauart „Köln". Die DR gab ihnen sofort wieder die alten Vorkriegsbetriebsnummern, unter denen sie im Schnelltriebwagennetz der DR noch einige Zeit liefen. Ein Teil von ihnen wurde sogar noch 1970 in den neuen Nummernplan umgezeichnet. 137 224 der Bauart „Hamburg" wurde von der CSD zu einem unbekannten Zeitpunkt als Schrott zurückgekauft; er diente aber nur noch als Ersatzteilspender. Die Vorkriegs-SVT wurden seitens der DR zunächst in allen von ihr gefahrenen Schnelltriebwagenkursen, auch im Auslandsverkehr in die Hauptstädte der sozialistischen Nachbarländer und im „Vindobona" nach Wien eingesetzt. Auch die FDt-Verbindung Berlin Stadtbahn — Hamburg-Altona wurde mit diesen Fahrzeugen gefahren, wo u.a. Fahrzeuge der Bauart „Köln" ebenso anzutreffen waren wie zeitweise die späteren Ganz-Triebwagen der Baureihe VT 12.14. Im „Saßnitz-Expreß" München — Saßnitz Hafen fand man u.a. den vierteiligen Triebwagen der Bauart „Leipzig" 137 234 wie auch den aus dem Maschinenwagen der Bauart „Berlin" aufgebauten vierteiligen Triebzug 137 902.

Bei den ersten binnenländischen Fernschnelltriebwagenverbindungen der sowjetischen Besatzungszone nach dem Zweiten Weltkrieg sind aber auch vom Bw Dresden-Pieschen aus Triebwagen zum Einsatz gekommen, die nicht dem alten SVT-Bestand angehörten. Hierzu zählen u.a. die dreiteiligen „Ruhr"-Triebwagen 137 284 (vorgesehene DB-Nummer VT 18 500) und 137 287 (vorgesehene DB-Nummer VT 19 500). Ob auch zweiteilige „Ruhr"-Triebwagen aus der in der DDR verbliebenen und in Dresden-Pieschen beheimateten Serie 137 288 - 295 (vorgesehene DB-Nummern VT 17 000 - 005) hier zum Einsatz kamen, ist nicht sicher belegt, aber wahrscheinlich. Im Gegensatz zu diesen Triebwagen waren alle bei der DR vorhandenen SVT immer beim Triebwagen-Bw Karlshorst in Ostberlin beheimatet. SVT-Beheimatungen in der „Republik" gab es zu keiner Zeit.

Die in der DDR vorhandenen Schnelltriebwagen der Vorkriegsbauarten reichten Mitte der fünfziger Jahre nicht mehr aus, da der Wettbewerb im internationalen Verkehr auch die DR dazu zwang, weitere Schnelltriebwagenkurse anzubieten. Immer dringender wurden die Forderungen, die noch nicht angeschlossenen Hauptstädte der sozialistischen Bruderländer mit Schnelltriebwagenverbindungen mit Berlin auszustatten, was aber bei dem Mangel an Fahrzeugen nicht möglich war, zumal ein Teil der vorhandenen SVT der Vorkriegsbauarten immer für Regierungs- und Repräsentationszwecke zur Verfügung stehen mußte, also dem planmäßigen Einsatz fehlte.

So beschaffte 1952 die DR bei der renommierten Budapester Waggonbauanstalt Ganz, die bereits in der Vorkriegszeit mit dem „Arpad-Triebwagen" der MAV erfolgreiche Konstruktionen geschaffen hatte und die nunmehr als GANZ-MAVAG firmierte, vier vierteilige Triebzüge der Achsfolge (1 B) 2' + 2'2' + 2'2' + 2' (B 1) und der Gattungsbezeichnung BD 5ü + B 4üm + A 4ü + DR 5ü. Die Motorleistung betrug 2 x 450 PS bei einer Hg von 125 km/h und 32 Plätzen 1. Klasse und 166 Plätzen 2. Klasse. Die Übertragungsart war mechanisch gewählt worden. Die vierteiligen Einheiten bestanden aus je zwei Triebwagen und zwei dazwischen laufenden Mittelwagen, die alle mit normalen Schraubenkupplungen und Hülsenpuffern ausgestattet waren. Eine Besonderheit stellten die dreiachsigen Triebdrehgestelle mit der vorderen Laufachse und den beiden nachfolgenden Treibachsen dar. Wagenkästen und Untergestelle waren als Schweißkonstruktionen aus Stahl gefertigt. Die Fahrzeuglänge über Puffer betrug 96 030 mm. Diese als Baureihe VT 12.14 bezeichneten Triebzüge hatten mit ihrer Hg von 125 km/h für Schnelltriebwagen eine nicht dem europäischen Standard entsprechende Geschwindigkeit, aber für die zu befahrenden Strecken innerhalb des Ostblocks mögen seinerzeit diese Geschwindigkeiten durchaus ausgereicht haben. Die Fahrzeuge kamen in den verschiedensten Verbindungen zum Einsatz und waren nicht nur in Warschau und Prag zu sehen, sondern erschienen zeitweise auch in dem Interzonenfernschnelltriebwagen Berlin Stadtbahn — Hamburg-Altona, so daß sie auch auf das Streckennetz der DB gelangten. Lauftechnisch befriedigten die Fahrzeuge zu keiner

Zeit; jedoch zwang der Triebwagenmangel die DR, die Fahrzeuge länger als vorgesehen im Dienst zu behalten. Mit der Umzeichnung 1970 erhielten sie die Baureihennummer 181. Noch zwei Züge wurden in 181 001/002 und 181 003/004 umgezeichnet; sie waren noch 1972 vorhanden. Ihre endgültige Außerdienststellung ist nicht bekannt.

Anfang der sechziger Jahre nahmen die Probleme mit den Vorkriegs-SVT weiter zu, zumal gerade die Unterhaltung dieser Fahrzeuge aufwendig und kostenungünstig wurde. Andererseits waren aber immer weitere bekannte Zugläufe als Schnelltriebwagen eingeführt worden, von denen nur der international so bekannt gewordene „Vindobona", der ab 13. Januar 1957 zwischen Berlin und Wien verkehrte, oder „Karlex" Berlin – Karlsbad genannt sein sollen. Ebenso wie die DB – diese allerdings unmittelbar nach Wiederaufnahme des Schnelltriebwagenverkehrs – sich der Konstruktion neuer Schnelltriebwagen zuwandte, so konnte die DR an diesem Problem nicht mehr vorbeigehen, da einmal die Ablösung der Vorkriegs-SVT nicht länger aufzuhalten war, andererseits der GANZ-Triebzug keine brauchbare Lösung erbracht hatte. Inzwischen hatten die westeuropäischen Eisenbahnverwaltungen 1957 mit der Einführung des TEE-Netzes neue Maßstäbe auch im Bau von Schnelltriebwagen gesetzt, wobei insbesondere der VT 11.5 der DB besonders hervorstach. So entschloß sich die DR zum Bau einer neuen Generation von Schnelltriebwagen mit Verbrennungsantrieb für den gehobenen internationalen Reiseverkehr, der innerhalb der Städteverbindungen zwischen den Hauptstädten der sozialistischen Länder und der Hauptstadt der DDR in etwa dem westeuropäischen TEE-Standard sich annähern sollte. Aber auch die zwischenzeitlich in westeuropäische Länder eingerichteten Schnelltriebwagenverbindungen, wie „Vindobona", „Neptun" oder „Saßnitz-Expreß" erforderten dringend eine Komfortanhebung für die die wichtigen Devisen bringenden Transitreisenden. So erschien ein vom VEB-Waggonbau Görlitz gebautes Probefahrzeug 1963 auf den Schienen der DR, das die Typenbezeichnung „SVT-Görlitz" und die Baureihenbezeichnung VT 18.16 erhielt. Dieser Triebzug 18.16.01a-d, der aus zwei Triebköpfen und zwei Zwischenwagen bestand, übernahm ab Sommerfahrplan 1964 die Bedienung des „Neptun" Berlin – København. Grundgedanke der Konstruktion war die Entwicklung eines mehrteiligen Triebwagens mit Einzelwagen gleicher Länge, weitgehender Einheitlichkeit, hohem Komfort und einer für DDR-Verhältnisse außergewöhnlichen Hg von 160 km/h.

Erster Neubautriebwagen der DR nach dem Krieg war die Reihe VT 12.14 von der Fa. Ganz in Budapest, die sich allerdings nicht bewährte; VT 12.14.03 im April 1961 auf der Alsterbrücke in Hamburg. *Aufnahme: Carl Bellingrodt*

Generell sollte ein Triebwagenverband aus vier Teilen (zwei Maschinenwagen, zwei Mittelwagen) bestehen. Die DR beschaffte insgesamt acht solcher Triebwageneinheiten, dazu zwei Reservemaschinenwagen (VTa 18.16.09 und 10) sowie sechs Einheitsmittelwagen (VMe 18.16.01 - 06). Letztere konnten die Triebwagen auf fünf, bei Herabsetzung der Höchstgeschwindigkeit auf 140 km/h auch auf sechs Einheiten verstärken. Damit erhöhte sich das Platzangebot von 140 Sitzplätzen bei der vierteiligen Einheit auf 212 Sitzplätze bei fünf Wagen. Die Triebwagenlänge wuchs von 97 m auf knapp 121 m.

Sämtliche Fahrzeuge dieser Baureihe blieben seit ihrer Erststationierung im Bw Berlin-Karlshorst beheimatet.

Der Wagenkasten ist eine selbsttragende Schweißkonstruktion aus Blechen und Leichtprofilen. Das Untergestell ist aus Walzprofilen und Blechen geschweißt. Die Führerkabine ist auf dem Dach aufgesetzt. Schürzen und Bodenwanne verkleiden das Fahrzeug. Bei den Triebwagen VTa 18.16.04 und VTb 18.16.04 besteht der Vorbau des Triebwagens einschließlich der Schürze aus glasfaserverstärktem Polyester, ab VTa 18.16.05 nur die Vorbauschürze.

Die Triebdrehgestelle sind eine Sonderkonstruktion mit einem Achsstand von 4,0 m und enthalten die gesamte Antriebsausrüstung. Sie sind eine geschweißte Kastenkonstruktion.

Die Laufdrehgestelle sind achshalterlos. Der Drehgestellrahmen ist eine geschweißte Kastenkonstruktion. Die Achs- und Wiegenfederung besteht aus Schraubenfedern.

An den Triebzugenden befindet sich eine selbsttätige Mittelpufferkupplung der Bauart Scharfenberg, die die pneumatischen und elektrischen Leitungen mitkuppelt.

Die Bremse der Bauart KEs ist eine mehrlösige Klotzbremse. Sie wird durch Magnetschienenbremsen in den Laufdrehgestellen ergänzt. Der Prototriebzug hatte bis zuletzt eine Bremsanlage der Bauart Hikss.

Fahrgastraum:
Die Gestaltung der Fahrgasträume wurde dem internationalen Standard angepaßt.
Triebwagen VTa und VTb: Maschinenvorbau, Führerstand, Maschinenraum, Gepäck- bzw. Postabteil, Dienst- bzw. Funkabteil, Einstiegraum, Großraum 2. Klasse mit sieben Sitzreihen, Toilette.

Mittelwagen VMc: Einstiegraum, Toilette, Küche, Anrichte, Speiseraum, drei Abteile 2. Klasse, Vorraum.

Mittelwagen VMd: Einstiegraum, Toilette, sechs Abteile 1. Klasse, drei Abteile 2. Klasse, Toilette, Waschraum, Einstiegraum.

Mittelwagen VMe: Einstiegraum, Heizkesselraum, neun Abteile 2. Klasse, Toilette, Waschraum, Einstiegraum.

Der Einstieg erfolgt über einflügelige Drehfalttüren (bei Prototriebzug Schiebetüren).

Als Besonderheit war im Mittelwagen VMd 18.16.01 ein 3 485 mm langer Großraum mit erhöhtem Komfort, der als Konferenzraum genutzt werden konnte, eingebaut. Später wurde dieser Mittelwagen der Serienausführung angepaßt.

Die Warmwasserheizung wird mit einem Ölheizkessel betrieben. Dabei bilden ein Triebwagen und der benachbarte Mittelwagen sowie der Mittelwagen VMe je eine Anlage. In den Triebwagen kann das Motorkühlwasser in die Heizanlage einbezogen werden. Im Triebzug VTa/b 18.16.01 wurde für die Trajektierung auf der Fährroute Saßnitz – Trelleborg eine $16^2/3$-Hz-1000 V-Fremdeinspeisung nachträglich eingebaut; später wurden alle Triebzüge nachgerüstet.

Die Beleuchtung erfolgt durch Leuchtstofflampen.

Die Maschinenanlage ist im Maschinenvorbau und unterhalb des Wagenkastens untergebracht. Als Antriebsmotor wurde im 1. und 2. Triebzug der 660-kW-Dieselmotor der Bauart 12 KVD 18/21 A mit Abgasturbolader verwendet. Ab dem 3. Triebzug wurde der 736-kW-Dieselmotor der Bauart 12 KVD 18/12 A II mit Abgasturbolader eingesetzt. Der zweite Triebzug wurde nachträglich auch auf diesen Motor umgerüstet.

Die Kraftübertragung erfolgt über Gelenkwellen, das Strömungsgetriebe, Bauart LT 306r (drei Drehmomentenwandler, ein vor- und ein nachgeschaltetes Zahnradgetriebe) und das Achsgetriebe Bauart AÜK 20-1 auf die beiden Triebachsen des Triebdrehgestelles.

Die Steuerung ist als Vielfachsteuerung mit einer Steuerspannung von 110 V Gs ausgeführt und gestattet die Steuerung von zwei Triebzügen. Wegabhängige Sicherheitsfahrschaltung und induktive Zugbeeinflussung sind vorhanden. In den Maschinenräumen gibt es eine halbautomatische Bromid-Löschanlage.

Technische Daten

Zugbildung	–	vierteilig	fünfteilig	sechsteilig
Achsfolge	–	B'2' + 2'2' + 2'2' + 2'B'	B'2' + 2'2' + 2'2' + 2'2' + 2'B'	B'2' + 2'2' + 2'2' + 2'2' + 2'2' + 2'B'
Höchstgeschwindigkeit	km/h	160	160	140
installierte Leistung	kW	1324 bzw. 1471	1471	1471
Länge über Kupplung	mm	98,140	121,660	145,180
Dienstmasse	t	220,0 bzw. 214,4	255,2	296,0
Sitzplätze 1. Klasse	–	54 bzw. 36	36	36
Sitzplätze 2. Klasse	–	80 bzw. 104	176	248
Plätze Speiseraum	–	23	23	23
Indienststellung	–	1963/68	1967/68	1967/68

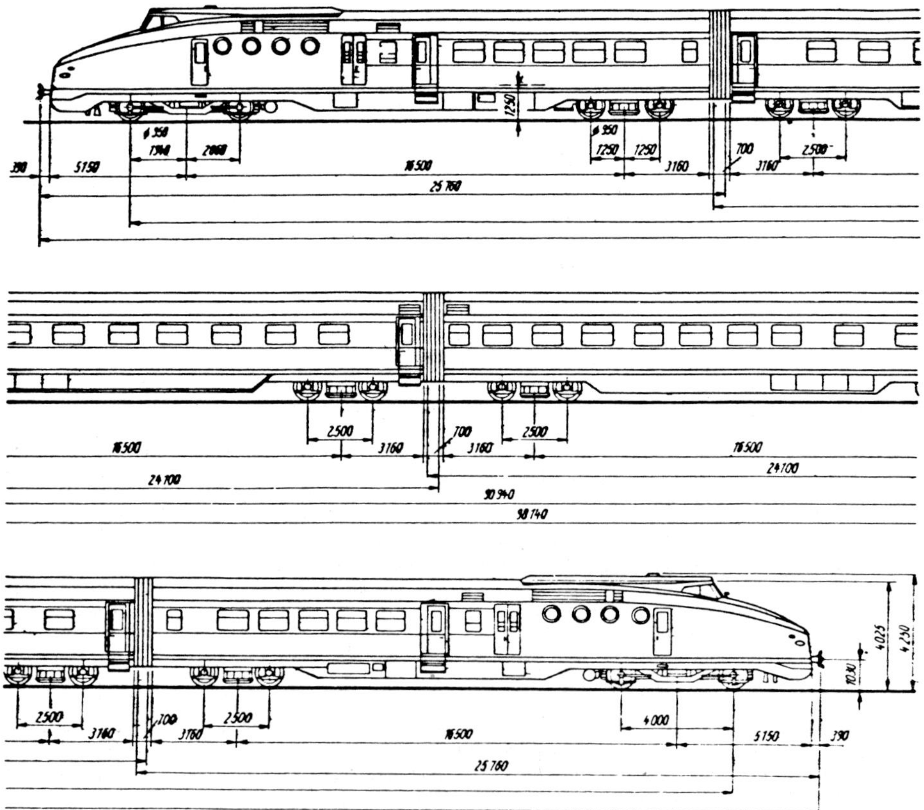

Triebzug VT 18.16 der DR von 1963

Die beiden Endtriebwagen einer Zugeinheit wurden ursprünglich als a- oder b-Teil entsprechend dem alten Reichsbahnnummernschema für Triebwagen bezeichnet. Abweichend hiervon wurden jedoch die Mittelwagen gesondert mit „c" und „d", die nachträglich gebauten Mittelwagen als „VMe" bezeichnet. Diese Regelung gegenüber dem alten Reichsbahnschema war notwendig, weil die Züge nicht mehr als geschlossene Einheit unveränderlich eingesetzt wurden, sondern je nach dem Reisendenaufkommen und der Aufgabenstellung variabel zusammengestellt werden konnten. Analog war ja die DB bei den VT 08.5 und 11.5 bereits bei den VS und VM vorgegangen, nur daß hier andere Nummerungsgrundsätze zur Anwendung gekommen waren.

Entsprechend der Einführung des nach EDV-Normen aufgebauten neuen Nummernplans der DR wurden zum 1. Juni 1970 die VT 18.16 in die Baureihe 175 umgezeichnet. Dabei erhielten die vorhandenen acht a- und b-Triebköpfe die Nummern 175 001 - 016 und die beiden Reservetriebköpfe VTa 18.16.09 und VTa 18.16.10 wurden zu 175 017 und 019. Die Nummer 175 018 blieb frei. Im Rahmen dieser Umzeichnungsaktion wurde die ursprüngliche Farbgebung, die mit Ausnahme der Nachpartien und eines Zierstreifens weinrot war, durch ein elfenbeinfarbenes Fensterband geändert.

Der Bestand und die Umzeichnung der Fahrzeuge ist aus der nachstehenden Übersicht zu ersehen, wobei die Jahreszahl das Baujahr angibt:

1963	VTa/VTb/VMc/VMd 18.16.01 (heute 175 001, 002, 301, 401)
1965	VTa/VTb/VMc/VMd 18.16.02 (heute 175 003, 004, 303, 403)
1966	VTa/VTb/VMc/VMd 18.16.03 (heute 175 005, 006, 305, 405)
1966	VTa/VTb/VMc/VMd 18.16.04 (heute 175 007, 008, 307, 407)
1967	VTa/VTb/VMc/VMd 18.16.05 (heute 175 009, 010, 309, 409),
1967	VTa/VTb/VMc/VMd 18.16.06 (heute 175 011, 012, 311, 411),
1968	VTa/VTb/VMc/VMd 18.16.07 (heute 175 013, 014, 313, 413),
1968	VTa/VTb/VMc/VMd 18.16.08 (heute 175 015, 016, 315, 415),
1967	VTa 18.16.09 (Reserve-Triebwagen (heute 175 017),
1968	VTa 18.16.10 (Reserve-Triebwagen) (heute 175 019),
1967	VMe 18.16.01 (heute 175 501),
1967	VMe 18.16.02 (heute 175 503),
1967	VMe 18.16.03 (heute 175 505),
1967	VMe 18.16.04 (heute 175 507),
1968	VMe 18.16.05 (heute 175 509),
1968	VMe 18.16.06 (heute 175 511),

Durch einen Betriebsunfall wurde ein Triebzug so stark beschädigt, daß der Triebwagen 175 004 und die Mittelwagen 173 303, 175 403 und 175 501 im Oktober 1973 ausgemustert wurden. Im Jahre 1975 wurde dieser Triebzug wieder aufgebaut und dabei der Reserve-Triebwagen 175 017 in 175 004 (II) umgezeichnet sowie der Mittelwagen 175 507 angepaßt und in 175 403 (II) umgezeichnet.

Die Triebzüge 175 003/004, 005/014, 007/008 und 009/010 erhielten in den Jahren 1975 bis 1978 eine große Instandhaltungsstufe (VT 7), so daß ein Einsatz bis 1990/93 gegeben ist. Der Triebzug 175 001/002 (Prototriebzug) gehört zum z-Park. Die Triebzüge 175 011/012, 013/006 und 015/016 können vorerst noch bis 1985/87 eingesetzt werden.

Der planmäßige Einsatz der VT 18.16 begann im Sommerfahrplan 1964 im „Neptun" Berlin – København mit Trajektierung zwischen Warnemünde und Gjedser. Jahrelang lief die Baureihe nach Wien im „Vindobona", ab Sommer 1968 wurde auch mit dem „Berlinaren" die Strecke Berlin – Malmö mit Trajektierung Saßnitz Hafen – Trelleborg befahren. Nach und nach kamen fast alle von der DR gefahrenen Schnelltriebwagenkurse in den Genuß, von dieser Baureihe gefördert zu werden. Aber auch im Binnenverkehr der DR ist sein Einsatz bekannt. So fuhren die Triebzüge der Baureihe 175 mehrere Fahrplanabschnitte Ext zwischen Berlin und Leipzig und im Winterabschnitt

1962/63 auch den Ext 1170/1171 zwischen Berlin und Magdeburg. Dabei verkehrten sie hier anfangs in der vierteiligen Ausführung. Mit steigendem Verkehrsaufkommen auch im Binnenverkehr der DR wurde aber die fünfteilige Zusammenstellung die Regelzugbildung. Aber auch in sechsteiliger Form wurden sie ausnahmsweise eingesetzt; dies war aber auf bestimmte Ausnahmefälle beschränkt. Um die internationalen Zugläufe vom Binnenverkehr zu entlasten, wurden verschiedentlich Doppeltraktionen auf den nationalen Abschnitten durchgeführt, so wurde z.B. der ,,Karlex'' zwischen Berlin und Plauen fast regelmäßig durch eine zweite Einheit verstärkt.

Bis zum Winterabschnitt 1981/82 fuhren sie im internationalen Verkehr noch die beiden Ext 66/67 ,,Karlex'' Berlin – Karlsbad und Ext 68/69 ,,Karola'' Leipzig – Karlsbad. Mit Beginn des Winterabschnitts wurden sie jedoch kurzfristig aus dem Verkehr gezogen und konserviert in Karlshorst abgestellt, obwohl ihr Einsatz ohne neuerliche Untersuchungen noch bis Ende dieses Jahrzehnts möglich gewesen wäre. Auch hier erfuhren die VT 175 das gleiche Schicksal wie andere bekannte Dieseltriebwagenbaureihen anderer europäischer Verwaltungen. Im Gegensatz z.B. bei den VT 601 der DB, die durch die Einführung des Systems Intercity 79 arbeitslos wurden, liegt die Abstellung der VT 175 bei der DR in energiepolitischen Gründen. Um die so sehr knapp und teuer gewordenen Erdöleinfuhren zu senken und die knappen Devisen zu sparen, mußten wie auch in anderen Bereichen des Verkehrswesens der DDR, die relativ verbrauchsaufwendigen Triebzüge aus dem Verkehr gezogen werden. Ob und wann und in welcher Form sie in den Plandienst zurückkehren werden, ist noch völlig ungewiß. Bei der Situation auf dem Verkehrssektor in der DDR ist aber ein Planeinsatz zu irgendeinem späteren Zeitpunkt durchaus nicht von der Hand zu weisen. Nach gewissen Verlautbarungen ist daran gedacht, zunächst die Fahrzeuge im Binnenverkehr der DR wieder einzusetzen; genaueres hierüber ist aber nicht bekannt. Auch sollen sie für Regierungszwecke als Reserve zur Verfügung stehen. Somit hat in der DDR der Schnelltriebwageneinsatz den bei der DB um zwei Jahre überlebt und ab 27. September 1981 endete zunächst einmal nach 48 Jahren der am 15. Mai 1933 mit dem ,,Fliegenden Hamburger'' begonnene, so erfolgreiche Einsatz von Dieselschnelltriebwagen auf deutschen Schienen.

Nach Redaktionsschluß und Satz der Ausführungen über die Verbrennungstriebwagen gingen dem Autor von Herrn Dipl.-Ing. Horst Troche noch nachträglich teilweise erst jetzt aufgefundene Unterlagen über Einsatz und Beheimatung der SVT vor dem Zweiten Weltkrieg und in der ersten Zeit nach dem Zweiten Weltkrieg im Bereich von DRB und DB zu, die wir unseren Lesern in Ergänzung zu den vorstehenden Ausführungen nicht vorenthalten wollen. Hierbei sollen aber die einzelnen Angaben nicht besonders erläutert werden; sie mögen für sich sprechen, zumal aus den vorstehenden Ausführungen dieses Abschnitts ohnehin der Zusammenhang sofort erkannt werden kann.

Schnelltriebwagen der Deutschen Reichsbahn

Skizze:	B6ü vT - 32	(Fliegender Hamburger)	— de
877 a/b	Wumag 1933	Motor: 2 x 410 PS Maybach	elektr. Ausr.
	DB 04 000		SSW/Gebus

Skizze:	B6 vT - 34	(Bauart Hamburg)	— de
	Wumag 1935	Motor: 2 x 410 PS Maybach	elektr. Ausr.

137	149 a/b	DB	04 101 a/b		SSW
	150				AEG
	151				SSW
	152	DB	04 102		AEG
137	224 a/b				SSW
	225				AEG
	226				SSW
	227	DB	04 105	Ub in 04 501	AEG
	228				SSW
	229				AEG
	230				SSW
	231	DB	04 106		AEG
	232	DB	04 107		AEG

Skizze:	BCPw Post K8 vT - 34 (Bauart Leipzig)		—	dh/de
	LHB 1936	Motor: 2 x 600 PS Maybach	Getr.	elektr. Ausr.
137	153 a/b/c		Voith	AEG
	154 a/b/c		"	AEG
137	233 a/b/c		—	AEG
	234		—	SSW

Skizze:	BPwPost K 8 vT - 34	(Bauart Kruckenberg)	—	dh
137	155 a/b/c	Westwaggon		AEG

Skizze:	WRBPw 12 VT K - 35	(Bauart Köln)	—	de
	LHB 1938	2 x 600 PS Maybach elektr. Ausr. Wasseg		

137	273 a/b/c			
	274			
	275	DB	06 102 a/b/c	51 Ub 06 501 (dh)
	276	DB	06 103	
	277	DB	06 104	
	278			
137	851 a/b/c	DB	06 106	
	852			
	853	DB	06 107	
	854	DB	06 108	
	855			
	856	DB	06 109	
	857	DB	06 110	
	858	DB	06 111	51 Ub 06 502 (dh)

Skizze: MPwPost 4üvT + B4üv + B4üv + BWR4ü vS - 36 (Bauart Berlin)
MAN 1 x 1300 PS MAN elektr. Ausr. BBC de

137	901 a/b/c/d	DB ohne Maschinenwagen * Ub 07 501 a/b/c
	902 a/b/c/d	DB ohne Maschinenwagen * Ub 07 502 a/b/c
	903 a (nur Maschinenwagen)	

* urspr. vorgesehene Nr. 08 000 - 001 a/b/c/d

Skizze: APw4üVT + A4üVM + AR4üVS (07 501 - 502) DB/dh

DB-Skizzen:

SVT 04 000	BPw6ük VT - 32/52
04 501	BPw6ük VT - 34/51
06.1,5	BPwWR12ükl SVT - 35/50
07.5	BPwWR12ükl - 36/51

Verteilung der SVT:

RBD Hamburg November 1938
Bw Altona

5 SVT Bauart Hamburg, de
für Strecken Hamburg – Köln
Hamburg – Berlin
Hamburg – Dresden

1 SVT Bauart Kruckenberg, dh
für Strecke Hamburg – Berlin

2 SVT Bauart Köln, de
für Strecke Hamburg – Karlsruhe

Skizze: MPwPost 4üvT + B4üv + B4üv + BWR4ü vS - 36 (Bauart Berlin)
MAN 1 x 1300 PS MAN elektr. Ausr. BBC de

137 901 a/b/c/d		DB ohne Maschinenwagen * Ub 07 501 a/b/c
902 a/b/c/d		DB ohne Maschinenwagen * Ub 07 502 a/b/c
903 a	(nur Maschinenwagen)	

* urspr. vorgesehene Nr. 08 000 - 001 a/b/c/d

Skizze: APw4üVT + A4üVM + AR4üVS (07 501 - 502) DB/dh

DB-Skizzen:

SVT 04 000	BPw6ük VT - 32/52
04 501	BPw6ük VT - 34/51
06.1,5	BPwWR12ükl SVT - 35/50
07.5	BPwWR12ükl - 36/51

Verteilung der SVT:

RBD Hamburg November 1938
Bw Altona

5 SVT Bauart Hamburg, de
für Strecken Hamburg – Köln
Hamburg – Berlin
Hamburg – Dresden

1 SVT Bauart Kruckenberg, dh
für Strecke Hamburg – Berlin

2 SVT Bauart Köln, de
für Strecke Hamburg – Karlsruhe

vollständige Verteilung von Januar 1937:

RBD Berlin	Bw Bln Lehrter Bf	877
" "	Bw Bln Grunewald	137 149 - 152, 229
" "	Bw Bln Anhalter Bf	137 224 - 227, 230 - 232
RBD Hamburg	Bw Altona	137 228

Einsatz der SVT bei der DR

(nach Stroebe in VTW 1936)

Planeinsatz „Fliegender Hamburger"

Berlin -- Altona 15. Mai 1933 – 30. Juni 1935
anschließend 100-Jahr-Ausstellung Nürnberg

Einsatz der SVT Bauart Hamburg

ab 1. Juli 1935	Berlin – Altona	(zunächst als Ersatz für Fliegenden Hamburger)
"	Berlin – Köln	damals „schnellster Zug der Welt" Ø Hannover – Hamm 132,3 km/h Ø Berlin – Hannover 131,4 km/h
ab 15. August 1935	Berlin – Frankfurt	
Oktober/November 1935	Berlin – Altona	FD 23/24 statt Dampf, wieder auf Dampf wegen zu geringer Platzzahl SVT (nicht genügend Fahrzeuge für Doppelfahrt)
ab 1. Oktober 1935	Köln – Altona	Köln – Duisburg erstmalig betriebsmäßig mit zwei gekuppelten SVT von einem Führerstand gefahren; in Duisburg Trennung nach Altona und Berlin bereits vor Sommer 1936 Berlin – Köln doppelt gefahren, dadurch morgens Köln – Duisburg mit drei Einheiten
ab Sommerfahrplan 1936 (15. Mai)	Köln – Berlin	auch über Wuppertal – Hagen, in Hamm mit Wagen über Duisburg – Essen gekuppelt, Hamm – Berlin gemeinsam
ab 15. Mai 1936	Berlin – München Berlin – Stuttgart	bis und ab Nürnberg gemeinsam

Übersicht Sommer 1936:

Hamburg – Berlin Leb	FDt 1/2
Köln – Hamburg	FDt 37/38
Köln – Berlin Zoo	FDt 15/16 über Essen 17/18 über Wupptertal
Frankfurt – Berlin Ahb	FDt 571/572
München – Berlin Ahb	FDt 551/552
Stuttgart – Berlin Ahb	FDt 711/712

Bauart Leipzig zunächst Mai - Juli 1936 FDt 45/46 Berlin – Beuthen,
Juli 1936 wegen Fertigungsmängeln aus Betrieb gezogen bis Ende 1936

Km-Leistung „Fliegender Hamburger"

1933	81 400 km	(Mai - Dezember)
1934	83 200 km	
1935	90 300 km	(Januar - Juni)

Bestand und Verteilung der SVT

	RBD	2-teilig	3-teilig	4-teilig
31.12.1933	Berlin	1	-	-
31.12.1934	Berlin	1	-	-
31.12.1935	Berlin	11	-	-
31.12.1936	Altona	1	-	-
	Berlin	13	4	-
31.12.1937	Berlin	13	4	-
	Hamburg	1	-	-

31.12.1938	Berlin	13	18	1
	Hamburg	1	1	-
31.12.1939	Berlin	2	16	3
	Hamburg	10	1	-
	Halle	2	-	-
	Essen	-	2	-
	Verteilung bis 31.12.1942 unverändert			

SVT werden in der Quartals-Werkstatistik W 30.00 ab März 1940 als ,,betriebsfähig abgestellt" ausgewiesen.

Zum Bestand der RBD Hamburg gehörten

1936 - 1938	137 228	
ab 1939	137 149, 150, 151, 152, 224, 228, 229, 230, 231	
	877	
	137 155	
RBD Berlin ab 1939:	137 227, 232	
	137 153, 154, 233, 234	
	137 273, 275, 276, 277, 278	
	137 851, 853, 854, 855, 856, 857, 858	
	137 901, 902, 903	
RBD Halle ab 1939:	137 225, 226	Bw Leipzig f. FDt 232/231 Leipzig – Wesermünde
RBD Essen ab 1939:	137 273, 852	Bw Dortmund f. FDt 50/49 Dortmund – Basel

DB:
Folgende SVT waren am 1. Februar 1952 für die US-Hohe Kommission eingesetzt:
04 101, 102, 106, 107
06 106, 107, 109

DB: 1953 SVT 06 106, 107, 109 ,,im Dienst der Besatzungsmacht mit Sonderausstattung"

Verteilung auf die BD

Stand 30. Juni 1953

	Esn	Ffm	Mz	Stg
04.0		1		
04.1		2	1	1
04.5		1		
06.1	3	3		1
06.5	2			
07.5	2			
08.5		14		

Stand 1. Oktober 1956

	Esn	Ffm	Hmb	Mz	Stg
04.0			1		
04.1		1		1	1
04.5			1		
06.1	4	2			1
06.5	2				
07.5	2				
08.5	8	8	4		
08.8				4	
10.5		1	1		

Stand 1. Februar 1960

	Esn	Ffm	Hmb	Köl
06.1		1		
08.5	6	7	4	3
11.5	4	7	8	
12.5			12	

Stand 1. Juli 1962

	Ffm	Hmb	Köl
06.1			1
08.5	12		8
11.5	7	12	
12.5	2	10	

Stand 1. Juli 1964

	Ffm	Hmb	Köl	Han
08.5	5	2	4	
11.5	7	12		
12.5	2	9		1
12.6	2		3	4

Stand 1. Juli 1966

	Esn	Ffm	Hmb	Han
08.5		6		
11.5	7	6	6	
12.5		2	10	
12.6			9	5

Die „Rheinblitz"-Gruppe wurde am 3. August 1952 von VT 06 104, 501, 502 und VT 07 501 gebildet. *Aufnahme (bei Brohl): Carl Bellingrodt*

c) Der elektrische Triebwagen im Schnellverkehr

Im Gegensatz zum Dieseltriebwagen und der Dampflok spielte der elektrische Triebwagen im Schnellverkehr auf Deutschlands Schienen keine herausragende oder dominierende Rolle, eher war ihm immer eine Außenseiterposition zugewiesen. Dies mag aber mit damit zusammenhängen, daß die deutschen Eisenbahnen im Gegensatz zu ihren ausländischen Nachbarverwaltungen dem elektrischen Oberleitungstriebwagen trotz mannigfacher Versuche nie die Bedeutung zukommen ließen, die ihm eigentlich gebührt hätte. So kam der elektrische Oberleitungstriebwagen außer im S-Bahnverkehr von Großstädten nie zu einer größeren Bedeutung, wenn auch Einzelfälle besonders bemerkenswerte Leistungen im Laufe der fast achtzigjährigen Entwicklung in diesem Jahrhundert hervorbrachten.

Nach den erfolgreich verlaufenden Einsätzen der Schnelltriebwagen mit Verbrennungsmotor wollte die DRG auch elektrische Oberleitungstriebwagen im Schnellverkehr einsetzen. Zwar war damals das elektrifizierte Netz außer bestimmten Streckenbereichen in Süddeutschland noch nicht ausgeprägt und ließ noch keine Langläufe zu, dennoch befand sich die Magistrale München — Stuttgart ebenso in der Umstellung auf die „Elektrisierung", wie damals die Elektrifizierung bezeichnet wurde, wie bereits ein Verkehr München — Nürnberg möglich war. Zudem waren im mitteldeutschen Netz bereits erhebliche Streckenbereiche unter dem Fahrdraht und die HV der DRG beabsichtigte, die Magistrale München — Berlin = Hauptstadt der Bewegung — Reichshauptstadt auch aus innerpolitischen Gründen so bald wie möglich durchgehend zu elektrisieren. Daß dies dann doch nicht so schnell vonstatten ging, wie man damals Anfang der Aera des Dritten Reiches die Hoffnung hatte, steht auf einem anderen Blatt und es sollte bis 1942 dauern, ehe die Verbindung zwischen dem süd- und mitteldeutschen Netz geschlossen war, während die Verbindung nach Berlin von Seiten der DR in der DDR gerade erst heute hergestellt wird, durch die sowjetische Demontage von 1946 aber der Streckenabschnitt Camburg — Probstzella nun wieder ohne Fahrleitung ist.

So ließ die DRG zunächst zwei dreiteilige elektrische Triebzüge entwickeln. Der erste dieser Triebzüge, im wagenbaulichen Teil von der Maschinenfabrik Esslingen gebaut und im elektrischen Teil von BBC Mannheim ausgerüstet, wurde 1935 als elT 1900 in Dienst gestellt. Er hatte die Achsfolge Bo'2' + 2'Bo' und wurde der Gattung AD 4 üK + A 4 ü - 34 zugerechnet. Seine Hg betrug wie bei den Verbrennungs-SVT 160 km/h, seine LüP war auf 43 585 mm bemessen; seine Nennleistung betrug 1 250 kW bei 159 km/h und die Dienstlast betrug 104,0 Mp. Das Fahrzeug verfügte über insgesamt 77 Plätze 2. Klasse. Der Antrieb war als BBC-Buchli-Antrieb ausgeführt, der von der bewährten E 16.0 (bayr. ES 1) abgeleitet war.

Das zweite Fahrzeug unterschied sich äußerlich nicht von dem elT 1900. Dieses im wagenbaulichen Teil von MAN Nürnberg und im elektrischen Teil von den Siemens-Schuckert-Werken hergestellte und als elT 1901 bezeichnete Fahrzeug war von SSW mit den von dieser Firma entwickelten und bereits mit gutem Erfolg erprobten Tatzlagermotoren ausgerüstet worden. Es wurde im Olympiajahr 1936 in Dienst gestellt. Hier war der Treibraddurchmesser gegenüber 1 100 mm beim elT 1900 auf 950 mm vermindert worden, während der Laufraddurchmesser mit 950 mm bei beiden Fahrzeugen identisch war. Die Dienstlast erhöhte sich beim elT 1901 aber auf 107.7 Mp.

Noch während des Baues der zweiten Fahrzeugs hatte die DRG bei MAN für den wagenbaulichen Teil und bei der AEG für den elektrischen Teil ein drittes Fahrzeug bestellt, um auch im Schnellverkehr mit elektrischen Triebwagen den von der AEG entwickelten Federtopf-Antrieb erproben zu können, der bei den zwischenzeitlich in größeren Stückzahlen gelieferten Einheits-Ellok der Baureihen E 04 und E 18 sich so hervorragend bewährt hatte. Dieser als elT 1903 bezeichnete Triebzug wurde 1937 geliefert und wies gegenüber seinen beiden Vorgängern in den verschiedensten Maßen unterschiedliche Daten auf. So war der Treibraddurchmesser auf 1 100 mm und der Laufraddurchmesser auf 970 mm angestiegen und die Nennleistung betrug hier 920 kW bei 143 km/h. Die Dienstlast erhöhte sich auf 113,5 Mp und die Achslast stieg von 18,5 Mp beim elT 1900 über 18,8 Mp beim elT 1901 nunmehr auf 20,0 Mp beim elT 1903.

Die Triebzüge wurden entgegen ihrer ursprünglichen Aufgabe ab dem Sommer 1935 zwischen Stuttgart und München und Stuttgart und Berchtesgaden als FDt 720/723 und FDt 721/722 eingesetzt, wobei zunächst elT 1900 allein diese Aufgaben wahrnahm, bis ihn ab Anfang 1936 elT 1901 hierbei unterstützte. Ab 1937 wurden diese Zugläufe zu Dt herabgestuft, offensichtlich, um den zusätzlichen FD-Zuschlag einzusparen und somit einen größeren Anreiz zur Benutzung zu geben. Gleichzeitig wurde im gleichen Jahr der Zweig München — Berchtesgaden aufgegeben, so daß die nunmehr drei elT 19 zwischen Stuttgart und München pendelten, wo sie auch immer beheimatet waren. In technischer Hinsicht erfüllten alle drei Triebzüge voll die in sie gesetzten Erwartungen. Aufgrund der geringen Fortschritte bei der Elektrisierung der süddeutschen Reichsbahnstrecken kam es aber vor Ausbruch des Zweiten Weltkrieges zu keinen weitergehenden Zugläufen, die sich im damals vorhandenen elektrifizierten Netz, nachdem der Zweig München — Berchtesgaden aus Besetzungsgründen 1937 bereits aufgegeben werden mußte, auch nicht anboten, denn Schnelltriebwagenverbindungen in dieser Form München — Nürnberg zusätzlich zu der ja mit SVT gefahrenen Verbindung München — Berlin ließen vom Fahrgastaufkommen wohl kaum einen wirtschaftlichen Einsatz erwarten. Eher wäre es vielleicht möglich gewesen, nach dem Anschluß Österreichs den Lauf Stuttgart — München auf Stuttgart — Salzburg auszudehnen; möglicherweise hätte sich über die Tauernbahn oder auf den Tiroler Strecken ein Einsatz gelohnt. Es kann aber nicht abgesehen werden, ob damals die zu befahrenden Rampenstrecken von den Fahrzeugen hätten bewältigt werden können. Und da die Elektrifizierung der Westbahn in Attnang-Puchheim durch die BBÖ von Salzburg bereits ihr Ende gefunden hatte, waren Durchläufe nach Linz oder Wien auch nicht gegeben. So fristeten diese formschönen Triebzüge denn bis zur Einstellung des Schnellverkehrs Ende August 1939 ein Schattendasein und wurden dann abgestellt.

Den Krieg überstanden alle drei Triebzüge mehr oder minder beschädigt und ausgeplündert in Oberbayern. Zeitweise liefen sie nach ihrer Wiederherstellung für Zwecke der US-Army, die im Raum Rosenheim — Berchtesgaden verschiedene Erholungszentren für ihre Angehörigen unterhielt. 1950 kamen alle drei zum Umbau in das AW München-Freimann. Hierbei wurden die Trieb- und Laufgestelle sowie ein Teil der Innenausstattung geändert. Bei den zwischenzeitlich durch den neuen Nummernplan für elektrische Triebwagen in ET 11 01a/b - 11 03 a/b umgezeichneten Fahrzeugen erhielt ET 11 01 nunmehr ebenfalls einen Tatzlagerantrieb, wobei seine Leistung jener des ET 11 02 angepaßt wurde. Beim Bww München Hbf beheimatet, fristeten sie mangels geeigneter Einsatzmöglichkeiten auch weiterhin ein Schattendasein und kamen über sporadische Einsätze für Sonderfahrten nicht hinaus. Ein sich möglicherweise anbietender Einsatz im neuen Netz der leichten F-Züge der DB scheiterte damals daran, daß noch nicht genügend lange Durchlaufstrecken elektrifiziert waren, die einen Einsatz dieser Fahrzeuge gerechtfertigt hätten. Und gerade für diesen Einsatz hatte die DB sie ja 1950 umbauen lassen. Aber die Relation München — Stuttgart oder Salzburg — Stuttgart bot keine Gewähr für einen wirtschaftlichen Einsatz wie ja das Auf und Ab des „Mozart" mit seinem immerhin weitergehenden Lauf und den daraus resultierenden Anschlußbindungen bewies.

Nachdem zum Winterabschnitt 1957/58 der Fahrdraht von Heidelberg und Mannheim kommend Frankfurt erreicht hatte, war ein wirtschaftlich vertretbarer Einsatz der ET 11 gegeben, da in dieser Relation mit dem mit SVT gefahrenen FT 29/30 „Münchner Kindl" bereits eine gut eingefahrene Verbindung im Netz der leichten F-Züge bestand. Für diesen Einsatz wurden die Fahrzeuge im AW Stuttgart-Bad Cannstatt, das zwischenzeitlich Unterhaltungs-AW geworden war, nochmals überholt und vor allem in ihrer Inneneinrichtung dem neuen DB-Design angepaßt. Im Laufe des Monats September 1957 wurden sie zum Bw Ffm-Griesheim umbeheimatet, von wo aus sie nach intensiven Personalschulungen ab 29. September 1957 im FT 29/30 in einem eintägigen Umlauf FT 30 Frankfurt — München — FT 29 — Frankfurt eingesetzt wurden. Hierfür waren natürlich drei Fahrzeuge zu viel, berücksichtigt man selbst die Vorratshaltung eines zweiten Fahrzeuges für Ausfall-, Wartungs- und Werkstättentage. Insofern waren also die zu erbringenden Leistungen nicht gerade berauschend, aber es war immerhin ein Einsatz nach nunmehr 18 Jahren seit 1939, der den Fahrzeugen in etwa gerecht wurde. Die weitergehende Elektrifizierung bei der DB hätte hier diesen Fahrzeugen sicher auf Jahre noch bei schwachen F-Zugläufen ihre Existenzberechtigung gegeben, die die durch die Umbauten in sie aufgewendeten Kosten in etwa amortisiert hätten. So aber blieb es bei diesem Zugpaar. Aber bereits zum 31. Mai 1959 wurden die drei ET 11 aus dem Regelzugverkehr zurückgezogen und F 29/30 zu einem ellokbespannten Zug umgewandelt. So dauerte dieser Einsatz nur drei Fahrplanperioden oder anders ausgedrückt 1 1/2 Jahre. Als „Splittergattung" standen sie der DB im Wege und wie bei so vielen Einzelgängern mußten sie vorzeitig den Weg zum Schrott gehen.

Da man in Frankfurt-Griesheim offensichtlich mit den ungewohnten Fahrzeugen nicht zurechtkam, beheimatete man sie bereits zum Sommerfahrplan 1958 ab 1. Juni wieder zu ihrer alten Heimat-Dienststelle, dem Bww München Hbf um, von wo aus sie nunmehr bis zum Mai 1959 ihren Dienst im „Münchner Kindl" versahen. Da man nicht wußte, was man mit ihnen anfangen sollte, wurden sie im Juni 1960 zum Unterhaltungs-AW Stuttgart-Bad Cannstatt gebracht, wo sie jahrelang vor sich hinrosteten. Buchmäßig wurden sie zwar noch zum 1. September 1960 zum Bw München Hbf umbeheimatet, aber diese Dienststelle dürften sie kaum gesehen haben. Zum 25. September 1961 wurden dann die drei ET 11 ausgemustert. Nach noch einige Zeit währendem Dahinrosten wurden ET 11 02 und 03 verschrottet, während ET 11 01 dieses Schicksal erspart blieb. Zur Verwendung als Meßfahrzeug des BZA München wurde ET 11 01 1963 umgebaut und stand dann als Bahndienstfahrzeug unter der Betriebsnummer 723 001 dem BZA München in den Jahren 1964 bis 1972 zur Verfügung. Dabei wurde in einem Fahrzeugteil die Innenausstattung ausgebaut. Die Deutsche Gesellschaft für Eisenbahn-Geschichte hatte wegen der technikgeschichtlichen Bedeutung dieser Baureihe Interesse an diesem Fahrzeug, das an seinen Einsatz beim BZA München anschließend in der alten hölzernen Lokhalle in Baden-Baden längere Zeit untergestellt wurde. Erst nach Lösung der Unterbringungsmöglichkeiten bei der DGEG konnte das Fahrzeug nach Neustadt (Weinstr) geholt werden, wo es zwischenzeitlich nach Übergang in den Besitz der DGEG und Aufarbeitung zum Museumsbestand des Eisenbahnmuseums Neustadt der DGEG gehört und somit der Nachwelt als erster elektrischer Regelschnelltriebwagen Deutschlands erhalten bleibt.

Nach diesen Versuchen mit dem Einsatz von elektrischen Schnelltriebwagen war das gesamte Fernnetz der DB zwischenzeitlich elektrifiziert und das leichte F-Zugnetz zum Winterfahrplan 1971/72 in den bekannten Intercity-Zweistundentakt auf vier Linien umgewandelt worden. Wenn hier auch überwiegend Wagenzüge der weiterentwickelten klimatisierten „Rheingold"-Bauart Verwendung fanden, so hatten die vorhandenen Brennkrafttriebzüge des TEE-Verkehrs der Baureihe 601 hierin auch ein befriedigendes Betätigungsfeld gefunden. So lag es nahe, auch elektrische Oberleitungstriebwagen hoher Leistung und für hohe Geschwindigkeiten in diesem Netz einzusetzen, zumal bei ausländischen Verwaltungen derartige Fahrzeuge entweder bereits mit Erfolg liefen oder aber für zukünftige Schnellstrecken in der Planung waren. Da auch bei der DB der Gedanke an Neubaustrekken anstelle der aus den Tagen des Eisenbahnbaus der einzelnen Privatbahngesellschaften stammenden ungünstig trassierten und überlasteten Strecken immer weiter in den Vordergrund drang, lag es nahe, hierfür Hochleistungstriebwagen zu konzipieren. Und da diese Strecken ohnehin nur elektifiziert zur Ausführung kommen konnten, war für Verbrennungstriebwagen kein Platz mehr. Somit stellte sich für die Führungsspitze der DB erneut die Frage Triebzug oder lokbespannter Wagenzug.

Um diese Frage beantworten zu können, gab die DB zunächst drei neue Triebzüge für den Schnellverkehr im Intercity-Netz in Auftrag. Sie erhielten aufgrund des zwischenzeitlich bereits in Kraft getretenen neuen Nummernplans die Baureihennummer ET 403, die dazu gehörigen Mittelwagen die Baureihenbezeichnung 404. Jeder Zug besteht aus zwei Endwagen, die die Betriebsnummern 403 001 - 006 erhielten und zwei Mittelwagen, die die Betriebsnummern 404 001 - 003 und 404 101 - 103 erhielten. Damit erqab sich die Achsfolge Bo'Bo' + Bo'Bo' + Bo'Bo' + Bo'Bo'. Die Triebköpfe wurden bei Linke-Hofmann-Busch in Salzgitter-Watenstedt, die Mittelwagen bei Messerschmidt-Bölckow-Blohm in Donauwörth gefertigt. Die elektrische Ausrüstung für je einen Triebzug lieferten AEG, BBC und SSW, die neuartigen Drehgestelle entwickelte die MAN. Bei einer Höchstgeschwindigkeit von 200 km/h und einer LüP von 109 220 mm entwickelt der Triebzug eine Nennleistung von 3 840 kW bei 139 km/h. Die Dienstlast ist auf 235,7 Mp, die Achslast auf 14,7 Mp festgelegt. Der Raddurchmesser beträgt 1 050 mm. Ein Triebzug verfügte über 183 Sitzplätze 1. Klasse und 26 Plätze im Speiseraum.

Der neue Triebzug vereinigte alle Errungenschaften neuzeitlicher Fahrzeugtechnik in sich. Beim Bau wurden Großstangenprofile und erprobte Kunststoffe verwendet. Die Triebzüge verfügen über Allachsantrieb, gleisbogenabhängige Wagenkastensteuerung, Vollklimatisierung und eine komfortable Innenausstattung. In die Fahrzeuge wurden moderne automatische Systeme der Fahr- und Bremssteuerungen eingebaut. Besonderes Augenmerk wurde dem Design der Züge gegeben, so daß sehr formschöne, windschnittige und optisch formvollendete Fahrzeuge entstanden, die überall, wo sie auftauchten, sofort das volle Augenmerk auf sich zogen. Die in einem Zug enthaltenen Mittelwagen der Baureihe 404 bestanden aus je einem Großraumwagen und einem Abteilwagen in der TEE-Form mit Speiseraum, Küche und zusätzlichem Zugsekretariat. Da die Fahrzeuge in der neueren Literatur ebenso eingehend wie in den Fachzeitschriften der Eisenbahnfreunde behandelt wurden, soll hier auf eine detailliertere technische Darstellung verzichtet werden.

Die Fahrzeuge wurden 1973 geliefert und in Dienst gestellt; sie wurden dabei beim Bw München Hbf beheimatet. Der erste Triebzug war dort ab Ende April, der zweite ab 28. August und der dritte ab 26. September 1973 beheimatet. Buchmäßig wurde der erste Triebzug ebenfalls erst zu diesem Datum dem Bw München Hbf zugewiesen, da er vorher noch verschiedenen Abnahmeuntersuchungen durch das BZA München und dem AW Stuttgart-Bad Cannstatt unterzogen worden war. Zunächst wurden sie eingehenden Erprobungen der verschiedensten Art unterzogen und dienten als Demonstrations- und Ausstellungsobjekte. Es gab zu dieser Zeit wohl kaum eine DB-Fahrzeugdemonstration größeren Umfangs, bei dem diese Züge nicht der Öffentlichkeit vorgestellt wurden.

Der Einsatz erfolgte dann ab 1974 in den IC „Riemenschneider", „Nordwind" und „Südwind" auf der Linie 4 zwischen München und Bremen. Dies war jedoch weitgehend nur platonischer Art, denn man mußte schon Glück haben, diese Fahrzeuge in diesen Zügen anzutreffen, da sie häufig aus ihren Plänen gezogen wurden, um weiteren Erprobungen oder für Demonstrationszwecke zu dienen. Später nach Einführung der IC-Züge mit beiden Klassen ab 1976 wechselten sie in den „Her-

Porträt des 403 003 der DB. Aufnahme: DB

Blick in den Führerstand eines 403. Aufnahme: DB

mes" über. Auch Leistungen im „Albrecht Dürer" sind bekannt. Aber so recht wollte kein planmäßiger Einsatz zustande kommen und die DB wurde mit den supermodernen Fahrzeugen nicht so recht froh. Auf der einen Seite waren sie für sie ein beliebtes und gern gezeigtes Demonstrations- und Ausstellungsobjekt, um die „moderne Eisenbahn der Zukunft" darzustellen, auf der anderen Seite hatten längst die Kräfte in der Führungsspitze der DB die Oberhand gewonnen, die im lokbespannten Wagenzug das Universalmittel zukünftiger schneller Reisezugverkehre sahen. So waren im ersten Halbjahr 1978 nach den statistischen Unterlagen der DB zwar alle drei Triebzüge als mittlerer Einsatzbestand ausgewiesen, sie leisteten aber nur noch 101 830 durchschnittliche Laufkilometer je Triebfahrzeug gegenüber noch immerhin 123 904 km im ersten Halbjahr 1977, also mithin - 17,8 %. Im Sommerfahrplan 1978 setzte das Bw München Hbf noch zwei Triebzüge dieser Baureihe mit einer täglichen dienstplanmäßigen Laufleistung von 1 564 km ein, aber auch dies stand weitgehend alles auf dem Papier.

Mit der Einführung des Systems IC 79 war dann auch für diese Fahrzeuge ebenso wie für die VT 601 die Abschiedsstunde aus dem aktiven Plandienst gekommen, denn hier glaubte man keine Verwendung mehr für sie zu haben, obwohl sie sicher bei mancher der neu eingeführten innerdeutschen TEE-Verbindungen besser eingesetzt worden wären als die dort verwendeten aufwendigen und ohnehin knappen Wagenzüge. So dienten sie nur noch für Sonder- und Charterfahrten, standen aber zumeist in ihrem Heimat-Bw nutzlos herum, da sie bei den von der DB geforderten Preisen vielen Interessenten einfach zu teuer waren. Ein Einsatz im Turnusverkehr wie bei den VT 601 schied dagegen aus mancherlei Gründen aus. Nachdem sich herausgestellt hatte, daß die überwiegende Zahl der Sonderfahrten im Rhein-Ruhr-Gebiet ihren Anfang nahm, wurden zur Vermeidung von umfangreichen Leerzu- und -abführungen die Triebzüge zum 15. Januar 1981 zum Bw Hamm (Westf) umbeheimatet. An ihrem Einsatz oder ihrer Aufgabenstellung änderte sich dadurch nichts.

Nachdem als Folge der Energiesituation die Deutsche Lufthansa (LH) im Laufe des Jahres 1981 Überlegungen zur Kürzung ihres in verschiedenen Relationen schwachen innerdeutschen Flugnetzes anstellte und der Bundesminister für Verkehr diese Überlegungen dahingehend unterstützte, daß die LH mit der DB zu einer Kooperation kommen möge, kam es im Verlauf der weiteren Verhandlungen zu einem Chartervertrag zwischen LH und DB über diese Triebzüge zum Einsatz als LH-Schienenersatzverbindungen zwischen Düsseldorf und Frankfurt-Flughafen unter dem Namen „Lufthansa-Airport-Expreß". Nach Umbauten bei der Herstellerfirma LHB in Salzgitter und neuem Anstrich in den Lufthansahausfarben wurden diese Züge nach Abnahme im AW Stuttgart-Bad Cannstatt in diesem Verkehr eingesetzt. Nach der offiziellen Pressefahrt der LH am 22. März 1982 von Frankfurt-Flughafen nach Düsseldorf erfolgte dann die Aufnahme des Regelverkehrs ab 27. März 1982. So haben seitdem diese Triebzüge einen neuen wirkungsvollen Einsatz gefunden, der bei der DB zuggattungsmäßig als TEE eingestuft ist. Die Fahrzeuge werden vom Bw Düsseldorf aus eingesetzt, wo sie auch gewartet werden, Heimat-Bw ist aber nach wie vor das Bw Hamm (Westf). So bleibt zu hoffen, daß diesen hochwertigen Triebzügen auf Jahre hinaus ein planmäßiger Verkehr sicher ist, eine Aufgabe, für die sie zwar nicht konzipiert und gebaut wurden, die aber doch ihrem Wert entsprechend ist. Damit ist aber auch bereits der Einsatz von elektrischen Schnelltriebwagen auf den Schienen Deutschlands abgehandelt, da die DR in der DDR bis heute noch keine derartigen Fahrzeuge konzipiert hat.

d) Diesellok im Schnellverkehr

Ein Einsatz von Diesellokomotiven im Schnellverkehr erfolgte erst nach dem Zweiten Weltkrieg, da vorher Großdiesellokomotiven der erforderlichen Leistungsklassen noch nicht zum Einsatz kamen. Erst die Lieferung der fünf 1953 bei Krauß-Maffei gebauten Vorserienlok der Baureihe V 200, deren erste mit V 200 005 am 23. Februar 1954 abgenommen wurde, ermöglichte einen planmäßigen Einsatz von Großdiesellok höherer Leistung im Schnellverkehr. Die nach eingehenden Erprobungen durch das Versuchsamt für Brennkrafttechnik des BZA München dem Betrieb übergebenen Lok wurden beim Bw Frankfurt-Griesheim beheimatet und hier in einem Laufplan eingesetzt. Nähere Angaben zu den Loks sollen in diesem Zusammenhang nicht gegeben werden, da sie in jüngster Zeit in der Literatur ausführlich behandelt wurden.

Ab Mai 1955 wurde beim Bw Ffm-Griesheim ein Umlauf für vier dieser Maschinen eingeführt, die in diesem Laufplan 965 km/Betriebstag erbrachten. Neben anderen wichtigen Zügen wurden sofort zahlreiche internationale schwere wie auch leichte nationale F-Züge in diesen Laufplan aufgenommen, um das Leistungsverhalten der neuen Lok voll erproben zu können. So waren in diesem ersten V 200-Laufplan als herausragende Leistungen sofort die F 211/212 auf der Strecke Frankfurt – Lübeck und zurück mit 558 km Durchlauf und der F 34 zwischen Hamburg-Altona und Frankfurt mit 703 km enthalten. Die erforderlichen Personalablösungen stellte das Bw Hamburg-Altona, wobei die Personalleistungen mit denen von VT 08.5-Leistungen gekuppelt wurden.

Ab 1956 begann die Serienlieferung der zunächst weiter bestellten 50 Lok dieser Baureihe, die sich bis zum November 1957 hinzog. Dabei war von vornherein an einen weitgehenden Einsatz im F-Zugverkehr gedacht, wo auf den noch nicht elektrifizierten Strecken die V 200 nach Möglichkeit so schnell wie machbar die schon damals von der DB als „überholt" angesehene Dampflok ersetzen sollte. So wurden bereits im Fahrplanjahr 1957/58 die meisten kilometerintensiven Dampflokleistungen im leichten F-Zugverkehr an die V 200 abgegeben. Entgegen den Planungen der DB waren die bestellten 50 V 200 zum Fahrplanwechsel aber noch nicht alle verfügbar, da durch den längeren Metallarbeiterstreik in Schleswig-Holstein sich die Auslieferung verzögerte, so daß beim Fahrplanwechsel erst 33 Maschinen dem Betrieb zur Verfügung standen. Als Erstzuteilung wurden diese Loks nunmehr zusammen mit den Vorauslok den Bw Hamm P (zwölf Lok), Ffm-Griesheim (18 Lok), Hamburg-Altona (18 Lok) und Villingen (Schwarzw) (7 Lok) zugewiesen. Mit Ausnahme der auf der Schwarzwaldbahn im Gebirgsdienst eingesetzten Villinger Lok kamen alle anderen V 200 sehr schnell zu F-Zugleistungen, wobei naturgemäß in die Laufpläne auch weitere Leistungen einschließlich schnellfahrender Güterzüge eingebaut wurden. So wurden im Erstjahr ihres Regeleinsatzes folgende Leistungen in den einzelnen Dienstplänen je Betriebstag erzielt:

Bw Hamm P	6 Lok	1 003 km
	9 Lok	979 km
Bw Frankfurt-Griesheim	3 Lok	966 km
	11 Lok	860 km
Bw Hamburg-Altona	6 Lok	935 km
	8 Lok	705 km

Nach Anlieferung aller 50 V 200 wurde eine monatliche planmäßige Laufleistung von 1,05 Mio km erreicht. Neben dem Ersatz der Dampflok war durch den Einsatz der V 200 auch eine Kürzung der Fahrzeiten bei den leichten F-Zügen möglich, die sich in den im Anhang wiedergegebenen Tabellen deutlich durch die Steigerung der Reisegeschwindigkeit ausdrückt. Neben der bereits seit dem Jahr 1955 ausgefahrenen Spitze mit Personal des Bw Hamburg-Altona wurde nun auch Personal des Bw Würzburg hierfür herangezogen, das auf Hamburger und Frankfurter V 200 die Spitzen nach Treuchtlingen und München ausfuhr. Von den zahlreichen übernommenen leichten F-Zügen seien für dieses Fahrplanjahr u.a. nur F 1/2 „Hanseat", F 3/4 „Merkur", F 9/10 „Rheingold", F 33/34 „Gambrinus", F 41/42 „Senator", F 55/56 „Blauer Enzian" oder F 53/54 „Domspatz" genannt, sofern diese Züge nicht auf zwischenzeitlich elektrifizierten Streckenabschnitten im süddeutschen Netz verkehrten.

1959 kamen weitere 30 V 200 in den Betriebseinsatz, so daß nunmehr 86 Lok zur Verfügung standen. Damit konnten weitere Leistungen übernommen werden. Da aber zwischenzeitlich die Elektrifizierung der wichtigen Durchgangsstrecken begonnen hatte, mußten nach relativ kurzer Zeit die Diesellok wieder der Ellok weichen. Wenn sie auch für die nächsten Jahre noch ein reiches Betätigungsfeld vor allem auf der Nord-Süd-Strecke und in Norddeutschland hatte, so erlitt die V 200 nach relativ kurzer Zeit doch das gleiche Schicksal, das sie der Dampflok bereitet hatte: sie mußte dem Traktionswandel weichen und hier nun der zweiten Stufe von der Diesellok zur Ellok. Diese Entwicklung war nicht mehr aufzuhalten und mit dem Fortschreiten der Elektrifizierung der Hauptmagistralen nach Norden engte sich ihr Einsatz im hochwertigen Fernschnellzugverkehr immer mehr ein und ging an die Ellok verloren. Dieser Wandel vollzog sich in einzelnen Schüben in den einzelnen Fahrplanjahren mal schneller mal langsamer, aber stetig. Ein Beispiel für den Einsatz der V 200 in diesen Diensten, aber auch ihre Einbindung in den Schnellzugverkehr möge der nebenstehende Laufplan des Bw Hamburg-Altona über den Einsatz von 11 V 200 im Winterfahrplan 1961/62 geben. Wegen des fortschreitenden Wandels in der Zugförderung durch die rasant weitergehende Elektrifizierung der Hauptrollbahnen der DB und damit auch durch den fortwährenden Wechsel der V 200-Leistungen auf den einzelnen Strecken oder Streckenabschnitten soll hier darauf verzichtet werden, diese Leistungen im einzelnen nachzuvollziehen. Es sei nur angemerkt, daß in dieser Zeit die V 200 auch den Schnelltriebwagen Leistungen abnahm wie auch umgekehrt wieder V 200-Leistungen auf Schnelltriebwagen übergingen. Der Fortschritt der Elektrifizierung ist aus Anhang 1 zu ersehen. Die ab 1963 einsetzende Beschaffung von 50 weiteren Lok der verstärkten Baureihe V 200.1 hatte auf den Einsatz im Fernschnellzugdienst außer der Bespannung der noch als F-Züge des internationalen Verkehrs auf der Strecke Hamburg – Lübeck – Puttgarden klassifizierten Leistungen vom Bw Lübeck aus keine Auswirkungen mehr. Spätestens mit der Aufnahme des elektrischen Zugbetriebs zwischen Osnabrück und Hamburg-Harburg am 29. September 1968 hatten, abgesehen von Randstrecken in Schleswig-Holstein, die V 200, die zu dieser Zeit bereits die neuen Baureihennummern 220 und 221 führten, im F-Zugdienst ausgedient und waren der Ellok gewichen. Bei Einführung des Intercity-Zweistundentakts im Winterabschnitt 1971/72 gab es keine Einsätze in dieser Form mehr.

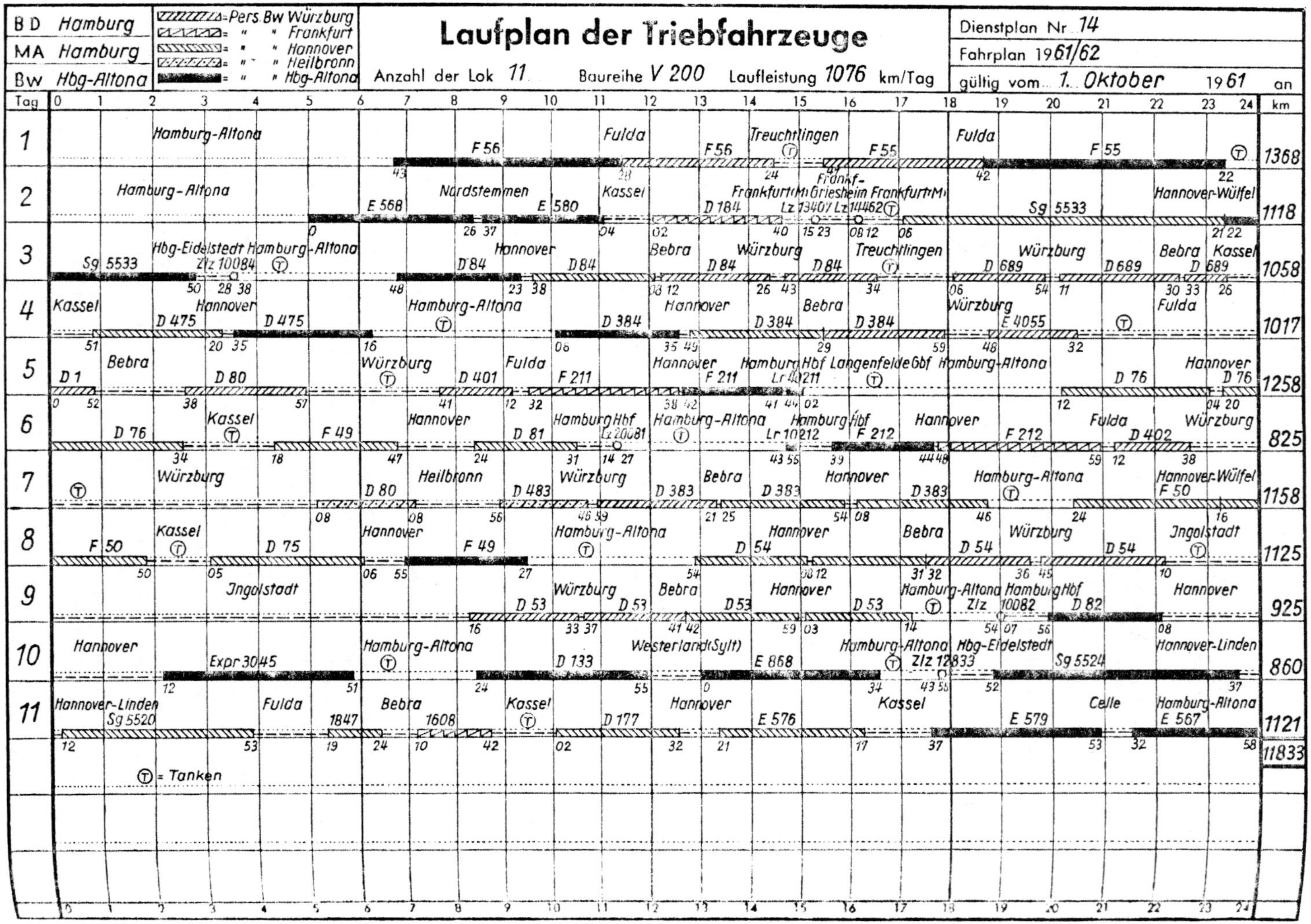

BD Hamburg
MA Hamburg
Bw Hbg-Altona
= Pers. Bw Würzburg
= " " Frankfurt
= " " Hannover
= " " Heilbronn
= " " Hbg-Altona
Laufplan der Triebfahrzeuge
Anzahl der Lok 11
Baureihe V 200
Laufleistung 1076 km/Tag
Dienstplan Nr. 14
Fahrplan 1961/62
gültig vom 1. Oktober 1961 an
Tag
km
1 Hamburg-Altona F 56 Fulda F 56 Treuchtlingen F 55 Fulda F 55 1368
2 Hamburg-Altona E 568 Nordstemmen E 580 Kassel D 184 Frankfurt(M) Frankf.-Griesheim Frankfurt(M) Lz 13407 Lz 14462 Sg 5533 Hannover-Wülfel 1118
3 Sg 5533 Hbg-Eidelstedt Hamburg-Altona Zlz 10084 D 84 Hannover D 84 Bebra D 84 Würzburg D 84 Treuchtlingen D 689 Würzburg D 689 Bebra Kassel D 689 1058
4 Kassel D 475 Hannover D 475 Hamburg-Altona D 384 Hannover D 384 Bebra D 384 Würzburg E 4055 Fulda 1017
5 D 1 Bebra D 80 Würzburg D 401 Fulda F 211 Hannover F 211 Hamburg Hbf Lr 40211 Langenfelde Gbf Hamburg-Altona D 76 Hannover D 76 1258
6 D 76 Kassel F 49 Hannover D 81 Hamburg Hbf Lz 20081 Hamburg-Altona Lr 10212 Hamburg Hbf F 212 Hannover F 212 Fulda D 402 Würzburg 825
7 Würzburg D 80 Heilbronn D 483 Würzburg D 383 Bebra D 383 Hannover D 383 Hamburg-Altona Hannover-Wülfel F 50 1158
8 F 50 Kassel D 75 Hannover F 49 Hamburg-Altona D 54 Hannover Bebra D 54 Würzburg D 54 Jngolstadt 1125
9 Jngolstadt D 53 Würzburg D 53 Bebra D 53 Hannover D 53 Hamburg-Altona Zlz Hamburg Hbf 10082 D 82 Hannover 925
10 Hannover Expr 3045 Hamburg-Altona D 133 Westerland(Sylt) E 868 Hamburg-Altona Zlz 12833 Hbg-Eidelstedt Sg 5524 Hannover-Linden 860
11 Hannover-Linden Sg 5520 Fulda 1847 Bebra 1608 Kassel D 177 Hannover E 576 Kassel E 579 Celle Hamburg-Altona E 567 1121
11833
Ⓣ = Tanken

Nach dem Unfall von Aitrang bei TEE 56 „Bavaria" am 9. Februar 1971 übernahmen anstelle der von den SBB für diesen Zug gestellten RAm-Triebzüge Diesellok der Baureihe 210 mit Gasturbine vom Bw Kempten die Beförderung des zu einem lokbespannten Zug umgewandelten TEE 56/57 zwischen München und Lindau bis zur Umwandlung dieses Zugpaares in einen normalen zweiklassigen Schnellzug zum Sommerfahrplan 1977.

Mit der Einführung des Systems Intercity 79 zum Jahresfahrplan 1979 verblieben der Dieselzugförderung nur Leistungen bei den IC-An- und Auslaufstrecken. Hier wurden Triebfahrzeuge der Baureihe 218, häufig in Doppeltraktion eingesetzt. Im Winterfahrplan 1979 brachten es sieben Züge auf eine Leistung von 1 046 km, im Winterfahrplan 1980 waren es acht Züge mit 1 198 km. Daraus ist bereits erkennbar, daß die Leistungen der Diesellok im Schnellfahrnetz der DB zur Bedeutungslosigkeit abgesunken sind.

Anschließend sollen noch einige besonders bemerkenswerte Langläufe mit Diesellok im Schnellverkehrsnetz der DB dargestellt werden:

Bespannungsabschnitt	**km**	**Bahnbetriebswerk**	**Jahre**
Frankfurt — Hamburg-Altona	702	Hamm P	1957 - 59
Hamburg-Altona — Treuchtlingen	688	Ffm-Griesheim	1957
	688	Hamburg-Altona	1957 - 62
Würzburg — Hamburg-Altona	541	Hamburg-Altona	1957, 60 - 62
Köln — Hamburg-Altona	479	Hamm P	1957 - 63
Frankfurt — München	414	Ffm-Griesheim	1957
Köln — Kiel	588	Hamburg-Altona	1958 - 59
Wiesbaden — Hamburg-Altona	661	Hamm P	1959
Hamburg-Altona — Frankfurt	534	Hamburg-Altona	1959 - 61
Hamburg-Altona — Ingolstadt	739	Hamburg-Altona	1960 - 61
Fulda — Hamburg-Altona	430	Hamburg-Altona	1962
Hamm — Kiel	433	Hamm P	1962 - 66
Dortmund — Hamburg-Altona	365	Hamburg-Altona	1966 - 68

Im Bereich der DR übernahm die Bespannung der Ex und der späteren Städteschnellverkehrszüge (SSV) die 1960 zunächst in zwei Exemplaren vom Lokomotivbau Karl Marx in Babelsberg bei Potsdam gebaute Baureihe V 180 (Bo'Bo' — dieselhydraulisch, 2 x 900 PS), die ab 1962 in Serie erschien und in verschiedenen Bauserien und Ausführungen bis 1968 gebaut wurde. Daneben blieben aber noch lange Zeit auf bestimmten Bespannungsabschnitten die Bespannungen mit Dampflok bestehen. Nach dem neuen Nummernplan der DR von 1970 erhielten diese Lok die Baureihenbezeichnung 118. Später übernahmen dann auch die als Baureihe 132 eingeordneten Großdiesellok sowjetischer Herkunft diese Aufgaben. Da es bei dem im Bereich der DR üblichen schnellen Wechsel von Bespannungsaufgaben und Aufgabenstellungen der einzelnen Traktionsarten schwierig ist, hier genauere Bespannungsverhältnisse nachzuvollziehen, soll hierauf verzichtet werden.

e) Die Dominanz der Ellok und der elektrischen Zugförderung

Mit der am 20. April 1928 vollendeten Elektrisierung der Gesamtstrecke München — Salzburg übernahmen auf diesem Streckenabschnitt auch Elloks die Bespannung des „Orient-Expreß". Damit wurde erstmalig in Deutschland einer der hier behandelten Züge planmäßig mit der elektrischen Traktionsart gefördert. Hierfür wurde die zunächst als bayr. ES 1 bestellte spätere Baureihe E 16 (1'Do 1') vom Bw München Hbf, später auch teilweise vom Bw Freilassing aus eingesetzt.

Nachdem die süddeutsche Streckenelektrifizierung am 15. Mai 1933 Ulm erreicht hatte und am 1. Juni 1933 die Gesamtstrecke München — Stuttgart elektrisch befahrbar war, folgte am 15. Mai 1935 die Strecke Augsburg — Nürnberg. Die hier verkehrenden L- und FD-Züge wurden sofort elektrisch gefördert, wobei von den Bw München Hbf und Stuttgart-Rosenstein, später auch vom Bw Nürnberg Hbf die Ellok der neuen Einheitsbaureihen E 17 (1' Do 1'), die vom mitteldeutschen Netz hierher umgesetzt worden war, und ab 1935 auch E 18 (1' Do 1') zum Einsatz kamen. Mit der zum 15. Mai 1939 dem Betrieb übergebenen elektrisierten Strecke Nürnberg — Saalfeld konnte das FD-Zugpaar FD 79/80 Berlin — München nunmehr auf dem gesamten Streckenabschnitt München — Saalfeld elektrisch mit der Baureihe E 18 gefördert werden, wobei wegen des Kopfmachens in Nürnberg dort Lokwechsel erforderlich war. Da das Zugpaar in dieser Form Ende August 1939 eingestellt wurde, kam bis zum Ende des Zweiten Weltkrieges kein schneller Reisezug der DRB in den Genuß, bis Leipzig elektrisch gefördert zu werden, da die Elektrisierung Saalfeld — Leipzig sich in Etappen bis zum 2. November 1942 hinzog. Nähere Angaben zu den einzelnen Eröffnungsdaten des elektrischen Zugbetriebes sind aus Anhang 1 zu ersehen.

Dadurch kam es auch nicht zu dem von der DRB angestrebten elektrischen Betrieb München – Berlin, für den ja der ET 11 vorgesehen war. Aber noch ein Schnellverkehrstriebfahrzeug war für diese Strecke konstruiert und in Auftrag gegeben worden, die Schnellfahrlok der Baureihe E 19. Diese 1'Do 1' Lok wurde von der DRB 1937 bei AEG mit zwei Fahrzeugen und bei Henschel für den mechanischen und SSW für den elektrischen Teil mit zwei weiteren Fahrzeugen in Auftrag gegeben, um nicht nur eine noch stärkere Lok für die Rampen des Frankenwaldes mit erhöhter Zugkraft zur Verfügung zu haben, sondern durch ihre Auslegung auf eine Hg von 180 km/h sollte es eine echte und eigentlich die erste elektrische Schnellverkehrslok werden, die geeignet war, auf der elektrifizierten Strecke München – Berlin die gleichen Leistungen mit FD-Zügen zu erbringen, wie sie die FDt im schnellen Netz der DRB erbrachten.

Bis auf einige technische Änderungen bei der Einteilung der Fenster und Lüftungsöffnungen waren die beiden ersten als E 19 01 und E 19 02 bezeichneten und von AEG gebauten Fahrzeuge im technischen Aufbau und den Abmessungen des mechanischen Teils gleich mit den Einheitsschnellzuglok der Baureihe E 18. Lediglich der bewährte AEG-Federtopfantrieb war verstärkt worden. Gefordert war von der DRB eine Hg von 180 km/h; rechnerisch waren die beiden Maschinen sogar für eine Hg von 225 km/h ausgelegt, so daß sie damit die schnellsten überhaupt bisher in Deutschland gebauten Fahrzeuge waren. Die hohen vorgesehenen Geschwindigkeiten erforderten zwangsläufig besonders starke und wirksam wirkende Bremsen, so daß neben der aus der E 18 bewährten Druckluftbremse auch noch eine elektrische Bremse eingebaut wurde. Induktive Zugbeeinflussung war ebenso vorhanden wie eine einfache wegabhängige Sicherheitsfahrschaltung, die aber später durch eine verfeinerte Ausführung ersetzt wurde. Die vier vierzehnpoligen Fahrmotoren waren dagegen gegenüber der E 18 eine Neuentwicklung der AEG. Die Stundenleistung betrug 4 000 kW bei 180 km/h, die Dauerleistung 3 720 kW bei gleicher Geschwindigkeit und die Anfahrzugkraft 22 400 kp, die Stundenzugkraft 8 150 kp, während die Dauerzugkraft auf 7 850 kp bemessen wurde. Beide Maschinen kamen erst nach Ausbruch des Zweiten Weltkrieges zur Ablieferung und wurden zunächst noch eingehenden Versuchsfahrten unterzogen, denen aber die weitere Entwicklung des Zweiten Weltkrieges ab 1940 ein Ende setzte. Zu einem planmäßigen Einsatz im Fernschnellzugdienst wie geplant kamen sie nicht.

Parallel hierzu entstanden in Gemeinschaftsarbeit von Henschel und SSW die beiden E 19 11 und E 19 12, die als Bauartunterscheidung die Bezeichnung E 19.1 erhielten. Bei Laufwerk und Hauptabmessungen bestanden zu den AEG-Maschinen keine Unterschiede, dagegen waren aber Dachaufbauten und Lüftungsöffnungen geändert. Aber insbesondere im elektrischen Teil waren erhebliche Unterschiede vorhanden. Je zwei achtpolige Motoren trieben über einen verstärkten Siemens-Federtopfantrieb eine Achse an. Diese Doppelmotoren wurden nach dem Zweiten Weltkrieg übrigens seitens der DB durch Einzelmotoren ersetzt, wie sie serienmäßig in der Baureihe E 18 eingebaut waren. Auch diese Fahrzeuge waren bei ihrer Ablieferung für Schnellfahrversuche bis 225 km/h vorbereitet, so daß auch hier entsprechende Brems- und Sicherheitseinrichtungen eingebaut worden waren. Die Stundenleistung betrug hier 4 080 kW bei 180 km/h und die Dauerleistung 3 460 kW bei gleicher Geschwindigkeit. Die Anfahrzugkraft betrug 21 200 kp, die Stundenzugkraft 8 160 kp und die Dauerzugkraft 6 710 kp. Ihre Indienststellung erfolgt 1940. Zunächst wurden noch verschiedene vergleichende Versuchsfahrten mit den von AEG gebauten beiden E 19 vorgenommen, aber Mitte 1940 wurden auch hier diese Versuche eingestellt. Auch hier kam es durch den Ausbruch des Zweiten Weltkriegs zu keinen planmäßigen Einsätzen im Schnellverkehr mehr.

Es war überhaupt das tragische Schicksal der stärksten und schnellsten deutschen Ellok vor dem Zweiten Weltkrieg, daß sie für den Einsatzbereich, für den sie konstruiert und gebaut worden war, niemals eingesetzt wurde. Der Ausbruch des Zweiten Weltkrieges verhinderte ihren Einsatz, der ohnehin erst ab 1942 sinnvoll gewesen wäre, als die Elektrifizierung Leipzig erreichte, die Folgen dieses Krieges aber brachten sie ebenso um diese Aufgabe, denn im verbliebenen elektrifizierten kleinen süddeutschen Netz waren für sie keine Schnellfahrleistungen möglich. So wußte man lange nicht, was man mit diesen Maschinen anfangen sollte und setzte sie weit unter ihrem Wert ein. Im Zuge des Wiederauf- und Umbaus nach dem Zweiten Weltkrieg war ihre Hg auf 140 km/h herabgesetzt worden, was für den anlaufenden Schnellverkehr der DB zu wenig war und als durch die Neuelektrifizierung der DB ab 1956 sich die ersten Einsatzmöglichkeiten im Schnellverkehr abzuzeichnen begannen, waren die Neubauelloks der Baureihe E 10 zur Stelle, die diese Dienste übernahmen. Beim Bw Nürnberg Hbf beheimatet, waren sie vor Eil- und Schnellzügen, aber auch vor Personenzügen zu finden, bis man glaubte, nach der Elektrifizierung der Strecken an Rhein, Wupper und Ruhr im Bw Hagen-Eckesey einen neuen Einsatzort für sie gefunden zu haben. Aber dieser Aufenthalt vom Oktober 1968 ab bekam den Maschinen gar nicht, denn in Hagen wußte man noch weniger etwas mit ihnen anzufangen und die dortigen Personale kamen mit den Maschinen nicht zurecht. So waren sie ab Juli 1970 wieder in ihrem angestammten Heimat-Bw Nürnberg Hbf zu finden, ohne aber daß dadurch an ihren Aufgaben sich etwas änderte. Zwischen 1975 und 1978 wurden diese wunderbaren Maschinen ausgemustert, von denen E 19 01 von der AEG zurückgekauft und in den Ursprungszustand versetzt, der Nachwelt erhalten bleiben wird.

Nach Beendigung des Zweiten Weltkriegs begann die DB bereits 1949 mit der Neuelektrifizierung von Fernstrecken. Mit dem 96,41 km langen Abschnitt Nürnberg-Dutzendteich – Regensburg Hbf wurde am 15. Mai 1950 der elektrische Betrieb auf einer Fernverkehrsstrecke erstmals nach dem Zweiten Weltkrieg aufgenommen. Fortlaufend ab 1954 begann dann die Streckenelektrifizierung aller wichtigen Hauptstrecken im Bereich der DB, die 1976 mit dem Abschnitt Braunschweig – Helmstedt bei den Strecken abgeschlossen war, die im Rahmen dieser Abhandlung von Bedeutung sind. Nähere Angaben der einzelnen Betriebsaufnahmen des elektrischen Betriebes sind aus Anhang 1 zu ersehen.

Zunächst war nach Wiederherstellung der Anlagen für den elektrischen Zugbetrieb und der Fahrzeuge, die zumeist schneller wiederhergestellt waren als die übrigen Bahnanlagen, nur im bis 1939 vorhandenen elektrifizierten süddeutschen Netz ein elektrischer Betrieb möglich, soweit die kritische Versorgungslage bei der Stromerzeugung sowohl aus Kohle als auch aus Wasserkraft in den ersten Jahren nach dem Zweiten Weltkrieg überhaupt einen planmäßigen elektrischen Betrieb zuließ. Wo dies aber der Fall war, wurden die in Betracht kommenden L- und FD-Züge soweit wie möglich elektrisch gefördert. Hierfür standen neben den E 16, E 17 und E 18, die in den verschiedensten süddeutschen Bw beheimatet waren, teilweise auch Ellok anderer Gattungen im Einsatz. Aber nach dem Zweiten Weltkrieg mußte auch auf diesem Gebiet improvisiert werden. In gleicher Weise übernahmen diese Baureihen die leichten F-Züge ab dem Sommer 1951, die auf elektrifizierten Strecken gefahren wurden.

Als dann ab 1954 die Elektrifizierung der Fernstrecken der DB in steigendem Umfang anlief und von Fahrplanabschnitt zu Fahrplanabschnitt ein Streckenteil nach dem anderen auf elektrischen Betrieb umgestellt wurde, folgten die Züge des Schnellverkehrs der Umstellung von der Dampflok und nach dem im vorhergehenden Abschnitt geschilderten Zwischenspiel mit der Großdiesellok der Baureihe V 200 auf die Ellok sofort, wenn ein geeigneter Abschnitt, der den Halten dieser Züge entsprach, auf elektrischen Betrieb umgestellt worden war. Die Entwicklung ist aus Anhang 1 abzulesen. Mit der Elektrifizierung des Reststücks der „Hansalinie" Osnabrück – Bremen – Hamburg-Harburg, die den durchgehenden elektrischen Zugbetrieb Ruhrgebiet – Seehäfen ermöglichte, war am 29. September 1968 im wesentlichen das Netz der Strecken unter dem Fahrdraht, die von den hier behandelten Zügen befahren wurden. Die dann noch bis 1976 folgenden Strecken betrafen Streckenabschnitte des DC-Netzes sowie der im Rahmen des Systems Intercity 79 bedienten IC-An- und Auslaufstrecken.

Für dieses neu elektrifizierte Netz benötigte die DB in großem Umfang neue elektrische Lokomotiven. Da zunächst Neuentwicklungen nicht zur Verfügung standen, wurden 1954 bei Krupp in Essen aus noch vorhandenen Teilen die beiden E 18 054 und 055, deren elektrische Ausrüstung AEG lieferte, nachgebaut. Außerdem konnten von der DR im Zuge der bereits mehrfach angesprochenen Kompensationsgeschäfte mehrere E 18 erworben werden. Es ergab sich also hier nach dem Zweiten Weltkrieg für die DB die gleiche Situation wie für die Reichseisenbahnen nach ihrer Gründung, daß sie vor der Entwicklung von Neubaufahrzeugen auf den Nachbau bewährter Konstruktionen aus der Zeit der DRB zurückgreifen mußte.

Zwischenzeitlich war aber die Entwicklung von neuen elektrischen Triebfahrzeugen abgeschlossen worden und mit den fünf Vorserienmaschinen E 10 001 - 005 erschienen 1952/53 die ersten Neufahrzeuge für den elektrischen Betrieb auf den Schienen der DB. Es soll hier ebensowenig die technische Ausrüstung und Entwicklung dieser Fahrzeuge dargestellt werden wie bei den anderen seitens der DB oder DR gebauten Fahrzeuge für den elektrischen Betrieb, da diese aus der Literatur bestens bekannt sind und dies den Rahmen dieser Arbeit bei weitem sprengen würde. Außerdem handelte es sich im Gegensatz zu den SVT und ihren Nachfolgern nach dem Zweiten Weltkrieg wie auch den ET 11 und ET 403/404 nicht um spezielle für den Schnellverkehr gebaute Fahrzeuge, sondern um Allzweckfahrzeuge für zahlreiche Betriebsarten vom Güterzug bis zur Schnellfahrt, wenn sich auch für einzelne Baureihen bestimmte Einsatzschwerpunkte herauskristallisierten.

Um Erfahrungen für den Serienbau elektrischer Triebfahrzeuge zu gewinnen und um an den technischen Fortschritt auf den verschiedensten Gebieten seit Ausbruch des Zweiten Weltkrieges anzuschließen (heute würde man dies mit „know how" bezeichnen), waren die fünf Vorausmaschinen der

Baureihe E 10 sowohl im mechanischen wie im elektrischen Teil von verschiedenen Ausführungen. An ihrem Bau waren im mechanischen Teil Krauß-Maffei, Henschel und Krupp, im elektrischen Teil die im Gebiet der Bundesrepublik Deutschland tätigen drei großen Elektrofirmen AEG, BBC und SSW beteiligt. Diese beim Bw Nürnberg Hbf beheimateten Maschinen wurden eingehenden Erprobungen der verschiedensten Arten ausgesetzt. In etwa glich die seinerzeitige Erprobungs- und Testphase der der heutigen E 120, nur daß sie kürzer war. In diesem Zusammenhang wurden auch Einsätze im Plandienst vom Bw Nürnberg Hbf aus gefahren, wobei auch Bespannungen von F-Zügen vorgenommen wurden.

Aus diesen Erfahrungen leitete die DB dann den Bau ihrer Nachkriegseinheits-Ellok der Baureihen E 10, E 40, E 41 und E 50 ab, die ab Ende 1956 auf den Schienen der DB erschienen und sofort in den Planeinsatz kamen. Für den Schnellzugverkehr und damit auch für die Zugförderung der F-Züge sowohl des internationalen Verkehrs wie des leichten F-Zugnetzes war die Baureihe E 10 vorgesehen, deren erste Maschine von Krupp geliefert und als E 10 101 am 10. Januar 1957 im AW München-Freimann abgenommen wurde. Bis 1969 wurden von dieser Baureihe 409 Maschinen gebaut, teilweise in modifizierten Ausführungen. Diese für eine Hg von 150 km/h ausgelegte Maschine — diese Geschwindigkeit reichte damals völlig aus, da die zulässige Hg erst nach geraumer Zeit auf 140 km/h festgesetzt wurde — mit der Achsanordnung Bo'Bo' übernahm sofort auf den bereits elektrifizierten Streckenabschnitten den Dienst im F-Zugverkehr. Zu diesem Zwecke waren die ersten Maschinen bei den Bw Offenburg und Heidelberg stationiert und man kann das Fortschreiten der Elektrifizierung an den Beheimatungen ablesen, die immer weiter nach Norden und Westen vorankamen. Bemerkenswert ist jedoch, daß im „altelektrifizierten" süddeutschen Netz weiterhin die E 17 und E 18, ostwärts von München auch weiterhin die E 16 in diesen Diensten dominierten, wenn auch einmal eine Frankfurter E 10 bis Regensburg durchlief.

Ab der 1964 von Krauß-Maffei abgelieferten E 10 288 änderte sich dann das Äußere dieser Baureihe. Ein aerodynamischer Kastenaufbau, verkleidete Puffer, Schürzen unter den Puffern und ein an beiden Seiten durchlaufendes Jalousienband waren einige der besonders hervorstechenden Merkmale dieser Maschinen. Diese intern als Baureihe E 10.3 bezeichneten Maschinen umfaßten die Einzelbetriebsnummern E 10 288 - 307, 313 - 484 und 505 - 510. Zur Untersuchung hoher Fahrgeschwindigkeiten rüstete Henschel die E 10 299 bereits 1963 mit einem neuartigen Verzeigerantrieb mit Gummidrehfeder aus. Die E 10 300 erhielt einen von SSW entwickelten Gummiring-Kardanantrieb. Mit diesen beiden Lok wurden in den Monaten Oktober und November 1963 auf der Strecke Bamberg — Forchheim Versuchsfahrten bis in den Geschwindigkeitsbereich von 200 km/h gefahren, wobei wichtige Erkenntnisse für den späteren Bau der Schnellfahr-Ellok der Baureihe E 03 gewonnen wurden.

F 28 „Rheinblitz", geführt von 110 225, am 2. November 1970 bei Augsburg-Hochzoll.
Aufnahme: Karl-Friedrich Seitz

Bei Einführung des neuen „Rheingold" im Jahre 1962 erhielten die Serienlok E 10 239 - 244 eine Übersetzung für eine Hg von 160 km/h, neuartige Drehgestelle sowie bestimmte bremstechnische Zusatzeinrichtungen eingebaut. Außerdem wurden sie den „Rheingold"-Farben entsprechend blau-creme gestrichen. Sie waren beim Bw Heidelberg ab Juni 1962 stationiert und wurden nach Anlieferung der für diesen Zug vorgesehenen E 10 1265 - 1270 zwischen September 1962 und Januar 1963 wieder unter Ausbau der eingebauten Drehgestelle und der sonstigen für den Schnellverkehr mit Hg 160 km/h vorgesehenen Einrichtungen in E 10 239 - 244 zurückgenummert und dem Bw Nürnberg Hbf zugeteilt. Für die Beförderung des „Rheingold" dagegen wurden sechs besondere Maschinen vorgesehen, die der laufenden Serienfertigung der Reihe E 10 entnommen wurden. Diese als E 10 1265 - 1270 genummerten Maschinen wurden zwischen dem 29. September 1962 und dem 20. März 1963 von Krauß-Maffei abgeliefert und beim Bw Heidelberg stationiert. Ihre Konstruktion und Bauausführung war eine Gemeinschaftsarbeit von Krauß-Maffei, Henschel und SSW. Im technischen und elektrischen Aufbau entsprechen die Lok weitgehend den Serienlok der Baureihe E 10.3; durch eine Änderung der Übersetzung wurde jedoch ihre Hg auf 160 km/h festgesetzt, so daß erstmals wieder Schnellfahrlok von der DB seit der Ablieferung der E 19 1939/40 beschafft worden waren. Sie erhielten zunächst den blau-creme „Rheingold"-Anstrich und wurden später nach Aufstufung dieses Zugpaares in den Rang eines TEE in den TEE-Farben gestrichen. Für den 1963 in Verkehr gehenden Korrespondenzzug zum „Rheingold", dem „Rheinpfeil", wurden als E 10 1308 - 1312 weitere fünf Maschinen dieser als E 10.12 bezeichneten Baureihe beschafft, die in Nürnberg Hbf stationiert wurden. Diese Maschinen erhielten während des Baues bei Krauß-Maffei die aus den E 10 1239 - 1244 wieder ausgebauten Drehgestelle. 1968 lieferte Krauß-Maffei dann nochmals als E 10 485 - 504 zwanzig weitere Maschinen dieser Bauart, die zunächst als E 10 1485 - 1504 in Auftrag gegeben und für den Einsatz im TEE-Verkehr bestimmt waren. Sie wurden daher sogleich ab Werk in den TEE-Farben geliefert. Nach Einführung des neuen Umzeichnungsplans der DB im Jahre 1968 erhielten die Maschinen der Baureihe E 10.12 die neue Baureihenbezeichnung E 112, während die Serien-E 10 die neue Baureihennummer 110 erhielten. Die Einbindung der E 10 in den F-Zugdienst ist beispielhaft aus dem abgedruckten Laufplan 6101 des Bw Heidelberg vom 29. Mai 1960 zu ersehen.

1963 gab die DB den Entwicklungsauftrag für eine leistungsstarke und für eine Hg von 200 km/h ausgelegte Ellok zur Beförderung moderner TEE- und F-Züge an das BZA München. In Gemeinschaftsarbeit mit den Firmen Henschel und SSW entwickelte dieses die Baureihe E 03, von der 1965 als Vorausserie vier Lok geliefert wurden, die die Betriebsnummern E 03 001 - 004 erhielten, wobei als erste der vier Loks E 03 002 am 28. Mai 1965 im AW München-Freimann abgenommen wurde. Nach ausgedehnten Versuchsfahrten kamen die Lok im September/Oktober 1965 zum Bw München Hbf, von wo aus sie im F-Zugdienst ebenso wie im schweren Schnellzugdienst eingesetzt wurden, um ihre allgemeine Verwendbarkeit zu prüfen. Mit dieser Co'Co'-Lok entstand die bisher stärkste Ellok der DB, die eine Stundenleistung von 6 440 kW bei 200 km/h und 7 200 kW bei 183 km/h entwickelt. Die Dauerleistung liegt bei 5 950 kW bei 200 km/h und bei 7 440 kW bei 191 km/h, die Anfahrzugkraft bei 32 100 kp, die Stundenzugkraft bei 11 800 kp und die Dauerzugkraft bei 10 900 kp,Werte, die erheblich über denen der E 10 liegen! Der aus Leichtmetallbauteilen geschweißte Lokomotivkasten ist mit dem Brückenrahmen verschraubt, der als Stahlblech-Schweißkonstruktion ausgeführt wurde. Für die federnde und seitenbewegliche Abstützung des Aufbaus sind auf jedem Längsträger der dreiachsigen Drehgestelle über dem mittleren Radsatz je vier Schraubenfedern eingebaut. Während die Vorauslok 03 001 und 03 003 einen Verzweigerantrieb mit Gummidrehfeder und zweiseitigem Stirnradantrieb erhalten haben, verfügen die beiden anderen Lok E 03 002 und E 03 004 über einen Gummiring-Kardanantrieb mit einseitigem Stirnradgetriebe. Für die hohen zu fahrenden Geschwindigkeiten bis 200 km/h mußten gegenüber herkömmlichen Ellok zusätzliche Sicherheitseinrichtungen eingebaut werden, zu denen vor allem mehrere unabhängig voneinander wirksame Bremssysteme einschließlich Mg-Bremse gehören. Außerdem verfügten die Maschinen erstmalig über Linienzugbeeinflussung und automatische Fahrschaltung.

Nach den eingehenden Erprobungen und ihrer Ausstellung auf der IVA 1965 mit diesen vier Vorausmaschinen begann 1970 die Serienlieferung mit der am 9. September 1970 abgenommenen von Henschel und SSW erbauten 103 109, wie die Lok in dem neuen Nummernplan der DB fortan eingereiht waren. Die Serienmaschinen unterschieden sich von den Vorausmaschinen nur geringfügig, so daß hier auf nähere Angaben verzichtet wird. Bis 1974 wurden von Henschel, Krupp und Krauß-Maffei insgesamt 145 Serienlok geliefert, deren elektrische Ausrüstung von AEG, BBC und SSW gefertigt worden waren. Zum Einsatz kamen diese Maschinen bei den Bw Frankfurt (Main) 1 und Hamburg-Eidelstedt, von wo aus sie zentral im gesamten Bundesgebiet eingesetzt wurden. Einige Maschinen wurden nach der Ablieferung auch in München Hbf beheimatet, jedoch wurde dort der Einsatz der 103 zum Fahrplanwechsel im Mai 1974 aufgegeben. 1974 kamen auch die vier Vorserienmaschinen zum Bw Hamburg-Eidelstedt, nachdem 103 002 und 003 ab dem Herbst 1971 beim Bw

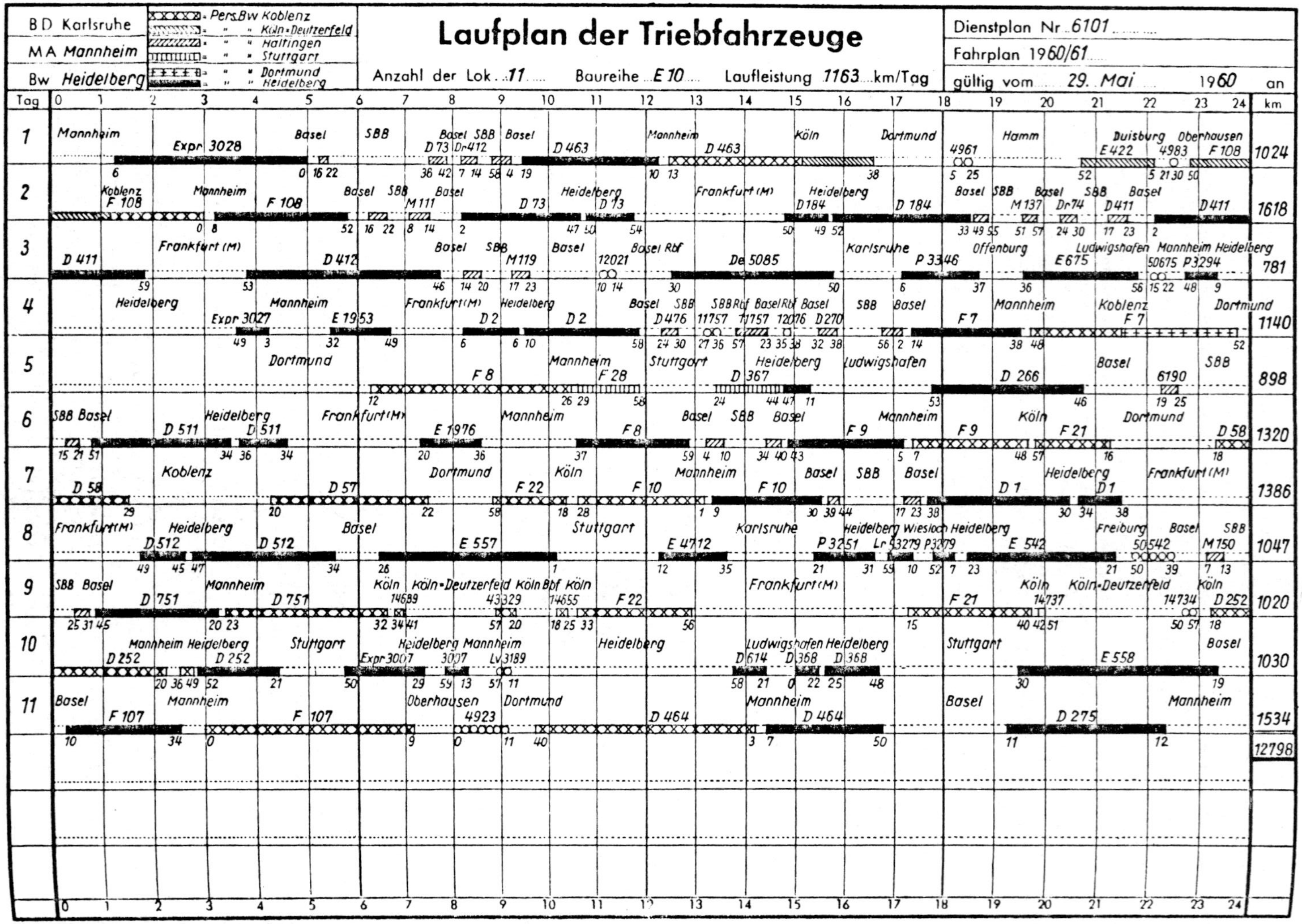
BD Karlsruhe
MA Mannheim
Bw Heidelberg
= Pers.Bw Koblenz
= " " Köln-Deutzerfeld
= " " Haltingen
= " " Stuttgart
= " " Dortmund
= " " Heidelberg
Laufplan der Triebfahrzeuge
Anzahl der Lok 11 Baureihe E 10 Laufleistung 1163 km/Tag
Dienstplan Nr. 6101
Fahrplan 1960/61
gültig vom 29. Mai 1960 an
Tag
km
1 Mannheim Expr 3028 Basel SBB Basel SBB D 73 Dr 412 Basel D 463 Mannheim D 463 Köln Dortmund 4961 Hamm Duisburg Oberhausen E 422 4983 F 108 1024
2 Koblenz F 108 Mannheim F 108 Basel SBB M 111 Basel D 73 Heidelberg D 73 Frankfurt (M) Heidelberg D 184 D 184 Basel SBB Basel M 137 SBB Dr 74 Basel D 411 D 411 1618
3 D 411 Frankfurt (M) D 412 Basel SBB M 119 Basel 12021 Basel Rbf De 5085 Karlsruhe P 3346 Offenburg E 675 Ludwigshafen Mannheim Heidelberg 50675 P 3294 781
4 Heidelberg Expr 3027 Mannheim E 1953 Frankfurt (M) D 2 Heidelberg D 2 Basel SBB D 476 SBB Rbf 11757 Basel Rbf 11757 Basel 12076 D 270 SBB Basel F 7 Mannheim Koblenz F 7 Dortmund 1140
5 Dortmund F 8 Mannheim F 28 Stuttgart Heidelberg D 367 Ludwigshafen D 266 Basel 6190 SBB 898
6 SBB Basel D 511 Heidelberg D 511 Frankfurt (M) E 1976 Mannheim F 8 Basel SBB Basel F 9 Mannheim F 9 Köln F 21 Dortmund D 58 1320
7 D 58 Koblenz D 57 Dortmund F 22 Köln F 10 Mannheim F 10 Basel SBB Basel D 1 Heidelberg D 1 Frankfurt (M) 1386
8 Frankfurt (M) D 512 Heidelberg D 512 Basel E 557 Stuttgart E 4712 Karlsruhe P 3251 Heidelberg Wiesloch Lr 3279 Heidelberg P 3379 E 542 Freiburg Basel 50542 SBB M 150 1047
9 SBB Basel D 751 Mannheim D 751 Köln 14689 Köln-Deutzerfeld 43329 Köln Bbf Köln 14655 F 22 Frankfurt (M) F 21 Köln 14737 Köln-Deutzerfeld 14734 Köln D 252 1020
10 D 252 Mannheim Heidelberg D 252 Stuttgart Expr 3007 Heidelberg 3007 Mannheim Lv 3189 Heidelberg D 614 Ludwigshafen D 368 Heidelberg D 368 Stuttgart E 558 Basel 1030
11 Basel F 107 Mannheim F 107 Oberhausen 4923 Dortmund D 464 Mannheim D 464 Basel D 275 Mannheim 1534
12798

Seelze beheimatet waren, von wo aus sie für Versuchsfahrten auf der Strecke Neubeckum – Rheda einschließlich Hochgeschwindigkeitsfahrten eingesetzt wurden. Die 103 wurden vorwiegend im TEE- und F-Zugverkehr, ab Winter 1971 im Netz der neugeschaffenen IC im Zweistundentakt eingesetzt, jedoch wurden mit ihnen ebenso schwere Schnellzüge über weite Entfernungen befördert wie zur Erzielung geeigneter Langläufe Kurzleistungen, teilweise sogar im Güterzugverkehr. Mit Einführung des IC-Zweistundentakts liefen sie jeweils auf der betreffenden Linie durch, wie dies streckenmäßig machbar war; nur die in den einzelnen Linien vorhandenen Kopfbahnhöfe begrenzten ihren Weiterlauf.

Nachdem mit 103 245 am 26. Juni 1974 die letzte Lok der Baureihe 103 ausgeliefert und abgenommen worden war, entstand bei der Industrie ein Lieferloch. Dies fiel zeitlich mit der ersten Energiekrise zusammen, so daß Befürchtungen um den Erhalt von Arbeitskräften in diesem Wirtschaftszweig auftraten. Die DB hatte zu dieser Zeit bereits auf die Technik von Drehstrommotoren in Synchrontechnik gesetzt, wie sie dann 1979 mit den fünf Probeloks der Baureihe 120 auch auf den Schienen erschien. Zu dieser Zeit liefen bereits die verschiedenen Versuchsmaschinen der Baureihe 202, in denen die neue Technik in Teilbereichen betriebsfähig erprobt wurde. So hatte die DB daher auch keinen Konstruktionsauftrag an das BZA München oder die Lokbauindustrie über eine neue Ellok für den Schnellzugverkehr erteilt. Andererseits bestand in der bestehenden Rezessionsphase auch ein Überhang an Triebfahrzeugen, der zum verstärkten Abbau der Altbauelloks führte. So bestand also auch von der Betriebsseite her kein besonderer Bedarf. Mehr oder weniger als Verlegenheitslösung zur Beschäftigung der Lokbauindustrie und zum Erhalt der Arbeitskräfte, die man ja später beim zwangsläufig fällig werdenden Neubau der anvisierten Drehstromlok brauchte, gab die HVB grünes Licht zum Bau einer aus der Baureihe 110 abgeleiteten und modifizierten Ellok für den Schnellzugverkehr, die ebenfalls nur für 150 km/h Hg ausgelegt wurde, der Baureihe 111. Unabhängig davon, daß für eine Schnellfahrlok keine baureifen Entwürfe vorlagen, überrascht doch die Entscheidung, die Lok nur für 150 km/h zu bauen, also ebenso viel, wie die 110 leisten konnte, waren doch zu dieser Zeit nicht nur die Planungen des Produktionsapparates darauf ausgerichtet, Schnellzüge künftig grundsätzlich mit einer Hg von 160 km/h zu fahren, sondern es verkehrten bereits eine Reihe dieser Züge mit dieser Hg. Und da man ja plante, IC- und TEE-Züge mit einer Hg von 200 km/h zu fahren, war abzusehen, daß die bisher diese Züge abdeckenden 103 eines Tages nicht mehr zur Verfügung stehen würden. Auch aus dieser Sicht war die 111 mehr als eine Verlegenheitslösung.

103 001 verläßt am 7. August 1970 mit F 37 „Hans Sachs" München in Richtung Nürnberg.
Aufnahme: Walter Hanold

Mit der am 10. Dezember 1974 erfolgenden Abnahme der ersten 111, der 111 001, die von Krauß-Maffei und SSW gebaut worden waren, begann die Lieferung dieser Baureihe, die in mehreren Serien bestellt (z.Zt. bis zur Betriebsnummer 111 227), die Beschäftigung der Lokbauindustrie sichern sollte. Und so ist es bis auf den heutigen Tag geblieben. Wurden 1975 und 1976 noch nennenswerte Stückzahlen gebaut, so sank aufgrund der Finanzsituation und des Bedarfs der DB die jährliche Stückzahl ab 1977 immer mehr ab, so daß z. Zt. nicht mehr als etwa eine Lok/Monat abgenommen wird. Beteiligt am Bau sind im mechanischen Teil Henschel, Krauß-Maffei und Krupp, im elektrischen Teil AEG, BBC und SSW. Im Augenblick ist dies, abgesehen von Nahverkehrstriebwagen, die einzige Lokomotivbeschaffung, die die DB durchführt. Zunächst allein beim Bw München Hbf beheimatet, wurden später auch Beheimatungen beim Bw Düsseldorf zum Einsatz im S-Bahnverkehr Ruhrgebiet vorgenommen, wobei diese Loks entgegen dem zwischenzeitlich einheitlichen DB-Farbschema türkis/creme einen andersartigen Anstrich erhielten. Der Einsatz der 111 erfolgt in allen Diensten und somit auch im IC-Verkehr, wo sie vor allem auf Abschnitten, auf denen der Einsatz der 103 aufgrund der kurzen zu befahrenden Abschnitte zwischen zwei Bespannungen oder der zu fahrenden Höchstgeschwindigkeit nicht lohnend ist, ihre Leistungen hat. Gelegentlich können sogar als Aushilfe auch Düsseldorfer 111 im „S-Bahn-Look" vor IC gesehen werden.

Nicht vergessen beim Einsatz von Ellok im Schnellverkehr der DB werden sollen die Mehrfrequenzloks der DB, die auf den Strecken Köln — Aachen und Frankfurt — Saarbrücken im Durchlauf bis in die Nachbarländer auf Strecken der SNCB und SNCF TEE- und IC-Züge förderten und teilweise noch fördern. Hierbei handelt es sich zunächst einmal um die ursprünglich als Vierfrequenzlok ausgeführten fünf Loks der Baureihe E 410, die als „Europalok" vom Bw Köln-Deutzerfeld aus über Aachen nach Belgien vor TEE fuhren. Sie wurden 1967/68 von Krupp geliefert, wobei bei den E 410 001 - 003 AEG, bei den E 410 011 - 012 bezeichneten beiden Lok aber BBC die elektrische Ausrüstung lieferte. Der Betriebseinsatz erfolgte ab dem Juli 1967. Zwischenzeitlich befinden sich diese Lok beim Bw Saarbrücken und werden nicht mehr im IC-Verkehr eingesetzt.

Die Zugförderung des TEE „Goethe" hatten dagegen die 1967 von Krupp und AEG gelieferten Zweifrequenzlok der Baureihe E 310 (heute 181.0) übernommen, die, beim Bw Saarbrücken beheimatet, dieses Zugpaar zwischen Frankfurt und Metz im Durchlauf beförderten. Mit der Lieferung der Serien-Zweifrequenzlok der Baureihe 181.2 durch Krupp und AEG (Lok 181 201 - 225) zwischen Juli 1974 und April 1975 übernahmen diese die höherwertigen grenzüberschreitenden Leistungen, so auch den in das System Intercity 79 nicht einzuordnenden, ab Sommer 1981 zwischen Frankfurt und Paris Est verkehrenden IC 152/153, wobei auch hier wieder der Lokdurchlauf der DB-Lok auf der Strecke Frankfurt — Metz liegt.

Anstelle der zu sehr unter Störungen leidenden Vierfrequenz-„Europalok" der Baureihe E 410 (184 nach dem neuen Nummernplan) übernahmen 1980 belgische Zweifrequenzlok die Leistungen der TEE bzw. IC auf der Strecke von Aachen nach Köln. Damit war auch auf dem Gebiet des übernationalen Lokdurchlaufs, der ja bereits mit Erfolg seit Jahren zwischen DB und ÖBB praktiziert wurde, auch der Durchlauf ausländischer Mehrfrequenzlok auf Strecken der DB eingeführt worden.

Wie bereits ausgeführt, übernahmen sowohl bei den schweren internationalen Fernschnellzügen als auch im DB-internen leichten F-Zugnetz nach der 1954 einsetzenden rasanten Elektrifizierung der Hauptstrecken der DB die Ellok die Leistungen, sofern geeignete Bespannungsabschnitte sich anboten. Dabei erfolgte der Ersatz teilweise noch der Dampflok, überwiegend aber der V 200-Einsätze, die erst wenige Jahre vorher die Dampflok hier verdrängt hatte. Insofern kann man eigentlich nicht zu Unrecht von einem zweimaligen Strukturwandel im Zugförderungsdienst auf den Hauptstrecken der DB sprechen.

Bei Einführung des Netzes der leichten F-Züge waren 1951 aufgrund der vorhandenen elektrifizierten Netzstruktur nur Durchläufe im elektrischen Betrieb zwischen München und Nürnberg bzw. Stuttgart möglich. Dennoch konnte in diesem Jahr im Dienstplan der E 18 des Bw München Hbf eine tägliche Leistung von 860 km erzielt werden, ein Ergebnis, das heute „bagatellhaft" anmutet, aufgrund der damals gegebenen betrieblichen Möglichkeiten von der DB durchaus als „zufriedenstellend" angesehen wurde. Hieran änderte sich auch in den folgenden Jahren nicht allzu viel. 1952 war es möglich, mit einer E 18 des Bw München Hbf durch Kupplung der Leistungen D 389/390, F 33/34 und F 55/56 zwischen Treuchtlingen und München über Augsburg eine Tageslaufleistung von 822 km zu erreichen; gleichzeitig ersetzte diese Lok zwei Dampflok der Baureihe 01 des Bw Treuchtlingen! 1955 konnten im Durchlauf von Stuttgart her erstmals Ellok bis Heidelberg vordringen, wovon im F-Zugdienst wegen der dann folgenden relativ kurzen Strecke Heidelberg — Ludwigshafen nur bei den Zügen der Relation nach Frankfurt Gebrauch gemacht wurde.

Erst 1958 war es nach den umfangreichen Streckenelektrifizierungen der Vorjahre, die aber für den F-Zugverkehr nicht genutzt werden konnten, möglich, weitere größere Streckenbereiche im Süden der Bundesrepublik im Ellokbetrieb zu befahren. Die zwischenzeitlich zur Auslieferung gekommenen neuen Einheitsschnellzuglok der Baureihe E 10 konnten nunmehr Lokdurchläufe Stuttgart – Frankfurt, Basel – Frankfurt, Nürnberg – Frankfurt und von Ludwigshafen bis Koblenz fahren. Und von nun an ging es Schlag auf Schlag, Strecke um Strecke wurde auf den elektrischen Betrieb umgestellt. Das Tempo dieser Umstellung und die in den einzelnen Jahren im F-Zug- und ab 1960 auch im TEE-Zugverkehr erbrachten Leistungen können aus Anhang 1 abgelesen werden. Durch die 1958 eingetretene Verbindung des von Süden nach Norden fortschreitenden elektrischen Streckennetzes mit dem bisher als Inselbetrieb im Ruhrgebiet betriebenen Streckennetz war nunmehr der Einsatz der Ellok von Süden bis Hamm möglich geworden. Zusammen mit der am 31. Mai 1959 in Betrieb genommenen Umgehungskurve Ludwigshafen waren nunmehr Loklangläufe Basel und Stuttgart – Dortmund bzw. Hamm möglich geworden, wodurch die Fahrzeiten der einzelnen F- und TEE-Züge merklich gekürzt werden konnten. Dies drückt sich auch in der konstanten Erhöhung der Reisegeschwindigkeiten in diesen Jahren aus, wie sie aus den Übersichten bei den einzelnen Zuggattungen im Anhang abgelesen werden können. Langläufe bis zu 625 km waren nun möglich und die Tagesleistungen der Lok stiegen bis auf 1 500 km, gegenüber 1951 fast eine Verdoppelung. Mit der 1960 erfolgten Anbindung der elektrischen Netze der DB und ÖBB in Passau, die in Salzburg und Kufstein ja schon vor dem Zweiten Weltkrieg bestand, kam erstmals der Gedanke auf, Lokdurchläufe der DB über Passau bis Wien zu fahren. Technisch bestanden dagegen keine Bedenken, da beide Verwaltungen die gleichen Stromsysteme und Fahrzeugumgrenzungen haben. Eine Detailuntersuchung, ob dadurch eine bessere Ausnutzung der Ellok der DB erzielt würde, wurde damals interessanterweise verneint. Die Studie kam zu dem Ergebnis, daß die in Wien auftretenden Standzeiten zu lang sein würden und außerdem „müßten schlechte Lokomotivübergänge in Passau in Kauf genommen werden, weil die Österreichischen Bundesbahnen dann auch Züge auf den Strecken der Deutschen Bundesbahn fahren würden (!)". Nun, die Entwicklung ist nach relativ kurzer Zeit über diese Studie hinweggegangen. Ein Jahr später war man dann zu der Erkenntnis gekommen, daß zwar nicht über Passau Vorteile zu erzielen seien, wohl aber auf der Linie München – Innsbruck – Brenner, wenn die Lok der ÖBB bis München und die der DB bis Innsbruck laufen würden. Dies würde zusätzlich noch eine Erhöhung der Reisegeschwindigkeit bringen. Zu praxisbezogenen Ergebnissen kam man aber auch in diesem Jahr noch nicht.

Heute gehören DB-Triebfahrzeuge auf vielen OBB-Strecken zum täglichen Erscheinungsbild: 111 051 im Juni 1982 in Linz. *Aufnahme: A. Zronek*

1962 begann durch die Anhebung des „Rheingold" auf eine Hg von 160 km/h und den Einsatz der neuen Wagengarnituren auch der Einsatz der Unterbaureihe E 10.12 beim Bw Heidelberg. Durch Einkuppeln geeigneter Schnellzüge konnte ein dreitägiger Laufplan erstellt werden, bei dem im täglichen Durchschnitt eine dienstplanmäßige Leistung von 1 251 km erzielt werden konnte. Gleichzeitig übernahm die E 10 des Bw Stuttgart die Leistungen der E 18, die wiederum die E 16 des Bw Freilassing aus den hochwertigen Diensten zwischen München und Salzburg verdrängte.

1963 hatte die Elektrifizierung Hannover erreicht, so daß nunmehr auch wesentliche Teile der Nord-Süd-Strecke im elektrischen Zugbetrieb befahren wurden. Allein hier war eine durchschnittliche Fahrzeitverkürzung gegenüber dem bisherigen V 200-Einsatz um 15 - 20 % möglich. Als weitere 160 km/h-Leistung kam der „Rheinpfeil" in diesem Jahr hinzu, den E 10.12 des Bw Nürnberg Hbf übernahmen. Diese erreichten in einem dreitägigen Laufplan die neue tägliche Spitzenleistung von 1 282 km. Auch kam es in diesem Jahr im Turnusverkehr erstmalig im Reisezugverkehr zu E 10-Durchläufen auf Strecken der ÖBB nach Innsbruck, teilweise sogar bis zum Brenner.

1964 waren neben der Riedbahn, den Strecken Kassel — Eichenberg und Hannover — Bremen vor allem Strecken im Ruhr-Wupper-Gebiet unter dem Fahrdraht, so daß weiteren schnellen Reisezügen auf weiteren Abschnitten die Vorteile der elektrischen Zugförderung zuteil wurden. Der E 10.12-Laufplan des Bw Nürnberg Hbf konnte nochmals verbessert werden und hier konnten nunmehr im dreitägigen Umlauf im täglichen Durchschnitt 1 290 km erreicht werden. Dieser Laufplan ist nachstehend wiedergegeben.

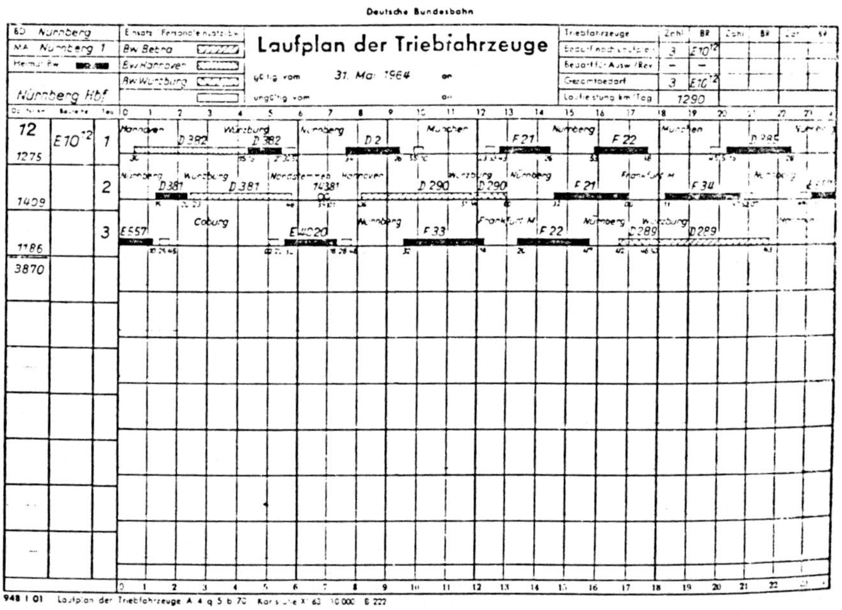

1964 kam es dann endlich nach langen Studien und Prüfungen zu den ersten planmäßigen grenzüberschreitenden Leistungen im Reisezugdienst über die Übergänge Salzburg und Innsbruck, wobei über Salzburg der „Mozart" von ÖBB-Lok der Reihe 4061 von Wien bis München und ein Eilzugpaar zwischen München und Innsbruck von E 16 des Bw Freilassing bespannt wurden. Und nachdem diese Lösung nun einmal gefunden war und sich als vorteilhaft und praktikabel für beide Verwaltungen herausgestellt hatte, nahmen die Durchläufe von Jahr zu Jahr zu, wobei von beiden Verwaltungen die verschiedensten Loktypen zum Einsatz kamen. Von Seiten der DB waren es lange Zeit im Reisezugverkehr die E 10, der dann bald nach ihrem Erscheinen die E 03 folgte, und heute sind sowohl 103, 110 wie auch 111 in weiten Bereichen Österreichs, ja sogar in Jesenice und am Brenner an den Schaltstellen zu anderen Stromsystemen anzutreffen.

1965 war mit der Erreichung Hamburgs die Elektrifizierung der Nord-Süd-Strecke abgeschlossen. Da gleichzeitig auch die noch im Süden bestehende Lücke Würzburg — Treuchtlingen im elektrischen Netz geschlossen wurde, waren nunmehr Lokdurchläufe von München, Nürnberg und Frankfurt nach

Hamburg und Bremerhaven möglich. Daneben konnte durch die nunmehr durchgehende Elektrifizierung die Fahrzeit zwischen München und Hamburg um rund eine Stunde gekürzt werden. Der in diesem Jahr neu als Wagenzug gefahrene TEE 77/78 „Helvetia" wurde mit in die Laufpläne der E 10.12 zwischen Basel SBB und Frankfurt einbezogen. Gleichzeitig kamen die Vorauslok der E 03 nach ihren spektakulären Versuchsfahrten zwischen München und Augsburg anläßlich der IVA 1965 in München mit 200 km/h in gemischte Dienstpläne mit E 10 des Bw München Hbf. Im grenzüberschreitenden Lokdurchlauf mit den ÖBB konnten 1965 erstmalig die noch wenige Jahre zuvor abgelehnten und als unwirtschaftlich angesehenen Durchläufe Wien – Frankfurt mit 754 km eingerichtet werden, wobei sowohl die DB wie die ÖBB die Maschinen stellten. Analog der bei den Schnelltriebwagen gefundenen Lösung stellte hier unabhängig von der Eigentumsverwaltung die Verwaltung den Triebfahrzeugführer, auf deren Strecke die Maschine lief. Eingesetzt waren in diesem Jahre seitens der ÖBB die Baureihen 1010 und 4061 sowie die Baureihen E 10 (Bw Nürnberg Hbf), E 16 (Bw Freilassing) und E 18 (Bw Regensburg).

1967 konnte zum 25. September der Abschnitt Ruhrgebiet – Osnabrück der „Hansalinie" dem elektrischen Betrieb übergeben werden, so daß nunmehr auch hier bis Osnabrück elektrische Bespannung eingeführt wurde. Die vier Vorauslok der Baureihe E 03 erhielten in diesem Jahr erstmalig einen eigenen Dienstplan des Bw München Hbf, in dem sie zwischen München und Hamburg die F 55/56 und zwischen München und Nürnberg die F 33/34 sowie F 38 bespannten, womit eine tägliche durchschnittliche Laufleistung von 1 228 km erzielt wurde. 1967 wurde die Main-Weser-Bahn auf elektrischen Zugbetrieb umgestellt. Der Umlauf der E 03-Vorauslok wurde wie folgt gestaltet: TEE 21 München – Nürnberg – TEE 22 München – D 407 Stuttgart – D 952 München – TEE 11 – Stuttgart – F 28 München – F 27 Stuttgart – TEE 12 München – E 551 Nürnberg – E 590 München – TEE 55 Hamburg-Altona – TEE 54 München – D 157/592 Nürnberg – F 34 München – D 57 Stuttgart – D 366 München.

Dabei betrug die tägliche durchschnittliche Kilometerleistung einer Lok 1 191 km, an drei Umlauftagen wurden aber Leistungen von mehr als 1 200 km erreicht. Die vorhandenen elf E 10.12 wurden in diesem Fahrplanjahr vorzugsweise vor F- und TEE-Zügen eingesetzt und erreichten je Betriebstag 1 133 km. Sie förderten u.a. auf folgenden Abschnitten die Züge

F 3/4	Basel SBB – Frankfurt – Basel SBB,
F 7/8	Basel SBB – Dortmund – Basel SBB,
TEE 9/10	Basel SBB – Duisburg – Basel SBB,
TEE 11/12	Mannheim – Emmerich – Stuttgart,
TEE 21/22	Nürnberg – Dortmund – Nürnberg,
TEE 35/36	Frankfurt – Emmerich – Frankfurt,
F 37/38	Nürnberg – Frankfurt – Nürnberg,
TEE 77/78	Basel SBB – Frankfurt – Basel SBB.

Zusätzlich waren zur wirtschaftlichen Lokausnutzung noch weitere Schnellzüge in diese Laufpläne eingebunden. Durch die Änderung der BO, durchgehend gebremste Reisezüge auf Hauptbahnen mit einer Höchstgeschwindigkeit von 160 km/h fahren zu können, wurden ab 1968 weitere F-Züge auf diese Geschwindigkeitsstufe gebracht. Die hierfür erforderlichen zusätzlichen E 10.12 wurden der laufenden Bauserie entnommen. Insgesamt wurden zu den vorhandenen elf E 10.12 bis zum Herbst 1968 weitere 20 Lok dieser Baureihe in Dienst gestellt. Da gleichzeitig auf den Strecken Dortmund – Lünen – Münster, Hamm – Minden – Wunstorf und Osnabrück – Bremen – Hamburg der elektrische Betrieb aufgenommen wurde, konnten somit auf zwei wichtigen, dem Schnellverkehr dienenden Magistralen die dort verkehrenden F- und TEE-Züge in den elektrischen Betrieb integriert werden. Und da diese Strecken gute Voraussetzungen für einen Betrieb mit einer Hg von 160 km/h boten, ergab sich ein reiches Betätigungsfeld für die Vorserien-E 03 und die neuen E 10.12. Die E 03 legten täglich in ihrem neuen Dienstplan 1 210 km zurück und die zwischenzeitlich vorhandenen 20 Lok der Baureihe E 10.12, die nunmehr beim Bw Frankfurt (Main) 1 konzentriert beheimatet wurden, erbrachten bei 17 in einem Dienstplan zusammengefaßten Lok eine tägliche Leistung von 1 223 km. Zum Winterabschnitt, wo weitere fünf Lok zur Verfügung standen, wurden von den 25 Lok dieser Baureihe täglich 1 232 km erzielt.

Im letzten Fahrplanjahr vor Einführung des Intercity-Zweistundentakts im Winterabschnitt 1971/72 waren von den vier Vorauslok der Baureihe 103 drei in einem Umlauf eingesetzt, der die Züge des Schnellverkehrsnetzes

TEE 81/82	München – Hamburg-Altona – München,
TEE 11/12	München – Stuttgart – München,
F 27/28	München – Stuttgart – München,
F 123/122	München – Nürnberg – München,
F 125/124	München – Nürnberg – München

enthielt. Gleichzeitig war von den fünf Viersystemloks der Baureihe 184 des Bw Köln-Deutzerfeld eine Lok in einem eintägigem Umlauf eingesetzt, der die Züge TEE 42 Dortmund – Liège – TEE 43 – Liège – Aachen – TEE 44 – Aachen – Liège – TEE 41 Liège – Dortmund enthielt, während von den vier Zweisystemloks der Baureihe 181.0 zwei Loks in einem zweitägigen Umlauf mit einer Leistung von 929 km/Tag die Züge
TEE 50 – Frankfurt – Metz – D 221 – Kaiserslautern – D 222 – Metz – D 223 – Frankfurt – D 226 – Metz – D 211 – Kaiserslautern – D 214 – Metz – TEE 51 – Frankfurt
beförderten. Die absolute Spitzenleistung hatten in diesem Jahr die 31 Loks der Baureihe 112 des Bw Frankfurt (Main) 1 erzielt. Im Juli 1970 wurden von diesen 31 Maschinen 1,102 Millionen km gefahren, was einer Durchschnittsleistung je Lok von 35 560 km entspricht, wobei die 112 502 sogar eine Durchschnittsleistung von 39 650 km erzielte. Demgegenüber fielen damals die 103 des Bw München Hbf mit einer Monatsleistung von 22 228 km bei der 103 004 noch merklich ab, während es die Zweisystemlok 181 002 des Bw Saarbrücken immerhin noch auf 27 365 km brachte.

Es ist müßig, für diese Zeit Langläufe im F- und TEE-Zugdienst darzustellen, da diese mit den Fortschritten der Elektrifizierung nach Westen und Norden einhergingen und gleichartige Langläufe, teilweise sogar erheblich höhere, im Durchlauf vor Turnuszügen unter Umgehung der Kopfbahnhöfe mit der Baureihe 110 im Schnellzugdienst erzielt wurden.

Mit der Einführung des Intercity-Zweistundentaktes im Winter 1971/72 übernahmen die zwischenzeitlich gelieferten Serienlok der Baureihe 103 der Bw München Hbf, Frankfurt (Main) 1 und Hamburg-Eidelstedt weitgehend diese Dienste, sofern nicht aus Mangel an diesen Lok oder aus Umlaufgründen auf kurzen Abschnitten zwischen zwei Lokwechselbahnhöfen, z.B. Frankfurt – Wiesbaden oder Frankfurt – Mannheim 110 eingesetzt wurden. Die ab Mai 1972 beim Bw Dortmund Hbf zusammengezogenen und ebenfalls für 160 km/h lauffähigen Loks der Baureihe 112 waren dagegen voll in diese Dienste laufplanmäßig integriert. Selbstverständlich leisteten alle diese Lokreihen zur Erzielung wirtschaftlicher Umläufe und kurzer Stillstandszeiten auch Dienste in Schnellzug- und anderen Diensten.

Mit der Einführung des Systems Intercity 79 zum 27. Mai 1979 wurden die in dieses System integrierten IC-Züge auf den Stammstrecken weitestgehend mit der Baureihe 103 gefördert, wobei der Lokdurchlauf auf den vier Linien und auf den Zu- und Auslaufstrecken des IC-Ergänzungsnetzes nur noch durch die betrieblich bedingten Lokwechsel bei Kopfbahnhöfen eingeschränkt wurde. Somit war einer weitestgehenden Lokausnutzung und bisher unbekannten planmäßigen Loklangläufen in großer Zahl nunmehr ein breites Feld gegeben. Ergänzt wurden diese Einsätze durch 111 des Bw München Hbf auf Strecken, auf denen die IC nicht mit einer Hg von mehr als 160 km/h gefahren werden mußten, nachdem zwischenzeitlich die Hg dieser Baureihe unter bestimmten Bedingungen für den IC-Verkehr auf 160 km/h heraufgesetzt worden war. Aber auch die guten, nun doch schon 22 Jahre alten 110 kamen und kommen im IC-Netz noch zu Ehren, indem sie Leistungen auf Kurzstrecken, wie z.B. Frankfurt– Wiesbaden oder teilweise auch Frankfurt – Mannheim sowie bei IC-Ersatzzügen übernehmen. Daß sie hier nicht ganz die Fahrzeiten halten können, ist verständlich, sofern diese nicht, wie z.B. zwischen Frankfurt und Wiesbaden ohnehin nur für 140 km/h zur Einsparung des Beimannes ausgelegt sind. Der Einsatz der 110 und der 111 im IC-Verkehr, zu denen sich naturgemäß auch noch die 31 Loks der Baureihe 112 gesellen, die heute zentral alle beim Bw Hamburg-Eidelstedt beheimatet sind, ist auf einen Mangel an leistungsstarken Loks der Baureihe 103 zurückzuführen. Diese vorausschauend ab 1970 in Dienst gestellten Loks kamen zwar erst relativ spät zu den ihnen zugesagten Einsätzen; dies hat aber in seiner Ursache nichts mit mangelnder Planung oder Koordination innerhalb der DB zu tun, wie der Bundesrechnungshof es unterstellen zu müssen glaubte, der der DB in seinem Prüfungsbericht für 1978 bescheinigte, mit hohem Investitionsaufwand diese teuren Maschinen nutzlos beschafft und unterwertig eingesetzt zu haben, sondern in häufig außerhalb der DB liegenden Sachzwängen, die eine seit 1965 ja von der DB angestrebte planmäßige Hg von 200 km/h auf Jahre verzögerten. Und heute bei IC 79 würde die DB noch mehr leistungsstarke Loks der Baureihe 103 benötigen, die allerdings nach dem für 1979 bei Einführung dieses Systems gültigen Preisstand erheblich teurer gekommen wären als 1970 - 1975!

So ist die Baureihe 103 heute die Stütze des elektrischen Schnellverkehrs bei der DB, unterstützt von 111 und 112, teilweise auch noch von 110. Für die Zukunft plant die DB den Einsatz der auch für eine Hg von 200 km/h ausgelegten Drehstrom-Asynchronlok der Baureihe 120, deren Serienreife noch in diesem Jahr erwartet wird. Bis diese aber in größerer Zahl auf den Strecken der DB im Einsatz stehen werden, wird bei der derzeitigen Finanzlage der DB und der allgemeinen Wirtschaftslage sowie der Finanzlage des Eigentümers Bundesrepublik Deutschland noch eine Reihe von Jahren vergehen, so daß man wohl prognostizieren kann, daß die 103 bis Ende dieses Jahrzehnts im Schnellverkehr der DB auf elektrifizierten Strecken das Rückgrat der Zugförderung sein werden.

TEE- und Intercity-Verkehr wurden ab 1966 in zunehmendem Umfang auf elektrifizierten Strecken von den Co'Co'-Loks der Baureihe E 03 (spätere Gattung 103) geprägt. Heute bewältigen die Serienfahrzeuge 103.1 den größten Teil des IC-Verkehrs; 103 208 im November 1978 im Bw Stuttgart. Aufnahme: Herbert Stemmler

Als zukünftige Triebfahrzeuge im elektrischen Streckennetz sind von der Bundesbahn die mit Asynchronmotoren in Drehstromtechnik ausgerüsteten Maschinen der Gattung 120 vorgesehen, deren fünf Prototypen seit 1979 vom Bw Nürnberg Rbf aus erprobt werden.
Aufnahme: Herbert Stemmler

Wie sieht die Zukunft des Schienenschnellverkehrs bei der DB aus? Wichtigste Bedingung für einen raschen Fortschritt wären die Fertigstellung der geplanten bzw. im Bau befindlichen Neubaustrekken. Während sich dies hierzulande wegen zahlreicher Einsprüche stark verzögert, fahren die Franzosen seit 1981 mit Plangeschwindigkeiten von 260 km/h ihre TGV über die Neubaustrecke Paris – Lyon. Einer dieser Züge erreichte am 26. Februar 1981 sogar einen neuen Weltrekord für Schienentriebfahrzeuge: er fuhr 380 km/h schnell. *Aufnahmen: Harald Schönfeld*

Da nur die Baureihe 103 überwiegend im Schnellverkehr der DB eingesetzt ist, kann man nur bei dieser Baureihe aus ihren Leistungen auf die Schnellverkehrsleistungen in etwa schließen. Vor Einführung des Intercity-System 79 waren am 30. Juni 1978 alle vorhandenen 148 Lok der Baureihe 103 planmäßig eingesetzt. Sie erzielten dabei im 1. Halbjahr 1978 eine durchschnittliche Laufleistung je Triebfahrzeug von 147 677 km gegenüber 148 896 km im 1. Halbjahr 1977, was einer geringfügigen Abnahme von 0,8 % entsprach. Die 31 Lok der Baureihe 112 erzielten dagegen im 1. Halbjahr 1978 113 260 km gegenüber 107 365 km (+ 5,5 %) im 1. Halbjahr 1977.

In diesem letzten Fahrplanjahr vor Einführung des Systems IC 79 waren als längste Triebfahrzeugläufe über 700 km anzusehen:

Hamburg-Altona – Stuttgart	863 km	103 Bw Frankfurt 1	TEE 14, IC 134, 166, 618, 619
		103 Bw Hmb-Eidelstedt	TEE 15, IC 135, 167
München – Hamburg-Altona	820 km	103 Bw Hmb-Eidelstedt	TEE 90, 91
München – Bremen	757 km	103 Bw Frankfurt 1	IC 181, 183, 186,188
Frankfurt – Wien West	754 km	103 Bw Frankfurt 1	TEE 26, 27
Hmb-Altona – Köln – Frankfurt	702 km	103 Bw Hmb-Eidelstedt	IC 525
Frankfurt – Köln – Hmb-Altona	702 km	103 Bw Frankfurt 1	IC 524

Im Bereich der DR waren die im mitteldeutschen Netz der DRB vorhanden gewesenen elektrifizierten Strecken durch die sowjetische Besatzungsmacht 1946 als Reparationsleistungen demontiert und alle vorhandenen elektrischen Triebfahrzeuge mit wenigen Ausnahmen nach Ostsibirien abtransportiert worden, nachdem nach dem Zusammenbruch am 8. Mai 1945 bereits wieder durch örtliche Wiederaufbaumaßnahmen der elektrische Zugbetrieb auf einzelnen Streckenabschnitten aufgenommen werden konnte. Mit der Rückgabe eines Teiles dieser Fahrzeuge, die dann im Raw Dessau wiederaufgebaut wurden, konnte die DR ab 1952 langsam daran gehen, die teilweise bereits seit 1911 elektrifizierten Strecken im Raum Leipzig/Halle wieder neu zu elektrifizieren. Mit der Aufnahme des elektrischen Zugbetriebes auf der zweiten deutschen Eisenbahn Leipzig – Dresden am 1. Juni 1970 konnte die DR die größte Neuelektrifizierung nach dem Zweiten Weltkrieg vornehmen. Fast gleichzeitig konnte die Elektrifizierung des „sächsischen Dreiecks" Leipzig – Dresden – Karl-Marx-Stadt (Chemnitz) – Reichenbach (Vogtl) – Leipzig abgeschlossen werden. Aber diese Strecken brachten für die Zugförderung des Schnellverkehrs der DR keine Ausnutzung der elektrischen Zugkraft, da diese Strecken entweder nicht von diesen Zügen befahren oder aber nur von Schnelltriebwagen genutzt wurden. Erst die 1964 in Abschnitten begonnene und am 28. September 1967 beendete Elektrifizierung der Strecke Weißenfels – Erfurt – Neudietendorf brachte im Zusammenhang mit der zwischenzeitlich erfolgten Wiederelektrifizierung der Abschnitte Halle/Leipzig – Weißenfels die Möglichkeit, Expreßzüge und Züge des Städte-Schnell-Verkehrs (SSV) zumindest zwischen Leipzig bzw. Halle und Erfurt elektrisch zu fördern. Erst die für das Ende dieses bzw. den Anfang des nächsten Jahres vorgesehene Fertigstellung der Elektrifizierung der Strecken von Bitterfeld und Dresden nach Berlin wird eine Zunahme der elektrischen Zugförderung bei Zügen des Schnellverkehrs bewirken, wenn auch dann immer noch die DR im Vergleich zu anderen europäischen Eisenbahnverwaltungen, auch innerhalb des sozialistischen Lagers, erheblich in der elektrischen Traktion zurücksteht. Ökonomische Sachzwänge wie die verschärfte Energiesituation auf dem Rohölmarkt, wo die DDR weitgehend von der Sowjetunion abhängig ist, und den mangelnden Kohlelieferungen aus Polen aufgrund der dortigen politischen und wirtschaftlichen Lage haben die Führung der DDR veranlaßt, der Elektrifizierung des Fernnetzes der Deutschen Reichsbahn in ihren Volkswirtschaftsplänen einen erheblich höheren Stellenwert zuzuordnen, als dies seit 1950 der Fall war, zumal die genügend vorhandene einheimische Braunkohle einen geeigneten, vor allem aber von äußeren Einflüssen unabhängigen Energieträger hierfür abgibt. So steht zu hoffen, daß in diesem Jahrzehnt noch im Bereich der DDR auch die Zahl der von Ellok geförderten Schnellverkehrszüge erheblich zunehmen wird, wenn auch in diesem Zeitraum Vergleichswerte mit anderen Bahnverwaltungen gleicher Größe und Verkehrsintensität nicht erreicht werden können.

M) Reisezugwagen im Schnellverkehr

von Friedhelm Ernst, Köln

a) Die schwierige Ausgangssituation der 1920 gegründeten Reichseisenbahnen

Schon sehr bald nach dem verlorenen Ersten Weltkrieg gewann in Deutschland der alte Bismarck'sche Reichs-Eisenbahngedanke erneut an Bedeutung. Von einer einheitlichen Führung des Verkehrs- und Transportwesens versprach sich die nach Auflösung des Heeres und Zerrüttung der Wirtschaft geschwächte Reichsregierung einen entscheidenden innenpolitischen Impuls. Dabei konnte den acht eisenbahnbesitzenden Ländern eine Übernahme ihrer in desolatem Zustand befindlichen und hoch verschuldeten Bahnen vom Grundsatz her durchaus dienlich sein. Vor allem aber nahmen die aus den Waffenstillstandsbedingungen sich ergebenden Forderungen der Siegermächte und mehrere Artikel des Versailler Vertrags vom 28. Juni 1919 Reich und Länder in die Leistungspflicht, wobei den Eisenbahnen als wertvollstem Besitz der Länder zur Erfüllung von Reparationsforderungen eine herausragende Funktion zufiel (1). *

Nicht zuletzt vor diesem Hintergrund hatten Baden, Württemberg und Sachsen bereits Anfang 1919 gemeinsame Überlegungen mit dem Ziel einer Überführung ihrer Schienenverkehrsbetriebe in Reichseigentum angestellt. Nach anfänglichem Zögern Bayerns kamen schließlich die „Eisenbahnländer" Preußen, Hessen, Bayern, Sachsen, Württemberg, Baden, Mecklenburg-Schwerin und Oldenburg in einem Staatsvertrag mit dem Deutschen Reich überein, ihre Bahnen mit Wirkung vom 1. April 1920 unter die Oberhoheit des Reiches zu stellen, während gleichzeitig der einstige Preußische und nachmalige Deutsche Staatsbahnwagenverband aufgehoben wurde. Durch den Zusammenschluß erwuchs ein einheitliches Betriebsnetz von 53 650 km Länge, auf dem über 31 500 Lokomotiven und Triebwagen zum Einsatz gelangten, die sich auf nicht weniger als 250 verschiedene Typen verteilten. Die neue Rechtsform dürfte u.a. auch die Voraussetzungen zur Einrichtung des ersten internationalen Luxuszuges durch Deutschland seit Ende des Ersten Weltkrieges geschaffen haben: des ausschließlich aus Wagenmaterial der Internationalen Schlafwagen-Gesellschaft gebildeten L 64/65 Paris — Straßburg — bzw. Ostende — Nürnberg — Eger — Prag — Warschau, der allerdings nur an bestimmten Wochentagen verkehrte.

Schwerer Schnellzug der Deutschen Reichsbahn-Gesellschaft, gebildet fast ausschließlich aus Länderbahnfahrzeugen: Lok 18 489 vor D 58 bei Hain im Spessart. Von den sechs Sitzwagen sind fünf preußischer Herkunft, während der MITROPA-Speisewagen von der ISG stammt. Ebenso wie die Lokomotive läßt auch der Postwagen bayerischen Ursprung erkennen.

Aufnahme: Carl Bellingrodt

* Die Zahlen beziehen sich auf die am Schluß dieses Kapitels besonders angegebenen Quellen. Unabhängig vom Quellen- und Schrifttumsnachweis für das Gesamtwerk wurden für dieses Kapitel bestimmte herangezogene Quellen besonders kenntlich gemacht, ohne daß sie im Quellen- und Schrifttumsverzeichnis nochmals aufgeführt zu sein brauchen.

Preußische Staatsbahn.

Vierachsiger Durchgangswagen I. und II. Klasse.

Einer von insgesamt 8 114 vierachsigen Länderbahnwagen, die 1920 auf die „Reichseisenbahnen" übergingen: der preußische D-Zug-Wagen 1. und 2. Klasse Nr. 02436. Man beachte die damals üblichen waagerechten Sicherheits-Haltegriffe unter den Fenstern und die dazugehörigen Trittbretter. *Aufnahme: Slg. Ernst*

Die 1916 gegründete MITROPA erhielt die Mehrzahl ihrer Speisewagen aus dem Bestand der Internationalen Schlafwagen-Gesellschaft. Vielfach handelte es sich dabei um Sechsachser, ähnlich dem im Bild gezeigten. *Aufnahme: Slg. Ernst*

Compagnie Internationale des Wagons-Lits et des Grands Express Européens.

Sechsachsiger Speisewagen.

Über 45 Jahre stand dieser ex-ISG-WR bei der MITROPA bzw. der nach dem 2. Weltkrieg gegründeten Deutschen Schlafwagen- und Speisewagen-Gesellschaft (DSG) im Dienst.
Aufnahme: Dr. Rolf Brüning

b) Herkunft und Beschaffenheit des für schnellfahrende Züge der Reichseisenbahnen geeigneten Wagenmaterials

Weit ausgeprägter noch als auf dem Gebiet der Triebfahrzeuge war bei der aus den einstmaligen Länderverwaltungen hervorgegangenen ersten gesamtdeutschen Staatseisenbahn die Typenvielfalt an Reisezugwagen. Dabei bestand die überwiegende Mehrzahl des Materials aus Fahrzeugen, die zur Verwendung nicht in Schnell-, sondern in Personenzügen bestimmt waren. Aber immerhin belief sich die Zahl der in den (unvollständigen) Bestandslisten geführten vollspurigen Personenwagen auf 64 420. Hinzu kamen 17 207 Gepäckwagen (2). Interessant ist in diesem Zusammenhang eine Aufgliederung nach der Achsenzahl; damals waren an Personenwagen vorhanden:

mit zwei Achsen	19 493 Stück
mit drei Achsen	36 406 Stück
mit vier Achsen	8 114 Stück
mit fünf Achsen	1 Stück
mit sechs Achsen	396 Stück
von Dritten überwiesene Fahrzeuge	10 Stück
	64 420 Stück

Hieraus ist abzulesen, daß mit 55 899 „eigenen" Einheiten 87,03 % auf zwei- und dreiachsige Personenfahrzeuge entfielen, die mit Ausnahme einiger dreiachsiger Schnellzugwagen bayerischer Bauart im Alpenraum und einer nurmehr geringen Zahl preußischer Abteil-Dreiachser „für Schnellzüge" vorwiegend im Personenzugdienst zum Einsatz gelangten.

Ihnen standen rund 8 500 Drehgestell-Personenwagen (einschließlich eines namhaften Anteils von Abteilwagen meist preußischer und sächsischer Herkunft) gegenüber. Unter Berücksichtigung der Tatsache, daß auch viele Personenzüge – oftmals die über längere Strecken geführten – und Eilzüge aus Abteilwagen der Drehgestellbauart gebildet wurden, darf für reine Schnellzugdienste im Betriebsmittelpark der Reichseisenbahnen 1920/21 ein Anteil von etwa 8 % aller Personenwagen angenommen werden.

Ihre Länge über Puffer lag um 20 m, bei älteren Einheiten auch darunter. Mit nur wenigen Ausnahmen bestanden die blechverkleideten D-Zug-Wagenkästen aus Holz; Langträger und Untergestell bildeten eine Einheit, die durch nachstellbare Sprengwerke auf beiden Seiten verstärkt waren, während im Gegensatz hierzu bei den Drehgestell-Abteilwagen die Langträger auf einem besonderen Untergestell ruhten. Die Inneneinrichtung entsprach den Komforterwartungen der Langstrecken-Reisenden, d.h. die Abteile waren (mit wenigen Ausnahmen) vollständig voneinander getrennt und durch Schiebetüren vom Seitengang aus zugänglich. In einigen Fällen blieben Abteile 3. Klasse zum Gang hin offen. Auch gab es vereinzelt Polsterklasse-Abteile mit offenem Mittelgang. Alle Fahrzeuge hatten je zwei Toiletten mit Waschgelegenheit und häufig auch einen Dienstraum. Die Hauptdaten der wichtigsten, damals nicht über 20 Jahre alten und somit für den Fernverkehr besonders geeigneten D-Zug-Wagen sind aus der folgenden Tabelle (3) zu entnehmen:

Gattung	Bauart	Länge über Puffer	Drehzapfenabstand	Abteilzahl	Sitzplätze	Eigengewicht
AB 6 ü	Pr 06	19,95 m	13,50 m	2/5 u. Dienstr.	8/30	48,3 t
ABC 6 ü	Pr 07	19,46 m	13,00 m	1/2/3 u. Dienstr.	4/18/24	47,7 t
C 6 ü	Pr 07	19,39 m	13,00 m	8 u. Dienstr.	64	47,5 t
AB 4 ü	Pr 07, 09 a	19,95 m	13,50 m	2/5	8/30	41,7 bzw. 43,0 t
AB 4 ü	Pr 15	20,35 m	13,25 m	3/4 u. Dienstr.	8/30	45,0 t
AB 4 ü	Bay 08	19,725 m	13,20 m	2/5	8(12)/27	41,25-44,2 t
AB 4 ü	Sa 09	19,44 m	12,80 m	3/4	12/24	37,2 t
AB 4 ü	Bad 01	19,49 m	13,00 m	2/5	8/30	39,3 t
ABC 4 ü	Pr 07,08,09	19,68 bzw. 19,775 m	13,10 bzw. 13,25 m	1/2 $^1/_2$/4	4/15/32	42,0 t
ABC 4 ü	Sa 08	20,17 m	13,70 m	1/2 $^1/_2$/4	6/15/32	38,2-40,6 t
ABC 4 ü	Bad 11	18,20 m	12,00 m	1/3/3	4/18/24	38,3 t
B 4 ü	Pr 20	20,44 m	13,25 m	7	42	44,5 t
B 4 ü	Pr 20a	20,35 m	13,25 m	7	42	42,7 t
BC 4 ü	Pr 09,09a,11	19,775 m	13,25 m	3/5	18/40	43,0 t
BC 4 ü	Pr 14	20,35 m	13,25 m	3/5	18/40	45,6 t
BC 4 ü	Wü 09	19,28 m	13,00 m	3/3	18/40	37,8 t
C 4 ü	Pr 06	19,29 bzw. 19,39 m	13,00 m	8 u. Dienstr.	64	38,0-38,5 t
C 4 ü	Pr 08,11a	19,775 m	13,25 m	8 $^1/_2$	68	44,0 t
C 4 ü	Pr 13	20,35 m	13,25 m	8 $^1/_2$	68	44,2 t
C 4 ü	Pr 21,21a	20,44 bzw. 20,418 m	13,25 m	8 $^1/_2$	68	44,3 t
C 4 ü	Pr 21b,21c	20,41 bzw. 20,415 m	13,25 m	8 $^1/_2$	68	40,0 t
C 4 ü	Bay 03	19,175 m	12,50 m	4	64	37,0 t
C 4 ü	Bay 11,13,23	19,175 m	12,50 m	4	64	40,3-42,1 t
C 4 ü	Sa 07	18,75 m	12,00 m	8	64	37,5-41,3 t
C 4 ü	Sa 18	18,75 m	12,00 m	8	64	36,4-38,5 t
C 4 ü	Bad 07	19,30 bzw. 19,41 m	13,00 m	8	64	38,0 t
C 4 ü	Wü 16	19,28 m	13,00 m	8 $^1/_2$	68	38,6 t
C 4 ü	Old 12	19,95 m	13,50 m	9	72	40,7 t

Dabei stellten die preußischen D-Zug-Wagen die zahlenmäßig stärkste Gruppe dar. Hiervon wiederum entfielen insgesamt 1 600 Einheiten auf nur sechs zwischen 1908 und 1914 beschaffte, weitgehend gleichartige Bauarten. Während diese Fahrzeuge anfänglich noch mit preußischen Regeldrehgestellen (Achsstand 2,50 m) versehen wurden, wiesen die Lieferungen ab 1909 die sogenannten „amerikanischen" oder Schwanenhals-Drehgestelle mit dem verhältnismäßig geringen Achsstand von 2,15 m auf (4).

Ebenso wie bei den Lokomotiven stellte sich die Frage, ob man zur Milderung des äußerst drückenden Wagenmangels infolge Kriegsverlusten, Reparationsverpflichtungen und hohem Schadwagenanteil nunmehr bewährte Länderbauarten nachbeschaffen oder ein gänzlich neues Typenprogramm aufstellen sollte. Aus Gründen der Wirtschaftlichkeit entschied man sich grundsätzlich für das letztere, mußte indessen zur rascheren Verfügbarkeit des dringend benötigten Materials zunächst noch einige Länderbahnbauarten in Auftrag geben. Dabei griff man im Falle der D-Zug-Wagen im wesentlichen auf preußische Muster zurück. So beschafften die Reichseisenbahnen bis 1922 zunächst nochmals 462 preußische D-Zug-Wagen, und zwar ausschließlich in Stahlbauweise, wodurch die Gesamtzahl aller seit 1891 gelieferten Drehgestell-Sitzwagen preußischer Schnellzug-Bauart auf 3 737 anstieg (4). Dies erklärt das in den zwanziger Jahren trotz aller Vielfalt doch vornehmlich noch von preußischen Einflüssen geprägte Erscheinungsbild deutscher Schnellzüge, was nicht zuletzt auch für die überwiegend sechsachsigen Schlafwagen galt.

Nur in geringem Umfang verkehrten ab Mitte des Jahres 1919 auch wieder Schlaf- und Speisewagen in Deutschland. Dabei ergab sich die eigenartige Situation, daß zwar alle 247 deutschen Speiseraum- und Vollspeisewagen jetzt von der am 24. November 1916 gegründeten „Mitteleuropäischen Schlafwagen- und Speisewagen-AG" (MITROPA) beigestellt und bewirtschaftet werden konnten, die Schlafwagen jedoch noch im Bahneigentum verblieben, nachdem die 32 im Ersten Weltkrieg aus Beständen der ISG erworbenen MITROPA-WL an ihre frühere Eigentümerin zurückgegeben werden mußten. Erst Mitte 1926 ging auch die Betreuung der letzten (einst preußischen) Schlafwagen auf die MITROPA über.

1921 hatte die junge deutsche Staatsbahn ihre ersten Schlafwagen-Neubauten erhalten: zehn WL der damaligen 3. Klasse, erstmals übrigens in Stahlbauweise erstellt. Ihnen schloß sich 1923/24 ein Auftrag über 13 weitere, 21,50 m lange Schlafwagen 3. Klasse und zehn Exemplare 1./2. Klasse an, deren Rahmen und Kastengerippe aus Walzprofilen bestand. Die Inneneinrichtung der letztgenannten sah die bewährte Aufteilung in zehn Halbabteile und somit bis zu 20 Betten vor (5). Ungewöhnlich an diesen Wagen wirkten – neben der Abkehr vom rein hölzernen Aufbau – zwei weitere Merkmale: die nach den Kopfenden zu hechtförmig eingezogene äußere Blechverkleidung und das anstelle der bislang üblichen Laternenaufbauten getretene Tonnendach. Wegen ihrer Verwendung u.a. im Verkehr mit den skandinavischen Nachbarländern nannte man sie halboffiziell auch „Schwedenwagen". Ihr Außenanstrich war – wie damals üblich – zunächst in grünem Farbton gehalten.

Eine bemerkenswerte Außenseiterrolle fiel dem während der Sommerhalbjahre 1923 und 1924 auf der 714 km langen Strecke Berlin – Hannover – Bentheim – Hoek van Holland (– London) eingerichteten L 111/112 „Berlin-London-Expreß" zu; denn außer einer auf Reichsbahnstrecken erreichten hohen Reisegeschwindigkeit von 78 km/h muß die Verbindung gleichsam als erster deutscher „Komfortzug" angesehen werden, wenn man von dem kriegsbedingten „Balkanzug" als Konkurrenz zum vorübergehend eingestellt gewesenen „Orient-Expreß" einmal absieht. Das zwischen Berlin und der Kanalküste verwandte Rollmaterial bestand ausschließlich aus Salonwagen des ehemaligen kaiserlichen Hofzuges, von denen sechs Stück für den neuen Bestimmungszweck umgerüstet worden waren: fünf sechsachsige und ein vierachsiger Gefolgewagen. Im übrigen stellte die MITROPA zur Versorgung der Reisenden seinerzeit auch einen Speisewagen bei. Nicht selten handelte es sich dabei um ein vierachsiges, gleichermaßen aus dem einstigen Hofzug stammendes Fahrzeug. Ab 1926 lief in dieser Relation allerdings nur noch ein einzelner Salonwagen täglich, der dem D (später FD) 111/112 beigegeben wurde.

Daß die Entwicklung des schnellen Reiseverkehrs auf deutschem Territorium in den zwanziger Jahren keineswegs geradlinig verlief, beruhte nicht zuletzt auf der gespannten allgemeinpolitischen Lage. Doch zeichneten sich trotz aller Hemmnisse, von der Öffentlichkeit weit weniger registriert, auch leichte Aufwärtstendenzen ab. So war beispielsweise der von Reparationslieferungen stark betroffene und dezimierte Personenwagenbestand für Vollspurbahnen zum 31. März 1923 wieder auf insgesamt 67 861 angestiegen, wozu freilich in erster Linie die Wiederinstandsetzung bislang betriebsuntauglicher Wagen beigetragen hat.

Aus der von den „Reichseisenbahnen" zuletzt beschafften Nachbau-Serie preußischer D-Zug-Wagen stammt dieser B 4 ü mit genietetem Metallkasten. *Aufnahme: Dr. G. Scheingraber*

Internationaler Luxuszug 106 Paris – Prag mit böhmischem und ISG-Wagenmaterial bei Nürnberg-Erlenstegen. Es führt die fast fabrikneue 01 200. Aufnahme: Carl Bellingrodt

20,61 m langer Einheits-D-Zug-Wagen „Hapag-Lloyd" der frühen zwanziger Jahre mit Schwanenhals-Drehgestellen, genieteten Stahlaufbauten, Tonnendach und hechtförmig sich verjüngenden Enden. Aufnahme: Dr. G. Scheingraber

Bauartähnlicher MITROPA-Schlafwagen von 1923, LüP 21,50 m. Aufnahme: Dr. G. Scheingraber

Ein seltenes Exemplar ist dieser oldenburgische Packwagen, erkennbar an seinem zurückgesetzten Zugführereinstieg. *Aufnahme: Joachim Berger*

c) Vom Erscheinungsbild der Komfortzüge im Netz der Deutschen Reichsbahn-Gesellschaft

Vor dem Hintergrund einer erhofften Normalisierung im innerpolitisch-wirtschaftlichen Bereich ist das zum 1. Juni 1923 aufgebaute System von Ferndurchgangszügen mit nur 1. und 2. Wagenklasse zwischen der Reichshauptstadt Berlin und Köln, Hamburg bzw. München zu sehen, das allerdings durch Ereignisse wie die Haftungsansprüche der Entente an die deutschen Eisenbahnen aufgrund Artikel 248 des Versailler Vertrages sowie die Ruhrbesetzung und deren Folgen erst drei Jahre später voll zur Geltung kommen konnte (vgl. hierzu Kapitel D, Abschnitt c)).

Für die Zugbildung wählte das ab 30. August 1924 als „Deutsche Reichsbahn-Gesellschaft" firmierende, wirtschaftlich und finanziell selbständige Unternehmen seine besterhaltenen Dampflokomotiven und jeweils zwischen drei und sieben Reisezugwagen, darunter neben preußischen und bayerischen die ersten, 1923 in Betrieb genommenen neuen Einheits-D-Zug-Wagen. Hierbei handelte es sich grundsätzlich um Einheiten mit Stahlaufbauten zunächst genieteter Bauart, was sie gegen Durchbiegen, Verwinden, Stoßen und Verwittern beständiger als ihre hölzernen Vorgänger machte. Der preußisch-hessische oder mecklenburgische Oberlichtaufbau wurde — wie auch bei den übrigen Einheitswagen — zugunsten des Tonnendachs aufgegeben, das bislang schon in Bayern, Württemberg, Baden oder Sachsen, vereinzelt sogar in Preußen, Anwendung gefunden hatte (6).

Waren die Endeinstiegtüren bis dahin aus der Wagenaußenfläche zurückgesetzt, so führte die Reichsbahn** bei ihren Neubauten der frühen zwanziger Jahre (ebenso wie die MITROPA im Falle einiger Versuchs- und der bereits erwähnten „Schwedenwagen") hechtförmig sich verjüngende Wagenenden ein. Die Dächer waren dabei über den nach außen öffnenden Türen schräg hochgezogen, ehe die nachfolgende Bauart 1926 bei gleichartigem Grundriß ein artreines, auch die Einstiege überdeckendes Tonnendach mit sich brachte. Wie zuvor schon in Preußen üblich, ruhten die aus Walzprofilen gefertigten Wagenkästen meist auf sogenannten „amerikanischen" Laufwerken mit dem vergleichs-

** Der Begriff „Reichsbahn" wurde in diesem Kapitel teilweise unabhängig von der jeweils bestehenden Rechtsform bewußt gebraucht, da er auch für die Zeit der Deutschen Reichsbahn-Gesellschaft in dieser Form nicht falsch ist, sondern vom Unternehmen selbst verwandt wurde (vgl. auch U. M. Ruser, Die Reichsbahn als Reparationsobjekt, Freiburg 1981)

Kennzeichnend für die Neubaufahrzeuge des Jahres 1926 waren eine Wagenlänge von 21,72 m, der Übergang zu schweren Görlitzer Drehgestellen und ein Tonnendach, das auch die schräg verlaufenden Wagenenden überdeckte. *Aufnahme: Dr. G. Scheingraber*

Die sächsische „Pacific"-Lok 18 004 mit einem typischen Schnellzug der zwanziger Jahre, ausfahrend aus Dresden Hbf. *Aufnahme: Rudolf Kreutzer, Lokbildarchiv Bellingrodt*

weise kurzen Achsstand von 2,15 m. Einige erhielten indessen bereits Fahrgestelle der später allgemein verwendeten Görlitzer Bauart.

Sowohl von den untereinander weitgehend gleichen Bauarten 1921/22/23 mit 20,61 m Länge über Puffer als auch der etwas längeren des Jahres 1926 wurden für D-Züge nur Polsterklassewagen (insgesamt 132 AB 4 ü) bzw. 191 reine 3. Klasse-Fahrzeuge (C 4 ü) beschafft. Zur Bildung der Hapag-Lloyd-Sonderzüge im Anschluß an die Übersee-Dampferlinien nach und von Cuxhaven oder Bremerhaven erhielt die Deutsche Reichsbahn-Gesellschaft darüber hinaus einige reine 2. bzw. 1. Klasse-Stahlwagen (B 4 ü bzw. A 4 ü), die man wegen ihres Hauptverwendungszwecks als sogenannte „Bauart Hapag-Lloyd" bezeichnete.

Mit ihren Fahrzeugbeschaffungen Mitte der zwanziger Jahre legte sich die Reichsbahn im übrigen bezüglich ihrer Standard-Wagenlänge auf 21,72 m fest. Dasselbe gilt für die Mitropa, die 1924 und erstmals bei ihren 25 WL des Jahres 1926 ein Längenmaß von 23,50 m wählte und dieses fortan für ihre den jeweiligen Reichsbahnfahrzeugen in der Ausführung angepaßten Schlaf- und Speisewagen auf zwei Jahrzehnte hinaus beibehielt. Lediglich die ersten zehn Neubau-Packwagen Pw 4 ü - 23 aus Görlitz blieben mit 18,84 m über Puffer in den aus Länderbahnzeiten gewohnten Größenordnungen.

Als unbestreitbarer Sicherheitsgewinn ist die 1921 im Reisezugdienst allgemein eingeführte Kunze-Knorr-Druckluftbremse zu werten. Gleichermaßen von grundlegender Bedeutung und deshalb nicht unerwähnt bleiben sollte das Inkrafttreten zweier Übereinkommen für die gegenseitige Benutzung der Personen- und Gepäckwagen, und zwar im Bereich des Vereins Deutscher Eisenbahnverwaltungen und im internationalen Verkehr (RIC). Sie regelten Ausstattungsmerkmale, betriebstechnische Behandlung und gegenseitige Abrechnung des Wagenmaterials und wirkten sich durch ihre einheitlichen Normen nicht zuletzt auch auf die weitere Ausgestaltung und somit Vereinheitlichung des deutschen Reisezugwagenparks aus.

Nur 1. und 2. Wagenklasse führte der kurze FD-„Flügelzug" 325, hier mit Lok 17 284 bei Hochdahl.
Aufnahme: Carl Bellingrodt

Doch selbst im hochqualifizierten Schienenschnellverkehr, d.h. bei den 1923 - 1925 eingerichteten FD-Zügen zwischen den Wirtschafts- und Handelsschwerpunkten im Norden, Westen und Süden Deutschlands einerseits und der Reichshauptstadt andererseits, gelang anfänglich nur äußerst selten eine bauartreine Zugbildung. Vielmehr konnte nicht einmal in diesen ,,Spitzenreitern" auf die einstigen Länderbahntypen bzw. deren Nachbauten völlig verzichtet werden. So liefen beispielsweise vier- und auch sechsachsige preußische Schnellzugwagen gemeinsam mit bayerischen Baumustern und (in zunehmendem Maße) stählerne Einheitswagen in der FD-Verbindung 79/80 München — Halle — Berlin Anh. Bf. und zurück. Dabei stellte die MITROPA noch bis in die dreißiger Jahre hinein für die gastronomische Versorgung der Reisenden einen ihrer 1916 aus ISG-Beständen übernommenen, naturlasierten Teakholz-Speisewagen bei. Auch ein italienischer Kurswagen Rom — Berlin wurde einige Jahre später planmäßig in diese Garnitur eingereiht. Zu Spitzenzeiten bestand die gegenüber den Tagesschnellzügen D 39/40 um mehr als zwei Stunden schnellere FD-Verbindung aus sieben bis acht Wagen und somit einer Anhängelast von bis zu 350 t, was angesichts der im Frankenwald zu überwindenden Steigungen als äußerst bemerkenswert galt.

Dieser am stärksten frequentierten innerdeutschen Fernschnellzugleistung standen auf den Flachlandstrecken Berlin Lehrter Bf. — Altona und Berlin-Stadtbahn — Köln wesentlich leichtere FD-Zugkompositionen aus in der Regel drei bis sechs Wagen einschließlich WR gegenüber. Im Gegensatz zur vorgenannten Nord-Süd-Relation sahen die Zugbildungspläne hier in der zweiten Hälfte der zwanziger Jahre ausschließlich stählerne Einheits-D-Zug-Wagen vor, wobei für die zwischen der Elbmetropole und Berlin verkehrenden FD 23/24 ein Versuch der ersten öffentlichen Zugtelefonie nicht unerwähnt bleiben sollte, die am 7. Januar 1926 planmäßig eingeführt wurde.

Eine bemerkenswerte, den Reisekomfort entscheidend beeinflussende Maßnahme der Deutschen Reichsbahn-Gesellschaft bestand in der generellen Ausstattung aller Neubauwagen mit Einzelwagenmaschinenbeleuchtung ab Mitte 1925. Daran anknüpfend erfolgte anläßlich regulärer Werkstattaufenthalte schrittweise eine Umrüstung auch der älteren, noch in FD- und D-Zügen verwendeten Schnellzugwagen, so daß hier schon nach wenigen Jahren auf die bislang üblichen Gaslampen verzichtet werden konnte.

Mit ihren zwischen 1928 und 1934/35 in nicht weniger als 579 Exemplaren beschafften Ganzstahl-D-Zug-Wagen genieteter und geschweißter Bauart vollzog die DRG im übrigen einen optisch besonders auffälligen Wandel: Die Seitenwände wiesen an den Wagenenden nun nicht mehr die seit Beginn der zwanziger Jahre charakteristische hechtförmige Gestalt auf. Vielmehr setzte man die Einstiegstüren um 33 cm von der Außenwand zurück. Gleichzeitig wurden einige bekannte technische Merkmale früherer Jahre, wie die waagerechten Sicherheits-Haltegriffe an den Fensterunterkanten der Wagenseitenwände und die am Langträger unter den Fenstern angebrachten schmalen Trittbretter, aufgegeben. Nicht zuletzt führte die DRG mit der Bauart 1928 die Kks-Bremse und das Görlitzer Drehgestell allgemein ein. In seiner zunächst schweren und später auch leichten Ausführung mit 3,60 bzw. 3,00 m Achsstand sollte es mehr als zwei Jahrzehnte hindurch kennzeichnend für den deutschen Reisezugwagenbau bleiben.

Insgesamt gesehen erschienen auch die einzelnen Abteile etwas geräumiger, was weitgehend an ihren vergrößerten Innenabmessungen lag. So betrug die Abteillänge in der 3. Klasse 1,60 und in der 2. Klasse 1,97 m. Lediglich das 1. Klasse-Abteil fiel mit 2,11 m etwas schmaler als bei der voraufgegangenen Bauart 1926 aus, was indessen keine nennenswerte Komfortminderung bedeutete. Auch die Fenster wiesen — für damalige Verhältnisse selbstverständlich — unterschiedliche Breiten auf, nämlich 0,80 m in der 3. Klasse, 1,00 m in der 2. und 1,20 m in der besonders gediegenen 1. Klasse.

Von 1929 an entstanden übrigens auch dreiklassige Wagen ABC 4 ü mit einem Abteil der damaligen 1. Klasse in der als stoß- und geräuscharm anerkannten und deshalb bevorzugten Wagenmitte. Wenig später kam es darüber hinaus auch zur Lieferung einer Serie reiner 2. Klasse-Wagen B 4 ü - 30 mit acht Abteilen (wiederum als ,,Hapag-Lloyd" bezeichnet) und zweiklassiger BC 4 ü mit vier Abteilen 2. Klasse zu je sechs Plätzen und fünf Abteilen 3. Klasse zu je acht Plätzen. Der Grund für das verstärkte Angebot der 2. Wagenklasse ist darin zu suchen, daß zum 7. Oktober 1928 ,,die Einführung des Zweiklassen-Systems bei der Reichsbahn nunmehr endgültig" verfügt worden war. Von diesem Tag an sollte im allgemeinen nur noch ein Polsterangebot, und zwar mit der Bezeichnung 2. Klasse, sowie eine Holzklasse geführt werden, die man als 3. Klasse anbot (7). Daß es sich indessen nicht um eine konsequent durchgeführte Maßnahme handelte, beweist die seinerzeitige Verordnung, aus der man den Hinweis entnehmen konnte: ,,Die bisherige 1. Klasse wird nur in den besonders wichtigen Schnellzügen, in den FD-Zügen, FFD-Zügen und in den Schlafwagen beibehalten". Tatsächlich führte die Mehrzahl der Schnellzüge — auch im innerdeutschen Verkehr — mit Ausnahme der in den dreißiger Jahren eingerichteten Schnelltriebwagen weiterhin die 1. Klasse. Dem Bedarf entsprechend,

Im D 8 Kopenhagen – Berlin läuft hinter dem noch aus Länderbahnzeiten stammenden Pack/Postwagen einer der insgesamt drei eigens für den Fährverkehr eingerichteten AB 4 ü der stählernen Einheitsbauart 1928, gefolgt von einem dänischen Sitz- und dem MITROPA-Teakholz-Speisewagen. Dahinter befinden sich ein preußischer und zwei weitere Einheits-D-Zug-Wagen sowie nochmals zwei Fahrzeuge mit Laternendachaufbauten. Nur die drei ersten Wagen wurden zwischen dem dänischen Fährhafen Gedser und Warnemünde trajektiert. *Aufnahme: Carl Bellingrodt*

Den D-Zug-Wagen der Einheitsbauart 1928 entsprachen in ihrer Grundkonzeption auch bordeauxrote MITROPA-Speisewagen von 23,50 m Länge, wie dieses, noch in den siebziger Jahren von der DSG eingesetzte (nur durch Gummiwülste an den Stirnseiten geringfügig veränderte) Exemplar.
Aufnahme: Friedhelm Ernst

Im Schlafwagenverkehr dominierten bis zu Beginn des 2. Weltkrieges sechsachsige MITROPA-Fahrzeuge preußischer Bauart. *Aufnahme: Carl Bellingrodt*

schloß folglich die 1928 begonnene Stahlwagenserie mit 18 Exemplaren des vornehmlich in FD- und internationalen Zügen eingesetzten Typs AB 4 ü - 34 ab, der in der Wagenmitte über zwei 1. Klasse-Abteile verfügte.

Durch Ablieferung dieser ersten größeren Neubauserie, zu der auch 70 19,68 m lange Packwagen zählten, gelang der Deutschen Reichsbahn-Gesellschaft namentlich im hochqualifizierten Reiseverkehr, d.h. bei den FD-Verbindungen wie auch in wichtigen Auslandskursen, eine spürbare Modernisierung und Komfortverbesserung. Beispielsweise erfuhren die Zugläufe zwischen Hamburg bzw. Berlin und Skandinavien ein zeitgemäßeres Platzangebot, indem die von deutscher Seite bislang verwendeten preußischen und mecklenburgischen D-Zug-Wagen mit ihren charakteristischen Laternendachaufbauten durch drei eigens für den Fährverkehr eingerichtete AB 4 ü der Einheitsbauart 1928, acht gleichartige ABC 4 ü - 29a, vier C 4 ü - 28 und neun in den Ostsee-Trajektzügen unverzichtbare Pw 4 ü - 29 a ersetzt werden konnten. Im Gegensatz zu den Serienfahrzeugen waren diese 24 Einheiten allerdings noch mit amerikanischen Drehgestellen sowie der für Dänemark und Schweden damals erforderlichen einfachen Vacuumbremse ausgerüstet. Ebenso war es jetzt möglich, aus den von Deutschland zu stellenden wichtigsten Wagenläufen nach Frankreich, den Beneluxstaaten, der Schweiz, Italien, Polen und Richtung Balkan ältere Einheiten zurückzuziehen. Vermehrt begegnete man hier nun Stahlwagen mit Tonnendach, darunter nicht selten auch den von ihrer Raumaufteilung her besonders bequemen „Hapag-Lloyd"-Polsterklasse-Fahrzeugen, die darüber hinaus das Erscheinungsbild der innerdeutschen Schnellverbindungen noch auf Jahre hinaus entscheidend mitprägten.

Die weiterhin verwendungsfähigen Wagen der einstigen Länderverwaltungen wanderten hingegen stärker in normale Inlands-D-Züge sowie in Eilzugverbindungen ab, wobei verhältnismäßig häufig guterhaltene 3. Klasse-Wagen preußischer Bauart mit einem ab 1926 nachträglich eingebauten Küchenabteil und einer Anrichte für einfache Speisen und Getränkeausgabe Verwendung fanden. Ebenso gab es Eil- und Schnellzug-Packwagen mit kleiner Küche, darunter acht Neubau-Pw 4 üK aus der Regelserie von 1929. Diese relativ einfache Versorgungsmöglichkeit vermochte indessen mit dem von der MITROPA auf längeren Fahrtstrecken gebotenen Speisewagenservice nicht zu konkurrieren, weshalb ihr auch ein nennenswerter Erfolg versagt bleiben sollte.

Wie wenig damals allerdings auf die Länderbahn-D-Zug-Wagen verzichtet werden konnte, beweist ein Blick auf deren Bestandszahlen: Immerhin verfügte die DRG Anfang der dreißiger Jahre — neben zahlreichen älteren Drehgestell-Pack- und Postwagen — noch über 16 preußische, sechs bayerische, 14 sächsische, acht badische, neun württembergische, sieben mecklenburgische und sechs oldenburgische D-Zug-Wagen-Typen, von denen die letzten sogar noch bis in die sechziger Jahre hinein zum Einsatz kamen.

Den D-Zug-Wagen der Einheitsbauart 1928 entsprachen in ihrer Grundkonzeption auch 75 bordeauxrote MITROPA-Speisewagen, die bis 1930 als erste WR-Neubauten dieser Gesellschaft in Dienst gestellt werden konnten. Die mit genieteten stählernen Aufbauten und Drehgestellen der Bauart Görlitz II schwer (Radstand 3,60 m) ausgeführten Fahrzeuge wiesen mit 23,50 m über Puffer das schon vier Jahre zuvor bei den Schlafwagen eingeführte Längenmaß auf, das gleichermaßen den ab 1929 in Dienst gestellten, ebenfalls rotgestrichenen Neubau-WL mit elf Abteilen zugrunde lag. Der Erwähnung bedarf in diesem Zusammenhang vor allem die gediegene Wand- und Deckenverkleidung mit polierten Edelhölzern wie Ahorn, Mahagoni, Nußbaum oder Teak (8) in den ausschließlich für Fahrgäste der damaligen 1. und 2. Klasse bestimmten Schlafabteilen.

Verglichen mit heute erforderten Reisen auf der Schiene vor Jahrzehnten einen erheblichen Zeitaufwand. Verständlich, daß sich die Bahnverwaltungen durch Angebot zahlreicher Serviceleistungen um das Wohlergehen ihrer Fahrgäste bemühten bzw. hierfür Sorge tragen ließen. Einer dieser Dienste bestand seinerzeit in der Vermietung von Reisekissen „zwecks Erhöhung der Bequemlichkeit". Mit Wirkung vom 15. Oktober 1928 hatte die Reichsbahn der „Siesta" (Gesellschaft für Reiseerleichterungen mbH, Berlin) das alleinige Recht eingeräumt, auf deutschen Strecken an die Fahrgäste der Schnell-, Eil- und Personenzüge kleine Kissen zum Gebrauch während der Fahrt als Sitz- oder Rückenlehne zu vermieten. Dabei entsprach diese Einrichtung im wesentlichen den bei den italienischen, französischen und englischen Bahnen schon seit längerem bestehenden Gepflogenheiten, schloß jedoch die dort gelegentlich festgestellten Mängel aus. Gegen eine Gebühr von einer Mark wurden nämlich die Mietstücke in einem versiegelten Papierumschlag geliefert, was gewährleistete, daß sie frisch und unbenutzt waren. Natürlich verfolgte die MITROPA mit Aufmerksamkeit dieses Geschehen. Durch Übernahme sämtlicher Geschäftsanteile sicherte sie sich schon wenige Monate später alle Eignerrechte des vermeintlichen Konkurrenten und schuf damit gleichzeitig die Voraussetzungen für einen weiteren Ausbau des beim Publikum zunehmend beliebten „Kissengeschäfts". Insbesondere für Fahrgäste der damaligen 3. Klasse bedeutete das Angebot seinerzeit eine nennenswerte Steigerung der Bequemlichkeit. Und es kann als Markstein auf dem Weg zur 1933/34 in zunächst drei ABC 4 ü - 33 bzw. 20 BC 4 ü - 34 begonnenen Polsterung auch der ,,unteren" Wagenklasse sowie — mit einiger Fantasie — sogar zur Einrichtung von ,,Liegewagen" mit dem Angebot von Kissen und Decken bei Nachtfahrten angesehen werden.

d) Die Rheingold-Salonwagen von 1928/29

Eine amtliche Verlautbarung der Deutschen Reichsbahn-Gesellschaft zu Anfang des Jahres 1927 über den Entwurf und die Bestellung von (zunächst) 20 D-Zug-Wagen ,,mit besonderer innerer Ausstattung, zur Vergrößerung der Bequemlichkeit" und ,,zur Bildung von FD-Zügen" ließ schon aus der vergleichsweise geringen Stückzahl auf eine Sondermaßnahme schließen, die zum Sommerfahrplan 1928 ihre Realisierung fand: den ,,Rheingoldzug" (9). Die Frage, ob auch bei der Reichsbahn Pullman-Züge, die namentlich in Amerika bei tagelangen Fahrten Verwendung fanden, eingeführt werden sollten, ist seinerzeit vielfach erörtert worden. Und ganz gewiß dürfte die damalige Aktivität der Internationalen Schlafwagen-Gesellschaft auf diesem Gebiet den letzten Ausschlag gegeben haben, einen als ,,Versuch" bezeichneten deutschen Pullman-Zug zwischen den Niederlanden (mit Schiffsanschluß von und nach Großbritannien) und der Schweiz ab 15. Mai 1928 vorzusehen.

Wohl orientiert an den wagenbaulichen Leitgedanken der von der ISG betriebenen ,,Großen Europäischen Expreßzüge", in der konstruktiven Durchbildung ebenso wie in der Ausstattung jedoch noch weiter verbessert, sicherte sich der ,,Rheingold" von Anfang an seinen Platz unter den führenden Luxuszügen in Europa. Mit 23,50 m LüP stellten seine Fahrzeuge — zugleich mit den 1928 durch die MITROPA beschafften ersten Neubau-Speisewagen und den bereits vier Jahre zuvor in Dienst gestellten stählernen Schlafwagen — die seinerzeit längsten deutschen Reisezugwagen dar. Ihre Aufbauten entsprachen der neu aufgekommenen und im Betrieb schon bald bewährten Ganzstahlkonstruktion. Dabei lag das Gesamtgewicht zwischen 50 und 57,2 t, also 8 bis 12 t über dem normaler Schnellzugwagen der gleichen Epoche. Die Drehgestelle Bauart Görlitz II schwer mit 3,60 m Achsstand wurden als Sonderbauart eigens für den ,,Rheingold" konstruiert und bei hohen Zuggeschwindigkeiten geprüft.

Zusammen mit sechs 1929 nachgelieferten SB 4 ü bzw. SB 4 üK sind insgesamt 26 ,,Rheingold"-Salonwagen gebaut worden, die sich auf folgende Gattungen verteilten:

5 Wagen 1. Klasse, SA 4 ü, mit 28 Sitzplätzen
5 Wagen 1. Klasse, SA 4 üK, mit Küche und 20 Sitzplätzen
10 Wagen 2. Klasse, SB 4 ü, mit 43 Sitzplätzen
6 Wagen 2. Klasse, SB 4 üK, mit Küche und 29 Sitzplätzen.

Außerdem gab es drei Packwagen SPw 4 ü - 28 mit 19,68 m LüP und Einrichtungen für Zollverschluß und Hundetransport.

In ihrer Gesamtwirkung hoben sich die ,,Rheingold"-Wagen durch mehrfarbigen Anstrich und außergewöhnliche Beschriftung hervor. Drehgestelle und Rahmen waren schwarz, die Seitenwände bis zu den Fensterbrüstungen violett, die Fensterzwischenräume creme-farbig, die Leisten über den Fensterreihen wiederum violett und die Dächer hell-silbergrau gehalten. Die Packwagen waren an den Seitenwänden durchgehend violett gestrichen. Ebenso entfiel bei allen Stirnseiten der Salonwagen die Crème-Tönung zugunsten eines Violett-Anstrichs. Die 1. und 2. Klasse-Wagen trugen oberhalb der Fensterreihen in erhabenen Buchstanden die Aufschriften ,,MITROPA" (zweimal) und ,,DEUTSCHE REICHSBAHN" sowie unterhalb der Fenster das Reichsbahnsignet und nahe den Einstiegstüren die Klassenangaben. Wenig später kam auf jeder Wagenlängswand zweimal der Zugname ,,RHEINGOLD" hinzu. Bei den Packwagen wurde hingegen auf die markanten Aufschriften ,,MITROPA" und ,,RHEINGOLD" verzichtet.

Die architektonische Ausstattung der Innenräume ist nach verschiedenen Entwürfen namhafter deutscher Künstler und Architekten ausgeführt worden. Um den unterschiedlichen Wünschen der Reisenden entgegenzukommen, waren in den Wagen 1. Klasse größere Saalräume sowie kleinere Abteile zu 4 und 2 Plätzen, getrennt für Raucher und Nichtraucher, vorgesehen. Die Sitzplätze der 1. Klasse bestanden aus besonders ansprechenden Einzel-Polstersesseln mit hohen Rückenlehnen, welche sich nach Belieben verschieben ließen. Jeweils zwei Sessel schlossen einen Tisch ein. Damit stand jedem Reisenden ein Fensterplatz zur Verfügung. 1,40 m breite Scheiben ermöglichten von allen Plätzen aus einen freien Ausblick. Auf einen geräumigen Mittelgang zwischen den Tischreihen war übrigens besonderer Wert gelegt worden. In dem vierplätzigen Abteil eines jeden 1. Klasse-Wagens fand die gleiche Sesselart wie in den Großräumen Verwendung.

Das Beste, was die Deutsche Reichsbahn-Gesellschaft und die MITROPA ihren Fahrgästen seit 1928 zu bieten hatten, war der FFD 101/102 „Rheingold", hier auf der Fahrt von Hoek van Holland nach Basel bei Oberwesel.
Aufnahme: Carl Bellingrodt

„Rheingold"-Salonwagen 1. Klasse ohne Küche, mit 1,40 m breiten Fenstern, vor der Übergabe an die DRG 1928 im Werksgelände der Kasseler Waggonfabrik Wegmann. Die Aufschriften wurden erst zu einem späteren Zeitpunkt angebracht.
Aufnahme: Werkbild Wegmann, Sammlung Bündgen

SB 4 ük 24 501 mit den markanten Seitenaufschriften, Drehgestellen Görlitz II schwer (3,60 m Radstand) und violett-crème-farbenem Außenanstrich im damaligen Heimatbahnhof Köln Bbf.
Aufnahme: Carl Bellingrodt

STRASSENWESEN
REICHSAUTOBAHNEN

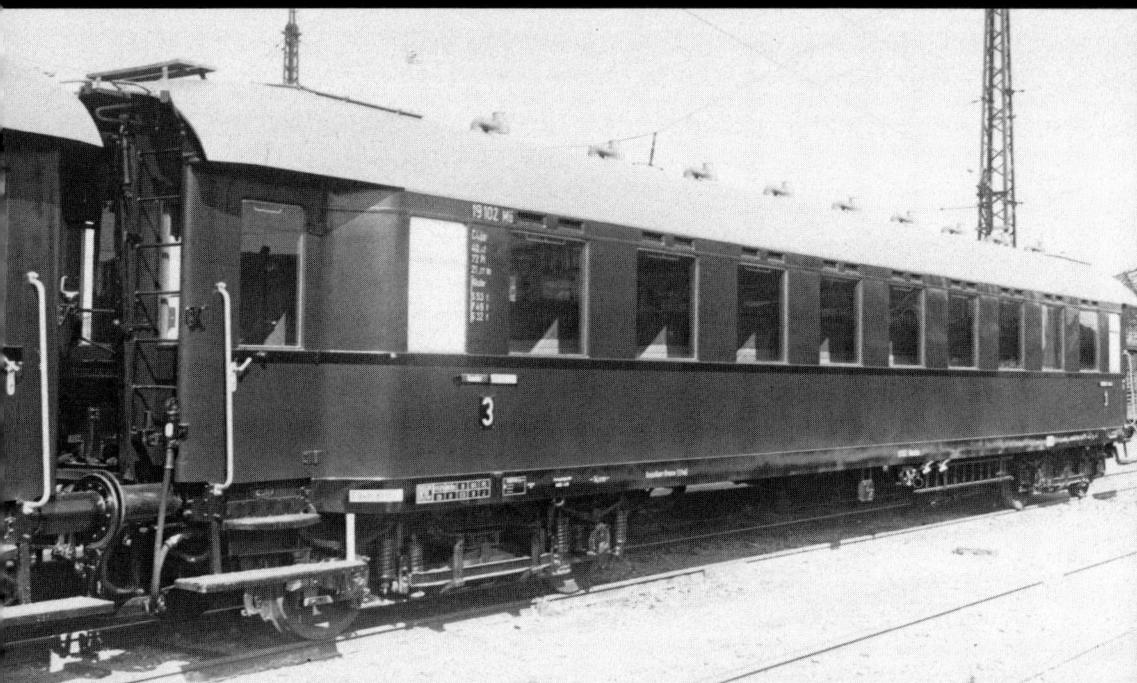
19 102 Mü

Einen gestalterischen Wandel ließ die Serie „leicht windschnittiger" Schnellzugwagen erkennen, die 1935-1938 beschafft wurde. Die mit geschweißten Kästen ausgeführten Neubauten wiesen unterschiedliche Längen, vergrößerte Abteile und Fenster auf. In der 1. und 2. Klasse gelangten 1,40 m breite Panoramafenster zur Anordnung. Das erste Foto zeigt den fabrikneuen ABC 4 ü (Aufnahme: Carl Bellingrodt), die folgenden Ansichten den 3. Klasse-Wagen (Aufnahme: Dr. G. Scheingraber), das modernisierte, gemischtklassige Fahrzeug nach der Klassenumstellung als AB üe^{332} der DB im Jahre 1966 (Aufnahme: Friedhelm Ernst), den dazugehörigen Packwagen Pw 4 ü-37 mit moderner Zugführerkanzel (Aufnahme: Friedhelm Ernst) und einen von insgesamt 12 artgleichen, 23,50 m langen Schlafwagen mit DSG-Aufschriften 1965 in Bonn (Aufnahme: Friedhelm Ernst).

Die mit 1,20 m breiten Fenstern ausgerüsteten Wagen 2. Klasse enthielten je zwei Saalräume; die Sitzplätze bestanden hier aus fest eingebauten bequemen Polstersesseln mit hoher Rückenlehne, die an der einen Wagenlängswand zu je vier Plätzen an einem Fenstertisch und an der gegenüberliegenden Seite zu je zwei Plätzen, ebenfalls an einem Tisch, angeordnet waren. Es ist noch zu erwähnen, daß jeder Tisch in der 1. wie in der 2. Klasse eine individuell zu betätigende Stehlampe hatte, was den Wageninnenräumen einen anheimelnden Charakter verlieh. Da zudem Farbe, Polster und Gestaltung bei den einzelnen Wagen differierten, trug der „Rheingold"-Expreß vielen Geschmacksrichtungen Rechnung.

Alle Wagen hatten einen besonderen Raum zur Unterbringung des Handgepäcks und platzraubender Kleidungsstücke. Für kleinere Gegenstände stand darüber hinaus jedem Reisenden an seinem Sitz eine Gepäckablage zur Verfügung und in jedem Wagen befand sich ein Mann Bedienungspersonal. Zu der luxuriösen Ausstattung gehörte schließlich noch eine Zugtelefonanlage.

e) Vom DRG-Einheits-Schnellzug- zum Schürzenwagen

Mit dem Abklingen der Weltwirtschaftskrise wuchs umgekehrt ein deutliches Verlangen des reisenden Publikums nach höheren Zuggeschwindigkeiten. Nicht zuletzt vor diesem Hintergrund wandten sich die Waggonbauanstalten der inzwischen wesentlich weiter entwickelten material- und gewichtsparenden Schweißtechnik wie auch der Verwendung neuer Werkstoffe zu. Doch wandelte sich das Erscheinungsbild des neu beschafften rollenden Materials zunächst nur wenig, sieht man vom Fortfall der charakteristischen Nietenköpfe an den Außenwänden, der Blechverkleidung des äußeren Langträgers und der Verwendung leichterer Görlitzer Drehgestelle mit nurmehr 3,00 m statt 3,60 m Radstand bei den Sitzwagen einmal ab.

Der generelle Übergang zur geschweißten Stahlbauweise vollzog sich Anfang der dreißiger Jahre, und zwar mit den Einheitsbauarten C 4 ü - 31, AB 4 ü -33, ABC 4 ü - 33a, BC 4 ü - 34 und einigen MITROPA-Speisewagen. Im Falle des zehn Abteile 3. Klasse aufweisenden „Standard"-Schnellzugwagens C 4 ü - 32b belief sich die hierbei erzielte Gewichtsersparnis gegenüber dem artgleichen genieteten Vorläufer, dem C 4 ü - 28, auf mehr als 4 t und damit auf etwa 10 %.

Doch erst die nachfolgende Serie „leicht windschnittiger" Schnellzugwagen mit einem Eigengewicht von etwa 39 bis 40 t ließ neben bestimmten konstruktiven Elementen verstärkt auch einen gestalterischen Wandel erkennen: typisch für diese Neubeschaffungen der Reichsbahn in den Jahren 1935 - 1938 waren die jetzt unterschiedlichen Standardlängen von 21,25 m für gemischtklassige Wagen 1., 2. und 3. bzw. 2. und 3. Klasse, 21,27 m für den artreinen C 4 ü und 21,82 m im Falle des zweiklassigen Polsterklassefahrzeugs AB 4 ü. Dabei erfuhren die Abteile eine vom Publikum begrüßte Vergrößerung auf 2,294 bzw. 1,70 m. In der 1. und 2. Klasse gelangten erstmals Doppelschiebetüren gegenüber dem Seitengang und — wie sonst nur in den „Rheingold"-Salonwagen — 1,40 m (!) breite Panoramafenster zur Anordnung, während die Abteillänge in der 3. Klasse um 10 cm auf 1,70 m wuchs. Gleichzeitig verbreiterte man hier die Fenster, und zwar von bislang 80 cm auf 1,00 m. Auf der gesamten Wagenlänge ergab sich in diesem Zusammenhang die „Einsparung" jeweils eines „Coupés", so daß in der Holzklasse bei weiterhin viersitzigen Bänken nurmehr neun statt bislang zehn Abteile auf etwa gleichgroßer Grundfläche Platz fanden. Entsprechend verringerte sich auch die Zahl der Polsterklasseabteile in allen gemischtklassigen Fahrzeugen, d.h. von acht auf nunmehr sieben beim AB 4 ü und von neun auf acht im Falle des dreiklassigen Wagens.

Das auffallendste Merkmal dieser formschönen, einschließlich der im Kriegsjahr 1942 von der Wumag nachgelieferten 6 AB 4 ü - 42 nicht weniger als 1 132 Einheiten umfassenden Sitzwagenserie bestand indessen in ihren erstmals an den Kopfenden eingeführten Windleitblechen und den gleichfalls aus strömungstechnischen Gründen gewählten Abrundungen der bislang in den Einstiegspartien abgekanteten Wagenseitenwände, wobei letztere zum Tragen mit herangezogen wurden.

In die Görlitzer Drehgestelle dieser Wagen wurde teilweise bereits eine vierte Federung eingebaut, wie sie bei der nachfolgenden Serie allgemein zur Einführung kam. Hierdurch, wie auch dank der Rollenlagerradsätze, eigneten sich die Laufwerke für bis zu 150 km/h Höchstgeschwindigkeit. Zugleich benötigte man indessen eine noch leistungsfähigere Bremse, die sich in Form der Hildebrand-Knorr-Schnellbremse fand. Sie sollte die bis dahin gebräuchliche Kunze-Knorr-Bremse ersetzen.

Der Erwähnung bedürfen in diesem Zusammenhang auch 333, auf die Varianten Pw 4 ü - 35, 36, 36a und 37 sich verteilende gleichartige, 21,72 m lange Packwagen sowie 60 passende MITROPA-Speise- und zwölf Schlafwagen in bordeauxrotem Außenanstrich (darunter die ersten, 1937 in Dienst gestellten und seinerzeit als „Liegewagen" bezeichneten Einheiten mit Abteilen ausschließlich der damaligen 3. Klasse). Wegen ihres höheren Eigengewichts (48 -50 t) und der hier beibehaltenen Länge von 23,50 m über Puffer liefen die MITROPA-Wagen jedoch nicht auf den inzwischen üblichen geschweißten Drehgestellen der Bauart Görlitz III leicht, sondern wiederum auf den bewährten Spezialfahrwerken mit 3,60 m Achsstand, die ihnen eine besondere Laufruhe sicherten.

Die Erfolge der Deutschen Reichsbahn-Gesellschaft mit dem „Fliegenden Hamburger" sowie der systematische Aufbau des im wesentlichen auf die Reichshauptstadt Berlin ausgerichteten Schnelltriebwagennetzes (vgl. Kapitel D Abschnitt e)) veranlaßten die Lokomotiv- und Waggonbauindustrie in den dreißiger Jahren zu neuen Überlegungen im Hinblick auf einen Schienen-Schnellverkehr mit lokomotivbespannten Zügen. Dabei galt es, Schnellzugwagen zu entwickeln, die lauf- und bremstechnisch mit Höchstgeschwindigkeiten bis zu 150 km/h eingesetzt werden konnten. Diese Gedanken fanden erstmals beim Bau des Henschel-Wegmann-Zuges Anwendung, der 1935 dem Betrieb übergeben wurde (vgl. Kapitel D Abschnitt c)).

Angesichts der Tatsache, daß der Luftwiderstand in Geschwindigkeitsbereichen über 100 km/h bereits eine beträchtliche Rolle spielt, wählte man für die Wagenwände eine stromlinienförmige Ausführung, wobei der Raum unterhalb der Langträger durch Schürzen abgedeckt wurde. Großen Wert legte das Herstellerwerk Wegman & Co in Kassel zudem auf eine Gewichtsersparnis; denn der Zug sollte von einer Tenderlok mit begrenzten Kohle- und Wasservorräten gefahren werden. Sowohl bei Versuchsfahrten als auch im Planeinsatz auf der Strecke Dresden — Berlin Anh. Bf. erwies sich diese Einheit als voll den Erwartungen entsprechend (10).

Nicht zuletzt deshalb entschloß sich die Reichsbahn unter dem zunehmenden Wettbewerbsdruck der neuen Verkehrsmittel auf dem Land- und Luftweg, den eingeschlagenen Weg konsequent weiter zu verfolgen und die Ergebnisse bei der Konstruktion eines neuen D-Zug-Wagens, gewissermaßen des Zukunftswagens, zu berücksichtigen.

1935 konnte der stromlinienförmige „Henschel-Wegmann-Zug" dem Betrieb übergeben werden. Er fuhr planmäßig mit Tenderlok der Baureihe 61 und einer Vier-Wagen-Einheit zwischen Dresden und Berlin Anh. Bf. *Aufnahme: Carl Bellingrodt*

Der Henschel-Wegmann-Zug, geführt von 61 001, als D 57 bei der Ausfahrt Dresden Hbf.
Aufnahme: Carl Bellingrodt

Neben sechs stromlinienförmigen Probewagen C 4 ü-36 a sah das Beschaffungsprogramm der Reichsbahn in der zweiten Hälfte der dreißiger Jahre auch dieses windschnittige Versuchsfahrzeug ABC 4 ü 14 360 vor. Die Fenster lagen zur Verringerung des Luftwiderstandes bündig in der bis nahe an die Puffer verlängerten Wagenaußenwand. Nicht bewähren sollten sich indes die hier verwendeten Schiebetüren. *Aufnahme: Werkbild Wegmann, Sammlung Bündgen*

Das Fahrzeugbeschaffungsprogramm 1936 sah die Lieferung von zunächst sechs Probewagen C 4 ü - 36a vor. Zur Verringerung des Luftwiderstandes zeigte die äußere Form gegenüber früheren D-Zug-Wagentypen wesentliche Veränderungen: Fenster und Türen lagen jetzt bündig in der Wagenaußenwand. Die Seitenwände waren zudem über das eigentliche Wagenende hinaus bis auf 15 cm an die Pufferkante vorgezogen worden. Um bei vergleichenden Versuchen zu optimalen Ergebnissen zu gelangen, wurde ein Teil dieser Prototypen mit, ein Teil ohne herabgezogene Schürze geliefert.

Nach eingehenden Testfahrten und Untersuchungen des Reichsbahn-Versuchsamtes für Wagen in Berlin-Grunewald fiel die Entscheidung, künftig alle D-Zug-Wagen in windschnittiger Form zu beschaffen (11). Hierfür entwickelte die Firma Wegmann & Co zunächst den kombinierten AB 4 ü und den einklassigen C 4 ü. Nach Beendigung der Konstruktionsarbeiten erfolgte innerhalb des Fahrzeugprogrammes 1938 die Bestellung einer Probeserie von 18 Einheiten AB 4 ü - 38 bei den Waggonfabriken Wismar und Beuchelt sowie 15 C 4 ü - 38 bei Steinfurt in Königsberg/Pr. und Uerdingen.

Zur Untersuchung von Heizung, Lüftung und Kühlung leitete man einen Großversuch ein und ließ zu diesem Zweck zwölf weitere Schürzenwagen C 4 ü - 38 bei fünf Waggonbauanstalten herstellen und unterschiedlich ausrüsten. Außerdem erhielt die Wumag in Görlitz den Auftrag zur Lieferung von zwei windschnittigen Probe-Gepäckwagen Pw 4 ü - 38.

Das Typenprogramm der Schürzenwagen sah anfänglich den Bau von insgesamt fünf Varianten vor: ein 1./2. Klasse-Fahrzeug, seine Abwandlung zum reinen 2. Klasse-Wagen, die Ausführung mit 1., 2. und 3. Klasse, eine Kombination von 2. und 3. Klasse und schließlich die 3. Klasse-Version. Die baureife Durchbildung der Konstruktionszeichnungen zum Serienbau übernahm für die weitgehend gleichen AB 4 ü und B 4 ü die Firma Wegmann & Co in Kassel, während die Vereinigten Westdeutschen Waggonfabriken (VWW) in Köln-Deutz die Zeichnungssätze des dreiklassigen ABC 4 ü, des BC 4 ü und des 3. Klasse-Wagens C 4 ü lieferten. Zunächst war die Bestellung von 150 AB 4 ü - 39, 20 B 4 ü - 39, 100 ABC 4 ü - 39, 80 BC 4 ü - 39 und 300 C 4 ü - 39 geplant. Das berichtigte Fahrzeugbeschaffungsprogramm 1939 sah indessen die Auftragsvergabe für folgende Gattungen und Stückzahlen vor:

85	AB 4 ü - 39	(Beuchelt, Credé, LHB)
35	ABC 4 ü - 39	(VWW)
65	BC4 ü - 39	(Busch, Wumag)
247	C 4 ü - 39	(Uerdingen, VWW, Steinfurt, Fuchs).

Diese 432 windschnittigen Serien-Schnellzugwagen gelangten vollständig zur Auslieferung. Hingegen unterblieb eine Bestellung des zunächst noch vorgesehenen reinen 2. Klasse-Wagens B 4 ü - 39.

Für die selbsttragenden Wagenkästen aller vier Gattungen hatte die Deutsche Reichsbahn eine geschweißte Stahlbauart (Spantenbauweise) vorgeschrieben. Dabei galt es, die zwischen den Drehgestellen tief herabgezogene Außenbeblechung und die abgerundeten Stirnseiten in die Tragkonstruktion einzubeziehen. Die Drehgestelle – Achsstand 3,00 m – entsprachen der Bauart Görlitz III leicht mit vierfacher Federung und Doppelklotzbremse. Während der AB 4 ü grundsätzlich Bremsen der Bauart Hildebrand-Knorr mit mehrlösigem Steuerventil, ohne Beschleunigungseinrichtung, mit Drucküberseter und geschwindigkeitsabhängigem Bremsdruckregler sowie Gleitschutzeinrichtung und Umstellvorrichtung G-P-S-SS erhielt, gelangte bei den übrigen Gattungen die Bauart Kunze-Knorr mit mehrlösigem Steuerventil S, Beschleunigungsventil S und reibungsabhängigem Bremsdruckregler sowie Umstellvorrichtung G-P-S zur Anwendung.

Alle Wagen waren mit Dampfheizung, die Mehrzahl auch mit einer zusätzlichen elektrischen Heizung versehen. Gegenüber den voraufgegangenen Leichtbauversuchen ergaben sich bei den windschnittigen Serienfahrzeugen wieder Eigengewichte über 40 t, was sowohl auf die Fahrwerke und die stählerne Wagenkastenbauart als auch die solide Innenausstattung zurückzuführen war.

Die durch Schiebetüren vom Seitengang aus zugänglichen Abteile wiesen in der 1. und 2. Klasse eine Länge von 2,294 m gegenüber 1,70 m in der 3. Klasse auf. Dementsprechend betrugen die Fensterbreiten in den beiden höheren Wagenklassen 1,40 m und in der 3. Klasse 1,00 m. Unter Zugrundelegung dieser Maße, die unverändert von der Vorgängerbauart 1935 übernommen worden waren, ergaben sich unterschiedliche Kastenlängen bei den einzelnen Gattungen. Lediglich die weitgehend ähnlichen ABC 4 ü und BC 4 ü wurden mit einer Länge über Puffer von 21,25 m gleichlang ausgeführt, während der C 4 ü 21,27 m, der AB 4 ü sogar 21,824 m erreichte. In der Breite entsprachen ABC 4 ü, BC 4 ü und C 4 ü mit je 2,972 m einander völlig; nur der reine Polsterklassewagen mußte wegen seiner größeren Länge 0,12 m schmaler ausgeführt werden.

Einer von insgesamt 85 AB 4 ü-39 aus der besonders gefälligen „Schürzen"-Serie. In Spantenbauweise erstellt, wurden die Außenbleche dieser Wagen zwischen den Drehgestellen tief herabgezogen, was ebenso zu günstigeren Strömungswerten beitrug wie die in die Tragkonstruktion einbezogenen Stirnseiten. *Aufnahme: Dr. G. Scheingraber*

Die MITROPA erhielt bis 1942 aus insgesamt drei Lieferungen 79 windschnittige Speisewagen mit der seit 1928 bewährten Innenaufteilung. Bei 23,50 m Länge erreichten sie ein verhältnismäßig hohes Eigengewicht von bis zu 55 t. *Aufnahme: Dr. G. Scheingraber*

Ebenso wie die Speisewagen, liefen die 20 vor dem 2. Weltkrieg bestellten, gleichlangen „Schürzen"-Schlafwagen auf Drehgestellen der Bauart Görlitz II schwer mit 3,60 m Radstand. Bis zu 22 Passagiere fanden in 11 Halbabteilen Platz. *Aufnahme: Joachim Deppmeyer*

Zur Verwendung im deutschen wie auch im internationalen Reisezugdienst erhielten alle windschnittigen Schnellzugwagen an den Stirnseiten Schiebetüren und durch Faltenbälge nach außen abgeschlossene Übergangsbrücken. Die nachstehende tabellarische Übersicht enthält die wichtigsten Maße bzw. Daten der vier Sitzwagengattungen windschnittiger Bauart:

Gattung	Länge über Puffer	Drehzapfenabstand	Abteilzahl	Sitzplätze	Eigengewicht
AB 4 ü - 38	21,824 m	14,66 m	2/5	8/30	42,7 t
ABC 4 ü - 39	21,25 m	14,25 m	1/2/5	4/12/40	42,3 t
BC 4 ü - 39	21,25 m	14,25 m	3/5	18/40	42,3 t
C 4 ü - 39	21,27 m	14,27 m	9	72	42,7 t

Das Beschaffungsprogramm der Deutschen Reichsbahn für die Jahre 1940 - 1943 sah den Bau von 10 230 vierachsigen Reisezugwagen vor, davon 1 680 D-Zug-Wagen in Stahl-Leichtbauweise nach der 0 & K-Konstruktion — Bauart 1940. Infolge des Krieges kam es jedoch nicht mehr zur Ausführung. Es wurden lediglich 30 ABC 4 ü - 39 bei der Waggonfabrik Talbot in Aachen und 285 C 4 ü - 39 bei der Wumag in Görlitz und Steinfurt in Königsberg nach den vorhandenen Zeichnungen bestellt.

Während alle 30 ABC 4 ü - 39 noch an die Deutsche Reichsbahn gelangten, verließen von den 3. Klasse-Wagen nur noch 41 Fahrzeuge die Herstellerwerke; der Rest wurde storniert.

Die günstigen Ergebnisse, die die Deutsche Reichsbahn mit der windschnittigen Bauweise erzielt hatte, veranlaßten auch die MITROPA und die Deutsche Reichspost, ihre Neubaufahrzeuge nach gleichen Konstruktionsrichtlinien zu beschaffen. So kam es Ende der dreißiger Jahre zu einer ersten Bestellung über 40 Speisewagen WR 4 ü - 39, die von der Wumag in Görlitz und den Breslauer Linke-Hofmann-Werken ausgeführt wurde. Die Fahrzeuglänge belief sich auf 23,50 m über Puffer, die Breite auf 2,883 m. Was die innere Gestaltung der Küchen- und Serviceräume anbetrifft, behielt man die seit 1928 bewährte Aufteilung ebenso wie die Sitzanordnung mit insgesamt 42 Plätzen in zwei Großräumen bei. Gleichermaßen wurden die Drehgestelle, Bauart Görlitz III schwer, von der voraufgegangenen, leicht windschnittigen Ganzstahlserie übernommen. Bremstechnisch entschied man sich für dieselbe Kks- (teilweise Dir-) Bauart, die bereits in älteren Speisewagen wie auch in den „Schürzen"-Sitzwagen ABC 4 ü, BC 4 ü und C 4 ü Verwendung gefunden hatte. So ergab sich ein Eigengewicht zwischen 52 und 55 t.

Bald schon erfolgte eine Nachbestellung über 30 Fahrzeuge. Und kurz vor dem Kriege erteilte die MITROPA dem Görlitzer Unternehmen noch einen Auftrag über weitere 40 Wagen; die Materialkontingente dafür wurden im ersten Halbjahr 1941 zugewiesen. Die Auslieferung begann Anfang 1942; jedoch wurden nur noch neun Wagen (diesmal mit schnellwirkender Hildebrand-Knorr-Bremse) an die MITROPA übergeben. Ein Führererlaß vom Frühjahr 1942, der einen sofortigen Abbruch aller nicht kriegsentscheidenden Arbeiten und Planungen vorsah, ließ die weitere Auslieferung zum Stillstand kommen.

Innerhalb dieses Auftrags — so war es von der DR gefordert — sollten die beiden letzten Wagen in Leichtbauweise hergestellt werden. Bei einer LüP von 26,00 m und 50 Fahrgastplätzen hatten sich die Konstrukteure ein Gewicht von nur 45 t gegenüber bis zu 55 t im Falle der windschnittigen Regelbauart errechnet. Jedoch fielen auch diese Arbeiten unter den Führererlaß und kamen Mitte 1942 zum Erliegen.

Als die Deutsche Reichspost für neu einzurichtende Luftstraßen Sendewagen für bewegliche schwere Funkfeuer benötigte, entsann man sich der halbfertigen WR-Wagenkästen bei der Wumag in Görlitz. So erhielt die Firma Simmering-Graz-Pauker (SGP), Werk Wien, vom Reichspost-Zentralamt den Auftrag, einige dieser Wagen für den genannten Zweck herzurichten. Und noch in den siebziger Jahren gab es bei der Deutschen Bundespost Fahrzeuge, die durch ihre Länge über Puffer von 23,50 m gegenüber sonst 22,90 m aus dem Rahmen fielen; es waren die einstmals als Speisewagen begonnenen.

Neben den Speisewagen vergab die MITROPA vor dem Zweiten Weltkrieg eine Bestellung über 20 Schlafwagen WLAB 4 ü - 39 windschnittiger Bauweise an die Linke-Hofmann-Werke in Breslau. Länge (23,50 m), Drehzapfenabstand (16,18 m), Bremsbauart und Drehgestelle stimmten weitgehend mit den bisherigen Richtlinien überein, während der 2,883 m breite Wagenkasten den neuen Konstruktionsgrundsätzen entsprach, was zu einer Gewichtsersparnis von ca. 3 - 4 t führte. Im Wageninneren befanden sich an einem Seitengang elf abgeschlossene Halbabteile, von denen sich zehn jeweils paarweise durch eine Zwischentür verbinden ließen, ferner ein separater Raum für den Schaffner, in dem Kaffeekocher und Frühstücksgeschirr untergebracht waren, sowie zwei Toiletten. Sämtliche Abteile konnten wahlweise mit einem oder zwei Betten hergerichtet werden. Zudem verfügten

Trotz größerer Fahrzeugbeschaffungen wurden die Schnellzüge der Deutschen Reichsbahn bis in die frühen vierziger Jahre hinein noch zu wesentlichen Teilen aus einstigen Länderbahnwagen gebildet, wie diese Aufnahme der 03 1082 vor einem Schnellzug erkennen läßt. Aufnahme: Slg. Ernst

Bereits 1940 befanden sich im Betriebsmittelpark der DR 1 071 D-Zug-Wagen nichtdeutscher Bauart, wie dieser polnische 3. Klasse-Wagen. Aufnahme: Dr. G. Scheingraber

sie über Waschtische mit fließend kaltem und warmem Wasser, wobei eine eigene Warmwasserheizung die Versorgung unabhängig von der Lok sicherte.

Die windschnittige Bauart fand indessen nicht nur in Deutschland Anwendung. Es kam gleichermaßen zu Lieferungen an fremde Bahnverwaltungen, darunter die Staatsbahnen in Bulgarien und der Türkei. Auch die Internationale Schlafwagen-Gesellschaft (CIWL) bestellte diesen Wagentyp als 22-plätzigen Schlafwagen „Typ Y" in vier Exemplaren bei den Linke-Hofmann-Werken in Breslau. Und schließlich mietete bzw. kaufte die Deutsche Wehrmacht einige 3. Klasse-Wagen C 4 ü - 39 und ließ sie als Büro- sowie Nachrichtenwagen in ihren Befehlszügen laufen.

Die Zugänge der dreißiger Jahre gestatteten der Deutschen Reichsbahn endlich, überfällige Ausmusterungen veralteter Fahrzeuge auch im Schnellzugwagenpark vorzunehmen. So verschwand nach und nach die Mehrzahl der als Splittergattungen anzusehenden mecklenburgischen und oldenburgischen Fahrzeugtypen. Auch unter den Veteranen badischer, württembergischer und sächsischer Herkunft lichteten sich die Reihen. Lediglich auf bayerische, vor allem aber preußische D-Zug-Wagen jüngerer Herstellerjahre glaubte man vorab noch nicht verzichten zu können, wie ein Blick auf die Bestandszahlen zum 31. Dezember 1934 beweist. Damals standen immerhin noch 2 309 vierachsige und 98 sechsachsige preußische D-Zug-Wagen neben 662 Drehgestell-Gepäckwagen preußischer Bauart für schnellfahrende Züge zur Verfügung (4). Und selbst nach Ablieferung der windschnittigen Schürzenwagen begegnete der aufmerksame Betrachter kaum artrein gebildeten Fernzügen. Vielmehr boten diese — mit wenigen Ausnahmen, wie z.B. Wien West — Paris, Berlin — Wien Ost, München — Berlin und gelegentlich auch Köln — Dresden — bis in die frühen vierziger Jahre hinein meist eine „bunte Mischung" aus bis zu zwölf Einheits- und Länderbahnfahrzeugen.

Nicht zuletzt aber im Speise- und Schlafwagenverkehr dominierten auf vielen Strecken noch lange Zeit hindurch die markanten „Laternendächer", obwohl durch Ausmusterung älterer Einheiten der gesamte MITROPA-Park eine wesentliche Verjüngung erfahren konnte. Allein der Speisewagenbestand war auf 223 gestiegen.

Bis auf wenige Ausnahmen fuhren auf deutschen Strecken ausschließlich MITROPA-Speisewagen. An den Grenzen wurden sie vielfach gegen solche der CIWL gewechselt. Lediglich in der Relation Köln — Brüssel und in einigen Luxuszügen durfte die deutsche Gesellschaft nicht vertreten sein (5).

f) Außergewöhnliche Veränderungen im Fahrzeugbestand ab 1938

Beginnend mit dem Anschluß Österreichs im März und des Sudetenlandes im Oktober 1938 an Deutschland vollzog sich in Europa ein Fahrzeugaustausch von bislang ungekannten Ausmaßen, der sich auch nachhaltig auf das Erscheinungsbild der Reisezüge auswirkte. Zunächst waren es vorwiegend Wagen ausländischer Bauarten, die aufgrund territorialer Veränderungen auf die Reichsbahn übergingen. Dabei kam erstmals Rollmaterial unter Reichshoheit, das so untypisch für deutsche Verhältnisse war wie beispielsweise zweiachsige Alpenschnellzugwagen mit Faltenbälgen oder stählerne RIC-Fahrzeuge, deren Toiletten sich in Wagenmitte befanden. Insgesamt gelangten auf diese Art über 600 vormals österreichische D-Zug-Wagen an die Reichsbahn. Aus dem Bestand der CSD waren es u.a. 117 vierachsige Schnellzugwagen (incl. zwölf Gepäckwagen), aus dem Park der PKP zunächst nur wenige Einheiten.

Als weitaus bedeutsamer erwiesen sich indessen die Veränderungen im Zuge der nachfolgenden Kriegsereignisse, beginnend mit der „Rückführung" von Anlagen und Fahrzeugen der 1919 aus dem Staatsverband ausgeschiedenen, ehemals deutschen Gebiete. Die hiervon betroffenenen „Waffenstillstandswagen" der Jahre 1918/19 waren ausschließlich deutschen Ursprungs und deutscher (Länder-) Bauart. Damit bereitete ihre Eingliederung in den Betriebsmittelpark der DR keine nennenswerten Schwierigkeiten. Die aus Belgien und Frankreich (ohne Elsaß-Lothringen) wieder in Reichsbesitz übergegangenen Wagen erfuhren im übrigen keine Umzeichnung; denn diese Länder waren zwar besetzt, hatten jedoch ihre staatliche Selbständigkeit behalten, während die aus Osteuropa repatriierten Fahrzeuge aufgrund der politischen Verträge seit 1939/40 (wieder) als reichseigen angesehen und somit auch voll in das DR-Bezeichnungssystem integriert wurden.

Innerhalb von nur drei Jahren hatte sich die Betriebs-Streckenlänge der DR Ende Dezember 1940 auf 72 180 km vergrößert. Sie lag damit um fast ein Drittel über dem vergleichbaren Wert des Jahres 1937.

Der D-Zug-Wagenpark der Reichsbahn (ohne Salon- und Schlafwagen und ohne die MITROPA-eigenen WR) war von 4 607 Ende 1930 über 4 938 am 31. Dezember 1936 auf 7 324 zum Ausgang

Bis in die siebziger Jahre hinein fanden ehemalige PKP-Wagen in Schnellzügen der deutschen Staatsbahnen Verwendung. Ihre herausragenden Merkmale bestanden in schweren, genieteten Kästen mit abgeschrägten Enden, Schwanenhals-Drehgestellen mit 2,15 m Radstand und der in Deutschland unüblichen Länge über Puffer von 22,02 m. Aufnahme: Friedhelm Ernst

Einer von 16 in Anlehnung an DR-Normalien für Bulgarien gebauten, infolge des Krieges jedoch an die Reichsbahn gelieferten Reisezugwagen 3. Klasse. Bemerkenswert sind seine 11 Abteile mit 88 Sitzplätzen bei 23,50 m Gesamtlänge. Aufnahme: Werkfoto, Sammlung Bündgen

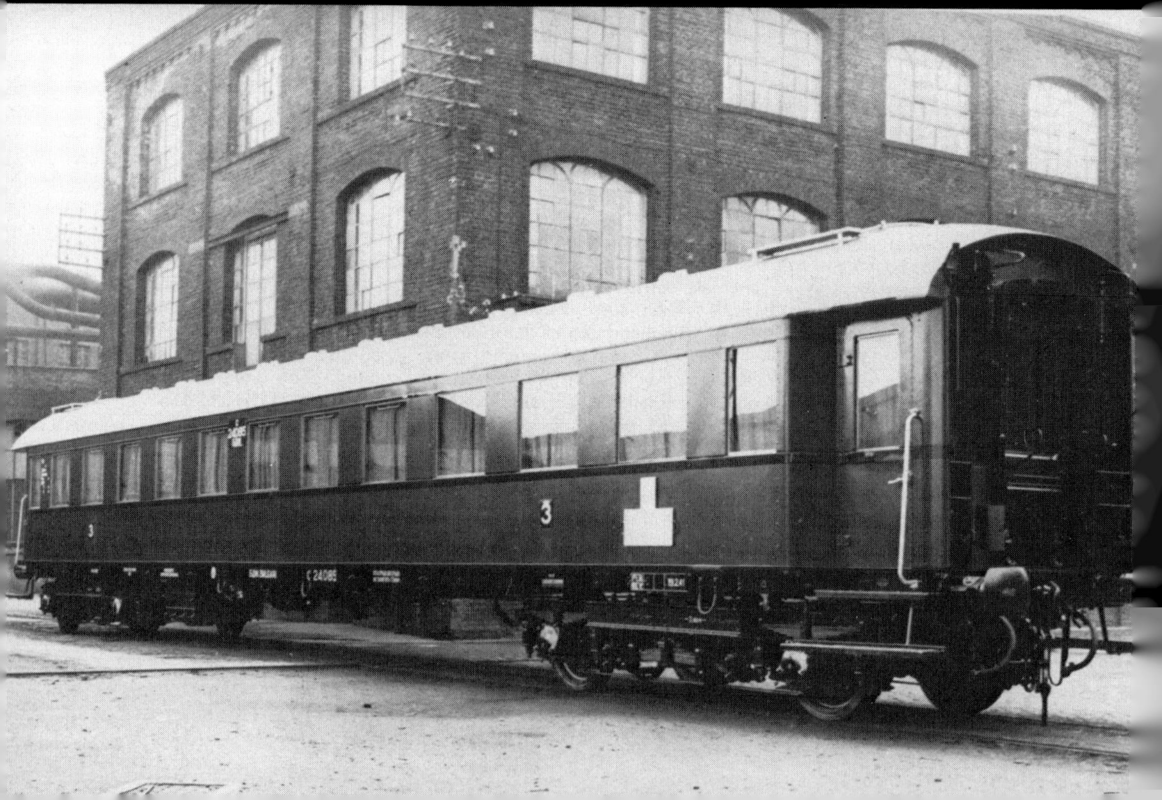

des Jahres 1940 angewachsen. Unter den letztgenannten befanden sich nicht weniger als 1 071 Einheiten nichtdeutscher Bauart. Der noch vorhandene offizielle statistische „Nachweis über den Bestand an vollspurigen Personen-, Gepäck-, Dienstgüter- und Bahndienstwagen" (12) läßt eine Aufgliederung nach Klassen, Bauarten und Herkunft zu. Danach verfügte die DR zum Jahresende 1940 über folgende D-Zug-Wagen:

Der Eigentumsbestand an D-Zug-Wagen der Deutschen Reichsbahn am 31. Dezember 1940

Eigentumsbestand	1. Kl.	1. 2. Kl.	1. 2. 3. Kl.	2. Kl.	2. 3. Kl.	3. Kl.	3. Kl. mit Küche	Wagen für den Rheingoldzug	Salonwagen	Kranken-salonwagen	Schlafwagen	Wagen der Reichsregierung	Revisionswagen	Gesamtsumme D-Zug-Wagen
a) stählerne Bauart														
4achsig	34	559	508	77	281	2 100	51	26	3	–	23	24	–	3 686
6 "	–	–	1	–	–	–	–	–	1	–	–	3	1	6
zusammen	34	559	509	77	281	2 100	51	26	4	–	23	27	1	3 692
b) hölzerne Bauart														
2achsig	–	–	–	–	–	–	–	–	1	4	–	–	–	5
3 "	–	–	–	–	–	–	–	–	10	–	–	–	2	12
4 "	4	850	539	56	371	1 762	5	–	26	4	1	–	11	3 629
6 "	–	46	27	–	–	27	–	–	6	–	78	–	4	188
zusammen	4	896	566	56	371	1 789	5	–	43	8	79	–	17	3 834
darunter ehemalige														
ÖBB-Wagen	–	128	70	10	77	318	–	–	8	4	–	–	–	615
tschechische Wag.	–	23	9	5	21	46	–	–	–	–	–	–	–	104
polnische Wagen	–	53	26	16	29	240	–	–	2	–	–	–	–	366

Quelle: Statistischer Nachweis des Reichsbahn-Zentralamts Berlin (Verkehrsarchiv des Verkehrsmuseums Nürnberg), zur Verfügung gestellt durch Herrn Wolfgang Illenseer.

Nicht zu verwechseln mit den sogenannten „rückgeführten" Fahrzeugen sind die von ausländischen Bestellern bei deutschen Waggonfabriken in Auftrag gegebenen, erst nach Kriegsbeginn fertiggestellten und folglich nicht mehr ausgelieferten, sondern in den Fahrzeugpark der DR eingegliederten Wagen. Hierbei handelt es sich in erster Linie um polnische Typen, aber auch um sechs ursprünglich für Litauen bestimmte, nach Reichsbahn-Zeichnungen durch die Wumag erstellte AB 4 ü - 42 sowie 16 von Bulgarien in Anlehnung an DR-Normalien bei der Waggonfabrik Busch in Auftrag gegebene 3. Klasse-Wagen von 23,50 m Länge (!) mit elf Abteilen und 88 Plätzen.

Wenngleich der Zweite Weltkrieg die Bedürfnisse des zivilen Reiseverkehrs hinter die Notwendigkeiten der Versorgungs- und Wehrmachtstransporte zurücktreten ließ, ergab sich dennoch eine stärkere Nachfrage und somit ein überproportional gestiegener Wagenbedarf, der aus Beständen der Deutschen Reichsbahn und der von ihr übernommenen Teilnetze anderer Bahnen selbst bei rationellster Betriebsführung nicht mehr gedeckt werden konnte. So mußte mit dem an verschiedenen Orten gerade verfügbaren, teilweise auch ausländischen Rollmaterial gefahren werden (13). Bemerkenswert erscheint in diesem Zusammenhang eine Dienstanweisung aus dem Jahre 1940: „Zur Aufrechterhaltung der Ordnung in den der Beförderung von Reisenden dienenden Zügen und zur Sicherstellung der Unterbringung einer möglichst großen Zahl von Reisenden auf Sitzplätzen ist das Zugbegleitpersonal angewiesen, bei starkem Andrang die Abteile der 1. und 2. Klasse ebenfalls mit bis zu acht Reisenden zu besetzen, soweit die Bauart der Wagen dies zuläßt". Was aus dieser Verlautbarung gleichermaßen hervorgeht, ist die Tatsache, daß zu Beginn der vierziger Jahre vorübergehend das „billigere" Sitzplatzangebot der damaligen 3. Klasse – trotz verschiedener Sofortprogramme – nicht ausreichte, während andererseits ein Überhang an Polsterklassefahrzeugen bestand.

Mit der Ausweitung des Kriegsgeschehens hatte sich der Einflußbereich der Deutschen Reichsbahn Ende 1942 gegenüber dem letzten Vorkriegsjahr auf fast das Dreifache erweitert. Innerhalb und außerhalb der Reichsgrenzen wurden damals rund 161 000 km Bahnen betrieben oder zumindest beaufsichtigt. Neben Lokomotiven mußten in diesem Zusammenhang ungeheuere Mengen an Wagen aus deutschen Beständen abgegeben werden. Hinzu kamen nicht überschaubare Verluste in den Kampfgebieten und – bedingt durch Bombenangriffe bzw. fehlende Reparaturmöglichkeiten – auch im Inneren Deutschlands.

Ein ehemaliger D-Zug-Wagen der französischen Nordbahn, noch 1965 im Einsatz bei der Deutschen Reichsbahn. *Aufnahme: Sammlung W. Schumacher*

Auf der Suche nach einem Ausgleich für abgegebenes oder verlorenes Material kam es mitten im Krieg zu einer Übereinkunft zwischen der Deutschen Reichsbahn und der Nationalen Gesellschaft der Französischen Eisenbahnen (SNCF) über die kostenpflichtige Entleihe französischer Personen- und Gepäckwagen an die DR. Auch mit Belgien wurde eine rechtsgültige Vereinbarung dieser Art getroffen. 1 675 Wagen aus den beiden westlichen Nachbarländern sollen laut amtlichen Protokollen damals dem Reichsbahnbetrieb zur Verfügung gestellt worden sein. Archivaufzeichnungen des Uelzener Reisezug-Wagenspezialisten Joachim Deppmeyer ist darüber hinaus zu entnehmen, daß im Oktober 1942 1 708 SNCF- und 519 SNCB-Wagen der DR als sogenannte Rotstrich- und Doppelrotstrichwagen zur Verfügung standen. Den Fahrzeugen, die ihre angestammten Eigentümermerkmale, Gattungsbezeichnungen und Betriebsnummern behielten, konnte man zu jener Zeit innerhalb des gesamten normalspurigen europäischen Eisenbahnnetzes begegnen, nicht zuletzt in innerdeutschen Schnellzügen oder in den Fernverbindungen für Fronturlauber. Auffallend war dabei der recht hohe Anteil an Polsterklassewagen, für den — im Gegensatz zum Kriegsbeginn — vor allem für den Militär- und Dienstreiseverkehr nunmehr Bedarf bestand.

Nicht mit diesen Mietfahrzeugen verwechselt werden dürfen ausländische Wagen, die sich während des Zweiten Weltkrieges in Lazarettzügen befunden hatten; denn allgemein sah man sie beim Verbleiben im Lande des Gegners als Beute an und gab sie infolgedessen auch nicht zurück. Dies gilt nachweislich u.a. für Drehgestell-Reisezugwagen französischer, belgischer und italienischer Herkunft, die in Deutschland verblieben.

Mit Ausweitung der Kampfhandlungen mußte die MITROPA ab 1. Juni 1942 im innerdeutschen Verkehr ihren Speisewagenbetrieb aufgeben. Anstelle der ausgefallenen WR wurden gewöhnliche D-Zug-Wagen in die Schnellzüge eingereiht. „Zur Sicherstellung des Bedarfs an Schlafwagenplätzen für dringende kriegswichtige Dienst- und Geschäftsreisen" verfügte die Reichsbahn ab 15. Juni 1942 auch gewisse Zugangsbeschränkungen zu den Schlafwagen innerhalb Deutschlands. Im Vorverkauf durften Bettkarten der 1. und 2. Klasse nur noch gegen schriftliche Bestätigung einer Behörde, Parteistelle oder Firma ausgegeben werden. Für Reisen aus persönlichen Gründen begann der Verkauf erst am Fahrttag selbst. Allerdings blieben Bettkarten 3. Klasse von dieser Regelung ausgenommen.

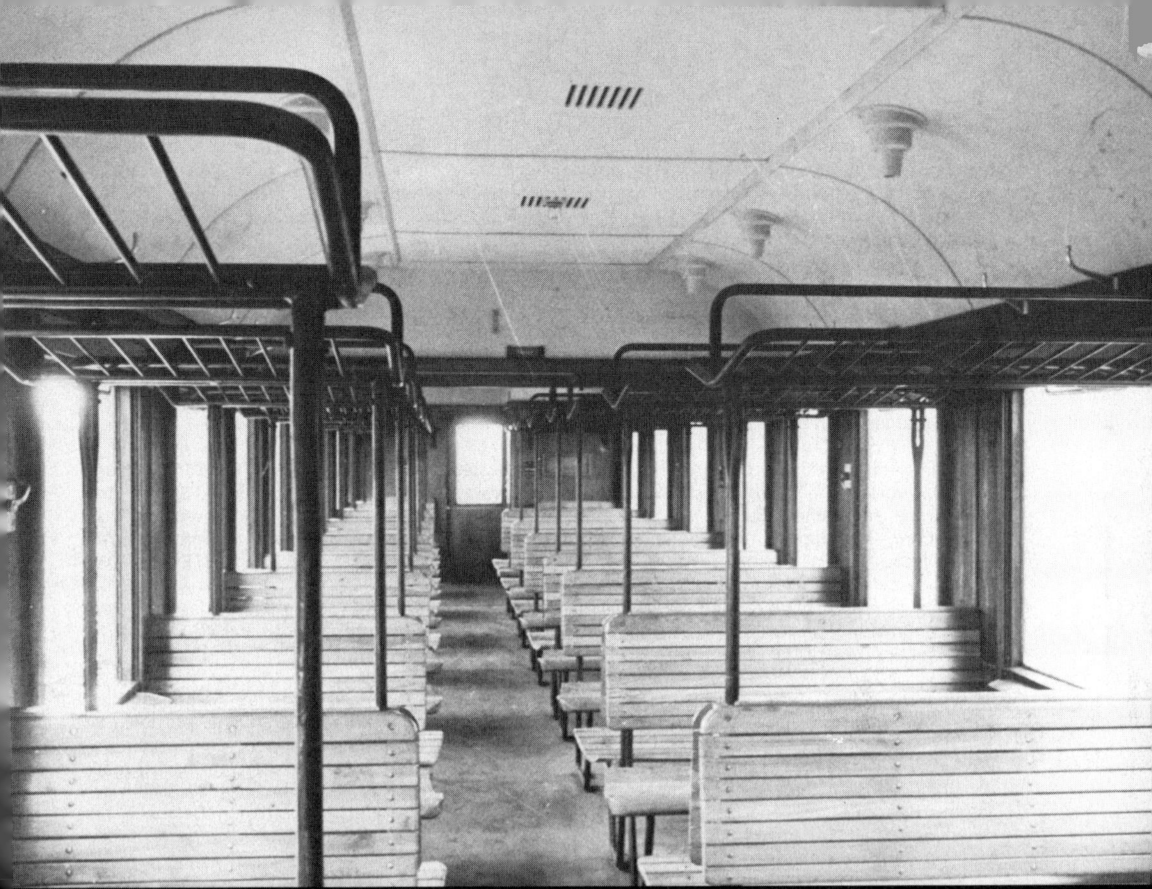

„Komfort" in den Fernzügen der späten vierziger Jahre: Ausgebrannte oder nicht mehr fertiggestellte Reisezugwagen erhielten einfache Lattensitze. Man beachte die Platzteilung 2+3.
Aufnahme: DB, Slg. Ernst

Für die US-Army nach dem 2. Weltkrieg beschlagnahmter ISG-Schlafwagen. Aufnahme: Slg. Ernst

Demgegenüber erfuhren die Schlaf- und Speisewagenkurse in Belgien, Frankreich, den Niederlanden und dem sogenannten Generalgouvernement zunächst keine Änderung, während die Dienste in den südöstlichen Ländern eingeschränkt werden mußten. Ihren Wagenbedarf deckte die MITROPA damals teilweise mit Fahrzeugen der Internationalen Schlafwagen-Gesellschaft, für die Miet- bzw. Pachtverträge abgeschlossen worden waren. Das MITROPA-Wagenverzeichnis 1942 führte bereits 23 Schlafwagen der ISG auf. Nach inoffiziellen Aufzeichnungen belief sich die Zahl der unter MITROPA-Order verkehrenden ISG-WL 1943 sogar auf mindestens 118.

Dabei ist zu berücksichtigen, daß nicht nur die Ausweitung des Verkehrsgebietes, sondern auch erlittene Kriegsschäden an rollendem Material der MITROPA zu vermehrtem Einsatz von Fahrzeugen der ISG durch die deutsche Gesellschaft führten. Sie erhielten zu diesem Zweck anfänglich noch einen roten Anstrich, während die ab 1944 hinzugekommenen ISG-Wagen ihre blaue Lackierung behielten und lediglich die Aufschrift „MITROPA" auf einem roten Feld angebracht wurde.

Wie weit die planmäßigen Dienst der MITROPA ins Ausland reichten, beweist ein Blick in das Kursbuch des vorletzten Kriegsjahres. Darin sind an Schlafwagenläufen nach bzw. in Ost-, Südost- und Westeuropa aufgeführt: Berlin — Warschau, — Litzmannstadt, — Krakau, — Auschwitz, — Prag, — Preßburg, — Budapest, — Bukarest, — Sofia, — Belgrad, — Luxemburg, — Paris, — Hendaye; Dresden — Krakau, Wien — Krakau, Wien — Agram, Prag — Brünn, Prag — Mährisch-Ostrau, Prag — Zlin, Krakau — Lemberg, Krakau — Warschau, Paris — Brüssel, Paris — Herbesthal und Paris — Sofia. Die Mehrzahl dieser Kurse wurde mit Schlafwagen gefahren, die von der ISG stammten. Dabei reichte die Typenvielfalt von S- und Y-Wagen bis hin zu den äußerlich gedrungenen vormaligen „Ferry Boat Sleeping-Cars" der Route Paris — London.

Im innerdeutschen Verkehr wiesen die Tages-Fernreisezüge ab Anfang 1944 an Sonntagen eine schwächere Besetzung auf, so daß ihr weiteres Verkehren entbehrlich erschien. Daher entfielen ab 18. Juni die meisten Tages-Schnell- und Eilzüge „auf den Strecken der Deutschen Reichsbahn, im Protektorat und im Generalgouvernement". Nur die SFR-Züge zur Bedienung des Wehrmachtsurlauberverkehrs und einzelne Tages-D-Züge mit Auslandsanschlüssen sollten verbleiben, ehe zu Beginn des Jahres 1945 eine weitgehende Einschränkung des ohnehin schon vielfach gestörten Reiseverkehrs durch Entfall aller D- und Eilzüge vorgenommen werden mußte. Auch Reisegenehmigungen wurden nur noch in Ausnahmefällen erteilt.

Dem stark dezimierten inländischen Fahrzeugbestand versuchte man unterdessen mit einer größeren Anzahl zweiachsiger Behelfspersonenwagen MCi zu begegnen, die dem Güterwagenbau entlehnt waren. Daneben schuf man auf noch verwendbaren Untergestellen kriegszerstörter D-Zug-Wagen nach einfachsten Grundsätzen in Rautenfachwerkbauweise mindestens 65 vierachsige Liegeplatzwagen MC 4 i -44 (14). Auf 21,80 m Gesamtlänge waren darin neun vom Seitengang aus erreichbare Abteile zu je acht hölzernen Sitzen angeordnet. Diese mit offenen Endbühnen versehenen, fälschlicherweise oft als „Landserschlafwagen" bezeichneten Fahrzeuge standen dem Zivilverkehr nur in Ausnahmefällen zur Verfügung. Planmäßige Einsätze in Schnellzügen sind nicht bekannt. Im übrigen hatte man seinerzeit auch vierachsige Behelfspersonenwagen mit Liegeplätzen geplant, die jedoch nicht mehr zur Ausführung kamen.

g) Die Situation nach 1945

Der gesamte Fahrzeugpark hatte durch den Krieg schwerste Schäden davongetragen. Endlose Schlangen ausgebrannter, zerschossener und anderweitig beschädigter Lokomotiven und Wagen auf den Abstellgleisen legten Zeugnis davon ab, in wie starkem Maße der Bestand an betriebsfähigen Fahrzeugen zusammengeschrumpft war. Nach vorsichtigen Schätzungen standen bei Beendigung der Kampfhandlungen nur noch 65 % der Lokomotiven, knapp 40 % der Personenwagen und 75 % der Güterwaggons des Bestandes von 1936 zur Verfügung (15). Neben den Zerstörungen am Rollmaterial und an den betriebswichtigen baulichen Anlagen stellte der Verlust weiter Teile des einstigen deutschen Staatsgebietes, namentlich aller Territorien östlich von Oder und Neiße, einen äußerst schweren Aderlaß für Deutschland dar. Was von Kriegshandlungen und Gebietsabtretung verschont geblieben war, fiel teilweise noch der Demontage bzw. dem Abtransport durch die Besatzungsmächte, in erster Linie die Sowjetunion, aber auch Frankreich, zum Opfer. Und überall im Land fehlte es an den einfachsten Geräten, an Maschinen, Werkzeugen, Bauteilen und anderen Hilfsmitteln — von den persönlichen Nöten der Menschen ganz zu schweigen.

Leider blieb angesichts der politischen Entwicklung die ursprüngliche Absicht einer organisatorischen Zusammenfassung der Eisenbahnen im besiegten und geteilten Deutschland unerfüllt. Vielmehr wurde für jede der von den Alliierten geschaffenen vier Zonen und darüber hinaus auch in dem erst 1947 ausgegliederten Saargebiet eine besondere Eisenbahn-Zentralbehörde errichtet, wobei lediglich im Falle des amerikanischen und britischen Besatzungsgebiets die Trennung nur von kurzer Dauer sein sollte.

Die anfänglichen Bemühungen der Verantwortlichen galten zwangsläufig der Wiederingangsetzung der Züge – vor allem im Nah- und Berufsverkehr – ohne Rücksichtnahme auf jedweden Komfort. Deutlich zeigte sich dies am Beispiel der zahlreichen „Stehwagen", worunter man sowohl die nicht mehr eingerichteten Neubauten der letzten Kriegsjahre als auch ausgebrannte oder in der Innenausstattung teilzerstörte, jedoch noch fahrfähige Wagen verstand. 1. und 2. Klasse-Abteile konnten – von wenigen Ausnahmen abgesehen – anfangs überhaupt nicht angeboten werden. Und nicht selten begegnete man, vor allem in der sowjetischen Zone, anstelle der früheren Polsterbestuhlung selbst in Eil- und Schnellzugwagen Lattensitzen, ähnlich denen der einstigen 4. Klasse, nur mit größeren Zwischenräumen zwischen den breiten Holzbrettern.

Einigermaßen gut erhaltene bzw. die wenigen revidierten Fahrzeuge blieben hingegen fast ausschließlich den Besatzungsmächten vorbehalten, insbesondere in der „höheren", der damaligen 2. Klasse. Allein in der Bi-Zone betraf dies Ende 1945 von 1 894 betriebsfähigen Vierachsern nicht weniger als 1 386 und Ende 1947 von 2 601 immerhin noch 1 169 Stück. In der französischen Zone hielt die Besatzungsmacht vier Jahre nach Kriegsende noch 226 von 600 Drehgestell-Wagen beschlagnahmt. Eine ähnliche Situation herrschte in der sowjetischen Zone, wo bis 1948/49 eine größere Anzahl von D-Zug- und Lenkachs-Personenwagen dem Militär vorbehalten blieb, was auch hier zu einer völlig unbefriedigenden Fahrzeugwirtschaft vornehmlich im Fernverkehr entscheidend beitrug. An Schlaf- und Speisewagendienste für den innerdeutschen Reiseverkehr war in den ersten Nachkriegsjahren überhaupt nicht zu denken; es bestand aber auch kaum eine Nachfrage.

Der dem Zivilverkehr in der zweiten Hälfte der vierziger Jahre verbliebene Wagenpark reichte bei weitem nicht aus, um die wenigen gefahrenen Züge in der vorgeschriebenen und erforderlichen Stärke zu bilden bzw. weitere, für die Verkehrsbedienung dringend erforderliche Zugleistungen vorzusehen. Eine Entspannung sollte noch Jahre auf sich warten lassen; denn Neubauten mußte man vorab aus allen Überlegungen ausklammern. Vielmehr versuchte man, die wenigen frei verfügbaren Mittel für die Aufarbeitung beschädigten Rollmaterials zu verwenden. Wie begrenzt indessen seinerzeit die Möglichkeiten der aufgeteilten Deutschen Reichsbahn waren, lassen amtliche Aufzeichnungen für den Bereich der „Hauptverwaltung der Eisenbahnen des amerikanischen und britischen Besatzungsgebiets" erkennen, wonach sich die Gesamtzahl an Vollspur-Personenwagen im Gebiet der Bi-Zone am 31. Dezember 1947 auf 25 612, davon 19 485 im Betriebsbestand, belief. An D-Zug-Wagen konnten nur 2 247 nachgewiesen werden; 530 Stück hiervon galten offiziell als „Fremdwagen", d.h. Einheiten nichtdeutscher Bauart. Hinzu kamen 579 D-Zug-Gepäckwagen und 21 Packwagen mit Postabteil. Lediglich 1 316 Personen- und 600 Pack- bzw. Pack-/Postwagen zählten seinerzeit zum D-Zug-Betriebsbestand im „Vereinigten Wirtschaftsgebiet" der britischen und amerikanischen Zone Deutschlands, 931 bzw. 150 galten hingegen als nicht verwendungsfähige „Altschadwagen" (15).

Die im Juni 1947 für das Gebiet der französischen Besatzungszone als Reichsbahn-Nachfolgeverwaltung gebildete „Betriebsvereinigung der Südwestdeutschen Eisenbahnen (SWDE)" litt in besonderem Maße unter Fahrzeugmangel. War hier bereits durch Kriegszerstörungen und Abtransporte vor dem Zusammenbruch im Jahre 1945 fast die Hälfte des Wagenparks verlorengegangen, so befand sich der verbliebene Bestand nicht allein infolge jahrelang unterlassener planmäßiger Instandsetzungsarbeiten und des Hinausschiebens früher genau beachteter Untersuchungszeitpunkte, sondern auch wegen des von der Besatzungsmacht in den ersten drei Jahren nach 1945 verfügten Ausbesserungsverbots für Wagen des zivilen Reiseverkehrs in äußerst schlechtem Allgemeinzustand. Nach der Abtrennung des (vergrößerten) Saargebiets besaßen die SWDE Ende 1947 nurmehr 2 807, durchweg instandsetzungsbedürftige Personenwagen (ohne Gepäckwagen), darunter weniger als 600 Drehgestell-Fahrzeuge (einschließlich Abteilwagen) (16).

Auf dem Territorium der sowjetisch besetzten Zone waren bei Kriegsende 22 % der einstmals bei der Deutschen Reichsbahn vorhanden gewesenen Reisezugwagen verblieben. Davon wiesen nicht weniger als 59 % nennenswerte Schäden auf (8). Die Instandsetzung begann auch hier angesichts äußerster Materialknappheit unter schwierigsten Bedingungen. Selbst aus Bauzügen mußten vereinzelt Wagen für den zivilen Reiseverkehr gewonnen und hergerichtet werden. Daneben dienten im sowjetischen Besatzungsgebiet noch auf viele Jahre hinaus Fahrzeuge nichtdeutscher Herkunft, z.B. aus Belgien, Frankreich, Österreich, der Tschechoslowakei, Polen, Italien, den Niederlanden und aus dem Park der Internationalen Schlafwagen-Gesellschaft, zur Bildung sowohl von Bezirks- als auch von Fernzügen. Selbst im grenzüberschreitenden Verkehr der DR fanden bis in die siebziger Jahre hinein (!) einstige SNCB-, SNCF-, PKP-, FS- und NS-Drehgestellwagen Verwendung, während es in den drei

Das in der sowjetischen Besatzungszone weiterhin als „Deutsche Reichsbahn" firmierende Unternehmen bildete innerdeutsche und selbst internationale Fernzüge noch auf viele Jahre hinaus aus dort verbliebenen Fremdwagen, z. B. aus Italien, Frankreich und Belgien.
Aufnahme: Joachim Claus

Aus den Niederlanden verblieb dieser Nahverkehrswagen bei der DR, die ihn Mitte der sechziger Jahre noch im Schnellzugverkehr einsetzte. *Aufnahme: Dr. G. Scheingraber*

Die aus den Eisenbahnen der drei westlichen Besatzungszonen gebildete Deutsche Bundesbahn erreichte allein im Falle Polens keine Fahrzeug-Austauschvereinbarungen, was die weitere Verwendung der charakteristischen PKP-Wagen durch die DB erklärt. *Aufnahme: Friedhelm Ernst*

„Komfortables" Rollmaterial blieb während der 2. Hälfte der vierziger Jahre weitgehend den Besatzungsmächten vorbehalten, wie z. B. der A 4 ü 11 034 (Aufnahme oben: Dr. G. Scheingraber), der B 4 i 25 017 (Aufnahme Mitte: Rudolf Klitscher, Lokomotivbildarchiv Bellingrodt) oder der mit Sonderanstrich für US-Truppenangehörige gekennzeichnete „Sickenwagen" C 4 üwe 19 225, ein Vorläufer der „Schürzen"-Bauart. (Aufnahme unten: Dr. G. Scheingraber)

westlichen Zonen bzw. unter der Ägide der dort 1951 geschaffenen Deutschen Bundesbahn schon bald nach Kriegsende zu Rückgabe- oder Austauschvereinbarungen über „Fremdwagen" kam, was zu einer Bereinigung des Rollmaterialparks beitrug. Lediglich im Falle Polens blieben derartige Bemühungen vergeblich. Dies erklärt den verhältnismäßig hohen Anteil polnischer Wagentypen im Betriebsmittelpark der DB bzw. deutscher Länderbahn- und Einheitstypen bei der PKP noch in den fünfziger und sechziger Jahren.

Mit der langsam sich abzeichnenden Normalisierung stieg seit 1946 auch die Zahl der internationalen Reisenden wieder an. Unter damaligen Umständen bemerkenswert positiv entwickelten sich vor allem die Transitverbindungen mit Skandinavien, d.h. von und nach der Schweiz und Frankreich, aber auch die Relation Prag – Kopenhagen erfuhr eine – wenngleich nur vorübergehende – Wiederbelebung. Hierfür hatte die Reichsbahn in den einzelnen Besatzungszonen ihre jeweils besterhaltenen D-Zug-Wagen zu stellen, soweit nicht ausländische Kurswagen diese Dienste besorgten.

Trotz des anfänglichen Verbots der Besatzungsmächte, neue Reisezugwagen für den zivilen Verkehr zu bauen, begann sich Ende der vierziger Jahre langsam eine gewisse Erleichterung auf dem Rollmaterialsektor abzuzeichnen: allein in den Ausbesserungswerken und Waggonfabriken der drei westlichen Zonen gelang es im Rahmen mehrerer Wiederaufbauprogramme, von 1948 bis 1952 5 345 Wagen wiederherzurichten (8). Bemerkenswert in diesem Zusammenhang erscheint u.a. die Tatsache, daß neben der Auftragsvergabe an deutsche Fabriken bzw. Werkstätten 410 Drehgestellwagen ihre Generalüberholung in Belgien erhielten, davon 15 Schlaf- und 20 Speisewagen. Bei den übrigen 231 Schnellzug- und 144 Eilzugwagen handelte es sich fast ausschließlich um Polster- oder gemischtklassige Fahrzeuge. Unter den wenigen, d.h. neun reinen 3. Klasse-Einheiten befand sich nur ein Wagen mit Holzbänken; die anderen acht waren schon damals als C 4 üw deklariert, d.h. besaßen die in den dreißiger Jahren eingeführten stoffbezogenen Polsterbänke.

Was man zu jener Zeit als „komfortables" Rollmaterial bezeichnen konnte, blieb im übrigen weitgehend den Besatzungsmächten vorbehalten. Neben den reservierten Wagen in Planzügen sind hier besonders die Schnellzüge für französisches Militär (DFA), die britische Armee (DBA), belgische Soldaten (DBU) bzw. die US-Streitkräfte (DUS) zu nennen. Nicht weniger als 46 solcher, für das allgemeine Publikum gesperrter Verbindungen waren noch Ende 1950 im „Zugbildungsplan A" enthalten. Dabei dominierten von der Wagenzahl und Ausstattung her eindeutig Leistungen für die US-Army, und zwar im wesentlichen auf die Ausgangs- bzw. Endbahnhöfe Frankfurt (M), Berlin-Lichterfelde West und Bremerhaven ausgerichtet. Noch zahlreicher waren Züge für britische Truppen mit den Zielen Berlin-Charlottenburg, Hoek van Holland, Hannover, Hamburg-Altona, Gütersloh, Bad Oeynhausen, Bielefeld, Bad Harzburg, Winterberg, Oberhausen, Troisdorf und Frankfurt (M), aber auch Tegernsee, Ehrwald und Villach. Das einzige Zugpaar für die französische Besatzungsmacht (DFA 651/562) verkehrte zweimal wöchentlich zwischen Berlin-Tegel und Frankfurt (M) mit Kurswagen nach Mainz bzw. Paris, während die drei Sonderleistungen für Belgier in Form der DBU 697/698, 699/700 bzw. 1697/1698 an jedem zweiten Tag von Brüssel nach Soest und Siegen (oder umgekehrt) bzw. zwischen Hagen und Arnsberg gefahren werden mußten.

Für die Züge der US-Amerikaner waren bis zu neun Schlafwagen (DUS 627/628), mehrere Pw 4 ü und Kühlwagen, häufig auch Speise- und Sitzwagen 1./2. Klasse zu stellen. Dagegen machte sich das „französische" Zugpaar DFA 651/652 mit je einem Pw 4 ü, WLAB 4 ü und BC 4ü sowie zwei AB 4 ü weit bescheidener aus. Kennzeichnend für die Züge der Briten und Belgier war in der Regel die Beistellung eines Buffetfahrzeugs, hergerichtet aus der DR-Eilzug-Bauart C 4 i - 36. Hinzu kamen bei größeren Entfernungen gemischtklassige D-Zug-Wagen und wiederum ein Pw 4 ü, in den Nachtverbindungen auch Schlaf-, Speise- und wo erforderlich Heizwagen. Nicht selten fanden in den DBA Eilzugwagen 2. Klasse B 4 i - 30, in den Zügen von und nach Brüssel sogar bis zu vier 3. Klasse-Schnellzugwagen C 4 ü der Stahl- oder Länderbahnbauart Verwendung. Als wohl eigenartigsten „Besatzungszug" darf man indessen den zweimal wöchentlich an die Kanalschiffsverbindung mit Harwich anschließenden DBA 667/668 Hoek van Holland – Köln – Mainz-Bischofsheim – Stuttgart – München-Trudering – Salzburg – Villach bezeichnen. Außer je zwei Pack-, Speise- und Sitzwagen AB 4 ü, einem Schlaf- und einem bis/ab Krefeld laufenden Heizwagen führte dieses Zugpaar fünf 3. Klasse-Fahrzeuge (!), wobei besonders bemerkenswert ist, daß planmäßig auch britisches Wagenmaterial (mit dem kleineren Lichtraumprofil) zum Einsatz kam. Von den beiden deutschen Packwagen war im übrigen einer mit separater Küche ausgestattet (Pw 4 ük).

Dieser aus den zwanziger und dreißiger Jahren stammenden Versorgungsform begegnete der Reisende nach dem verlorenen Krieg wieder vermehrt auch in einer Reihe von Regelzügen des zivilen Verkehrs; denn es bestand großer Mangel an einsatzbereiten Voll-Speisewagen. Außer den somit zwischen Köln und Braunschweig (D 23/24), Frankfurt (M) und Mönchengladbach (E 297/298), Köln und Frankfurt (M) (D 382/383) sowie Hamm und Braunschweig (E 517/518) wieder zu Ehren gekommenen „Packwagenküchen" sind hier vor allem die von 1926 bis 1933 zu C 4 ük umgerüsteten preußischen D-Zug-Wagen zu nennen. Im Winterfahrplan 1950/51 setzte die DB auf folgenden Strecken planmäßig Sitzwagen mit kleiner Küche ein: zwischen Köln und Braunschweig (D 1/2, D 31/32) bzw. Helmstedt (FD 111/112), von Hamburg-Altona bzw. Kassel nach Westerland und zurück (D 33/34, D 37/38 und E 567/572), in den Kursen Düsseldorf – Bad Harzburg (D 39/40), München – Osnabrück (D 47/48), Würzburg – Hagen (D 57/58 bzw. 257/258), Köln – Norddeich (D 65/66), Basel – Kiel (D 75/76), Goslar – Norddeich (E 149/150), Heidelberg – Mönchengladbach (D 161/162), Mönchengladbach – Oldenburg (D 165/166), München – Emden (D 173/174), Lindau – Cuxhaven (D 175/176), Mönchengladbach – Kassel (D 197/198 und D 341/342), Frankfurt (M) – Dortmund (E 301/302), Nürnberg – Krefeld (D 403/404), Bremen – Cuxhaven (E 449/450), Frankfurt (M) – Hannover (E 569/570) und Hamburg-Altona – Westerland (E 937, ohne Gegenzug).

Wie sehr man auf diese Behelfsform der Bewirtschaftung angewiesen war, ist daraus ersichtlich, daß 1955 immerhin noch 48 Sitzwagen mit Küche in den Bestandslisten der DB geführt wurden, darunter der älteste aus dem Jahre 1914. 15 Exemplare hatten übrigens im Zuge einer Modernisierung Anfang der fünfziger Jahre kunstledergepolsterte Sitze erhalten. Doch sollte schon bald danach ihre Außerdienststellung erfolgen.

Daß mit der Währungsreform 1948 und Gründung der Bundesrepublik Deutschland im darauffolgenden Jahr der Schienenverkehr spürbare Impulse erfahren hatte, beweist ein vergleichender Blick in die Fahrpläne jener Tage. So weist das „Amtliche Kursbuch" 1950 eine Reihe bemerkenswerter Fernverbindungen und Zugbildungen auf:

Zwischen Köln und Brüssel Nord fuhr mit D 145/146 der wohl kürzeste dreiklassige Schnellzug des Winterabschnitts 1950/51, gebildet aus einem belgischen Packwagen und zwei ABC 4 ü der Deutschen Bundesbahn, nämlich Kurswagen aus bzw. nach München und Venedig. Im „Nord-Expreß" Paris – Kopenhagen (L 11/12) liefen internationale Schlafwagen von und nach Stockholm, Kopenhagen und Hannover, französische bzw. dänische Kurswagen sowie zur gastronomischen Versorgung der Reisenden zwischen Osnabrück und dem Fährhafen Nyborg ein ehemaliger Pullman der ISG. Einer der zeitweise durch die DB gestellten Packwagen entstammte sogar der Vorkriegs-„Rheingold"-Bauart. Aus zwei dänischen AB 4 ü, einem ISG-Schlafwagen und drei gepolsterten DB-Sitzwagen 3. Klasse bestand der über den Großen Belt geführte D 273/274 Rom – Kopenhagen, dem zwischen Basel und der dänischen Hauptstadt noch ein Bundesbahn-Packwagen beigegeben wurde. Der auf der gleichen Strecke verkehrende FD 275/276 „Italien-Schweiz-Skandinavien-Expreß" führte blaue Schlaf- und Speisewagen sowie Sitzwagen aller drei Klassen. Aus bis zu elf Fahrzeugen bestand der FD 289/290 München – Hamburg-Altona, darunter einer der nur in wenigen Exemplaren beschafften kombinierten Pw Post 4 ü - 28, ein stählerner DSG-WR und neben anderen Sitzwagen immerhin auch ein reiner Polsterklasse-Wagen AB 4 ü - 33, was für innerdeutsche Verhältnisse als äußerst bemerkenswert galt. Zwischen München und Dortmund verkehrte mit 575 t, ab und bis Würzburg sogar mit 600 t Anhängelast der Nachtzug D 363/364, in dem bereits drei DSG-Schlafwagen angeboten werden konnten, während die Tagesverbindung D 367/368 über Stuttgart einen roten Speisewagen, nicht weniger als fünf gemischtklassige, drei 3. Klasse- und einen Packwagen, ausnahmslos stählerner Bauart, führte. Als außerordentlich komfortabel, dabei allerdings noch mit verhältnismäßig geringer Reisegeschwindigkeit gefahren, mußte der dreiklassige FD 163/164 Basel SBB – Köln – Hoek van Holland (– London) mit durchlaufendem ISG-Speisewagen angesehen werden, wenngleich die im Zugbildungsplan vorgeschriebenen RIC-fähigen Fahrzeuge teilweise fehlten und folglich durch Eilzugwagen der genieteten Stahlbauart 1930 ersetzt werden mußten.

Wie unscheinbar wirkte dagegen in den Kursbüchern, Taschenfahrplänen und auf den Abfahrtstafeln das Wochenend-Zugpaar D 4564/4565 Köln – Wiesbaden Süd – Frankfurt (M), das zwischen Köln und der (jungen) Bundeshauptstadt Bonn als Lp gefahren wurde. Seine sieben Eilzugwagen gehörten ausnahmslos der Holzklasse an. Und nicht selten saßen darin Abgeordnete des ersten Deutschen Bundestages!

Geschäftsreisebedürfnisse dürften eindeutig im Vordergrund der Überlegungen gestanden haben, als die Deutsche Bundesbahn nach 1949 einige Zugverbindungen der damaligen 2. Klasse zwischen den wichtigsten größeren Städten im Westen Deutschlands einrichtete. Dabei knüpfte sie insofern an die Tradition ihrer Vorgängerin aus den dreißiger Jahren an, als sie hierfür die zunächst beschlagnahmt gewesenen, von den Besatzungsmächten jedoch wieder zurückgegebenen Schnelltriebwagen und darin als Neuheit ein sogenanntes „Schreibabteil" vorsah. Freilich war dies zunächst nur auf wenigen Strecken, nämlich zwischen Hamburg-Altona und Köln bzw. Frankfurt (M) möglich. Zwischen der Mainmetropole und Dortmund behalf man sich daher in drei Kursen (Dt 41/42, 43/44 und 49/50)

Im „Nord-Expreß" setzte die DB 1947 einen der drei erhalten gebliebenen „Rheingold"-Packwagen von 1928 ein.
Aufnahme: John Poulssen

Im dreiklassigen FD 163/164 Basel SBB – Köln – Hoek van Holland (– London) mußten während der ersten Nachkriegsjahre die lt. Zugbildungsplan vorgeschriebenen, jedoch oftmals fehlenden RIC-fähigen Fahrzeuge durch Eilzugwagen der genieteten Stahlbauart ersetzt werden.
Aufnahme: Kenner, Sammlung Ernst

Eilzuwagen, die in vergleichsweise größeren Stückzahlen zur Verfügung standen, bildeten anfänglich das Reservoir der DB auch im Fernverkehr. Der C 4 üp-36 mit der Betriebsnummer 74 605 trug Anfang der fünfziger Jahre (wie viele andere) sogar das RIC-Zeichen.
Aufnahme: Dr. G. Scheingraber

Bis zur Rückgabe beschlagnahmter Speisewagen durch die Alliierten gab es verschiedene Behelfslösungen, u. a. die Ausrüstung von Eilzugwagen der Bauart 36 mit Tischen, Stühlen und einer Kücheneinrichtung. Der so hergerichtete DSG-Speisewagen 555 verkehrte nur wenige Jahre.
Aufnahme: Wolfgang Böhme

Gleichfalls als ehemaliges Eilzug-Fahrzeug erkennbar ist der WLC 4 y(e) 19 110. Er wies nur ein abgeschlossenes Abteil mit 3 Schlafplätzen sowie 16 zweistöckig in Längsrichtung angeordnete Betten auf, die lediglich durch Vorhänge vom Mittelgang abgetrennt waren. Gelegentlich nannte man sie deshalb „Pullman"-Schlafwagen, was auf das amerikanische Vorbild bei Nachtreisen, nicht aber auf größeren Komfort schließen läßt.
Aufnahme: Fritz Willk

Gleichfalls Mittelgang, allerdings i. Zick-Zack-Anordnung, wiesen 4 Neubau-Schlafwagen des Jahre 1950 auf. Ihre durch feste Wänd abgetrennten kleinen Einbettabteil waren teilweise ineinander ve. schachtelt, was die unterschiedl chen Fenstergrößen erklärt. Di Hälfte dieser ersten Nachkrieg: WL-Neubauten stand zunäch. ausschließlich den Westalliierte zur Verfügung.

anfänglich mit Dieseltriebwagen der Bezirksverkehrsbauart, die als 2. Klasse deklariert wurden, während auf der einstigen Rennstrecke des „Fliegenden Hamburgers" mit FDt 65/66 wiederum ein „echter" SVT (Bauart Köln) erschien.

Einen neuen Weg beschritt die Bundesbahn, als sie von Bonn über die Rheinstrecke nach Frankfurt einen nur aus zwei B 4 ü gebildeten D 45/46 verkehren ließ, während gleichzeitig FDt 17/18 Köln — Hamburg-Altona anstelle des zunächst vorgesehenen SVT fallweise als Dampfzug verkehrte. Dabei verwendete man drei stählerne 2. Klasse-Wagen der Vorkriegsbauarten AB 4 ü - 28 bzw. AB 4 ü - 35 und reihte in deren Mitte einen DSG-Speisewagen (meist einen solchen der Schürzenbauart) ein. Gleichzeitig erschien auf der Strecke Köln — Wuppertal — Hannover — Braunschweig das Zugpaar D 25/26 mit nur zwei B 4 ü und einem aus dem alten „Rheingold" stammenden Salonwagen SB 4 ük, dessen Innenausstattung einschließlich der Küche weitgehend erhalten geblieben war und als (guter) Speisewagenersatz dienen konnte. Damit waren die Grundlagen für das wenig später eingerichtete „blaue F-Zug-Netz" geschaffen.

h) Die „blauen Fernschnellzüge"

Neben den umfassenden, mit den Namen „Ida" bzw. „Cilly" bezeichneten und bereits erwähnten Wagen-Wiederaufarbeitungsprogrammen bedarf eine bis 1. Mai 1951 befristete DB-Sonderaktion der ausdrücklichen Erwähnung: die Herrichtung von zunächst 18 ABC 4 ü windschnittiger Bauart und drei Pw 4 ü - 37 für den ab Sommerfahrplan 1951 erheblich beschleunigten, wieder als „Rheingold-Expreß" verkehrenden F 163/164. Hinzu kamen weitere vier ABC 4 ü - 39 im Rahmen des vorerwähnten Cilly-Programms, ebenfalls mit elektrischer Dreispannungsheizung versehen.

Alle Abteile und Seitengänge hatten dabei Läufer auf dem Fußboden erhalten; die Polstersitze waren neu bezogen worden. Der Außenanstrich, nunmehr ganz in Blau, durch silberfarbene Absetzleisten und die Eigentumsbezeichnung DEUTSCHE BUNDESBAHN in erhabenen Lettern ergänzt, wich wohltuend vom tristen Grün-Grau jener Tage ab. Den Bedürfnissen angepaßt war das Angebot auch von Plätzen 3. Klasse in diesem Zug. In den zehn Wagen einer jeden Garnitur, die im Regelfall zum Einsatz gelangten, standen nur 32 Plätzen 1. und 96 in der 2. Klasse nicht weniger als 320 kunstlederbezogene Sitze 3. Klasse gegenüber.

Während dieser erste deutsche Nachkriegs-Komfortzug anfänglich durchweg aus den 21,25 m langen, 40,9 t schweren dreiklassigen „Schürzen"-Sitzwagen, einem Packwagen mit zurückgesetzten Endeinstiegen und einem aus dem Pullman-Park stammenden ISG-Speisewagen gebildet wurde, kamen zur besseren Anpassung an die Nachfrage später noch reine 3. Klasse-Fahrzeuge bzw. einzelne kombinierte 1./2. Klasse-Einheiten hinzu. Für den 1952 geschaffenen, nur die beiden Polsterklassen führenden Schwesterzug „Rhein-Pfeil" ließ die DB darüber hinaus noch aus dem Sonderbereitschaftspark der vormaligen Reichsregierung einige Stromlinien-Packwagen mit Seitengängen, verschließbaren Zollabteilen und dem passenden blauen Außenanstrich herrichten (9).

Im übrigen schuf sie — nicht zuletzt im Hinblick auf wachsende Geschäftsreisebedürfnisse — zum Sommerfahrplan 1951 erstmals wieder ein hochwertiges Schienenverkehrsangebot der damaligen 2. Klasse: ein Netz schnellfahrender Züge zwischen den wichtigsten Städten der im Aufbau begriffenen Bundesrepublik Deutschland. Wie schon Mitte der dreißiger Jahre — damals auf die alte Reichshauptstadt ausgerichtet — setzte die Bundesbahn hierfür ihre verfügbaren Schnelltriebwagen, in zunehmendem Maße aber auch lokomotivbespannte Züge aus nur wenigen Polsterklassefahrzeugen ein.

Der Wagenpark dieser neuen F-Züge bestand ausschließlich aus Schnellzugtypen stählerner Einheitsbauarten, die als herausragendes Charakteristikum neben ihrer inneren Vollaufarbeitung einen blauen Außenanstrich und zusätzlich die Initialen „DB" in erhabenen Lettern erhalten hatten. Eine Ausnahme bildete lediglich der Fernschnellzug F 31/32 „Rhein-Main-Expreß" Rotterdam — Köln — Frankfurt (M), dessen Wagengestellung ab 1951 den NS oblag.

Im Gegensatz zum „Rheingold-Expreß", der wegen alliierter Einsprüche bis 1955 keinen deutschen, sondern lediglich einen ISG-Speisewagen mitführen durfte, besorgte im innerdeutschen F-Zug-Netz die als MITROPA-Nachfolgeunternehmen neu gegründete „Deutsche Schlafwagen- und Speisewagen-Gesellschaft" (DSG) von Anfang an den Restaurationsdienst. Hierfür standen ihr sowohl die im Westen verbliebenen stählernen MITROPA-Speisewagen als auch vier bis 1953 durch Umbau von gemischtklassigen Sitzwagen ABC 4 üe - 33 gewonnene Speiseraum-Fahrzeuge BR bzw. ABR 4 üe-33/52 mit vier Abteilen 2. Klasse und 17 bewirtschafteten Plätzen an ovalen Tischen in einem separaten Großraum zur Verfügung.

Blick auf die Wagenkette des 1951 wieder eingerichteten „Rheingold-Expreß". Die beiden am Zugschluß gereihten stahlblauen „Schürzenwagen" führen alle drei Klassen, während es sich beim drittletzten Fahrzeug um einen der selteneren AB 4 üe handelt. *Aufnahme: Carl Bellingrodt*

Zeitweise im „Rheinpfeil" lief der sechsachsige DSG-Speisewagen 1227, der dem Salonwagenpark der vormaligen Reichsregierung entstammte. *Aufnahme: Friedhelm Ernst*

Erhaben angebrachte Initialen „DB", blauer Außenanstrich und eine modernisierte Innenausstattung kennzeichneten das im „blauen F-Zug-Netz" der Deutschen Bundesbahn eingesetzte Vorkriegs-Wagenmaterial. *Aufnahme: Dr. G. Scheingraber*

Vier gemischtklassige ABC 4 ü-33 erhielten 1952 eine Küche, 17 Plätze an ovalen Tischen in einem Großraum und 24 Sitze in vier 2. Klasse-Abteilen. Die auf einem wenig auffällig gestalteten Seitenschild angebrachte Beschriftung „DSG-Speiseraum" deutete auf eine Bewirtschaftungsform, die namentlich in den kurzen DB-Fernschnellzügen Hannover – Köln bis Ende der fünfziger Jahre vorherrschte. *Aufnahme: Friedhelm Ernst*

In der Zugbildung bemühte sich die DB zwar um ein möglichst einheitliches und damit verkehrswerbendes Erscheinungsbild dieser ihrer aus drei bis fünf Wagen gebildeten „Spitzenzüge", was wegen des nur begrenzt verfügbaren, dabei aber verschiedenartigen Rollmaterials jedoch nicht immer gelang. Dennoch prägten die gediegen wirkenden F-Zug-Garnituren maßgeblich die Vorstellung vieler Deutscher von der „wieder attraktiven, moderneren Eisenbahn".

Es liegt keine verläßliche Aussage mehr darüber vor, wieviele blaue Wagen es Anfang der fünfziger Jahre gegeben hat. Nachzuweisen sind indessen 75 Stück, darunter sieben Packwagen, die vier genannten Speiseraum-, fünf Vorkriegs-„Rheingold"- und 22 dreiklassige „Schürzen"-Wagen ABC 4 üe - 38/51 sowie zehn kunstledergepolsterte 3. Klasse-Stromlinienwagen, gleichfalls für den „Rheingold-Expreß". Die übrigen waren reine 2. Klasse- bzw. 1./2. Klasse-Fahrzeuge ausschließlich stählerner Bauart und als solche den sogenannten Verwendungsgruppen 29, 35 und 39 zugeordnet.

Eine der zahlreichen Besonderheiten jener Tage bestand darin, daß Schlaf- und Speisewagen vereinzelt nicht den üblichen bordeauxroten Anstrich, sondern als Kriegsfolgeerscheinung noch eine grüne Außenlackierung trugen. Ein solcher „Schürzen"-Speisewagen war beispielsweise der WR 4 üe 1219, der zuvor in einem der zahlreichen Befehlszüge gelaufen war. In der blauen Wagenkette eines F-Zuges wirkte dieses, mit der neuen DSG-Beschriftung versehene Fahrzeug recht ungewohnt. Das Provisorium bestand allerdings nur bis etwa 1952.

Gleiches gilt für eine Reihe sechsachsiger, 21,45 m langer DSG-Schlafwagen preußischer Herkunft mit Laternendachaufbauten (z.B. den WL BC 6 ü 24 064). Sie wechselten Anfang der fünfziger Jahre zum zweiten Mal ihr äußeres Farbbild von Grün auf Rot, nachdem dasselbe schon einmal, und zwar im Anschluß an die Übernahme der Dienste in den letzten Staatsbahn-Schlafwagen durch die damalige MITROPA 1926, geschehen war.

Die fünfteilige Wegmann-Garnitur nach Umbau für den Fernschnellzug „Blauer Enzian" München – Hamburg-Altona 1953. *Aufnahme: Dr. G. Scheingraber*

i) Wegmann-Wagen für den „Blauen Enzian"

Anfang der fünfziger Jahre entschied sich die DB auch für den Wiederaufbau der insgesamt fünf Wagen des Henschel-Wegmann-Zuges, die als Lazarettfahrzeuge auf ihren Gleisen verblieben, in dieser Form jedoch nicht mehr zu verwenden waren. Dem besonderen Charakter der Garnitur entsprechend, bot sich ihre Herrichtung für das neu geschaffene DB-Fernschnellzug-Netz an, nachdem das Herstellerwerk Wegmann & Co in Kassel konsultiert und letztendlich auch mit der Modernisierung betraut worden war (17).

Verständlicherweise bedingte die Neueinrichtung des Zuges ausschließlich mit Plätzen der damaligen 1. und 2. Klasse eine weitgehende Veränderung des Grundrisses und der Innenräume; denn die jetzt nicht mehr erforderlichen Abteile der früheren 3. Klasse mußten ebenfalls als 1. bzw. 2. Klasse und damit sowohl geräumiger als auch komfortabler hergerichtet werden.

Die Abteillänge blieb nur in den bereits vor 1939 als Polsterklasse ausgewiesenen Räumen unverändert bestehen. Ansonsten entstanden durch Herausnahme von Trennwänden zwischen jeweils zwei Abteilen der einstigen 3. Klasse in jedem der drei Mittelwagen drei „Großabteile". Auch der mit Sitzplätzen ausgestattete Endwagen erhielt einen solchen (zunächst als 1. Klasse deklarierten) Großraum, wobei zusätzlich zu zwei verbliebenen Sitzreihen nunmehr zwei lose Sessel (Fauteuils) und ein Tisch kamen, die eine aufgelockerte Atmosphäre bewirkten. Der bislang viel zu kleine Aussichtsraum des einen Endwagens wurde zudem erheblich vergrößert und wies statt einstmals vier Stühlen nun 14 Plätze in bequemen Drehsesseln auf. In den vier Sitzwagen des Zuges waren damit insgesamt 149 Plätze vorhanden.

Darüber hinaus wurde im früheren Gepäck-, Post-, Speiseraum- und Küchenwagen — neben Gepäckabteil, Dieselraum, Küche und Anrichte — (wieder) ein Speiseraum mit 24 Plätzen eingerichtet, wobei die Anfang der fünfziger Jahre auch bei Neubaufahrzeugen zum Einbau gekommenen Drehsessel und teilweise ovale Tische Verwendung fanden. Die Bewirtschaftung wurde der Deutschen Schlafwagen- und Speisewagen-Gesellschaft (DSG) übertragen.

Als bedeutendste Neuerung galt indessen die von BBC Mannheim eingebaute Klimaanlage. Außerdem hatte der Zug eine ebenfalls selbsttätige Zusatzheizung, moderne Beleuchtung (Leuchtstofflampen), Lautsprecher und in jedem Abteil eine Kellnerrufanlage erhalten. Den gesamten Energiebedarf deckten zwei im kombinierten Maschinen-, Gepäck-, Küchen- und Speiseraumwagen installierte, synchron laufende, luftgekühlte Sechs-Zylinder-Dieselmotoren zu je 75 PS mit unmittelbar gekuppelten Drehstromgeneratoren.

An den Wagenkästen hatte der in Profilleichtbauweise konstruierte Zug hingegen nur unwesentliche Änderungen erfahren. Zu nennen ist hier der Einbau einer vierten Federung in die Drehgestelle vom Typ Görlitz III leicht zwecks Verbesserung der Laufeigenschaften. Bemerkenswert erscheint auch der Ersatz der früheren Schiebetüren in den Wagenaußenwänden durch wartungsärmere Klapptüren, wobei gleichzeitig am Kopfende des Aussichtsraums die bisherigen Seiteneinstiege entfielen.

Der deutlichste Unterschied gegenüber den Vorkriegsjahren bestand indessen im äußeren Erscheinungsbild. Anstelle des schon längst nicht mehr vorhandenen violett/crèmefarbenen Anstrichs hatte die Garnitur — in Anlehnung an die übrigen modernisierten Fahrzeuge — eine dunkelblaue Farbgebung erhalten, von der sich nur die hellen Zierleisten und die erhabenen silberfarbenen Initialen „DB" auf den Längswänden, das gleichfalls silberfarbene Dach und das schwarze Unterteil abhoben.

Daß es sich bei diesem Umbau lediglich um einen Versuch handeln konnte, beweist der nur fünfjährige Einsatz dieser Wagen im Plan des F 55/56 „Blauer Enzian" zwischen München und Hamburg-Altona. Dennoch erwies sich der beschrittene Weg — aufs Ganze gesehen — durchaus als richtig. Zahlreiche Erkenntnisse für nachfolgende Regelserien konnten mit der Wegmann-Garnitur gewonnen werden, so z.B. die Betriebstauglichkeit von Wagenkästen mit niedrigem Eigengewicht oder die windschnittige Ausführung von Reisezugwagen überhaupt. Aber auch die Erprobung von Ausstattungsmerkmalen wie Lautsprecher- und Klimaanlage und selbst das Angebot eines Aussichtsabteils oder die Beschränkung auf einen Speiseraum anstelle der Mitführung eines Voll-Speisewagens in weniger stark frequentierten lokbespannten Zügen verdienen im Zusammenhang mit dem „Blauen Enzian" der fünfziger Jahre erwähnt zu werden.

Die fünf Wegmann-Wagen verkehrten bis 1959 im Plan des damals zweiklassigen innerdeutschen Fernschnellzuglaufs. Ein Jahr zuvor noch hatten sie im Ausbesserungswerk München-Neuaubing einen kompletten Neuanstrich erhalten. Nach längerem Stillager erfolgte im März 1962 ihre Ausmusterung und wenig später die Verschrottung.

j) Die ersten Nachkriegs-Neubauten im deutschen Reisezugwagenpark

Die allmähliche Rückgabe der von den Besatzungsmächten beschlagnahmt gewesenen Reisezugwagen führte zwar in allen vier Zonen zu einer gewissen Entlastung der äußerst angespannten betrieblichen Situation. Sie vermochte allerdings den weiterhin akuten Wagenmangel nicht zu beseitigen; denn die unumgängliche Ausmusterung schadhafter, überalterter Fahrzeuge übertraf die Zahl der wiederhergestellten „Altschadwagen" erheblich. Grundlegend ließ sich der Mangel an Rollmaterial nur durch Neubeschaffungen beheben.

In den ersten Nachkriegsjahren konnte auf die erhalten gebliebenen Länderbahntypen im Schnellzugdienst nicht verzichtet werden. Die verselbständigten Saar-Bahnen setzten beispielsweise diesen BC 4 ü 14 577 Anfang der fünfziger Jahre im Fernverkehr ein. Aufnahme: Carl Bellingrodt

Noch 1973 als AD yse bei der DB befand sich dieser bemerkenswerkte Sonderling: einer von zehn durch die SWDE für die französische Besatzungsmacht umgestalteten C 4 i-36.
Aufnahme: Friedhelm Ernst

22,40 m langer Westwaggon-Versuchswagen des Jahres 1950 in Spantenbauweise mit acht Polsterklasse-Abteilen, Minden-Deutz-Drehgestellen und den auffallenden abgerundeten Fensterecken. Besondere Erwähnung fand damals die moderne Röhrenbeleuchtung.
Aufnahme: Fritz Willke

Einen Anfang dazu machte die GDE Speyer der Südwestdeutschen Eisenbahnen, als sie im August 1950 40 Drehgestell-Reisezugwagen in Auftrag gab. Hierbei handelte es sich um die erste größere Fahrzeugbestellung in Deutschland nach 1945 (16), bestehend aus 30 Eilzug- und zehn „Schürzen"-Schnellzugwagen, die allesamt im D-Zug-Verkehr Verwendung fanden. Die besonderen Merkmale der erstgenannten lagen in der Anordnung von jeweils zwei Toiletten in Wagenmitte unter gleichzeitigem Verzicht auf Doppeleinstiege zu den Vorräumen der gepolsterten 3. Klasse und einer generellen Sitzteilung von 2 + 2 auf Stahlrohrgestellen bei offenem Mittelgang sowohl in den acht BC 4 üpw 50/38 als auch den 22 C 4 üpw - 50/38. Hingegen zeigten die zehn D-Zug-Wagen C 4 üwe - 50/38 in Grundrißgestaltung, Aufbau des Untergestells und des Wagenkastens keinerlei Abweichungen gegenüber ihren Vorbildern der Ausführung 1938/39. Lediglich Polstersitzbänke und Leuchtstoffröhren entsprachen neueren Gestaltungsüberlegungen.

Ein Jahr zuvor noch hatten die SWDE zehn während des Krieges im Lazarettdienst eingesetzte C 4 i-Eilzugwagen des Baujahres 1939 in eigenen Ausbesserungswerken konstruktiv umgestalten und in Belgien mit Polstereinrichtungen der damaligen 1. und 2. Klasse versehen lassen, wobei auf der neuen Gangseite 1,20 m breite Fenster zum Einbau kamen. Diese etwas ungewöhnlichen Fahrzeuge sollten zunächst jedoch dem Besatzungsverkehr vorbehalten bleiben und wechselten erst allmählich in den Zivildienst über.

Während im Bereich der französischen Zone die ersten Nachkriegs-Neubauten unter weitgehender Verwendung alter DR-Zeichnungen entstanden, beschritt man im Vereinigten Wirtschaftsgebiet (Bi-Zone) den Weg der völligen Neukonstruktion. Dadurch war es möglich, einen dreißigjährigen Rückstand in der Fertigungstechnik zu überwinden und die neuesten Erkenntnisse für den Serienbau zu erproben. Sowohl die Blechbauweise, bei der die Außenhaut in die Tragkonstruktion einbezogen ist, als auch die Bauform des selbsttragenden Kastengerippes mit nichttragender Außenbeblechung fanden damals ihre Verfechter. Aus diesem Grunde entschloß man sich zur Beschaffung von 14 Versuchsfahrzeugen beider Bauarten, d.h. vier Schnellzug-, vier Eilzug- und sechs Doppelstockwagen (18).

Um ein wirtschaftliches Fahrzeug zu erhalten, ging die Deutsche Bundesbahn in der britischen und amerikanischen Zone Ende der vierziger Jahre zunächst von einem Einheitswagen mit 22,40 m Länge und 14,50 m Drehzapfenabstand aus, wobei für die verschiedenen Verwendungszwecke weitgehend gleiche Bauelemente zugrunde gelegt wurden. Gleichzeitig prüfte sie erstmals das später zur Regel werdende Längenmaß von 26,40 m über Puffer.

Die Firma Westwaggon lieferte 1950 je zwei Eil- und Schnellzugwagen, ausgerüstet mit Drehgestellen einer neu entwickelten Bauart Minden-Deutz 50, einem Baumuster mit Lenkerführung, reibungsloser Federung und 2,50 m Achsstand. Während die Eilzugwagen an den Enden zurückgesetzte Einstiege und erstmals gummiwulstgeschützte Übergänge an den Stirnseiten erhielten, liefen die Seitenflächen der zwei mit herkömmlichen Faltenbälgen ausgerüsteten, für RIC-Schnellzugdienste bestimmten und etwa 33 t schweren AB 4 üe - 50 und BC 4 üwe - 51 an den Einstiegen ohne Unterbrechung durch. Dabei verfügte der in Spantenbauweise mit tragender Blechbekleidung ausgeführte Polsterklassewagen über acht 2,12 m lange, vom Seitengang aus erreichbare Abteile mit 1,20 m breiten Fenstern und 48 Plätzen, Leselampen und Röhrenbeleuchtung, das in Rautenfachwerk ausgeführte 2./3. Klasse-Fahrzeug hingegen über 18 + 40 = 58 Sitze. Die konstruktionsbedingte Wahl eines Wagenkastens mit gleichgroßen Abteillängen und abgerundeten Fenstern erforderte im letztgenannten Fall allerdings die Anordnung von zwei 3,80 m langen 2. Klasse-Großraumabteilen mit jeweils zwei dreiplätzigen Sitzreihen, drei losen Sesseln und einem kleinen Tisch, während die fünf Abteile 3. Klasse mit vierplätzigen Sitzbänken in der bis dahin gewohnten Weise ausgestattet wurden.

Etwa gleichzeitig mit diesen vier Probefahrzeugen lieferte auch die Waggonfabrik Uerdingen zwei Eilzug- und zwei Reisezugwagen für den internationalen Schnellzugdienst: den AB 4 üe - 49 mit acht Abteilen zu 2,15 bzw. 2,17 m Länge, 48 Sitzplätzen und wiederum 1,20 m breiten Fenstern sowie den mit zehn Abteilen ausschließlich der unteren Wagenklasse ausgestatteten C 4 üwe - 49. Bei einer Abteillänge von 1,70 m und 1,00 m breiten Fenstern fanden hier auf den viersitzigen gepolsterten Bänken des nur 31,3 t wiegenden Fahrzeugs insgesamt 80 Personen Platz. Die eckige Fensterform der beiden in Schalenbauweise erstellten Uerdinger DB-Schnellzug-Probewagen entsprach im übrigen weitgehend noch den Normalien der vormaligen Deutschen Reichsbahn, wie auch die Übergänge an den Stirnseiten – im Gegensatz zu den Bezirksverkehrs-Prototypen — Faltenbälge erhalten hatten (19).

Zur betrieblichen Erprobung der damals häufig diskutierten doppelstöckigen Bauweise entwickelte das Eisenbahn-Zentralamt Göttingen 1949 schließlich auch je drei 22,40 bzw. 26,40 m lange Fahrzeuge dieser Bauform, und zwar als BC-, C- und CR- bzw. BCR-Variante. Die mit offenen Abteilen und Mittelgang ausgestatteten Wagen sollten jedoch Einzelstücke bleiben; denn nahezu die gleiche

Parallel zur Westwaggon-Konstruktion entwickelte auch die Waggonfabrik Uerdingen zwei Reisezugwagen für internationale Schnellzugdienste auf der Basis einer Gesamtlänge von 22,40 Metern. Der mit 10 Abteilen ausgestattete 3. Klasse-Wagen und ein Schwesterfahrzeug der Polsterklasse entsprachen weitgehend noch DR-Normalien.
Aufnahme: Werkbild Uerdingen, Sammlung Ernst

Der Westwaggon-Prototyp AB 4 üe 11 801, ein Vorkriegs-„Rheingold"-Fahrzeug als DSG-Speisewagen und ein ehemaliger AB 4 ü-28 bildeten 1952 den Zugstamm des F 56, hier mit 01 109 bei Lüneburg.
Aufnahme: Carl Bellingrodt

Hochgesteckte Hoffnungen der DB auf Bewährung doppelstöckiger Garnituren auch im Fernverkehr erfüllten sich angesichts eines zunehmenden Wettbewerbsdrucks von Seiten anderer Verkehrsträger nicht. Der Versuchs-Eilzug Frankfurt (M) – Dortmund (hier mit gleichfalls blauer Dampflok 03^{10} in Koblenz 1952) sollte ein Kuriosum auf Bundesbahngleisen bleiben.
Aufnahme: Carl Bellingrodt

„Leichtschnellzug" D 712, gebildet aus 26,40 m langen Reisezugwagen mit Mittelgang. Herausragende Merkmale waren – neben der neuen Länge über Puffer – die geschweißte Ganzstahlbauweise, Übersetzfenster mit feststehendem Unterteil, gummiwulstgeschützte Stirnübergänge und zusätzliche Mitteleinstiegtüren.
Aufnahme: Carl Bellingrodt

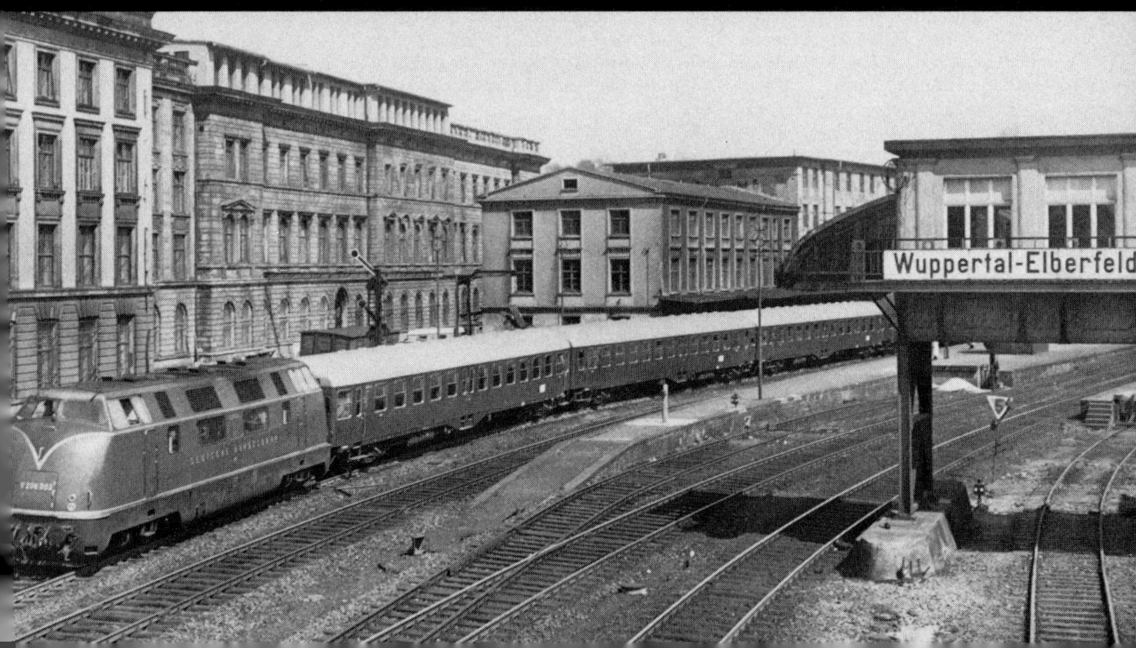

Sitzplatzzahl wie in den kürzeren Versuchswagen ließ sich — mit mehr Bewegungsfreiheit für den Fahrgast — auf einer Länge von 26,40 m auch einstöckig unterbringen, wie entsprechende Versuche mit wiederum drei Fahrzeugen ergaben. Angesichts eines zunehmenden Wettbewerbsdrucks durch Pkw und Flugzeug führten letztendlich Komforterwägungen dazu, die nur zwischen den Drehgestellen doppelstöckig, mit schmalen und steilen Treppen im Fahrzeuginneren ausgeführten Muster nicht für Schnellzug- oder gar FD-Einsätze zu verwenden und auch darüber hinaus nicht weiterzubauen.

Die beiden einstöckigen, blau lackierten, 22,40 m-Polsterklasse-Versuchswagen liefen hingegen seit ihrer Indienststellung überwiegend im F-Zug-Netz der DB, während sowohl der Westwaggon-BC 4 üwe - 51 als auch der Uerdinger C 4 üwe - 49 im innerdeutschen und internationalen Verkehr zum Einsatz kamen, dabei mehrere Fahrplanperioden hindurch in Schnellzügen nach Jugoslawien, Griechenland und der Türkei.

Aus vergleichenden Versuchen mit den vorgenannten Prototypen entwickelte die Deutsche Bundesbahn für die weitere Gestaltung ihrer Reisezugwagen folgende Grundsätze:

1. guter, verkehrswerbender Reisekomfort, der auch auf längere Sicht den Ansprüchen der Fahrgäste gerecht wird,
2. hochgradiger Leichtbau, der die Wirtschaftlichkeit dieser Fahrzeuge im Betrieb verbessert,
3. konstruktive Lösungen, die die Herstellung der Bauteile vereinfachen und verbilligen sowie eine einfache und kostengünstige Instandhaltung gewährleisten (8).

Erstmals auf der 1951 in Essen abgehaltenen Verkehrsausstellung „Schiene und Straße" stellte sich der 26,40 m lange und 33,3 t Eigengewicht aufweisende Wegmann-Probewagen C 4 üptwe 75 226 mit zwei Großabteilen und 84 gepolsterten Sitzen vor. Die geschweißte Ganzstahlausführung mit Minden-Deutz-Drehgestellen, einem Drehzapfenabstand von 19,00 m, bis über die Puffer verlängerten Aufbauten, gummiwulstgeschützten Übergängen an den Stirnseiten, Übersetzfenstern, Mittelgang sowie dem zusätzlichen Mitteleinstieg galt von der erfolgreichen Erprobung dieses Fahrzeugs und zwei weiterer, leicht modifizierter Schwesterwagen ab als verbindlich für alle DB-Eilzugtypen der unteren Wagenklasse und des gemischtklassigen Baumusters. Lediglich die zurückgesetzten Endeinstiege des ersten Probewagens wurden zugunsten von bündig mit der Seitenwand abschließenden Drehtüren aufgegeben.

Hiermit legte die DB den Grundstein für eine spürbare Anhebung des innerdeutschen Fernreisekomforts; denn entgegen dem ursprünglich festgelegten und später auch verwirklichten Verwendungszweck bildeten Garnituren aus diesen Wagen damals das sogenannte „Leichtschnellzug-(LS-)-Netz". Neben reinen Sitzwagen, darunter auch zehn 1./2. Klasse-Einheiten vornehmlich für internationale Dienste, entstanden bis 1955 35 gleichartige Fahrzeuge mit Großraum 3. Klasse, Küche und Speiseraum. Wegen des geringeren Fahrgastwechsels glaubte man in diesen beiden Fällen auf den zusätzlichen Mitteleinstieg verzichten zu können, was rein äußerlich ihren Charakter als Fernverkehrsfahrzeuge unterstrich. Dennoch reihten Bundesbahn und DSG auch in die LS-Garnituren über größere Entfernungen in Tageslage, z.B. zwischen Dortmund und Passau, von Köln nach Hamburg-Altona und zurück, auf der Nord-Süd-Strecke und nach Basel, wegen des größeren Platzbedarfs auch weiterhin Voll-Speisewagen aus den Vorkriegsjahren ein, selbst solche sechsachsiger Bauart mit braunen Teakholzkästen aus einstigen ISG-Beständen vor dem Ersten Weltkrieg, was z.B. für D 57/58 galt. Die zulässige Höchstgeschwindigkeit lag in jenen Tagen bei 120 km/h und bildete somit bei der Zugbildung kein Hindernis für die Verwendung von Altbaufahrzeugen. Lediglich das Erscheinungsbild wirkte nicht ganz einheitlich.

Das Gesamtprogramm der Neubau-Eilzugwagen war bis 1955 abgeschlossen und umfaßte 748 Fahrzeuge, darunter auch solche mit Gepäckabteil und Führerstand für Wendezugbetrieb.

Der notwendigen Verjüngung des (vorab zunächst im Schnellzugdienst verwendeten) Eilzugparks folgten schon bald Entwicklungsarbeiten an einem D-Zug-Wagentyp mit gleichfalls 26,40 m Standardlänge und Einzelabteilen. Bereits im Jahre 1952 beschaffte die DB 16 Vorausausführungen, nämlich zehn reine 3. Klasse-Wagen und je drei AB bzw. ABC 4 üm - 52. Von verschiedenen Waggonfabriken erbaut, entsprachen sie in der Grundkonzeption weitgehend den Eilzugwagen, erhielten jedoch wegen der geplanten Verwendung auch im grenzüberschreitenden Verkehr Seitengang und die hierfür u.a. noch vorgeschriebenen Faltenbälge.

Röhrenbeleuchtung, zwei zusätzliche Waschräume neben den Toiletten, Klappsitze und Gepäckablagen auch in den Seitengängen sowie 1,74 m lange Abteile mit erstmals nur noch sechs Plätzen in der 3. Klasse zeichneten diese Neukonstruktionen aus. Die Wagenkästen waren in Blech- oder Profilbauweise, einige sogar mit zusätzlicher „Schürze" erstellt. Als Neuheit galten im übrigen — wie schon

35 „LS"-Wagen erhielten neben einem Großraum 3. Klasse auch Küche und Speiseabteil. Hier konnte der Mitteleinstieg entfallen, was den Charakter als Fernverkehrsfahrzeug unterstrich.
Aufnahme: Friedhelm Ernst

Im Rahmen der Beschaffung 26,40 m langer „LS"-Reisezugwagen der Eilzugbauart entstand auch ein einziger Packwagen: Betriebsnummer 112 401. Auffallend sind seine Falttüren, während später gebaute Schnellzug-Gepäckwagen Rolladenverschlüsse erhielten. Aufnahme: Friedhelm Ernst

Der 1952 von der DB in Dienst gestellte Versuchs-Schnellzugwagen 14 802 hatte noch Faltenbälge an den Stirnseiten und seitliche „Schürzen" erhalten. Damals galten Gummiwülste noch nicht als international verwendungsfähig. Aufnahme: Joachim Claus

Anfang der fünfziger Jahre fand ein solcher Personenwagen der Sonderbauart „Heidenau-Altenberg" planmäßig Verwendung im Nachtschnellzug Dortmund – München.
Aufnahme: Joachim Claus

In den Bundesbahn-Schnellzügen herrschten lange Zeit hindurch Eilzugwagen vor, wie z. B. im D 170, der mit drei französischen Wagen von der Dampflok 38 472 durch Hoyerberg geführt wird.
Aufnahme: Carl Bellingrodt

Wahrhaft „bunt" präsentierten sich die internationalen Fernschnellzüge der fünfziger Jahre, z. B. F 107 „Italien-Holland-Expreß" hinter der modernisierten Einheitslok 01 034 bei Düsseldorf.
Aufnahme: Carl Bellingrodt

bei den Eilzugwagen – Übersetzfenster mit starrem Unterteil, welche die aufwendigen und schwer zugänglichen Fenstertaschen in den Längswänden entbehrlich werden ließen. Ihre Breite betrug 1,20 m in der 1. und 2. sowie 1,00 m in der gleichfalls gepolsterten 3. Klasse.

Die gegenüber den Vorkriegstypen größere Fahrzeuglänge gestattete, die Abteilzahl in den Wagen 1. und 2. Klasse auf zehn, im ABC 4 üm - 52 auf 2 + 3 + 6 = 11 und im C 4 üm - 52 auf 12 zu erhöhen. Die beim längeren Wagen notwendige Verringerung der Kastenbreite gab letztlich den Ausschlag, auch in den Abteilen der unteren Klasse nur drei ausziehbare, kunstledergepolsterte Sitze nebeneinander anzuordnen, so daß sich das Platzangebot gegenüber früheren Fahrzeugen kaum, der Reisekomfort jedoch merklich erhöhte. Ebenso wie die zuvor erwähnten 22,40 m langen Schnellzug-Versuchsfahrzeuge, hatten diese 26,40 m über Puffer messenden 16 RIC-fähigen DB-Neubauten eine Hildebrand-Knorr-Bremse mit SS-Stellung erhalten, die allerdings nach wenigen Betriebsjahren beseitigt wurde, da für die damals zugelassenen Geschwindigkeiten die normale „Hiksbr" völlig ausreichte.

Dank dieser Fahrzeugbeschaffungen konnte 1953 als erster innerdeutscher Schnellzug der gut frequentierte D 203/204 München – Dortmund aus neuen D-Zug-Wagen gebildet werden. Er bestand aus bis zu fünf C 4 üm - 52, ein bis zwei gemischtklassigen ABC 4 üm - 52 sowie je einem Vorkriegs-Speise- und Packwagen. Mitunter war in diesem Umlauf anstelle des roten WR sogar ein Speiseraumwagen der Eilzugbauart zu beobachten. Diese fast artreine Garnitur wirkte gegenüber den sonst ziemlich „bunt" gebildeten Fernzügen der frühen fünfziger Jahre recht elegant. Als besonders angenehm vermerkte der Reisende dabei die beginnende Ablösung der zunächst unverzichtbaren Eilzugwagen. Wie weit die Verbreitung dieser für größere Distanzen wenig geeigneten Typen damals ging, belegen zeitgenössische Aufzeichnungen und Fotos u.a. des „Alpen-Expreß", der auf Jahre hinaus einen zweiklassigen BC 4 üpwe - 30 im Zugstamm Hamburg-Altona – Rom führte. Gleichermaßen bemerkenswert in diesem Zusammenhang ist die planmäßige Verwendung eines ex-„Heidenau-Altenberger" Wagens mit zusätzlichem Mitteleinstieg und gittergeschützten Übergängen in der Nachtverbindung Dortmund – München 1953/54.

Die DB-Schnellzüge jener Tage bestanden in der Regel aus sieben bis elf Wagen, je nach Fahrtstrecke und Verkehrszeiten. Dabei war das Angebot an Plätzen der 1. Klasse – dem Bedarf entsprechend – bis zur Klassenumstellung im Juni 1956 äußerst spärlich und auf nur wenige, meist internationale Verbindungen begrenzt. Ebenso rechtfertigten die Frequenzen der 2. als der eigentlichen „höheren" Klasse höchstens 1 1/2 Wagen mit diesem Angebot, in zahlreichen Fällen sogar nur einen bzw. zwei halbe. Der weit überwiegende Fahrgastanteil entfiel auf die 3. Klasse, zumal höher zahlende Reisende, meist im Geschäftsverkehr, das F-Zug-Netz bevorzugten.

Aus den einstigen Länderbahnzeiten standen der Deutschen Bundesbahn Mitte der fünfziger Jahre noch etwa 400 Drehgestellwagen zur Verfügung, die allerdings mit wachsender Zahl an Neuzugängen in untergeordnete Dienste abwanderten. Nachweislich ältester DB-Schnellzugwagen war 1955 der seinerzeit im Bereich der BD Karlsruhe beheimatete, zur Jahrhundertwende gebaute C 4 ü 019 301 preußischer Herkunft. Unter den 59 gepolsterten Schnellzugwagen der einstigen Länderbahnen stammte der älteste aus dem Jahre 1908. Die DB-Umzeichnungsliste 1955 wies u.a. noch drei C 4 ü der badischen Bauart 07 (aus 1921), zwei ehemals württembergische C 4 üe - 16 und drei des bayerischen Typs 1923 aus. Von den 48 Sitzwagen 3. Klasse mit Küche, die 1914 - 1922 gebaut und später zu Versorgungszwecken umgerüstet wurden, verfügten nicht weniger als 15 über kunstledergepolsterte Bänke, zwei Exemplare sogar zusätzlich über eine elektrische Heizung, was auf ihre Verwendung vornehmlich in Süddeutschland schließen läßt.

Wie bereits erwähnt, befanden sich unter den durch die DSG bewirtschafteten Speisewagen vereinzelt noch sechsachsige Fahrzeuge mit hölzernen Aufbauten, während ansonsten stählerne, 23,50 m lange Einheiten der vormaligen MITROPA aus den späten zwanziger und den dreißiger Jahren dominierten. In besonders bevorzugten Diensten gelangten die noch in größerer Stückzahl vorhandenen „Schürzenwagen" zum Einsatz. An WR-Neubauten vermochte hingegen noch niemand zu denken. Vielmehr behalf man sich mit der Umrüstung von vier ehemals mehrklassigen DR-Schnellzug- und 38 jüngeren Eilzugwagen zu Fahrzeugen mit Küche und kleinem Speiseraum. Während die erstgenannten bekanntlich im „blauen F-Zug-Netz" Verwendung fanden, konnte man den (weiterhin grün gestrichenen) „Halb-Speisewagen" praktisch auf dem Gesamtnetz der DB, in einzelnen Fällen auch im Wechselverkehr mit der Deutschen Reichsbahn begegnen.

Wie sehr die DB noch auf Jahre hinaus eines Teils ihrer Eilzugwagen im Fernverkehr bedurfte, ergibt sich aus Modernisierungsprogrammen größeren Stils, bei denen 1955 u.a. in 94 Fällen die früheren Saalräume 2. Klasse durch Einzelabteile mit Seitengang ersetzt wurden. Darunter befanden

Nur kurz war 1955 der D 511 „Basel-Expreß", hier bestehend aus der „entstromten" 01 1001, einem DSG-„Schürzen"-WR, je einem 26,40 m-Neubauwagen 3. bzw. 1./2. Klasse und dem Packwagen, Verwendungsgruppe 35.
Aufnahme: Carl Bellingrodt

Da es an Packwagen-Neubauten fehlte, setzte die DB in allen Zuggattungen, vornehmlich über größere Entfernungen, die durch Umbau aus zweiachsigen Behelfspersonenwagen gewonnenen, nahezu unverwüstlichen MPw 4 ie ein.
Aufnahme: Friedhelm Ernst

1953 erhielt die Bundesbahn eine erste Serie von 20 neuen Sitzwagen AB 4 ümg, die ausschließlich und dringend für ihr „blaues F-Zug-Netz" benötigt wurden.
Aufnahme: DB, Sammlung Ernst

Nachtreisen erfuhren Mitte der fünfziger Jahre eine erhebliche Komfortsteigerung durch den Einsatz neuer „Liegewagen" CL 4 ümg. Anfänglich noch mit „Schürze" ausgestattet, waren sie dem 1953 eingeführten TOUROPA-Wagen entlehnt. Alle 72 Personen fanden darin eine gepolsterte Liegestätte mit Kopfkissen und Decke. *Aufnahme: Dr. G. Scheingraber*

Höchsten Komfort bieten demgegenüber die seit 1954 bzw. 1959 in nicht weniger als 167 Exemplaren beschafften klimatisierten Universal-Schlafwagen zur wahlweisen Benutzung durch eine, zwei oder drei Personen pro Abteil. *Aufnahme: Friedhelm Ernst*

sich 35 reine B 4 yse - 30/55 (20). Aus diesen Jahren sind Regel-Zugbildungen im Schnellzugverkehr ausschließlich aus vollaufgearbeiteten Eilzugwagen bekannt, beispielsweise zwischen Dortmund und München.

In Ermangelung von Packwagen-Neubeschaffungen setzte die Bundesbahn vorwiegend Pw 4 ü bzw. Pw 4 der Länderbahnbauarten und frühere Reichsbahntypen, nicht zuletzt aber die aus zweiachsigen Behelfspersonenwagen unter Verwendung von Drehgestellen kriegszerstörter Fahrzeuge durch Umbau gewonnenen MPw 4 ie ein, von denen bis 1956 immerhin 238 Stück zur Verfügung standen (20).

Dampfgeführter DB-Schnellzug der späten sechziger Jahre mit 26,40 m langen Reisezugwagen. *Aufnahme: Joachim Claus*

Für das bereits mehrfach erwähnte „blaue F-Zug-Netz" hatte die DB noch 1953 eine erste Serie von 20 neuen blauen Sitzwagen AB 4 ümg, d.h. mit Gummiwülsten an den Stirnseiten, bestellt. Ihr schloß sich wenig später die Beschaffung neuer Reisezugwagen für den Fernverkehr in größerem Umfange an. Dabei waren sowohl der Wagenkasten als auch das Untergestell aus Profilen und Blechen vollkommen geschweißt. Bei 26,40 m Standardlänge galten folgende Merkmale als verbindlich: 19,00 m Drehzapfenabstand, Minden-Deutz-Drehgestelle mit 2,50 m Radstand, 2,825 m Kastenbreite, vierteilige Stirnwandtüren, gummiwulstgeschützte Übergänge, Drehtüren an den Endeinstiegen, Übersetzfenster mit 1,00 m Breite in der 3. und 1,20 m in der 1. bzw. 2. Klasse, an jedem Wagenende eine Toilette und ein separater Waschraum, sechs Plätze pro Abteil (bei 1,737 m Abteillänge in der 3. und 2,088 m in den beiden oberen Klassen), Leselampen über jedem Platz der 1. und 2. Klasse sowie ein abgeschlossener Seitengang. Das Eigengewicht lag — je nach Ausstattung — zwischen 36,5 und 38 t, die zulässige Höchstgeschwindigkeit zunächst bei 140 km/h. Allgemein eingeführt wurde mit diesen Fahrzeugen auch die Knorr-Einheitsbremse (KE).

Mitte 1956 standen bereits 800 Schnellzugwagen-Neubauten des 26,40 m-Typs zur Verfügung. Darunter befanden sich – abgeleitet aus dem Turnusangebot der Touropa – auch sogenannte „Liegewagen" CL 4 ümg - 53 bzw. - 54 für Nachtreisende der damaligen 3. Klasse. In ihren zwölf Abteilen konnten die gepolsterten Sitzbänke und Rückenlehnen mit wenigen Handgriffen zu Liegeflächen hergerichtet werden, was einer erheblichen Komfortverbesserung entsprach, zumal jeder Fahrgast eine Decke und ein Kopfkissen erhielt.

Neu waren auch 16 blaue Sitzwagen 2. Klasse mit Speiseraum BR 4 ümg - 54, bestimmt für die Verwendung in solchen F-Zügen, in denen die Mitführung eines Voll-Speisewagens wirtschaftlich nicht vertretbar erschien. Hinsichtlich der Gestaltung von Küche und Speiseraum lehnte man sich eng an die Grundideen der Eilzugwagen 2. Klasse mit Wirtschaftsteil an, d.h. man wählte auch hier verhältnismäßig kleine ovale Tische mit Drehsesseln. Um den Restaurationsteil deutlicher zu kennzeichnen, gab ihm die Bundesbahn in den sechziger Jahren den bekannten und vertrauten roten Außenanstrich. Damit gab es nach über vier Jahrzehnten wieder Wagen mit unterschiedlicher Lackierung.

Nachdem zum Sommerfahrplan 1956 bei den europäischen Eisenbahnen das Zweiklassensystem eingeführt worden war, belief sich der Bestand an 26,40 m-Neubaufahrzeugen der DB Ende dieses Jahres bereits auf 817 Schnellzug- und 748 Eilzugwagen, wobei alle ehemals mit 1. oder 2. Klasse bezeichneten Fahrzeuge zusammengefaßt und nunmehr als 1. Klasse bezeichnet wurden, während die einstige 3. nunmehr als 2. Klasse galt. Gleichzeitig änderten sich einige Nebengattungszeichen, d.h. aus CL (Liegewagen 3. Klasse) wurde Bc („couchette") und für Pw (Packwagen) schrieb man fortan D. Die Aufgliederung des Neubaubestandes Ende 1956 ergibt sich aus der nachfolgenden, dem „Eisenbahn-Kurier" 5/81 entnommenen und ergänzten Tabelle:

Gattung	Länge über Puffer	Drehzapfenabstand	Abteilzahl	Sitzplätze	Eigengewicht	Bemerkungen	Stückzahl
A 4 üm - 52	26,40 m	19,00 m	10	60	38,3 - 38,5 t	Probewagen mit Faltenbälgen	3
AB 4 üm - 52	26,40 m	19,00 m	5/6	30/36	36,5 - 38,5 t	Probewagen mit Faltenbälgen	3
B 4 üm - 52	26,40 m	19,00 m	12	72	37,8 - 39,1 t	Probewagen mit Faltenbälgen	10
A 4 ümg - 54	26,40 m	19,00 m	10	60	37,0 - 37,4 t	Serienwagen 1. Klasse, blau	81
AR 4 ümg- 54	26,40 m	19,00 m	3 + Speiseraum	18/30	39,5 t	Speiseraumwagen 1. Kl., blau	16
AB 4 ümg- 55	26,40 m	19,00 m	5/6	30/36	37,4 t	Serienwagen 1./2. Klasse	100
B 4 ümg - 54	26,40 m	19,00 m	12	72	36,7 - 37,5 t	Serienwagen 2. Klasse	386
Bc 4 ümg(k) - 53	26,40 m	19,00 m	12	72	39,0 t	Touropa-Liegewagen	100
Bc 4 ümg - 54	26,40 m	19,00 m	12	72	39,0 t	Liegewagen Regelverkehr	118
D-Zug-Wagen							**817**
A 4 ymg - 54	26,40 m	19,00 m	4 Großräume	60	35,0 t	Eilzugwagen 1. Klasse	10
AB 4 ymg - 51	26,40 m	19,00 m	3 Großräume	30/38	35,0 t	Eilzugwagen 1./2. Klasse	261
B 4 ymg - 51	26,40 m	19,00 m	2 Großräume	84	33,0 t	Eilzugwagen 2. Klasse	323
B 4 ymgf - 51	26,40 m	19,00 m	2 Großräume	84	34,0 t	Eilzugwagen 2. Klasse mit Führerstand	51
BR 4 ymg - 51	26,40 m	19,00 m	Großraum + Speiseraum	38/24	36,5 t	Eilzugwagen 2. Klasse mit Speiseraum	35
BD 4 ymgf - 51	26,40 m	19,00 m	Großraum + Gepäckraum	46	34,0 t	Eilzugwagen 2. Klasse mit Gepäckraum u. Führerstand	29
BD 4 ymgf - 54	26,40 m	19,00 m	Großraum + Gepäckraum	46	33,3 t	Eilzugwagen 2. Klasse mit Gepäckraum u. Führerstand	38
D 4 ymg - 54	26,40 m	19,00 m	-	-	32,6 t	Packwagen	1
Eilzugwagen							**748**

k) üm-Wagen als UIC-Standardfahrzeuge

Im Jahre 1961 hatte der Internationale Eisenbahn-Verband (UIC) einheitliche Abmessungen für Schnellzugwagen festgelegt. Gleichzeitig bestimmte er den von der Deutschen Bundesbahn entwickelten 26,40 m langen Reisezugwagen mit Seitengang zum sogenannten „Typ X". Um die UIC-Forderungen zu erfüllen, war es indessen erforderlich, bei weiteren Fahrzeugbeschaffungen die Stirnwände zu ändern und Rammsäulen einzubauen, um somit höhere Festigkeitswerte zu erzielen (21). Bedingt durch diese Umkonstruktion, ließen sich die bis dahin verwendeten vierteiligen Stirnwand-Falttüren nicht beibehalten. Vielmehr wurden sie fortan durch zweiteilige, selbstschließende Schiebetüren ersetzt. Außerdem gelangten an den Endeinstiegen nunmehr Drehfalttüren anstelle der gewohnten einteiligen Drehtüren zum Einbau. Ansonsten blieben die Konstruktionsmerkmale wie auch die Inneneinrichtung weitgehend unverändert. Eine weitere wesentliche Änderung bestand allerdings darin, daß die 2. Klasse-Abteile aller ab 1963 gebauten üm-Wagen 1,20 m breite Fenster erhielten, wie sie bislang schon in der 1. Klasse Verwendung gefunden hatten. Auch kamen elektropneumatische Türschließeinrichtungen mit (nach wenigen Jahren wieder aufgegebener) ferngesteuerter Beleuchtung und bei späteren Lieferungen klappbare Trittstufen zum Einbau.

Wenngleich in der als größter je von einer deutschen Staatsbahn beschafften Reisezugwagen-Serie zu bezeichnenden Gattung „üm" (ohne „g", weil der Gummiwulst den herkömmlichen Faltenbalg

Aus dem 26,40 m langen Serien
wagen B 4 ümg-54 wurde unter
dessen der Bm[232]. Neben 12 Abtei
len 2. Klasse mit insgesamt 72 aus
ziehbaren Kunststoff-Polstersitzei
verfügt er über 20 Klappsitze in
Seitengang. Kennzeichnend sinı
1,00 m breite Übersetzfenstei
Drehtüren an den Einstiegen unı
vierteilige Stirnwand-Falttüren.
Aufnahme: Friedhelm Erns

Als UIC-Standardwagen Typ X e
hielten die ab 1973 gebauten ün
Wagen auch in der 2. Klasse 1,20 ı
breite Fenster, Rammsäulen an de
Stirnwänden und selbstschließe
de Schiebetüren an den Übergä
gen. Außerdem gelangten an de
Endeinstiegen Drehfalttüren zu
Einbau. Einige Exemplare erhielt
– wie das im Bild gezeigte – ve
suchsweise sogar eine windabw
sende Stromlinienverkleidung zv
schen den Drehgestellten, die ,
doch nicht zur Regel wurde.
Aufnahme: Friedhelm Erı

18 sog. „Touristik-Speisewage
WRtüm[134] von 27,50 m Länge ı
finden sich im Bestand der DB.
zeichnen sich durch besond
große Vorrats- und Lagermögli
keiten, dafür aber nur 30 Plätze
Restaurant aus.
Aufnahme: Friedhelm Eı

Gleichfalls über 30 Plätze im Speiseraum verfügen die in den fünfziger Jahren gebauten 26,40 m langen Reisezugwagen mit drei 1. Klasse-Abteilen. *Aufnahme: Friedhelm Ernst*

Für den Einsatz auf Strecken, welche die Mitnahme eines Speisewagens nicht vertretbar erscheinen ließen, entwickelte die DB auf der Basis ihres bewährten 26,40 m-Wagens eine Serie von 50 Fahrzeugen mit fünf Abteilen 2. Klasse, kleiner Küche und einem Büfettraum zur Selbstbedienung. *Aufnahme: Friedhelm Ernst*

längst ersetzt und europäische Anerkennung bzw. Nachahmung gefunden hatte) die Sitzwagen dominierten, sei doch auf einige bemerkenswerte Abwandlungen hingewiesen: Beispielsweise ließ die DB 1964 drei Eilzugwagen mit Speiseraum (BR 4 ym) im Sitzwagenteil umbauen, um somit den Versorgungsdienst bei Langstreckenfahrten der großen Reiseveranstalter zu verbessern. Hierbei entstand ein Vorratsraum mit Kühlschränken, Eisbehältern, weiteren Lagermöglichkeiten und einer Lebensmittelausgabe. Gleichzeitig wurde die Toilette zu einem Waschraum für das Begleitpersonal umgerüstet. Diesen, als Gattung WRtüm[133] bezeichneten Prototypen folgten wenig später insgesamt 18 ähnliche Neubaufahrzeuge WRtüm[134], jedoch bereits auf der Basis von 27,5 m Länge.

Für den Einsatz auf Strecken, welche die Mitführung eines Speisewagens nicht vertretbar erscheinen ließen, entwickelte die Bundesbahn für ihr Tochterunternehmen DSG 1960 zunächst zwei Versuchswagen mit fünf Abteilen 2. Klasse und zusätzlichem Büfettraum zur Selbstbedienung, denen nicht weniger als 50 Serienfahrzeuge mit kleinerer Küche, dafür aber vergrößertem Gastraum (Gattung BRbu 4 üm - 61, später BRbuüm [282]) folgten. Ihnen schlossen sich nochmals drei weitere, in der Innenausstattung abweichende Einheiten an. Durch Umbau von fünf derartigen Büfettwagen entstanden im Jahre 1971 wesentlich gefälligere und auch zweckmäßiger gestaltete „Snack-Bar"-Fahrzeuge mit 18 gepolsterten Drehsesseln an einer durchgehenden Theke bei nurmehr vier Fahrgastabteilen, einer Toilette und einem Waschraum. Außerdem ließ die Bundesbahn 1973 bei der auf dem Sektor Speisewagenbau besonders erfahrenen Kasseler Firma Wegmann & Co drei Büfettwagen zu sogenannten „Quick-Pick"-Restaurants WRbuümz[138] umgestalten, wobei zugunsten des Selbstbedienungs-Speiseraums sogar alle Sitzabteile entfielen.

Bei drei im Jahr 1973 zu sog. „Quick-Pick"-Restaurants umgestalteten Büfettwagen entfielen zugunsten des Selbstbedienungs-Speiseraums alle Sitzabteile. Der Außenantrich wurde – wie bei den herkömmlichen WR – rot ausgeführt. Die nachfolgenden 27,50 m langen „Quick-Pick"-Wagen waren zunächst in den DB-„Hausfarben" ozeanblau/beige gehalten, ehe sie Ende der siebziger Jahre die für TEE-, 1. Klasse-IC- und Speisewagen festgelegte Rot/elfenbein-Lackierung erhielten.
Aufnahme: Friedhelm Ernst

Auf der Grundlage des 26,40 m langen Reisezugwagens war man Ende der fünfziger Jahre auch an den Bau eines in Deutschland bislang weniger bekannten Fahrzeugtyps gegangen: des kombinierten Sitz- und Gepäckwagens. Im Rahmen von insgesamt drei Aufträgen erhielt die DB etwa 300 derartige Schnellzugwagen BD 4 üm - 58, - 59 und - 61, die in ihren Hauptmerkmalen dem jeweiligen Standard der gleichzeitig beschafften Sitz- bzw. Liegewagen entsprachen. Neben sechs Abteilen 2. Klasse befanden sich darin ein Dienstraum und das Gepäckabteil mit abtrennbarem Seitengang.

Die Ladeöffnungen wiesen anfänglich eine Breite von 1,80 m und bei späteren Beschaffungen eine solche von 2,00 m auf, wobei der Gepäckraum von außen durch Falttüren (analog dem einzigen Eilzug-Versuchspackwagen) zugänglich gemacht wurde. Selbstverständlich sah das Typenprogramm darüber hinaus auch reine Packwagen vor, deren deutlichstes Unterscheidungsmerkmal in 2,20 bzw. 2,50 m breiten, durch Rolläden abgesicherten Ladeöffnungen bestand.

Auf die verschiedenen Liegewagentypen innerhalb des 26,40 m-Programms sei in diesem Zusammenhang nur der Vollständigkeit halber hingewiesen. Für hochklassige Komfortzüge kamen diese nur ausnahmsweise, d.h. als Reserve- oder Ersatzfahrzeuge infrage. Allerdings erfuhren 118 Bc 4 üm - 53 und - 54 ab 1966 eine Umgestaltung zu 2.-Klasse-Sitzwagen mit der neuen Bezeichnung Büm[239]; man erkennt sie an den im Toilettenbereich gleichfalls 1,00 m breiten Außenfenstern.

Mit der Vergrößerung der Abteile bei gleichzeitiger Verringerung des Wagengewichts war zwar die Möglichkeit geboten, schnellfahrende Züge zu verlängern. Wichtige Kopfbahnhöfe und nicht beliebig ausweitbare Bahnsteige auf den Unterwegsstationen setzten dieser Entwicklung indessen auf absehbare Zeit hinaus ein oberes Limit, das bis zur Gegenwart bei 540 m einschließlich Zuglok, also bei 15 Wagen, liegt. Die Zugbildung erfolgt — zumindest im innerdeutschen Verkehr — seit Einführung der 26,40 m langen Reisezugwagen meist derart, daß Pack- und gegebenenfalls Postwagen an der Spitze oder am Schluß eingereiht werden, während das Zugrestaurant (sofern vorhanden) in der Mitte läuft.

Bemerkenswert erscheint in diesem Zusammenhang auch die Tatsache, daß die DB selbst in ihren über größere Entfernungen geführten Schnellzügen bis Anfang der achtziger Jahre nicht ganz auf die inzwischen als „Expreßgut-Gepäckwagen" bezeichneten, mehr als 30 Jahre alten Umbaufahrzeuge MDyg[986] verzichten konnte. Hervorgegangen aus jeweils zwei zweiachsigen Behelfspersonenwagen der Kriegsbauart MCi, mit verstärktem Langträger, Sprengwerk, Schwanenhals-Drehgestellen und im Laufe der Zeit selbst mit geschlossenen Stirnübergängen ausgestattet, überlebten sie nahezu sämtliche Vorkriegswagen. Fast zwei Jahrzehnte hindurch prägten ihre dem Güterwagenbau entlehnten, klobig wirkenden Kästen das Erscheinungsbild der sonst weitgehend artrein gebildeten DB-Schnellzüge mit, ehe sie — z.T. nochmals generalüberholt — in untergeordnete Dienste abwanderten.

I) Vom exklusiven „Rheingold" 1962 zum 1. Klasse-„Intercity"

Anknüpfend an die Erfahrungen mit dem luxuriös ausgestatteten Vorkriegszug, erteilte die Leitung der Deutschen Bundesbahn 1960 dem Zentralamt Minden (Westf.) den Auftrag, einen neuen, modernen Wagenpark speziell für den „Rheingold" zu entwickeln, der „aus der Zahl der Fernschnellzüge herausgehoben, bereits eine gewisse Tradition verkörpert". Seine Fahrzeuge sollten die Standardlänge von 26,40 m erhalten, dementsprechend eine Breite von 2,825 m aufweisen, auf dem Netz der DB in elektrisch geförderten Zügen verkehren und hierbei bis zu 160 km/h Höchstgeschwindigkeit erreichen. An Modernität, Komfort und Innenausstattung aber wollte man alle bisherigen Qualitätsmerkmale der Deutschen Bundesbahn übertreffen.

Stellvertretend für alle an der einjährigen Entwicklungsarbeit beteiligten Ingenieure ist hier der Name des langjährigen Reisezugwagen-Dezernenten beim BZA Minden (Westf.), Dr.-Ing. A. Mielich, zu nennen. Ihm gebührt nicht nur das Verdienst, das international anerkannte neuzeitliche „Gesicht" des DB-Wagenparks maßgeblich beeinflußt zu haben. Er zeichnet weitgehend auch für die 1962 von der Waggonbauindustrie gelieferten Neubauwagen verantwortlich, die den „Rheingold" wieder zum absoluten Spitzenreiter unter den deutschen Komfortzügen werden ließen.

Außer den bereits am Bau des Vorkriegszuges beteiligt gewesenen Firmen Credé und Wegmann, beide in Kassel, betraute die Bundesbahn die Waggon- und Maschinenbau GmbH in Donauwörth (WMD) mit den Fertigungsarbeiten. Die unter Federführung der DSG entwickelten Speisewagen entstanden hingegen in den Spandauer Werken von Orenstein & Koppel, Berlin.

Bei der Konstruktion konnten und mußten die mit den TEE-Triebwagen der Baureihe VT 11[5] gesammelten Erfahrungen Berücksichtigung finden, wobei nach Auffassung des Autors die Rückkehr zum lokbespannten Zug als wichtigste Entscheidung anzusehen ist. Auch hatte eine Umfrage der Deutschen Bundesbahn unter 20 000 Reisenden Aufschluß über Gestaltungswünsche des Publikums beim Neubau von Reisezugwagen gebracht, die es bei der Planung zu berücksichtigen galt. 25 % der befragten Personen hatten sich für Wagen mit offenen Großräumen, aber 75 % für geschlossene D-Zug-Abteile ausgesprochen. Folglich wich man bei einem ersten Entwurf — wenigstens teilweise — von der „klassischen Pullman-Einrichtung" ab und sah sowohl Wagen mit Vier- und Zweiplatzabtei-

Aufbauend auf die Erfahrungen mit dem Vorkriegs-Luxuszug „Rheingold" entwickelte das Bundesbahn-Zentralamt Minden (Westf.) Anfang der sechziger Jahre einen modernen Wagenpark für ihren gleichnamigen Fernschnellzug. Ein Vergleich der Großraumsalons von 1928 und 1962 läßt neben dem Geschmackswandel auch den Übergang zu einer Bestuhlung erkennen, die sich der jeweiligen Fahrtrichtung anpassen läßt.

Aufnahmen: Werkfoto Wegmann, Sammlung Bündgen und DB

26,40 m langer, im Versorgungsteil doppelstöckig ausgeführter „Rheingold"-Speisewagen 11 104.
Aufnahme: Dr. G. Scheingraber

Trans-Europ-Expreß „Rheingold" mit zwei Pullman-, einem Speisewagen und dem „Dome-Car" auf der Aarebrücke bei Olten. Es führt eine SBB-Lok der Reihe Re $4/4^{I}$.
Aufnahme: Ralf Roman Rossberg

len als auch solche mit Zweiplatzabteilen und Großräumen vor. Diese Pläne scheiterten jedoch an Bedenken der schweizerischen und der niederländischen Eisenbahnen, die das Sitzplatzangebot je Wagen als zu gering empfanden.

Daraufhin stellte die DB ihre Planungen um, und es gelangten insgesamt vier Wagentypen zur Ausführung, darunter zwei Sitzwagen-Varianten: ein Seitengangtyp mit neun 2,322 m langen Abteilen zu je sechs Plätzen (zusammen also 54) und ein Großraumwagen mit Mittelgang und 16 Sitzreihen in der Platzaufteilung 2 + 1 (zusammen 48 Sitze). Als dritter wurde ein bislang nur in Amerika bzw. als ,,Panoramatriebwagen'' in Italien und Frankreich verwendeter Typ gebaut: der Aussichtswagen mit 22 Plätzen in einer erhöht angeordneten, verglasten Kuppel. Auch eine Bar, zwei sechssitzige Seitengangabteile, Gepäckraum, Zugsekretariat, Telefonkabine sowie ein Maschinen- und Geräteraum für die Klimaanlage wurden hier untergebracht. Hinzu kam schließlich noch der mit 48 Plätzen verhältnismäßig große Speisewagen, übrigens die erste WR-Nachkriegsentwicklung der DSG für den zivilen Reiseverkehr. Unter besserer Ausnutzung des lichten Raumes bildete man ihn im Wirtschaftsteil zweistöckig aus, d.h. Küche und Spülraum kamen übereinander zur Anordnung. Entwickelt und gebaut wurden zunächst:

10 Seitengangwagen mit Einzelabteilen,
Av 4 üm - 62
5 Großraumwagen mit Dreh-Neigesesseln,
Ap 4 üm - 62
3 Aussichtswagen (sogenannte ,,Dome-Cars''),
AD 4 üm - 62
2 Großraum-Speisewagen,
WR 4 üm - 62.

Sie reichten aus zur Bildung zweier kompletter ,,Rheingold''-Garnituren mit einem Angebot von 307 Sitzen, das sich durch Verstärkungswagen noch vergrößern ließ.

Alle Fahrzeuge sind als Ganzstahlwagen konstruiert worden. Die Drehgestelle der bewährten Bauart Minden-Deutz (2,50 m Achsstand) erhielten wegen Heraufsetzung der zulässigen Höchstgeschwindigkeit auf 160 km/h zusätzlich noch Magnetschienenbremsen. Eine zentral schaltbare Klimaanlage nach dem Prinzip ,,Jettair'' sorgte für gleichbleibende, angenehme Innentemperatur. Während die hierzu benötigte Heizenergie in Form von Dampf oder elektrischem Strom aus der Lokomotive bezogen wurde, stammte die Kälte aus besonderen Anlagen in den Wagen selbst.

Als Neuheit sind ferner wärmereflektierende, goldbedampfte bzw. graue Doppelscheiben zu erwähnen, die bis zur Hälfte der ultravioletten Strahlen absorbieren. In den Abteilwagen und im WR betrug die Fensterbreite (wie vor dem Krieg in der ,,alten'' 1. Klasse) 1,40 m. Um im Großraumwagen jedermann möglichst gleichgute Sicht zu bieten, wurde dort die Zahl der Außenwandfenster denen der Sitzreihen entsprechend gewählt. Hieraus ergab sich eine (völlig ausreichende) Fensterbreite von 90 cm.

Besonders großzügig ist das Wageninnere gestaltet worden: Sämtliche Abteile erhielten Edelholzfurnierauskleidung, während in den Nebenräumen, einschließlich der Toiletten, Kunststoffplatten Verwendung fanden. In den Abteilwagen ließen sich die sehr bequemen, mit Webestoffen in geschmackvollen Farben überzogenen Sitze verstellen. Zwei einander gegenüberliegende Plätze bildeten dabei im Endzustand eine Liegestatt. Die Neigesessel der Großraumwagen entsprachen mehr den bekannten Flugzeugsitzen. Mit Drehvorrichtungen versehen, ließen sie sich in die jeweilige Fahrtrichtung bringen. Als Wendesitze ausgebildet waren auch 18 der insgesamt 22 Fauteuils im Aussichtswagen.

Großen Wert legte man auf gute Lichtverhältnisse. So wurden, anders als bei herkömmlichen D-Zug-Wagen, die Abteile zu den Seitengängen hin durch Türen abgegrenzt, die bis zum Fußboden hinunter aus Glas bestanden. Und bei allen vier Typen fanden helle Leuchtstoffröhren Verwendung. Auch die Leselampen an jedem Platz und die beleuchteten Spiegel in den geräumigen Toiletten sollen nicht unerwähnt bleiben. Zu einem gediegenen Eindruck trugen darüber hinaus die in den Abteilen und den Durchgängen liegenden Veloursteppiche bei.

An den Stirnseiten der über die Puffer vorgezogenen Einstiegräume kamen gummiwulstgeschützte Übergänge zum Einbau, wobei selbstöffnende und -schließende Stirnwandtüren ein hohes Maß an Schutz vor Zugluft boten. Durch UIC-Drehfalttüren betrat der Fahrgast von außen die Wagen. War im Zugverband nur eine dieser Türen nicht geschlossen, zeigten kleine Signallampen dies nach außen

Noch ehe sie in den TEE- und Intercity-Verbindungen Verwendung fanden, fuhren die 27,50 m langen DB/DSG-Speisewagen in bordeaux-roter Farbgebung und der charakteristischen DSG-Beschriftung.
Aufnahme: Dr. G. Scheingraber

Seit den sechziger Jahren bleiben „Schürzen"-Speisewagen – mit wenigen Ausnahmen – den D-Zügen vorbehalten. Trotz Klimaanlage, Minden-Deutz-Drehgestellen, Gummiwülsten an den Stirnübergängen und (teilweise) sogar Pop-Anstrich bewahrten sie ihr zeitlos-elegantes Erscheinungsbild.
Aufnahme: Friedhelm Ernst

Nur noch wenige ARmh^{217} verkehren in der ursprünglichen Farbgebung rot/blau. Zur 27,50 m-„Familie" gehörig, kann ihnen der aufmerksame Beobachter nurmehr ausnahmsweise noch in TEE- oder IC-Zügen begegnen. *Aufnahme: Friedhelm Ernst*

Innerdeutsch wie auch im internationalen Bereich durchaus geläufig ist der Einsatz kombinierter 1. Klasse/Speiseraum-Fahrzeuge in rot/elfenbeinfarbenem Anstrich. Bei Bedarf werden die 18 Sitzplätze im Fahrgast-Großraum (mit Tischen) in den Service der DSG einbezogen. *Aufnahme: Friedhelm Ernst*

Ein seltenes Exemplar ist dieser 1. Klasse/Bar-Wagen. Ursprünglich im TEE „Blauer Enzian" München – Hamburg-Altona und später auch im „Rheingold" eingesetzt, fand er seit 1980 als Splittergattung vermehrt in untergeordneten IC-Diensten Verwendung, ehe 1982 die Rücknahme aus dem Betrieb erfolgte. *Aufnahme: Friedhelm Ernst*

an – eine bereits im Zusammenhang mit den Regel-Schnellzugwagen erwähnte außergewöhnliche Neuheit der frühen sechziger Jahre. Berücksichtigt man die vielen Besonderheiten dieser „Rheingold"-Wagen, so verwundert ihr relativ geringes Gewicht: „Leichtester" war mit 44,3 t der Seitengangtyp Av 4 üm, nur 0,2 t mehr wog jedes Großraumfahrzeug der Gattung Ap 4 üm. Lediglich der Aussichtswagen (51,4 t) und der Speisewagen (54,0 t) reichten gewichtsmäßig an die fast 35 Jahre älteren Vorgänger heran.

Im Gegensatz zu den Vorkriegsfahrzeugen hatten die wesentlich längeren „Rheingold"-Neubauten des Jahres 1962 glatte Außenwände ohne aufgesetzte Zierleisten. Die Fenster lagen in einem crèmefarbenen Band, das vom Dachansatz bis etwa 8 cm unter die Fensterunterkante reichte. Der übrige Wagenkasten wurde blau, die anschließende „Schürze" grau lackiert, und das Dach erhielt einen hellsilberfarbenen Anstrich. Lediglich in den doppelstöckig ausgeführten Partien von „Dome-Car" und Speisewagen befanden sich die Fenster nicht auf der üblichen Höhe. Um den Gesamteindruck nicht zu beeinträchtigen, liefen die Farbstreifen jedoch durch. Trug der frühere „Rheingold" den Zugnamen in erhabenen Lettern zweimal auf jeder Wagenseitenwand, so begnügte man sich jetzt damit, die (aluminiumeloxierten) Buchstaben unterhalb der Aussichtskuppel anzubringen. Ansonsten trugen die „Blau-Gelben" nur die Eigentums-Embleme der DB bzw. DSG.

Der Komfort im „Rheingold" und seinem Schwesterzug „Rheinpfeil", für den neben entsprechenden Sitzwagen 1963 nochmals zwei „Dome-Cars" und drei (erstmals DB-eigene) WR beschafft worden waren, kam dem seit 1957 in den Trans-Europ-Expreß-Zügen gebotenen nicht nur gleich, er übertraf diesen sogar in mancher Hinsicht (z.B. was den Aussichtswagen anbetrifft). Es erschien daher folgerichtig, beide in das TEE-Netz einzubringen, wobei sich der Farbwechsel in das für diese Zuggattung übliche Rot-Elfenbein bis 1966 hinzog.

Mit klimatisierten 1. Klasse-Zügen vom „Typ Rheingold" – nur ohne „Glaskanzelwagen" – hat die Deutsche Bundesbahn unter Einbeziehung der bisherigen TEE- und F-Zug-Verbindungen ab 26. September 1971 ein in dieser Form beispielloses Städte-Schnellverkehrsnetz eingerichtet, das vor allem auf die Erwartungen und Bedürfnisse des Behörden- bzw. Geschäftsreiseverkehrs abgestimmt war: ausschließlich erstklassige „Intercity"-Züge im Zweistundentakt auf vier Linien zwischen 33 der bedeutendsten Zentren der Bundesrepublik (vgl. Kapitel H.). Die Namensliste der deutschen Züge wurde schon damals merklich erweitert.

Der Wagenpark dieser Spitzenverbindungen war bis Mitte der siebziger Jahre auf 81 kombinierte 1. Klasse-/Speiseraumwagen, 58 Speise- und 14 Sitz-/Speiseraum-/Bar-Wagen (alle in der bis dahin ungewöhnlichen Länge von 27,50 m) sowie auf 266 Abteil- und 124 Großraumwagen angewachsen. Sie alle trugen die wesentlichen Merkmale der „Rheingold"-Fahrzeuge aus den Jahren 1962/63, nur mit leichten Abwandlungen, wie z.B. gerade durchlaufenden Dächern (ab 1964) oder klappbaren Trittstufen bei den ab 1972 in Dienst gestellten Exemplaren. Ebenso erhielten Neulieferungen die wesentlich gefälligeren, im Betrieb störungsfreien Schwenkschiebetüren. Anstelle von Klotzbremsen ging man zur selbstnachstellenden Scheibenbremse über, teilweise kombiniert mit Magnetschienenbremse. Damit waren die (aus strömungstechnischen Gründen wiederum mit Schürze ausgerüsteten) Fahrzeuge für eine Höchstgeschwindigkeit von 200 km/h geeignet. Zwei Großraumwagen erhielten das inzwischen neuentwickelte Drehgestell MD 52, zugelassen für 250 km/h (21). In 27,50 m Länge führte man zudem auch Liegewagen Bctüm^{256} und die bereits erwähnten dazugehörigen Versorgungswagen WRtüm^{134} des Turnusverkehrs aus.

Der Erwähnung bedarf in diesem Zusammenhang, daß sowohl die doppelstöckigen Speise- als auch die Aussichtswagen wegen ihres hohen Unterhaltungsaufwandes als Splittergattungen in der zweiten Hälfte der siebziger Jahre aus dem Regelverkehr zurückgezogen wurden und folglich nurmehr in Sondereinsätzen zu beobachten waren. Die WR wurden schließlich abgestellt, die „Dome-Cars" verkauft. Einer der Speisewagen befindet sich heute im Eigentum des „Eisenbahn-Kurier", während alle fünf Aussichtswagen auf dem Weg über den in Konkurs geratenen Freudenstädter Reiseveranstalter „Apfelpfeil" 1982 an das schweizerische „Reisebüro Mittelthurgau" gelangten, das sie für Schienen-Kreuzfahrten durch Europa einsetzt.

m) Zweiklassiger Intercity im Stundentakt

Nach umfangreichen Erfahrungen mit ihren im Herbst 1971 eingerichteten Intercity-Zügen ausschließlich 1. Klasse und Versuchen auch auf dem Gebiet eines vergleichbaren zweiklassigen Angebots zwischen München und Bremen, später auch zwischen Köln und Hamburg, gelang der Deutschen Bundesbahn mit Verwirklichung ihres Konzepts „IC 79" der entscheidende Durchbruch zu einer generellen Verbesserung des Fernreiseverkehrs für jedermann. Nach eingehender und bisweilen lei-

Für das zweiklassige Intercity-Netz wurden die neuesten Reisezugwagen der seit 1963 beschafften Reihe Büm[234] für eine planmäßige Höchstgeschwindigkeit von 200 km/h hergerichtet. Neben dem Anstrich in den aktuellen DB-Farben beige und ozeanblau sind hier zusätzliche Magnetschienenbremsen, eine klappbare untere Trittstufe sowie Verbesserungen der Inneneinrichtung besonders zu erwähnen.
Aufnahme: Friedhelm Ernst

Gewissermaßen Standardfahrzeug 2. Klasse für die Züge des „IC 79" ist der Großraumwagen Bpmz[291/292] mit Mittelgang und einer Sitzteilung 2+2. Ihre ursprünglich ablehnende Haltung gegenüber einer Klimatisierung auch der unteren Wagenklasse hat die Bundesbahn hiermit aufgegeben.
Aufnahme: Joachim Claus

100 Exemplare dieses „Eurofima"-Wagens Avmz[207] von 1977 mit 54 Plätzen befinden sich im DB-Park. Ihr Einsatzfeld sind die qualitativen Spitzenzüge der Deutschen Bundesbahn.
Aufnahme: Friedhelm Ernst

denschaftlich geführter Diskussion war die Entscheidung gefallen, das bislang schon erfolgreiche IC-Netz in zwei entscheidenden Punkten zu modifizieren: durch Verdichtung des Taktverkehrs auf nur noch eine Stunde und Öffnung aller Züge auch für Fahrgäste der 2. Wagenklasse. Marktforscher hatten dort nämlich eine hohe Reserve an potentiellen Bahnkunden ausgemacht. „Jede Stunde – jede Klasse" lautete nun die Devise. Und tatsächlich führte der erheblich gesteigerte Komfort schon bald zu einer deutlichen Frequenzzunahme zwischen den 33 IC-Großstädten.

Besonders streng wird hier der Grundsatz artreiner Zugbildung beachtet: bis zu vier Wagen 1. Klasse und maximal sieben der 2. Klasse sind durch den Speise- oder Speiseraumwagen verbunden (bzw. getrennt). Eine solche Lösung bietet sich aus kundendienstlichen Überlegungen in mehrfacher Hinsicht an. Entscheidend sind allerdings die bessere Orientierung der Reisenden und folglich ein rascheres Auffinden der gewünschten Plätze. Zu diesem Zweck halten die IC-Züge an den Verknüpfungspunkten nebeneinander, wobei sich die einzelnen Klassen „paarig" gegenüberstehen und somit kurze Umsteigewege garantieren.

Während aus Neubeschaffungen für die rein erstklassigen TEE- und Intercity-Verbindungen der siebziger Jahre ausreichend modernes, d.h. für hohe Laufgeschwindigkeiten zugelassenes, klimatisiertes Wagenmaterial 1. Klasse vorhanden war, mußte im Falle der 2. Klasse zunächst eine Übergangslösung gefunden werden. Sie bestand darin, daß die neuesten Reisezugwagen der seit 1963 beschafften Reihe Büm[234] lauftechnisch für eine planmäßige Höchstgeschwindigkeit von 200 km/h hergerichtet wurden. Neben dem Einbau zusätzlicher Magnetschienenbremsen erhielten dabei die Einstiege generell eine dritte, klappbare untere Trittstufe. Auch die Inneneinrichtung erfuhr erkennbare Verbesserungen, so die Installation von Leselampen, wie sie bereits seit nahezu drei Jahrzehnten in der alten 1. bzw. 2. Klasse üblich waren, ferner die Neupolsterung der Sitze mit strapazierfähigen Stoffen, die Anordnung beweglicher Kopfstützen und ein farblich neues Dekor. Die äußerlich in den neuen DB-Unternehmensfarben ozeanblau/beige gehaltenen 2. Klasse-Wagen erhielten zwecks Unterscheidung von anderen 26,40 m-Einheiten nunmehr die Bezeichnung Bm[235] (auf das „ü" verzichtete man fortan, da mittlerweile alle Wagen über geschlossene Übergänge verfügten, ebenso wie die früher gebräuchliche Achsenzahl nur noch dann genannt wird, wenn sie von der zur Regel gewordenen „4" abweicht).

Wesentlich höhere Fahrzeug-Kilometerleistungen auf einem von der Streckenlänge her abnehmenden Gleisnetz bewirkten im Laufe der Jahre eine zahlenmäßige Reduktion des rollenden Materials. Es mag daher nicht verwundern, daß zum Jahresende 1979 der gesamte DB-Reisezugverkehr mit „nur" noch 16 137 Wagen (gegenüber 20 305 am 31. Dezember 1966) abgewickelt werden konnte. Im einzelnen waren seinerzeit folgende Typen vorhanden:

1 308	TEE/IC-Wagen	
3 833	Schnellzugwagen	(m)
222	Schnellzugwagen	(ü)
177	Schlafwagen	
773	Liegewagen	
143	Speisewagen	
115	Halb-Speisewagen	
88	Salon- und Gesellschaftswagen	
702	Eilzugwagen	(yl)
615	Eilzugwagen	(y)
5 029	Nahverkehrswagen	(n)
1 755	Nahverkehrswagen	(yg)
9	S-Bahn-Wagen	(x)
158	Lenkachswagen	(3 yg)
883	Packwagen	
310	Autotransportwagen	
17	Schmalspurwagen	
16 137		

Für die im innerdeutschen und internationalen Verkehr eingesetzten Intercity-Züge entwickelte die Firma Linke-Hofmann-Busch Ende der siebziger Jahre als „Dauerlösung" einen neuen, wiederum 26,40 m langen Großraumwagen 2. Klasse. Man baute damit konzeptionell auf einer angeblich beim Publikum gewünschten Abkehr vom Einzelabteil auf. Das ca. 39 t schwere Fahrzeug erhielt 80 Plätze, und zwar in der Sitzteilung 2 + 2 bei offenem Mittelgang in zwei durch Glaswände voneinan-

Probewagen auf dem Weg zur Serienreife neuzeitlicher Intercity-Fahrzeuge: der ehemalige AB 4 üm 15 999 von 1965, einziger gemischtklassiger Reisezugwagen seiner Zeit mit gerade durchlaufenden Dachenden (Aufnahme: Werkfoto Deutz), klimatisierter „Eurofima"-Vorläufer Bvmz^{237} in rostfreier, gesickter Stahlblechausführung mit blauem Farbband im Fensterbereich und 11 geräumigen Abteilen zu je 6 Plätzen (Aufnahme: Friedhelm Ernst), kombinierter 1./2. Klasse-Prototyp ABvmz^{227} – im Erscheinungsbild bereits weitgehend den nachfolgenden Serienfahrzeugen der DB entsprechend. Aufnahme: Joachim Claus

der getrennten Großräumen. Im Gegensatz zur 1. Klasse waren hier die Sitze allerdings fest installiert, also nicht der jeweiligen Fahrtrichtung anzupassen. Lediglich in den beiden an den Enden angeordneten Toiletten wurde ein kleines oberes Klappfenster beweglich ausgebildet, während die Klimaanlage feststehende Fenster — jeweils 1,40 m breit — ratsam erscheinen ließ. Zur Bequemlichkeit trugen darüber hinaus Gepäckablagen in den Vorräumen und Längsgepäckraufen im Fahrgastteil bei.

Nach Auslieferung von zunächst 38 Bpmz^{291} mit Drehgestellen vom Typ MD-52 (Stahlfederung) und zwei Versuchsfahrzeugen Bpmz^{292} mit MD-70-Fahrwerken (Luftfederung) seit 1978 hat die DB Anfang der achtziger Jahre einen ersten Serien-Anschlußauftrag über 140 Stück vergeben. Bis Ende 1982 sollen damit zunächst 180 Großraumwagen Bpmz zur Verfügung stehen. Für die folgenden Jahre 1983 und 1984 ist jeweils die Lieferung von 80 weiteren Exemplaren dieses Typs vorgesehen.

Die konstruktive Gestaltung der klimatisierten 2. Klasse-Großraumwagen baut im übrigen auf den technischen Leitlinien des mit Klimaanlage ausgestatteten „Eurofima"-Wagens Avmz^{207} von 1977 auf (21). Damals hatten sechs europäische Eisenbahnverwaltungen, nämlich DB, ÖBB, SBB, FS, SNCF und SNCB, insgesamt 500 Stück eines „europäischen Standard-Personenwagens" gemeinsam entwickelt und bestellt, und zwar 295 Einheiten 1. und 205 2. Klasse. Die Deutsche Bundesbahn erhielt — weil sie der Klimaanlage für die 2. Klasse damals noch ablehnend gegenüberstand — 100 Stück ausschließlich der oberen Kategorie und setzte sie, mit rot/elfenbeinfarbigem Anstrich, auf ihrem TEE- bzw. IC-Netz ein. Die übrigen Eisenbahnen hatten sich auf eine orangefarbene Lackierung geeinigt, um damit den verbindenden Charakter zu dokumentieren. Lediglich die französische SNCF erprobte daneben zugleich ihren ansprechenden, in zwei Grautönen gehaltenen „Corail"-Anstrich.

Herausragende Merkmale dieses, unter großen Schwierigkeiten geschaffenen Europa-Standard-Fahrzeugs waren gesickte Wagendächer, eine durchgehende „Schürze", neun Abteile und somit 54 Plätze in der 1. Klasse-Version sowie bei der Mehrzahl aller Wagen neue Fiat-Drehgestelle Y 0270 S mit H-Rahmen. Die 41,2 t Eigengewicht aufweisenden Bundesbahn-Exemplare unterschieden sich ansonsten durch ihre besonders komfortablen einteiligen Sitzschalen von den sonst üblichen DB-Normalien (21).

„IC 79" – Das Topangebot der DB: Am 18. März 1983 war Lok 103 185 mit IC 575 „Kaiserstuhl" bei Göttingen unterwegs, drei Bpmz-Großraumwagen laufen an der Zugspitze.
Aufnahme: Martin Weltner

Aus der Sicht des Fahrgastes heraus ist es ohne Zweifel bedauerlich, daß dieser ansprechende Fahrzeugtyp nicht weiterbeschafft wurde — ganz abgesehen von der Chance, mit größeren Stückzahlen grenzüberschreitenden Einsatz noch weiter erleichtert, die Ersatzteilbeschaffung vereinheitlicht und damit zugleich kostengünstiger gestaltet zu haben.

Im Zusammenhang mit den Konstruktionsarbeiten an einem „europäischen" Reisezugwagen verdienen am Rande auch sechs für 200 km/h geeignete Prototypen Erwähnung, die bereits 1972 zur Deutschen Bundesbahn kamen. Die ebenfalls als Abteilwagen mit geschlossenem Seitengang ausgeführten, 26,40 m langen Fahrzeuge unterschieden sich in der Mehrzahl dadurch von den bislang vorhandenen, daß für ihre Außenwände gesickter, rostfreier Stahl Verwendung gefunden hatte. Die auf Minden-Deutz-Drehgestellen laufenden, mit Klimaanlage versehenen Wagen wiesen vier Abteile 1. und sechs der 2. Klasse bzw. elf Abteile 2. Klasse auf und führen die Typenbezeichnung ABvmz^{227} bzw. Bvmz^{237}. Sie werden im innerdeutschen sowie internationalen Schnellzugdienst, gelegentlich sogar im (Wochenend-) Intercity-Verkehr eingesetzt. Gleiches gilt übrigens für einzelne Nahverkehrswagen der Bauart „n", die bekanntlich für 140 km/h Höchstgeschwindigkeit zugelassen sind. Allein aus lauftechnischer Sicht schwinden so die Unterschiede zwischen Schnellzugwagen und Fahrzeugen des Nahverkehrs, was am Beispiel des Ostsee-Bäderzuges „Fehmarn-Expreß" besonders deutlich wird. Vom Komfort her bleibt indessen eine Differenzierung des Reisezugwagenparks auch weiterhin gerechtfertigt, ja notwendig, wenn die Eisenbahn im Wettbewerb zu anderen Verkehrsträgern bestehen soll.

Die Klimatisierung schnellfahrender Reisezugwagen 2. Klasse ist inzwischen auch bei der Deutschen Bundesbahn kein Diskussionsthema mehr, ebenso wie dem wirklichen Publikumsverlangen nach Einzelabteilen nun wieder entsprochen werden soll. Voraussichtlich im Herbst 1985 dürften die ersten zehn Prototypen eines neuen 2. Klasse-Abteilwagens mit Klimaanlage (Bmz) zur Verfügung stehen. Wie das bisherige Standardfahrzeug wird er zwölf, von einem Seitengang aus zugängliche Abteile mit je sechs Sitzplätzen erhalten. Dabei ermöglicht die größere Länge von 27,50 m durchweg geräumigere Abteile und mehr Platz für jeden Reisenden. Zudem werden neugestaltete Sitze und eine intensive Geräuschdämmung wesentlich mehr Komfort bieten als die zurzeit im IC-Dienst noch dominierenden Bm^{235}. In der zweiten Hälfte der achtziger Jahre hofft die DB, allen Passagieren der 2. Klasse im Intercity-Verkehr nur noch klimatisierte Wagen anbieten zu können.

Bei einem solch gut durchdachten und vom Publikum schnell angenommenen Zug-System scheint jedoch die Verwendung von Selbstbedienungs-Speisewagen („Quick-Pick") in den vom Unternehmen selbst als „Spitzenklasse" bezeichneten DB-Zügen kaum vertretbar, selbst wenn diesen nach anfänglichen massiven Beschwerden mittlerweile eine dritte Person an Servicepersonal beigegeben wird, die — wie gewohnt — den Gast am Platz bedient. Es bleibt der Eindruck des Unvollkommenen, solange der Charakter eines Schnellrestaurants mit Wegwerf-„Geschirr" besteht. Der Deutschen Bundesbahn ist zu wünschen, daß sie durch vermehrte Neubeschaffung von Speisewagen dieses offenkundige Handicap ihres sonst qualitativ hochwertigen Fernreiseangebots möglichst bald beseitigen kann.

n) Neubauten der Deutschen Reichsbahn in den fünfziger Jahren

Im Anschluß an die erste Periode des Wiederaufbaues nach dem Zweiten Weltkrieg legte die Deutsche Reichsbahn (wie sie in Mitteldeutschland weiter hieß) beim Reisezugwagenpark ihr Hauptaugenmerk auf die Ergänzung des Rollmaterials für den Berufs- und Nahverkehr. In deutlicher Anlehnung an die Konstruktionsprinzipien der vormaligen DR und nach dem Vorbild der Drehgestellwagen Bauart „Heidenau-Altenberg" von 1936 mit zusätzlichem Mitteleinstieg, entwickelte die Waggonfabrik Bautzen hierzu Anfang der fünfziger Jahre einen vierachsigen, 23,20 m über Puffer langen und 39 t wiegenden Durchgangswagen C 4 üp in geschweißter Ganzstahlbauweise, von dem 200 Exemplare ab 1952 zur Auslieferung gelangten (22). Das Wageninnere bestand aus zwei Großräumen zu fünf bzw. vier offenen Abteilen mit insgesamt 72 federgepolsterten Plätzen bei einer Sitzteilung von nurmehr 2 + 2. Zu Versuchszwecken kamen an Stelle der fast durchweg verwendeten Bänke mit Kopf- und Armlehnen bei einigen Wagen auch Wendesitze zum Einbau, die ein Reisen in Fahrtrichtung ermöglichten. Zu den wesentlichen Merkmalen der neuen C 4 üp (heute B 4 üp) zählen die windschnittige Bauweise mit „Schürze", ein zusätzlicher breiter Mitteleinstieg mit Traglastenraum und angrenzenden Toiletten, Schiebetüren an allen Einstiegen, faltenbalggeschützte Stirnübergänge, Görlitzer Drehgestelle mit 3,00 m Radstand und Bremsen der Bauart Hik. Die 1,20 m breiten Fenster wurden nur im oberen Drittel beweglich ausgeführt, eine Lösung, die auch bei späteren Konstruktionen wiederkehrt. Auffallend war schließlich auch der verkehrswerbende Anstrich mit zwei verschiedenen Grüntönen, d.h. einer helleren Farbgebung zwischen den Fenstern, der jedoch zwischenzeitlich wieder aufgegeben worden ist.

Internationaler Schnellzug Berlin – Karlsbad Anfang der fünfziger Jahre im Vogtland. Hinter der „rekonstruierten" Dampflok, Baureihe 22, eine überwiegend aus CSD-Einheiten gebildete Wagengarnitur. Nur der „betagte" MITROPA-WR 6 ü 10 277 und der am Schluß laufende Eilzugwagen wurden von der DR beigestellt. *Aufnahme: KHB, Sammlung Ernst*

Einer von insgesamt 200 für den Berufs- und Nahverkehr entwickelten, 23,20 m langen C 4 üp der Deutschen Reichsbahn. Diese ab 1952 ausgelieferten windschnittigen Durchgangswagen mit Schiebetüren und zusätzlichem Mitteleinstieg berechtigten vom Fahrkomfort her ihre Einreihung auch in Fernzüge. *Aufnahme: Friedhelm Ernst*

Die völlig unbefriedigende Wagensituation im Fernverkehr der DR Anfang der fünziger Jahre bewirkte übrigens schon bald die Einreihung dieser ansprechenden Personenwagen in Eil- und Schnellzüge, häufig sogar in Interzonenzüge, was aufgrund des verhältnismäßig hohen Komforts durchaus gerechtfertigt erschien.

Der Fehlbestand an Personenzugwagen bei der Deutschen Reichsbahn in der sowjetischen Zone war 1945 zwar groß, wurde jedoch weit übertroffen durch den Mangel an verwendungsfähigen D-Zug-Wagen. Ähnlich wie in den westlichen Besatzungszonen schritt man daher anfänglich zu einer „Aufwertung" der stückzahlmäßig etwas stärker erhalten gebliebenen Eilzugwagen der Baumuster 1930, 1936 und 1942. Mit Faltenbälgen und wenig später auch mit einer „Hartpolsterung" versehen, bildeten sie auf Jahre hinaus das Rückgrat des mitteldeutschen Schnellzugparks.

1955 vom VEB Waggonbau Bautzen entwickelt, wurde von der DR auf der Leipziger Frühjahrsmesse 1956 ein neuer D-Zug-Wagen in selbsttragender Ganzstahlbauweise und windschnittiger Formgebung der Öffentlichkeit vorgestellt. Seine Länge betrug über Puffer gemessen 23,50 m, der Drehzapfenabstand 16,18 m, der Radstand im Drehgestell nurmehr 2,50 m, wie auch bei den Neubauten der DB. Dabei fanden neuentwickelte, achshalterlose Drehgestelle mit ölgedämpften Schraubenfedern Verwendung. Mit 2,195 m in der 1. und 1,752 m in der 2. Klasse waren die Abteile recht geräumig gehalten. Von den 1,20 m breiten Fenstern in beiden Wagenklassen ließ sich wiederum nur das obere Drittel mit einer Kurbel hochdrehen (wie schon beim C 4 üp - 52). Als Neuerung sind ferner ein Waschraum und die bei einem DR-Schnellzugwagen erstmals eingebaute Druckbelüftung zu nennen. Leider blieb es bei nur drei Exemplaren dieses formschönen, ca. 44,2 t schweren Wagens mit Hikss-Bremse, nämlich zwei B 4 üpe mit zehn Abteilen und zusammen 80 Plätzen sowie einem AB 4 üpe mit 24 Plätzen 1. und 40 Plätzen 2. Klasse, zusammen also neun Abteilen.

Die Betonung sollte Mitte der fünfziger Jahre zunächst noch auf der bereits begonnenen grundlegenden Verbesserung des vorhandenen Schnellzugwagenparks liegen, wobei Fahrzeuge der vormaligen Reichsbahn ebenso betroffen waren wie z.B. die in Mitteldeutschland verbliebenen „Fremdlinge" aus Italien, Frankreich, Belgien, den Niederlanden, Österreich, der Tschechoslowakei und Polen. Durch Polsterung der Sitze in der 2. Wagenklasse, Verbesserung der Lüftungsanlagen und oft auch durch Einbau von Lautsprechern konnte der Reisekomfort beträchtlich gesteigert werden. In zahlreichen Fällen wurden auch die Außenfenster in die Generalüberholung mit einbezogen und den DR-Richtlinien angeglichen (abgerundete Ecken, zwei Drittel des Fensters fest und nur das obere Drittel beweglich). Die Mehrzahl der DR-Schnellzugwagen aus den Verwendungsgruppen 35 und 39 erhielt den verkehrswerbenden Anstrich, bestehend aus zwei unterschiedlichen Grüntönen, wie er uns bereits von den 200 „Nahverkehrswagen" aus 1952 her bekannt ist. Jedoch wurde dieser auch hier nach wenigen Jahren (aus Kostengründen?) wieder aufgegeben.

Aus früheren 3. Klasse-Schnellzugwagen der Baujahre 1935 - 37 entstanden durch Umbau die ersten DR-Liegewagen (48 Plätze), welche 1957/58 zum planmäßigen Einsatz gelangten und teilweise noch heute verkehren, darunter einige mit neuen DR-Fenstern. Auch war — gegenüber der unmittelbaren Nachkriegszeit — im Laufe der Jahre ein fühlbarer Bedarf an Speise- und Schlafwagen aufgetreten, der nicht ganz durch ehemalige MITROPA-Einheiten gedeckt werden konnte. Polnische, französische und vereinzelt auch ISG-Wagen wurden infolgedessen, ebenso wie ehemalige „Liegewagen" der windschnittigen Reichsbahn-Sonderbauart, dem mitteldeutschen MITROPA-Speise- bzw. Schlafwagenbetrieb zugeführt. Zwecks Verbesserung der Laufeigenschaften erhielten dabei ältere Wagenkästen z.T. neue, achshalterlose Drehgestelle der Bauart Görlitz.

Das lange Fehlen einer neuen Schnellzugwagenserie mag nicht zuletzt unter dem Gesichtspunkt beurteilt werden, daß die DR immer noch am Doppelstock-Gedanken festhielt. Sie entwickelte gemeinsam mit der Industrie einen neuen Doppelstockzug, der neben dem Einsatz im Bezirksverkehr vornehmlich im Reisezugdienst über größere Entfernungen Verwendung finden sollte. Der erste derartige, wesentlich besser als seine Vorläufer ausgestattete Zug mit der Bezeichnung DGB 12 erschien 1957, fünfteilig, 104,30 m über Puffer lang, und wog infolge der angewandten freitragenden Schalenbauweise nur 129,0 t. Die nachfolgende Serie, ab 1958 geliefert, hatte hingegen ein Eigengewicht von 143,0 t.

Das Konstruktionsprinzip dieses Zuges lag darin, daß doppelstöckige Wagenkästen von 17,00 m Länge an den Enden auf einem nur 2,35 m langen Mittelglied aufliegen, unter welchem sich ein zweiachsiges Drehgestell befindet. Nur die beiden Endwagen waren 21,50 m lang und liefen zugleich auf einem zweiachsigen Regeldrehgestell an der gewohnten Stelle. Eine solche fünfteilige Einheit hatte jeweils an den Stirnseiten hochliegende, gummiwulstgeschützte Übergänge, die eine Verbindung allerdings nur mit gleichartigen Fahrzeugen gestattet.

Vom VEB Waggonbau Bautzen 1955 in selbsttragender Ganzstahlbauweise konstruierter D-Zug-Wagen im D 117/118 Leipzig – Köln. Ein Vergleich mit dem benachbarten „Schürzenwagen" läßt die Anlehnung noch an Baugrundsätze der Vorkriegszeit erkennen. Aufnahme: Friedhelm Ernst

Zum vielgestaltigen Rollmaterial der fünfziger und sechziger Jahre gehörte u. a. dieser alte sächsische Schnellzugwagen von nur 18,75 m Länge. Aufnahme: Joachim Claus

In den DR-Schnellzügen des Binnenverkehrs fand fast zwei Jahrzehnte hindurch auch der aus Länderbahnzeiten stammende B 4 üp 230-215 Verwendung. *Aufnahme: Joachim Claus*

Äußerlich noch ein Fahrzeug der ersten DR-Einheitsbauart aus den Jahren 1921-23, erhielt der nachmalige B 4 ümp 240-204 zwei Großraumabteile mit offenem Mittelgang, hartgepolsterten Sitzbänken und auf dem Dach neuzeitliche Kuckucklüfter. *Aufnahme: Joachim Claus*

Seine italienische Herkunft kann der 22,50 m lange B 4 üp 203-216 nicht verleugnen, der mit gleichartigen Wagen 1960/61 im D 1/2 zwischen Frankfurt (M) und Berlin verkehrte. Beachtenswert sind die nach DR-Richtlinien umgestalteten feststehenden Fenster mit oberer Klappe und abgerundeten Ecken. *Aufnahme: Joachim Claus*

Nach gleichen Grundsätzen „rekonstruierter" zweiklassiger Schnellzugwagen der leicht windschnittigen Reichsbahn-Bauart. *Aufnahme: Friedhelm Ernst*

WR 6 ü 10 277, noch aus Zeiten privater Speisewagenwirte stammend.
Aufnahme: KHB, Slg. Ernst

Durch Umbau eines MITROPA-Schlafwagens von 1923 entstand der WR 055-007.
Aufnahme: Joachim Claus

Kaum noch als einstiger ISG-„Fährboot"-Schlafwagen zu erkennen: der 19,30 m lange WR 055-005.
Aufnahme: Friedhelm Ernst

Sein ISG-„Gesicht" behielt auch dieser MITROPA-Speisewagen, der 1972 in einem Schnellzug in Berlin-Schönefeld aufgenommen werden konnte.
Aufnahme: KHB, Slg. Ernst

Aus einem in Mitteldeutschland verbliebenen SNCF-Wagen richtete man den MITROPA-Speisewagen 055-017 her. *Aufnahme: Joachim Claus*

Der ursprüngliche, 1934 gebaute Speisewagen ist hinter diesem „Reko"-WR 055-025 mit nur je einer breiten Schiebetür auf beiden Seiten kaum noch zu vermuten. *Aufnahme: Dr. G. Scheingraber*

Seit 1961 beschafft die MITROPA 24,90 m lange Neubau-Speisewagen mit 42 Plätzen, Küche, Anrichte, Getränkebunker und einem kleinen Personal-Waschraum. Ihr typischstes Merkmal besteht in einer bogenförmig ausgeschnittenen Trennwand zwischen den beiden Teilen des großen Speiseraums. Sie sind vorwiegend für internationale Zugläufe bestimmt. *Aufnahme: Fritz Willke*

Von der Internationalen Schlafwagen-Gesellschaft übernommenes vierachsiges Fahrzeug mit Teakholz-Kasten, kurz vor der Verschrottung.
Aufnahme: KHB, Sammlung Erns

Der MITROPA-WL 054-015 mit ge nietetem Ganzstahlaufbau, 192 bei Wegmann in Kasse gebaut. Aufnahme: Joachim Clau

42 t schwerer Einheits-Schlafwa gen WLAB 4 ge mit „gotischem Dach, 1,00 m breiten Übersetzfer stern, UIC-Drehfalttüren und 3 Plätzen – das neuzeitliche Star dardfahrzeug der DR für lang Nachtfahrten.
Aufnahme: Friedhelm Ern

Insgesamt sechs Einstiege mit Doppel-Schiebetüren befinden sich auf einer Gliederzug-Längsseite, und zwar einer über jedem Drehgestell, sowohl in den sehr kurzen, lediglich aus der Einstiegplattform bestehenden Mittelwagen, als auch in den beiden Endwagen. Die Treppenanordnung vom Vorraum zu den beiden Stockwerken entspricht in etwa der des vier- bzw. zweiteiligen Doppelstockzuges für den Berufs- und Nahverkehr; der Fußboden des Unterstocks liegt mit 35 cm über Schienenoberkante jedoch etwas höher. Sehr angenehm empfindet der Reisende nicht nur die 1,20 m breiten Fenster, deren Ausführung und Betätigung von den früheren Doppelstockzügen bekannt sind, sondern auch die Queranordnung von nur zwei gut gepolsterten Sitzen mit Rückenlehne, Kopf- und Armstütze sowie Gepäckablage zu beiden Seiten des offenen Mittelganges. Nicht weniger als 128 Sitzplätze 2. Klasse sind in jedem Wagen vorhanden, im fünfteiligen Gliederzug also 640! Hinzu kommt etwa die Hälfte an Stehplätzen. Besonders zu erwähnen wäre noch ein Wirtschaftsabteil mit schmalen Tischen im Unterstock eines Endwagens und schließlich die Vermehrung der Toilettenzahl gegenüber den bisherigen Doppelstockzügen (auch die Mittelwagen erhielten WC).

Bei der Verwendung im Fernverkehr, die nicht zuletzt aufgrund des Einbaues von Hik-Bremsen für 120 km/h möglich ist, wird häufig eine Verstärkung der Gliederzüge notwendig. Zwei fünfteilige Einheiten bilden dann einen Vollzug, zu dem noch ein vierachsiger Büfett- und Maschinenwagen gehört, in dessen oberem Stock Küchen- und Imbißräume liegen. Auf diese Art können 1 300 Personen sitzend befördert werden. Ergänzen läßt sich der Gliederzug ferner durch einen gleichartigen Packwagen, bei dem es sich allerdings nicht um ein echtes Doppelstockfahrzeug handelt. Der auf zwei Einzeldrehgestellen der Bauart Görlitz III leicht (drei- oder vierfach gefedert) ruhende Wagen mißt über Puffer 20,00 m und hat einen Drehzapfenabstand von 13,00 bzw. 13,50 m, je nach Drehgestellbauart. Ein etwas abweichender Probewagen des RAW Delitzsch läuft sogar auf Drehgestellen amerikanischer Bauart.

Wie sehr sich die DR dem zwar raumoptimalen, vom Reisekomfort her betrachtet jedoch weniger zu begrüßenden Doppelstock-Gedanken verschrieben hatte, läßt eine offizielle Verlautbarung von 1959 erkennen, in der noch vom Bau zweistöckiger Schlafwagen, Speisewagen und selbst Triebwagen die Rede war. Dazu ist es jedoch nicht mehr gekommen.

o) „Rekonstruktion" und „Modernisierung"

Nach der „Rekonstruktion" zwei- und dreiachsiger Personenzugfahrzeuge wurden von der DR seit 1960/61 auch vierachsige D-Zug-Wagen in ein Umbauprogramm einbezogen, wobei sie neue Wagenkästen und eine bessere Ausstattung bei gleichzeitiger Standardisierung erhielten. Hiervon betroffen waren sowohl die in Mitteldeutschland verbliebenen stählernen Wagen fremder Herkunft als auch Reichsbahn-Schnell- und Eilzugwagen. Ihre Umrüstung erfolgte im RAW Delitzsch. Die heute als „Modernisierungswagen" bezeichneten Einheiten haben in der Regel eine Länge über Puffer von 21,25 bzw. 21,27 m, vereinzelt auch von 21,72 m. Bemerkenswert ist die Ausrüstung der weiter verwendeten Drehgestelle mit UIC-Rollenlager-Radsätzen. Nach der jeweiligen Drehgestellbauart richtete sich auch der (unterschiedliche) Drehzapfenabstand. Beim Aufbau der Wagenkästen, die teils mit und teils ohne „Schürze" zwischen den Drehgestellen ausgeführt sind, fanden vollkommen neue Stirn- und Seitenwände Verwendung. Die gummiwulstgeschützten Übergänge wurden anfangs durch Falttüren geschlossen, während später die bekannten UIC-Schiebetüren zum Einbau kamen. Jedoch ging man von den bei „Reko"-Wagen bisher gebräuchlichen Schiebetüren an den Endeinstiegen zugunsten der bewährten Drehtüren ab. Beibehalten wurden die 1,20 m breiten DR-Fenster, im oberen Drittel allerdings nicht klappbar, sondern nach dem Muster der Bautzener Neubauwagen von 1952 und 1955 mit einer Kurbel zu betätigen.

Im Gegensatz zu allen anderen „Reko"-Wagen gibt es in der Schnellzugausführung mit geschlossenem Seitengang neben den 72-plätzigen 2. Klasse-Wagen (neun Abteile) auch solche mit je vier Abteilen 2. und 1. Klasse und sogar reine A-Wagen mit sieben Abteilen. Die Abteillänge beträgt 1,70 m in der 2. und 2,11 m in der 1. Klasse. Während in der unteren Wagenklasse kunstlederbezogene Polsterbänke zu je vier Sitzen Verwendung fanden, erhielten alle A-Abteile verstellbare Einzelsitze ähnlich der Flugzeugbestuhlung.

Die Eigengewichte der Schnellzug-„Modernisierungswagen" schwanken zwischen 36,0 und 40,2 t, je nach Ursprungsausführung. Letztere konnte man übrigens aus der zunächst beibehaltenen Wagennummer leicht erkennen. Doch wurde diese – ebenso wie der in zwei Grüntönen gehaltene Außenanstrich – in der Zwischenzeit verlassen.

Der Vollständigkeit halber sei auch auf vierachsige Pack- und Postwagen im Modernisierungsprogramm der Reichsbahn hingewiesen.

„Modernisierungswagen" für den innerdeutschen und RIC-Schnellzugverkehr der Deutschen Reichsbahn. Auf vierplätzigen, kunststoffgepolsterten Bänken finden 72 Personen Platz. Drehtüren, feststehende Fenster mit beweglichem Oberteil und gummiwulstgeschützte Stirnübergänge zeichnen diese Fahrzeuge aus, von denen einige zwischen den Drehgestellen herabgezogene „Schürzen" aufweisen.
Aufnahme: Friedhelm Ernst

Im RAW Halberstadt „rekonstruierter" 2. Klasse/Packwagen mit 18,70 m LüP, 1,20 m breiten Fenstern (im oberen Drittel klappbar) und offenem Mittelgang, aber neuzeitlichen Drehgestellen. Man begegnet ihm auch in Schnellzügen, vornehmlich auf innerdeutschen Strecken.
Aufnahme: Friedhelm Ernst

Gleichermaßen eine ,,Rekonstruktion" erfuhren zuletzt ab 1965 die vierachsigen Abteilwagen der verschiedenen Länderbauarten im RAW Halberstadt. Als 18,70 m über Puffer lange Fahrzeuge mit 12,20 m Drehzapfenabstand, einheitlichen Untergestellen, Stahlkästen, gummiwulstgeschützten Stirnübergängen, 1,20 m breiten Fenstern (oberes Drittel klappbar), offenem Mittelgang und 64 Sitzplätzen in zwei Großräumen, jedoch nur einem WC, begegnet man ihnen selbst in Schnellzügen. Ermöglicht wurde dies durch eine Verbesserung der weiter verwendeten Schwanenhalsdrehgestelle und die Heraufsetzung der zulässigen Höchstgeschwindigkeit auf 120 km/h. Neu eingebaut wurde eine KE-GP-Bremse. Bemerkenswert sind auch die völlig glatte Durchführung der Wagenaußenhaut, ohne Verjüngung an den Enden, die Verwendung von UIC-Drehfalttüren an den Einstiegen und die bequemen Doppelsitzbänke mit Rückenlehne, Kopf- und Armstützen sowie Gepäckraufen quer zu beiden Seiten des offenen Mittelganges.

Auf der Grundlage des vierachsigen ,,Reko"-Sitzwagens entwickelte und baute die Deutsche Reichsbahn auch einen kombinierten 2. Klasse-/Packwagen und sogar einen Speisewagentyp, letzteren in zwei Serien (1973 und 1975). Während der BDghswe mitunter selbst im internationalen Dienst Verwendung findet, bleibt das Einsatzgebiet der kurz und gedrungen wirkenden WRge im wesentlichen auf die Netze von DR und DB beschränkt, wenngleich sie RIC-Zeichen tragen. Ein besonderes Merkmal dieser rotgestrichenen, durch die MITROPA bewirtschafteten Fahrzeuge besteht darin, daß die zuletzt gelieferten Exemplare auf der Küchenseite zwei zusätzliche Fenster erhielten, dafür aber die Barhocker an der Theke entfielen (8).

Wenngleich das Programm von ,,Rekonstruktion" und ,,Modernisierung" den Fahrzeugneubau nicht ersetzen kann, sondern lediglich die Unterhaltungskosten der älteren Wagen auf die Dauer herabgesetzt und die Ersatzteilvorhaltung infolge Typisierung wesentlich vereinfacht, so wurde zugleich doch auch der Reisekomfort fühlbar gesteigert. Das Gesicht des DR-Rollmaterials hat gerade hierdurch einen sichtbaren Wandel erfahren.

p) Neubauwagen der Deutschen Reichsbahn für den Fernverkehr

Es dauerte lange, ehe die mitteldeutsche Waggonbauindustrie Neubauwagen für den Fernverkehr an die DR liefern konnte. Eigentlich kann hiervon erst seit 1961 die Rede sein. Bis dahin arbeitete sie überwiegend für den Export. 1956 wurden von 646 Personenwagen 606, 1957 von 946 Reisezugwagen 830 exportiert. Allein 700 Fahrzeuge jährlich stellte der Waggonbau Görlitz Ende der fünfziger Jahre her, darunter 100 RIC-Schlafwagen für die Tschechoslowakei. Im Jahr der Brüsseler Weltausstellung verkehrten diese Schlafwagen u.a. in geschlossenen Zügen einmal wöchentlich zwischen Prag und Brüssel und kamen dabei auch über die Gleise der Deutschen Bundesbahn.

Die Hauptdaten dieser windschnittigen ,,Schürzenwagen" mit einem Eigengewicht von nur 41,6 t sind: 24,90 m LüP, 17,00 m Drehzapfenabstand, achshalterlose Drehgestelle der Bauart Görlitz mit 2,50 m Radstand, Druckbelüftung sowie elf Schlafabteile, die in der 2. Klasse-Ausführung 33, in der kombinierten 1./2. Klasse-Version 27 oder als reine 1. Klasse-Abteile 22 Schlafplätze bieten. Bei sonst gleichen Hauptmaßen finden im 41,8 t schweren Speisewagen 42 Fahrgäste Platz.

Dieser Speisewagen für die CSD war es übrigens, der als Vorbild für die ersten 20 vollständig geschweißten MITROPA-Neubauwagen der GÖWA diente, die ab 1961 zur Ablieferung gelangten und dem Fahrbetrieb eine fühlbare Entlastung brachten. Nur einige Änderungen gegenüber der CSD-Ausführung sind zu erwähnen: Der Wagenkasten wurde bis über die Puffer verlängert, die Dächer an den Enden nicht mehr eingezogen, sondern durchgeführt (,,gotische Dachform"); andererseits entfiel die ,,Schürze" zwischen den Drehgestellen. Anstelle der bislang zum Schutz der Stirnwagenübergänge gebräuchlichen Faltenbälge kamen Gummiwülste zum Einbau. Und alle Fenster, nach bewährtem Vorbild als Übersetzfenster ausgebildet, erhielten Thermoscheiben. Das Eigengewicht erhöhte sich auf ca. 44,5 t.

Schließlich entschied sich die DR Anfang der sechziger Jahre für die Beschaffung des UIC-Einheitswagens. Zwar leider nicht für den von der DB seit längerem erfolgreich erprobten 26,40 m langen Typ X, sondern den 24,50 m LüP messenden Typ Y. Zugrunde lag hierbei die Empfehlung des OSShD, den kürzeren der beiden Wagen, der weitgehend dem Standardtyp B des OSShD glich, zu bauen. So entstanden ab 1962 in den VEB Waggonbau Görlitz und Bautzen Wagen in vollständig geschweißter Bauweise als A-, AB-, B- und Bc-Variante mit KE-Bremse für 140 km/h. Die Abteillänge wurde in der 2. Klasse auf 1,90 m vergrößert; in der 1. Klasse beträgt sie, ebenso wie in den 2. Klasse-Abteilen des AB-Wagens, 1,21 m. Keine wesentliche Veränderung erfuhren die Sitze, die mit denen der ,,Modernisierungswagen" übereinstimmen, also vierplätzige Bänke in der 2. und Einzelsitze in der 1. Klasse. 1,20 m breite Übersetzfenster mit Doppelscheibenverglasung bieten gute

Schwerer internationaler Schnellzug mit zwei Lokomotiven der Baureihe 01 und einem „bunten" Wagenpark, ausfahrend aus Dresden Hbf, August 1971.

Aufnahme: KHB, Sammlung Ernst

Neubau-Wagen prägen seit den siebziger Jahren zunehmend das Bild der schnellfahrenden Reichsbahn-Züge.

Aufnahme: KHB, Sammlung Ernst

24,50 m langer Fernreisezugwagen 1./2. Klasse in geschweißter Bauweise für 140 km/h Höchstgeschwindigkeit. Aufnahme: KHB, Slg. Ernst

Versuchsausführung des Bme-Standardwagens in Leichtmetall-Farbgebung mit Zierlinien. Der Wagen 20-40 070 ist gelegentlich auch auf Bundesbahngleisen zu sehen. Aufnahme: KHB, Slg. Ernst

Abgeleitet aus ähnlichen Nahverkehrs-Konstruktionen westeuropäischer Bahnen, erhält die Deutsche Reichsbahn seit 1978 nicht weniger als 500 Exemplare eines in eigenen Werkstätten gebauten 26,40 m langen Reisezugwagens Bmhe mit drei offenen Großräumen und 84 Plätzen, der auch für internationale Dienste Verwendung finden kann. Aufnahme: KHB, Slg. Ernst

Städte-Expreß Ex 146 „Börde" mit zweifarbig lackierten Wagen und Lok 132 395-5 bei Berlin-Schönefeld, 1977.
Aufnahme: Joachim Claus

DR-Sitzwagen 1. Klasse des Typs Y/B 70 für den Städte-Expreßverkehr. Er verfügt über neun Fahrgastabteile, Übersetzfenster, UIC-Drehfalttüren und Drehgestelle der Bauart Görlitz V.
Aufnahme: KHB, Sammlung Ernst

Farblich angepaßt, aber nicht ganz stilecht ist der kurze und etwas niedrigere „Reko"-Speisewagen.
Aufnahme: KHB, Sammlung Ernst

Sichtverhältnisse. Die ausreichende Frischluftzufuhr wird durch eine Druckbelüftungsanlage geregelt. Neben den beiden Toiletten an den Wagenenden sind noch zwei separate Waschräume eingebaut worden. Die Serie wurde übrigens in den siebziger Jahren noch durch zehn kombinierte 2. Klasse/Packwagen ergänzt, die ursprünglich für die CSD bestimmt waren, von diesen jedoch nicht abgenommen worden sind.

Alle Wagen laufen auf den bekannten achshalterlosen, schraubengefederten Drehgestellen Görlitzer Bauart mit 2,50 m Radstand und haben an den Stirnseiten gummiwulstgeschützte Übergänge. Infolge Leichtbau (freitragender Wagenkasten in Röhrenbauweise) beläuft sich das Eigengewicht auf nur 37,0 bis 38,0 t. Neben den grundsätzlich mit grünem Außenanstrich versehenen Fahrzeugen verkehren auch Wagen in Leichtmetallfarbe mit Zierleisten und seit einigen Jahren sogar solche in zweifarbiger Versuchslackierung.

Auch 25 MITROPA-Schlafwagen, gleichfalls nach den Konstruktionsgrundsätzen der UIC-Version Y, jedoch mit nur 1,00 m breiten Übersetzfenstern, wurden ab 1963 in Betrieb genommen. Es sind dies 42,5 t schwere Universal-Schlafwagen mit zehn Fahrgastabteilen, die wahlweise für Ein-, Zwei- oder Drei-Personen-Benutzung hergerichtet werden können. Und selbst Sonderfahrzeuge wie im „Touristenexpreß", einem Turnusreisezug mit Schlaf-, Liege-, Speise- und Salonwagen, entsprechen weitgehend diesen Richtlinien.

Verhältnismäßig spät – zu einem Zeitpunkt, als sich andere Bahnverwaltungen bereits der Erprobung noch größerer Wagenlängen zuwandten – schloß sich die Deutsche Reichsbahn der weitgehenden Vereinheitlichung des europäischen Reisezug-Rollmaterials auf der Basis des UIC-Typs „Z 2" an. Im wesentlichen bedeutete dies die Entscheidung zugunsten des 26,40 m langen Modells.

Auf der Leipziger Messe 1975 stellte sie ihren ABme mit nur noch sechs Plätzen auch in der 2. Klasse der Öffentlichkeit vor. Seine 1. Klasse-Abteile waren von 2,115 auf 2,36 m vergrößert, die der „unteren" Klasse hingegen um 1,75 cm in der Länge (unmerklich) verringert worden. Anstelle der bislang zur Anwendung gekommenen UIC-Drehfalttüren beschritt man auch hier erstmalig den Weg zu Schwenkschiebetüren, wie von den Eurofima-Wagen und DB-Neubauten der siebziger und achtziger Jahre her bekannt.

Dieselbe, für die Reichsbahn bislang ungewöhnliche Standardlänge von 26,40 m weisen über 500 Exemplare eines seit 1978 gebauten sogenannten „langen Halberstädters" auf. In seiner Konzeption weitgehend an die Nahverkehrswagen westeuropäischer Bahnen, namentlich der DB, NS und SNCB angelehnt, bietet er in zwei offenen (Mittelgang-) Abteilen über den Drehgestellen (Bauart Görlitz V) jeweils 24 und einem zentralen Großraum in Wagenmitte weitere 36, zusammen also 84 Plätze (23). Nachdem dieser Typ als international verwendungsfähig anerkannt wurde und das RIC-Zeichen trägt, begegnet man ihm in nahezu sämtlichen D-Zugläufen der Deutschen Reichsbahn, selbst in Frankreich, Polen, auf dem Balkan und natürlich auch auf DB-Gleisen, wobei gelungene Farbversuche darauf schließen lassen, daß nicht zuletzt mit diesen Fahrzeugen das wenig attraktive Grün der Außenwände eine allmähliche Ablösung erfahren könnte.

Ende des Jahres 1976 richtete die Deutsche Reichsbahn zwischen Berlin und den weiter entfernt gelegenen DDR-Bezirksstädten neue „Städte-Expreß"-Züge ein. Zum Einsatz kommen hierbei Sitzwagen des Typs Y/B 70, ergänzt um einen „rekonstruierten" Speisewagen aus der Halberstädter Produktion (8). Um diese Dienste optisch aus dem Gesamtangebot herauszuheben, erhielten alle darin verwendeten Fahrzeuge eine helle, zweifarbige Lackierung, d.h. elfenbein im Fensterbereich und orange unterhalb der Fensterbrüstungen. Eine Druckluftbremse mit Gleitschutzeinrichtung (bei den meisten dieser Wagen), Türschließanlage und Fernschaltung der Beleuchtung sind weitere Kennzeichen der recht ansprechend wirkenden Zugkompositionen.

Es wäre denkbar und wünschenswert, daß diese vergleichbare Entwicklung zum Zugangebot der Deutschen Bundesbahn in nicht allzu ferner Zukunft durchgehende „Intercity-" oder „Städte-Expreß-" Verbindungen auch zwischen Berlin und bundesdeutschen Großstädten zur Folge hätten. Das wäre ein kleiner, aber für viele erkennbarer Schritt zu mehr Gemeinsamkeit auf deutschen Schienen!

Eisenbahnfreunden ist es zu danken, daß einige verkehrsgeschichtlich besonders wertvolle Fahrzeuge früherer Luxuszüge erhalten werden konnten und heute wieder fahren. Zu ihnen gehört der historische „Rheingold" von 1928. Er wurde von Mitgliedern des Freundeskreises Eisenbahn Köln e.V. in mühevoller Arbeit wieder hergerichtet und verkehrt seit 1970 mit 140 km/h Höchstgeschwindigkeit auf Europas Schienen. Das Foto zeigt den einstigen „FFD" zusammen mit der formschönen Lok 18 505 der Deutschen Gesellschaft für Eisenbahngeschichte vor der Silhouette des Kölner Doms. Aufnahme: Friedhelm Ernst

Verzeichnis der Übersichten und Anhänge

Verzeichnis der Übersichten und Grafiken

Vorbemerkungen zu den Übersichten

In den nachstehenden Tabellen sind für die verschiedensten Zeiträume die behandelten Zugläufe nach verschiedenen Kriterien übersichtlich zusammengefaßt. In den Tabellen über die „Reisegeschwindigkeiten" sind neben dem Zuglauf immer in der jeweiligen Jahresspalte zunächst die Gesamtreisezeit in Stunden/Minuten und die Reisegeschwindigkeit in km/h vom Zugausgangs- zum Zugendbahnhof angegeben. Bei Zugläufen von oder nach dem Ausland tritt an deren Stelle der Betriebswechselbahnhof zwischen den beiden benachbarten Verwaltungen, der zu dem betreffenden Zeitraum vereinbart war. Ausgenommen ist im Verkehr mit der Schweiz hier Basel Bad Bf (Basel DRB), der immer anstelle von Basel SBB als Ausgangsbasis für die Berechnungen angenommen wurde, da der lange Grenzaufenthalt, Betriebsabweichungen und die extrem abweichende Fahrzeit auf der Basler Verbindungsbahn die Reisegeschwindigkeit der betreffenden Züge erheblich verfälscht hätten. Abweichungen und Besonderheiten bei den einzelnen Zugläufen gegenüber der Zuglaufspaltenangabe sind in Fußnoten wiedergegeben.

Als Entfernungen wurden grundsätzlich verwandt

a) bei Zugläufen vor dem Ersten Weltkrieg die Angaben des amtlichen Reichspostkursbuches vom Sommer 1914,

b) bei Zugläufen nach dem Ersten Weltkrieg bis zum Jahr 1940 nach dem Reichskursbuch der DR vom Sommer 1939,

c) bei Zugläufen im Bereich der Deutschen Bundesbahn nach dem Zweiten Weltkrieg nach dem Amtlichen Kursbuch vom Sommer 1966,

d) bei Zugläufen im Bereich der Deutschen Demokratischen Republik nach dem Zweiten Weltkrieg nach verschiedenen Ausgaben des Amtlichen Kursbuches der Deutschen Reichsbahn,

e) bei nicht in den Kursbüchern enthaltenen Wegen über Abzweigstellen, Umgehungskurven, Güterstrecken usw. nach den Streckenverzeichnissen und Kilometertafeln der betreffenden Bundesbahndirektionen.

Abweichend von vorstehenden Grundsätzen wurden trotz Angabe des Gesamtzuglaufes die Streckenabschnitte Hamburg Hbf – Hamburg-Altona und Dresden-Neustadt – Dresden Hbf sowohl bei der Darstellung der Fahrzeiten wie der Berechnung der Reisegeschwindigkeiten **nicht** berücksichtigt, da sie zu extremen Abweichungen der Gesamtzuglaufangaben geführt hätten. In gleicher Weise wurde bei allen nach und von Berlin Stadtbahn laufenden Zügen aus Richtung Osten die Berechnung nur bis und ab Berlin Schlesischer Bahnhof (Ostbahnhof), aus Richtung Westen nur bis und ab Berlin Zoologischer Garten angewandt. Dies gilt auch, wenn ausnahmsweise der Zug in Berlin-Charlottenburg hielt. Abweichungen sind als Fußnoten angegeben. Diese Darstellungsform gilt nicht, wenn Züge über diese Streckenabschnitte durchliefen, z. B. Frankfurt (Main) – Kiel über Hamburg-Altona.
Bei annähernd gleichen Fahrzeiten können trotzdem Differenzen in den Reisegeschwindigkeiten auftreten, die daraus begründet sind, daß die Züge über Umgehungskurven, Güterstrecken oder parallel verlaufende Strecken geführt wurden, ohne daß dies in den Tabellen besonders dargestellt wurde.
Dies gilt namentlich für die verschiedenen Fahrmöglichkeiten zwischen Rastatt und Karlsruhe, Wien Ost und Wien West, Göttingen – Kassel, Frankfurt (Main) – Hanau, Essen – Bochum sowie ganz allgemein im Main-Neckar-, Rhein-Main- und im westfälischen oder oberschlesischen Industriegebiet. Auch die verschiedenartigsten Führungen im Vorfeld der Hpbf Frankfurt (Main) konnten in den Tabellen nicht besonders dargestellt werden. Sie alle fanden jedoch Eingang in die Berechnungen der Reisegeschwindigkeit, so daß bei verschiedenen Angaben dieser Spalte bei gleichen Fahrzeiten oder umgekehrt kein Rechenfehler vorliegt. In allen Tabellen mit Angabe der Reisegeschwindigkeiten ist der Zuglauf mit der größten Reisegeschwindigkeit des betreffenden Jahres halbfett ausgezeichnet.

Übersicht 1

Luxuszüge im Sommer 1914

Name des Zuges	Laufweg	Reisezeit Std.	Reisegeschw. km/h	Bemerkungen
Nordexpreß	Herbesthal – Köln – Essen – Hannover – Berlin Stadtbahn	10.00	66,5	täglich
	Berlin Stadtbahn – Hannover – Essen – Köln – Herbesthal	10.33	63,1	täglich
	Herbesthal – Köln – Essen – Hannover – Bln-Stadtb. – Schneidemühl – Königsberg – Eydtkuhnen	20.32	60,3	zweimal wöchentlich
	Eydtkuhnen – Königsberg – Schneidemühl – Bln-Stadtb. – Hannover – Essen – Köln – Herbesthal	22.43	54,5	zweimal wöchentlich
	Herbesthal – Köln – Essen – Hannover – Bln-Stadtb. – Posen – Thorn – Alexandrowo	16.34	65,8	einmal wöchentlich
	Alexandrowo – Thorn – Posen – Bln-Stadtb. – Hannover – Essen – Köln – Herbesthal	17.54	60,9	einmal wöchentlich
Berlin-Marienbad-Karlsbad-Expreß	Berlin-Anh. Bf – Leipzig – Reichenbach – Plauen – Eger	5.53	61,3	täglich 1.6.–31.8.1914
	Eger – Plauen – Reichenbach – Leipzig – Berlin-Anh. Bf	5.31	65,3	täglich 1.6.–31.8.1914
Ostende-Wien-Expreß	Herbesthal – Köln – Koblenz – Mainz – Frankfurt – Nürnberg – Passau	13.43	55,7	täglich
	Passau – Nürnberg – Frankfurt – Mainz – Koblenz – Köln – Herbesthal	12.59	58,9	täglich
Orient-Expreß	Avricourt – Straßburg – Karlsruhe – Stuttgart – München – Salzburg	10.19	64,0	täglich
	Salzburg – München – Stuttgart – Karlsruhe – Straßburg – Avricourt	10.08	65,2	täglich
Karlsbad-Expreß	Avricourt – Straßburg – Karlsruhe – Heilbronn – Crailsheim – Nürnberg – Eger	9.46	59,2	täglich 2.6.–28.9.1914
	Eger – Nürnberg – Crailsheim – Heilbronn – Karlsruhe – Straßburg – Avricourt	9.41	59,7	täglich 2.6.–28.9.1914
Ostende-Karlsbad-Expreß	Nürnberg – Eger	2.44	53,4	täglich
	Eger – Nürnberg	2.16	**66,8**	täglich

Reisezeiten und Reisegeschwindigkeiten der L- und FD (FFD)-Züge 1923–1928

Übersicht 2

Zug-Nr.	Laufweg	1923		1924		1925		1926		1927		1928	
L 11	Aachen – Köln – Essen – Hamm – Hannover – Berlin – Stentsch	18.23	45,3	18.23	45,3[3,4]	15.27	53,9	12.30	66,0	13.02	63,9	12.18	67,7
L 12	Stentsch – Berlin – Hannover – Hamm – Essen – Köln – Aachen	17.04	48,8	18.10	45,8[3,4]	17.24	47,9	13.28	61,3	13.26	62,0	13.07	63,5
FD 21	Köln – Essen – Hamm – Hannover – Berlin Stadtb.	[1]				8.08	71,2	8.09	71,0	8.07	71,3	7.27	77,7
FD 22	Berlin Stadtb. – Hannover – Hamm – Essen – Köln	[1]				8.22	69,2	7.53	73,5	7.56	73,0	7.36	76,2
FD 23	Altona – Berlin Lehrter Bf	3.44	**76,8**			3.36	79,7	3.26	**83,5**	3.32	81,2	3.20	**86,0**
FD 24	Berlin Lehrter Bf – Altona	3.44	**76,8**			3.33	**80,8**	3.30	81,9	3.30	**81,9**	3.20	**86,0**
L 62	Salzburg – München – Stuttgart – Karlsruhe – Kehl	9.24	59,7	10.21	54,2[5]	8.52	63,3	8.52	63,3	8.52	63,3	8.54	63,1
L 63	Kehl – Karlsruhe – Stuttgart – München – Salzburg	8.45	64,2	10.32	53,3[5]	8.47	63,9	8.47	63,9	8.47	63,9	8.57	62,7
L 64	Eger – Nürnberg – Backnang – Stuttgart	6.10	55,4	6.10	55,4[5]	5.59	57,1	5.59	57,1	5.51	58,4	5.51	58,4
L 65	Stuttgart – Backnang – Nürnberg – Eger	6.18	54,3	6.18	54,3[5]	5.49	58,8	5.49	58,8	5.49	58,8	5.44	61,9[11]
FD 79	München – Nürnberg – Halle – Berlin Anh Bf	10.25	64,7			9.58	67,7	9.16	72,8	9.28	71,2	9.00	74,9
FD 80	Berlin Anh Bf – Halle – Nürnberg – München	10.34	63,8			9.54	68,1	9.25	71,6	9.33	70,6	9.00	74,9
L 91	Basel Bad – Ffm – Kassel – Kreiensen – Magdeburg – Rostock – Saßnitz Hafen	21.02	63,4[6]	20.12	66,0[6]	20.12	66,0[6]						
L 92	Saßnitz Hafen – Rostock – Magdeburg – Kreiensen – Kassel – Ffm – Basel Bad	21.36	61,7[6]	21.36	61,7[6]	21.36	61,7[6]						
FD 111	Bentheim – Osnabrück – Hannover – Berlin Stadtb.	6.15	72,9[2]	6.28	70,5[3,4]	6.26	69,0	6.13	73,3	6.10	73,9	5.55	77,0
FD 112	Berlin Stadtb. – Hannover – Osnabrück – Bentheim	6.26	70,8[2]	6.26	**70,8**[3,4]	6.24	69,4	6.10	73,9	6.08	74,3	5.50	78,1
L 21	Eydtkuhnen – Königsberg – Dirschau – Schneidemühl – Berlin Stadtb.							11.03	67,0[5]				
L 22	Berlin Stadtb. – Schneidemühl – Dirschau – Königsberg – Eydtkuhnen							12.05	61,3[5]				
L 51	Passau – Frankfurt – Wiesbaden – Köln – Aachen					12.05	62,5	11.50	63,8	11.50	63,8	11.45	64,3
L 52	Aachen – Köln – Wiesbaden – Frankfurt – Passau					12.05	62,5	11.52	63,6	11.52	63,6	11.50	63,8
FD 163	Basel Bad – Mannheim – Ludwigshafen – Mainz – Wiesbaden – Köln – Nymwegen					11.41	52,5	11.11	60,4	11.24	60,4[8]		
FD 164	Nymwegen – Köln – Wiesbaden – Mainz – Ludwigshafen – Mannheim – Basel Bad					11.00	61,4	10.34	63,9	10.56	63,0[8]		
FD 5	Basel Bad – Heidelberg – Frankfurt – Erfurt – Leipzig – Berlin Anh Bf							7.30	73,0[7]	9.11	69,2[9]	12.28	71,0

[1] = wegen Regiebetrieb keine vollständigen Fahrzeiten vorhanden [2] = verkehrte als L [3] = wegen Regiebetrieb für Sommer keine Fahrzeiten; Angaben stammen vom Winter
[4] = als D 1. 2. Klasse [5] = verkehrt erst von einem bestimmten Tag ab [6] = einschl. Fährstrecke Stralsund Hafen – Altefähr [7] = nur Frankfurt – Berlin u. zurück
[8] = über Karlsruhe – Heidelberg – Mannheim [9] = ab und bis Heidelberg über Darmstadt [11] = ab 1928 über Aalen

Zug-Nr.	Laufweg	1923		1924		1925		1926		1927		1928	
FD 6	Berlin Anh Bf – Leipzig – Erfurt – Frankfurt – Heidelberg – Basel Bad							7.36	72,1[7]	9.07	69,7[9]	12.33	70,6
FD 263	München – Würzburg – Frankfurt – Mainz – Köln – Emmerich							12.12	63,0	11.34	66,0	11.25	67,3
FD 264	Emmerich – Köln – Mainz – Frankfurt – Würzburg – München							11.38	66,0	11.14	68,0	11.12	68,6
FD 30	Beuthen – Gleiwitz – Breslau – Berlin Stadtb.									7.26	68,4[4]	6.59	72,9
FD 37	Berlin Stadtb. – Breslau – Gleiwitz – Beuthen									7.53	61,5	7.10	71,0
FD 211	Osnabrück – Bremen – Altona									3.20	71,3	6.39	69,3[13]
FD 212	Altona – Bremen – Osnabrück									3.27	68,9	6.44	68,4[13]
FD 3	Frankfurt – Erfurt – Halle – Berlin Anh Bf											7.04	75,9
FD 4	Berlin Anh Bf – Halle – Erfurt – Frankfurt											6.57	77,2
FD 11	Stuttgart – Würzburg – Erfurt – Leipzig – Berlin Anh Bf											10.04	64,5[12]
FD 12	Berlin Anh Bf – Leipzig – Erfurt – Würzburg – Stuttgart											10.00	65,0[12]
FD 25	Altona – Berlin Lehrter Bf											3.20	**80,6**
FD 26	Berlin Lehrter Bf – Altona											3.20	**80,6**
FFD 101	Basel Bad – Mannheim – Mainz – Köln – Zevenaar											9.33	69,5
FFD 102	Zevenaar – Köln – Mainz – Mannheim – Basel Bad											9.10	72,4
L 175	Aachen – Köln											0.53	80,8
L 176	Köln – Aachen											0.56	76,5
FD 330	Oderberg – Ratibor – Kandrzin									0.50	69,1[10,4]	0.48	72,0[10]
FD 337	Kandrzin – Ratibor – Oderberg									0.51	67,8[10,4]	0.49	70,5[10]

[4] = als D 1.2. Kl [7] = nur Frankfurt – Berlin u. zurück [9] = ab und bis Heidelberg über Darmstadt [10] = als FD (D) 50/57 [12] = über Halle
[13] = Köln – Essen – Dortmund – Münster – Altona u. zurück

Reisezeiten und Reisegeschwindigkeiten der L- und FD (FFD)-Züge 1929–1934 Übersicht 2 (Forts.)

Zug-Nr.	Laufweg	1929		1930		1931		1932		1933		1934	
L 11	Aachen–Köln–Essen–Hamm–Hannover–Berlin–Stentsch	12.18	67,2	12.24	66,6	12.33	67,2[15]	11.19	74,0	10.41	78,4[18]	10.41	78,4
L 12	Stentsch–Berlin–Hannover–Hamm–Essen–Köln–Aachen	12.30	66,1	12.40	65,2	12.45	66,1[15]	11.23	73,5	10.48	77,5[18]	10.54	76,8
FD 21	Köln–Essen–Hamm–Hannover–Berlin Stadtb.	7.28	77,6	7.27	77,7	7.23	78,4	7.10	80,8	7.04	81,9	6.31	88,9
FD 22	Berlin Stadtb.–Hannover–Hamm–Essen–Köln	7.36	76,2	7.36	76,2	7.21	78,8	7.21	78,8	7.05	81,7	6.24	90,5
FD 23	Altona–Berlin Lehrter Bf	3.14	**88,7**	3.14	**88,7**	3.14	**88,7**	3.00	95,6	2.45	104,3	2.37	109,6
FD 24	Berlin Lehrter Bf–Altona	3.14	**88,7**	3.14	**88,7**	3.14	**88,7**	2.59	**96,1**	2.43	**105,6**	2.34	**111,7**
L 62	Salzburg–München–Stuttgart–Karlsruhe–Kehl	8.49	63,7	8.49	63,7	8.29	66,2	8.29	66,2	8.15	68,0	7.48	72,0[19]
L 63	Kehl–Karlsruhe–Stuttgart–München–Salzburg	8.50	63,5	8.50	63,5	8.43	64,4	8.43	64,4	8.47	63,9	7.46	72,3[19]
L 64	Eger–Nürnberg–Backnang–Stuttgart	5.51	58,4	5.56	57,6	8.20	61,0[14]	8.20	61,0[14]	5.29	62,3	4.59	68,6[20]
L 65	Stuttgart–Aalen–Nürnberg–Eger	5.44	61,9	5.47	61,4	5.37	63,2	5.37	63,2	5.37	63,2	5.37	63,2[20]
FD 79	München–Nürnberg–Halle–Berlin Anh Bf	9.00	74,9	9.00	74,9	8.56	75,5	8.56	75,5	8.23	80,4	7.32	89,6[17]
FD 80	Berlin Anh Bf–Halle–Nürnberg–München	9.00	74,9	9.00	74,9	8.52	76,0	8.41	77,6	8.32	79,0	7.38	88,4[17]
FD 111	Bentheim–Osnabrück–Hannover–Berlin Stadtb.	5.56	76,8	5.56	76,8	5.54	77,2	5.37	81,1	5.29	83,1	4.54	93,0
FD 112	Berlin Stadtb.–Hannover–Osnabrück–Bentheim	5.53	77,4	5.53	77,4	5.47	78,8	5.37	81,1	5.30	82,8	5.08	88,8
L 51	Passau–Frankfurt–Wiesbaden–Köln–Aachen	11.45	64,3	11.45	64,3	11.06	68,0	11.13	67,3	11.13	67,3	10.48	69,9
L 52	Aachen–Köln–Wiesbaden–Frankfurt–Passau	12.10	62,1	11.50	63,8	10.59	68,7	10.59	68,7	10.59	68,7	10.58	68,9
FD 5	Basel Bad–Heidelberg–Frankfurt–Erfurt–Leipzig–Berlin Anh Bf	12.28	71,0	12.15	71,3	12.14	72,4	12.14	72,4	6.57	78,8[7]	6.25	85,3[7]
FD 6	Berlin Anh Bf–Leipzig–Erfurt–Frankfurt–Heidelberg–Basel Bad	11.46	75,3	12.31	70,7	12.29	70,9	12.22	71,6	6.45	79,5[7]	6.48	80,5[7]
FD 263	München–Würzburg–Frankfurt–Mainz–Köln–Emmerich	11.35	67,7	11.35	66,2	11.35	66,2	11.35	66,2	10.21	74,1	10.06	75,9
FD 264	Emmerich–Köln–Mainz–Frankfurt–Würzburg–München	11.20	67,8	11.20	67,8	11.20	67,8	11.20	67,8	10.18	74,6	10.38	72,2
FD 30	Beuthen–Gleiwitz–Breslau–Berlin Stadtb.	6.39	76,5	6.34	77,5	6.30	78,3						
FD 37	Berlin Stadtb.–Breslau–Gleiwitz–Beuthen	6.43	75,7	6.40	76,3	6.33	77,7						
FD 211	Köln–Essen–Dortmund–Münster–Altona	3.06	76,7	3.06	76,7	2.55	81,5	2.54	81,9	2.47	85,4	2.41	88,6
FD 212	Altona–Münster–Dortmund–Essen–Köln	3.09	75,4	3.09	75,4	2.57	80,5	2.57	80,6	2.51	83,4	2.41	88,6
FD 3	Frankfurt–Erfurt–Halle–Berlin Anh Bf	7.01	76,5	6.55	77,6	6.51	78,3	6.53	77,9	6.53	77,9	6.40	80,5
FD 4	Berlin Anh Bf–Halle–Erfurt–Frankfurt	6.57	77,2	6.57	77,2	7.05	75,7	6.55	77,6	6.45	79,5	6.13	86,3
FD 11	Stuttgart–Würzburg–Erfurt–Leipzig–Berlin Anh. Bf	10.12	64,8	10.12	64,8								
FD 12	Berlin Anh Bf–Leipzig–Erfurt–Würzburg–Stuttgart	10.02	65,9	10.02	65,9								
FD 25	Altona–Berlin Lehrter Bf	3.14	**88,7**	3.14	**88,7**	3.14	**88,7**						

7 = nur Frankfurt–Berlin–u. zurück 14 = Eger–Kehl 15 = ab 1931 bis und ab Neu Bentschen 17 = über Augsburg 18 = ab 1933 über Wuppertal 19 = ab 1934 neue Zug-Nr. L 6/5
20 = ab 1935 neue Zug-Nr. L 106/105

Zug-Nr.	Laufweg	1929		1930		1931		1932		1933		1934	
FD 26	Berlin Lehrter Bf – Altona	3.14	**88,7**	3.14	**88,7**	3.14	**88,7**						
FFD 101	Basel Bad – Mannheim – Mainz – Köln – Zevenaar	9.33	69,5	9.33	69,5	9.33	69,5	9.33	69,5	8.48	75,4	8.39	76,7
FFD 102	Zevenaar – Köln – Mainz – Mannheim – Basel Bad	9.10	72,4	8.51	75,0	8.49	75,3	8.45	75,8	8.09	79,3[16]	8.03	80,3
L 175	Aachen – Köln	0.53	80,8	0.53	80,8	0.55	77,9	0.53	80,8	0.53	80,8	0.52	82,4
L 176	Köln – Aachen	0.55	71,4	0.56	76,5	1.00	71,4	1.00	71,4	0.55	77,9	0.54	79,3
FD 330	Oderberg – Ratibor – Kandrzin	0.50	69,1	0.43	80,4	0.43	80,4						
FD 337	Kandrzin – Ratibor – Oderberg	0.48	72,0	0.45	76,8	0.47	73,5						
FD 15	Köln – Essen – Hamm – Hanover – Berlin Stadtb.	10.32	55,0	9.29	61,1	9.49	59,0						
FD 16	Berlin Stadtb. – Hannover – Hamm – Essen – Köln	9.08	63,4	9.08	63,4	9.08	63,4						
FD 25	Aachen – Duisburg – Essen – Hamm – Hannover – Berlin Stadtb.	8.21	74,5	8.22	74,3	8.22	74,3	7.50	79,4	7.45	80,2	7.13	86,2
FD 26	Berlin Stadtb. – Hannover – Hamm – Essen – Duisburg – Aachen	8.17	75,1	8.21	74,5	8.20	74,6	7.52	79,0	7.39	81,3	7.12	86,4
FD 53	Hannover – Lehrte – Altona	2.30	72,6	2.28	73,6								
FD 54	Altona – Lehrte – Hannover	2.39	68,5	2.31	72,2								
FD 70	Berlin Anh Bf – Halle – Nürnberg – München	10.37	63,5	10.37	63,5	10.27	64,5	10.07	66,6	9.47	68,9	9.27	71,3[21]
FD 71	München – Nürnberg – Halle – Berlin Anh Bf	10.45	62,8[17]	10.45	62,8[17]	10.45	62,8[17]	10.41	63,4[17]	9.41	69,7[17]	9.29	71,2[21,17]
FD 91	Göttingen – Börßum – Magdeburg – Berlin Potsd Bf	4.34	71,0	4.31	72,6	4.31	72,6	4.03	80,1	4.03	80,1		
FD 92	Berlin Potsd Bf – Magdeburg – Börßum – Göttingen	4.19	72,5	4.19	75,2	4.09	78,1	3.59	81,4	3.59	81,4		
FD 153	Frankfurt – Kassel – Hannover – Bremen	6.37	75,1	6.38	75,0								
FD 154	Bremen – Hannover – Kassel – Frankfurt	6.39	74,8	6.48	73,1								
FD 191	Basel Bad – Mannheim – Darmstadt – Ffm – Kassel – Hannover – Lehrte – Altona	13.46	65,2	13.46	65,2	13.46	65,2	13.46	65,2	13.46	65,2		
FD 192	Altona – Lehrte – Hannover – Kassel – Frankfurt – Mannheim – Basel Bad	14.18	61,7	14.18	61,7	14.04	62,7	14.04	62,7	13.40	64,6		
FD 225	Köln – Wuppertal – Hamm – Münster – Altona	6.26	68,8	6.26	68,8	6.14	71,0	5.55	74,8	5.52	75,4	1.38	73,7[22]
FD 226	Altona – Münster – Hamm – Wuppertal – Köln	6.26	68,8	6.26	68,8	6.13	71,2	6.01	73,5	5.56	74,6	1.37	74,5[22]
L 19	Basel Bad – Karlsruhe – Darmstadt – Frankfurt – Erfurt – Leipzig – Berlin Anh Bf[33]			11.43	74,5	11.43	74,5	11.43	74,5	11.01	79,2	10.42	81,6
L 20	Berlin Anh Bf – Leipzig – Erfurt – Frankfurt – Mannheim – Basel Bad[33]			11.44	75,4	11.44	75,4	11.46	75,2	11.45	75,3	10.43	82,5
L 219	Darmstadt – Wiesbaden – Köln – Nymwegen[33]			4.48	77,7	4.48	77,7						
L 220	Zevenaar – Köln – Wiesbaden – Mannheim[33]			6.56	60,0	6.50	60,9						
FD 425	Hamm – Münster											0.26	81,5

[16] = ab 1933 ab, ab 1935 bis Emmerich berechnet [17] = über Augsburg [21] = als Dsl (Schlafwagen-Fernschnellzug) [22] = ab 1934 nur noch Köln – Hamm und zurück
[33] = verkehrt nur saisoniert im Winter

Reisezeiten und Reisegeschwindigkeiten der L- und FD (FFD)-Züge 1935–1939 Übersicht 2 (Forts.)

Zug-Nr.	Laufweg	1935		1936		1937		1938		1939		
L 11	Aachen–Köln–Wuppertal–Hamm–Hannover–Berlin–Neu Bentschen	10.41	78,4	10.40	78,5	10.20	78,9	10.21	78,8	10.21	78,8	
L 12	Neu Bentschen–Berlin–Hannover–Hamm–Wuppertal–Köln–Aachen	10.44	78,0	10.41	78,4	10.11	80,1	10.17	79,3	10.17	79,3	
FD 21	Köln–Essen–Hamm–Hannover–Berlin Stadtb.	6.31	88,9	6.34	88,2	6.35	88,0	6.40	86,9	6.09	94,2	
FD 22	Berlin Stadtb.–Hannover–Hamm–Essen–Köln	6.29	89,3	6.26	90,0	6.29	89,3	6.36	87,7	6.36	87,7	
FD 23	Altona[34]–Berlin Lehrter Bf	2.37	109,6	2.25	118,7	2,25	118,7	2.31	114,0	2.27	**117,1**[32]	
FD 24	Berlin Lehrter Bf.–Altona[34]	2.35	**111,0**	2.24	**119,5**	2,24	**119,5**	2.29	**115,5**	2.29	115,5[32]	
L 6	Salzburg–München–Stuttgart–Karlsruhe–Kehl	7.48	72,0	7.51	71,5	7.51	71,5	11.06	85,4[26]	12.27	77,1[30]	
L 5	Kehl–Karlsruhe–Stuttgart–München–Salzburg	7.46	72,3	7.28	75,2	7.28	75,2	11.38	80,8[26]	14.28	66,3[30]	
L 106	Eger–Nürnberg–Backnang–Stuttgart	4.59	68,6	4.59	68,6	4.59	68,6	4.59	68,6	6.19	62,3[31]	
L 105	Stuttgart–Aalen–Nürnberg–Eger	5.37	63,2	5.25	65,5	5.25	65,5	5.21	66,3	6.39	61,2[31]	
FD 79	München–Nürnberg–Halle–Berlin Anh Bf	7.30	90,0[17]	7.43	87,4[17]	7.57	84,7[17]	7.57	84,7[17]	7.57	84,7[17]	
FD 80	Berlin Anh Bf–Halle–Nürnberg–München	7.38	88,4[17]	7.53	85,6[17]	8.07	83,1[17]	8.13	82,1[17]	8.15	81,8[17]	
FD 111	Bentheim–Osnabrück–Hannover–Berlin Stadtb.	4.54	93,0	5.00	91,1	5.00	91,1	4.58	91,7	4.58	91,7	
FD 112	Berlin Stadtb.–Hannover–Osnabrück–Bentheim	5.14	87,1	5.12	87,6	4.55	92,7	4.56	92,4	4.56	92,4	
L 51	Passau–Frankfurt–Wiesbaden–Köln–Aachen	10.48	69,9	10.48	69,9	10.48	69,9	15.05	69,6[27]	15.05	69,6[27]	
L 52	Aachen–Köln–Wiesbaden–Frankfurt–Passau	11.02	68,4	10.21	71,8[23]	10.19	72,0[25]	14.38	71,2[27]	14.44	70,2[27]	
FD 5	Frankfurt–Erfurt–Leipzig–Berlin Anh Bf	6.13	88,1	6.15	87,6	6.15	87,6	6.15	87,6	6.15	87,6	
FD 6	Berlin Anh Bf–Leipzig–Erfurt–Frankfurt	6.21	86,2	6.26	85,1	6.26	85,1	6.26	85,1	6.26	85,1	
FD 263	München–Würzburg–Frankfurt–Mainz–Köln–Emmerich	10.01	76,6	9.53	77,6	9.53	76,6	10.00	76,7	10.05	76,1	
FD 264	Emmerich–Köln–Mainz–Frankfurt–Würzburg–München	9.39	76,6	9.33	80,4	9.33	80,4	9.35	80,2	9.38	79,7	
FD 211	Köln–Essen–Dortmund–Münster–Altona	2.37	90,8									
FD 212	Altona–Münster–Dortmund–Essen–Köln	2.41	88,6									
FD 7	Stuttgart–Würzburg–Erfurt–Leipzig–Berlin Anh Bf							8.52	74,5	8.52	74,5	
FD 8	Berlin Anh Bf–Leipzig–Erfurt–Würzburg–Stuttgart							9.20	70,8	9.20	70,8	
FFD 101	Basel Bad–Mannheim–Mainz–Köln–Zevenaar	8.13	79,5[16]	8.08	79,5[24]	8.08	79,5	7.26	87,0	7.34	85,4	
FFD 102	Zevenaar–Köln–Mainz–Mannheim–Basel Bad	8.03	80,3	7.47	83,1[24]	7.49	82,7	7.83	89,6	7.27	86,8	
L 175	Aachen–Köln	0.52	82,4	0.51	84,0	0.51	84,0	0.52	82,4	0.52	82,4	

[16] = ab 1933 ab, ab 1935 bis Emmerich berechnet [17] = über Augsburg [23] = über Köln–Beuel–Koblenz–Mainz–Frankfurt Süd [24] = ab 1936 als FD
[25] = über Köln–Bonn–Koblenz–Mainz–Frankfurt Süd [26] = Laufweg verlängert ab und bis Marchegg; im Winter über Straß-Sommerein; ostwärts München als L 111/112
[27] = Laufweg wie Vorjahr und verlängert ab und bis Wien West [30] = neuer Laufweg ostwärts Wien ab und bis Straß-Sommerrein [31] = Laufweg verlängert ab und bis Karlsbad ob. Bf.
[32] = als FD 21/26 [34] = ab 1938 Hamburg-Altona

Zug-Nr.	Laufweg	1935		1936		1937		1938		1939		
L 176	Köln – Aachen	0.54	79,3	0.54	79,3	0.50	85,7	0.50	85,7	0.50	85,7	
FD 25	Aachen – Duisburg – Essen – Hamm – Hannover – Berlin Stadtb.	7.19	85,0	7.19	85,0	7.18	85,2	7.16	85,6	7.06	87,6	
FD 26	Berlin Stadtb. – Hannover – Hamm – Essen – Duisburg – Aachen	7.11	86,6	7.11	86,6	7.11	86,6	7.20	84,8	7.15	85,8	
FD 225	Köln – Wuppertal – Hamm	1.35	76,0	1.37	74,5	1.37	74,5	1.41	71,5	1.41	71,5	
FD 226	Hamm – Wuppertal – Köln	1.32	78,5	1.33	77,7	1.33	77,7	1.33	77,7	1.33	77,7	
L 19	Basel Bad – Karlsruhe – Darmstadt – Frankfurt – Erfurt – Leipzig – Berlin Anh Bf[33]	10.46	81,1	10.47	81,0	10.47	81,0	10.47	81,0			
L 20	Berlin Anh Bf – Leipzig – Erfurt – Frankfurt – Mannheim – Basel Bad[33]	10.40	82,9	10.18	85,9	10.18	85,9	10.18	85,9			
FD 425	Hamm – Münster	0.26	81,5	0.26	81,5							
D 53	Dresden – Berlin Anh Bf			1.29	118,7	1.35	111,2	1.35	111,2	1.42	103,5	
D 54	Berlin Anh Bf – Dresden			1.37	108,9	1.39	106,7	1.39	106,7	1.48	97,8	
D 57	Dresden – Berlin – Anh Bf			1.31	116,0	1.39	106,7	1.39	106,7	1.51	95,1	
D 58	Berlin Anh Bf – Dresden			1.35	111,2	1.37	108,9	1.37	108,9	1.47	98,7	
FD 17	Wien West – Linz – Regensburg – Hof – Leipzig – Berlin Anh Bf							12.07	76,4			
FD 18	Berlin Anh Bf – Leipzig – Hof – Regensburg – Linz – Wien West							12.03	76,8			
FD 27	Hamburg-Altona – Berlin Lehrter Bf							2.44	104,9[29]			
FD 28	Berlin Lehrter Bf – Hamburg-Altona							2.40	107,6[29]			
L 129	Straß-Sommerein – Wien West – Salzburg – Innsbruck – Feldkirch – Buchs							12.59	63,6	12.52	64,2	
L 130	Buchs – Feldkirch – Innsbruck – Salzburg – Wien West – Straß-Sommerein							12.55	63,9	12.59	63,6	
FD 5	Berlin Stadtb. – Schneidemühl – Marienburg – Königsberg									6.48	86,7	
FD 6	Königsberg – Marienburg – Schneidemühl – Berlin Stadtb.									6.38	88,9	
L 205	Eger – Marienbad – Tuschkau-Kosolup									1.59	48,0	
L 206	Tuschkau-Kosolup – Marienbad – Eger									1.54	50,1	
L 205	Wien Ost – Klagenfurt – Villach – Arnoldstein[33]							7.04	55,5			
L 206	Arnoldstein – Villach – Klagenfurt – Wien Ost[33]							6.55	56,7			

[16] = ab 1933 ab, ab 1935 bis Emmerich berechnet [24] = ab 1936 als FD [29] = nur im Sommer, ab Winter als FDt [33] = verkehrt nur saisoniert im Winter

Reisezeiten und Reisegeschwindigkeiten der FDt 1933–1939

Übersicht 3

Zug-Nr.	Laufweg	1933		1935		1936		1937		1938		1939	
FDt 720	München–Augsburg–Stuttgart			2.24	100,6	2.24	100,6	2.28	97,3[3]				
FDt 721	Stuttgart–Augsburg–München–Berchtesgaden			5.37	75,1	5.34	75,8	2,33	94,7[2]	2.39	91,1	2.39	91,1
FDt 722	Berchtesgaden–München–Augsburg–Stuttgart			5.14	80,6	5.14	80,6	2.30	96,6[2]	2.30	96,6	2.30	96,6
FDt 723	Stuttgart–Augsburg–München			2.33	94,7	2.30	96,6	2.31	96,0[3]	2.33	94,7	2.33	94,7
FDt 552	Bln Anh. Bf.–Leipzig–Nürnberg–München			6.36	103,8[14]	6.36	103,8	6.58	98,4	7.00	97,9	7.04	97,0
FDt 551	München–Nürnberg–Leipzig–Bln Anh. Bf.			6.36	103,8[1,14]	6.40	102,8	6.46	101,3	6.44	101,8	6.44	101,8
FDt 16	Berlin Stadtb.–Hanover–Hamm–Essen–Köln			4.57	117,0	4.55	117,8	4.55	117,8	5.05	113,9	4.54	118,2
FDt 18	Hamm–Wuppertal–Köln					1.21	89,2	1.15	96,3	1.19	91,4	1.19	91,4
FDt 15	Köln–Essen–Hamm–Hannover–Berlin Stadtb.			5.09	112,4	5.09	112,4	5.09	112,4	5.16	109,9	5.16	109,9
FDt 17	Köln–Wuppertal–Hamm					1.21	89,2	1.20	90,3	1.20	90,3	1.20	90,3
FDt 37	Köln–Essen–Hamm–München–Altona[5]			4.18	104,7[13]	4.35	102,7	4.33	103,4	4.33	103,4	4.33	103,4
FDt 38	Altona[5]–Münster–Hamm–Essen–Köln			4.06	109,8[13]	4.30	104,6	4.32	103,8	4.32	103,8	4.32	103,8
FDt 711	Stuttgart–Backnang–Nürnberg					2.15	84,6	2.12	86,6[4]	2.06	90,7	2.06	90,7
FDt 712	Nürnberg–Backnang–Stuttgart					2.14	85,3	2.08	89,3[4]	2.03	92,9	2.03	92,9
FDt 572	Bln Anh. Bf–Leipzig–Erfurt–Frankfurt			5.05	107,5	5.03	108,4	5.02	108,8	6.32	105,5[6]	6.32	105,5[6]
FDt 571	Frankfurt–Erfurt–Leipzig–Bln Anh. Bf			5.06	107,4	5.06	107,4	5.05	107,7	6.39	104,6[7]	6.39	103,6[6]
FDt 45	Bln Stadtb.–Breslau–Gleiwitz–Beuthen			4.34	112,3[16]	4.21	116,9	4.35	111,0	4.28	113,9	4.17	118,8
FDt 46	Beuthen–Gleiwitz–Breslau–Bln Stadtb.			4.39	110,3[16]	4.21	116,9	4.30	113,0	4.37	110,2	4.24	115,6
FDt 1	Altona[5]–Bln Lehrter Bf	2.20	122,9	2.20	122,9	2.17	**125,6**	2.17	**125,6**	2.20	**122,9**[10]	2.19	123,8[8]
FDt 2	Bln Lehrter Bf–Altona[5]	2.18	**124,7**	2.18	**124,7**	2.17	**125,6**	2.17	**125,6**	2.33	112,5[10]	2.19	123,8[8]
FDt 51	Wilhelmshaven–Bremen–Hannover–Bln Stadtb.									4.31	104,8	4.19	109,6
FDt 52	Bln Stadtb.–Hannover–Bremen									3.15	115,8	2.59	**126,2**
Dt 724	München–Augsburg–Stuttgart									2.37	92,3	2.37	92,3
FDt 78	Hmb-Altona–Hannover–Kassel–Ffm–Heidelberg–Karlsruhe									7.20	93,3	7.15	94,4
FDt 77	Karlsruhe–Heidelberg–Ffm–Kassel–Hannover–Hmb-Altona									7.22	94,1	7.13	94,8
FDt 10	Bln Lehrter Bf–Hmb-Altona									2.25	118,7	2.17	125,6[11]
FDt 28	Hmb-Altona–Berlin Lehrter Bf									2.40	107,6[15]	2.20	122,9
FDt 54	Bremen–Wilhelmshaven									1.14	78,5	1.17	75,4[9]
FDt 11	Hmb-Altona–Berlin Lehrter Bf									2.28	116,3	2.18	124,7[11]

[1] = als FDt 553 [2] = ab 1937 als Dt nur Stuttgart–München und zurück [3] = ab 1937 als Dt [4] = ab1937 als FDt 1551/1552 [5] = ab 1938 Hmb-Altona
[6] = nach Karlsruhe über Mannheim [7] = ab Karlsruhe über Mannheim–Darmstadt [8] = 1939 als FDt 23/22 [9] = 1939 als Dt [10] = nur ab und bis Hamburg Hbf
[11] = 1939 als FDt 24/27 [12] = 1939 als FDt 25 [13] = über Duisburg–Essen-Altenessen–Münster [14] = verkehren ist fraglich [15] = als FDt erst ab Winterabschnitt 1938/39
[16] = Winterabschnitt 1935/36 als Dt und ab und bis Friedrichstr.

Reisezeiten und Reisegeschwindigkeiten der FDt 1933–1939 — Übersicht 3 (Forts.)

Zug-Nr.	Laufweg	1933		1935		1936		1937		1938		1939	
FDt 23	Bln Lehrter Bf – Hmb-Altona											2.19	123,8
FDt 27	Bln Lehrter Bf – Hmb-Altona									2.44	104,9[15]	2.18	124,7[12]
FDt 33	Basel DRB – Mannheim – Frankfurt – Erfurt – Halle – Berlin Anh. Bf											8.30	103,4
FDt 34	Berlin Anh. Bf – Halle – Erfurt – Frankfurt – Mannheim – Basel DRB											8.34	101,8
FDt 49	Basel DRB – Mannheim – Frankfurt – Mainz – Köln – Dortmund											7.21	90,2
FDt 50	Dortmund – Köln – Mainz – Frankfurt – Mannheim – Basel DRB											7.30	91,0
FDt 231	Wesermünde-Lehe – Hannover – Magdeburg – Dessau – Leipzig											4.45	95,6
FDT 232	Leipzig – Dessau – Magdeburg – Hannover – Wesermünde-Lehe											4.40	97,3
FDt 458	Breslau – Görlitz – Dresden-Neustadt – Leipzig											3.53	98,5
FDt 459	Leipzig – Dresden-Neustadt – Görlitz – Breslau											3.45	102,0
FDt 515	Hannover – Magdeburg – Halle – Leipzig											2.33	106,2
FDt 520	Leipzig – Halle – Magdeburg – Hannover – Hamm – Hagen – Köln											4.42	120,8
FDt 583	Hmb-Altona – Magdeburg – Halle – Leipzig – Dresden											4.49	106,4
FDt 584	Dresden – Leipzig – Halle – Magdeburg – Hmb-Altona											4.38	106,0
Dt 201	Wien West – Wien Ost – Straß-Sommerein											0.51	85,1
Dt 202	Straß-Sommerein – Wien Ost – Wien West											0.51	85,1

[12] = 1939 als FDt 25   [15] = als FDt erst ab Winterabschnitt 1928/39

Die letzten FD-Züge der DRB vom 1.12.1939 – 5. Mai 1941 **Übersicht 4**

Zug-Nr.	Laufweg	1.12.1939		1.4.1940		6.10.1940		1.2.1941		5.5.1941	
FD 5	Basel DRB – Mannheim – Darmstadt – Frankfurt – Leipzig – Berlin Anh. Bf.	6.13	87,4[1]	13.30	65,6	13.13	67,3	13.13	67,3		
L 5*	München – Salzburg – Wien West – Straß-Sommerein – (Bukarest)	8.36	64,1	8.36	64,1	8.36	64,1	8.36	64,1		
FD 6	Berlin-Anh. Bf. – Leipzig – Frankfurt – Darmstadt – Mannheim – Basel DRB	6.21	85,5[1]	13.28	65,8	13.03	68,1	13.03	68,1		
L 6**	(Bukarest) – Straß-Sommerein – Wien West – Salzburg – München	9.00	61,3	9.00	61,3	8.47	62,8	8.47	62,8		
FD 21	Köln – Essen – Hamm – Hannover – Berlin Stadtbahn	6.34	88,2	7.52	73,6	7.52	73,6	7.52	73,6		
FD 22	Berlin Stadtbahn – Hannover – Hamm – Essen – Köln	6.29	89,3	7.45	74,7	7.45	**74,7**	7.45	**74,7**		
FD 47	Berlin Stadtbahn – Breslau – Heydebreck – Gleiwitz – Kattowitz – Krakau			8.50	69,3	8.50	69,3	8.50	69,3		
FD 48	Krakau – Kattowitz – Gleiwitz – Heydebreck – Breslau – Berlin Stadtbahn			8.50	69,3	8.50	69,3	8.50	69,3		
FD 79	München – Augsburg – Nürnberg – Halle – Berlin-Anh. Bf.	7.29	**90,2**	8.59	**75,1**						
FD 80	Berlin-Anh. Bf. – Halle – Nürnberg – Augsburg – München	7.38	88,4	9.17	72,7						
FD 263	München – Würzburg – Frankfurt – Mainz – Köln – Essen – Dortmund			10.49	69,5	10.49	69,5	10.49	66,9	10.54	**69,0**
FD 264	Dortmund – Essen – Köln – Mainz – Frankfurt – Würzburg – München			11.14	66,9	11.14	66,9	11.14	69,5	11.16	66,8

* = Orient-Expreß, ab München So, Mi, Fr (verkehrte 1. 12. 39 und 1. 4. 40) ** = Orient-Expreß, ab Straß-Sommerein Di, Do, Sa, verkehrte 1. 12. 39 und ab 6. 4. 40.
[1] = nur Frankfurt – Berlin Anh. Bf u. zurück.
Alle Züge verkehrten ab 1. 12. 1939!

Die schnellsten Züge 1923–1941 — Übersicht 5a

Jahr	FD/FFD/L		FDt	
	km/h	Zug-Nr.	km/h	Zug-Nr.
1923	76,8	23, 24		
1924	70,8	112		
1925	80,8	24		
1926	83,5	23		
1927	81,9	24		
1928	86,0	23, 24, 25, 26		
1929	88,7	23, 24, 25, 26		
1930	88,7	23, 24, 25, 26		
1931	88,7	23, 24, 25, 26		
1932	96,1	24		
1933	105,6	24	124,7	2
1934	111,7	24	124,7	2
1935	111,0	24	124,7	2
1936	**119,5**	24	125,6	1, 2
1937	**119,5**	24	125,6	1, 2
1938	115,5	24	122,9	1
1939	117,1	21	**126,2**	52
1.12.39	90,2	79		
1. 4.40	75,1	79		
6.10.40	74,7	22		
1. 2.41	74,7	22		
5. 5.41	69,0	263		

Die höchste erreichte Reisegeschwindigkeit ist halbfett ausgezeichnet.

Übersicht 5b

Die Entwicklung der Reisegeschwindigkeiten und der mittleren Haltestellenentfernungen 1923–1941

Jahr	Zuggattung	Zugkilometer in km	Durchschn. Reisegeschwindigkeit in km/h	Mittlere Haltestellenentfernung in km
1923	L	6756,2	55,7	*)
	FD	1922,0	67,6	*)
	Summe:	8678,2	57,9	
1924 (a)	L	2372,8	56,8	*)
1924 (b)	L	4179,2	55,6	*)
1924 (c)	L	4179,2	55,6	*)
	D	911,2	70,6	*)
	Summe:	5090,4	57,8	
1924 (d)	L	4179,2	55,6	*)
	D	2561,2	51,8	*)
	Summe:	6740,4	54,1	
1925	L	7336,0	57,3	*)
	FD	5277,8	68,0	*)
	Summe:	12613,8	61,4	
1926 (a)	L	4960,4	62,7	99,2
	FD	7905,0	69,9	96,4
	Summe:	12865,4	66,9	97,5
1926 (b)	L	6440,8	63,0	103,9
	FD	7905,0	69,9	96,4
	Summe:	14345,8	66,6	99,6
1927	L	4960,4	62,4	99,2
	FD	8573,4	69,9	95,3
	Summe:	13533,8	66,8	96,7
1928	L	5115,1	63,7	98,4
	FD	12266,4	72,6	*)
	FFD	1330,0	72,3	73,9
	Summe:	18711,5	69,9	*)
1929	L	5116,5	64,2	98,4
	FD	20297,0	71,0	97,1
	FFD	1330,0	72,3	73,9
	Summe:	26743,5	69,7	95,8
1930	L	5116,5	64,1	98,4
	FD	20297,0	71,2	96,7
	FFD	1330,0	72,3	73,9
	Summe:	26743,5	69,8	95,5

Jahr	Zuggattung	Zugkilometer in km	Durchschn. Reisegeschwindigkeit in km/h	Mittlere Haltestellenentfernung in km
1931	L	5304,7	65,9	91,5
	FD	17603,6	72,0	*)
	FFD	1330,0	72,3	73,9
	Summe:	24238,3	70,6	*)
1932	L	5304,7	68,2	91,5
	FD	14754,2	73,4	101,8
	FFD	1330,0	72,6	73,9
	Summe:	21388,9	72,0	96,8
1933	L	5081,9	69,0	105,9
	FD (tw)	573,6	123,8	286,8
	FD	14075,6	76,8	105,8
	FFD	1313,2	79,0	73,0
	Summe:	21044,3	75,6	104,7
1934	L	5081,9	71,3	105,9
	FD (tw)	573,6	123,8	286,8
	FD	9664,5	85,8	88,7
	FFD	1313,2	80,2	73,0
	Summe:	16633,2	81,2	94,0
1935 (a)	L	5081,9	71,5	105,9
	FDt	573,6	123,8	286,8
	FD	8604,7	86,9	101,2
	FFD	1296,4	80,1	72,0
	Summe:	15556,6	81,5	101,7
1935 (b)	L	5081,9	71,5	105,9
	FDt	2813,6	112,9	127,9
	FD	8604,7	86,9	101,2
	FFD	1296,4	80,1	72,0
	Summe:	17796,6	84,2	102,9
1935 (c)	L	5081,9	71,5	105,9
	FDt	6367,1	103,3	106,1
	FD	8604,7	86,9	101,2
	FFD	1296,4	80,1	72,0
	Summe:	21350,1	86,1	101,2
1936 (a)	L	5076,8	72,6	105,8
	FDt	7461,7	103,4	103,6
	FD	9426,9	85,9	93,3
	Summe:	21965,4	87,2	99,4
1936 (c)	L	5076,8	72,6	105,8
	FDt	7944,7	103,1	101,9
	FD	9426,9	85,9	93,3
	Summe:	22448,4	87,4	98,9

Jahr	Zuggattung	Zugkilometer in km	Durchschn. Reisegeschwindigkeit in km/h	Mittlere Haltestellenentfernung in km
1937	L	5076,8	73,6	105,8
	FDt	6618,3	107,1	110,3
	FD	9390,2	85,7	90,3
	Summe:	21085,3	87,7	99,5
1937 (A)	L	5076,8	73,6	105,8
	FDt	6618,3	107,1	110,3
	FD	9390,2	85,7	90,3
	D (tw)	966,0	96,3	80,5
	Summe:	22051,3	88,1	98,4
1938 (a)	L	7695,8	69,5	96,2
	FDt	8048,7	106,3	115,0
	FD	12567,8	83,0	98,2
	Summe:	28312,3	83,8	101,8
1938 (b)	L	7695,8	69,5	96,2
	FDt	8801,5	107,3	118,9
	FD	12567,8	83,0	98,2
	Summe:	29065,1	84,4	103,1
1938 (c)	L	7695,8	69,5	96,2
	Fdt	10175,7	105,2	115,6
	FD	12567,8	83,0	98,2
	Summe:	30439,3	84,8	102,8
1938 (d)	L	7695,8	69,5	96,2
	FDt	10175,7	105,2	115,6
	FD	12567,8	83,0	98,2
	D (tw)	1159,6	89,4	72,5
	Summe:	31598,9	85,0	101,3
1939 (a)	L	8029,8	67,6	93,4
	FDt	15733,6	105,1	100,2
	FD	11896,6	84,4	94,4
	Summe:	35660,0	87,1	96,6
1939 (c)	L	8029,8	67,6	93,4
	FDt	16784,0	104,5	98,2
	FD	11896,6	84,4	94,4
	Summe:	36710,4	87,3	95,8
1939 (d)	L	8029,8	67,6	93,4
	FDt	16784,0	104,5	98,2
	FD	11896,6	84,4	94,4
	D (tw)	1159,6	90,5	72,5
	Summe:	37870,0	87,4	94,9
1939 (1.12.)	FD	3590,8	88,2	108,8

Jahr	Zuggattung	Zugkilometer in km	Durchschn. Reisegeschwindigkeit in km/h	Mittlere Haltestellenentfernung in km
1940 (1.4.)	L	1107,8	62,9	110,8
	FD	6883,0	69,9	81,9
	Summe:	7990,8	68,8	85,0
1941 (1.5.)	L	1107,8	62,9	110,8
	FD	1502,8	67,8	68,3
	Summe:	2610,6	65,5	81,6

Anmerkungen:

a) Die mit „*)" bezeichneten Spalten besagen, daß die Angaben infolge nicht mehr vorhandener Unterlagen nicht erhoben werden konnten. Die Angabe „(tw)" bedeutet Fahrten mit Triebwagen und einer Hg von 160 km/h.

b) Der Block 1924 (a) enthält nur die als tatsächlich bekannt verkehrenden L-Züge, der Block 1924 (b) enthält darüber hinaus zusätzlich die „von einem noch bekanntzugebenden Tage an" verkehrenden L-Züge. Der Block 1924 (c) enthält darüber hinaus das wegen des Regiebetriebs vorübergehend als D-Zug 1.2. Klasse geführte Zugpaar 111/112. Der Block 1924 (d) schließlich enthält noch zusätzlich das wegen des Regiebetriebs vorübergehend als D-Zug 1.2. Klasse und nur im Winter geführte Zugpaar 11/12.

c) Der Block 1926 (a) enthält nur die als tatsächlich bekannt verkehrende L-Züge, der Block 1926 (b) enthält darüber hinaus das „von einem noch bekanntzugebenden Tage an" verkehrende Zugpaar L 21/22.

d) Grundsätzlich sind alle L-Züge in den jeweiligen Jahren ohne Rücksicht auf Verkehrstage und -zeiten berücksichtigt.

e) In den Fahrplanjahren 1933 und 1934 wurde der „Fliegende Hamburger" als FD 1/2 bezeichnet. Formell hätte er somit den dampfbetriebenen FD zugerechnet werden müssen. Eine eigene Zuggattung FDt gab es erst ab dem Sommerfahrplan 1935.

f) Folgt man dem sonst bei FD-Zügen vertretenen Grundsatz, daß nur solche Züge, die über die ganze Sommerfahrplanperiode mindestens fünfmal wöchentlich verkehrten, berücksichtigt werden sollen, so dürfte für das Fahrplanjahr 1935 nur FDt 1 Berlin–Altona erscheinen (1935 (a)). Das FDt-Zugpaar Berlin–Köln wurde erst zum 1. Juli, das Berlin–Frankfurt (Main) erst zum 15. August 1935 eingelegt. Bezieht man diese beiden Zugpaare in die Berechnungen mit ein, so ergeben sich die mit 1935 (b) bezeichneten Angaben. Werden dagegen entgegen der sonst üblichen Regel auch jene Züge, deren Verkehren auf besondere Anordnung zwar in Aussicht genommen war, die aber tatsächlich **nicht** während des Sommerfahrplanabschnittes eingesetzt wurden, mit berücksichtigt, ergeben sich die Angaben 1935 (c).

g) Die Zuggattung FFD ging 1936 in der Zuggattung FD auf.

h) Analog zu f) ergeben sich gleiche Voraussetzungen für 1936. Hier gibt es aber keine Zugläufe, die im Sommerfahrplanabschnitt eingelegt wurden, sondern nur solche, die dauernd verkehrten (1936 (a)) und die, die zwar angekündigt wurden, tatsächlich aber erst 1937 eingesetzt wurden (1936 (c)).

i) 1937 ist zu unterscheiden zwischen dem „echten" FDt-Verkehr (1937) und den in diesem Jahr zu Dt abgestuften Zugläufen. Da es sich hier ebenfalls um Zugläufe mit Triebwagen für 160 km/h handelt, sind diese als 1937 (A) besonders dargestellt worden.

k) 1938 und 1939 ergeben sich zusätzliche Abweichungen daraus, daß der Zuglauf nach Wilhelmshaven ab Bremen die Zuggattung in Dt ändert und außerdem ein Zuglauf Karlsruhe–Hamburg angekündigt wurde, der nachweislich 1938 nicht verkehrte.

Es kommt daher zu vier Varianten

- unter (a) sind von den FDt nur die während des ganzen Sommerabschnittes dauernd mindestens fünfmal wöchentlich verkehrenden Züge sowie die FD berücksichtigt.
- unter (b) sind darüberhinaus diejenigen FDt berücksichtigt, die als „verkehrt erst von einem noch anzugebenden Tage ab“ angekündigt waren und während der Fahrplanperiode eingelegt wurden,
- unter (c) sind darüber hinaus diejenigen FDt berücksichtigt, die gleichfalls angekündigt waren, jedoch nachweislich **nicht** verkehrten,
- unter (d) sind darüber hinaus die mit Triebwagen für 160 km/h gebildeten Dt berücksichtigt.

l) Infolge des Kriegsausbruches 1939 verkehrten nicht immer alle im Fahrplan veröffentlichten Züge. Die FD nach dem Fahrplan vom 1.12.1939 verkehrten sämtlich kurze Zeit, ebenso das L-Zugpaar, jedoch nur dreimal wöchentlich. Welche Züge in den kurzen Zeitspannen zwischen dem 1. April 1940 und dem Beginn des Frankreichfeldzuges bzw. dem 1. Mai 1941 und dem Einfall in die Sowjetunion tatsächlich verkehrten, ist nicht mehr mit Sicherheit nachweisbar.

Übersicht 5c – Grafische Entwicklung der Reisegeschwindigkeiten 1914-1941 – schnellste Züge

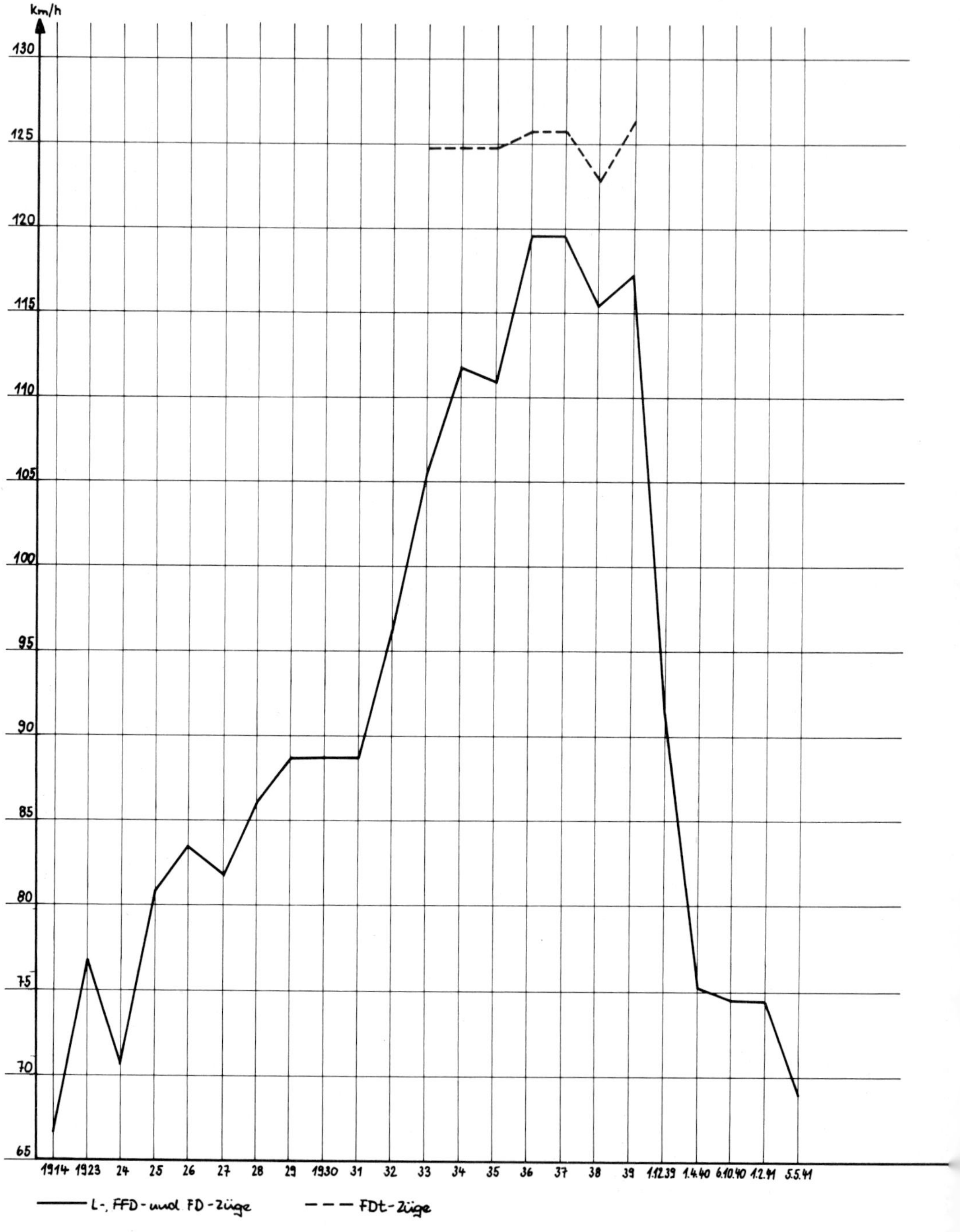

Übersicht 5d – Grafische Entwicklung der Reisegeschwindigkeiten 1914-1941 – durchschnittliche Reisegeschwindigkeit

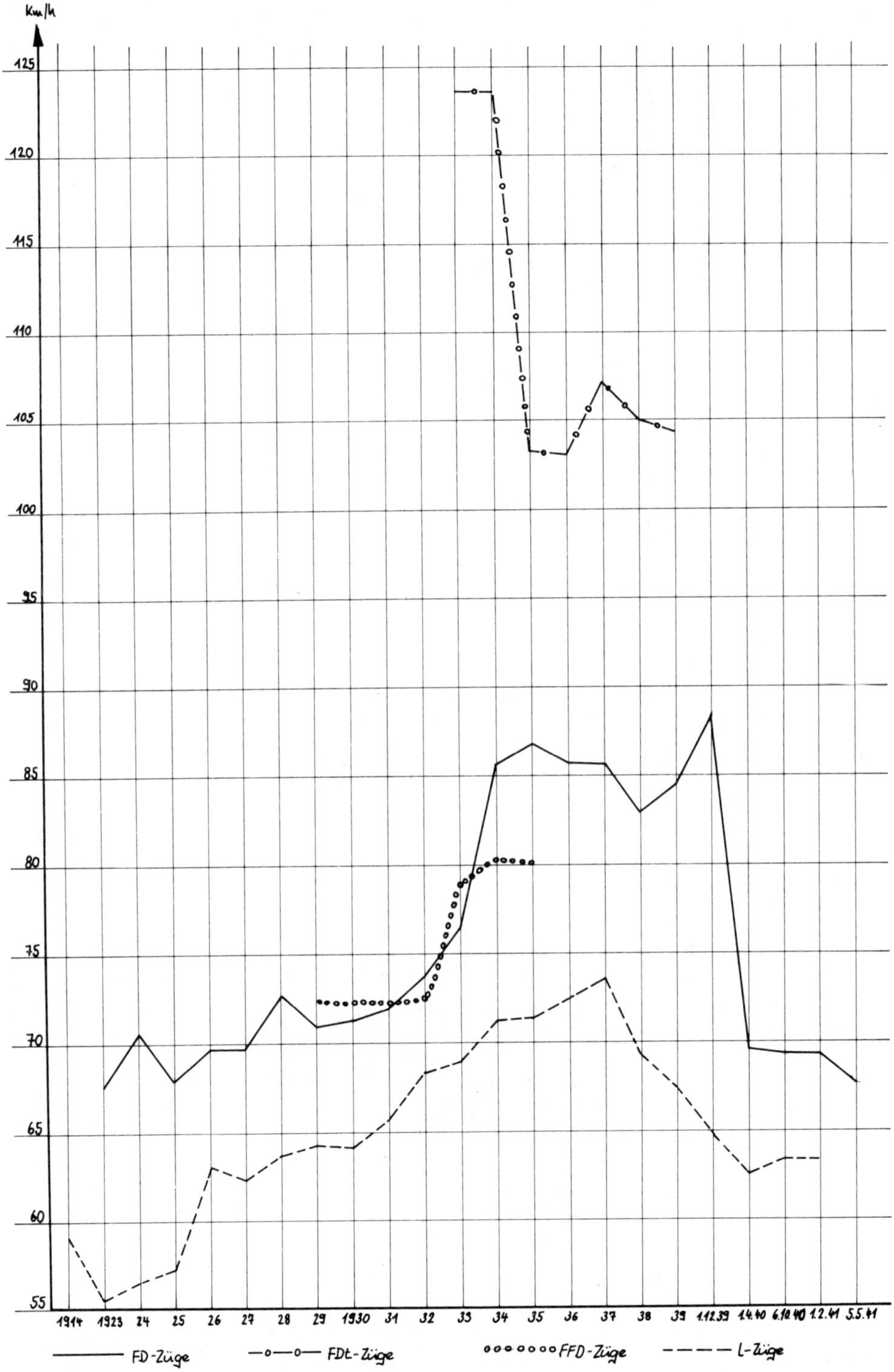

Anmerkung: Für 1914 gilt die Angabe für alle D- und L-Züge

Reisezeiten und Reisegeschwindigkeit der ersten Nachkriegs-FD-Züge des internationalen Verkehrs auf Strecken der DB 1947–1949

Übersicht 6

Zug-Nr.	Laufweg auf deutscher Strecke	15.3.46		6.1.47		1.7.47		9.5.48		3.10.48	
L 11	Aachen–Köln–Wt–Hamm–Osnabrück–Hamburg–Flensburg	10.52	42,9[3,10]	13.51	51,2[9]	14.05	50,4	11.58	58,7	11.58	58,7
L 12	Flensburg–Hamburg–Osnabrück–Hamm–Wt–Köln–Aachen	11.05	42,1[3,10]	13.47	51,4[9]	13.22	53,1[12]	13.02	53,9	13.02	53,9
FD 191	Köln–Essen-Altenessen–Hamm–Osnabrück–Hamburg–Flensburg	6.46	**53,3**	11.51	53,4[11]						
FD 192	Flensburg–Hamburg–Osnabrück–Hamm–Essen-Altenessen–Köln	6.48	53,0	12.06	52,3[11]						
FD 211	Lauterbourg–Ludwigshafen–Mainz–Köln–Kaldenkirchen	11.17	49,2[14]	9.17	44,4						
FD 212	Kaldenkirchen–Köln–Mainz–Ludwigshafen–Lautersbourg	13.05	42,5[14]	9.23	43,9						
L 5	Kehl–Karlsruhe–Stuttgart–München–Salzburg	8.14	41,0[15]	10.42	52,3	11.25	49,1	11.04	50,8	11.04	50,8
L 6	Salzburg–München–Stuttgart–Karlsruhe–Kehl	7.58	42,4[15]	11.31	48,6	11.12	50,0	12.07	46,4	12.07	46,4
FD 291	Bentheim–Osnabrück			1.18	53,3						
FD 292	Osnabrück–Bentheim			1.29	46,7						
FD 111	Bentheim–Osnabrück–Hannover–Helmstedt			5.25	**60,0**[10]	4.14	54,9[1]				
FD 112	Helmstedt–Hannover–Osnabrück–Bentheim			5.45	56,5[10]	4.17	54,2[1]				
L 105	Stuttgart–Aalen–Crailsheim–Nürnberg–Schirnding			7.23	44,5	7.22	44,6	7.14	47,3	7.14	47,3
L 106	Schirnding–Nürnberg–Crailsheim–Aalen–Stuttgart			7.10	45,9	7.03	46,6	6.54	49,6	6.54	49,6
FD 191	Bentheim–Osnabrück–Hamburg–Flensburg					8.20	**58,6**	7.48	62,7	7.48	62,7
FD 192	Flensburg–Hamburg–Osnabrück–Bentheim					8.35	56,9	7.20	**66,7**	7.20	**66,7**
FD 291	Aachen–Köln–Neuß–Düsseldorf–Essen–Münster–Osnabrück					6.24	45,9				
FD 292	Osnabrück–Münster–Esn-Altenessen–Düsseldorf–Neuß–Köln–Aachen					6.27	45,0				
L 51	Passau–Nürnberg–Ffm–Wiesbaden–Köln–Aachen					9.40	48,9[9,2]	16.50	44,5	16.50	44,5
L 52	Aachen–Köln–Wiesbaden–Ffm–Nürnberg–Passau					10.24	45,4[9,2]	16.26	45,6	16.26	45,6
FD 275	Basel Bad Bf–Ffm–Bebra–Hannover–Hamburg–Flensburg					23.04	45,2	22.23	47,2	22.23	47,2
FD 276	Flensburg–Hamburg–Hannover–Bebra–Ffm–Basel Bad Bf					23.57	43,5	21.41	48,7	21.41	48,7
FD 254	Kaldenkirchen–Köln							1.52	45,0	1.52	45,0
FD 255	Köln–Kaldenkirchen							1.50	45,8	1.50	45,8
FD 163	Basel Bad Bf–Mannheim–Wiesbaden–Köln–Kaldenkirchen							14.53	41,4	14.53	41,4
FD 164	Kaldenkirchen–Köln–Wiesbaden–Mannheim–Basel Bad Bf							15.23	40,1	15.23	40,1
FD 111	Köln–Essen–Hamm–Hannover–Helmstedt							8.44	48,5	8.44	48,5
FD 112	Helmstedt–Hannover–Hamm–Essen–Köln							9.02	46,9	9.02	46,9
FD 211	Wt-Elberfeld–Hamm									1.14	60,7
FD 212	Hamm–Wt-Elberfeld									1.21	55,4
FD 475	Frankfurt (M)–Bebra–Hannover–Hamburg–Kiel									14.16	44,8
FD 476	Kiel–Hamburg–Hannover–Bebra–Frankfurt (M)									13.50	46,2

[1] = Nur noch Laufweg Osnabrück–Helmstedt [2] = Nur Laufweg Nürnberg–Köln [3] = Aachen–Köln–Wuppertal–Hannover–Helmstedt über Köln Südbrücke [9] = über Köln Südbrücke
[10] = nicht über Braunschweig Hbf [11] = über Neuß [12] = über Neuß–Düsseldorf–Esn-Altenessen–Münster [14] = über Kornwestheim–Stg-Untertürkheim Gbf

Reisezeiten und Reisegeschwindigkeit der ersten Nachkriegs-FD-Züge des internationalen Verkehrs auf Strecken der DB 1946, 1949 – 1950

Übersicht 6 (Forts.)

Zug-Nr.	Laufweg auf deutscher Strecke	15. 5. 49		2. 10. 49		14. 5. 50		8. 10. 50			
L 11	Aachen – Köln – Wt – Hamm – Osnabrück – Hamburg – Flensburg	10.45	**65,4**	11.38	60,4	11.38	60,4	11.13	62,7		
L 12	Flensburg – Hamburg – Osnabrück – Hamm – Wt – Köln – Aachen	11.50	59,4	11.50	59,4	11.42	60,1	11.21	61,9		
FD 191	Köln – Essen-Altenessen – Hamm – Osnabrück – Hamburg – Flensburg										
FD 192	Flensburg – Hamburg – Osnabrück – Hamm – Essen-Altenessen – Köln										
L 5	Kehl – Karlsruhe – Stuttgart – München – Salzburg			10.05	55,7	8.59	62,6[5]	8.59	62,6		
L 6	Salzburg – München – Stuttgart – Karlsruhe – Kehl			10.12	55,1	8.56	62,9[5]	8.56	62,9		
L 105	Stuttgart – Aalen – Crailsheim – Nürnberg – Schirnding	9.15	60,8	6.58	49,1	6.08	55,8[5]	5.56	57,6		
L 106	Schirnding – Nürnberg – Crailsheim – Aalen – Stuttgart	11.02	50,9	6.32	52,3	6.13	55,0[5]	6.13	55,0		
FD 191	Bentheim – Osnabrück – Hamburg – Flensburg			7.56	61,6	7.56	61,6	7.54	61,9		
FD 192	Flensburg – Hamburg – Osnabrück – Bentheim			8.08	60,1	8.16	59,2	8.16	59,2		
FD 291	Bentheim – Osnabrück										
FD 292	Osnabrück – Bentheim										
L 51	Passau – Nürnberg – Ffm – Wiesbaden – Köln – Aachen	6.58	49,1	15.12	49,4	13.08	37,0[5]	12.51	58,3		
L 52	Aachen – Köln – Wiesbaden – Ffm – Nürnberg – Passau	6.39	51,5	14.19	52,3	13.12	56,9[5]	13.12	56,9		
FD 275	Basel Bad Bf – Ffm – Bebra – Hannover – Hamburg – Flensburg	7.51	62,3	18.52	56,0	16.40	62,7	16.35	**63,0**		
FD 276	Flensburg – Hamburg – Hannover – Bebra – Ffm – Basel Bad Bf	8.01	61,0	18.39	56,7	16.50	62,1	16.33	63,1		
FD 254	Kaldenkirchen – Köln	8.46	59,4[4]	1.38	51,4	1.24	60,0[6]	1.24	60,0		
FD 255	Köln – Kaldenkirchen	8.59	58,0[4]	1.27	57,9	1.30	56,0[6]	1.30	56,0		
FD 163	Basel Bad Bf – Mannheim – Wiesbaden – Köln – Kaldenkirchen	15.32	48,2	10.38	57,8	9.56	61,2[7]	9.46	62,3		
FD 164	Kaldenkirchen – Köln – Wiesbaden – Mannheim – Basel Bad Bf	14.39	51,1	10.31	58,6	9.51	61,7[7]	9.41	62,8		
FD 212	Hamm – Wt – Elberfeld	18.59	55,7								
FD 107	München – Stuttgart – Mannheim – Mainz – Köln – Emmerich	19.05	55,4	12.20	**62,1**	13.03	58,3[7]	12.46	59,6		
FD 108	Emmerich – Köln – Mainz – Mannheim – Stuttgart – München	1.27	57,9	12.44	60,2	13.29	56,4[7]	13.24	56,8		
FD 15	Aachen – Köln – Essen – Münster – Hamburg – Flensburg	1.32	54,8			11.22	61,7[8]				
FD 16	Flensburg – Hamburg – Münster – Essen – Köln – Aachen	10.58	56,2			12.34	55,9[8]				
FD 171	Bentheim – Osnabrück – Hamburg – Flensburg	10.58	56,2			7.27	**65,6**[8]				
FD 172	Flensburg – Hamburg – Osnabrück – Bentheim					7.29	65,3[8]				
FD 391	Düsseldorf – Essen – Hamm	1.55	56,3								
FD 392	Hamm – Essen – Düsseldorf	1.47	60,6								
FD 107	München – Stuttgart – Mannheim – Mainz – Köln – Emmerich	12.20	62,1								
FD 108	Emmerich – Köln – Mainz – Mannheim – Stuttgart – München	12.44	60,2								

[4] = Laufweg Aachen – Köln – Wuppertal – Hamm – Hamburg-Altona [5] = Ab 14. 5. 50 umgewandelt in FD [6] = Ab 14. 5. 50 neue Zugnummer FD 251/252
[7] = Ab 14. 5. 50 über Mannheim – Ludwigshafen – Mainz – Koblenz – Köln [8] = Saisonzüge im Sommerabschnitt

Reisezeiten und Reisegeschwindigkeiten der internationalen F-Züge auf Strecken der DB 1951–1966 — Übersicht 7 a

Zug-Nr.	Laufweg auf Strecken der DB	1951		1954		1957		1960		1966	
F 5	Kehl – Stuttgart – München – Salzburg	8.34	65,6	8.07	62,9	8.06	69,4	7.09	78,6	6.56	81,1
F 6	Salzburg – München – Stuttgart – Kehl	8.46	64,1	8.02	70,0	7.56	70,8	7.16	77,3	7.30	74,9
F 105	Stuttgart – Nürnberg – Schirnding	6.22	53,7								
F 106	Schirnding – Nürnberg – Stuttgart	5.18	64,4								
F 153	Salzburg – München – Stuttgart – Mainz – Köln – Aachen	13.59	61,0	11.30	74,3	11.48	72,3	11.28	73,9[6]		
F 154	Aachen – Köln – Mainz – Stuttgart – München – Salzburg	13.43	62,2	11.27	74,5	11.53	71,8	10.57	77,3[6]		
F 51	Passau – Nürnberg – Ffm – Köln – Aachen	12.11	61,5	12.32	59,8	11.43	64,8[3]				
F 52	Aachen – Köln – Ffm – Nürnberg – Passau	12.31	59,8	12.11	61,5	11.36	64,6				
F 163	Basel Bad Bf – Mannheim – Mainz – Köln – Kaldenkirchen	9.00	68,4	8.45	70,4	8.48	70,0	6.53	**87,9**[6]	6.47	89,2
F 164	Kaldenkirchen – Köln – Mainz – Mannheim – Basel Bad Bf	8.52	69,5	8.42	70,8	8.37	71,1	6.54	87,7[6]	6.59	89,6
F 263	Köln – Oberhausen – Emmereich	2.05	63,8								
F 264	Emmerich – Oberhausen – Köln	2.10	61,4								
F 107	Basel Bad Bf – Mannheim – Mainz – Köln – Emmerich	10.03	64,9	9.30	68,6	9.18	70,1	7.57	81,8[6]	7.42	84,4
F 108	Emmerich – Köln – Mainz – Mannheim – Basel Bad Bf	10.16	63,5	9.46	68,5	9.23	69,5	7.59	81,4[6]	7.37	85,3
F 211	Basel Bad Bf – Ffm – Bebra – Hannover – Lübeck – Großenbrode	15.35	67,1[1]	14.31	68,9	13.59	71,5	12.36	86,9[4]	11.47	86,3[5,7]
F 212	Großenbrode – Lübeck – Hannover – Bebra – Ffm – Basel Bad Bf	15.30	67,4[1]	14.22	69,6	13.49	**72,4**	12.33	87,3[4]	11.47	86,3[5,7]
F 11	Aachen – Köln – Essen – Osnabrück – Hamburg – Flensburg	10.36	66,3	10.12	68,9	9.59	70,4	9.57	70,7		
F 12	Flensburg – Hamburg – Osnabrück – Essen – Köln – Aachen	10.44	65,5	10.35	66,4	10.14	68,7	10.01	70,2		
F 191	Bentheim – Osnabrück – Hamburg – Großenbrode	6.43	**72,8**[2]	6.29	68,9	6.18	71,0	6.19	70,8	6.14	72,5[7]
F 192	Großenbrode – Hamburg – Osnabrück – Bentheim	6.50	71,6[2]	6.31	68,6	6.21	70,4	6.12	72,1	6.01	75.1[7]
F 251	Salzburg – München – Stg – Mannheim – Mainz – Köln – Kaldenkirchen			13.42	63,5	13.22	65,1				
F 252	Kaldenkirchen – Köln – Mainz – Mannheim – Stg – München – Salzburg			13.50	62,9	13.41	63,6				
F 451	Mannheim – Wiesbaden			1.10	73,7						
F 452	Wiesbaden – Mannheim			1.12	71,7						
F 551	Frankfurt (M) – Mainz			0.31	73,5						
F 552	Mainz – Franfurt (M)			0.30	**76,0**						
F 171	Bentheim – Osnabrück – Hamburg – Großenbrode			6.34	68,1						
F 172	Großenbrode – Hamburg – Osnabrück – Bentheim			6.47	65,9						
F 411	Basel Bad Bf – Karlsruhe – Frankfurt (M)									3.23	**99,9**
F 412	Frankfurt (M) – Karlsruhe – Basel Bad Bf									3.35	94,3

[1] = noch Laufweg Hannover – Hamburg – Flensburg [2] = noch Laufweg Hamburg – Flensburg [3] = Laufweg Ffm – Mainz – Wiesbaden [4] = ab 1960 neuer Laufweg Hannover – Hamburg – Lübeck [5] = über Hamburg [6] = ab 1959 über Mannheim u. Ludwigshafen Kurve – Mainz [7] = bis und ab Puttgarden

Reisezeiten und Reisegeschwindigkeiten der internationalen F-Züge auf Strecken der DB 1967–1969 **Übersicht 7 b**

Zug-Nr.	Laufweg auf Strecken der DB	1967		1968		1969		Name
F 3	Puttgarden – Hmb – Hannover – Ffm – Heidelberg – Basel Bad Bf	11.49	86,0	11.45	86,5	11.40	87,0	Italia-Expreß
F 4	Basel Bad Bf – Heidelberg – Ffm – Hannover – Hmb – Puttgarden	11.47	86,2	11.41	87,0	11.41	87,0	Italia-Expreß
F 5	Kehl – Stuttgart – München – Salzburg	6.54	81,4	6.54	81,4	6.50	82,1	Orient-Expreß
F 6	Salzburg – München – Stuttgart – Kehl	7.29	75,0	7.29	75,0	7.29	75,0	Orient-Expreß
F 92	Basel Bad Bf – Mannheim – Mainz – Köln – Emmerich	7.47	82,7	7.47	82,7	7.40	84,0	Italien-Holland-Expreß
F 93	Emmerich – Köln – Mainz – Mannheim – Basel Bad Bf	7.38	84,1	7.38	84,1	7.40	83,8	Holland-Italien-Expreß
F 98	Basel Bad Bf – Heidelberg – Frankfurt	3.23	**99,8**	3.23	**99,8**	3.34	94,7	
F 99	Frankfurt – Heidelberg – Basel Bad Bf	3.35	94,2	3.34	94,6	3.25	**98,8**	
F 163	Basel Bad Bf – Mannheim – Mainz – Köln – Venlo	6.44	88,8	6.23	93,7	6.24	93,4	Loreley-Expreß
F 164	Venlo – Köln – Mainz – Mannheim – Basel Bad Bf	6.59	85,6	6.38	90,1	6.40	89,7	Loreley-Expreß
F 391	Bentheim – Osnabrück – Hamburg – Puttgarden	6.14	74,0	6.25	71,8	5.33	83,1	Holland-Skandinavien-Expreß
F 392	Puttgarden – Hamburg – Osnabrück – Bentheim	6.01	76,6	6.01	76,6	5.15	87,8	Skandinavien-Holland-Expreß

Die schnellsten Züge der DB 1946 – 1982

Übersicht 8 a

Jahr	FD/L		Interzonen-FD		leichte F		TEE		IC		DC		LS	
	km/h	Zug-Nr.	km/h	Zug-Nr.	km/h	Zug-Nr.	km/h	Zug-Nr.	km/h	Zug-Nr.	km/h	Zug-Nr.	km/h	Zug-Nr.
15. 3.46	53,3	191												
1. 7.47	58,6	191	54,9	111										
2.10.49	62,1	107	69,0	109	69,9	78								
1951	72,8	191	84,2	65	90,5	56								
1953	77,0	452	84,2	65	90,9	42							78,1	573
1955	76,0	552	81,8	65	93,8	43							80,5	201
1957	72,4	212	67,6	65	94,9	45	92,3	78					76,5	366
1959	84,2	163	70,6	165	98,5	16	100,0	78					**87,2**	103
1961	89,3	11	77,3	165	105,3	46	104,6	155						
1963	89,6	164	**95,4**	165	106,4	45, 46	101,9	155						
1965	**102,4**	411			105,4	47	105,0	9						
1967	99,8	98			102,2	46	106,2	78						
1969	99,8	99			123,7	147	113,2	43, 44						
1971					**126,7**	772	116,8	75						
Winter 1971							114,6	75	121,7	195				
1973							113,8	42	114,7	130	101,5	826		
1975							**120,3**	40	114,9	171, 178	106,7	826		
1977							117,0	40	115,5	171	**108,5**	826		
1978							117,0	40	119,2	179				
1979							110,6	81	**121,9**	566				
1980							110,4	81	119,5	662, 663				
1981							109,2	6	113,0	1520				
1982							109,8	6, 7	110,8	128				

Die höchste erreichte Reisegeschwindigkeit ist halbfett ausgezeichnet.

Übersicht 8b

Die Entwicklung der Reisegeschwindigkeiten und der mittleren Haltestellenentfernungen bei der DB 1946–1982

Jahr	Zuggattung	Tägl. Zugkilometer in km	Durchschn. Reisegeschwindigkeit in km/h	Mittlere Haltestellenentfernung in km
	a) Übergangszeit vom Ende des Zweiten Weltkrieges bis zur Gründung der DB; Gebiet aller vier Besatzungszonen			
1947	L	4130,0	49,4	93,9
	FD	4123,6	46,8	50,9
	Summe:	8253,6	48,0	69,4
1948	L	4708,7	49,1	98,1
	FD	5900,7	46,2	48,4
	Summe:	10609,4	47,5	62,4
	b) Übergangszeit vom Ende der Zweiten Weltkrieges bis zur Gründung der DB; Gebiet der drei westlichen Besatzungszonen			
1946 (a)	L	3283,2	46,7	*)
1946 (b)	L	3283,2	46,7	*)
	D	153,0	30,1	*)
	Summe:	3436,2	45,6	*)
1947	L	4130,0	49,4	93,9
	FD	3753,6	49,4	54,4
	Summe:	7883,6	49,4	69,8
1948	L	4708,7	49,1	98,1
	FD	5526,4	48,4	46,8
	Summe:	10235,1	48,7	61,7

Anmerkungen:

*) = Die Angaben konnten mangels genauer Unterlagen wegen der unterschiedlichen Darstellung in den Kursbüchern der einzelnen Besatzungszonen nicht erhoben werden.

a) Die Angaben für 1946 beziehen sich auf die Kursbuchausgabe vom 15. August 1946; ansonsten sind die Sommerfahrplanabschnitte zugrunde gelegt.

b) Der Block 1946 (a) enthält alle als „L" gekennzeichneten Zugläufe; der Block 1946 (b) enthält darüber hinaus die Laufteile des „Orient-Expreß", die zwischen Karlsruhe und Kehl nur als D eingestuft waren.

c) **DB bis zur Einführung der IC (1949–1971) (ausgewählte Jahre)**

Jahr	Zuggattung	Tägl. Zugkilometer in km	Durchschn. Reisegeschwindigkeit in km/h	Mittlere Haltestellenentfernung in km	Spannungsverhältnis in %
1949	L	4722,1	54,1	94,4	1,07
	FD	12497,8	59,1	59,0	1,17
	Summe:	17219,9	57,6	65,7	1,14
1951 (a)	F/FD	13124,1	64,8	61,0	1,19
	FT	3245,2	82,1	60,1	1,50
	F	7455,0	76,1	55,2	1,39
	Summe:	23824,3	70,1	59,0	1,28
1951 (b)	F/FD	13124,1	64,8	61,0	1,19
	FT	5756,2	84,3	73,8	1,54
	F	8432,8	76,0	58,2	1,39
	Summe:	27313,1	71,5	62,4	1,31
1953 (a)	F/FD	14590,2	66,7	67,9	1,14
	FT	10754,6	82,5	59,7	1,41
	F	12347,4	77,4	64,6	1,32
	Summe:	37692,2	74,1	64,3	1,26
1953 (b)	F/FD	14590,2	66,7	67,9	1,14
	FT	10754,6	82,5	59,7	1,41
	F	12545,6	77,2	64,3	1,32
	Summe:	37890,4	74,1	64,2	1,26
1955 (a)	F/FD	13763,4	68,8	74,4	1,11
	FT	11310,3	85,8	68,1	1,38
	F	16717,8	79,5	65,5	1,28
	Summe:	41791,5	77,1	69,0	1,24
1955 (b)	F/FD	13763,4	68,8	74,4	1,11
	FT	13782,3	84,5	73,3	1,36
	F	16916,0	79,4	65,6	1,28
	Summe:	44462,2	77,1	70,5	1,24
1957 (a)	F/FD	12803,6	68,6	75,8	1,09
	F (tw)	8700,5	86,6	72,5	1,38
	F	14994,1	80,4	63,3	1,28
	TEE	3068,1	86,8	62,6	1,38
	Summe:	39566,4	77,7	68,8	1,24
1957 (b)	F/FD	12803,6	68,6	75,8	1,09
	F (tw)	11173,0	85,3	78,7	1,36
	F	14994,1	80,4	63,3	1,28
	TEE	3068,1	86,8	62,6	1,38
	Summe:	42038,8	77,9	70,4	1,24

Jahr	Zuggattung	Tägl. Zugkilometer in km	Durchschn. Reisegeschwindigkeit in km/h	Mittlere Haltestellenentfernung in km	Spannungsverhältnis in %
1959	F/FD	14604,1	75,5	76,9	1,12
	F (tw)	9619,7	90,4	66,3	1,35
	F	12604,4	88,8	65,6	1,32
	TEE	3834,7	94,8	63,9	1,41
	Summe:	40662,9	84,4	69,3	1,26
1961	F/FD	11359,6	78,1	81,1	1,12
	F (tw)	6909,6	94,1	66,4	1,35
	F	12900,0	91,8	62,6	1,32
	TEE	4661,8	97,9	68,6	1,40
	Summe:	35831,0	88,0	69,2	1,26
1963	F/FD	6425,0	83,2	76,5	1,13
	F (tw)	810,8	103,5	54,1	1,40
	F	18671,5	93,7	66,0	1,27
	TEE	4657,2	97,3	70,6	1,32
	Summe:	30564,5	92,0	68,2	1,24
1965	F/FD	6922,0	84,9	75,2	1,11
	F	13941,2	94,4	61,7	1,24
	TEE	9455,8	97,1	71,1	1,27
	Summe:	30319,0	92,9	67,2	1,22
1967	F/FD	6922,0	85,1	74,4	1,08
	F	12633,5	95,7	57,4	1,22
	TEE	11013,2	100,5	69,7	1,28
	Summe:	30568,7	94,7	64,9	1,21
1969	F/FD	6922,1	87,3	74,4	1,05
	F (tw)	3316,9	107,8	107,0	1,30
	F	12752,3	106,1	60,2	1,28
	TEE	12394,7	106,0	75,1	1,28
	Summe:	35386,0	101,8	70,6	1,23
1971 (a)	F (tw)	2870,3	106,1	124,8	1,26
	F	13727,1	106,8	61,3	1,27
	TEE	14260,7	107,9	73,9	1,28
	Summe:	30858,0	107,2	70,1	1,28
1971 (b)	F (tw)	3068,5	105,1	122,7	1,25
	F	13727,1	106,8	61,3	1,27
	TEE	14260,6	107,9	73,9	1,28
	Summe:	31056,2	107,1	70,3	1,27

Anmerkungen:

a) Unter a) sind im allgemeinen alle Züge, die mindestens fünfmal wöchentlich im gesamten Sommerfahrplanabschnitt des angegebenen Jahres verkehrten, berücksichtigt. Bei Differenzierungen sind sie unter (a) dargestellt.

b) Unter b) sind darüberhinaus auch die Züge berücksichtigt, die entweder nur dreimal wöchentlich oder in der Sommersaison verkehrten.

c) Triebwagenläufe bei den F-Zügen sind als FDt, FT oder F (tw) angegeben. Maßgebend hierfür war entweder die Darstellung im Zug- und Wagenverzeichnis oder die Darstellung im Fahrplan mit dem Piktogramm „Triebwagen".

d) Bei TEE-Zügen wurde auf die Unterscheidung zwischen lokbespannten Zug oder Triebwagen verzichtet, da die Angaben, welche Läufe mit Triebwagen gefahren wurden, in den Fahrplänen und in den Zug- und Wagenverzeichnissen lückenhaft, teilweise sogar widersprüchlich sind.

e) Die erste Zeile „F/FD" umfaßt die als F (FD)-Züge klassifizierten Zugläufe internationaler Verbindungen, die zweite mit F bezeichnete Zeile eines Jahres gibt die Zugläufe des innerdeutschen leichten F-Zugnetzes an, auch wenn in Einzelfällen einzelne Züge in das Ausland geführt wurden.

d) **DB von der Einführung des IC (1972–1982)**

Jahr	Zuggattung	Zugkilometer in km	Durchschn. Reisegeschwindigkeit in km/h	Mittlere Haltestellenentfernung in km
1972	TEE	14271,3	103,8	78,8
(a)	IC	46012,7	104,5	75,8
	Summe:	60284,0	104,3	76,5
1972	TEE	14271,3	103,8	78,8
(b)	IC	46256,9	104,4	75,8
	Summe:	60528,2	104,3	76,5
1973	TEE	15067,0	104,1	80,1
(a)	IC	44835,7	104,9	73,4
	Summe	59902,7	104,7	75,0
1973	TEE	15067,0	104,1	80,1
(b)	IC	45079,9	104,8	73,4
	Summe	60146,9	104,6	75,0
1973	TEE	15067,0	104,1	80,1
(c)	IC	44835,7	104,9	73,4
	DC	18019,6	83,7	36,7
	DC (tw)	708,2	86,9	37,3
	Summe	78630,5	98,8	60,1
1973	TEE	15067,0	104,1	80,1
(d)	IC	45079,9	104,8	73,4
	DC	18019,6	83,7	36,7
	DC (tw)	708,2	86,9	37,3
	Summe	78874,7	98,8	60,1
1974	TEE	17036,4	103,6	77,4
(a)	IC	43112,8	104,7	73,7
	Summe:	60149,2	104,4	74,7
1974	TEE	17036,4	103,6	77,4
(b)	IC	43357,0	104,6	73,7
	Summe:	60393,4	104,3	74,7

Jahr	Zuggattung	Zugkilometer in km	Durchschn. Reisegeschwindigkeit in km/h	Mittlere Haltestellenentfernung in km
1974 (c)	TEE	17 036,4	103,6	77,4
	IC	43 112,8	104,7	73,7
	DC	17 680,7	83,8	35,8
	DC (tw)	708,2	86,9	35,4
	Summe:	78 538,1	98,7	59,5
1974 (d)	TEE	17 036,4	103,6	77,4
	IC	43 357,0	104,6	73,7
	DC	17 680,7	83,8	35,8
	DC (tw)	708,2	86,9	35,4
	Summe:	78 782,3	98,7	59,6
1976 (a)	TEE	17 187,2	103,3	73,8
	IC	40 341,4	105,7	75,8
	Summe:	57 528,6	105,0	75,2
1976 (b)	TEE	17 187,2	103,3	73,8
	IC	41 829,0	105,4	76,3
	Summe:	59 016,2	104,8	75,6
1976 (c)	TEE	17 187,2	103,3	73,8
	IC	40 341,4	105,7	75,8
	DC	8 321,5	84,0	36,7
	Summe:	65 850,1	101,8	66,4
1976 (d)	TEE	17 187,2	103,3	73,8
	IC	41 829,0	105,4	76,3
	DC	10 809,1	83,9	35,7
	Summe:	69 825,3	100,9	64,4
1978	TEE	14 474,9	105,2	72,7
	IC	50 676,3	105,3	71,4
	Summe:	65 151,2	105,3	71,7
1979 (a)	TEE	12 790,7	104,9	62,7
	IC	109 443,6	102,0	70,9
	Summe	122 234,3	102,3	70,0
1979 (a)	TEE	13 268,9	104,9	63,8
	IC	110 794,8	101,9	70,3
	Summe	124 063,7	102,2	69,5
1980 (a)	TEE	8 777,6	106,6	58,5
	IC	110 050,7	101,8	70,3
	Summe:	118 828,3	102,2	69,3
1980 (b)	TEE	8 777,6	106,6	58,5
	IC	117 102,9	101,6	67,8
	Summe:	125 880,5	102,0	67,0

Jahr	Zuggattung	Zugkilometer in km	Durchschn. Reisegeschwindigkeit in km/h	Mittlere Haltestellenentfernung in km
1981	TEE	6044,0	104,6	48,7
(a)	IC	110836,5	101,6	69,5
	Summe:	116880,5	101,8	68,0
1981	TEE	6620,4	105,9	50,9
(b)	IC	121113,1	101,4	66,3
	Summe:	127733,5	101,6	65,3
1982	TEE	5946,4	104,9	48,0
(a)	IC	110943,4	102,0	70,0
	Summe:	116889,8	102,1	68,4
1982	TEE	5946,4	104,9	48,0
(b)	IC	118072,4	101,9	68,1
	Summe:	124018,8	102,1	66,7

Anmerkungen:

a) Triebwagenläufe bei den DC sind als „tw“ angegeben, wenn sie im Fahrplan das Piktogramm für Triebwagen führten.

b) Unter (a) sind jeweils nur die während des ganzen Sommerabschnittes dauernd mindestens fünfmal wöchentlich verkehrenden Züge berücksichtigt.

c) Unter (b) sind über (a) hinaus auch diejenigen Züge berücksichtigt, die entweder nur in der Sommersaison oder an einzelnen Tagen am Wochenende verkehrten.

d) Unter (c) sind alle mindestens fünfmal wöchentlich dauernd verkehrenden DC berücksichtigt.

e) Unter (d) sind darüberhinaus alle weiteren DC berücksichtigt, die über die Zusammenstellungen in (b) und/oder (c) hinaus verkehrten.

Übersicht 8c – Grafische Darstellung der Entwicklung der Reisegeschwindigkeiten der DB 1946-1982 – schnellste Züge

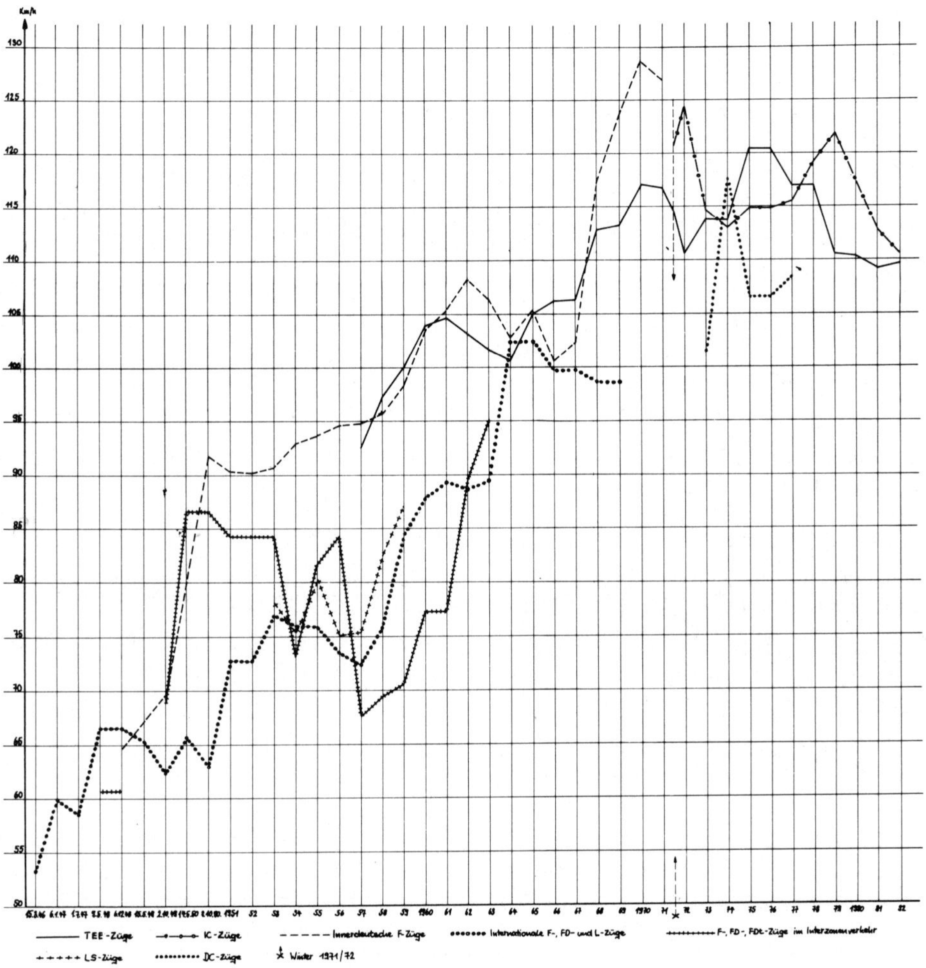

Übersicht 8d – Grafische Darstellung der Entwicklung der Reisegeschwindigkeiten der DB 1946-1982 – durchschnittliche Reisegeschwindigkeit

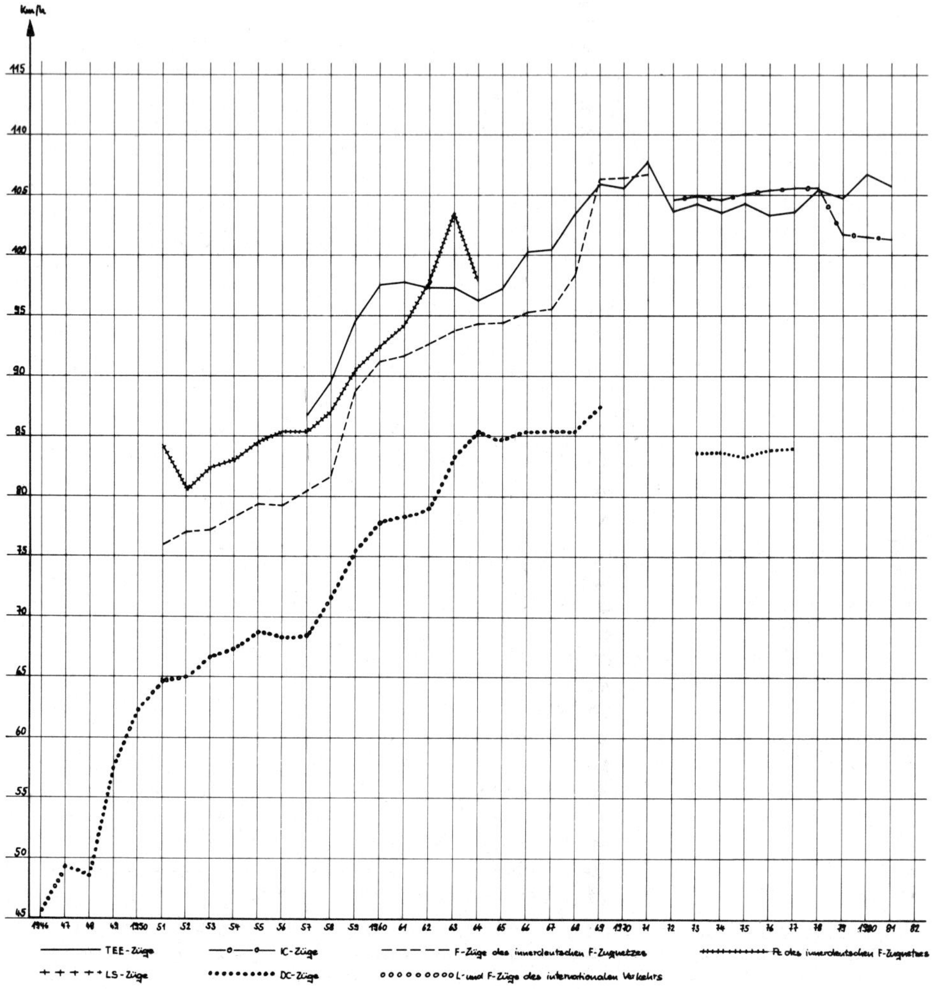

Die schnellstbefahrenen Teilstrecken im Netz der DRB 1933–1939

km/h	Teilstrecke	Entfernung km	Antriebsart	Jahr
133	Hamm–Hannover	176,4 km	FDt SVT 06	1939
	103 km/h		FD Dampflok 01	1934
	Berlin Zoo–Hannover	254,1 km	FDt SVT 06	1939
	103 km/h		FD Dampflok	1934
	Bielefeld–Hamm	66,9 km	FDt SVT 04/06	1939
131	Hannover–Bielefeld	109,5 km	FDt SVT 04/06	1939
	101 km/h		FD Dampflok 01	1937
129	Leipzig–Berlin Anh. Bf.	164,3 km	FDt SVT 04	1935–37
	104 km/h		FD Dampflok	1934–35
	Halle–Magdeburg	86,1 km	FDt SVT 04/06	1939
128	Berlin Schles. Bf.–Breslau	329,5 km	FDt SVT 06	1939
126	Bremen–Hannover	122,3 km	FDt SVT 04	1939
125	Berlin Lehrter Bf–Hamburg Hbf	286,8 km	FDt SVT 04/06	1936–37, 39
	119 km/h		FD Dampflok 05	1936–37
	Breslau–Oppeln	81,7 km	FDt SVT 06	1937, 39
124	Oppeln–Heydebreck	41,5 km	FDt SVT 06	1939
122	Berlin Anh. Bf.–Halle	161,6 km	FDt SVT 04/06	1939
	106 km/h		FD Dampflok	1935
121	Freiburg (B)–Baden-Oos	103,0 km	FDt SVT 04/06	1939
	104 km/h		„Rheingold" m. Dampflok	1939
120	Hamburg Hbf–Hannover	178,5 km	FDt SVT 04	1939
	Osnabrück–Bremen	122,1 km	FDt SVT 04/06	1937–39
119	Hamburg Hbf–Bremen	115,5 km	FDt SVT 04/06	1936–39
118	Dresden-N–Berlin Anh. Bf.	176,0 km	D-Zug Dampflok 61	1936
117	Hamm–Dortmund	31,2 km	FDt SVT 04	1935
	Braunschweig–Magdeburg	86,4 km	FDt SVT 04/06	1939
	Karlsruhe–Mannheim	60,7 km	FDt SVT 04/06	1939
	101 km/h		„Rheingold" m. Dampflok	1938
	Heydebreck–Gleiwitz	37,1 km	FDt SVT 06	1936, 38
115	Osnabrück–Münster	50,1 km	FDt SVT 04/06	1938–39
113	München–Nürnberg	198,6 km	FDt SVT 04	1936
112	Augsburg–Ulm	86,0 km	FDt ET 11	1936
	München–Augsburg	61,9 km	FDt ET 11	1936
108	Hamburg Hbf–Wtbge–Magdeburg	272,4 km	FDt SVT 04/06	1939
	Leipzig–Dresden-N	116,1 km	FDt SVT 04/06	1939
	Duisburg–Düsseldorf	23,6 km	FDt SVT 06)	1939
	101 km/h		„Rheingold" m. Dampflok	1938
	Karlsruhe-E–Baden-Oos	32,4 km	FDt SVT 04/06	1939
	Heidelberg–Karlsruhe	54,4 km	FDt SVT 04/06	1939
107	Magdeburg–Uelzen–Hamburg Hbf	251,3 km	FDt SVT 04/06	1939
	Breslau–Königszelt	48,4 km	Eilzug ET 25/31	1935–39
	Halle–Köthen	35,9 km	Eilzug ET	1938–39
106	Erfurt–Offenbach–Frankfurt	258,4 km	FDt SVT 04/06	1937–39
	Potsdam–Magdeburg	115,8 km	D-Zug m. Dampflok	1935
	Halle–Erfurt	108,6 km	FDt SVT 04/06	1939
105	Hamm–Münster	35,3 km	FDt SVT 04)	1936
	Magdeburg–Brandenburg	80,6 km	D-Zug Dampflok 01	1936–38
	Schneidemühl–Küstrin	161,0 km	D-Zug Dampflok 03	1936
	Frankfurt-Ffm Ost–Erfurt	259,8 km	FDt SVT 04/06	1938–39

km/h	Teilstrecke	Entfernung km	Antriebsart	Jahr
104	Köthen – Calbe	22,7	Eilzug ET	1938
	Göttingen – Hannover	108,2 km	FDt SVT 04	1939
	Schneidemühl – Berlin	246,5 km	FD Dampflok 03	1939
103	Bln-Spandau – Stendal	93,3 km	D-Zug Dampflok 01	1936
	Weißenfels – Weimar	55,1 km	FDt SVT 04/06	1938
	Leipzig – Bitterfeld	32,7 km	FDt SVT 04/06	1939
	Magdeburg – Köthen	50,2 km	D-Zug Ellok	1939
	Bremen – Wesermünde-Br'haven	62,2 km	FDt SVT 04/06	1939
	Liegnitz – Sagan	74,5 km	D-Zug Dampflok 01	1936
102	Augsburg – Nürnberg	137,2 km	FD Ellok E 18	1936–39
	Landsberg – Schneidemühl	117,5 km	D-Zug Dampflok 03	1936
	Bitterfeld – Dessau	25,6 km	FDt SVT 04/06	1939
	Mannheim – Darmstadt	59,6 km	FDt SVT 04/06	1939
101	Weißenfels – Erfurt	76,4 km	FDt SVT 04	1935–37
	Bremen – Hamburg-Harburg	103,5 km	D-Zug Dampflok 01	1936
	Königsberg – Elbing	116,3 km	FD Dampflok 03	1939
	Leipzig – Naumburg	54,0 km	FDt SVT 06	1939
100	Lehrte – Gardelegen	101,8 km	D-Zug Dampflok 01	1934–35, 38
	Oppeln – Brieg	40,1 km	D-Zug Dampflok 01	1935–37
	Hamburg Hbf – Ludwigslust	115,9 km	D-Zug Dampflok 01	1936–37
	Bielefeld – Minden	45,1 km	D-Zug Dampflok 01	1937
	Schneidemühl – Kreuz	58,4 km	D-Zug Dampflok 03	1937
	Breslau – Liegnitz	65,1 km	D-Zug Dampflok 01	1936–39
	Köthen – Schönebeck	35,2 km	D-Zug Ellok E 18	1938–39
	Magdeburg – Schönebeck	15,0 km	Eilzug ET	1938
	Darmstadt – Heidelberg	60,5 km	FDt VT 04/06	1939
	Köln – Düsseldorf	40,1 km	FDt VT 04/06	1939
	Magdeburg-Sudenb. – Eilsleben	26,9 km	Eilzug Dampflok	1939
	Hagen – Hamm	48,4 km	FDt VT 04/06	1939

Übersicht 10a

Die schnellsten Teilstrecken im Netz der DB in ausgewählten Jahren

In dieser Übersicht wurden für bestimmte markante Jahre – Anhebung der Höchstgrenze der Reisegeschwindigkeiten oder Einführung neuer Systeme – in aufsteigender Linie der Reisegeschwindigkeiten die schnellsten Teilstrecken im Netz der DB zusammengestellt. Die Übersicht soll nur einen Anhaltspunkt ergeben; in einzelnen nicht genannten Jahren können bestimmte Teilstrecken schneller befahren worden sein.

km/h	Teilstecke	Entfernung km	Zug-Nr.	Antriebsart
	a) **Teilstrecken der FD und L im Sommer 1949 mit über 80 km/h**			
80	Osnabrück – Bremen	122,2	FD 291	Dampflok
	b) **Teilstrecken der F und FT im Sommer 1951 mit über 90 km/h**			
104	Freiburg (Breisgau) – Offenburg	62,8	FT 7	SVT 04/06
101	Hannover – Göttingen	108,1	FT 56	SVT 04/06
	Göttingen – Hannover	108,1	FT 55	SVT 04/06
100	Bremen – Hannover	122,5	F 44	Dampflok
99	Baden-Oos – Freiburg (Breisgau)	102,9	FT 8	SVT 04/08
	Ulm – Augsburg	86,0	FT 30	SVT 04/06
		86,0	FT 28	SVT 06
	Augsburg – Ulm	86,0	FT 29	SVT 04/06
		86,0	FT 27	SVT 06
96	Hannover – Minden (Westf)	64,5	F 14	Dampflok
	Hannover – Bielefeld	109,5	F 18	Dampflok
	Augsburg – Würzburg	215,6	FT 55	SVT 04/06
	Hamburg Hbf – Hannover	178,5	FT 56	SVT 04/06
95	Karlsruhe – Mannheim	60,7	FT 8	SVT 04/06
	Mannheim – Karlsruhe	60,7	FT 7	SVT 04/06
	Hamm – Bielefeld	67,0	F 17	Dampflok
94	Würzburg – Augsburg	215,6	FT 56	SVT 04/06
	Duisburg – Düsseldorf	23,6	FT 38	SVT 04/06
	Basel Bad Bf – Freiburg (Breisgau)	61,3	FT 7	SVT 04/06
93	Bielefeld – Hannover	109,5	F 17	Dampflok
	Bielefeld – Hamm	67,0	F 14	Dampflok
	Hamm – Bielefeld	67,0	F 13	Dampflok
92	Hannover – Göttingen	108,1	F 44	Dampflok
	Hannover – Hamburg Hbf	178,5	FT 55	SVT 04/06
	Koblenz – Mainz	91,4	FT 8	SVT 04/06
	Mainz – Koblenz	91,4	FT 7	SVT 04/06
	Bremen – Osnabrück	122,2	F 4	Dampflok
	Bad Godesberg – Koblenz	52,3	FT 8	SVT 04/06
91	Hannover – Bremen	122,5	F 43	Dampflok
	Bielefeld – Hamm	67,0	F 18	Dampflok
	Bremen – Osnabrück	122,2	F 2	Dampflok
	Nürnberg – Würzburg	102,2	FT 37	SVT 04
90	Köln – Bonn	33,3	FT 8	SVT 04/06

km/h	Teilstecke	Entfernung km	Zug-Nr.	Antriebsart
	c) **Teilstrecken der F und FT im Sommer 1953 mit über 95 km/h**			
104	Offenburg – Freiburg (Breisgau)	62,8	FT 46	VT 08
	Freiburg (Breisgau) – Offenburg	62,8	FT 45	VT 08
		62,8	FT 77	VT 08
103	Bremen – Hannover	122,5	FT 44	VT 08
101	Offenburg – Freiburg (Breisgau)	62,8	FT 78	VT 08
	Hannover – Minden (Westf)	64,5	F 14	Dampflok
	Hannover – Göttingen	108,1	FT 44	VT 08
	Göttingen – Hannover	108,1	FT 44	VT 08
	Baden-Oos – Freiburg (Breisgau)	102,9	FT 8	VT 06
		102,9	FT 44	VT 08
100	Hannover – Bremen	122,5	FT 43	VT 08
99	Göttingen – Hannover	108,1	FT 41	VT 08
		108,1	F 55	Dampflok
	Hannover – Göttingen	108,1	FT 42	VT 08
		108,1	F 56	Dampflok
	Freiburg (Breisgau) – Baden-Oos	102,9	FT 43	VT 08
		102,9	FT 7	VT 06
98	Hannover – Göttingen	108,1	F 54	Dampflok
	Freiburg (Breisgau) – Baden-Oos	102,9	F 9	Dampflok
	Baden-Oos – Freiburg (Breisgau)	102,9	F 10	Dampflok
	Göttingen – Elze (Han)	75,2	F 53	Dampflok
97	Ulm – Augsburg	86,0	FT 28	VT 06
		86,0	FT 30	VT 08
	Augsburg – Ulm	86,0	FT 27	VT 06
	Münster – Osnabrück	50,2	FT 1	VT 06
		50,2	F 33	Dampflok
		50,2	F 3	Dampflok
	Osnabrück – Münster	50,2	FT 2	VT 06
96	Freiburg (Breisgau) – Offenburg	62,8	F 163	Dampflok
		62,8	F 107	Dampflok
	Minden (Westf) – Hannover	64,5	F 17	Dampflok
	Bremen – Osnabrück	122,2	FT 2	VT 06
	Baden-Oos – Offenburg	40,1	FT 78	VT 08
	Koblenz – Bonn	59,3	FT 7/27/37	VT 06/07
95	Augsburg – Ulm	86,0	FT 29	VT 08
	Bremen – Osnabrück	122,2	F 34	Dampflok
	Osnabrück – Bremen	122,2	FT 1	VT 06
		122,2	F 33	Dampflok
		122,2	F 3	Dampflok
	Hamburg – Hannover	178,5	F 56	Dampflok
		178,5	FT 42	VT 08
	Köln – Bonn	33,3	FT 8/28/38	VT 06/07
		33,3	FT 32	VT 06
	d) **Teilstrecken der F und TEE im Sommer 1957 mit über 100 km/h**			
108	Baden-Oos – Ettlingen – Karlsruhe	32,4	F 43	VT 08
107	Offenburg – Freiburg (Breisgau)	62,8	F 46	VT 08
	Freiburg (Breisgau) – Offenburg	62,8	F 45	VT 08
105	Bremen – Hannover	122,5	F 44	VT 08
104	Baden-Oos – Freiburg (Breisgau)	102,9	F 8	VT 06
		102,9	F 44	VT 08
		102,9	F 49	VT 10

km/h	Teilstecke	Entfernung km	Zug-Nr.	Antriebsart
	Freiburg (Breisgau) – Baden-Oos	102,9	F 7	VT 06
		102,9	F 43	VT 08
		102,9	TEE 77	VT 11
103	Bremen – Osnabrück	122,2	F 72	VT 08
	Osnabrück – Bremen	122,2	F 71	VT 08
	Baden-Oos – Durmersheim – Karlsruhe	31,1	TEE 77	VT 11
		31,1	F 45	VT 08
102	Hannover – Göttingen	108,1	F 44	VT 08
		108,1	F 42	VT 10
	Göttingen – Hannover	108,1	F 43	VT 08
		108,1	F 41	VT 10
	Baden-Oos – Freiburg (Breisgau)	102,9	TEE 78	VT 11
101	Bremen – Osnabrück	122,2	F 4	Dampflok
	Göttingen – Hannover	108,1	F 53	V 200
		108,1	F 55	V 200
	Hannover – Göttingen	108,1	F 54	V 200
	Hannover – Minden	64,5	F 14	Dampflok
100	Osnabrück – Bremen	122,2	F 3	Dampflok
		122,2	F 33	Dampflok
	Bremen – Osnabrück	122,2	F 34	Dampflok
		122,2	F 2	Dampflok
	Bielefeld – Hamm (Westf)	67,0	F 16	Dampflok
		67,0	F 18	Dampflok
	Offenburg – Baden-Oos	40,1	F 45	VT 08
	e) **Teilstrecken der F und TEE im Sommer 1959 mit über 105 km/h**			
116	Baden-Oos – Freiburg (Breisgau)	102,9	F 8	Ellok
114	Freiburg (Breisgau) – Baden-Oos	102,9	F 7	Ellok
		102,9	TEE 77	VT 11
	Freiburg (Breisgau) – Karlsruhe	134,0	F 9	Ellok
	Baden-Oos – Ettlingen – Karlsruhe	32,4	F 39	Ellok
	Karlsruhe – Ettlingen – Baden-Oos	32,4	TEE 78	VT 11
113	Hannover – Minden	64,5	F 14	VT 06
	Mannheim – Karlsruhe	60,7	F 8	Ellok
112	Baden-Oos – Freiburg (Breisgau)	102,9	TEE 78	VT 11
	Bremen – Osnabrück	122,2	F 34	V 200
111	Bremen – Osnabrück	122,2	F 4	V 200
	Bielefeld – Hamm (Westf)	67,0	F 14	VT 06
		67,0	F 16	VT 06
110	Mannheim – Karlsruhe	60,7	TEE 78	VT 11
109	Osnabrück – Bremen	122,2	F 3	V 200
		122,2	F 33	V 200
	Hannover – Göttingen	108,1	TEE 78	VT 11
	Göttingen – Hannover	108,1	TEE 77	VT 11
	Karlsruhe – Durmersheim – Baden-Oos	31,1	F 8	Ellok
	Baden-Oos – Durmersheim – Karlsruhe	31,1	F 7	Ellok
	München – Augsburg	61,9	F 33	Ellok
108	Hamm (Westf) – Bielefeld	67,0	F 15	VT 06
		67,0	F 13	VT 06
		67,0	F 17	VT 08

km/h	Teilstecke	Entfernung km	Zug-Nr.	Antriebsart
108	Bielefeld – Hamm (Westf)	67,0	F 18	VT 08
	Karlsruhe – Freiburg (Breisgau)	134,0	F 10	Ellok
	Karlsruhe – Ettlingen – Baden-Oos	32,4	F 40	Ellok
	Hannover – Hamburg Hbf	178,5	TEE 77	VT 11
	Aachen – Köln	70,2	TEE 185	VT 11
		70,2	TEE 155	RGP/SNCF
	Bremen – Hannover	122,5	F 44	VT 08
107	Karlsruhe – Mannheim	60,7	TEE 77	VT 11
		60,7	F 7	Ellok
		60,7	F 43	VT 08
		60,7	F 9	Ellok
		60,7	F 45	VT 08
	Hamburg Hbf – Hannover	178,5	TEE 78	VT 11
	Hannover – Bielefeld	109,5	F 16	VT 06
	Offenburg – Freiburg (Breisgau)	62,8	F 46	VT 08
	Osnabrück – Münster (Westf)	50,2	F 4	V 200
		50,2	F 34	V 200
106	Freiburg (Breisgau) – Baden-Oos	102,9	F 43	VT 08
		102,9	F 49	Ellok
	Baden-Oos – Freiburg (Breisgau)	102,9	F 44	VT 08
	Bremen – Osnabrück	122,2	F 2	VT 08
105	Köln – Aachen	70,2	TEE 190	RGP/SNFC
	Köln – Bonn	33,3	F 8/28	Ellok
		33,3	F 10	Ellok
		33,3	F 4	Ellok
		33,3	F 24	Ellok
		33,3	TEE 20	VT 11
		33,3	TEE 32	VT 11
	Bonn – Köln	33,3	F 33	Ellok
	f) Teilstrecken der F und TEE im Sommer 1962 mit über 110 km/h			
131	Karlsruhe – Durmersheim – Freiburg (Breisgau)	134,0	F 10	Ellok
129	Freiburg (Breisgau) – Durmersheim – Karlsruhe	134,0	F 9	Ellok
123	Bremen – Münster (Westf)	172,4	TEE 190	VT 11
121	Offenburg – Freiburg (Breisgau)	62,8	F 46	VT 08
	Freiburg (Breisgau) – Baden-Oos	102,9	TEE 77	VT 11
	Mannheim – Karlsruhe	60,7	F 10	Ellok
120	Freiburg (Breisgau) – Durmersheim – Karlsruhe	134,0	F 45	VT 08
	Münster (Westf) – Bremen	172,4	TEE 155	VT 11
118	Baden-Oos – Freiburg (Breisgau)	102,9	TEE 78	VT 11
		102,9	F 8	Ellok
	Freiburg (Breisgau) – Baden-Oos	102,9	F 43	VT 08
117	Mannheim – Karlsruhe	60,7	F 8	Ellok
		60,7	F 10	Ellok
116	Karlsruhe – Durmersheim – Baden-Oos	31,1	F 46	VT 08
114	Freiburg (Breisgau) – Baden-Oos	102,9	F 7	Ellok
	Baden-Oos – Offenburg	40,1	F 46	VT 08
	Hannover – Bremen	122,5	F 43	VT 08
	Bremen – Osnabrück	122,2	F 34	V 200
		122,2	F 4	V 200
		122,2	F 2	V 200
	Osnabrück – Bremen	122,2	F 33	V 200
	Baden-Oos – Ettlingen – Karlsruhe	32,4	F 43	VT 08

km/h	Teilstecke	Entfernung km	Zug-Nr.	Antriebsart
114	Karlsruhe – Ettlingen – Baden-Oos	32,4	F 40	Ellok
	Freiburg (Breisgau) – Offenburg	62,8	F 163	Ellok
	Offenburg – Freiburg (Breisgau)	62,8	F 164	Ellok
113	Karlsruhe – Mannheim	60,7	F 9	Ellok
	Mannheim – Karlsruhe	60,7	F 46	VT 08
	Hannover – Minden (Westf)	64,5	F 14	V 200
	Treuchtlingen – Augsburg	75,4	F 56	Ellok
112	Osnabrück – Bremen	122,2	F 1	V 200
		122,2	F 3	V 200
111	Bremen – Hannover	122,5	F 44	VT 08
	Bielefeld – Hamm (Westf)	67,0	F 16	V 200
		67,0	F 14	V 200
	Hamm (Westf) – Bielefeld	67,0	F 15	V 200
	Hannover – Bielefeld	109,5	F 18	V 200
	Köln – Bonn	33,3	F 10	Ellok
110	Karlsruhe – Mannheim	60,7	F 45	VT 08
		60,7	TEE 77	VT 11
		60,7	F 43	VT 08
		60,7	F 7	Ellok
	Mannheim – Karlsruhe	60,7	F 164	Ellok
	Aachen – Köln	70,2	TEE 155	VT 11
	Dortmund – Hamm (Westf)	31,2	F 1	Ellok
		31,2	F 15	Ellok
	Hamm (Westf) – Dortmunmd	31,2	F 2	Ellok

g) **Teilstrecken der F und TEE im Sommer 1965 mit über 115 km/h**

138	Freiburg (Breisgau) – Durmersheim – Karlsruhe	134,0	TEE 9	Ellok
136	Karlsruhe – Durmersheim – Freiburg (Breisgau)	134,0	TEE 10	Ellok
125	Mannheim – Karlsruhe	60,7	TEE 10	Ellok
	Karlsruhe – Mannheim	60,7	TEE 9	Ellok
124	Karlsruhe – Durmersheim – Baden-Oos	31,1	F 8	Ellok
123	Freiburg (Breisgau) – Baden-Oos	102,9	TEE 77	Ellok
		102,9	F 43	Ellok
121	Baden-Oos – Freiburg (Breisgau)	102,9	F 44	Ellok
		102,9	TEE 78	Ellok
		102,9	F 8	Ellok
	Freiburg (Breisgau) – Baden-Oos	102,9	F 7	Ellok
118	Bremen – Hannover	122,5	F 44	Ellok
	Hannover – Bremen	122,5	F 43	Ellok
	Hamm (Westf) – Bielefeld	67,0	F 15	V 200
117	Karlsruhe – Mannheim	60,7	TEE 77	Ellok
	Mannheim – Karlsruhe	60,7	F 44	Ellok
	Freiburg (Breisgau) – Offenburg	62,8	F 163	Ellok
	Hannover – Bielefeld	109,5	F 18	V 200
		109,5	F 16	V 200
	Hannover – Minden (Westf)	64,5	F 14	V 200
116	Karlsruhe – Durmersheim – Baden-Oos	31,1	F 44	Ellok
		31,1	TEE 78	Ellok
	Bremen – Münster (Westf)	172,4	TEE 190	VT 11
115	Bielefeld – Hannover	109,5	F 15	V 200

km/h	Teilstecke	Entfernung km	Zug-Nr.	Antriebsart
	h) **Teilstrecken der F und TEE im Sommer 1968 mit über 120 km/h**			
136	Karlsruhe – Durmersheim – Freiburg (Breisgau)	134,0	TEE 10	Ellok
	Freiburg (Breisgau) – Durmersheim – Karlsruhe	134,0	TEE 9	Ellok
134	Mannheim – Karlsruhe	60,7	F 8	Ellok
	Baden-Oos – Freiburg (Breisgau)	102,9	F 8	Ellok
	Freiburg (Breisgau) – Baden-Oos	102,9	F 7	Ellok
133	Bremen - Hannover	122,5	F 46	Ellok
	Karlsruhe – Durmersheim – Baden-Oos	31,1	TEE 78	Ellok
	Baden-Oos – Durmersheim – Karlsruhe	31,1	F 7	Ellok
131	Freiburg (Breisgau) – Baden-Oos	102,9	TEE 77	Ellok
	Baden-Oos – Freiburg (Breisgau)	102,9	TEE 78	Ellok
130	Karlsruhe – Mannheim	60,7	F 7	Ellok
	Mannheim – Karlsruhe	60,7	TEE 10	Ellok
		60,7	TEE 78	Ellok
129	Hannover – Hamburg Hbf	178,5	TEE 55	Ellok
126	Hamburg Hbf – Hannover	178,5	TEE 54	Ellok
125	Karlsruhe – Mannheim	60,7	TEE 77	Ellok
		60,7	TEE 9	Ellok
124	Baden-Oos – Durmersheim – Karlsruhe	31,1	TEE 77	Ellok
	Karlsruhe – Durmersheim – Baden-Oos	31,1	F 8	Ellok
	Hamburg Hbf – Hannover	178,5	TEE 78	Ellok
	Bremen – Münster (Westf)	172,4	TEE 44	VT 601
123	Hannover – Hamburg Hbf	178,5	TEE 77	Ellok
	München – Augsburg	61,9	TEE 55	Ellok
		61,9	F 27	Ellok
122	München – Ingolstadt – Nürnberg	198,6	TEE 21	Ellok
	Hannover – Göttingen	108,1	F 46	Ellok
121	Nürnberg – Ingolstadt – München	198,6	TEE 22	Ellok
120	Münster (Westf) – Bremen	172,4	TEE 43	VT 601
	Göttingen – Hannover	108,1	F 45	Ellok
		108,1	TEE 55	Ellok
	Hannover – Göttingen	108,1	TEE 54	Ellok
	i) **Teilstrecken der F und TEE im Sommer 1970 mit über 130 km/h**			
143	Hamm (Westf) – Bielefeld	67,0	F 141	Ellok
		67,0	F 143	Ellok
		67,0	F 15	Ellok
140	Freiburg (Breisgau) – Baden-Oos	102,9	F 7	Ellok
		102,9	TEE 79	Ellok
138	Bremen – Osnabrück	122,2	F 32	Ellok
137	Baden-Oos – Freiburg (Breisgau)	102,9	TEE 78	Ellok
		102,9	F 8	Ellok
	Freiburg (Breisgau) – Baden-Oos	102,9	TEE 77	Ellok
136	Karlsruhe – Durmersheim – Freiburg (Breisgau)	134,0	TEE 10	Ellok
135	Bremen – Osnabrück	122,2	F 124	Ellok
		122,2	F 30	Ellok
	Minden (Westf) – Bielefeld	45,0	F 16	Ellok
	Bielefeld – Minden (Westf)	45,0	F 143	Ellok
		45,0	F 149	Ellok
134	Freiburg (Breisgau) – Durmersheim – Karlsruhe	134,0	TEE 9	Ellok
	Freiburg (Breisgau) – Baden-Oos	102,9	TEE 76	Ellok

km/h	Teilstecke	Entfernung km	Zug-Nr.	Antriebsart
134	Bielefeld – Hamm (Westf)	67,0	F 16	Ellok
		67,0	F 142	Ellok
	Hamm (Westf) – Bielefeld	67,0	F 149	Ellok
	Bremen – Münster (Westf)	172,4	F 130	Ellok
	Hannover – Bielefeld	109,5	F 140	Ellok
		109,5	F 142	Ellok
133	Hannover – Minden (Westf)	64,5	F 16	Ellok
	Karlsruhe – Durmersheim – Baden-Oos	31,1	F 8	Ellok
		31,1	TEE 76	Ellok
		31,1	TEE 78	Ellok
132	Münster (Westf) – Bremen	172,4	F 31	Ellok
	Bremen – Münster (Westf)	172,4	TEE 44	Ellok
	Hamburg Hbf – Hannover	178,5	TEE 80	Ellok
131	Hannover – Bielefeld	109,5	TEE 26	Ellok
		109,5	F 148	Ellok
	Bremen – Hannover	122,5	TEE 78	Ellok
	Hannover – Bremen	122,5	TEE 79	Ellok
	München – Ingolstadt	81,0	F 123	Ellok
130	Hannover – Hamburg Hbf	178,5	TEE 81	Ellok
	Münster (Westf) – Osnabrück	50,2	F 29	Ellok
		50,2	F 131	Ellok
	Mannheim – Karlsruhe	60,7	F 8	Ellok
	Karlsruhe – Mannheim	60,7	F 7	Ellok

k) **Teilstrecken der IC und TEE im Sommer 1976 mit über 135 km/h**

143	Karlsruhe – Durmersheim – Baden-Oos	31,1	IC 179	Ellok
142	Hamburg-Harburg – Hannover	166,5	IC 173	Ellok
140	Dortmund – Bielefeld	98,2	IC 122	Ellok
		98,2	IC 145	Ellok
		98,2	IC 147	VT 601/602
		98,2	IC 120	Ellok
139	Offenburg – Freiburg (Breisgau)	62,8	TEE 75	Ellok
		62,8	IC 171	Ellok
		62,8	IC 177	Ellok
138	Hannover – Hamburg-Harburg	166,5	IC 176	Ellok
	Bielefeld – Hamm (Westf)	67,0	IC 140	VT 601/602
137	Bielefeld – Dortmund	98,2	IC 127	Ellok
	Dortmund – Bielefeld	98,2	TEE 26	Ellok
		98,2	IC 143	Ellok
	Karlsruhe – Durmersheim – Offenburg	71,2	TEE 75	Ellok
		71,2	IC 171	Ellok
	Offenburg – Durmersheim – Karlsruhe	71,2	IC 178	Ellok
	Baden-Oos – Freiburg (Breisgau)	102,9	TEE 73	Ellok
		102,9	IC 179	Ellok
		102,9	IC 173	Ellok
		102,9	IC 175	Ellok
	Freiburg (Breisgau) – Baden-Oos	102,9	TEE 74	Ellok
		102,9	IC 170	Ellok
		102,9	IC 172	Ellok
		102,9	IC 174	Ellok
136	Hannover – Bielefeld	109,5	IC 127	Ellok
		109,5	IC 146	Ellok

km/h	Teilstecke	Entfernung km	Zug-Nr.	Antriebsart
136	Bremen – Hannover	122,5	TEE 75	Ellok
		122,5	IC 187	Ellok
		122,5	IC 189	Ellok
135	Bremen – Hamburg-Harburg	103,7	IC 137	VT 601/602
		103,7	IC 139	Ellok
	l) Teilstrecken der IC und TEE im Sommer 1982 mit über 140 km/h			
154	Hamm (Westf) – Bielefeld	67,0	IC 526	Ellok
		67,0	IC 620	Ellok
		67,0	IC 543	Ellok
	Bielefeld – Hamm (Westf)	67,0	IC 542	Ellok
		67,0	IC 521	Ellok
		67,0	IC 546	Ellok
147	Dortmund – Bielefeld	98,2	IC 541	Ellok
		98,2	IC 545	Ellok
		98,2	IC 547	Ellok
		98,2	IC 626	Ellok
		98,2	IC 520	Ellok
		98,2	IC 522	Ellok
		98,2	IC 528	Ellok
		98,2	IC 524	Ellok
		98,2	IC 549	Ellok
		98,2	IC 624	Ellok
		98,2	IC 628	Ellok
142	Augsburg – München-Pasing	54,5	IC 519	Ellok
		54,5	IC 615	Ellok
		54,5	IC 691	Ellok
	München-Pasing – Augsburg	54,5	IC 614	Ellok
140	Bielefeld – Dortmund	98,2	IC 629	Ellok
		98,2	IC 548	Ellok
		98,2	IC 525	Ellok
		98,2	IC 527	Ellok
		98,2	IC 529	Ellok
		98,2	IC 523	Ellok
		98,2	IC 623	Ellok
		98,2	IC 625	Ellok
		98,2	IC 627	Ellok
		98,2	IC 540	Ellok
		98,2	IC 544	Ellok

Übersicht 10 b

Die schnellsten Teilstrecken im Netz der DR in ausgewählten Jahren

Es gelten hier die gleichen Kriterien wie sie in Übersicht 10a für den Bereich der DB genannt wurden. Im Bereich der DR fällt besonders auf, daß im allgemeinen die Zahl der schnellsten Teilstrecken im Netz der behandelten Züge geringer ist als die tatsächliche Zahl der schnellstbefahrenen Abschnitte. Hier sind im Gegensatz zu der DB die in der vorliegenden Abhandlung behandelten Zuggattungen oft nicht die schnellsten Züge gewesen. Insbesondere auf frisch überholten oder mit zweiten Gleisen versehenen Streckenabschnitten können daher oft normale Eil- oder D-Züge häufig schneller sein.

km/h	Teilstrecke	Entfernung km	Zug-Nr.	Antriebsart
	a) **Teilstrecken der FD und FDt im Sommer 1954 mit über 80 km/h**			
87	Schwanheide – Hagenow Land	40,7	FDt 65	SVT
	b) **Teilstrecken der Ex, Ext und der D der Gruppe 1100 im Sommer 1961 mit über 85 km/h**			
90	Berlin Zool. Garten – Schwanheide	231,0	Ext 166	VT 12.14
88	Dresden – Bad Schandau	39,7	Ext 154	VT
		39,7	Ext 54	VT M 495/ČSD
85	Bad Schandau Dresden	39,7	Ext 55	VT M 495/ČSD
		39,7	Ext 155	VT
	c) **Teilstrecken der Ex, Ext und der D der Gruppe 1100 im Sommer 1967 mit über 90 km/h**			
	Es erreichen keine Züge der betreffenden Zuggattungen diese Geschwindigkeiten auf Teilabschnitten.			
	d) **Teilstrecken der Ex, Ext und der D der Gruppe 1100 im Sommer 1968 mit über 95 km/h**			
	Es erreichten keine Züge der betreffenden Zuggattungen diese Geschwindigkeiten auf Teilabschnitten.			
	e) **Teilstrecken der Ex, Ext und der D der Gruppe 1100 im Sommer 1969 mit über 100 km/h**			
104	Erfurt – Halle	108,4	D 1161	Ellok
103	Halle – Erfurt	108,4	D 1162	Ellok
		108,4	D 1160	Ellok
	Erfurt – Halle	108,4	D 1163	Ellok
100	Halle – Zentralflughafen Berlin-Schönefeld	158,5	D 1161	V 180
	Zentralflughafen Berlin-Schönefeld – Halle	158,5	D 1165	V 180
	f) **Teilstrecken der Ex, Ext und des SSV im sommer 1975 mit über 105 km/h**			
107	Leipzig – Zentralflughafen Berlin-Schönefeld	162,7	Ex 66	VT 175
		162,7	Ex 102	VT 175
		162,7	Ex 108	VT 175
106	Zentralflughafen Berlin-Schönefeld – Leipzig	162,7	Ex 103	VT 175
		162,7	Ex 67	VT 175
	g) **Teilstrecken der Ex, Ext und des SSV im Sommer 1981 mit über 100 km/h**			
104	Berlin-Lichtenberg – Schwerin	237,8	Ex 136	118
	Schwerin – Berlin-Lichtenberg	237,8	Ex 131	118

Die schnellstbefahrenen Teilstrecken der F, TEE und IC im Netz der DB bezogen auf Jahresabschnitte

Erläuterungen zu nachstehenden Listen: (gilt auch für Übersicht 10d)

Die ersten beiden Zeilen der nachstehenden Übersicht 1949 – 1953 lauten:

104	Freiburg (Breisgau) – Offenburg	62,8	FT 7	SVT	1951 – 53
	– 96 – (Ggr)		F 78	Dampflok	1952 – 53

Dies heißt umgesetzt:
Zwischen 104,00 und 104,99 km/h Durchschnittsgeschwindigkeit wurde auf dem Abschnitt Freiburg (Breisgau) – Offenburg, der 62,8 km lang ist, erstmals im Sommer 1951 mit FT 7, mit SVT gefördert, erzielt. Den gleichen Durchschnitt erreichten Züge zwischen Freiburg und Offenburg, ebenfalls mit SVT gefördert, auch in den Sommerabschnitten 1952 und 1953, wobei hier auch Fahrten Offenburg – Freiburg (Breisgau) einbegriffen sein können.
Der schnellste Dampfzug auf diesem Abschnitt war im Sommer 1952 F 78, wobei der Hinweis „Ggr" auf die Richtung Offenburg – Freiburg hinweist, mit einer Durchschnittsgeschwindigkeit zwischen 96,00 und 96,99 km/h. Auch im Sommer 1953 erzielt ein Dampfzug zwischen den beiden genannten Orten eine gleich hohe Durchschnittsgeschwindigkeit.
Die Teilstrecken sind nach absteigender Reisegeschwindigkeit geordnet, wobei die Zeilen einer km-Gruppe nach der zeitlichen Reihenfolge gereiht sind, so daß früher erscheinende Fahrten vor den neueren dargestellt sind. Innerhalb der einzelnen Sommerfahrplanabschnitte, die allein berücksichtigt sind, werden sie nochmals nach Kursbuchnummern geordnet dargestellt.

km/h	Teilstrecke	Entfernung km	Zug-Nr.	Zugförderungsart	Jahre
	a) **1949 – 1953 (95 km/h und mehr)**				
104	Freiburg (Breisgau) – Offenburg	62,8	FT 7	SVT	1951 – 53
	– 96 – (Ggr)		F 78	Dampflok	1952 – 53
103	Bremen – Hannover	122,5	FT 44	SVT	1953
	– 100 –		F 44	Dampflok	1951 – 52
101	Hannover – Göttingen	108,1	FT 56	SVT	1951, 53
	– 99 –		F 56	Dampflok	1953
	Augsburg – Ulm	86,0	FT 29	SVT	1952
	Hannover – Minden (Westf)	64,5	F 14	Dampflok	1953
	Freiburg (Breisgau) – Baden-Oos	102,9	FT 8, 44	SVT	1953
	– 98 –		F 10	Dampflok	1953
98	Hamm (Westf) – Bielefeld	67,0	F 13, 17	Dampflok	1952
	Göttingen – Elze (Han)	75,2	F 53	Dampflok	1953
97	Münster (Westf) – Osnabrück	50,2	FT 1	SVT	1953
	– 97 –		F 3, 33	Dampflok	1953
96	Hamburg Hbf – Hannover	178,5	FT 56	SVT	1951
	– 95 –		F 56	Dampflok	1953
	Hannover – Bielefeld	109,5	F 18	Dampflok	1951
	Augsburg – Würzburg	215,6	FT 55	SVT	1951
	Bremen – Osnabrück	122,2	FT 2	SVT	1953
	– 95 –		F 34	Dampflok	1953
	Koblenz – Bonn	59,3	FT 7, 27, 37	SVT	1953
	Baden-Oos – Offenburg	40,1	FT 78	SVT	1953
95	Karlsruhe – Mannheim	60,7	FT 7	SVT	1951 – 52
	Köln – Bonn	33,3	FT8, 28, 38	SVT	1953

km/h	Teilstrecke	Entfernung km	Zug-Nr.	Zugförderungsart	Jahre
	b) 1949–1960 (100 km/h und mehr)				
118	Hamm (Westf) – Bielefeld	67,0	F 17	SVT	1960
	– 100 –		F 17	Dampflok	1955–57
	Baden-Oos – Freiburg (Breisgau)	102,9	TEE 78	SVT	1960
	– 116 –		F 8	Ellok	1959–60
117	Bremen – Münster (Westf)	172,4	TEE 190	SVT	1960
	Offenburg – Freiburg (Breisgau)	62,8	F 46	SVT	1960
	– 114 –		F 164	Ellok	1960
116	Bremen – Osnabrück	122,2	F 4, 34	V-Lok	1960
	– 103 –		F 2	Dampflok	1955
	Karlsruhe – Durmersheim – Freiburg	134,0	F 10	Ellok	1960
114	Karlsruhe – Ettlingen – Baden-Oos	32,4	F 40	Ellok	1959–60
	– 114 –		TEE 78	SVT	1959
	Hannover – Bremen	122,5	F 43	SVT	1960
	– 100 – (Ggr)		F 44	Dampflok	1951–52
	Baden-Oos – Offenburg	40,1	F 46	SVT	1960
	– 109 –		F 164	Ellok	1960
113	Hannover – Minden (Westf)	64,5	F 14	SVT	1959–60
	– 101 –		F 14	Dampflok	1953
	Mannheim – Karlsruhe	60,7	F 8	Ellok	1959–60
	– 113 –		TEE 78	SVT	1960
	Aachen – Köln	70,2	TEE 20, 155	SVT	1960
111	Hannover – Bielefeld	109,5	F 16	SVT	1960
110	Dortmund – Hamm (Westf)	31,2	F 15	SVT	1960
109	Hannover – Göttingen	108,1	TEE 78	SVT	1959–60
	– 102 –		F 54, 56	Dampflok	1955–56
	Karlsruhe – Durmersheim – Baden-Oos	31,1	F 8	Ellok	1959–60
	– 109 –		F 44, 46, TEE 78	SVT	1960
	München – Augsburg	61,9	F 33	Ellok	1959
108	Hannover – Hamburg Hbf	178,5	TEE 77	SVT	1959–60
107	Osnabrück – Münster (Westf)	50,2	F 4, 34	V-Lok	1959–60
	– 100 – (Ggr)		F 1, 3, 33	Dampflok	1954–55
	Treuchtlingen – Augsburg	75,4	F 56	Ellok	1960
105	Köln – Bonn	33,3	TEE 20,32	SVT	1959–60
	– 105 –		F 4, 8/28, 10, 24	Ellok	1959–60
	Augsburg – Nürnberg	137,2	F 33	Ellok	1960
104	Karlsruhe – Ettlingen – Basel Bad	196,7	F 212	Ellok	1960
103	Hamburg Hbf – Bremen	115,8	TEE 190	SVT	1960
	Mainz – Koblenz	91,4	TEE 31	SVT	1960
102	Münster (Westf) – Hamm (Westf)	35,7	F 34	V-Lok	1959–60
	Basel Bad – Freiburg (Breisgau)	61,5	F 7, 9	Ellok	1959–60
	– 102 –		TEE 77, F 45	SVT	1960
101	Augsburg – Ulm	86,0	FT 29	SVT	1952
	– 101 –		F 27	Ellok	1959–60
	Heidelberg – karlsruhe	53,9	FT 46	SVT	1955
	Duisburg – Düsseldorf	23,6	F 22, 24	Ellok	1959–60
	Münster (Westf) – Gelsenkirchen	72,7	F 4	V-Lok	1960
	Oberhausen – Emmerich	60,8	TEE 31	SVT	1960

km/h	Teilstrecke	Entfernung km	Zug-Nr.	Zugförderungsart	Jahre
101	Koblenz–Bonn	59,3	TEE 19, 31	SVT	1960
	–101–		F 3, 21, 33	Ellok	1960
	Frankfurt–Mannheim	80,9	TEE 78	SVT	1960
	München–(Ingolstadt)–Nürnberg	198,6	F 37	SVT	1960
100	Mannheim–Darmstadt	60,0	FT 43	SVT	1955–56
	Hamm (Westf)–Hagen	48,4	F 14, 16, 18,	SVT	1959–60
	Bielefeld–Minden (Westf)	45,0	F 17	SVT	1960
	Köln–Düsseldorf	40,1	F 1, 15	SVT	1960
	Frankfurt–(Darmstadt)–Karlsruhe	132,2	F 50	Ellok	1960
	c) **1949–1967 (110 km/h und mehr)**				
138	Freiburg (Breisgau)–Durmersheim–Karlsruhe	134,0	TEE 9	Ellok	1965–67
	–120–		F 45	SVT	1962
132	München–Augsburg	61,9	TEE 55	Ellok	1966
126	Baden-Oos–Freiburg (Breisgau)	102,9	F 8, 44	Ellok	1966–67
	–123–		TEE 78	SVT	1961
125	Mannheim–Karlsruhe	60,7	F 10	Ellok	1963–67
	–117–		TEE 78	SVT	1962–63
124	Karlsruhe–Durmersheim–Baden-Oos	31,1	F 8	Ellok	1965
	–116–		F 46	SVT	1962–63
123	Bremen–Münster (Westf)	172,4	TEE 190	SVT	1961–62
122	Hannover–Bremen	122,5	F 43	Ellok	1966–67
	–114–		F 43	SVT	1960, 62
121	Offenburg–Freiburg (Breisgau)	62,8	F 46	SVT	1961–63
120	Baden-Oos–Offenburg	40,1	F 46	SVT	1963
118	Hamm (Westf)–Bielefeld	67,0	F 17	SVT/V-Lok	1960, 64–65
	Duisburg–Düsseldorf	23,6	F 10	Ellok	1963–64
117	Hannover–Minden (Westf)	64,5	F 14	SVT/V-Lok	1961, 63–65
	Hannover–Bielefeld	109,5	F 16, 18	V-Lok	1965
	Duisburg–Emmerich	68,4	TEE 9	Ellok	1967
	Ulm–Augsburg	86,0	TEE 12	Ellok	1967
116	Bremen–Osnabrück	122,2	F 4, 34	V-Lok	1960–61
	Mannheim–Darmstadt	60,0	F 43	Ellok	1966
	München–Ingolstadt–Nürnberg	198,6	TEE 21	Ellok	1966–67
115	Hannover–Göttingen	108,1	F 46, TEE 78	Ellok	1967
	–113–		F 44	V-Lok	1964
	Osnabrück–Münster (Westf)	50,2	F 32	Ellok	1967
114	Karlsruhe–Ettlingen–Baden-Oos	32,4	TEE 78	SVT	1959, 61–62
	Offenburg–Ettlingen–Karlsruhe	72,5	F 211	Ellok	1964
113	Aachen–Köln	70,2	TEE 20, 155	SVT	1960–61
	Treuchtlingen–Augsburg	75,4	F 56	Ellok	1962
	Hannover–Hamburg Hbf	178,5	TEE 55	Ellok	1966–67
112	Bielefeld–Minden (Westf)	45,0	F 13	V-Lok	1966
111	Köln–Bonn	33,3	F 10	Ellok	1962–64
	Hamm (Westf)–Hagen	48,4	F 14, 16,18	Ellok	1966–67
	Gießen–Marburg (Lahn)	29,7	F 45	Ellok	1967
110	Dortmund–Hamm (Westf)	31,2	F 15	SVT	1960
	–110–		F 1, 15	Ellok	1962–67

km/h	Teilstrecke	Entfernung km	Zug-Nr.	Zugförderungsart	Jahre
	d) 1949–1969 (120 km/h und mehr)				
143	Hamm (Westf) – Bielefeld	67,0	F 13, 15, 17	Ellok	1969
140	Dortmund – Bielefeld	98,2	F 147	Ellok	1969
	– 133 –		F 141	SVT	1969
	Freiburg (Breisgau) – Baden-Oos	102,9	F 7	Ellok	1969
	– 123 – (Ggr)		TEE 78	SVT	1961
138	Freiburg (Brsg) – Durmersheim – Karlsruhe	134,0	TEE 9	Ellok	1965–67
	– 120 –		F 45	SVT	1962
136	Bremen – Münster (Westf)	172,4	F 130	Ellok	1969
	– 124 –		TEE 44	SVT	1968
	Duisburg – Emmerich	68,4	TEE 9	Ellok	1969
135	Bielefeld – Minden (Westf)	45,0	F 17	Ellok	1969
	Bremen – Osnabrück	122,2	F 30, 32, 34	Ellok	1969
134	Mannheim – Karlsruhe	60,7	F 8	Ellok	1968
	Hannover – Bielefeld	109,5	F 14, 18, 146	Ellok	1969
	– 131 –		F 140	SVT	1969
133	Bremen – Hannover	122,5	F 46	Ellok	1968–69
	Karlsruhe – Durmersheim – Baden-Oos	31,1	TEE 78	Ellok	1968–69
	Hannover – Minden (Westf)	64,5	F 16	Ellok	1969
	Dortmund – Hamm (Westf)	31,2	F 15, 29	Ellok	1969
132	München – Augsburg	61,9	TEE 55	Ellok	1966
130	Osnabrück – Münster (Westf)	50,2	F 32	Ellok	1969
129	Hannover – Hamburg Hbf	178,5	TEE 55	Ellok	1968
	Heidelberg – Karlsruhe	53,9	TEE 78	Ellok	1969
128	Düsseldorf – Duisburg	23,6	F 29	Ellok	1969
127	München – Ingolstadt	81,0	F 37	Ellok	1969
126	Hamm (Westf) – Münster (Westf)	35,7	F 29	Ellok	1969
122	Hannover – Göttingen	108,1	F 46	Ellok	1968–69
	– 122 – (Ggr)		F 171	SVT	1969
	München – Ingolstadt – Nürnberg	198,6	TEE 21	Ellok	1968
	Ulm – Augsburg	86,0	TEE 12, F 28	Ellok	1969
121	Offenburg – Freiburg (Breisgau)	62,8	F 46	SVT	1961–63
	Gelsenkirchen – Münster (Westf)	72,7	F 131	Ellok	1969
	Nürnberg – Augsburg	137,2	F 34	Ellok	1969
120	Baden-Oos – Offenburg	40,1	F 46	SVT	1963
	– 120 – (Ggr)		F 163	Ellok	1969
	Münster (Westf) – Hagen	84,1	F 32	Ellok	1969
	Aachen – Köln	70,2	TEE 41, 43	Ellok	1969
	e) 1949–1981 (130 km/h und mehr)				
167	Hamm (Westf) – Bielefeld	67,0	IC 543, 526, 620	Ellok	1981
151	Dortmund – Bielefeld	98,2	IC 541, 545, 547, 628, 626, 520, 522, 528, 524, 549, 624	Ellok	1981
	– 140 –		IC 147	SVT	1976–77
149	Karlsruhe – Ettlingen – Baden-Oos	32,4	IC 179	Ellok	1977–78

km/h	Teilstrecke	Entfernung km	Zug-Nr.	Zugförderungsart	Jahre
148	Augsburg – München-Pasing	54,5	TEE 15,		
			IC 189	Ellok	1978
146	Hannover – Hamburg-Harburg	166,5	IC 176	Ellok	1978
144	Offenburg – Freiburg (Breisgau)	62,8	TEE 73	Ellok	1971
	– 134 –		IC 171	SVT	1973, 75 – 77
143	Karlsruhe – Durmersheim –				
	Baden-Oos	31,1	TEE 75	Ellok	1971 – 72,
					74 – 76
142	Karlsruhe – Durmersheim –				
	Offenburg	71,2	TEE 75	Ellok	1977 – 78
141	Bremen – Hamburg-Harburg	103,7	F 131	Ellok	1971
	Karlsruhe – Durmersheim – Freiburg				
	(Breisgau)	134,0	TEE 7	Ellok	1971
	Offenburg – Baden-Baden	40,1	IC 108	Ellok	1978
	– 133 –		IC 108	SVT	1977
140	Freiburg (Breisgau) – Baden-Oos	102,9	F 7	Ellok	1969 – 72, 74
					77 – 78
	– 131 –		IC 108	SVT	1973, 75 – 76
139	Hannover – Bielefeld	109,5	IC 125	Ellok	1975
	– 134 –		TEE 42	SVT	1971, 77
138	Bremen – Osnabrück	122,2	F 32	Ellok	1970 – 71
	– 130 –		IC 136	SVT	1975
	Hannover – Minden (Westf)	64,5	F 125	Ellok	1971
137	Hamburg Hbf – Hannover	178,5	TEE 91	Ellok	1971
136	Bremen – Münster (Westf)	172,4	F 130	Ellok	1969
	Duisburg – Emmerich	68,4	TEE 9	Ellok	1969
	Bremen – Hannover	122,5	TEE 75	Ellok	1971, 74 – 78
	– 131 –		IC 185	SVT	1975
135	Bielefeld – Minden (Westf)	45,0	F 17	Ellok	1969 – 75, 78
	München – Ingolstadt	81,0	IC 126	Ellok	1972
	Oberhausen – Emmerich	60,8	IC 122	Ellok	1980
134	Mannheim – Karlsruhe	60,7	F 8	Ellok	1968, 71, 77,
					80
133	Dortmund – Hagen	31,2	F 15, 29	Ellok	1969
132	München – Augsburg	61,9	TEE 55	Ellok	1966, 79
	Heidelberg – Darmstadt	59,5	TEE 14, 18	Ellok	1979 – 81
131	Münster (Westf) – Recklinghausen	57,0	IC 1532, 1630	Ellok	1980 – 81
130	Osnabrück – Münster (Westf)	50,2	F 32	Ellok	1969 – 71
	Hagen – Bielefeld	115,4	TEE 43	SVT	1971
	Münster (Westf) – Hamm – Dortmund	66,9	F 130	Ellok	1971

Übersicht 10d

Die schnellstbefahrenen Teilstrecken der FDt, Ex, Ext, und der D-Züge des Städteschnellverkehrs im Netz der DR bezogen auf Jahresabschnitte

Es gelten die Anmerkungen zu Übersicht 10c.

km/h	Teilstrecke	Entfernung km	Zug-Nr.	Zugförderungsart	Jahre
	a) 1947–1961 (85 km/h und mehr)				
111	Schwanheide–Hagenow Land	40,7	FDt 65	SVT	1950–52
103	Berlin Zoo–Schwanheide	231,0	FDt 66	SVT	1950–51
101	Hagenow Land–Berlin Zoo	190,3	FDt 65	SVT	1951
93	Frankfurt (O)–Berlin Ostbf	81,2	Ext 21	VT	1959
89	Strahlsund–Greifswald	31,2	FDt 180	VT	1955
88	Greifswald–Züssow	17,7	FDt 180	VT	1955
	Dresden Hbf–Bad Schandau	39,7	Ex 54, 154	VT	1960–61
	b) 1947–1967 (90 km/h und mehr)				
111	Schwanheide–Hagenow Land	40,7	FDt 65	SVT	1950–52
103	Berlin Zoo–Schwanheide	231,0	FDt 66	SVT	1950–51
101	Hagenow Land–Berlin Zoo	190,3	FDt 65	SVT	1951
94	Halle–Berlin-Schönefeld	158,5	D 1163	Dampflok	1962
93	Frankfurt (O)–Berlin Ostbf	81,2	Ext 21	VT	1959
90	Leipzig–Berlin-Schönefeld	162,7	D 1151	Dampflok	1962
	Neustrelitz–Oranienburg	71,2	D 1190	V-Lok	1967
	c) 1947–1981 (100 km/h und mehr)				
111	Schwanheide–Hagenow Land	40,7	FDt 65	SVT	1950–52
108	Leipzig–Berlin-Schönefeld	162,7	Ex 3, Ex 7	SVT	1970, 71, 76, 77
106	Erfurt–Halle	108,4	D 1165	Ellok	1970
	Berlin-Schönefeld–Dresden Hbf	170,1	Ex 71	SVT	1974
104	Halle–Berlin-Schönefeld	158,5	D 1163, 1165	V-Lok	1970
	Waren–Rostock	78,0	D 1191	V-Lok	1970, 72
	Neustrelitz–Oranienburg	71,2	D 1192	V-Lok	1972–73, 77
	Rostock–(Güstrow)–Waren	85,0	D 121	V-Lok	1973–75
	Halle–Jütebog	98,8	D 1050	Ellok	1980
	Berlin-Lichtenberg–Schwerin	237,8	Ex 136	V-Lok	1981
103	Berlin Zoo–Schwanheide	231,0	FDt 66	SVT	1950–51
102	Waren–Oranienburg	107,1	D 121	V-Lok	1973
101	Hagenow Land–Berlin Zoo	190,3	FDt 65	SVT	1951
	Dresden-N–Berlin-Schönefeld	166,2	D 176	Dampf/ V-Lok	1976–77
100	Halle–Weimar	87,1	D 1162	Ellok	1971
	Berlin Ostbf–Rostock	230,2	Ex 311	SVT	1972–73

Übersicht 10e

Anzahl der mit Reisegeschwindigkeiten über 120 km/h befahrenen Teilstrecken im Netz der DB 1960 – 1982

Die nachfolgende Übersicht zeigt sämtliche Teilstrecken an, die im Netz der DB in den einzelnen Fahrplanjahren – jeweils bezogen auf den Sommerabschnitt – mit Reisegeschwindigkeiten über 120 km/h befahren wurden. Dabei ist Zugzahl, die so schnell fuhr, unberücksichtigt geblieben; es wurde jeweils nur der schnellste Zug der Teilstrecke berücksichtigt. Aus der Übersicht läßt sich die Entwicklung der Geschwindigkeiten bei der DB ablesen. Bemerkenswert hierbei sind die beiden Negativknicke 1972 und 1982. 1972 beruht dies auf der Einführung des IC-Zweistundentaktes, wo die allgemeinen Geschwindigkeitssteigerungen auf die vier Linien des IC-Netzes gelegt wurden, so daß zwangsläufig die Abschnitte absinken mußten; 1982 jedoch ist deutlich ein allgemeiner Geschwindigkeitsabfall als Folge der von der DB aus Ersparnisgründen eingeleiteten Maßnahmen erkennbar.

bis 1960	0	1971	64
1961	3	1972	41
1962	5	1973	51
1963	5	1974	55
1964	5	1975	59
1965	6	1976	61
1966	11	1977	63
1967	14	1978	64
1968	24	1979	63
1969	50	1980	68
1970	60	1981	71
		1982	67

Übersicht 11

Verzeichnis der Züge, die einen Namen führen

a) **Deutsche Reichsbahn bis 1939**

Es werden nur die Züge mit Namen im Sommerfahrplan 1939 angegeben, da aufgrund der teilweise dürftigen Unterlagen nicht mit Sicherheit für jeden Fahrplanabschnitt ab 1923 die Namensgebung und Namensform nachgewiesen werden kann. In den folgenden Übersichten wird immer der ganze Zuglauf vom Zuganfangs- bis Zugendbahnhof angegeben, der Laufweg in der Regel jedoch nicht. Dieser ist den entsprechenden Übersichten über Reisezeiten und Reisegeschwindigkeiten zu entnehmen. Bei Zugläufen vom und nach dem Ausland wird der deutsche Grenzeingangs- bzw. -ausgangsbahnhof angegeben. Orte im Ausland werden entsprechend UIC-Vereinbarung in der amtlichen Schreibweise des jeweiligen Landes angegeben; Ausnahmen gelten für 1939 für Orte im deutschen Herrschaftsbereich, wo die amtliche deutsche Schreibweise angegeben wird.

Name des Zuges	Zug-Nr.	Zuglauf
Arlberg-Orient-Expreß	L 129	Paris Est – Buchs – Straß-Sommerein – Budapest
Karlsbad-Expreß	L 105	Stuttgart – Karlsbad ob. Bf.
	L 106	Karlsbad ob. Bf. – Stuttgart
Orient-Expreß	L 5	Paris Est – Kehl – Straß-Sommerein – Bucaresti
	L 6	Bucaresti – Straß-Sommerein – Kehl – Paris Est
Orient-Arlberg-Expreß	L 130	Budapest – Straß-Sommerein – Buchs – Paris Est
Ostende-Wien-Expreß	L 52	Oostende – Aachen – Wien West
Nord-Expreß	L 11	Paris Nord – Aachen – Neu Bentschen – Warszawa
	L 12	Warszawa – Neu Bentschen – Aachen – Paris Nord
Paris-Prag-Expreß	L 205	Eger – Tuschkau-Kosolup – Prag
Prag-Paris-Expreß	L 206	Prag – Tuschkau-Kosolup – Eger
Pullmann-Expreß	L 175	Oostende – Aachen – Köln
	L 176	Köln – Aachen – Oostende
Rheingold	FD 101	Basel SBB – Köln – Arnhem – Amsterdam
	FD 102	Amsterdam – Arnhem – Köln – Basel SBB
Wien-Ostende-Expreß	L 51	Wien West – Aachen – Oostende

b) **Deutsche Bundesbahn 1949 – 1982**

Bereits in den Fahrplänen vor dem 5. Mai 1948 führten Züge innerhalb der drei westlichen Besatzungszonen teilweise Namen. Diese sind aber in den Fahrplänen nicht, nicht vollständig oder nicht für den ganzen Zuglauf angegeben, so daß auf ihre Darstellung hier verzichtet werden soll. Erst mit dem Sommerfahrplan 1949 wurde die einheitliche Namenskennzeichnung konsequent durchgeführt.

Nachstehend sind die Züge nach ihrem Namen im Alphabet geordnet aufgeführt, innerhalb dieses Namens nach Richtungen und innerhalb dieser nach Zugnummern und Jahren. Insbesondere im F-Zugnetz und im System der IC wechselten die Namen häufiger, so daß aus der nachstehenden Übersicht ersehen werden kann, für welche Züge und Relationen die einzelnen Namen nach und nach Verwendung fanden. Es bedeutet in der Jahresspalte So = Sommerabschnitt, Wi = Winterabschnitt; ist nur eine Jahreszahl angegeben, so gelten die Angaben für den gesamten Jahresfahrplan.

Name des Zuges	Zug-Nr.	Zuglauf	Fahrplanjahre
Adler	F 53	Würzburg – Hmb-Altona	59
	IC 126	München – Frankfurt – Köln	76
	IC 126	München – Frankfurt – Dortmund	77, 78
	IC 662	München – Nürnberg	80
	F 54	Hmb-Altona – Würzburg	59
	IC 159	Köln – Nürnberg	Wi 71,72
	IC 146	Hannover – Köln – Nürnberg	73
	IC 125	Hannover – Köln – Nürnberg	74, 75
	IC 663	Nürnberg – München	80
Albatros	IC 1506	Köln – Hamburg-Hbf	80, 81
	IC 1514	Koblenz – Hmb-Altona	82
	IC 1509	Hamburg Hbf – Köln	80, So 81
	IC 1509	Hamburg Hbf – Koblenz	Wi 81, 82
Albert Schweitzer	TEE 8	Strasbourg – Dortmund	80 – 82
	TEE 9	Dortmund – Strasbourg	80 – 82
Albrecht Dürer	IC 180	München – Bremen	Wi 71 – 78
	IC 686	München – Bremen	79 – 82
	IC 187	Bremen – München	Wi 71 – 78
	IC 687	Bremen – München	79
	IC 585	Hmb-Altona – München	80
	IC 587	Hmb-Altona – München	81, 82
Amalienburg	IC 582	München – Hmb-Altona	79 – 81
	IC 584	München – Hmb-Altona	82
	IC 687	Bremen – München	80 – 82
Anselm Feuerbach	IC 572	Basel SBB – Bremen	79, 80
	IC 573	Bremen – Basel SBB	79, 80
Austria-Expreß	F 251	Graz – Hoek van Holland	53 – 56
	F 251	Klagenfurt – Hoek van Holland	57 – 59
	F 451	Mannheim – Wiesbaden	53, 54
	F 252	Hoek van Holland – Graz	53 – 56
	F 252	Hoek van Holland – Klagenfurt	57 – 59
	F 452	Wiesbaden – Mannheim	53, 54
Bacchus	TEE 14	München – Stuttgart – Dortmund	79
	TEE 15	Dortmund – Stuttgart – München	79
Badenerland	DC 963	Karlsruhe – Stuttgart	73, 74
	DC 967	Karlsruhe – Regensburg	75
	DC 967	Karlsruhe – Nürnberg	76, 77
	DC 960	Regensburg – Karlsruhe	75
	DC 750	Nürnberg – Karlsruhe	76, 77
Baden-Kurier	IC 592	München – Karlsruhe	79 – 82
	IC 593	Karlsruhe – München	79 – 82
Bavaria	TEE 56	München – Zürich	70
	TEE 66	München – Zürich	71 – 76
	TEE 57	Zürich – München	70
	TEE 67	Zürich – München	71 – 76

Name des Zuges	Zug-Nr.	Zuglauf	Fahrplanjahre
Blauer Enzian	F 55	München - Hmb-Altona	53 - 64
	TEE 55	München - Hmb-Altona	65 - 69
	TEE 81	Klagenfurt - Hmb-Altona	70
	F 481	Zell am See - Rosenheim	70
	TEE 90	Klagenfurt - Hmb-Altona	71 - 78
	TEE 80	Zell am See - Rosenheim	71
	TEE 80	Zell am See - München	72
	IC 120	Klagenfurt - Köln - Braunschweig	79, 80
	IC 120	Klagenfurt - Köln - Dortmund	81, 82
	F 56	Hmb-Altona - München	53 - 64
	TEE 56	Hmb-Altona - München	65, 66
	TEE 54	Hmb-Altona - München	67 - 69
	TEE 80	Hmb-Altona - Klagenfurt	70
	F 480	Rosenheim - Zell am See	70
	TEE 91	Hmb-Altona - Klagenfurt	71 - 78
	TEE 81	Rosenheim - Zell am See	71, 72
	IC 121	Dortmund - Köln - Klagenfurt	79 - 82
Breisgau	IC 100	Basel SBB - Frankfurt	79 - 81
	IC 570	Basel SBB - Frankfurt	82
	IC 101	Frankfurt - Basel SBB	79 - 81
	IC 571	Frankfurt - Basel SBB	82
Burggraf	IC 564	München - Würzburg - Köln	79 - 82
	IC 565	Köln - Würzburg - München	79 - 82
Chiemgau	IC 510	Berchtesgaden - Stuttgart - Köln	79 - 81
	IC 510	Salzburg - Stuttgart - Köln	82
	IC 511	Köln - Stuttgart - Berchtesgaden	79 - 81
	IC 511	Köln - Stuttgart - Salzburg	82
Colonius	IC 630	Hmb-Altona - Köln	82
	IC 633	Köln - Hmb-Altona	82
Diamant	F 25	Bonn - Antwerpen	63
	F 25	Köln - Antwerpen	64
	F 25	Dortmund - Antwerpen	65
	TEE 25	Dortmund - Antwerpen	66
	TEE 25	Dortmund - Bruxelles	67, 68
	TEE 25	Köln - Bruxelles	69
	TEE 25	Hannover - Köln - Bruxelles	70
	TEE 42	Hannover - Köln - Bruxelles	71, 72
	TEE 42	Köln - Bruxelles	73, 75
	TEE 80	München - Hmb-Altona	79, 80
	F 26	Antwerpen - Bonn	63
	F 26	Antwerpern - Köln	64
	F 26	Antwerpen - Dortmund	65
	TEE 26	Antwerpen - Dortmund	66
	TEE 26	Bruxelles - Dortmund	67, 68
	TEE 26	Bruxelles - Köln	69
	TEE 26	Bruxelles - Köln - Hannover	70
	TEE 43	Bruxelles - Köln - Hannover	71, 72
	TEE 43	Bruxelles - Köln	73 - 75
	TEE 81	Hmb-Altona - München	79 - 80

Name des Zuges	Zug-Nr.	Zuglauf	Fahrplanjahre
Diemelland	DC 931	Dortmund – Bebra	73, 74
	DC 932	Bebra – Dortmund	73, 74
Diplomat	IC 172	Basel SBB – Hmb-Altona	Wi 71 – 78
	IC 578	Basel SBB – Hmb-Altona	79, 80
	IC 578	Basel Bad Bf – Westerland	81
	IC 578	Basel SBB – Westerland	82
	IC 177	Hmb-Altona – Basel SBB	Wi 71 – 78
	IC 579	Hmb-Altona – Basel Bad Bf	79
	IC 579	Hmb-Altona – Basel SBB	80
	IC 579	Westerland – Basel Bad Bf	81, 82
Dompfeil	F 14	Hannover – Köln	53 – 62
	F 14	Hannover – Bonn	63 – 68
	F 16	Hannover – Köln – Frankfurt	69, 70
	F 125	Hannover – Köln – Frankfurt	So 71
	IC 140	Hannover – Köln – Frankfurt	Wi 71 – 74
	IC 140	Hannover – Bonn	75 – 78
	IC 513	Dortmund – Stuttgart – München	79, 80, 82
	F 17	Köln – Hannover	53
	F 13	Köln – Hannover	54 – 68
	F 15	Frankfurt – Köln – Hannover	69, 70
	F 124	Frankfurt – Köln – Hannover	So 71
	IC 124	München – Köln – Hannover	Wi 71, 72
	IC 147	Köln – Hannover	73 – 77
	IC 147	Bonn – Hannover	78
	IC 512	München – Stuttgart – Dortmund	79, 80
	IC 620	München – Köln – Braunschweig	81, 82
Domspatz	F 53	Passau – Hmb-Altona	53
	F 53	Regensburg – Hmb-Altona	54 – 58
	F 54	Hmb-Altona – Passau	53
	F 54	Hmb-Altona – Regensburg	54 – 58
Donauland	DC 960	Regensburg – Karlsruhe	73, 74
	DC 967	Karlsruhe – Regensburg	73, 74
Drachenfels	IC 527	Hannover – Köln – München	79 – 82
	IC 528	München – Köln – Hannover	79 – 82
Ederland	DC 973	Kassel – Frankfurt	73 – 77
	DC 974	Frankfurt – Kassel	73 – 77
Eggeland	DC 930	Kassel – Mönchengladbach	73, 74
	DC 930	Kassel – Duisburg	75
	DC 933	Mönchengladbach – Bebra	73, 74
Emsland	DC 910	Frankfurt – Emden	73
	DC 910	Frankfurt – Norddeich	74, 75
	DC 915	Emden – Frankfurt	73 – 77
Enzland	DC 962	Stuttgart – Karlsruhe	75 – 77
	DC 963	Karlsruhe – Stuttgart	75 – 77

Name des Zuges	Zug-Nr.	Zuglauf	Fahrplanjahre
Erasmus	TEE 24	München – Würzburg – Den Haag	73–75
	TEE 16	München – Stuttgart – Den Haag	76–78
	TEE 26	Nürnberg – Amsterdam	79
	IC 124	Innsbruck – Würzburg – Amsterdam	80–82
	TEE 25	Den Haag – Würzburg – München	73–75
	TEE 17	Den Haag – Stuttgart – München	76–78
	TEE 27	Amsterdam – Frankfurt	79
	IC 125	Amsterdam – Würzburg – Innsbruck	80–82
Ernst Barlach	IC 586	München – Hmb-Altona	79–82
	IC 587	Hmb-Altona – München	79, 80
	IC 585	Hmb-Altona – München	81, 82
Frankenland	DC 951	Saarbrücken – Nürnberg	73–77
	DC 954	Nürnberg – Saarbrücken	73–77
Friedrich Schiller	IC 166	Stuttgart – Düsseldorf	73, 74
	IC 166	Stuttgart – Dortmund	75–77
	IC 166	Stuttgart – Köln – Hmb-Altona	78
	TEE 16	Stuttgart – Dortmund	79–81
	IC 167	Düsseldorf – Stuttgart	73, 74
	IC 167	Dortmund – Stuttgart	75–77
	IC 167	Westerland – Köln – Stuttgart	78
	TEE 17	Dortmund – Stuttgart	79–81
Gambrinus	F 33	München – Köln – Kiel	53–57
	F 33	München – Köln – Hmb-Altona	59–69
	F 125	München – Köln – Hmb-Altona	70
	F 122	München – Köln – Hmb-Altona	So 71
	IC 112	München – Köln – Hmb-Altona	Wi 71–74
	IC 112	München – Köln – Westerland	75–77
	TEE 14	München – Köln – Hmb-Altona	78
	TEE 18	München – Köln – Hmb-Altona	79, 80
	TEE 18	Stuttgart – Köln – Bremen	81
	TEE 18	Stuttgart – Dortmund	82
	F 34	Kiel – Köln – München	53–58
	F 34	Hmb-Altona – Köln – München	59–69
	F 124	Hmb-Altona – Köln – München	70
	F 123	Hmb-Altona – Köln – München	So 71
	IC 117	Hmb-Altona – Köln – München	Wi 71–77
	TEE 15	Hmb-Altona – Köln – München	78
	TEE 19	Hmb-Altona – Köln – München	79, 80
	TEE 19	Bremen – Köln – Stuttgart	81
	TEE 19	Dortmund – Stuttgart	82
Germania	F 17	Bonn – Hannover	54–69
	F 143	Bonn – Hannover	70, So 71
	IC 143	Köln – Hannover	Wi 71–78
	IC 520	München – Köln – Hannover	79–82
	F 18	Hannover – Bonn	54–69
	F 142	Hannover – Bonn	70, So 71
	IC 142	Hannover – Köln	Wi 71–78
	IC 521	Braunschweig – Köln – München	79, 80
	IC 521	Hannover – Köln – München	81, 82

Name des Zuges	Zug-Nr.	Zuglauf	Fahrplanjahre
Glückauf	F 19	Frankfurt – Essen	53
	F 19	Wien West – Essen	54, 55
	IC 116	München – Köln – Münster	Wi 71 – 75
	IC 139	Köln – Hmb-Altona	76 – 78
	IC 568	München – Würzburg – Dortmund	79 – 81
	IC 512	München – Stuttgart – Dortmund	82
	F 20	Essen – Frankfurt	53
	F 20	Essen – Wien West	54, 55
	IC 113	Münster – Köln – München	Wi 71 – 75
	IC 138	Hmb-Altona – Köln	76, 77
	IC 636	Hmb-Altona – Köln	78
	IC 569	Dortmund – Würzburg – München	79 – 82
Goethe	TEE 50	Frankfurt – Saarbrücken – Paris Est	70 – 74
	TEE 24	Frankfurt – Dortmund	79 – 82
	TEE 51	Paris Est – Saarbrücken – Frankfurt	70 – 74
	TEE 25	Dortmund – Nürnberg	79 – 82
Gorch Fock	IC 138	Kiel – Köln	78
	IC 613	Kiel – Köln – München	79 – 82
	IC 637	Köln – Kiel	78
	IC 612	München – Köln – Kiel	79
	IC 612	Garmisch – Köln – Kiel	80 – 82
Graf Luckner	IC 630	Hmb-Altona – Köln	80
	IC 632	Hmb-Altona – Köln	81, 82
	IC 631	Köln – Hmb-Altona	80 – 82
Gürzenich	IC 622	München – Würzburg – Dortmund	79 – 82
	IC 623	Hannover – Köln – München	79 – 82
Gutenberg	IC 161	Köln – Stuttgart	74
	IC 611	Hmb-Altona – Köln – München	79 – 82
	IC 610	München – Köln – Hmb-Altona	79 – 82
Hamburg-London-Expreß	F 72	Hmb-Altona – Hoek van Holland	57, 58
Haseat	F 1	Köln – Hmb-Altona	53
	F 1	Köln – Kiel	54 – 66
	F 29	Köln – Kiel	67, 68
	F 29	Köln – Hmb-Altona	69, 70
	F 133	Köln – Hmb-Altona	So 71
	IC 133	Bonn – Hmb-Altona	Wi 71 – 78
	IC 635	Bonn – Hmb-Altona	79 – 82
	F 2	Kiel – Köln	53 – 66
	F 30	Kiel – Köln	67, 68
	F 30	Hmb-Altona – Köln	69, 70
	F 134	Hmb-Altona – Köln	So 71
	IC 134	Hmb-Altona – Bonn	Wi 71 – 77
	IC 534	Hmb-Altona – Bonn	78
	IC 634	Hmb-Altona – Bonn	79 – 82
Hans Holbein	IC 171	Frankfurt – Basel SBB	79 – 81
	IC 673	Frankfurt – Basel SBB	82
	IC 570	Basel SBB – Frankfurt	79 – 81
	IC 672	Basel SBB – Frankfurt	82

Name des Zuges	Zug-Nr.	Zuglauf	Fahrplanjahre
Hans Sachs	F 37	München – Würzburg – Dortmund	59 – 61
	F 37	München – Würzburg – Hagen	62 – 69
	F 123	München – Würzburg – Hagen	70
	F 120	München – Würzburg – Hagen	So 71
	IC 128	München – Würzburg – Hagen	Wi 71 – 78
	IC 128	München – Würzburg – Dortmund	72 – 75
	IC 620	München – Würzburg – Münster	79
	F 38	Dortmund – Würzburg – München	59 – 61, 68
	F 38	Hagen – Würzburg – München	62 – 67, 69
	F 122	Hagen – Würzburg – München	70
	F 121	Hagen – Würzburg – München	So 71
	IC 121	Hagen – Würzburg – München	Wi 71 – 78
	IC 621	Münster – Würzburg – München	79
Hegauland	DC 480	Zürich – Stuttgart	75 – 77
	DC 483	Stuttgart – Zürich	75 – 77
Heilbronnerland	DC 999	Bamberg – Stuttgart	73, 74
Heinrich der Löwe	IC 526	München – Köln – Hannover	79
	IC 524	München – Köln – Braunschweig	80 – 82
	IC 529	Hannover – Köln – München	79
	IC 529	Braunschweig – Köln – München	80 – 82
Heinrich Heine	IC 618	Stuttgart – Köln – Hmb-Altona	78
	TEE 28	Frankfurt – Dortmund	79 – 82
	IC 619	Hmb-Altona – Köln – Stuttgart	78
	TEE 29	Dortmund – Frankfurt	79 – 82
Helvetia-Expreß	F 77	Zürich – Frankfurt	53
	F 77	Zürich – Hmb-Altona	54 – 56
	F 78	Frankfurt – Zürich	53
	F 78	Hmb-Altona – Zürich	54 – 56
Helvetia	TEE 77	Zürich – Hmb-Altona	57 – 70
	TEE 72	Zürich – Hmb-Altona	71 – 78
	IC 178	Basel SBB – Hmb-Altona	79 – 80
	IC 178	Zürich – Hmb-Altona	81, 82
	TEE 78	Hmb-Altona – Zürich	57 – 68
	TEE 76	Hmb-Altona – Zürich	69, 70
	TEE 73	Hmb-Altona – Zürich	71 – 78
	IC 179	Westerland – Basel SBB	79, 80
	IC 179	Hmb-Altona – Zürich	81, 82
Herkules	IC 596	München – Stuttgart – Kassel	79 – 81
	IC 674	Basel SBB – Kassel	82
	IC 597	Kassel – Stuttgart – München	79 – 82
Hermes	IC 182	München – Bremen	Wi 71 – 78
	IC 189	Bremen – München	Wi 71 – 78
Herrenchiemsee	IC 688	München – Bremen	79 – 82
	IC 689	Bremen – München	79 – 82

Name des Zuges	Zug-Nr.	Zuglauf	Fahrplanjahre
Herrenhausen	IC 126	München – Köln – Hannover	Wi 71 – 76
	IC 628	Frankfurt – Köln – Hannover	79
	IC 628	Nürnberg – Köln – Hannover	80 – 82
	IC 129	Hannover – Köln – München	Wi 71 – 78
	IC 629	Hannover – Köln – Nürnberg	79 – 82
Hessen-Kurier	IC 163	Wiesbaden – Stuttgart – München	Wi 71 – 78
	IC 168	München – Stuttgart – Wiesbaden	Wi 71 – 78
Hessenland	DC 971	Kassel – Mannheim	73, 74
	DC 971	Kassel – Frankfurt	75 – 77
	DC 972	Mannheim – Kassel	73, 74
	DC 972	Frankfurt – Kassel	75 – 77
Hispania	IC 176	Genéve – Hmb-Altona	79 – 81
	IC 177	Hmb-Altona – Genéve	79 – 81
Holland-Italien-Expreß	F 108	Amsterdam – Basel SBB	51, 52
	F 108	Amsterdam – Roma	53 – 66
	F 93	Amsterdam – Roma	67 – 69
Holland-Skandinavien-Expreß	FD 191	Hoek van Holland – Kobenhavn	50, 55 – 61, 63 – 66
	F 191	Hoek van Holland – Nyborg	51, 52
	F 191	Hoek van Holland – Stockholm	53, 54, 62
	F 391	Hoek van Holland – Kobenhavn	67 – 69
Hölderlin	IC 530	Hmb-Altona – Köln – Stuttgart	79 – 82
	IC 531	Stuttgart – Köln – Hmb-Altona	79
	IC 616	München – Köln – Hmb-Altona	80 – 82
Hohenloherland	DC 952	Nürnberg – Mannheim	73, 74
	DC 953	Mannheim – Nürnberg	73, 74
Hohenstaufen	IC 690	München – Mannheim – Hmb-Altona	79 – 82
	IC 691	Hmb-Altona – Mannheim – München	79 – 82
Hohensyburg	IC 1524	Köln – Hannover	Wi 80
	IC 1524	Köln – Hildesheim	81, 82
	IC 1629	Hannover – Köln-Deutz tief	Wi 80 – 82
Italia-Expreß	F 211	Roma – Kobenhavn	60 – 66
	F 4	Roma – Kobenhavn	67 – 69
	F 212	Kobenhavn – Roma	60 – 66
	F 3	Kobenhavn – Roma	67 – 69
Italien-Holland-Expreß	F 107	Basel SBB – Amsterdam	51, 52
	F 107	Roma – Amsterdam	53 – 66
	F 92	Roma – Amsterdam	67 – 69
Italien-Skandinavien-Expreß	F 211	Basel SBB – Kobenhavn	51, 52
	F 211	Roma – Kobenhavn	53 – 59
Italien-Schweiz-Skandinavien-Expreß	FD 275	Basel SBB – Kobenhavn	49, 50

Name des Zuges	Zug-Nr.	Zuglauf	Fahrplanjahre
Jakob Fugger	IC 161	Stuttgart – München	Wi 71, 72
	IC 181	Bremen – München	76 – 78
	IC 685	Bremerhaven-Lehe – München	79 – 82
	IC 162	München – Stuttgart	Wi 71, 72
	IC 188	München – Bremen	76 – 78
	IC 684	München – Bremerhaven-Lehe	79
	IC 584	München – Bremen	80, 81
	IC 582	München – Bremen	82
Johann Strauß	IC 128	Wien West – Frankfurt	82
	IC 129	Frankfurt – Wien West	82
Kaiserstuhl	IC 575	Bremen – Basel SBB	79 – 82
	IC 576	Basel SBB – Bremen	79 – 81
Karolinger	IC 632	Hmb-Altona – Aachen	79, 80
	IC 630	Hmb-Altona – Aachen	81
	IC 633	Aachen – Hmb-Altona	79 – 81
Karwendel	F 1298	Frankfurt – Seefeld i. Tirol	Wi 69, Wi 70
	IC 1113	Frankfurt – Seefeld i. Tirol	Wi 71 – Wi 73
	IC 1151	Frankfurt – Seefeld i. Tirol	Wi 74 – Wi 78
	IC 181	Hmb-Altona – Innsbruck	79
	IC 181	Bremen – Innsbruck	80 – 82
	F 1299	Seefeld i. Tirol – Frankfurt	Wi 69, Wi 70
	IC 1112	Seefeld i. Tirol – Frankfurt	Wi 71 – Wi 73
	IC 1150	Seefeld i. Tirol – Frankfurt	Wi 74 – Wi 78
	IC 180	Innsbruck – Hmb-Altona	79
	IC 180	Innsbruck – Bremen	80 – 82
Komet	F 49	Basel SBB – Hmb-Altona	54, 60 – 62
	F 49	Zürich – Hmb-Altona	55 – 59
	F 50	Hmb-Altona – Basel SBB	54, 60 – 62
	F 50	Hmb-Altona – Zürich	55 – 59
Kommodore	IC 170	Freiburg – Hmb-Altona	Wi 71
	IC 170	Basel Bad Bf – Hmb-Altona	72 – 78
	IC 670	Basel Bad Bf – Westerland	79, 80
	IC 670	Basel Bad Bf – Hmb-Altona	81, 82
	IC 179	Hmb-Altona – Freiburg	Wi 71
	IC 179	Hmb-Altona – Basel Bad Bf	72 – 78
	IC 671	Hmb-Altona – Basel Bad Bf	79 – 82
Konsul	F 47	Mannheim – Hmb-Altona	63,64
	F 47	Frankfurt – Hmb-Altona	65
	IC 692	Stuttgart – Frankfurt – Kiel	79
	IC 692	Stuttgart – Ffm – Hmb-Altona	80 – 82
	F 48	Hmb-Altona – Mannheim	63, 64
	F 48	Hmb-Altona – Frankfurt	65
	IC 693	Kiel – Frankfurt – Stuttgart	79 – 82
Kormoran	IC 1532	Hmb-Altona – Köln	80
	IC 1532	Kiel – Köln	Wi 80, 81
	IC 1612	Köln – Hmb-Altona	80
	IC 1612	Köln – Kiel	Wi 80, 81

Name des Zuges	Zug-Nr.	Zuglauf	Fahrplanjahre
Kranich	IC 1572	Karlsruhe – Hamburg Hbf	81
	IC 1572	Karlsruhe – Kiel	82
	IC 1693	Kiel – Karlsruhe	82
Kurpfalz	IC 514	München – Köln – Hmb-Altona	80 – 82
Lippeland	DC 934	Bebra – Dortmund	73, 74
	DC 935	Duisburg – Kassel	73 – 75
Linderhof	IC 583	Bremen – München	79 – 82
	IC 584	München – Bremen	79
	IC 684	München – Bremerhaven-Lehe	80 – 82
Lötschberg	IC 106	Brig – Köln – Hmb-Altona	82
	IC 107	Hmb-Altona – Köln – Brig	82
London-Hamburg-Expreß	F 71	Hoek van Holland – Hmb-Altona	57, 58
Loreley-Expreß	F 163	Basel SBB – Hoek van Holland	53 – 69
	F 164	Hoek van Holland – Basel SBB	53 – 69
Ludwig Uhland	IC 598	München – Mannheim – Hmb-Altona	79 – 82
	IC 599	Hmb-Altona – Mannheim – München	79 – 82
Luginsland	DC 961	Stuttgart – Nürnberg	73 – 77
	DC 964	Nürnberg – Stuttgart	73
	DC 964	Nürnberg – Karlsruhe	74
	DC 966	Nürnberg – Stuttgart	75 – 77
Main-Isar	IC 157	Frankfurt – Würzburg – München	78
Main-Kurier	IC 571	Hannover – Frankfurt	79
Mainland	DC 992	Stuttgart – Würzburg – Hof	73, 74
	DC 997	Hof – Würzburg	73, 74
Markgraf	IC 103	Frankfurt – Basel SBB	Wi 71 – 78
	IC 108	Basel SBB – Frankfurt	Wi 71 – 78
Max Planck	IC 589	Kiel – München	79 – 82
	IC 588	München – Kiel	79 – 82
Mediolanum	TEE 75	München – Milano	58 – 66
	TEE 17	München – Milano	67 – 70
	TEE 85	München – Milano	71 – 82
	TEE 76	Milano – München	58, 59
	TEE 74	Milano – München	60 – 66
	TEE 18	Milano – München	67 – 70
	TEE 84	Milano – München	71 – 82
Meistersinger	IC 524	Nürnberg – Köln – Hmb-Altona	78
	IC 624	München – Köln – Hannover	79
	IC 624	Garmisch – Köln – Hannover	80 – 82
	IC 525	Hmb-Altona – Köln – Nürnberg	78
	IC 625	Hannover – Köln – München	79 – 82

Name des Zuges	Zug-Nr.	Zuglauf	Fahrplanjahre
Mercator	F 170	Bremen – Mannheim – Stuttgart	69
	F 192	Bremen – Mannheim – Stuttgart	70
	F 193	Bremen – Mannheim – Stuttgart	So 71
	IC 173	Bremen – Basel SBB	Wi 71, 73–75
	IC 173	Bremen – Basel Bad Bf	72
	IC 173	Hmb-Altona – Basel SBB	76–78
	F 171	Stuttgart – Mannheim – Bremen	69
	F 193	Stuttgart – Mannheim – Bremen	70
	F 192	Stuttgart – Mannheim – Bremen	So 71
	IC 176	Basel SBB – Bremen	Wi 71
	IC 176	Basel Bad Bf – Hannover	72
	IC 176	Basel SBB – Hamburg Hbf	73–78
Merian	IC 171	Frankfurt – Basel SBB	Wi 71–78
	IC 178	Basel Bad Bf – Frankfurt	Wi 71
	IC 178	Basel SBB – Frankfurt	72–78
Merkur	F 3	Frankfurt – Köln – Hmb-Altona	53, 58–66
	F 3	Stuttgart – Köln – Hmb-Altona	54–57
	F 31	Frankfurt – Köln – Hmb-Altona	67, 68
	F 131	Frankfurt – Köln – Hmb-Altona	70
	F 137	Frankfurt – Köln – Hmb-Altona	So 71
	IC 114	München – Köln – Hmb-Altona	Wi 71–73
	TEE 35	Stuttgart – Köln – Kobenhavn	74–77
	TEE 1035	Hamburg Hbf – Hmb-Altona	74–77
	IC 135	Stuttgart – Köln –Kobenhavn	78
	IC 1035	Hamburg Hbf – Hmb-Altona	78
	IC 133	Karlsruhe – Köln – Kobenhavn	79, 80
	IC 133	Freiburg – Köln – Kobenhavn	81, 82
	F 4	Hmb-Altona – Köln – Frankfurt	53, 58–66
	F 4	Hmb-Altona – Köln – Stuttgart	54–57
	F 32	Hmb-Altona – Köln – Frankfurt	67, 68
	F 130	Hmb-Altona – Köln – Frankfurt	70
	F 136	Hmb-Altona – Köln – Frankfurt	So 71
	IC 115	Hmb-Altona – Köln – München	Wi 71–73
	TEE 34	Kobenhavn – Köln – Stuttgart	74–77
	TEE 1034	Hmb-Altona – Hamburg Hbf	74–77
	IC 134	Kobenhavn – Köln – Stuttgart	78
	IC 1034	Hmb-Altona – Hamburg Hbf	78
	IC 132	Kobenhavn – Köln – Karlsruhe	79–82
	IC 1132	Hmb-Altona – Hamburg Hbf	79–82
Metropolitano	IC 102	Milano – Frankfurt	79
	IC 102	Genova – Frankfurt	80, 81
	IC 104	Milano – Dortmund	82
	IC 103	Frankfurt – Milano	79
	IC 103	Frankfurt – Genova	80, 81
	IC 105	Dortmund – Milano	82
Molière	TEE 40	Düsseldorf – Paris Nord	73, 74
	TEE 40	Köln – Paris Nord	75–78
	IC 130	Köln – Paris Nord	80
	IC 130	Dortmund – Paris Nord	81, 82
	TEE 41	Paris Nord – Düsseldorf	73, 74
	TEE 41	Paris Nord – Köln	75–78

Name des Zuges	Zug-Nr.	Zuglauf	Fahrplanjahre
Moliére (Forts.)	IC 131	Paris Nord – Köln	80
	IC 131	Paris Nord – Dortmund	81, 82
Montan-Expreß	F 231	Frankfurt – Luxembourg	53 – 55
	F 232	Luxembourg – Frankfurt	53 – 55
Mont-Blanc	IC 176	Hmb-Altona – Genéve	82
	IC 177	Genéve – Hmb-Altona	82
Moselland	DC 901	Koblenz – Saarbrücken	73 – 75
	DC 903	Koblenz – Saarbrücken	77
	DC 904	Saarbrücken – Koblenz	73 – 75
Mozart	F 39	Strasbourg – Salzburg	54 – 57
	F 39	Strasbourg – München	58 – 62
	F 40	Salzburg – Strasbourg	54, 55
	F 40	München – Strasbourg	56 – 62
Münchner Kindl	F 29	München – Stuttgart – Frankfurt	53 – 59
	F 154	München – Würzburg – Frankfurt	So 71
	IC 120	München – Köln – Hannover	Wi 71 – 78
	IC 522	München – Köln – Hannover	79 – 82
	F 30	Frankfurt – Stuttgart – München	53 – 59
	F 155	Frankfurt – Würzburg – München	So 71
	IC 127	Hannover – Köln – München	Wi 71 – 78
	IC 523	Hannover – Köln – München	79 – 82
Münsterland	DC 913	Emden – Frankfurt	73 – 77
	DC 914	Frankfurt – Emden	73 – 77
Neckarland	DC 995	Würzburg – Stuttgart	73, 74
	DC 977	Frankfurt – Stuttgart	75 – 77
	DC 996	Stuttgart – Würzburg	73, 74
Niedersachsen	IC 546	Hannover – Köln	79 – 82
	IC 547	Köln – Hannover	79
	IC 547	Frankfurt – Köln –Hannover	80 – 82
Nord-Expreß	L 11	Paris Nord – Kobenhavn	49, 50
	F 11	Paris Nord – Kobenhavn	51 – 62
	L 12	Kobenhavn – Paris Nord	49, 50
	L 12	Kobenhavn – Paris Nord	51 – 62
Nord-West-Expreß	F 171	Hoek van Holland – Kobenhavn	54 – 56
	F 172	Kobenhavn – Hoek van Holland	54 – 56
Nordwind	IC 185	Bremen – München	Wi 71 – 78
	IC 681	Bremen – München	79 – 82
Nymphenburg	IC 123	Dortmund – Würzburg – München	Wi 71 – 78
	IC 117	Dortmund – Stuttgart – Innsbruck	79 – 82
	IC 122	München – Köln – Hannover	73 – 78
	IC 116	Innsbruck – Stuttgart – Dortmund	79 – 82
Ostende-Wien-Expreß	F 52	Ostende – Wien West	50 – 59

Name des Zuges	Zug-Nr.	Zuglauf	Fahrplanjahre
Orient-Expreß	L5	Paris Est – Bucaresti	49
	FD 5	Paris Est – Bucaresti	50, 58
	F 5	Paris Est – Wien West	51 – 55, 59 – 63
	F 105	Stuttgart – Praha	53
	F 5	Parist Est – Budapest	56, 57, 64 – 69
	L 6	Bucaresti – Paris Est	49
	FD 6	Bucaresti – Paris Est	50, 58
	F 6	Wien West – Paris Est	51 – 55, 59 – 63
	F 106	Praha – Stuttgart	53
	F 6	Budapest – Paris Est	56, 57, 64 – 69
Ostende-Wien-Expreß	L 52	Ostende – Wien West	49
Ostfriesland	DC 912	Frankfurt – Emden	73
	DC 912	Frankfurt – Norddeich	74 – 77
	DC 917	Emden – Frankfurt	73
	DC 917	Norddeich – Frankfurt	74 – 77
Otto Hahn	IC 174	Basel SBB – Hmb-Altona	Wi 71 – 78
	IC 170	Basel SSB – Hmb-Altona	79 – 81
	IC 596	München – Mannheim – Hannover	82
	IC 175	Hmb-Altona – Basel Bad Bf	Wi 71
	IC 175	Hmb-Altona – Basel SBB	72 – 81
	IC 675	Hmb-Altona – Basel SBB	82
Paris-Prag-Expreß	L 105	Stuttgart – Praha	49
Paris-Praha-Expreß	FD 105	Stuttgart – Praha	50 – 52
Paris-Ruhr	F 185	Paris Nord – Dortmund	54 – 56
	TEE 185	Paris Nord – Dortmund	57 – 66
	TEE 41	Paris Nord – Dortmund	67 – So 71
	TEE 41	Paris Nord – Düsseldorf	Wi 71, 72
	F 168	Dortmund – Paris Nord	55, 56
	TEE 168	Dortmund – Paris Nord	57 – 66
Parsifal	TEE 155	Paris Nord – Dortmund	58
	TEE 155	Paris Nord – Düsseldorf	59
	TEE 155	Paris Nord – Hmb-Altona	60 – 66
	TEE 43	Paris Nord – Hmb-Altona	67 – 70
	TEE 33	Paris Nord – Hmb-Altona	71 – 78
	TEE 190	Dortmund – Paris Nord	58
	TEE 190	Düsseldorf – Paris Nord	59
	TEE 190	Hmb-Altona – Paris Nord	60 – 66
	TEE 44	Hmb-Altona – Paris Nord	67 – 70
	TEE 32	Hmb-Altona – Paris Nord	71 – 78
Patrizier	F 31	Köln – Hmb-Altona	69
	IC 135	Köln – Hmb-Altona	Wi 71 – 77
	IC 518	München – Köln – Hmb-Altona	79 – 82
	F 32	Hmb-Altona – Köln	69
	IC 132	Hmb-Altona – Köln	Wi 71 – 77
	IC 533	Hmb-Altona – Köln	78
	IC 519	Hmb-Altona – Köln – München	79 – 82
Pfälzerland	DC 950	Nürnberg – Saarbrücken	73, 74
	DC 955	Saarbrücken – Nürnberg	73, 74

Name des Zuges	Zug-Nr.	Zuglauf	Fahrplanjahre
Poseidon	IC 530	Hmb-Altona – Köln	78
	IC 636	Westerland – Köln	79 – 82
	IC 614	München – Köln – Westerland	79 – 82
Porta Westfalica	F 13	Köln – Hannover	69
	F 149	Köln – Hannover	70, So 71
	IC 145	Bonn – Hannover	Wi 71 – 75
	IC 145	Köln – Hannover	76 – 78
	IC 549	Köln – Hannover	80 – 82
	F 14	Hannover – Köln	69
	F 148	Hannover – Köln	70, So 71
	IC 144	Hannover – Köln	Wi 71 – 75
	IC 548	Hannover – Köln	80 – 82
Präsident	IC 160	München – Mannheim	Wi 71 – 73
	IC 160	München – Stuttgart – Wiesbaden	74, 75
	IC 160	München – Ludwigshafen	76 – 78
	IC 560	München – Würzburg – Frankfurt	79 – 81
	IC 165	Frankfurt – Stuttgart – München	Wi 71 – 78
	IC 563	Frankfurt – Würzburg – München	89 – 81
Prag-Paris-Expreß	L 106	Praha – Stuttgart	49
Praha-Paris-Expreß	FD 106	Praha – Stuttgart	50 – 52
Prinz Eugen	TEE 86	Wien West – Bremen	Wi 71, 72
	TEE 96	Wien West – Bremen	73 – 75
	TEE 26	Wien West – Köln – Hannover	76, 77
	IC 26	Wien West – Köln – Hannover	78
	IC 126	Wien West – Köln – Hannover	79
	IC 566	München – Nürnberg	79
	IC 182	Wien West – Hmb-Altona	80 – 82
	TEE 87	Bremen – Wien West	Wi 71, 72
	TEE 97	Bremen – Wien West	73 – 75
	TEE 27	Hannover – Köln – Wien West	76, 77
	IC 27	Hannover – Köln – Wien West	78
	IC 127	Hannover – Köln – Wien West	79
	IC 567	Nürnberg – München	79
	IC 183	Hmb-Altona – Wien West	80 – 82
Prinzipal	IC 131	Dortmund – Hmb-Altona	Wi 71
	IC 131	Köln – Hmb-Altona	72 – 78
	IC 136	Hmb-Altona – Dortmund	Wi 71
	IC 136	Hmb-Altona – Köln	72 – 74
	IC 136	Westerland – Köln	75 – 77
	IC 538	Hmb-Altona – Köln	78
Prinzregent	F 117	München – Stuttgart – Frankfurt	69
	F 157	München – Stuttgart – Frankfurt	70
	F 152	Innsbruck – Stuttgart – Frankfurt	So 71
	IC 156	Innsbruck – Würzburg – Frankfurt	Wi 71, 72
	IC 158	Innsbruck – Würzburg – Frankfurt	73, 74
	IC 158	München – Würzburg – Frankfurt	75 – 78
	IC 562	München – Würzburg – Frankfurt	79 – 82
	F 120	Frankfurt – Würzburg – München	69
	F 156	Frankfurt – Würzburg – München	70

Name des Zuges	Zug-Nr.	Zuglauf	Fahrplanjahre
Prinzregent (Forts.)	F 153	Frankfurt – Würzburg – Innsbruck	So 71
	IC 153	Frankfurt – Würzburg – Innsbruck	Wi 71, 72
	IC 159	Frankfurt – Würzburg – Innsbruck	73, 74
	IC 159	Frankfurt – Würzburg – München	75 – 78
	IC 561	Frankfurt – Würzburg – München	79 – 82
Rätia	IC 170	Chur – Hmb-Altona	82
	IC 171	Hmb-Altona – Chur	82
Ratsherr	IC 192	Nürnberg – Bremen	Wi 71
	IC 192	Würzburg – Bremen	72
	IC 193	Bremen – Nürnberg	Wi 71
	IC 193	Bremen – Würzburg	72
Rembrandt	TEE 11	München – Stuttgart – Amsterdam	67 – 70
	TEE 10	München – Stuttgart – Amsterdam	71 – 79
	TEE 10	Stuttgart – Amsterdam	80 – 82
	TEE 12	Amsterdam – Stuttgart – München	67 – 70
	TEE 11	Amsterdam – Stuttgart – München	71 – 79
	TEE 11	Amsterdam – Stuttgart	80 – 82
Rheinblitz	F 7	Basel SBB – Dortmund	53 – 66, 69, 70
	F 27	München – Mannheim – Dortmund	54 – 70
	F 37	Nürnberg – Dortmund	54 – 58
	F 137	München – Würzburg – Dortmund	54 – 58
	F 7	Zürich – Dortmund	67, 68
	F 100	Basel SBB – Dortmund	So 71
	F 110	München – Dortmund	So 71
	IC 118	München – Stuttgart – Dortmund	Wi 71 – 78
	IC 104	Basel SBB – Dortmund	79 – 81
	F 8	Dortmund – Basel SBB	53 – 66, 69, 70
	F 28	Dortmund – Mannheim – München	54 – 70
	F 38	Dortmund – Nürnberg	54 – 58
	F 138	Dortmund – Würzburg – München	54 – 58
	F 8	Dortmund – Zürich	67, 68
	F 101	Dortmund – Basel SBB	So 71
	F 111	Dortmund – München	So 71
	IC 111	Dortmund – Stuttgart – München	Wi 71 – 78
	IC 105	Dortmund – Basel SBB	79 – 81
Rhein-Donau-Blitz	F 37	Regensburg – Dortmund	53
	F 38	Dortmund – Regensburg	53
Rheingold	F 9	Roma – Hoek van Holland	54
	F 21	Innsbruck – Würzburg – Dortmund	54, 55
	F 9	Basel SBB – Hoek van Holland	55 – 61
	F 21	München – Würzburg – Dortmund	56, 57
	F 9	Basel SBB – Amsterdam	62 – 64
	TEE 9	Genéve – Amsterdam	65 – 70
	TEE 6	Genéve – Amsterdam	71 – 73, 79, 81
	TEE 6	Genéve – Hoek van Holland	74 – 78
	TEE 6	Bern – Amsterdam	80
	TEE 6	Basel SBB – Amsterdam	82
	F 10	Hoek van Holland – Roma	54
	F 22	Dortmund – Würzburg – Innsbruck	54, 55

Name des Zuges	Zug-Nr.	Zuglauf	Fahrplanjahre
Rheingold (Forts.)	F 10	Hoek van Holland - Basel SBB	55-61
	F 22	Dortmund - Würzburg - München	56, 57
	F 10	Amsterdam - Basel SBB	62-64
	TEE 10	Amsterdam - Genéve	65-70
	TEE 7	Amsterdam - Genéve	71-73, 79, 81
	TEE 7	Hoek van Holland - Genéve	74-78
	TEE 7	Amsterdam - Bern	80
	TEE 7	Amsterdam - Basel SBB	82
Rheingold-Expreß	F 163	Basel SBB - Hoek van Holland	51, 52
	F 9	Basel SBB - Hoek van Holland	53
	F 21	Innsbruck - Würzburg - Dortmund	53
	F 164	Hoek van Holland - Basel SBB	51, 52
	F 10	Hoek van Holland - Basel SBB	53
	F 22	Dortmund - Würzburg - Innsbruck	53
Rhein-Isar-Blitz	F 27	München - Mannheim - München	53
	F 28	Dortmund - Mannheim - München	53
Rhein-Kurier	IC 506	Basel SBB - Köln - Hmb-Altona	79-81
	IC 507	Hmb-Altona - Köln - Basel SBB	79-81
Rheinland	DC 900	Saarbrücken - Dortmund	73, 74
	DC 900	Saarbrücken - Düsseldorf	75, 76
	IC 545	Köln - Hannover	79-82
	DC 905	Düsseldorf - Saarbrücken	73-76
	IC 544	Hannover - Köln	79-82
Rhein-Main	F 31	Frankfurt - Dortmund	54, 55
	F 31	Frankfurt - Amsterdam	56
	TEE 31	Frankfurt - Amsterdam	57-66
	TEE 35	Frankfurt - Amsterdam	67-70
	TEE 22	Frankfurt - Amsterdam	71
	F 32	Dortmund - Frankfurt	54, 55
	F 32	Amsterdam - Frankfurt	56
	TEE 32	Amsterdam - Frankfurt	57-66
	TEE 36	Amsterdam - Frankfurt	67-70
	TEE 23	Amsterdam - Frankfurt	So 71
	TEE 23	Amsterdam - Bonn	Wi 71
Rhein-Main-Expreß	F 31	Frankfurt - Dortmund	53
	F 32	Dortmund - Frankfurt	53
Rheinpfeil	F 21	München - Würzburg - Dortmund	58-64
	TEE 21	München - Würzburg - Dortmund	65-70
	TEE 26	München - Würzburg - Dortmund	So 71
	IC 106	München - Köln - Hannover	Wi 71-78
	IC 108	Basel SBB - Köln - Hmb-Altona	79-81
	IC 108	Zürich - Köln - Hmb-Altona	82
	F 22	Dortmund - Würzburg - München	58-64
	TEE 22	Dortmund - Würzburg - München	65-70
	TEE 27	Dortmund - Würzburg - München	So 71
	IC 107	Hannover - Köln - München	Wi 71-78
	IC 109	Hmb-Altona - Köln - Basel SBB	79-82

Name des Zuges	Zug-Nr.	Zuglauf	Fahrplanjahre
Riemenschneider	IC 183	Hannover – München	Wi 71, 72
	IC 183	Hamburg Hbf – München	73 – 75
	IC 183	Bremen – München	76 – 78
	IC 581	Hmb-Altona – München	79 – 82
	IC 186	München – Bremen	Wi 71 – 78
	IC 580	München – Hmb-Altona	79 – 82
Roland	F 43	Basel SBB – Bremen	53 – 60, 63 – 66
	F 43	Zürich – Bremen	61, 62
	F 45	Basel SBB – Bremen	67
	F 45	Mannheim – Bremen	68
	TEE 79	Milano – Bremen	69, 70
	TEE 74	Milano – Bremen	71 – 78
	TEE 90	Stuttgart – Bremen	79
	IC 572	Basel SBB – Bremen	81, 82
	F 44	Bremen – Basel SBB	53 – 66
	F 46	Bremen – Basel SBB	67
	F 46	Bremen – Mannheim	68
	TEE 78	Bremen – Milano	69, 70
	TEE 75	Bremen – Milano	71 – 78
	TEE 91	Bremen – Stuttgart	79
	IC 573	Bremen – Basel SBB	81, 82
Ruhr-Paris	F 168	Dortmund – Paris Nord	54
	TEE 168	Dortmund – Paris Nord	57, 58
	TEE 42	Dortmund – Paris Nord	67 – So 71
	TEE 40	Düsseldorf – Paris Nord	Wi 71, 72
Saaleland	DC 993	Hof – Würzburg	73, 74
	DC 998	Würzburg – Hof	73, 74
Saar-Kurier	IC 594	München – Saarbrücken	79 – 82
	IC 595	Saarbrücken – München	79 – 82
Saarland	DC 902	Saarbrücken – Koblenz	73 – 75
	DC 900	Saarbrücken – Düsseldorf	77
	DC 903	Koblenz – Saarbrücken	73 – 76
	DC 901	Düsseldorf – Saarbrücken	77
Sachsenross	F 13	Bonn – Hannover	53
	F 15	Köln – Hannover	54 – 62, 64 – 68
	F 15	Bonn – Hannover	63
	F 141	Köln – Hannover – Frankfurt	69
	F 172	Bremen – Mannheim	70
	F 179	Bremen – Mannheim	So 71
	IC 191	Hmb-Altona – Mannheim	Wi 71 – 73
	IC 191	Hmb-Altona – Ludwigshafen	74, 75
	IC 191	Hmb-Altona – Frankfurt	76 – 78
	IC 673	Hmb-Altona – Ludwigshafen	79 – 81
	IC 695	Hmb-Altona – Ludwigshafen	82
	F 18	Hannover – Bonn	53
	F 16	Hannover – Köln	54 – 68
	F 140	Frankfurt – Hannover – Köln	69
	F 173	Frankfurt – Bremen	70
	F 194	Frankfurt – Bremen	So 71

Name des Zuges	Zug-Nr.	Zuglauf	Fahrplanjahre
Sachsenross (Forts.)	IC 194	Mannheim – Hmb-Altona	Wi 71, 72
	IC 192	Mannheim – Hmb-Altona	73
	IC 190	Ludwigshafen – Hmb-Altona	74 – 78
	IC 672	Ludwigshafen – Hmb-Altona	79
	IC 672	Ludwigshafen – Kiel	80, 81
	IC 694	Ludwigshafen – Kiel	82
Saphir	F 74	Oostende – Dortmund	54 – 56
	TEE 74	Oostende – Dortmund	57
	TEE 20	Oostende – Frankfurt	58 – 65
	TEE 20	Bruxelles – Frankfurt	66 – 70
	TEE 21	Bruxelles – Frankfurt	71 – 78
	IC 129	Bruxelles – Frankfurt	79
	IC 149	Bruxelles – Köln	80
	IC 149	Oostende – Köln	81, 82
	F 75	Dortmund – Oostende	54 – 56
	TEE 75	Dortmund – Oostende	57
	TEE 19	Frankfurt – Oostende	58 – 65
	TEE 19	Frankfurt – Bruxelles	66 – 70
	TEE 20	Frankfurt – Bruxelles	So 71
	TEE 20	Nürnberg – Köln – Bruxelles	Wi 71 – 78
	IC 128	Nürnberg – Köln – Bruxelles	79
	IC 148	Köln – Bruxelles	80
	IC 148	Köln – Oostende	81, 82
Saßnitz-Expreß	F 129	München – Hof – Saßnitz Hafen	55 – 58
	F 130	Saßnitz Hafen – Hof – München	55 – 58
Schauinsland	F 45	Basel SBB – Frankfurt	53 – 63
	IC 574	Basel SBB – Hmb-Altona	79 – 82
	F 46	Frankfurt – Basel SBB	53 – 60
	F 46	Frankfurt – Zürich	61 – 63
	IC 577	Hmb-Altona – Basel SBB	79 – 82
Schwaben-Kurier	IC 590	München – Stuttgart	79
	IC 591	Stuttgart – München	79 – 82
Schwabenland	DC 962	Nürnberg – Karlsruhe	73, 74
	DC 964	Nürnberg – Karlsruhe	75 – 77
	DC 965	Karlsruhe – Nürnberg	73 – 75
	DC 751	Karlsruhe – Nürnberg	76, 77
Schwabenpfeil	F 23	Stuttgart – Dortmund	53 – 70
	F 118	Stuttgart – Dortmund	So 71
	IC 110	Stuttgart – Köln – Hmb-Altona	Wi 71 – 73
	IC 114	München – Köln – Hmb-Altona	74, 75
	IC 116	München – Stuttgart – Münster	76 – 78
	IC 535	Stuttgart – Köln – Hmb-Altona	79 – 82
	F 24	Dortmund – Stuttgart	53 – 70
	F 119	Dortmund – Stuttgart	So 71
	IC 119	Hmb-Altona – Köln – Stuttgart	Wi 71 – 73
	IC 115	Hmb-Altona – Köln – München	74, 75
	IC 113	Münster – Stuttgart – München	76 – 78
	IC 534	Hmb-Altona – Köln – Stuttgart	79 – 82

Name des Zuges	Zug-Nr.	Zuglauf	Fahrplanjahre
Schwälmerland	DC 941	Köln – Göttingen	73 – 75
	DC 941	Köln – Kassel	76, 77
	DC 944	Göttingen – Köln	73 – 75
	DC 944	Kassel – Köln	76, 77
Schweizerland	DC 481	Stuttgart – Zürich	75 – 77
	DC 482	Zürich – Stuttgart	75 – 77
Seeadler	IC 1516	Köln – Hmb-Altona	79
	IC 1616	Koblenz – Flensburg	80, 81
	IC 1632	Bremen – Köln	79
	IC 1630	Flensburg – Köln	80,81
Seelöwe	IC 1516	Köln – Hmb-Altona	So 80
	IC 1516	Köln – Flensburg	Wi 80, 81
Seemöwe	IC 1514	Köln – Hmb-Altona	80, 81
	IC 1632	Hmb-Altona – Koblenz	80, 81
	IC 1632	Eckernförde – Kiel – Koblenz	82
Seeschwalbe	IC 1610	Köln – Hmb-Altona	80
	IC 1610	Köln – Westerland	81
	IC 1610	Koblenz – Köln – Westerland	82
	IC 1530	Hamburg Hbf – Köln	80, 81
	IC 1530	Hmb-Altona – Köln	82
Seestern	IC 631	Köln – Hmb-Altona	79
	IC 1508	Koblenz – Hamburg Hbf	80, 81
	IC 630	Hmb-Altona – Köln	79
	IC 1534	Hmb-Altona – Köln	80, 81
	IC 1518	Hamburg Hbf – Koblenz	82
Seeteufel	IC 682	München – Bremen	79
	IC 683	Bremen – München	79
Seewind	IC 1606	Köln – Hmb-Altona	81
	IC 1614	Köln – Kiel	82
Senator	F 41	Frankfurt – Kiel	53
	F 41	Frankfurt – Hmb-Altona	54 – 62
	IC 516	München – Köln – Hmb-Altona	79 – 82
	F 42	Hmb-Altona – Frankfurt	53 – 62
	IC 517	Hmb-Altona – Köln – München	79, 80
	IC 515	Hmb-Altona – Köln – München	81, 82
Seute Deern	IC 190	Hannover – Hmb-Altona	Wi 71, 72
	IC 195	Hmb-Altona – Hannover	Wi 71, 72
Siegerland	DC 940	Kassel – Köln	73 – 77
	DC 943	Köln – Göttingen	73 – 77
Skandinavien-Expreß	FD 191	Hoek van Holland – Kobenhavn	49
	FD 192	Kobenhavn – Hoek van Holland	49
Skandinavien-Holland-Expreß	FD 192	Kobenhavn – Hoek van Holland	50, 55 – 61, 63 – 66
	F 192	Nyborg – Hoek van Holland	51, 52
	F 192	Stockholm – Hoek van Holland	53, 54, 62
	F 392	Kobenhavn – Hoek van Holland	67 – 69

Name des Zuges	Zug-Nr.	Zuglauf	Fahrplanjahre
Skandinavien-Italien-Expreß	F 212	Kobenhavn – Basel SBB	51, 52
	F 212	Kobenhavn – Roma	53 – 59
Skandinavien-Schweiz-Italien-Expreß	FD 276	Kobenhavn – Basel SBB	49, 50
Südwind	IC 184	München – Bremen	Wi 71 – 78
	IC 680	München – Bremen	79 – 82
Störtebeker	IC 537	Köln – Westerland	78
Stolzenfels	IC 525	Hannover – Köln – München	80
	IC 525	Braunschweig – Köln – München	81, 82
	IC 526	München – Köln – Hannover	80 – 82
Tauberland	DC 990	Stuttgart – Würzburg	73, 74
	DC 991	Würzburg – Stuttgart	73, 74
Tauern-Expreß	F 153	Ljubljana – Oostende	51, 52
	F 153	Beograd – Oostende	53 – 59
	F 153	Athenes – Oostende	60, 61
	F 154	Oostende – Ljubljana	51, 52
	F 154	Oostende – Beograd	53 – 59
	F 154	Oostende – Athenes	60, 61
Taunusland	DC 970	Stuttgart – Kassel	73 – 77
	DC 975	Kassel – Stuttgart	73, 74
	DC 975	Kassel – Frankfurt	75
Theodor Storm	IC 535	Köln – Westerland	78
	IC 637	Köln – Westerland	79 – 82
	IC 615	Westerland – Köln – München	79 – 82
Tiziano	IC 172	Milano – Hmb-Altona	79 – 82
	IC 173	Hmb-Altona – Milano	79 – 82
Toller Bomberg	F 130	Hmb-Altona – Köln	69, So 71
	F 32	Hmb-Altona – Köln	70
	IC 130	Hmb-Altona – Köln	Wi 71 – 78
	IC 513	Münster – Stuttgart – München	81
	F 131	Köln – Hmb-Altona	69, So 71
	F 31	Köln – Hmb-Altona	70
	IC 137	Frankfurt – Köln – Hmb-Altona	Wi 71 – 74
	IC 137	Bonn – Hmb-Altona	75 – 77
	IC 137	Köln – Hmb-Altona	78
	IC 620	München – Würzburg – Münster	80
	IC 512	München – Stuttgart – Münster	81
	IC 568	München – Würzburg – Münster	82
van Beethoven	TEE 22	Frankfurt – Amsterdam	72 – 78
	IC 122	Frankfurt – Amsterdam	79 – 82
	TEE 23	Amsterdam – Frankfurt	72
	TEE 23	Amsterdam – Bonn	73 – 75
	TEE 23	Amsterdam – Nürnberg	76 – 78
	IC 123	Amsterdam – Frankfurt	79 – 82
Veit Stoss	IC 550	München – Würzburg – Kassel	79 – 82
	IC 551	Kassel – Würzburg – München	79 – 82

Name des Zuges	Zug-Nr.	Zuglauf	Fahrplanjahre
Walhalla	IC 626	Regensburg – Köln – Hannover	79 – 82
	IC 627	Hannover – Köln – Regensburg	79 – 82
Werdenfels	IC 514	Garmisch – Köln – Hmb-Altona	79
	IC 515	Hmb. Altona – Köln – Garmisch	79, 80
	IC 517	Hmb-Altona – Köln – Garmisch	81, 82
Werraland	DC 942	Göttingen – Köln	73 – 77
	DC 945	Köln – Göttingen	73 – 77
Weserbergland	IC 1542	Hannover – Düsseldorf	So 81
	IC 1542	Hannover – Köln-Deutz tief	Wi 80, Wi 81, 82
	IC 1624	Köln – Hannover	Wi 80
	IC 1624	Köln – Hannover – Göttingen	81
	IC 1624	Köln – Hannover – Uelzen – Munster (Örze) Anschl. Bundeswehr	82
Westfalen	IC 540	Hannover – Köln	79
	IC 540	Hannover – Köln – Frankfurt	80 – 82
	IC 541	Köln – Hannover	79 – 82
Westfalenland	DC 918	Frankfurt – Bielefeld	73 – 77
	DC 919	Bielefeld – Frankfurt	73 – 77
Wetterstein	IC 524	Garmisch – Köln – Hannover	79
	IC 525	Hannover – Köln – Garmisch	79
	IC 621	Münster – Würzburg – Garmisch	80, 82
	IC 621	Dortmund – Würzburg – Garmisch	80
Wien Ostende-Expreß	FD 51	Wien West – Ostende	50 – 59
Wien-Ostende-Expreß	L 51	Wien West – Ostende	49
Wilhelm Busch	F 146	Hannover – Köln	69
	F 140	Hannover – Köln	70, So 71
	IC 125	Hannover – Köln – München	Wi 71, 72
	IC 148	Hannover – Köln	73 – 75
	IC 146	Hannover – Köln	76 – 78
	IC 542	Hannover – Köln	79 – 82
	F 147	Köln – Hannover	69
	F 141	Köln – Hannover	70, So 71
	IC 122	München – Köln – Hannover	Wi 71, 72
	IC 149	Köln – Hannover	73 – 75
	IC 543	Köln – Hannover	79 – 82
Wittekind	IC 1520	Köln – Hannover – Hamburg Hbf	Wi 80 – 82
	IC 1540	Hamburg Hbf – Hannover – Düssseldorf	Wi 80
	IC 1540	Hamburg Hbf – Hannover – Köln	81, 82

c) **Deutsche Reichsbahn 1946–1981**

Bei den Angaben der Züge mit Namen im Bereich der Deutschen Reichsbahn in der sowjetischen Besatzungszone und später der DDR wurde die Fortschreibung nur bis 1981 durchgeführt, da bei Abschluß des Manuskripts Fahrplanunterlagen der DR für den Sommerfahrplan 1982 noch nicht zur Verfügung standen. Abweichend von den bisherigen Angaben werden wegen des häufigen Wechsels die einzelnen Zuganfangs- bzw. Zugendbahnhöfe in Berlin (Ost) nicht jeweils gesondert angegeben. Die angegebenen Laufwege beziehen sich daher in der Regel auf verschiedene Berliner Bahnhöfe. Ebenso ist nicht angegeben, wenn der Zug Bahnhöfe in Berlin (West) berührte. Es wurden stets nur die Sommerfahrplanabschnitte berücksichtigt.

Name des Zuges	Zug-Nr.	Zuglauf	Fahrplanjahre
Balt-Orient-Expreß	Ex 58	Berlin – Bad Schandau – Sofia	59–61
	Ex 58	Berlin – Bad Schandau – Bucaresti	62–66
	Ex 59	Sofia – Bad Schandau – Berlin	59–61
	Ex 59	Bucaresti – Bad Schandau – Berlin	62–66
Berlinaren	Ex 121	Berlin – Saßnitz – Malmö	68–72
	Ex 316	Berlin – Saßnitz – Malmö	73–78
	Ex 122	Malmö – Saßnitz – Berlin	68–72
	Ex 317	Malmö – Saßnitz – Berlin	73–78
Berolina	Ext 21	Brest – Frankfurt(O) – Berlin	59
	Ex 125	Brest – Frankfurt(O) – Berlin	60, 61
	Ex 125	Warszawa – Frankfurt(O) – Berlin	62, 63
	Ext 22	Berlin – Frankfurt (O) – Brest	59
	Ex 126	Berlin – Frankfurt(O) – Brest	60, 61
	Ex 126	Berlin – Frankfurt(O) – Warszawa	62, 63
Börde	Ex 141	Magdeburg – Berlin	77–81
	Ex 146	Berlin – Magdeburg	77–81
Elbflorenz	Ex 170	Dresden – Berlin	77–81
	Ex 177	Berlin – Dresden	77–81
Elstertal	Ex 100	Gera – Leipzig – Berlin	77–81
	Ex 107	Berlin – Leipzig – Gera	77–81
Hungaria	Ex 154	Berlin – Bad Schandau – Budapest	60–72
	Ex 75	Berlin – Bad Schandau – Budapest	73–78
	Ex 155	Budapest – Bad Schandau – Berlin	60–72
	Ex 74	Budapest – Bad Schandau – Berlin	73–78
Karlex	Ext 147	Praha – Radiumbad Brambach – Berlin	59
	Ex 147	Praha – Radiumbad Brambach – Berlin	60
	Ex 147	Karlovy Vary – Bad Brambach – Berlin	69–72
	Ex 66	Karlovy Vary – Bad Brambach – Berlin	73–81
	Ext 148	Berlin – Radiumbad Brambach – Praha	59
	Ex 148	Berlin – Radiumbad Brambach – Praha	60
	Ex 148	Berlin – Bad Brambach – Karlovy Vary	69–72
	Ex 67	Berlin – Bad Brambach – Karlovy Vary	73–81
Karola	Ex 347	Karlovy Vary – Bad Brambach – Leipzig	72
	Ex 68	Karlovy Vary – Bad Brambach – Leipzig	73–81
	Ex 348	Leipzig – Bad Brambach – Karlovy Vary	72
	Ex 69	Leipzig – Bad Brambach – Karlovy Vary	73–81
Lipsia	Ex 161	Berlin – Leipzig	79–81
	Ex 166	Leipzig – Berlin	79–81

Name des Zuges	Zug-Nr.	Zuglauf	Fahrplanjahre
Neptun	Ex 21	Berlin – Warnemünde – Kobenhavn	60–66
	Ex 311	Berlin – Warnemünde – Kobenhavn	67–72
	Ex 320	Berlin – Warnemünde – Kobenhavn	73–78
	Ex 22	Kobenhavn – Warnemünde – Berlin	60–66
	Ex 312	Kobenhavn – Warnemünde – Berlin	67–72
	Ex 321	Kobenhavn – Warnemünde – Berlin	73–78
Nordexpreß	L 11	Paris Est – Marienborn – Berlin St.	46
	L 12	Berlin St. – Marienborn – Paris Est	46
Pannonia-Expreß	Ex 76	Berlin – Bad Schandau – Sofia	59
	Ex 76	Berlin – Bad Schandau – Bucaresti	60
	Ex 77	Sofia – Bad Schandau – Berlin	59
	Ex 77	Bucaresti – Bad Schandau – Berlin	60
Petermännchen	Ex 131	Schwerin – Berlin	77–81
	Ex 136	Berlin – Schwerin	77–81
Progreß	Ex 76	Praha – Bad Schandau – Berlin	74–78
	Ex 77	Berlin – Bad Schandau – Praha	74–78
Rennsteig	Ex 150	Meiningen – Erfurt – Berlin	77–81
	Ex 157	Berlin – Erfurt – Meiningen	77–81
Sachsenring	Ex 172	Zwickau – Leipzig – Berlin	77–81
	Ex 175	Berlin – Leipzig – Zwickau	77–81
Stoltera	Ex 121	Rostock – Berlin	77–81
	Ex 126	Berlin – Rostock	77–81
Vindobona	Ext 54	Berlin – Bad Schandau – Wien FJB	59
	Ex 54	Berlin – Bad Schandau – Wien FJB	60–72
	Ex 71	Berlin – Bad Schandau – Wien FJB	73
	Ext 55	Wien FJB – Bad Schandau – Berlin	59
	Ex 55	Wien FJB – Bad Schandau – Berlin	60–72
	Ex 70	Wien FJB – Bad Schandau – Berlin	73
Vindobona-Expreß	FDt 54	Berlin – Bad Schandau – Wien FJB	57, 58
	FDt 55	Wien FJB – Bad Schandau – Berlin	57, 58

Reisezeiten und Reisegeschwindigkeiten der internationalen FD und FDt im Netz der Deutschen Reichsbahn 1947–1958

Übersicht 12

Zug-Nr.	Laufweg	1947		1948		1949		1950		1951		1952	
FD 111	Marienborn – Berlin	5.21	32,9[1,2]	3.59	**44,8**[3]	–	–	2.52	62,2	2.57	60,5	3.19	53,8
FD 112	Berlin – Marienborn	5.06	**34,5**[1,2]	4.23	40,7[3]	–	–	2.53	61,9	2.56	60,8	3.19	53,8
FDt 65	Schwanheide – Berlin							2.21	98,4[5]	2.23	97,0	2.50	81,6
FDt 66	Berlin – Schwanheide							2.14	**103,5**[5]	2.14	**103,5**[5]	2,31	**91,9**
FDt 54	Berlin – Bad Schandau									3.26	66,7[7]	3.06	73,9[8]
FDt 55	Bad Schandau – Berlin									3.29	65,8[7]	3.10	72,3[8]

Zug-Nr.	Laufweg	1953		1954		1955		1956		1957		1958	
FD 111	Marienborn – Berlin	3.22	53,0	4[4]									
FD 112	Berlin – Marienborn	3.24	52,5	4									
FDt 65	Schwanheide – Berlin	2.57	78,4	3.04	**75,4**	2.42	85,6	2.41	86,7	2.34	**90,1**	2.33	**90,7**[6]
FDt 66	Berlin – Schwanheide	2.55	**79,3**	3.05	75,0	2.37	**88,4**	2.37	**88,4**	2.51	81,1	2.33	**90,7**[6]
FDt 54	Berlin – Schandau	3.32	64,8	3.20	68,7	3.19	69,1	3.19	69,1	3.18	69,4[9,10]	3.17	69,8
FDt 55	Bad Schandau – Berlin	3.19	69,1	3.15	70,5	3.09	72,7	3.27	66,4	3.08	73,1[9,10]	3.22	68,0

[1] = im Sommer 1946 kurze Zeit als L 11/12 dreimal wöchentlich [2] = Marienborn – Berlin Charl. 176,1 km [3] = Marienborn – Berlin Zoo 178,1 km [4] = ab 1954 als D-Zug
[5] = Berlin Zoo – Schwanheide 231,2 km [6] = als FDt 165/166 Schwanheide – Berlin [7] = Berlin Ostbf – Bad Schandau 229,1 km [8] = als FDt 50/51 Berlin Ostbf – Bad Schandau
[9] = wieder als FDt 54/55 [10] = ab 1957 Name „Vindobona-Expreß"

Reisezeiten und Reisegeschwindigkeiten der internationalen Expreßzüge und Expreßtriebwagen im Netz der Deutschen Reichsbahn 1959–1964

Übersicht 13

Zug-Nr.	Laufweg	1959		1960		1961		1962		1963		1964	
Ext 165	Schwanheide – Berlin	2.35	89,5	2.35	**89,5**[1]	2.43	85,1	3.41	62,8[2]	4.02	57,3	[3]	
Ext 166	Berlin – Schwanheide	2.43	85,1	2.43	85,1[1]	2.33	**90,7**	3.38	63,6[2]	4.00	57,8	[3]	
Ext 54	Berlin – Bad Schandau	3.14	70,9	3.02	75,5[1]	2.57	77,7	2.48	**81,8**	2.53	**79,5**	2.56	**78,1**
Ext 55	Bad Schandau – Berlin	3.33	64,5	3.33	64,5[1]	3.01	75,9	2.52	79,9	3.02	75,5	3.06	73,9
Ext 147	R'bad Brambach – Berlin	6.14	57,3[5]	6.04	58.8[1]	[3]							
Ext 148	Berlin – R'bad Brambach	6.37	54,0[5]	6.27	55,3[1]	[3]							
Ext 21	Frankfurt (O) – Berlin	0.52	**93,7**[7]	1.02	78,6[1,8]	1.08	71,6	1.01	79,9	1.03	77,3	[9]	
Ext 22	Berlin – Frankfurt (O)	1.02	78,6[7]	1.03	77,3[1,8]	1.02	78,6	1.00	81,2	1.05	75,0	[9]	
Ext 21	Berlin – Warnemünde	–	–	4.0	71,5[1,10]	4.08	69,2	4.03	70,6	3.55	63,9[11]	3.20	75,1[12]
Ext 22	Warnemünde – Berlin	–	–	4.10	68,7[1,10]	4.06	69,8	3.59	71,8	4.03	59,8[11]	3.20	75,1[12]
Ext 154	Berlin – Bad Schandau	–	–	3.27[1]	66,4[1,15]	2.54	79,0	3.00	76,4	2.59	76,8	3.04	74,7
Ext 155	Bad Schandau – Berlin	–	–	3.19	69,1[1,15]	2.52	79,9	3.13	71,2	3.16	70,1	3.15	70,5
Ex 58	Berlin – Bad Schandau	4.18	53,3[16]	4.59	46.0	3.57	58,0	3.38	63,1	4.06	55,9	4.09	55,2
Ex 59	Bad Schandau – Berlin	4.01	57,0[16]	4.43	48,6	3.46	60,8	3.34	64,2	3.47	60,6	4.11	54,8
Ex 76	Berlin – Bad Schandau	4.35	50,0[19]	4.35	50,0	[3]							
Ex 77	Bad Schandau – Berlin	4.29	51,1[19]	4.49	47,6	[3]							

[1] = ab 1960 anstelle der Bezeichnung Ext nunmehr Ex mit dem Piktogramm „Triebwagen" [2] = weiter als Ex [3] = weiter als D
[5] = Name „Kawlex" Berlin Ostbf – Leipzig – Gera – Bad Brambach 357,0 km [7] = Name „Berolina" Berlin Ostbf – Frankfurt (Oder) 81,2 km [8] = als Ext 126/125 Warschau – Berlin Ostbf
[9] = ab 1964 als Dt [10] = Name „Neptun" Berlin Ostbf – Neubrandenburg – Rostock – Warnemünde 286,1 km [11] = Ext 21 Berlin Ostbf – Waren – Rostock – Warnemünde 250,4 km; Ext 22 Warnemünde – Rostock – Waren – Berlin-Lichtenberg 242,1 km [12] = ab und bis Berlin Ostbf [15] = als „Hungaria" Berlin Ostbf – Bad Schandau 229,1 km
[16] = als „Balt-Orient-Expreß" Berlin Ostbf – Bad Schandau 229,1 km [19] = als „Pannonia-Expreß" Berlin Ostbf – Bad Schandau 229,1 km

Reisezeiten und Reisegeschwindigkeiten der internationalen Expreßzüge und Expreßtriebwagen im Netz der Deutschen Reichsbahn 1965–1970

Übersicht 13 (Forts.)

Zug-Nr.	Laufweg	1965		1966		1967		1968		1969		1970	
Ext 54	Berlin–Bad Schandau	3.08	73,1	3.12	71,6	3.10	72,3	2.52	79,9	3.10	72,3	3.08	72,0[4]
Ext 55	Bad Schandau–Berlin	3.09	72,7	3.04	74,7	3.06	73,9	2.50	**80,9**	3.08	73,1	3.09	72,7
Ext 147	R'bad Brambach–Berlin									4.59	70,9[6]	4.27	79,4
Ext 148	Berlin–R'bad Brambach									4.34	77,4[6]	4.29	78,8
Ext 21	Berlin–Warnemünde	3.15	77,0	3.09	**79,5**	3.16	**76,7**[13]	3.22	72,3[14]	2.39	**91,8**	2.40	**91,3**
Ext 22	Warnemünde–Berlin	3.12	**78,2**	3.19	75,5	3.23	74,0[13]	3.31	69,2[14]	2.39	**91,8**	2.40	**91,3**
Ext 154	Berlin–Bad Schandau	3.38	63,1	3.22	68,0	3.08	73,1	2.54	79,0	3.08	73,1	3.04	74,7
Ext 155	Bad Schandau–Berlin	3.51	59,5	3.14	70,9	3.06	73,9	2.52	79,9	3.08	73,1	3.14	70,9
Ex 58	Berlin–Bad Schandau	4.48	47,7	4.06	55,9	[3]							
Ex 59	Bad Schandau–Berlin	4.50	47,4	4.26	51,7	[3]							
Ext 121	Berlin Saßnitz H.							3.40	80,0[17, 18]	3.29	84,3	3.24	86,3
Ext 122	Saßnitz H.–Berlin							3.46	77,9[17, 18]	3.35	81,9	3.35	81,9

[3] = weiter als D [4] = Ext 54 Berlin Ostbf–Dresden-Friedrichstadt–Dresden Hbf–Bad Schaudau 225,5 km [6] = Berlin Ostbf–Leipzig–Werdau–Plauen–Bad Brambach 353,4 km
[13] = als Ext 311/312 Berlin Ostbf–Kopenhagen [14] = Berlin Ostbf–Waren–Plaaz–Warnemünde 243,2 km [17] = als „Berlinaren" Berlin Ostbf–Rügendamm–Saßnitz Hafen 293,5
[18] = Fahrzeiten bis und ab Saßnitz Hafen nicht veröffentlicht. Daher wurden die Abfahrts- bzw. Ankunftszeiten der Fährschiffe der Geschwindigkeit zugrunde gelegt. Die wirklichen Reisegeschwindigkeiten sind daher höher.

Reisezeiten und Reisegeschwindigkeiten der internationalen Expreßzüge und Expreßtriebwagen im Netz der Deutschen Reichsbahn 1971–1976

Übersicht 14

Zug-Nr.	Laufweg	1971		1972		1972		1974		1975		1976	
Ext 54	Berlin Ostbf–Bad Schandau	3.15	70,5	3.00	76,4	2.31	91,0[2]	2.30	91,6	2.39	86,5	2.38	87,0
Ext 55	Bad Schandau–Berlin Ostbf	3.19	69,1	3.00	76,4	2.42	84,9[2]	2.38	87,0	2.33	89,8	2.33	89,8
Ext 147	Bad Brambach–Berlin Ostbf	4.24	80,3	4.32	78,0	4.46	74,1[3]	4.45	74,4	4.39	76,0	4.36	76,8
Ext 148	Berlin Ostbf–Bad Brambach	4.22	80,9	4.23	80,6	4.26	79,7[3]	4.33	77,7	4.22	80,9	4.34	77,4
Ext 154	Berlin Ostbf–Bad Schandau	3.18	69,4	3.05	74,3	2.45	83,3[4]	2.51	80.4[5]	2.59	76,8	2.54	79,0
Ext 155	Bad Schandau–Berlin Osbf	3.16	70,1	3.00	76,4	2.54	79,0[4]	2.47	82,3[5]	2.45	83,3	2.43	84,3
Ext 311	Berlin Ostbf–Warnemünde	2.41	**90,7**	2.30	**97,4**	2.35	**94,2**[6]	2.36	93,6[5]	2.34	**94,8**	2.39	**91,8**
Ext 312	Warnemünde–Berlin Ostbf	2.42	90,1	2.40	91,3	2.36	93,6[6]	2.33	**95,5**[5]	2.35	94,2	2.40	91,3
Ex 121	Berlin Ostbf–Saßnitz Hafen	3.47	77,6[7]	3.39	80,4	3.55	74,9[8]	3.42	79,3	3.49	76,9	3.50	76,6
Ex 122	Saßnitz Hafen–Berlin Ostbf	3.35	81,9[7]	3.51	76,2	3.56	74,6[8]	3.50	76,6	4.05	71,9	4.05	71,9
Ext 347	Bad Brambach–Leipzig	–	–	2.42	63,5[9]	2.46	62,0[10]	2.51	60,1	2.36	65,9	2.46	62,0
Ext 348	Leipzig–Bad Brambach	–	–	2.40	64,3[9]	2.41	63,9[10]	2.50	60,5	2.32	67,7	2.33	67,2
Ex 76	Bad Schandau–Berlin Ostbf							2.51	80,4[12]	2.49	81,3	2.45	83,3
Ex 77	Berlin Ostbf–Bad Schandau							2.55	78,5[12]	2.58	77,2	2.53	79,5

[2] = als Ext 71/70 Berlin Ostbf–Bad Schandau [3] = als Ext 66/67 [4] = als Ext 75/74 [5] = weiter als Ex [6] = als Ext 320/321 [7] = Die Ankunftszeiten von Berlin in Saßnitz Hafen und die Abfahrtszeiten in Saßnitz Hafen nach Berlin sind nicht veröffentlicht worden. Stattdessen wurden die Ankunftszeiten der Fähre von Trelleborg und deren Abfahrtszeiten dorthin eingesetzt. Dadurch ergeben sich zu geringe Reisegeschwindigkeiten. [8] = als Ex 316/317 [9] = als „Karola" Bad Brambach–Plauen–Leipzig 171,4 km [10] = als Ext 68/69
[12] = als „Progreß" Bad Schandau–Berlin Ostbf 229,1 km

Reisezeiten und Reisegeschwindigkeiten der internationalen Expreßzüge und Expreßtriebwagen im Netz der Deutschen Reichsbahn 1977 – 1980

Übersicht 14 (Forts.)

Zug-Nr.	Laufweg	1977		1978		1979		1980				
Ext 54	Berlin Ostbf – Bad Schandau	2.39	86,5	2.48	81,8	1						
Ext 55	Bad Schandau – Berlin Ostbf	2.36	88,1	2.41	85,4	1						
Ext 147	Bad Brambach – Berlin Ostbf	4.37	76,5	4.45	74,4	4.42	**75,2**	4.52	72,6			
Ext 148	Berlin Ostbf – Bad Brambach	4.57	71,4	5.16	67,1	4.49	73,4	4.40	**75,7**			
Ext 154	Berlin Ostbf – Bad Schandau	2.41	85,4	3.06	73,9	1						
Ext 155	Bad Schandau – Berlin Ostbf	2.46	82,8	3.09	72,7	1						
Ext 311	Berlin Ostbf – Warnemünde	2.37	**93,0**	2.41	90,7	1						
Ext 312	Warnemünde – Berlin Ostbf	2.37	**93,0**	2.39	**91,8**	1						
Ex 121	Berlin Ostbf – Saßnitz Hafen	3.54	75,3	3.54	75,3	1						
Ex 122	Saßnitz Hafen – Berlin Ostbf	4.06	71,6	4.17	68,5	1						
Ext 347	Bad Brambach – Leipzig	2.46	62,0	2.48	61,2	2.38	65,1	2.56[11]	60,0			
Ext 348	Leipzig – Bad Brambach	2.35	66,3	2.51	60,1	2.44	62,7	3.07	56,5			
Ex 76	Bad Schandau – Berlin Ostbf	2.40	85,9	3.07	73,5	1						
Ex 77	Berlin Ostbf – Bad Schandau	2.43	84,3	2.57	77,7	1						

[1] = weiter als D [11] = Bad Brambach – Gera – Leipzig 176,1 km

Reisezeiten und Reisegeschwindigkeiten der FDt und FD 1955–1960 und der Expreßtriebwagen 1970–1971 im Binnenverkehr der DR

Übersicht 15

Zug-Nr.	Laufweg	1955		1956		1957		1958	
FDt 143 FDt 144	Erfurt–Halle–Berlin Ostbf Berlin Ostbf–Halle–Erfurt	4.28 4.19	64,1[1,2] 66,3[1,2]	4.03 4.06	**70,7** 69,8	4.15 4.20	**67,3**[3] 66,0[3]	[4] 4.29	– **63,8**
FDt 179 FDt 180	Dresden-N–B-Schöneweide–B-Lichtenberg–Stralsund Stralsund–B-Lichtenberg–B-Schöneweide–Dresden-N	6.14 6.10	69,3[1,7] **70,0**[1,7]	6.21[8] 6.33	65,7[8] 63,7[8]				

Zug-Nr.	Laufweg	1959		1960		1970		1971	
FDt 143 FDt 144	Erfurt–Halle–Berlin Ostbf Berlin Ostbf–Halle–Erfurt	3.54 4.00	**73,4**[5] 71,6[5]	4.21 4.19	63,6[6] **66,3**[6]				
FDt 179 FDt 180	Dresden-N–B-Schöneweide–B-Lichtenberg–Stralsund Stralsund–B-Lichtenberg–B-Schöneweide–Dresden-N								
Ext 2 Ext 7	Berlin Ostbf–Leipzig Leipzig–Berlin Ostbf					1.48 1.48	**101,1**[9] **101,1**[9]	1.52 1.49	97,5 **100,2**
Ext 3 Ext 6	Leipzig–Berlin Ostbf Berlin Ostbf–Leipzig					1.48[9] 1.48	**101,1**[9] **101,1**[9]	1.51 1.50	98,4 99,3

[1] = Das amtliche Kursbuch der Deutschen Reichsbahn gab 1955 noch Entfernungen von und bis Berlin Anhalter Bahnhof an. Es wurden daher die berichtigten Entfernungen nach dem amtl. Kursbuch der DR Sommer 1963 (und z. T. auch spätere Ausgaben) zugrunde gelegt [2] = Berlin Ostbf–Halle–Erfurt 286,2 km [3] = weiter als FD [4] = 1958 als Dt geführt
[5] = als Ext 143/144 [6] = Ext 143 auf dem Weg Erfurt–Halle–Berlin-Schöneweide 276,6 km, Ext 144 ab Berlin Ostbf [7] = Dresden-Neustadt–Stralsund 431,9 km
[8] = ab und bis Dresden Hbf; neuer Laufweg über Neubrandenburg, daher Dresden-Neustadt–Stralsund 417,5 km [9] = Berlin Ostbf–Leipzig 182,0 km

Reisezeiten und Reisegeschwindigkeiten der Expreßtriebwagen, Expreßzüge und der D-Züge des Städteschnellverkehrs im Binnenverkehr der DR 1972–1976

Übersicht 16

Zug-Nr.	Laufweg	1972		1973		1974		1975		1976	
Ext 2	Berlin Ostbf – Leipzig	1.51	**98,4**[1]	1.57	93,3[2]	1.50	**99,3**	1.48	101,1[4]	1.54	95,8[5,6]
Ext 7	Leipzig – Berlin Ostbf	1.52	97,5[1]	1.55	**95,0**[2]	1.50	**99,3**	1.42	**102,9**[4]	1.48	**101,1**[5,6]
Ext 3	Leipzig – Berlin Ostbf	1,51	**98,4**[1]	1.58	92,5[3]	1.50	**99,3**	1.48	101,1[4]	1.51	98,4[5,7]
Ext 6	Berlin Ostbf – Leipzig	1.51	**98,4**[1]	1.57	93,3[3]	1.53	96,6	1.55	95,0[4]	1.58	92,5[5,7]
D 100	Gera – Leipzig – Berlin-Schöneweide					3.35	68,5[12]	3.43	66,0	3.32	72,1[14]
D 107	Berlin-Lichtenberg – Leipzig – Gera					3.32	72,1[12]	3.44	65,7[13]	3.09	77,9
D 106	Leipzig – Berlin-Schöneweide					2.00	86,2[19]	2.02	89,5[20]	2.07	85,9[8,21]
D 120	Berlin-Lichtenberg – Waren – Rostock					2.47	79,7[23]	2.43	81,7	2.42	82,2
D 127	Rostock – (Waren) – Berlin Ostbf					2.40	86,3[23]	2,41	85,8	2.40	83,2[24]
D 121	Rostock – Waren – Berlin-Lichtenberg					2.32	90,4[26]	2.31	91,0	2.38	86,9
D 126	Berlin Ostbf – Waren – Rostock					2.37	88,0[26]	2.39	86,9	2.40	83,2[27]
D 150	Meiningen – Erfurt – Halle – Berlin-Schöneweide					4.41	78,6[30]	5.03	74,8[31]	5.04	74,5
D 157	Berlin-Schöneweide – Halle – Erfurt – Meiningen					4.58	74,1[30]	5.18	69,5	5.06	74,0[32]
D 151	Berlin-Schöneweide – Halle – Erfurt					3.24	81,4[35]	3.35	77,2	3.18	86,7[36]
D 156	Erfurt – Halle – Berlin-Schöneweide					3.13	86,0[35]	3.19	83,4	3.27	82,9[36]
D 170	Dresden Hbf – Berlin Ostbf					2.07	87,6[38]	2.11	85,0	2.02	91,2
D 177	Berlin-Lichtenberg – Dresden Hbf					2.12	84,2[38]	2.14	83,1[39]	2.08	87,0

[1] = Berlin Ostbf – Leipzig 182,0 km [2] = als Ext 103/108 [3] = als Ext 102/109 [4] = Leipzig – Berlin-Karlshorst 174,9 km [5] = wieder ab und bis Berlin Ostbf [6] = als Ext 163/168
[7] = als Ext 162/176 [8] = als D 166 [12] = D 100 Gera – Berlin-Schöneweide 245,4 km, D 107 Berlin-Lichtenberg – Gera 254,8 km [13] = D 107 auch Berlin-Schöneweide – Gera
[14] = D 100 Gera – Berlin-Lichtenberg [19] = Leipzig – Berlin-Schöneweide 156,1 km [20] = Leipzig – Berlin Osbf 182,0 km [21] = Leipzig – Berlin-Lichtenberg 181,8 km
[23] = D 120 Berlin-Lichtenberg – Waren – Rostock 221,9 km, D 127 Rostock – Waren – Berlin Ostbf 230,2 km [24] = D 127 ebenfalls nach Berlin-Lichtenberg
[26] = D 121 Rostock – Güstrow – Waren – Berlin-Lichtenberg 228,9 km, d 126 Berlin Ostbf – Waren – Rostock 230,2 km [27] = D 126 Berlin-Lichtenberg – Waren – Rostock 221,9 km
[30] = Meiningen – Erfurt – Halle – Berlin-Schöneweide 368,1 km [31] = D 150 Meiningen – Berlin-Lichtenberg 377,5 km [32] = D 157 Berlin-Lichtenberg – Meiningen
[35] = Berlin-Schöneweide – Halle – Erfurt 276,6 km [36] = ab und bis Berlin-Lichtenberg 286,0 km [38] = D 170 Dresden-Neustadt – Berlin Ostbf 185,5 km, D 177 Berlin-Lichtenberg – Dresden-Neustadt 185,3 km [39] = D 177 Berlin Ostbf – Dresden

Zug-Nr.	Laufweg	1972		1973		1974		1975		1976	
D 171	Berlin-Schöneweide – Dresden Hbf					1.54	92,6[42]	2.04	89,8[43]	1.59	93,5
D 176	Dresden Hbf – Berlin Ostbf					2.05	89,0	2.04	89,8	1.57	95,1
D 160	Leipzig – Berlin-Baumschulenweg									1.52	93,4[46]

[42] = D 171 Berlin-Schöneweide – Dresden-Neustadt 175,9 km [43] = D 171 Berlin Ostbf – Dresden [46] = Leipzig – Berlin Baumschulenweg 174,3 km

Reisezeiten und Reisegeschwindigkeiten der Expreßtriebwagen, Expreßzüge und der D-Züge des Städteschnellverkehrs im Binnenverkehr der DR 1977–1981 Übersicht 16 (Forts.)

Zug-Nr.	Laufweg	1977		1978		1979		1980		1981	
Ext 2	Berlin Ostbf – Leipzig	1.56	94,1	2.04	88,0[9]	2.12	82,6[10]	2.11	83,3	2.32	71,8
Ext 7	Leipzig – Berlin Ostbf			2.05	87,3[9]	2.06	86,6[10]	2.10	83,9	2.22	76,8
Ext 3	Leipzig – Berlin Ostbf	1.54	90,7[11]								
D 100	Gera – Leipzig – Berlin-Schöneweide.	3.16	75,3[15,16]	3.31	70,1[17]	3.26	74,6[18]	3.31	72,8	3.55	65,3[57]
D 107	Berlin-Lichtenberg – Leipzig – Gera	3.05	79,6[15]	3.17	75,1[17]	3.24	75,3[18]	3.29	73,5	3.26	71,8[57]
D 106	Leipzig – Berlin-Schöneweide.	1.58	92,4[22]	2.09	84,6	2.16	80,2	2.22	76,8	2.45	66,1[21]
D 120	Berlin-Lichtenberg – Waren – Rostock	2.43	81,7[25]	2.44	81,2	2.45	80,7	2.43	81,7	2.49	78,8
D 127	Rostock – (Waren) – Berlin Osbf	2.39	83,7[25]	2.33	87,0	2.34	86,5	2.36	85,3	2.44	81,2
D 121	Rostock – Waren – Berlin-Lichtenberg	2.55	78,5[28]	[29]							
D 126	Berlin Ostbf – Waren – Rostock	2.42	82,2[28]	[29]							
D 150	Meiningen – Erfurt – Halle – Berlin-Schönweide	4.59	75,8[33]	5.10	71,2[34]	5.11	71,0	5.22	68,6	5.22	70,3[58]
D 157	Berlin-Schönweide – Halle – Erfurt – Meiningen	5.07	73,8[33]	5.15	70,1[34]	5.06	72,2	5.14	70,3	5.03	73,0
D 151	Berlin-Schöneweide – Halle – Erfurt	3.20	85,8[37]	3.34	77,6[35]	3.43	77,0[36]	3.42	77,3	3.42	77,3
D 156	Erfurt – Halle – Berlin-Schöneweide	3.21	85,4[37]	3.29	79,4	3.42	77,3	3.42	77,3	3.35	79,8
D 170	Dresden Hbf – Berlin Ostbf	2.07	87,5[40,41]	[29]							
D 177	Berlin-Lichtenberg – Dresden Hbf	2.09	86,3[40]	[29]							

[9] = als Ex 161/166 Berlin-Lichtenberg – Leipzig u. zurück 181,8 km [10] = als Städte-Expreß mit Namen „Lipsia“ [11] = Leipzig – Berlin-Schöneweide 172,4 km [15] = als D 1000/1007
[16] = D 1000 Gera – Berlin Baumschulenweg 247,4 km [17] = bis und ab Berlin-Schöneweide mit anderer Führung im Raum Leipzig 246,5 km [18] = bis und ab Berlin Ostbf 256,1 km
[21] = Leipzig – Berlin-Lichtenberg 181,8 km [22] = als D 1066 [25] = als D 1020/1027 [28] = als D 1021/1026 [29] = als D-Zug ohne SSV
[33] = als D 1050/1057 Meiningen – Berlin Ostbf 377,7 km [34] = bis und ab Berlin-Schöneweide 368,1 km [35] = Berlin-Schöneweide – Halle – Erfurt 276,6 km
[36] = ab und bis Berlin-Lichtenberg 286,0 km [37] = als D 1051/1056 [40] = als D 1070/1077 [41] = D 1070 Dresden – Berlin-Lichtenberg [57] = D 1000 Gera – Berlin-Schöneweide 246,5 km; D 1007 Berlin-Lichtenberg – Gera 255,9 km [58] = D 1050 Meiningen – Berlin-Lichtenberg 377,5 km

Zug-Nr.	Laufweg	1977		1978		1979		1980		1981	
D 171	Berlin-Schöneweide – Dresden Hbf	2.00	92,8[44]	2.05	89,0	2.00	88,0[45]	2.03	85,8	2.16	77,6
D 176	Dresden Hbf – Berlin Ostbf	2.01	92,0[44]	2.05	89,0	1.55	91,8[45]	1.55	91,8	2.19	75,9
Ex 100	Gera – Leipzig – Berlin-Lichtenberg	3.21	76,1[47]	3.26	74,5[48]	3.29	73,5	3.32	72,4	3.48	67,3
Ex 107	Berlin-Lichtenberg – Leipzig – Gera	3.13	79,2[47]	3.28	73,8[48]	3.30	73,1	3.31	72,8	3.39	70,1
Ex 121	Rostock – (Güstrow) – Berlin-Lichtenberg	2.34	89,2[49]	2.30	88,8[50]	2.30	88,8	2.30	88,8	2.34	86,5
Ex 126	Berlin-Lichtenberg – (Güstrow) – Rostock	2.35	88,6[49]	2.30	88,8[50]	2.26	91,2	2.31	88,2	2.32	87,6
Ex 131	Schwerin – Berlin-Lichtenberg	2.25	**98,4**[51]	2.23	99,8	2.28	96,4	2.21	**101,2**	2.17	104,1
Ex 136	Berlin-Lichtenberg – Schwerin	2.25	**98,4**[51]	2.21	**101,2**	2.24	**99,1**	2.23	99,8	2.16	**104,9**
Ex 141	Magdeburg – Berlin Ostbf	1.57	86,4[52]	2.01	83,5[53]	2.04	81,4	2.06	80,1	2.11	77,1
Ex 146	Berlin Ostbf – Magdeburg	1.55	87,9[52]	2.05	80,8[53]	2.09	78,3	2.01	83,5	2.12	76,5
Ex 150	Meiningen – Erfurt – Halle – Berlin-Lichtenberg	4.51	77,8[54]	5.11	72,8	5.24	69,9	5.22	70,3	5.33	68,0
Ex 157	Berlin-Lichtenberg – Halle – Erfurt – Meiningen	5.04	74,5[54]	5.13	72,4	5.16	71,7	5.24	69,9	5.24	69,9
Ex 170	Dresden Hbf – Berlin-Lichtenberg	2.00	92,7[55]	2.09	86,2	2.12	84,2	2.07	87,5	2.26	76,2
Ex 177	Berlin-Lichtenberg – Dresden Hbf	2.03	90,4[55]	2.09	86,2	2.11	84,9	2.07	87,5	2.28	75,1
Ex 172	Zwickau – K-M-Stadt – Berlin-Lichtenberg	3.27	80,1[56]	3.37	76,4	3.50	72,1	3.53	71,1	4.04	67,9
Ex 175	Berlin-Lichtenberg – K-M-Stadt – Zwickau	3.36	76,7[56]	3.47	73,0	3.54	70,8	3.56	70,2	4.06	67,4

[44] = als D 1071/1076 [45] = bis und ab Berlin-Schöneweide 175,9 km [47] = Städte-Expreß „Elstertal" Gera – Berlin-Lichtenberg 254,8 km
[48] = geänderte Streckenführung im Raum Leipzig, daher Gesamtentfernung 255,9 km [49] = Städte-Expreß „Stoltera" Rostock – Berlin-Lichtenberg 228,9 km (über Güstrow)
[50] = über Plaaz 221,9 km [51] = Städte-Expreß „Petermännchen" Schwerin – Berlin-Lichtenberg 237,8 km [52] = Städte-Expreß „Börde" Magdeburg – Berlin Osbf 168,5 km
[53] = bis und ab Berlin-Lichtenberg 168,3 km [54] = Städte-Expreß „Rennsteig" Meiningen – Berlin-Lichtenberg 377,5 km
[55] = Städte-Expreß „Elbflorenz" Dresden-Neustadt – Belin-Lichtenberg 185,3 km [56] = Städte-Expreß „Sachsenring" Zwickau – Karl-Marx-Stadt – Berlin-Lichtenberg 276,3 km

Übersicht 17a

Entwicklung der täglichen Zugkilometer der FD, FDt, F, Ft, TEE, IC und L-Züge im Bereich der DB 1946-1981

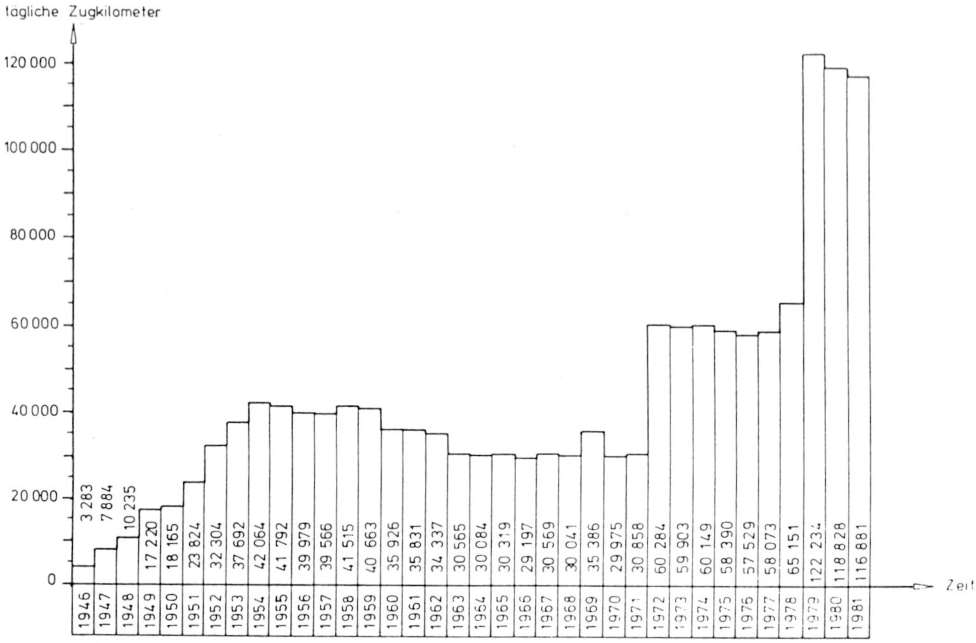

Übersicht 17

Entwicklung der täglichen Zugkilometer der FD, FDt, Ex, Ext und Städteschnellverkehr im Bereich der DR 1947-198

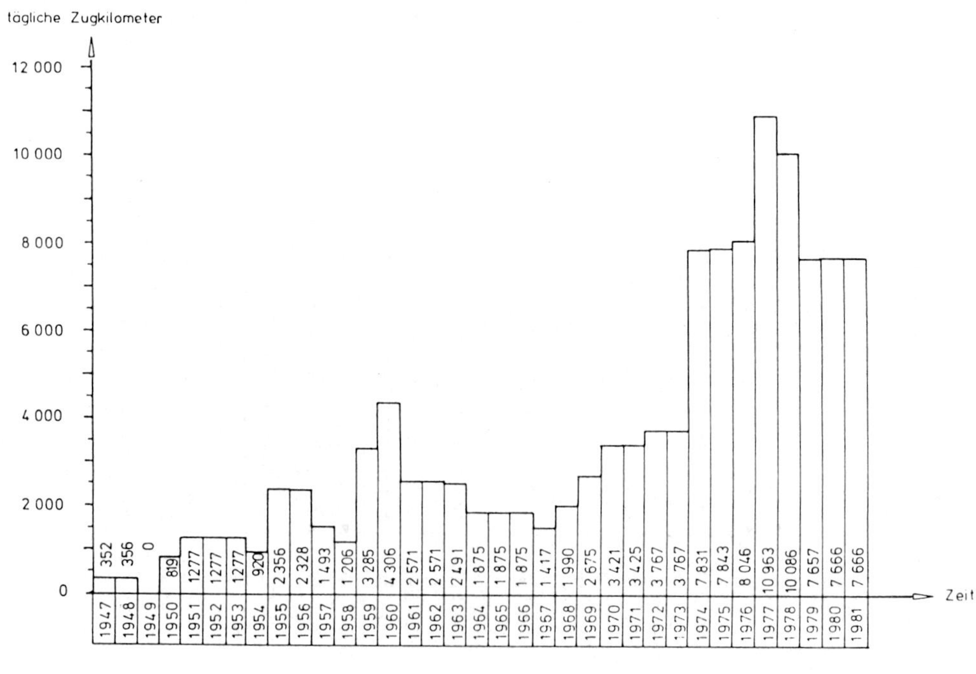

Übersicht 18a

Entwicklung der mittleren Reisegeschwindigkeiten aller höherwertigen Zuggattungen der DB 1947-1981

- L, FD, FDt, F, FT, TEE und JC -

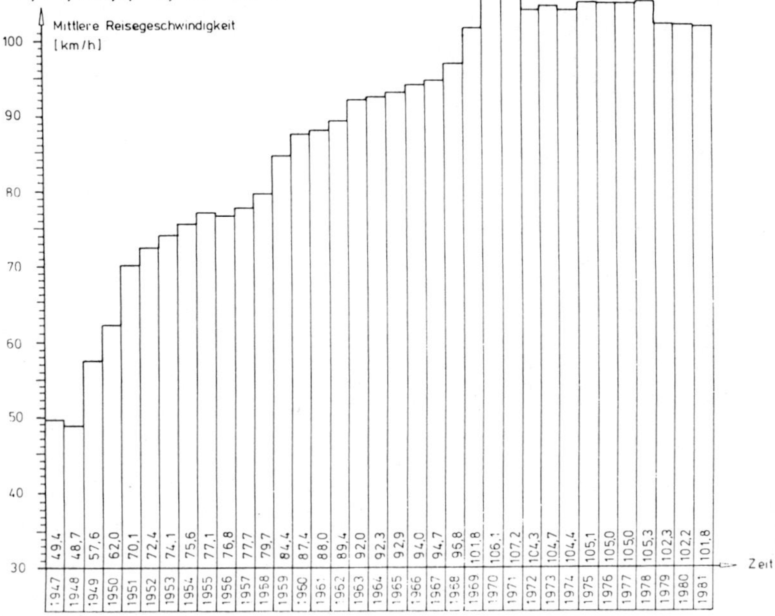

Übersicht 18b

Grafische Entwicklung der mittleren Reisegeschwindigkeit der DR 1947-1981

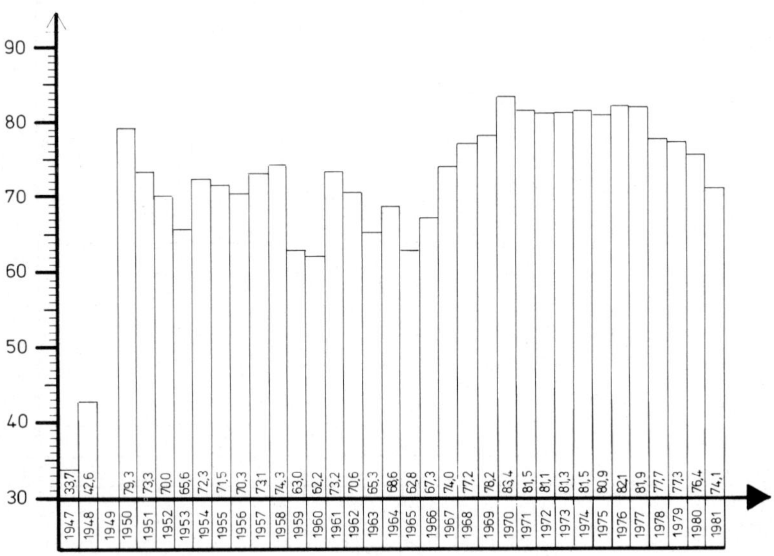

Übersicht 18c

Spannungsverhältnis in den Reisegeschwindigkeiten der höherwertigen Zuggattungen der DB 1949 - 1971

(Basis: 100 = V_r der D-Züge)

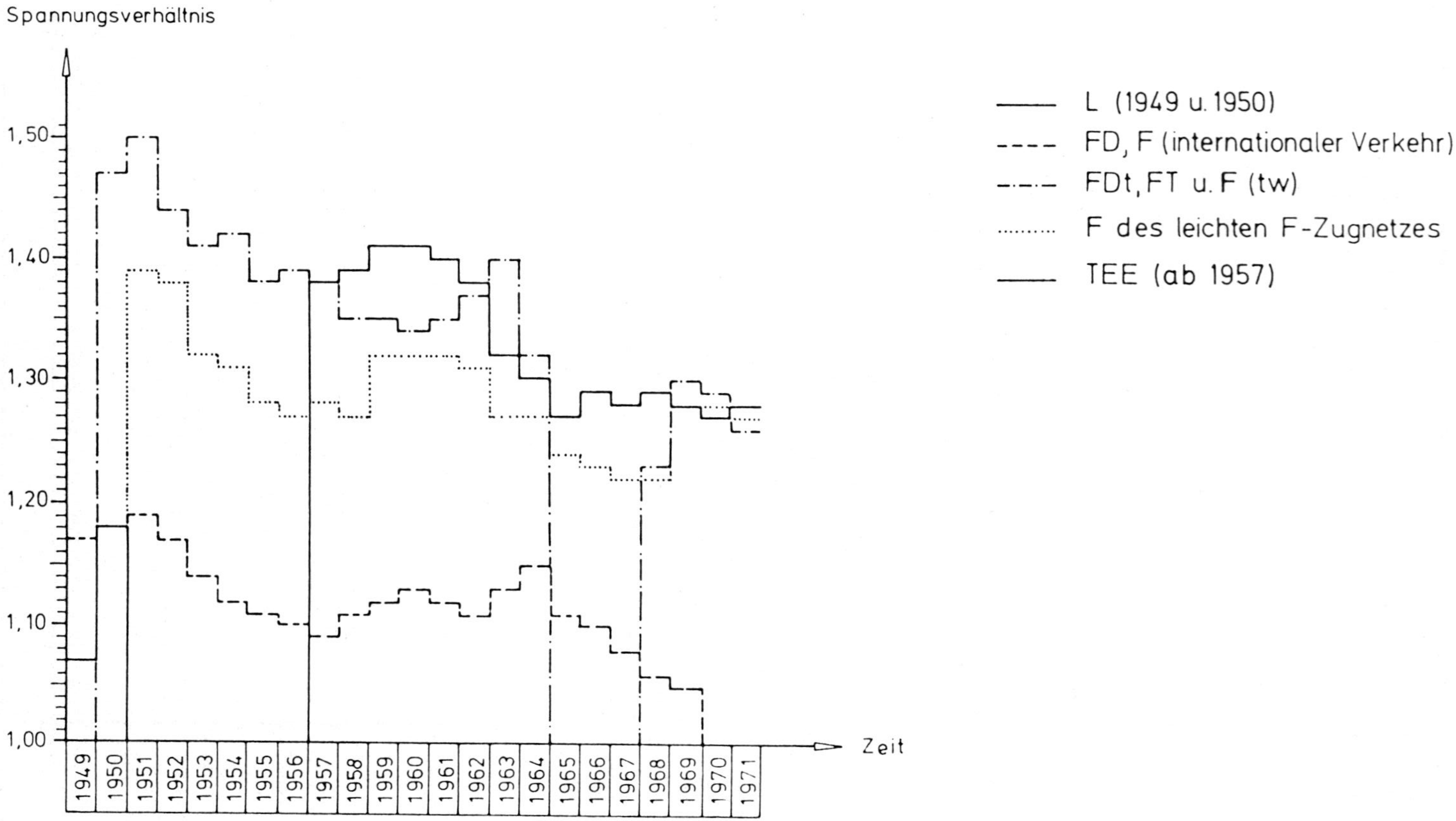

Übersicht 19a

Die schnellstbefahrenen Teilstrecken im Netz der DB 1947 – 1982

In den Fahrplanjahren 1945 und 1946 erreichte kein Zug im späteren Netz der DB auf einer Teilstrecke einen Durchschnitt von 75 km/h oder mehr. Für die angegebenen Jahre sind stets nur die Sommerfahrplanabschnitte berücksichtigt worden. Maßgebend waren nur die in den Kursbüchern veröffentlichten Züge.

Jahr	km/h	Strecke	Zug-Nr.	Bespannung
1947	77	Göppingen – Plochingen	D 22	Ellok
1948	75	Freising – Landshut	D 589	Ellok
1949	87	Augsburg – Günzburg	D 36	Ellok
1950	92	Hannover – Göttingen	FDt 72	SVT 04/06
1951	104	Freiburg (Brsg) – Offenburg	FT 7	SVT 04/06
1952	104	Freiburg (Brsg) – Offenburg	FT 7	SVT 04/06
1953	104	Freiburg (Brsg) – Offenburg	FT 7	SVT 04/06
1954	104	Freiburg (Brsg) – Offenburg	FT 7	SVT 04/06
1955	107	Offenburg – Freiburg (Brsg)	FT 46	VT 08
1956	107	Elmshorn – Wrist	E 967	VT 12.5
1957	108	Baden-Oos – Ettlingen – Karlsruhe	F 43	VT 08.5
1958	115	Bielefeld – Hamm	F 14, F 16	SVT 06
1959	116	Baden-Oos – Freiburg (Brsg)	F 8	Ellok
1960	118	Freiburg (Brsg) – Baden-Oos	TEE 77	VT 11.5
1961	123	Baden-Oos – Freiburg (Brsg)	TEE 78	VT 11.5
1962	131	Karlsruhe – Durmersheim – Freiburg	F 10	E 10.12
1963	136	Karlsruhe – Durmersheim – Freiburg	F 10	E 10.12
1964	136	Karlsruhe – Durmersheim – Freiburg	F 10	E 10.12
1965	138	Freiburg – Durmersheim – Karlsruhe	TEE 9	E 10.12
1966	138	Freiburg – Durmersheim – Karlsruhe	TEE 9	E 10.12
1967	138	Freiburg – Durmersheim – Karlsruhe	TEE 9	E 10.12
1968	136	Karlsruhe – Durmersheim – Freiburg	TEE 10	E 10.12
1969	143	Hamm – Bielefeld	F 13, F 15, F 17	Ellok
1970	143	Hamm – Bielefeld	F 13, F 15, F 17	Ellok
1971	144	Offenburg – Freiburg (Brsg)	TEE 73	E 03
1972	143	Karlsruhe – Durmersheim – Baden-Oos	IC 173,175, 177,179	E 103
1973	140	Dortmund – Bielefeld	IC 143, 145, 147	E 103
1974	148	Hamm – Bielefeld	IC 126	E 103
1975	143	Karlsruhe – Durmersheim – Baden Oos	IC 179	E 103
1976	143	Karlsruhe – Durmersheim – Baden-Oos	IC 179	E 103
1977	149	Karlsruhe – Ettlingen – Baden-Oos	IC 179	E 103
1978	149	Karlsruhe – Ettlingen – Baden-Oos	IC 179	E 103
1979	156	Uelzen – Celle	D 585, 589	E 103
1980	156	Uelzen – Celle	D 585, 589	E 103
1981	167	Hamm – Bielefeld	IC 526, 543, 620	E 103
1982	156	Uelzen – Celle	D 183, 585 589	E 103

Übersicht 19b

Die schnellstbefahrenen Teilstrecken im Netz der DR 1949 – 1982

In den Fahrplanjahren 1945 – 1948 erreichte kein Zug im Netz der DR auf einer Teilstrecke einen Durchschnitt von 75 km/h oder mehr. Für die angegebenen Jahre sind stets nur die Sommerfahrplanabschnitte berücksichtigt worden.

Jahr	km/h	Strecke	Zug-Nr.	Bespannung
1949	75	Eilenburg – Torgau	Dt 101	VT
1950	111	Hagenow Land – Schwanheide	FDt 66	SVT
1951	111	Hagenow Land – Schwanheide	FDt 66	SVT
1952	111	Hagenow Land – Schwanheide	FDt 66	SVT
1953	101	Schwanheide – Hagenow Land	FDt 65	SVT
1954	88	Neubrandenburg – Neustrelitz	Dt 12	VT
1955	89	Stralsund – Greifswald	FDt 180	SVT
1956	88	Berlin Zool. Garten – Schwanheide	FDt 66	SVT
1957	90	Schwanheide – Berlin Zool. Garten	FDt 65	SVT
1958	90	Schwanheide – Berlin Zool. Garten	FDt 65	SVT
1959	93	Frankfurt (Oder) – Berlin Ostbf	Ext 21	SVT
1960	89	Schwanheide – Berlin Zool. Garten	Ext 165	SVT
1961	90	Berlin Zool. Garten – Schwanheide	Ext 166	SVT
1962	100	Wittenberg – Jüterbog	Dt 39	VT
1963	88	Dresden Hbf – Bad Schandau	Ext 54	SVT
1964	90	Brandenburg – Genthin	D 142	Dampf
1965	87	Potsdam Hbf – Magdeburg	D 1170	Diesel
1966	92	Lübbenau – Königswusterhausen	D 114	Diesel
1967	96	Fürstenwalde – Berlin-Karlshorst	P 1112	unbekannt
1968	97	Apolda – Naumburg	D 199	Ellok
1969	109	Halle – Magdeburg	D 384	
1970	115	Weimar – Apolda	D 1099	Ellok
1971	115	Weimar – Apolda	D 1099	Ellok
1972	108	Oschatz – Wurzen	D 70, D 88, D 134	Ellok
1973	115	Wurzen – Oschatz	D 887	Ellok
1974	110	Köthen – Schönebeck	D 636, D 936	Ellok
1975	115	Wurzen – Oschatz	D 489, D 957	Ellok
1976	110	Leipzig – Riesa	D 875, D 973	Ellok
1977	110	Leipzig – Riesa	D 875, D 973	Ellok
1978	109	Nauen – Neustadt (Dosse)	E 538	Diesel
1979	110	Brandenburg – Potsdam Hbf	E 721	Diesel
1980	111	Eilenburg – Torgau	E 893	Diesel
1981	110	Großenhain – Doberlug-Kirchhain	D 914	Ellok
1982	110	Großenhain – Doberlug-Kirchhain	D 914	Ellok

IC-Musterfahrplan 1979/80 – Übersicht 20a

Taktzeiten Haltebahnhof	Linie 1				Linie 2				Linie 3				Linie 4			
	an ↓	ab	an ↑	ab	an ↓	ab	an ↑	ab	an ↓	ab	an ↑	ab	an ↓	ab	an ↑	ab
Hamburg Hbf	–	35	19	–					–	45	09	–				
Bremen	36	38	19	21									–	09	45	–
Osnabrück	37	39	19	21												
Münster	04	06	51	53												
Hannover					–	53	00	–	08	10	43	45	05	15	38	48
Bielefeld					43	45	05	07								
Dortmund	35	38	17	23	30	41	12	22								
Bochum	49	51	04	05												
Essen	00	02	52	54												
Duisburg	13	15	39	41												
Düsseldorf	27	29	25	27												
Hagen					02	04	49	51								
Wuppertal-Elberfeld					21	23	30	32								
Köln	53	57	57	00	51	03	51	03								
Göttingen									05	07	43	45	11	13	38	40
Bebra													06	08	46	48
Fulda									31	33	20	22	41	43	12	14
Bonn	15	17	35	37	21	23	29	31								
Koblenz	49	51	02	04	55	57	56	58								
Mainz	41	43	11	13												
Wiesbaden					54	00	55	01								
Frankfurt					27	33	22	28	31	37	17	23				
Mannheim	24	27	27	30					21	29	25	33				
Heidelberg	38	40	12	14												
Karlsruhe									58	00	54	56				
Würzburg					53	59	57	03					48	58	58	07
Nürnberg													56	02	55	01
Stuttgart	51	57	57	03												
Ulm	54	56	57	59												
Augsburg	38	40	12	14									10	12	45	47
München Hbf	10	–	–	43	27	–	–	31					42	–	–	16
Baden-Baden									14	15	35	37				
Offenburg									32	34	18	20				
Freiburg									02	04	48	50				
Basel Bad Bf									39	41	13	14				
Basel SBB									46	–	–	08				
	an ↓	ab	an ↑	ab	an ↓	ab	an ↑	ab	an ↓	ab	an ↑	ab	an ↓	ab	an ↑	ab

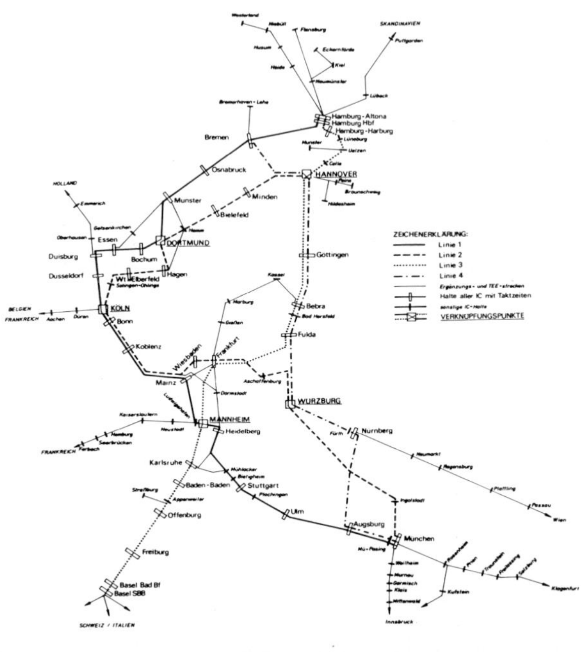

IC-Musterfahrplan 1982/83 – Übersicht 20b

Taktzeiten / Haltebahnhof	Linie 1 an ↓	ab	an ↑	ab	Linie 2 an ↓	ab	an ↑	ab	Linie 3 an ↓	ab	an ↑	ab	Linie 4 an ↓	ab	an ↑	ab
Hamburg Hbf	–	40	17	–					–	45	09	–				
Bremen	38	40	17	19								–	–	08	46	–
Osnabrück	36	38	19	21												
Münster	01	03	53	55												
Hannover					–	55	58	–	07	10	43	45	05	15	38	48
Bielefeld					45	47	04	06								
Dortmund	34	37	18	23	29	40	13	24								
Bochum	48	50	03	07												
Essen	00	02	52	54												
Duisburg	13	15	39	41												
Düsseldorf	28	30	25	27												
Hagen					02	04	50	52								
Wuppertal-Elberfeld					20	22	31	33								
Köln	53	57	57	00	51	03	51	03								
Göttingen									05	07	43	45	11	13	38	40
Bebra													05	07	46	48
Fulda									30	32	20	22				
Bonn	15	17	35	37	21	23	29	31								
Koblenz	49	51	02	04	55	57	56	58								
Mainz	41	43	11	13												
Wiesbaden					54	00	55	01								
Frankfurt					26	32	23	29	31	37	17	23				
Mannheim	24	27	27	30					21	29	25	33				
Heidelberg	38	40	12	14												
Karlsruhe									58	00	54	56				
Aschaffenburg					–	04	50	–								
Würzburg					53	56	57	02					48	59	58	07
Nürnberg													56	02	55	01
Stuttgart	51	57	57	03												
Ulm	53	55	57	59												
Augsburg	38	40	12	14									10	12	44	46
München Hbf	10	–	–	43	23	–	–	30					45	–	–	14
Baden-Baden									14	15	35	37				
Offenburg									32	34	18	20				
Freiburg									01	03	48	50				
Basel Bad Bf									39	41	13	14				
Basel SBB									46	–	–	08				
	an ↓	ab	an ↑	ab	an ↓	ab	an ↑	ab	an ↓	ab	an ↑	ab	an ↓	ab	an ↑	ab

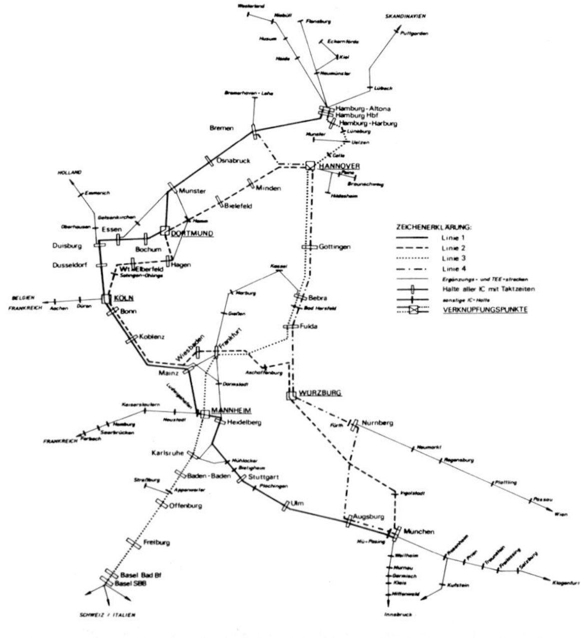

Übersicht 21

Reisezeiten und Reisegeschwindigkeiten der Expr IC 1980–1982

Zug-Nr.	Laufweg	1980		1981		1982	
14070	Basel Bad Bf – Mannheim – Frankfurt – Hannover – Hmb-Altona	8.29	101,9	8.29	101,9	8.29	101,9
14071	Hmb-Altona – Hannover – Frankfurt – Mannheim – Freiburg	7.44	103,8	7.44	**103,8**	7,44	**103,8**
14090	Stuttgart – Heidelberg – Mannheim	1.29	87,0	1.28	88,0	1.27	89,0
14091	Mannheim – Heidelberg – Stuttgart	1.11	**109,0**	1.31	85,1	1.28	88,0
14010	München – Stuttgart – Mannheim – Mainz – Köln – Essen – Dortmund					8.48	84,3
14011	Dortmund – Essen – Köln – Mainz – Mannheim – Stuttgart – Ulm					7.15	81,9
14030	Hamburg Hbf – Münster – Hamm – Hagen – Köln			4.22	101,8	4.22	101,8
14031	Köln – Hagen – Hamm – Münster – Hamburg Hbf			4.37	96,3	4.37	96,3
14033	Köln – Wuppertal – Hagen					0.55	79,0
14040	Hannover – Bielefeld – Hamm – Dortmund – Essen – Düsseldorf			3.31	81,0	3.31	81,0
14041	Düsseldorf – Essen – Dortmund – Hamm – Bielefeld – Hannover			3.13	88,6	3.13	88,6
14050	Nürnberg – Würzburg – Frankfurt – Mainz					2.56	97,3
14051	Mainz – Frankfurt – Würzburg – Nürnberg					3.26	83,2
14080	München Starnb. Bf – Augsburg – Treuchtlingen – Würzburg – Fulda					3.54	100,7
14081	Fulda – Würzburg – Treuchtlingen – – Augsburg – München Starnb. Bf					3.47	**103,8**

Übersicht 22

110 Jahre Europäische Fahrplan- und Wagenbeistellungskonferenz

Seit im Herbst 1871 in Würzburg die erste Europäische Fahrplankonferenz (EFK) statt fand, sind nunmehr 110 Jahre vergangen. In dieser Zeit wurden alljährlich mit Ausnahme der Jahre des Ersten und Zweiten Weltkrieges zwischen den europäischen Eisenbahnverwaltungen und zahlreichen weiteren Verwaltungen und Institutionen die Fahrpläne der internationalen Zugverbindungen und die Wagenbeistellungen für diese Züge vereinbart. Die Tagungen fanden und finden immer im Spätsommer oder Frühherbst statt und beinhalten den Jahresfahrplan des folgenden Fahrplanjahres. Seit der EFK vom September 1963 in Sofia tagt diese nur noch alle zwei Jahre; die Zwischenjahre sollten durch eine „Fachtechnische Tagung (FT)" allfällige international zu vereinbarende Fahrplanfragen behandeln. Diese Einrichtung wurde bis heute beibehalten; jedoch ist zwischenzeitlich durch den Zwang der laufenden Anpassung des Angebots an die Marktnachfrage auch im internationalen Personenfernverkehr die FT umfänglich so angewachsen, daß sie früheren EFK entspricht. Unabhängig hiervon oder in Vorbereitung oder aufgrund von Beschlüssen der EFK oder FT finden zusätzlich zwischen benachbarten Eisenbahnverwaltungen alljährlich bilaterale Fahrplanbesprechungen statt.
Nachfolgend sollen seit 1871 die Tagungsorte der EFK und der FT angegeben werden. Dabei wird nachstehend nicht das Datum der Konferenz angegeben, sondern die Fahrplanperiode, für die die Beschlüsse galten.

Sommer 1872	Würzburg
Sommer 1873	Köln
Winter 1873/74	Nürnberg
Sommer 1874	Stuttgart
Sommer 1875	Triest
Winter 1875/76	Salzburg
Sommer 1876	unbekannt
Sommer 1877	Hannover
Sommer 1878	Leipzig
Winter 1878/79	Frankfurt (Main)
Sommer 1879	Wien
Sommer 1880	Braunschweig
Sommer 1881	unbekannt
Sommer 1882	Brüssel
Sommer 1883	Prag
Winter 1883/84	Kiel
Sommer 1884	Berlin
Winter 1884/85	Graz
Sommer 1885	Straßburg
Winter 1885/86	Budapest
Sommer 1886	Hamburg
Sommer 1887	Dresden
Sommer 1888	unbekannt
Sommer 1889	unbekannt
Sommer 1890	Rom
Winter 1890/91	Stuttgart
Sommer 1891	Berlin
Sommer 1892	unbekannt
Winter 1892/93	Budapest
Sommer 1893	Brüssel
Sommer 1894	München
Sommer 1895	Florenz
Winter 1895/96	Amsterdam
Sommer 1896	unbekannt
Winter 1896/97	Genf
Sommer 1897	Wien
Sommer 1898	Frankfurt (Main)
Sommer 1899	unbekannt
Winter 1899/1900	St. Petersburg
Sommer 1900	Köln
Sommer 1901	Palermo
Winter 1901/02	Budapest
Sommer 1902	Wien
Sommer 1903	unbekannt
Winter 1903/04	Lübeck
Sommer 1904	Stuttgart
Sommer 1905	München
Winter 1905/06	Lüttich
Sommer 1906	Florenz
Sommer 1907	Dresden
Sommer 1908	Wien
Sommer 1909	Nice
Sommer 1910	Straßburg
Sommer 1911	Wiesbaden
Sommer 1912	Triest
Sommer 1913	Budapest
Sommer 1914	Neapel
Winter 1914/15	Bern
Sommer 1915	München
Winter 1915/16	Leipzig
Sommer 1916	Wien

Winter 1916/17	Stuttgart
Sommer 1921	Bern
Jahresfahrplan 1922/23	Bern
Jahresfahrplan 1923/24	Luzern
Jahresfahrplan 1924/25	Nice
Jahresfahrplan 1925/26	Bern
Jahresfahrplan 1926/27	Den Haag
Jahresfahrplan 1927/28	Baden-Baden
Jahresfahrplan 1928/29	Prag
Jahresfahrplan 1929/30	Wien
Jahresfahrplan 1930/31	Warschau
Jahresfahrplan 1931/32	Kopenhagen
Jahresfahrplan 1932/33	London
Jahresfahrplan 1933/34	Brüssel
Jahresfahrplan 1934/35	Bukarest
Jahresfahrplan 1935/36	Dubrovnik
Jahresfahrplan 1936/37	Helsinki
Jahresfahrplan 1937/38	Montreux
Jahresfahrplan 1938/39	Stockholm
Jahresfahrplan 1939/40	Budapest
Jahresfahrplan 1940/41	Gestaad
Jahresfahrplan 1947/48	Montreux
Jahresfahrplan 1948/49	Paris
Jahresfahrplan 1949/50	Krakau
Jahresfahrplan 1950/51	Brighton
Jahresfahrplan 1951/52	Amsterdam
Jahresfahrplan 1952/53	Oslo
Jahresfahrplan 1953/54	Nice
Jahresfahrplan 1954/55	Athen
Jahresfahrplan 1955/56	Budapest
Jahresfahrplan 1956/57	Wiesbaden
Jahresfahrplan 1957/58	Lissabon
Jahresfahrplan 1958/59	Neapel
Jahresfahrplan 1959/60	Leipzig
Jahresfahrplan 1960/61	Wien
Jahresfahrplan 1961/62	Leningrad
Jahresfahrplan 1962/63	Brüssel
Jahresfahrplan 1963/64	Kopenhagen
Jahresfahrplan 1964/65	Sofia
Fahrplan 1965/67	Stockholm
FT Fahrplan 1966/67	Paris
Fahrplan 1967/69	Madrid
FT Fahrplan 1968/69	Paris
Fahrplan 1969/71	Basel
FT 1970/71	Paris
Fahrplan 1971/73	Prag
FT 1972/73	Paris
Fahrplan 1973/75	St. Gallen
FT 1974/75	Paris
Fahrplan 1975/77	Helsinki
FT 1976/77	Paris
Fahrplan 1977/79	Budva
FT 1978/79	Paris
Fahrplan 1979/81	Edinburgh
FT 1980/81	Paris
Fahrplan 1981/83	Den Haag
FT 1982/83	Paris
Fahrplan 1983/85	Lillehammer

Übersicht 23

Daten der Fahrplanwechsel

Die Fahrplanwechsel vor dem Zweiten Weltkrieg waren international auf einen bestimmten Tag festgeschrieben. So lief der Sommerabschnitt immer vom 15. Mai bis zum 7. Oktober, der des Winterabschnittes vom 8. Oktober bis zum 14. Mai des folgenden Jahres (z. B. galten im Jahresfahrplan 1937/38 die Daten wie folgt: Sommerabschnitt 15. Mai – 17. Oktober 1937, Winterabschnitt 8. Oktober 1937 – 14. Mai 1938). Kurz vor Beginn des Zweiten Weltkrieges wurden die Fahrpläne außer Kraft gesetzt und je nach den Gegebenheiten von Zeit zu Zeit neue Fahrpläne herausgegeben. Für die hier in Betracht kommenden Erörterungen gelten die Fahrpläne vom 1. Dezember 1939, 1. April 1940, 6. Oktober 1940, 1. Februar 1941 und 5. Mai 1941.
Nach dem Ende des Zweiten Weltkrieges wurden in Deutschland zunächst getrennte Fahrpläne der einzelnen Besatzungszonen herausgegeben, die sich nach den dort je gegebenen Voraussetzungen richteten. Die ersten Einheitsausgaben erschienen dann zum 1. September und 5. Oktober 1947.
Ab dem Sommerfahrplan 1948 wurde international wieder zum Jahresfahrplan mit Sommer- und Winterabschnitt übergegangen, wobei der Sommerabschnitt in den Mai, der Winterabschnitt in den Oktober gelegt wurde. Ab 1956 wurde von der EFK Wiesbaden vereinbart, den Beginn des Sommerabschnittes grundsätzlich auf den Sonntag zu legen, der dem 1. Juni am nächsten liegt, ausgenommen wenn die Pfingstfeiertage auf diesen Termin fallen. Analog wurde der Beginn des Winterabschnittes auf den Sonntag gelegt, der dem 1. Oktober am nächsten liegt. So ergeben sich zwischen 1948 und 1982 folgende Daten der einzelnen Fahrplanabschnitte:

Jahr	Beginn des Sommer-abschnittes	Beginn des Winter-abschnittes	Jahr	Beginn des Sommer-abschnittes	Beginn des Winter-abschnittes
1948	9. Mai	3. Oktober	1966	22. Mai	25. September
1949	15. Mai	2. Oktober	1967	28. Mai	24. September
1950	14. Mai	8. Oktober	1968	26. Mai	29. September
1951	20. Mai	7. Oktober	1969	1. Juni	28. September
1952	18. Mai	5. Oktober	1970	31. Mai	27. September
1953	17. Mai	4. Oktober	1971	23. Mai	26. September
1954	23. Mai	3. Oktober	1972	28. Mai	1. Oktober
1955	22. Mai	2. Oktober	1973	3. Juni	30. September
1956	3. Juni	30. September	1974	26. Mai	29. September
1957	2. Juni	29. September	1975	1. Juni	26. September
1958	1. Juni	28. September	1976	30. Mai	29. September
1959	31. Mai	4. Oktober	1977	22. Mai	25. September
1960	29. Mai	2. Oktober	1978	28. Mai	1. Oktober
1961	28. Mai	1. Oktober	1979	27. Mai	30. September
1962	27. Mai	30. September	1980	1. Juni	28. September
1963	26. Mai	29. September	1981	31. Mai	27. September
1964	31. Mai	27. September	1982	23. Mai	26. September
1965	30. Mai	26. September	1983	29. Mai	

Verzeichnis der Anhänge

Aufnahme des elektrischen Zugbetriebes auf den Strecken des F- und DC-Netzes

Anmerkung:
Die angegebenen Daten stellen die in amtlichen Unterlagen der DB enthaltenen Angaben über die Aufnahme des elektrischen Zugbetriebes auf den einzelnen Streckenabschnitten dar. Sie stimmen nicht in jedem Fall mit anderen Veröffentlichungen überein. Auch sind sie nicht identisch mit der tatsächlichen Aufnahme des elektrischen Traktion durch die hier behandelten Zuggattungen. Es können über größere Zeiträume hinweg unter dem bereits vorhandenen Fahrdraht noch andere Traktionsarten zur Anwendung gekommen sein.
Die angegebenen Streckenkilometer stellen jeweils die nach den statistischen Unterlagen der DB am Stichtag auf elektrischen Betrieb umgestellte Strecke dar. Sie sind nicht identisch mit den wirklichen Streckenkilometern zwischen den angegebenen Orten, da durch vorhergehende Elektrifizierungen bereits Teilbereiche, z.B. in Bahnhofsvorbereichen, an vorgelegenen Abzweigstellen usw., mit dem Fahrdraht versehen sein können.

Datum der Umstellung	umgestellte Strecke/Streckenabschnitt	km
28.10.1912	Garmisch – Mittenwald Landesgrenze	22,98
01.08.1916	München Hbf – Tutzing	18,81
01.08.1916	Freilassing – Salzburg Landesgrenze	1,08
01.08.1916	Freilassing – Berchtesgaden	23,67
23.02.1925	Tutzing – Murnau – Garmisch	60,98
03.01.1927	München Hbf – München Ost Pbf – Grafing – Rosenheim	64,76
15.07.1927	Rosenheim – Kufstein	34,21
02.10.1927	München Hbf – Nannhofen	30,98
27.03.1928	Rosenheim – Traunstein	53,31
20.04.1928	Traunstein – Freilassing	28,37
15.05.1931	Nannhofen – Augsburg Hbf	30,91
15.05.1933	Augsburg Hbf – Neu Ulm – Ulm Hbf	85,97
15.05.1933	Stuttgart Hbf – Eßlingen (Ferngleise)	13,21
15.05.1933	Stuttgart Hbf – Ludwigsburg (Ferngleise)	13,93
01.06.1933	Eßlingen – Ulm Hbf	80,17
01.06.1934	München Hbf – Dachau	17,80
10.05.1935	Augsburg Hbf – Treuchtlingen – Nürnberg Hbf	137,16
15.04.1939	Nürnberg Hbf – Bamberg – Probstzella	156,20
15.05.1939	Probstzella – Saalfeld	25,91
15.12.1940	Saalfeld – Rudolstadt	10,28
05.05.1941	Rudolstadt – Weißenfels	89,45
02.11.1942	Weißenfels – Großkorbetha – Leipzig Hbf	40,71
15.05.1950	Nürnberg-Dutzendteich – Regensburg Hbf	96,41
10.11.1950	Ludwigsburg – Bietigheim (Württ)	9,47
07.10.1951	Bietigheim (Württ) – Mühlacker	23,16
31.12.1952	Basel Bad Bf – Efringen-Kirchen	22,79
23.05.1954	Mühlacker – Bretten – Bruchsal	32,85
03.10.1954	Fürth (Bay) Hbf – Würzburg Hbf – Veitshöchheim	98,46
01.12.1954	Lindau Hbf – Landesgrenze nach Bregenz	3,19
17.05.1955	Passau Hbf – Landesgrenze bei Schärding	1,58
22.05.1955	Bruchsal – Heidelberg Hbf	32,53

Datum der Umstellung	umgestellte Strecke/Streckenabschnitt	km
22.05.1955	Efringen-Kirchen – Freiburg (Brsg) Hbf	38,45
03.06.1956	Freiburg (Brsg) Hbf – Offenburg – Appenweier	73,32
03.06.1956	Heidelberg Hbf – Ladenburg (BD-Grenze)	10,76
29.10.1956	Basel Bad Bf – Basel SBB	4,45
02.06.1957	Düsseldorf Hbf – Duisburg – Essen – Dortmund – Hamm	124,08
01.07.1957	Karlsruhe Hbf – Durmersheim – Rastatt	20,85
01.07.1957	Karlsruhe Hbf – Ettlingen West – Rastatt – Appenweier	60,52
29.09.1957	Veitshöchheim – Gemünden – Aschaffenburg Hbf	82,37
01.10.1957	Ladenburg (BD-Grenze) – Darmstadt Hbf – Mainz-Bischofsheim	74,79
01.10.1957	Karlsruhe Hbf – Bruchsal	21,27
19.11.1957	Frankfurt Hpbf – Darmstadt Hbf	27,74
15.01.1958	Frankfurt Hpbf – Offenbach – Hanau Hbf	22,92
15.01.1958	Frankfurt Süd – Frankfurt Ost – Hanau – Aschaffenburg Hbf	40,75
01.04.1958	Mannheim-Friedrichsfeld – Schwetzingen	7,50
01.04.1958	Graben-Neudorf – Bruchsal	9,55
28.05.1958	Mannheim Hbf – Heidelberg Hbf	13,44
28.05.1958	Mannheim Hbf – Graben-Neudorf – Karlsruhe Hbf	60,54
28.05.1958	Karlsruhe-Durlach – Pforzheim – Mühlacker	38,90
01.06.1958	Mannheim Hbf – Ludwigshafen Hbf	4,35
01.06.1958	Ludwigshafen Hbf – Mainz Süd	65,77
01.06.1958	Mainz-Mombach – Kaiserbrücke – Mainz-Kastel – Mainz-Bischofsheim	12,97
01.06.1958	Mainz-Bischofsheim – Mainz Süd – Mainz Hbf – Koblenz – Remagen	138,01
17.11.1958	Remagen – Bonn – Köln Süd – Köln Gereon	52,31
15.12.1958	Frankfurt Hpbf – Mainz-Bischofsheim	28,57
31.12.1958	Appenweier – Kehl	13,79
16.04.1959	Köln Hbf – Köln-Ehrenfeld	3,43
16.04.1959	Köln Hbf – Köln-Deutz – Düsseldorf Hbf	30,19
16.04.1959	Köln-Deutz – Opladen	16,06
01.06.1959	Duisburg Hbf – Oberhausen Hbf	7,46
01.06.1959	Köln Hbf – Köln West – Köln Süd	4,83
01.06.1959	Umgehungskurve Ludwigshafen	1,94
01.06.1959	Passau Hbf – Straubing – Obertraubling – (Regensburg Hbf)	109,79
01.06.1979	Bietigheim (Württ) – Heilbronn Hbf	29,19
08.03.1960	Saarbrücken Hbf – Homburg (Saar) Hbf	31,10
08.03.1960	Saarbrücken Hbf – Landesgrenze nach Forbach	5,49
27.05.1960	Essen Hbf – Essen-Kray Nord	3,50
29.05.1960	Mainz Kaiserbrücke – Wiesbaden Hbf	4,03
29.05.1960	Dachau – Ingolstadt Hbf	63,19
16.01.1961	Frankfurt – Wiesbaden Hbf	39,15
28.05.1961	Homburg (Saar) Hbf – Kaiserslautern Hbf	35,32
28.05.1961	Oberhausen Hbf – Essen-Altenessen – Wanne-Eickel Hbf – Dortmund Hbf	64,43
01.10.1961	Wiesbaden Hbf – Oberlahnstein	86,81
01.10.1961	Hanau Hbf – Fulda	70,77
01.101961	Flieden – Elm	10,15
03.02.1962	Niederlahnstein – Koblenz Hbf	4,57
27.05.1962	Köln-Nippes – Neuss – Düsseldorf Hbf	40,76
27.05.1962	Köln-Kalk – Troisdorf – Oberlahnstein	97,28
27.05.1962	(Neuwied) – Koblenz-Lützel	12,66
27.05.1962	Ingolstadt Hbf – Treuchtlingen	55,78
07.09.1962	Fulda – Götzenhof	4,46
09.03.1963	Götzenhof – Bebra	51,61

Datum der Umstellung	umgestellte Strecke/Streckenabschnitt	km
26.05.1963	Wanne-Eickel Hbf – Recklinghausen Hbf	10,37
26.05.1963	Bebra – Eichenberg – Göttingen – Hannover Hbf	188,56
26.05.1963	Elm – Jossa – Gemünden	46,19
26.05.1963	Neuss – Krefeld Hbf	19,17
26.05.1963	Düsseldorf Hbf – Gruiten	15,77
01.10.1963	Schwelm – Hagen Hbf	15,74
01.10.1963	Recklinghausen Hbf – Haltern – Sinsen	15,35
10.10.1963	Bad Nauheim – Friedberg	4,18
20.12.1963	Hannover Hbf – Lehrte	10,81
05.01.1964	Essen-Kray Nord – Gelsenkirchen Hbf	4,12
17.02.1964	Gruiten – Wuppertal-Vohwinkel	4,97
02.03.1964	Gruiten – Opladen	19,19
15.03.1964	Ludwigshafen Hbf – Neustadt (Weinstr) – Kaiserslautern Hbf	62,81
29.05.1964	Wuppertal-Vohwinkel – Wuppertal-Oberbarmen	11,83
31.05.1964	Wuppertal-Oberbarmen – Schwelm	5,03
31.05.1964	Hagen Hbf – Schwerte – Unna – Hamm	51,04
31.05.1964	Duisburg Hbf – Krefeld Hbf	13,87
31.05.1964	Mönchengladbach Hbf – Viersen – Krefeld Hbf	24,14
21.09.1964	Eichenberg – Hann.Münden – Kassel Hbf	42,21
27.09.1964	Groß Gerau-Dornberg – Groß Gerau	1,85
27.09.1964	Mannheim Hbf – Biblis – Frankfurt-Sportfeld	74,76
14.12.1964	Hannover Hbf – Wunstorf – Bremen Hbf	122,35
15.03.1965	Treuchtlingen – Ansbach – Würzburg Hbf	140,24
15.03.1965	Lehrte – Celle – Uelzen – Lüneburg – Hamburg-Altona	170,12
06.04.1965	Hannover-Herrenhausen – Celle	37,32
14.05.1965	Frankfurt – Friedberg	36,24
14.05.1965	Bad Nauheim – Gießen	27,92
14.05.1965	Gießen – Dillenburg – Haiger – Weidenau	72,69
14.05.1965	Siegen – Siegen Ost	2,75
14.05.1965	Hagen Hbf – Altenhundem – Siegen	106,02
28.05.1965	Lehrte – Hildesheim – Emmerke	30,08
30.05.1965	Mönchengladbach Hbf – Neuss	17,04
22.05.1966	Oberhausen Hbf – Wesel – Emmerich – Landesgrenze	72,61
22.05.1966	Bremen Hbf – Bremerhaven Lehe	61,17
24.09.1966	Kassel Hbf – Guntershausen – Bebra	58,04
24.09.1966	Köln – Düren – Aachen – Landesgrenze	76,78
25.09.1966	Hamm – Münster – Osnabrück	85,62
25.09.1966	Sinsen – Münster Hbf	41,66
20.03.1967	Guntershausen – Marburg – Gießen	120,22
21.12.1967	Verden (Aller) – Unterstedt	21,03
26.05.1968	Mönchengladbach – Kaldenkirchen – Landesgrenze	33,58
26.05.1968	Köln-Ehrenfeld – Mönchengladbach Hbf	50,72
26.05.1968	Dortmund Hbf – Lünen – Münster Hbf	50,76
29.09.1968	Hamm – Bielefeld – Minden – Wunstorf	154,03
29.09.1968	Osnabrück – Bremen – Hamburg-Harburg	222,50
31.05.1970	Hannover-Linden – Haste	34,60
11.12.1970	Hamm – Soest	25,19
11.12.1970	Dortmund – Unna – Soest – Paderborn – Altenbeken – Warburg – Kassel Hbf	248,24
11.12.1970	Altenbeken – Langeland und Altenbeken Kurve	3,80
23.05.1971	Weetzen – Hameln – Langeland	69,38
26.09.1971	Bamberg – Schweinfurt	56,79
28.05.1972	Nürnberg – Ansbach	43,74

Datum der Umstellung	umgestellte Strecke/Streckenabschnitt	km
28.05.1972	Münster Hbf – Rheine	39,18
01.10.1972	Heidelberg-Karlstor – Neckarelz – Heilbronn	76,94
26.09.1971	Schweinfurt – Waigolshausen – Gemünden	51,22
28.05.1972	Rottendorf – Waigolshausen	29,93
28.05.1972	(Saarbrücken) – Völklingen – Saarhölzbach	39,02
24.05.1973	Bad Friedrichshall-Jagstfeld – Osterburken	38,00
20.08.1973	Koblenz – Kobern-Gondorf	12,43
05.11.1973	Kobern-Gondorf – Trier	96,57
05.11.1973	Saarhölzbach – Karthaus	31,86
29.09.1974	Osnabrück – Rheine	47,47
30.10.1974	Ehrang – Igel – Landesgrenze	19,16
01.06.1975	Neckarelz – Osterburken – Würzburg-Heidingsfeld West	103,65
23.06.1975	Rheine – Salzbergen	7,87
30.05.1976	Salzbergen – Bentheim – Landesgrenze	21,78
30.05.1976	Lehrte – Braunschweig Hbf	44,95
30.05.1976	Löhne – Lüstringen – (Osnabrück)	43,32
26.09.1976	Braunschweig Hbf – Helmstedt	25,89

Zugkilometer im FD-Dienst 1932 – 1939

Anhang 2

	1932	1933	1934	1935	1936	1937	1938	1939
Luxuszüge (L)	1156626	1053654	1049516	*	*	*	*	*
Fernschnellzüge mit besonderem Wagenpark (FD)	483055	497012	477277	*	*	*	*	*
sonstige Fernschnellzüge (FD)	4802964	4334253	3633737	*	*	*	*	*
Schlafwagen-Fernschnellzüge (FD, Dsl)	256227	229517	322019					
Fernschnelltriebwagen (FDt)		*	*	605420	1882298	2470937	3190422**	3226791
Summe	6698872	6114436	5482549	605420	1882298	2470937	3190422	3226791

* = nicht besonders statistisch ausgewiesen   ** = nur Altreich

Anhang 3

Zugkilometer der F, TEE und IC-Züge 1951 – 1980 (Regelzüge)

	1951	1953	1955	1958	1960	1963
Fernschnellzüge (F)	8753769	13609600	4921491	5290148	4538057	2971536
Leichte Fernschnellzüge (F)			10379227	8144610	6811100	6717254
Trans-Europ-Expreß-Züge (TEE)				1426145	1619422	1739885
Zusammen Zugkilometer	8753769	13609600	15300718	14860903	12968579	11428675

	1966	1969	1970	1971	1972	1976
Fernschnellzüge (F)	2391279	2084500				
Leichte Fernschnellzüge (F)	4460892	4990998	5053020			
Trans-Europ-Expreß-Züge (TEE)	3518586	4438517	5088210	5746039	5518949	6198601
Intercity-Züge (IC)				7447272	14104905	12483531
Zusammen Zugkilometer	10370757	11514015	10141230	13193311	19623854	18682132

	1978	1979	1980	
Trans Europ-Expreß-Züge (TEE)	5582363	4382479	3018171	
Intercity-Züge (IC)	14353378	28915910	37978992	
Zusammen Zugkilometer	19935741	33298389	40997163	

Anhang 4

Mittlere Achsenzahl der F, TEE und IC-Züge 1951 –1980 (Regelzüge)

	1951	1954	1958	1969	1970	1971	1976	1978	1979	1980
Fernschnellzüge (F)	25,5	25,2	35,8	44,4						
Leichte Fernschellzüge (F)		15,5	16,8	23,6	25,4					
Trans-Europ-Expreß-Züge (TEE)			27,1	29,8	29,9	29,7	26,3	31,0	29,3	23,8
Intercity-Züge (IC)						24,0	22,8	29,8	38,8	41,6
durchschnittliche Achsenzahl aller Züge	25,5	20,4	26,6	32,6	27,7	26,9	24,6	30,4	34,1	32,7
durchschnittliche Wagenzahl	6,4	5,1	6,7	8,2	6,9	6,7	6,2	7,6	8,5	8,2

Statistische Angaben der F-Züge nach Entfernungsstufen

Jahr	Laufweite der Züge	Zahl der Züge	Zahl der planm. Halte	Zugkilometer	planmäßige Fahrzeit + Aufenthalte	planmäßige reine Fahrzeit	Abstand der Halte	Reisegeschwindigkeit	Fahrgeschwindigkeit	Aufenthaltszeit je 100 Zugkilometer	Haltezeit je Unterwegshalt	Laufweite je Zug
	km			km	Min	Min	km	km/h	km/h	Min	Min	km
02.11.1960	1–399	2		108	111			58,4				54
	400–599	8		4028	3015			80,2				514
	600 u. mehr	10		8236	6585			75,0				824
	Summe 1960	20		12372	9711			76,4				619
11.11.1964	1–399	–		–	–			–				–
	400–599	7		3589	2626			82,0				513
	600 u. mehr	3		2686	1921			83,9				895
	Summe 1964	10		6275	4547			82,8				628
03.09.1969*	1–299	–	–	–	–	–	–	–	–	–	–	–
	300–399	2	7	673	419	390	96,1	96,4	103,5	4,3	5,8	366,5
	400–499	2	13	936	650	605	72,0	86,4	92,8	4,8	4,1	468,0
	500–599	5	41	2670	1839	1675	65,1	87,1	95,6	6,1	4,6	534,0
	600–699	1	11	641	460	394	58,3	83,6	97,6	10,3	6,6	641,0
	700 u. mehr	2	24	2061	1400	1257	85,9	88,3	98,4	6,9	6,5	1035,5
	Summe 1969	12	96	9681	4768	4321	72,7	87,8	96,9	6,4	5,3	581,8

* Ab 1968 andere Entfernungsstufen und erweiterte Angaben

Statistische Angaben der leichten F-Züge nach Entfernungsstufen

Anhang 6

Jahr	Laufweite der Züge	Zahl der Züge	Zahl der planm. Halte	Zugkilometer	planmäßige Fahrzeit + Aufenthalte	planmäßige reine Fahrzeit	Laufweite je Zug	Abstand der Halte	Reisegeschwindigkeit	Fahrgeschwindigkeit	Aufenthaltszeit je 100 Zugkilometer	Haltezeit je Zug
	km			km	Min	Min	km	km	km/h	km/h	Min	Min
02.11.1960	1–399	14		3297	2111		236		93,7			
	400–599	8		4448	2890		556		92,3			
	600 u. mehr	14		11239	7503		803		89,9			
	Summe 1960	36		18984	12504		527		91,1			
11.11.1964	1–399	10		2690	1728		269		93,4			
	400–599	7		3828	2492		547		92,2			
	600 u. mehr	16		12615	8151		788		92,9			
	Summe 1964	33		19133	12371		580		92,8			
18.09.1968*	1–299	2	8	350	209	197	175,0	43,8	100,5	106,6	3,4	2,0
	300–399	8	53	2767	1655	1567	345,9	52,2	100,3	105,9	3,2	2,0
	400–499	1	6	454	269	254	454,0	75,7	101,3	107,2	3,3	3,0
	500–599	3	31	1659	1034	968	553,0	53,5	96,3	102,8	4,0	2,4
	600–699	4	54	2655	1639	1532	663,8	49,2	97,2	104,0	4,0	2,1
	700 u. mehr	5	68	4478	2754	2614	895,6	65,9	97,6	102,8	3,1	2,2
	Summe 1968	23	220	12363	7650	7132	537,5	56,2	98,1	104,0	3,5	2,2
01.07.1970	1–299	4	9	660	345	336	165,0	50,8	114,8	117,9	1,4	1,0
	300–399	7	30	2399	1334	1276	342,7	70,6	107,9	112,8	2,4	1,9
	400–499	6	44	2726	1521	1454	454,3	59,3	107,5	112,5	2,5	1,5
	500–599	6	45	3163	1834	1754	527,2	62,0	103,5	108,2	2,5	1,8
	600–699	4	47	2632	1541	1444	658,0	52,6	102,5	109,4	3,7	2,1
	700 u. mehr	5	59	4398	2529	2392	879,6	69,8	104,3	110,3	3,1	2,3
	Summe 1970	32	234	15978	9104	8656	499,3	62,2	105,3	110,8	2,8	1,9

* = Ab 1968 andere Entfernungsstufen und erweiterte Angaben

Statistische Angaben der TEE-Züge*

Anhang 7

Jahr	Zahl der Züge	Zahl der planm. Halte	Zugkilometer	planmäßige Fahrzeit + Aufenthalte	planmäßige reine Fahrzeit	Laufweite je Zug	Abstand der Halte	Reisegeschwindigkeit	Fahrgeschwindigkeit	Aufenthaltszeit je 100 Zugkilometer	Haltezeit je Zug
			km	Min	Min	km	km	km/h	km/h	Min	Min
02.11.1960	12		4709	2992		392,0		94,1			
11.11.1964	12		4714	3024		393,0		93,5			
18.09.1968**	22	180	11117	6558	6208	505,3	61,8	101,7	107,4	3,1	2,2
01.07.1970	28	181	14239	8293	7807	508,5	69,1	103,0	109,4	3,4	2,7
27.10.1971	34	189	15214	8992	8406	447,5	69,2	101,5	108,6	3,9	3,1
23.10.1974	41	205	16217	9571	9024	395,5	66,5	101,7	107,8	3,4	2,7
20.10.1976	28	225	16870	9863	9251	602,5	66,9	102,6	109,4	3,6	2,7
18.10.1978	24	199	14738	8569	8050	614,1	67,6	103,2	109,8	3,5	2,6
15.10.1980	20	151	9137	5222	4996	456,9	53,4	105,0	109,7	2,5	1,5

* = Bei den TEE erfolgt in den Statistiken keine Trennung nach Entfernungsstufen ** = Ab dem Jahr 1968 erweiterte Angaben

Statistische Angaben der IC-Züge nach Entfernungsstufen

Jahr	Laufweite der Züge	Zahl der Züge	Zahl der planm. Halte	Zugkilometer	planmäßige Fahrzeit + Aufenthalte	planmäßige reine Fahrzeit	Laufweite je Zug	Abstand der Halte	Reisegeschwindigkeit	Fahrgeschwindigkeit	Aufenthaltszeit je 100 Zugkilometer	Haltezeit je Zug
	km			km	Min	Min	km	km	km/h	km/h	Min	Min
27.10.1971	1–299	5	12	1116	636	604	223,2	69,8	105,3	110,9	2,9	2,7
	300–399	10	46	3380	1825	1708	358,0	62,6	111,1	118,7	3,5	2,5
	400–499	10	55	4542	2550	2421	454,2	72,1	106,9	112,6	2,8	2,3
	500–599	4	38	2151	1197	1130	537,8	53,8	107,8	114,2	3,1	1,8
	600–699	5	32	3314	1827	1735	662,8	92,1	108,8	114,6	2,8	2,9
	700 u. mehr	35	385	30705	17033	15916	877,3	74,0	108,2	115,8	3,6	2,9
	Summe 1971	69	568	45208	25068	23514	655,2	72,4	108,2	115,4	3,4	2,7
23.10.1974	1–299	–	–	–	–	–	–	–	–	–	–	–
	300–399	10	45	3235	1797	1651	323,5	59,9	108,0	117,6	4,5	3,2
	400–499	13	95	5790	3434	3249	445,4	55,7	101,2	106,9	3,2	1,9
	500–599	3	30	1551	894	844	517,0	47,0	104,1	110,3	3,2	1,9
	600–699	3	27	1931	1153	1085	643,7	64,4	100,5	106,8	3,5	2,5
	700 u. mehr	33	335	28337	16412	15476	858,7	77,0	103,6	109,9	3,3	2,8
	Summe 1974	62	532	40884	23690	22305	658,8	69,3	103,4	109,9	3,4	2,6
20.10.1976	1–299	–	–	–	–	–	–	–	–	–	–	–
	300–399	7	31	2219	1218	1131	317,0	61,6	109,3	117,7	3,9	2,8
	400–499	10	83	4605	2638	2492	460,5	49,5	104,7	110,9	3,2	1,8
	500–599	4	39	2016	1190	1124	504,0	49,6	101,6	107,6	3,3	1,7
	600–699	2	20	1312	778	729	656,0	59,6	101,2	108,0	3,7	2,5
	700 u. mehr	31	302	20006	14976	14118	838,9	78,1	104,2	110,5	3,3	2,8
	Summe 1976	54	475	36158	20800	19594	669,6	68,6	104,3	110,7	3,3	2,5

Jahr	Laufweite der Züge	Zahl der Züge	Zahl der planm. Halte	Zugkilometer	planmäßige Fahrzeit + Aufenthalte	planmäßige reine Fahrzeit	Laufweite je Zug	Abstand der Halte	Reisegeschwindigkeit	Fahrgeschwindigkeit	Aufenthaltszeit je 100 Zugkilometer	Haltezeit je Zug
	km			km	Min	Min	km	km	km/h	km/h	Min	Min
18.10.1978	1–299	1	1	6	11	10	6,0	6,0	32,7	36,0	16,7	1,0
	300–399	10	48	3304	1837	1710	330,4	58,0	107,9	115,9	3,8	2,6
	400–499	15	120	6903	4000	3733	460,2	53,5	103,5	111,0	3,9	2,2
	500–599	4	40	2127	1231	1143	531,8	49,5	103,7	111,7	4,1	2,2
	600–699	3	33	1998	1209	1114	666,0	55,5	99,2	107,6	4,8	2,9
	700 u. mehr	42	443	35771	20755	19454	851,7	74,5	103,4	110,3	3,6	2,9
	Summe 1978	75	685	50109	29043	27164	668,1	67,2	103,5	110,7	3,7	2,7
10.10.1979												
a) IC-Stammnetz	1–299	11	33	2280	1336	1264	207,3	55,6	102,4	108,2	3,2	2,2
	300–399	17	71	5607	3187	2956	329,8	66,8	105,6	113,8	4,1	3,3
	400–499	16	97	7185	4201	3911	449,1	67,8	102,6	110,2	4,0	3,0
	500–599	3	30	1553	924	833	517,7	47,1	100,8	111,9	5,9	3,0
	600–699	12	92	7626	4511	4207	635,5	76,3	101,4	108,8	4,0	3,3
	700 u. mehr	88	1012	78042	46042	42590	886,8	71,7	101,7	109,9	4,4	3,4
	Summe	147	1335	102293	60201	55761	695,9	70,4	102,0	110,1	4,3	3,3
b) IC-An- und Auslaufstrecken	1– 99	15	30	1046	756	618	69,7	29,1	83,0	101,6	13,2	4,6
	100–199	15	56	1852	1486	1218	123,5	28,9	74,8	91,2	14,5	4,8
	200–299	6	20	1324	867	760	220,7	57,6	91,6	104,5	8,1	5,4
	Summe	36	106	4222	3109	2596	117,3	34,3	81,5	97,6	12,2	4,8

Jahr	Laufweite der Züge	Zahl der Züge	Zahl der planm. Halte	Zugkilometer	planmäßige Fahrzeit + Aufenthalte	planmäßige reine Fahrzeit	Laufweite je Zug	Abstand der Halte	Reisegeschwindigkeit	Fahrgeschwindigkeit	Aufenthaltszeit je 100 Zugkilometer	Haltezeit je Zug
	km			km	Min	Min	km	km	km/h	km/h	Min	Min
15.10.1980												
a) IC-Stammnetz	1–299	15	20	1807	1121	1052	120,5	62,3	96,7	103,1	3,8	3,5
	300–399	15	66	4927	2812	2591	328,5	64,8	105,1	114,1	4,5	3,3
	400–499	18	106	8089	4769	4431	449,4	69,7	101,8	109,5	4,2	3,2
	500–599	4	39	2076	1247	1119	519,0	48,3	99,9	111,3	6,2	3,3
	600–699	12	96	7690	4525	4236	640,8	73,9	102,0	108,9	3,8	3,0
	700 u. mehr	90	1050	79508	46949	43409	883,4	70,4	101,6	109,9	4,5	3,4
	Summe	154	1377	104097	61423	56838	676,0	69,5	101,7	109,9	4,4	3,3
b) IC-An- und Auslaufstrecken	1– 99	18	41	1205	906	744	66,9	23,6	79,8	97,2	13,4	4,0
	100–199	18	67	2290	1903	1532	127,2	30,1	72,2	89,7	16,2	5,5
	200–299	7	23	1515	1003	911	216,4	56,1	90,6	99,8	6,1	4,0
	Summe	43	131	5010	3812	3187	116,5	32,5	78,9	94,3	12,5	4,8

Statistische Angaben der Fernschnellzüge nach Traktionsarten*

Jahr	Traktionsart	Zahl der		Zugkilometer	planmäßige		Laufweite je Zug	Abstand der Halte	Reisegeschwindigkeit	Fahrgeschwindigkeit	Aufenthaltszeit je 100 Zugkilometer	Haltezeit je Zug
		Züge	planm. Halte		Fahrzeit + Aufenthalte	reine Fahrzeit						
				km	Min	Min	km	km	km/h	km/h	Min	Min
18.09.1968	Dampflok	2	6	627	499	465	313,5	104,5	75,4	80,9	5,4	8,5
	Ellok	10	81	5730	3986	3605	573,0	70,7	86,3	95,4	6,6	5,4
	Brennkraftlok	3	9	461	380	351	153,7	51,2	72,8	78,8	6,3	4,8
	zusammen 1968	.	96	6818	4865	4421	.	71,0	84,1	92,5	6,5	.
03.09.1969	Ellok	12	84	6370	4274	3857	530,3	75,8	89,6	99,1	6,5	5,8
	Brennkraftlok	3	12	611	494	464	203,7	50,9	74,2	79,0	4,9	3,3
	zusammen 1969	.	96	6981	4768	4321	.	72,7	87,8	96,9	6,4	.

* Diese Statistik wird erst seit 1968 geführt

Statistische Angaben der leichten Fernschnellzüge nach Traktionsarten*

Anhang 10

Jahr	Traktionsart	Zahl der Züge	Zahl der planm. Halte	Zugkilometer	planmäßige Fahrzeit + Aufenthalte	planmäßige reine Fahrzeit	Laufweite je Zug	Abstand der Halte	Reisegeschwindigkeit	Fahrgeschwindigkeit	Aufenthaltszeit je 100 Zugkilometer	Haltezeit je Zug
				km	Min	Min	km	km	km/h	km/h	Min	Min
18.09.1968	Ellok	21	158	8284	5062	4769	394,5	52,4	98,2	104,2	3,5	2,1
	Brennkraftlok	11	41	2577	1583	1488	243,3	69,9	97,7	103,9	3,7	3,2
	übrige Traktionsarten	2	21	1502	915	875	751,0	71,5	98,5	103,0	2,7	2,1
	Summe 1968	.	220	12363	7560	7132	.	56,2	98,1	104,0	3,5	.
01.07.1970	Ellok	26	215	12962	7428	7015	498,5	55,6	104,7	110,9	3,2	1,9
	übrige Traktionsarten	6	19	3016	1676	1641	502,7	125,7	108,0	110,3	1,2	1,8
	Summe 1970	.	234	15978	9104	8656	.	62,2	105,3	110,8	2,8	.

* Diese Statistik wird erst seit 1968 geführt

Statistische Angaben der TEE-Züge nach Traktionsarten*

Jahr	Traktionsart	Zahl der Züge	Zahl der planm. Halte	Zugkilometer	planmäßige Fahrzeit + Aufenthalte	planmäßige reine Fahrzeit	Laufweite je Zug	Abstand der Halte	Reisegeschwindigkeit	Fahrgeschwindigkeit	Aufenthaltszeit je 100 Zugkilometer	Haltezeit je Zug
				km	Min.	Min.	km	km	km/h	km/h	Min.	Min.
18.09.1968	Ellok	12	120	8458	4909	4639	704,8	70,5	103,4	100,4	3,2	2,5
	Brennkrafttriebwagen	10	60	2659	1649	1569	265,9	44,3	96,7	101,7	3,0	1,6
	Summe 1968	.	180	11117	6558	6208	.	61,8	101,7	107,4	3,1	.
01.07.1970	Ellok	20	160	12231	7135	6684	611,6	69,1	102,9	109,8	3,7	2,8
	Brennkrafttriebwagen	8	21	2008	1158	1123	251,0	69,2	104,0	107,3	1,7	1,7
	Summe 1970	.	181	14239	8239	7807	.	69,1	103,0	109,4	3,4	2,7
21.10.1971	Ellok	24	160	13249	7490	7015	552,0	73,2	106,1	113,3	3,6	3,0
	Brennkraftlok	9	29	1767	1392	1281	196,3	47,8	76,2	82,8	6,3	3,8
	Brennkrafttriebwagen	2	–	198	110	110	99,0	99,0	108,0	108,0	0,0	–
	Summe 1971	.	189	15214	8992	8406	.	69,2	101,5	108,6	3,9	.
23.10.1974	Ellok	31	201	15371	8957	8414	495,8	67,1	103,0	109,6	3,5	2,7
	Brennkraftlok	12	4	846	614	610	70,5	56,4	82,7	83,2	0,5	1,0
	Summe 1974	.	205	16217	9571	9024	.	66,5	101,7	107,8	3,4	2,7
20.10.1976	Ellok	26	220	16128	9377	8791	620,3	66,1	103,2	110,1	3,6	2,7
	Brennkraftlok	4	5	742	486	460	185,5	92,8	91,6	96,8	3,5	5,2
	Summe 1976	.	225	16870	9863	9251	.	66,9	102,6	109,4	3,6	2,7
18.10.1978	Ellok	24	199	14738	8569	8050	614,1	67,6	103,2	109,8	3,5	2,6
	Summe 1978	.	199	14738	8569	8050	.	67,6	103,2	109,8	3,5	2,6
15.10.1980	Ellok	20	151	9137	5222	4996	456,9	53,4	105,0	109,7	2,5	1,5
	Summe 1980	.	151	9137	5222	4996	.	53,4	105,0	109,7	2,5	1,5

* Diese Statistik wird erst seit 1968 geführt

Statistische Angaben der IC-Züge nach Traktionsarten

Jahr	Traktionsart	Zahl der Züge	Zahl der planm. Halte	Zugkilometer	planmäßige Fahrzeit + Aufenthalte	planmäßige reine Fahrzeit	Laufweite je Zug	Abstand der Halte	Reisegeschwindigkeit	Fahrgeschwindigkeit	Aufenthaltszeit je 100 Zugkilometer	Haltezeit je Zug
				km	Min	Min	km	km	km/h	km/h	Min	Min
27.10.1971	Ellok	61	536	41 348	22 867	21 382	677,8	70,8	108,5	116,0	3,6	2,8
	Brennkrafttriebwagen	8	32	3 860	2 201	2 132	482,5	96,5	105,2	108,6	1,8	2,2
	Summe 1971	.	568	45 208	25 068	23 514	.	72,4	108,2	115,4	3,4	2,7
23.10.1974	Ellok	48	457	32 566	18 906	17 752	678,3	65,1	103,3	110,0	3,5	2,5
	elektr. Triebwagen	4	25	3 119	1 779	1 669	779,8	107,6	105,2	112,1	3,5	4,4
	Brennkrafttriebwagen	10	50	5 169	3 005	2 884	516,9	86,2	103,2	107,5	2,3	2,4
	Summe 1974	.	532	40 844	23 690	22 305	.	69,3	103,4	109,9	3,4	2,6
20.10.1976	Ellok	43	394	30 040	17 329	16 308	698,6	69,1	104,0	110,5	3,4	2,6
	elektr. Triebwagen	3	20	2 350	1 323	1 242	783,3	102,2	106,3	113,5	3,4	4,1
	Brennkrafttriebwagen	8	61	3 768	2 148	2 044	471,0	54,6	105,3	110,6	2,8	1,7
	Summe 1976	.	475	36 158	20 800	19 594	.	68,6	104,3	110,7	3,3	2,5
18.10.1978	Ellok	70	648	46 688	27 023	25 262	667,0	66,5	103,7	110,9	3,8	2,7
	elektr. Triebwagen	2	13	1 560	880	821	780,0	104,0	106,4	114,0	3,8	4,5
	Brennkrafttriebwagen	3	20	1 452	870	839	484,0	63,1	100,1	103,8	2,1	1,6
	Brennkraftlok	3	4	409	270	242	136,3	68,2	90,9	101,4	6,8	7,0
	Summe 1978	.	685	50 109	29 643	27 164	.	67,2	103,5	110,7	3,7	2,7
10.10.1979 a) IC-Stammnetz	Ellok	147	1 335	102 293	60 201	55 761	695,9	70,4	102,0	110,1	4,3	3,3
	Summe a) 1979	147	1 335	102 293	60 201	55 761	695,9	70,4	102,0	110,1	4,3	3,3
b) IC-Züge; An- und Auslaufstrecken	Ellok	30	88	3 176	2 378	1 999	105,9	31,4	80,1	95,3	11,9	4,3
	Brennkraftlok	7	18	1 046	731	597	149,4	47,5	85,9	105,1	12,8	7,4
	Summe b) 1979	.	106	4 222	3 109	2 596	.	34,3	81,5	97,6	12,2	4,8

Jahr	Traktionsart	Zahl der Züge	Zahl der planm. Halte	Zugkilometer	planmäßige Fahrzeit + Aufenthalte	planmäßige reine Fahrzeit	Laufweite je Zug	Abstand der Halte	Reisegeschwindigkeit	Fahrgeschwindigkeit	Aufenthaltszeit je 100 Zugkilometer	Haltezeit je Zug
				km	Min	Min	km	km	km/h	km/h	Min	Min
15.10.1980												
a) IC-Stammnetz	Ellok	151	1377	104094	61415	56830	689,4	69,5	101,7	109,9	4,4	3,3
	Brennkraftlok	1	–	3	8	8	3,0	3,0	22,5	22,5	0,0	0,0
	Summe a) 1980	.	1377	104097	61423	56838	.	69,5	101,7	109,9	4,4	3,3
b) IC-Züge; An- und Auslaufstrecken	Ellok	36	111	3812	2951	2497	105,9	29,3	77,5	91,6	11,9	4,1
	Brennkraftlok	8	20	1198	861	690	149,8	49,4	83,5	104,2	14,3	8,6
	Summe b) 1980	.	131	5010	3812	3187	.	32,5	78,9	94,3	12,5	4,8

Vergleichende Zusammenstellung der Ergebnisse der Zugstatistik der DR 1947 – 1958

Jahr	Tägliche Zugkilometer	Mittlere Reisegeschwindigkeit in km/h	Spannungsverhältnis	Mittlere Haltestellenentfernung in km
1947	FD: 352,2	33,7		88,1
1948	FD: 356,8	42,6		89,2
1949		Fehlanzeige		
1950	FDt: 462,4	100,9	2,08	154,1
	FD: 356,8	62,1	1,28	89,2
	zus: 819,2	79,3	1,64	117,0
1951	FDt: 920,6	79,8	1,62	102,3
	FD: 356,8	60,6	1,23	89,2
	zus: 1277,4	73,3	1,48	98,3
1952	FDt: 920,6	79,2	1,57	102,3
	FD: 356,8	53,8	1,06	89,2
	zus: 1277,4	70,0	1,38	98,3
1953	FDt: 920,6	72,4	1,57	115,1
	FD: 356,8	52,7	1,14	89,2
	zus: 1277,4	65,6	1,42	106,5
1954	FDt: 920,6	72,3	1,51	92,1
1955	FDt: 2356,8	71,5	1,46	102,5
1956	FDt: 2328,0	70,3	1,39	110,9
1957	FDt: 920,6	77,7	1,55	115,1
	FD: 572,4	66,7	1,33	114,5
	zus: 1493,0	73,1	1,46	114,8
1958	FDt: 920,6	78,3	1,59	115,1
	FD: 286,2	63,8	1,30	143,1
	zus: 1206,8	74,3	1,51	120,7

Vergleichende Zusammenstellung der Ergebnisse der Zugstatistik der DR 1959 – 1973

Jahr	Tägliche Zugkilometer	Mittlere Reisegeschwindigkeit in km/h	Mittlere Haltestellenentfernung in km
1959	Ext: 2369,4	68,2	98,7
	Ex: 916,4	52,6	83,3
	zus: 3285,8	63,0	93,9
1960	Ext: 3390,2	67,7	113,0
	Ex: 916,4	48,0	114,6
	zus: 4306,6	62,2	113,3
1961	Ext: 2113,4	77,1	124,3
	Ex: 458,2	59,4	114,6
	zus: 2571,6	73,2	122,5
1962	Ext: 1651,0	75,3	82,6
	Ex: 920,6	63,4	153,4
	zus: 2571,6	70,6	98,9
1963	Ext: 1571,3	70,6	78,6
	Ex: 920,6	57,8	115,1
	zus: 2491,9	65,3	89,0
1964	Ext: 1417,2	74,5	88,6
	Ex: 458,2	55,0	
	zus: 1875,4	68,6	
1965	Ext: 1417,2	70,1	94,5
	Ex: 458,2	47,6	57,3
	zus: 1875,4	62,8	81,5
1966	Ext: 1417,2	73,3	101,2
	Ex: 458,2	53,7	75,1
	zus: 1875,4	67,3	89,3
1967	Ext: 1417,2	74,0	88,6
1968	Ext: 1990,2	77,2	110,6
1969	Ext: 2697,0	78,2	103,7
1970	Ext: 3421,4	83,4	100,6
1971	Ext. 2838,0	81,9	88,7
	Ex: 587,0	79,7	293,5
	zus: 3425,0	81,5	100,7
1972	Ext: 3180,8	81,7	88,4
	Ex: 587,0	78,3	293,5
	zus: 3767,8	81,1	99,2
1973	Ext: 3180,8	82,7	88,4
	Ex: 587,0	74,8	293,5
	zus: 3767,8	81,3	99,2

* = Angaben konnten nicht ermittelt werden

Vergleichende Zusammenstellung der Ergebnisse der Zugstatistik der DR 1974 – 1982

Jahr	Tägliche Zugkilometer		Mittlere Reisegeschwindigkeit in km/h	Mittlere Haltestellenentfernung in km
1974	Ext:	2235,8	81,3	86,0
	Ex:	1990,2	82,6	110,6
	SSV:	3605,2	81,1	78,6
	zus:	7831,2	81,5	87,0
1975	Ext:	2228,7	83,9	85,7
	Ex:	1990,2	81,0	86,5
	SSV:	3624,8	79,1	78,8
	zus:	7843,7	80,9	82,6
1976	Ext:	2235,8	82,2	86,0
	Ex:	1990,2	81,3	90,5
	SSV:	3819,9	82,4	79,6
	zus:	8045,9	82,1	83,8
1977	Ext:	1862,2	77,6	84,6
	Ex:	5448,4	83,2	93,9
	SSV:	3652,8	82,4	77,7
	zus:	10963,4	81,9	86,3
1978	Ext:	1507,8	71,3	83,8
	Ex:	5799,8	79,6	86,6
	SSV:	2779,0	77,5	67,8
	zus:	10086,6	77,7	83,4
1979	Ext:	1049,6	70,5	87,5
	Ex:	3809,6	79,2	90,7
	SSV:	2797,8	77,6	68,2
	zus:	7657,0	77,3	80,6
1980	Ext:	1059,0	68,0	75,6
	Ex:	3809,6	79,2	86,6
	SSV:	2797,8	76,3	60,8
	zus:	7666,4	76,4	73,7
1981	Ext:	1059,0	68,5	75,6
	Ex:	3809,6	75,6	79,4
	SSV:	2797,4	74,5	59,5
	zus:	7666,0	74,1	70,3
1982	Ex:	3849,3	73,5	80,2
	SSV:	2788,0	71,0	59,3
	zus:	6637,3	72,4	69,9

Vergleichende Zusammenstellung der Ergebnisse der Zugstatistik der DB 1949 – 1971

Anmerkung:
Berücksichtigt sind alle Schnellzüge (D, FD, FFD, FDt, Dt, F, FT, TEE und IC), die im jeweiligen Sommerabschnitt ohne saisonale Einschränkungen mindestens fünfmal wöchentlich verkehrten. Bei den L-Zügen wurde die Berechnung unabhängig von der Verkehrdauer und -häufigkeit vorgenommen. Die Ergebnisse der Jahre 1914 – 1939 beziehen sich auf den Bereich des jeweiligen Reichsgebietes, die ab 1949 auf den Bereich der Deutschen Bundesbahn.

Jahr	Tägliche Zugkilometer in km	Mittlere Reisegeschwindigkeit in km/h	Mittlere Haltestellenentfernung in km	Betriebsdichte Zug km/km²
1914	218987	59,3	32,0	0,40
1926	146159	54,3	32,3	0,31
1929	180380	58,5	·+)	0,39
1935	175775	66,1	·+)	0,37
1937	198874	67,4	36,3	0,42
1939	298736	65,4	37,6	0,52
1949	83362	52,1	29,1	0,34
1950	103256	53,2	28,1	0,42
1951	105894	57,5	31,2	0,43
1952	118274	59,9	33,0	0,48
1953	127620	62,5	36,2	0,52
1954	173866	62,9	32,3	0,71
1955	172070	65,6	35,6	0,70
1956	173198	65,5	36,2	0,71
1957	183713	65,8	37,2	0,75
1958	185717	67,5	37,8	0,76
1959	178513	70,5	38,1	0,72
1960	186672	71,9	39,0	0,75
1961	187193	72,7	39,3	0,75
1962	187480	73,9	39,1	0,76
1963	205801	76,3	40,3	0,83
1964	206216	76,7	40,4	0,83
1965	205477	78,4	40,7	0,83
1966	204933	79,6	41,1	0,83
1967	206191	80,6	41,2	0,83
1968	206506	82,6	41,5	0,83
1969	218242	85,5	43,7	0,88
1970	219393	85,6	44,5	0,88
1971	230758	86,8	44,9	0,93

·+) = Angaben sind nicht erhoben!

Anhang 15

Bespannungsverzeichnis der Züge des Schnellverkehrs

a) **ab 8.10.1950**

Zug-Nr.	Laufweg	Bw	Baureihe	km
FD 5	Straßburg – Karlsruhe	Offenburg	03	
	Karlsruhe – Stuttgart	Karlsruhe Hbf	39	
	Stuttgart – München	München Hbf	E 18	242
	München – Salzburg	Freilassing	E 16	
FD 6	Salzburg – München	Freilassing	E 16	
	München – Stuttgart	Stuttgart	E 18	242
	Stuttgart Karlsruhe	Stuttgart	39	
	Karlsruhe – Straßburg	Offenburg	03	
FD 17	Köln – Osnabrück	Osnabrück Hbf	03	224
	Osnabrück – Hmb-Altona	Osnabrück Hbf	03	244
FD 18	Hmb-Altona – Köln	Osnabrück Hbf	03	468
L 11	Aachen – Hmb-Altona	Osnabrück Hbf	01 oder 03	522
	Hmb-Altona – Flensburg	Hmb-Altona	03	
L 12	Flensburg – Hmb-Altona	Hmb-Altona	03	
	Hmb-Altona – Aachen	Osnabrück Hbf	01 oder 03	522
FDT 19	Frankfurt – Hmb-Altona	Ffm-Griesheim (ab Dortmund Personal Hmb-Altona)	SVT 06	703
FDT 20	Hmb-Altona – Frankfurt	Ffm-Griesheim (bis Dortmund Personal Hmb-Altona)	SVT 06	703
DT 41	Frankfurt – Dortmund	Dortmund Bbf	VT 33.2	342
DT 42	Dortmund – Frankfurt	Dortmund Bbf	VT 33.2	342
DT 43	Frankfurt – Dortmund	Dortmund Bbf	VT 33.2	342
DT 44	Dortmund – Frankfurt	Dortmund Bbf	VT 33.2	342
DT 49	Frankfurt – Dortmund	Dortmund Bbf	VT 33.2	342
DT 50	Dortmund – Frankfurt	Dortmund Bbf	VT 33.2	342
FD 51	Passau – Regensburg	Regensburg	18.5	
	Regensburg – Nürnberg	Nürnberg Hbf	E 18	
	Nürnberg – Frankfurt	Nürnberg Hbf	01	240
	Frankfurt – Wiesbaden	Wiesbaden	38.10	
	Wiesbaden – Köln	Wiesbaden	01	
	Köln – Aachen	Köln Bbf	03	
FD 52	Aachen – Wiesbaden	Köln Bbf	03	256
	Wiesbaden – Frankfurt	Darmstadt	18.5	
	Frankfurt – Nürnberg	Nürnberg Hbf	01	240
	Nürnberg – Regensburg	Nürnberg Hbf	E 18	
	Regensburg – Passau	Regensburg	18.5	
FDT 65	Hmb-Altona – Berlin Stadtbahn	Bln-Karlshorst	SVT DR	
FDT 66	Berlin Stadtbahn – Hmb-Altona	Bln-Karlshorst	SVT DR	
FDT 71	Frankfurt – Hmb-Altona	Ffm-Griesheim (ab Göttingen Personal Hmb-Altona)	SVT 06	540

Zug-Nr.	Laufweg	Bw	Baureihe	km
FDT 72	Hmb-Altona – Frankfurt	Ffm-Griesheim (bis Göttingen Personal Hmb-Altona)	SVT 06	540
FDT 77	Basel SBB – Frankfurt	Ffm-Griesheim	SVT 06	338
FDT 78	Frankfurt – Basel SBB	Ffm-Griesheim	SVT 06	338
FD 105	Stuttgart – Nürnberg	Nürnberg Hbf	01	204
	Nürnberg – Schirnding	Hof	01	
FD 106	Schirnding – Nürnberg	Hof	01	
	Nürnberg – Stuttgart	Stuttgart	39	
FD 107	München – Stuttgart	Treuchtlingen	E 18	242
	Stuttgart – Heidelberg	Stuttgart	39	
	Heidelberg – Ludwigshafen	Mannheim Hbf	38.10	
	Ludwigshafen – Emmerich	Deutzerfeld	01	384
	Emmerich – Zevenaar	Wesel	38.10	
FD 108	Zevenaar – Emmerich	Wesel	38.10	
	Emmerich – Köln	Hamm	01	
	Köln – Ludwigshafen	Ludwigshafen	03	254
	Ludwigshafen – Heidelberg	Heidelberg	50	
	Heidelberg – Stuttgart	Stuttgart	39	
	Stuttgart – München	Treuchtlingen	E 18	242
FD 111	Köln – Hamm	Köln Bbf	03	
	Hamm – Braunschweig	Hannover	01	238
	Braunschweig – Helmstedt	Braunschweig Hbf	41	
FD 112	Helmstedt – Braunschweig	Braunschweig Hbf	01	
	Braunschweig – Hamm	Braunschweig Hbf	01	238
	Hamm – Köln	Hagen Eck	01.10	
FD 163	Basel SBB – Ludwigshafen	Offenburg	03	272
	Ludwigshafen – Köln	Ludwigshafen	03	254
	Köln – Kaldenkirchen	MGladbach	41	
FD 164	Venlo – Köln	MGladbach	41	
	Köln – Ludwigshafen	Deutzerfeld	01	252
	Ludwigshafen – Basel SBB	Offenburg	03	272
FD 191	Oldenzaal – Osnabrück	Rheine	03	
	Osnabrück – Hmb-Altona	Osnabrück Hbf	01 oder 03	244
	Hmb-Altona – Flensburg	Hmb-Altona	03	
FD 192	Flensburg – Hmb-Altona	Hmb-Altona	03	
	Hmb-Altona – Osnabrück	Osnabrück Hbf	03 oder 01	244
	Osnabrück – Oldenzaal	Rheine	03	
FD 251	Köln-Kaldenkirchen	MGladbach	41	
	Kaldenkirchen – Venlo	MGladbach	38.10	
FD 252	Kaldenkirchen – Köln	MGladbach	41	
FD 263	München – Frankfurt	Würzburg	01	414
	Frankfurt – Dortmund	Deutzerfeld	03	342
FD 264	Dortmund – Frankfurt	Deutzerfeld	03	342
	Frankfurt – Würzburg	Würzburg	01	
	Würzburg – München	Treuchtlingen	01	277
FD 275	Basel Bad Bf – Heidelberg	Offenburg	03	250
	Heidelberg – Frankfurt	Darmstadt	18.5	
	Frankfurt – Hannover	Bebra	01	352
	Hannover – Hmb-Altona	Hmb-Altona	03	
	Hmb-Altona – Flensburg	Hmb-Altona	03	

Zug-Nr.	Laufweg	Bw	Baureihe	km
FD 276	Flensburg – Hannover	Hmb-Altona	03	360
	Hannover – Frankfurt	Bebra	01	352
	Frankfurt – Heidelberg	Frankfurt 1	01	
	Heidelberg – Basel Bad Bf	Offenburg	03	250
FD 285	Basel Bad Bf – Heidelberg	Offenburg	03	250
	Heidelberg – Frankfurt	Darmstadt	18.5	
	Frankfurt – Kassel	Kassel-Dreieck	01	200
	Kassel – Hannover	Hannover Hbf	01	
FD 286	Hannover – Kassel	Kassel-Dreieck	01	
	Kassel – Frankfurt	Kassel-Dreieck	01	200
	Frankfurt – Heidelberg	Darmstadt	18.5	
	Heidelberg – Basel Bad Bf	Offenburg	03	250
FD 289	München – Treuchtlingen	Augsburg	E 17	
	Treuchtlingen – Würzburg	Treuchtlingen	01	
	Würzburg – Hannover	Bebra	01	356
	Hannover – Hmb-Altona	Hmb-Altona	03	
FD 290	Hmb-Altona – Hannover	Hannover Hbf	03	
	Hannover – Würzburg	Bebra	01	356
	Würzburg – Treuchtlingen	Treuchtlingen	01	
	Treuchtlingen – München	Augsburg	E 17	
DTUS 716	München – Berchtesgaden	München Hbf	ET 11	
DTUS 808	Berchtesgaden – München	München Hbf	ET 11	
	b) **ab 22. Mai 1955**			
F 1	Köln – Hamm	Deutzerfeld	03	
	Hamm – Hmb-Altona	Hamm	05	330
	Hmb-Altona – Kiel	Hmb-Altona	03	
F 2	Kiel – Hmb-Altona	Neumünster	38.10	
	Hmb-Altona – Köln	Hamm	05	478
F 3	Stuttgart – Heidelberg	Stuttgart Hbf	E 18	
	Heidelberg – Frankfurt	Darmstadt	18.5	
	Frankfurt – Hmb-Altona	Dortmund Bbf	03.10	702
F 4	Hmb-Altona – Frankfurt	Dortmund Bbf	03.10	702
	Frankfurt – Heidelberg	Darmstadt	18.5	
	Heidelberg – Stuttgart	Stuttgart Hbf	E 18	
F 5	Kehl – Mühlacker	Karlsruhe Hbf	39	
	Mühlacker – Stuttgart	Stuttgart Hbf	E 17	
	Stuttgart – München	München Hbf	E 18	242
	München – Salzburg	Freilassing	E 16	
F 6	Salzburg – München	Freilassing	E 16	
	München – Stuttgart	München Hbf	E 18	242
	Stuttgart – Mühlacker	Stuttgart Hbf	E 17	
	Mühlacker – Kehl	Karlsruhe Hbf	39	
FT 7	Basel SBB – Dortmund	Bww Dortmund Bbf (Basel – Mannheim Personal Ffm-Griesheim)	SVT 06/07	642
FT 8	Dortmund – Basel SBB	Bww Dortmund Bbf (Mannheim – Basel Personal Ffm-Griesheim)	SVT 06/07	642

Zug-Nr.	Laufweg	Bw	Baureihe	km
F 9	Basel Bad Bf – Mannheim	Offenburg	01	256
	Mannheim – Köln	Köln Bbf [1]) = (Loklauf Mannheim – Köln (F 21) – Dortmund)	01	374[1])
	Köln – Venlo	MGladbach	23	
F 10	Venlo – Köln	MGladbach	23	
	Köln – Mannheim	Ludwigshafen	03.10	259
	Mannheim – Basel Bad Bf	Offenburg	01	256
F 11	Aachen – Hamburg Hbf	Osnabrück Hbf	01.10	524
	Hamburg Hbf – Flensburg	Hmb-Altona	03.10	
	Flensburg – Padborg	Flensburg	50	
F 12	Padborg – Flensburg	Flensburg	50	
	Flensburg – Hamburg Hbf	Hmb-Altona	03.10	
	Hamburg Hbf – Aachen	Osnabrück Hbf	01.10	524
F 13	Köln – Hannover	Hamm	05	296
F 14	Hannover – Köln	Hamm	05	296
F 15	Köln – Hannover	Hagen-Eck	01.10	325
F 16	Hannover – Köln	Hamm	05	309
F 17	Bonn – Hannover	Hannover Hbf	03	332
F 18	Hannover – Bonn	Hannover Hbf	03	332
F 19	Passau – Regensburg	Regensburg	18.5, 18.6	
	Regensburg – Würzburg	Regensburg	E 18	203
	Würzburg – Frankfurt	Würzburg	01	
	Frankfurt – Essen	Dortmund Bbf	03.10	308
F 20	Essen – Frankfurt	Dortmund Bbf	03.10	303
	Frankfurt – Würzburg	Würzburg	01	
	Würzburg – Regensburg	Nürnberg Hbf	E 10.0	203
	Regensburg – Passau	Regensburg	18.5, 18,6	
F 21	Kufstein – München	Freilassing	E 16	
	München – Frankfurt	Würzburg	01	414
	Frankfurt – Köln	Ffm-Griesheim	V 200	223
	Köln – Dortmund	Köln Bbf [1]) = Durchlauf Mannheim – Dortmund von F 9	01	374[1])
F 22	Dortmund – Köln	Koblenz-Mosel	01	
	Köln – Frankfurt	Köln Bbf	03	223
	Frankfurt – Würzburg	Würzburg	01	
	Würzburg – München	Würzburg	01	277
	München – Kufstein	Freilassing	E 16	
F 23	Stuttgart – Heidelberg	Stuttgart Hbf	E 18	
	Heidelberg – Ludwigshafen	Heidelberg	39	
	Ludwigshafen – Dortmund	Dortmund Bbf	03.10	370
F 24	Dortmund – Ludwigshafen	Dortmund Bbf	03.10	370
	Ludwigshafen – Heidelberg	Heidelberg	39	
	Heidelberg – Stuttgart	Stuttgart Hbf	E 18	
FT 27	München – Dortmund	Bww Dortmund Bbf (München – Stuttgart Personal Stuttgart)	SVT 06/07	746

Zug-Nr.	Laufweg	Bw	Baureihe	km
FT 28	Dortmund – München	Bww Dortmund Bbf (Stuttgart – München Personal Stuttgart)	SVT 06/07	746
FT 29	München – Frankfurt	Bww Dortmund Bbf (Personal Stuttgart)	SVT 06/07	442
FT 30	Frankfurt – München	Bww Dortmund Bbf (Personal Stuttgart)	SVT 06/07	442
FT 31	Frankfurt – Dortmund	Ffm-Griesheim	VT 08	340
FT 32	Dortmund – Frankfurt	Ffm-Griesheim	VT 08	340
F 33	München – Treuchtlingen	Augsburg	E 17	
	Treuchtlingen – Frankfurt	Treuchtlingen	01	277
	Frankfurt – Dortmund	Deutzerfeld	03	326
	Dortmund – Hmb-Altona	Hmb-Altona	03.10	361
	Hmb-Altona – Kiel	Hmb-Altona	03	
F 34	Kiel – Hmb-Altona	Hmb-Altona	03	
	Hmb-Altona – Frankfurt	Ffm-Griesheim	V 200	687
	Frankfurt – Treuchtlingen	Treuchtlingen	01	277
	Treuchtlingen – München	Augsburg	E 17	
FT 37	Nürnberg – Dortmund	Bww Dortmund Bbf (Nürnberg – Frankfurt Personal Ffm-Griesheim)	SVT 06/07	577
FT 38	Dortmund — Nürnberg	Bww Dortmund Bbf (Frankfurt – Nürnberg Personal Ffm-Griesheim)	SVT 06/07	577
F 39	Kehl – Stuttgart	Karlsruhe Hbf	39	
	Stuttgart – München	München Hbf	E 18	242
	München – Salzburg	Rosenheim	E 16	
F 40	Salzburg – München	Rosenheim	E 16	
	München – Stuttgart	München Hbf	E 18	242
	Stuttgart – Mühlacker	Stuttgart Hbf	E 17	
	Mühlacker – Kehl	Karlsruhe Hbf	39	
FT 41	Frankfurt – Hmb-Altona	Ffm-Griesheim (Hannover – Altona Personal Altona)	VT 10 501	548
FT 42	Hmb-Altona – Frankfurt	Ffm-Griesheim (Altona – Hannover Personal Altona)	VT 10 501	548
FT 43	Basel SBB – Bremen	Ffm-Griesheim	VT 08	815
FT 44	Bremen – Basel SBB	Ffm-Griesheim	VT 08	815
FT 45	Basel SBB – Frankfurt	Ffm-Griesheim	VT 08	342
FT 46	Frankfurt – Basel SBB	Ffm-Griesheim	VT 08	342
FT 49	Zürich – Hmb-Altona	Hmb-Altona (Zürich – Frankfurt Personal Ffm-Griesheim)	VT 10 551	1016
FT 50	Hmb-Altona – Zürich	Hmb-Altona (Frankfurt – Zürich Personal Ffm-Griesheim)	VT 10 551	1016

Zug-Nr.	Laufweg	Bw	Baureihe	km
F 51	Passau – Regensburg	Regensburg	18.5, 18.6	
	Regensburg – Würzburg	Regensburg	E 18	203
	Würzburg – Frankfurt	Frankfurt 1	01	
	Frankfurt – Wiesbaden	Wiesbaden	38.10	
	Wiesbaden – Köln	Deutzerfeld	03	
	Köln – Aachen	Ludwigshafen	03	
F 52	Aachen – Köln	Köln Bbf	01	
	Köln – Wiesbaden	Deutzerfeld	03	
	Wiesbaden – Frankfurt	Wiesbaden	03	
	Frankfurt – Würzburg	Frankfurt 1	01	
	Würzburg – Regensburg	Regensburg	E 18	203
	Regensburg – Passau	Regensburg	18.5, 18.6	
F 53	Regensburg – Würzburg	Nürnberg Hbf	E 10.0	203
	Würzburg – Hannover	Bebra	01.10	356
	Hannover – Hmb-Altona	Hmb-Altona	03.10	
F 54	Hmb-Altona – Hannover	Hannover Hbf	03	
	Hannover – Würzburg	Bebra	01.10	356
	Würzburg – Regensburg	Regensburg	E 18	203
F 55	München – Treuchtlingen	Augsburg	E 17	
	Treuchtlingen – Bebra	Würzburg	01	308
	Bebra – Hannover	Bebra	01.10	
	Hannover – Hmb-Altona	Hmb-Altona	03.10	
F 56	Hmb-Altona – Hannover	Hmb-Altona	03.10	
	Hannover – Fulda	Bebra	01.10	244
	Fulda – Treuchtlingen	Würzburg	01	252
	Treuchtlingen – München	Augsburg	E 17	
FT 65	Hmb-Altona – Berlin Stadtbahn	Bln-Karlshorst	SVT DR	
FT 66	Berlin Stadtbahn – Hmb-Altona	Bln-Karlshorst	SVT DR	
FT 74	Oostende – Dortmund	Bww Dortmund Bbf	VT 08	414
FT 75	Dortmund – Oostende	Bww Dortmund Bbf	VT 08	414
FT 77	Zürich – Hmb-Altona	Hmb-Altona (Zürich – Frankfurt Personal Ffm-Griesheim)	VT 08	968
FT 78	Hmb-Altona – Zürich	Hmb-Altona (Frankfurt – Zürich Personal Ffm-Griesheim)	VT 08	968
F 107	Basel SBB – Basel Bad Bf	Haltingen	57.10	
	Basel Bad Bf – Mannheim	Offenburg	01	256
	Mannheim – Emmerich	Köln Bbf	01	389
F 108	Arnhem – Emmerich	Deutzerfeld	03	
	Emmerich – Mannheim	Köln Bbf	01	389
	Mannheim – Basel Bad Bf	Offenburg	01.10	256
	Basel Bad Bf – Basel SBB	Haltingen	57.10	
FT 129	München – Hof – Gutenfürst	Bln-Karlshorst	SVT DR	
FT 130	Gutenfürst – Hof – München	Bln-Karlshorst	SVT DR	
FT 137	München – Dortmund	Bww Dortmund Bbf (München – Würzburg Personal Ffm-Griesheim)	SVT 06/07	753

Zug-Nr.	Laufweg	Bw	Baureihe	km
FT 138	Dortmund – München	Bww Dortmund Bbf (Würzburg – München Personal Ffm-Griesheim)	SVT 06/07	753
F 153	Salzburg – München	Freilassing	E 16	
	München – Stuttgart	Stuttgart Hbf	E 18	242
	Stuttgart – Bruchsal	Stuttgart Hbf (27.6. – 19.9. München Hbf mit E 18)	E 17	
	Bruchsal – Mannheim	Heidelberg	38.10	
	Mannheim – Köln	Ludwigshafen	03.10	259
	Köln – Aachen	Hamm	01	
F 154	Aachen – Köln	Köln Bbf	01	
	Köln – Mannheim	Köln Bbf	01	259
	Mannheim – Bruchsal	Heidelberg	39	
	Bruchsal – Stuttgart	Stuttgart Hbf	E 17	
	Stuttgart – München	Stuttgart Hbf	E 18	242
	München – Salzburg	München Hbf	E 18	
F 163	Basel Bad Bf – Mannheim	Offenburg	01	256
	Mannheim – Köln	Ludwigshafen	03.10	259
	Köln – Kaldenkirchen	MGladbach	23	
F 164	Kaldenkirchen – Köln	MGladbach	23	
	Köln – Mannheim	Koblenz-Mosel	01	259
	Mannheim – Basel Bad Bf	Offenburg	01	256
	Basel Bad Bf – Basel SBB	Basel	75.1	
FT 168	Dortmund – Paris Nord	Bww Dortmund Bbf	VT 08	592
F 171	Oldenzaal – Osnabrück	Rheine	03	
	Osnabrück – Hamburg Hbf	Osnabrück Hbf	01.10	237
	Hamburg Hbf – Großenbrode Kai	Lübeck	41	
F 172	Großenbrode Kai – Hamburg Hbf	Lübeck	41	
	Hamburg Hbf – Osnabrück	Osnabrück Hbf	01.10	237
	Osnabrück – Oldenzaal	Rheine	03	
FT 185	Paris Nord – Dortmund	Bww Dortmund Bbf	VT 08	592
F 191	Oldenzaal – Osnabrück	Rheine	03	
	Osnabrück – Hamburg Hbf	Osnabrück Hbf	01.10	237
	Hamburg Hbf – Großenbrode Kai	Lübeck	41	
F 192	Großenbrode Kai – Hamburg Hbf	Lübeck	41	
	Hamburg Hbf – Osnabrück	Osnabrück Hbf	01.10	237
	Osnabrück – Oldenzaal	Rheine	03	
F 211	Basel Bad Bf – Frankfurt	Offenburg	01.10	338
	Frankfurt – Lübeck	Ffm-Griesheim	V 200	557
	Lübeck – Großenbrode Kai	Lübeck	41	
F 212	Großenbrode Kai – Lübeck	Lübeck	41	
	Lübeck – Frankfurt	Ffm-Griesheim	V 200	557
	Frankfurt – Basel Bad Bf	Offenburg	01.10	338
	Basel Bad Bf – Basel SBB	Haltingen	57.10	
FT 231	Frankfurt – Luxembourg	Ffm-Griesheim	SVT 04.5	349
FT 232	Luxembourg – Frankfurt	Ffm-Griesheim	SVT 04.5	349
F 251	Salzburg – München	Freilassing	E 16	
	München – Stuttgart	Stuttgart Hbf	E 18	242
	Stuttgart – Heidelberg	Stuttgart Hbf	E 18	
	Heidelberg – Mannheim	Heidelberg	39	

Zug-Nr.	Laufweg	Bw	Baureihe	km
	Mannheim – Mainz	Mainz	23	
	Mainz – Köln	Köln Bbf	01	223^{+})
		$^{+}$) = Loklauf		
		Ffm (F 551) –		
		Mainz – Köln		
	Köln – Kaldenkirchen	MGladbach	23	
F 252	Venlo – Köln	MGladbach	23	
	Köln – Heidelberg	Ludwigshafen	03.10	272
	Heidelberg – Stuttgart	Stuttgart Hbf	E 18	
	Stuttgart – München	München Hbf	E 18	242
	München – Salzburg	Freilassing	E 16	
F 551	Frankfurt – Mainz	Köln Bbf	01	223^{+})
		$^{+}$) = Lokdurchlauf		
		auf F 251 bis Köln		
F 552	Mainz – Frankfurt	Mainz	23	
FT 1101	Bar le Duc – Frankfurt		SNCF	
FT 1124	Frankfurt – Metz		SNCF	

Beheimatungen der als Schnelltriebwagen eingesetzten VT
(soweit ermittelbar)

SVT 04 000	Abn. 19.12.32. Görlitz/1933/		ex 877a/b
a/b	Berlin Leb	15.05.33. – 21.10.35.	
	Ausstellung Nürnberg	28.11.35. – 11.12.35.	
	Berlin Leb	14.05.36. – 10.05.39.	
	Altona	07.06.39. – 01.03.40.	
	EAW Friedrichshafen	07.07.45. – 26.01.46.	
	Landau (Pfalz)	27.01.46. – 10.05.49.	
	EAW Friedrichshafen	11.05.49. – 13.09.49.	
	Offenburg	13.09.49. – 21.04.50.	
	Basel Bad Bf	22.04.50. – 19.11.50.	
	Umbau WMD Donauwörth	20.11.50. – 13.11.51.	
	EAW Nürnberg/Fa. WMD	14.11.51. – 30.10.52.	
	Dortmund Bbf	31.10.52. – 09.05.53.	
	Ffm-Griesheim	10.05.53. – 04.10.55	
	Bww Dortmund Bbf	05.10.55. – 31.01.56.	
	Ffm-Griesheim	01.02.56. – 03.05.56.	
	Bww Dortmund Bbf	04.05.56. – 25.05.56.	
	Altona	26.05.56. – 03.05.57.	
	z ab	03.05.57.	
	an AW München-Freimann	03.05.57.	
	ausgemustert DB	29.06.57.	
SVT 04 101	Lief. 19.3., Abn. 8.4.35. RAW	Wittenberge, Wumag/1936	ex 137 232 =
a/b	Berlin Leb	26.06.35. – 31.03.36.	183 003
	Grunewald	01.04.36. – 24.08.36.	
	Berlin Anh Bf	25.08.36. – 15.09.36.	
	Grunewald	19.09.36. – 14.05.39.	
	Altona	15.05.39. – 01.03.40.	
	Grunewald	04.07.45. – 02.11.45.	
	Berlin Anh Bf	03.11.45. – 31.01.46.	
	Frankfurt 1	01.02.46. – 31.03.47.	
	Bielefeld	14.05.47. – 24.07.47.	
	Bww München Hbf	24.07.47. – 13.01.51.	
	Ffm-Griesheim	14.01.51. – 28.02.51.	
	Darmstadt	01.03.51. – 05.09.55.	
	Stuttgart	07.09.55. – 08.03.57.	
	Ffm-Griesheim	10.03.57. – ?	
	ausgemustert DB	27.12.57.	
	verkauft an DR	11.12.58.	
	RAW Wittenberge	01.04.60. – 31.05.60.	
	Karlshorst	25.10.60. – ?	
SVT 04 105	Wumag/1935/8		ex 137 227a/b
a/b =	RAW Nürnberg	26.08.46. – 14.12.46.	
SVT 04 501	Bw Nürnberg Hbf z	15.12.46. – 11.08.50.	
	Umbau WMD Donauwörth	12.08.50. – 22.02.51.	
	EAW Nürnberg	23.02.51. – 17.03.51	
	Ffm-Griesheim	18.03.51. – 18.05.51.	
	Dortmund Bbf	19.05.51. – 15.05.53.	
	Ffm-Griesheim	16.05.53. – 55.	
	Altona	55. – 01.12.57.	
	ausgemustert DB	02.12.57.	

SVT 06 103	Lief. 31.8.38. Abn. 3.9.38. RAW Wittenberge, LHB/38/		ex 137 276a–c
a/b/c	EAW Nürnberg	06.12.48. – 20.11.49.	
	Umbau WMD Donauwörth	27.12.49. – 20.04.50.	
	AW Nürnberg	21.04.50. – 12.05.50.	
	Frankfurt 1	13.05.50. – 15.02.51.	
	Ffm-Griesheim	18.02.51. – 19.03.51.	
	Dortmund Bbf	19.05.51. – 30.03.54.	
	Ffm-Griesheim	31.03.54. – 24.05.54.	
	Dortmund Bbf	25.05.54. – 25.05.55.	
	Bww Dortmund Bbf	23.06.55. – 20.05.58.	
	Köln Bbf	28.05.58. – 02.07.58.	
	Köln-Nippes	05.07.58. – 20.11.59.	
	ausgemustert DB	20.11.59.	
SVT 06 104	LHB/38/		ex 137 277a–c
a/b/c	RAW Nürnberg	05.02.47. – 29.03.47.	
	Bw Nürnberg Hbf z	29.03.47. – 20.10.49.	
	Umbau WMD Donauwörth	21.10.49. – 23.05.50.	
	AW Nürnberg	24.05.50. – 28.06.50.	
	Frankfurt 1	29.06.50. – 08.10.50.	
	Ffm-Griesheim	08.10.50. – 18.05.51.	
	Dortmund Bbf	19.05.51. – 20.05.51.	
	Köln Bbf	21.05.58. – 02.07.58.	
	Köln-Nippes	03.07.58. – 20.11.59.	
	ausgemustert DB	20.11.59.	
SVT 06 108	LHB/38/		ex 137 854a–c
a/b/c	Frankfurt 1	06.48. – 07.10.50.	
	Ffm-Griesheim	08.10.50. – 12.02.51.	
	AW Nürnberg	13.02.51. – 13.12.51.	
	Umbau WMD Donauwörth	14.12.51. – 31.07.53.	
	Dortmund Bbf	01.08.53. – 14.05.54.	
	Ffm-Griesheim	15.04.54. – 21.05.54.	
	Dortmund Bbf	22.05.54. – 27.05.58.	
	Köln Bbf	28.05.58. – 02.07.58.	
	Köln-Nippes	03.07.58. – 20.11.59.	
	ausgemustert DB	20.11.59.	
SVT 06 109	LHB/38/		ex 137 856a–c
a/b/c	Bamberg	45. – ?	
	Frankfurt 1	05.47. – 02.08.48.	
	Stuttgart	03.08.48. – 55.	
	Ffm-Griesheim	55. – 19.02.58.	
	ausgemustert DB	19.02.58.	
	verkauft an DR	11.12.58.	
SVT 06 110	Abn. RAW Wittenberge 5.12.38. LHB/38/		ex 137 857a–c
a/b/c	Grunewald	06.12.38. – 13.01.40.	
	Dortmund Bbf z	15.01.40. – 01.10.46.	
	RAW Opladen	01.10.46. – 30.07.49.	
	RAW Nürnberg	04.08.49. – 03.09.49.	
	Umbau WMD Donauwörth	04.09.49. – 14.02.50.	
	AW Nürnberg	22.02.50. – 27.04.50.	
	Frankfurt 1	05.05.50. – 07.10.50.	
	Ffm-Griesheim	08.10.50. – 18.05.51.	
	Dortmund Bbf	19.05.51. – 03.08.54.	
	Bww Dortmund Bbf	04.08.54. – 30.05.58.	
	Köln Bbf	31.05.58. – 02.07.58.	
	Köln-Nippes	03.07.58. – 20.11.59.	
	ausgemustert DB	20.11.59.	

SVT 06 501	LHB/38/		ex 137 275a–c
a/b/c ex	Berlin Anh Bf	04.11.45. – 06.48.	
SVT 06 102	RAW Nürnberg	06.48. – 03.05.50.	
a/b/c	Umbau WMD Donauwörth	04.05.50. – 07.12.50.	
	AW Nürnberg	08.12.50. – 14.12.50.	
	Frankfurt 1	16.12.50. – 18.05.51.	
	Dortmund Bbf	19.05.51. – 03.08.54.	
	Bww Dortmund Bbf	04.08.54. – 28.12.57.	
	ausgemustert DB	24.04.58.	
	Verkauf an DR	11.12.58.	
SVT 07 501	Lief. 7.2.38., Abn. RAW Wittenberge 14.5.38., WMD/38/101		ex 137 901b–d
a/b/c	ex SVT 08 000, Kosten 725 196,64 RM		
	LVA Grunewald	15.05.38. – 16.09.38.	
	Berlin Anh Bf	01.02.39. – 14.09.39.	
	RAW Wittenberge	15.09.39. – 29.05.40.	
	Umbau WMD Donauwörth	01.11.49. – 01.08.51.	
	EAW Nürnberg Rbf		
	Abnahme	01.08.51.	
	EAW Nürnberg	02.08.51. – 22.08.51.	
	Dortmund Bbf	23.08.51. – 30.08.51.	
	AW Nürnberg	31.08.51. – 19.09.51.	
	Ffm-Griesheim	23.09.51. – 17.02.52.	
	AW Nürnberg T 1	18.02.52. – 26.02.52.	
	AW Nürnberg T 0	19.04.52. – 14.05.52.	
	Dortmund Bbf	15.05.52. – 04.10.52.	
	Ffm-Griesheim	05.10.52. – 13.05.53.	
	Dortmund Bbf	14.05.53. – 19.01.55.	
	Bww Dortmund Bbf	21.01.55. – 08.07.57.	
	Altona	09.07.57. – 13.10.57.	
	Bww Dortmund Bbf	14.10.57. – 01.06.59.	
	Köln-Nippes	01.06.59. – 30.11.59.	
	z	01.12.59. – 03.07.60.	
	ausgemustert DB	04.07.60.	
SVT 07 502	WMD/38/102, ex 137 902b–d, ex SVT 08 001		
a/b/c	Umbau WMD Donauwörth	01.11.49. – 13.08.51.	
	EAW Nürnberg Rbf		
	Abnahme	30.08.51.	
	EAW Nürnberg	14.08.51. – 29.08.51.	
	WMD Donauwörth	30.08.51. – 03.09.51.	
	AW Nürnberg	04.09.51. – 12.09.51.	
	AW Nürnberg Endabnahme	12.09.51.	
	Dortmund Bbf	13.09.51. – 03.11.51.	
	Ffm-Griesheim	04.11.51. – 15.03.52.	
	Dortmund Bbf	15.03.52. – 29.09.52.	
	Ffm-Griesheim	30.09.52. – 16.05.53.	
	Dortmund Bbf	17.05.53. – 07.04.55.	
	Bww Dortmund Bbf	08.04.55. – 30.09.57.	
	Altona	01.10.57. – 10.10.57.	
	Bww Dortmund Bbf	11.10.57. – 29.05.59.	
	Köln-Nippes	30.05.59. – 14.03.60.	
	z	15.03.60. – 03.07.60.	
	ausgemustert DB	04.07.60.	
VT 08 502	Abn. 12.5.52., Düwag/52/25341		608 502 →
	Ffm-Griesheim	15.05.52. – 04.03.56.	613 602-2
	Altona	30.03.56. – 13.10.57.	

	Ffm-Griesheim	14.10.57. – 30.05.58.	
	Altona	31.05.58. – 28.07.59.	
	Ffm-Griesheim	29.07.59. – 24.09.59.	
	Altona	25.09.59. – 12.05.61.	
	Köln-Nippes	08.06.61. – 08.03.62.	
	Ffm-Griesheim	09.03.62. – 27.05.62.	
	Köln-Nippes	28.05.61. – 31.07.62.	
	Ffm-Griesheim	01.08.62. – 09.09.62.	
	Köln-Nippes	10.09.62. – 26.06.63.	
	Braunschweig	27.06.63. – 06.07.63.	
	Köln-Nippes	07.07.63. – 26.10.63.	
	Ffm-Griesheim	27.10.63. – 03.06.64.	
	Köln-Nippes	04.06.64. – 02.06.65.	
	Ffm-Griesheim	03.06.65. – 31.03.70.	
	AW Nürnberg	ab 1.4.70 zu Umbau in 613 602-2	
VT 08 504	Abn. AW Nür 15.5.52., Düwag/52/25342		→ 613 604-8
	Ffm-Griesheim	17.05.52. – 31.05.58.	
	Bww Dortmund Bbf	01.06.58. – 23.01.59.	
	Ffm-Griesheim	24.01.59. – 14.03.59.	
	Bww Dortmund Bbf	15.03.59. – 22.08.61.	
	Ffm-Griesheim	22.09.61. – 21.04.67.	
	AW Nürnberg ab	22.04.67. Umbau zu VT 12 604	
VT 08 506	Abn. AW Nür 21.8.52., Düwag/52/25343		→ 613 606-3
	Ffm-Griesheim	21.08.52. – 15.10.53.	
	Dortmund Bbf	01.04.54. – 07.04.55.	
	Bww Dortmund Bbf	08.04.59. – 08.11.59.	
	Köln-Nippes	09.11.59. – 26.05.60.	
	Bww Dortmund Bbf	27.05.60. – 15.10.60.	
	Ffm-Griesheim	16.10.60. – 01.01.61.	
	Köln-Nippes	02.01.61. – 02.03.61.	
	Bww Dortmund Bbf	03.03.61. – 21.04.61.	
	Altona	22.04.61. – 10.05.61.	
	Bww Dortmund Bbf	23.05.61. – 05.62.	
	Braunschweig	05.62. – 17.05.63.	
	AW Nürnberg ab	18.05.63. zu VT 12 606	
VT 08 507	Abn. AW Nür 1.10.52., MAN/52/140552		608 507 →
	Dortmund Bbf	02.10.52. – 07.04.55.	613 607-1
	Bww Dortmund Bbf	08.04.55. – 28.06.59.	
	Köln-Nippes	29.06.59. – 08.11.61.	
	Ffm-Griesheim	09.11.61. – 19.11.64.	
	Bww Dortmund Bbf	20.11.64. – 30.11.64.	
	Ffm-Griesheim	01.12.64. – 30.09.69.	
	AW Nürnberg ab	01.10.69. Umbau zu 613 607-1	
VT 08 508	Abn. AW Nür 3.10.52., Düwag/52/25344		→ 613 608-9
	Ffm-Griesheim	25.10.52. – 31.03.54.	
	Altona	01.04.54. – 13.12.57.	
	Bww Dortmund Bbf	14.12.57. – 31.01.58.	
	Altona	01.02.58. – 15.01.59.	
	Köln-Nippes	01.08.59. – 12.03.60.	
	Bww Dortmund Bbf	13.03.60. – 13.04.60.	
	Köln-Nippes	14.04.60. – 24.04.62.	
	Altona	25.04.62. – 09.05.62.	
	Köln-Nippes	06.06.62. – 27.04.64.	

	Altona	22.05.64. – 08.09.65.	
	AW Nürnberg ab	09.09.65. zu VT 12 608	
VT 08 509	Abn. 12.12.52. MAN/52/140553		
	Ffm-Griesheim	13.12.52. – 10.05.54.	
	Dortmund Bbf	14.05.54. – 07.04.55.	
	Bww Dortmund Bbf	08.04.55. – 23.06.59.	
	Köln-Nippes	17.07.59. – 21.04.60.	
	Altona	22.04.60. – 04.05.60.	
	Köln-Nippes	05.05.60. – 06.07.62.	
	AW Nürnberg ab	07.07.62. Umbau zu VT 12 609	
VT 08 510	Lieferung 8.5.53., Abn. AW Nür 13.5.53., Düwag/53/25345		608 510-4 → 613 610-5
	Ffm-Griesheim	15.03.53. – 28.10.53.	
	Altona	21.11.53. – 28.05.60.	
	Köln-Nippes	29.05.60. – 23.01.61.	
	Ffm-Griesheim	24.01.61. – 28.01.61.	
	Köln-Nippes	29.01.61. – 27.04.61.	
	Altona	28.04.61. – 05.05.61.	
	Köln-Nippes	06.05.61. – 29.09.61.	
	Bww Dortmund Bbf	30.09.61. – 17.10.61.	
	Ffm-Griesheim	18.10.61. – 14.02.62.	
	Bww Dortmund Bbf	13.03.62. – 26.05.62.	
	Altona	21.05.62. – 03.10.62.	
	Braunschweig Vbf	04.10.62. – 04.11.62.	
	Köln-Nippes	05.11.62. – 21.03.63.	
	Ffm-Griesheim	29.03.63. – 11.05.63.	
	Köln-Nippes	12.05.63. – 26.09.64.	
	Bww Dortmund Bbf	27.09.64. – 27.04.66.	
	Ffm-Griesheim	28.04.66. – 03.10.68.	
	Ffm 1	04.10.68. – 20.08.70.	
	AW Nür ab	21.08.70. zum Umbau in 613610-5	
VT 08 511	Abn. AW Nür 6.3.53., MAN /53/140554		
	Ffm-Griesheim	08.03.53. – 12.04.54.	
	Dortmund Bbf	27.05.54. – 07.04.55.	
	Bww Dortmund Bbf	08.04.55. – 18.04.59.	
	Ffm-Griesheim	19.04.59. – 15.06.59.	
	Altona	16.06.59. – 17.01.60.	
	Bww Dortmund Bbf	18.01.60. – 23.02.60.	
	Altona	24.02.60. – 28.05.60.	
	Köln-Nippes	29.05.60. – 08.07.62.	
	Braunschweig 1	09.07.62. – 04.10.62.	
	AW Nürnberg ab	06.10.62. zum Umbau in VT 12 611	
VT 08 512	Lieferung 21.4.53., Abn. AW Nür 25.4.53., Düwag/53/25346		→ 613 612-1
	Ffm-Griesheim	11.05.53. – 27.12.54.	
	Altona	28.12.54. – 08.05.60.	
	Ffm-Griesheim	27.05.60. – 09.06.60.	
	Köln-Nippes	10.06.60. – 29.06.61.	
	Ffm-Griesheim	02.07.61. – 25.07.61.	
	Köln-Nippes	26.07.61. – 20.08.61.	
	Bww Dortmund Bbf	21.08.61. – 27.05.62.	
	AW Nürnberg ab	01.06.62. Umbau in VT 12 612	
VT 08 513	Abn. AW Nür 29.5.53., MAN/53/140555		→ 613613-9
	Ffm-Griesheim	30.05.53. – 18.05.54.	

	Altona	19.05.54. – 29.01.59.	
	Bww Dortmund Bbf	30.01.59. – 20.03.59.	
	Altona	21.03.59. – 31.03.59.	
	Ffm-Griesheim	01.04.59. – 15.04.59.	
	Altona	16.04.59. – 13.09.59.	
	Köln-Nippes	14.09.59. – 05.02.62.	
	Bww Dortmund Bbf	06.02.62. – 09.02.62.	
	Köln-Nippes	10.02.62. – 20.04.62.	
	Altona	21.04.62. – 10.05.62.	
	Köln-Nippes	11.05.62. – 26.05.62.	
	Braunschweig 1	27.05.62. – ?	
	AW Nürnberg	22.05.63. Umbau in VT 12 613	
VT 08 514	Abn. AW Nür 3.6.53., Düwag/53/25347		→ 613 614-1
	Altona	04.06.53. – 13.07.54.	
	Dortmund Bbf	14.07.54. – 15.08.54.	
	Ffm-Griesheim	15.08.54. – 24.01.59.	
	Bww Dortmund Bbf	21.01.59. – 15.03.59.	
	Ffm-Griesheim	16.03.59. – 27.12.61.	
	AW Nürnberg ab	28.12.61. Umbau zu VT 12 614	
VT 08 515	Abn. AW Nür 4.5.54., MAN/54/140968		→ 613 615-4
	Dortmund Bbf	23.05.54. – 22.01.55.	
	Altona	22.01.55. – 06.05.55.	
	Bww Dortmund Bbf	07.05.55. – 30.05.59.	
	Altona	31.05.59. – 06.08.59.	
	Bww Dortmund Bbf	01.08.59. – 26.05.62.	
	AW Nürnberg ab	27.05.62. Umbau zu VT 12 615	
VT 08 516	Abn. AW Nür 22.05.54., MAN/54/140969		→ 613 616-2
	Dortmund Bbf	23.05.54. – 07.04.55.	
	Bww Dortmund Bbf	08.04.55. – 29.01.58.	
	Ffm-Griesheim	30.01.58. – 06.09.61.	
	Köln-Nippes	07.09.61. – 27.09.64.	
	Ffm-Griesheim	28.09.64. – 09.01.65.	
	AW Nürnberg ab	10.01.65. Umbau in VT 12 616	
VT 08 517	Abn. AW Nür 29.5.54., MAN/54/140910, Kosten ohne Motor 250 000 DM		→ 612 617-0
	Dortmund Bbf	30.05.54. – 07.04.55.	
	Bww Dortmund Bbf	08.04.55. – 26.05.62.	
	Ffm-Griesheim	27.05.62. – 09.09.62.	
	Köln-Nippes	10.09.62. – 18.02.63.	
	Altona	19.02.63. – 22.02.63.	
	Köln-Nippes	23.02.63. – 26.09.64.	
	Bww Dortmund Bbf	27.09.64. – 02.06.65.	
	Ffm-Griesheim	03.06.65. – ?	
	AW Nürnberg	12.65. Umbau in VT 12 617	
VT 08 518	Abn. AW Nür 1.11.54., MAN/54/140971		608 518 → 613 618-8
	Dortmund Bbf	02.11.54. – 07.04.55.	
	Bww Dortmund Bbf	08.04.55. – 28.08.57.	
	Ffm-Griesheim	29.08.57. – 04.11.57.	
	Bww Dortmund Bbf	05.11.57. – 21.04.60.	
	Köln-Nippes	22.04.60. – 12.05.60.	
	Bww Dortmund Bbf	13.05.60. – 26.05.60.	

	Köln-Nippes	27.05.60. – 05.02.61.	
	Bww Dortmund Bbf	06.02.61. – 27.03.61.	
	Köln-Nippes	28.03.61. – 10.08.64.	
	Bww Dortmund Bbf	11.08.64. – 25.04.66.	
	Ffm-Griesheim	25.04.66. – 31.01.70.	
	AW Nürnberg ab	01.02.70. Umbau in VT 612 618-8	
VT 08 519	Abn. AW Nür 16.11.54., MAN/54/140972		608 519 →
	Ffm-Griesheim	21.11.54. – 20.07.70.	613 619-6
	AW Nürnberg ab	22.07.70. Umbau in 613 619-6	
VT 08 520	Abn. AW Nür 16.12.54., MAN/54/140973		
	250 000 DM ohne Motor		→ 613 620-4
	Ffm-Griesheim	18.12.54. – 19.07.63.	
	Braunschweig 1	20.07.63. – 22.08.63.	
	Köln-Nippes	23.08.63. – 11.64.	
	AW Nürnberg ab	11.64. Umbau in VT 12 620	
VT 10 501	Linke-Hofmann-Busch/1953		
	Ffm-Griesheim	23.06.53. – 02.03.54.	
	LHB Salzgitter	03.03.54. – 06.05.54.	
	Ffm-Griesheim	11.05.54. – 30.07.54.	
	LHB Salzgitter	31.07.54. – 15.12.54.	
	Ffm-Griesheim	16.12.54. – 02.09.56.	
	LHB Salzgitter	03.09.56. – 02.10.56.	
	Ffm-Griesheim	03.10.56. – 27.11.57.	
	z	28.11.57. – 11.06.59.	
	ausgemustert DB	12.06.59.	
VT 10 551	Wegmann/1953		
	AW Nürnberg	22.06.53. – 15.08.54.	
	Wegmann Kassel	19.08.54. – 23.09.54.	
	AW Nürnberg	25.09.54. – 13.04.55.	
	Wegmann Kassel	14.04.55. – 12.05.55.	
	Altona	13.05.55. – 06.06.60.	
	z	07.06.60. – 19.12.60.	
	ausgemustert DB	20.12.60.	
VT 11 5001	Lieferung 4.5.57., Abn. AW Nür 15.5.57. MAN/57/143480		601 001-1
	Bww Dortmund Bbf	16.05.57. – 28.05.60.	
	Altona	29.05.60. – 02.08.66.	
	Ffm-Griesheim	03.08.66. – 01.09.66.	
	Altona	02.09.66. – 28.01.68.	
	Bww Dortmund Bbf	28.01.68. – 21.02.68.	
	Altona	22.02.68. – 09.11.68.	
	Frankfurt 1	10.11.68. – 30.06.71.	
	Altona	01.07.71. – 25.09.78.	
	z	26.09.78. – 07.10.78.	
	Altona	08.10.78. – 31.08.81.	
	Hamm	01.09.81. –	
VT 11 5002	Lief. 7.5.57, Abn. AW Nür 15.5.57., MAN/57/143481		601 002-9
	Bww Dortmund Bbf	07.07.57. – 28.05.60.	
	Altona	29.05.60. – 28.09.68.	
	Frankfurt 1	29.09.68. – 30.06.71.	
	Altona	01.07.71. – 26.10.72.	
	z	27.10.77. – 10.06.81.	
	ausgemustert DB	11.06.81.	

VT 11 5003	Abn. AW Nür 22.6.57. MAN/56/143482		601 003-7
	Bww Dortmund Bbf	24.06.57. – 28.08.51.	
	Altona	19.08.57. – 10.10.57.	
	BZA München	05.11.57. – 11.12.57.	
	Bww Dortmund Bbf	12.12.57. – 28.05.60.	
	Altona	29.05.60. – 05.12.67.	
	Bww Dortmund Bbf	06.12.67. – 13.12.67.	
	Altona	14.12.67. – 09.08.68.	
	Frankfurt 1	10.08.68. – 31.03.70.	
	z	01.04.70.	
	Umbau in 602 002-8	09.03.72.	
VT 11 5004	Lief. 27.6.57., Abn. AW Nür 1.7.57. MAN/57/143483		601 004-5
	Bww Dortmund Bbf	03.07.57. – 27.08.57.	
	Altona	28.08.57. – 31.10.57.	
	Bww Dortmund Bbf	05.11.57. – 18.06.58.	
	Altona	02.07.58. – 15.01.59.	
	Bww Dortmund Bbf	16.01.59. – 28.05.60.	
	Altona	29.05.60. – 04.12.65.	
	Ffm-Griesheim	05.12.65. – 28.12.65.	
	Altona	29.12.65. – 12.08.68.	
	Bww Dortmund Bbf	13.08.68. – 07.10.68.	
	Altona	08.10.68. – 09.11.68.	
	Frankfurt 1	10.11.68. – 30.06.71.	
	Altona	01.07.71. – 31.08.81.	
	Hamm	01.09.81. –	
VT 11 5005	Lief. 17.7.57., Abn. AW Nür 26.7.57. MAN/57/143484		601 005-2
	Bww Dortmund Bbf	01.08.57. – 31.05.58.	
	Ffm-Griesheim	01.06.58. – 24.09.68.	
	Bww Dortmund Bbf	25.09.68. – 31.05.69.	
	Frankfurt 1	01.06.69. – 30.06.71.	
	Altona	01.07.71. – 26.06.78.	
	z	27.06.78. – 31.08.78.	
	Altona	01.09.78. – 31.08.81.	
	Hamm	01.09.81. –	
VT 11 5006	Lief. 23.7.57., Abn. AW Nür 26.7.57., MAN/57/143485		601 006-0
	Bww Dortmund Bbf	01.08.57. – 31.05.58.	
	Ffm-Griesheim	01.06.58. – 13.03.68.	
	Frankfurt 1	15.03.68. – 01.10.68.	
	Bww Dortmund Bbf	02.10.68. – 31.05.69.	
	Frankfurt 1	01.06.69. – 30.06.71.	
	Altona	01.07.71. – 08.03.78.	
	z	09.03.78. – 06.12.78.	
	Altona	07.12.78. – 31.08.81.	
	Hamm	01.09.81. –	
VT 11 5007	Lief. 16.8.57., Abn. AW Nür 22.8.57., MAN/57/143486		601 007-8
	Altona	04.10.57. – 02.11.68.	
	Frankfurt 1	10.11.68. – 31.12.71.	
	z	01.01.72. – 06.03.73.	
	Umbau in 602 004-4	07.03.73.	
VT 11 5008	Lief. 16.8.57. Abn. AW Nür 22.8.57., MAN/57/143487		601 008-6
	Altona	04.10.57. – 12.08.65.	
	Bww Dortmund Bbf	13.09.65 – 11.09.65.	
	Altona	12.09.65. – 09.11.68.	
	Frankfurt 1	10.11.68. – 30.06.71.	
	Altona	01.07.71. – 01.06.78.	
	z	02.06.78. – 17.01.79.	

	Altona	18.01.79. – 31.08.81.	
	Hamm	01.09.81. –	
VT 11 5009	Lief. 10.9.57., Abn. AW Nür 19.9.57., MAN/57/143488		601 009-4
	Altona	17.10.57. – 21.04.65.	
	Bww Dortmund Bbf	22.04.65. – 27.09.68.	
	Frankfurt 1	28.09.68. – 10.11.68.	
	Bww Dortmund Bbf	11.11.68. – 31.05.69.	
	Frankfurt 1	01.06.69. – 30.06.71.	
	Altona	01.07.71. – 31.01.81.	
	z	01.02.81. – 31.08.81.	
	ausgemustert DB	22.08.81.	
VT 11 5010	Lief. 10.9.57., Abn. AW Nür 19.09.57., MAN/57/143489		601 010-2
	Altona	16.10.57. – 02.06.59.	
	Ffm-Griesheim	22.07.59. – 28.07.59.	
	Bww Dortmund Bbf	29.07.59. – 07.08.59.	
	Altona	08.08.59. – 03.05.65.	
	Bww Dortmund Bbf	04.05.65. – 27.09.68.	
	Altona	28.09.68. – 02.11.68.	
	Ffm-Griesheim	10.11.68. –	
	Frankfurt 1	– 21.02.72.	
	umgebaut zu 602 001-0	22.02.72.	
VT 11 5011	Lief. 30.9.57., Abn. AW Nür 7.10.57., MAN/57/143490		601 011-0
	Altona	16.10.57. – 21.04.65.	
	Bww Dortmund Bbf	22.04.65. – 24.09.68.	
	Frankfurt 1	25.09.68. – 30.06.71.	
	Altona	01.07.71. – 31.08.81.	
	Hamm	01.09.81. –	
VT 11 5012	Abn. AW Nür 7.10.57., MAN/57/143491		601 012-8
	Altona	17.10.57. – 13.04.58.	
	Bww Dortmund Bbf	14.04.58. – 20.04.58.	
	Altona	21.04.58. – 03.05.65.	
	Bww Dortmund Bbf	04.05.65. – 25.09.67.	
	Frankfurt 1	01.12.67. – 05.12.67.	
	Bww Dortmund Bbf	10.12.67. – 27.09.68.	
	Altona	28.09.68. – 09.11.68.	
	Frankfurt 1	10.11.68. – 31.08.72.	
	umgebaut zu 602 003-6	01.09.72.	
VT 11 5013	Lief. 16.10.57., Abn. AW Nür 28.10.57., MAN/57/143492		601 013-6
	Ffm-Griesheim	03.11.57. – 30.09.65.	
	Bww Dortmund Bbf	01.10.65. – 27.09.68.	
	Altona	28.09.68. – 09.11.68.	
	Frankfurt 1	10.11.68. – 30.06.71.	
	Altona	01.07.71. – 26.05.78.	
	z	27.05.78. – 15.11.78.	
	Altona	16.11.78. – 31.08.81.	
	Hamm	01.09.81. –	
VT 11 5014	Lief. 16.10.57., Abn. AW Nür, MAN/57/143493		601 014-4
	Ffm-Griesheim	03.11.57. – 27.08.67.	
	Bww Dortmund Bbf	28.08.67. – 03.10.67.	
	Frankfurt 1	04.10.67. – 17.02.68.	
	Bww Dortmund Bbf	18.02.68. – 24.09.68.	
	Frankfurt 1	25.09.68. – 30.06.71.	
	Altona	01.07.71. – 31.08.81.	
	Hamm	01.09.81. –	
VT 11 5015	Lief. 26.10.57., Abn. AW Nür 11.11.57., MAN/57/143494		601 015-1
	Ffm-Griesheim	13.11.57. – 20.01.58.	

	Bww Dortmund Bbf	21.01.58. – 01.07.58.	
	Ffm-Griesheim	23.08.58. – 23.11.67.	
	Frankfurt 1	02.12.67. – 24.09.68.	
	Bww Dortmund Bbf	25.09.68. – 31.05.69.	
	Frankfurt 1	01.06.69. – 30.06.71.	
	Altona	01.07.71. – 31.08.81.	
	Hamm	01.09.81. –	
VT 11 5016	Lief. 8.11.57., Abn. AW Nür 11.11.57., MAN/57/143495		601 016-9
	Ffm-Griesheim	14.11.57. – 03.12.61.	
	Altona	04.12.61. – 12.12.61.	
	Ffm-Griesheim	13.12.61. – 30.08.67.	
	Altona	31.08.67. – 31.03.68.	
	Bww Dortmund Bbf	26.05.68. – 24.09.68.	
	Frankfurt 1	25.09.68. – 30.06.71.	
	Altona	01.07.71. – 31.08.81.	
	Hamm	01.09.81. –	
VT 11 5017	Lief. 19.11.57., Abn. AW Nür 27.11.57., MAN/57/143496		601 017-1
	Altona	12.12.57. – 03.01.58.	
	Expo Brüssel	04.01.58. – 01.12.58.	
	Altona	19.01.59. – 21.04.65.	
	Bww Dortmund Bbf	22.04.65. – 01.10.68.	
	Frankfurt 1	02.10.68. – 30.06.71.	
	Altona	01.07.71. – 31.08.81.	
	Hamm	01.09.81. –	
VT 11 5018	Lief. 2.12.57., Abn. AW Nür 9.12.57., MAN/57/143497		601 018-5
	Altona	12.12.57. – 12.04.58.	
	Bww Dortmund Bbf	13.04.58. – 20.04.58.	
	Altona	21.04.58. – 01.07.58.	
	Bww Dortmund Bbf	02.07.58. – 17.03.59.	
	Altona	18.03.59. – 15.02.60.	
	Bww Dortmund Bbf	16.02.60. – 26.02.60.	
	Altona	27.02.60. – 21.04.65.	
	Bww Dortmund Bbf	22.04.65. – 26.09.68.	
	Frankfurt 1	27.09.68. – 30.06.71.	
	Altona	01.07.71. – 31.08.81.	
	Hamm	01.09.81. –	
VT 11 5019	Lief. 20.12.57., Abn. AW Nür 9.1.58., MAN/57/143498		601 019-3
	Ffm-Griesheim	18.01.58. – 29.02.68.	
	Frankfurt 1	02.03.68. – 30.06.71.	
	Altona	01.07.71. – 26.06.78.	
	z	27.06.78. – 31.08.78.	
	Altona	01.09.78. – 31.08.81.	
	Hamm	01.09.81. –	
602 001-0	Frankfurt 1	22.02.72. – 30.09.73.	
	Altona	01.10.73. – 21.02.78.	
	z	22.02.78. – 24.07.79.	
	ausgemustert DB	25.07.79.	
602 002-8	Frankfurt 1	09.03.72. – 30.09.73.	
	Altona	01.10.73. – 07.03.78.	
	z	08.03.78. – 24.07.79.	
	ausgemustert DB	25.07.79.	
602 003-6	Frankfurt 1	01.09.72. – 30.09.73.	
	Altona	01.10.73. – 31.05.79.	
	z	01.06.79. – 24.07.79.	
	ausgemustert DB	25.07.79.	

602 004-4	Frankfurt 1 Altona z ausgemustert DB	07.03.73. – 30.09.73. 01.10.73. – 04.09.78. 05.09.78. – 24.07.79. 25.07.79.	

Anhang 16b

Ausmusterungen von Schnelltriebwagen bei der DB

HVB 23.233 Fau 241	vom 16.07.1956	SVT 04 501
HVB 23.231 Fau 296	vom 24.04.1957	SVT 06 107
HVB 23.233a Fau 309	vom 07.05.1957	SVT 04 102 SVT 04 106 SVT 04 107
HVB 23.231 Fau 317	vom 29.06.1957	SVT 04 000
HVB 23.231 Ftm 230	vom 27.12.1957	SVT 04 101
HVB 23.233a Fau 375	vom 19.02.1958	VT 06 104
HVB 23.233a Fau 376	vom 19.02.1958	VT 06 109
HVB 23.233a Fau 379	vom 24.04.1958	VT 06 501 VT 06 502
HVB 23.233a Fau 476	vom 12.06.1959	VT 10 501
HVB 23.233a Fau 515	vom 20.11.1959	VT 06 103 VT 06 106 VT 06 108 VT 06 110
HVB 23.233a Fau 555	vom 04.07.1960	SVT 07 501 SVT 07 502
HVB 23.233a Fau 587	vom 20.12.1960	VT 10 551
HVB 25.251 Fau 592	vom 25.09.1961	ET 11 01 ET 11 02 ET 11 03
HVB 23.233a Fau	vom 25.07.1979	602 001-0 602 002-8 602 003-6 602 004-4
ZTL Mainz	vom 11.06.1981	601 002-9
ZTL Mainz	vom 22.08.1981	601 009-4

Verkauf von Schnelltriebwagen der DB an die DR

Mit Verf. HVB 23.231 Fauv 191 vom 11. Dezember 1958 wurden nachstehende Schnelltriebwagen an die DR verkauft:

	SVT 04 102, 106, 107 SVT 06 107, 109 VT 06 501, 502	

Einsatz der Traktionsarten im Schnellverkehr der DB

Der Einsatz der Triebwagen und des elektrischen Betriebes im Schnellverkehr der DB ist in der nachstehenden Tabelle zusammengefaßt. Vor der Elektrifizierung der Hauptstrecken ist in der Regel von Dampftraktion auszugehen; ausgenommen sind hiervon die ab dem Sommerfahrplan 1957 in größerem Umfang durchgeführten Leistungen mit der Baureihe V 200 im Dieselbetrieb. Da jedoch diese Bespannungen zeitlich und je Zug nicht mehr erfaßt werden können, bleiben sie hier außer Betracht. Auf Kap K wird hier verwiesen. Ab 1971 erfolgte elektrischer Betrieb, wenn kein Triebwageneinsatz. In der nachstehenden Tabelle sind die Züge nicht nach der Zugnummer, sondern nach den Zugnamen zusammengefaßt. Eine Darstellung nach Zugnummern hätte wegen der vielen Wechsel verwirrt; sie werden nur bei den Zügen angewandt, die nie einen Namen trugen. Bezüglich der Laufwege und zugehörigen Zugnummern in den einzelnen Jahren wird auf Übersicht 11 „Verzeichnis der Züge, die einen Namen führen" verwiesen.

Zugname	Triebwagen-einsatz	elektrischer Betrieb	Bemerkungen
Bavaria	Wi 69 – März 71 TEE VT der SBB		ab März 71 lok-bespannter Zug, bei DB mit 210 teilweise Einsatz Henschel-Wegmann-Zug
Blauer Enzian		So 51 – Wi 62 München – Treuchtlingen So 63 – Wi 64 Würzburg – Hannover ab So 65 ganzer Laufweg	
Diamant	Wi 62 – Wi 64 VT 08 So 65 – So 71 VT 11		
Dompfeil	So 58 – Wi 58 VT 06/07 So 59 – Wi 61 VT 08	So 64 – So 68 Köln/Bonn – Hamm seit Wi 68 Frankfurt – Hannover	
Domspatz/Adler	So 58 – Wi 59 VT 08		
Gambrinus		So 51 – Wi 58 München – Treuchtlingen So 59 – Wi 59 München – Köln, Ffm – München So 60 – Wi 63 München – Köln So 64 – So 68 München – Dortmund ab Wi 68 ganzer Laufweg	längster Laufweg als F-Zug
Glückauf		So 55 – Wi 55 Regensburg – Würzburg	
Goethe		ab So 70 Metz – Ffm mit Mehrsystemlok 181 u. 182	
Hanseat	So 53 – Wi 53 VT 08 So 59 – Wi 60 VT 08	So 61 – So 66 Köln – Hamm Wi 66 – So 68 Köln – Osnabrück seit Wi 68 ganzer Zuglauf	

Zugname	Triebwageneinsatz	elektrischer Betrieb	Bemerkungen
Helvetia	So 53 – 13.10.57. mit VT 08 14.10.57. – 11.4.65. mit VT 11 (601)	seit 12.4.65. Basel – Hamburg	
Hessen-Kurier	Wi 71 – Wi 78 VT 601		
Jakob Fugger	Wi 71 – Wi 72 VT 601		
Karwendel	Wi 69 – Wi 70 VT 601		
Komet	So 54 – So 57 VT 10 551		
Konsul		So 63 – So 64 Ffm – Hannover Wi 64 Ludwigshafen – Hannover ab So 65 ganzer Laufweg	
London-Hamburg-Expreß	So 57 – Wi 58 VT 08		
Markgraf	So 73 – Wi 78 VT 601		
Mediolanum	15.10.57. – Wi 68 TEE-VT der FS So 69 – Wi 72 VT 601		
Mercator	Wi 68 – So 71 VT 11		
Merkur		So 55 – Wi 57 Stuttgart – Heidelberg So 59 – Wi 59 Köln – Ffm So 60 – Wi 60 Wiesbaden – Köln So 61 – Wi 61 Ffm – Köln So 62 – So 66 Ffm – Essen Wi 66 – So 68 Ffm – Osnabrück ab Wi 68 Stuttgart – Hamburg	
Montan-Expreß	So 53 – So 55 VT 04		So 53 – Wi 53 vereinigt mit Rhein-Main Ffm – Koblenz
Mozart		So 54 – Wi 57 Stuttgart – Salzburg/München	

Zugname	Triebwagen-einsatz	elektrischer Betrieb	Bemerkungen
Münchner Kindl	So 52 – Wi 57 VT 06/07 So 58 – Wi 58 ET 11	So 51 – Wi 51 München – Stuttgart ab So 58 München – Frankfurt	So 55-Wi 55 F 29/30 vereinigt mit Schauinsland Heidelberg – Ffm, So 56-Wi 56 F 30 vereinigt mit Schauinsland Ffm – Mhm-Friedrichsfeld
Nordwind	Wi 71 – Wi 72 ET 403		
Paris – Ruhr Ruhr – Paris	So 54 – 22.12.57. VT 08 23.12.57. – Wi 59 **und** So 65 – Wi 68 VT 11 (601) So 60 – So 64 TEE-VT der SNCF	ab So 68 mit SNCF-Wagen	So 54-So 57 F/TEE 185 vereinigt ab Köln mit Rheinblitz; So 54 – Wi 56 F/TEE 168 vereinigt bis Köln mit Rheinblitz
Parisfal	Wi 57 – Wi 59 TEE-VT der SNCF So 60 – So 68 VT 11	seit Wi 68	Wi 62 – Wi 65 vereinigt mit Diamant Köln – Liège
Patrizier		seit Wi 68	
Porta Westfalica	So 77 – Wi 77 VT 601	seit Wi 68	
Prinzipal	So 77 – Wi 77 VT 601		
Prinzregent	Wi 68 – Wi 72 VT 601 So 74 – Wi 76 VT 601		
Präsident	Wi 71 – Wi 78 VT 601		
Rheinblitzgruppe/ Hans/Sachs	So 51 – Wi 57 VT 06/07 So 58 – Wi 58 VT 08 So 59 – Wi 62 VT 08 (Hans Sachs) So 68 VT 601 (Hans Sachs)	ab So 59 Mannheim – Dortmund So 62 – Wi 63 München – Köln So 64 – Wi 67 und seit Wi 68 München – Hagen	Vereinigungen innerhalb der Gruppe siehe Textteil; mit anderen Zügen siehe diese
Rhein-Main	So 53 – 1.12.57. VT 08 2.12.57. – Wi 66 VT 11	seit So 67 ganzer Lauf	So 53 – Wi 53 vereinigt mit Montan-Expreß Ffm – Koblenz, So 58 – Wi 58 vereinigt mit Saphir Ffm – Köln

Zugname	Triebwagen-einsatz	elektrischer Betrieb	Bemerkungen
Rheinpfeil/ Rheingold		So 58 – Wi 58 Basel – Mannheim So 59 – Wi 61 Basel – Köln So 62 – Wi 65 Basel – Duisburg ab So 66 Basel – Emmerich So 52 – Wi 55 München – Kufstein So 58 – Wi 58 Würzburg – Frankfurt So 59 – Wi 61 Würzburg – Dortmund ab So 62 München – Dortmund	ab So 62 mit späterem TEE-Material und besonderem WR und Domcar ausgerüstet; Hg 160 km/h Rheinpfeil ab So 63
Riemenschneider	So 72 – Wi 72 ET 403		
Roland	Wi 52 – Wi 62 VT 08	So 63 – Wi 66 Basel – Ffm 14.12.64. – Wi 66 Kassel – Bremen ab So 67 Basel – Bremen	
Sachsenross/ Germania	So 58 – Wi 58 VT 06/07 So 59 – Wi 61 VT 08 So 70 – Wi 78 VT 11 (601)	So 64 – So 68 Bonn – Hamm ab Wi 68 Bonn – Hannover	1954 Durchlauf bis Berlin geplant; scheiterte am Widerstand der DR, daher Namensänderung auf Germania
Sachsenross/ Wilhelm Busch	So 58 – Wi 58 VT 06/07 So 59 – Wi 61 VT 08 Wi 68 – Wi 69 VT 11 So 78 – Wi 78 601	So 62 – So 68 F 15 Köln – Hamm über Essen So 64 – So 68 F 16 Hamm – Köln über Hagen ab So 70 Köln – Hannover	
Saphir	So 54 – 14.7.57. VT 08 15.7.57. – So 71 VT 11		So 58 – Wi 58 vereinigt mit Rhein-Main von Ffm bis Köln
Schauinsland	Wi 52 – Wi 63 VT 08	ab So 64 ganzer Laufweg	
Schwabenpfeil		So 55 – Wi 57 Stuttgart – Heidelberg So 58 – Wi 58 Stuttgart – Ludwigshafen ab So 59 Stuttgart – Dortmund	

Zugname	Triebwagen-einsatz	elektrischer Betrieb	Bemerkungen
Senator	So 53 – Wi 53 VT 08 So 54 – Wi 57 VT 10 501 So 59 – Wi 62 VT 08		
Südwind	Wi 71 – Wi 72 ET 403		
Toller Bomberg	29.9.68. – 10.11.68. VT 11	seit 11.11.68.	
Wilhelm Busch	29.9.68. – 10.11.68. VT 11	seit 11.11.68.	
F 1101/1124 F 1123/1102	Wi 52 – Wi 61 VT der SNCF		

P. Abkürzungsverzeichnis

A	Reisezugwagen 1. Klasse
Abschn	Abschnitt
Abzw	Abzweigstelle
Au	Bundesbahndirektion Augsburg
AW	Ausbesserungswerk der Bundesbahn
B	Reisezugwagen 2. Klasse
BA	Betriebsamt
BBÖ	Österreichische Bundesbahnen (bis 1938)
BD	Bundesbahndirektion
BDZ	Bulgarski Drshawni Shelesnitchi (Bulgarische Staatsbahn)
Bemadienst	Betriebsmaschinendienst
Bf	Bahnhof
Bizone	Zweizonenverwaltung der amerikanischen und britischen Besatzungszone
Bk	Blockstelle
Bm	Bahnmeisterei
Bw	Bahnbetriebswerk (bis 1981)
Bw	Betriebswerk (ab 1982)
Bww	Bahnbetriebswagenwerk (bis 1981)
BZA	Bundesbahn-Zentralamt
C	Reisezugwagen 3. Klasse
CEH	Chemins de fer helléniques (Griechische Staatsbahn)
CFR	Cail Ferate Romania (Rumänische Staatsbahn)
CFL	Société Nationale des Chemins de fer luxembourgeois (Luxemburgische Staatsbahn)
CSD	Ceskoslovenské státni dráhi (Tschechoslowakische Staatsbahn)
CSR	Tschechoslowakische Republik (bis 1939)
CSSR	Tschechoslowakische-Sozialistische Republik (nach 1945)
D	Dienst- (Pack-, Gepäck-)wagen
D	Schnell-(D-)Zug
DB	Deutsche Bundesbahn
DBP	Deutsche Bundespost
DC	Schnellzug des Intercity-Ergänzungssystems (City-D-Zug)
DD	Dienst-Schnellzug
DDR	Deutsche Demokratische Republik
DDt	Dienst-Schnelltriebwagen
Dez	Dezernent
DM	Deutsche Mark (Währungseinheit)
DR	Deutsche Reichsbahn in der DDR
DRB	Deutsche Reichsbahn (ab 1. Januar 1936)
DRG	Deutsche Reichsbahn-Gesellschaft (1. Oktober 1924 - 31. Dezember 1935)
DS	Druckschrift (der DB)
DSB	Danske Statsbaner (Dänische Staatsbahn)
DSG	Deutsche Schlafwagen- und Speisewagen-Gesellschaft
Dsl	Fernschnellzug für den Schlafwagenverkehr
Dt	Schnelltriebwagen
DV	Dienstvorschrift
E	Eilzug
E	Ellok (elektrische Lokomotive)
EAW	Eisenbahn-Ausbesserungswerk
EBO	Eisenbahn-Bau- und Betriebsordnung (auch BO)
ED	Eisenbahndirektion
Esn	Bundesbahndirektion Essen
ESO	Eisenbahn-Signalordnung (auch SO)
ET	elektrische Triebwagen mit Speisung aus der Fahrleitung
Et	Eiltriebwagen
Ex	Expreßzug
Expr	Expreßgutzug
Expr IC	Intercity-Zug nur für Post- und Expreßgutbeförderung (ab 1980)
Ext	Expreßtriebwagen
F	Fernschnellzug (ab 1951)
FD	Fernschnellzug (bis 1950)
Fdl	Fahrdienstleiter

FDt	Fernschnelltriebwagen
FFD	Fernschnellzug mit besonderem Komfort (1928 - 1936)
Ffm	Bundesbahndirektion Frankfurt (Main)
FS	Ferrovie Italiane dello Stato (Italienische Staatsbahn)
FT	Fernschnelltriebwagen (1951 - 1956)
Ft	Fernschnelltriebwagen (ab 1957)
FV	Fahrdienstvorschriften
Gbl	Generalbetriebsleitung
GDW	Geschäftsführende Direktion für das Werkstättenwesen
Gedob	Generaldirektion der Ostbahn in Krakau
GG	Generalgouvernement (in Polen ab September 1939)
Han	Bundesbahndirektion Hannover
Hbf	Hauptbahnhof
Hg	Höchstgeschwindigkeit
Hmb	Bundesbahndirektion Hamburg
Hpbf	Hauptpersonenbahnhof
HV	Hauptverwaltung der Deutschen Reichsbahn-Gesellschaft
HVB	Hauptverwaltung der Deutschen Bundesbahn
HVE	Hauptverwaltung Eisenbahn
IBS	Integriertes-Bedienungs-System
IC	Intercity-Zug nur 1. Klasse mit besonderem Komfort (Winter 1971 - 1979), ab Sommer 1976 teilweise auch mit 2. Klasse
IC	Intercity-Zug 1. und 2. Klasse mit besonderem Komfort (ab 1979)
IHK	Industrie- und Handelskammer
ISG	Internationale Schlafwagen-Gesellschaft (auch ITSG oder CIWL)
ITSG	Internationale Schlafwagen- und Touristik-Gesellschaft (auch ISG oder CIWL)
IZ	Jugoslowenske Zeleznice (Jugoslawische Staatsbahnen)
Kap	Kapitel
Kar	Bundesbahndirektion Karlsruhe
kgl	königlich
km	Kilometer (Maßeinheit)
km/h	Kilometer/Stunde
Köl	Bundesbahndirektion Köln
KPEV	Königlich Preußische Eisenbahnverwaltung
Ks	Bundesbahndirektion Kassel
L	Luxuszug der ISG oder MITROPA
La	Übersicht der vorübergehend eingerichteten Langsamfahrstellen und sonstigen Besonderheiten
LS	Zug mit modernen Leichtbauwagen und kurzen Reisezeiten (1953 - 1959)
LVA	Lokomotiv-Versuchsamt (in Berlin-Grunewald)
MA	Maschinenamt
MAV	Magyar Allamrasutak Vezérigazgatósága (Ungarische Staatsbahn)
MHE	Mittlere Haltestellen-Entfernung
Mhm	Mannheim
Min	Minute, Minuten
Mineis	Reichsverkehrsministerium — Eisenbahnabteilungen
MITROPA	Mitteleuropäische Schlafwagen- und Speisewagen-Gesellschaft (ab 1916)
Mst	Bundesbahndirektion Münster (Westf.)
Mü	Bundesbahndirektion München
Mz	Bundesbahndirektion Mainz
NS	Nederlandse Spoorwegen (Niederländische Eisenbahnen)
Nür	Bundesbahndirektion Nürnberg
Obl	Oberbetriebsleitung
ÖBB	Österreichische Bundesbahnen
Ostbahn	Eisenbahnen im Generalgouvernement (1939 - 1945)
Ozl	Oberzugleitung
PIC	Intercity-Zug nur für Postbeförderung (1980)
PKP	Polskie Koleje Państwowe (Polnische Staatsbahn)
PStB	Preußische Staatsbahn, Staatsbahnen oder Staatseisenbahnen
Pw	Packwagen
RAW	Reichsbahn-Ausbesserungswerk
Rbd	Reichsbahndirektion (bis 1938 und bei DR ab 1945)
RBD	Reichsbahndirektion (1938 - 1945, in den Westzonen teilweise auch nach 1945 gebräuchlich)

RE-Eilzüge	Regionaleilzugverkehr
Ref	Referent
Reg	Bundesbahndirektion Regensburg
RENFE	Red Nacional de los Ferrocarriles Espanoles (Spanische Eisenbahnen)
RM	Reichsmark (Währungseinheit)
RVM	Reichsministerium für Verkehr, Reichsminister für Verkehr
RZA	Reichsbahn-Zentralamt
Sal	Salonwagen
SBB	Schweizerische Bundesbahnen
Sbr	Bundesbahndirektion Saarbrücken
SJ	Svenska Jernbaner (Schwedische Staatsbahn)
SMA	Sowjetische Militär-Administration (nach 1945)
SNCB	Société Nationale des Chemins de fer Belges (Belgische Staatsbahn)
SNCF	Société Nationale des Chemins de fer Francais (Französische Staatsbahn)
So	Sommerabschnitt des Jahresfahrplans
SPFV	Schienenpersonen-Fernverkehr
SPNV	Schienenpersonen-Nahverkehr
SSV	Städteschnellverkehr (Züge des ... in der DDR)
Std	Stunde, Stunden
Stg	Bundesbahndirektion Stuttgart
SVT	Schnelltriebwagen mit Verbrennungsmotor
SWDE	Betriebsvereinigung Südwestdeutscher Eisenbahnen (in der französischen Zone)
SZD	Sowjetskaja Shelsnaja Doroga (Staatsbahnen der UdSSR)
TCCD	Chemines de fer turcs (Türkische Staatsbahn)
TEE	Trans-Europ-Expreß, nur 1. Klasse mit besonderem Komfort, vorzugsweise für den internationalen Verkehr
V	Zeichen für Geschwindigkeit (in Formeln)
V	Lokomotive mit Brennkraft- (Diesel-)Antrieb
Vmax	Höchstgeschwindigekit
Vst	Vorstand (der DB)
VT	Verbrennungstriebwagen
Wi	Winterabschnitt des Jahresfahrplans
WL	Schlafwagen (wagon lits)
WR	Speisewagen (wagon restaurant)
Wt	Bundesbahndirektion Wuppertal
ZTL	Zentrale Transportleitung der Deutschen Bundesbahn in Mainz
Zugkm	Zugkilometer
ZVL	Zentrale Verkaufsleitung der Deutschen Bundesbahn in Mainz
ZW	Zentralstelle für den Werkstättendienst der Deutschen Bundesbahn in Mainz

Q. Quellen und Schriftennachweis

Die in der vorstehenden Abhandlung verwendeten Quellen sind alphabetisch nach dem Titel oder Verfasser aufgeführt. Eine Unterteilung nach bestimmten Sachgebieten erfolgte nicht. Bei Zeitschriften, periodischen Veröffentlichungen usw. wurden nur diese, nicht aber jeweils die einzelne verwendete Quelle angegeben, es sei denn, es handelt sich um größere Abhandlungen. Das verwendete Karten- und Skizzenmaterial ist quellenmäßig entweder aus diesen selbst zu ersehen oder es handelt sich um amtliche, von den betreffenden Eisenbahnverwaltungen herausgegebene Unterlagen. Die in Sammlungen enthaltenen Unterlagen sind nicht gedruckt und stehen in der Regel allgemein nicht zur Verfügung. Bei den Kapiteln K und M sind am Schluß die dort speziell verwendeten Quellen aufgeführt. Sie werden hier nicht nochmals wiederholt, es sei denn, die angezogene Quelle wurde auch bei anderen als den beiden genannten Kapiteln verwendet.

Akten der Bundesbahndirektion Karlsruhe
Akten der Hauptverwaltung der Deutschen Bundesbahn in Frankfurt (Main)
Akten der Zentralen Transportleitung der Deutschen Bundesbahn in Mainz
Akten des Bundesarchivs Koblenz
Akten des Verkehrsarchivs beim Verkehrsmuseum Nürnberg
Amtliche Kursbücher der DB, DRG, DRB, DR, CSD, ÖBB, PKP, SJ von 1927 - 1982
Archiv für Eisenbahnwesen, Leipzig und Berlin, verschiedene Jahrgänge
Bek, Atlas-Lokomotiv 2, Prag 1969
Benoist/Wilczek, Das Bundesbahn-Ausbesserungswerk Nürnberg, Freiburg 1980
Biedenkopf, Die Entwicklung des Schienenschnellverkehrs in Europa, Berlin 1947
Biedenkopf, Zur Nachkriegsentwicklung der Reisezugfahrpläne in Europa, in Schweizerisches Archiv für Verkehrswissenschaft und Verkehrspolitik, Zürich 1956
Biedenkopf, Schienenschnellverkehr in Europa, Vevey 1959
Biedenkopf, Quer durchs alte Europa — Die internationalen Zug- und Kurswagenläufe nach dem Stand vom Sommer 1939, Krefeld 1981
Der Sammlerbrief, Essen 1949 - 1951
Deutsche Bundesbahn, Bespannungsverzeichnis der schnellfahrenden Reisezüge, herausgegeben von der Gbl (Obl) West, Ausgaben vom 8. Oktober 1950 und 22. Mai 1955
Deutsche Reichsbahn — Reichsbahnkalender 1934 - 1943
Die Bundesbahn, Amtliches Organ der Hauptverwaltung der Deutschen Bundesbahn, verschiedene Jahrgänge
Die Lokomotive, Bielefeld und Berlin, verschiedene Jahrgänge
Die Reichsbahn, Amtliches Organ der Deutschen Reichsbahn (-Gesellschaft), 1. - 21. Jahrgang, Berlin 1925 - 1945
Ernst, Rheingold — Luxuszug durch fünf Jahrzehnte, Düsseldorf 1971
Eisenbahn, Wien, verschiedene Jahrgänge
Eisenbahn-Kurier, Freiburg, verschiedene Jahrgänge
Eisenbahntechnische Rundschau (ETR), Darmstadt, Jahrgänge 1952 - 1982
Geschäftsberichte der Deutschen Reichsbahn-Gesellschaft 1925 - 1931
Geschäftsberichte der Deutschen Reichsbahn (Weißbücher), Berlin, 1933 - 1943
Geschäftsberichte der Deutschen Bundesbahn 1949 - 1980
Glasers Annalen, Berlin und Bielefeld, verschiedene Jahrgänge
Gottwaldt, Die Baureihe 61 und der Henschel-Wegmann-Zug, Stuttgart 1979
Gottwaldt, Reichsbahn-Album, Stuttgart 1978
Gottwaldt, Bundesbahn-Album, Stuttgart 1980
Hamburger Blätter für alle Freunde der Eisenbahn, Hamburg, verschiedene Jahrgänge
Internationales Archiv für Verkehrswesen, Mainz, Jahrgang 5, 1953
Jahrbuch für Eisenbahngeschichte, verschiedene Bände, Karlsruhe
Kluge, Die Starzüge der Deutschen Bundesbahn, Krefeld 1974
Kunicki, Deutsche Dieseltriebfahrzeuge gestern und heute, Berlin (Ost) 1965
Kursbücher, Taschenfahrpläne, Regionalausgaben, Zug- und Wagenlaufverzeichnisse, sonstige Fahrplandrucksachen, Vorschauen auf den Fernfahrplan, Faltblätter F-Züge, IC-Fahrplan usw. der Deutschen Reichsbahn-Gesellschaft, der Deutschen Reichsbahn, der Deutschen Bundesbahn 1914 - 1980
Lok-Magazin, Bände 1 - 114, Stuttgart 1962 - 1982
moderne eisenbahn, Düsseldorf, verschiedene Jahrgänge
Niederschriften und Tagesordnungen von Bundesbahn-Personenzug-Fahrplanbesprechungen 1974 - 1982
Niederschriften und Tagesordnungen der Euroäischen Fahrplankonferenz und der Fachtechnischen Tagungen 1924 - 1982

Obermeyer, Taschenbuch Deutsche Triebwagen, Stuttgart 1973
Plan für die Nummerung und Verteilung der Triebwagen mit Verbrennungsmotoren und der Dampftriebwagen, RZA Berlin, 1937
Reichskursbücher, herausgegeben von der Deutschen Reichspost, Ausgaben 1922 - 1931
Roesener, Der rhythmische Fahrplan, Bielefeld 1949
Scharf, Die Entwicklung des F-Zugverkehrs bei der Deutschen Bundesbahn zwischen 1945 und 1966, Krefeld 1977
Scharf, Zeitprobleme im Eisenbahnwesen — Gedanken zur Lage der Deutschen Bundesbahn — unveröffentlichtes Manuskript, Alsfeld 1951
Scharf, Eisenbahnen zwischen Oder und Weichsel 1842 - 1945, Freiburg 1981
Schwach, Schnellzüge überwinden Gebirge, Wien 1981
Sölch, Orient-Expreß, Düsseldorf 1974
Statistische Angaben über die Deutsche Reichsbahn in den Geschäftsjahren 1925 - 1943 (Blaubücher), Berlin 1926 - 1944
Statistische Angaben über die Deutsche Bundesbahn in den Geschäftsjahren 1949 - 1980 (Blaubücher, Frankfurt 1950 - 1981
Stenvall, Nordens Järnvägar, Malmö 1970
VdEF-Mitteilungen, Wuppertal, verschiedene Jahrgänge
Verteilung des Triebfahrzeugparks der DR auf die Reichsbahn-Ausbesserungswerke 1930 - 1938 und 1942, Krefeld 1976
Zeitler/Hufschläger, Die Eisenbahn in Schwaben, Stuttgart 1980
Zeitschrift für Verkehrswissenschaft, verschiedene Jahrgänge, Leipzig

Quellenverzeichnis zu Kapitel M

(1) Ursula-Maria Ruser: „Die Reichsbahn als Reparationsobjekt"; Eisenbahn-Kurier Verlag GmbH, Freiburg, 1981

(2) Offizielle (aber nicht ganz vollständige) Fahrzeugbestandsliste der Deutschen Reichsbahn, Ende 1920; Verkehrsarchiv des Verkehrsmuseums Nürnberg, zur Verfügung gestellt durch Herrn Wolfgang Illenseer

(3) Deutsche Reichsbahn, Dienstvorschrift 939 d: „Merkbuch für die Schienenfahrzeuge der Deutschen Reichsbahn"

(4) Emil Konrad: „Die Reisezugwagen der deutschen Länderbahnen – Band 1: Preußen"; Franckh'sche Verlagshandlung, Stuttgart, 1982

(5) Walther Brandt: „Schlaf- und Speisewagen der Eisenbahn – ihre Geschichte und Entwicklung"; Franckh'sche Verlagshandlung, Stuttgart, 1968

(6) Dr.-Ing. Erhard Born: „Lokomotiven und Wagen der deutschen Eisenbahnen"; Verlagsanstalt Hüthig und Dreyer, Mainz und Heidelberg, 1958

(7) Veröffentlichung in der Zeitschrift „Die Reichsbahn", Heft 38, S. 824/825

(8) Peter Wagner/Sigrid Wagner/Joachim Deppmeyer: „Reisezugwagen deutscher Eisenbahnen"; Alba-Buchverlag, Düsseldorf, 1979

(9) Friedhelm Ernst: „Rheingold – Luxuszug durch fünf Jahrzehnte", 2. Auflage; Alba-Buchverlag, Düsseldorf, 1977

(10) Friedhelm Ernst: „Der Henschel-Wegmann-Zug – Stromlinien-Dampfschnellzug der DR", in Zeitschrift „moderne eisenbahn", Nr. 35; Teloeken-Verlag, Düsseldorf, September/Oktober 1968

(11) Joachim Deppmeyer/Friedhelm Ernst: „Schürzenwagen – Die Schnellzugwagen windschnittiger Bauart der Deutschen Reichsbahn", vierteilige Artikelserie in der Zeitschrift „eisenbahn magazin", Hefte 12/74, 1/75, 3/75 und 4/75; Teloeken-Verlag, Düsseldorf, Dezember 1974 - April 1975

(12) Deutsche Reichsbahn: „Statistischer Nachweis über den Bestand an vollspurigen Personen-, Gepäck-, Dienstgüter- und Bahndienstwagen, Geschäftsjahr 1940"; Reichsbahn-Zentralamt Berlin, 1941; zur Verfügung gestellt von Herrn Wolfgang Illenseer, Nürnberg

(13) Friedhelm Ernst: „Ausländische Reisezugwagen in Deutschland", 3. Teil einer Artikelserie in der Zeitschrift „eisenbahn magazin", Heft 12/79; Teloeken-Verlag, Düsseldorf, Dezember 1979

(14) „Der Rollende Weinkeller und die Rollende Weinstube", in Zeitschrift „Waggon", Heft 2/81, Herausgeber Hermann Nagel, Hannover, 1981

(15) Geschäftsberichte der Deutschen Reichsbahn im Vereinigten Wirtschaftsgebiet über die Geschäftsjahre 1945 - 1948; Offenbach (M), 1949

(16) Georg Rehberger: „Fahrzeugerhaltung und Fahrzeugneubeschaffung bei den ehemaligen Südwestdeutschen Eisenbahnen", Jahrbuch des Eisenbahnwesens 1953; Carl-Röhrig-Verlag oHG, Köln und Darmstadt, 1953

(17) Friedhelm Ernst: „Vom Henschel-Wegmann-Zug zum Blauen Enzian", in Zeitschrift „eisenbahn magazin", Hefte 10/80 und 12/80; Alba-Publikation, Alf Teloeken GmbH & Co KG, Düsseldorf, Oktober und Dezember 1980

(18) Dr.-Ing. Adolf Mielich: „Planungen und Möglichkeiten im Eisenbahn-Personenwagenbau", Jahrbuch des Eisenbahnwesens 1950; Verlag Walter Teigeler GmbH, Hamburg, 1950

(19) Friedhelm Ernst: „Die Reisezug-Probewagen der Deutschen Bundesbahn", in Zeitschrift „Deutscher Eisenbahn-Freund", Heft 13, Konkordia-Verlag, Frankfurt (M), 1961

(20) „Schnellzug anno 1956", in Zeitschrift „Eisenbahn-Kurier", Heft 5/81; Eisenbahn-Kurier Verlag GmbH, Freiburg, 1981

(21) Horst J. Obermayer/Joachim Deppmeyer: „Taschenbuch Deutsche Reisezugwagen"; Franckh'sche Verlagshandlung, Stuttgart, 1978

(22) Friedhelm Ernst: „Der Reisezugwagenpark der Deutschen Reichsbahn nach 1945", in Zeitschrift „Lok-Magazin", Heft 30; Franckh'sche Verlagshandlung, Stuttgart, Juni 1968

(23) Helmut Schroeter: „Zur Geschichte des 26,4 m-Wagens", in Zeitschrift „Lok-Magazin", Heft 105; Franckh'sche Verlagshandlung, Stuttgart, November/Dezember 1980

Schnelltriebwag

Mitteltriebwagen

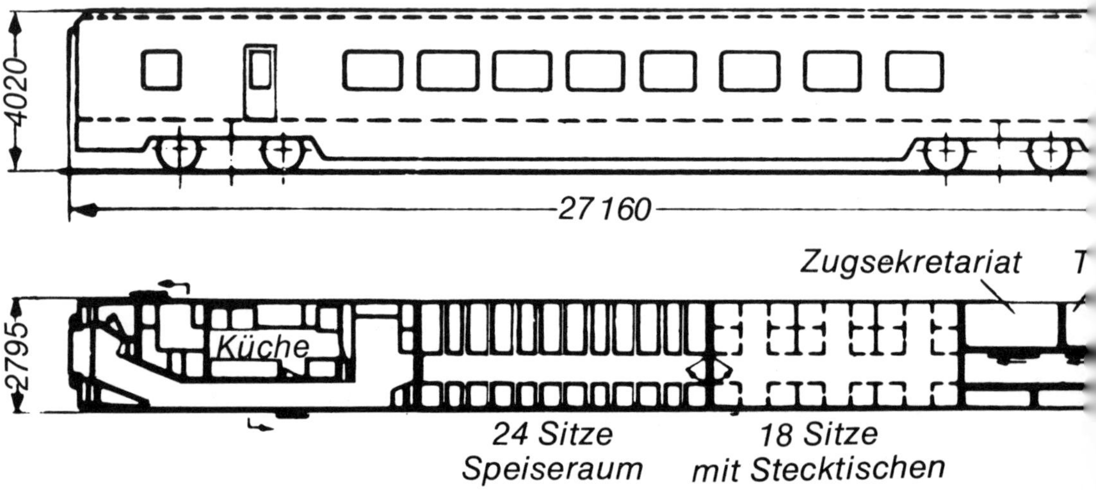

Endtriebwagen

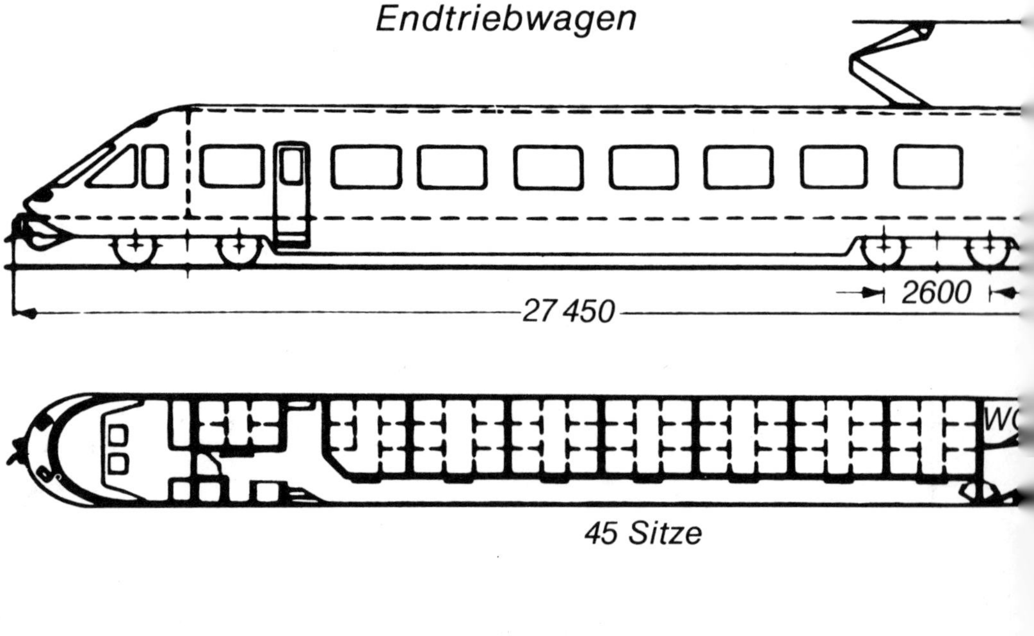